THE ENCYCLOPEDIA OF RISK RESEARCH

リスク学事典

日本リスク研究学会【編】

THE SOCIETY FOR RISK ANALYSIS, JAPAN

丸善出版

刊行にあたって

リスク学は，自然科学，社会科学，人文科学など多様な分野におけるリスクに対するアプローチの集合体で，リスク学という単一の学問体系はこれまで存在していませんでした．それは，リスクという考え方が必要とされるという共通の時代背景のもとで，既存の対象分野および学問分野ごとに独自にリスク概念が取り入れられてきたという歴史的な経緯があるからです．そのため，それぞれが，分野間の対話を欠いたまま，独特の体系を持つに至りました．しかし，世界はますます相互接続性・相互依存性を増し，異なる種類のリスク同士が結合することも例外ではありません．本事典は，多様な対象と学問を可能な限り横断的に俯瞰して，リスク学の本質と輪郭を浮かび上がらせることを試みました．もちろん，すべての分野に共通する定義や手法を抽出することは困難ですが，最大公約数的な共通知見を見出すことは可能です．本事典では，リスク学をリスクの取扱いを巡る，個人的および社会的な意思決定に関わる多様な学問の集合体と捉えています．とりわけ，基礎的科学研究と現実社会の問題解決とをつなぐ部分を可視化することにこそリスク学の最大の存在意義があり，その意味では多くの部分がレギュラトリーサイエンスと呼ばれる分野に属しています．

また，リスク学はいまだ現実になっていない事象，また現実になるかどうかわからない事象を取り扱う，将来を予測する学問という側面も持っています．人間は１秒先の未来も知ることはできませんので，大げさに言えば神の領域に近づく蓋然性を少しでも高めようとする人間臭い学問と言えるかもしれません．そのため，リスク学は不確実な状況下においても少しでも合理的な意思決定をしたいという人間と社会の飽くなき欲求に従いながら発展してきました．この合理的な意思決定には，科学的合理性だけでなく社会的合理性も含まれます．科学的合理性から１つの解が出てくることはむしろ珍しく，多様な価値観や立場の人々がどのようにそれを受け止めているかを常に考慮しなければなりません．すなわち，①分野ごとの固有の課題や考え方を尊重しつつ，②分野横断的に適用可能な考え方や方法論を丁寧に抽出し，かつ③解釈の多様性を認めつつ，④複数の科学的決定方法を提案することが求められます．そのためには，分野横断的なメンバーと車座のような議論が必要となります．一方が他方へ啓蒙的にならず課題を共有することから議論を始めるという意味では，リスク学の実践そのものが必然的にリスクコミュニケーションにならざるを得ないとも言えます.

しかも，近年，コンピュータの計算能力の飛躍的な拡大，モノのインターネット（IoT），機械学習（特に深層学習）の進展を背景に，ビッグデータを活用した技術や産業が急速に発展するとともに，バイオ分野でもゲノム編集や再生医療の技術革新が進んでいます．これらは従来の安全にとどまらない広い範疇のリスクを生み出しつつあります．また，グローバル化に加えて，重要インフラが相互依存性を増した社会において，自然災害や金融危機が容易に複合化・巨大化することは，東日本大震災やいわゆるリーマンショックなどで明らかになりました.

一方で，インターネットの普及により，様々な情報へのアクセスが容易になり，かつ，誰でも情報発信ができるようになった結果，従来専門家が占有していたリスク情報が，一般市民を介して拡散され，専門家のコントロールが効かない状態が容易に生じることになりました．リスク情報は，エビデンスの解釈に関わるため，いわゆる「偽科学」とは異なり，白か黒かで切り捨てることが難しいという特徴を持ちます．この言わば「リスクの市民化」は，科学的根拠の薄い陰謀論，内容ではなく誰が言ったかでの判断，不確実性を隠した断定的な物言い，極端な楽観論や悲観論，責任追及を恐れたイノベーションの萎縮などを容易に生み出します．本来はそうならないために生まれた実学としてのリスク学は，残念ながら十分にその機能を果たすことはできていません．リスクへの注目度が高まった現代社会において，リスク学が担うべき社会的責務は，分野ごとに細分化されてしまった専門家のリスク学へのアプローチを体系化し，再構築することにより，現代社会からの期待に応えられる学問・人財・制度に転換させていくことではないでしょうか．少子高齢化，経済の低成長の常態化や，上述したリスクの複合化や市民化は，対処すべきリスクのスコープをさらに拡大し，特に社会的なリスクへの対応は急務です．リスクの定義を分野横断的に見直し，現代社会の課題に対応できる実学に成熟させることは，まさに時宜にかなうと考えます.

あらためて，リスク学への社会の期待に応えるためには，リスクに関する多様なアプローチや解釈について議論を尽くす中で，対象分野や学問分野を超えて互いに認め合い，互いに学び合う中で，一段と学際性を高めていく努力が求められています.

そこで，日本リスク研究学会創設 30 年の節目に一度立ち止まり，リスク学の学問体系を再点検，再確認し，次の時代に備えることが重要と考え，学問体系を整理した『リスク学事典』を発刊することといたしました.

前回の『リスク学事典』の発刊（2006 年）から既に 13 年が経過していることから，本事典は，国際比較を含めたリスク研究の今日的な到達点とリスク研究を実践するうえでの課題を明らかにし，現代社会が直面するリスクに対して問題解決の一助となることを目指しています.

とりわけ，

⑴ 新しい技術革新が起こすリスクとその質的変化に着目した中項目の選択

⑵ 社会的排除など従来リスク研究の射程に入っていなかった家庭や共生社会のリスクにも着目

⑶ 新規技術のリスクや増加する残余リスクに対するリスクの移転の重要性を反映

⑷ 読者がリスク分野の知見を手軽に入手できるために，① 最新の状況で中項目を整理し，② 学術的な研究とはやや距離を置く政策担当者の方や初学者の方にもわかりやすい記述で，③ さらに深く学習するための関連分野の明示と参考文献の紹介

などを特色としています．

本事典は4部構成とし，第一部が「リスク学の射程」，第二部が「リスク学の基本」，第三部が「リスク学を構成する専門分野」，そして，第四部が「リスク学の今後」としました．第一部にはリスクを取り巻く環境の変化（第1章）を置き，第二部では，リスク評価の手法：リスクを測る（第2章），リスク管理の手法：リスクを最適化する（第3章），リスクコミュニケーション：リスクを対話する（第4章），リスクファイナンス：リスクを移転する（第5章）など，適切なリスクガバナンスを考えるうえで必要な構成要素をバランス良く解説しています．

第三部では，健康と環境リスク（第6章），社会インフラのリスク（第7章），気候変動と自然災害のリスク（第8章），食品のリスク（第9章），共生社会のリスクガバナンス（第10章），金融と保険のリスク（第11章）など，リスク学の主な対象分野を配しました．そして，第四部は，リスク教育と人材育成，国際潮流（第12章），新しいリスクの台頭と社会の対応（第13章）とし，次世代のリスク学につながる内容といたしました．

この事典が，新しいリスクの時代に，直面するリスクに真摯に向き合う一人ひとりにとって重要な一歩を踏み出す契機となり，同時にリスクに立ち向かう勇気を与えることができれば幸いです．

2019年5月吉日

編集委員長　久 保 英 也

■編集委員一覧（五十音順）

執筆者一覧（五十音順）

青木 聡子	名古屋大学大学院環境学研究科
青柳 みどり	国立環境研究所社会環境システム研究センター
明田川 知美	北海道武蔵女子短期大学教養学科
浅見 真理	国立保健医療科学院生活環境研究部
荒戸 照世	北海道大学病院臨床研究開発センター
有村 俊秀	早稲田大学政治経済学術院
李 泰榮	防災科学技術研究所社会防災システム研究部門
五十君 静信	東京農業大学応用生物科学部
伊藤 哲朗	東京大学生産技術研究所
井上 健一郎	静岡県立大学看護学部
井上 知也	みずほ情報総研株式会社環境エネルギー第1部
井ノ口 宗成	富山大学都市デザイン学部
岩﨑 雄一	産業技術総合研究所安全科学研究部
岩田 孝仁	静岡大学防災総合センター
上田 佳代	京都大学大学院地球環境学堂
植村 信保	キャピタスコンサルティング株式会社
臼田 裕一郎	防災科学技術研究所総合防災情報センター
江間 有沙	東京大学未来ビジョン研究センター
大井 昌弘	防災科学技術研究所マルチハザードリスク評価研究部門
大重 史朗	中央学院大学（非常勤）
大塚 直	早稲田大学法学部
大西 正光	京都大学防災研究所巨大災害研究センター
大沼 進	北海道大学大学院文学研究院・文学院
大場 光太郎	産業技術総合研究所ロボットイノベーション研究センター
大原 美保	土木研究所水災害・リスクマネジメント国際センター
緒方 裕光	女子栄養大学栄養学部
岡 敏弘	京都大学公共政策大学院・経済学研究科
長田 侑子	エム・アール・アイリサーチアソシエイツ株式会社
小野 恭子	産業技術総合研究所安全科学研究部門
甲斐 良隆	京都情報大学院大学
梶谷 義雄	香川大学創造工学部／元電力中央研究所
金澤 伸浩	秋田県立大学システム科学技術学部
鹿庭 正昭	国立医薬品食品衛生研究所生活衛生化学部客員研究員
加茂 将史	産業技術総合研究所安全科学研究部門
神田 玲子	量子科学技術研究開発機構高度被ばく医療センター
菊池 健太郎	滋賀大学経済学部
木口 雅司	東京大学生産技術研究所
岸本 充生	大阪大学データビリティフロンティア機構
北野 大	秋草学園短期大学
吉川 肇子	慶應義塾大学商学部
鬼頭 弥生	京都大学大学院農学研究科
日下部 笑美	オープン・シティー研究所／立教大学大学院21世紀社会デザイン研究科客員教授

工藤春代	大阪樟蔭女子大学学芸学部
欅田尚樹	産業医科大学産業保健学部
久保田泉	国立環境研究所社会環境システム研究センター
久保英也	立教大学大学院 21 世紀社会デザイン研究科
熊崎美枝子	横浜国立大学大学院環境情報研究院
光崎純	製品評価技術基盤機構化学物質管理センター
小杉素子	静岡大学大学院総合科学技術研究科
小宮山涼一	東京大学大学院工学系研究科
小山浩一	株式会社 Break On Through
齋藤智也	国立保健医療科学院健康危機管理研究部
酒井信介	横浜国立大学リスク共生社会創造センター
酒井直樹	防災科学技術研究所水・土砂防災研究部門
酒井泰弘	滋賀大学 名誉教授
佐々木敏	東京大学大学院医学系研究科
佐々木貴正	国立医薬品食品衛生研究所食品衛生管理部
佐々木良一	東京電機大学総合研究所
塩竃秀夫	国立環境研究所地球環境研究センター
志田哲之	早稲田大学人間科学部（非常勤）
四ノ宮成祥	防衛医科大学校防衛医学研究センター
島田洋子	京都大学大学院工学研究科
下山憲治	一橋大学大学院法学研究科
寿楽浩太	東京電機大学工学部
城山英明	東京大学大学院法学政治学研究科
杉野昭博	首都大学東京人文社会学部
杉野文俊	元専修大学教授
鈴木一人	北海道大学公共政策大学院
鈴木真二	東京大学未来ビジョン研究センター
関澤純	NPO 法人食品保健科学情報交流協議会 顧問
関谷翔	東邦大学理学部（非常勤）
関谷直也	東京大学大学院情報学環
大楽浩司	防災科学技術研究所社会防災システム研究部門
高野裕久	京都大学大学院地球環境学堂
高橋潔	国立環境研究所社会環境システム研究センター
瀧健太郎	滋賀県立大学環境科学部
竹井直樹	損害保険事業総合研究所
武田俊裕	JA 共済総合研究所
竹田宜人	横浜国立大学／製品評価技術基盤機構
竹村和久	早稲田大学文学学術院
多々納裕一	京都大学防災研究所
立川雅司	名古屋大学大学院環境学研究科
田中幹人	早稲田大学政治経済学術院
田中豊	大阪学院大学情報学部
棚田俊收	防災科学技術研究所火山防災研究部
谷口武俊	東京大学公共政策大学院
田村兼吉	運輸安全委員会
近本一彦	日本エヌ・ユー・エス株式会社
津田敏秀	岡山大学大学院環境学研究科
津田博史	同志社大学理工学部数理システム学科
土田昭司	関西大学社会安全学部

筒井俊之	農業・食品産業技術総合研究機構動物衛生研究部門
寺園　淳	国立環境研究所資源循環・廃棄物研究センター
東海明宏	大阪大学大学院工学研究科
當麻秀樹	日本エヌ・ユー・エス株式会社
内藤博敬	静岡県立大学食品栄養科学部
内藤　航	産業技術総合研究所安全科学研究部門
仲井邦彦	東北大学大学院医学系研究科
中井里史	横浜国立大学大学院環境情報研究院
永井孝志	農業・食品産業技術総合研究機構農業環境変動研究センター
中居楓子	名古屋工業大学大学院工学研究科
永井雄一郎	日本大学国際関係学部 国際総合政策学科
長坂俊成	立教大学大学院21世紀社会デザイン研究科
中静　透	総合地球環境学研究所 特任教授
中島精也	福井県立大学客員教授
中村裕子	東京大学スカイフロンティア社会連携講座特任准教授
中村亮一	ニッセイ基礎研究所常務取締役保険研究部
青天目州晶	日本エヌ・ユー・エス株式会社
奈良由美子	放送大学教養学部
新山陽子	京都大学名誉教授
野口和彦	横浜国立大学リスク共生社会創造センター
萩原なつ子	立教大学大学院21世紀社会デザイン研究科
長谷恵美子	花王株式会社品質保証部門
長谷川　専	三菱総合研究所営業本部
幡野利通	税理士
林　岳彦	国立環境研究所環境リスク・健康研究センター
林　春男	防災科学技術研究所
原田要之助	情報セキュリティ大学院大学名誉教授
平井祐介	経済産業省商務情報政策局
平杉亜希	日本エヌ・ユー・エス株式会社
平田賢治	防災科学技術研究所マルチハザードリスク評価研究部門
蛭間芳樹	日本政策投資銀行サステナビリティ企画部兼経営企画部
広田すみれ	東京都市大学メディア情報学部
福原宏幸	大阪市立大学大学院経済学研究科
藤井健吉	花王株式会社安全性科学研究所
藤岡典夫	早稲田大学法学部（非常勤）
藤野陽三	横浜国立大学先端科学高等研究院
藤原広行	防災科学技術研究所マルチハザードリスク評価研究部門
ヘング，イ・クァン	東京大学公共政策大学院
前田恭伸	静岡大学大学院総合科学技術研究科
増井利彦	国立環境研究所社会環境システム研究センター
松岡博司	ニッセイ基礎研究所保険研究部
松尾真紀子	東京大学公共政策大学院
松田裕之	横浜国立大学大学院環境情報研究院
松永陽子	日本エヌ・ユー・エス株式会社
水島俊彦	法テラス埼玉法律事務所
三隅良平	防災科学技術研究所水・土砂防災研究部門

三宅淳巳	横浜国立大学先端科学高等研究院
宮本聖二	ヤフー株式会社メディアカンパニー
宮本みち子	放送大学／千葉大学名誉教授
向殿政男	明治大学名誉教授
牟田　仁	東京都市大学工学部原子力安全工学科
武藤香織	東京大学医科学研究所公共政策研究分野
村上道夫	福島県立医科大学医学部
村上康二郎	東京工科大学教養学環
村中璃子	京都大学大学院医学研究科(非常勤)
村山武彦	東京工業大学環境・社会理工学院
森田香菜子	森林研究・整備機構 森林総合研究所
八木絵香	大阪大学COデザインセンター
八代嘉美	神奈川県立保健福祉大学ヘルスイノベーション研究科
山形与志樹	国立環境研究所地球環境研究センター
山﨑尚志	神戸大学大学院経営学研究科
山﨑雅人	名古屋大学減災連携研究センター
山田友紀子	農林水産省顧問（大臣官房参事官）
山田隆二	防災科学技術研究所マルチハザードリスク評価研究部門
山本祥平	食品需給研究センター調査研究部
吉澤　剛	オスロ都市大学労働研究所
吉田　緑	内閣府食品安全委員会
吉永大祐	早稲田大学現代政治経済研究所
米田　稔	京都大学大学院工学研究科
渡辺千原	立命館大学法学部

目　次

第一部　リスク学の射程

第1章　リスクを取り巻く環境変化 ［担当編集委員：前田恭伸］

1-1 リスク学とは何か …………………… 4
1-2 リスク概念の展開と多様化 ……… 6
1-3 リスク学の歴史 …………………… 10
1-4 私たちを取り巻くリスク（1）
：マクロ統計からみるリスク … 18
1-5 私たちを取り巻くリスク（2）
：身近に隠れた日常生活リスク … 24
1-6 リスクを俯瞰する試み …………… 26
1-7 複合リスク ………………………… 32
1-8 リスクの固定化と市民化 ………… 34
1-9 リスク学の社会実装（1）
：行政編 ………………………… 36
1-10 リスク学の社会実装（2）
：企業編 ………………………… 38
1-11 SDGs（持続可能な開発目標）
と ESG 投資 …………………… 40
1-12 5つの原発事故調査報告書と
被ばく線量の安全基準値 …… 42
1-13 世界金融危機の構造と
監督当局の対応 ……………… 46
1-14 3つのシステミックリスク
からの示唆 …………………… 50
1-15 新たな社会実装の試み（1）
：水害対策の先進事例 ……… 56
1-16 新たな社会実装の試み（2）
：保育園とアスベスト ……… 62

第二部　リスク学の基本

第2章　リスク評価の手法：リスクを測る ［担当編集委員：島田洋子・米田 稔］

2-1 リスク評価の目的 ………………… 70
2-2 リスク評価の枠組み ……………… 72
2-3 リスクの定量化手法 ……………… 78
2-4 社会経済分析 ……………………… 84
2-5 データの不確実性と
信頼性評価 ……………………… 88
2-6 用量-反応関係の評価 …………… 90
2-7 曝露評価と
シミュレーション技法 ………… 94
2-8 疫学研究のアプローチ ………… 100
2-9 生態リスクの評価 ……………… 104
2-10 工学システムのリスク評価 …… 108
2-11 定性的リスク評価 ……………… 110
2-12 原子力発電所の
確率論的リスク評価 ………… 112
2-13 IT システムのリスク評価 …… 116
2-14 金融リスクの評価 ……………… 120
2-15 気候変動リスクの評価 ………… 124
2-16 災害リスクの評価 ……………… 128

第3章 リスク管理の手法：リスクを最適化する ［担当編集委員：小野恭子・岸本充生］

3-1 リスクガバナンスの概念と枠組み …… 132
3-2 リスクマネジメント規格 ISO31000 …… 136
3-3 工学システムにおけるリスク管理の国際規格 …… 140
3-4 リスク管理の基準とリスク受容 …… 144
3-5 基準値の役割とレギュラトリーサイエンス … 148
3-6 リスク削減対策の多様なアプローチ …… 152
3-7 法律に組み込まれたリスク対応 154
3-8 合理的なリスク管理のための行政決定 …… 156
3-9 裁判におけるリスクの取扱い … 158
3-10 予防原則／事前警戒原則 …… 160
3-11 予防原則の要件と適用 …… 162
3-12 制度化された社会経済分析 …… 164
3-13 消費者製品のリスク管理手法 …… 166
3-14 リスク比較 …… 168
3-15 リスクトレードオフ …… 172
3-16 リスクの相互依存と複合化への政策的対応 …… 174
3-17 産業保安と事故調査制度 …… 176
3-18 化学物質管理の国際規格と国際戦略 …… 180
3-19 環境アセスメント …… 182
3-20 医薬品のガバナンスとレギュラトリーサイエンス … 184
3-21 国際基準と国内基準の調和：放射線のリスクガバナンス … 188
3-22 日本の危機管理体制 …… 190
3-23 企業の危機管理とリスク対策 …… 194

第4章 リスクコミュニケーション：リスクを対話する ［担当編集委員：竹田宜人・広田すみれ］

4-1 東日本大震災とリスクコミュニケーション … 202
4-2 リスクコミュニケーションの社会実装に向けて …… 206
4-3 リスクコミュニケーション …… 208
4-4 不確実性下における意思決定 … 212
4-5 リスク認知とヒューリスティクス …… 216
4-6 リスク認知とバイアス（1）：知識と欠如モデル …… 220
4-7 リスク認知とバイアス（2）：専門家と市民，専門家同士 … 224
4-8 リスクに関する対話とリテラシー …… 228
4-9 科学技術とコミュニケーション …… 232
4-10 リスクガバナンスとリスクコミュニケーション …… 236
4-11 情報公開とリスク管理への参加 …… 238
4-12 対話の技法：ファシリテーションテクニック …… 240
4-13 リスクの可視化と対話の共通言語 …… 242
4-14 手続き的公正を満たす合意形成にむけたプロセスデザイン …… 246
4-15 対話とマスメディア …… 248
4-16 対話とソーシャルメディア …… 252

第5章 リスクファイナンス：リスクを移転する ［担当編集委員：久保英也］

5-1 リスクファイナンスと残余リスク …… 258
5-2 統合リスク管理と部門別資本配賦 …… 262
5-3 事業継続マネジメント(BCM) … 266
5-4 リアルオプション …… 272
5-5 巨大地震と再保険制度 …… 276
5-6 CAT ボンド …… 280
5-7 環境リスクファイナンス …… 284

第三部 リスク学を構成する専門分野

第6章 環境と健康のリスク ［担当編集委員：緒方裕光・神田玲子］

6-1 環境と健康 …… 292
6-2 労働環境 …… 294
6-3 放射線の健康リスク …… 298
6-4 放射線利用のリスク管理 …… 302
6-5 電磁波のリスク …… 304
6-6 大気環境 …… 306
6-7 室内環境における健康リスク … 310
6-8 喫煙 …… 314
6-9 上下水道・水環境の健康リスク 316
6-10 土壌汚染の健康リスク …… 320
6-11 重金属の健康リスク …… 322
6-12 農薬の環境・健康リスク …… 326
6-13 工業化学物質のリスク規制 (1) :歴史と国内動向 …… 330
6-14 工業化学物質のリスク規制 (2) :海外の動向 …… 334
6-15 化学物質の安全学の考え方と過去の事例からの教訓 …… 338
6-16 新たな感染症のリスク …… 340
6-17 ワクチンと公衆衛生 …… 342
6-18 環境問題と健康リスク …… 346
6-19 化学物質による生態リスク …… 348
6-20 循環型社会におけるリスク制御 …… 350

第7章 社会インフラのリスク ［担当編集委員：岸本充生］

7-1 重要インフラストラクチャーのリスクとレジリエンス …… 354
7-2 工学システムと安全目標 …… 358
7-3 インフラの老朽化リスク …… 364
7-4 プラント保守におけるリスクベースメンテナンス … 366
7-5 航空安全におけるリスク管理 … 368
7-6 海上交通におけるリスク …… 370
7-7 エネルギーシステムとセキュリティ …… 372
7-8 社会インフラとしての原子力発電システムのリスク …… 374
7-9 サプライチェーン途絶のリスク … 378
7-10 災害の経済被害 …… 380
7-11 IT リスク学 …… 382
7-12 宇宙開発利用をめぐるリスク … 386
7-13 安全保障(セキュリティ)リスク … 390
7-14 核のリスク …… 394

第8章 気候変動と自然災害のリスク ［担当編集委員：藤原広行・臼田裕一郎］

8-1 大規模広域災害時における国と地方公共団体の連携 ………… 400
8-2 気候変動・自然災害リスクの概念と対策 …………………… 402
8-3 気候変動に対する国際的な取り組み・ガバナンス ……… 404
8-4 自然災害に対する国際的な取り組み・ガバナンス ……… 406
8-5 気候変動に対する国内の取り組み・ガバナンス ……… 408
8-6 自然災害に関する国内の取り組み・ガバナンス ……… 410
8-7 気候変動の現状とその要因 …… 412
8-8 気候変動によるハザードの変化 ……………… 414
8-9 気候変動による大規模な変化 … 416
8-10 気候変動による生態リスク …… 420
8-11 気候変動による社会・人間系へのリスク …… 422
8-12 気候変動リスクへの対応：ネガティブエミッション技術の持続可能性評価 ………… 424
8-13 極端気象リスク ……………… 428
8-14 地震リスク …………………… 430
8-15 津波リスク …………………… 434
8-16 火山噴火リスク ……………… 436
8-17 地盤・斜面リスク …………… 438
8-18 自然災害のマルチリスク …… 440
8-19 リスクとレジリエンス ……… 442
8-20 残余のリスクと想定外への対応 …………… 446

第9章 食品のリスク ［担当編集委員：新山陽子］

9-1 リスクアナリシス：リスクの概念とリスク低減の包括的枠組み ………………… 452
9-2 食品安全の国際的対応枠組み … 456
9-3 主要国の食品安全行政と法 …… 460
9-4 化学物質の包括的リスク管理 … 464
9-5 食品中の化学物質のリスク評価 ……………………… 468
9-6 微生物の包括的リスク管理 …… 472
9-7 微生物学的リスク評価 ………… 476
9-8 ナノテクノロジーと遺伝子組換えを利用した食品の安全評価と規制措置 ……………………… 480
9-9 動物感染症と人獣共通感染症のリスクアナリシス …………… 484
9-10 食品現場の衛生管理とリスクベースの行政コントロール ………… 488
9-11 食品由来リスク知覚と双方向リスクコミュニケーション … 492
9-12 食品トレーサビリティとリスク管理 ………………… 496
9-13 緊急事態対応と危機管理 …… 500
9-14 食品分野のレギュラトリーサイエンスと専門人材育成 …………… 504
9-15 食品摂取と健康リスク ……… 508

第 10 章 共生社会のリスクガバナンス ［担当編集委員：長坂俊成］

10-1 共生社会を取り巻くリスク …… 512
10-2 社会的排除と貧困 …… 522
10-3 女性の社会的排除と男女共同参画 …… 526
10-4 子どもをもつ家庭の貧困と社会的排除 …… 530
10-5 障害者との共生を阻むリスク …… 532
10-6 認知症高齢者の意思決定支援と権利擁護 …… 536
10-7 性的マイノリティーの差別 …… 540
10-8 定住外国人の社会的排除と多文化共生 …… 542
10-9 雇用社会のリスク …… 544
10-10 消費生活のリスク …… 550
10-11 地域社会の崩壊と再生 …… 554
10-12 高レベル放射性廃棄物処分：地域と世代を超えるリスクガバナンス …… 558
10-13 リスクの地域的偏在：沖縄米軍基地 …… 562
10-14 被災者と地域の自己決定：東京電力福島第一原子力発電所事故 …… 566
10-15 疫学的証明とリスクガバナンス：水俣病事件 …… 568

第 11 章 金融と保険のリスク ［担当編集委員：津田博史］

11-1 リスクの経済学の系譜 …… 574
11-2 バブルの歴史とその生成の仕組み …… 578
11-3 金融・保険分野のリスクの概念とリスク管理 …… 582
11-4 価格変動リスクの評価 …… 586
11-5 ヘッジと投機 …… 590
11-6 信用リスクの評価 …… 592
11-7 証券化とそのリスク …… 596
11-8 保険会社の健全性リスクの評価 …… 600
11-9 モラル・ハザードと逆選択 …… 604
11-10 金融監督の国際基準とガバナンス …… 606
11-11 フィンテックとインシュアテック …… 610

第四部 リスク学の今後

第 12 章 リスク教育と人材育成，国際潮流 ［担当編集委員：村山武彦］

12-1 リスクリテラシー向上のためのリスク教育 …… 618
12-2 大学のリスク教育：食品 …… 624
12-3 社会人を対象とするリスク教育 … 626
12-4 リスク管理のための人材育成 … 628
12-5 アジアの化学物質管理：規制協力と展望 …… 630
12-6 アメリカにおける研究動向 … 634
12-7 国際機関，EU などの国際的なリスク管理に関する研究動向 …… 636

第 13 章　新しいリスクの台頭と社会の対応 ［担当編集委員：岸本充生］

13-1 新興リスクの特徴 ……………… 640
13-2 新興リスクのための
ガバナンス …………………… 644
13-3 グローバルリスクへの対応 …… 648
13-4 ナショナル
リスクアセスメント ………… 652
13-5 ELSI（倫理的・法的・社会的課題／
問題）とは何か ……………… 656
13-6 プライバシーリスクと
プライバシー影響評価 ……… 658
13-7 リスクの分配的公平性 ………… 662
13-8 リスクと世代間の衡平性 ……… 664
13-9 リスク社会学 …………………… 666
13-10 風評被害とは何か …………… 670
13-11 バイオ技術のリスク ………… 672
13-12 人工知能の普及に伴う
リスクのガバナンス ……… 676
13-13 再生医療と
先端医療の光と影 ………… 680
13-14 ドローンの登場と
社会の環境整備 …………… 684
13-15 生活支援ロボットと
安全性の確保 ……………… 688

【付録】一般社団法人 日本リスク研究学会の歩み …………………… 692
見出し語五十音索引 …………………… xvii
和文引用参照文献 …………………… 697
欧文引用参照文献 …………………… 711
和文事項索引 …………………… 727
欧文事項索引 …………………… 767
人名索引 …………………… 803

見出し語五十音索引

■数字，A～Z

３つのシステミックリスクからの示唆　50
５つの原発事故調査報告書と
　被ばく線量の安全基準値　42

CATボンド　280
ELSI（倫理的・法的・社会的課題／問題）
　とは何か　656
ESG投資，
　SDGs（持続可能な開発目標）と　40
ISO31000，リスクマネジメント規格　136
ITシステムのリスク評価　116
ITリスク学　382
SDGs（持続可能な開発目標）
　とESG投資　40

■あ

アジアの化学物質管理：規制協力と展望　630
アメリカにおける研究動向　634
新たな感染症のリスク　340
新たな社会実装の試み(1)
　：水害対策の先進事例　56
新たな社会実装の試み(2)
　：保育園とアスベスト　62
安全学の考え方と過去の事例からの教訓，
　化学物質の　338
安全性の確保，生活支援ロボットと　688
安全評価，規制措置，ナノテクノロジー，
　遺伝子組換えと食品の　480
安全保障（セキュリティ）リスク　390
安全目標，工学システムと　358

意思決定，不確実性下における　212
意思決定支援と権利擁護，
　認知症高齢者の　536
遺伝子組換えと食品の安全評価，規制措置，
　ナノテクノロジー　480

医薬品のガバナンスとレギュラトリー
　サイエンス　184
インシュアテック，フィンテックと　610
インフラの老朽化リスク　364

宇宙開発利用をめぐるリスク　386

衛生管理とリスクベースの行政コントロール，
　食品現場の　488
疫学研究のアプローチ　100
疫学的証明とリスクガバナンス
　：水俣病事件　568
エネルギーシステムとセキュリティ　372

沖縄米軍基地の事例，
　リスクの地域的偏在　562

■か

海外の動向，工業化学物質の
　リスク規制(2)　334
海上交通におけるリスク　370
科学技術とコミュニケーション　232
化学物質管理
　——の国際規格と国際戦略　180
　アジアの——：規制協力と展望　630
化学物質
　——による生態リスク　348
　——の安全学の考え方と
　過去の事例からの教訓　338
　——の包括的リスク管理　464
　食品中の——のリスク評価　468
価格変動リスクの評価　586
核のリスク　394
確率論的リスク評価，原子力発電所の　112
過去の事例からの教訓，

化学物質の安全学の考え方と　338
火山噴火リスク　436
ガバナンス，金融監督の国際基準と　606
ガバナンス，新興リスクのための　644
ガバナンスとレギュラトリーサイエンス，
医薬品の　184
環境アセスメント　182
環境・健康リスク，農薬の　326
環境と健康　292
環境問題と健康リスク　346
環境リスクファイナンス　284
感染症のリスク，新たな　340
監督当局の対応，世界金融危機の構造と　46

危機管理，緊急事態対応と　500
危機管理体制，日本の　190
企業の危機管理とリスク対策　194
企業編，リスク学の社会実装(2)　38
気候変動
——自然災害リスクの概念と対策　402
——に対する国際的な取り組み・
ガバナンス　404
——に対する国内の取り組み・
ガバナンス　408
——による社会・人間系へのリスク　422
——による生態リスク　420
——による大規模な変化　416
——によるハザードの変化　414
——の現状とその要因　412
——リスクの評価　124
——リスクへの対応：ネガティブ
エミッション技術の持続可能性評価　424
基準値の役割と
レギュラトリーサイエンス　148
規制協力と展望，アジアの化学物質管理　630
喫煙　314
逆選択，モラル・ハザードと　604
行政決定，合理的なリスク管理のための　156
行政コントロール，食品現場の衛生管理と
リスクベースの　488
共生社会を取り巻くリスク　512
行政編，リスク学の社会実装(1)　36
共通言語，リスクの可視化と対話の　242
極端気象リスク　428
巨大地震と再保険制度　276
緊急事態対応と危機管理　500
金融監督の国際基準とガバナンス　606

国際基準とガバナンス，金融監督の　606
金融・保険分野のリスクの概念と
リスク管理　582
金融リスクの評価　120

国と地方公共団体の連携，
大規模広域災害時における　400
グローバルリスクへの対応　648

経済被害，災害の　380
欠如モデル，リスク認知とバイアス(1)　220
研究動向，アメリカにおける　634
研究動向，国際機関，
EUなどの国際的なリスク管理に関する　636
健康，環境と　292
健康・環境リスク，農薬の　326
環境問題と——　346
室内環境における——　310
重金属の——　322
上下水道・水環境の——　316
食品摂取と——　508
土壌汚染の——　320
放射線の——　298
原子力発電システムのリスク，
社会インフラとしての　374
原子力発電所の確率論的リスク評価　112
健全性リスクの評価，保険会社の　600
原発事故調査報告書と被ばく線量の
安全基準値，５つの　42

合意形成にむけたプロセスデザイン，
手続き的公正を満たす　246
工学システムと安全目標　358
工学システムにおけるリスク管理の
国際規格　140
工学システムのリスク評価　108
工業化学物質のリスク規制(1)
：歴史と国内動向　330
工業化学物質のリスク規制(2)
：海外の動向　334

航空安全におけるリスク管理 368
リスク管理，航空安全における 368
公衆衛生，ワクチンと 342
合理的なリスク管理のための行政決定 156
高レベル放射性廃棄物処分：地域と
　世代を超えるリスクのガバナンス 558
国際規格，工学システムにおける
　リスク管理の 140
国際規格と国際戦略，化学物質管理の 180
国際機関，EUなどの国際的なリスク管理に
　関する研究動向 636
国際基準と国内基準の調和
　：放射線のリスクガバナンス 188
国際的対応枠組み，食品安全の 456
国際的な取り組み・ガバナンス，
　気候変動に対する 404
国際的な取り組み・ガバナンス，
　自然災害に対する 406
国際的なリスク管理に関する研究動向，
　国際機関，EUなどの 636
国内の取り組み・ガバナンス，
　気候変動に対する 408
国内の取り組み・ガバナンス，
　自然災害に関する 410
固定化と市民化，リスクの 34
子どもをもつ家庭の貧困と社会的排除 530
コミュニケーション，科学技術と 232
雇用社会のリスク 544

■さ

災害の経済被害 380
災害リスクの評価 128
再生医療と先端医療の光と影 680
裁判におけるリスクの取扱い 158
再保険制度，巨大地震と 276
サプライチェーン途絶のリスク 378
差別，性的マイノリティーの 540
産業保安と事故調査制度 176
残余のリスクと想定外への対応 446
残余リスク，リスクファイナンスと 258

事業継続マネジメント（BCM） 266
事故調査制度，産業保安と 176
地震リスク 430
システミックリスクからの示唆，3つの 50
事前警戒原則／予防原則 160
自然災害に関する国内の取り組み・
　ガバナンス 410
自然災害に対する国際的な取り組み・
　ガバナンス 406
自然災害のマルチリスク 440
自然災害・気候変動リスクの概念と対策 402
持続可能性評価，気候変動リスクへの対応：
　ネガティブエミッション技術の 424
室内環境における健康リスク 310
地盤・斜面リスク 438
シミュレーション技法，曝露評価と 94
市民化，リスクの固定化と 34
社会インフラとしての原子力発電システム
　のリスク 374
社会経済分析 84
　制度化された―― 164
社会実装(1)：行政編，リスク学の 36
社会実装(2)：企業編，リスク学の 38
社会実装に向けて，
　リスクコミュニケーションの 206
社会人を対象とするリスク教育 626
社会的排除
　――と貧困 522
　子どもをもつ家庭の貧困と―― 530
　定住外国人の――と多文化共生 542
　女性の――と男女平等参画 526
社会・人間系へのリスク，
　気候変動による 422
社会の環境整備，ドローンの登場と 684
重金属の健康リスク 322
重要インフラストラクチャ―の
　リスクとレジリエンス 354
主要国の食品安全行政と法 460
循環型社会におけるリスク制御 350
障害者との共生を阻むリスク 532
上下水道・水環境の健康リスク 316
証券化とそのリスク 596
消費者製品のリスク管理手法 166
消費生活のリスク 550
情報公開とリスク管理への参加 238
食品，大学のリスク教育 624
食品安全行政と法，主要国の 460

食品安全の国際的対応枠組み 456
食品現場の衛生管理とリスクベースの
行政コントロール 488
食品摂取と健康リスク 508
食品中の化学物質のリスク評価 468
食品トレーサビリティとリスク管理 496
食品の安全評価，規制措置，
ナノテクノロジー，遺伝子組換えと 480
食品分野のレギュラトリーサイエンスと
専門人材育成 504
食品由来リスク知覚と双方向
リスクコミュニケーション 492
女性の社会的排除と男女共同参画 526
人工知能の普及に伴うリスクの
ガバナンス 676
新興リスクのためのガバナンス 644
新興リスクの特徴 640
人材育成，リスク管理のための 628
人獣共通感染症のリスクアナリシス，
動物感染症と 484
信用リスクの評価 592
信頼性評価，データの不確実性と 88

水害対策の先進事例，
新たな社会実装の試み(1) 56

生活支援ロボットと安全性の確保 688
政策的対応，
リスクの相互依存と複合化への 174
生態リスク
——の評価 104
化学物質による—— 348
気候変動による—— 420
性的マイノリティーの差別 540
制度化された社会経済分析 164
世界金融危機の構造と監督当局の対応 46
セキュリティ，エネルギーシステムと 372
セキュリティリスク，安全保障リスク 390
世代間の衡平性，リスクと 664
先端医療の光と影，再生医療と 680
専門家と市民，専門家同士，
リスク認知とバイアス(2) 224
専門人材育成，食品分野の
レギュラトリーサイエンスと 504

想定外への対応，残余のリスクと 446
双方向リスクコミュニケーション，
食品由来リスク知覚と 492
ソーシャルメディア，対話と 252

■た

大学のリスク教育：食品 624
大気環境 306
大規模広域災害時における
国と地方公共団体の連携 400
対策，気候変動・
自然災害リスクの概念と 402
対話とソーシャルメディア 252
対話とマスメディア 248
対話とリテラシー，リスクに関する 228
対話の技法：
ファシリテーションテクニック 240
対話の共通言語，リスクの可視化と 242
対話の発展，リスクガバナンスにおける 236
多文化共生，定住外国人の社会的排除と 542
男女共同参画，女性の社会的排除と 526

地域社会の崩壊と再生 554
地域と国の連携，大規模広域災害時の 400
地域と世代を超えるリスクのガバナンス，
高レベル放射性廃棄物処分 558
知識と欠如モデル，
リスク認知とバイアス(1) 220

津波リスク 434

定住外国人の社会的排除と多文化共生 542
定性的リスク評価 110
定量化手法，リスクの 78
データの不確実性と信頼性評価 88
手続き的公正を満たす合意形成にむけた
プロセスデザイン 246
電磁波のリスク 304

投機，ヘッジと 590
東京電力福島第一原子力発電所事故，
被災者と地域の自己決定 566
動物感染症と人獣共通感染症の

リスクアナリシス 484
土壌汚染の健康リスク 320
ドローンの登場と社会の環境整備 684

■な

ナショナルリスクアセスメント 652
ナノテクノロジーと遺伝子組換えを利用した
食品の安全評価と規制措置 480

日本の危機管理体制 190
人間・社会系へのリスク，
気候変動による 422
認知症高齢者の意思決定支援と権利擁護 536

ネガティブエミッション技術の持続可能性
評価，気候変動リスクへの対応 424

農薬の環境・健康リスク 326

■は

バイオ技術のリスク 672
曝露評価とシミュレーション技法 94
ハザードの変化，気候変動による 414
バブルの歴史とその生成の仕組み 578

東日本大震災と
リスクコミュニケーション 202
被災者と地域の自己決定
：東京電力福島第一原子力発電所事故 566
微生物学的リスク評価 476
微生物の包括的リスク管理 472
被ばく線量の安全基準値，
５つの原発事故調査報告書と 42
ヒューリスティック，リスク認知と 216
評価
気候変動リスクの―― 124
金融リスクの―― 120
災害リスクの―― 128
生態リスクの―― 104
貧困，社会的排除と 522

ファシリテーションテクニック，
対話の技法 240
フィンテックとインシュアテック 610
風評被害とは何か 670
不確実性下における意思決定 212
複合化への政策的対応，
リスクの相互依存と 174
複合リスク 32
部門別資本配賦，統合リスク管理と 262

プライバシーリスクと
プライバシー影響評価 658
プラント保守における
リスクベースメンテナンス 366
プロセスデザイン，手続き的公正を満たす
合意形成にむけた 246
分配的公平性，リスクの 662

ヘッジと投機 590

保育園とアスベスト，
新たな社会実装の試み(2) 62
包括的リスク管理
化学物質の―― 464
微生物の―― 472
放射線のリスクガバナンス，
国際基準と国内基準の調和 188
放射線利用のリスク管理 302
法，主要国の食品安全行政と 460
法律に組み込まれたリスク対応 154
保険会社の健全性リスクの評価 600
保険・金融分野の
リスクの概念とリスク管理 582

■ま

マイクロプラスチック 692
マクロ統計からみるリスク，
私たちを取り巻くリスク(1) 18
マスメディア，対話と 248
マルチリスク，自然災害の 440

水環境の健康リスク，上下水道 316
身近に隠れた日常生活リスク，
私たちを取り巻くリスク(2) 24
水俣病事件，
疫学的照明とリスクガバナンス 568

モラル・ハザードと逆選択　604

や

用量-反応関係の評価　90
予防原則／事前警戒原則　160
予防原則の要件と適用　162

■ら

リアルオプション　272
リスク
　——と世代間の衡平性　664
　——とレジリエンス　442
　——の経済学の系譜　574
　——の固定化と市民化　34
　——の相互依存と
　複合化への政策的対応　174
　——の地域的偏在
　：沖縄米軍基地　562
　——の定量化手法　78
　——の分配的公平性　662
　——の可視化と対話の共通言語　242
　安全保障（セキュリティ）——　390
　新たな感染症の——　340
　宇宙開発利用をめぐる——　386
　海上交通における——　370
　核の——　394
　火山噴火——　436
　共生社会を取り巻く——　512
　雇用社会の——　544
　サプライチェーン途絶の——　378
　地震——　430
　地盤・斜面——　438
　社会インフラとしての
　原子力発電システムの——　374
　証券化とその——　596
　障害者との共生を阻む——　532
　消費生活の——　550
　津波——　434
　電磁波の——　304
　バイオ技術の——　672
リスクアナリシス
　——：リスクの概念と
　リスク低減の包括的枠組み　452
　動物感染症と人獣共通感染症の——　484
リスク概念の展開と多様化　6
リスク学
　——とは何か　4
　——の社会実装(1)：行政編　36
　——の社会実装(2)：企業編　38
　——の歴史　10
リスクガバナンス
　——とリスクコミュニケーション　236
　——の概念と枠組み　132
　疫学的証明と——：水俣病事件　568
　高レベル放射性廃棄物処分，
　地域と世代を超える——　558
　人工知能の普及に伴う——　676
リスク管理
　放射線利用の——　302
　——の基準とリスク受容　144
　——のための行政決定，合理的な　156
　——のための人材育成　628
　——への参加，情報公開と　238
金融・保険分野のリスクの概念と——　582
　食品トレーサビリティと——　496
　消費者製品の——手法　166
　国際機関，EUなどの国際的な——に関する
　研究動向　636
　工学システムにおける——の国際規格　140
リスク規制(1)
　：歴史と国内動向，工業化学物質の　330
リスク規制(2)
　：海外の動向，工業化学物質の　334
リスク教育
　大学の——：食品　624
　社会人を対象とする——　626
　リスクリテラシー向上のための——　618
リスクコミュニケーション　208
　——の社会実装に向けて　206
　東日本大震災と——　202
リスク削減対策の多様なアプローチ　152
リスク社会学　666
リスク受容，リスク管理の基準と　144
リスク制御，循環型社会における　350
リスク対応，法律に組み込まれた　154
リスク対策，企業の危機管理と　194
リスク低減の包括的枠組み
　：リスクアナリシス，リスクの概念と　452

重要インフラストラクチャーの——とレジリエンス 354
リスクトレードオフ 172
リスクに関する対話とリテラシー 228
リスク認知とバイアス(1)
：知識と欠如モデル 220
リスク認知とバイアス(2)
：専門家と市民，専門家同士 224
リスク認知とヒューリスティクス 216
金融・保険分野の——
の概念とリスク管理 582
裁判における——の取扱い 158
リスク比較 168
リスク評価
——の目的 70
——の枠組み 72
ITシステムの—— 116
工学システムの—— 108
食品中の化学物質の—— 468
定性的—— 110
微生物学的—— 476
リスクファイナンスと残余リスク 258
リスクベースの行政コントロール，
食品現場の衛生管理と 488
リスクベースメンテナンス，
プラント保守における 366
リスクマネジメント規格ISO31000 136
リスクリテラシー向上のための
リスク教育 618
リスクを俯瞰する試み 26
リテラシー，リスクに関する対話と 228
倫理的・法的・社会的課題／問題（ELSI）
とは何か 656

歴史と国内動向，工業化学物質の
リスク規制(1) 330
レギュラトリーサイエンス
基準値の役割と—— 148
医薬品のガバナンスと—— 184
——と専門人材育成，食品分野の 504
レジリエンス
リスクと—— 442
重要インフラストラクチャーの
リスクと—— 354
老朽化リスク，インフラの 364
労働環境 294

■わ

ワクチンと公衆衛生 342
私たちを取り巻くリスク(1)
：マクロ統計からみるリスク 18
私たちを取り巻くリスク(2)
：身近に隠れた日常生活リスク 24

第一部

リスク学の射程

第 1 章

リスクを取り巻く環境変化

［担当編集委員：前田恭伸］

【1-1】
リスク学とは何か

リスク学は，人文科学，社会科学，自然科学の多様な分野を含む学際的な学問であり，リスクに対する様々なアプローチの集合体である．そのため，リスク学という単一の学問体系はまだ存在しないと言ってもよい．本書では，リスクの取扱いを巡る，個人的および社会的な意思決定に関わる多様な学問の集合体をリスク学と呼ぶことにする（リスク概念，およびリスク学の誕生と発展については，☞ 1-3）．本項では，リスク学の特徴とその意義を簡潔にまとめる．

◆リスク概念の本質　人類は狩猟採集時代から現在に至るまで様々な種類のリスクに囲まれてきた．リスクは不確実な未来に関わる．そして，リスクをリスクとして認識し，制御してみようという意思が生じて初めてリスク学が生まれる．リスクは守りたい何か，すなわち価値があって初めて生ずる．その守りたい価値も多様であり，それらの価値を脅かすものも多様であるため，それらが掛け合わされるリスク学は多様たらざるをえない．守りたい価値とは何だろうか．生命や健康，財産，生態系，美しい景観，人としての尊厳，人間関係，伝統，国土など，様々なものが考えられるだろう．それらに対して，人為的な脅威，不注意を含む事故，そして自然現象といった様々な因子が作用する．リスクとは一般的に，こうした原因で上記の価値への影響が発生する可能性と，その原因となる事象が実際に起きた際の影響の大きさの2つの要素からなる．

◆リスク概念の意義　様々な脅威は，それらが単にリスクと呼び変えられるのではない．それらがリスク学の対象として扱われる場合は，0か1，あるいは白か黒かという二分法ではなく，定量的あるいは定性的に，その間のどこかとして示される．このことで，リスクの大きさを，他のリスク，あるいは同じリスクの過去と比較することが可能になる．リスクを減らすためには，追加的に費用がかかったり，別のリスクを増やしたりすることがある．個人や社会がリスクに対して合理的な意思決定を行うためには，そのリスクの大きさや性質が不確実性も含めて定量的または定性的に示されていること，そして，様々な対策オプションの効果と費用が見積もられていることが有用である．

◆リスク学の役割　様々なリスクに対処するために有用な学問の集合体がリスク学である．私たちの生活を取り巻くリスクはますます多様化・複雑化し，かつ，未然防止が求められるようになっているため，リスク学に対する社会の期待は大きい．実際のリスクに対して有用であるためには，リスク学は，基礎的な科学だけでも，臨床，政策や実務といった実践だけでも成立しない．リスク学は，基礎的な科学と問題解決をつなぐ部分にその存在意義がある．そういう意味で，リスク学の多くはレギュラトリーサイエンスと呼ばれる分野に属している（☞3-5）．そのため，科学的に1つの解がある分野は珍しく，選択肢を提示したうえで，人々がどのように受け止めているかを常に考慮しなければならない．分野ごとに固有の課題はあるものの，分野横断的に適用可能な考え方や方法論も多くある．

◆リスク学の構成要素　リスク学は様々な分野で並行して発展してきた経緯があるため，すべての分野に共通する基盤的要素，すなわちオールマイティな教科書を書くことは難しい．しかし，最大公約数としていくつかの要素をあげることは可能である．最初のステップは，何を守りたいかを明確にするとともに，それを脅かす要因を発見することである．次に，その要因が発生する可能性や，それが発生した場合の影響の大きさを見積もる．このステップはリスク評価と呼ばれる（☞第2章）．次に，それらのリスクを様々なアプローチを用いて管理する（☞第3章）．保険や金融もリスク管理の重要な手法である（☞第5章，第11章）．そして，特に重要なのは，これらと並行して，継続的に様々な関係者と対話を重ねる必要があるということである（☞第4章）．リスク学の方法は，分野ごとに独自に発展してきた経緯から，分野間で用語や手法が異なっていることを認識しておく必要がある．同じ用語を使っていても意味する内容に差異が見られる場合もあるし，日本語は同じでも，もとになる英語が異なるために意味が異なる場合もある．これらはどちらが正しく，どちらが間違っているというものではない（☞1-2）．分野間で互いに学ぶ余地が多く残されていると考えるべきである．

◆リスク学のスコープ　このようにリスク学を概観すると，何でもありだという印象をもたれたかもしれない．確かに，リスク学の対象でない学術分野を見つける方が難しい．リスク学を構成する学術分野としては，方法論での分類と，対象での分類がある．前者は，既存の学術分野をリスク問題に適用したものであり，リスク工学，リスク経済学，リスク社会学，リスク心理学などがあげられる．後者は，食品リスク学，防災リスク学，化学物質リスク学，生活リスク学，保険リスク学，原子力リスク学などがあげられる．このように，リスク学は，方法論である横糸と，対象である縦糸が組み合わさった非常にスコープの広い体系を基盤としている．さらに，科学技術や社会生活の変化に伴い，対象は次々と変化・拡大し，このことが逆に方法論にも影響を与えていく．このように，リスク学は，対象と方法が共進化していく学問であり，それゆえ，その知見も常に陳腐化のリスクを抱え，定期的な見直しを迫られる運命にあるのである．　［岸本充生］

参考文献

・橘木俊詔ら（2007）リスク学入門1　リスク学とは何か，岩波書店．
・日本リスク研究学会編（2008）リスク学用語小辞典，丸善出版．
・フィッシュホフ，B.，カドバニー，J.著，中谷内一也訳（2015）リスク：不確実の中での意思決定，丸善出版．

【1-2】
リスク概念の展開と多様化

リスク概念は様々な分野で次々と導入されてきた．そのため，リスクという用語もその使われ方もリスクの分析方法も，分野ごとに共通点とともに差異が存在する．多様な分野におけるリスク概念を知っておくことは分野横断的な対話を有意義なものにするとともに，他の分野の参考となる概念や方法論を積極的に取り込むことが可能となる．多様な分野におけるリスクの定義の共通項は，図1のように，原因／事象が保護対象に対して好ましくないことを生じさせる可能性といえるだろう．ただし上記の「好ましくない」という限定が外された定義もあることに注意すべきである．多くの分野において，リスクは「頻度／確率」と「影響／帰結」の2つの要素からなるが，実践的には，3つの要素に分解するアプローチをあわせて採用している場合も多い．以下9つの分野では，第1に，リスクとハザードあるいは脅威の定義の違い，第2にリスクを構成する要素の違い，第3に評価枠組みの違いに焦点を当てた．本項で取り上げなかった，現在まだ十分にリスク概念が浸透していない分野の継続的な観察も必要である．行政が新たにリスク概念を使用した場合には，どの分野の用法を用いているかを確認するとともに，新たな公式文書が追加されると定義を更新する必要も出てくるだろう．

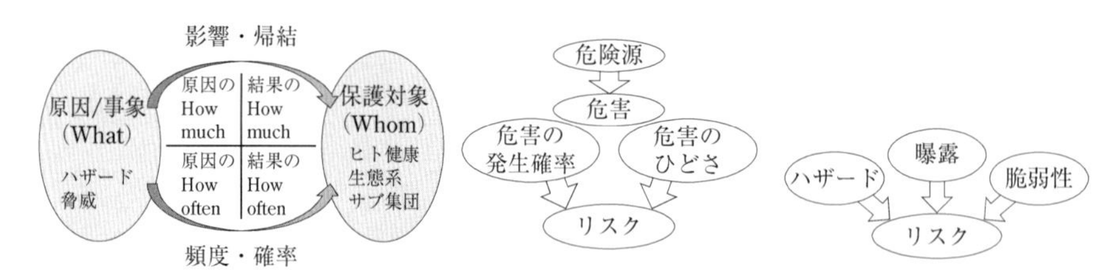

図1 リスク概念の共通項　図2 機械安全のリスク概念　図3 自然災害のリスク概念

◆**機械安全**　リスク関連の定義は，ISO/IEC ガイド 51（ISO/IEC 2014）（「安全側面－規格への導入指針」），や A 規格（基本安全規格）である ISO12100（JIS B 9700）（「機械類の安全性－設計のための一般原則－リスクアセスメント及びリスク低減」）において明記されている．危険源（hazard）は「危害を引き起こす潜在的根源」，危害（harm）は「身体的傷害又は健康障害，あるいは財産や環境への損害」と定義される．危険源が危害を引き起こし，リスクは「危害の発生確率と危害のひどさとの組合せ」と定義される（図2）．リスクアセスメント（risk assessment）の中にリスク分析（risk analysis）とリスクの評価（risk evaluation）が含まれており，後者は「許容可能リスクが達成されたかどうか」で判断される．

達成されたとしても「残留リスク」が存在していることが明示されている（☞ 3-3）．

◆ **自然災害**　国連国際防災戦略事務局（ISDR）による「災害リスク削減に関する用語集」において，リスクは「事象の（発生）確率とその負の帰結の組合せ」と定義されている（UNISDR 2009）．以前の ISO/IEC Guide 73（ISO/IEC 2002）の定義が参照されている．ただし，実践的には図 3 のように，災害リスクの規定要因として，ハザード，曝露，脆弱性の 3 要素があげられている．自然災害分野における「ハザード」概念は，人間のコントロールできない現象を指しているため，その「発生確率」も包含する概念であることに注意すべきである．脆弱性はしばしば，横軸に外力の大きさ，縦軸に被害を受ける確率をとる「フラジリティ曲線」によって表現される．確率概念が，ハザードに含まれる発生確率と，脆弱性における被害確率の 2 回含まれることにも注意が必要である（☞ 8-2）．

◆ **工業化学物質**　国際的には，世界保健機関（WHO）の総会決議に基づき 1980 年に発足した国際化学物質安全性計画（IPCS）による「リスク評価用語集」において，リスクは「ある物質へ曝露された特定の状況のもとで，生命体，システム，（サブ）集団において有害影響が生じる確率」と定義されている（IPCS 2004）．また，ハザードは「生命体，システム，（サブ）集団がその物質に曝露すると有害影響を生じる可能性を持つ物質や状況の固有の特性」と定義されている．実践的な定義として，環境省や経済産業省は，化学物質の環境リスクを，有害性の程度と曝露量で決まるとしている（図 4）．古典的な 4 段階アプローチでは，リスク評価（risk assessment）は，ハザードの特定，用量反応の評価，曝露評価，そしてリスクキャラクタリゼーションからなる（☞ 2-7，2-8）．

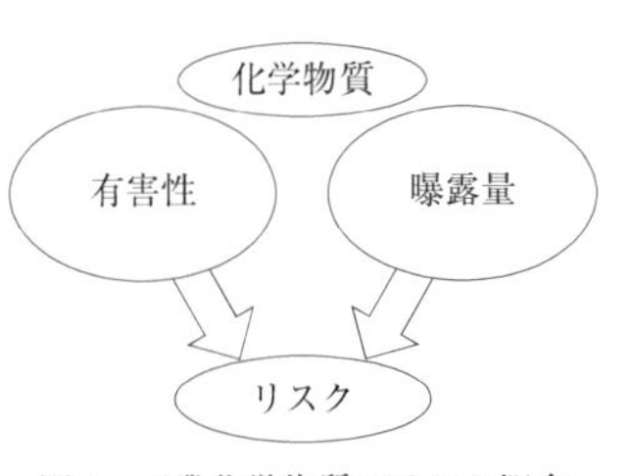

図 4　工業化学物質のリスク概念

◆ **食品安全**　国際食品規格を策定している政府間機関であるコーデックス委員会によるリスクの定義は「食品中にハザードが存在する結果として生じる，健康への悪影響が起きる確率とその程度の関数」であり（図 5），ハザードの定義は「健康に悪影響をもたらす原因となる可能性のある，食品中の生物学的，化学的または物理学的な原因物質，または食品の状態」である（Codex Alimentarius 2007）．日本でもこれらを踏襲している．食品安全分野ではリスク低減を進める枠組み全体を「リスクアナリシス（risk analysis）」と呼びリスク管理，リスク評価（risk assessment），リスクコミュニケーションからなる構造化された手順が国際的に共有されている．食品安全分野では，ハザードは「物質」その

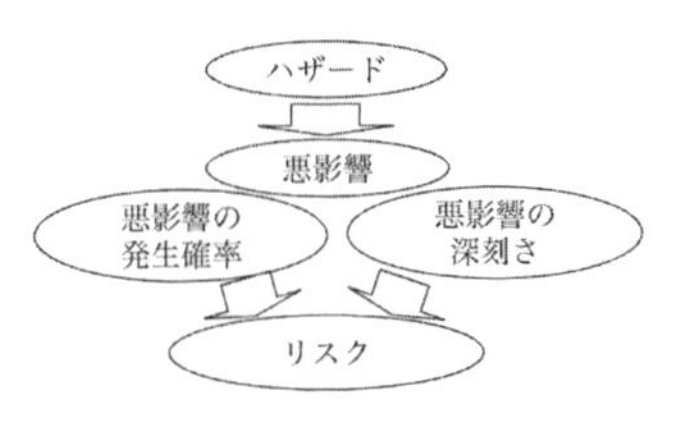

図 5　食品分野のリスク概念

ものを指しているが，工業化学物質分野では物質の持つ「固有の特性」を指していることに注意すべきである（☞ 9-1）.

◆セキュリティ　米国国土安全保障省（DHS）はリスク用語集を出しており，リスクは「その可能性と関連する帰結によって決まる，事故，出来事，あるいは事件から生じる望ましくないアウトカムの可能性」と定義されている（US DHS 2010）．脅威（threat）は「人命，情報，環境および／あるいは財産に損害を与える可能性を持つあるいは示唆する，自然あるいは人為的な事件，人間，モノあるいは行動」と定義されており，その原因をハザードと呼んでいる．リスクはその「拡大定義」において，「脅威，脆弱性，および帰結の関数として評価される悪いアウトカムの可能性」とされている．この公式は実際に，リスク＝脅威×脆弱性×帰結，とするスコアリングシステムとしても活用されている．具体的には，脅威は攻撃発生確率，脆弱性は攻撃成功確率，帰結は攻撃成功時の被害の大きさを示している．サイバーセキュリティの場合は，ISO/IEC 27000:2014 において，ISO Guide 73:2009 ISO（2009）のリスクの定義が採用され，図 6 の「帰結」が「情報資産」に置き換わる．

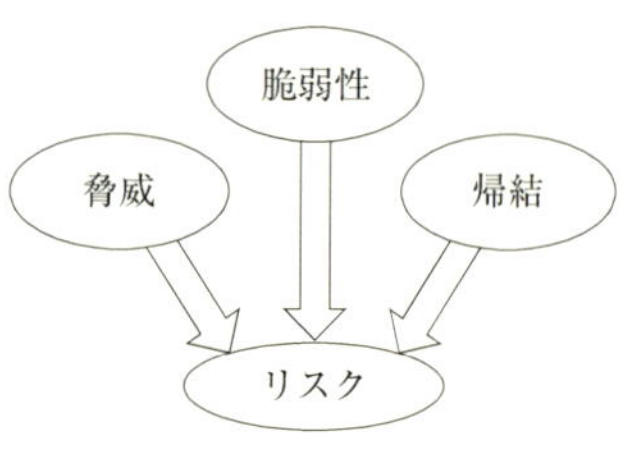

図 6　セキュリティ分野のリスク概念

◆感染症　世界保健機関（WHO）が 2013 年に発表した「パンデミックインフルエンザのリスク管理：WHO 暫定指針」ではリスクに基づくアプローチが採用された．具体的なリスク評価の方法は WHO（2012）に詳しい．リスクの定義は「発生可能性とある特定期間中の有害事象の帰結の推定される大きさ」，ハザードの定義は「曝露した人口において健康悪影響を生じさせる可能性を持つ物質」とされている．食品安全と同様，ハザードは「物質」を指す．実践的には，リスクは，ハザード，曝露，状況の 3 要素からなる（図 7）．ハザード評価は，懸念すべきウィルスの特定とそのウィルス学的および臨床学的情報の整理であり，パンデミックの可能性とその広がりやすさを評価する．曝露評価は，媒介者に関する情報，感染や発症の疫学的知見，曝露する集団や感受性の高い集団の特定などである．状況評価は，高リスク集団のサイズ，農業や家畜管理，ヒトの行動，気候，媒介者の行動，公衆衛生システムの機能などが含まれる．

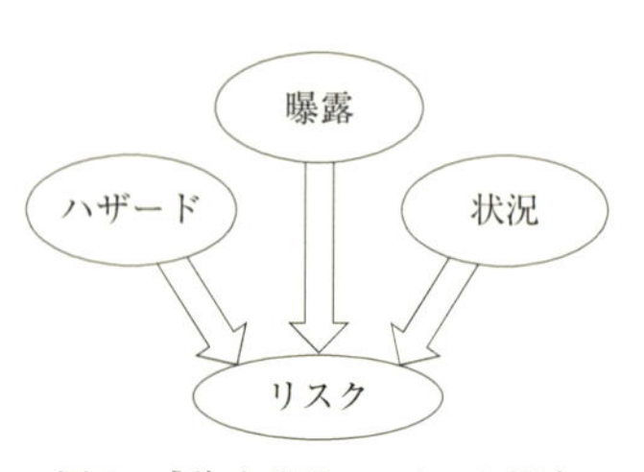

図 7　感染症分野でのリスク概念

◆金融・保険　金融分野では，リスクは期待値周りの変動性と定義され，プラスかマイナスかを問わず，ばらつきが大きいほどリスクが大きいことになる．これは経済学におけるリスクの定義である．一般にリスク量は，予想最大損失を表すバリュー・アット・リスク（VaR）が用いられる．VaR は経営破たんリスクや必要自己資本量などを評価するため，マイナス事象のみとなる．他方，保険分野では，保険の募集・管理と資産運用の２つの機能を持ち，前者は商品開発など保険の引き受けリスクの多くを「曝露量×発生確率＝純保険料」で評価するのに対し，後者では機関投資家として金融分野のリスク概念を使用する．また，保険会社の健全性判断にはこれら２領域のリスクをVaRに換算し，統合して使用している（☞ 2-14）．

◆**組織**　あらゆるリスクを対象とするリスクマネジメント用語の規格として策定されたISO/IECガイド73は，2009年に改訂された際に，リスクの定義を「目的に対する不確かさの影響」とした（ISO 2009a）．同時にリスクマネジメント規格であるISO 31000も策定され，同じ定義を採用した（ISO 2009b）．ここでは影響は，「期待されていることから，好ましい方向及び／又は好ましくない方向にかい離すること」とされ，プラスとマイナスの両方をカバーしている．また，ハザードは潜在的な危害の源とされた．リスクマネジメントのプロセスや用語については，機械安全のものと共通点が多い．ただし，「モニタリング及びレビュー」や「コミュニケーション及び協議」がすべての段階に必須の要素となっている（☞ 3-2）．

◆**社会学**　自然科学に比べ，社会学でのリスクの捉えられ方は多様である．リスクは客観的に存在するという実在主義的な把握に加え，リスク自体は客観的だがそれに気づき対応する過程は社会的である，または社会的過程抜きでは何もリスクとされ得ないという様々な強度の社会構成主義的な把握がなされる．よって，リスクの統一的な定義はないが，ベック（Beck, U）やルーマン（Luhmann, N）による研究はよく引用される．ベックは，かつて最大の脅威であった疫病や自然災害が科学技術で制御されつつある半面，その科学技術がリスクになっていることを観察し，科学技術リスクへの対処が主要な関心事となる社会をリスク社会と呼んだ．ルーマンは，ある主体が自らに帰属する損害やその可能性をリスク，自ら以外に帰属するものを危険と呼び分け，損害やその可能性がどのように観察され，コミュニケートされるかに主眼を置いた（☞ 13-9）．

◆**汚染型と事故型**　最後に，汚染型（慢性影響）と事故型（急性影響）で，リスクの定式化が異なることを指摘しておきたい．前者では発生確率そのものは１であり，リスクは曝露量と有害性の程度からなる．確率概念は，有害性の程度を表す用量反応関数の中に被害発生確率として含まれる．後者ではリスクは発生確率と被害の大きさからなり，被害の大きさは曝露量と外力の程度からなる．外力の程度は例えば地震動の場合はフラジリティ曲線で表され，被害発生確率を含む．すなわち事故型（急性影響）のリスクは事象の発生確率と被害の発生確率の２種類の確率を含む．

［岸本充生］

📖 参考文献

・日本リスク研究学会編（2008）リスク学用語小辞典，丸善出版．
橘木俊詔ら（2013）リスク学とは何か（新装増補 リスク学入門 1），岩波書店．

【1-3】
リスク学の歴史

リスクの語源は諸説ある（バーンスタイン 2001）．イタリア語の「勇気を持って試みる」（risicare），あるいはスペイン語の「切り立った崖」（risco）とも言われる．後述のように，リスク管理の原点の1つである損害保険はイタリアの海上保険が源でもあり，これらの語の持つイメージ「勇気を持って船を出し，崖の間を危険な航海に進んで行く」はまさにこれと一致していることから，この時期に生まれた可能性は高い．それは，確定的にはわからない不確実状況をも計算に組み込み，合理的に決定・管理していこうとする考え方の萌芽でもあった．

◆リスクの誕生 リスクは，原語では確率と結果の組合せという語感である．経済学では，結果を除いた確率のみをリスクと呼ぶ場合もあるが，いずれにしても確率とリスクは関係がきわめて深い．それは前述のように，不確実状況を考慮に入れる際にまず用いられたのが確率だったためである．なお，偶然（chance）の語源はアラビア語のサイコロ（hazard），すなわち現代我々が使っているハザードと同じ語であり，この点もリスク学と確率の深い関係を示している．

リスクを不確実な未来に関する予測だとすると，未来が神による定めであると認識されている限り，リスクの計測や制御についての動機付けはない．実際，エジプト時代や古代ローマからサイコロ賭博は盛んだったが，その際のサイコロは不確実性を使った遊びというだけでなく，しばしば神託を占うのにも用いられており，言い換えれば，神が告げる未来をサイコロを介して聞いていたのにすぎない．『確率の出現』の著者ハッキング（Hacking, I）は，この時代の蓋然性をどちらかというと認識論的確率に近いものとして捉えている．損害保険のうち海上保険のルーツはルネサンス初期，14世紀のイタリアで，また，社会的な相互扶助制度としての生命保険はローマ時代から存在していたとされる．だが，これらは一定の金額を事前に徴収して危機に備える仕組みであったものの，この時代には確率の概念や計算法，生命表自体が存在しなかったため精緻な計算が不可能で，その保険は合理的に設計されたものになり得なかった．例えばある時期まで，現代で言う生命保険の保険料は，若者でも年寄りでも等しい金額とされていた．

ハッキングはまた，現代的な偶然的／認識論的二元性を持った確率の概念の出現には，中世における臆見や証拠の概念が，ルネサンスの科学革命期に変化することが必要だとする．つまり，「権威ある者による保証」という認識的な臆見が変化したことが重要であると主張し，その意味では現代の認識論的確率（主観確率や論理説など）は確率が当初から持っていた側面であると考えられている．とは言え，そういった段階の中世においても，医師で錬金術師，そして毒性学の父とも呼ばれているパラケルスス（Paracelsus，1493〜1541）は，「全てのものは毒であり，毒でないものなど存在しない．その分量のみが，毒であるか，そうでないかを決めるのだ」というリスクの定量化に通じる有名な言葉を残している．

◆リスクを計測する試み　状況が大きく変わったのは1660年前後の約10年間である．現代的な数学としての確率は，パスカル（Pascal, B）とフェルマー（Fermat, P）がこの時期に往復書簡の中で計算法を編み出したものだが，同時期の『ポール・ロワイヤル論理学』には確率という数章があり，この中には早くも賭けの計算に端を発した確率を災害に応用する考え方が出ている．「200万人に１人が落雷で死亡するというのは大げさであろう．あまり一般的でない非業の死はどんな種類であれ，めったにないのである．危害への恐怖は危害の重さだけでなく，その出来事の起こりやすさ（プロバビリティー）にも比例するべきである（ハッキング 2013：132）」．そして単に恐怖に怯えるのではなく，その発生確率を考えるべきだという記述がある．また，パスカルは同時期に，『パスカルの賭け』で不確実状況での意思決定の枠組みも作っているが，同時期の前述の『論理学』には加えて期待値にあたる概念に基づいて行動することを推奨するような記述も見られる．

他方で，リスクを計測する試みの基礎の１つは，ロンドンの商人グラント（Graunt, J）に始まる．彼は疫病（ペスト）の蔓延による膨大な死者を見て通常の死因に関心を持ち，1662年に今日「生命表」と呼ばれている形式でデータをまとめ，ロンドンでの出生と死亡の記録を分析した書籍を出版した（Graunt 1662）．これには，死亡の原因となる事象（hazard）とその発生の割合のリストも含まれている．この本は評判を呼んで大陸に伝わり，オランダではホイヘンス（Huygens, C）が期待値に相当するものの計算法を案出し，また，グラントの表とこの期待値計算に基づいて，平均余命の計算法を考案した．少し遅れて，英国でペティ（Petty, W）もまた疫病をきっかけに，地域ごとの平均余命をまとめている．そして，オランダのデ・ウィット（de Witt, J）やヒュッデ（Hudde, J）が，これらを用いて初めて根拠ある年金計算を行った．さらに，ハレー（Halley, E）は，ドイツのブレスラウを対象に厳密な生命表を作成し，年齢別の平均余命年数や今後１年間に死亡する確率などを計算し，これらは今日の生命保険会社が保険料率を算出する際の基礎となった．統計学史や確率論史で著名なこれらの事象の背景に，そもそも欧州での疫病の蔓延があることは，リスク学史として着目すべきである．なお，この後ベルヌーイ（Bernolli, J）とライプニッツ（Leibniz, G.W）は，往復書簡（1703〜1704年）の中で，サイコロや壺に対して使われる確率を病気に適用することの適否に関する議論も行い，ベルヌーイは『推測術』（Bernoulli 1713）でそれに関する見解も示している．

ところで，ダニエル・ベルヌーイ（Bernoulli, D）は，1738年に発表した評論の中で，「ある物の価値は，それについた値段によって決まるのではなく，その物によってもたらされる効用によって決まる」として，効用概念を提案した(Bernoulli 1738)．これは後年の経済学における効用理論の基礎概念となった．

◆ナイトとケインズ　第1次世界大戦からロシア革命を経た激動の時代の真っただ中であった1921年，イギリスではケインズ（Keynes, J.M）が『蓋然性論（*A treatise on Probability*)』を，米国でナイト（Knight, F.H）が『リスク，不確実性および利潤（*Risk, Uncertainty and Profit*)』を，それぞれ公刊した（酒井 2013)．

ケインズは，『蓋然性論（確率論)』の中で，測定可能な蓋然性に対して，数値化できない蓋然性の問題を問いかけた．15年後の1936年の主著『雇用，貨幣および利子の一般理論』では，「美人投票」のたとえが有名である．すなわち，美人投票の結果を当てた人に賞品が与えられる場合には，自分が美人だと思う人ではなく，他の人たちが誰を美人だと考えるかを予想しなければならない．これは投資家が株式市場で行っていることであり，経済活動の実体よりも，他の投資家がどう考えているかの方が重要なのである．これは市場が，予想が予想を生み，バブルを生み出す素地をもともと持っていることを示している．ケインズは，こうした不確実性を経済学に取り込むことが急務だと考えたのである．翌年に発表した解説論文において，「確実性」「蓋然性（確率)」「不確実性」を明確に区別し，「不確実性」は他の2つの間に来るものではなく，両者の領域を超える基礎概念であるとした（Keynes 1937)．もう1つケインズの有名な概念に「アニマル・スピリッツ」がある．これは，不活動よりも活動を欲する自生的衝動の結果であり，単なる合理性を超えた何ものかが必要なのであり，経済の成長に不可欠であると考えた．

ナイトは，『リスク，不確実性および利潤』において，3種類の「確率的状況」を識別することが肝要であるとした．1つ目は，「サイコロの1の目の出る確率が6分の1である」というように，すぐれて数学的な「先験的確率」である．2つ目は，人の平均寿命や交通事故の確率というように，当該社会の中で経験的に決まる「統計的確率」である．これらはともに確率分布で定量的に表現することが可能であり，「リスク」とされた．これらに対して3つ目は，測定がもはや不可能な「高次元の漠然とした世界」の分析であり，ナイトはこれを「諸々の推測，判断」と呼び，真の意味での「不確実性」とした．

◆リスク学の誕生　放射線防護分野では，国際放射線防護委員会（ICRP）が1950年代にリスク概念を導入し，1977年には原爆被爆生存者の疫学調査に基づいて発がんリスクの定量化が行われた．その後，医療行為などで個人が受ける放射線被ばくでは，リスクをベネフィットが上回らなければならないとする「正当化」の原則も取り入れられた（☞ 6-3，6-4)．1960年代から英国や米国では原子力発電所を対象として，確率論的リスク評価（PRA）の手法開発が進められ，1975年には原子力施設に対する初めての本格的なPRAを用いた「原子炉安全研究」（ラスムッセン報告として有名）が米国で発表された．その後，事故発生確率などを指標とした安全目標が設定されるようになった（☞ 2-12）．

1970年代からは，ヒト健康リスク分野，特に発がん分野に定量的なリスク評価手法が導入され始めた．1976年に米国環境保護庁が発がんリスク評価ガイドラインを公表している．1980年代は全米科学アカデミーと環境保護庁から重要な文献がいくつか出ている．通称，赤本と呼ばれる『連邦政府におけるリスク評価』では，リスク評価を構成する4段階，すなわち，ハザード特定，用量−反応評価，曝露評価，リスクキャラクタリゼーションが有名である（NRC 1983）．リスク評価とリスク管理を機能的に分離することの重要性が強調された．

電気工学者でもあり，核エネルギーの専門家でもあったスター（Starr, C）は，1969年に「社会的便益 vs. 技術リスク」と題する論文を発表し，縦軸に人・時間曝露あたりの死亡率，横軸に人あたりの平均年間便益（ベネフィット）をとると，様々な活動が自発的行為と非自発的行為の2つの許容可能リスクレベルに乗ることを明らかにした（Starr 1969）（☞ 4-6）．便益の大きいものほど大きなリスクが許容され，自発的リスクは非自発的リスクの1000倍受け入れられやすいと結論づけ，これによりリスク学に便益が明示的に組み込まれた．物理学者のR.ウィルソン（Wilson）は1979年，「生活の日常的なリスクを解析する」と題する論文で，様々な分野で10万人に1人の死亡確率に相当する出来事をリスト化した（Wilson 1979）．例えば，カヌーで6分航行すること，ニューヨークで2日間過ごすこと，喫煙者と2か月住むことなどの事象が並べられた．

核物理学者であるワインバーグ（Weinberg, A）は，1972年に「トランスサイエンス」概念を提唱した（Weinberg 1972）．「科学によって問うことができるが，科学によって答えることができない問題群」と定義し，膨大な資金と時間を費やせば科学が答えられる可能性があるが現実的には答えることができない問題群の例として，「低線量放射線の生体影響」，人間の心理を含むので本質的に科学的に答えられない「社会科学のほとんどのもの」，そして，どの科学に予算を付けるべきかといったメタなレベルの「科学における選択」の3種類をあげた．

1970年代末には，スロビック（Slovic, P）やフィッシュホフ（Fischhoff, B）ら米国の心理学者を中心に，多変量解析手法を用いたリスク認知研究が複数行われ，これらは計量心理学パラダイムと呼ばれた．スロビックは，一般人のリスク認知は「未知性因子」と「恐ろしさ因子」の2因子から構成されることを明らかにし，専門家が重視する客観的なリスクの大きさ（量）だけでなく，非合理だとして見過ごされがちであった一般人が感じる主観的なリスクの大きさ（質）にも焦点を当てた（Slovic 1987）（☞ 4-5，4-6，4-7）．

オランダ生まれの交通心理学者ワイルド（Wilde, G.J.S）は，1970年代を通して「リスク・ホメオスタシス理論」を完成させた（Wilde 1982）．すなわち「どのような活動であれ，人々がその活動（交通，労働，飲食，服薬，娯楽，恋愛，運動，その他）から得られるだろうと期待する利益と引換えに，自身の健康，安全，その他の価値を損ねるリスクの主観的な推定値をある水準まで受容する」（ワイルド 2007：7）という主張である．どれだけリスク削減対策がとられても，人々がその活動から得られる利益と引換えに受容できると考えるリスクレベルも同時に下げない限り，行動変化を通して元のリスクレベルに戻ることを指摘した．

◆リスク学の社会実装　1980 年，国際的なリスク研究コミュニティは，リスク研究の専門家集団として，リスクアナリシス学会（SRA）を設立し，1981 年からは『リスクアナリシス（Risk Analysis）』と題する国際専門誌を発刊している．日本リスク研究学会は少し遅れて 1987 年に発足した．

1980 年には，米国連邦最高裁判所で「ベンゼン事件」と呼ばれる有名な判決があった（畠山 2016）．裁判所は労働安全衛生庁（OSHA）に対して，基準値を設定する際によりどころとなる「重大なリスク」の概念を提示し，その判定方法として定量的リスク評価を用いるべきだと判示した．これはベンゼン規制を遅らせた半面，リスク評価技術の発展に大きく寄与した．判決に際してスティーブンス（Stevens）裁判官が示した，リスクが 10 億分の 1 であれば明らかに重大ではないが，1000 分の 1 であれば明らかに重大であるとする判断も有名である．

1987 年には，急を要する環境対策が一通り済んだ米国環境保護庁が，費用がかさむさらなるリスク削減を合理的に進めるために，4 つの環境問題分野ごとにリスク比較の手法を用いてランク付けした報告書を発表した（U.S. EPA 1987）．比較リスク評価（CRA）の最初のものとなり，その後，州や地方自治体ごとに数多く実施された．1988 年には，英国安全衛生庁が「リスクの耐容性（TOR）」というリスク管理枠組みを提案した（U.K. HSE 1998）．安全か安全でないかという二分法ではなく，「受容される領域」と「受容されない領域」の間に，「許容できる領域」を設定し，合理的に実行可能な限り低くされていれば我慢できるとした．この「許容できる領域」は ALARP（as low as reasonably practicable）領域とも呼ばれ，リスクを合理的に実行可能な限りできるだけ低くすることを ALARP の原則ともいう．放射線防護の分野では，ALARA（as low as reasonably achievable）の原則（最適化）と呼ばれ，ICRP の 1977 年勧告において正式に提示された（ICRP 1977）．被ばくを社会的・経済的要因を考慮に入れながら合理的に達成可能な限り低く抑えるべきであるという原則であり，LNT（線形閾値無し）仮説のもとでリスクとコストのバランスを取ることが含意されている．食品安全分野でも，国際食品規格の策定等を行っているコーデックス委員会の食品汚染物質部会（CCCF）において，食品中の汚染物質の基準値設定の際に用いられている．また，ALARA と類似の概念に，BAT がある．BAT とは「利用可能な最良の技術（Best Available Technology/Techniques）」の略称であり，例えば，1992 年に締結された「北東大西洋の海洋環境保護に関する条約（OSPAR 条約）」や 1996 年に制定された「欧州の統合汚染防止管理（IPCC）指令」の中でも用いられている．OSPAR 条約における BAT 概念を解説した付録では，最先端の技術を採用すべきことともに，経済的実行可能性や設置のための時間的制約なども考慮に入れることが指摘されている（☞ 3-4）.

1989 年には全米科学アカデミーから「リスクコミュニケーションを改善する」と題する報告書が発表され，リスクコミュニケーションを「個人，集団，機関の間における情報や意見のやり取りの相互作用的過程である」と定義した（U.S. NRC 1989）．また，やり取りされるメッセージは，厳密にリスクに関するものには限らない多様なものを含む点も指摘されている．リスクの大きさが無視できるほどの事象であるにもかかわらず強い社会的関心を呼び，そのことが予想外の社会的影響を引き起こすなど，伝統的なリスク分析が想定していなかった事態がしばしば起きることから，1988 年には，米国クラーク大学の R.E. カスパーソン（Kasperson）らによって「リスクの社会的増幅枠組み」（SARF）が提唱された（Kasperson et al. 1988）．逆に，高いリスクをもたらす事象への関心が比較的低いケースは，リスクの社会的減衰となる（☞ 4-13）.

◆リスク学の広がり　1980 年代には，人類学におけるリスク研究から，ある特定の社会や集団の社会的・文化的な特性がその成員のリスク認知のあり方を規定しているとする，ダグラス（Douglas, M）らによる「リスクの文化理論」が登場した（Douglas and Wildavsky 1982）．これは，リスク認知を費用と便益の単純な比較に還元する見方や，リスク認知を個人レベルのバイアスやヒューリスティクスに還元する計量心理学への問題提起であった.

ドイツの社会学者，ベック（Beck, U）は，チェルノブイリ原発事故の直後の 1986 年に書籍『*Risikogesellschaft: Auf dem Weg in eine andere Moderne*』（邦訳は『危険社会：新しい近代への道』）を出版した（ベック 1998）．産業社会において成功を収めた科学技術が同時にリスクを生み出す源にもなり，こうした内部からのリスクへの対処が主要な関心事となる社会をリスク社会と呼んだ．リスクは空間的にも時間的にも拡大し，必然的に世界リスク社会になると説いた．他方，ドイツの哲学者，ルーマン（Luhmann, N）は，通常のリスク学が扱うような具体的な物質や技術に関わるリスクを表す「ファースト・オーダーの観察」に対して，リスクの対概念を危険とする「セカンド・オーダーの観察」を提示し，損害（可能性）が自己の決定へと帰属される場合を「リスク」，外部の環境や他者に帰属される場合を「危険」と呼び分けた（ルーマン 2014）（☞ 13-9）.

1990 年代の初め，フントッチとラベッツらは「ポスト・ノーマル・サイエンス」という概念を提唱した（Funtowicz and Ravetz 1993）．意思決定にかかわる利害の大きさとシステムの不確実性がそれぞれ大きくなるにつれて，通常の科学（ノーマルサイエンス）から「応用科学」領域，「専門家への委任」領域を経て，「ポスト・ノーマル・サイエンス」領域に至るコンセプトが示された．意思決定に利害がかかわる度合いも大きく，システムの不確実性も大きい「ポスト・ノーマル・サイエンス」に関する意思決定のためには「拡大されたピアコミュニティ」が必要であるとされている．また，同時期に，米国ではジャサノフ（Jasanoff, S）が「リサーチサイエンス」に対する概念として，また日本では国立衛生試験所

（現在，国立医薬品食品衛生研究所）の内山充によって「予測・評価・判断の科学」として，「レギュラトリーサイエンス」概念が提唱された（Jasanoff 1990, 内山 1987）（☞ 2-1, 3-5, 3-19, 9-14）．

予防（事前警戒）原則の概念は，1960 年代に当時の西ドイツで誕生したとされる（☞ 3-10）．その後，英語に翻訳され，1990 年代以降は数多くの国際条約に取り入れられるに至った．1992 年の「環境と開発に関する国際連合会議」（「地球サミット」）において採択された「環境と開発に関するリオ宣言」の第 15 原則には，「予防的（事前警戒）アプローチ」として組み込まれた（☞ 3-10）．欧州環境庁（EEA）は，2001 年に，予防原則の重要性を示すために，予防に失敗した 14 の事例を取り上げた報告書『早期警告からの遅ればせの教訓』を公表した（EEA 2001）．他方，グラハム（Graham, J.D）とウィーナー（Wiener, J.B）は，1995 年に『リスク対リスク』と題する書籍を発刊し，あるリスクを削減することが別のリスクを増大させるというリスクトレードオフがあらゆる分野に存在していることを明らかにし，そのための分析方法を提案した（Graham and Wiener 1995）（☞ 3-15）．同年，グラハムらは，環境・安全・健康の様々な分野のリスク削減政策の費用対効果のデータを 500 以上集め，余命を 1 年延長するためにかかる費用（CPLYS）のデータベースを作成した（Tengs et al. 1995）（☞ 2-4）．

◆リスク学のいま：2000 年以降 これまで見てきたように，リスク学はその対象も分析アプローチも拡大の一途をたどっている．近年ではさらなる展開を見せており，「いま」のスナップショットを示すことはきわめて難しい．そこでいくつかの特徴的な動向を指摘しておきたい．

1 点目は，2001 年 9 月 11 日に発生した米国同時多発テロ事件を受けて，テロ攻撃を含むあらゆる脅威から国土の安全を守るために設立された米国国土安全保障省（DHS）が，オールハザード・アプローチとリスクアプローチを取り入れたことにより，リスク学の対象が，事故や自然災害といった非意図的なハザードから，悪意をはじめとする意図的な脅威（セキュリティー問題）に広がったことである．2008 年には「DHS リスク辞書」を作成し，その後更新されている（U.S. DHS 2008）（☞ 7-13, 13-4）．

2 点目は，ガバナンスへの関心である．リスクガバナンスは，リスク評価やリスク管理の個別のパートではなく，当該リスクに関する意思決定と行動のすべてを含んでいる．2003 年に設立された国際リスクガバナンス・カウンシルは，リスクガバナンスのモデルを提示した（IRGC 2005）．ガバナンスという言葉は，政治学や経営学で以前から用いられてきたが，近年，リスクガバナンスという表現がリスク学では頻繁に用いられるようになった．その背景には，リスクに関する意思決定に，政府だけでなく，事業者や一般の人々などの民間部門が重要な役割を果たすようになったことがあげられる（☞ 3-1）．

3 点目は，グローバル化や情報通信技術（ICT）化により，物理的にも情報的にも，リスクの相互依存性や相互連結性が強まったことである．このことは，かつてはローカルだったリスクが，システミック・リスクとなり，場合によっては，グローバル・リスクに容易に進展することを意味する．インターネットにより，「リスクの社会的増幅」もグローバル規模で起こりえる．N.N. タレブ（Taleb）が2007年に著書で「ブラック・スワン概念」を提示したのは，直接的には金融危機や米国同時多発テロを受けてであるが，こうした背景と無関係ではない（タレブ 2009）．タレブは，ブラック・スワンを，過去の経験から誰も起こるとは思っておらず，（実際に起きたら）非常に大きな衝撃があり，私たちは後知恵で説明を付けてまるで予測できたかのような説明をしてしまう，という特徴を持ったイベントであると定義した（☞ 1-7，3-16）．

4点目としては，2009年に国際標準化機構（ISO）から，リスクマネジメント規格「ISO31000」が発行されたことがあげられる（ISO 2009）．そこでは，リスクは「目的に対する不確かさの影響（effect of uncertainty on objectives）」と定義され，企業等の組織のリスクマネジメントを念頭に，好ましくない方向だけでなく，好ましい方向も含んだ概念とされた．また，「目的」は組織の様々なレベルにおいて設定されうるものとされた．ISO31000のリスクマネジメントの枠組みやプロセスは，その後，多様な分野で使われている（☞ 3-2）．

5点目として，守りたいものが人の健康や安全にとどまらず，プライバシーをはじめとする人権や生命倫理，選択の自由や民主主義などへ広がりつつある点があげられる．これらは人権意識の変化だけでなく，深層学習をはじめとする人工知能（AI）技術の進展によるところも大きい．特に，ビッグデータとアルゴリズムの組合せによる自動化意思決定の広がりは，プライバシーや選択の自由に対して新たなリスクを生み出す可能性が高い（☞ 10-1，10-2，13-12）．リスク学の射程も広がらざるをえないだろう．

6点目に，持続可能な発展目標（SDGs）への対応が挙げられる．2015年9月に150か国以上が参加して開催された国連持続可能な開発サミットにおいて，2030年を目標とした17の目標と169のターゲットからなるSDGsが採択された．「17目標」は，国際社会が優先的に対処すべきだと判断したグローバルリスクであり，「169ターゲット」はリスク管理の目標設定といえる．リスク学がこれから取り組むべき分野を示唆している．　　　［岸本充生・広田すみれ］

参考文献

・ピーター・バーンスタイン著，青山護訳（2001）リスク：神々への反逆，日本経済新聞社（Bernstein, P.L.（1996）*Against the gods: The remarkable story of risk*, Wiley）.

・イアン・ハッキング著，広田すみれ，森元良太訳（2013）確率の出現，慶應義塾大学出版会（Hacking, I.（2006）*The emergence of probability: A philosophical study of early ideas about probability, induction and statistical inference*, Cambridge University Press）.

・アイザック・トドハンター著，安藤洋美訳（2002）確率論史，現代数学社（Todhunter, I.（1865）*A History of the Mathematical Theory of Probability from the Time of Pascal to that of Laplace*, Macmillan）.

【1-4】

私たちを取り巻くリスク（1）：マクロ統計からみるリスク

リスク学では通常，化学物質や食品，災害，保険・金融など個別の要因について，評価や管理を研究することが多い．これがミクロなリスク学とすると，一方でもう少し大きな視点でマクロ的にリスクを捉えるアプローチも存在する．世界保健機関（WHO）の憲章によると，健康とは単に病気でないことではなく，肉体的・精神的・社会的にすべてが満たされた状態と定義されており，幸福と同様の概念であると考えられる．この定義に従えば，「健康」のためには直接的に健康に影響を与えているリスク（病気，事故等のハザード要因によって死に至る確率）のみならず，社会や経済的なリスクについても適切に管理されている必要がある．経済的なリスクとして，貧困への陥りやすさがあげられる（☞ 1-8）．また，インターネットが発達してサイバー依存度の高くなった社会では，サイバー犯罪も社会的リスクの要因として考慮すべきである．ここでは私たちを取り巻く健康や経済などのリスクについて，日本や世界のマクロな統計データからそのトレンドを俯瞰していく．

◆日本のリスクトレンド　まず，日本人の健康リスクトレンドとして最もシンプルな指標として平均寿命のトレンドを見る．厚生労働省（2015）の第 22 回生

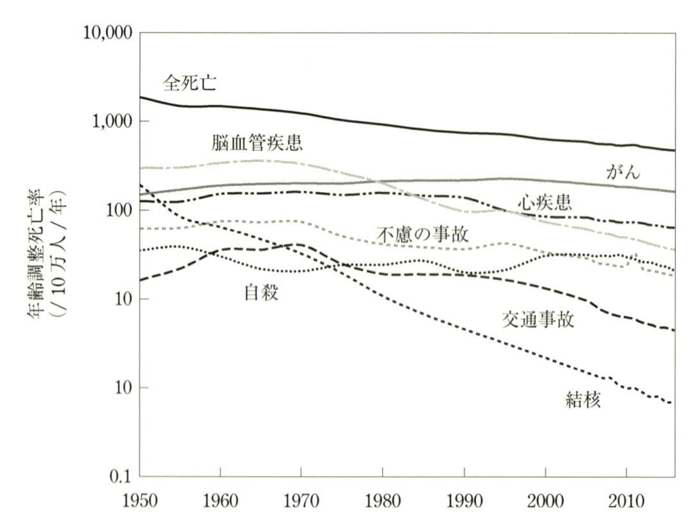

図 1　日本における主要な死因による年齢調整死亡率の経年変化（男性のみ）
［出典：厚生労働省（2017）より抜粋して作成］

命表によると，2015年の平均寿命（誕生時平均余命）は男性で80.75歳，女性で86.99歳であり，過去最高を記録した．トレンドとしては，戦後すぐの時点で男性50.06歳，女性53.96歳だったものがその後数年間で急激に10年ほど増加し，その後緩やかなペースで増加し続けている．次に，厚生労働省（2017）の人口動態調査をもとに主要な死因による死亡率のトレンドを見ていく．ここでは経年変化をわかりやすくするため，高齢化による死亡率の上昇を調整した年齢調整死亡率（昭和60年モデル人口ベース）を図１に示す（男性のみ，女性もほぼ同様のトレンドである）．戦後最も大きく減少したのは結核などの感染症である．３大生活習慣病であるがん，脳血管疾患，心疾患も一時上昇したが，現在は減少傾向にある．不慮の事故は災害による死者を含むため，東日本大震災が発生した2011年に上昇が見られる以外は減少傾向にある．その中から交通事故を抜き出すと，近年の減少が著しいことがわかる．自殺に関しては大きなトレンドが無く，ほぼ一定の死亡率となっているが，バブル景気終盤の1990年に最も低い数字を記録している．災害による死者数については内閣府（2017）による防災白書に統計がある．戦後すぐには死者数が1000人を超える年が多かったものの，1960年代以降は数十～数百人レベルで推移しており，緩やかな減少傾向が見られる．ただし，その変動は大きく，阪神・淡路大震災が発生した1995年の6478人，東日本大震災が発生した2011年の２万2385人が突出している．また，犯罪リスクの指標として，他殺による死者数を厚生労働省（2017）の人口動態調査から見ていくと，戦後の混乱期に上昇が見られるものの，その後は継続的に減少傾向にある．1987年以降は年間1000人を下回り，2016年は216人と過去最低を記録した．

次に，経済リスクのトレンドとして，まず１人あたり国内総生産（GDP，計算方法がいろいろあるが，ここではドルベース購買力平価名目GDPを示す）の1970年からの推移をOECD（2014）の統計データから見ていくと，リーマンショックを受けて2009年に下がった以外は基本的に右肩上がりに上昇しており，2016年では４万2269ドル/人となっていた．失業率については総務省（2017）の労働力調査に統計があり，戦後長らく5%以下の低い水準が続いてきたが，2002年にITバブルの崩壊などで一度5%を超えるピークを示し，さらにリーマンショック後の2009年にも5%を超えたが，その後緩やかに減少し，2016年では3%程度であった．また，相対的貧困率は国内の所得格差に注目したもので，等価可処分所得（世帯の可処分所得を世帯人数の平方根で割ったもの）の中央値の半分未満の世帯員の割合として算出され，厚生労働省（2017）の国民生活基礎調査に統計データがある．1985年から経年的に上昇傾向にあり，2015年では15.6%となっている．また，子どもがいる世帯で片親など大人が１人しかいない場合の貧困率は50%を超える水準で推移している．他にも所得格差に注目する指標としてジニ係数があり，0から１の範囲で値が大きいほどその集団における格差が大きい状態となる．厚生労働省（2016）の所得再分配調査のデータを見ると，当初所得ベースのジニ係数は上昇傾向にあり，2014 年では 0.4822 であったが，社会福祉などによる再分配後の所得ベースでは 2014 年では 0.3083 であり，逆に下降傾向にある．

新たなリスクとして注目すべきサイバー犯罪の動向は，警察庁（2017）によるサイバー空間に関する統計で見ることができる．サイバー犯罪の検挙件数の推移は 2010 年から増加傾向にあり，2016 年では 8324 件であった．内訳は大部分がネットワーク利用犯罪であり，その中でも児童ポルノ，わいせつ物頒布，児童買春，青少年保護育成条例違反，出会い系サイト規正法違反などで約半数を占め，児童や性に関する割合が高いことがわかる．また，警察による相談受理件数も増加傾向にあり，2016 年では 13 万 1518 件であった．このうち半数近くを占めるのが詐欺・悪質商法に関する相談であり，一方で経年的な増加割合が大きいのは不正アクセスやコンピュータウイルスに関する相談であった．

ここまで日本のリスクトレンドをまとめてきたが，最初の健康の定義に立ち返ると，我々は「肉体的・精神的・社会的に満たされている」と言えるのだろうか．内閣府（2012）が実施している国民選好度調査によると，2011 年の個人の幸福感は 10 点満点評価の平均値で 6.4 点であった．また，幸福感の判断の際に重視する事項として半数以上の人があげた項目は，家計の状況，健康状況，家族関係，精神的なゆとりの 4 つであった．さらにこの調査の中で，「暮らしは良い方向に向かっている」と回答した人の割合は，バブル景気の 1990 年にピークを迎えた以降は減少傾向にあり，2011 年では 14.3％と低水準であった．

私たちはより寿命が延び，治安は良くなり，経済的に豊かになっているにもかかわらず，暮らしは良くなっていないと感じている．これは大きなパラドックスである．同調査では，幸福感を高めるための手立てとして，自身の努力，企業による行動として給料の安定，政府が目指すべき目標として公平で安心できる年金制度の構築，社会の目標として安全・安心に暮らせる社会，という回答が多くあげられている．このことから，現在の状況というよりもむしろ将来に対する不安が大きいことがうかがえる．行動経済学におけるプロスペクト理論（カーネマン 2012）にあるように，効用（主観的な満足度）は富の状態ではなくある参照点（例えば現状）からの変化量によって決まり，さらに現在持っているものを失うことへの不安はより大きな心理的効果をもつ，ということが知られている（☞4-4）．パラドックスの原因はこのような心理的なものと考えられ，幸福感を高めるためにはリスクの低減のみならず，将来の不安に向き合う必要があるだろう．

◆世界のリスクトレンド 世界の疾病負担研究（GBD study）は，障害調整生命年の損失という指標を用いて，世界の疾病による健康リスクを比較しようとするものである（GBD 2016 Causes of Death Collaborators 2017）．障害調整生命年とは，損失生命年（死亡数×死亡時平均余命）と損失健康年（障害を受けた人数

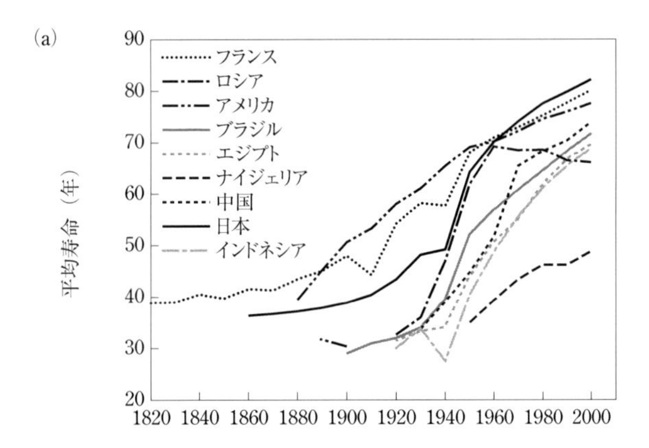

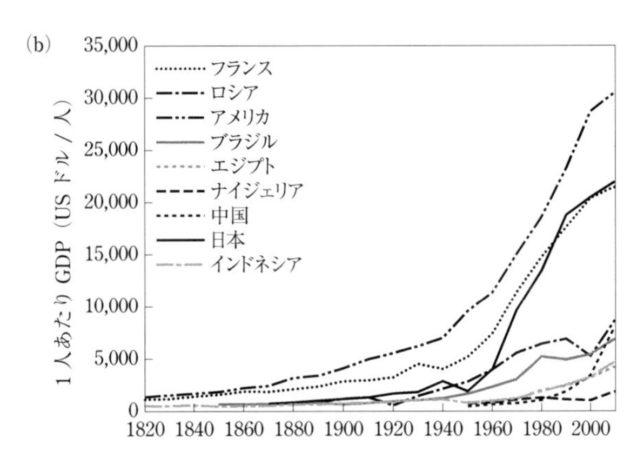

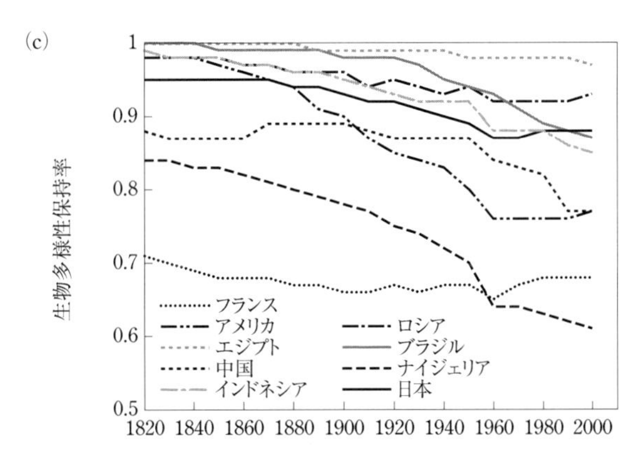

図２　世界各国における平均寿命（a），１人あたりGDP（b），生物多様性保持率（c）の経年変化
［出典：OECD（2014）より抜粋して作成］

×障害の継続年数×障害のウェイト）を合わせ，さらに年齢による社会的重みづけを考慮したものである（☞ 2-3）．このトレンドを整理すると，1990 年版では男女ともに幼児発育不良がリスク要因としてトップであったが，2016 年版では男性でたばこ，女性で高血圧がトップになっている．ほかに経年変化として，室内空気汚染，安全でない水，不衛生，手洗い施設がないこと，適切でない母乳育児など，主に発展途上国に起因する項目がランクを下げ，反対に高血圧，アルコール摂取，高血糖，高コレステロール，肥満，果物の低摂取，ナッツや種の低摂取，運動不足，腎機能障害，ドラッグの使用など，主に先進国に起因する項目がランクを上げた．このように，世界の健康リスクは貧困問題から生活習慣病問題へと徐々に変化が進んでいる．

経済協力開発機構（OECD）がまとめた「How Was Life?: Global Well-being since 1820」というレポート（OECD 2014）は，世界各地域の人口，国内総生産（GDP），賃金，教育，平均余命，身長，生活安全，政治，環境，所得格差，男女格差について 1820 年からの長期経年変化をまとめ，さらにこれらの項目の総合指標化を試みたものである．これらの項目は直接的あるいは間接的に幸福や WHO 定義の「健康」を満たすために必要なものと考えられ，世界のリスクトレンドを網羅的に表したものと言えよう．この中から，まず最もシンプルな指標として平均寿命を見ると，ロシアなど一部の国を除き右肩上がりに上昇し（図 2（a）），全世界で見ると 1820 年代から 30 年程度伸びている．ただし，サハラ以南アフリカでは他の地域の国が 70 歳付近まで達しているのに対してかなり低い水準にとどまっている．次に 1 人あたり GDP（1990 年ベースの購買力平価実質 GDP）を見ると，1820 年代に世界レベルで 650 ドル / 人であったものが 2000 年代には 7000 ドル / 人と大きく成長している．ただし，先進国と発展途上国の間で大きな差があり，第 2 次大戦後に急激にその差が広がってきたことがわかる（図 2（b））．平均教育年数を見ると，1870 年代に全世界で 1 年程度であったのに対し，第 2 次大戦後には 3 年，2000 年代には 7 年を超えた．また，先進国では 12 年程度（日本の小学校から高校までの教育年数）になるのに対し，発展途上国では 12 年に達していないが，近年世界的に急激に伸びてきている．身長は測定が簡単で栄養状態の経年変化の良い指標となる．平均身長は世界的に伸びてきているが，その伸び方は各国でばらつきがある．個人のセキュリティの指標として他殺による死亡率を見ると，過去のデータが豊富でないため経年変化はわかりにくいが，おおざっぱに見ると 1 人あたりの GDP との負の相関がある．2000 年代では日本やフランスなどで 10 万人あたり 1 人以下と低い水準だが，アメリカでは 10 万人あたり 6 人，ブラジルやロシアなどでは 10 万人あたり 20 人を超えている．環境については SO_2 と CO_2 の排出量，生物多様性の損失を取り上げている．これらは実測データというよりはモデルによる推定値であり，様々な限界があることに注意が必要である．大気汚染の指標である SO_2 の排出については，

1970〜80年がピークであり，その後減少傾向にある．気候変動の指標であるCO_2排出については，化石燃料の使用の増大に伴って現在でも増え続けているものの，先進国での排出量はほぼピークに達している．生物多様性については，GLOBIOというモデルによって，すべての在来種が存続している状態の1から人間活動ですべての種が絶滅した状態の0までの範囲で指標化されている（図2(c)）．生物多様性の保持率は世界中で減少傾向にあるものの，先進国では減少に歯止めがかかっているようである．最後に，所得格差（福祉による再分配前の当初所得ベース）についての指標であるジニ係数を見ると，エジプトなどの例外を除いて世界各国で1970年代まで減少し，その後上昇しているU字カーブを描いていることがわかる．現在は経済格差が広がっている状況であると言えよう．

このほかにも，自然災害のリスクを国ごとにランキングしたWorld Risk Indexや，自然災害や人為的リスクが与える経済への影響を都市ごとにランキングしたCity Risk Index，将来起こりうる巨大なリスクをまとめたOECDによるFuture Global Shocks，世界経済フォーラムによって毎年公表されるグローバルリスクなど，リスクを俯瞰する試みは他にもある（☞1-6，13-3）．また，グローバルリスクのようなすべてのハザードを包括的に扱う手法を，国レベルで実施するナショナルリスクアセスメントの取り組みも始まっている（☞1-7，13-4）．

以上のように，公表されているマクロ統計を活用することで世界のリスクトレンドを俯瞰することができる．リスクの長期トレンドを俯瞰することは，これからどのようなリスクが顕在化するかの予測に役に立つ．例えば図2（a）では，今後も寿命が伸びて高齢化社会が進むことになると，働き手の減少，医師不足，社会福祉費用の増大などの社会的リスクがさらに増大することが予測される．また，経済は世界的に発展してきているが，特に20世紀後半から国ごとの差が大きく広がっており，格差が増大していることがわかる（図2（b））．環境の悪化は特に途上国で止まっておらず（図2（c）），生物多様性の保全等の環境対策が地球レベルで重要となる．また，これらのトレンドの変化が，異なるリスク同士の関係性を変化させることも考えられる．そして，将来世代のリスクをも踏まえたリスク管理を行わなければならない．今後も幅広いデータの拡充とそれを活用したリスクの把握，効果的なリスク管理対策の立案などが重要となるだろう．

［永井孝志］

📖 参考文献

・OECD（2014）*How was life?: Global Well-being since 1820*, OECD Publishing.

【1-5】

私たちを取り巻くリスク（2）：身近に隠れた日常生活リスク

私たちの日常生活の中にも，これまであまり注目されていなかったり，対策が十分に実施されてこなかった身近なリスクがある．現時点で，十分に合意された明確な定義があるとは言いがたいが，本項では，そういった日常生活に潜む身近なリスクを“隠れた「小規模高頻度災害」”と捉える．2015年および2016年の日本リスク研究学会年次大会企画セッションでの発表事例を取り上げたうえで，身近で見過ごされてきた要因とその対応をまとめる．

◆身近で見過ごされてきたリスクの事例　「身近なリスクランキング」（永井 2016）では，データの信頼度に応じてカテゴリー化したうえで，年間死亡率を用いて移動，食事，仕事・学校，スポーツ・レジャー，家庭に関する5つの場面の計51のリスクの比較結果が示された．その結果，それぞれの場面において，交通事故（移動：4.6×10^{-5}），食塩（食事：年間死亡率 36×10^{-5}），農業・作業中の事故（仕事・学校：15×10^{-5}），登山（スポーツ・レジャー：3.6×10^{-5}），入浴中の急死（家庭：21×10^{-5}）が高いリスクとして示された．このようなリスク比較の方法は，リスク指標によって結果が異なる可能性やリスクの原因の解釈といった留意事項があるものの，多様なリスクを比較することで，身近で見過ごされてきた高いリスクの認識に有用であると言及されている（☞ 3-14）．

個別のリスク事例を紹介する．「教育リスク」（内田 2015）では，2000年代後半以降に学校の運動会で急増した組体操の巨大化・高層化による事故について論じられた．「感動」「一体感」「達成感」といった教育的意義がリスクを見過ごす要因となったと指摘されている．

「遊具リスク」（西田 2015）では，家庭内や遊具による転倒・転落，熱傷，誤飲といった子供の事故リスクが取り上げられた．これらのリスクが見過ごされてきた一因として，現実的には対応不可能にもかかわらず，親らによる見守りが有効であろうという過度な期待があったためと指摘されている．

「登山リスク」（村越 2015）では，2010年ごろから急増した遭難リスクに関して報告された．登山リスクをもたらす要因として，キャリアの短い登山者らの知識不足と技術不足，並びに，情報発信などの社会整備の不足があげられている．

「露店リスク」（内藤 2015）では，屋台食品による感染リスクの事例が取り上げられた．その要因として，露店の取扱いに関する条例や規定の曖昧さに加えて，感染リスクへの認知の低さが関与している可能性が指摘されている．

「美容リスク」（西 2016）では，美容・化粧品の利用による消費者への皮膚障害などの健康リスクが取り上げられた．美容に関心の強い消費者を中心に生じるとし，見過ごされてきた要因として美容という効果に惹かれてリスクを低く認知しやすいこと，リスク情報の公表不足，研究や調査の不足があげられている．

「自殺リスク」（竹林ら 2016）では，諸外国と比べて依然として高い自殺リスクの対策について論じられた．自殺の話題をタブー視する風潮や自死遺族に対する社会的偏見が自殺を個人の問題とする認識を高めたことが，自殺リスクの対策がこれまで進められてこなかった要因として指摘されている．さらに，自殺の発生要因の解明や自殺報道に関するガイドラインの整備などがリスク低減に有効であることが言及されている．

その他に，2016 年の同年次大会の企画セッション参加者に行われたアンケートによれば，いじめやハラスメント，出産から，インフラの老朽化や高齢化社会に伴うリスクまで様々な事例があげられた．

◆身近なリスクが見過ごされてきた要因とその対応　上述のようなリスクが見過ごされてきた要因とその対応はそれぞれ異なるものの，これらの要因の共通項を探ることによって，次なる「身近で見過ごされてきたリスク」の同定の一助となると考えらえる（☞第 10 章）．

第1の要因は，情報やデータ不足によりリスクとしての実態が認識されてこなかったことである．流行による社会受容の変化や高齢化による脆弱者層の生活の変化など，一時的ないし経年的な社会状況の変化により，発生するリスクは動的に変化する．このようなリスクへの対応には，リスク比較の定期的な更新と可視化，方法論の高度化が有用と考えられる．

第2の要因は，ベネフィットへの高い認知により，リスクが過小に認知されてきたことである．また，このベネフィットには単なる経済的便益だけに限らず心理的便益が含まれている．このようなリスクへの対応には，リスクも含めた情報の提供や公開が有用と考えられる．

第3の要因は，個人や特定の小集団に責任を帰属させる文化により，社会的対応の必要性の認識に欠如や遅れをもたらしたことである．このようなリスクへの対応には，リスクの発生要因や発生に至る経路（パス）の解明，そして，これらの要因や経路に個人が対応できないことの明確化，さらに，これらに対応できる集団の特定などにより，社会的対応の必要性を捉え直すことが有用と考えられる．

本項で紹介した事例だけでなく，「新興リスク（新たに発生したリスク）」や，「再興リスク（近年再び増加したリスク）」との接点についての議論も待たれるなど，隠れた「小規模高頻度災害」への対応において，リスク学における課題は少なくない．

［村上道夫・平井祐介］

📖 参考文献

・内田 良（2015）教育という病：子どもと先生を苦しめる「教育リスク」，光文社．
・村越 真，長岡健一（2015）山と向き合うために：登山におけるリスクマネジメントの理論と実践，東京新聞出版局．

【1-6】
リスクを俯瞰する試み

世の中には様々なリスクが存在する．それらに対処しようとするなら，まずどういうリスクがあるのかということを知らなければならない．そのため，様々な組織がリスクを俯瞰する試みを行っている．ここでは，世界的な視野でリスクを俯瞰した事例を4つ，国内の例を1つ紹介する．

◆世界リスク報告書　ドイツのNPO法人（特定非営利活動法人）の開発援助連合（BEH）と国連大学環境・人間安全保障研究所は，2011～16年の毎年，『世界リスク報告書』（*World Risk Report*）という報告書を発行した（BEH & UNU-EHS 2016）．これは，自然災害によるリスクの指標として開発された世界リスク指標（WRI）という指標を使って，世界の171か国のリスクについて，毎年評価していたものである．WRIは，シュツットガルト大学空間地域計画研究所（ISRP）のJ. バークマン（Birkmann）とT. ウェレ（Welle）によって，開発されたもの

表1　リスクに曝露している上位15か国とWRIの上位15か国（2016年度版）

順位	リスクに曝露している上位15か国	WRIの上位15か国
1	バヌアツ	バヌアツ
2	トンガ	トンガ
3	フィリピン	フィリピン
4	日本	グアテマラ
5	コスタリカ	バングラデシュ
6	ブルネイダルサラーム	ソロモン諸島
7	モーリシャス	ブルネイダルサラーム
8	グアテマラ	コスタリカ
9	エルサルバドル	コロンビア
10	バングラデシュ	パプアニューギニア
11	チリ	エルサルバドル
12	オランダ	東ティモール
13	ソロモン諸島	モーリシャス
14	フィジー	ニカラグア
15	カンボジア	ギニアビサウ

［出典：BEH & UNU-EHS (2016)：49を一部改変］

である（Birkmann et al. 2011）．

WRIは，各地域のリスクを自然災害（地震，サイクロン，洪水，旱魃（かんばつ），海面上昇）への曝露（リスクに曝されること）と脆弱性（リスクへの敏感さ，対処能力，適応能力）の組合せを指標化したものである．国民のリスクへの曝露割合を，脆弱性を考慮して調整した比率として指標化される．例えば2016年の報告書では，上位10位の国にあがっているのは，バヌアツをはじめとするオセアニア，東南アジア，中央アメリカの国々である（表1）．これらの国々は自然災害への曝露が大きく，かつリスクへの脆弱性が高いと評価されている．ここで鍵になるのはインフラストラクチャの整備である．例えば，日本はリスクへの曝露は第4位にランクされている（表1左側）が，WRI（同右側）では，ランク外になっている．これは，インフラの整備によってリスクへの脆弱性が下がっていることが評価されたものである．

なお，2017年版は，開発援助連合から単独で発表されている（BEH 2017）．

◆ロイズ都市リスク指標　自然災害に焦点を合わせたWRIとは異なり，ロイズ保険組合は自然災害リスクと人為的リスクを視野に入れ，それらの経済への影響を評価している（Lloyd's 2015）．ロイズの都市リスク指標（CRI）は，世界の301都市を対象に，図1の18個のリスクの経済への影響を2015年から2025年までの10年間について評価したものである．この図に示すように，1位の市場の暴落，2位の感染症の大流行は，人間活動に関わるリスクである．一方，3位の暴風，4位の地震など自然災害も大きなリスクとして評価されている．また，各都市別にみると，上位3位に，台北，東京，ソウルという東アジアの3大都市が並んでいる．

また，世界のリスクの新しいトレンドとして，次の3つを指摘している．

① 新興国の経済は特定のリスクと強く結びついている．例えば，リマやテヘランのリスクの50％は地震である．

② 人為的脅威が徐々に大きくなってきている．市場の暴落，サイバー攻撃，停電，原子力事故だけで全リスクの3分の1を占め，市場の暴落だけでほぼ4分の1を占める．

③ 新しい脅威，例えばサイバー攻撃，感染症の大流行，植物への疫病，太陽嵐（磁気嵐を含む）も大きくなりつつある．これらだけで全体の4分の1を占める．

◆将来起こりうるグローバルショック（future global shocks）　経済協力開発機構（OECD）は，将来起こりうる巨大なリスクについて，*Future Global Shocks* という報告書を2011年にまとめた（OECD 2011）．ここで言う「将来起こりうるグローバルショック」とは，「少なくとも2大陸にまたがるような，激甚な結果をもたらす急激に発生する大きなイベント」である．ただし，隕石の落下のような，対処の難しいものではなく，ある地域から出発してその影響が急激に周囲

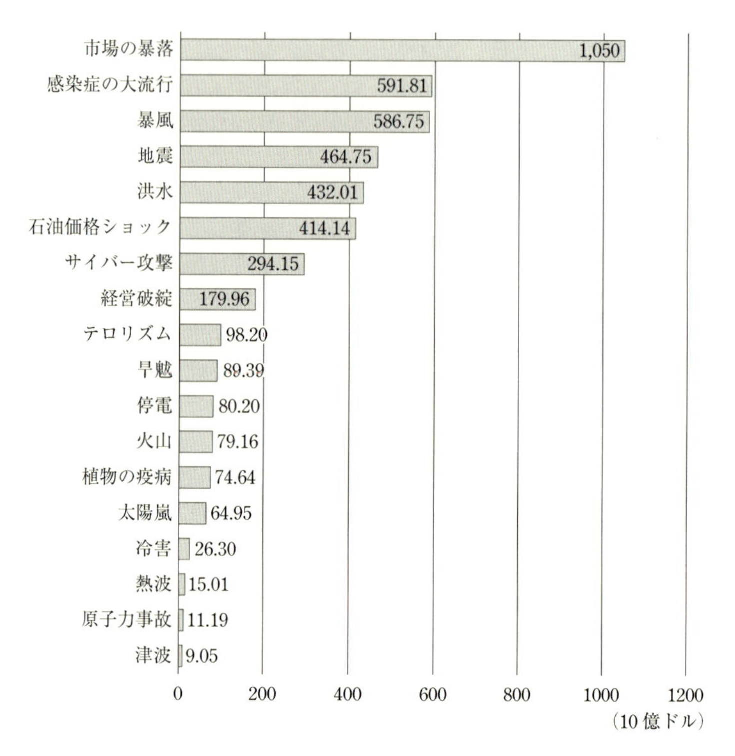

図1　主要301都市の全リスク
［出典：Lloyd's（2015）をもとに筆者翻訳］

に影響するような事象を指している．すでにグローバルショックは起こっており，例えば「リーマンショック」，2009年の新型インフルエンザのパンデミック，中東・北アフリカ地域の政治的混乱，2010年のメキシコ湾原油流出事故，そして東日本大震災などがそれに当てはまる．この報告書では，経済的危機，サイバーリスク，パンデミック，磁気嵐，社会不安の5つの事例のケーススタディから，将来起こりうるグローバルショックについて論じている．

これらに共通する特徴は相互がシステムとしてつながっているということである（相互接続性）．経済，交通，情報など様々なシステムが相互接続性を強めていることが，グローバルショックの起こりやすさを高めている．

◆グローバルリスク報告書　スイスの非営利財団である世界経済フォーラム（WEF）は，2006年以降，毎年『グローバルリスク報告書』（*Global Risks Report* : GRR）を発行している（WEF 2017）．これは世界の750名の専門家のリスク認知に関するアンケート調査（"Global Risks Perception Survey"）の結果からまとめられているものである．

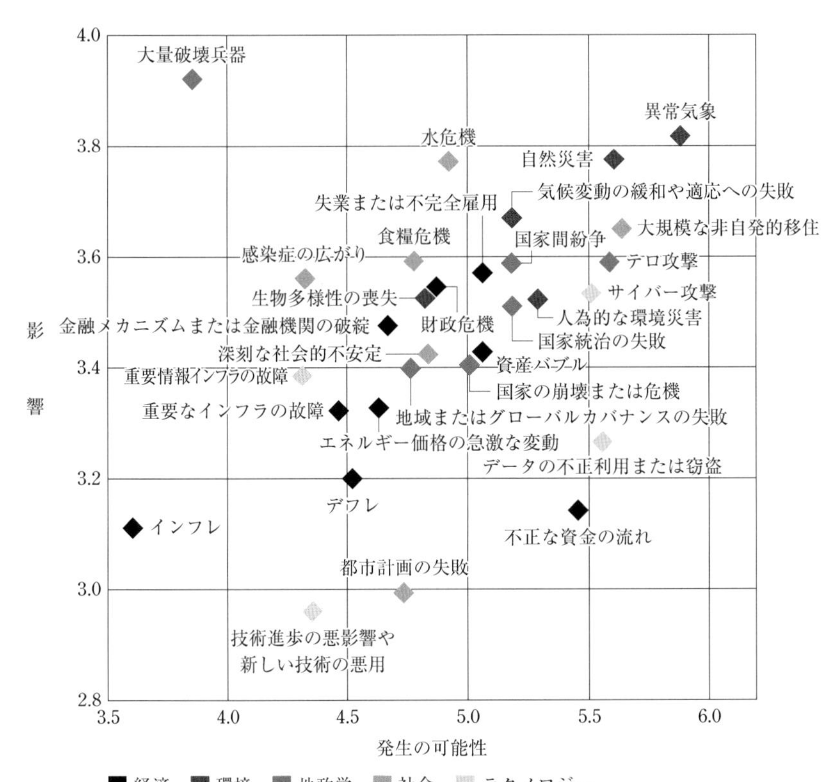

図２　グローバルリスク・ランドスケープ 2017
［出典：リスク対策.com 2017］

アンケート結果から重要と考えられる上位30個のリスクを示したものが図２のグローバル・リスク・ランドスケープである．横軸は発生可能性を示し，縦軸はインパクトを示している．この図によれば，可能性が高くインパクトの大きいリスクとして，異常気象，自然災害，大規模な非自発的移住，テロ攻撃，サイバー攻撃，水危機，気候変動の緩和・適応への失敗，国家間紛争，人為的な環境災害，失業または不完全雇用，国家統治の失敗などがあがっている．

報告書は，主要な結論として，以下の３項目をあげている．第１は，不平等と二極化がグローバルリスクの主要な原動力となっているということである．第２は，対策の進展にもかかわらず，環境関連リスクがやはり急激な影響のあるものとして存在しているということである．そして第３は，相互接続性が社会のレジリエンスに対して大きな課題になっているということ，特に新規技術によってもたらされつつある第４次産業革命と関連して，大きな課題となっているということである．

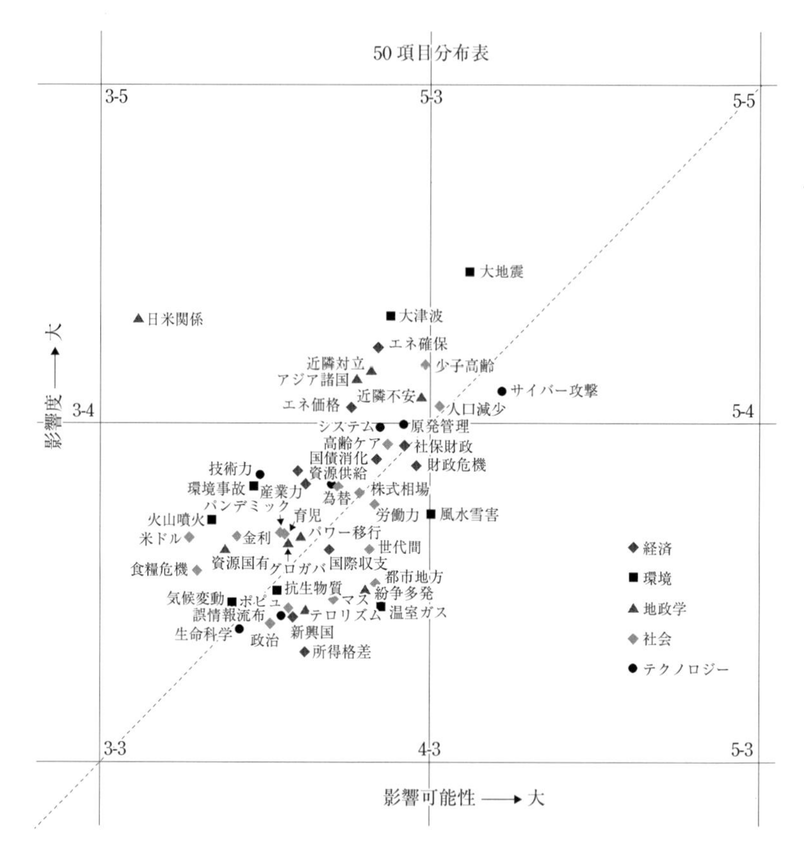

図3 日本のリスク・ランドスケープ
［出典：三國谷ら 2015］

◆日本のリスク・ランドスケープ 三國谷らは，GRRの手法にならって，日本版のリスク・ランドスケープを作成した．2014年3月と同年8月にアンケート調査を行い，そこから日本のリスク・ランドスケープを導いている．第2回目の調査では，67個のリスクについて，影響度と影響可能性を調べている（三國谷ら 2015）．図3は，日本の有識者へのアンケート結果をもとに，影響度と影響可能性の積の大きなもの上位50位までのリスク項目を示している．横軸は影響可能性を，縦軸は影響度を示し，それぞれ1～5で評価されている．例えば右上の「5-5」という交点は影響可能性5，影響度5の点を示し，左下の「3-3」は影響可能性3，影響度3を示す．

また，これとは別に，中枢リスクとして「慢性的財政危機」「大地震の発生」「グローバルガバナンスの機能不全」「少子高齢化問題への取り組みの失敗」「重要なシステム障害」「技術開発力の低下」を選んでいる．選ばれた項目の多くはGRRにみられる項目と重複する．中枢リスクにおいて，グローバルリスクとナショナルリスクは共通するものに収斂している．

◆世界のリスク・日本のリスク　ではこれらリスクを俯瞰した事例から何がわかるだろうか？

第1は，日本のリスクとして自然災害はやはり大きなものであるということである．WRIや日本のリスク・ランドスケープを見ると，そのことがよくわかる．また，日本は自然災害への曝露が大きい国ではあるが，これまで様々な自然災害リスクに立ち向かいインフラを整備してきた先人たちの営みによって，そのリスクは比較的小さなものに抑え込まれていることがWRIには示されている（☞8章）．

一方，世界にとっては，人間活動そのものが大きなリスク要因になっている．これが2番目の知見である．ロイズが指摘した市場の大暴落や世界経済フォーラムのグローバル・リスク・ランドスケープの図の右上に現れた非自発的移住やテロ，国家間紛争などは，まさにそういった人間活動に起因するリスクである（☞1-13, 7-13, 7-14）．

第3として，相互接続性が世界規模のリスクの重要な要因となっていることをFuture Global Shocksやグローバルリスク報告書は指摘している．経済，交通，情報などのシステムが相互に接続しているために，あるシステムで起こったリスク事象が別のシステムに波及する．そういったリスクはシステミックリスクと呼ばれる（☞1-14）．

第4は，やはり環境関連リスクが大きなリスクとして指摘されているということである．特にグローバルリスク報告書はそのことを指摘している．地震や台風など自然災害の多くが急激な性質を持つのに対し，気候変動やそれに伴う異常気象の増加は，徐々にリスクが増大する性質を持つ（スローデベロッピング）．それゆえ自然災害とは別のアプローチが必要になる（☞8章）．

第5に，日本固有の問題として，少子高齢化と人口減少の問題があることを，日本のリスク・ランドスケープは示している．これら問題もスローデベロッピングリスクの一種である．これら問題は社会そのものの脆弱性を高め，社会に通底するリスクを高めることになる．わが国の社会はこのリスクに対処しなければならない（☞10章）．

［前田恭伸］

📖 参考文献

・三國谷勝範ら（2015）日本のリスク・ランドスケープ：第2回調査結果，PARI-WP 15（20），東京大学政策ビジョン研究センター．
・OECD（2011）Future Global Shocks: Improving Risk Governance, *OECD Reviews of Risk Management Policies*, OECD publications.
・World Economic Forum（2017）*The Global Risk Report 2017, 12th Edition*, World Economic Forum.

【1-7】
複合リスク

複合リスクとは，様々なリスクが相互に連動することにより，リスクが増幅される現象を指す．複合リスクの例として，ネイテック（NaTech）がある．ネイテックとは，自然災害がきっかけとなり技術的災害が引き起こされるような現象を指す．2002年にチェコで発生した洪水で有毒物質が流出したことで関心が広がった．ネイテック災害の特徴としては，単一あるいは複数の地点において同時に災害が発生すること，電力，交通・通信手段等の公共サービスの供給途絶により災害時に安全確保のための能力確保が阻害されることがあげられている（Cruz et al. 2004）．また，近年では，サイバーリスクにみられるようにセイフティ（非意図的，自然起源）へのリスクに加えてセキュリティ（意図的，悪意）へのリスクとの複合化もみられる．そして，双方の領域で，リスク・アプローチという共通の手法を用いることが試みられてきた（Heng 2006）．

複合リスクには，このような外生的リスクを起因とするリスクの増幅だけではなく，内生的リスクに起因するリスクの増幅も存在する（Sornette 2009）．2008年のリーマンショックに見られるように，金融システムのような内部の構成要素が強固に連結したシステムでは，内生的リスクが相互作用によりフィードバックを重ね，増幅された（☞ 1-13）．

◆福島原発事故の場合　福島原発事故に至る経緯やその帰結は，複合リスク問題であったと位置づけることができる（城山 2013）（☞ 1-12）．福島原発事故の直接の契機は，東日本大震災に伴う地震・津波であった．福島原発事故の原因として，シビアアクシデント（過酷事故）への対応（アクシデント・マネジメント）が不十分であったことが指摘されている．1992年にシビアアクシデント対策が導入された当初，アクシデント・マネジメントの対象は炉の爆発等の内的事象に限定され，地震等の外部事象が排除されていた（☞ 1-12）．

原子力安全規制が，地震・津波等のリスクに対応できないという状況は，その後も続いた．津波については，2002年に三陸沖北部から房総沖の海溝寄りのプレート間大地震（津波地震）に関して，同じ構造を持つプレート境界の海溝付近に同様の地震が発生する可能性が指摘された（地震調査研究推進本部 2002）．しかし，このような評価結果は，防災政策に取り込まれることはなかった．資源上の制約から優先順位付けを余儀なくされた中央防災会議の専門調査会では，三陸沖から房総沖の中間に位置する福島県沖から茨城県沖にかけての海溝での巨大地震は，歴史上知られていないため，対応が求められないこととなった．

また，原子力安全委員会では，多様な理学系の地震の専門家や工学系の専門家が参画して，耐震設計審査指針の改定作業が2001年に開始された．しかし，様々な専門分野間コミュニケーションが難しかったため，改定作業には5年という長い時間がかかった．理学系研究者と工学系研究者の間では，確率といった基本的な考え方についてさえ，異なった見方がされていた．また，活断層の定義と対象については，理学系研究者の中での多様な意見のずれが続いた．その結果，津波についての議論と規定は不十分なものとなった（城山ら2015）．

さらに，福島原発事故により生じた放射性物質の拡散を契機による食品中の放射性物質への対応が問題となったが，基準値の策定は，食品安全の専門家と放射線防護の専門家の考え方の違いや，放射線に関わる様々な専門間の考え方の違いにより，調整が困難であった（松尾2015）．また，津波・地震や福島原発事故を契機として災害医療，患者の避難等が求められたが，ここでも，災害医療における被害想定と実際の被害のずれ，患者避難のための輸送手段不足，医療機器を稼動させるのに必要な電力供給の途絶といった複合的問題が確認された（田城，畑中2015）（☞1-12）．

◆オールハザード・アプローチの試み　このような複合リスク問題に対応するためには，分野横断的対応が求められる．海外では，包括的にすべてのハザードを対象とするオールハザード・アプローチに基づく評価として（☞13-4），ナショナルリスクアセスメントを制度化する動きが進んでいる（城山2015）．例えばイギリスでは，2004年の「民間緊急事態法」に基づき，毎年非公開であるが実施している．国民向けに公表されるリスク一覧も作成されている．事故，自然災害，人為的脅威が包括的に対象となっており，抽出されたリスクについて，影響の大きさと発生確率が測定される．また，民間緊急事態に対処し，復旧する能力を強化することを目的として，内閣府の民間緊急事態事務局が調整を行い，国家レジリエンス対応能力プログラムを策定している．

他方，シンガポールでは，テロリズム等に対して全政府アプローチで対応するため，2004に首相府に国家安全保障調整事務局が設置された．そして，同事務局におけるシナリオプランニングを補完する戦略的課題の予測メカニズムとして，リスク評価ホライゾンスキャニングプログラムが2004年に開始された．

日本においても現在，一定のリスクへの包括的アプローチが試みられつつある（城山2015）．2013年には内閣官房に国土強靱化推進室が設置された．しかし，これは対象を主として自然災害に限定している．他方横断的対応を行う組織的取組として，内閣府には，従来からの防災担当部局，新たに設置された国家安全保障局もあるが，これらと国土強靱化との関係は十分詰められてはいない．［城山英明］

📖 参考文献
・城山英明（2015）大震災に学ぶ社会科学（第3巻）福島原発事故と複合リスク・ガバナンス，東洋経済新報社．
・城山英明（2018）幅広いリスクの評価と対応，科学技術と政治，ミネルヴァ書房，第4章．

【1-8】
リスクの固定化と市民化

大規模自然災害や原発事故，食品・健康リスクなど外部から危害が降りかかるわけではないが，日常生活の基盤である，雇用環境や社会保障制度の変化などを通じ，気が付けば多くの人が貧困とさほど遠くないところにいるというリスクもある．

◆リスクの固定化　2018年4〜6月の労働力調査によれば，非正規雇用者は，役員を除く雇用者5579万人のうち2095万人，割合にして37.6％を占め，その割合は30年前（1989年度）の18％から倍増している．わが国の雇用形態は，労働時間と職種でしか区分しない海外と異なり，低賃金かつ正職員への復帰が困難という特殊な労働構造を示している．

働いている国民の3分の1が労働格差の状況に置かれる中で，厚生労働省の「国民生活基礎調査」によれば，2016年の日本の貧困率（相対的貧困率）は，15.6％となっている．また，17歳以下の子ども貧困率も約7人に1人の13.9％（貧困基準は，可処分所得122万円以下）で，ひとり親世帯の同率は50.8％と半数を超えている．すなわち，親の経済的困窮が子どもの教育環境や進学状況に影響し，「貧困の世代間連鎖」を生んでいる．また，人口の3分の1を占める高齢者も，年金，介護制度の制度変更が新たな弱者を作り，貧困の拡大が懸念される．すなわち，日本の人口の4割の人々が，社会的なリスク（ここでは貧困というハザードに陥る確率）にさらされていることになる．

それは，社会の余裕を喪失させ，社会的に弱い立場の人々に発生する社会的排除（☞10-2）の拡大の一要因となる．この広範囲に発生するリスクの特徴は，ゆっくりと被害が顕在化し，かつ世代を超え連鎖する，すなわち「リスクの固定化」にある．

◆リスクの市民化　リース（Leiss, W）は，市民と情報発信者とのリスクコミュニケーションを3段階に分類している（Leiss 1996）．すなわち，正確な情報公開を中心とした第1段階（1970年代〜90年代前半）から，市民の説得を目的とした第2段階（1980年代中頃〜90年代中頃），そして，相互の立場を尊重するという責任がある第3段階に入ったとした．そうした中で，2000年代に入るとさらに，マスメディアに加えてインターネットやソーシャル・ネットワークサービス（SNS）などの情報の提供と流通が高度化したため，一般市民はきわめて容易にリスク情報の入手と発信が可能となっている．市民は，これらの流通する情報に基づき，リスクについてみずから判断することを望み，かつそれを求めることが多くなった．一方，これらのメディアは，情報アクセスと情報発信が低コストで行えることから，「不確実性の高い情報」が断定的に論じられることや非専門家が自分の判断は正しいと考え，専門家と同レベルで主張を行うことも可能であるため，市民は玉石混交の情報の中で暮らしているとも言えよう．このような，不確実性の高い情報があふれる中で，専門家でもなく相対的にリスクにさらされやすい市民のリスク判断を助け，正しいリスク情報を共有しながら政策や組織の目的を実現していかざるをえない環境を「リスクの市民化」と呼ぶ．これは，ベックのリスク論（☞13-9）にある産業社会から変化したリスク社会を体現している．また，リスクの固定化と相俟って社会のリスク分配において「歪」を生じさせている．

◆SNSとリスクコミュニケーション　相対的に貧困リスクが高く，どちらかと言えばSNSからの不確実性の高い情報への抵抗力が弱い傾向がある多くの市民とのリスクコミュニケーションの構築は大きな課題である．SNS（☞4-16）は，高速の拡散性を利用した低コストの情報共有という長所を有する反面，閉じたコミュニティで自分と同じ意見の人々とのコミュニケーションを繰り返すことによって，自分の信念が増幅・強化される（エコーチェンバー現象）という短所もある．自分と同種の意見には強く共鳴するが，自身の意見を拡張，補強する情報しか受け入れない現象が発生する．例えば，米国トランプ大統領によるツイッターを利用したコミュニケーションは，その意見を強く支持する投稿者が介在し，同大統領を支持する人々の連帯強化に繋がっている．SNSのチェックメカニズムの不在によって虚偽内容や操作された情報が際限なく拡散され，米国社会の分断を助長している．また，情報そのものが虚偽であるフェイクニュースも，EU離脱を問う国民投票時には選挙の行方に影響を与え，東日本大震災におけるタンク火災による有害物質の拡散や熊本地震の際のライオンの脱走など，SNSが係わる誤情報の拡散は災害時の不安を煽っている．うわさは，災害時などに大きく不足する情報の補完を目的に流布され，人々はその情報により納得感を得て，不安を和らげることができるプラスの面もある．しかし，リスクコミュニケーションにおいて扱うのが不確実性を伴ったリスク情報であるが故に，情報の透明性は必須の要素である．その観点から言えば，SNSはリスクコミュニケーションに使用できるメディアではなく，単に情報伝達や情報共有のための手段にすぎないともいうことができるが，この新たな対話手段とも正面から向き合うことが求められている．

リスクが市民化する中では，SNSの持つリスクを内包しながらも，ステークホルダー間での情報共有と対話努力を通じて相互理解を進め，それを丁寧に繰り返すことにより，信頼醸成と合意形成を進めていくことが重要となる（☞第10章）．

［久保英也・竹田宣人］

📖 参考文献

・Ulrich Beck（1992）*Risk Society: Towards a New Modernity*, SAGE Publications Ltd., 1–272.

【1-9】
リスク学の社会実装：行政編

行政機関による様々な規制業務には，リスク概念が実装されている．許容レベルや基準値を設定するためにリスク概念が必要であることは，合理的ではあるものの，安全か危険かの二分法からリスクアプローチに変えることは，一定の残余リスクの存在を認めることになり，行政機関側にも，規制の影響を受ける側にも，越えるべきハードルがあったことは想像に難くない．そのハードルを越えるきっかけは，事件・事故であったり，分析技術の進歩であったり，外圧であったり，あるいはそれらの組合せによるものであったりと多様である．

◆発がん性物質のケース　わが国では1980年代ころまでは，大気中，食品中，水道水中など，あらゆる場所で，発がん性物質は生活環境中にあってはならないものという考え方で管理されてきた．しかし，分析技術の進展もあり，大気中からも水道水中からも微量の発がん性物質が検出される事実が明らかになってきた．そのころ，世界保健機関（WHO）が飲料水質ガイドラインにおいて，遺伝毒性発がん性物質の基準値を，生涯リスクレベルが10万人に1人という水準で設定した．わが国でもこれに従って1993年に新しい水道水質基準が策定されたが，このときはリスクレベルを明示することは「時期尚早」と判断された．同じころ，経済協力開発機構（OECD）では「有害大気汚染物質（HAP）」が議論され，HAP対策を行っていない国からの輸入の制限が検討されたこともあり，わが国でも規制の検討が急がれた．中央環境審議会は，1996年，「閾値が無い物質については，暴露量から予測される健康リスクが十分低い場合には実質的には安全とみなすことができる」と答申して，生涯リスクレベル10万人に1人が「当面の目標」として導入された（中央環境審議会1996 a, b）．

◆食品安全のケース　1963年に国連食糧農業機関（FAO）とWHOが合同で設立した政府間組織であるコーデックス委員会では，1990年代にリスクアナリシスの枠組みが議論され，2003年にリスクアナリシスの作業原則が採択された．もともとコーデックスの規格はその法的位置づけは各国政府の任意に委ねられていた．1995年に世界貿易機関（WTO）が発足した際に締結された「衛生植物検疫措置の適用に関する協定」（SPS協定）において，加盟国は「国際的な基準，指針又は勧告がある場合には，自国の衛生植物検疫措置を当該国際的な基準，指針又は勧告に基づいてとる」（第3条）とされ，コーデックス規格がWTOの事実上の安全基準と定められたことから，任意以上の影響力を持つようになった．

他方，国内では，2001年9月に初めて牛海綿状脳症（BSE）感染牛が発見された．これを受けて設立された「BSE問題に関する調査検討委員会」は2002年に報告書を発表し，「農林水産省は産業振興官庁として抜きがたい生産者偏重の体質を関係議員と共有してきた」と，いわゆる「規制の虜」について指摘するとともにリスク分析の手法を導入することを求めた（BSE 問題に関する調査検討委員会 2012）．その結果，リスク評価とリスク管理を組織的に分離・独立させることになり，リスク評価機関としての食品安全委員会が 2003 年に新設され，リスク管理機関である厚生労働省や農林水産省が食品安全委員会に評価を依頼し，食品安全委員会がリスク評価結果を答申し，その結果を受けて厚生労働省や農林水産省がリスク管理を行うという分業体制が確立した．

◆地震防災のケース　わが国の地震防災は，1995 年に阪神・淡路大震災が発生するまでは予知を前提としていた．予知とは，地震の発生時期，場所，規模（マグニチュード）を地震の発生前に精度良く予測できることを指す．1965 年には第 1 次の「地震予知計画」が開始された．その第 3 次の途中に東海地震説が提唱され，2 年後の 1978 年に「大規模地震対策特別措置法」が制定された．しかし，第 7 次計画の最中の 1995 年，阪神淡路大震災が発生したことで，政府は地震予知の看板を下ろし，地震調査研究推進本部を発足させ，活断層調査と，それぞれの活断層の地震発生確率調査を開始した．98（2018 年現在は 114）の主要活断層が選定され，地震の繰返しの平均間隔とそのばらつき具合，および最後の地震からの経過時間から，30 年等の一定期間内の地震発生確率を算出することになった．これをもとに確率論的地震動予測地図が作成されている．

◆資金洗浄およびテロ資金のケース　1989 年に設立された資金洗浄に関する金融活動作業部会（FATF）は 1990 年に「40 の勧告」を提言したが，2012 年にこれを改訂した際に 40 の勧告の 1 番目で「自国における資金洗浄（ML）およびテロ資金供与（TF）のリスクを特定，評価，理解」すること，そして評価に基づきリスクベースドアプローチを適用すべきなどとした．2013 年 2 月には，FATF から，「国レベルの ML と TF のリスク評価」と題するリスク評価指針が公表され，リスクは脅威，脆弱性，帰結の 3 要素の関数であり，リスク評価は特定（脅威と脆弱性），分析（特性，発生源，可能性，帰結），判断（優先順位／戦略）の 3 段階からなるとされた（FATF 2012）．わが国ではこれを受けて，警察庁が中心になって省庁間作業チームを作り，2014 年 12 月に「犯罪による収益の移転の危険性の程度に関する評価書」を公表した．その第 2 部が「リスク評価」であり，「取引形態」「顧客」「国・地域」「商品・サービス」「新たな技術を利用した取引」の 5 類型について，類型ごとのリスク要因の特定・分析・評価が実施されたものの，評価結果は「リスクがある」「リスクが高い」などの文言が中心であった．翌年度からは「リスク」という言葉は「危険度」に置き変わった．　［岸本充生］

📖 参考文献

・村上道夫ら (2014) 基準値のからくり：安全はこうして数字になった，講談社．

【1-10】
リスク学の社会実装：企業編

企業は，リスク（ここでは，ハザードが顕在化する可能性）をとることにより，収益を獲得する経済主体である．ビジネスに関わる個別のリスクを実感・認知し，評価し，管理することは，企業や組合などの組織が誕生したときから行われていた．例えば，14世紀のイタリアの海運組合は，アフリカ，インド，アメリカ大陸などリスクの高い遠洋海上貿易に乗り出すに際し，金融業者にプレミアムを支払い，商船が無事帰港しなかった場合には積み荷の代金を金融業者が負担する契約をしていた．すなわち，商船が海難事故にあう高いリスクと大きな収益を認知し，そして，おそらくその確率も把握し，リスクを移転する方策として保険の仕組みを活用していた．

◆企業のリスク管理の変化　企業がビジネス上発生する個別のリスクについて，評価や管理を行うという姿が変化したのは，粉飾決算や企業会計の不備など企業のコンプライアンスの欠如が社会問題化していた米国において，米国トレッドウェイ委員会組織委員会（COSO）が1992年に「内部統制」という枠組みを公表してからである．その後も，2001年の米国エンロン社の不正経理と経営破綻は，単に1企業の問題を超え，米国の資本市場全体を揺るがすことになった．2004年には，その反省からCOSO-ERM（☞3-23）が登場し，世界の大企業を中心に，リスクを個別に管理する従来のリスク管理から，企業がとる多様なのリスクを統合して管理するリスク管理に，急速に転換が進んだ．

◆日本のCOSO-ERM　日本のCOSO-ERMの特徴は，①当該企業のみならずグループ会社全体での取り組み，②最終目標は，企業価値の創造，最大化，③戦略リスクを含む，④企業が抱えるリスクの統合化である．

また，そのステップは，①リスクの発見・確認，②リスクの分析・算定評価，③リスク対応（管理：処理と制御），④リスク受容・リスク移転，⑤リスクコミュニケーション（対ステークホルダー）としている．

リスク学はその多くが既に企業行動に取り込まれ，企業はリスク学実践の場となっている．企業で利用されやすい理由は，第1に，リスク管理の目標が企業価値の最大化であると一義的に明確なことである．経営が直接リスク管理に関わり，目標を企業価値の最大化に置いた段階で，リスク評価や管理の最終目標（エンドポイント）が明確になっている．それは，例えば放射線の1mSvという基準（☞1-13）や堤防の必要強度などの基準（☞1-15）が，最終目標である地域住民の健康と安全を守ることを実現するための1つの中間目標であるのとは対照的である．

第2は，巨大な設備投資や合併・買収（M＆A）などは将来の企業の成長力や価値を決めるが，時間軸が長く，リスクも収益水準も投資の決定時点では不確実性が高いゆえに，それらを評価し統合リスク管理に取り込んでいる点である．環境，健康分野の予防原則（☞3-10，3-11）に議論が残る学会より方向性が明確である．今後は顕在化が懸念される新興リスクについても，企業と学会の連携がより重要となる．

第3が，リスク尺度の共通化である．多くの企業が最大損失額（VaR）という概念を用い，統一尺度で企業のリスクを計測している．リスクの複合化（☞1-7）が加速していく中では，分野ごとに独立したリスク尺度を，ある分野では統合する必要に迫られる．企業内のリスクの統合化は，リスク評価尺度だけではない．リスクの発生頻度や損害規模も，図1に示した「リスクマップ」により，企業全体（開示範囲は，ステークホルダーを含む場合もある）で見える化と情報の共有化を図っている．

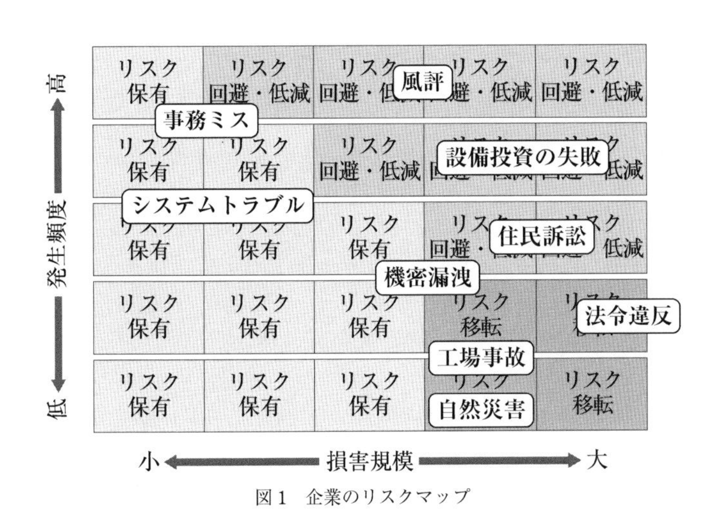

図1 企業のリスクマップ

変化の激しい環境下で，企業のリスク管理を牽引する理論研究には，①分野横断的なリスク評価とそれを可能とする共通リスク尺度の提案，②多様なリスク移転策（リスクファイナンス，☞第5章）を深化させることが求められている．また，前述した企業の危機管理の中で発展余地の大きいリスクコミュニケーション分野についても，リスク研究はさらなる貢献が可能である．［久保英也］

📖 参考文献

・日本内部監査協会（2007）ERM（全社的リスクマネジメント）実施体制を構築するために必要な10要件，1–79.

【1-11】
SDGs（持続可能な開発目標）とESG投資

国際社会がリスクに対して実効性のあるガバナンスを実現するためには，どのような将来を目指すのかを国際社会の共通目標化することが重要となる．国連サミットは2015年に持続可能な開発目標（SDGs）を定め，飢餓の根絶や地球温暖化対策など，2030年までに国際社会が達成すべき17目標を提唱した．また，国連が2006年に提唱した責任投資原則（PRI）に則り，環境・社会・企業統治（ESG）という指標から中長期的な企業の成長力を評価する「ESG投資」が拡大している．SDGsとESGの2指標は，今後の国際リスクガバナンスの設計図の主要素である．

◆SDGs（持続可能な開発目標） SDGsとは，2001年に策定されたミレニアム開発目標（MDGs）の後継として，2015年9月の国連サミットにおいて全会一致で採択された「持続可能な開発のための2030アジェンダ」に記載された2016年から2030年までの国際目標．持続可能な世界を実現するための17のゴール，169のターゲット，232の指標から構成される（図1）．SDGsの役割は，グローバル視点でのリスク課題の見える化であり，国際社会が2030年に向けSDGs達成を目指す協働プロセスの中で，公平なリスクガバナンスが行きわたることが期待されている．「だれ一人取り残さない」との包摂性が重視され，すべての関係者（先進国，途上国，民間企業，非政府組織（NGO），アカデミア，市民など）がSDGsの目標達成に向け役割を担うという参画型にデザインされている．リスク学分野もまた，世界保健機関／国連環境計画（WHO/UNEP），各国政府，各種の国際ステークホルダーを介し，リスク評価，リスク管理，リスクコミュニケーション，ガバナンス設計などの技術体系を用いて，SDGsの目指す持続可能な社会の形成に重要な役割を担う．

日本では，2016年末に政府が「持続可能な開発目標実務指針」を公表，2017年には外務省が「ジャパンSDGsアワード」を創設．並行して2017年末には日本経済団体連合会（経団連）がSDGsを踏まえた新たな「企業行動憲章」を発表．国際社会と連動して，日本でもSDGsの具体的な取り組みが展開されている．

◆ESG（イー・エス・ジー） ESGとは，企業や機関投資家がSDGsに沿った持続可能な社会の形成に寄与するために配慮すべき3つの要素「環境・社会・企業統治」を示す語である．近年，この3つの要素に着目して企業活動を分析し，優れた経営をしている企業に投資する「ESG投資」が世界的に広まっている．ESG投資が注目されるきっかけは，2006年に国連が提唱した責任投資原則（PRI）．PRIは法的な拘束力のない原則だが，現在世界中の機関投資家が署名し，PRIに

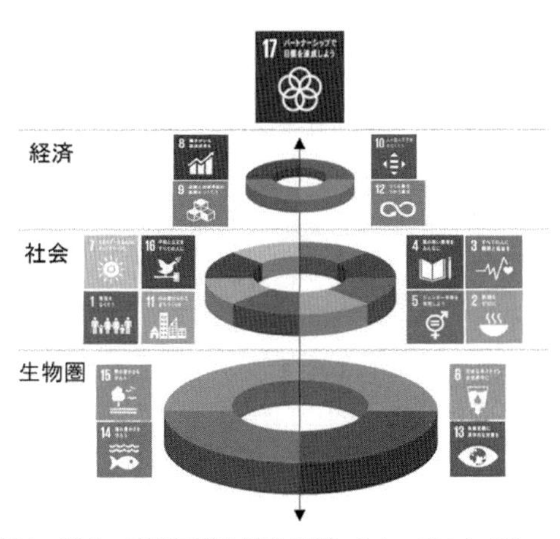

図1　SDGs（持続可能な開発目標）のウェディングケーキモデル
［出典：Rockström and Sukhdev 2016, Azote for Stockholm Resilience Centre, Stockholm University を修正］

1：貧困をなくそう，2：飢餓をゼロに，3：すべての人に健康と福祉を，4：質の高い教育をみんなに，5：ジェンダー平等を実現しよう，6：安全な水とトイレを世界中に，7：エネルギーをみんなにそしてクリーンに，8：働きがいも経済成長も，9：産業と技術革新の基盤をつくろう，10：人や国の不平等をなくそう，11：住み続けられるまちづくりを，12：つくる責任つかう責任，13：気候変動に具体的な対策を，14：海の豊かさを守ろう，15：陸の豊かさも守ろう，16：平和と公正をすべての人に，17：パートナーシップで目標を達成しよう

沿った投資活動（ESG 投資）が世界的に浸透した．従来の株式投資は，マーケットの情勢や指標，各企業の業績や財務状況などを見て判断するのが一般的であるが，ESG 投資では非財務情報をもとに中・長期的な企業の成長力を評価する．経済産業省と東京証券取引所による，従業員の健康維持向上への取り組みを評価した「健康経営銘柄」，企業の女性活躍推進に向けた取り組み状況に注目した「なでしこ銘柄」なども，ESG 投資を促す国内動向の一端であろう．

企業がこうした ESG 課題に取り組むこと，また，投資家が投資を通じてそのような企業を応援することで，環境問題や社会的な課題の解決，透明性のある資本市場の育成が図られる．近年の ESG への注目は，リスク課題に誰が当事者意識をもって取り組むのかについての連鎖的なインセンティブを産み出している．今後の持続可能な社会の形成に向け，長期的視野に立った企業価値向上という新しい指標が，世界的なガバナンス形成（仕組みづくり）の駆動力となっている．

［藤井健吉］

📖 参考文献

・環境省（2017）ESG 検討会報告書：ESG 投資に関する基礎的な考え方（閲覧日：2019 年 4 月）
・国際連合（2015）我々の世界を変革する：持続可能な開発のための 2030 アジェンダ（外務省仮訳）（閲覧日：2019 年 4 月）

【1-12】

5つの原発事故調査報告書と被ばく線量の安全基準値

2011（平成23）年3月11日の東日本大震災によって，東京電力福島第一原子力発電所（以下，福島第一原発という）で炉心溶融（メルトダウン）と水素爆発を伴う過酷事故（シビアアクシデント）が発生した．放射性物質が一般環境中に放出され，10万人以上が長期間の避難生活を余儀なくされる事態に陥った．

この事故の調査・分析のため，①国会，②政府，③民間，④東京電力による「事故調査委員会」が設置され，各々の報告書が公表された．国内4組織による報告書は，国立国会図書館の経済産業調査室・課によって比較検討され，『調査と情報』756号として公表された（国立国会図書館2012）．本資料を引用して，以下に各々の概要を紹介する．また，これらを受け，国際原子力機関（IAEA）からも事務局長報告書が公表された（IAEA 2015）．

◆5つの事故調査報告書とその概要

（1）国会：東京電力福島原子力発電所事故調査委員会　東京電力福島原子力発電所事故調査委員会（以下，国会事故調）は，事故の当事者や関係者から独立した調査を国会のもとで行い，2012年7月5日に報告書を両院議長に提出した（国会事故調2012）．国会事故調は，事故の根源的原因として，規制する立場にある当局（経済産業省原子力・安全保安院）の力不足と規制される側の東京電力の高い専門性によって，その関係が逆転し，原子力安全についての監視・監督機能が働かなかった点をあげ，「今回の事故は天災ではなくあきらかに人災である」と結論づけている．調査結果を踏まえ，国会事故調は，原子力規制に対する国会の関与を含んだ7つの提言をまとめ，国会に対して，その実現に向けた実施計画を速やかに策定し，進捗の状況を国民に公表することを求めた．

（2）政府：東京電力福島原子力発電所における事故調査・検証委員会　東京電力福島原子力発電所における事故調査・検証委員会（以下，政府事故調）は，政府に設けられたものの，従来の原子力行政組織とは独立した立場で調査・検証を行い，2011年12月26日に中間報告，2012年7月23日に最終報告を当時の野田佳彦首相に提出した（政府事故調2012）．政府事故調は，「今回の事故は，直接的には地震・津波という自然現象に起因するものであるが，（中略），きわめて深刻かつ大規模な事故となった背景には，事前の事故防止策・防災対策，事故発生後の発電所における現場対処，発電所外における被害拡大防止策について様々な問題点が複合的に存在した」としている．調査結果を踏まえ，政府事故調は，大規模な複合災害の発生を視野に入れた安全対策を含んだ7項目25の提言をまとめ，政府と関係機関に対して，提言の反映・実施および取り組み状況のフォローアップを求めた．

(3) 民間：福島原発事故独立検証委員会（一般財団法人日本再建イニシアティブ）　一般財団法人日本再建イニシアティブが設立した福島原発事故独立検証委員会（以下，民間事故調）は，政府からも企業からも独立した市民の立場から，原発事故の原因究明と事故対応の経緯について検証を行い，2012 年 2 月 27 日に調査・検証報告書を公表した（民間事故調 2012）．民間事故調は，東京電力の事故対応におけるヒューマン・エラーを指摘し，「この事故は，人災の性格を色濃く帯びていることを強く示唆している」としつつ，「その人災は，東京電力が全電源喪失過酷事故に対して備えを組織的に怠ってきたことの結果」としたうえで，それを許容した規制当局の責任も同じとしている．調査結果を踏まえて，民間事故調は，独立性と専門性のある安全規制機関，米国の連邦緊急事態管理庁（FEMA）に匹敵するような，過酷な災害・事故に対し本格的な指揮・実行を可能とし首相に適切な助言を行う独立した科学技術評価機関（機能）の創設等の必要性を指摘している．

(4) 東京電力：福島原子力事故調査委員会　東京電力は，事故の当事者として，「福島原子力事故調査委員会」（以下，東電事故調）および社外有識者で構成する「原子力安全・品質保証会議事故調査検証委員会」を設置し，2011 年 12 月 2 日に中間報告，2012 年 6 月 20 日に福島原子力事故調査報告書（最終報告書）を公表した（東電事故調 2012）．東電事故調は，社内調査を主体として，事故原因，事故対応等を調査・検証し，安全性向上のための設備面と運用面の対策をまとめた．東電事故調は，津波想定について，その時々の最新知見を踏まえて対策を施す努力をしてきたものの，結果的に甘さが残り，「津波に対抗する備えが不十分であったことが今回の事故の根本的な原因」としている．そのうえで，東電事故調は，①徹底した津波対策，②電源喪失等の多重の機器故障や機能喪失を前提とした炉心損傷防止機能の確保，③炉心が損傷した場合に生じる影響を緩和する措置を「3 つの対応方針」として示した．

(5) IAEA　IAEA の天野之弥事務局長は，2012 年 9 月の IAEA 総会において福島第一原発事故に関する報告書を作成すると表明した．「報告書（要約と概要報告書）」は，事実に基づき，事故の原因と影響および教訓についてバランスのとれた評価を行うために，42 の加盟国およびいくつかの国際機関からの約 180 名の専門家からなる 5 つの作業部会の結果（5 巻の詳細な技術文書等）を 2015 年 8 月にまとめた（IAEA 2015）．また，報告書は，行動計画（世界的な原子力安全の枠組み強化のために作業計画を定めたもの）として実施された結果も含められており，2015 年 3 月までの利用可能なあらゆる情報に基づいている．行動計画は，以下の 12 の主要な分野について行われた．

すなわち，①安全評価，② IAEA ピアレビュー，③緊急時への備えと対応，④国内規制当局，⑤運転組織，⑥ IAEA 安全基準，⑦国際的な法的枠組み，⑧原子力発電計画の開始を計画する加盟国，⑨能力構築，⑩電離放射線からの人と環境の防護，⑪コミュニケーションおよび情報提供，⑫研究開発である．IAEAは，事故の大きな要因の1つに，日本の原子力発電所は非常に安全で，これほどの規模の事故は全く考えられないという想定や思込みがあるとしている．この想定は，事業者はもとより，規制当局および政府が疑問を呈することもなく，その結果，重大な原子力事故への備えを不十分なものにした．

また，事故によって日本の規制の枠組みにも弱点が明らかになった．すなわち，責任がいくつもの機関に分散し，権限の所在が必ずしも明確ではなかった．さらに，発電所の設計，緊急時への備えと対応の制度，重大な事故への対策の計画などの点でもいくつかの弱点が明確となった．原子力発電所においては，ごく短時間を超えた全電源喪失はあり得ないと想定されていた．同一施設で複数の原子炉が同時に危機に陥る可能性は想定されておらず，大規模な自然災害と同時に原子力事故が発生する可能性に対する備えも不十分であった．

◆5つの報告書に見るリスクガバナンス

5つの報告書は各々に，以下の視点の特徴がある．

① 国会事故調：監督・規制の非機能を指摘

② 政府事故調：事前の事故防止策・防災対策，事故発生後の発電所における現場対処，発電所外における被害拡大防止策の不備という技術リスクへの未熟な対応を指摘

③ 民間事故調：独立性と専門性のある安全規制機関や米国FEMAに匹敵する過酷な災害・事故に対する本格的対策実行組織の創設という提案

④ 東電事故調：津波想定の甘さと「津波に対抗する備えが不十分」とするリスク対応の不十分さを指摘

⑤ IAEA：世界中の原子力関係者への教訓として，日本の教訓を提示

事故の教訓を将来に繋ぐために重要な点が2つある．1つ目は，原発事故だけが特殊ではなく，高度化した現代の技術社会の中では，同様の技術リスクが顕在化する可能性があることである．2つ目は，このようなリスクに直面したとき，もしくはそれを予防するには，各専門分野（技術，放射線，規制，リスクコミュニケーションなど）がその分野の中に閉じこもり，研究・議論していたのでは，最善の判断には至らないということである．また，技術分野の中でも例えば，理学と工学，防災の中での自然災害と人為災害，などの連携が重要である．各分野のリスクを横断的に繋ぐ連携と複合的な研究，そして，社会実装が重要である．

◆被ばく線量の安全基準値（1ミリシーベルトは安全基準か）　これらのIAEAの考え方を基礎とした放射線審議会の報告書（2018）では，もう1つの視点として，一般市民の放射線基準に対する戸惑いが記されている．年間1mSvは，それを超えれば危険で下回れば安全とする，あたかも絶対的な安全基準のごとく社会に浸透した．しかし，放射線のリスクは，国際放射線防護委員会（ICRP）に

より，1983 年の英国王立協会報告の「年間死亡確率として 1/1000 が容認できないレベルの下限値」に基づいて，自然放射線の変動も考慮して人工的な放射線に対する線量限度を設定している（ICRP 1977）．そこでは，作業者の年間被ばく限度は，50mSv とされ，その 10 分の 1 にあたる 5 mSv が一般公衆の被ばく限度とされた．一般公衆の限度は，ICRP のパリ声明（1985 年）により，原則として更にその 5 分の 1 である年間 1 mSv に低減された．言わば，リスクを確率的に表現した基準に基づき放射線は管理されている．年間 1 mSv は，様々な想定のもとに社会が容認できるレベルとして設定されたもので，それを下回れば安全とする「安全基準」ではない．正確に翻訳すれば，「防護の目安であるために超えてもすぐに問題にはならないが，管理可能であれば，より低くされるべきものでもある」となる．日本では，それがあたかも「安全基準」のように扱われ，高価な放射線測定器を一般市民が購入し，それを下回っているか否かに腐心する姿が多く報道された．むしろ，正しく較正されている保証もない様々な国の測定器の販売管理や正しい使い方の啓蒙などが，放射線の係る事故時のリスクガバナンスにおいては重要であることが示唆された．

似て非なる事例に狂牛病の全頭検査がある．全頭検査に科学的根拠はないが，国民感情に合致するとして当時の政府が断行した施策である．唐木英明は，全頭検査の取り組みを「それは，リスクコミュニケーションの失敗とレギュラトリー・サイエンスの軽視の歴史とも言える」としている（唐木 2007）．また，中西準子は，レギュラトリー・サイエンスを従来の科学的事実に裏打ちされるのに加え，多くの推定を含む不確実性の高い領域だからこそ，研究者の思想や好みに影響されない不確実性処理のための共通ルールを作成し，一定の収束を目指すものとした（中西 2006）．

同様に，年間 1 mSv の安全基準も，科学的根拠に基づくものの，放射線被ばくによるリスクの程度やその不確かさの幅を把握したレギュラトリー・サイエンスの考えに立脚した研究とその社会的実装が必要である．放射線防護体系に則って放射線の被ばく線量を管理することは重要であるが，その理解が乏しいまま同体系の一部である線量限度だけを取り出し安全基準のように扱うことは，複合リスクが顕在化し状況変化に即座の対応を迫られる場面では，混乱を惹起する可能性がある．レギュラトリー・サイエンスに基づき，必要に応じて，安心に向けた合理的施策も融合させたリスクガバナンスのあり方が問われている（☞ 7-8）．

［近本一彦・久保英也］

📖 参考文献

・唐木英明（2007）全頭検査神話史，日本獣医師会雑誌，60 (6), 391 − 401.
・下 道國（2014）1 ミリシーベルト考，健康文化，49, 1 − 10.

【1-13】

世界金融危機の構造と監督当局の対応

金融危機は，ある金融機関の経営破綻が連鎖的に他の金融機関に波及し，金融市場が取引機能を停止し，マネーが循環しなくなる状況であり，金融機関や企業の連鎖倒産や各市場の信用収縮が大規模に顕在化する事態を言う．世界金融危機は，2008年9月15日に，当時全米第4位の投資銀行（日本の証券会社に相当）であるリーマン・ブラザーズ・ホールディングス（以下，リーマンブラザーズ）の経営破綻が引き起こした「金融危機」である．国際リスクガバナンスカウンシル（IRGC）が定義するシステミックリスク（☞ 1-14）が，金融分野で顕在化した典型例である．米国にとどまらず世界の金融市場と世界経済とを瞬時に混乱に巻き込んだ未曾有の事態であった．日本ではリーマンショックと通称されている．

◆世界金融危機の背景　世界金融危機の背景は，一般に，①金融技術の高度化を伴った金融自由化の進展，②バブルと言える米国の住宅価格の高騰という環境変化があるとされる．その根本には，見逃せない2つの構造要因が存在する．

第1は，銀行分野と証券分野の分離を定めた「グラス・スティーガル法」と，1999年に銀行，証券，保険の各分野を相互に兼業することを可能とした「グラム・リーチ・ブライリー法」が成立したことである．この結果，金融機関間の競争が加速し，金融機関は，リスクの高い資産の保有と，とりわけ証券業務を侵食される側の投資銀行は生き残りをかけ，金融工学の技術を用いた資産の証券化などリスクの区分や移転を容易にする新金融商品の開発を加速させた．

第2は，米国で起こった2000年初頭のITバブル（インターネット・バブル）の崩壊に伴う景気後退を回避するため，ブッシュ政権が個人消費と住宅投資との刺激を企図した大型減税と金融緩和の政策ミックスを大胆にとったことである．証券化の進展と相まって，従来住宅ローンを利用できなかった低所得者にも住宅ローンの提供を可能とする「サブプライムローン」を生んだ．

米国では，金融機関は，①住宅ローンの実行後，当該住宅ローン債権をファニーメイやフレディマックと呼ばれる連邦住宅金融公庫に売却，②連邦住宅金融公庫は，住宅ローン債権を担保とする不動産担保証券（MBS）を組成し，金融機関を含む投資家に売却，③MBSに国債などの安全資産を組み合わせ，債務担保証券（CDO）を組成，④格付け機関は，債務担保証券にAAAなど最高位の格付けを付与，さらに，⑤万が一に備え，同債券のデフォルト（債務不履行）を回避する手段として，クレジット・デフォルト・スワップ（CDS）というデリバティブをアメリカン・インターナショナル・グループ（AIG）など保険会社が大量に引き受け，信用補完を行う．この仕組みから投資家には，リスクが分散された安全性の非常に高い債券に映るため，投資のプロで十分なリスク評価・管理体制を有しているはずの多くの金融機関もリスクを認識しないまま，大量に保有することになる．

◆リーマンショックの構造　サブプライムローンの借り手は，年間所得などそもそも返済資力が必ずしも十分とは言えず，銀行は，債務者の返済能力以上に担保である住宅価格の上昇を信用リスクを補完するものとして位置づけていた．債務者も，転売や価格の上昇した保有不動産の担保余力を利用し，新たなローンを借り入れ，当初のローン返済を行うことも多かった．

しかし，2006年の住宅価格のピークアウトに伴い，サブプライムローンの返済は滞り始め，2007年4月には同ローンの全米第2位の住宅融資専門会社であるニューセンチュリー・ファイナンシャルが破綻した．これを機に，サブプライムローンを組み込んだMBSやCDOの価格も急落し，価格下落のヘッジが不十分であったヘッジファンドや商業銀行，そして保険会社などは，大きな損失を被ることになった．投資銀行は，証券化に際しリスク階層の中で最もリスクの高い階層の債券を自前で保有していたため，価格下落はより激しいものであった．

2007年8月には，仏大手銀行のBNPパリバが，サブプライムローンの延滞率の上昇により傘下の投資ファンドの資産評価が不可能となったとし，投資家のファンド解約を一時凍結する措置に出た．これにより，欧米の金融機関の経営の健全性が一気に不安視され，銀行間市場（インターバンク市場）は機能停止に陥った．投資銀行が抱える不良資産の規模はとりわけ大きく，ゴールドマンサックスを除き，自力再生が困難な状況に追い込まれ，2008年3月には米国5位の投資銀行であるベアスターンズがJPモルガンに吸収・合併された．ところが，リーマンブラザーズは救済されず，同年9月には経営破綻することとなる．直接的な原因は，①大手金融機関連合による救済スキームの頓挫（英国政府の反対による英バークレイズ銀行の不参加）であるが，より本質的には，商業銀行（日本の銀行に相当）でない投資銀行は経営破綻させてもシステミックリスクを惹起することはないとの米国財務省の誤った判断があった．結局，リーマンブラザーズを銀行持株会社に転換させ，米国連邦準備制度理事会（FRB）の緊急融資により破綻を回避する策は見送られることとなる．

金融危機は短期金融市場から始まった．公社債など安全度の高い短期金融商品で運用するマネー・マーケット・ファンド（MMF）が，リーマンブラザーズの発行債券を保有し，異例の元本割れとなった．これを契機に生保，年金基金，財団などの機関投資家が「安全」としていたMMFから大量に資金を引き上げたために，企業の無担保の約束手形であるコマーシャルペーパー（CP），資産担保証券（ABS）市場も連鎖的に機能不全となり，さらにはABSを構成する消費者ローン債権（教育，自動車ローンを含む）にも飛び火し，消費者ローンが組めないという異常な事態に進展した．すなわち，決済とは無関係の証券化市場の機能不全が瞬く間に企業活動や個人消費など実体経済に影響し，米国経済は恐慌前夜の様相を呈するに至った．

さらに，世界金融危機は米国のみならず，世界経済にも多大なる影響を及ぼすことになる．機関投資家が証券化商品だけでなくリスクそのものに過敏となり，あらゆるリスク資産から資金を引き上げる動きが世界的に広まっていく．このタイミングでギリシャ政府が，前政権による財政赤字の粉飾を公表（2009年10月）したため，ギリシャ国債は暴落し，利回りは5%前後から一気に40%まで跳ね上がった．金利の上昇はギリシャの財政赤字の問題から債務危機にまで進展し，類似した財政構造を有するスペイン，ポルトガル，アイルランド，イタリアなどに伝播し，未曾有のユーロ危機を招くことになる．

◆危機の収束　世界金融危機の進展を阻止し，米国経済の危機を救ったのはFRBである．まず，機関投資家が手を引いた証券化市場に流動性を回復させるため，FRBみずからが投資家となり，証券化商品の買取りに踏み切った．具体的には，オートローン，教育ローン，クレジットカードローンなどを担保とするABSを保有する投資家に流動性を付与するための期限のある債権を裏付けとしたAAA格のABSの買取りとファニーメイやフレディマック発行の保証付きMBSを買い取る専門銀行の住宅ローンの組成を助けるMBSの買取りプログラム（MBSPP）の導入である．

次に，機能不全に陥った短期金融市場への対策として，①銀行持株会社がMMF市場から金融債権や証券化商品を担保として発行したCPを買い戻す資金を供給するため，「資産担保コマーシャルペーパー・MMF流動性ファシリティ」の創設，②企業・金融法人から直接，CPを買い取らせて企業活動を支援するため，特定目的事業体（SPV）を作り，SPVに融資する「CPファンディング・ファシリティ（CPFF）」の創設，③MMFやファンドから直接CPを購入する「短期金融市場投資家ファンディング・ファシリティ（MMIFF）」の創設を立て続けに進めた．一方でFRBは，金融市場の対策に加え，個別の金融機関への直接融資も実施した．ベアスターンズを吸収したJPモルガンへ130億ドル，AIGへ1200億ドル，また保有する住宅ローン関連商品の損失の大きかったシティバンクへ440億ドル，そして，投資銀行メリルリンチの吸収・合併に際し，同資産の損失が180億ドルを各々超えた場合への融資枠を過分にバンク・オブ・アメリカ（BOA）に与えることなども決めた．米国政府も7000億ドル（70兆円規模）の不良資産救済プログラム（TARP）を創設し，銀行への公的資本の注入を大胆に実施したことにより，ようやく世界金融危機の収束に成功した．

◆世界金融危機後の規制　公的資金の注入後には，「強欲なウォール街の行動」が失業率を10%以上に引き上げるなど深刻な不況に陥し入れたことから，国民感情に押される形で，「ウォールストリートよりメインストリート」という言葉に代表される金融規制強化の動きが強まった．オバマ政権下の経済再生諮問委員会議長であった元FRB議長のボルカー（Volcker, P）は，①金融機関の自己勘定による資産売買の禁止，②資産運用会社によるヘッジファンドの所有の禁止，③投資した企業の企業価値を高めた後に売却して利益を得るプライベート・エクイティ・ファンドの所有の禁止など，いわゆる「ボルカー・ルール」を提唱した．金融危機の再発を防止するには，金融機関を投機に走らせず，企業や個人に必要な資金を単純に提供する社会インフラに徹すればよいという哲学が背景にある．

一方で，金融イノベーションを通じた効率的な金融サービスの提供は，利潤極大のインセンティブがあればこそ実現するものであり，その目標を持たない金融機関から成長は生まれないという考え方も根強い．とりわけ，米国は伝統的に軍事分野，情報分野，資源分野と並んで金融分野を安全保障の観点から最優先すべき分野と位置づけてきた歴史がある．その後に成立した「ドッド＝フランク・ウォール街改革・消費者保護法」では，自己勘定による資産売買は国債と政府機関債を例外とし，また，ヘッジファンドの保有についても中核的自己資本の3%までなら出資を認めるなど，ボルカー・ルールよりも後退している．

◆金融監督当局・中央銀行の対応　各国は，世界金融危機の反省から，「金融システム全体のリスクの状況を分析・評価し，それに基づき制度設計，政策対応を図ることを通じて，金融システム全体の安定を確保する」というマクロプルーデンス政策を改めて推進することになる．同政策は，①金融システム全体の状況とシステミックリスクの分析・評価，②システミックリスクの抑制を目的とした政策手段の実行やその勧告，からなる．従来の検査・考査やモニタリングの活用しつつ，金融不均衡の状況下で個別金融機関に働きかけを行う．それに加え，不動産担保貸出の担保掛け目に関する規制（LTV規制）や，新しい自己資本比率規制（バーゼルIII）の中にある，過剰な与信の拡大等が金融システム全体のリスクの積み上がりにつながると判断される局面における資本の可変的積み増し規制，などが挙げられる．また，資本流出入にかかる制限措置や景気動向に応じた貸倒引当率を変える引当制度なども広く含まれる．

日本銀行では，国際金融監督と連携しつつ，①マクロ・ストレステスト（特定の厳しいマクロ状況が金融機関経営に与える影響を評価）を用いた頑健性評価の充実，②金融マクロ計量モデルを用い，経済状況や資産価格に生じたストレスが金融機関行動への影響を通じて実体経済にフィードバックするプロセスの監視，③システム横断的（保険会社，証券会社，クレジットカード会社，消費者金融会社など）も含めた横断的リスク分析，④マクロ指標等を用いた金融不均衡の状況把握，などを行っている．　［中島精也・久保英也］

📖 参考文献

・日本経済新聞社編（2014）リーマン・ショック5年目の真実，日本経済新聞社．

【1-14】

3つのシステミックリスクからの示唆

システミックリスクとは，単一の失敗，事故，混乱が，部分的な影響にとどまらず，相互依存性や相互接続性を通してシステム全体に広がるようなリスクを指している（☞ 1-7）．ここでは，1990 年代から 2010 年代に国内に影響した 3 つの大きなシステミックリスクを取り上げ，同リスクへの対応を通して得られた示唆を抽出する．具体的には，①日本のバブル崩壊（1990 年代後半．以下，「バブル」），②世界金融危機（2008 年．リーマンショック，以下「リーマン」），そして，③東日本大震災と原発事故（2011 年．以下，「原発」）の 3 つを取り上げる．表 1 に，3 つのシステミックリスクのリスクガバナンス上の欠陥を，(1) リスク顕在化前の状況とその特徴，(2) リスクを顕在化させる要因，(3) リスク管理（意思決定と対応），(4) 影響，(5) 帰結について記述した．事前の均衡状態は様々な内生条件が常に変動し相殺し合って均衡を保っているように見える動的な状態であり，この内生条件が大きく変動し均衡を破る，あるいは大きな外生条件が加わることで均衡が破れる．その結果として，新たな均衡状態に移行することになる．背景となる制度や環境が異なっても，共通点も多く，条件が揃えば，システミックリスクが場所や時期を選ばず発生する可能性を示唆している（☞ 1-12, 1-13）．

◆リスク顕在化前の状況とその特徴　共通するのは，既存の伝統的システムや体制や社会規範・基準が，取り巻く環境と不整合になっているにもかかわらず，その変化に気づかず，もしくは気づいてもそれを過小評価させるほどのシステムが出来上がっている点である．新しい変化への感応度が著しく低下し，従来の基準や行動を過信し，その結果，環境変化のインパクトを過小評価してしまう．「バブル」では，護送船団行政の監督，土地担保，メインバンク制のトライアングルによる信用リスクの制御体制が完成しており．また，高度成長期の経験から土地神話や大手金融機関の不倒神話が色濃く残り，「飛ばし」などの不正行為を黙認する企業風土とそれを許す同質性を優先した日本の社会意識も存在していた．

また，「リーマン」も，米国連邦準備理事会（以下，FRB と呼ぶ）は，決済機能を守る伝統的な Too big to fail（大きすぎて潰せない）政策の維持を 2000 年の IT バブル後の景気後退に対応する通常の金融緩和政策として継続していた．1999 年「グラム・リーチ・ブライリー法」の改正により銀行・証券の垣根が取り払われ，侵食される側の投資銀行（証券会社）のリスク偏重の経営戦略や金融工学を基礎とした証券化技術が金融市場に与える影響を過小評価していた．低金利を背景とした住宅価格の上昇と低所得者向けのサブプライムローンの急拡大の陰で2006年以降の返済不能件数の増加という変化が見落とされ，漠然とした金融機関の個人融資のリスク管理と，証券化技術への過信があった．

「原発」についても，本来リスクガバナンスに資するはずの原子力界と呼ばれる，原子力行政，規制当局，学術・研究組織・産業界，政界，自治体などの共同体は，協業組織でありながら利益団体の様相を呈していた．この影響力は，地域独占の電力会社を ‘too big to fail’ の存在とし，電力会社の圧倒的な専門性を監督当局より優位に立たせることから，組織は内向き化し，「住民を巻き込む事故は起こらない」との過信を生んだ．

◆リスクを顕在化させる要因　共通するのは，リスク管理手法の過信と方針変更に対する組織の現状維持思考や変化への抵抗があることである．「バブル」では，大蔵省は，金融機関の行動を細かく監督する実態的監督を過信し，大手金融機関の経営破綻というシビアアクシデントへの備え（セーフティネットや破綻処理関連法制）は不十分であった．一方の日本銀行（以下，日銀）も，物価安定を最優先の政策目標としたため，これが実現している中での資産価格上昇への優先度は低かった．また，為替の安定という政策目標は，金融引締め（円高の促進）には政治的抵抗が強いとの認識もあり．政策転換を遅らせるリスクとして，強く働いていた．

「リーマン」でも，FRBは，ヘッジファンド危機（1998年）やITバブル（2000年）を終息させた自信が，一部の理事が住宅バブルの予兆を把握していたにもかかわらず，これを金融の技術革新と評価し，予防策（金融引締め）を見送らせることになった．銀行などの金融機関のリスク評価・管理指標であるVaRへの過信は，サブプライムローンなどの証券化市場でその限界が判明すると，世界の金融市場が一斉に流動性リスクの回避行動に動くことになった．

「原発」では，津波・浸水リスクの認識や備えが不十分であった．例えば，岡村（2012）が指摘する平安時代に発生した貞観津波は，理学系研究者には把握されていたが，原子力界の工学系研究者では共有されておらず，理学と工学の分断がみられた．非常用電源をリスクの高いエリアに設置する事態など，原子力界が本来有する専門機関の知見を取り込めず，リスクシグナルの早期発見の機会を喪失していた．また，原発のリスク管理のコアであり，決定論的対策である深層防護は，国際基準の５層の防護体制のうち，第４層は事業者の自主的取り組みとし，第５層は自治体責任とするなど不十分であった．それに加え，確率論的リスク管理についても，炉心溶融の確率評価（レベル1）と格納容器破損の確率評価（レベル2）にとどまり，米国や英国の放射性物質の健康リスク，社会経済的リスク評価（レベル3）は未実施であり，外的事象も対象としていなかった．リスク顕在化の早期警戒やリスク管理ツールも万全ではない状況下で，原子力界の組織慣性から，抜本的手段ではなく，漸次的，前例重視のリスク対応策を選好することになる．

表1　日本のバブル崩壊，リーマンショック，東日本大震災におけるリスクガバナンス

項目 【主な監督機関】	(1) リスク顕在化前の状況とその特徴	(2) リスクを顕在化させる要因
日本のバブル崩壊と金融危機(1990年代後半) 【大蔵省，金融庁，日本銀行】 〔※本文ではバブルと表記〕	①金融監督は，日本銀行と大蔵省. ②きめ細かな監督と体力の弱い金融機関に迎合した護送船団行政の中で，経営自由度が少ない金融機関は行政依存と量的拡大競争に終始. ③監督当局は金融機関を守り，金融機関は取引先企業を守る「監督，土地担保，メインバンク制のトライアングル」が信用リスクを制御. ④大きすぎて潰せないことを前提とした監督（以下，too big to fail） ⑤金融機関の不倒神話と，地価は上昇し続けるという土地神話が広く浸透. ⑥「飛ばし」等の不正行為を黙認する企業風土とそれを許す社会の意識.	①大手金融機関の破綻というシビアアクシデントへの備え（セーフティネットや破綻処理関連法制）が不十分. ②金融システミックリスクの顕在化コストと政策コストの比較もなし. ③物価安定目標下での資産価格上昇の警戒（リスクの早期警戒）に出遅れ. ④金融引締めへの政治的抵抗は強いとの認識が，政策転換リスクを増長. ⑤円高回避を政策目標化し，金融政策手段の制約. ⑥銀行は，土地担保依存で企業の審査力不足．また，統合リスク管理などの手法なく，リスク対応力は低い.
リーマンショック(2008) 【連邦準備制度理事会(FRB)，財務省】 〔※本文ではリーマンと表記〕	①金融監督は，規制当局（FRB）と財務省に一任（協調）. ②1999年「グラム・リーチ・ブライリー法」の改正で銀行・証券間の競争激化とリスク志向. ③金融工学とその単純モデルを過信し，金融当局，金融機関，投資家，格付機関も証券化リスクの正確な認識できず. ④米国において個人向け融資に関するリスク情報が不足し，リスク評価が困難. ⑤低金利を背景とした米国住宅価格の上昇と先高期待，サブプライムローンの急拡大と返済不能契約の急増. ⑥ too big to fail	①2000年のITバブルの影響を緩和する大規模金融緩和を継続. ②ヘッジファンド危機，ITバブル崩壊への対応を乗り切り，FRBにこれまでの政策で危機を収束できるという自信．住宅バブルの予兆は把握，だが，予防策である金融引締めを見送り. ③リスク評価・管理指標である「VaR」は過去の統計データから作成，危機は範囲外のリスクで機能せず. ④パリバ・ショック（2007）を1つの契機として，世界の金融市場が一斉に流動性リスク回避行動へ.
東日本大震災と原発事故(2011) 【経済産業省原子力安全・保安院，原子力規制委員会】 〔※本文では原発と表記〕	①社会的合意形成過程で原子力界（行政，規制当局，学術・研究組織（理学系と工学系），産業界，政界，自治体など）の協業体制が不十分. ②電力会社の専門性が監督当局より優位，原子力界の影響もあり，電力会社は，too big to fail. ③「深層防護」の不備と原発は安全の過信. ④学術専門機関の研究知見がリスク管理に反映されず，リスク評価も技術的・科学的評価中心で社会経済的評価は不十分. ⑤住民を巻き込む事故は起こらないとの過信から，住民への情報公開よりむしろ過剰反応を懸念. ⑥上記から，事前影響評価が不十分で，リスクのフレーミングが未完成.	①津波・浸水リスクへの備えは不十分で，非常用電源をリスクの高いエリアに設置. ②専門機関の知見を取り込めず，早期リスクシグナルの発見機会を喪失. ③不十分な深層防護：国際基準の5層の防護体制のうち，第4層は事業者の自主的取り組み，第5層は自治体責任. ④不十分な確率論的リスク管理：炉心溶融確率評価（レベル1）と格納容器の破損確率評価（レベル2）にとどまり，健康リスク，社会経済的リスク評価（レベル3）は未実施. ⑤深層防護充実のためのコスト増を忌避する組織体質. ⑥原子力界の組織慣性から，漸次的，前例重視の政策を選好.

(3) リスク管理（意思決定と対応）	(4) 影響	(5) 帰結 (A) は監督当局など (B) はマクロ経済社会的変化
①金融緩和の転換が遅れ，急激かつ過度の金融引締めに追い込まれる．大蔵省は影響の大きな融資総量規制を発動． ②日銀の小出しの政策は，企業の大規模なバランスシート調整やアジア経済危機で効果減殺．ようやく，1999 年 2 月にゼロ金利政策導入と，その後は量的緩和策と踏み込むが，後手． ③住宅金融専門会社（住専）への公的資金投入が政治問題化したため，公的資金投入が限定的となり，金融システム不安が拡大． ④不良資産や健全性の評価基準が甘く，危機発生時に資本不足へ． ⑤当局と金融機関の間のリスクコミュニケーションに終始（国民不在）．	①不良債権は悪．良質な新規融資も凍結，銀行のリスク回避のため貸渋り，貸はがしが頻発． ②国民負担は，破綻金融機関処理 10 兆 4000 億円，住専 :7000 億円，破綻保険会社への負担金（保護機構＋契約者）1 兆 5000 億円など． ③不良資産償却とリスクの過剰回避が 20 年にわたる日本経済の長期停滞を惹起． ④風評被害で生保 1 社が経営破綻するなど，全生命保険会社の 18% の保有契約が経済価値の切下げ．	(A) ① 1997 年に日本銀行法の改正し，中央銀行の独立性を法制化（政府の監督権限の縮小）． ②日銀の独立性を強化するため，法令整備． ③分野横断的に監督を行うために，1998 年に金融庁の設置． (B) ①リスクを過剰忌避する風潮． ②長期の金融緩和の中でマネーの希少性が消滅． ③ 1 億総中流時代の終焉．
①証券化市場の機能不全が流動性リスクを惹起し，決済機能，実物経済へ，かつ国際的に危機が同時伝播． ②迅速な金利引下げとゼロ金利政策の導入（量的緩和を含む）． ③ 6 カ国中央銀行の国際協調利下げ． ④ベアスターズ，AIG，大手行 : 救済とリーマン : 破綻に市場はリスク回避行動． ⑤金融機関，短期市場へ流動性供給． ⑥「緊急経済安定化法」(2008) の制定，資本注入等 FRB と政府が政策協調． ⑦市民の反発（損失は国民負担）に，大統領，政府は丁寧に国民を説得．	① IT の発達が瞬時に危機を世界に拡散． ②サプライチェーンの破損など企業活動の機能不全． ③活動範囲の縮小など金融機関規制強化の動き． ④国民負担は，不良資産救済プログラム（TARP）の公的資金投入額 70 兆円（うち，再生金融機関の株式売却などで実質国民負担は約 11 兆円）．	(A) ① FRB は，実績により財務省との政策協調と法制の裏付けのない中央銀行の独立性を確保． ②ゼロ金利政策により，中央銀行と市場との対話の重要性を確認． (B) ① 2009 年夏から景気回復，拡大期間が 10 年を超える． ③一方，白人を中心とした「中流階級」が没落し，国民の経済格差が拡大．
①現状維持の政策によるリスクの累積（立地自治体住民への説明内容との整合性，既設原発の運転継続への影響の最小化）． ②トリガーは，2011 年 3 月 11 日の東北地方太平洋沖地震と大津波の発生． ③全電源喪失による原子炉の冷却不能から燃料棒がメルトダウン，水素爆発で大量の放射性物質が外部放出（セシウムは広島原爆の 168 倍）． ④シビアアクシデントへの対応不全（電力会社，規制当局），緊急時対応能力と危機に対する組織の柔軟性の欠如． ⑤ DAD（decide, announce, defend）アプローチを踏襲したリスクコミュニケーションは旧来の一方向かつ技術的内容にとどまる．	①原子力事故の国際評価尺度はレベル 7（2011）． ②廃炉，賠償費用 :21.5 兆円（想定）． ③避難行動に関する一律指示と住民任せの避難行動から，長期避難に伴う健康被害などを惹起． ④ SNS も風評被害や震災後の内外の企業，外国政府，県外市民の過度なリスク回避．	(A) ①原子力行政機構も変更により，独立性の高い原子力規制委員会設置（2014 年）． ②より厳しい規制とそれに合わせる技術や設備の導入． ③原子力事業の停滞と原子力政策の不確実性の高まり．

◆**リスク管理（意思決定と対応）** 異なるリスク管理方策がとられた3事例は，政策転換の決断のタイミングとそれまでに有した時間，投入する政策の規模の十分性が，その後の回復に大きな影響を与えることを示している．「バブル」では，日銀は，引締めによる円高惹起や政治的反発に配慮するあまり，金融政策の転換が遅れて，その後の急激かつ過度な金融引締めに追い込まれた．大蔵省も影響の大きい融資総量規制の発動を余儀なくされ，バブル潰しに伴う景気は一気に減速する．また，日銀は，1990年代の後半に景気低迷に対応して連続的な金融緩和に転じるが，小出しの政策であったことから，市場の期待を変えられず，大規模な企業のバランスシート調整や1997年のアジア通貨危機によりその効果は減殺された．ようやく，1999年2月にゼロ金利政策導入，その後の量的緩和策に踏み込んだが，タイミングを失した感は否めない．一方，不良資産の償却過程での住宅金融専門会社（住専）への公的資金投入の政治問題化や，金融機関の不良資産や健全性の評価基準を甘く設定したことから，公的資金投入が限定的となり，経済の低迷は2009年3月（第15景気循環による）まで長引くことになる．

「リーマン」では，FRBが日本のバブル対応の失敗を教訓としていたこともあり，「リーマン」以前の迅速な金利引下げと「リーマン」直後のゼロ金利政策の導入（量的緩和を含む），そして，6カ国中央銀行の国際協調利下げの実施など迅速なリスク対応を行った．しかし，証券化市場の機能不全とは本来無関係な銀行の流動性リスクを惹起し，決済機能や実物経済へ直接影響を与えた．危機は米国内にとどまらず，国境を瞬時に越え世界同時的に伝播することになる．他方で，リーマン・ブラザーズと同業のベアー・スターンズや証券化商品保証を引き受けたAIG，そして大手銀行を救済する一方，リーマンを経営破綻させたことから，市場は困惑し一層のリスク回避に動くこととなった．FRBは，特殊債権の買取りなど伝統的な手法を超えた手法により金融機関やマネー・マネージメント・ファンド（MMF）市場などに大量の流動性を供給し，財務省も2008年「緊急経済安定化法」を制定し，金融機関に積極的に資本注入を行うなど，協調したリスク管理が実行された．

「原発」では，立地自治体や住民への既説明内容との整合性や原発の運転継続への影響の最小化を第一優先としたため，現状維持の政策が続く中で，潜在リスクは累積していた．そこへ，2011年3月11日に東北地方太平洋沖地震が発生し，東京電力福島第一原子力発電所にも大津波が襲来，①全電源喪失による原子炉の冷却不能からメルトダウンに至り，②水素爆発で大量の放射性物質が外部放出するという事態を招いた．同時にシビアアクシデントへの対応不全（☞ 1-12）と緊急時対応能力と危機対応時の組織の柔軟性の欠如も表面化した．

◆**影響** 「バブル」では，「不良債権は絶対悪」とされ，銀行の「貸渋り，貸はがし」が頻発し中小企業が苦境に陥る中で，不良資産償却とリスクの過剰な回避行動が続き，日本経済の長期停滞を惹起した．国民負担は，破綻金融機関処理に10兆4000億円，住宅金融専門会社に7000億円，破綻保険会社への負担金（保護機構＋契約者）は1兆5000億円に及んだ．また，風評被害により生保1社が経営破綻するなど，生命保険契約者全体の18％の保有契約の経済価値が切り下げられた．

「リーマン」では，「バブル」とは異なり，ITの進展が危機を瞬時に世界中に拡散（思考感染）するとともにサプライチェーンの破損など企業活動の機能不全を惹起した．国民負担は，不良資産救済プログラム（TARP）の公的資金投入額70兆円（再生金融機関の株式売却などから，実質11兆円）となった．迅速で思い切った政策の投入がシステミックリスクの収束コストをバブル等に比し小さなものにしている．また，景気もリーマン・ブラザーズの経営破綻から1年もたたず，2009年6月にはボトムアップしている．

「原発」については，リスク管理の重要な避難行動では，一律の避難指示や避難判断の一任など住民は不十分なリスク情報下で経験のない避難行動を迫られ，長期避難に伴う健康被害やソーシャル・ネットワーキング・サービス（SNS）による風評被害を招来した．原子力事故の国際評価尺度はレベル7とされ，コストは，廃炉・汚染水対応8.0兆円，賠償金7.9兆円，除染費用4.0兆円，中間貯蔵庫1.6兆円の計21.5兆円の巨額とされている．これらの結果，表1の（5）に示した監督当局組織の再構築などに帰結する．

◆示唆　3つの事例から，今後ますます相互連結・相互依存が高まる社会では，①多くの事象が複合化しシステミックの性格を有し，条件さえ揃えばいつどこにでも発生する可能性があるという認識を持つこと，②現在の均衡状態に潜むリスクの所在とその対応に際しての障害を丁寧に見極め，③リスクの多面性と多様な帰結を想定し，少しでも複雑性と不確実性を軽減する取り組みを行うこと，が重要である．

特に，組織慣性による既存方針変更の困難性や，それに伴う早期対応機会の喪失リスクには留意がいる．IRGC（2018）は，システミックリスクの対応への1つとして「組織に内蔵した自己管理を可能とするリスク管理システムの強化」をあげている．リスク顕在化の「兆候」を早期に特定・認知・評価・対処でき，顕在化したリスクやシビアアクシデントに柔軟に適合できる組織を構築，維持することが必要である．その前提として，学術・研究組織が中心となり，リスクの知識をステークホルダーと共有し，有効に活用されるガバナンスの構築が望まれる．

［久保英也］

参考文献

・小立敬（2009）金融危機における米国FRBの金融政策：中央銀行の最後の貸し手機能，野村資本市場研究所ファイナンシャルセーフティネット：金融危機への対応，1-27.
・白塚重典ら（2000）日本におけるバブル崩壊後の調整に対する政策対応：中間報告，金融研究，19（4），1-58.
・城山英明（2015）大震災に学ぶ社会科学 第3巻 福島原発事故と複合リスク・ガバナンス，東洋経済新報社，1-9.
・内閣府（2012）平成24年版防災白書，第2編第1章.

【1-15】

新たな社会実装の試み（1）：水害対策の先進事例

ドイツの社会学者ベック（Beck, U）が言う「リスク社会」（☞ 13-9）が到来した中で，リスク学の知見を実際の政策や活動に埋め込むリスク学の社会実装は社会の要請である．そこで，本節と次節において，リスク学の社会実装の実例を紹介する．1つは，リスク評価と管理の目的とエンドポイントを住民を直接水災から守ることに置いた取り組み事例を，もう1つは，国際リスクガバナンスカウンシル（IRGC）が示すリスク認知，評価，管理のすべての段階でリスクコミュニケーションが係る姿を丁寧に実践したアスベスト課題への取り組み事例を紹介する．

◆水害対策の最終ターゲット　政策には当然のことながら目標が存在する．例えば経済政策は，「一般に，刻一刻と変化している経済に対して，政府ないし公的部門（中央銀行，地方自治体等）が何らかの手段と方法で働きかけることにより，国民をより豊かでより快適な状態に導いていく」ことを指すとしている．そこには，課題に対する働きかけ（政策手段，中間目標）とその結果として実現しようとするもの（最終目標）とが峻別されている．もう少し具体的には，日本銀行は，物価安定あるいは金融の健全性維持という最終目的のために例えば金利操作という政策手段を発動するが，最終目標にどのような過程を辿りどの程度の影響を及ぼすかは不透明である．それでも日本銀行は最終目標の実現に向けまい進する．

この視点から水害対策を見ると，政策手段である河川管理（洪水防御）は計画的かつ重層的にリスク評価と対応がなされているが，最終目標であるはずの住民の安全については，リスク評価や対策が十分なされているとは必ずしも言いきれない．西日本豪雨災害を見るまでもなく，主要河川の堤防管理は十分でも中上流や支流，用排水路などについての被害程度などのリスクの把握は不十分である．住民の防災意識と事前の減災対策が被害回避の決定打となる中では，心もとない．

ここでは，政策の最終目標である住民の安全を守るということにリスク分析と政策手段をあてがった滋賀県の「地先の安全度」を紹介する．リスク評価を政策の最終目標に向け社会実装した貴重な事例と言えよう．

◆河道管理から「氾濫原」の管理へ　治水は長い歴史と実績を有するが，人口減少に伴う中央，地方政府の財源余力の低下，社会構造やライフスタイルの変化，そして気候変動の激化などにより，水害リスクはむしろ高まっている．人命被害等の深刻な事態を回避するには，①河川改修やダム建設などの河川を中心とした対策（河道内対策）に加え，②水田やグラウンドでの雨水貯留といった流域（集水域）における対策，③二線堤，輪中堤，霞堤，水害防備林など氾濫流から拠点を防御する施設の整備・保全（後述），④土地利用・建築の規制・誘導，⑤土のう積みなどの水防活動や避難誘導体制の強化など河川が氾濫したときに被害の及ぶと考えられる低平地，いわゆる氾濫原における「重層的」な減災対策が重要である．

堀ら（2008）は，表1のように，治水計画の変遷を4つの時代に分けている．既往最大洪水管理の時代，確率洪水の時代，総合治水の時代の3つは河川施設の処設計外力（計画洪水）に対する河川施設のリスクのみを評価しており，言わば，守備範囲を河川に限定して対応してきたと言える．そのリスク評価は，主に流域に降る雨量の「年超過確率」で表現され，「どれくらいの年超過確率の雨（何年に1回の雨）までは堤防から溢れさせずに耐えられるか」ということを意味している．

しかし，氾濫原まで守備範囲を広げて治水を考える場合には，河川ごとに「一意的」に定められた，いわゆる「計画洪水」は意味をなさず，「氾濫原の各地点において」，「どのような頻度で」，「どの程度の被害」が生じるかという従来と異なるリスク評価と政策が必要となる．

表1　わが国の近代治水計画の変遷

区　分	概　要
第1の時代（既往最大洪水）	既往最大の洪水を，浸水を起こすことなく，河道と貯水池で処理する．
第2の時代（確率洪水）	治水施設の設計外力を年最大降雨量の超過確率で評価し，一定の確率規模をもつ降雨を計画降雨量として，この降雨から生み出される主種の洪水波形を，浸水を起こすことなく，河道と貯水池で処理する．
第3の時代（総合治水）	雨水が河道に入った後に処理するという対策に加えて，河道に流入する雨水そのものを減少させるという対策をも，計画の代替案に含める．
第4の時代	洪水氾濫を前提として考え，代替案は，河道-流域施設だけではなく，氾濫原の被害軽減策を考慮に入れる．

［出典：堀ら2008］

◆氾濫原管理の基礎指標　氾濫原での減災対策は，①二線堤（本川堤が破損した場合でも氾濫の拡大を防げるよう，堤内地に二重に設置される堤防），輪中堤（ある区域を洪水から守るために，その周辺を囲むように作られた堤防），霞堤（堤防の一部を不連続にし，下流側の堤防を堤内側に延長して受堤とする．受堤は上流側の堤防と二重とし，受堤と本川堤の間で遊水する），水害防備林（河川からの急激な氾濫や土砂流出の緩和，堤防の保護のために河畔に配置された森林）などの氾濫流制御施設の保全・整備，②土地の利用規制や建築物の耐水化，③水防活動・避難誘導の高度化などの計画・実施が不可欠になる．ここで必要となるリスク管理指標も河道管理における各河川の施設の処理性能を示す旧来の「治水安全度」ではなく，「氾濫原の各地点における安全度」である．図1で示したとおり，最終リスク受容者である住民を中心に考えた場合，一級河川や二級河川の治水安全度だけでは測れない水路，下水道，農業用排水路なども含め，それぞれ異なる治水安全度をまとめて評価し，地域ごとのリスク評価を行う必要がある．このリスク評価の考え方を滋賀県では，「地先の安全度」と呼んでいる．

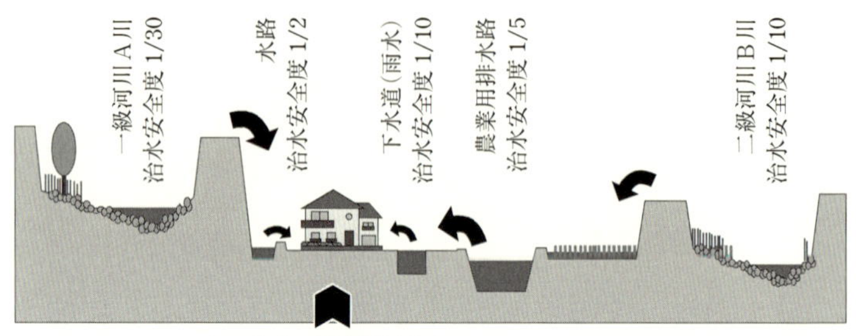

図1 「治水安全度」と「地先の安全度」

「地先の安全度」は，図2に示すように，①発生頻度と②被害の程度とのリスクマトリクスを，氾濫原の各地点において作成したものである．発生頻度である降雨パターンは，滋賀県降雨強度式で定まる2年に一度発生する確率降雨量，同10年，30年，50年，100年，200年，500年，1000年に一度発生する確率降雨量としている．被害の程度については，人的にも資産的にも大きな影響がある「家屋被害」に着目し，①家屋流失，②家屋水没，③床上浸水，④床下浸水の4種類に分類している（瀧ら2010）．各自治体で作成している「洪水ハザードマップ」は，河川ごとの計画洪水（数十年〜200年確率）を想定して，その場合の浸水深が示されている．2015年の「水防法」改正後は，1000年確率に相当する想定最大規模降雨として追加した．しかしながら，発生頻度と被害の程度とを考慮したリスク評価がなされている例はほとんど見られない．

滋賀県は，降雨パターン（時間-降雨量曲線）を入力すれば，主要河川のみならず，下水道（雨水）や農業用排水路も含めた河川・水路群からの氾濫をシミュレーションし，浸水の深さ（浸水深）や流速，流体力を計算できる「統合水理モデル」を開発し（瀧ら2009），県下の主要氾濫域に既に適用している．なお，流体力（単位は m^3/s^2）は，単位幅運動量／単位幅体積重量，あるいは，平均流速の自乗と浸水深との積により表現される水理量であり，水などの「流れ」が引き起こす力に相当する．集中豪雨などによる被害を防ぐには，浸水の範囲や水深だけではなく，流体力を考慮に入れた政策が必要である．

◆滋賀県における流域治水対策の枠組み　滋賀県は，人的，資産被害の回避を目的に，治水政策の方向性を示した「滋賀県流域治水基本方針：水害から命を守る総合的な治水を目指して」を定めている（滋賀県2012）．同方針は，河道内で

発生頻度					
	2年に一度				
	10年に一度	○			
	30年に一度	○			
	50年に一度	○	○		
	100年に一度	○	○		
	200年に一度	○	○	○	○
	…	○	○	○	○
		床下浸水	床上浸水	家屋水没	家屋流失
		浸水深 0.1m 以上 0.6m 未満	浸水深 0.5m 以上 3.1m 未満	浸水深 3.0m 以上	流体力 $2.5m^3/s^2$ 以上
		被害の程度（浸水深・流体力）			

（注）地点ごとにリスクマトリクスを作成できる．当地点では，床下浸水が少なくとも10年に一度，床上浸水は少なくとも50年に一度，家屋水没および家屋流失は200年に一度発生することを意味する．

図2 「地先の安全度」のマトリクス

の対策に加え，流域・氾濫原での対策を以下の①～③に分類し，包括している．

① 流域の貯留対策：調整池，グラウンド，森林土壌，水田・ため池での雨水を貯留し，河川・水路等への急激な雨水の流出を緩和．

② 氾濫原の減災対策：輪中堤，二線堤，水害防備林，土地利用規制，建築物の耐水化などにより，洪水により氾濫が生じても，まちづくりの中で被害を最小限に抑制．

③ 地域防災力の向上対策：防災訓練や防災情報の発信など，避難行動や水防活動の支援．

この方針で特筆すべき点は，②の土地利用規制および建築物の耐水化に関して，具体的な基準値が示されていることである．図3に示すように，領域Aでは，資産被害を回避するため「原則として市街化区域に含めない（市街化抑制地域）」こととし，さらに領域Bでは人的被害に直結する家屋流失・水没を回避するために，「避難可能な床面が予想浸水面以上となる構造」あるいは「予想流体力で流失しない強固な構造」とすることを建築許可の条件としている．

領域Aの規制は，「都市計画法」第13条（都市計画基準）を根拠とし，1970年に建設省都市局長・河川局長から各都道府県知事宛てに発出された通達「都市計画法による市街化区域及び市街化調整区域の区域区分と治水事業との調整措置等に関する方針について（昭和45年1月8日付 建設省都計発第一号・建設省河都発第一号）」に準拠している．また，領域Bの規制は，「建築基準法」第39条（災害危険区域制度）を根拠とし，1953年に建設省事務次官より各都道府県知事宛てに発出された通達「風水害による建築物の災害の防止について（昭和34年10月27日付（発住第42号）」に準拠している．なお，災害危険区域は，地方自治体が「建築基準法」第39条に基づいて，津波・高潮・洪水などの風水害を受けやすい地域を指定し，この区域内では建築の禁止を含めた一定の建築制限を行える．

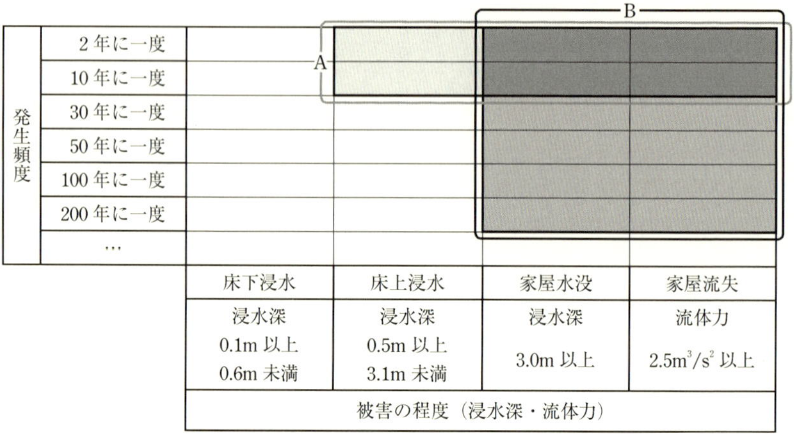

B
A

発生頻度				
2年に一度				
10年に一度				
30年に一度				
50年に一度				
100年に一度				
200年に一度				
…				
	床下浸水	床上浸水	家屋水没	家屋流失
	浸水深 0.1m 以上 0.6m 未満	浸水深 0.5m 以上 3.1m 未満	浸水深 3.0m 以上	流体力 $2.5m^3/s^2$ 以上
	被害の程度（浸水深・流体力）			

（注）〈領域A〉は，原則として市街化抑制地域とする．
〈領域B〉は，建築物の耐水化を許可条件とする．

図3 「地先の安全度」に基づく「土地利用規制」と「建築規制」

しかし，2000年の地方分権一括法の施行に伴い，上記の両通達は法的拘束力のない技術的助言と整理されたことから，滋賀県は，規制に関する法的根拠を明確化するため，「滋賀県流域治水の推進に関する条例」（平成26年3月31日滋賀県条例第55号）を制定し，「地先の安全度」を治水政策の基本指標として位置づけるとともに，領域Aおよび領域Bにおける規制を新たに定めている．さらに，基本方針においては，氾濫原の減災対策を「河川整備の代替案」としてではなく，「並行して，重層的に進める」とした点が特徴的である．

一般に，氾濫原の減災対策の必要性は広く指摘，認識されてきたものの，本格的な展開に至っていない．これは，洪水に関するリスク情報の不足に加え，河川管理に対する行政責任が強調される現行法制度下では，“河川整備”と“氾濫原の減災対策”とが二者択一になった場合には前者が選択されるという事情がある．そのため滋賀県は，氾濫原の減災対策を積極的に展開するために，河川管理とは分離して氾濫原管理を専門に所管する部署を新設し，河川管理と氾濫原管理とを「二者択一」ではなく「並行的，重層的に」推進する行政システムを構築した．

◆「地先の安全度」を活用した治水対策の効果と限界 「地先の安全度」を活用すれば，前出表1で見た第4の時代の各種の治水対策の効果を検証することも可能である．例えば，想定される被害と発生確率との積を累計すれば，1年あたりに想定される平均的な被害額（以下，「年平均想定被害額」という）が得られる．

さらに，対策前後での年平均想定被害額の増減を評価すると，河川整備・流域貯留対策・氾濫原減災対策といった区別なく，各政策の効果を比較考量することが可能となる（瀧ら 2009）．滋賀県では，①年平均想定流失家屋数，②年平均想定水没家屋数，③年平均想定床上浸水家屋数という3指標により各洪水対策の効果を検証している．

2017年6月には，領域Bに相当する一部地域において，流域治水条例に基づく災害危険区域の第1号の指定が行われた（滋賀県 2017）．流域治水基本方針の策定から5年，流域治水条例の施行から3年を経てようやく地域の指定に至っている．一方，領域Bに相当する地域は一部の地域で既に住宅が立地していることから．人道的観点から既存住宅のある地域での区域指定を優先している．ただ，これは，本来狙いとしていた未開発地の保全対応が後手に回ることを意味する．

また，区域指定にあたっては，まず解析結果に基づく線引きをたたき台として提示し，地域住民とのリスク対話を通じて線引きの合意を慎重に得ていくというプロセスを経る．これは，災害危険区域の指定が人命保護と同時に財産権の制限に関わる非常にセンシティブな問題である．また，統合水理モデルは精緻にできているが，その解析結果はいくつもの仮定に基づき計算された結果であることから，「区域指定」という社会的なプロセスが必要とされる．言わば，“機械的な策定ライン”を“住民の納得ライン”に変えていくプロセスに十分な時間をかける姿勢が求められる．このように「地先の安全度」を公表し，流域治水条例を制定しても，リスクベースの住民の安全を満たすまちづくりが直ちに進むものではない．現行法制度のもとで都道府県レベルが行える規制的手法としては，滋賀県のこの取り組みが最大限の政策と言えよう（瀧 2018）．

さらに洪水から住民を守り，安全性を高めるには次のステップが必要となる．それは，政策に住民のインセンティブを組み込む経済的手法を追加することである．例えば，米国では1968年に「米国洪水保険法」（NFIA）を成立させ，1969年全米保険制度が発足している．課題も内包しているが，地域のリスク度や対策に応じて保険料に差をつけるなどにより，土地の利用政策とも連動させている．日本でも，関西8府県4政令市で構成する関西広域連合（連合長は井戸敏三兵庫県知事）が「琵琶湖・淀川流域対策に係る研究会」を設置（2014年）し，2017年より洪水リスクファイナンスの実現可能性について検討を開始した．試行錯誤を繰り返しながらも，「第4の時代」に向け前進を続けている．

［瀧健太郎・久保英也］

参考文献

・椎葉充晴ら（2013）水文学・水工計画学，京都大学学術出版会．
・滋賀県（2012）滋賀県流域治水基本方針．
・末次忠司（2005）図解雑学 河川の科学，ナツメ社．

【1-16】

新たな社会実装の試み（2）：保育園とアスベスト

化学物質管理は，早い時期にリスク評価が導入された分野の1つであり，環境基準や様々な規制値などの設定に多くの事例を見ることができる（☞第2章，6-13）．

化学物質の管理を構成する重要な要素は，リスク評価，リスク管理，リスクコミュニケーションが3つの要素と言われている．今回取り扱うケースは，局所的な化学物質の汚染が発覚し，特定の人々の将来のリスクが懸念される事象である．定常的な操業状態で法令等も遵守されており，苦情もないのであれば，事業者が説明会や工場見学を開催し，化学物質のリスクを伝えようとしても関心が高まらないか，質問などでも化学物質に関するものは少ない．そのような場合，事業所は科学的なリスク評価に基づく経済的な判断を加味したリスク管理が可能になるだろう．しかし，一旦，汚染が発覚して，人々の将来の健康影響が懸念される状態になると，最も重要なステージがリスクコミュニケーションとなる．ステークホルダーの安全への要求が非常に厳しくなり，リスク管理措置が決まるまでは長い時間を要するかもしれない．

ここで取り上げるケースは，長期毒性として発がん性が確認されているアスベストに，前途のある保育園児が曝露したという事例である．最も紛糾しやすい事例ではあるが，関係者の適切な対応が建設的な対策を生んだ1つの事例と言えるだろう．その経緯を時間に沿って記載し，リスク評価，リスク管理とリスクコミュニケーションの重要性について述べたい．なお，本文は「文京区立さしがや保育園アスベストばく露による健康対策等検討委員会報告書」（2003）のほか，Webサイトの資料を用い，筆者が構成したものである．

◆発覚 1999年度，文京区立さしがや保育園では，0歳児の定員増を図るため園舎の改修工事を実施した．1999年4月21日，保護者会は園長から工事について説明を受け，翌22日には保護者から園長にアスベスト使用の有無の問合せがなされている．6月24日に工事が契約され，7月5日に工事箇所と保育室の間の仮設間仕切りが設置され，工事が始まった．しかし，7月8日には保護者がアスベストの剥落を発見，7月14日に保護者会が開かれ（工事説明，営繕課，児童課，建築業者同席），以下の要求がなされた．

① 目張りをすること

② できるだけ早く天井を張ること

7月15日には，仮設間仕切りの目張りがなされ，アスベストが一部除去されている．7月28日には保護者会が開催され，区にアスベスト封込め工事を提案するも了承されなかった．保護者会の要求は以下のとおりである．

① アスベスト露出状態の回避のための工事の早期実施
② 代替地への避難の検討
③ 専門家の判断
④ 完全除去または全面建替えのプランニング

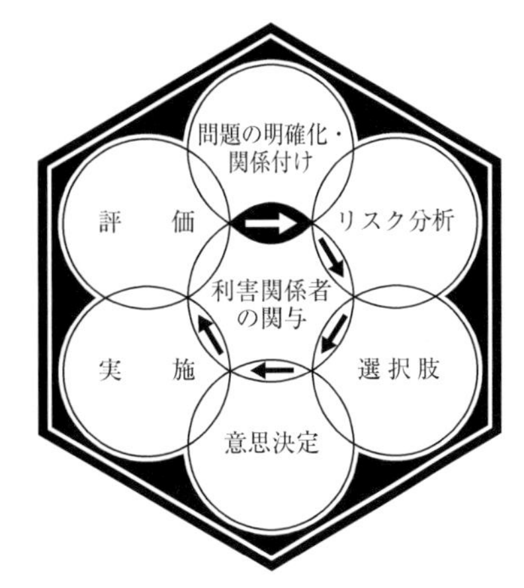

図1　リスク管理の概念図

7月30日に区長の判断によりアスベスト完全除去を決定し，8月23日には本駒込西保育園で0歳児，1歳児の保育を開始，9月8日にはアスベストに関する専門家による説明会が開催されている（講師：内山巌雄氏，入江建久氏）．10月14日には，さしがや保育園アスベスト除去工事契約がなされ，2000年1月に園舎改修開始，6月に改修が完了している．

◆**リスク評価**　この事例で最も特徴的なのは，リスク評価機関として，「文京区立さしがや保育園アスベストばく露による健康対策等検討委員会（以下，健康対策委員会）」が1999年10月に設置されたことである．内山巌雄氏を会長に，疫学者，医師，労働安全関係者からなる本健康対策委員会は，工事過程を実際に再現し，実測を行うとともにシミュレーション結果と比較して，曝露量を推定している．2003年12月22日に区長に答申された報告書では，「園児のリスクの最大が10万分の6.3と推測され，また，曝露年齢が0～5歳という不確実要因も加わることから，今後何らかの健康面での経過観察が必要である」と結論づけ，「公衆衛生上無視できない結果であった」と評価したうえ，今後の健康対策を提言している．この委員会は，原則公開であり，中間にあたる2002年3月には保護者に対し説明会を開催している．

◆**リスク管理の枠組み**　この事案で最も注目すべきは，リスク管理の枠組みを最初に明示したことである．「文京区立さしがや保育園アスベストばく露による健康対策等検討委員会報告書」には，以下の記述があり，米国大統領／議会諮問委員会が示したリスク管理の概念図をあわせて示している（図1）（☞ 12-6）．

「サイクルの中心に「利害関係者の関与」とあるように，被害を受けた又は受けそうな当人が委員として参加する委員会が今後主流となる事が示されている．」

利害関係者として「リスク管理者」および「リスク発生源を管理する努力によって影響を受ける人々」「リスクにより実際または潜在的に影響を受ける人々（本人，保護者および区職員等）」を明示し，リスク管理に被害者（影響を受ける人々）を含んだことは民主的であり，その関与の中にリスクコミュニケーションが含まれることは言うまでもなく，リスク管理の在り方としては理想と言ってよいだろう．

また，被害者の関与については，「利害関係者が関与したリスク管理の決定が効果的で長続きすることがこれまでの経験から明らかになってきたからである」とその理由を述べている．さらに，「リスクの本質として，その性質や重要性については多くの対立した解釈があるため，リスク管理にあたっては利害関係者との共同作業が必要」と指摘していることは，内山氏はじめ，関係者が被害者の立場に寄り添いつつ，対応したことを示している．また，「共同作業により理解，言葉，価値観，認識の溝を埋める機会が生まれ」るとしていることは，リスクコミュニケーションの本質を的確に表現しており，規範とすべき事例ということができる．

この事例を振り返ると，福島第一原子力発電所の事故において，消費者や被災者に対する一方的な情報提供をリスクコミュニケーションと称し，このような経験を生かすことができなかったことを想起せざるを得ない．この違いの原因は，ステークホルダーの規模だろうか．あるいは，時間的余裕だろうか．内山氏は2000年の三宅島噴火災害における全島避難（島民約3800人）において，帰還に向けた意思決定の際に，二酸化硫黄についてリスク評価を行い，住民に対してリスクコミュニケーションを十分に行ったうえで，帰島するか否かは各個人の判断に委ねる対策を行い，5年をかけて避難指示解除（2005年）に至っている．上記の問いに対する答えは，定性的な表現ではあるが，リスク管理者（行政，事業者）の解決への覚悟とは言えないだろうか．そのヒントに「文京区立さしがや保育園アスベスト健康対策等専門委員会ニュース（以下，専門委員会ニュース）」の第3号（2005）に医師の松平隆光委員が述べた「長期的なしかも重要な問題．日本の手本となるフォローが必要」とのコメントがある．この資料は，2003年12月22日の区長への答申を踏まえ，2004年3月31日にリスク管理機関として設置された「文京区立さしがや保育園アスベスト健康対策等専門委員会」が定期的に発行したものである．

覚悟とは，定性的な表現ではあるが，リスク管理がアスベストの健康被害の発現まで長期間にわたることを踏まえると，拙速な成果を求めない，ということと同義と言ってよいだろう．化学物質のリスク管理制度の在り方として，慢性影響を考慮することは通常のことではあるが，リスクコミュニケーションがアドホックなものではなく，継続的に行われるべきことを考慮すれば，様々な分野において模範となる事例であることは間違いない．

なお，健康対策委員会は，2007年3月28日に「文京区立さしがや保育園アスベスト健康対策実施要綱」を制定し，リスク管理措置である健康対策を継続していく．

◆リスクコミュニケーション　事件発覚後から，保護者への説明会は，リスク評価，リスク管理の枠組みの中で行われていたが，ここでは，2004年5月22日から開始され，月１回のペースで実施された「リスク相談・心理相談」と親子ミーティングを取り上げてみたい．

リスク相談・心理相談は専門委員会ニュースによれば，最終報告書・健康対策手帳に関する相談のほか，子供の体調がすぐれない，子供がたばこに興味を持ち始めた，近所で工事がある，子供にアスベスト被曝のことをどのように伝えたらよいかわからないなど，アスベストに関連するものではあるが，多様な相談事を想定している．相談窓口は，健康対策委員会の委員が務め，リスク評価，公衆衛生，臨床心理，医師など様々な専門家が対応している．窓口でのＱ＆Ａは専門委員会ニュースに掲載され，ステークホルダー間での共有を図るなど，被害者個別の多様化したリスクへの対応に特化した手法は，福島県立医科大学の「よろず相談」と目的は同一であり，健康リスクに係るリスクコミュニケーションの１つの在り方と言えるだろう（☞ 4-1）．

また，時間が経過するにつれ，子供たちの成長に伴い，元園児たちにどのように伝えるか，ということが課題になってくる．2007年には親子で読める絵本形式の冊子の作成が話題になり，2009年には高校入学時のエックス線撮影の結果について，その保管の取り組みと助成が行われている．2011年には真砂中央図書館にアスベスト関連図書コーナーを開設し，被害者だけではなく，地域で起こった課題を未来に伝え，再発防止につなげる意識が生まれている．

2015年8月22日には，さしがや保育園アスベスト親子ミーティングが開催される．対象は，被曝が想定される元園児と保護者，専門委員，部外者とあり，講演内容も「アスベストとは」「身近に潜むアスベスト対策の必要性」「アスベストによる健康障害，リスク」とあり，対象を拡大しつつ，風化を防ぎ，継続した取り組みを目指す方向性が伺える．

さしがや保育園のアスベスト曝露の問題は，事故の発生（アスベストの飛散の確認）への対応（クライシスコミュニケーション）から，将来の子供たちの健康リスクへの対応（リスクコミュニケーション），科学コミュニケーション的なミーティングへの展開など，全ての参加者がリスク管理に参加しつつ，長期にわたり対応を継続しているところに特徴がある．

この事例は，リスクコミュニケーションを単なる説明の機会と捉えず，リスクガバナンスにおける機能として，対話を位置づけているところに特徴があると言えよう．

［竹田宜人］

📖 参考文献

・村上道夫ら（2014）基準値のからくり，講談社ブルーバックス．

第二部

リスク学の基本

第２章

リスク評価の手法：リスクを測る

［担当編集委員：島田洋子・米田 稔］

【2-1】

リスク評価の目的

安全とは，許容可能でないリスクがない状態と定義されることがある（ISO/IEC 2014）．では，リスクはどのように定義されるか．ホワイトとバートン（Whyte & Burton 1980）は，リスクという言葉は2つの意味に使われるとした．その1つは，単なる悪影響の発生確率であって，狭い意味でのリスクである．もう1つは，ある悪影響の発生確率とその影響の大きさの両方に関係し，異なった毒性や危険性を比較するために使用される，より広い意味でのリスクである．つまり，どちらの意味においても，リスクとは人間がどの悪影響を受け入れるべきかを判断するために，その不確かな状況下で悪影響の大きさを予測し，定量的に評価したものである．ここで，悪影響の種類が同じ場合には，その発生確率だけを予測し比べれば，つまり狭い意味でのリスクによって，その悪影響を受け入れるべきかの判断が可能である．しかし，異なる種類の悪影響を比較して，どの悪影響が発生する可能性をどの程度減少させるかといった判断のためには，広い意味でのリスクによって，なんらかの統一評価基準のもとで，各悪影響の大きさを比較する必要がある．例えばある薬を飲むことによるリスクが確率1/100で腎臓障害を起こすことであり，その薬を飲まないことによるリスクが腎臓癌になる確率を1万分の1上げることである場合，人はどちらのリスクを選択すべきか．このようなリスクを比較するための定量化手法としては，様々なものが提案されている（☞ 2-3）．また，このような比較は，リスク同士だけでなく，リスクとベネフィットの比較としても表現される．上の例では，薬を飲むことによる腎臓障害発症のリスクと，腎臓癌になる確率を下げるベネフィットの比較として考えることもできる．つまり，リスクとリスクの比較はリスクとベネフィットの比較と考えることもできる．

◆ゼロリスクの問題　上で「安全とは許容可能でないリスクがない状態」という定義を紹介したが，その場合，安全とは「許容可能な量のみのリスクが存在した状態」と言い換えることもできる．そこには，リスクを0にする必要はないという前提がある．しかし，人にとっての悪影響を定量化したものであるリスクは小さいに越したことはないとして，往々にして，ある悪影響のリスクのみを問題とし，そのリスクを0にすることのみが主張される．しかし，リスクを下げるためには，必ずコストが必要である．そのコストとは金銭のみでなく，時間のこともあり，労力のこともある．中西準子は，その著書（中西 2010）で，リスクを下げるために使用されるコストは，他のリスクを下げるために使用できたかもしれないという点で，リスクに置き換えて比較できるとしている．この意味で，あるリスクを0に近づけようとするとき，その何百倍もの別のリスクの増大を無視している可能性があることを意識する必要がある（☞ 3-14）．

◆リスク評価の位置づけ　本章のリスク評価は，科学的根拠に基づき，悪影響や危険性を定量的に評価する手法を提供する．またその手法は，リスクの削減をベネフィットと考える場合，ベネフィットの定量化手法でもある．このようなリスク評価は，上述したように，次の段階で多数のリスクを比較し，どのリスクをどの程度下げるべきかといった政策決定などのリスクマネジメント（☞第3章）のために行う．第4次科学技術基本計画（2011）において「科学技術を人と社会に役立てることを目的に，根拠に基づく的確な予測・評価・判断を行い，科学技術の成果を人と社会との調和のうえで最も望ましい姿に調整するための科学」としてレギュラトリーサイエンス（☞ 3-5）が定義された．つまりリスク評価手法は，レギュラトリーサイエンスにおける根拠に基づいた的確な予測・評価・判断のためのツールとしての意義を持つ．また，2004年の文科省「安全・安心な社会の構築に資する科学技術政策に関する懇談会」報告書では，「安心とは，安全・安心に関係する者の間で，社会的に合意されるレベルの安全を確保しつつ，信頼が築かれる状態である」としている．つまり，人々に安心を与えるためにも，リスクを定量的に評価し，人々にそのリスクが受容可能レベルであることを伝え，それを人々に信用してもらう必要がある（☞第4章）．

◆リスク評価の意味の多様性　リスクの定義としては，様々な表現が用いられるが，不確かな悪影響に関するものが多い．しかし，2009年にリスクマネジメントの指針規格として発行されたISO31000では，リスクが「目的に対する不確かさの影響」と定義され，その影響には好ましい影響も好ましくない影響も含まれるとした．そして，リスクマネジメントの目的は，不確かさの中で「価値を創造し，保護する」ための意思決定を支援するものとしている．つまりISO31000に限らず，このようにrisk＝危険といった翻訳が成立しないことも多い．この考え方は，ゼロリスクへの欲求を避け，リスク評価では同時にベネフィットも考慮すべきであるとする考え方からは，歓迎すべき変化であり，今後，多くの専門家に受け入れられていくと考えられる．しかし，専門家の間でもリスクという言葉の定義が多様であるように（☞ 1-2），専門家はリスク評価という言葉を使用する際，一般市民の感覚との乖離に気をつける必要がある．　［米田 稔］

📖 参考文献

・中西準子（2010）食のリスク学：氾濫する「安全・安心」をよみとく視点，日本評論社．

【2-2】
リスク評価の枠組み

日本語において,「リスク評価」という言葉は様々な意味で使用されている.概ね,不確定な損害等を予測して評価するという意味ではあるが,その言葉が示す解析プロセスの範囲として,リスクを見つけ,そのリスクが許容可能かの判断を行うまでの全プロセスを示す場合もあれば,リスクの定量化のみを示す場合,あるいは,定量化されたリスクの大きさが許容され得るかどうかの判断を行うプロセスのみを示す場合もある.この「リスク評価」という言葉の多義性は,assessment, estimation, evaluation, すべての英単語の訳として「評価」を使用する場合があることに一因があると思われる.本項においては,リスク評価という言葉を上記の最初の最も広い意味で使用しているが,次に述べる日本工業規格JIS Q 31000では,本項のリスク評価に相当する言葉はリスクアセスメントであり,リスク評価という言葉は定量化されたリスクの大きさが許容され得るかどうかの判断を行うプロセスという意味で使用されている.このようにわが国においては「リスク評価」という言葉は様々な分野で独自に定義されて使用される場合が多く,学術的議論を行う場合は,議論の食い違いが生じないように注意が必要である.

◆国際標準規格:ISO31000 意思決定の支援を目的とするリスクマネジメントの枠組みの国際標準規格が2009年にISO31000として設定され,翌年にはJIS Q 31000としてJISにも取り入れられた(☞3-2).その中で,リスクアセスメントはリスクマネジメントのプロセスの一部として,リスク特定,リスク分析,リスク判定(JIS Q 31000では「リスク評価」と訳されている)の3つのステップからなると定義されている.さらに表1に示す様々な分野におけるリスクアセスメント技法に関する手引がISO31010で提供されており,これも2012年にはJIS Q 31010としてJISに取り入れられている.そこでは,各リスクアセスメント技法は,概要,用途,インプット,プロセス,アウトプット,長所および短所の各項目について,統一した表現での説明が試みられており,各技法の内容を理解することは,各分野で実施されるリスクアセスメントプロセスの共通点と相違点を理解することにもなる.そこでは,リスクアセスメントは分野によらず,組織の状況の確定,リスク特定,リスク分析,リスク判定のプロセスからなると説明されている.

なお,JIS Q 31000ではrisk evaluationの日本語訳として「リスク評価」を用いているが,本項ではこれを「リスク判定」と訳し,「リスク評価」はrisk assessmentに対応する日本語として用いる.

表１　ISO31010:2009 で解説されているリスクアセスメント技法

1	ブレーンストーミング	16	原因・結果解析
2	構造化または半構造化インタビュー	17	原因影響分析
3	デルファイ法	18	防護層解析（LOPA）
4	チェックリスト	19	決定木解析
5	予備的ハザード分析（PHA）	20	人間信頼性アセスメント（HRA）
6	HAZOP スタディーズ	21	ちょう（蝶）ネクタイ分析
7	ハザード分析および必須管理点（HACCP）	22	信頼性重視保全（RCM）
8	環境リスクアセスメント（毒性アセスメント）	23	スニーク解析（SA）およびスニーク回路解析（SCA）
9	構造化 “What-if” 技法（SWIFT）	24	マルコフ解析
10	シナリオ分析	25	モンテカルロシミュレーション
11	事業影響度分析（BIA）	26	ベイズ統計およびベイズネット
12	根本原因分析（RCA）	27	FN 曲線
13	故障モード・影響解析（FMEA）並びに故障モード・影響および致命度解析（FMECA）	28	リスク指標
		29	リスクマトリックス
14	故障の木解析（FTA）	30	費用／便益分析（CBA）
15	事象の木解析（ETA）	31	多基準意思決定分析（MCDA）

ISO31000 はリスクアセスメントを含む，あくまでも大まかなリスクマネジメントの枠組みを提供するものであり，個別の分野において，より詳細なリスクアセスメント，あるいはリスクマネジメントの枠組みが定義されるなら，その方が有用であるとしている．しかし，各分野のリスク管理体制においても ISO31000 による定義への対応が進められつつあり，例えば，高圧ガス保安協会（2015）や，日本原子力学会（2016）などで，ISO31000 や ISO31010 に基づいて，リスクアセスメント技法や枠組みの整理が行われている．以下では，ISO31010 で扱われているリスクアセスメント技法の１つである環境リスクアセスメントを例として，リスク評価の枠組みを説明するが，他のリスクアセスメント技法も，エンドポイントの設定や定量化技法などでの相違点はあるが，ISO31000 で定義される大まかな枠組みに従って，その内容を同様に説明することができる．

◆環境リスクアセスメント　環境リスクアセスメントは，様々な環境ハザード（環境中の有害な結果をもたらす因子）への曝露によるリスクを評価するために実施する．この環境ハザードとしては，化学物質のみでなく，騒音・振動や日照，放射線といった物理的な因子も含まれる．また，評価の対象も人間のみでなく，生態系内の特定の動植物，あるいは生態系システム全体を対象とすることもある．ここでは，その基本的なプロセスをISO/IEC31010に基づいて，特に人を対象として，化学物質への曝露について適用した結果を図1に示し，各プロセスについて説明する．

(1) 組織の状況の確定　環境リスクアセスメントの場合，問題設定と呼んだ方がわかりやすい．まず，評価対象とする化学物質と人間集団の設定を行う．同時に，アセスメントの時間的，空間的な適用範囲，人への悪影響をどのように定義するか（人体になんらかの反応があったとしても，死にはつながらない影響やまったく生活の質を劣化させない影響もある）といった情報を整理する必要がある．なお，特に評価対象とする人間集団の設定では，この段階ではその人間集団内での多様性を無視してはいけない．例えば，日本人を評価対象として設定した場合，平均的な日本人のモデルを1つ設定するのではなく，地域，性別，年齢，職業等による多様性が存在することを考慮する必要がある．地域的多様性の有名な例としては，水俣病が発症した人々が多く住む漁村の1日あたりの魚の摂取量は日本人全体の平均摂取量よりもはるかに多かったという話がある．このため，水俣湾でとれた魚を食べることによる水俣病発症のリスクは，この漁村の人々を対象とするか，平均的日本人を対象とするかで，大きく異なることになる．問題設定の段階で，評価対象内での多様性を無視してしまうと，特定の人々にとっての大きなリスクを過小に評価してしまうので，注意が必要である．

(2) リスク特定　評価対象化学物質の有害性評価項目（エンドポイント）としての毒性（ハザード）の特定を行う．このため，環境リスクアセスメントの場合，リスク特定はハザード特定とも呼ばれる．ある化学物質を人間が摂取したとしても，様々な部位に様々な有害影響を起こす可能性がある．このような有害影響を起こす可能性を毒性と呼ぶ．毒性には急性影響もあれば慢性影響もある．また，影響を受ける臓器も様々であり，同じ部位でも様々な毒性の発現の仕方がある．さらに慢性影響には，デオキシリボ核酸（DNA）の損傷による発癌や出生異常も含まれる．そして，これら多くの有害影響の中で，どの有害影響をリスク評価の対象とするかを明らかにする必要がある．この評価対象とする有害影響をエンドポイントと呼ぶ．このエンドポイントを決めないと，リスク評価はできない．リスクの定量的評価はエンドポイントごとに実施することになるので，ある化学物質のリスクアセスメントを実施する場合は，複数のエンドポイントを評価対象として設定する必要がある．

(3) リスク分析プロセス：ハザード分析　曝露量–影響関係の解析を行うが，この関係は，特に環境汚染物質に限らず，化学物質の摂取量と人体の反応の関係を指す場合には，用量–反応関係（☞ 2-6）と呼ばれる．評価対象の化学物質の曝露量と，エンドポイントとして選んだ毒性の発現との関係を求める．ここで曝露量とは，一般的には単位時間，単位体重あたりの摂取量を意味するので，注意が必要である．このため，大人に比べて体重が４分の１の子供は，１日の総摂取量が２分の１だとしても曝露量は２倍になる．用量-反応関係としては確率的影響に関するものと，非確率的影響に関するものの２つがある．それぞれの関係を図２に示す．

非確率的影響による被害は，病理学的に影響が観察されるまでにある程度の曝露量を要する．例えば重篤度がある臓器を構成する細胞の死亡数だとすると，１個や２個の細胞が死んだとしても臓器の機能に影響はないが，これが数千，数万個となると病理学的影響が観察されるようになる．この初めて影響が観察されるようになる曝露量の平均的値を閾値と呼ぶ．非確率的影響の特徴は，閾値が存在すること，そして曝露量が増えるほど重篤度が増加すること，そして閾値を超え

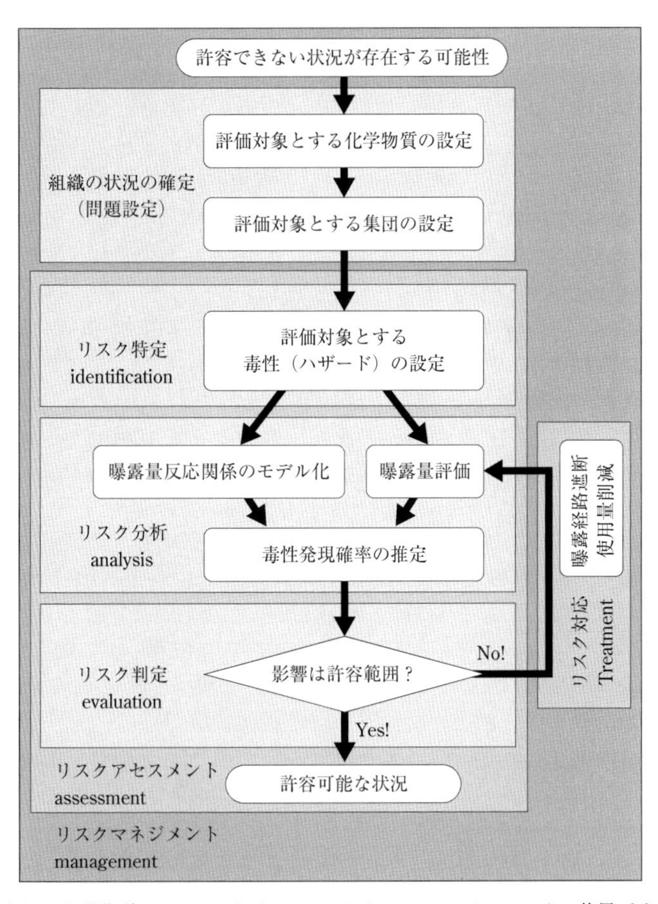

図１　化学物質のリスクマネジメントにおけるリスクアセスメントの位置づけ
［ISO31000の図をもとに筆者が作成］

て，ある一定量の曝露量となると，若干の個人的差異は存在するが，ほぼすべての人に影響が現れることである．このため，非確率的影響は確定的影響とも呼ばれる．非確率的影響の場合は，無観測効果量（NOEL）あるいは無観測副作用量（NOAEL）となるレベル（閾値）を求めることが重要である（☞ 2-6）．これらは動物実験や細胞実験などによって求められるが，これら実験値から人に対する許容基準を求める場合には，後述する不確実係数などを考慮する．

一方，発癌のような確率的影響の方は，例えば 1 個の癌細胞が生じれば，これが増殖・転移して最終的には死に至る可能性があるとして，重篤度は発癌するかしないかの 2 段階しか設定しない．また，通常，どんなに曝露量が少なくても発癌の可能性が存在すると仮定する．つまり，発癌に対する曝露量の閾値は存在せず，曝露量の増加に従って増加するのは発癌の確率であって，重篤度ではない．現実的に 10 万分の 1 や 100 万分の 1 といった発癌確率をもたらす曝露量を動物実験で求めることは不可能であることから，微小な発癌率に対応する曝露量を求めるには，動物実験などで確認可能な最小の発癌率と曝露量の関係を原点まで直線外挿して推定する「しきい値なし直線（LNT）モデル」が用いられる．このときの単位曝露量あたりの発癌率はスロープファクターと呼ばれる．

(4) リスク分析プロセス：曝露評価 ここでは，評価対象とする集団が，評価対象化学物質に曝露される経路を考え得る限りリストアップし，それらの総和としての曝露量を評価する．各経路からの曝露量評価のためには，例えば，様々な放出源から環境中への評価対象化学物質放出量，水，大気，土壌，野菜，牛乳，肉などといった媒体間での移行係数，環境中での減衰係数，人の各媒体の摂取量などのデータが必要となる．また，吸引摂取か経口摂取かによって，人体への影響が異なる場合も多いことから，これらを別々に評価する必要がある．なお，曝露量評価の方法としては，他に血中濃度や尿中の代謝物濃度から人体全体での曝露量を推定する方法がとられることもある（☞ 2-7，9-15）．

(5) リスク分析プロセス：毒性発現確率の推定 ここでは，用量−反応関係と曝露評価結果から，すべての経路からの影響を総合したエンドポイントの発生確率を推定する．ここで，確率的影響の場合は生涯余剰発癌確率などを評価するが，非確率的影響の場合は NOAEL と安全率から求めた人の基準値を超えれば発現し，超えなければ発現しないと評価することになる．なお，リスクを定量化した結果，特に寄与の大きな経路を決定経路，評価対象集団の中で特に大きなリスクを受ける小集団を決定集団と呼ぶ．このように悪影響が発生する確率が化学物質のリスクであるとすると，リスクとはハザードと曝露量，両方の関数となる．

(6) リスク判定 リスク分析によって定量化されたリスクが許容されるものかどうかの判定を行う．判定基準としては，非確率的影響の場合は無作用となる閾値に根拠データの信頼性に基づく安全率を考慮して求められた非意図的摂取に対する耐容一日摂取量（TDI），あるいは意図的摂取や直接制御可能な摂取に対す

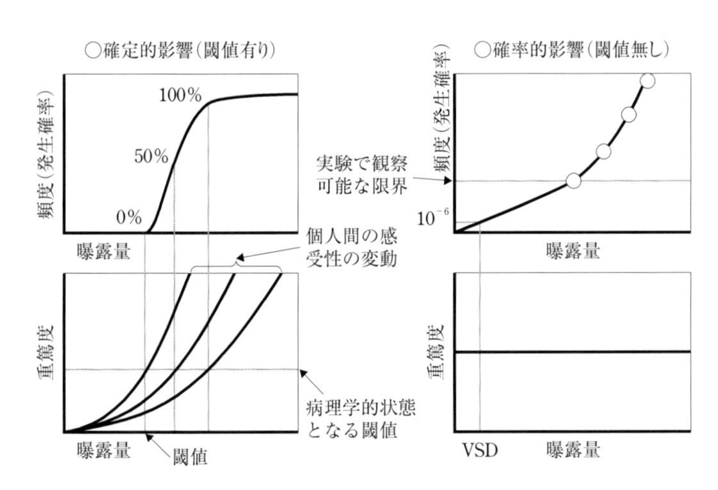

図２　確定的影響と確率的影響の用量−反応関係
［出典：ICRP（1984），Fig.1 に加筆］

る許容一日摂取量（ADI）が，閾値がない確率的影響の場合は実質安全量（VSD）が用いられる．安全率の値としては，個人差で 10 倍，動物実験結果を人に適用することの種差で 10 倍として 100 倍，あるいはさらに実験結果が不十分なことによる安全率 10 倍を考慮して，1000 倍といった値が用いられることが多い．つまり動物実験から求められた NOAEL の値の 100 分の 1，あるいは 1000 分の 1 が人の耐容一日摂取量として設定される（☞ 2-6）．

なお，近年は，安全率の安全という言葉や耐容という言葉が誤解を招く可能性があるとして，安全率の代わりに不確実係数，耐容一日摂取量の代わりに参照（基準）曝露量という言葉が用いられる．また，発癌性物質の実質安全量としては，過剰生涯発癌確率 10 万分の 1，あるいは 100 万分の 1 となる摂取量が用いられることが多い．この 100 万分の 1 という数値は，米国食品医薬品局（FDA 1977）によって，現実的な状況下における妥当な値として 1977 年に採用された値である．ただし，化学物質によっては現実的曝露状況やその低減の困難さなども考慮して，100 万分の 1 よりも大きい発癌リスクに対応する摂取量が基準値として設定されることもある．例えば，わが国のベンゼンの水道水質基準値は実質安全量として過剰生涯発癌確率で 10 万分の 1 となる値に設定されているが，現実的管理値として設定された砒素の基準値は，過剰生涯発癌確率 1000 分の 1 に相当する．

［米田 稔］

参考文献

・リスクマネジメント規格活用検討会（2010）ISO31000:2009 リスクマネジメント：解説と適用ガイド，日本規格協会．
・化学物質評価研究機構（2012）化学物質のリスク評価がわかる本，丸善出版．

【2-3】
リスクの定量化手法

リスク評価には定量的リスク評価と定性的リスク評価（☞2-11）がある．リスクの定量的評価を行うためには，評価対象のリスクを定量化しなければならない．様々なリスクがもたらす影響は大きく2つに分類される．すなわち，健康影響（死亡や疾病）と損害（生態系などの環境への損害と財産の損失などの経済的影響）である．また，気候変動や自然災害は，個人の生命や財産だけではなく社会・経済への影響が相互に作用する総合的な影響をもたらす．

リスクを定量化するためには，これらの影響を評価するリスク指標を設定し，それらを定量化する必要がある．

◆健康影響リスク指標　化学物質による環境リスク，気候変動リスク，災害リスクなどは健康影響をもたらす．健康影響のリスクを評価するための主な指標を以下に示す．

(1) 死亡率　個人が死に至る確率（0～1で表される）で，異なるリスクを比較することができる

(2) 疾病率　病気の発症確率（0～1で表される）で，各病気の重さ，闘病期間，予後の状態などが異なるため，異なるリスクを比較できない．

(3) 健康寿命の短縮　健康寿命［year］は，ある健康状態で生活することが期待される平均期間またはその指標の総称で，生存期間を健康な期間と不健康な期間に分けた場合に集団における各人の健康な期間の平均が健康寿命の指標となる．「健康寿命の算定方法の指針2012」において，チャンの生命表法とサリバン法を用い，健康な期間の平均と不健康な期間の平均，および，その近似的な95%信頼区間を求める算定方法が提案されている．

(4) 損失余命［year］　健康影響が死亡率の上昇に反映すると捉え，生命表を使ってその効果を平均余命［year］の短縮に換算したもの．

(5) DALY（障害調整生命年）［year］（WHO 2018）　集団の健康状態を死亡損失および障害損失として定量的に捉える指標である，異なる種類の健康リスクを統一して表現するもので，損失生存年数（YLL）［year］と障害生存年数（YLD）［year］の合計値で示される．

$$DALY = YLL + YLD$$

YLLは，早期死亡による疾病負担を示したもので，総人口について死亡が早まることによって失われた年数として次式で算出される．

$$YLL = N \times L$$

ここで，Nは死亡数，Lは死亡時の平均余命［year］である．YLDは，存命中の疾病負担を示したもので日常生活への障害負担を定量化した係数により重み付けして人々の健康状態に生じた事故による障害によって失われた年数として次式で算出される．

$$YLD = I \times DW \times L$$

ここで，Iは事故の件数，DWは障害の程度によるウェイト（0～1で表され，完全な健康の場合DW＝0，死亡の場合DW＝1），Lは障害の平均持続年［year］である．

DALYの算出には３つの前提がある．①１年間の生存に対して，年齢による重み付け関数（25歳最大の生存価値）が行われている．②非致死的健康結果の重み付け指数が７段階で行われている．③時間割引率が設定されている．ただし，①の年齢による重み付けについてはその設定の必要性に関して議論があることから，DALYの計算において必要条件ではない．WHOによるGlobal Burden of Disease（GBD）の計算では，1990年では考慮されたが2010年の計算では年齢による重み付けは考慮されていない．

(6) 損失QALY［year］（福田 2013）　QALY（質調整生存年）は，完全な健康状態で過ごす１年間を１として，これを基本量とし，特定の健康状態について測定された効用値を掛け合わせることで生存状態の質（効用値による重み付けで表現される）と量（年数）を同時に表現した概念である．効用値が変化した部分で区切り，その時点での効用値とその効用が維持された生存年数の積和で計算される．

$$QALY = \sum_{H} Q_H L_H$$

ここで，Hは健康状態，Q_Hは健康状態Hでの生存状態の質（完全健康状態は1，死亡状態は0），L_Hは健康状態Hでの生存年数である．完全な健康状態で生存する１年間の価値が１QALYとなる．

(7) 異なる健康影響を比較できるリスク評価の指標　健康寿命，DALY，損失QALYは，人の寿命を物理的な生存年数ではなく，QOL（生活の質）を加味した寿命で表現しており，死や疾病など異なるリスクを比較可能にするリスク評価指標である．これらの他にも，異なる健康影響のリスクについて評価の基準とする悪影響（「死」など）を定め，その他の悪影響と等価な量に換算しそれらを加算した指標を算出する試みがなされている．この手法では，個々の悪影響を等価な基準悪影響に換算するために用いる換算係数が定められる．例えば，放射線防護分野においては，「総合損害」という指標を使って，異なる健康リスクが比較されている．この指標は，「被ばくが原因になり死亡する確率」と「非致死がんからの加重された寄与」および「遺伝的影響からの加重された寄与」の和で与えられる．

(8) ハザード比（HQ），曝露マージン（MOE）　化学物質による非発ガン性の有害影響リスクを評価するための指標で，リスクの判定に用いられる．

ハザード比 HQ［－］は，ヒトへの推定曝露量（EHE）と耐容一日摂取量 TDI［単位の例：g/kg/day］（☞ 2-6）の比として，次式で算出される．

$$HQ = \frac{EHE}{TDI}$$

EHE は，ヒトの呼吸量や食事量，体重などの数値が一律であるとみなして推定した化学物質による 1 日あたり体重 1kg あたりの曝露量で表される（単位の例：g/kg/day）．HQ ≧ 1 となるとリスクがあると判定される．

曝露マージン MOE は，無毒性量（NOAEL）（☞ 2-6）と EHE の比で，次式で算出される．

$$MOE = \frac{NOAEL}{EHE}$$

環境省による環境リスク初期評価（環境省 2018）では，MOE がリスクの判定に用いられる．その判定基準を以下の表 1 に示す．

表 1　MOE による環境リスク初期評価判定基準

MOE	判定
10 未満	詳細な評価を行う候補と考えられる．
10 以上 100 未満	情報収集に努める必要があると考えられる
100 以上	現時点では作業は必要ないと考えられる
算出不能	現時点ではリスクの判定ができない

◆生態系損失のリスク指標　生態系が損なわれるなどによる生態系への影響としては，種の絶滅と生態系サービスの損失が考えられる．主なリスク指標として種の絶滅確率と期待多様性損失がある．

(1) 種の絶滅確率

ある種の絶滅までの平均時間が T 年である場合，$1/T$ は，各年の絶滅確率が一定で互いに独立であるならば，1 年あたりの絶滅確率となる．$\Delta(1/T)$［－］が絶滅確率の増加分であり，種の絶滅リスクを示す．T は生物個体群の絶滅過程の数理的研究により解析解が与えられている．解析には確率微分方程式モデルに基づいた 3 つのパラメータ（個体群全体の増殖率，環境収容力（生息地にいる個体群），環境変動の強さ）からなる期待存続時間の理論式が用いられる．

(2) 期待多様性損失（ELB）（岡ら 1999）

生態系サービス損失リスクの指標として用いられる．種 i の多様性寄与を Y_i［year］，種 i の絶滅確率の増加分 Δ（$1/T$）を ΔP_i［－］とすると，ELB［year］は，次式のように ΔP_i に Y_i をかけて種の数だけ足し合わせると得られる．

$$ELB = \sum_i \Delta P_i Y_i$$

この指標と，生態リスクを削減するためにかかる費用，つまり，生態リスクを発生させる代わりに得られる便益とを組み合わせることにより，リスク便益分析に結びつけることができる．

◆損害のリスク指標　技術リスク，IT リスク，金融リスク，気候変動リスク，災害リスクなどは損害をもたらす．損害のリスクを定量化するために用いられる指標は，災害や事故の発生確率や発生頻度，さらにそれらをもとに算出される損害額に関する指標である VaR（☞ 2-14），損失期待値，予想最大損害額（PML）などがある．また，損害の中でも人身損失，特に，死亡のリスクを削減することによる便益（金銭的価値）を定量的に示す指標として，確率的生命価値がある．単位は円やドルなどの貨幣単位で表される．

(1) 発生確率・頻度　災害や事故による損害のリスクを評価する定量的指標として用いられる．この指標の推定には，過去の事例に基づいて帰納的に行われる場合と，想定シナリオを用いて演繹的に行われる場合がある．高度で複雑な技術システムの事故や損傷が起こった場合，この指標は，確率論的リスク評価（PRA）（☞ 2-12）や確率論的破壊力学（PFA）を用いて定量化される．

(2) 損失期待値，予想最大損害額（PML）　災害リスクによる損害を定量化する指標で，横軸に損害額を縦軸に損害額を超過する損害が生じる可能性（超過確率）として，災害の発生確率と損害額の関係をグラフ化したリスクカーブを用いて定量化される．図 1 にリスクカーブの概念を示す．図 1 において参照確率として 100 年に 1 度起こる確率とした場合にどの程度損害額が発生するかが PML とし

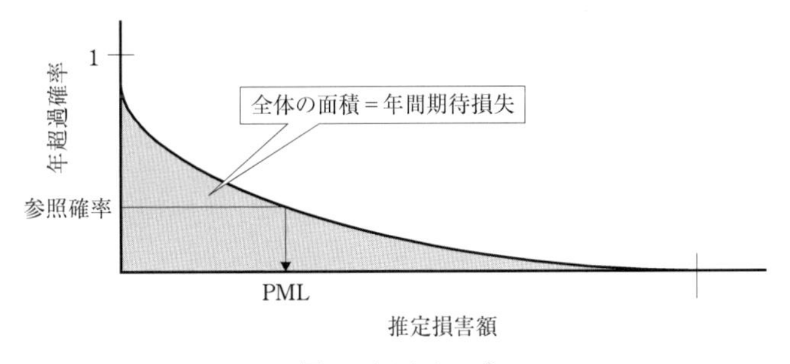

図 1　リスクカーブ

て算定される．損失期待値は，ある事故・災害シナリオの発生確率と損害額の積和から算出されることから，発生確率と損害額の両面が含まれているので，リスクを単一の指標で表現できる．
(3) 確率的生命価値（VSL）　事故や災害における死亡のリスクを削減することによる便益（金銭的価値）を定量的に評価する指標である．死亡リスクを微小に削減することに対する支払意思額（WTP）を死亡リスクの微小な削減量で割ることにより算定する．VSL に社会全体の救命人数を乗ずれば，社会の総便益を求めることができる．

◆総合的なリスク指標　自然災害による影響は，自然現象と社会的要因が複雑に絡み合っている．そこで，自然災害にリスクによる影響を，以下に示すように，自然現象の頻度や程度を表す曝露量 $\overline{E}$ と社会，政治，経済および環境要因がもつ脆弱性 $\overline{V}$ を掛け合わせた指標で表現する，世界リスク指標（WRI）が提案されている（伊藤ら 2017）（☞ 1-6）．

$$\textit{World Risk Index} = \overline{E} \times \overline{V}$$

曝露量 $\overline{E}$ は，自然現象（地震，暴風雨，洪水，さらに長期的なものとして干ばつ，海面上昇）に曝されている人々の割合である．脆弱性 $\overline{V}$ は，感受性 S（自然現象発生時における被害の受けやすさ），対処能力欠如 C（自然現象や気候変動による悪影響を直接的行動や資源を持って直ちに最小限に抑える能力の低さ），適応能力欠如 A（自然現象や気候変動による悪影響に適応していくための社会構造の変化，基準，戦略の不備）の 3 つの指標によって以下の式で表現される．

$$\overline{V} = \frac{S + C + A}{3}$$

WRI は，自然災害への曝露量 $\overline{E}$ と脆弱性 $\overline{V}$ の積算によって自然災害に対するリスクとして定義されているので，$\overline{E}$ が高くても，$\overline{V}$ を低減させることで自然災害に対するリスクを抑えることが可能であること，$\overline{V}$ が高くて自然災害に対して脆弱であっても，$\overline{E}$ が低く自然災害の脅威に晒されていない場合はリスクが低くなることが考慮されている．

脆弱性 $\overline{V}$ の指標である S，C，A にはそれぞれ副指標が設定されている．表 2 に各指標の副指標の一覧を示す．

WRI を構成する変数や指標はすべて 0～1 で表される．　　［島田洋子］

表２　WRIにおける脆弱性を構成する指標

感受性（S）	栄養	栄養不足の人口割合
	公共インフラ	基本的な衛生施設にアクセスできない人口
		安全な飲料水にアクセスできない人口
	貧困と依存	従属人口指数
		極度の貧困人口
	経済力と収入	一人当たりのＧＤＰ
		ジニ係数
対処能力欠如（C）	政府と関係機関	腐敗認識指数
		失敗国家指標
	医療サービス	1万人あたりの医者数
		1万人あたりの病床数
	経済保証	保険（生命保険以外）
適応能力欠如（A）	教育・研究	成人識字率
		就学率
	男女平等	教育の男女平等
		国会での女性議員比率
	環境状況／生態系保全	水資源
		生物多様性と生息環境の保全
		森林管理
		農業権利
	投資	平均寿命
		個人医療費
		公衆衛生支出

［出典：Birkmann & Welle (2015), Fig. 3 をもとに作成］

参考文献

・岸本充生（2007）確率的生命価値（VSL）とは何か：その考え方と公的利用，日本リスク研究学会誌，17（2），29-38.
・田中嘉成（1998）個体群の絶滅確率に基づく生態リスク評価（<特集>有害物質と生態学），日本生態学会誌，48（3），327-335.
・益永秀樹（2007）科学技術からみたリスク（リスク学入門5），岩波書店.

【2-4】
社会経済分析

人の健康や環境へのリスクを与える活動を規制したり，そのようなリスクを減らす公共事業を行ったりする政策の社会経済分析とは，そのような政策がもたらす便益と費用の大きさを調べ，それらの便益・費用またはリスクそのものを誰が享受または負担するかを調べ，いくつかの基準の観点からその結果を判定することである．社会経済分析が依拠する基準には効率と衡平とがある．この2つですべてだと見なして大きな間違いはない．基準として良く確立しているのは効率である．衡平は弱くしか確立していない．それは，効率ですくい取れないものをすべて含んでいるが，結局のところ分配に関係する．つまり，便益・費用およびリスクそのものが誰によって享受または負担されるかに関わる．

なお，「社会経済分析（socio-economic analysis)」という言葉は，化学物質規制に関してOECDや欧州連合（EU）が使っている（OECD 2000，ECHA 2008)．米国環境保護庁（EPA）は単に「経済分析（economic analysis)」と呼んでいる（US EPA 2010)．EPAのガイドラインは，経済分析を，費用便益分析，経済影響分析，分配分析の3範疇に分けると述べているが，後二者は結局分配影響の分析に帰着する．

◆費用便益分析　効率を判定する手法は費用便益分析と呼ばれる．これは，公共政策がもたらす便益と費用の総計を測り，その差である純便益が正であれば，その公共政策が効率的だと判定するものである．有害物質を規制して人の健康へのリスクを削減する政策の場合，その便益は，健康リスクが減ることに対して人々が払ってもよいと思う最大金額（支払意思額〈WTP〉と呼ばれる）を，影響を受けるすべての人について集計したもので測られる．WTPは個人がもつものであり，その値は人によって違う．他方，有害物質を規制することの費用とは，規制によってすべての関係者（生産者や消費者）が被る損失であり，例えば製品の製造費用が上がるならその上昇分，規制によってある製品の消費が減るなら，それによって消費者が被る消費者便益の減少分が規制の費用である．

費用便益分析がこのような便益や費用の概念をとるのは，市場経済が実現する効率性を公共政策にも取り入れようとしているからである．WTPは，ある財を得るのと引換えに手放したときに効用が変化しない貨幣額にほかならない．実際に手放す対価がWTPを下回れば，購入によって効用は高まる．逆なら逆である．市場では，対価を上回るWTPをもつ人だけが財を購入する．他方で，対価を下回る費用をもつ人や企業だけが財を売ろうとするから，売買が成立したとき，純便益が正であると同時に，すべての人の効用が高まっている．すべての人が効用を高める変化は「パレート改善」をもたらすというが，このような変化は資源配分の無駄を減らすので効率的と見なされる．この効率性を公共政策の評価に取り入れようとするのが費用便益分析である．

先に，製品消費が減ることの費用は消費者便益減少分であると述べたが，この便益減少分は，元の価格で製品を手に入れられる機会を失うのと引換えに入手すると効用が変化しない貨幣額（これを受入補償額〈WTA〉という）で測られる．WTA は WTP と対をなす概念である．健康リスクを増やすような公共政策ももちろん考えられるわけだが，そのリスク増加の費用は WTA で測らなければならない．

◆確率的生命の価値　健康リスクは，例えば「今後１年間の死亡率」という形で表される．この死亡率を例えば 10 万分の１減らすことに対して，1000 円までなら払っても効用が低下しない，つまり WTP が 1000 円の人がいたとしよう．このとき，この 1000 円を 10 万分の１で割った値，１億円を「確率的生命の価値(VSL)」と呼ぶ．「確率的生命」の概念を提起したのは T. C. シェリング（Schelling 1968）である．彼は，リスクを減らそうとする公共事業は，特定の人の生命を救うのではなく，だれに当たるかわからない死亡の確率を下げるものだから，だれに当たるかわからない死亡の確率を下げることに対して個人がいくら払ってもよいと思うかに基づいて事業の便益を測ればよいと言った．

この VSL の概念は，人命損失を減らしたり増やしたりする公共政策の評価に大きな変化をもたらした．交通事故死を減らす道路事業の便益を測るのに，以前は，事故補償で使われる逸失利益を使っていた．このやり方は，残りの生涯に所得の見込みのない人の生命の価値が０になるといった倫理上の問題を抱えているが，何よりも，効率性を判定するために諸個人の WTP・WTA を集計するという費用便益分析の原則と矛盾していた．実際，逸失所得の補償と引換えに死亡するとき効用が低下しないなどということはない．

VSL の概念が確立した後，これの計測が行われるようになった．最も初期のものは，セイラーとローゼン（Thaler and Rosen 1975）が，米国の賃金と職種別死亡率との関係から推定した 13.6 万〜26 万ドル（1967 年価格）というものである．このように労働市場の賃金と死亡率との関係から VSL を推定する方法は「賃金リスク法」と呼ばれる．これは，現実の市場での価格と数量のデータから WTP を推定する「顕示選好法」と呼ばれる方法の一種である．賃金リスク法による VSL 計測の研究は，その後多くの国で繰り返し行われた．イギリスのジョーンズ - リー（Jones-Lee, M. W）らは，交通事故死の確率を減らすいくつかのシナリオを提示し，それに対していくら支払う意思があるかを，インタビュアーが訪問して聞き出すという調査を行って VSL を推定した（Jones-Lee et al. 1985）．このように直接質問して WTP を聞き出す方法は「表明選好法」と呼ばれる．結果として得られた確率的生命の価値は，50 万〜170 万ポンドで，これはイギリスの交通政策の評価に使われる確率的生命の価値を決める根拠となった．

米国では，環境政策の評価に使えるVSLの値を決めようと，様々な方法によって推定されたVSLがレビューされ，1989年に160万～850万ドル（1986年価格）がVSLの妥当な値とされた（Fisher et al. 1989）．米国の「大気浄化法」の規制の事後評価では，VSLの値として480万ドルが採用された（標準偏差324万ドル）．2004年のディーゼル排ガス規制の影響分析は，VSLの95%信頼区間を100万～1000万ドルとした．日本では，内閣府（2007）が表明選好法で推計した2億2600万円が公共事業評価などのVSLとして採用されている．

◆効率と衡平 市場経済の効率性を公共政策の評価に取り入れるのが費用便益分析だと上で述べた．しかし，公共政策と市場経済とには大きな違いがある．市場では，取引が自発的に起こったとき，必ずパレート改善が起こっている．つまり，効率的な変化は必ず関係者全員の効用を上げる．効用の下がる取引を自発的にする人はいないからである．これに対して，公共政策では，費用便益分析の結果効率的とされる変化によって効用が下がる人がありうる．公共政策で供給されるものが公共財だからである．健康リスクの削減は，多くの場合，環境などの質の向上の形で実現され，それをだれも拒否することはできない．そしてそれがもたらす便益の大きさは人によって異なる．他方，政策の費用は，税などを通じて強制的に負担させられる．したがって，費用負担が便益を超える人がありうる．そこで，費用便益分析では，効率性の基準をパレート改善から「潜在的パレート改善」に緩めている．

変化によって効用を下げる人がいても，効用の上がる人が適切に補償すればだれもが効用を上げることができるとき，潜在的パレート改善が起こるという．便益の総計が費用の総計を上回っていれば，純便益を得る人から純損失を被る人に補償してだれも純損失を被らない状態にすることができるから，潜在的パレート改善が起こる．潜在的パレート改善をもって効率的と見なす考えを「補償原理」という．費用便益分析は補償原理に基づいている．だから，効率的な変化で現に損する人がいることは排除されない．特に，貧者がますます貧しくなる変化も排除されない．また，高い健康リスクが特定の人々に集中している状態が効率的だと判定されることもありうる．要するに，費用便益分析は，費用・便益とリスクの分配を問わないのである．分配を含む衡平の観点と効率の観点とが衝突するとき，リスクをどう管理するかというのは難しい課題だが，イギリスの安全衛生庁（HSE）が1992年に提案した枠組みは，それに答えようとするものである（HSE 1992）．それによると，リスクの非常に高いところに許容不可の領域があり，リスクの非常に低いところに明らかに許容可能な領域がある．その間が耐容可能な領域とされる（図1）．

明らかに許容可能な領域では，リスクに対する注意は必要だが，費用をかけてさらにリスクを減らすことは合理的でないと見なされ，対策を強制するような規制は正当化されない．逆に許容不可領域のリスクを負わせることは，便益の如何

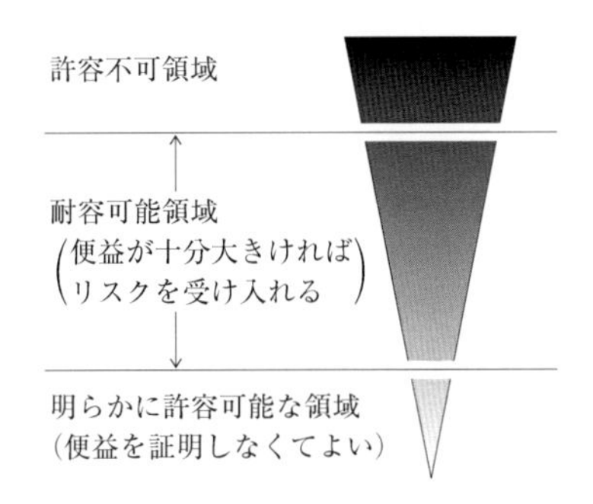

図１　英 HSE のリスク管理枠組み
［HSE 1992；Contains public sector information published by the Health and safety Executive and licenced under the Open Government Licence をもとに作成］

に関わらず衡平に反すると見なされ，許可されない．これら２つの領域に挟まれた耐容可能領域では，リスクを「無理なく減らせる限界まで低く（as low as reasonably practicable：ALARP）」しなければならない．現実のリスクが耐容可能領域にあるとき，どこまでそれを下げるかをこの ALARP 原則（☞ 7-2）に則って決めるとされた．HSE は，労働安全では，年間死亡率 1000 分の１を超えるリスクを許容不可，一般公衆では，年間死亡率１万分の１を超えるリスクを許容不可とした．100 万分の１以下のリスクは明らかに許容可能とし，それ以上で許容不可でないリスクを耐容可能とした．

これほど単純明快な形ではないが，国際放射線防護委員会（ICRP）は，同様の枠組みで放射線防護の体系を作った．ICRP の 1990 年勧告（ICRP 1990）では，職業被ばくで，５年間で 100mSv を超える被ばくは許容不可とされ，この値が職業被ばくの線量限度になった．2007 年の勧告（ICRP 2007）では，被ばく状況が，平常時，緊急時，事故後の汚染残存時に分けて捉えられ，事故などの緊急時には，年間 100mSv を超える被ばくが許容不可とされ，それ以下で 20mSv までの間のどこかに ALARA（as low as reasonably achievable）原則に則って線量の「参考レベル」を設定すべきだとした．事故後の汚染残存状況では，年間 20mSv から 1mSv の間に参考レベルを設定すべきとされた．ALARA 原則の「無理なく減らせる」かどうかの中で，リスクを減らすことの費用と便益が考慮されること，つまり効率が考慮されることが期待されている．

「安全」は「受け入れられないリスクがないこと」と定義されることが多い（ISO/ICE Guide 51）．受け入れられるかどうかは自然科学だけでは決められない．効率と衡平の観点がなければ，何が安全かが決まらないのである．　　　［岡 敏弘］

📖 参考文献

・岡敏弘（1999）環境政策論，岩波書店．

【2-5】
データの不確実性と信頼性評価

リスク分析は一般に，質的にも量的にも不完全なデータしか手に入らない状況で行われる．不完全なデータに基づく分析には大きな不確実性が伴いうるため，リスク分析では不確実性を適切に認識し取り扱うための方法論が発展してきた．

◆変動性 *V* と不確実性 *U*　一般にリスク分析では，不確実性は変動性 *V* と狭義の不確実性 *U* に大別される（Vose 2008, 中西ら 2007）．変動性 *V* は，現象そのものに本来的に内在するばらつきを意味する．例えば，気温は時間や天候や季節など様々な要因によって変動する．このように現象を引き起こすシステム内での諸要因の変動に起因する不確実性は，変動性 *V* の一例である．一方，不確実性 *U* は現象の分析者側が持つ知識や情報の不完全さに起因する不確実性である．例えば，データのサンプルサイズが $n=1$ の場合には，そのサンプル元の集団の性質に対する統計学的推定には大きな不確実性が伴う．このような分析者側の知識・情報の不足に起因する不確実性は，不確実性 *U* の一例である．変動性 *V* はシステムに内在的な変動であるため知識・情報が増すことによっては減少しない．一方，不確実性 *U* は知識・情報が増すことにより一般に減少する．ただし，知らないこと自体を知らない事象についての知識・情報を得ることは原理的に難しく，そのような事象に起因する不確実性 *U* の削減は一般に困難である．

◆変動性 *V* と不確実性 *U* への対処　対象とする現象について充分なデータを取得できる場合には，統計学的手法によりその不確実性の程度を分布の形で取り扱うことができる（Vose 2008, 中西ら 2007）．例えば，化学物質の毒性試験におけるベンチマーク用量の算出では，濃度反応関係について回帰モデルを適用することにより化学物質への感受性における変動性 *V* が取り扱われている．また，算出されたベンチマーク用量（例：BMD_{10}）の信頼区間は，ベンチマーク用量の統計的推測に伴う不確実性 *U* を定量的に示したものである．この意味で，参照値としての BMD_{10} の信頼下限値は，不確実性における変動性 *V* と不確実性 *U* の両者について考慮された値となっている．なお，濃度反応関係モデルのような理論モデルのデータへの適用の際に必然的に伴う不確実性 *U* への対処として，赤池情報量基準（AIC）などの統計的指標に基づき複数の理論モデルからのモデル選択が行われることもある．

対象とする現象について十分なデータが取得できない場合には，不確実性係数と呼ばれる定数（安全係数，アセスメント係数とも呼ばれる）を用いて不確実性に対処する方法が一般に多用される（中西ら 2007）．例えば，化学物質の有害性評価においては，既存の毒性値データ内から何らかのアルゴリズム（例：最も高い有害性を示すデータを選択する）に基づき選択された毒性値について，それを不確実性係数でさらに除算した値を有害性の参照値として採用することが多い．ここでの不確実性係数での除算は有害性をより高く評価する方向へのデータ変換に相当し，不確実性への対処としてリスク分析における安全側の余裕度が大きくとられることとなる．不確実係数の値は過去の類似事例からの類推などに基づき定められる場合もあれば，行政運営上の観点から定められる場合もある（☞ 2-6, 3-5）．

複数の要素の組合せによる複合的なリスク事象について，個々の事象各々について安全側の１点指標値を用いてリスク分析を行うと，複合的なリスク事象における不確実性の取扱いにおいて安全側の余裕度が乗算的に大きくなることがある．例えば，独立な事象 A, B と，それらが同時に起きることによってのみ生じる複合的な事象 C を考える．ここで安全側の１点指標値として，事象 A, B について各々の 99% のケースについて保護できる余裕度の指標値を用いるとき，複合的な事象 C については 99.99%（$=1-(1-0.99)\times(1-0.99)$）のケースについて保護されることとなる．このような１点指標値を用いた計算の過程で生じる余裕度の変化を避けるための方法として，各事象の分布から確率的にサンプリングした値を用いるモンテカルロ・シミュレーションを利用した方法が広く用いられている（Vose 2008；中西ら 2007）．

◆データの信頼性　一般に，データの不確実性 U が大きいときにはデータの信頼性は低い．データの信頼性を向上させるための取り組みの１つの方向性として，データ取得に関する方法・技量・設備などの標準化や資格認証制度の導入により不確実性 U を減らす取り組みが多く行われている．また，データの信頼性の高さ（不確実性 U の小ささ）はそのデータを取得する際の手法にも本質的に依存する．例えば，一般に，ランダム化比較試験に基づく統計データは，諸条件が統制されていない観察研究に基づく統計データよりも信頼性が高く，多数のサンプルからの観察研究に基づく統計データは，１つの事例に基づくエピソード的なデータよりも信頼性が高い．

科学的な質が高いデータであっても，データが科学的に意味していることとリスク分析における文脈が乖離している場合には，そのデータの信頼性は実質的に低い（データの外挿的使用に伴う不確実性 U が大きい）ものとなる．また，科学的な質自体は高いものの，データの取得や解析が利害関係者によるものであることからデータの信頼性について疑義が持たれる場合がある．この意味での信頼性を高めるためには，データの取得および解析プロセスにおける透明性を高め，第三者機関や市民がそれらのプロセスに関与できる機会を設けるなどの取り組みが必要となる．

［林 岳彦］

📖 参考文献

・中西準子ら（2007）不確実性をどう扱うか：データの外挿と分布，丸善出版．
・ヴォース，D. 著，長谷川 専，堤 盛人訳（2003）入門リスク分析：基礎から実践，勁草書房（Vose, D.（2000）*Risk Analysis: A quantitative guide*, Wiley）．

【2-6】

用量–反応関係の評価

毒性評価や健康リスク評価を定量的に行う場合，どのくらいの濃度や投与でどのくらいの反応が生じるかを調べることが必要になる．反応とは，死亡や発がんなど一意に定めた事象が，どのくらいの割合で生じたかを指す．外部要因の大きさと反応の大きさの関係を，用量–反応関係と呼ぶ．

◆**毒性**　何らかの化学物質や物理的刺激などの外部要因が，生体に有害な影響を与える性質のことを毒性と呼ぶ．毒性は大きく分けて，血液検査などの一般的な検査手法で観察できる一般毒性と，特殊毒性とがある．一般毒性には，外部要因による刺激があってから数日以内，長くても 2 週間程度以内の間に生じる急性毒性や，1～3ヶ月程度で生じる亜急性毒性，6ヶ月から生涯にわたり連続的または反復的に刺激を受けたことによって生じる慢性毒性がある．一方，特殊毒性としては，発がん性，遺伝子に影響を与える遺伝毒性，要因が妊娠中の母体に入り胎児に形態的あるいは機能的な悪影響が生じる催奇形性（発生毒性），生殖機能に影響を及ぼす生殖毒性などがある．

◆**濃度，曝露，用量または量**　濃度とは，ある特定空間の中に存在する関心ある要因の存在量のことで，mg/m^3 や L/m^3 などの単位で表される．曝露は外部要因と生体との接触を表しており，鼻，皮膚，口などの接触面での濃度として考えることができる．外部要因がどのくらい体内に取り込まれたかを表すものが用量（または量）となる．例えば，環境汚染物質を例にとると，何らかの発生源から汚染物質が発生し，移流・拡散などを経て，環境媒体中にある濃度で存在する．その媒体の中に生体が存在することで曝露が生じ，接触面を通ってどのくらい体内に入りこんだかを表すのが用量となる．そしてその用量によって健康影響が生じることとなる．

◆**エンドポイント**　外部要因が体内に入ることによって何らかの生体反応が生じ，その反応を調べることによって，毒性影響の検討，ひいてはリスクの検討ができる．普遍的に定められるものではないが，ある有害性を調べる際に一意に定めた影響の基準（例えば，死亡や病気の発症など）のことをエンドポイントと呼ぶ．毒性影響評価を行う場合はエンドポイントの反応について検討するが，同時に複数のエンドポイントの検討を行うことはないと考えてよい．

◆**用量–反応曲線**　x 軸を用量，y 軸を反応の大きさとして，両者の関係を描いた曲線のことを用量–反応曲線と呼ぶ．用量は実験データに基づき定められることが多く，離散的な値として得られることが一般的である．この場合，曲線として描かれることはなく，数種類の用量段階に対応する反応の値がプロットされることになる．S字型のシグモイド曲線を描くことが多いが，直線など様々なケースが考えられる．毒性に可逆性が見られる場合，すなわち死亡に至るような強さの毒性ではない場合には回復機能が働き，その効果が長期間持続する場合は注意が必要で，免疫系への影響などを一例としてあげることができる．この場合は用量が増えたからといって，必ずしも反応も増えるといった単純な関係が認められないことがある．さらには生体必須元素のような場合，用量が少ないほど欠乏による反応が大きくなるが，増加するにつれ反応は減る．さらに用量が増えると過剰摂取による反応が大きくなってしまう．このような場合，用量−反応曲線はU字型（J字型）を示すことになる．

なお通常，x軸としては用量を使用するが，観察データに基づき曲線を描く場合には，外的要因の指標として濃度や曝露を用いることもあり，その場合は濃度−反応曲線や曝露−反応曲線を描くこととなる．

用量−反応曲線には，大きく分けて２種類の曲線がある．閾値（しきい値とも呼ぶ）のある用量−反応曲線と，閾値のない用量−反応曲線である．前者はある用量までは反応が生じない曲線であり，後者は用量が少しでもあれば反応が生じるというものである．一般毒性に関するエンドポイントに関しては閾値があるとされており，発がんや遺伝毒性に関しては閾値が存在しないとして扱われるのが一般的である．しかし，発がん性の閾値の有無については今日でもまだ議論が続いており，閾値が存在するとして扱われる場合もある．

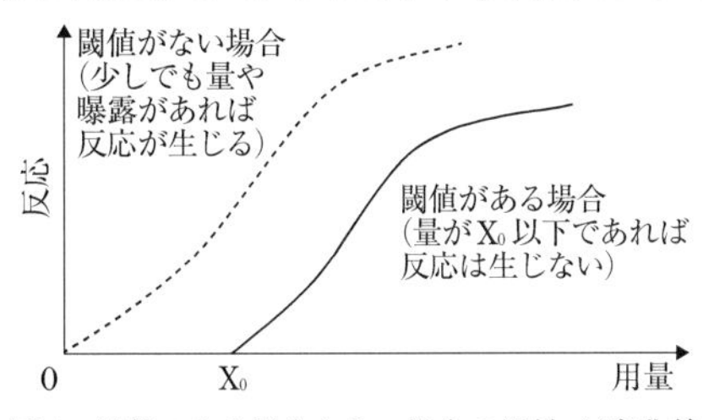

図１　閾値のある場合とない場合の用量−反応曲線

リスク評価やリスク管理を行うためには，どのくらいの用量によって，どのくらいの反応，つまりリスクが生じるかを把握することがまず必要となるが，用量−反応曲線に基づいて調べることができる．リスクが生じないように制御するためには，閾値のある場合と閾値のない場合の用量−反応曲線で検討すべきことが変わってくる．

閾値がある場合は，用量，濃度などが閾値未満の場合には反応は生じないことになるため，用量や濃度が閾値未満になるように規制なども含めて制御することが求められる．一方，閾値がない場合は，少しでも用量が認められれば反応は生じてしまう．そのため，リスクを０にすることは不可能となる．この場合は，リスクが０と見なせる用量を定めることによって，その用量未満になるように制御することが求められる．どのくらいの値でリスクを０と見なせるかといえば，通常はリスクが10^{-5}（10万人に１人）以下を０とみなしていることが多い．この場合，リスクが10^{-5}となる用量のことを実質安全量（VSD）と呼ぶ．

◆**用量−反応関係から得られるリスク関連指標**　用量−反応曲線を描くことによ

り用量と反応の関係を検討したあと，さらに何らかの指標を検討することによって，リスク評価につなげることが必要となる．以下では，用量−反応曲線から得られる指標のいくつかについて解説する．

①半数致死量（LD_{50}）　急性毒性を検討する際に用いられる指標の１つで，化学物質などの外部要因が与えられた場合に，半数の個体が死亡するに至る用量のことを指す．濃度の場合は，半数致死濃度（LC_{50}）と呼ばれる．半数致死量に基づき毒性の強さを比較検討する場合，LD_{50} の値が小さいほどその外部要因の毒性は強いと判断される．死亡を指標とする LD_{50} 以外にも影響・効果を示す 50％有効量（ED_{50}）などの指標がある．

②無毒性量（NOAEL）　主に動物実験によって算出されるが，一般的には，有害な影響が出ない最大の用量，すなわちこの用量を超えると何らかの有害影響が生じる用量として知られている．離散的に用量が与えられている場合は，有害影響が認められない最大の用量段階が NOAEL となる．正しくは，対照群と比べて影響に統計学的有意差が認められない最大の用量のことであり，統計学的に反応が検出できない最大の用量（用量段階）を指す．したがって，NOAEL の算出は検出力に影響され各用量段階の個体数にも依存することになり，反応が見られたとしても NOAEL として採用されることもある．NOAEL の類義語には，無作用量（または無影響量，NOEL）があるが，有害影響以外の何らかの変化の有無をも考慮に入れる指標であり，一般的には，NOEL ≤ NOAEL となる．

　上記のように NOAEL は用量段階に基づいて算出される．一方，近年では NOAEL を算出する代わりに得られた用量と反応に曲線を当てはめて用量-反応曲線を求め，予め定めた対照群からの反応の変化（BMR，一般毒性の場合 10％程度に定めることが多い）をもたらすと推定される用量をベンチマーク用量（BMD）として定めるとともに，推定値の 95％信頼限界が BMR となる用量を BMDL（BMD よりも低い値となる）とし，BMDL を NOAEL と同等であると解釈して用いることも多くなっている．

③最小毒性量（LOAEL）　NOAEL と類似の指標であるが，有害影響が認められた最小の用量または用量段階として定義される．何らかの理由で NOAEL が算出できない場合，NOAEL の代替指標として使用される場合もある．

④一日摂取許容量（ADI），耐容一日摂取量（TDI）　いずれの値も，ヒトが生涯にわたり毎日摂取しても有害な影響が生じない用量として定義される．ADI は農薬や食品添加物など有用性があることから意図的に使用され，それを摂取する場合に使用される．TDI は汚染物質のように有害性があるにも係わらず，非意図的に摂取してしまう場合に用いられる．食品中添加物や農薬などの基準値，室内環境基準値など，多くの基準値は ADI, TDI をもとに定められている．RfD（参照用量）と記載されることもある（☞ 6-12）．

ADI, TDI, RfD ともに以下の式で算出され，1日あたり，体重1kgあたりの摂取量で表される（単位の例：g/kg/day）.

$$ADI,TDI,RfD = \frac{NOAEL}{UFs}$$

ここでUFsとは不確実性係数または安全性係数と呼ばれるものである．NOAELは無毒性量でありそのままの値を使用しても有害な影響はでないはずであるが，通常は動物実験の結果に基づいて求められており，実際にヒトに適用するためには，リスクを小さく見積もらない安全側に立った評価のために実験動物とヒトとの種差などの不確実性を考慮する必要がある．不確実性の値として一般的には，ヒトとの種差として10，ヒトの中での感受性の違い（例えば，成人と乳幼児の違いなど）として10を採用し，両者を掛け合わせた100が用いられる．NOAELを算出した際の実験条件や実験期間などの違いによる不確実性をさらに考慮する必要があるとする場合には，係数を追加することもある．

NOAELの代替としてLOAELを使用することもあるが，その場合はLOAELの値を10で割って分子に代入することが一般的である．

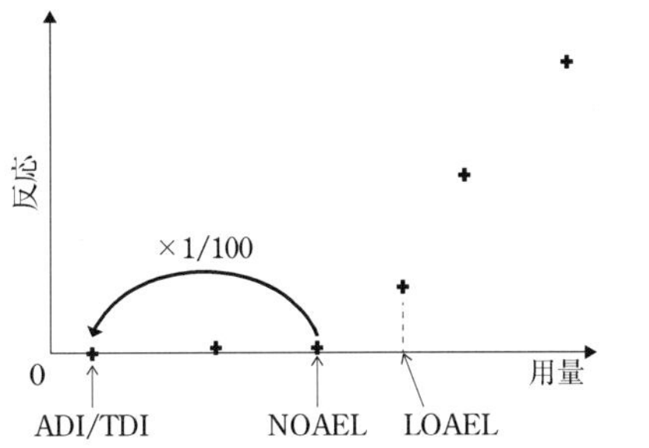

図2　用量–反応関係から得られるリスク関連指標

◆放射線リスクの線量率効果　外部環境要因の1つに放射線があるが，放射線の用量を表す指標として放射線量がある．生体が受ける放射線量の総量は，単位時間あたりの放射線量を示す線量率（Gy/hr）と照射時間の積で表すことができる．生体が受けた線量の大きさが等しくても高線量率で短時間照射を受けた場合と低線量率で長時間照射を受けた場合では，前者の方が生物学的影響は大きくなる．これは，低線量被ばくの場合には，生体の細胞に損傷が生じても回復機能が働くためである．このことを線量率効果と呼ぶ．例えば，広島や長崎での原爆による急性被ばくによる発がんリスクは，環境放射線に長期被ばくしたリスクよりも高くなる．国際放射線防護委員会（ICRP）では同じ線量での急性被ばく影響と慢性被ばく影響の比（線量・線量率効果係数，DDREF）を2と定めているが，この値の是非についてはいまだ議論が続いている．　[中井里史]

📖 参考文献

・関沢純ら共訳（2001）化学物質の健康リスク評価，丸善出版（International Programme on Chemical Society（1999）*Principles for the Assessment of Risks to Human Health from Exposure to Chemicals: Environmental Health Criteria 210*, World Health Organization）.

【2-7】
曝露評価とシミュレーション技法

曝露評価は，化学物質のリスク評価において，有害性評価に並ぶ主要な要素の1つである．曝露は負荷因子（ここでは化学物質とする）とレセプター（ヒトや生物）との接触と定義される．レセプターは，一般的にはヒトや生物の外部境界面（鼻，口，皮膚など）を指すが，生体内の標的器官や組織を指すこともある．曝露評価は，対象となる化学物質のレセプターに至る経路とその量を明らかにするプロセスである．曝露量は，対象となる化学物質がレセプターに到達する量を指す．生体の外部境界面や吸収境界面を通過する化学物質の量は用量と呼ばれる．曝露経路や状況に応じて，摂取量や用量など，表現が異なることがあるが，全体を表す用語として曝露量が使われている．曝露評価において曝露量を求める際には，環境媒体（例えば，大気，表層水，土壌）や曝露媒体（例えば，食物，飲料水）に含まれる化学物質の濃度を直接測定する方法とシミュレーション技法により間接的に推定する方法，さらに両者を組み合わせた方法がある．シミュレーション技法は環境媒体や摂取媒体に含まれる化学物質の濃度を数理モデルにより推定する方法である．曝露評価に用いる媒体中の化学物質の濃度をどのように決定するかは，化学物質の種類やレセプターの特徴，得られる情報の質と量に依存する．曝露評価の結果は，有害性評価の結果と比較され，リスクが判定される．効果的なリスク管理・対策の検討には，化学物質の発生源からレセプターに至る経

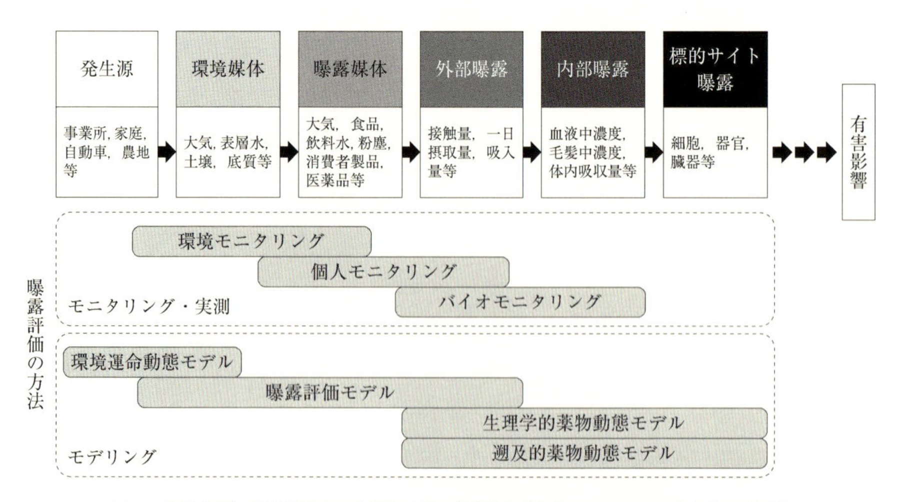

図1　化学物質の曝露評価の要素と方法の概観図［出典：NAS 2017 をもとに作成］

路を的確に把握し，定量化することが重要となる．曝露の経路とその発生源がわからなければ，リスクの削減対策を検討することができない．

◆曝露評価の範囲・指標　曝露評価の要素と方法の概観図を図１に示す．この図の上側は，発生源からレセプターに至る化学物質の移行を表したものである．それぞれのボックスは化学物質の状態を表している．それぞれの状態間の矢印はモデルや係数によって繋がれる．この図の下側は，曝露評価に用いられる様々なモニタリングとモデルを表している．

発生源は化学物質が環境中に排出される源である．排出場所を特定できる発生源（例えば，工場の排水や排気口）は点源と呼ばれ，農薬散布など，点としての特定が難しい発生源は非点源や面源と呼ばれる．化学物質の発生源とそこからの排出量を把握することは，効果的なリスク管理・対策の検討にとって不可欠であり，曝露評価における重要な要素の１つである．

発生源から排出された化学物質は，様々な反応（大気中での光化学反応，水中での加水分解，生分解など）を経て，環境媒体（大気，水，土壌，底質，生物）に分配される．魚介類や農産物なども１つの環境媒体と考えて扱うこともある．環境媒体中の化学物質の濃度を知ることは曝露評価の基本である．その方法は，大別すると，環境媒体中に存在する対象物質の濃度を実測するモニタリングアプローチと，対象物質の環境への排出量と物理化学的性状を考慮して環境運命動態モデルにより推定するモデリングアプローチがある．

対象物質がヒトや生物などのレセプターと接触するには，化学物質が曝露媒体に存在している必要がある．曝露媒体とは，ヒトや生物が化学物質に接する媒体あるいは生体の外部境界面と接する媒体のことで，空気，飲料水，食品，ダスト，消費者製品などが含まれる．環境媒体と曝露媒体は，はっきり区別することができる場合と，できない場合がある．大気中に存在する化学物質のヒトに対する曝露の場合，環境媒体と曝露媒体の違いはない．河川水中に存在する化学物質の魚類に対する曝露でも環境媒体と曝露媒体は同じである．曝露媒体に存在する化学物質の濃度は，一般に曝露濃度と呼ばれる．化学物質が曝露媒体に存在していても，レセプターがその曝露媒体と接しなければ，曝露は起こらない．

レセプターの曝露媒体との接触の程度（曝露の頻度と期間）を考慮した曝露を外部曝露と呼ぶ．外部曝露量は，生体の外部境界面を通過した曝露媒体に含まれる化学物質の量，いわゆる潜在用量（U.S. EPA 1992）と考えることもできる．化学物質を体内に取り込む経路には，吸入経路，経口経路と経皮経路の３つがあり，それらの経路による曝露は吸入曝露，経口曝露，経皮曝露と呼ばれる．外部曝露量は曝露濃度と曝露経路ごとに設定された曝露係数によって求められる．曝露係数とは，レセプター（主にヒト）によるその媒体の摂取速度，曝露頻度，曝露期間などの条件のことである．例えば，成人の呼吸量は $15m^3$/日とか飲料水は 2L/日などである．

体内に取り込まれた化学物質は，肺，消化管や皮膚などの内部境界（あるいは吸収境界）面を通過して体内に取り込まれる．体内に取り込まれた化学物質の内部境界との接触を内部曝露と呼び，内部曝露量は内部境界を通過した化学物質の量を指す．内部境界に到達する吸収可能な化学物質の量は適用用量，内部境界を通過する化学物質の量は体内用量と呼ばれる（U.S. EPA 1992）．内部曝露量と体内用量は同じことである．

内部曝露量は血液中濃度や体重あたりの吸収量などで表現される．放射性物質の被ばく量の評価では内部と外部という用語が使われるが，化学物質の曝露評価における意味とは異なるので注意が必要である．

体内に取り込まれた化学物質は，吸収（Absorption），分布（Distribution），代謝（Metabolism），排泄（Excretion），いわゆるADMEを経て，様々な臓器・器官に分配される．有害影響の発生に関連する標的器官・臓器における曝露は標的サイト曝露と呼ばれる．標的器官・臓器における化学物質の量は，到達用量，あるいは生物学的有効用量とも呼ばれる．一般的な化学物質のリスク評価では，外部曝露や内部曝露が曝露指標として使われることが多い．近年では，モデリングや計測技術の進展により，有害影響の発現に密接に関連する標的サイトにおける曝露量を指標とした評価に関する研究も盛んに行われている（NAS 2017）．

◆曝露評価に資する計算ツール・モデル　曝露評価には，環境あるいは曝露媒体中の化学物質の濃度が必要となるが，その評価を支援する様々な情報や計算ツールが開発・公開されている．環境媒体中の化学物質の濃度推定には環境運命動態モデルが使われる．環境運命動態モデルでは，化学物質の物性値，環境媒体への排出量，地理条件，気象条件などが入力情報として与えられ，環境媒体中のその化学物質の濃度がアウトプットとなる．環境媒体への排出量は，化学物質の審査及び製造等の規制に関する法律（化審法）上の製造数量などの届け出情報と排出係数より求めたり，PRTR制度のような化学物質の排出量情報を直接使ったりして決定される．排出係数についての情報は，化審法のリスク評価に用いる排出係数の一覧表（経済産業省 2013）や経済協力開発機構（OECD）における排出シナリオ文書（OECD 2018）などが参考になる．

環境運命動態モデルは，多媒体モデルと単一媒体モデルに分類できる．多媒体モデルは複数の排出源を含む広域多媒体環境を対象としており，媒体内の輸送と分解プロセス，媒体間の移動プロセスが考慮され，大気，表層水，土壌，底質などの複数媒体内での動態を同時に評価する．代表的なツールとしては，カナダのChemCAN（CEMC 2003）やオランダのSimpleBOX（Hollander et al. 2016）がある．日本では，オランダのSimpleBOXをもとに開発されたMuSEM（Multimedia Simplebox-systems Environmental Model）や詳細な空間分解能を備えたGIS多媒体環境動態予測モデル（G-CIEMS）が開発・公表されている（国立環境研究所 2017）．

一方，単一媒体モデルは，媒体内輸送や分解プロセスが主に考慮され，大気，表層水や海域などの個別媒体が評価の対象となる．日本では産業技術総合研究所（AIST）が媒体別の環境運命動態モデル（例えば，大気：AIST-ADMER，河川：AIST-SHANEL，海域：RAM-TB）を開発・公開している（産業技術総合研究所 2017a）．行政の化学物質管理に特化したツールとしては，製品評価技術基盤機構（NITE）が化審法リスク評価ツール（PRAS-NITE）を開発・公開しており，そのツールには複数の環境運命動態評価モデルが内蔵されている（製品評価技術基盤機構 2017a）．環境運命動態評価モデルは定常モデルと非定常モデルに分類される．リスク評価の目的や必要な解像度に応じて使い分ける．一般的に非定常状態の動態を評価する環境運命動態評価モデルは，詳細な気象・環境パラメータが必要となる．

環境運命動態評価モデルにより推定された化学物質の環境媒体中濃度や実測濃度に曝露係数を乗じて外部曝露量が推定される．様々な活動に伴う曝露係数に関する情報源としては米国環境保護局の曝露係数ハンドブックがよく知られており（U.S. EPA 2011），日本独自の値については産総研や NITE が取りまとめた情報が存在する（産業技術総合研究所 2017b, 製品評価技術基盤機構 2017b）．曝露評価モデルは，一般的に外部曝露量（潜在用量）を推定することを目的としており，各種曝露係数や曝露シナリオが内蔵されている．代表的な曝露評価モデルとしては，米国の E-FAST（U.S. EPA 2014）や欧州の ECETOC-TRA（ECETOC 2004）がある．近年は消費者製品から放出される化学物質による曝露に対する関心が高まっている．その曝露評価に資する代表的なツールとしては ConsEXPO（Delmaar & Schuur 2016）が存在する．日本においては，室内製品からのヒトへの化学物質曝露を推定するツールとして，室内製品暴露評価ツール（ICET）が開発・公表されている（産業技術総合研究所 2017a）．ICET は，日本の住宅内に存在する調剤（例えば，洗剤，殺虫剤）と成形品（例えば，テレビ，家具）に対応しており，室内空気を介した吸入曝露，製品との直接接触による経皮曝露，直接接触とハウスダスト経由による経口曝露の評価ができる．

体内に取り込まれた化学物質の臓器・組織中の濃度やその代謝物の濃度の把握には，生理学的薬物動態モデル（PBPK モデル）が用いられる．PBPK モデルは体内における化学物質の動態を生理学的な構造に基づき解析するもので，吸収境界面での物質交換，血流に伴う輸送，血液と臓器・組織の間の分配，さらには代謝を考慮して，標的臓器・組織への化学物質の到達量を算出する．つまり，PBPK モデルは，図１における外部曝露，内部曝露と標的曝露の間の関係を定量化する．遡及的薬物動態モデルは到達用量から内部曝露量や外部曝露量を推定，すなわち体内用量を再構築する．

◆曝露評価における様々なモニタリング・評価　化学物質の曝露評価において実測データ（モニタリングデータ）は曝露実態を知る重要な情報であり，モデル予測の妥当性の検証においても重要な役割を果たす．曝露評価におけるモニタリングは，環境モニタリング，個人モニタリングとバイオモニタリングに分類される．環境モニタリングでは，環境媒体中に存在する化学物質の濃度が実測される．個人モニタリングでは小型のサンプラーなどを携帯し，個人の行動に伴って曝露された化学物質の量が測定される．個人モニタリングは，薬品等を扱う労働環境における作業者に対する個人曝露量の評価に使われることが多いが，一般環境における揮発性有機化合物，アルデヒド類やPM2.5などの曝露量の評価にも使われている．個人モニタリングで用いられるサンプラーには，大別すると，アクティブ型とパッシブ型がある．アクティブ型は，吸引ポンプを用いて一定量の空気を吸引し，吸引入り口に取り付けた捕集管で試料を採取する．他方，パッシブ型は，多孔質チューブ内に活性炭等の吸着材を入れたパッシブサンプラーを用いて試料を採取する．バイオモニタリングでは，血液，尿，呼気，毛髪・爪，脂肪組織などの生物学的媒体中の化学物質やその代謝物濃度が測定される．さらにバイオモニタリングでは，化学物質の曝露に伴って発現する生化学的な指標（バイオマーカー）が測定されることもある．バイオマーカーには，ヘモグロビンのアルキル化，酵素誘導の変化，DNAへの付加物などが含まれる．個人モニタリングとバイオモニタリングは，測定結果が蓄積量となるため，曝露量低減対策の検討に資する曝露源や曝露時期の特定に使うことは難しいが，個人の生活様式を反映した化学物質の曝露量を把握する曝露調査の有用な手段であり，実態に合う個人曝露量の評価の方法として注目されている．

その他，飲食物由来の化学物質の曝露評価の調査手法として陰膳調査とマーケットバスケット調査がある．陰膳調査とは，一般家庭から個人の食事を実際に集め，混合・均一化した試料を作り，その試料に含まれる化学物質の濃度を測定して，化学物質の摂取量を推定する調査である．陰膳調査は，実際の食事を試料とするため，地域，個人や家族の嗜好や調理方法が反映された曝露量を評価できる．マーケットバスケット調査とは，ヒトの平均的な食事を再現したモデル試料を作り，個々の食品に含まれている化学物質の含有量と食品の摂取量より，化学物質の摂取量を推定する調査である．マーケットバスケット調査では食品群毎に化学物質の摂取量が把握できることから，対象とする化学物質の主要な曝露源となる食品群を特定することができる．陰膳調査やマーケットバスケット調査は，近年では，食品安全委員会で検討された鉛やヒ素，福島原発事故由来の放射性セシウムの食事を介した摂取量の評価において使われている．

◆放射線の被ばく線量評価　化学物質のリスク評価ではExposureという用語は曝露と訳されるが，放射線のリスク評価では被ばくという用語が使われる．放射線の被ばくには，外部被ばくと内部被ばくの2種類がある．外部被ばくは，体外に放射線源（例えば，地表，空気中，衣服，体の表面に存在する放射性物質）があって，体外で発生した放射線による被ばくである．一方，内部被ばくは，吸入摂取や経口摂取，あるいは経皮侵入により放射性物質が体内に取り込まれ，体内で発生した放射線による被ばくである．外部被ばくと内部被ばくの違いは，放射線が体外で発生するか，体内で発生するかの違いであり，被ばくという点では同じである．放射線の被ばくによる量は線量で評価される．放射線が物理的に身体の組織に衝突して，組織に吸収されるエネルギー（J）を質量（kg）あたりで表した量は吸収線量と呼ばれる．単位はグレイ（Gy）である．放射性物質が放出する代表的な放射線にはアルファ線とベータ線，ガンマ線があり，同じ１グレイでも生物学的影響は異なる．また放射線の影響の表れ方は外部被ばくや内部被ばくといった様態の違いでも異なる．放射線の種類や被ばく様態等の違いを考慮して，どんな被ばくも同じ単位で被ばくの線量による評価を可能にする単位がシーベルト（Sv）である．シーベルトは放射線影響に関係付けられるヒトが受ける被ばく線量の単位である．ただし，放射線防護に用いられるシーベルトを単位とする線量には防護量（実効線量や等価線量）と実用量（周辺線量当量や個人線量当量）があり，それぞれ意味が異なるので注意が必要である．放射線の被ばく線量の評価において，もう１つよく使われる単位としてベクレル（Bq）がある．ベクレルは放射能の強さを表す単位で，１秒間に崩壊する原子の個数を表す単位であり，放射能の強さの指標である．放射線によるリスク評価では，食品や土壌，水などの媒体に含まれる放射性物質の濃度はBq/kgあるいはBq/Lで表現される．食品中の放射性物質の濃度がわかれば，食品摂取量と放射性物質の種類ごとに設定されている係数を使って，内部被ばく線量（Sv）に換算することができる．放射線の内部被ばく線量の評価方法は，単位の扱いに注意が必要であるが，化学物質の曝露の評価方法と類似している．化学物質の曝露評価では対象とならない外部被ばく線量の評価は，放射線の被ばく線量評価における特徴的な点である．外部被ばく線量の評価の代表的な方法は２通りある．１つはサーベイメーター等の計測器により場の周辺線量等量を計測し，滞在時間と遮蔽率を考慮して，一定期間の積算線量を計算する．もう１つは，ガラス線量計などの個人線量計を装着して計測する方法で，この方法は，実態に合う長時間の積算線量の把握が可能である（☞ 6-3）．

［内藤　航］

参考文献

・花井荘輔（2006）化学物質のリスクアセスメント：はじめの一歩！図と事例で理解を広げよう，丸善出版．
・National Research Council (2012) *Exposure Science in the 21st Century: A Vision and a Strategy*, The National Academies Press.

【2-8】

疫学研究のアプローチ

疫学は，人の集団を対象とし，健康事象の頻度，分布やその決定要因を明らかにし，予防に役立てるための科学である．ここで述べる健康影響とは，「個人や集団における健康状況の変化」であり，「ある環境下や特定の要因の曝露により起こる健康影響の可能性」で定義される健康リスクと区別する必要がある．歴史的には，疫学研究が取り扱う健康事象は局地的に発生する感染症流行や公害による健康障害が多かったが，経済・社会の発展に伴い，急性の疾患だけでなく，高血圧，糖尿病，がんなどの慢性疾患を対象とすることも多くなった．対象とする健康事象や要因，分析方法により，がん疫学，慢性疾患の疫学，栄養疫学，社会疫学，分子疫学，環境疫学など，様々な分野が形成された．ここで概説する環境疫学は，環境が人の健康に与える影響を研究する疫学の一分野である．環境疫学が取り扱う環境要因とは，個人ではコントロールできない物理，生物，化学的要因を指し，飲料水，大気，土壌の汚染，放射線などが含まれる．

◆健康リスク評価における疫学研究の位置づけ　疫学研究から得られる知見は，健康リスク評価における4つのプロセス，すなわち有害性判定，用量–反応関係，曝露評価，リスク判定に用いられる．例えば，健康事象とある要因との関連の有無や強さを評価する分析疫学から得られる情報は，その要因の有害性判定や用量–反応関係の評価にとって重要な科学的根拠となる．記述疫学で得られる曝露の分布情報は，リスク評価における曝露評価に利用される．また，疫学研究は，要因に対する健康影響が出現しやすい高感受性集団や高い曝露を受けやすい脆弱性集団の探索・同定にも用いられ，これらの情報は健康リスク評価に反映される．

◆疫学研究の基本的手法　疫学研究では，“どんな健康事象”が，“いつ”“どこで”“どれだけの頻度”で起こっているかを把握する．観察の対象として一般的に用いられる健康事象は，死亡や疾患の発生であり，その頻度を示す指標として，発生率（罹患率），発生割合（累積発生率），有病割合が用いられる．発生率とは，観察集団における新規に発生した健康事象の率であり，新規発生数を対象者一人ひとりの観察期間の総数で割ることにより求められる．発生割合は，一定期間内に対象集団から新規に発生した人の割合で示される．有病割合は，ある一時点において，健康事象を有している人の割合である．発生率，発生割合とも，新規発生を観察するため，観察を開始した時点で既にその健康事象を有している人は，（観察）対象集団に含まれない．

ある要因への曝露と健康事象との関連を調べる場合，全世界の人々について調べることが理想的であるが，現実には集団全体を観察することは難しい．そこで，

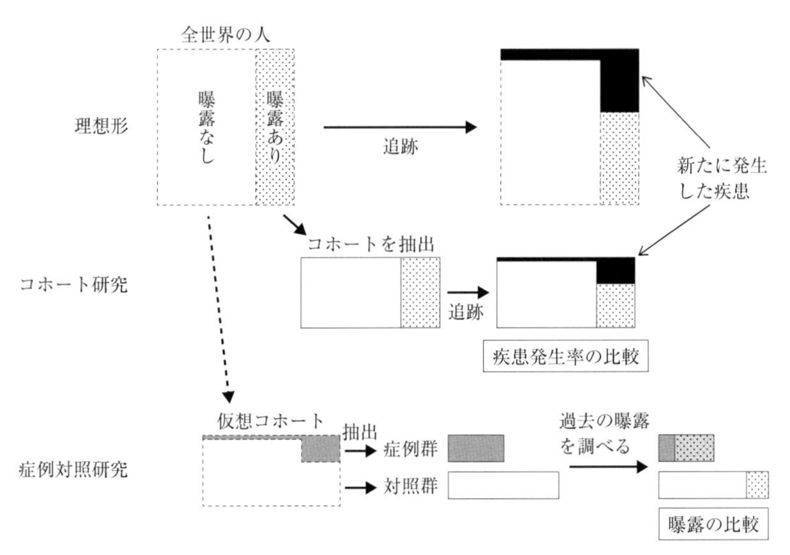

図１　コホート研究と症例対照研究

母集団を代表する研究可能なサイズの標本を抽出し，曝露と健康事象との関連について推定する．信頼性の高い知見を健康リスク評価の情報として用いるためには，妥当性の高い研究デザインを用いた疫学研究からの知見が求められる．特に，健康リスク評価の用量-反応関係評価（☞ 2-6）で用いられる疫学知見は，コホート研究や症例対照研究から得られた知見を用いることが多い．

コホート研究では，特定の要因について異なる曝露レベルの集団を追跡し，各群における健康事象の新規発生を比較する（図1）．例えば，飲料水中の重金属濃度と飲水量から，重金属摂取量を推定し，低・中・高レベルの摂取量のグループに分けてがん発生を追跡する研究がそうである．研究開始時に曝露状況がある程度正確に把握され，追跡の過程で健康事象の新規発生の情報が得られれば，研究の妥当性は高くなる．また，コホート研究では発生率や発生割合の情報も得ることができる．一方で，まれな疾患（がんなど）の新規発症を観察するためには長い観察期間（一般的には数か月〜数年以上）を必要とすることが多い．

症例対照研究では，問題となる健康事象を発生した集団（症例群）と発生していない集団（対照群）を選び，過去にさかのぼり，その曝露の分布を両群で比較することにより，要因と健康事象との関連を評価する．このデザインでは，あるコホートを想定しており，この仮想コホート全員について調査するかわりに，その仮想コホート内から症例群と対照群を抽出しているわけである（したがって，発症率や発症割合はわからない）．適正に対照群が抽出され，過去の曝露情報が正しく得られれば，コホート研究と同様に妥当性の高い結果が得られる．

他の疫学研究デザインには，横断研究や生態学的研究があげられる．横断研究は，ある一時点での対象集団の健康事象の有無と要因の保有状況を同時に調査し，関連を明らかにする方法である．比較的多くの対象者に対して，曝露，健康事象や他の要因（交絡）に関する情報を得るため，曝露と健康事象との関連を評価することができる．調査時点での健康事象の有無の情報であり，有病割合を知ることができるが，新たな健康事象の発生ではないため，健康事象発生と曝露との時間的な前後関係が不明であり，因果関係の推測が困難である．生態学的研究は，地域相関研究とも呼ばれ，地域の曝露指標と健康アウトカム指標（死亡率など）を比較することにより曝露と健康事象との関連について検討する．例えば，都道府県別の大気汚染物質濃度と肺がんによる死亡率を比較する研究がこれにあたる．このデザインでは，集団を単位とした曝露指標や健康事象の指標を用いるため，個人レベルの因子（例えば，喫煙の有無など）は考慮されず，生態学的錯誤が起こる可能性があるため，健康リスク評価に用いられることはほとんどない．

環境疫学では時代の変遷とともに，高濃度汚染物質による急性の健康影響（光化学スモッグ発生後のぜん息の悪化など）から，比較的低濃度の汚染による慢性の健康影響（低濃度化学物質への長期間曝露による発がんなど）を検出する必要が出てきた．低レベルの環境汚染が健康に及ぼす影響や，稀な疾患の発症に対する影響を検出するためには，大規模でかつ長期間蓄積されたデータによる疫学研究が必要となるが，結論を得るための十分な統計学的検出力が得られないことも多い．規模が十分でなく，曝露と健康事象との関連について結論付けることのできない既存研究が複数ある場合や，対象集団や研究地域などの要因により，曝露と健康事象との関連の結果にばらつきがみられる場合に，システマティックレビューにより系統的で明示的な方法を用いて適切な研究の同定，選択，評価を行い，複数の研究結果を統合するメタ解析が用いられることもある．

疫学研究では，特定の曝露と健康事象との関連に着目し，曝露が及ぼす影響を推定するが，特定の要因への曝露と健康事象との関連の程度（影響推定値）を示す指標として，曝露群の非曝露群に対する健康事象の頻度の比（リスク比，相対危険度ともいう），曝露群と非曝露群の健康事象の頻度の差（リスク差，寄与危険ともいう）などがある．症例対照研究では，オッズ比を用いる．

健康事象の発生は，目的とする曝露以外の様々な要因から影響を受け，真の健康影響の大きさと誤差が生じる．疫学研究から得られた影響推定値と真の値との間に生じる誤差が大きいと，この知見を用いた健康リスク評価の妥当性は担保されなくなる．この誤差には2つ（偶然誤差，系統的誤差）ある．偶然誤差は，まったくの偶然によって生じ，真の値との差には方向性はない．研究対象者数を増やすことで偶然誤差を減らすことが可能である．一方，系統的誤差は，データや結果が特定の方向に偏ってしまい系統的に異なる結果や結論を導く可能性がある．

系統的誤差は，バイアスと交絡に分類される．疫学研究では，いかにこれらの誤差を小さくするかが重要となる．バイアスは，主に研究の対象者を決める時点で生じる選択バイアス，曝露や健康事象に関する情報が正しくないためにおこる情報バイアスなどがある．曝露や健康事象の情報を収集してしまった後からでは，それを修正することはできないため，研究計画段階で制御することが必要である．

交絡は，曝露と健康事象の共通の原因（交絡因子）の存在により，健康事象に対する曝露の影響が，見かけ上歪んでしまうことである．交絡因子は，健康事象に影響を及ぼす要因であること，曝露と相関があること，曝露と影響の中間変数でないことの３つの条件を満たす．研究計画や情報を集める段階で，対象者の交絡因子が，曝露群，非曝露群で偏らないようにすることで，交絡の影響を除去することが可能である．また，解析段階における統計モデルに交絡因子を組み込むことにより，交絡を調整することも可能である．

◆放射線リスクにおける疫学研究　放射線による健康影響には閾値の存在する確定的影響（脱毛，白内障，皮膚障害など）と閾値のない確率的影響（がん，白血病など）があり，低線量の曝露では確率的影響が問題となる．

寿命調査は，1950 年の国勢調査で広島・長崎に住んでいた約 9 万 4000 人の被爆者（投下地点から 2.5km 以内にいた高ばく露群と 2.5〜10km にいた中ばく露群）と，約 2 万 6000 人の非被爆者を対象としたコホート研究で，50 年以上にわたり追跡された（Douple 2011）．1959 年には両県でがん登録が開始され，精度の高いがん診断がされるようになった．被ばく線量は，原爆投下時点における各対象者の投下地点からの距離，被爆時の遮へいの状況を考慮して推定された．放射線に対する健康影響を示す指標として，超過絶対リスク（ばく露群，非ばく露群のがん発生率の差）と超過相対リスク（ばく露群，非ばく露群の班発生率の比から１を引いた値）が用いられている．これらの指標は，被ばく線量だけでなく，被爆時の年齢，被爆後の経過時間，性別，喫煙などの他因子の影響も考慮する．この研究により，放射線被ばくにより，白血病や多くの固形がんの発生リスクが上昇することが示された．寿命調査以外に，診断用 X 線などの医療被ばく，医療放射線従事者や原子力施設従事者などの職業被ばく，環境被ばくと発がんとの関連を検討した疫学研究が用いられ，固形がんの超過リスクは線量に比例することが観察されているものの，中〜高線量の放射線ばく露を対象としている研究であるため，低線量で長期間の放射線の用量−反応関係についてははっきりしていない．そのため，健康リスク評価では，閾値のない線形モデルを仮定している．

［上田佳代］

参考文献

・ロスマン，K.J. 著，矢野栄治，橋本英樹監訳（2013）ロスマンの疫学：科学的思考への誘い（第2版），篠原出版新社（Rothman K, J.（2013）*Epidemiology; An Introduction*, 2nd edition, Oxford University Press）.

・Douple EB, et al.（2011）Long-Term radiation-related health effects in a unique human population：lessons learned from the atomic bomb survivors of Hiroshima and Nagasaki, *Disaster Med Public Health Prep*, suppl.1：S122-133.

【2-9】
生態リスクの評価

生物多様性または生態系がもたらす利益（生態系サービス）が損なわれるリスクのこと．生態リスク評価の手法自体は，人間の生命や健康を損なうリスク，経済的損失のリスクなどとほぼ共通している．その対象が生態系であることから，他のリスク評価とは異なるいくつかの特徴がある．

◆生態リスクを考える理由 1992年に採択された「生物多様性条約」は，生物多様性の保全，生物資源の持続可能な利用，その利益の公平な配分を3つの原則としている．生態系保全はあくまで人間の利益のためである．人間の生活には，生態系サービスが欠かせない．よって，評価エンドポイントはあくまで人間の利益におけばよいかもしれない．しかし，漁業の乱獲問題などでは，現在の漁獲利益と将来の資源保護がトレードオフの関係にある．現世代の利益のみを評価しては，将来世代の利益を守ることはできない．そこで，現在の生態系を評価する必要が生じる（中西1996）．生態系サービスの経済評価でも同じ問題がある．環境経済学では，将来役立つかもしれないものの価値をオプション価値と呼ぶ．また，感染症，花粉症や獣害のように，生態系が人間に被害をもたらすこともある．これらを含めて「自然の人間への貢献」（NCP）という．生態系サービスのオプション価値を含めた価値を損なうことをエンドポイントとすれば，生態リスクが評価できる．ただし，そこには現世代の人間への損失をエンドポイントとして評価できるリスクも含まれる．

◆生物多様性へのリスク 生態リスクの最初の例は種の絶滅リスクである．種の絶滅は，生物多様性喪失のわかりやすい例である．種またはある生物種の地域個体群の絶滅が明確なエンドポイントである．種全体が絶滅すれば，二度と復活しない「不可逆的な影響」である．ただし，日本から絶滅したトキの再導入のように，地域個体群の絶滅は不可逆な影響ではない．ある生物種の絶滅がどれほどの人間にとっての損失になるかは後で論じる．

種の絶滅は確率事象である．個体数は個体の死亡と繁殖により増減する．死亡率と繁殖率は年齢により異なる．齢別死亡率と齢別繁殖率が一定ならば，個体数は安定齢分布に漸近した後，一定の増加率で幾何級数的に増加または減少する．減少する場合は，図1の

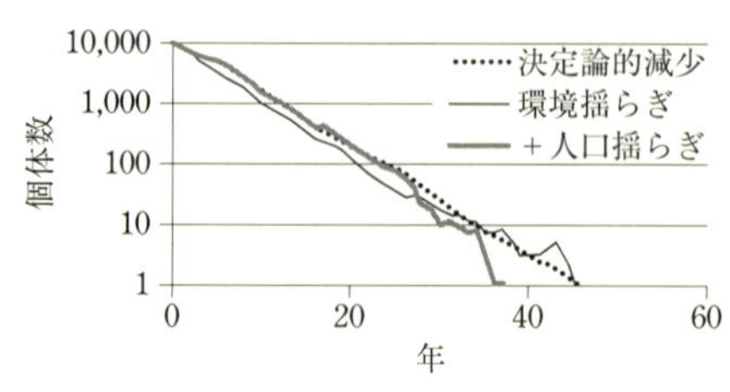

図1 個体群の絶滅過程の計算機シミュレーション

“決定論的減少”のように片対数グラフで直線的に減る．しかし，そこには，環境揺らぎと人口揺らぎという2つの確率的変動要因がある（松田 2000）．死亡や繁殖は確率事象であり，各個体の偶然に左右される．個体数が多ければ各個体の運不運は相殺され，平均値だけでほぼ議論できるが，個体数が数十個体以下になると，確率的揺らぎが無視できない．これを人口揺らぎという．絶滅を考えるときには，人口揺らぎは無視できず，最後の1個体が死ぬ時期は確率的にしか予測できない．

死亡率や繁殖率は環境条件にも左右される．特に繁殖率と子供の死亡率は変動する．人口揺らぎと違い，各個体の環境条件はおおむね連動するので，個体数が多くても相殺されない．

死亡率と繁殖率には密度効果もある．同じ環境条件でも，過密になれば，餌や棲み処が不足する．個体数が少ないときに増えても，密度効果により過密になると，ある限界以上には増えなくなる．この限界を環境収容力という．環境収容力が数十個体程度の小規模個体群の場合，平均増加率が正でも，人口揺らぎによって絶滅するリスクが無視できなくなる．このように存続が危うくなる個体数のことを最小存続個体数（MVP）という．環境揺らぎが大きく，一時的に増加率が負になる確率が増えれば，より環境収容力が大きくても，絶滅するリスクが無視できなくなる．そして，増加率の低下，環境収容力の低下，環境揺らぎの増加などにより，絶滅リスクが増加する．

絶滅リスクは，図1のような個体数変動のモンテカルロ実験を繰り返すことで評価できる．例えば1万回の試行のうち，ある年数までに絶滅する試行回数により，累積絶滅確率が得られる．密度効果と人口揺らぎを無視すれば，個体数の確率密度分布は対数正規分布により解析的に記述できる．このような数値実験または確率過程による解析を，個体群存続可能性分析（PVA）という．

絶滅危惧種の目録（レッドリスト）は，国際自然保護連合（IUCN）が定めたカテゴリーと基準が広く普及している．IUCN は（A）個体数減少率，（B）生息地・分布域面積，（C）個体数が少なくかつ減少，（D）成熟個体数，（E）絶滅リスクという定量的な5つの基準を定めている．絶滅リスクは個体数と減少率の両方の情報がないと判定できないので，予防原則の観点から，（A）～（E）のどれか1つの基準を満たせば絶滅危惧種と判定すると定めている．ただし，情報があって（E）を満たさないとわかっている種にも他の基準を満たせば掲載すると定めており，ミナミマグロなどを掲載した際に議論を呼んだ（松田 2000）．

地域個体群の場合，外部との移出入も考慮する必要がある．ダムで隔離された淡水魚，道路等の人為的な移動経路の影響などを考慮する必要がある．また，人為により移入する外来種は在来生態系への撹乱要因として認識され，しばしば保護でなく駆除の対象とされる．外来種移入も確率事象であり，リスク評価の対象となる（松田 2007）．

生物多様性保全とは絶滅を避けることだけではない．種数の多い熱帯林だけでなく砂漠も含めた多様な生態系を守ること，生物種の多様性，種内の遺伝的な多様性を維持することも重要である．これらをリスク評価する場合，具体的な課題に応じてエンドポイントを明確に定める必要が生じる．

◆生態系サービスへのリスク 絶滅リスクはエンドポイントが比較的明確だが，人間の福利をどう損なうかが不明確である．生物多様性を損なうリスクよりも，NCPまたは生態系サービスを損なうリスクのほうがより直接的な問題である．生態系サービスは，農林水産業の収穫物など，生物資源を直接人間が利用できる供給サービス，水質浄化，洪水制御など人間にとってすごしやすい環境を提供する調整サービス，観光資源や祭事など様々な精神活動に貢献する文化サービス，さらに酸素生成，土壌形成など，これらの生態系サービスをもたらす生態系機能を支える基盤サービスに分けられる．

例えば世界自然遺産では，登録時に認められた「顕著で普遍的な価値」がある．これは人間が自然に対して認識する文化サービスと言える．その価値が損なわれるリスクを評価することができる．例えば屋久島ではシカが増えすぎて林床植生が食害され，登録時に価値が認められた植物固有亜種の絶滅まで懸念されている．登録時の価値は必ずしも具体的エンドポイントが定められていないが，加盟国が定める管理計画によって固有亜種の登録地内での野生状態での存続など，具体的目標を定めれば，リスク評価が可能である．

国立公園では，観光客の増加によって山道やその周辺の希少植物が踏み荒らされる問題や，山岳地トイレの汚水問題など，過剰利用問題が深刻である．それはひいては，国立公園内の生物多様性の劣化を招くと同時に，観光資源としての公園の価値を損なう恐れがある．知床では観光船の増加とともに希少鳥類のケイマフリの公園内の個体数が減り，観光船がケイマフリの巣に近づかないようにするなどの配慮が合意された．

農業の凶作発生リスク，害虫大発生リスクも，農業生産という生態系サービスを損なうリスクである．また，ヒアリのような外来種の侵入・定着・被害発生リスク，ジカ熱などの感染症リスクのように人間に被害をもたらすものもNCPである．

現在，「生物多様性条約」の生物多様性及び生態系サービスに関する政府間科学-政策プラットフォーム（IPBES）では，訪花昆虫など花粉媒介者の農業生産への貢献が経済的に評価され，気候変動など今後の人間活動によって花粉媒介者の機能が損なわれるリスクが評価されている．

水産資源は，「海洋法に関する国際連合条約」（国連海洋法条約）により沿岸国が排他的経済水域の資源を利用する権利が認められているが，その代わりに乱獲を避ける責務を持ち，約40魚種についてこれ以上獲ったら乱獲になるという生物学的許容漁獲量（ABC）が評価されている．その中には，資源量を一定水準以上に保つ管理目標が定められているものがあり，さらに，資源がその水準を下回るリスク，現時点で下回っているが一定期間後に回復する資源回復確率を評価しているものがある．これは生態リスク評価の応用事例である．

野生鳥獣においても，絶滅するリスクだけでなく，増えすぎによる獣害の増加を防ぐために都道府県ごとに管理計画が定められ，5カ年計画ごとに個体数を減らす目標が定められ，それを達成できないリスクが評価されている例がある．北海道では1998年からエゾシカでリスク評価に基づく管理計画が実施されている．しかし，シカの個体数が当初の予想より多く，管理目標を達成できないリスクが高かったため，管理計画の見直しにつながった．このように，リスク評価は管理計画の実現可能性を吟味し，より抜本的な計画を合意するうえで有効である．

逆に，生態系を保全する行為が人間社会に別の不利益をもたらす場合も考えられる．クマ，タンチョウ，カモシカ，トドなど絶滅危惧種を保護することで農林漁業被害や人身事故が深刻になる場合は多々ある．サケ・マス類など遡河性魚類の保護のためにダムを撤去すれば，災害リスクが増すだろう．鳥衝突死がおきるために風力発電建設が制限されている．これらの例は生態リスクではないが，生態リスクと他のリスクの間のリスクトレードオフ（☞3-15）を評価する必要が生じる．

環境影響評価においても生態リスクが問題になることが多々ある．しかし，日本の環境影響評価の基本的事項にはリスク評価に関する基準がない．化学物質の影響や鳥衝突においては記述があるが，例えばPVAによる絶滅リスク評価が行われることはまれである．辺野古米軍基地問題では，補正評価書でジュゴンに関するPVAの記述が盛り込まれた．

◆順応的管理と生態系アプローチ　生態リスクは不確実性が高い．また，10年後の近未来だけでなく100年以上先の長期的な影響に配慮する場合も多い．個体数の増加率が通常年数%程度の種も数多く，その推定のためには生存率や繁殖率について3桁近い精度が必要であり，ある方策のもとで個体数が増えるか減るかさえ不確実な場合も少なくない．今と同じ方策をとり続けていると，100年後の個体数の予測は至難である．そのため，個体数を監視し続け，その増減により方策を変える「順応的管理」が推奨される（松田2007）．これらは水産資源や野生鳥獣管理その他の生態系管理に応用されている．その際に多用されるのは，ベイズ推計法を用いた状態空間モデルと，衛星情報や国土地理院の地図情報を用いた種の分布モデルである．前者は個体群動態モデルにおける環境揺らぎと個体数の観測誤差を総合的に説明しようとするモデルであり，後者はある管理目的のための現場調査を既知の環境変数を活用して外挿する回帰モデルである．これらは様々な管理方策や将来シナリオに基づき，生態リスクを評価するうえで必要不可欠な技法となりつつある．

［松田裕之］

📖 参考文献

・松田裕之（2007）生態リスク学入門，共立出版．

【2-10】

工学システムのリスク評価

工学システムのリスク評価は，事故に至る一連の出来事の組合せや発生順序など（これを事故シーケンスという）を記述することが第一歩である．解析する手法には，定性的なものと定量的なものとがある（表1）．

◆ **定性的手法**　事故の影響度や発生頻度の大きさをレベルとして与えることが多く（☞2-11），故障モード／影響解析（FMEA），オペラビリティスタディ（HAZOP）などの手法がある．FMEAは1960年代に航空宇宙分野での利用のために開発されたハザードを特定する手法であり，故障やヒューマンエラーなどの失敗の形態を列挙し，それがシステム全体に与える影響を評価することによって重大なハザードを同定する．HAZOPは，化学産業やプロセス産業においてプラントのハザードや運転上の問題を特定するために用いられる．FMEAと異なる点は，HAZOPの場合，プラントの通常状態のときのパラメータからの偏差（ずれ）を記載することである．

◆ **定量的手法**　イベントツリー解析（ETA），フォールトツリー解析（FTA）などがある．ETAは，引き金事象（危険状態を引き起こす事象）に対し，時系列順に並べた安全機能などの成功・失敗を分岐で表し，事故に至る一連の出来事の組合せを示したものである．各分岐における成功・失敗確率を入力し，起因事象から順次積算していくと，最終状態の発生確率を定量化することができる．FTAは，イベントツリーと組み合わせて用いられることが多い．例えば，イベントツリー上の安全機能を対象にすると，その安全機能の喪失をシステムの“望ましくない結果”（トップ事象）とし，その発生原因をこれ以上展開できない基本的な事象まで分析し，それらの事象の発生確率を与え，論理積および論理和を用いて構築していく手法である．

表1　主なリスク評価手法の概要

	故障モード／影響解析（FMEA）	オペラビリティスタディ（HAZOP）	イベントツリー解析（ETA）	フォールトツリー解析（FTA）
	帰納法	演繹，帰納法	帰納法	演繹法
	定性的	定性的	定量的	定量的
上位レベル（例：装置の火災爆発）	（影響）	（影響，結果）	引き金事象　成功 →（小災害）	トップ事象
中間レベル（例：流量圧力の変動）		ずれ，中間事象	→（中災害）	
下位レベル（例：弁ポンプの故障）	要素故障	（原因，対策）	失敗 →（大災害）	（原因）
異常現象	（故障モード）			

◆定量的評価の手順と不確実性　まず，解析の詳細さのレベルは，入力値とモデルの詳細さに依存するため，要求されている詳細さのレベルを見定めておくことが重要となる．解析の初めとして，結果に対して大きな影響を及ぼさないようなリスクを同定することも重要であり，この目的のために予備的解析が行われることがある．

次に，システムと運転条件が与えられた場合の事故の生起確率と影響事象を評価する．生起確率評価の１つの典型的な方法は，これまでに得られているデータを利用し，エキスパートの判断で確率を決めるというものである．プラントが特定されている場合は，その事故データを入手できることが望ましい．また，より一般的なプラントを想定した解析では，業界団体が事故データをデータベース化していることもある．日本の事故であれば，例えば高圧ガス保安協会の事故事例データベース（経済産業省 2018）が利用できる．海外のデータはF. リーズ（Lees 2012）が取りまとめているものが有名である．これらより適用したいプラントの事故を抽出し，データを検討のうえ事故頻度を計算することができる．なお，米国化学工学会プロセス安全部会（AIChE/CCPS）は，プロセスの故障データを故障率（稼働時間あたり，または稼働回数あたりの故障回数）という形での届け出が行われており（AIChE/CCPS 2000），定量的アプローチになじみやすいものとなっている．影響度評価については，多くのパラメータを決定しなければならない．例えば，ハザードの性質（有毒物の放出／火災／爆発など），ハザードの移流と拡散の状態，気象条件，ヒトが曝露する可能性があるか（および，その人数や避難の可能性）などである．システムの構成機器や性能，運転条件，事故の具体的な場所を特定し，現実的なパラメータを決定する．これらのパラメータの詳細さに加えて，評価にどのようなモデルを使用するか（利用可能か）という点も，結果の不確実性を大きく左右する点である．

以上の結果より，「確率×影響度」としてリスクを計算する．求められたリスクは，リスク許容基準（または安全目標）との比較に用いられる．ところが，リスク許容基準はあいまいなものを採用している場合も多く，しばしば「過去と比較してリスクは低下したか」という判断により許容される．

また，評価の過程で用いたデータとモデルは不確実性があるため，感度解析を行うことも欠かせない．感度解析を行う要素は，確率現象自体の自然な変動性，モデルの不確かさ，統計パラメータの不確かさなどの不確実性が考えられ，この中で結果に大きく影響するパラメータを特定し，そのパラメータに関する情報をより詳細に集めるかどうかを検討する．　［牟田　仁・小野恭子］

📖 参考文献
・Stewart, M.G. and Melchers, R.E. 著，酒井信介監訳（2003）技術分野におけるリスクアセスメント，森北出版．

【2-11】
定性的リスク評価

リスク評価の目的の1つは，検討対象とする物質やシステムにおいて発生可能な事象についての対策検討のための情報源とすることであり，一般的には定量的な数値をもって比較することが望ましいとされる．しかし，食品や環境，自然災害のように結果に影響を及ぼす因子の網羅的な抽出が困難であったり，因子が特定できていてもその因果関係が明らかでない場合には推定値の信頼度が十分とならず，科学的合理性を有する結論を導けないなどの問題がある．このような場合には，最終事象に至るシナリオの抽出に基づいて発生頻度や影響度を数値ではなく，高い／低い，あるいはレベル1，2，3などのように，定性的かつ相対的なレベルに分類することでリスクの迅速かつ効率的な評価を行うことが可能である．この定性的リスク評価では，より広範なリスク要因の検討と，リスクのランキングにより相対的順位や優先順位をつけることが容易になり，その後，必ずしも定量的評価を行うことなくリスク対応を検討することも可能である．

工学システムの定性的リスク評価におけるシナリオ分析手法としては，故障モード／影響解析（FMEA），ハザード＆オペラビリティスタディ（HAZOP），ハザード特定スタディ（HAZID）などがあり，これらの手法に基づいて発生頻度と影響度の2軸によるリスクマトリクスを用いて評価することが多い．

◆HAZID 手法による定性的リスク評価事例　ここでは，工学システムの定性的リスク評価実施例として，ガソリンスタンドに燃料電池自動車用水素スタンドを併設する施設に関し，HAZID 手法によるリスク評価事例を示す．

水素スタンドの建設，運用は，水素社会に向けた施策のもとに進められているが，他の燃料ガスに比べて着火・爆発性の高い水素ガスを 82 MPa などの高圧で取り扱う施設をガソリンスタンド同様に市街地に建設することは可燃性ガスの取扱いを規制する高圧ガス保安法上，困難であった．これは，同法改称前の高圧ガス取締法が施行された1951年当時には，水素ガスを市街地で取り扱うことを想定した技術システムがなかったことによる．その後，製造や安全に関する技術の進展や社会の要請などにより，高圧の水素ガスを市街地で取り扱うための施設の建設が求められ，リスク評価の結果により規制の見直しを進め，2005年に同法に新たな技術基準が定められ，社会実装に至った．消防法で規制されるガソリンスタンドに有機ハイドライド型水素スタンドを併設し，同一敷地上に保安基準の異なるシステムの設置を検討するために実施したHAZID 手法の手順は以下のとおりである．①ガイドワードの設定，②システムレイアウトおよび運転条件の設定，③発生頻度および影響度の定義，④安全対策のリストと定義，⑤安全対策による

表1　水素スタンドのリスク評価における発生頻度のレベルと定義の例

レベル	説明	定義
1	ほとんど起こりえない	発生頻度はあるが，その発生頻度はきわめて小さい
2	起こりにくい	スタンド設備の一生において起こりにくいと考えられる
3	起こる可能性がある	スタンド設備の一生において１回程度は考えられる
4	十分起こりえる	スタンド設備の一生において複数回考えられる

表2　水素スタンドのリスク評価における影響度のレベルと定義の例

レベル	説明	定義	
		人	設備
5	きわめて重大な災害	周辺住民，歩行者の死亡	隣接家屋全壊程度
4	重大な災害	顧客，従業員の死亡	隣接家屋半壊程度
3	中規模の災害	入院が必要な災害	隣接家屋の窓全損
2	小規模の災害	通院を伴う災害	隣接家屋の窓一部破損
1	軽微な災害	通院を伴わない災害	隣接家屋に影響なし

安全対策前		発生頻度			
		1	2	3	4
影響度	5	0	71	98	0
	4	0	63	82	0
	3	0	0	0	0
	2	0	0	0	0
	1	0	0	0	0

安全対策後		発生頻度			
		1	2	3	4
影響度	5	19	0	0	0
	4	95	27	0	0
	3	126	19	0	0
	2	26	2	0	0
	1	0	0	0	0

図１　安全対策実施前後の併設型水素スタンドのリスクマトリクス
［出典：Nakayama et al. 2016］

リスク削減方法の検討，⑥ HAZID シートの作成，⑦ HAZID の実施，⑧リスクマトリクスの作成，⑨詳細評価が必要なリスクの特定および安全対策の追加検討．

シナリオ抽出に必要なガイドワードは，①自然現象，②外部事象，③レイアウト，④社会情勢，⑤プロセスのそれぞれに起因する潜在危険を関係者によるブレインストーミングにより抽出し，約 70 種類を設定した．システムレイアウトをもとに，ガイドワードに従ってシナリオの抽出を行い，表 1，2 に示す発生頻度，影響度の定義に従って各シナリオをリスクマトリクスに落とし込み，さらに，現時点で実施可能な安全対策を施す前後のリスク評価を行い，対策の有効性を確認した（図 1）．一方，現行で実施可能な対策を施した後も十分なリスク低減ができないシナリオについては，さらなる検討が必要であることを付記して評価は終了とした（Nakayama et al. 2016）．なお，リスク評価の結果に基づき，システムにおける安全上重要な設備とそれを適切に機能たらしめるための性能規定書を検討，作成しておくことが望ましい．　［三宅淳巳］

参考文献

・国立研究開発法人新エネルギー・産業技術総合開発機構（2014）水素エネルギー白書，日刊工業新聞社．
・上田邦治（2013）安全システムのパフォーマンススタンダードの紹介，安全工学，52, 231-235.

【2-12】
原子力発電所の確率論的リスク評価

ここでは原子力発電所の確率論的リスク評価（PRA）を例として取り上げて，技術リスクの評価について説明する．

原子力発電所の安全設計は，決定論的なアプローチにより，設計時に基準となる事故に対し原子炉内の核燃料が著しく損傷しないことを要求している．これに対し，確率論的なアプローチに基づくPRAでは，発生する可能性がある事故のシナリオを網羅的に考慮し，対象とする全ての事故シナリオの発生頻度を定量的に評価する．PRAによって得られる知見は，福島第一原子力発電所のシビアアクシデント以降の新しい規制基準における重大事故対策の検討に用いられる．

原子力発電所のPRAで対象としているリスクは，エネルギー源として発電所を稼働させることによって生じる可能性のある被害の大きさとその発生の可能性を組み合わせたものである．想定している被害は，原子炉内に内包される放射能が系外に放出されることによって周辺公衆が被る健康被害（急性死亡，晩発生がん）および土壌汚染などである．

PRAで想定されるこれらの影響は，原子炉に内包される冷却材が，配管破断などによって喪失する事象，或いは外部電源喪失などの過渡的な事象の発生時に，非常用炉心冷却系などの安全機能が喪失することで炉心損傷に至り，その後，格納容器が機能を喪失することで発生する．原子炉からの冷却材の喪失，外部電源喪失，或いは安全機能の喪失の原因は，プラント内部で発生する内的ハザード（機器のランダム故障，溢水，火災など），または外部で発生する外的ハザード（地震，津波，発電所外部の災害）に分類できる（表1）．外的ハザードは，さらに自然ハザード（自然現象が直接の原因）と人為ハザード（人間の行為が原因）に分類できる．これらのハザードの具体的な想定事象とそれに対するリスク評価手法の選定に関しては，一般社団法人日本原子力学会（2014）に詳細が規定されている．

表1　ハザードの分類と事象の例

ハザード分類		事象の例
内部ハザード		機器故障，内部溢水，内部火災など
外部ハザード	自然ハザード	地震，津波など
	人為ハザード	発電所外の爆発，航空機落下など

［出典：日本原子力学会「外部ハザードに対するリスク評価方法の選定に関する実施基準（2014）」より作成］

以降，内的ハザードを対象としたPRA手法を例にとって説明する．

PRAで対象としているリスクは，原子炉内の放射能が系外に放出されることによって原子力発電所の周辺に居住する一般公衆が被る健康被害および土壌汚染などの被害の大きさと，その原因となる事象の発生の可能性を組み合わせたものである．このようなリスクをもたらす事故のシナリオは，原子力発電所内の配管や弁からの軽微な漏洩や機器の故障のような不具合事象が発端となり，これらの事象の規模の拡大やさらなる機器故障または人的過誤（認知や運転操作の失敗）などがいくつも重なる事象の繋がり（シーケンス）である．PRAは，このような事象のシーケンスを論理的なモデルで表し，事象や故障などの発生確率を論理モデルの構成要素に設定することでリスクの発生可能性および事故発生の影響の大きさを定量評価する手法である．原子力発電所を対象としたPRAの概要を図1に示す．

PRAは事故の進展に応じて，以下の3つの段階（レベル）に分類できる．

(1) **レベル1 PRA**　レベル1 PRAでは，事故を緩和する安全機能が十分に働かずに炉心が損傷する事故に至るシーケンスを特定し，その発生頻度を評価する．原子力発電所の事故は，原子炉の冷却材が喪失する事象，外部電源が喪失する事象などの炉心損傷の引き金となりうる起因事象の発生時に，安全機能を持つシステムの機器の故障，メンテナンス不良による故障，プラント状態の認知や事故を緩和する操作の失敗といったような人的過誤或いは安全機能を持つシステム自体が待機状態を除外されているといった要因により発生する．炉心が損傷する頻度に対する事故シーケンスの寄与割合より，どのような事故シーケン

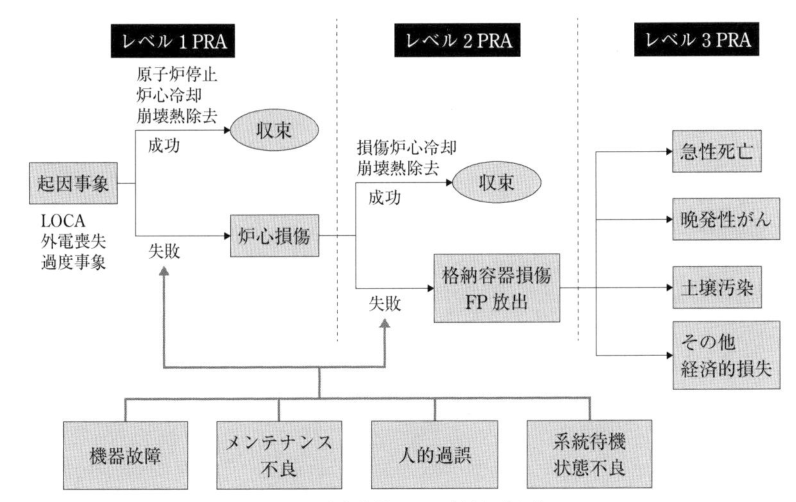

図1　確率論的リスク評価の概要

［出典：日本原子力学会「リスク評価の理解のために（2015）」をもとに作成］

ス，システム機能喪失，機器故障或いは人的過誤がリスクに対して重要であるか，といったような知見が得られる．

(2) レベル2PRA レベル2PRAでは，炉心の損傷後に，原子炉内で損傷した炉心を冷却する機能が十分に働かず，原子炉を取り囲む格納容器の内部の温度と圧力が上昇し，やがて設計で考慮した限界を超えることで格納容器本体が破損し，放射性物質の放出に至る事故シーケンスを特定し，その発生頻度を評価する．また，格納容器が破損に至るまでの事故の進展をシビアアクシデントの進展を模擬する解析コードを用いて評価し，格納容器が破損した後に放出される放射性物質の種類とその放出量を評価する．後者の評価はソースターム評価と呼ばれる．格納容器が損傷する頻度に対する事故シーケンスの寄与割合より，どのような格納容器破損シーケンス，格納容器の破損の仕方が重要であるか，さらにはどのような放射性物質の種類がどのような割合で放出されるか，といったような知見が得られる．

(3) レベル3PRA レベル3PRAでは，レベル2PRAによって得られる格納容器が破損する事故シーケンスとその頻度，および放出される放射性物質の種類とその放出割合の評価結果をもとに，事故発生時の原子力発電所の周辺への放射性物質の拡散の状況や発電所周辺の各所における被ばく線量の評価を行い，原子力発電所周辺住民の急性死亡などの健康被害や土壌汚染などのリスクを評価する．

原子力発電所の周辺の一般公衆のリスクは，レベル3PRAまで実施することで評価される．しかしながら，レベル1PRAおよびレベル2PRAを実施する意義は，原子力発電所の安全設計の基本的な考え方である深層防護の観点から，シビアアクシデントの発生防止および発生時の影響緩和の各段階においても，リスク評価を行うことでリスクをきちんと把握し，炉心損傷の発生，或いは格納容器の破損の防止に尽力することにあると言える．

PRAの評価を実施する段階は，原子炉の炉心損傷或いは格納容器の破損となる事故シーケンスの分析に基づく論理モデルの作成段階，および各種パラメータの設定によるリスクの定量化段階に分類できる．事故シーケンスの分析に基づく論理モデルの作成では，発生する可能性がある事故シーケンスを可能な限り漏れなく摘出し，事故に至る様々な原因を包括的に表現しなくてはならない．このためには，体系的なリスク評価手法を用いて，さらにこれらの手法を適切に組み合わせた分析を行う必要がある．

現状のPRAの定量化は，図2に示すように，ETA手法およびFTA解析手法を用いて行われる．イベントツリー（ET）に，起因事象の発生頻度および各分岐において，安全機能が作動するか（成功）否か（失敗）の確率を与えることで，各々の事故シーケンスの発生頻度を求めることで行われる．フォールトツリー

(FT) の定量化は，基本的な事象の発生確率を与え，論理演算によって行われる．

しかしながら，望ましくない事象の引き金となる起因事象や安全機能の機能喪失論理の摘出には HAZOP や FMEA もあわせて用いた分析を行うことが望ましい．また，多くの系統，機器が複雑に関連している原子力発電所のリスク評価においては，安全機能を持つ系統，機器間の従属関係を適切に取り扱う必要がある．例えば，ある安全機能を持つ系統の機能喪失要因の分析では，フォールトツリーのような演繹的な分析だけではなく，FMEA を用いて構成機器の故障が系統全体や関連する系統へ及ぼす影響を帰納的に分析しなくてはならない．

また，実プラントの運転経験のフィードバック手段として，実際に発生した不具合事象などを PRA モデルに適用し，その影響を評価する方法があり，事故シーケンスの見落としを改善するためには有効な手段である．　［牟田 仁］

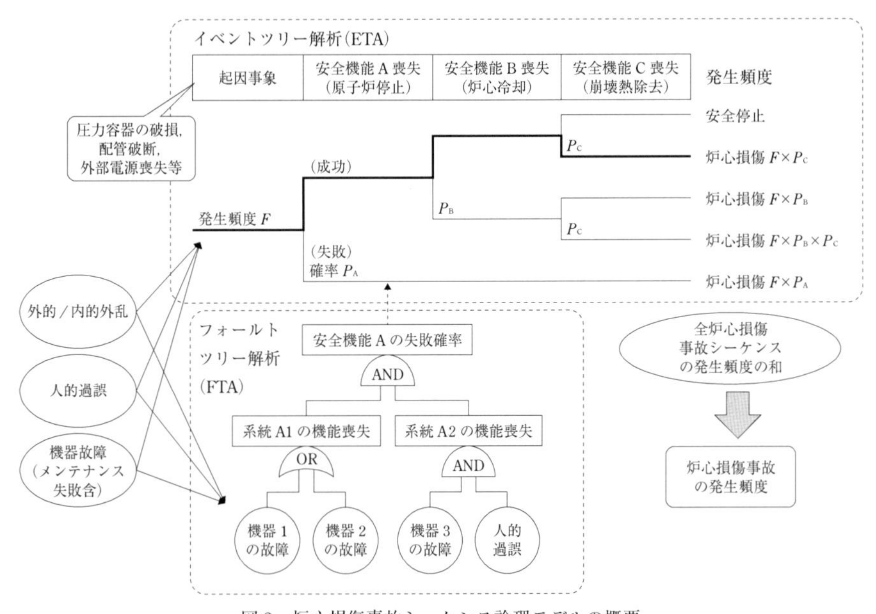

図２　炉心損傷事故シーケンス論理モデルの概要
［出典：日本原子力学会「リスク評価の理解のために（2015）」をもとに作成］

参考文献

・日本原子力学会（2013）日本原子力学会標準 原子力発電所の出力運転状態を対象とした確率論的安全評価に関する実施基準：2013（レベル1PRA 編）．
・日本原子力学会（2014）日本原子力学会標準 外部ハザードに対するリスク評価方法の選定に関する実施基準：2014．
・日本原子力学会（2015）標準委員会技術レポート「リスク評価の理解のために」．

【2-13】
IT システムのリスク評価

我々の周りの社会インフラストラクチャーは電子化された情報を取り扱うシステム（以下，情報技術（IT）システムと呼ぶ）によって管理され，制御されている．IT リスクとは，IT システムには様々な弱点があり，停止させられたり，扱っている情報が盗難されたりするリスクである（佐々木 2013）．

◆IT リスクの社会システムに対する影響 昨今，あらゆる「情報」が IT システムで管理されるようになり，IT システムが動作しなくなるとその影響が大きい．特に，組織や社会を最適化して IT を前提とした設計となっているため，IT システムが動作しなくなると，人手ではバックアップできない．IT システムが復旧するまでは事業が停止する．また，個人へのサービスを向上させるため，マーケティングを効率良くするために個人情報が大規模なデータベースに蓄積され，他のデータベースと連携して様々に活用されている．これらの情報は，集められるほど価値が高まる．この情報が事故や盗難などで漏えいすると，大規模な情報漏えいに繋がり，多くの個人に影響がある（日本ネットワークセキュリティ協会 2016）．2014 年に起きた大規模な学生個人情報の漏えい事件では，名簿が多数の事業者に転々と販売され，個人情報が不正に活用されているが，取り戻すことができていない．社会には，個人情報の活用によるメリットと漏えいするリスクとの対応で，どちらを重視するかが求められている．

◆IT リスクの特徴 情報や IT システムの利用に関するリスクの最大の特徴は，ISO31000（ISO 2018）（☞ 3-2）におけるリスクの定義の「目的」として，「IT を使う」ことを選択したときに IT リスクが現れることである．自然災害リスクのように，目的に関係なくリスクが存在するのとは異なる．

また，IT リスクの場合，リスク源は IT システムの構成要素に内包される「脆弱性」と組織の内部並び外部からの攻撃や事故などの「脅威」によって引き起こされる．すなわち，脅威が脆弱性につけ込んで，事象が起き，結果に繋がる．上記の例では，例えば，IT システムのソフトウェアのバグが脆弱性であり，これに外部からの標的型攻撃などの脅威がつけ込むことで，IT システムの停止や情報漏えいという事象が起きて，社会システムが混乱するという結果（2015 年の日本年金機構における個人情報漏えい事件とその後のサービス停止など）を招く．

IT リスクへのリスク対策は，守るべき対象となる「情報」や「IT システム」を特定することから始まる．想定されるリスクを，機密性，完全性，可用性の 3 つの観点から特定する．IT リスクの場合は，脆弱性と脅威の組合せで考えることが多い（図 1）．

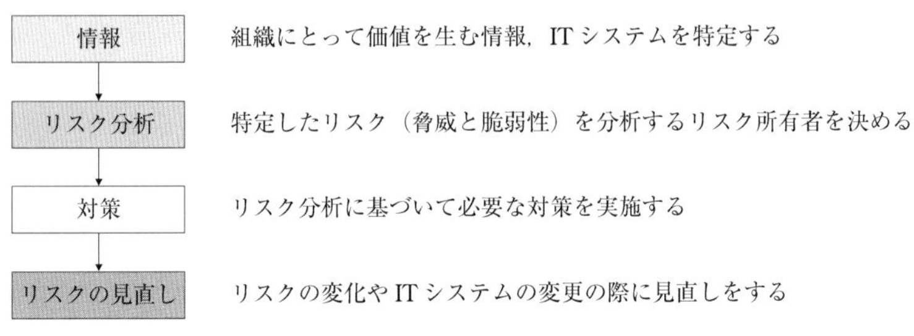

図1　ITリスクへのリスク対応

「情報」は無体物であるため，情報を対象にリスクを特定することが難しい．そのため，間接的に情報を管理し，処理するITシステムや保存に用いる記録媒体などの関連する有体物を対象にリスクを特定することが多い．また，クラウドなどで提供されるサービスを対象にすることもある．次に，特定されたリスク毎に，内容を分析してそのレベルを判定し，リスクに説明責任を持つリスク所有者を決める．特定された全てのリスクを分析した後，組織の観点から優先度付けのリスク評価を行い，組織が決めた対策をとる．組織は，ビジネスの観点から機会追求としてITを利用することでリスクが発生するので，リスク保有（何もしない）を除いたリスク対策はISO31000の5つから選択することになる．すなわち，リスクの回避，リスク低減（リスク源の除去，起こりやすさを変える，結果を変える），リスク共有から選択する．

ITリスクでは情報やシステムについての詳細なリスク対策を考えるため，ISO31000の「機会の追及のためのリスクの増加」のリスク対応については，ISO31000が規格として用いられるまで対象外であった．すなわち，ITを利用するという目的のもとで特定されたリスク源への対策をとることだけであった．ISO31000に基づいてITリスクも概念を拡張した．ITリスクでは，組織が当初設定した目的を変更して機会を追及することになる．例えば，インターネットを利用してよりリスクの高いビジネスを展開するといった組織戦略をとる場合などに相当する．ITリスクにおいても，機会を追及するというリスク対応も今後は重視する必要がある．

ITリスクのリスク対応では，リスクのレベルが受容できる場合にはリスク保有する．ここで重要なのは，ITリスクは時々刻々と変化することである．そのために，ITリスクを常にモニタリングして，リスクに変化があったときには対応の見直しが必要となる．昨今，サイバーセキュリティ分野のITリスクの変化が大きいため，組織内部にシーサート（CSIRT：cyber security incident response team）を設けて，ITリスクを常時モニタリングして，事象が発生したときにはすぐに対応する仕組みを構築するケースが増えてきている．

組織などが管理する個人情報は個人から情報を収集したものであり，組織には情報について利用できるのみであるため，情報を集めた個人などの関係者（ステークホルダー）に対して，リスクや対策について情報開示されることが多い．昨今，上場企業や個人情報を管理する官公庁では，リスク情報を盛り込んだ有価証券報告書や情報セキュリティ報告書などを公開している．今後，多くの組織にとってリスクコミュニケーションが重要となる（☞ 7-11）．

2018年版ISO31000では，2009年版のモデルで，リスク特定，リスク分析，リスク評価，リスク対応のすべてからリスクコミュニケーションに矢印がひかれていた．そのため，リスクコミュニケーションについて，これらのプロセスについてリスク情報を開示しなければならないとの誤解があった．特に，ITリスクでは組織の機密情報などを扱うため，リスク情報の開示は難しい．矢印が削除されたことで，リスクコミュニケーションへの対応が遅れた．

◆ITリスクの定量評価 ITリスクでは，情報やサービスを対象に，機密性（C），完全性（I），可用性（A）のそれぞれでリスクのレベルを判定して，総合的にまとめることもある．なお，3つの性質が異なり同じ尺度で評価できないため，リスクレベルを算定する場合，1年を単位にした発生頻度とその際の想定被害金額を乗じて統合する方法の年間想定被害額（ALE）がよく用いられる（NIST 2002）．

$$ALE = \frac{10^{f+i-3}}{3}$$

ここで，fは発生頻度で，300年に1回発生する場合1と設定している．例えば，30年に1回では2となる．3年に1回で3となり，100日（= 0.3年）に1回で4となる．また，iは金銭の単位として，1セントが0と設定している．例えば，1ドルは2となり，1万ドルは6となる．日本で使う場合は，セントの代わりに円を用いられることが多い．

なお，想定されるリスクのシナリオが多岐にわたる場合には，ALEが使えないので，シナリオの発生確率と対策費用を乗じて，全てのシナリオについて合計するデシジョンツリー（佐々木 2013）などが用いられることが多い．

また，リスクを体系的に数値で捉えるために詳細リスク分析が用いられる．詳細リスク分析では，資産価値とC, I, Aのリスクレベルを重大性の観点から高，中，低の3段階で評価する．例えば，リスクの高に3，中に2，低に1の数値を当てはめて，以下の式で擬似的に評価することも広く用いられている（佐々木 2013）．

リスク ＝ 資産価値 × 脅威 × 脆弱性

ITリスクの場合は，リスク源として脅威と脆弱性を分けて用いることが多い．これは，脅威は外部に起因した例えば自然災害によってひき起こされるIT環境の倒壊，外部電源の供給停止やサイバー攻撃によって個人情報が改ざんされたり，消去されたりするものがある．また，内部的には，従業員による機密情報の持ち出しなどである．一方，脆弱性は，IT機器のハードウェアの欠陥やソフトウェアのバックなどがあげられる．多くの場合には，脅威が脆弱性の弱さにつけこんで事象となり，事件か事故という結果となる．

ITリスクの場合には，発生頻度や想定される被害が経験的にわかっている場合には，上記のいずれの方法でも，リスクレベルは意味あるものとなるが，知見を持たない対象については，頻度や金額の両方の精度が得られないため，リスク判断には注意が必要である．

◆社会に広がるITリスク　今後，社会のあらゆるものにITシステムが組み込まれるモノのインターネット（IoT）やITシステムに人工知能（AI）が活用されるようになる．すなわち，あらゆる社会活動がITリスクと関係することになる．そのため，ITリスク対策には社会や組織としての全体的なリスク管理が重要となる．社会リスクに繋がるITリスクについて，特定から対策に至るプロセスを適切に管理して，リスクレベルを見ながら，タイムリーに対策する必要がある．

ITリスクの要因は，「内部の人的なミスなど内部要因による事故が多く，外部からの攻撃は少ない．しかし，外部から攻撃される頻度は少ないものの増加してきている」（日本ネットワークセキュリティ協会2016）．一度，組織の管理している個人情報などの重要な情報が流出すると，その影響は組織にとっては大きい．また，組織の活動は外部組織と密接に繋がっているため，１つの組織のリスクが他の組織にも影響する．組織単独では抜本的な対策にならないケースが増えてきている．

ITリスク対策としては，組織レベルの仕組みが重要となっている．情報には情報セキュリティマネージメントシステム（ISMS，ISO/IEC27001:2013）が，ITシステムにはITサービスマネージメントシステム（ITSMS，ISO/IEC20000-1:2018）がある．いずれも，ISOの事業所認証の対象となっている．ITリスクへの対策については，組織的な対策が要請されている．

またISO31000は，経営者にリスクマネージメントの最終的な責任を求めている．社会にITが広がった結果として，ITの利用によるメリットの享受だけでなく，デメリットに対しても，組織の責任や経営者の説明責任が強く求められている．

［原田要之助］

📖 参考文献

・佐々木良一（2008）ITリスクの考え方，岩波新書．

【2-14】
金融リスクの評価

経済のグローバル化，情報技術の進歩とともに，金融取引が拡大している．その受け皿である金融市場の規模は世界のGDPの約4倍にも達した（2017年時点）．1980年では，GDPのほぼ半分に過ぎなかったことを思えば，その急拡大ぶりは目を見張る．人的，物的資源制約の大きい実物世界に比し，コンピュータ・ネットワーク上で展開される金融市場には物理的な制約がほとんどないからである．

本来，金融市場は実物世界を支える脇役なのだが，今や，その規模ゆえ，時には実物世界を振り回すことになる．サブプライムローン破綻やギリシャ・ショックは金融市場の片隅で起こった些細な出来事だったが，たちまち金融市場全体に伝搬し，やがて実物世界を大混乱に陥れた．

金融市場の役割は，経済社会における資金の供給・調達，リスクの移転を低コストで安全確実に行うことである．世界中で絶え間なく発生する多種多様なリスクを金融リスクに転化し，金融市場での取引を通じ最適なリスクシェアリングを実現，その結果を再び経済社会に還元するのである．「金融は眠らない」と言われるように，24時間，欧米，アジアをまたいだ取引が可能であり，世界経済課題の解決には金融市場の存在が不可欠である．

◆金融リスクとは 金融は現実の世界を映し出す鏡であり，その不確実性，変動性が金融リスクであり，その中身も多様で発生は予測困難である．一般に，金利リスク，信用リスク，流動性リスク，また近年ではシステム事故や決済ミスを意味するオペレーショナルリスクに分類されるが，これらを複合したものもある（☞11-3）．貸付先の倒産，年金運用業務における積立不足，円高による輸出代金の減少，自然災害による突発的損失の発生など，様々な災難はビジネスの身近におこるものであり，経済の発展に伴い，その危険性は増加の一途をたどる．いわば，リスクは経済発展に伴う必然の産物であり，その中で，致命的な破綻を起こさぬよう，いかにリスクとうまく付き合うかが変化の激しい社会に生きる我々の課題なのである．まさに現代はリスクの時代である．

ところで，金融リスクといった場合，①実物世界での時間価値，企業価値の変動や倒産，天候不順や災害などを金融商品に転化し流動性を付与したものを指す場合と，②金融市場や金融機関の経営破綻のリスクを指す場合に分かれる．以下では，前者の代表的なものとして，金利リスク，株式リスク，オプションリスク，信用リスクを取り上げ，後者として最大損失額というリスク尺度を取り上げる．なお，数式部分は読み飛ばしていただいても構わない．

◆金利リスク 金利が時間価値の物差しであり，将来キャッシュフローから現在価値を算出するのに用いられる割引キャッシュフロー法（DCF 法）．格言「時は金なり」が語るように，時間とお金の橋渡しの役を担う．これを簡単な数式で表すと，現在価値 P は，

$$P=\sum_{t=1}^{T}\frac{C_t}{(1+r)^t}$$

で与えられる．ここで，C_t：T 年後のキャッシュ，r：金利，t：期間である．金利は企業など経済主体から見れば裁量がなくコントロールができず，金利が変化すれば，保有する全ての資産に価値変動が起こることになる．金利が変化したときに，どれだけ資産価値が変化するかを金利感応度と呼ぶ．価値 P の金利感応度は次式で正確に表される．

$$\frac{dP}{dr}=\sum_{t=1}^{T}(-t)\frac{C_t}{(1+r)^{t+1}}\qquad \therefore\quad \Delta P=\sum_{t=1}^{T}(-t)\frac{C_t}{(1+r)^{t+1}}\Delta r$$

なお，ΔP, Δr は価値 P，金利 r の変化分である．キャッシュフローの平均残存年数 D（デュレーションと呼ばれる）

$$D=\sum_{t=1}^{T}t\frac{\frac{C_t}{(1+r)^t}}{P}$$

を用いて上式を書き直すと，

$$\frac{\Delta P}{dr}=-D\frac{\Delta r}{1+r}$$

が得られる．つまり，「価格変化率＝－平均残存期間×金利変化率」であり，金利上昇は価値を減少させ，また長期間の事業や長期債券はわずかの金利変化に対しても大きな価値変動を起こすことがわかる．

◆**株式リスク**　株価変動をもたらすものは，市場（景気）変動要因と企業固有要因の2つである．株式収益率の水準とリスクの間には関係があり，その説明には資本資産価格モデル（CAPM）がよく用いられる．株式リターンは市場（景気）に対する感応度に比例する一方，固有要因は分散投資により消滅させることができ，リターンを生まないとされる．数式で表現すると，個別資産の平均収益率は以下のとおりである．

$$\mu=R_f+\beta(\mu_M-R_f)$$

式中の β が資産の市場感応度であり，景気敏感な資産や事業ではこの値が大きくなる．ここで，μ_M：市場 M の収益率平均，R_f：無リスク金利である．

少し議論を進めると，変動性が大きくても，市場と無関係（個別企業固有）の変動なら $\beta=0$ で収益は生まれない．結局，リターンを得るには，時間を我慢するか（金利），市場リスクを甘受するしかない（リスクプレミアム）．ところで，前述の CAPM の式を変形すると，

$$PV=\frac{\overline{C}}{1+R_f+\beta(\mu_M-R_f)}$$

が得られる．これがリスクのある場合の現在価値算出式である．なお，PV：現在価値，$\overline{C}$：1年後の平均キャッシュフローである．

◆オプションのリスク 企業価値の源泉は，①企業が創造するキャッシュフローと，②保有しているオプションの2つである．オプションとは，権利，権益，可能性，チャンス，選択肢など，“～できること”の総称と考えればよい．例えば，技術に価値があるのは，技術を保有していれば事業化が任意の時点で可能になっているからと考える．つまり，技術を生み出す研究開発の価値は負のキャッシュフローの価値（研究費用）と正の事業化オプションの価値の足し算となる．機動的で革新的な戦略が不可欠な現代のビジネスにおいては，このオプション価値が企業価値の相当部分を占めることになり，経営者にとって，この部分のマネジメントの強化が重要とされている．

ところで，オプションの価値 C は下記の計算式で与えられる．

$$C=SN(d_1)-Ke^{-rT}N(d_2)$$

ここで，σ：ボラティリティ，S：事業価値，K：行使価格，T：満期までの期間，r：金利，$N(\ )$：標準正規分布の累積確率密度関数である．

ただし，

$$d_1=\frac{\log\left(S/K\right)+\left(r+\frac{\sigma^2}{2}\right)T}{\sigma\sqrt{T}},\ d_2=d_1-\sigma\sqrt{T}$$ で $N(\ )$ の引数に相当する．

このオプション価値に変動を与える要因の1つは，事業ボラティリティの変動であり，そのリスクを「ベガ」υと呼び，次式で与えられる．

$$\upsilon=\frac{\partial C}{\partial\sigma}=S\sqrt{\frac{T}{2\pi}}e^{\frac{d_1^2}{2}}$$

υは常にプラスであり，キャッシュフローがリスクに負の影響を受けるのに対し，オプションは反対に正の影響を受け，リスクマネジメント上，重要な留意点である．また，オプションはある種の権利であり，常に満期が伴い，時間とともに価値が急速に減少する．この時間減少リスクがΘ（セータ）と呼ばれる．

◆信用リスク 資金の貸付先や債券の発行体などの信用力が変化し，倒産やデフォルトの危険性が増減するリスクである．何より適切な評価が求められるのは，銀行などの融資業務である．アルトマン（Altman, E）のZスコアモデル（1968）以降，数々の信用リスクを計量化する手法が研究，開発されてきたが，概ね，以下のように分類される．

・財務情報を用いた判別分析モデル
・マクロ経済（景気，為替，金利……）と倒産との関連性評価

・時間経過によるデフォルト率の変化（倒産の危険性は借入後徐々に増加し，その後減少する）
・Merton モデル（資産変動率と負担比率の関係にオプション理論を適用）
・ニューラル・ネットワーク，人工知能の利用

その他に，A，B，C などのランクで信用力を評価したものに格付けがある．これは格付機関がその専門性，中立性を生かして新発，既発債券に付与するものである．格付けを取得しない債券は買い手が付き難く，多くの発行体，投資家にとって今や無くてはならない存在となっている．代表的な格付機関としては，日本の R&I，JCR，米国のムーディーズ，S&P などがある．

◆最大損失額 VaR　国際決済銀行（BIS）の自己資本比率規制において，銀行が債務超過に陥らないための条件は，想定期間内の最大損失額を自己資本の一定倍率以下に抑えることとされる．最大損失額はバリュー・アット・リスク（VaR）と称される．不動産の地震リスク評価でも用いられる予想最大損失率（PML）とほぼ同様の意味である．BIS での採用が VaR を一躍有名にしたが，VaR はそれ以外の領域でも利用可能な重要なリスク指標である．「どこまで損失を被るのか」をイメージさせる指標であり，直感的にわかりやすく客観性も高い．例えば，企業の部門毎にリスク量として算出可能であり，リスクの部門別配賦（リスク・バジェッティングと呼ばれている）に使われている．

1%の最悪シナリオ，つまり，100 年に 1 回生起する損失は，$f(x)$ を損益の確率密度関数とすれば，VaR は以下のとおり表される．

$$\int_{-\infty}^{-VaR} f(x)\,dx = 1 - \alpha$$

ここで，αは 99%である．また，そのイメージを図 1 に表した（☞ 11-3）．

一方，VaR の利用にあたっての問題も指摘されている．直近の過去データに基づいて VaR は計算されるが，近年の金融危機は統計からの推定で計れないものに起因していることが多い．1%の確率という分布の端にあり，少数データや極端な数値の出現で結果が不安定となり，VaR の利用で安泰とはいかない．　［甲斐良隆］

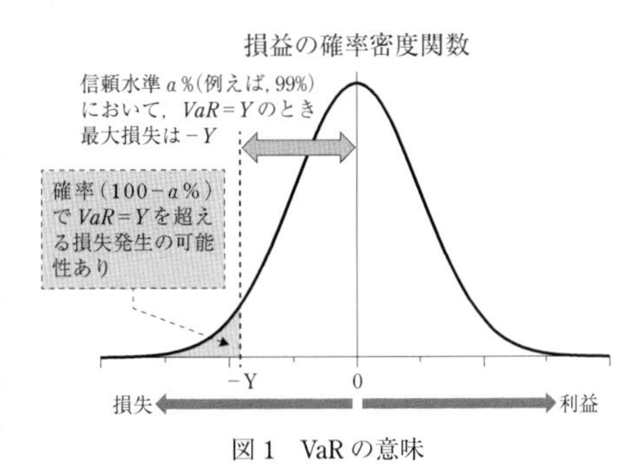

図 1　VaR の意味

📖 参考文献
・カウエット，J. ら共著，高橋秀夫監訳（1999）クレジットリスクマネジメント，シグマベイスキャピタル．
・バーンスタイン，P. 著，青山 護訳（1998）リスク：神々への反逆，日本経済新聞社．
・Cox, J. and Rubinstein, M.（1985）*Options Market*, Prentice-Hall.

【2-15】
気候変動リスクの評価

2015年にパリで開催された「気候変動に関する国際連合枠組条約」(「気候変動枠組条約」) の第21回締約国会議 (COP21) において，世界の平均気温上昇を産業革命前と比較して2℃よりも十分低く保つとともに1.5℃に抑える努力を追求し，世界の温室効果ガス排出量をできるだけ早く頭打ちさせ，21世紀後半に人為起源の排出量を正味0にするといった長期目標が盛り込まれた「パリ協定」が合意された．また，パリ協定では，長期的な目標として，適応能力を拡充し，レジリエンスを強化し，脆弱性を低減させる世界全体の適応目標を設定することも盛り込まれており，温室効果ガス排出量を削減するという緩和策とともに，気候変動により生じる影響を軽減する取り組みである適応策についても言及されている．パリ協定は2016年には発効し，気候変動対策は新たな局面を迎えた．

◆気候変動問題による影響とそのリスク　気候変動問題に関するリスクとして始めにあげられるのは，気候変動がもたらす影響に関するリスクである．気候変動に関する政府間パネル (IPCC) 第2作業部会による第5次評価報告 (IPCC 2014a) によると，気候変動に関連した影響のリスクは，「気候に関連するハザード (災害外力) と，人間および自然システムの脆弱性や曝露との相互作用の結果もたらされる」としている．また，気候変動によって懸念される主要なリスクとして，「海面上昇，沿岸での高潮被害」「大都市部での洪水被害」「極端現象によるインフラストラクチャー等の機能停止」「熱波による死亡や疾病」「気温上昇，干ばつ等による食料安全保障への脅威」「水不足・農業生産減による農村部の所得損失」「沿岸域の生計に重要な海洋生態系の損失」「陸域・内水生態系のサービスの損失」の8つが示されている．また，「固有性が高く脅威にさらされるシステム」「気象の極端現象」「影響の分布」「世界全体で総計した影響」「大規模な特異事象」のそれぞれについて，世界の平均気温上昇による追加的リスクの水準が示されている．こうした包括的な評価とともに，IPCC (2014a) では将来の気温上昇の変化による分野別および地域別の具体的な影響が取りまとめられている．これらから，気候変動による影響は世界で一様ではなく，どれだけ気温が上昇したかということとともに，どのような社会経済状況に置かれているかによっても大きく異なる．また，たとえ2℃目標が達成されたとしても，様々な影響や被害が生じうることが指摘されている (☞ 8-11)．

◆日本における気候変動適応策とそのリスク　日本では，2015年に「気候変動の影響への適応計画」が閣議決定され，2018年には「気候変動適応法」が成立した．適応計画において示されている気候変動影響の分野は，「農業，森林・林業，水産業」「水環境・水資源」「自然生態系」「自然災害・沿岸域」「健康」「産業・経済活動」「国民生活・都市生活」に類型化され，それぞれについてどのような影響が生じるか，適応策としてどのような取り組みがあるかが示されている．

気候変動の各影響については，中央環境審議会地球環境部会機構返送影響評価等小委員会が2015年に報告した「日本における気候変動による影響に関する評価報告書」によると，重大性，緊急性，確信度の観点から専門家による評価が行われている．重大性は，IPCC第五次評価報告書における重要なリスクの特定の基準（影響の程度，可能性，不可逆性，影響のタイミング，持続的な脆弱性または曝露，適応あるいは緩和を通じたリスク低減の可能性）のうち，影響のタイミングと適応あるいは緩和を通じたリスク低減の可能性を除く4つの要素を切り口に，英国気候変動リスク評価の考えも参考に，社会，経済，環境の3つの観点から，［特に大きい，特に大きいとは言えない］のいずれかの評価が行われている．緊急性は，影響の発現時期，適応の着手，重要な意思決定が必要な時期の観点から［緊急性は高い，緊急性は中程度，緊急性は低い］の中から最終的な評価が行われている．確信度の評価は，「証拠の種類，量，質，整合性」と「見解の一致度」に基づいて［高い，中程度，低い，現状では評価できない］の中から評価が行われている．なお，3つの観点の評価については，文献が少ないなどの理由から，［現状では評価できない］と評価されている項目もある．一方で，適応策は，気候変動によって生じるリスクそのものを軽減するために導入される施策，対策が適応策であると言える．また，近年では，気候変動による安全保障への影響や国際的な貿易やサプライチェーンによる影響など，気候変動による直接的な影響だけでなく，間接的な影響も考慮することが求められるようになっている．

気候変動影響を軽減することを目的とした適応策ではあるが，その導入にはいくつかの制約，障壁が存在する（環境省地球温暖化影響適応研究委員会2008）．代表的なものとして，①物理・生態学面，②技術面，③経済・財政面，④社会・文化面，⑤制度面，⑥情報・認知面，⑦人材育成面があげられており，特に①と②は適応策の限界に関連するものである．また，適応策導入に必要な費用をどのように拠出するかといった費用負担の問題だけではなく，④～⑥に示す社会，文化，伝統などに起因する課題もあり，克服すべき課題が数多く存在する．こうした適応策導入に対するリスクとして，経済活動も含めた人間社会へのリスク，自然生態系の改変に伴うリスクがあげられている．人間社会へのリスクとしては，費用負担（導入費用や開発費用）に伴うリスク，産業としての発展性，土地利用変更に伴うリスク，生活基盤の変更に伴うリスク，エネルギー需要の増加に伴うリスクが指摘されている（☞ 8-12）．一方，生態系へのリスクとしては，品種改良や樹種変更などによる生態系への影響，生態系改変に伴うリスクが指摘されている（☞ 8-10）．また，想定される気候変動予測に対するリスク（気候変動を過剰に見積もると費用負担などが大きくなり，過小に見積もると適応策の容量を超える影響が生じる）も考慮する必要がある．

◆気候変動緩和策とそのリスク 気候変動問題の原因である温室効果ガス排出量を削減するなど，気温上昇を抑えるような取り組みや施策が緩和策である．COP21の直前に，各国は約束草案（INDC）と呼ばれる目標を表明した．日本も2030年の温室効果ガス排出量の削減目標として，2013年比26%削減を閣議決定し，これをINDCとして2015年に「気候変動枠組条約」事務局に提出した．しかしながら，各国が示した排出削減目標を積み上げても，2℃目標や1.5℃目標を達成する温室効果ガスの排出経路を上回っていることが様々な機関の分析から明らかとなっている．パリ協定では，5年ごとに前の期よりも進展させた目標を掲げることを求めていることから，今後，排出削減に向けたさらなる取り組みの強化が求められるようになる．

緩和策の代表例である温室効果ガスの排出削減についても様々なリスクが存在する．温室効果ガス排出量の削減に必要となる費用の問題，温室効果ガス排出削減に十分に貢献しないフリーライドの問題，温室効果ガス排出量の削減に関わる技術が抱える問題，石炭火力発電に代表されるダイベストメント（投融資の引揚げ）や座礁資産（回収不能な資産）の問題，気候変動問題の解決に向けて社会そのものが大きく変化する問題など様々である．また，科学的な知見に対する不確実性も残されており，こうした問題もリスクを引き起こす要因の1つと見なすことができる．

特に，消費活動や生産活動に及ぼすリスクを軽減するためには，急激な変化や取り組みを避けて計画的に行うことが重要となる．一方で，現在の地球の平均気温は産業革命前と比較して既に約1℃上昇しており，これまでの気温上昇と累積的な温室効果ガス排出量の関係を示したカーボンバジェットの考え方から，2℃目標の達成すら危ぶまれている状況で，時間的な余裕はきわめて限られている．パリ協定では，21世紀後半には，世界全体の温室効果ガス排出量の水準を0にする必要があるとしているが，そのためにはすべての国が温室効果ガス排出量0（カーボンニュートラルの状況）に向けて取り組む必要がある．パリ協定では，2020年までに長期低炭素発展戦略を策定し，提出することを各国に求めている．日本においてもこれまでに環境省中央環境審議会で長期低炭素ビジョンの検討が行われ，わが国が抱える課題との同時解決に向けて，省エネルギーの促進，エネルギーの低炭素化，電化等利用エネルギーの転換といった国内での取り組みとともに，世界全体への排出削減に貢献することを示している（中央環境審議会2017）．特に，アジアを含めて，途上国では国際的な支援を前提として温室効果ガス排出量の削減を強化することを想定している国もあり，技術支援や資金援助を含めた取り組みがわが国にも求められている．

なお，緩和策として，気候工学（ジオ・エンジニアリング）と呼ばれる取り組みも検討されている．これは，温室効果ガスである二酸化炭素を大気中に排出する前に捕捉し地中などに埋める二酸化炭素回収・貯蔵（CCS）や，成層圏に硫酸エアロゾルを放出し，放射強制力そのものを管理するといった取り組みが含まれている．しかしながら，こうした技術については，実施に伴って生じる他の環境影響などが懸念されるなど課題も多い．特に，2℃目標や1.5℃目標の実現には，バイオマスとCCS技術を組み合わせて，マイナスの排出を実現することが注目されているが，過度にバイオマスに依存した取り組みでは，今後も人口増加に伴って需要の増大が見込まれる食料と土地利用において競合する可能性が指摘されている（☞8-12）．

◆気候変動に関わるリスクをどのように低減するか？　現在の温室効果ガス排出量の評価においては，どこで排出されたかが問題となっているが，誰のために温室効果ガスが排出されたのかという見方もある．例えば，IPCC（2014b）は，高所得国における消費ベースの二酸化炭素排出量は，域内で排出された二酸化炭素を上回っており，二酸化炭素を間接的に域外から輸入していると指摘している．このように，生産，使用，廃棄のどの断面で温室効果ガスを排出しているかというライフサイクル的な視点での分析や取り組みも重要となっており，温室効果ガス排出量の見える化としてカーボンフットプリント（生産から消費，廃棄に至る過程で排出される温室効果ガス）が表示されている商品もある．

また，気候関連の課題について金融部門がどのように考慮すべきかを検討するために，2015年にG20財務相・中央銀行総裁会合の要請で，気候関連財務情報開示タスクフォース（TCFD）が設立され，2017年には気候変動関連リスクに関する情報を充実させることは金融安定に資するとして，組織運営における4つの中核的要素（ガバナンス，戦略，リスク管理，指標および目標）と，各要素について投資家などの理解に有用な「推奨される情報開示」を提示した（TCFD 2017）．なお，TCFD（2017）では，前項で示した社会そのものが変化するリスクを移行リスクとして定義しており，新たな規制や訴訟等に伴う政策および法的なリスク，新しい技術開発への投資失敗などのリスク，消費行動の変化をはじめとする市場動向に関するリスク，ステークホルダーからの懸念の増加など市場での評価に関するリスクをあげている一方，資源効率性，エネルギー源，製品・サービス，市場，レジリエンスの5つの機会をもたらすとしている．気候変動に関するリスクを低減し，脱炭素社会を実現させるためには，様々な情報を開示，共有し，緩和策，適応策を含めて総合的に検討することが重要となる．［増井利彦］

参考文献

・環境省（2015）気候変動の影響への適応計画，平成27年11月27日閣議決定．

【2-16】

災害リスクの評価

人のいない場所で発生する地震や洪水といった自然現象を災害とは呼ばないであろう．こうした自然現象は，そこに人間が生活を営み，望ましくない影響を受けるがゆえに災害と呼ばれる．災害リスク評価は，災害現象の影響を受ける可能性がある個人あるいは社会（評価主体）が，災害現象に伴うその影響を科学的に認識したうえで，その影響の軽減策を合理的に検討するために行われる（☞ 8-2）．

◆災害リスク評価の枠組み　災害による影響が生じる第1の要件は，地震，津波，洪水，土砂災害など，人や社会に悪影響をもたらす可能性がある自然現象，すなわちハザードの存在である．災害リスク評価は，評価主体が位置する地域において安全を脅かしうるハザードの種類と起こりうる現象を同定することから始まる．ハザードの種類や具体的な現象は，例えば，災害について記録された古文書や，地層などの自然界に残る災害事象の痕跡など，過去の履歴から情報を得ることができるだろう．災害現象のシナリオは不確実である．ハザードの不確実性を考慮して定量的な解析を行う場合，ハザード曲線が用いられる．図1は，地震ハザード曲線と示しており，地震動の強さを示す最大加速度と年超過確率の対応関係で表される．

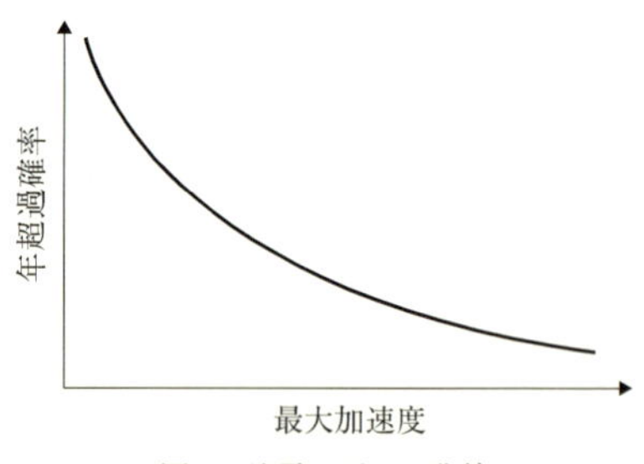

図1　地震ハザード曲線

災害の影響が発生する第2の要件は，評価主体がハザードの影響に晒されていること，すなわちエクスポージャー（曝露）の存在である．評価主体が居住する地域に洪水リスクがあったとしても，洪水の影響が及ばないような高台に住んでいればエクスポージャーは存在しない．評価主体が晒されているハザードを知る最も基礎的な情報が，ハザードマップである．ハザードマップは，ハザードとその影響が及びうる空間的範囲を地図上で示したものであり，避難などの災害時危機対応の指針となる基本的情報である．河川氾濫による浸水エリアを示したハザードマップには，浸水深も記載されており，その程度に関する情報も得ることができる．

災害の影響が発生する第3の要件は，評価主体が晒されているハザードに対する脆弱性が存在することである．仮に，評価主体が地震リスクに晒されていたとしても，高度な耐震・免震対策が施されていれば，地震の影響を逃れること，あるいは抑制することができるであろう．脆弱性とは，評価主体が晒されている自然現象に対して，最終的に生じるネガティブな影響を受ける程度である．浸水リスクに対しても家屋が建つ土地をかさ上げすれば影響を軽減できる．脆弱性を定量的に評価する考え方に，損傷度曲線がある．図２は，地震リスクの損傷度曲線であり，地震動の強さを示す最大加速度と損傷度などの被害の程度の対応関係として示される．災害リスクは，上に述べた３要素に対応した対策を講じることにより軽減できる．津波や洪水といったハザードは，防潮堤や堤防によって直接的に自然現象を制御できる．エクスポージャーは立地選択を通じて制御でき，脆弱性は構造物の防御力を向上させることにより制御できる．

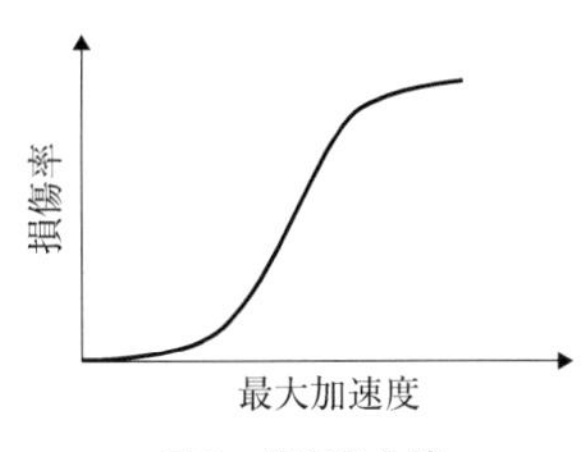

図２　損傷度曲線

◆レジリエンスの評価　上記の災害リスク評価枠組みにおいて，評価対象が物的財産の場合，災害の影響は損傷度によって決まると暗黙的に前提とされている．しかし，実際には，災害の影響は損傷度のみならず復旧のスピードにも依存する．災害復旧のスピードも含めた災害リスクマネジメントの重要性を含んだ規範的概念はレジリエンスと呼ばれている．図３は，対象とするシステムの災害発生前後における機能性レベルの推移を示している．ブリュノー（Bruneau, M）らは，機能性の時間累積損失が少ないほどレジリエンスが高いとしている（Bruneau et al. 2003）．機能性損失を回避しようとするような頑強性向上の対策には限界がある．レジリエンス概念の登場は，復旧段階における影響軽減施策の重要性に光を当てた点において意義がある（☞ 8-9）．

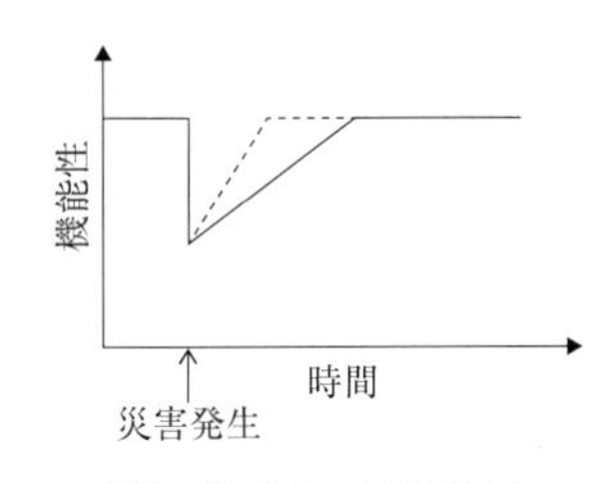

図３　レジリエンスの概念

カッター（Cutter, S. L）らは，ドロップ（DROP）モデルと呼ばれる概念枠組みを提案している（Cutter et al. 2008）．DROP モデルでは，レジリエンス確保のために災害に対応できる能力に着目しており，その能力を構成する変数を社会的レジリエンス，経済的レジリエンス，制度的レジリエンス，インフラレジリエンス，コミュニティ資本のカテゴリーに区別している（Cutter et al. 2010）．日本でも，国土強靱化アクションプランにおいて政策評価のためのレジリエンス評価方法が提案されている。評価対象の特性に応じて実務的な評価手法は多様でありうるものの，災害が生じた後の対処能力に関連した要素を考慮している点は，いずれの手法にも共通している．［大西正光］

📖 参考文献
・多々納裕一，高木朗義編著（2005）防災の経済分析：リスクマネジメントの施策と評価，勁草書房．

第3章

リスク管理の手法：リスクを最適化する

［担当編集委員：小野恭子・岸本充生］

【3-1】
リスクガバナンスの概念と枠組み

ガバナンスという言葉が広く用いられるようになったのは1980年代以降である．近年，急速に用いられるようになった理由は，急速に必要性が増したからである．ガバナンスと似た言葉として「ガバメント（政府）」がある．長い間，ものごとが決まる秩序は，ガバメントが決定し，その他が従うというようなトップダウンのシステムが，国家でも，企業でも，学校でも，あらゆる組織で当たり前のこととされてきた．しかし，そういった前提が崩れてきたのが20世紀の後半であった．

◆ガバナンスの誕生　ガバナンスの語源は，ギリシア語で「舵を取る」という意味である．ガバナンスという用語が一般的に使われ始めたのは，英語圏において，日本語では企業統治とも訳される「コーポレート・ガバナンス」としてであった．1992年には世界の26人の有識者からなる「グローバル・ガバナンス委員会」が設置され，冷戦後の国際秩序について構想した．米国政府が管理していたインターネットの一般の利用が広がった2000年前後から「インターネットガバナンス」のあり方に関する議論が盛んになった．2001年には欧州連合（EU）から「欧州のガバナンスに関する白書」が発表された．「国際リスクガバナンスカウンシル（IRGC）」が設立されたのが2003年である．今日では，組織における不祥事やトラブルが起きると必ず「ガバナンス」が問題にされる．例えば，2010年には日本相撲協会に対して，独立の立場から「ガバナンスの整備に関する独立委員会」が設置された．

こうした動きの背景にはどのような変化があったのだろうか．第1に，先進諸国において政府の統治能力が低下したことである．それは，グローバル化する世界に対する政府の能力の相対的低下，国民の政治不信，特定非営利活動法人（NPO法人）などの市民運動の興隆，選挙での投票率の低下などの形で表れた．こうした流れは政府に限らず，既存のあらゆる組織に当てはまる．第2に，第1の変化と表裏一体をなすものであるが，様々なアクターが，上からの決定を所与とするのではなく，決定自体に参加することを望むようになったことである．その形は住民投票条例，委員としての参加，パブリックコメントの提出，などと多様である．第3に，1980年代の民営化（「小さな政府」）の流れとともに市場やネットワークの利用が進み，相互連結性・相互依存性が増したことがあげられる．単純なトップダウンの仕組みは，複雑性を増した社会に適合しなくなってきた．第4に，グローバル化の進展とグローバルな問題の台頭である．世界政府というものがない以上，グローバルな問題についての意思決定メカニズムはトップダウンで決められず，多様なステークホルダーの間で意思決定プロセスについて合意する必要があった．対象は，宇宙や海洋から，気候変動対策，軍縮問題，難民問題まで幅広い．

◆ガバナンスという言葉の用法　公共政策の文脈で「ガバナンス」という用語を使用する際には，２通りの用法があることに意識的であるべきである．１つは実証的，あるいは認識枠組みとしてのガバナンスである．議論の対象を，伝統的な意思決定主体以外のアクターにも拡大し，意思決定において多様なステークホルダーがそれぞれどのような権限や役割を果たしているのかについて，現状を俯瞰的に整理するための概念である．この場合，従来からのトップダウンのアプローチも，多様なガバナンス枠組みの中の一形態とみなすことができる．もう１つは規範論としてのガバナンスである．この場合，「ガバメントからガバナンスへ」というスローガンによって代表されるように，従来型の政府が決めて民間が従うという一方向的なトップダウンのモデルよりも，複数の選択肢と住民参加に代表されるような多様なステークホルダーによる協調的な意思決定が望ましいとする理念を前提としている．

また，「○○ガバナンス」として用いる場合のガバナンス概念の対象も様々である．１つ目は，組織やスコープに関するものである．パブリック・ガバナンス，グローバル・ガバナンス，コーポレート・ガバナンスなどの用法がこれにあたる．グローバルな問題は多層性（グローバルから，リージョナル，ナショナル，そしてローカル）を持つことが多く，これらはマルチレベル・ガバナンスと呼ばれている．２つ目は，活動や対象に関するものである．環境ガバナンス，資源ガバナンス，インターネットガバナンスなどがこれに該当する．リスクガバナンスもここに該当する．３つ目は，特定のモデルに関するものである．参加型ガバナンス，協働型ガバナンス，民主的ガバナンスなど数多くの概念モデルが提唱されている．３つ目の用法では，「良いガバナンス」としての規範的な用いられ方をされる場合が多い．世界銀行は「世界ガバナンス指標」を作成し，法の支配や腐敗の抑制などの６つの側面に関する多様な指標を，200 以上の国について点数化している．

◆リスクガバナンスの枠組み　リスクガバナンスの概念も，実証的にも規範的にも用いられうる．つまり，リスクに関する意思決定において，どのようなアクターがどの段階でどのように関与しているかを客観的に描く場合（実証的な適用）と，従来型のトップダウンでの意思決定ではなく，様々なステークホルダーが参加する透明で包摂的な民主的意思決定プロセスを望ましいとする立場（規範的な適用）がある．ガバメント・アプローチでは，リスクに対する制御は，テクノクラートによる意思決定と法規制による制御が中心となるが，ガバナンス・アプローチでは，多様なステークホルダーが参加した熟議による意思決定と，規制以外の手段も含めた多様な対応が好まれる．近年のリスク事象は，物理的な移動とネットワーク化により，グローバル化するとともに，相互連結性・相互依存性を増し，そのため，因果関係や波及メカニズムが複雑で，不確実性が大きく，複合リスクとしての側面を持つものも多い．リスクガバナンスの考え方の普及啓発を行っているIRGCは，ガバナンスを“意思決定者が行う，または集合的意思決定がなされ，実行に移される際の措置，プロセス，慣習，組織に関することがらである”と包括的に定義している（IRGC 2017）．また，リスクガバナンスは，意思決定がどのようになされているかを記述する場合にも，意思決定がどのようになされるべきか判断する場合にも適用できるとされている．後者の場合のリスクガバナンス概念は，リスクの発見から，評価，管理，事後評価，コミュニケーションといった一連のプロセスに，透明性，有効性，効率性，アカウンタビリティ，戦略的な焦点，持続可能性，衡平性と公平性，法の支配の尊重，実行可能性，倫理的に受入れ可能といったガバナンス原則が，多様な価値観と多様なステークホルダーが存在しているという前提で適用されるものである．図1は，IRGCの提案しているリスクガバナンスの枠組みである．

◆様々な分野でのリスクガバナンスの枠組み　リスクガバナンスとは明示的に言わないものの，実質的にリスクガバナンスの枠組みを提案しているものは他にも様々なものがある．例えば，食品安全分野において，コーデックス委員会が提案する「リスクアナリシス」の枠組みは，リスク評価，リスク管理，リスクコミ

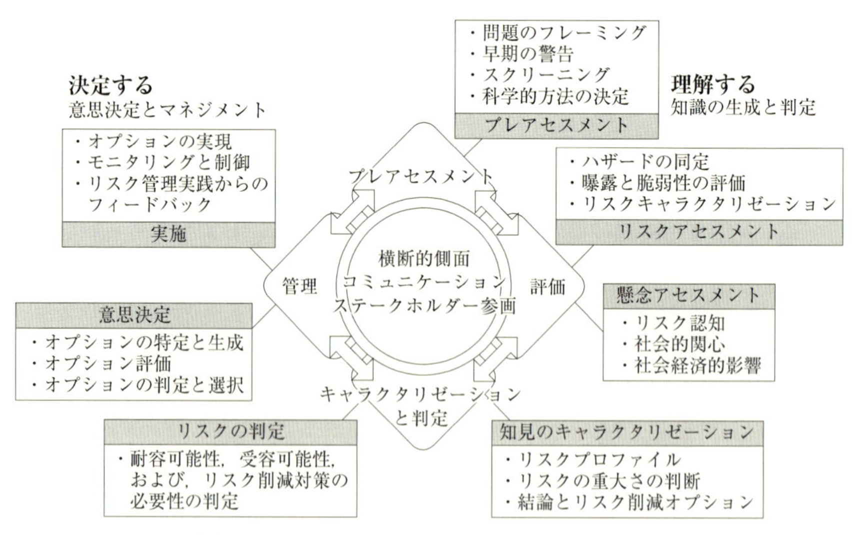

図1　IRGCによるリスクガバナンスの枠組み（詳細版）
［出典：IRGC (2017), Fig.2をもとに作成］

ュニケーションからなるリスクガバナンスの枠組みである．また，企業等の組織のリスクマネジメントを念頭においたISO31000の「リスクマネジメント」の枠組みも，リスクアセスメントとリスク対応，コミュニケーションを含む，包括的なリスクガバナンスの枠組みとなっている（☞ 3-2）．

◆組織や役割の視点　リスクガバナンスを考える際の重要な課題として，リスク監視と産業振興の関係，および，リスク評価とリスク管理の関係がある．これらは機能として分離した方が良いことには合意が得られやすいが，組織として分離すべきかについては議論がある．また，それぞれを誰が担うべきかについても注意深く検討すべきである．最初に「どうなっているか」を明らかにしたうえで，「どうすべきか」を検討するという手順が望ましい．

新規技術のイノベーションを促進するという観点からは，産業振興とリスク監視を一体で進めることの利点は多いし，実際，萌芽期にはこのような形で進められる．しかし，一体型はリスク監視の独立性が薄いため「規制の虜」を招きやすく，事故や事件をきっかけとして，産業振興とリスク監視は分離されることが多い．福島第一原子力発電所事故をきっかけに，経済産業省からリスク監視機能が分離され，原子力規制委員会ができたのがその典型である．

リスク評価とリスク管理が組織的に分離されたケースとしては，食品安全委員会の設置があげられる．牛海綿状脳症（BSE）問題をきっかけに，2003年，農林水産省からリスク評価機能が分離され，リスク評価機関として食品安全委員会が設置された．防災の分野でも，ハザード評価（ハザードの強さや発生確率の予測），リスク評価（被害の大きさの予測）とリスク管理（避難の勧告や指示）をそれぞれ誰が担うかという課題がある．「災害対策基本法」では第60条において，避難の勧告や指示を行う主体は市町村長であると明記されている．しかし，地方自治体ごとに防災の専門家が必ずしもいない状況で，リスクの評価・管理がきちんと担えるのかという課題は災害が発生するたびに提起されてきた．火山防災の分野では，気象庁が2003年から「火山活動度レベル」というハザード評価を開始し，リスクの評価・管理は地方自治体の役割であった．しかし，2007年から気象庁は「噴火警戒レベル」を開始し，レベルごとに「キーワード」として「とるべき防災対応」が添えられるようになった．

［岸本充生］

📖 参考文献

・岩崎正洋（2011）ガバナンス論の現在：国家をめぐる公共性と民主主義，勁草書房．
・ビベア，M. 著，野田牧人訳（2013）ガバナンスとは何か，NTT出版（Bevir, M.（2012）*Governance: A Very Short Introduction*, Oxford University Press）．

【3-2】
リスクマネジメント規格 ISO 31000

これまでのマネジメントの基本は，過去の失敗に学び修正を加える再発防止であった．再発防止という方法は，問題点も対応の必要性も明らかになっており，合理的な対応ができるという特徴がある．ただ，この手法の問題は，一度は被害を受けなければならないということであり，この手法が有効なのは，失敗に学べる程度の失敗のレベルのことしか経験しないという前提に立つ．しかし，高度な社会においては，再発防止の対応では，一度は大きな被害を受けてしまう課題がある．リスクマネジメントは，その課題に対する対応法である．ISO 31000 は，日本とオーストラリアが共同で提案したリスクマネジメントの規格であり，2009 年に発行された．わが国では，ISO 31000:2009 をもとに，JIS 31000 が発行されている．また，2018 年には，改訂版が発行されている．ISO 31000:2018 は，2009 年版とコンセプトはほぼ同じであるが，その構成の章題は変更されている．本項は，2018 年版の構成に則って記述を行う．

◆リスクの定義　ISO 31000 の特徴を考える際に，最も重要なことがリスクの定義である．これまでリスクという概念は，一般的には，「何らかの危険な影響，好ましくない影響が潜在すること」と理解されてきた．しかし，2009 年に発行された ISO 31000 では，リスクは，以下のように定義された．

「目的に対する不確かさの影響」

（注記 1）影響とは，期待されていることから乖離することを言う．好ましい影響である場合，好ましくない影響である場合，又はその両方の場合がある．

◆目的と原則　リスクマネジメントの意義は価値の創出および保護である．リスクマネジメントは，パフォーマンスを改善し，イノベーションを促進し，目的の達成を支援する．

リスクマネジメントの原則はリスクマネジメントの土台であり，組織のリスクマネジメントの枠組みおよびプロセスを確定する際には原則を検討することが望ましい．原則には，リスクマネジメントは，「組織のすべての活動の中に統合される」「体系化され，包括的である」「組織に合わせて調整される」「包含的であり動的である」「利用可能な最善の情報である」「人的および文化的要因に基づく」「継続的に改善される」ことが記されている．

リスクマネジメントの理想的な状況を短期的に構築することは難しい．リスクマネジメントは，最初の段階から完璧な状況を目指すのではなく，改善を継続することで徐々に理想に近づいていくものである．最初の段階では，この規格に述べている状況と比較して，いろいろと課題が出てくるはずである．その課題を見極め，一つ一つ改善していくことが継続改善と言われることである．

◆枠組み　リスクマネジメントの枠組みの目的は，リスクマネジメントを組織のすべての活動および機能と統合できるように組織を支援することであり，リスクマネジメントの有効性は，統治，および意思決定を含む組織のすべての活動との統合にかかっている．

枠組みの中では，以下の事項が記述されている．

①　リーダーシップおよびコミットメント：トップマネジメントおよび監督機関（該当する場合）は，リスクマネジメントが組織のすべての活動に統合されることを確実にすること．

②　リスクマネジメントの統合：リスクマネジメントは，組織の目的，統治，リーダーシップおよびコミットメント，戦略，目標および業務活動の一部となり，これらと分離していないこと．

③　枠組みの設計，実施，評価と改善を継続的に実施すること．

◆プロセス　リスクマネジメントプロセスには，方針，手順および実務を，コミュニケーションおよび協議，状況の確定，並びにリスクのアセスメント，対応，モニタリング，レビュー，記録作成および報告の活動に体系的に適用することが含まれる．そして，リスクマネジメントプロセスは，実務上は循環的であるとしている．図１にISO31000:2018のプロセス図を示す．

(1)　コミュニケーションおよび協議：目的は，関連するステークホルダが，リスク，意思決定の根拠，および特定の処置が必要な理由が理解できるように支援することであるとしている．また，外部および内部のステークホルダとのコミュニケーションおよび協議は，リスクマネジメントプロセスのすべての段階の中および全体で実施することが望ましいとしている．

(2)　組織状況の確定：組織の状況を設定する目的は，リスクマネジメントプロセスを組織に合わせて調整し，効果的なリスクアセスメントおよび適切なリスク対応を可能にすることである．

リスクアセスメントでは，まずその適用範囲を定めることが必要である．

リスクマネジメントは，経営戦略やプロジェクトなどの様々なレベルで活用されるので，検討の対象となる適用範囲，検討の対象となる関連目的，並びにそれらと組織の目的との整合を明確にする必要がある．

このステップでは，目的や決定すべき事項，成果，活用するリスクアセスメント手法等を設定する必要がある．

そして，リスクマネジメントの枠組みの一部として設定された外部および内部の状況を考慮に入れることが望ましい．

また，組織は目的に照らして，取ってもよいリスク，又は取ってはならないリスクの大きさおよび種類を規定することが望ましく，そのためのリスク基準は，リスクマネジメントの枠組みと整合させ，検討対象の活動の特有の目的および範囲に合わせて調整することが望ましい．また，組織の価値観，目的および資源を反映し，リスクマネジメント方針および記述と一致していることが望ましい．

リスク評価は，リスク基準と分析したリスクを比較することによって行う．したがって，リスク基準は，リスク分析を行う前に設定し，そのリスク基準と比較できるリスク分析を行うことが重要である．

(3) リスクアセスメント：リスク特定，リスク分析およびリスク評価を網羅するプロセス全体を指す．

① リスク特定：リスク特定の目的は，組織の目的の達成を助け，又は妨害する可能性のあるリスクを発見し，認識し，記述することである．リスクを特定するにあたっては，関連性のある適切で最新の情報が重要である．リスクマネジメントでは，このステップで特定しないリスクは，この後の分析や評価において取り扱われることがない．リスクマネジメントにおいて，分析の精度に関することに関して注目されることが多いが，リスクマネジメントのこのステップで，目的に好ましい影響や好ましくない影響を与えるものをリスクとして特定することが，リスクマネジメント全体の有効性を発揮するために重要である．

② リスク分析：リスク分析は，リスク評価へのインプット，並びにリスク対応の必要性および方法，並びに最適なリスク対応の戦略および方法の決定へのインプットを提供し，結果は選択を行う場合に決定を下すための洞察力を提供するとしている．リスク分析で検討する要素としては，「事象の起こりやすさおよび結果」「結果の性質および大きさ」「複雑さおよび結合性」「既存の管理策の有効性」「機微性および機密レベル」があげられている．

(4) リスク評価：目的は決定を裏付けることであり，リスクの重大性を測定するための，リスク分析の結果と確定されたリスク基準との比較を含む．また，意思決定では，より広い範囲の状況，並びに内部および外部のステークホルダにとっての実際の結果および認知された結果を考慮することが望ましい．

リスク評価を行うことにより，「さらなる活動は行わない」「リスク対応の選択肢を検討する」「さらなる分析を行う」「既存の管理策を維持する」「目的の再検討を行う」等の判断を行う．

(5) リスク対応：目的は，リスクに対処するための選択肢を選定し，実施することである．対策の選択には，「リスクの回避」「リスクを取る又は増加」「リスク源の除去」「起こりやすさの変化」「結果の変化」「リスクの共有」「リスクの保有」がある．リスク対応には，リスク対応の選択肢の策定および選定，リスク対応の計画および実施や　その対応の有効性の評価などが含まれる．また，最適なリスク対応の選択肢の選定には，目標の達成に関して得られる便益と，実施の費用，労力または不利益の均衡をとることが含まれるとしている．

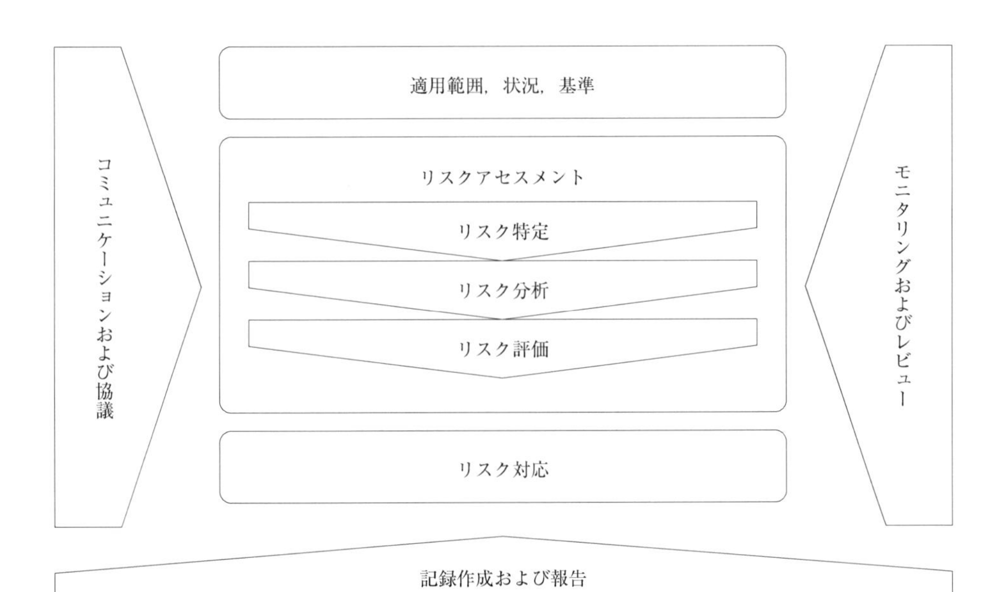

図１　ISO31000：2018 におけるリスクマネジメントプロセス
［出典：JISQ31000:2019］

また，リスク対応においては，リスク対応計画を策定することになるが，計画には，「対応選択肢の選定の理由」「アカウンタビリティおよび責任をもつ人」「提案された活動」「必要とされる資源」「パフォーマンスの尺度」「制約要因」「必要な報告およびモニタリング」「活動の完成時期」を策定することが望ましい．

(6) その他の記述：プロセスの章には，リスク対応計画の準備や実施，モニタリングおよびレビュー，記録作成および報告について記述されている．

［野口和彦］

参考文献

・リスクマネジメント規格活用検討会編著（2010）ISO 31000:2009 リスクマネジメント解説と適用ガイド，日本規格協会．
・ISO 31000（2018）Risk management — Guidelines.
・ISO 31000（2019）Risk management — Guidelines.

【3-3】
工学システムにおけるリスク管理の国際規格

工学システム（製品などを製造するための工学的な施設・設備等を言う．化学分野では工学プロセスともいう）の安全を考えるとき，2つの大きな安全分野が関連している．1つは製品安全，もう1つは労働安全と呼ばれる分野である．製品安全は，製品そのものの安全を目的としている．なお，労働者が使用する製品が機械類の場合には，機械安全と呼ばれ，製品安全という言葉は，主として消費者が使う製品の安全に用いられる場合が多い．労働安全は，主として生産システムやプラントなどの製品を運用する労働者の身の安全を意味する．しかし，消費者が使う場合でも同じはずである（この場合には，消費者安全と呼ぶべきかもしれない）．製品安全も労働安全も，両者は工学システムを利用している人の身の安全をいかに保つかということでは共通である．これまで，両者の安全は異なった分野と考えられてきたが，安全という意味からは，実は同じもので，使用者が労働者か消費者かの違いである．最終目的は人に対する安全である．

安全な製品を作り（機械安全，製品安全），そこに残ったリスク（残留リスク）を開示して，その情報に従い製品を注意して安全に使う（労働安全，消費者安全）という順番になる．ここで両者をつなぐのがリスクの情報である．

◆工学システムにおけるリスクと安全の定義　工学システムの安全の最終目的は，前述のように主として人に対する安全である．すなわち，危害の対象は，人の身体的傷害，および，健康障害である．例えば，安全とは，怪我，死亡事故を無くすこと，および，長期にわたっての病気の発生や精神的に健康を害することのないようにすることである．もちろん，危害として広く財産の被害や環境を害することを含める場合も，さらに，経済的な損失や社会的な混乱等も対象とする場合もある．

国際規格に安全側面を記述する場合のガイドラインであるISO/IECガイド51（ISO/IEC 2014）における安全は，

- **安全**：「許容できないリスクがないこと」

と定義されている．ここで，リスクと許容可能なリスクは，以下のように定義されている．

- **リスク**：危害の発生確率およびその危害の度合いの組合せ
- **許容可能なリスク**：現在の社会の価値観に基づいて，与えられた状況下で，受け入れられるリスクのレベル

以上のように，安全はリスクに基づいて定義されていて，安全と言っても許容可能なリスクが残留していて，絶対安全を要求していない．

◆工学システムにおけるリスク管理の基本　工学システムにおけるリスクの管理は，リスクアセスメントの実施を大前提としている（図１）．すなわち，使用等の条件を明確にして，すべてのハザード（危険源）を同定して，各ハザードに対してリスクの大きさを見積もり・評価して，許容可能なリスクでないならば，残留リスクが許容可能になるまでリスク低減策を施すというプロセスを，設計段階で，反復することという未然防止の考え方である．ここでの重要な考え方は，リスク管理には２つの順番があるということである．１つ目は，利用者の注意による安全確保の前に機械設備側を安全にしなければならないことである．２つ目は，リスク低減方策には順番があって，設計段階において機械本体で安全を確保する本質的安全設計が第１であって，残ったリスクに対して安全防護柵や安全装置を施すのが第２であり，最後に，上記の残留リスクを含む使用上の情報を提供することが第３というスリーステップメソッドである．

◆工学システムの安全に関する国際規格の役割　国際標準や国際規格は，これまで種々の目的のために策定されてきたが，製品の安全に関しては，人命尊重という重要な目的を持っている．リスクを低減させるための技術や手法に関しては，安全に関する規格や技術基準を定めて，それに則って製品を設計，製造し，それ

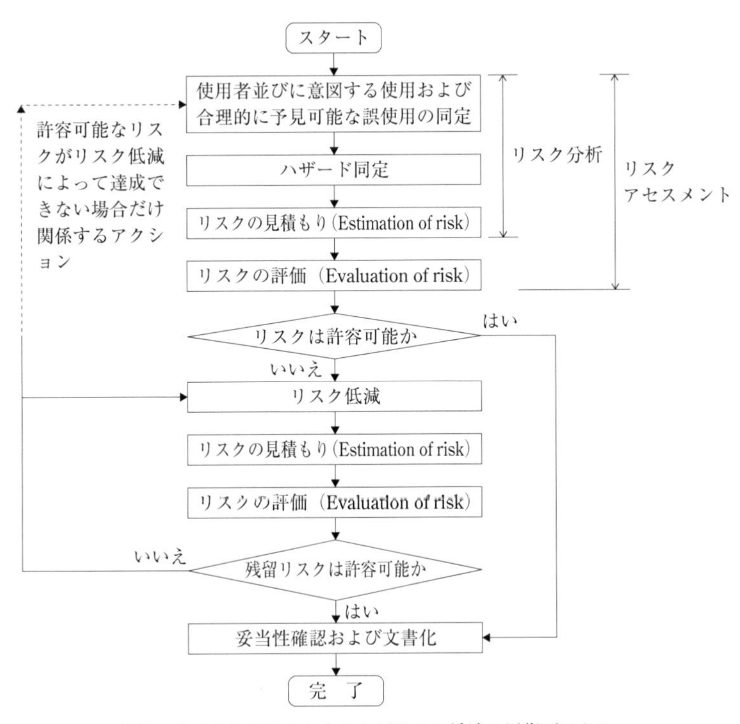

図１　リスクアセスメントおよびリスク低減の反復プロセス

が正しく行われているかをチェックし，確認するという仕組みが重要となる．国際標準化機構（ISO）や国際電気標準会議（IEC）で定める安全に関する国際規格は，国際的な立場でこれらの課題に応えるために国際標準として制定されている．わが国は，日本工業規格（JIS）を国際規格に整合化させる努力を続けている．

国際規格もJISも，本質的には任意規格であるが，これらを各国が規制の立場からどのように利用するかは，国の制度によりかなりの違いが見られる．例えば，欧州は，製品を欧州域内で流通させるためには安全必須要求事項を満たさなければならないとして製品を包括的に規制していて，それを満たす1つの例示規格として国際規格を利用している．したがって，実質的には，国際規格は強制規格の性質を帯びている．一方，わが国は，各省庁が所管しているそれぞれの法律に基づいて省令等で特定の製品を指定して安全規格や技術基準を決め，強制規格としている．形式的には，省令でもよいし，国際規格に則ってもよいとしている場合が多いが，国内市場では現実にはほとんどが省令に基づいている．このように，国内向けと海外向けでダブルスタンダードになっている傾向がある．グローバル化の時代，製品はわが国の中だけでなく世界中で使用され，世界中から入ってきているため，世界標準としての国際規格を前提に製品を設計，製造することが必須である．わが国の規制に関しては，早急なグローバル化対応が求められている．

◆機械安全の体系化　ISOおよびIECで制定されている機械安全に関する国際安全規格体系は，きわめて高い理念に基づき，広い範囲を対象としたものとして体系化されつつある．その特徴は，リスクの概念を用いた安全の定義，リスクアセスメントの実施などと共に，ISO/IECガイド51（ISO/IEC 2014）の基本理念のもとに，規格を三層に階層化していることにある（図2）．すなわち，①すべての規格類で共通に利用できる基本概念や一般技術原則を扱う基本安全規格（A規格），②広範囲の機械類で利用できるような安全規格や安全装置を扱うグループ安全規格（B規格），③特定の機械に対する詳細な安全規格を扱う個別機械安全規格（C規格）に階層化して，下位規格は上位規格に準拠するという統一的な規格体系になっている．これは，膨大な数の規格類に統一的な整合性を持たせるためだけでなく，安全技術や機械技術の進歩に柔軟かつ包括的に対応することができ，また，個別の機械に対しては機械ごとの独自性を認めることができるという優れた特徴を有している．

◆近年の動向　工学システムの本来の機能だけでなく，安全機能の実現にもソフトウェアを含めたコンピュータが盛んに導入されてきている．これは，主に，スリーステップメソッドの第2番目のリスク低減策である安全装置等に導入されるもので，機能安全と呼ばれる．図2でB規格に位置している機能安全規格IEC 61508（IEC 2010）が，自動車，鉄道，化学プラント等多くの分野の安全に適用されつつあり，今後，アンブレラ規格として，きわめて広い分野に影響を及

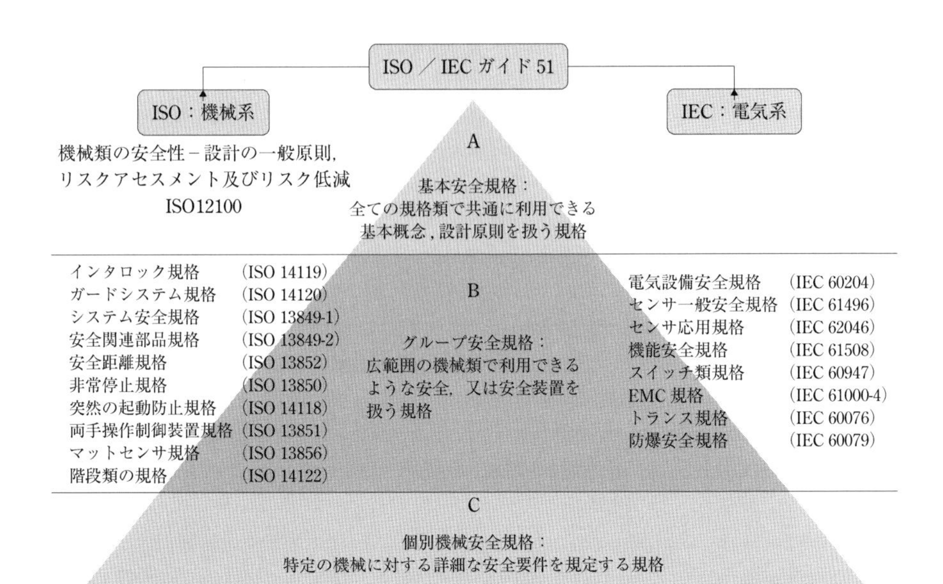

図2　国際安全規格の階層化構成

ぼすと思われる．これまでの工学システムの安全は，構造を重視する本質的安全と安全装置としての制御安全が主流であったが，これからは，本質的安全を踏まえたうえでの信頼性を重視するコンピュータ等の電子装置を用いた機能安全が主流となる時代に入ることは間違いないと思われる．

労働安全に関するマネジメントシステムである労働安全衛生マネジメントシステム ISO 45001（ISO 2018）が 2018 年 3 月に制定されることになった．ISO はこれまで，品質や環境などの多くのマネジメントシステムを開発してきており，労働安全についても国際規格化を試みようとしたが，国際労働機関（ILO）の反対で頓挫していた．これまで，ISO 化はされていなかったが，OHSAS 18001 等の労働安全衛生マネジメントシステムの認証を受けるところが多くなり，その実績を踏まえて，ISO と ILO が歩み寄り，労働安全衛生マネジメントシステムの ISO 化が実現することになった．これにより，わが国に存在していた 2 つある労働安全衛生マネジメントシステム OHSAS 18001 と JISHA 方式 OSHMS とが，国際規格として統合されることになり，労働の現場における安全，すなわち，労働安全と使用する機械設備の製品安全の普及に貢献することが期待される．

［向殿政男］

参考文献

・向殿政男（2016）入門テキスト安全学，東洋経済新報社．

【3-4】

リスク管理の基準とリスク受容

安全を守るための判断基準は，例えば無毒性量（NOAEL）から求められた1日許容摂取量（ADI）のように，初期の段階では「影響が見られない量」として設定されることが多く，リスクに基づいた判断というわけでは必ずしもなかった．人々がリスクの懸念を抱くようになり，リスクを受け入れるべきか，また社会としてどのようにコントロールするべきか，という議論が高まった1つのきっかけは，1958年に米国で改正された食品添加物に関する法律で追加された「デラニー条項」（米国食品衛生に関する法律）と考えられる．これは，発がん性物質にはしきい値がなく，ごく微量でも何らかの影響が見られることを根拠に，「人が摂取する加工食品には人か動物に発がん性のある添加物を使ってはならない」と定めたものである（FDA 1956）．しかし，分析機器の発達とともに検出下限値が下がり，残留濃度が0であることの確認が困難になったことから，現実的な対応が求められるようになった．結果，これに代わる事実上の無作用と考えられる量，実質安全量（VSD）が提案され，この量を下回れば実質的に安全と考えられるというコンセンサスが形成されてきた．VSDとして，環境リスク管理の分野では生涯あたり10^{-5}（10万人に1人），10^{-6}（100万人に1人）といった値が提示されている．

◆政策決定者から見た社会のリスク受容　リスク管理政策が社会に受け入れられるための説明として，あるいはその対策を実行することが合理的かの検証のため，リスク管理対策によって実現されるリスクのレベルを調査した研究がある．C. トラビス（Travis 1987）やP. ミルビー（Milvy 1986）は，政策決定者が推測する社会におけるリスクの受容レベルは，生涯発がんリスクと曝露人口とによって決まること，政府のリスク管理対策が実施される基準は，リスクレベルのみならず曝露人口が関わることを示した．さらに，リスクトレードオフを考慮し，全体としてリスクが削減されているかどうか（☞3-15）も，リスクの社会的受容に深く関わることが共通の理解になりつつある（Graham and Wiener 1997）．

◆リスクの大きさと管理対策技術にかかる費用の関係　リスク管理政策の実行にあたっては，当然のことであるが費用が発生する．図1はリスク削減とそれにかかる費用との関係を示したもので，特にリスクを管理する側の視点から整理されたものである（Paustenbach 1991）が，実際にリスクを0にする（actual “0”）には無限大の支出が必要であることがわかる．現実には，実行可能性を踏まえて，VSDなどの定義された0（defined “0”）を改めて設定して，対策の選択をすることになる．技術的に実現可能なものであっても，費用の制約によって実行可能な

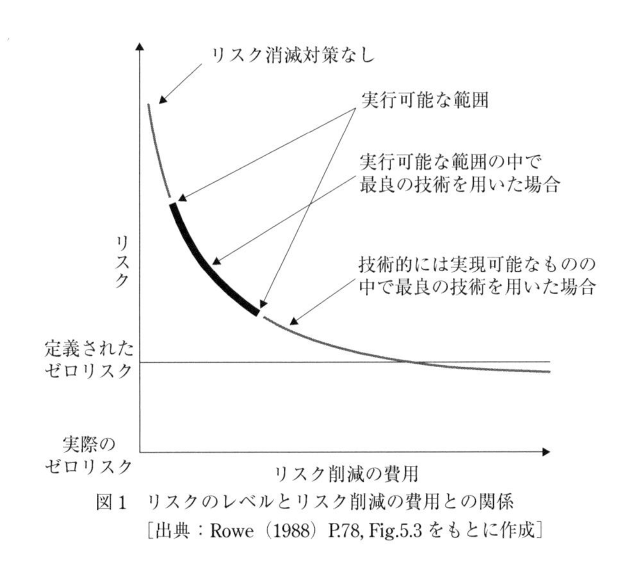

図１　リスクのレベルとリスク削減の費用との関係
［出典：Rowe（1988）P.78, Fig.5.3 をもとに作成］

範囲の中で最良の技術がやむを得ず選択される場合がある.

◆**リスク管理の基準**　リスク管理の基準を表１に示す. 基準の考え方は大きく分けて, リスクの大きさによるアプローチ, 実行可能な技術に基づくアプローチ, 社会的, 経済的要因を考慮した合理的に達成可能なアプローチの３つがある. リスクを管理する側からは, リスクの推算値や基準との比較を含めた判断, 規制であれ, 自主的取り組みであれ, ソフトからハードにいたる対策技術の導入が必要となることから, 技術導入によるリスク削減効果の評価, 導入された技術の費用対効果, そして, 放射線防護分野に代表される最適化として「すべての被ばくは社会的, 経済的要因を考慮に入れながら合理的に達成可能な限り低く抑えるべきである」(ALARA) という基本精神に則ったリスク管理までの階層となっている. 実際は, これらのアプローチを組み合わせた形で管理手法が定められることも多い.

◆**ゼロリスクアプローチの特徴と問題点**　ゼロリスクアプローチは, 適用に際し２つの考え方がある. １つは, 安心の象徴としてめざすべきリスクレベルの表明という考え方である. 例えば, 一人ひとりの自発的な行動選択ではリスクを回避することが困難である場合で, 公的セクターが国民の健康を守ることを表明する場合, 限りなく高い安全を確保すると思われる手段を導入してリスクレベルを０にしていく場合に相当し, 牛海綿状脳症 (BSE) のリスク削減対策として導入された全頭検査などがあげられる. もう１つは, ある活動の結果起こるリスク (例えば工場からの汚染物質の排出によるリスク) の「増加分」を０とする考え方である.

表1 リスク管理の基準

基 準	基本的な考え方や根拠，適用事例など
リスクの大きさによるアプローチ	
ゼロリスク	リスク0を意味する. 対策としては. 製造・輸入などを禁止することを通じたコントロール. しきい値のあると想定される物質の「安全」証明などがあげられる.
自然バックグラウンド	自然事象など，もともと存在していたリスクと比較する方法. 例えば自然起源の変動の範囲内なら受入れ可能とする，など.
とるに足らないリスク	無視しうるリスクレベルと比較する方法. 受け入れられるリスクレベルを，VSDや安全目標として設定したうえで，それらよりも小さい場合に無視しうると判断する.
不当なリスク	便益に比して，リスクが大きすぎると判断される場合.
重大なリスク	明白にリスクが高く，削減が求められるリスク.
実行可能な技術に基づくアプローチ	
利用可能な最良の技術（BAT）	欧米諸国におけるBATは，主に大気や水についての排出規制に関する許認可などの局面で活用されている. 国内では，「化学物質の審査及び製造等の規制に関する法律」（化審法）において副生成する第一種特定化学物質の管理基準に「工業技術的・経済的に低減可能なレベル」として採用されている. また，近年では水銀の排出抑制を目的とした「水銀に関する水俣条約」第8条「排出」において，BATおよび「環境のための最良の慣行（BEP）」の利用が要求され，国内にも適用されている.
利用可能な最善の制御技術（BACT）	米国の大気環境基準達成地域において新規に施設を立地させる場合の基準.
達成可能な最低排出率（LAER）	米国の大気環境基準未達成地域において新規に施設を立地させる場合の基準. 同種の諸施設が現在達成している排出率のうち，それが最も小さくなる技術要件を採用せよ，という考え方. 国内では，機器などのエネルギー消費効率の決め方であるトップランナー方式がこれに近い考え方である.
合理的に利用可能な制御技術（RACT）	米国の大気環境基準未達成地域において既存の施設に適用される考え方. BACTやLAERよりも緩い.
社会的，経済的要因を考慮した合理的に達成可能なアプローチ	
費用対効果基準	1単位の効果を得るためにかかる費用の小さいものから優先順位を付ける考え方. 所与の効果を最小の費用で達成する，または所与の費用で最大の効果を達成することができる.
純便益基準	リスク削減によって得られる効果を金銭価値化したものから，それにかかる費用を差し引いた差を最大にするという考え方.
合理的に達成可能な（ALARA）	放射線防護の最適化として，「すべての被ばくは社会的，経済的要因を考慮に入れながら合理的に達成可能な限り低く抑えるべきである」という基本精神に則り被ばく線量を制限することを意味する. また，食品安全分野でも用いられている. 日本では，例えばカビ毒であるアフラトキシンに適用された. 同様の概念に，ALARP（as low as reasonably practicable）がある.

図１に明らかなように，リスク管理におけるゼロリスクアプローチでは，費用負担を度外視したリスク削減対策への投資によって当該エンドポイントで測られたリスクを０にすることはできても，社会経済的な損失等（投資額の回収に見込みが立たないなど），他の種類のリスクへの転化が発生している．その観点からは，巨額のリスクを背負うことを意味する．以上のように，ゼロリスクは，象徴としての目標設定，そして転化先のリスクの態様に眼をつぶることによって表出する概念と言えよう．

◆リスクに曝される側（個人）から見たリスク受容　リスク受容を左右するのは，当該のリスクがどのように自分の身に降り掛かっていると認識しているかである．P. スロビック（Slovic 1987）は，そのリスクが受容可能かどうかによらず，リスクの大きさ，どのように曝露するか，自己原因性（そのリスクは自発的なものか，他から押し付けられたものか），継世代性（将来にわたるリスクかどうか）が重要であることを指摘しており（☞ 1-12），これらの因子を考えることが出発点となる．

社会におけるリスクは，リスクに曝される側から見れば曝露は個人的な事象であることから，関与の程度，自己原因性を考慮する必要が出てくる．加えて，メリットを享受する集団とデメリットを受ける集団のかい離（典型的には，前者が他人で後者が自分自身である場合）や，曝露による影響発現までの時間的かい離が顕著であればリスク受容が難しくなる．個人レベルではリスク削減の費用という要素の考慮は稀であるから，必然的にゼロリスクがリスクの受容レベルとなりがちである．

社会的受益と受苦のバランスが成立し得なくとも，せめてリスクに向き合うためには，共通的意識の形成，その表出としてゼロリスクの共有が出てくる．BSE の全頭検査（厚生労働省 2016），放射性セシウムに関する米の全量全袋検査（福島県 2018）は，リスク管理に向けて関係者がともに前に進むための，落ち着きどころとして帰着したものと考えられる．　［東海明宏・小野恭子・岸本充生］

📖 参考文献

・東海明宏ら「環境リスク管理のための人材養成」，プログラム編（2009）環境リスク評価論（シリーズ環境リスクマネジメント），大阪大学出版会．

【3-5】

基準値の役割とレギュラトリーサイエンス

「基準値」は，様々な分野に設けられている．環境のリスクを管理する（もしくは一定以下に抑える）環境基準や，製品の品質を一定以上に担保する技術基準，また健康診断で「正常範囲」の目安はその例である．

基準値は，社会のセーフティネットと言え，一般的には「基準値を守ることで安全が担保される」と社会が合意している，と考えることができる．しかし，セジウィック（Sedgwick, W.T）の言葉『基準とは考えることを遠ざける格好の道具である』にあるように，いったん決まるとその根拠は忘れられ，見直しが行われにくい（村上ら 2014）ことを常に気に留めておく必要がある．

基準値は通常，受け入れることができるリスクレベルに基づいて決められる．そのため，必ずしもゼロリスクを保証するものではないこと，加えて，社会全体としての安全に対する考え方を反映した結果であることを認識しておくことは大切である．さらにややこしいことに，どの程度のリスクを受け入れて基準値が決められたかは基準値ごとに異なる．それを理解するには，根拠になっている法律の考え方の違い，安全を守るために振り向けることのできる人的・金銭的資源の違い，基準値の設定に用いられたデータの量や質の違いなどを見る必要がある．

本項では紙幅の関係から，ヒトの健康リスクに関するもののうち，環境基準（特に大気，水質）と労働環境の基準を例に，設定までの流れと根底にある考え方について説明する．なお，基準値は追加や見直しが随時行われるため，ここでは基準値の数値一覧は掲載しない．読者は Web（省庁ホームページなど）で最新の数値を確認してほしい．

◆環境基準　大気，水質，土壌，騒音は「環境基本法」に，ダイオキシン類は「ダイオキシン類対策特別措置法」に基づき，環境省が制定している（環境省 HP；環境基準）．ダイオキシン類以外は，もともと「公害対策基本法」（1967 年制定．環境基本法の土台になった）を施行するための法律（「大気汚染防止法」など，排出規制について規定している法律）に対応して定められたものである．環境基準は行政上の政策目標であるため，基準が達成されない場合でも汚染源の責任が直ちに問われることはなく，したがって罰則もない．にもかかわらず，超過すると報道などでは大きく取り上げられることも多い．一方で，排出基準を超過した場合は，その責任主体（企業等）に罰則が科せられる．以下，大気汚染物質と水質汚濁物質について，基準の概要を述べる．

大気汚染物質の基準は，「ヒトの健康を保護する観点」（環境省）から，ヒトが大気汚染物質に曝露されたときの短期的影響または長期的影響に関する知見に基づいて設定されている．年平均値，日平均値，時間値など，濃度測定値の平均値で判断する．平均すべき時間が物質により異なっているのは，有害性の現れ方が，即時か長時間経過後か，というように物質によって異なっているからである．排出基準は，大気汚染防止法に基づき，ばい煙などの発生施設（主に事業所）からの大気汚染物質の排出を規制するためのもので，当てはまる事業所は排出基準を順守することを求められ，また年１回以上の物質濃度測定が義務付けられている．大気汚染物質とは別に，有害大気汚染物質も定められている．これは，「継続的に摂取される場合には人の健康を損なうおそれがある物質で，大気の汚染の原因となるもの（ばい煙および特定粉じんを除く）」と規定され，「健康被害の未然の防止の見地」（環境省）から，行政は物質の有害性，大気環境濃度等の情報収集を，事業者等は自主的に排出等の抑制に努めることをそれぞれ期待されている．有害大気汚染物質には環境基準のほかに，指針値が定められているものがある．これは，環境基準よりも有害性や環境中濃度の情報が乏しいものの健康リスクの低減を図ることが望ましい物質について設定される．

水質汚濁に係る環境基準は，健康項目（有害物質）と生活環境項目（汚濁物質），水生生物の保全に係る水質環境基準が定められている．健康項目は，主に水道を通じて「その水を長期間飲むとヒトの健康に害を及ぼす可能性があるか」という観点から定められており，その多くが厚生労働省の定める水道水質基準（☞ 6-9）に準じたものとなっている．「長期間」とは通常一生涯（70 年間）を指し，後に述べるように，害を及ぼす可能性があると考えられる濃度からさらに余裕を見るため，不確実性係数（安全係数ともいう）をかけて基準値が定められる．生活環境項目も基本的には水道，水産，工業用水の等級に準じた数値を採用しているが，地域ごとの状況を加味して類型分けしている点が特色である．要監視項目には指針値が設定されている．「水質汚濁防止法」により排水基準が定められている．排水基準は，多くの物質で環境基準の 10 倍の濃度の値が採用されている．

◆労働環境の基準　化学物質による労働災害の防止のための基準として，「労働安全衛生法」による管理濃度や，日本産業衛生学会による許容濃度（日本産業衛生学会 2017）が定められており，事業所内の濃度と労働者個人の曝露濃度とをそれぞれ管理することが特徴である（☞ 6-2）．

厚生労働省の定める「労働安全衛生法」の理念から，事業場内部（作業環境）の化学物質濃度は測定と管理が義務付けられている．管理濃度は，作業環境の管理に用いられる濃度であり，平均濃度レベルがこれを下回るか，作業者集団における超過率がどのくらいか，という２点から作業環境の良否を判断する．

また，許容濃度の設定の基本的な考え方は，日本産業衛生学会によれば「ヒトの有害物質等への感受性は個人毎に異なるので，この濃度以下の曝露であっても，不快感，既存の健康異常の悪化，あるいは職業病の発生を防止できない場合がありうる」こと，したがって「許容濃度等は，安全と危険の明らかな境界を示したものと考えてはならない」（日本産業衛生学会 2017）とされている．

◆基準値導出の流れ 上記で，環境基準と労働環境の基準の意味するものを概観した．基準値を超過したときの意味や対応は，規制の目的や基準値の設定背景によって異なるので，導出の流れと根拠を理解しておくことが重要である．

基準値は，事業者などが自主的に定める場合もあるが，規制に関連する省庁が決めることが多い．通常は専門家を集めた検討会や審議会を開き（関連省庁の大臣が諮問する形をとる），根拠となる国内外の報告を検討し基準値を決定する．現実的には，日本独自の根拠がない場合が多く，また国際調和の観点もあり，国際機関で決められた数値と同一に設定される場合も多い．

基準値は，決まった手続きで求めるものと，ALARA（as low as reasonably achievable）の原則の考慮など達成可能性が加味されてケースバイケースで決まるものがある．前者は，影響の大きさ（化学物質の場合は，通常，影響の見られない大きさ）をもとに安全係数を考慮して決定するなど，定型の方法がある．後者は，定型の方法で導出した基準値では達成が難しい場合に取られることが多く，これまで許容されてきたレベルとの比較で決まることも多い．

◆レギュラトリーサイエンス 基準値導出の過程では，従来の科学的知見のみならずそこから導かれる知見に基づく予測・推定結果を用いて，何らかの定量的な評価をする．これらの過程には，科学的推論の積み重ねからなる「適正な手続き」があり，手続きを遂行するために「約束事」がある．このような予測や推定を伴う科学のことを，レギュラトリーサイエンスと称することがある（小野 2013）．レギュラトリーサイエンスは，1987 年に内山によって，医薬品の安全性評価の文脈において「科学と人間・環境の関係を最も望ましい姿に調整して正しい方向づけをするには，より高度な科学を必要とする」「予測，評価，判断の科学」とされた（内山 2002）．従来の科学において得られる科学的知見と行政が行う規制措置等との間のギャップが認識され始め，それらの橋渡しとなるものとして提唱された科学と言える．

ここで基準値導出にレギュラトリーサイエンスが活用されていることを示す例として，大気環境基準の算出根拠となったベンゼンの発がんリスク評価（中央環境審議会 1996）を見てみよう．ベンゼンの健康影響は，高濃度（気中濃度：数 mg/m^3 レベル）での発がん死亡確率と濃度の関係しか疫学調査で明らかにすることができない．一方で，遺伝毒性のあるベンゼンの場合，いかなる低濃度においてもリスクは 0 ではないとみなす（約束事）．さらに，低濃度領域においては発がん確率と濃度が比例関係にあると仮定し（約束事），10^{-5}（10 万分の 1）の発がん死亡確率を「安全」とみなし（約束事），環境基準値を算出している（図 1）．

食品添加物の健康影響評価でもレギュラトリーサイエンスが活用されている．評価の過程には，動物実験の結果をヒトに外挿するとき，動物実験で影響が見られない濃度（NOAEL）を種間差 10，個人差 10 の不確実性係数で除し一日摂取

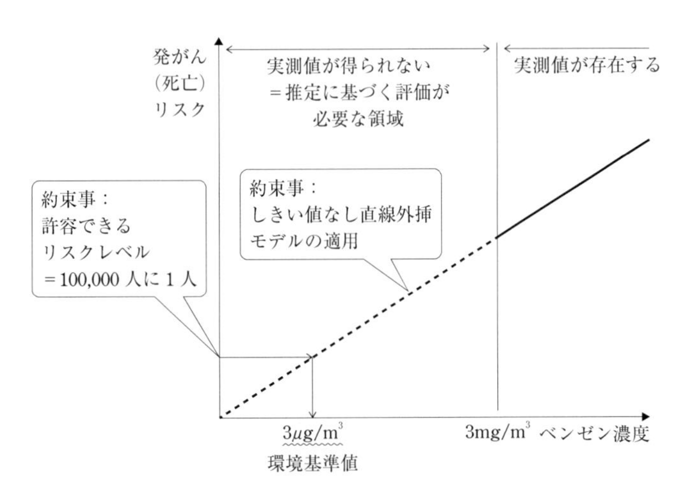

図 1　発がん性物質の大気基準値算出過程における科学と約束事（模式図．ベンゼンの例）
［出典：小野 2013］

許容量（ADI）を求める，という手続きがある．動物実験自体は科学的な部分だが，試験に用いる種や適用する統計モデルはある程度決まったものを用いること，また不確実性係数 10 で除すという手続きは約束事である．さらに，ADI などを媒体中の濃度に換算する際に用いる曝露量についても，個々の実測値を用いるのではなく，ある決まった値が用いられている．例えば世界保健機関（WHO）が飲料水質基準を導出するにあたり（WHO 2017），様々な体型やライフスタイルの人々がいるにもかかわらず「ヒトの体重が 60 kg で，1 人あたり水を 1 日 2L 飲む」と仮定していることも，ある種の約束事である．

このような約束事を設ける意義は何だろうか．レギュラトリーサイエンスは，人的資源，費用，時間が限られている中で評価（意思決定）ができるようにするための科学であり，これは先人の知恵である．迅速な意思決定が要求されているにもかかわらず，専門家がゼロから議論していてはコストも時間も多大に要してしまい，損失が大きいのである．

基準値の導出プロセスに「約束事」が含まれているのを知ることは重要である．それは「どこまではデータで言えることで」「何が約束事で」と整理でき，さらに「約束事はどのようなプロセスで選択されたか」を知ると，どのような社会的背景があって基準値が導出されたかを理解できるからである．かつ，科学の進展があればいつでも（誰でも）値を算出しなおせるという利点もある．基準値の算出根拠を知ることは，リスクを理解する第一歩である．［小野恭子］

📖 参考文献

・村上道夫ら (2014) 基準値のからくり，講談社．

【3-6】
リスク削減対策の多様なアプローチ

私たちは，社会全体として，組織レベル（☞ 3-2）として，あるいは個人レベル（☞ 4-4）で，様々な方法を用いてリスクを管理している．本項では，公共政策としてのリスク管理に焦点を当てる．これらには，大気汚染のように外部性を持つがゆえに公共的な対策が必要であるものだけでなく，外部性を持たない私的な行動に対して働きかけるものも近年注目されている．なぜなら，主要な外部性は公害時代以来，設定された基準値を遵守するという形で対処されているものが多いのに対して，リスク削減の残された領域は，住宅や喫煙，食生活といった個人のライフスタイルに起因したものがほとんどだからである．公的機関は原則，介入しなかったが，近年，私たちは必ずしも合理的な行動をとらないことが明らかになるとともに，行動変容が公共政策の目標の１つにあげられるようになった．

◆直接規制アプローチ　直接的にリスク削減を促す方法としては，伝統的に，指令と統制（command and control）アプローチと呼ばれる手法が用いられてきた．ほとんどの規制はこのやり方が用いられている．典型的には基準値を設定してそれを上回らないように強制する方法である（☞ 3-5）．基準を超えたものは禁止されたり，罰則が科されたりする．基準は，リスクレベルに基づいて決められる場合もあれば，利用可能な技術に基づいて決められる場合もある．後者については，利用可能な最良の技術（BAT）や「合理的に達成可能な限りできるだけ低く」（ALARA）といった概念が適用されることもある．ただし，ALARA はもともと，放射線防護の分野における，被ばくを社会的・経済的要因を考慮に入れながら合理的に達成可能な限り低く抑えるべきであるとする原則であり，被規制側が「セーフティケース」などの中でみずから証明するものであり，規制側が数値基準を定めるアプローチとは相容れない．

◆経済的インセンティブ　伝統的な指令と統制アプローチに対して，主に経済学者から，経済的インセンティブを利用したリスク削減方法が提案されてきた．環境分野では，汚染物質の排出量などに応じて税や課徴金を課すことで，排出量削減の動機付け（インセンティブ）が排出主に与えられる．総量上限を設定したうえで，排出量を市場取引させる方法や，逆に，排出削減に対して補助金を与える方法もある．安全の分野でも，保険料にリスクの大きさに応じた差を付けることで，リスク削減のインセンティブを与えることができる．これらは外部性を内部化する手法であるとまとめることができる．ただし，経済的インセンティブを用いる手法は，実行可能性に問題があるため，実施例はさほど多くない．なぜなら，税や課徴金，取引は，金銭的な負担が増加することから，また補助金は財源を確保する必要があるため，政治的に実現が困難な場合が多いためである．

◆行動科学の知見の活用　近年，直接規制アプローチでも，経済的インセンティブの利用でもない「第3の方法」として，行動科学の知見を活用した方法が試みられつつある．アイデアはもともと2003年に経済学者のR. H. セイラー（Thaler, R.H.）と法学者のサンスティーン（Sunstein, C.R.）による論文「リバタリアン・パターナリズム」に遡る（Thaler and Sunstein 2003）．法規制による強制でもなく，経済的インセンティブによる誘導でもなく，人々の選択の自由を維持したまま，人間が生得的に持つ心理的バイアスをうまく利用することで，人々の行動を「良い方向へ」変容させることを目指す．リバタリアニズム（自由主義）とパターナリズム（家父長主義）という一見矛盾する価値観を結合させるという革新的アイデアは，党派対立により合意形成が行き詰っていた米国議会の膠着状態を打破しようとする意図もあったと考えられる．この考え方は2008年には一般向けの書籍「Nudge（ナッジ）」（セイラーとサンスティーン 2009）に結実する．ナッジとは英語で「肘でつつく」という意味である．サンスティーンは，ナッジのために利用できるアプローチを，デフォルトを活用する，社会的規範を利用するなど10に分類している（Sunstein 2014）．安全・環境・健康（HSE）分野でもナッジに対する期待は大きい．安全分野では住宅の耐震規制や火災警報器の設置といった分野，環境分野では節電やごみのリサイクルといった分野，健康分野では食事や睡眠といった分野は，それぞれ個人のライフスタイルに踏み込むことになり，罰則付きの規制の導入がきわめて困難である．

◆事後の責任ルール　事故などが生じた際の責任ルールを変更することで，事前のリスク削減への取り組み意欲を変えることができる．責任ルールには大きく分けて，無責任ルール，過失責任ルール，無過失責任ルールの3種類が想定される．無責任ルールは何をやっても責任をとらなくてよいという極端なルールである．過失責任ルールは，過失が認められた場合のみ結果責任を負うとするもので，民法709条（不法行為法）が採用している．他方，「製造物責任法」第3条や「大気汚染防止法」第25条は，過失の有無を問わず，損害賠償責任を課す無過失責任ルールを採用している．過失責任と無過失責任のどちらが望ましいのかは，総社会的費用によって判断される．過失責任ルールの一番の問題点は，被害者が加害者の過失を証明しなければならないことで，特に高度な技術が対象の場合には被害者にとっては大きなハードルになる．　［岸本充生］

📖 参考文献

・キャス・サンスティーン著，田総恵子訳（2017）シンプルな政府："規制"をいかにデザインするか，エヌ・ティ・ティ出版（Cass R. Sunstein（2013）*Simpler: The Future of Government*, Simon & Schuster.）

・リチャード・セイラー，キャス・サンスティーン著，遠藤真美訳（2009）実践行動経済学：健康，富，幸福への聡明な選択，日経BP社（Richard H. Thaler and Cass R. Sunstein（2008）*Nudge: Improving decisions about health, wealth, and happiness*, Yale University Press）．

【3-7】

法律に組み込まれたリスク対応

リスクへの対応は，社会の様々な領域でみられる．しかし，リスクという表現・文言を明示的に用いている法律は，現時点では存在しない（2018年3月10日現在のe-Gov法令検索による．以下同じ）．とはいえ，法律に組み込まれたリスク対応がないわけではない（大塚2016）．

◆法令用語におけるリスク　例えば，国会で定める法律ではなく，法律に基づいて府省などが定める命令（省令等）をみると，多くの命令でリスクという文言が用いられている．

行政組織に関する命令では，化学物質リスク評価企画官（「経済産業省組織規則」27条）やリスクコミュニケーション官（「食品安全委員会事務局組織規則」6条）などがある．環境リスク評価室について定める「環境省組織規則」11条では，環境リスクを「環境の保全上の支障を生じさせるおそれ」と定義している．

金融商品や経営，年金・保険領域の命令では，例えば，保険金等の支払い能力の充実性をチェックし，保険会社の健全性を図る指標として，保険リスク（「実際の保険事故の発生率等が通常の予測を超えることにより発生し得る危険」），信用リスク（「保有する有価証券その他の資産について取引の相手方の債務不履行その他の理由により発生し得る危険」）などが用いられている（「保険業法施行規則」87条1項）．もっとも，このような定義をしないまま，リスクという用語を用いている命令も少なくない．

このように，法制度に組み込まれたリスクは，一定の条件設定のもとで，生命・身体や財産を守るために国等による法的対応が必要と判断されたある一定の事故，被害や損失が発生しうるおそれを言うとまとめることができる．

◆リスクへの法的対応　リスクへの法的対応にあたって，排除または低減すべきリスクと受容すべきリスクの区分が重要となる．リスクの排除または低減の重要性や時間的余裕の存否などの事情に応じて，次のような法的手段が選択される．

前二者に関するリスク対応の法的手段には，ある物質等の使用禁止や許認可制度による規制手法のほか，リスクの排除または低減に向け，計画的に国等と民間が協力して実施する協働手法，各種補助金や税制などによる経済的手法，リスクに関する各種情報を提供するといった情報的手法などもある．リスクに対する法的対応として規制手法が採用される場合には，一定の制約がある．それは，リスクが高い場合には権利制限の強い規制，リスクが低い場合には弱い規制というように，原則として必要に応じた権利・自由に対する相当の制約しか許容されない（比例原則）．例えば，人の健康等への影響を勘案し，化学物質が有する性状に基づいて指定されるリスクの高低に対応して，権利自由に対する制限度合いの強い禁止や許可制から比較的弱い届出制が採用されている（「化学物質の審査及び製造等の規制に関する法律」5条以下および「食品衛生法」6条以下）．もっとも，科学的には不確実であるものの，不可逆的な被害の発生するおそれが認められ，予防的対応が必要と判断された場合にも，法律上，規制などの手法が採用されることがある．

一方，受容すべきリスクの場合には，原則として法的規制を受けることはない．ただし，リスクの顕在化により実際に被害が発生したときは，損害賠償の問題となる．通常，加害者は故意または過失がなければ損害賠償責任（不法行為責任）を負わないが，危険な施設や有害物を扱う企業等の場合には，「大気汚染防止法」25条や「水質汚濁防止法」19条，「原子力損害賠償法」3条に基づき故意または過失がなくても相当因果関係が認められる範囲で損害賠償責任（無過失責任）を負う．なお，製造物の欠陥を原因とする損害の賠償責任（「製造物責任法」3条）や自動車事故の場合の賠償責任（「自動車損害賠償保障法」3条）もこれに近い制度である．

◆リスクへの手続的対応　先端的な科学・技術に対するリスク管理の領域では，専門的知見が不十分であるため，当初の評価や規制が誤っている場合があり得る（リスク管理のリスク）．これに対応するための法的仕組みとして，主に再審査等による情報再確認と，必要な場合に許認可を取り消すなどの事後改善措置が採用される場合がある．

例えば，化審法や食品衛生法に基づく新規化学物質や新規食品に対する規制は，性状が判明した場合や，安全性が確証された場合には解除される．また，医薬品についても，効能・効果，有害な作用等を考慮して製造販売承認を得た後，使用実績などを踏まえた新医薬品等の再審査や医薬品の再評価の義務付け（「医薬品，医療機器等の品質，有効性及び安全性の確保等に関する法律」14条の4以下）や，再生医療等製品の特性に照らし安全かつ迅速な市販化を目的とした条件・期限付承認（同法23条の26以下）も同趣旨の制度設計である．

このように，最新の科学・技術的知見を収集することなどを事業者に負担させる法的仕組みを作り，リスク管理をできる限り合理化しようとしている．

［下山憲治］

📖 参考文献

・下山憲治（2007）リスク行政の法的構造，敬文堂．
・戸部真澄（2009）不確実性の法的制御，信山社．
・長谷部恭男（2013）法律からみたリスク（新装増補リスク学入門3），岩波書店．

【3-8】
合理的なリスク管理のための行政決定

現代社会では，利害関係の集団性や複雑性のほか，国・地域・個人などの意思決定主体の多層性・多元性と相互関連性があるため，それらを調整し，適切なリスクへの対処を目的とするリスク管理のための行政決定が重要となる．また，そのような行政決定では，未来を予測して，決定時点で合理性のある対応をとること，仮に決定時点での判断の過誤が後に判明した場合の対応も考慮に入れる必要が出てくる．この行政決定にあたっては，民主的正統性の確保と個人の権利・自由の保障の調和，そして，リスク管理の継続的な合理性の追求が必要となる．重要なポイントは，以下のとおりである．

◆科学・技術水準への準拠と順応型制御　リスク管理に関する行政決定は，その合理性を担保するため，その時点の科学・技術水準に準拠しなければならない．科学・技術水準には，例えば，一般的に承認された技術水準，利用可能な最善の技術水準，あるいは，技術的実現可能性にかかわらず，最新の自然科学的知見に適合する水準が考えられる．このうち，法令がいかなるレベルの水準への準拠を求めているのかを明確にしておくことが大切である．

一方で，科学・技術水準は，科学や技術の進展に応じて変動しうるため，リスクの管理水準を定める行政上の基準の変更や許認可の取消し・修正などの法的仕組みが必要となる．このような仕組みは，権利・自由の保障や法律の誠実執行等の原則に基づく適時の情報再確認と必要に応じた事後的改善という順応型制御の考え方に基づくものである（下山 2017a）．

◆調査・予測，情報再確認と事後改善義務　リスク管理は未来を指向するため，予測が必要になる．科学・技術水準に準拠した行政決定というためには，①入手可能で，必要な情報・事実（地域固有の事情である地域知を含む）をできる限り広範に調査・収集して，適切な事実関係を前提とすること，②調査方法やその対象の選定，データの取捨・選択，解釈および予測・推測方法の信頼性が担保されていること，③以上を踏まえたうえで明らかな，あるいは，恣意に基づく過誤・欠落がないことが前提となる．こうして得られた予測結果は適正に予測された事実として，事後において予測結果の誤りが判明しても，直ちに違法と評価されるわけではない．しかし，データの更新・集積のほか，時間の経過によって当初の予測結果に過誤ないしその可能性があると判断される場合には，④事後の社会状況の変化や科学・技術の進展を適切に調査・研究し（情報再確認），⑤必要に応じて，行政上の基準や許認可等を適時・適切な内容に事後改善する義務が行政にはある（事後改善義務）．

◆比較衡量義務　未来社会の形成に関わるリスク管理のための行政決定は，純粋に科学的判断のみに基づくわけではなく，経済性や社会の将来像などの価値判断が含まれる．そこで，権利・自由の保障や民主主義の観点から，行政決定にあたって比較衡量が不可欠となる．この比較衡量では，様々な利害関係，リスクへの感受性のほか，リスク管理の過誤コスト，リスクの重大性，広域性や長期性などの要素が考慮されなければならない．その際，同様の効果をもつ代替的設備や物質に関するリスク・リスク分析（比較リスク），リスクと便益，リスクを削減する便益とそのコストを比較するためのリスク便益分析や費用効果分析が行われることになる．それゆえ，比較衡量を全く行わなかったり，比較較量における各要素の重みづけなどの評価に明らかな過誤がある場合，あるいは，本来考慮すべき事項を考慮しない場合や考慮すべきでない事項を考慮するような判断過程の過誤は許されない（下山 2011）．

◆リスク管理のための組織・手続き　リスク管理のための行政決定では，その決定組織や手続きも重要となる．行政決定に関与する科学・技術の専門家には，決定すべき内容に関する専門的適格性のほか，利害関係からの中立性（不偏性）が一般に要請される．許認可の審査では，利益相反の管理のため，許認可の申請者との関係で資料作成に関与した専門家は，原則として審査に関与しないこと，報酬の授与・共同研究や助成金などの有無について自己申告により審査への関与が制約されることがある（例えば「食品安全委員会における調査審議方法等について」（平成 15 年 10 月 2 日食品安全委員会決定））．その一方で，行政基準を設定する場合，専門家数の多寡などの理由から，利害関係を有する専門家が諮問機関に関与することもある．その場合に公正性を確保するため，異なる立場の専門家を参加させるなど意見の多様性を担保する必要性が指摘されている．

次に，透明性の確保という観点から，会議録や各種資料に関する文書作成・保管および情報公開が要請される．この点は，行政決定に関与した専門家以外の第三者である専門家のピアレビューの機会を保障して，専門的妥当性，客観性・合理性担保を促す意義もある．さらに，リスク管理のための行政決定は，地域社会のリスク認知と未来社会の形成とも関連するため，民主主義の観点からアカウンタビリティの確保が要請される（下山 2017b）．

［下山憲治］

📖 参考文献

・戸部真澄（2014）リスク，法，市民・市民社会，大阪経大論集，65（1），39–66.
・日本法哲学会編（2009）リスク社会と法，有斐閣.
・山田洋（2013）リスクと協働の行政法，信山社.

【3-9】

裁判におけるリスクの取扱い

裁判は，刑罰を科す前提として犯罪事実の有無と量刑を判断する刑事訴訟と，市民間の紛争解決や権利実現を目的とする民事訴訟に分けられ，国や行政機関の活動に関わる紛争の場合には行政訴訟の形をとる．

近代法は，私的自治を前提とし，国民の自由な経済・市民活動を保障することを重要な目的としている．そこで，あらかじめ法律で，通常は悪しき結果を生じさせた行為を犯罪と定めて処罰の対象としており，リスクが高くても結果が生じていない段階で介入することは例外である．また，リスクがあっても具体的な被害が発生していない段階で損害賠償などを民事訴訟で求めることは通常できない．

◆リスクをめぐる訴訟の種類　しかし，リスクが高く，その現実化の防止が必要な場合には，危険防止を求める訴訟も提起できる．行政訴訟としては，原発の設置許可の取消しを求める裁判などがある．リスクの原因について，原発のように，その設置を許可したなど，行政庁の権力行使に不服がある場合に「抗告訴訟」の類型として，行政処分の取消し（取消訴訟）や無効（無効確認訴訟）を訴えることになる．その訴訟の行方を待っていては重大な損害が生じうるという緊急性があるときには，行政処分の効力や執行の停止を求めることもできる（執行停止の制度）．

人の生命・身体といった非常に重要な権利（人格権という）が侵害されるおそれがある場合には，民法の不法行為の規定を根拠に，人格権侵害に基づく差止請求として，一定の行為の抑制や命令を求めることができる．原発訴訟では，不法行為にもとづく差止請求訴訟も多く，判決を待っていては遅いという場合，仮処分手続という裁判より簡易な手続きで暫定的な対応を求めることもできる．

行政訴訟は，行政活動の適否を争うが，その行政活動が「行政処分」と言えることと，訴えを起こす人に原告適格があるかが問題となる．原告適格はある地域の原発の危険性を訴える場合，誰が訴えを起こせるのかということである．原告適格についてはその要件である「法律上の利益を有する者」の範囲を広く捉える法改正が2004年にあり，裁判を起こしやすくなった．

それでも，危険を未然に防止しようとする裁判は，例外的扱いであり，その訴えは認められにくい．そこで，被害が生じてしまってから，不法行為を理由とする損害賠償を請求することが主流である．四大公害訴訟をはじめ，公害・薬害裁判は，損害賠償請求訴訟である．

◆リスクをめぐる証拠　何かの危険の現実化を避けるための裁判でも，起こってしまったことの損害賠償を求める裁判でも，リスク評価は重要な鍵を握る．生命・身体という重大な権利侵害のリスクが高い場合には，その発生確率が小さくても差止めが認められる場合もあるが，近代法の自由保障機能を重んじると，予防原則的な考え方は認められにくい．他方，被害が生じている場合には，事前に危険性をどれだけ予見できたか，そしてその危険発生を回避することができたかが重要になる．リスクの認識と結果回避が可能なのに回避できなかった場合，「過失」が認められる．行為者に過失がある場合にのみ責任を問うという過失責任主義が原則である．これも，行為者の自由を保障するための近代法の重要な原則である．ただ，科学技術のリスクを十分把握しきれない場合や，過失責任では重大な危険発生の防止には足りない場合もあり，この原則は現代において一部修正されている．製造物責任では，原告は，被告企業の過失ではなく製品の欠陥を立証すればよい（無過失責任と言われる）．

◆誰がリスクを証明するのか　リスク回避型の裁判でも，事後的に被害の救済を求める裁判でも，リスク情報は重要な証拠である．裁判では，証拠の提出は，当事者に任されている．そして，原則的には，リスクを避けたい，または被害を受けた側，つまり訴えを起こそうとする側が，そのリスクに関する証拠を出し，リスクの存在や，リスクを事前予測できたことなどを立証しなければならない．しかし，自動車事故では，運行供用者がみずから過失のなかったことを立証できない限りは責任を負うと立証責任を加害者側に転換しており，実質的には無過失責任に近い．また，原発訴訟のように，被告側が情報や専門知識を持っている場合には，公平性の観点から，被告側も情報提供に協力することが求められる場合もある（事案解明義務．1992年の伊方原発最高裁判所判決ではこの義務を認めたと考えられている）．

発生する有害事象やその確率が既知であっても，リスク情報は確率的な情報である．確率的・統計的な証拠に対する裁判所での理解は十分とは言えない．個別案件では，リスク評価についても，当事者同士で証拠を提出しあって争われる．ある専門領域ではリスクとして見解の一致がほぼあったとしても，裁判ではリスク自体が改めて争われることも多い．遺伝子組換え作物の植付けの生態系への影響のように，実際に，どのようなリスクがあるのかが現在わかっていない場合，有害事象の予測があっても，その発生確率が不明であるなど，不確実性の高い問題の裁判での扱いについては十分に検討が進んでおらず，立証のハードルは高い．

もっとも，裁判の過程で，様々な情報の開示や，新たな研究を誘発したり世論を喚起することも少なくない．また，社会的なコンセンサスがない場合に，リスク意識の高い人が主体的に公式に訴え，判断を仰ぐことのできる機会として裁判が利用され，勝訴は得られなくとも，社会運動の一部として成果をあげる場合もあり，裁判の機能も多様化している．［渡辺千原］

📖 参考文献

・本堂毅ら（2017）科学の不定性と社会：現代の科学リテラシー，信山社．

【3-10】
予防原則／事前警戒原則

予防原則とは，ある問題に対して，不確実性が大きく，それ故根拠が不十分であっても対策実施を可能とする考え方のことである．英語では，precautionary（未然の，または予防的な）またはprevention（予防）と，principle（原理），approach（取り組み），measure（対策または措置）などとの組合せで使われている．日本語では総じて予防原則と訳されるが，予防的な取り組みまたは措置とされることもある．

「羹に懲りて膾を吹く」を例とした予防的な考え方は人類に普遍的に備わっており，日常的には頻繁に用いている．また，人は，直近に起こった2つの事象に対し直感的に因果を見いだす傾向を持つ．それは正しい場合もあるが，誤っていることも多い．風評被害のほとんどはこのような直感的な議論から生じるものであるし，無関係なものに責任をなすりつけたあげく，対策をしても何ら改善が見られないこともある．そのような弊害を避けるため，我々は物事の真偽を判定する方法論を発展させてきた．科学的方法論もその1つである．

科学的方法論では，わからないことはわからないと言わなければならない．そのため，問題が生じても，確証がないとの理由により対策は先送りにされる．一方で，我々は公害やHIV感染症などで，対策を先送りしたが故に影響が破滅的となった例を経験した．このような事例から，確証が得られるまでは沈黙を貫く科学的方法論の限界が指摘され，予防的措置の必要性が注目されることとなった．

◆2つの代表的な予防原則　予防原則の考え方の射程範囲は広範であり，一意な定義は存在しない．頻繁に用いられる定義の1つが，1992年の環境と開発に関する国連会議（UNCED）で採択された，通称リオデジャネイロ宣言の第15原則である．この原則では，環境を守るためには予防的な措置を講ずるべきとしているものの，各国の能力に応じてという条件付きであるし，深刻または不可逆な影響のおそれがある場合に限っており，費用対効果の良い対策があるにも関わらず，科学的根拠の不十分さを対策実施延期の理由としてはならない，としている．もう1つの定義が，1998年のウィングスプレッド宣言で，ある活動がヒト健康や環境に害をもたらすおそれがある場合は科学的根拠が不十分であっても予防的措置を講じなければならない，としている．

ある対策が予防原則かは解釈次第であり，その対策を予防原則と判定することにはしばしば困難が伴う．究極的には，予防原則はリスク評価とは無縁に完全無情報な状況で発動できるが，現実には不可能であり，ある程度のリスク評価が行われる．その評価の詳細さに応じて，ある時は予防原則的すぎるとの批判がなされ，ある時は対策が先送りにされていると批判される．その例が，欧州における蜂群崩壊症候群対策として使用停止となったネオニコチノイド系農薬で，一般的には予防原則的だと認識されているが，有害性評価等のリスク評価も実施されているため予防原則でないとも言える．

予防原則の方法論は，真偽判定の仕組みからはみ出しているため，措置の成功・失敗を論ずることが困難であることが多い．一般に，予防原則では対策の結果，被害が避けられた，または，許容範囲におさまったとしても，その措置が直接の要因であったかどうかは誰にもわからない．

◆順応的管理　順応的管理は，失敗が生じることを前提とした管理方法である．まず予測を行い，対策を実施し，効果を観測することで予測の検証を行い，新たな予測を行うというサイクルが形成される．環境問題では順応的管理と呼ばれることが多いが，会社や工場の管理ではPDCA（plan-do-check-act）サイクルと呼ばれている．順応的管理も，科学的確証がない中で対策を実施するという点では予防原則と変わりがないが，観測に基づき予測を見直す仕組みを持つ点で異なる．介入し，応答を確認するという行為が伴うため，「為すことにより学ぶ」管理方法とも言われる．

国土交通省の「順応的管理による海辺の自然再生」（海の自然再生ワーキンググループ 2007）では，「順応的管理とは，自然の環境変動により当初の計画では想定しなかった事態に陥ることや，歴史的な変化，地域的な特性や事業者の判断等により環境保全・再生の社会的背景が変動することをあらかじめ管理システムに組み込み，目標を設定し，計画がその目標を達成しているかをモニタリングにより検証しながら，その結果に合わせて，多様な主体との間の合意形成に基づいて柔軟に対応して行く手段である」と定義している．

柔軟な対応といっても，それらは単なるトライアンドエラーではなく，①仮説および検証方法の提示，②対策を変更するための方法論．特に想定外に対する事前の想定，③管理の成否を判定する具体的な評価基準，④様々な利害関係者との合意形成，信頼関係の構築，⑤現在の判断が間違っているかも知れないことの自覚，が必要とされている（松田 2008）．

予防原則と順応的管理は異なる管理方法に見えるが，概念として対立するものではない．今直ちにこれをしないととてつもないことが起きるという状況では，繰返しが要求される順応的管理は不向きである．予防原則も，現実には利害関係者の調整が必要になり検証作業もなされる．不確実性の大きさや緊急性，害の大きさなどを熟慮し，使い分け，良いとこ取りをするという姿勢が必要である．

［加茂将史］

📖 参考文献

・海の自然再生ワーキンググループ（2007）順応的管理による海辺の自然再生，国土交通省港湾局監修（閲覧日：2018年11月20日）．
・松田裕之（2008）生態リスク学入門：予防的順応的管理，共立出版．

【3-11】
予防原則の要件と適用

ある物質や活動が環境に損害を及ぼす疑いがあるものの確実な証拠がない状況下における政策対応としては，①確実性が明らかになるまで行動を起こさないという対応と，②発生するかもしれない損害の回避を優先して早めに行動するという対応がありうる．予防原則または予防的アプローチ（以下，単に「予防原則」という）とは②の対応，つまり，環境に脅威を与える物質や活動を，それらと環境への損害とを結びつける科学的証明が不確実であっても放置しないという考え方である（☞3-10）．科学的に不確実であっても何らかの対応を求める点において，国家は「明白かつ説得的な証拠」がある場合にのみ環境損害の発生を防止する義務を負うとされてきた伝統的な未然防止原則と異なる．

◆**起源と国際的展開**　予防原則は，1970年代から西ドイツの国内環境政策で用いられた事前配慮原則を起源とする．1980年代の中頃から国際文書に現れ，1992年のリオ宣言の後，「気候変動枠組条約」「国連公海漁業実施協定」「カルタヘナ議定書」など，多くの国際条約に規定されるようになった．もっとも，慣習国際法となったかどうかについては否定的に解する者が多い（高村2010）．

また，これらの条約の一部には，「ロンドン条約」議定書における「逆リスト方式」（原則として海洋投棄を禁止し個別の許可に基づいて海洋投棄が認められる廃棄物を掲載するもの）のように，証明責任の転換をしたと見られるものがある．論者によっては，証明責任の転換を予防原則の効果として一般化し，当該行為が環境に対して損害を与えないことについて行為者に証明責任を負わせるとするもの（「強い予防原則」と呼ばれ，そうした効果を認めない「弱い予防原則」と対比される）もある．しかし，こうした考え方に対しては，因果関係が疑わしい状況において大幅に臆測に基づく政策が採用されることが懸念されるとの批判が強い．証明責任が転換されるのはごく一部のケースに限定されるのであり，むしろ事業者に対して証拠の提出責任を課するにすぎない場合が多い．

◆**リスク分析との関係**　予防原則は，リスク評価・リスク管理・リスクコミュニケーションの3要素で構成される「リスク分析」といかなる関係にあるか．リスク評価に基づく政策は人の健康と環境を守ることができなかったと考え，予防原則をリスク分析の枠組みに取って代わるものと捉える主張があるが（1998年の環境NGO（非政府組織）によるウィングスプレッド声明），こうした主張は少数である．この点に関し，欧州連合（EU）は『予防原則に関するコミュニケーション』（European Commission 2000）において，予防原則はリスク分析のうちの，特にリスク管理の一部に適用されると位置づけるとともに，可能な限り科学的評価が伴うべきであるとした．

◆予防原則に対する批判と反論　予防原則に対しては，内容が明確性を欠く，不確実なリスクのために資源が投入され，より大きなリスク等に対する資源が投入できなくなる，過剰規制をもたらすなどの批判がある．こうした点に関しては，予防原則の代表的な定義とされるリオ宣言第 15 原則は，起こりうる損害が「深刻な又は回復不可能な」であることを適用要件とするとともに，効果についても「科学的不確実性をもって対策を延期する理由として用いてはならない」とするのみで禁止などの厳しい措置を義務づけていないうえ，その対策についても「費用対効果の大きい」ことを求めている．また，EU の上記文書は，予防原則に基づく措置にも，リスク管理の一般原則（均衡性（比例性），無差別性，一貫性，費用便益の検討など）が適用されるとする．

◆わが国における予防原則の適用状況と課題　わが国の「環境基本法」は予防原則の明文はないが, 4 条で定めているとする見解が有力である．「環境基本計画」には明確に取り込まれている．「生物多様性基本法」3 条 3 項には，「予防的取組方法」の明文規定がおかれた．環境個別法において予防原則が適用されていると言えるものとしては 2 つのタイプがあり，第 1 は，調査（リスク評価）が行われていない（ゆえに科学的に不確実な）場合（したがって，リスク評価を行う事前審査手続きを設定するとともに，その間の活動を停止することが必要となる）に承認，許可，登録等を必要とするものであり，「化学物質の審査及び製造等の規制に関する法律」（「化審法」），「カルタヘナ法」等があげられる．第 2 のタイプは，調査の結果なお科学的不確実性が残る場合（定性的リスク評価はできるが，定量的リスク評価ができない場合を含む）に何らかの措置をとるもので，その中には，①規制を行うもの，②規制と経済的手法を組み合わせるもの，③開示・公表というソフトな手法を採用するもの，④自主的取り組みに委ねるものがみられる．

以上の適用例は，この原則を掲げる国際条約の締結を通じて取り入れられたケースが多く，その結果，わが国の環境法の中で予防原則が取り入れられているものと，そうでないものとの整合が必ずしもとれなくなっている．リスク論との接合に配慮しつつ，予防原則を環境政策一般の間題として捉えること，そのために「環境基本法」に明文の規定を入れることが課題となっている．

［大塚 直・藤岡典夫］

参考文献

・植田和弘，大塚直監修，損害保険ジャパン，損保ジャパン環境財団編（2010）環境リスク管理と予防原則，有斐閣.
・大塚直（2008）企業と予防原則 , 石田真，大塚直（編著）労働と環境，日本評論社.
・藤岡典夫（2015）早稲田大学学術叢書 40　環境リスク管理の法原則：予防原則と比例原則を中心に，早稲田大学出版部.

【3-12】
制度化された社会経済分析

環境，安全，健康リスクに対する社会経済分析には多様なアプローチや文脈が含まれるが，本項では，すでに制度化されている以下の3点に絞って紹介したい．1つ目は，規制影響評価（RIA）と呼ばれるものである．2つ目は医療技術評価（HTA）である．3つ目は欧州での化学物質の審査において利用されている社会経済分析（SEA）である．

◆規制影響評価（RIA） RIAは，法規制が導入される際に，複数の選択肢について，遵守費用と効果，副次的・波及的な影響などの多様な影響をなるべく広く，可能なものは定量的に推計することで意思決定者を支援するとともに，被規制側を含むステークホルダーに，当該規制オプションが最善だと示すことが目的である．定量化困難な要素も多く，定性的な価値も大事であるため，厳密な費用便益分析を求めるものではないが，規制遵守費用の見積もりは必須であり，2010年以降，英国やオーストラリアなど，規制遵守費用の総額を管理する国も多い．

本格的なRIAは1981年に米国で導入されたのを皮切りに，経済協力開発機構（OECD）加盟国のほぼすべてで導入されている．日本では「行政機関が行う政策の評価に関する法律」の枠組みの中で，2007年10月から「規制の事前評価」として制度化された．2010年頃からは，事前評価だけでなく，法規制導入後，一定期間ののちに事後評価する仕組みが各国で導入され始めた．OECDは2012年に「規制政策とガバナンスに関する理事会勧告」を採択し，12項目の勧告の1点目で，強力な政治的コミットメントを求めるとともに，4点目には，RIAを政策プロセスの早い段階に統合することや，規制以外の手段も検討すること，そして5点目には，既存の規制ストックに対する，費用と便益の観点からの体系的な見直しの実施が勧告されている（OECD 2012）．

◆医療技術評価（HTA） ヘルステクノロジーアセスメントとも呼ばれる．医療技術を適用した場合に生ずる医学的，社会的，経済的および倫理的な諸問題についての情報を科学的に予測，解析，評価する学際的なプロセスである．本来は，患者や市民の参加まで含めた広い概念であるが，行政的には，医療技術や医薬品の費用対効果評価とほぼ同義で用いられることもある．

1990年代初頭に，カナダやオーストラリアで，医薬品の保険収載価格を決める際に経済評価を義務付けることが始まった．1999年に英国で国立医療技術評価機構（NICE）が設立され，保険大臣によって指示された医療技術の保険適用の可否に費用対効果評価を中心とする技術評価が実施されるようになった．NICEは，効果の指標を「質調整生存年数（QALYs）」に統一し，経済性に優れていると判断する基準として，増分費用効果比（ICER）が1QALYあたり2〜3万ポンド以下としている．増分費用対効果比というのは，既存のものと比べた費用の差を既存のものと比べた効果の差で割ったものを指す（福田2018）．

NICEの取り組みに触発されて，ドイツやフランスでは2004年にそれぞれHTA組織が設立された．ドイツでは効果の指標はQALYに限定せずに広く捉えている．近年ではさらに韓国，台湾，タイでもHTA組織が設立された．日本では，2012年度に中央社会保険医療協議会に創設された費用対効果評価専門部会で制度化の議論が進められてきた．その結果を受けて，厚生労働省が2016年度から，診療報酬改定に活用することが決まり，費用対効果評価の試行的な導入が始まった．

◆社会経済分析（SEA）　欧州連合（EU）による「化学品の登録・評価・認可及び制限に関する規則」（REACH規則）は，2007年に発効した．REACH規則の特徴は，安全性の挙証責任を，はっきりと国から事業者に移転したことにある．その一環として，「制限」と「認可」においてSEAの利用が制度化されている．物質の使用を制限する場合も，制限された物質の利用を認可してもらう場合も，申請者がその正当性を証明する必要があり，その手段の１つがSEAなのである．欧州委員会化学品庁（ECHA）の社会経済分析委員会（SEAC）が，提出された評価書を審査するとともに，OECDでもワークショップが開催されている（OECD 2016）．

REACH規則68条には，ヒト健康や環境に受け入れられないリスクを課す物質（附属書XVIIに記載され，一般に制限物質と呼ばれる）の製造，輸入，使用が制限されることが書かれているが，同時に，制限物質とするためには，代替物質の利用可能性も含めた，制限することによる社会経済的影響を考慮しなければならないと明記されている．例えば，EUは2014年3月に3 mg/kg以上の六価クロムを含む革製品中の規制を発表した．「制限」を提案したデンマークがSEAを実施し，年間1万件以上のアレルギーが回避されることの便益と皮なめし工場での規制遵守費用が推計され，便益が費用を大きく上回ることが示された．

REACH規則第60条には，認可対象物質（附属書XIVに記載されている）の利用が認可される条件として，ヒト健康や環境へのリスクが十分に制御されていることがあげられている．しかしそうでない場合でも，当該物質利用から得られる社会経済的便益（これは，認可されなかった場合に失われる便益でもある）が，ヒト健康や環境へのリスクを上回るか，あるいは，適当な代替物質や代替技術がないことが示された場合にも認可されうることが明記されている．　［岸本充生］

📖 参考文献

・岸本充生（2018）規制影響評価（RIA）の活用に向けて：国際的な動向と日本の現状と課題，関東学院大学・経済経営学会研究論集「経済系」275, 26-44.
・城山英明ら（2013）医療技術の経済評価と公共政策：海外の事例と日本の針路，じほう．
・東海明宏ら（2009）環境リスク評価論，大阪大学出版会．

【3-13】
消費者製品のリスク管理手法

洗剤，おもちゃなどの日用品，食品，自動車車両，医薬品など多種多様な分野に，消費者製品は幅広く存在している．これらの製品は，消費生活用製品安全法，医薬品，医療機器等の品質，有効性及び安全性の確保等に関する法律など，あまたの法令にて個別に安全規制が図られている．しかし，安全規制が図られていたとしても，製品を使用することで，製品の発火による火災，製品形状に基づく障害，製品中の化学物質による人体障害などの危害を伴う事故（製品事故）が発生することがある．発生要因も様々で，製品設計上の欠陥，品質の問題や外的要因だけでなく，使用者の不注意や誤使用も含まれる．

このような製品事故の発生を未然に防ぐには，製造・輸入事業者などが，製品の安全性を確保するため，製品使用時の危害を同定すると共に，その危害に関係する使用条件や考え得る誤使用などの発生の可能性を考察し，リスクを洗い出すリスク評価が重要となる．このリスク評価に基づき，製品の設計を変更するなどの工夫や消費者への適切な情報伝達を行うことで，製品事故のリスクを低減させる必要がある．

◆製品のリスク評価にあたって　製品のリスクには様々な種類があるが，評価の根本的な考え方は，製品使用に伴う危害とその危害の発生の可能性を同定することである．危害発生の可能性を考える際，事業者が想定する使用者だけを対象としてはならない．たとえ対象年齢などを設けて製品の使用者を限定していても，対象者以外の人が使用する可能性が考えられるのであれば，その人についても考慮しなければならない．また，事業者が意図する使用方法とは異なる使用や誤使用についても考慮する必要がある．合理的に予見できる誤使用を予見可能な誤使用と呼び，容易に予測しうる人の挙動，事業者が意図しないが発生頻度の高い使用方法，乳幼児・高齢者などの年齢特性に基づく意図しない行為を指す．そのため，予見可能な誤使用も踏まえて安全を担保することが事業者に課せられた義務である．なお，予見可能な誤使用の範囲は，消費者の属性や環境，使用状況，社会情勢などにより変動するため，誤使用や事故の発生動向などを一度限りではなく常時監視・把握し，その範囲を見直すことが重要である．

具体的に危害発生の可能性を同定するには，評価対象製品がどのような状況で使用されるのか，製品とどのくらい接触するのかなどの使用状況を踏まえた過程（すなわち，曝露シナリオ（☞ 2-7））と危害の程度（☞ 2-6）を明確にすることが必要である．

消費者製品に特徴的な点として，曝露シナリオには予見可能な誤使用を踏まえる必要がある．また，危害の程度には，曝露シナリオを踏まえて急性的な有害性だけでなく慢性的な有害性などについて明確にする必要がある．さらに，製品を長期間使用すると劣化などで製品自体が変化することがあり，これに応じて曝露シナリオや危害の程度も変化する可能性があることを考慮する必要がある．

危害発生の可能性とこれに対する危害の程度からリスクを算定するが，曝露シミュレーションモデルなどの定量的評価だけではなく，量的な条件が設定できない場合などは，リスクマトリクスを用いた評価（☞ 2-11）も考慮する必要がある．評価の結果，リスクが容認できないのであれば，どのようにリスクを低減させるかまたは管理するかを検討する．この際，目的のリスクを低減させるに伴い，他のリスクが発生することもあるため，リスクのトレードオフ（☞ 3-15）が発生しないように注意する必要がある．

◆製品事故が発生した場合（製品事故の報告とリコール） リスクを評価したとしても，製品事故が発生することはある．製品に起因する事故が発生した場合，消費生活用製品であれば，事業者は速やかに事故の程度に応じて国（消費者庁）や製品評価技術基盤機構（NITE）に事故の届出などを行う（経済産業省 2018）．また，事業者は事故内容を分析し，製品起因の事故のさらなる発生の可能性が考えられる場合，それらを最小限にとどめるため，リスクマトリクスなどを用いながらリコールを検討し，必要と判断すれば実施する．この際，消費者の安全を第1に確保することを念頭に行動する必要がある．

◆消費者への情報伝達 ラベル・説明書は，情報伝達やコミュニケーションの第一歩である．ラベルなどは，文字だけでなく絵表示も使用して，感覚的にかつ的確に危害やリスクの内容を理解できる必要がある．消費者製品にも用いられることがある化学品の分類および表示に関する世界調和システム（GHS）表示では，世界共通の絵表示を用いている．ただし，習慣や価値観によって絵表示の認識に違いが生じることもあり，他国の絵表示や新規の絵表示を用いる場合は，消費者に事前の教育をするなどの対応が必要である．ラベルに絵表示などを示していても，事業者の責任が全て免れるわけではないため，リスクを適正に管理するには，正しくわかりやすい情報伝達を行い，消費者とのコミュニケーションが必要となる．

［光崎　純］

📖 参考文献

・経済産業省（2011）リスクアセスメント・ハンドブック（実務編）（閲覧日：2018 年 11 月 22 日）．
・NITE（2007）消費生活用製品の誤使用事故防止ハンドブック（第 3 版）．
・NITE（2008）GHS 表示のための消費者製品のリスク評価手法のガイダンス，2008 年 4 月（閲覧日：2018 年 11 月 22 日）

【3-14】
リスク比較

適切にリスクを管理するためには，そのリスクの大きさを定量的に把握し，リスク同士を比較していくことが不可欠である．それは，リスク管理に必要な予算・人員などの資源が限られる中で費用対効果を考慮し，大きなリスクから対策を講じていくことが求められるからである．表1には，人口動態統計から作成した日本における平成28年度の各種死因別死亡率を示した．これは，各要因で1年間に死亡した人数をその年の全人口で割り，10万人あたりに換算した数字である．これが死亡リスクの最も基本的な比較方法である．また，リスク比較はリスクトレードオフの把握にも役立つ（☞ 3-15）．

表1　平成28年度の各種死因別死亡率
（人口10万人あたりの年間死亡数）

要　因	死亡率
悪性新生物	298.3
心疾患	158.4
肺炎	95.4
脳血管疾患	87.4
老衰	74.2
自殺	16.8
不慮の窒息	7.6
転倒・転落	6.4
不慮の溺死・溺水	6.2
交通事故	4.2
結核	1.5
インフルエンザ	1.2
火災	0.7
他殺	0.2
HIV	0.1

［出典：厚生労働省（2016）より抜粋して作成］

しかしながら，様々なリスクの大きさを比較することについては否定的な議論も多い．最も大きな問題となるのは，○○のリスクはたばこや酒のリスクよりも低いのだから許容するべきである，という文脈で使用されるケースである．

V.T. コーウェルら（Covello et al. 1988）によって，リスク比較のための指針として5つのランクが示されており，タイプの異なるリスク同士の比較は受容されにくいとして警鐘が鳴らされている．タイプの異なるリスクの比較の場合，リスクの受け手が異なる場合がある．その場合，リスクの大きさだけではなく，誰がリスクの受け手となるか，という問題も出てくる．例えば，2001年のアメリカ同時多発テロの後，人々が飛行機に乗るのを恐れて自動車での移動に切り替えた結果，自動車事故による死者が大きく（推定1600人程度，Gigerenzer 2006）増加してしまった，などの事例がある．この場合，飛行機と自動車のリスク比較では，自発的移動を行う者という観点ではリスクの受け手は同じであるが，自動車によってはねられる歩行者という観点ではリスクの受け手が異なる．さらに，アメリカ同時多発テロの後では，人々が飛行機による移動を敬遠した結果，インフルエンザの流行速度が遅くなった，という結果も報告されている（Brownstein et al. 2006）．つまり，飛行機の敬遠によって，自動車による追加のリスクを受けた者もいれば，インフルエンザの流行遅延の恩恵を受けた者もいる．

このようにリスク比較はスコープが非常に幅広く，単純に優劣をつけられるものではないことに注意が必要である．それでもなおかつ，リスクの大きさをわかりやすく伝えるうえでリスク比較の有効性は依然として高い．問題となるのは上記のような特定のリスクの許容を目的としたリスク比較であり，リスク比較そのものに問題があるわけではない．

◆リスク比較の事例　歴史上最初に各種死因の死亡率によるリスク比較を報告したものは，イギリスのグラント（Graunt, J）による1662年の『死亡表に関する自然的および政治的諸観察』だとされている．この中ではリスク比較の目的を次のように記載している．「多くの人々は様々な病に恐怖しながら暮らしているが，私はただそれらの病によって何人死んだかを記録するだけだ．それらの数がわかれば，その病がいかなる危険にあるかをより良く理解できるからだ」（グラント 1941）．R. ウィルソン（Wilson 1979）など現代のリスク比較の文脈においても，基本的な目的はこれと同じとなっている．

リスク対策の優先順位付けを目的としたものについては，米国環境保護庁による「比較リスク」の取り組みがある（US EPA 1993）．これは，多様な環境問題を人の健康や生態系へのリスクの大きさによってランク付けをしようとするプロジェクトである．また，世界保健機関による「世界疾病負担」は，障害調整生命年（DALY）の損失という指標を用いて，世界の疾病による健康リスクを比較しようとするものである．2016年度版では，世界レベルで最も大きなリスク要因は男性でたばこ，女性で高血圧であった（GBD 2016 Causes of Death Collaborators 2017）．さらに，毎年世界経済フォーラムによって公表されている「グローバルリスク」は，5つのカテゴリー（経済，環境，地政学，社会，技術）から評価対象とするリスク要因を選定し，ダボス会議の参加者へのアンケートをもとに，今後10年での発生確率と発生した場合の影響度を相対的に可視化したものである．2017年度版では，最も発生確率が高く影響も大きいリスクとして異常気象があげられている（World Economic Forum 2017）．

上記のようなリスクの基本的理解・対策の戦略策定を目的とするリスク比較以外に，特定のリスクの許容を目指すリスク比較も存在する．例えばF.D. ソウビー（Sowby 1965）は，放射線の許容リスクはどのあたりかを議論するために，日常生活の様々なリスクを従事している時間あたりの死亡率という指標で比較した．これは，スキーなど特定の時期にだけ行うもののリスクを表１のような年間死亡率として他のリスクと比較するのは適切ではないと考えたためである．また，B.L. コーエンと I.S. リー（Cohen and Lee 1979）は損失余命という指標を用いて，日常生活の様々なリスクと放射線のリスクを比較した．

◆リスク比較と不確実性　表 1 のように，死亡率をリスク指標として用いるのが最も基本的な方法であり，かつ最も多様なリスクを比較可能であろう．ただし，リスクの表現方法は様々である．死亡率の他に有力な候補は化学物質のリスクでよく使用する曝露マージンや，損失余命，損失障害調整生命年などである．曝露マージンは，毒性試験や疫学調査から導き出した無毒性量やそれに相当する閾値と現状の摂取量の比を計算するものであり，化学物質同士のリスクを比較するには良いが，それ以外のリスクとの比較は難しい．例えば食品安全の要因の中で，曝露マージンでは食品添加物のリスクと食中毒のリスクは比較できない．損失余命の計算には死亡時の年齢の情報が必要になり，障害調整生命年の計算にはそれに加えて非致死的影響の度合いについての情報も必要となる．この情報が多様な要因について得られるわけではなく，特に化学物質のリスクで動物実験から人への外挿となる場合には計算が困難である．

死亡率を用いる場合であっても，表 1 のような統計情報を用いる場合以外にも様々な計算方法があり，それぞれ信頼度も異なる．重要な点は，リスクの数字の根拠となる情報の信頼度もあわせて評価してリスクと共に示すことである（永井 2016）．実際の統計データに基づいているリスクは最も信頼度が高い．ただし，単年度では件数が少ない（10 人以下）か，あるいは自然災害のように年変動が大きいと，数年分のデータで平均をとる必要がある場合もある．数年分のデータをプールして使用した場合は若干信頼度が落ちるだろう．次に信頼度が高いリスク評価は疫学調査から計算したものである．例えば，たばこ，アルコール，肥満，食塩などは十分な数の疫学データがあり，現状の一般人に有意なリスクが検出されているものである．ただし，放射線などは疫学データが十分あるが，現状の一般人に有意なリスクが検出されているものではなく，低用量の影響を外挿（直線外挿）により補間したものとなる．このような低用量外挿によるリスクはさら信頼度が落ちる．また，化学物質のリスクなどで人のデータが無く，動物実験から人への種間外挿による場合も，同程度に信頼度の低いリスクとなるだろう．放射線などの推定に依存する部分が多いリスクと，交通事故などの実際の統計によるものを比較する際には，信頼度の差が大きいことを明示することが重要である．

なお，統計データを用いる場合でも問題はある．交通事故であれば交通事故死の定義（事故発生から 24 時間以内に死亡した人）があり，それを変えると年間死者数も変わってくるため，統計情報といえども絶対的な数字ではないことに注意が必要である．さらなる問題は「分母を何にするか」ということである．例えば表 1 の「不慮の溺死・溺水」は入浴中の溺死が多いが，高齢者に限定すればさらにリスクは大きく上昇する．交通事故も乗用車とバイクで分ければリスクが異なる．すなわち，どのようなフレームで評価するかによってリスクは大きく変わり，フレームの設定はリスクを比較する目的に依存する．一方で，１つのリスクを複数のフレームから評価することは，データの見方やリスク情報の受け止め方（リスクリテラシー）を養うのにも有効であろう．

◆リスク比較とコミュニケーション　これまで記述したのは専門家によるリスク比較やランク付けの方法であるが，一方で一般の人が考えるリスクの大きさ（リスク認知）はこれとは大きく異なっていることが明らかにされてきた．すなわち，一般の人々は表１の年間死亡率のような数字ではなく，恐ろしさ因子や未知性因子によってリスクを認知しているという説明がなされてきた（Slovic et al. 1979）．そして，この原因が専門家と一般の人の知識のギャップにあるとの考えから，上記の「○○のリスクはたばこや酒のリスクよりも低いのだから許容するべきである」というような説得的リスクコミュニケーションが生まれてきたと考えられる．このように，比較対象を恣意的に選択することは大きな反発を招くことから，中谷内（2006）はリスク比較の方法の１つとしてリスクのモノサシを提案した．これは，あるリスクの大きさを示す際に，情報を提供する側が標準的なリスク比較セットとして提供するもので，一案としてがん，自殺，交通事故，火事，自然災害，落雷の６つのセットを提案している．この特徴は，

①恣意的にリスク比較できないように比較対象を一定にさせる．
②大きなリスクから小さなリスクまでをカバーできる複数の基準をセットにする．
③なじみがあって統計的に安定している．
④リスク認知のバイアスがかかりにくい．

などの点である．

さらに，一般の人はリスクのような確率を判断する際に様々なヒューリスティックス（直観や経験を用いて素早く解に近づく方法）を使うことが知られている．一般的に低い確率は過大評価され，大きい確率は過小評価される．つまり，化学物質のリスクで出てくるような 10^{-5} のような低い確率はそもそも正しく判断されにくい数字である．加えて，人々は未知なものをリスクが高いと認識する傾向があるため，逆に身近にあるリスクの高い要因はあまりリスクが高いとは認識されにくい．このように，リスクコミュニケーションにおけるリスク比較の表現方法は依然として多くの課題を抱えているのが現状である．　［永井孝志］

📖 参考文献

・中谷内一也（2006）リスクのモノサシ，NHK ブックス．

【3-15】

リスクトレードオフ

あるリスクを減らそうとして行動をとると，かえってリスクが増大したり，新たに別のリスクが発生したりすることがある．これをリスクトレードオフと呼ぶ．リスクトレードオフが着目されるようになった理由は，人々の生活がより安全になるに従ってより小さなリスクが注目されるようになり，そのリスクを下げる対策に注目が集まるようになったためである．大きなリスクは，リスク源を取り除くなどの比較的単純な対策によるものが多く，リスクの下げ幅も大きいため，別のリスクが少し生じても問われることが少なかった．しかし，小さなリスクを下げようとすると，リスクの下げ幅以上にほかのリスクが生じる可能性が無視できない場合があることが予想され，これらのリスクの大小を定量的に示す解析（リスクトレードオフ解析）が必要になってきた．つまり，リスク削減の方向性を全体として見誤らないための手法がリスクトレードオフ解析と言える．

◆リスクトレードオフの例　グラハムとウィーナー（Graham & Wiener, 1998）は，削減の直接的な対象であるリスクを目標リスク，目標リスクを下げたことにより新たに生じるリスクを対抗リスクと呼んだ．また彼らは，目標リスクと対抗リスクで，リスクの種類が同じか異なるか，リスクの受け手が同じか異なるかにより，4種類のリスクトレードオフがあるとした．以下の事例で，目標リスクと対抗リスクを整理する．

①　トリハロメタンによる発がんリスクの増加を懸念して水道水の塩素消毒を中止したら，コレラ菌が死滅せずコレラが流行した（目標リスク：ヒトのトリハロメタンによる発がん，対抗リスク：ヒトのコレラ罹患）．

②　魚に含まれている水銀による神経影響（認知発達の低下）を心配して魚食をやめたら，魚からの脂肪酸摂取が減ったため冠動脈性心疾患による死亡の可能性が高まった（目標リスク：ヒトの認知発達の低下，対抗リスク：ヒトの冠動脈性心疾患による死亡）．

③　殺虫剤のジクロロジフェニルトリクロロエタン（DDT）が鳥類の減少の原因とされたことから使用禁止となり，その結果，アフリカやアジアの国々でマラリアが急増してしまった（目標リスク：鳥類の個体数減少，対抗リスク：ヒトのマラリア罹患増加）．

①の例のように，目標リスクと対抗リスクに関して，リスクの受け手が同じで，かつリスクを死亡率で表すことが可能であるためリスクの性質も同じ，というものもあれば，③のようにリスクの受け手もリスクの種類も異なるものもあるが，まずはトレードオフの関係を整理することが分析の第一歩となる．

◆**解析の事例**　国立研究開発法人産業技術総合研究所（産総研）は，化学物質のリスクトレードオフ解析を行っている．その背景には，企業の生産活動において，化学物質の中でも「化学物質排出把握管理促進法」に基づく排出・移動量届出の対象物質（PRTR 対象物質）の排出量を削減するために，PRTR 対象物質以外への代替が盛んになったことがある．しかし，この代替により全体としてのリスク削減が実現しているかは不明であった．この解析では，化学物質の４つの用途群（工業用洗浄剤，プラスチック添加剤，溶剤・溶媒，金属類）を対象としている．工業用洗浄剤の場合，関東地域全体において塩素系（トリクロロエチレンなど）を使用する全事業所で，炭化水素系（n- デカン）や水溶性（アルコールエトキシレート）へと代替が行われるというシナリオを設定した．塩素系洗浄剤，代替後の洗浄剤ともに，通常の化学物質リスク評価と同様に環境排出量を推計し，環境動態モデルによる曝露評価を実施した．塩素系，炭化水素系の洗浄剤は共に揮発性有機化合物であるため，使用量が変化するとオゾン生成量が変化することを利用して，オゾン濃度をエンドポイントとしてリスクを評価した．水溶性の洗浄剤については，水生生物への影響をエンドポイントとしてリスクを評価した．

物質代替が起こった場合の比較には，「機能単位」を同一とすることが必要である．例えば工業用洗浄剤の場合，洗浄の効果が同等となるよう物質の使用量を決定した（産総研 2012）．また，解析範囲を例えば「関東地域全体」「日本全体」などと適切に設定し，リスク比較を行う範囲を明確にすることが重要である．

◆**リスクトレードオフ解析の課題**　一般に，目標リスクと対抗リスクでリスクの質が変化すると，通常はエンドポイントが異なり，リスクの比較ができないという問題がある．上記の工業用洗浄剤の事例で，水溶性の洗浄剤への代替の場合，ヒト健康影響と水生生物影響を統一的に表せるリスクの指標は一般にはない．また，代替物質の評価（対抗リスクの評価）において曝露や有害性の情報が欠如し，評価が困難なことが多いため，この点を補完する推論手法の開発が望まれる．上記の事例では情報が比較的多かったため評価ができたものの，これまで使用されていた物質Aでは得られていた用量反応関係が，代替として使用される物質Bでは得られないということはよくあり，有害影響の起こるメカニズムがまったく異なれば，外挿は一般に困難である．同時に，推定の不確実さについても，どこまで許容できるかの見解は事例ごとに判断しているのが現状である．

このような課題はあるものの，リスクトレードオフ解析はリスク管理措置を合理的にするための有力な手段の１つである．費用対効果分析（☞ 2-4）との組合せにより，対策や規制の優先順位づけや意思決定に役立てることができる．

［小野恭子］

📖 参考文献

・グラハム，J. D.，ウィーナー，J. B. 編，菅原努監訳（1998）リスク対リスク：環境と健康のリスクを減らすために，昭和堂．

【3-16】

リスクの相互依存と複合化への政策的対応

社会における様々なハザードや脅威は，それらと影響の間の関係が単線的であり，影響の及ぶ範囲が限定的であれば，それらは単純リスクであり，その分析も対処も比較的容易である．しかし今日，国境を越えて移動する人々やモノの増大，インフラシステムの相互依存度の増大，システムの集中・集約化，都市の過密化（OECD 2011），情報通信技術（ICT）化といった環境要因の変化も寄与して，リスク間の相互連結・相互依存が増大し，無数のリスク要因を複合化させている．

◆リスクの相互依存の深化と複合化 複合リスク化した社会においては，リスクの低減を目的とする管理措置は，いわゆるリスクトレードオフ（☞ 3-15）により直接の目的を超えた様々な影響をもたらしうる．リスクのうち，全体システムの機能に影響して地理的空間やセクターを超えて影響を及ぼすものをシステミックリスクと呼ぶ（IRGC 2009）．システムの中では，あるリスクがほかの増幅要素となって影響を加速させるポジティブフィードバック（カスケード効果），反対にそれを抑制するネガティブフィードバックが，常に動的な作用をしている．このため，リスクは単にその構成要素を足し合わせた総体としては理解できない（Helbing 2013）．

複合リスク化したシステムが，安定状態からリスクが増幅した状態になる契機（トリガー）には，自然災害など外生的なものだけでなく，金融バブルの崩壊のように内生的なものもある．その影響は，システミックなものもあれば限定的なものもあるし，また時間軸も，短時間で急激なものもあれば，温暖化のように長時間で着実に影響を及ぼすもの（いわゆる slow developing catastrophic risk, IRGC 2013）もある．また復旧・復興措置により基本的に被害が減少方向に向かう自然災害に対し，感染症リスクのように十分に封じ込められないと被害が減少・増大を繰り返すものもある．相互依存性を規定する要素には，地理的空間や人の移動といった物理的なものだけでなく，情報や政策などによる結びつきといった非物理的なものもある．

◆複合リスクへの政策対応上の課題 このような複合リスクに対応するうえで，行政は全体像の把握・評価・判断／調整・モニタリングによる管理・監督をするプラットフォーム機能を担うことが求められる．具体的には，ホライゾンスキャニングによって，数十年の長期的なトレンド（地政学的，経済的，社会的，技術的，人口動態・環境的）の全体俯瞰をセクター横断的に実施し，その結果を踏まえた戦略的フォーサイトにより国家としてのビジョンを策定する（☞ 13-2）．そのうえで，中短期的時間軸（～5年程度）を念頭に今後取り組むべきリスクの特定と優先順位づけをするナショナルリスクアセスメント（NRA）を実施する（☞13-4）．ここで重要なのは一連のフォーサイトからNRAまでシームレスに実施することである（OECD 2016）．しかし，日本はフォーサイトについては長い経験があるものの，NRAが実施されていないという課題がある．各省庁の対応は，そうした全体俯瞰と連動させ，個別リスクに落とし込む形で行い，必要に応じて早期警告や事前準備を行うことが求められる．

上述の機能の制度設計では，以下の要素が重要である．第１に，質の異なる多様なリスクの把握，および利害関係者の包括性の確保である．オールハザードを前提とし，物理的なリスクのみならず，多様なリスクを包含する必要がある（OECD 2003）．現在のリスク分析の枠組みは物理的科学的安全に比重があるが，それ以外の社会的要素，倫理的，法的，社会的問題（ELSI）の分析も重要である（☞13-5）．また，そうした多様なリスク（あるいはベネフィット）の利害関係者（公衆を含む）との調整・コミュニケーションのプラットフォームの確保も求められる．リスク管理者の役割と責任を明確化し，誰も引き受け手がないリスクや規制ギャップが生じないよう，政府全体・地域全体で取り組むことが肝要である．

第２に，管理・監督における柔軟性の確保である．前述のとおり，管理上，役割や責任，その管理手段の明確化が重要である．それにより被管理主体も将来の予測性が高まり安定的な活動が可能となる．その一方で，複合リスクはリスクの存在や影響が完全には事前に把握できないので，法制度設計のデザイン段階で柔軟性を確保する必要がある．昨今，科学知識，技術的・経済的・社会的・政治的発展状況を鑑みた政策の見直しやアップデートの仕掛けを制度設計の段階であらかじめ盛り込む「計画された順応的規制」（IRGC 2016）についての議論が高まっている．例えば，定期的な再評価・見直し条項や時限的承認，条件付き承認といったやり方がある．その他，規制を導入する前に時間や空間を限定して社会実験し，利害関係者であらかじめ事前検証をして，監督可能なサイズから徐々に拡大していくというやり方もありうる．このように，固定的な規制ではなく，変化する状況に応じて柔軟に対応できる法制度設計のあり方，リスク・ガバナンスを検討することが今後の課題である．　［松尾真紀子］

📖 参考文献

・IRGC（2009）*Risk Governance Deficits: An analysis and illustration of the most common deficits in risk governance.*
・OECD（2003）*Emerging Systemic Risks in the 21st Century: An Agenda for Action.*

【3-17】
産業保安と事故調査制度

「産業事故」は事故の中でも特に製品やサービスの提供を行う産業活動によって起こる事象であると言える.

◆産業事故の略史 産業事故が大きな社会問題として捉えられるようになったのは産業革命以降と考えてよいだろう. エネルギー源が水力・畜力・人力から蒸気機関に変化し, 発生した圧力を用いる力強い産業機械が生産活動に取り入れられた. 生産規模の拡大に伴い, 事故が起きた際の被害の深刻さおよび大きさは増大した. 旅客鉄道など安全がサービスの一部である業界とは異なり, 初期の製造業では事故防止に取り組むことのメリットは少なかった. しかし, 徐々に労働者を守る機運が芽吹き, 1906年には米国のUSスチール社がSafety first運動を始めた（Safety firstは後に足尾銅山所長小田川全之により「安全専一」と翻訳された；労働安全衛生総合研究所 2010). 安全委員会を設置し, 労働者保護設備の設置を推奨した. やがて, 事故防止のために投資した金額よりも支払わなかった損失が大きく上回ることがわかった. 事故の補償が必要なかった頃には, 防護に予算をかけるよりは法廷闘争にコストをかけたが, 補償がほとんど認められるようになると, 防護に投資をした方が合理的となった. 労働者の補償増加によって等級などの基準が必要となり, 統計基準や安全装置の規格化が始まる. 事業者には作業現場を安全にする義務が課せられたが, 適切な情報がなかったことから, 統計情報が整備された.

第2次世界大戦後は, 化学産業の大事故から得られた教訓を生かし, 各種の法律が整備された. 28名の死亡者が発生した英国フリックスボローの爆発事故(1974年）では, 加圧シクロヘキサンが漏れて着火・爆燃した（Turney 1994). 事故直前, 亀裂と漏れが見つかった第5反応器をシャットダウンし, 十分な危険性評価がなされないまま, 隣接する第4, 第6反応器を直接接続して生産を継続する決定がなされた. その結果, 直接接続していたバイパス管が破断して火災が発生し, 大量のシクロヘキサンに着火して蒸気雲爆発が起きた. 制御室が反応器の近くにあったため制御室にいた全員が死亡するなど, 土地利用計画にも教訓がもたらされた事故であった. ダウケミカル社でのゾアレンの発熱分解による爆発事故（1976年）では, 発熱分解反応に関する知識・理解の重要性が指摘された(Atkinson 2003).

1976年, イタリアのセベソにて反応容器の圧力上昇により破裂板が破壊され, ダイオキシンを含む蒸気雲が事業所外にも拡散した. 漏えいは20分ほど続いたが, その後数日は企業と当局の間の意思疎通ができていなかったので混乱が続いた．この事故による死者はいなかったが，近隣の町では，汚染地域にいた数千の動物が死亡するなど多くの影響が見られた．本事故では数多くの技術的な欠陥のほか，危険な物質についての情報提供の不備などがあったことから，大規模災害を防ぐために製造業者が必要な手段を講じることと，事故による影響を拡大させないことなどを求める「セベソ指令」が欧州経済共同体で採択された．

1984年12月にインドのボパールで発生した事故（HSE, 執筆日時不明）も，多くの周辺住民に被害が及んだ．この事故では，貯蔵タンクの圧力上昇によってメチルイソシアネートが漏洩した．数ヶ月前からフレアーシステムは停止しており，貯蔵タンク内での暴走反応は安全検討の対象には殆どなっていなかった．また，冷却システムの廃止によって貯蔵タンクは設計温度（0℃）を維持できていなかった．さらに緊急事態において，事業者はサイレンの使用を躊躇したため，十分な対応措置を取ることができなかった．このように様々な失敗が重なった大事故であった．一説には，事故直後約2000人が死亡し，数万人が被害を受けたとされている．事故によって数年にわたって被害に苦しんだ後に死亡した者もいることから，その正確な被害者数はわかっていない．周辺の病院には事前に物質の性状について情報提供がなかったため，救命救急では適切な措置ができなかった．

1986年11月にバーゼルで発生した化学倉庫の火災（FOEN 2016）は，ライン川流域の自然環境に大きな影響を与えた．火災は真夜中過ぎに発生し，翌朝まで続いたが，スイス側では鎮火を宣言できない一方で子供は学校に行くようにとの矛盾した指示がなされた．一方，国境を接するドイツ側，フランス側には火災について情報はもたらされなかった．

このような数々の大規模災害を教訓に，欧州連合（EU）はより高いレベルの安全性確保を目指してセベソ指令を発展させたセベソⅡと呼ばれる指令を採択した．2012年のセベソⅢの改正では，市民への情報提供が強化され，市民からの要求の有無に係わらず，影響を受けると考えられる市民に対し，定期的に適切な様式で安全対策と大規模災害時の対応についての情報提供を行うことが求められている．

◆産業保安の基本的考え方　保安とは「危険に対して安全な状態を保つこと」とされている（広辞苑第三版）．安全に関する規定を導入するためのガイドライン ISO/IEC Guide 51では，安全とは「許容できないリスクがないこと」とされている．したがって，安全な状態を保つことは，すなわち受容できる程度にリスクを低く抑えることと言える．

産業保安においては，リスクはある事象の発生頻度・確率と結果の重大性・深刻度によってあらわされる．リスクの低減策にはリスクの成立ちから，ハザードを小さくするアプローチと，発生頻度・確率を小さくするアプローチが考えられる．ハザードを小さくするには，本質安全化と呼ばれる「危険源の量を減らす」

「危険な程度の低いものに代替する」などの措置を行う．事象の発生頻度を低減するには，ハザードが発現する可能性を低くするために，条件を緩和する，防護措置を複数システムに組み込むなどの手法がある．具体的には最悪事象が起こらないよう，信頼性の高い（故障確率の少ない）モニタリング機器，異常検知設備の設置，異常時の状況を緩和する設備の設置などを行い，複数の防護措置が同時に故障・機能不全となることがないようにし，ハザードが顕在化する確率を十分に低くするものである．この考え方を表す簡単なモデルとして，スイスチーズモデル（穴の開き方が異なるチーズを重ねれば，全体を貫通する穴ができる可能性が低くなる．これと同様に，独立した防護措置を複数設置することによって大事故に陥ることを防ぐ）がある．リスクマネジメントの手順は，国際標準規格ISO31000（☞ 3-2）を参照．

◆自主保安によるマネジメント　様々な分野で産業災害を防ぐため，作業や装置・物質などについて規定が存在している．特に技術的なものについては，形状などが具体的に記述されているような仕様規定がある．これらは過去の事故を踏まえ，国などによる試験検討を踏まえて決められたものであり，遵守することによりある程度の安全が担保される．

近年，自主的なリスクアセスメントによるマネジメントが推奨されている．法律の遵守は最低限実施しなければならないことと位置づけられる一方，さらに安全水準を高めるため各事業所でリスクアセスメントを適切に行うことが期待されている．また，リスクアセスメントを実施するインセンティブも設定されている．例えば，高圧ガス保安法では，高度なリスクアセスメントを実施するなど高度な保安の取り組みを行っている事業所をスーパー認定事業者として認定し，連続運転期間を最大8年とできるなどのインセンティブを与える制度が2017年から始まっている．

◆ヒューマンエラー　高度に自動化されたシステムでも，人が全く介在しないシステムは依然としてない．そして，人間は間違いを犯す存在であることから，人による期待に反した行動は事故の引き金になる可能性がある．ヒューマンエラーはそのような人による間違いを指す言葉として広く用いられている．期待しない結果に至る「間違い」とは，目的・計画が間違っていたのか，手段が間違っていたのか，予定していた手段は適切であったが実行の際に間違ったのかなど，人間の処理過程のどこで間違いが起きたかによって，「スリップ」（実行の段階で失敗したもの．取り違い，思い違い），「ラプス」（実行の途中で計画を忘れてしまったもの．失念），「ミステイク」（意図した行為・目的・計画自体が間違っていたもの）などがある．これらを防ぐには，誤りを起こさないような教育訓練も重要であるほか，誤りを犯しづらいシステム・デザインにする必要がある．特に機械と人間の接点（インターフェース）では，人間の自然な動きに反したデザインでは誤りが起こりやすい（例えば，右に廻すと車体が左に転回するハンドルなど）

ことから，人間工学的な視点が有用となる．

ヒューマンエラーが個人の問題だけにとどまらず，作業環境や作業手順の煩雑さ，周囲の同僚などの関係者が背後要員にあることを示すものとしてSHELモデルが知られている（小松原 2010）．SHELモデルでは，中心にLiveware（作業者本人）を表すLが書かれ，その周囲を取り囲むようにSoftware （作業手順書や教育訓練などソフト的な要素）を表すS，Hardware（道具，機器，設備などのハード的な要素）を表すH，Environment（照明，騒音など作業環境）を表すE，もう１つのLiveware（同僚，上司，部下などの周囲の人たち）を表すLが配置されている．このように，対象となる人物だけでなく，取り巻く要素を考慮して検討していく「ヒューマンファクター」という考え方がある（岡田 2005）．

◆安全文化　安全文化の定義は依然として定まっておらず，学術論文でも様々な定義が見られるが，主なものは「集団で共有された，安全を重要視するという価値観・信念」「従業員や管理者，顧客や公衆が危険であると考えられる状況や怪我へ曝露する機会を最小限にしようとする信念，規律，態度，役割，社会通念あるいは技術的慣習」「組織の全員がリスクや事故，健康悪化に対して共有する考えや信念」などがある．

安全文化という語が初めて現れたのは1986年に発生したチェルノブイリ原子力発電所事故の事故報告書である．その後，安全文化の欠如が指摘される事故が複数発生した．安全文化の水準あるいは劣化度合いが事故発生と関連すると考えられることから，安全文化を測定した結果が組織における事故の発生しやすさの先行基準となることが期待されている．現在，アンケートを用いた測定が主に行われているが，どのような指標が効果的に安全文化を測定できるかについて，研究が続けられている．

◆事故調査制度　事故調査では，事故が発生した状況の確認・調査を行う．事故調査の結果は，事故の再発防止，事故の結果生じる補償の額の算定や証明書発行，裁判のための根拠資料，あるいは統計情報などに資する．調査を行うのは法令に基づいた組織，保険会社のほか，事故を起こした組織などがみずから事故調査委員会を設け，専門家や学識経験者を招き，第三者による調査を実施する場合もある．法令で定められた調査では，調査者は立入り検査権などの必要な権限が与えられている．大規模災害をはじめとした社会的に大きな影響を与えた事故の調査報告は，該当する分野・産業におけるその後の安全基準に大きな影響を与える．また，事故調査によって得られた知見から，再発防止のための新しい条文などが法律・規則に追加されることもある．　［熊崎美枝子］

📖 参考文献

・駒宮功額（2001）技術発展と事故：21世紀の「安全」を探る，中央労働災害防止協会．

【3-18】
化学物質管理の国際規格と国際戦略

1990年代から，化学物質一般に対する世の中の関心が高まってきた．それに対応し，化学物質の適切な管理がきわめて重要であると認識されるようになり，国際的な協調のもとで対応を進める動きが加速した．1992年の環境と開発に関する国際連合会議（UNCED）において取りまとめられた「環境と開発に関するリオデジャネイロ宣言（通称・リオ宣言）」を実施するための行動計画アジェンダ21では，①リスク評価の促進，②安全性情報の交換・提供，③リスク管理体制の整備を3つの大きな柱としている．

◆なぜ化学物質管理に国際規格が必要か　まず，地球温暖化，オゾン層破壊など地球規模での環境問題に関係する化学物質については国際間協力・協調が必須なことがあげられる．現在，UN，経済協力開発機構（OECD）などの国際機関を中心にきわめて活発な活動が行われている．さらに，管理手法のグローバル化が進んでいることが指摘できる．世界で扱われている化学物質は膨大な数になるため，安全性の情報を共通の形式で共同利用できることが重要であり，物質の国を越える移動がある場合はリスク管理体制も多国間で合意できることが重要となる．

◆WSSDがもたらした変化　リオ宣言の10年後，2002年に開催された持続可能な開発に関する世界首脳会議（WSSD）においては，長期的な化学物質管理に関する国際合意が首脳レベルでなされた．ここで採択された「ヨハネスブルグ実施計画」では「ライフサイクルを考慮に入れた化学物質と有害廃棄物の健全な管理のため，アジェンダ21の約束を新たにするとともに，予防的取り組み方法に留意しつつ透明性のある科学的根拠に基づくリスク評価手順とリスク管理手順を用いて，化学物質が人の健康と環境にもたらす著しい悪影響を最小化する方法で使用，生産されることを2020年までに達成する」とし，目標期限を設定したうえでプログラムが具体的に定められた．この特徴としては，①リスクの概念が明示され，2006年制定の「国際的な化学物質管理のための戦略的アプローチ（SAICM）」の文言にも引き継がれていること，②「国際調和」を国際機関同士の連携や有害性表示の統一化という形で謳っていること，③有害化学物質のライフサイクルや国をまたいだ移動に着目し，国際貿易や有害廃棄物の越境移動に関連する悪影響の削減をめざすものであること，の3つがあげられる．

◆WSSDに基づく行動指針　WSSDの具体的な行動指針として取りまとめられたSAICMは，「化学物質による人や環境へのリスクを削減するために国際的に調和のとれた戦略的管理をしようとするもの」とされ，この中の「包括的方針戦略」には，「リスク削減」とそれを達成するために「知識と情報」「ガバナンス」「能力構築と技術協力」「不法な国際取引の防止」が謳われている．ここにリスク概念が明示されたことでハザード管理からリスク管理への転換が促された．特にEUでは，すべての化学物質において事業者がリスク評価の実施義務を負う管理制度（REACH）が導入され，みずからリスクの特定とリスク制御方法の決定を行う義務が生じた．

また，化学物質の分類および表示に関する世界的に調和された新たなシステム（GHS．2003年に導入され，2008年までの実施促進を目指す）は，化学物質管理のグローバル化を促す大きな変化につながっている．これは世界的に統一されたルールに基づき，その情報を化学物質等安全データシート（MSDS）において提供すること，または製品へのラベル表示でわかりやすく伝達することを促すものである．

◆国際条約の例　国際条約の中で特定分野の化学物質がもたらすリスクの削減を目指したものとしては，POPs条約とモントリオール議定書があげられる．POPs条約（☞6-13, 6-14）は「残留性有機汚染物質に関するストックホルム条約」の通称であり，環境中での残留性，生物蓄積性，人や生物への毒性が高く，長距離移動性が懸念される12の残留性有機汚染物質（POPs）について排出の廃絶・低減等を図るもので，2004年に発効した（経済産業省，POPs条約）．モントリオール議定書の正式名称は「オゾン層を破壊する物質に関するモントリオール議定書」であり，1987年に採択され，1989年に発効した．オゾン層を破壊するおそれのある物質を特定し，該当する物質の生産，消費および貿易を規制することを図るもので，成層圏オゾン層破壊の原因とされるフロン等の環境排出抑制のための削減スケジュールなどの規制措置を定めている．議定書の発効により，特定フロン，ハロン，四塩化炭素などが1996年以降全廃となり，その他の代替フロン，ハイドロクロロフルオロカーボンなども順次全廃となった（環境省，モントリオール議定書）．

◆企業の自主活動　事業者同士の国際連携の例がレスポンシブル・ケア（RC）活動にもみられる．これは1980年代後半，カナダから始まった化学物質の全ライフサイクルにわたっての「環境・安全・健康」を確保する事業者による自主管理活動であり，国際化学工業協会協議会（ICCA）においてもRC活動は主要なテーマとなっている．ICCAは，OECDを中心に進めている高生産量化学物質（HPV）の安全性情報を収集する取り組みに積極的に協力している．［小野恭子］

📖 参考文献

・経済産業省製造産業局化学物質管理課（2007）これからの化学物質管理をどうするか：適正な管理と国際協調を目指して，化学工業日報社．

関するリスクを扱っている．例えば，中国における化学工場の立地を対象とした事例では，化学物質の種類ごとに基準となる取扱い量と実取扱い量の比を求め，すべての物質に対する比の合計値でリスクレベルを判断し，必要な管理方策を検討することになっている．

◆国内のアセスメント制度　日本国内において，国レベルで法制化されたのは 1997 年であるが，自治体レベルでは 1977 年に川崎市で条例化されたのを皮切りに，都道府県や政令指定都市で制度化が進んでいる．総じて，国の制度に比べて自治体の制度のほうが扱う評価項目や手続き面で柔軟性があり，幅広い視点から影響を捉えようとしている側面が見られる．影響を評価する項目は，大気汚染や水質汚濁などの環境汚染や自然環境の保護，景観や廃棄物処理などに限定されているが，自治体の制度の中には，事業の実施による交通量の増加がもたらす交通事故への影響のような地域安全に関するリスクを対象としている場合がある．また，手続き面では，自治体独自の制度として，関係者との間で情報を交流させる機会を充実させたり，会合の場で事業者と市民が意見を交換したりする機会を制度化している場合がある．こうした傾向は，自治体のほうが関係者とより近い位置にあること，地域の特性に応じた制度を模索してきたことなどが要因としてあげられる．

◆国際援助機関の取組み　政府開発援助（ODA）を扱う国際協力機関においても環境アセスメントは実施されており，比較的幅広い影響を対象として，事前の評価や緩和策の検討がなされている．国際協力機構（JICA）では，1994 年に環境配慮に関するガイドラインが改定され，開発事業がもたらす環境負荷のみならず，地域社会や地域経済への影響も対象とするようになっている．その中の具体的な評価項目の 1 つとして，事故リスクを取り上げている．また，世界銀行では，1989 年から環境アセスメントに関する業務指令が策定され，社会や経済を含む幅広い影響に配慮する取り組みが進められている．2018 年からは，それまで環境や社会への影響として扱っていた内容にリスク概念を導入し，10 の観点に整理されたセーフガード政策を進めている．その中で，事業の種類や規模，生じると考えられる影響の内容などから，事業の実施に伴うリスクの程度を 4 段階に分類し，実施すべき管理方策を検討することとしている．　［村山武彦］

📖 参考文献

・環境アセスメント学会（2013）環境アセスメント学の基礎，恒星社厚生閣．
・村山武彦（2013）開発援助における環境社会配慮の現状と課題，環境研究，171, 132–138.
・World Bank（2017）*Environmental and Social Framework*.

【3-20】

医薬品のガバナンスとレギュラトリーサイエンス

医薬品は，製薬企業が候補物質のスクリーニング，製造方法および品質試験方法の確立，非臨床試験ならびに臨床試験（治験）を行い，医薬品医療機器総合機構（PMDA）がこれらのデータをもとに安全性と有効性を評価し，効能・効果，用法・用量，使用上の注意の妥当性を判断したうえで厚生労働省により承認される（図1）.「医薬品，医療機器等の品質，有効性及び安全性の確保等に関する法律」（以下，医薬品医療機器等法）には，承認拒否事由として，申請に係る効能・効果または性能を持っていると認められない場合，効能，効果または性能に比べて著しく有害な作用を有する場合などがあげられており，有効性があることのみならずリスクが許容されることが医薬品の承認上必要な要件であることが明示されている.

◆医薬品開発段階における安全性評価　医薬品の安全性を確認する最も有効な手段は，ヒトでの臨床試験において，副作用の種類や重篤度，および発生頻度を把握することであり，用量依存性や併用薬，患者背景などとの関係も検討される.

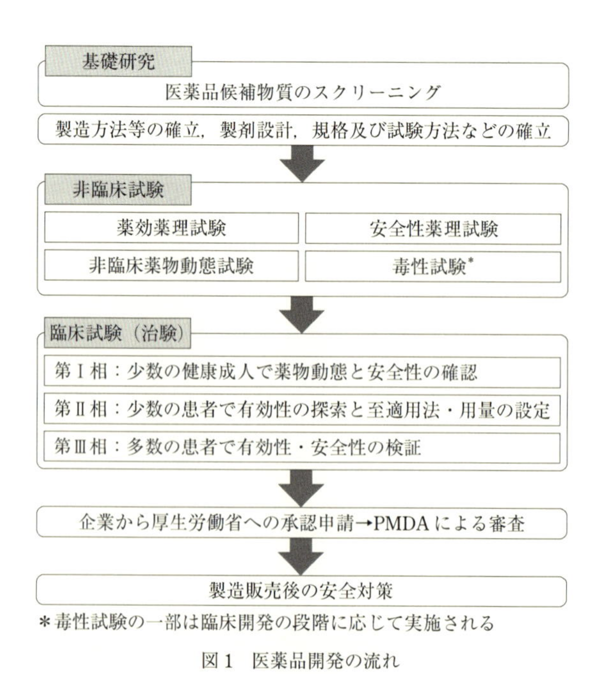

図1　医薬品開発の流れ

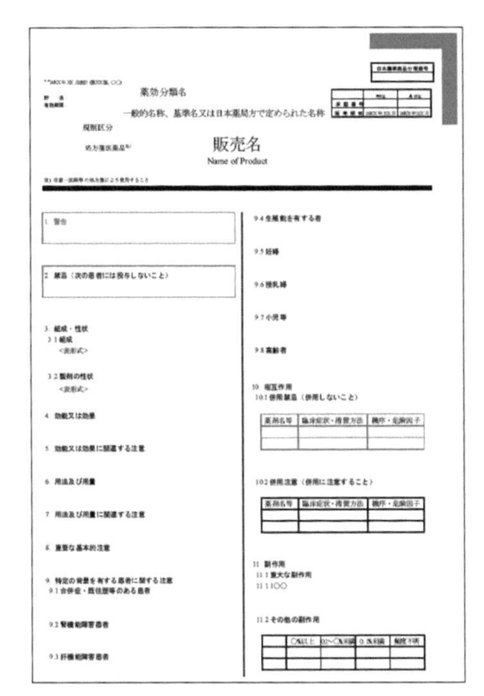

薬効分類名

一般的名称、基準名又は日本薬局方で定められた名称

規制区分

販売名
Name of Product

1. 警告

2. 禁忌（次の患者には投与しないこと）

3. 組成・性状
3.1 組成
<表形式>

3.2 製剤の性状
<表形式>

4. 効能又は効果

5. 効能又は効果に関連する注意

6. 用法及び用量

7. 用法及び用量に関連する注意

8. 重要な基本的注意

9. 特定の背景を有する患者に関する注意
9.1 合併症・既往歴等のある患者

9.2 腎機能障害患者

9.3 肝機能障害患者

9.4 生殖能を有する者

9.5 妊婦

9.6 授乳婦

9.7 小児等

9.8 高齢者

10. 相互作用
10.1 併用禁忌（併用しないこと）

薬剤名等	臨床症状・措置方法	機序・危険因子

10.2 併用注意（併用に注意すること）

薬剤名等	臨床症状・措置方法	機序・危険因子

11. 副作用
11.1 重大な副作用
11.1.1 ○○

11.2 その他の副作用

	○%以上	0.1～○%未満	0.1%未満	頻度不明

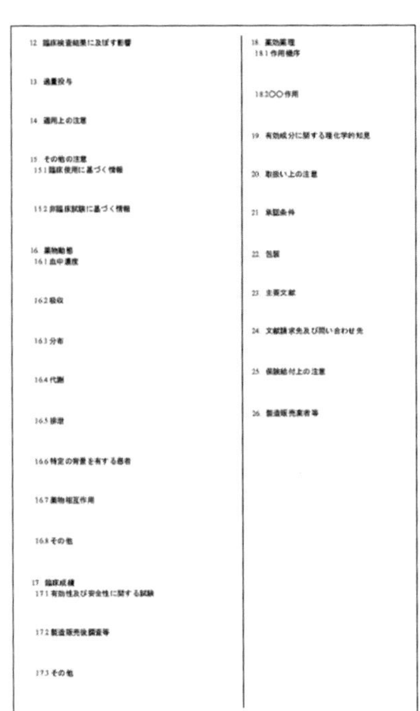

12. 臨床検査結果に及ぼす影響

13. 過量投与

14. 適用上の注意

15. その他の注意
15.1 臨床使用に基づく情報

15.2 非臨床試験に基づく情報

16. 薬物動態
16.1 血中濃度

16.2 吸収

16.3 分布

16.4 代謝

16.5 排泄

16.6 特定の背景を有する患者

16.7 薬物相互作用

16.8 その他

17. 臨床成績
17.1 有効性及び安全性に関する試験

17.2 製造販売後調査等

17.3 その他

18. 薬効薬理
18.1 作用機序

18.2 ○○作用

19. 有効成分に関する理化学的知見

20. 取扱い上の注意

21. 承認条件

22. 包装

23. 主要文献

24. 文献請求先及び問い合わせ先

25. 保険給付上の注意

26. 製造販売業者等

図２　添付文書の様式イメージ［出典：医薬品・医療機器等安全性情報 No.344］

臨床試験は，通常，少数の健康成人を対象に安全性を検討する第Ⅰ相試験，その結果を受けて比較的少数の患者を対象に有効性や至適用法・用量を探索する第Ⅱ相試験，さらには多数の患者を対象に有効性を検証する第Ⅲ相試験の３段階で行われることが多く，これらの試験において有効性に加えて安全性が確認される．

医薬品の安全性は，臨床試験のみならず，毒性試験（動物を用いた非臨床安全性試験）においても評価される．医薬品開発に際して実施すべき毒性試験には，急性毒性試験，反復投与毒性試験，遺伝毒性試験，がん原性試験，生殖発生毒性試験，局所刺激性試験等がある．これら毒性試験の目的の１つは，ヒトに投与する前に安全性プロファイルを確認することであり，予測されるリスクを考慮して臨床試験がデザインされる．また，ヒトでは検討することができない催奇形などの生殖発生毒性や発がん性が検出できる可能性もある．

非臨床試験・臨床試験により得られたリスクに関する情報は，添付文書などにて情報提供される．添付文書には，名称，効能・効果，用法・用量のほかに，警告，禁忌，使用上の注意（慎重投与，重要な基本的注意，特定の背景を有する患者に関する注意，相互作用，副作用，高齢者への投与など）が含まれる（図２）．添付文書のみならず，必要に応じて，Web 上での情報提供や適正使用ガイドな

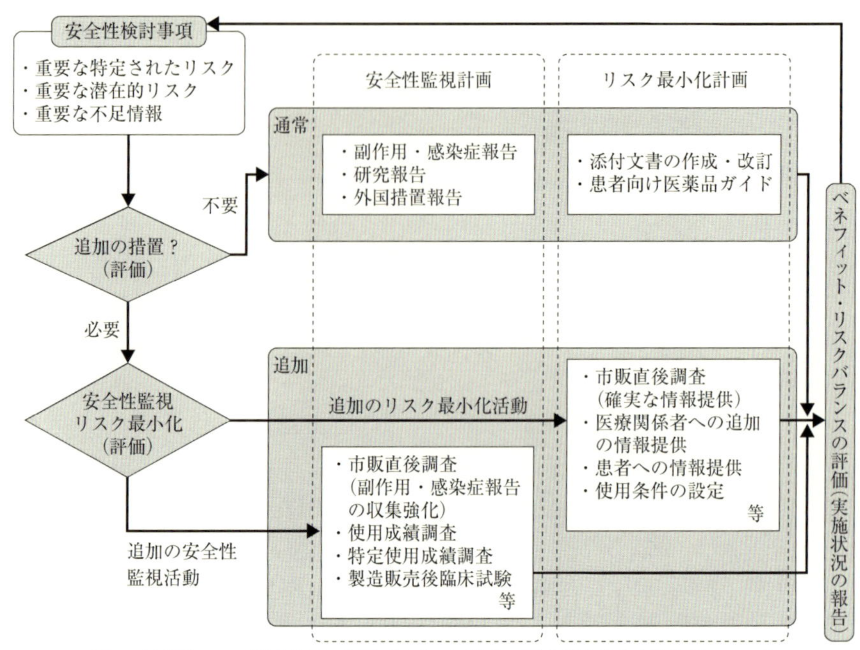

図3 医薬品リスク管理計画の概要［出典：医薬品・医療機器等安全性情報 No.300］

どを作成することも推奨されている．

◆製造販売後の安全対策とライフサイクルマネジメント 医薬品は，臨床試験成績も含めリスクベネフィット評価を行い承認されるが，臨床試験には，①市販後に使われる患者数に比べて症例数が少ない，②合併症や併用療法を有する患者は含まれない，③高齢者や小児は含まれない，④試験の組入れ基準が厳密で投与対象が狭い，⑤長期間投与後に発症する副作用を検出できないなどの限界がある．そこで，市販後にも引き続き有効性・安全性を確認するために，再審査制度・再評価制度が定められている．再審査制度は，承認後一定期間（再審査期間）の後に規制当局が有効性と安全性を再確認するものであり，製造販売業者により収集された使用成績調査（日常の診療下における副作用の発現状況などの安全性・有効性に関する情報を収集するための調査），特定使用成績調査（小児，高齢者，妊産婦，長期使用患者など，特定の患者群を対象とした使用成績調査），および製造販売後臨床試験により得られた情報が評価される．再評価制度は，必要に応じて，すでに製造販売承認されている医薬品を対象に，科学の進歩を踏まえ，品質，有効性，および安全性を見直す制度である．

上記以外に副作用・感染症報告制度があり，製造販売業者のみならず医療機関や医療関係者からも報告できる制度になっている．このような制度により得られた情報は，PMDA が評価・安全対策の検討を行い，緊急安全性情報・安全性速報，厚生労働省発表資料，医薬品・医療機器等安全性情報，使用上の注意の改訂などの形で情報提供される．

また，2013 年からは，上記の取り組みを医薬品ごとに文書化し関係者間で共有するための医薬品リスク管理計画が導入された．これは医薬品の開発を通して得られた情報から「安全性検討事項」としてリスクを特定し，それに対応した「安全性監視計画」および「リスク最小化計画」を作成するものである（図 3）．

◆ 医薬品規制調和国際会議（ICH）　医薬品の国際的な研究開発の促進と患者への迅速な提供を図ることを目的として ICH が組織されている．ICH では，承認審査資料の国際的ハーモナイゼーション推進のために，医薬品規制当局と製薬業界の代表者が協働して，医薬品の品質・有効性・安全性の各分野のトピックごとにガイドラインの作成や改正などを行っている．先に述べた毒性試験に関しては，試験ごとにガイドラインが作成され標準的な実施方法が示されている．臨床試験や市販後における安全性情報の収集に関しては，「治験中に得られる安全性情報の取り扱い」「治験中に得られる安全性情報の取り扱い」「医薬品安全性監視計画」「治験安全性最新報告」などについてのガイドラインが作成されている．

◆ レギュラトリーサイエンス　近年，医薬品の開発・評価に関わる科学として，レギュラトリーサイエンスという概念が認識されるようになってきた．レギュラトリーサイエンスは「科学技術の結果を人と社会に役立てることを目的に，根拠に基づく的確な予測，評価，判断を行い，科学技術の成果を人と社会との調和のうえで最も望ましい姿に調整するための科学」と定義されており，医薬品分野におけるレギュラトリーサイエンスの適用事例として，開発効率化，承認審査基準，安全対策などに関する検討が挙げられる．医薬品の安全性対策に関しては，得られた試験結果を評価し，臨床現場におけるリスクを予測したうえで許容可能かどうかを判断し，適切な情報提供のあり方を検討することだと言える．かつて薬害を引きおこし販売停止に至ったサリドマイドが，適切な安全管理（患者・医師・薬剤師を登録し，処方量や服用量を管理し，必要に応じて妊娠検査をし，不要になったら返却するなど）を行うという承認条件のもとで，多発性骨髄腫の効能で再度承認されたことは，これを実践した事例であると言えよう．　［荒戸照世］

📖 参考文献

・豊島聰，黒川達夫（2016）医薬品のレギュラトリーサイエンス，南山堂．
・古澤康秀（2013）医薬品開発入門，じほう．

【3-21】

国際基準と国内基準の調和 ：放射線のリスクガバナンス

放射線防護の目的は，被ばくに関連する可能性のある人の望ましい活動を過度に制限することなく，放射線被ばくの有害な影響に対する人と環境の適切なレベルでの防護に貢献する点にある．具体的には，多くの細胞が死滅，または変性して発生する確定的影響を防止し，確率的影響（がんと遺伝性影響）のリスクを合理的に達成できる程度に減少させるため，電離放射線による被ばくが管理される（非電離放射線については☞ 6-5）．こうした被ばくの管理にあたり，線量限度，参考レベル，線量拘束値などの制限値が設定される．基準の策定にあたっては，放射線被ばくに起因する健康リスクに関連した科学的データがベースとなっているが，社会的・経済的側面から被ばくの状況や各国の事情も考慮される．

◆放射線防護の組織体系 原子放射線の影響に関する国連科学委員会（UNSCEAR）は，放射線の線源や影響に関する研究結果を包括的に評価し，国際的な科学的コンセンサスを政治的中立の立場からまとめ，報告書の形で定期的に見解を発表している．国際放射線防護委員会（ICRP）は，UNSCEAR の報告などを参考にしながら，放射線防護の枠組みに関する勧告を行う．ICRP の性格上，強制力を持たないが，各国ともにその知見と権威を尊重して，国内法令に取り入れることを基本としている．ICRP の勧告は放射線防護や基本理念，安全基準の基本的な考え方を示したものであり，実際の法令や指針を策定するためには具体的な基準が必要になる．

そこで，多くの国で法令や具体的な基準として参考にしているのが，国際原子力機関（IAEA）が発行している国際基本安全基準（BSS）である．2014 年に公表された BSS では，IAEA を中心に世界保健機関（WHO），国際労働機関（ILO），経済協力開発機構原子力機関（OECD/NEA）などが共同で作成・発行にあたった．「安全原則」を最上位に置き，その下位に安全を確保するために満足されなければならない要件を規定する「安全要件」，安全要件を満足するための措置，条件，手続きを推奨する「安全指針」により構成されている．2014 年に公表された *Radiation protection and safety of radiation sources*（IAEA 2014）は安全要件に格付けされており，ほとんどの文では shall（〜しなければならない）を用いて要件を示している．この要件は国際的な合意形成によるものであり，安全基準と IAEA 加盟国の原子力安全や放射線防護に関する規制等との整合性を評価する仕組みも存在している（日本では 2016 年に評価を受けている）．

◆国際基準の策定プロセスへのわが国の関与 UNSCEAR の報告書，ICRP 勧告，IAEA の BSS の策定には，わが国の代表や専門家が参加している．UNSCEAR の年次大会には，政府公認の専門家集団が国の代表団として派遣されるのに対し，IAEAのBSSを策定する委員会では，政府関係者（現在は原子力規制委員会職員）が国の代表を務めることとなっている．また，国内の意見を集約してUNSCEARやIAEAに提示するための国内委員会が存在するなど，組織的に対応する仕組みが存在している．他方，ICRPは専門家による任意の委員会であるため，会議の構成メンバーに国が関与するものではないが，2017年現在，主委員会と4つの専門委員会にはいずれも日本人の専門家が参画している．

国際的に定められた数値基準がどの国でも同じものさしで測られている量であることを担保するために，国際放射線単位・測定委員会（ICRU）や国際標準化機構（ISO）などが行っている標準化・規格化も重要な要素である．東京電力福島第一原子力発電所事故の教訓を広く生かすために，こうした活動に協力する国内の専門家も増えてきている．

◆国際基準の国内法令への取入れ　放射線を規制する法律は，事業所の形態，放射性同位元素等の状況により異なっている．一般的な事業所は，原子力規制委員会，厚生労働省および国土交通省の法律で規制されている．例えば，放射性同位元素（RI）を医療で使用する場合には厚生労働省の法令（「医療法施行規則」「放射性医薬品の製造及び取扱規則」）が適用されるが，それ以外のRI利用には「放射性同位元素等の規制に関する法律」（原子力規制委員会．なお，「放射性同位元素等による放射線障害の防止に関する法律」は，2017年4月の改正時に名称も変更された）が適用される．RIの道路輸送は「放射性同位元素等車両運搬規則」（国土交通省）により管理されるが，空路，鉄道，船舶の輸送に関してはそれぞれの法令が存在する．また「電離放射線障害防止規則」（厚生労働省）は放射線作業者の障害を防止する法令であるが，そのほか個別の法律が定められている例としては，原子力施設関連作業者（「核原料物質，核燃料物質及び原子炉の規制に関する法律」），国家公務員（「人事院規則」），船員（「船員電離放射線障害防止規則」），鉱山労働者（「鉱山保安法施行規則」）などがあげられる．

放射線審議会（事務局は原子力規制庁が担当）は，放射線障害の防止に関する技術的基準について関係行政機関からの諮問を受け，答申を行うことで，基準の斉一化を図ることを所掌している．しかし，国際基準の取入れ検討には高水準の専門的知識が必要とされ，関係行政機関が個別に検討することが困難であることから，2017年4月に「放射線障害防止の技術的基準に関する法律」が改正され，放射線審議会の機能として，みずから調査・審議を行い，必要に応じて関係行政機関の長に意見を述べることが追加された．その結果，放射線障害の防止に関する国際基準の国内法令への取入れは，放射線審議会において国際動向を調査・審議し，関係行政機関に提言を行うことにより進められる形となった．［神田玲子］

参考文献

・ICRP（2009）国際放射線防護委員会の2007年勧告，日本アイソトープ協会．

【3-22】
日本の危機管理体制

危機管理という言葉は様々な意味合いを含むことがあり，危機の発生を予防，予知，回避し，あるいは軽減するための活動を指す場合や，危機が発生した場合における緊急事態対処活動を指す場合，および，この双方を包含した活動全般を指すこともある．これらの活動は，下記のようにいくつかに分けることが可能である．

1つは，危機発生前に行われる活動で，将来起こり得る危機の予防，予知，回避あるいは被害の軽減を行うための活動，すなわち「危機の事前対策（リスクマネジメント）」としての活動である．ここでは，危機の想定，危機の研究，危機の原因となる事象もしくは対象の情報，および危機の背景となる事象を把握するための基礎情報の収集，危機の予知，予想される危機の予防もしくは回避のための対策の実施，危機管理体制の構築，訓練などがあげられる．2つ目は，実際の危機である緊急事態が発生した際に，これに応急対処するための「緊急事態対処活動（クライシスマネジメント）」である．3つ目は，事態が一旦落ち着いた後の復旧，復興，検証，反省，教訓の抽出などの活動である．そして最後に，次の危機への準備となる事前対策であり，これら危機管理の一連の活動を危機管理の循環と捉えることができる．

◆危機の分類 上記の緊急事態（特に国家の緊急事態）の原因となるリスクは，以下のように分けられる．

一般的には，自然災害と，人為的な事件・事故もしくは戦争，および，パンデミックなどの病疫の3種類に分類することができる．主なものは，それぞれ以下のとおりである．

①自然発生のもの：地震，津波，風水害，火山爆発，巨大隕石落下，電磁パルスの発生などの大規模自然災害．

②人為的なもの：意図的か否かにより，事件，事故，その他がある．

- 重大事件：ハイジャック事件，人質事件，核・生物・化学兵器（NBC）テロ，爆弾テロ，重要施設テロ，サイバーテロ，不審船の出没，外国の日本上空へのミサイル発射，武力攻撃事態，内乱．
- 重大事故：航空機事故，海上事故，鉄道事故，危険物事故，大規模火災，大規模停電，原子力災害
- その他：日本の船舶への海賊事案，周辺国の核実験，海外での危機に際しての邦人救出，日本への大量避難民流入，重大な経済危機

③それ以外のもの：パンデミック（新型鳥インフルエンザなど），口蹄疫などの病疫の発生など．

【3-19】

環境アセスメント

環境アセスメントは，事業や計画・政策などの実施前に生じうる環境影響を予測・評価し，必要な緩和策を検討する仕組みとして制度化されてきた．一般的な手続きは，次のような形で進められる．アセスメントの必要性が判断された後，対象地域の状況を把握するための現況調査，アセスメントで予測・評価すべき項目や手法を検討するスコーピングが行われる．その後，大気汚染や騒音といった項目ごとに事業を実施した場合の環境の変化を予測し，環境基準をはじめとする観点から変化の程度を評価する．これらの手続きの中で，関係文書の縦覧や意見書の提出などの文書形式のコミュニケーションとともに，検討内容に関する説明会や公聴会などの会議形式の情報交換が行われる．あくまで事業実施前の手続きであるため，事業を実施した後に事前の評価結果の妥当性を判断するためのモニタリングが行われる．こうした一連の手続きは，リスクアセスメントと類似しており，対象とするリスクの特定の後に，リスク評価を行ったうえで管理方策を検討する流れはほぼ同一と言ってよい．一方で，環境アセスメントは事業の実施前に行われること，国や自治体の制度として実施されることが多く，手続きが比較的定型化している．

◆外国のアセスメント制度 環境アセスメントを世界で初めて制度化したのは米国で，1969 年に成立した「国家環境政策法」に基づき，1971 年から国レベルの環境アセスメントが開始された．米国の制度の特徴として，評価項目が環境分野に限定されていないこと，制度の対象を事業レベルだけに限定しておらず，計画や政策あるいは法制度の制定時も適用範囲に含まれていることがあげられる．前者については，環境影響のみならず，地域の安全性や社会への影響に加えて，地域経済への影響も含んでいる．また，後者については，事業の計画段階や政策段階，さらには，法律の制定が社会にもたらす影響を幅広く評価する仕組みが含まれている．計画や政策，法制度の制定による影響評価では，事業段階に比べて内容の具体性が低くなるため，日本で行われているアセスメントにしばしば見られる定量的な評価が適用できない場合がある．その一方で，早い段階から環境，社会，経済分野の幅広い影響を評価することで，事前の対策が検討されている．法制度を対象としたアセスメントの 1 つとして，規制影響評価（☞ 3-12）があげられる．

国によっては，事業がもたらすリスクの側面を明示的な評価項目として取り入れている．例えば，中国やインドでは，環境アセスメントの評価書の 1 項目としてリスクアセスメントを位置づけており，事業の実施がもたらす主として事故に

◆日本の危機管理体制（国における危機管理体制）　日本では，「憲法」および「内閣法」の規定により，国会の議決により選ばれた内閣総理大臣および内閣総理大臣が任命する国務大臣により組織される内閣が，国家の行政権を行使する．内閣は，国務を総理し，行政各部を統括して法律の執行を行わせるが，これらの権限を閣議により行う．内閣総理大臣は，閣議にかけて決定した方針に基づいて行政各部を指揮監督する．行政各部である各省庁の権限および事務は法律により定められ，各省庁は，その権限に基づき，それぞれの事務を遂行することとなる．緊急事態発生時における危機管理においても同様である（憲法第65～75条，および内閣法第1～8条）．

しかし，緊急時においても，閣僚全員が集まる閣議でなければ政策決定できないという仕組みでは，国家の緊急事態が発生した場合の対応としては間に合わない場面も出てくることがある．こうした事態に備えて，緊急事態に対し内閣が迅速かつ適切に対処するための方策として，通常，次の３つの方法が行われる．

１つは，あらかじめ想定される事案の種別ごとに政府の体制や権限を法律で定めておく方法である．緊急事態が発生した場合に被害が甚大になることが予想されるものについて，特別な立法措置により緊急事態対処のための体制や事態対処にあたる対策本部長の権限，事態対処に際しての国民の義務の賦課や権利の制限について定めることが多い（特別立法：「災害対策基本法」など）．

これは，内閣の重要方針を決定する閣議決定は全閣僚一致でなければならないものの，閣僚は国会に対する説明や各省庁の活動の指揮などに時間を取られることが多く，全閣僚が一堂に会して会議を行うことが困難な場合があることなどから，緊急事態に対処するための閣議に代わる特別の体制を作る必要があるためである．

このため，緊急事態が発生した場合，内閣は，直ちに閣議を開催して事態に対処するための体制を閣議決定し，政府としての緊急事態対処体制の構築が行われる．政府としての基本的対処方針などは，この閣議決定のほか，通常，○○本部決定という形で対処方針が定められることが多い．こうした緊急事態対処体制は，緊急事態ごとの特別法において，○○対策本部といった形をとることが多く，内閣総理大臣は，その本部長として事態対処の指揮，調整を行うこととなる．

２つ目は，発生した緊急事態が，あらかじめ想定した緊急事態として特別法により立法措置がなされていない場合で，政府は当面，既存の法律の枠組みの中で，事態対処を行いつつ，早急に必要な立法措置を行うこととなる．この場合，事態対処を行うために必要な，新たな政府の体制の構築や新たな権限の付与，あるいは，国民の権利の制限や国民に一定の受忍義務の賦課を行うための新たな立法には通常の法制定の手続きを踏まねばならず，時間を要することが多い．このため非効率かつ即効性に乏しい対策しか取れないことがある．

３つ目は，内閣法で内閣官房の事務とされる「内閣の重要政策に関する総合調整」と「閣議に係る重要事項に関する総合調整」の権限を用いて内閣官房（主任の大臣は，内閣総理大臣〈内閣法第 23 条〉）が各省庁の事務を調整し，各省庁に必要な事務を行わせる方法である．政府の体制や権限に変更はないが，事態がそれほど深刻でない場合は，迅速な対応が可能なためよく発動される方法である．

◆内閣危機管理監の役割 緊急事態が発生した場合，内閣官房では，内閣法第 12 条の，「内閣の重要政策に関する基本的な方針に関する企画，立案および総合調整」および「行政各部の施策の統一を図るための企画，立案および総合調整」の権限により，危機に際しての基本方針を定めるとともに，各省庁の緊急事態対処方策が統一的に行われるよう，総合調整を行うこととなる．内閣官房には，内閣法第 15 条により，内閣危機管理監 1 人が置かれ，内閣官房の事務のうち，「国民の生命，身体，財産に重大な被害が生ずるおそれがある緊急の事態への対処および当該事態の発生の防止のための事務を統理する」こととされている．緊急事態が発生した場合には，内閣では，内閣総理大臣，内閣官房長官，内閣官房副長官，内閣危機管理監以下の体制により，事態対処にあたることとなる．

◆政府の初動体制 総理大臣官邸（以下，官邸という）の地下には，官邸危機管理センターと内閣情報集約センターとが置かれ，いつでも情報収集と事案対応ができるよう 24 時間体制で職員が勤務しており，国家の危機が発生した場合に，総理大臣以下の閣僚や職員が参集して危機に対処するための機能を備えている．また，各省庁からの情報収集のための通信施設や資機材が備えてあるほか，各要員が活動するためのオペレーションルームをはじめ幹部会議室，仮眠室，休憩室などのスペースがあり，停電，地震などへの備えや厳重なセキュリティ管理がなされている．また，事態が長期にわたることを想定しての食料，水，その他必需品の備蓄も行われている．また，各省庁に送られてくる現場からの映像やデータをはじめ様々な情報が必要に応じリアルタイムで入手できる体制となっている．

緊急事態と思料される事態が発生すると，第一報はこの情報を最初に得た関係省庁，民間公共機関やマスコミから内閣情報集約センターにもたらされ，直ちに官邸危機管理センターに報告される．報告を受けた内閣参事官は，事案の性格，緊急度，重大性を勘案し，緊急事態が発生したことを内閣危機管理監に報告する．内閣危機管理監は，この情報を受け，事態の重大性，緊急性に応じて，情報連絡室（室長・参事官），官邸連絡室（室長・危機管理審議官）または官邸対策室を設置するなど官邸の体制を決定するとともに，重大かつ緊急な事案については内閣総理大臣，内閣官房長官に報告する．

官邸において緊急事態対処の最高レベルの組織である官邸対策室の室長は，内閣危機管理監であり，官邸対策室では，情報の集約，関係省庁との連携を図るほか内閣総理大臣などへの報告，政府としての緊急事態対処体制の構築や基本的対処方針の作成および初動時の政府広報案文の作成にあたる．官邸対策室が設置される場合は，通常，各省庁の局長クラスの幹部からなる緊急参集チームが召集される．緊急参集チームは，官邸対策室のメンバーとともに，内閣危機管理監の指揮のもと，政府の初動活動の総合調整およびその実施にあたる．その後，事案の性格，大きさ，緊急性などにより，政府では政府対策本部の設置や関係閣僚会議，安全保障会議などを開催することとなる．

◆地方における危機管理体制　都道府県および市町村の地方公共団体が担うものと，電気，通信，交通などのインフラを管理する地方公共機関が担うものがある．災害を例にとると，地方で災害が発生した場合，警察，消防による活動のほか，一時的な応急対策は，災害対策基本法に基づき市町村長の指揮のもとに行われるものが中心である（災害対策基本法第62条）が，災害救助法に基づく活動などのように都道府県知事の指揮のもとに行われるものがある（災害救助法第2条）．

ただ，国の危機管理体制のように内閣をはじめ各行政機関が危機管理体制を常時保持している場合と異なり，まれにしか緊急事態が発生することのない都道府県や市町村においては，警察，消防を除けば，ごく少人数の職員しか配置されていない場合が多く，緊急事態に直面した地方公共団体の職員には，危機への対処経験がないか少ない者が多い．緊急事態発生時の都道府県知事や市町村長の権限については，災害対策基本法や国民保護法などの個別の特別法に定められているものがほとんどである．

◆現在の課題　日本の危機の発生状況を見ると自然災害によるものが最も多く，全国各地に及んでいるが，その応急対策の中心となるのは警察，消防を除けば市町村自治体である．全国的に見れば毎年のように自然災害が発生しているものの，これを約1700ある市町村側から見れば何十年に一度の災害であることも多く，災害応急対策にあたる市町村の職員にとっては初めての経験であることが多い．しかし，災害対策基本法では災害応急対策の中心主体は市町村とされており，限られた職員数しかいない市町村が職員不足および経験不足の中，膨大な業務量の災害応急対策に従事することとなる．

また，市町村や都道府県の範囲を超えて大規模災害が発生した場合には，市町村および都道府県の対応能力にも限界があり，他自治体からの迅速かつ広域的な応援体制の確立が必要となる．さらに，災害対策基本法により，災害応急対策の中心自治体は市町村である一方，災害救助法により災害救助の主体は都道府県知事であるため，被災者の救護措置の主体にねじれが見られる場面もある．こうした災害応急対策や災害救助における市町村および都道府県の役割分担や広域応援体制のあり方について，災害対策基本法や災害救助法の規定の変更も含めたより良い災害対策のあり方の検討が必要となっている．［伊藤哲朗］

📖 参考文献

・伊藤哲朗（2014）国家の危機管理：実例から学ぶ理念と実践，ぎょうせい．

【3-23】
企業の危機管理とリスク対策

企業は，外部環境や組織内部などから多くのリスクにさらされている．表1にそれらリスクを具体的に列挙した．企業のリスク管理（ここで扱うリスクはハザードを意味する）は，伝統的な為替や原材料価格の変動をコントロールするといった個別リスクの管理，抑制というスタイルから，企業を取り巻く環境の変化に適合するために，企業全体，企業グループ全体のリスクを統合的にコントロールし企業価値を引き上げるスタイルへ，大企業を中心に変化している．

ここでは，企業の危機管理とリスク対策の基本について，まず，組織全体のリスク管理の方策として全社的リスク管理（ERM）を取り上げ，次に，それを構成する重要なリスク管理手法の中から，表1太枠でくくったサプライチェーンマネジメント（SCM）と同表破線枠でくくった情報リスクマネジメント（ISM）を取り上げる．

企業は，効率的かつ競争的な原材料調達のため，サプライヤーを組織化している．ただ，そのネットワークは複雑化，国際化している．東日本大震災で半導体企業ルネサスエレクトロニクスの那珂工場（茨城県ひたちなか市）が被災し，世界中の自動車メーカーの生産に影響が出た．同社は，自動車向けマイクロコントローラーの世界シェア40％を握り，うち同工場が全体の25％を生産していたため，世界の同パーツの10％が欠如するという事態になった．世界の自動車各社は減産に追い込まれたが，この状況は，リスクの発生源との距離とは無関係にリスクにさらされうることと，同社が日本の大手電機会社3社が共同で設立した会社であるため，集積による効率化・競争力強化とリスクの集中化とのバランスをどうとるのかという課題を提示した．

また，「サイバー攻撃」というリスクも現実化した．2017年12月にセキュリティ会社のマカフィー社が公表した「2017年の10大セキュリティ事件」のトップは，自己増殖するワーム型の特徴を備えたランサムウェア（利用者のシステムへのアクセスを制限し，この制限解除のために被害者が身代金〈ランサム〉を支払うよう要求するもの）である「ワナクライ」の世界拡散であった．身代金要求という新しい手口以上に，自己増殖型であり欧州企業を中心に30万社に被害を与えたことに，このリスク遮断の重要性が浮き彫りになった．企業の競争力の源泉である技術や顧客情報が流出するなど，企業価値の防衛に要する新しいリスク管理の必要性は急速に増大している．ただ，企業環境の変化に適合するための手法であるため，その内容は日々姿を変えており，ここでは一般的な説明を採用している．

表1　企業が直面するリスク

外部リスク		内部リスク	
災害・事故リスク	政治・経済・社会リスク	経営リスク	
台風・高潮	法律・制度の大幅改正	知的財産権に関する紛争	監督官庁への虚偽報告
火災・洪水	国際社会の圧力	環境規制強化	顧客からの賠償請求
竜巻・風災	貿易・通商問題	環境賠償責任・法令違反	従業員からの賠償請求
地震・津波・噴火	戦争・内乱・クーデター	廃棄物処理・リサイクル	株主代表訴訟
落雷	大きな景気変動	製造物責任	デリバティブの失敗
豪雪	金融危機	リコール・欠陥製品	与信管理の失敗
天候不良・異常気象	為替・金利変動	差別（国籍・宗教・年齢・性別）	株価の暴落
大規模停電	原料・資材価格の変動	ハラスメント	取引先の倒産
交通事故	市場ニーズの変化	労働争議・ストライキ	格付けの引き下げ
航空機・列車事故	テロ・破壊活動・占拠	役員・社員による不正	新規事業・設備投資の失敗
船舶事故	インターネットによる中傷・風評	役員スキャンダル	企業買収・合併・吸収の失敗
設備事故	マスコミによる批判	社内不正	宣伝・広告の失敗
労災事故	不買運動・ボイコット	集団離職，引き抜き	グローバル対応の出遅れ
運搬中の事故	暴力団・総会屋による脅迫	過労死	過剰接待
盗難	部品などの調達ルートの遮断	外国人の不法就労	顧客対応の失敗
有害物質・バイオハザード		海外従業員の雇用調整	製品開発の失敗
ネットワークシステム故障		駐在員，海外出張時の事故	社内機密情報の漏えい
コンピュータウィルス感染		不正な利益供与	顧客・取引先上の漏えい
コンピュータのシステムの故障		独禁法違反・カルテル・談合	取引先・納入業者の被災・事故
サイバーテロ		契約紛争	経営層の執務不能
コンピュータデータ漏えい・消失		インサイダー取引	グループ会社の不祥事
		プライバシー侵害	乱脈経営
		粉飾決算	地域社会との信頼喪失
		税の申告漏れ	マスコミ対応の失敗

［出典：東京海上リスクコンサルティング（2003）「TRC EYE」26号に筆者が加筆修正］

◆**全社的リスク管理（ERM）**　ERMは，単なるリスクマネジメントの枠組みを超えた，企業価値の持続的な向上を目的とする事業会社や金融機関の経営管理手法として紹介されることが多い．比較的新しい概念であるため，その定義は必ずしも固まっていない．日本語での表記も「統合（的）リスク管理」「全社的リスクマネジメント」などまちまちである．

ERMは，従来型のリスク管理でしばしば見られるような，特定の専門組織による損失の回避や抑制を主眼とした取り組み，あるいは，リスクの種類ごとに捉える個別のリスク管理活動ではない．表2に示したとおり，①特定の部門ではなく事業全体でリスクを管理する全社的な活動であること，②企業が直面するあらゆるリスクを統合的・整合的に捉えること，さらには，③企業価値の拡大を明示的に目指す取り組みであることなどがERMの特徴と言える．

◆**COSO-ERM**　ERMという用語が国際的に広く認知されるようになったのは，米国のトレッドウェイ委員会支援組織委員会（COSO）が2004年にCOSO-ERM

表2 ERMと従来型のリスク管理管理との差異

	ERM	従来型のリスク管理
目　的	過剰なリスクテイクを抑えつつ，戦略目標（企業価値の向上）	損失の回避・抑制
対象とするリスク	企業経営に影響するすべてのリスク（リスクをリスト化，マップ化する）	特定した個別リスク
対応する組織	企業・組織全体で管理（経営直轄組織など中枢組織）	各リスクに対峙するリスク管理部門
リスク評価	あらゆるリスクを統合的・整合的に評価（同一尺度化する動きも）	個別リスクごとに評価
リスク管理	経営戦略と密接に関連し，ゴーイングコンサーンとして管理	必要に応じ管理（個別，時期も限定）

を公表してからである．1980年代の米国における企業の粉飾決算や金融機関の経営破綻などを背景に，COSOは1992年に内部統制フレームワークを公表したが，その後のリスクマネジメントに関する認識の高まりなどから，従来の内部統制フレームワークを包含しつつ，より広い目的や構成要素から成る新たな枠組みとしてCOSO-ERMを公表した．COSOは規制主体ではなく，公表した枠組みに法的な強制力はないものの，ERMの普及・進展に大きな影響を与えた．

COSO-ERMにおいて，ERMは「事業体のすべての者によって遂行」「事業体全体にわたって適用」という全社的なリスク管理のプロセスであると同時に，「戦略策定に適用」「事業目的の達成」「リスク選好に応じて」といった観点からリスク管理を行う枠組みであることが示されている．COSOは2017年により実効性を高めることを目的に改訂版「Enterprise Risk Management Framework：Integrating with strategy and Performance」を発表している．

◆保険業界におけるERM　内部統制の進化形として登場したCOSO-ERMとは別に，比較的早くからERMに着目し，経営に取り入れてきたのが保険業界である．例えば，欧州では，アクサやアリアンツ，スイス再保険といった大手保険・再保険会社を筆頭に，2000年代初頭から多くの保険会社がERMを導入し，推進してきた．専門団体もERMに注目し，2003年には米国損保アクチュアリー会（CAS）がERMに関する文書を公表し，2005年には格付会社スタンダード&プアーズが保険会社に対する格付分析の一要素としてERM評価を始めている．保険会社は個人や企業のリスクを引き受けることで利益を獲得する事業を担っており，リスクマネジメントが本業という意識が強く，ERMとの親和性は高いと考えられる．

保険業界で浸透しているERMの特徴は，内部統制面もさることながら，過剰なリスクテイク（各種リスクの引き受け）を抑えつつ，戦略目標の達成や企業価値の向上を図るといった，経営との一体性をより強く意識しているところにある．言い換えれば，リスク・リターン・資本のバランスをコントロールすることで企業価値の持続的な拡大を目指すための枠組みである．例えばCASは前述の文書の中で，ERMを「組織の短期的および長期的な価値向上を目的とした規律」と定義した．また，日本の大手保険会社が開示しているERM関連情報からも，ERMは経営として定めたリスクテイク方針に基づき，企業価値拡大を目指す枠組みというのが共通認識となっている．

もっとも，COSO-ERMも2017年公表の更新版では企業価値向上やビジネスモデルとの関連を強調するものとなり，両者の差は縮まっている．

◆リスクアペタイト　ERMでは具体的な活動内容として，「リスクプロファイルの把握（リスクの洗出し，リスクマップの作成，重要リスクの特定など）と経営計画策定」「リスクテイクおよびコントロール」「リスクテイク状況のモニタリング・パフォーマンス評価」「活動内容の見直し」といったPDCAサイクルを整備するのが一般的である．金融機関（保険会社を含む）や日本の総合商社の一部では，リスクをバリュー・アット・リスク（VaR）などのリスク尺度を用いて定量的に評価したり，リスクテイクの許容範囲を定量的に捉えたりする実務が浸透している．ただし，企業のビジネスモデルやリスク特性，経営の考え方が異なれば，ERMの枠組みも異なるはずであり，画一的な取り組みとはならない．

とはいえ，定めた枠組みが適切に実行されるためのコーポレート・ガバナンスの構築や，リスクの取り方に関する経営意思の明確化，リスクベースで議論や意思決定を行う企業文化の浸透などは，どの企業にとっても，経営にERMが定着・浸透するうえで不可欠なものと考えられている．特に，リスクの取り方に関する経営の意思，すなわちリスクアペタイト（リスク選好）の明確化は重要である．経営としてどのリスクをどのように取りたいのか，どのように利益をあげていくのかを明確にしなければ，意思決定が外部環境や社内事情などに左右されるなど，経営の軸がぶれやすくなる．このような状況ではリスクに基づいた経営の意思決定を行い，企業価値向上を目指すといったERMの目的を達成できないため，リスクアペタイトはしばしばERMの要と言われる．

◆サプライチェーンマネジメント（SCM）　SCMとは，米国サプライチェーン協議会（SCC）の定義によれば，「価値提供活動の始まりから終わりまで，つまり原材料の供給者から最終需要者に至るまでの個々の業務プロセスを，１つのビジネスプロセスとして捉え直し，企業や組織の壁を越えてプロセスの全体最適化を継続的に行い，製品・サービスの顧客付加価値を高め，企業に高収益をもたらす戦略的な経営管理手法」のことである（石川 2009：103-104）．

SCMには，米国で1980年代からロジスティクスの分野で発展してきたものと，1990年代から生産管理の分野で発展してきたものという２つの潮流がある．前者はクィックレスポンス（QR）や効率的消費者対応（ECR）など，後者は制約理論（TOC）やSCMソフトウェアなどによって特徴づけられるものである．しかしこれはSCMの取り組みがそれぞれの分野でなされてきたということであって，その概念や理論はロジスティクスと生産管理などを包摂するものである．

近年は，企業の社会的責任（CSR）の高まりによって，SCMにも環境や人権への対応が求められてきている．SCM活動においては環境負荷の低減にも配慮すること（グリーンSCMと呼ばれている），販売後の回収・廃棄を含めてチェーンを「閉じた輪」とすること，調達先で人権侵害などが起きていないことを確保することなどである．

SCMにかかわるリスクマネジメントとして，サプライチェーンリスクマネジメント（SCRM）がある．SCMが広範なものなので，そのSCMに潜在するリスクも多種多様であるが，わかりやすいのは，事故・災害・事件などによって，サプライチェーンが分断されるというリスクであろう．SCRMにおいてレジリエンスの概念が重要であるのはその所以である．レジリエンスとは復元力のことであり，事故などによって損害を被ってももとに戻る力があるということである．これは事業継続計画（BCP）にも通じることである．

日本でもSCRMの必要性が一般に認識されるようになったのは，古くはアイシン精機の工場火災事故，比較的近年では東日本大震災やタイ大洪水などによって，サプライチェーンが途絶するという事態が生じたからである．アイシン精機の事故では，トヨタの全工場が生産を停止し，7万台以上の減産となった．タイ大洪水では，工場が冠水したホンダはもとより，直接の被害はなかったメーカーも部品を調達できないために操業停止などの生産調整を行わざるを得ず，そのための減産台数はトヨタが約15万台，日産が約4万台，三菱が約2万3000台に上った．

SCMは全体的・統合的なアプローチであること，全体最適化を重視すること，顧客価値と企業価値を目的とすることなどの点において，企業価値を目的とする全社的・統合的なリスクマネジメントであるERMとは親和性の高い経営手法である．

◆情報リスクマネジメント（ISM）　ISMに関しては，ISO/IEC 27001:2013という国際規格が発行されており（日本工業規格はJIS Q 27000:2014 ISMS），これを情報セキュリティマネジメントシステム（ISMS）という．ISMSは，品質，環境，ITサービス，事業継続，リスクマネジメントの規格と並ぶマネジメントシステム規格であり，これらの規格との整合性が図られている．

ISMSは，組織における情報資産のセキュリティを管理するための枠組みであり，そのISMSを策定し，実施するのがISMである．ISMSの目標は，リスクマネジメントプロセスを適用することによって，情報の機密性，完全性および可用性を維持し，リスクを適切に管理しているという信頼を利害関係者に与えることである．一般に，リスク量＝強度×頻度であるが，ISMSではリスクレベルという用語によって，リスクレベル＝資産価値×脅威×脆弱性としている．脅威は「システムまたは組織に損害を与える可能性がある，望ましくないインシデントの潜在的な原因」であり，脆弱性は「1つ以上の脅威によって付け込まれる可能性のある資産または管理策の弱点」である．

情報セキュリティのうちインターネットにかかわるものをサイバーセキュリティという．そのサイバーセキュリティを脅かすものがサイバーリスクである．サイバーリスクとは，サイバー攻撃，システムの障害，業務上の事故・事件などによって，情報の漏洩，信用の失墜，サプライチェーンへの悪影響などの損害が生ずるリスクである．サイバーリスクの中でも，近年特に問題となっているのは盗聴，改竄，偽造，不正行為などのサイバー攻撃である．

2013年8月の米国ヤフーに対するサイバー攻撃では，利用者全員約30億人分の個人情報が流出した（読売新聞2017年10月4日）．2014年11月，ソニー米映画子会社から個人情報が流出し，2015年6月，日本年金機構から125万件の個人情報が流出した．2017年5月，ワナクライと呼ばれる身代金要求のランサムウェアによるサイバー攻撃では，150カ国以上で，30万台以上のコンピューターが被害を受けた．これらには北朝鮮や中国の関与が疑われている（日本経済新聞2017年9月24日）．情報通信研究機構によると，2016年の国内へのサイバー攻撃は前年比2.4倍の1281億件であり，トレンドマイクロによると，国内企業などの被害額は平均2億3000万円である（日本経済新聞2017年10月12日）．

こうしたことを受けて，2015年1月に「サイバーセキュリティ基本法」が全面施行された．国や地方自治体にサイバー攻撃への安全対策を課し，金融機関や電力会社などのインフラ事業者に政府へ協力するよう努力義務を課すものである．サイバーセキュリティに関する，不正アクセス行為の禁止等に関する法律，電気通信事業法などもサイバー犯罪に対する防御を強化するうえでは見直しが必要である．

米国では1990年代の後半からサイバー保険が発売されており，その市場は年々拡大している．事故やサイバー攻撃に伴う原因の調査費用，データの復元費用，システムの復旧費用，システムの中断による利益損害，顧客や取引先への損害賠償金支払いなどを補償するものである．日本でもサイバー保険に加入する企業は増加すると考えられる．

［植村信保・杉野文俊・久保英也］

📖 参考文献

・森本祐司ら（2017）経済価値ベースの保険ERMの本質，きんざい．
・吉野太郎（2017）全社的リスクマネジメント，中央経済社．
・Ponomarov, S.Y. and Holcomb M.C.（2009）Understanding the concept of supply chain resilience, *The International Journal of Logistics Management*, 20（1），124-143.

第４章

リスクコミュニケーション：リスクを対話する

［担当編集委員：竹田宜人・広田すみれ］

【4-1】

東日本大震災とリスクコミュニケーション

リスクコミュニケーションの定義は各分野や扱うリスクにより異なっている.

◆リスクコミュニケーションとは何か 「化学物質リスク管理のリスクコミュニケーション エグゼクティブサマリー (2000)」では,「リスクコミュニケーションの最終目標は, 専門知識, 合理的マネジメント戦略, 公衆の好みの一致である」と述べ (環境省 2000:12),「公衆の好み」を含めることでリスクコミュニケーション (以下, リスコミという) における多様な価値観の存在を表現している.

また,「リスク評価の独立性と中立性に関する食品安全委員会の委員長談話 2009 年 7 月 1 日)」では,「科学的な『リスク評価』の結果を踏まえて, 技術的な実行可能性, 費用対効果, 国民感情など様々な事情を考慮し, 関係者と十分な対話を行ったうえで適切な政策・措置を決定・実施する作業が『リスク管理』です.」とし, リスク管理におけるリスクコミュニケーションの位置づけと「国民感情」を検討項目の 1 つとして指摘している.

一方, 国際リスクガバナンスカウンシル (IRGC) はリスク評価をリスクアセスメントと概念アセスメントに分類し, 後者をさらに「リスク認知」と「社会経済的関心事」に分けている (☞ 3-1). 概念アセスメントの対象となる「公衆の好み」や「国民感情」は一般的に見れば非科学的と批判される概念と言ってよい. しかし, ブライアン・ウィンの「カテゴリー的分離」によれば, 科学者の合理的な態度も人々の感情も重きを置く価値観の違いで説明できることから, これらのリスク評価から得られる情報は等価であることが伺える (Wynne 2001). つまり, 少数の反対意見でも, 科学的に根拠の薄い意見でも平等に受け入れ, 共有したうえで解決策を探っていく姿勢がリスコミの原点と言ってよいだろう.

このようなリスコミの基本的な考え方は, 東日本大震災までは, 関係者において共通した認識であった. しかし, 巨大な津波と福島第一原子力発電所の事故への対応において, これまで蓄積されてきた (と思われていた) リスコミに関する知見は必ずしも有効に現場で活用されたわけではない. 特に, 人々の低線量放射線の被ばくへの懸念や風評被害の払しょくを目的としたリスコミにおいては, 過去の知見が顧みられることなく, 安全性を強調した講演会や説明会など大規模かつ一方向の情報伝達が主流であったように見える (例えば, 消費者庁 2019). それは,「欠如モデルの復活」との双方向ではないことへの非難と共にリスコミそのものへの信頼を失墜させた (標葉 2016).

それでは, 震災の経験はリスコミにどのような影響を与えたのだろうか.

食品安全委員会企画等専門調査会が作成した「食品の安全に関するリスクコミ

ュニケーションのあり方に関する報告書」(2015) では，リスコミの目的を「対話・共考・協働」の活動であり，相手を説得することではない．これは，国民が，ものごとの決定に関係者として関わるという公民権や民主主義の哲学・思想を反映したものでもある」(p.2) と改めて定義づけている．これは，吉川 (2009) のリスコミは民主主義であるという考え方と共通で，従来のリスコミの概念の再確認と言える．

一方，文部科学省の科学技術基本計画（第5期）(2016) では，「② 共創に向けた各ステークホルダーの取組」において，「科学技術においてステークホルダー間の共創を進めるためには，社会側のステークホルダーである国民の科学技術リテラシーの向上と共に，研究者の社会リテラシーの向上が重要である．特に，新しい科学技術の社会実装における対話や，自然災害・気候変動等に係るリスクコミュニケーションを醸成するためには，国民が，初等中等教育の段階から，科学技術の限界や不確実性，論理的な議論の方法等に対する理解を深めることが肝要である．」と述べられており，科学技術リテラシーの向上を目的としたリスコミの姿が明示されている．これは，科学技術イノベーションと相対していた従来のリスコミに対して，その推進の役割というこれまでにない機能を提示したことになる．このように，東日本大震災以降のリスコミは，政策的な影響を受けつつ，多様化の一途をたどっていると言えよう．

このような状況において何を解決すれば，災害直後の混乱時に多くの被災者に向き合う現場担当者や様々な対話の場の企画者が経験するであろう苦労を軽減し，その疑問に答えることができるのだろうか．

ここでは，震災後の混乱は，これまでのリスコミが潜在的に有していた問題が実践の中で噴出したと捉えて，2つの問題点とテーマを取り上げる．1つ目は複合したリスクや時間と共に変化するリスクへの対応の難しさであり，2つ目は学術分野間および現場の担当者と理論研究者との連携不足である．これらは，震災後リスコミが多様化していった背景と考えてもよいだろう．

◆東日本大震災からの示唆①：複合し変化するリスクへ　災害時には，複数のリスクが重なり合って人々に認知されることから，対応の優先順位は地域や社会，個人間で異なり，さらに時間を追うごとに変化していく．リスクコミュニケーション，緊急時のクライシスコミュニケーション，平時のコンセンサスコミュニケーションなど様々な状況や段階に応じた区別が進んでいることから，社会実装においてもこれらを十分認識して進める必要があることになる．

また，福島県立医科大学 (2017) は，福島第一原子力発電所の事故によって，福島県内で避難生活を余儀なくされている住民に対し「よろず健康相談」を実施し，復興に向かう過程においても，①現在の避難生活への不安から将来の放射線影響，②生活の変化に伴い増大する成人病などの健康リスク，③仕事や家庭が抱える諸問題，など多様なリスクに同時に対峙せざるを得ない人々のケアに努めている．その経験から，低線量被ばくのリスクのみでは人々が対峙しているリスクの一部分に対応しているに過ぎず，制度的に縦割りに分割されたリスクやその対策では現場で対応できないことを示している．

人々が大きなリスクに対峙する際には，科学的なリスク評価にのみに基づいて行動の選択や意思決定を行っているわけでなく，個々人が有する経験や現場の知恵（ローカルナレッジ），そして，刻々変化する状況を踏まえて，それぞれの価値観や周辺環境，将来の不確実性などを勘案して，リスク対応の手段を選択している．複合したリスクや時間と共に変化するリスクへの対応には，科学技術のリテラシーを向上させるリスコミでは対応できない．原発の事故後に遠方に居を移した住民を非科学的と批判し，科学リテラシーの向上を説く風潮はいまだに残っている．「リスコミとは民主主義である．」とも言われるように，不確実性に対する人々の捉え方や感性が異なること，様々な価値観が存在することを，ステークホルダーが認め合うことからリスコミが始まることの重要性が改めて確認されたと言えよう．

◆東日本大震災からの示唆②：現場と研究者との連携　わが国では，20年以上にわたりリスコミに関する知見や経験を積み上げてきたが，必ずしも東日本大震災において適切な効果を発揮しえたわけではない，ということについては既に述べた．

その理由として，リスクコミュニケーションに関する理論や経験を体系化し，一般化する努力が必ずしも十分ではなかったことを指摘したい．

既に，東日本大震災前には，主に環境対策の分野で幾つかのリスクコミュニケーション対応マニュアルが提供されている（例えば，自治体のための化学物質に関するリスクコミュニケーションマニュアル（2002 環境省），自治体環境部局における化学物質に係る事故対応マニュアル策定の手引き（2008 環境省），岐阜県リスクコミュニケーションマニュアル（2010 岐阜県））．これらは，公的機関が作成したものであるが，他にも数多くの解説本が存在する．

また，原子力発電所に関するリスクについても，海外も含め多くの社会心理学やリスク認知の研究者による研究論文や調査報告が公表されている（詳しくは☞ 4-7）．

わが国のリスコミは扱うリスクや関連する管理制度，所管する官庁毎に，細分化して発達してきた．加えて，わが国の研究者コミュニティの構造上，他分野（他学会）のリスコミに関する論文を参照したり，引用する機会は少なかったのではないだろうか．本事典の執筆にあたって，社会学，社会心理学，科学哲学，農業経済学，水産学，災害情報学等を専門としリスコミにも造詣の深い研究者と対話する機会を得たが，そこでも分野間交流が乏しいとの話が聞かれた．リスコミに係る研究においては，模擬的なリスコミで得られた実験的なデータや実践におけるアンケート結果に基づく解析結果やそれに基づく提案など多くの成果が蓄積されている．しかし，東日本大震災において，現場において被災者と直接向き合った担当者は，そのような文献を読む余裕もなく対応に追われ，震災後しばらくしてリスコミブームとも言える数多くの調査研究が行われた．では，社会実装を念頭に置いたとき，リスコミ研究には今後何が必要だろうか．

1つは，いずれも内山巌が関係した東京都北区の土壌汚染や文京区のアスベスト汚染，三宅島の帰島問題に関する報告（2006 北区；2003 文京区；2004 三宅島帰島プログラム準備検討会）のような良質なリスコミの記録の蓄積である．それらは，研究者が被災地等で活動を行った場合は，論文として報告されることもあるが，彼らの研究目的や意図に基づいて場が企画され，ほとんどの場合，人々の要求に基づいてステークホルダーが自ら企画したものではなく記録とは言えない．

もう1つは，現場で実践を行う企業や自治体等の担当者への教育である．震災後，モデルリスクコミュニケーション形成事業（文部科学省）では，北海道大学が食と農，福島県立医科大学が地域における保健師の活動，横浜国立大学が事業所の化学物質のリスクと地域対話に関して大学院生向けのカリキュラムを作成している．また，北海道大学の科学技術コミュニケーション教育研究部門（CoSTEP）では科学コミュニケーションの立場から，現場を取材しそこで得られた事実や気づきを背景にステークホルダーとリスク情報を共有する場を作ることを重視した学生教育に取り組んでいる．いずれも，研究の領域のみに閉じこもらず，現場に身を置く実践活動を中心に据えている．これらの活動の拡大に伴い，不確実性への理解やステークホルダーの意思決定への参画のあり方において，従来の研究活動との違いが明確となってきている．このことは，学術的成果を求める研究者と現場を重視する実践研究者との連携をさらに深め，相互にフィードバックされる仕組みの必要性を示唆している．

このようにリスクを取り巻く環境が急激に変化する中で，リスコミは試行的段階から社会に実装される段階に移行した．社会実装を前提にするならば，リスコミの活動は自立し，継続しながら，並行して社会によりその意味合いと効果を評価される必要がある．理論研究者と現場の実践型研究者との情報共有を可能とする共通のプラットフォームが必要であり，そこでは，知識水準や立場，価値観を別とした平等な対話の場となるべきであろう．本書においては，「リスクコミュニケーション」を解説した章に，「リスクを対話する」と副題をつけた理由もここにある．

［竹田宜人］

📖 参考文献

・関沼博（2015）はじめての福島学，イースト・プレス．
・中村征樹（2013）ポスト3・11の科学と政治，ナカニシヤ出版．

【4-2】
リスクコミュニケーションの社会への実装に向けて

リスクコミュニケーション（リスコミ）は世界的にはこの10年で社会実装の段階に入った．米国環境保護庁（USEPA）はWebページのキー・トピックスのリスク評価の項目にリスクコミュニケーションの項を置き，世界保健機関（WHO）も健康関連のトピックに項を立て，トレーニングやツールなど様々なリソースを提供している．また，米国原子力規制委員会（NRC）はもとより，米国疾病予防管理センター（CDC），米国食品医薬品局（FDA），欧州連合（EU）の機関である欧州疾病予防管理センター（ECDC）もWebページの項目として記載している．学界も，ジョンズ・ホプキンス大学やハーバード大学をはじめ米国の多数の大学が主に公衆衛生学部にリスクコミュニケーションのセンターを設立した．このように急速に社会実装が進んだ背景には，世界的に流行する（パンデミック）疫病への懸念や地球環境問題による自然災害への対処の必要性が著しく高まったことがあると推測される．その内容には，双方向性やコミュニケーターの信頼性の重要性，科学的説明の必要性だけでなく，ネットも含めメディアによる影響やコミュニティとしての対処もしばしばあげられている．このことは，学問的観点だけでなく，実際に社会的に問題解決するための実践的側面が重視されているものと推察される．

◆日本の現状　一方，わが国ではどうだろうか．2011年に発生した東日本大震災と東京電力福島第一原子力発電所の事故によって，放射線に関するリスク情報の伝達や風評被害対策として，リスクコミュニケーションに対する期待と社会実装へのニーズが高まった．リスクコミュニケーションが導入された2000年当時，ダイオキシン対策などで期待された状況とその背景は酷似している．多くの関係者がリスクコミュニケーションと称して各地で活動を行ったが，一方的な情報提供に過ぎない活動も含まれ，リスクコミュニケーションそのものへの信頼を失った例も少なくない．さらに，その活動を通じて，科学的な「安全」情報を伝達しても人々の「安心」には繋がらないといった問題や，東日本大震災以前から行われていたリスク分野ごとのリスクコミュニケーションのやり方が異なることも明らかになってきた．そのような状況に対して国が1つの方向性を示そうとしたのは，自然な流れであったと言えよう．

その1つが，内閣府食品安全委員会の「食品の安全に関するリスクコミュニケーションのあり方について」（平成27年）である．そこでは，「リスクコミュニケーションとは」として，その考え方が明示されている．食品安全分野を対象とした，言わばガイドラインであるが，すべての分野に共通する考え方でもあるので，あえて以下に引用したい．

「食品の安全に関するリスクコミュニケーションは，リスク評価，リスク管理とともにリスクアナリシスを構成している3つの要素の1つである．コーデックス委員会は，リスクコミュニケーションを「リスクアナリシスの全過程において，リスクそのもの，リスク関連因子や認知されたリスクなどについて，リスク評価やリスク管理に携わる人，消費者，産業界，学界や他の関係者の間で，情報や意見を交換すること」と定義している．」

この文章では，ステークホルダーに消費者を明記し，産業（製造者），学界（研究者），リスク評価者や管理者（行政）と関係者すべてをリスクコミュニケーションの対象にしているのである．さらに，「リスクコミュニケーションは，わかりやすく言えば，リスク対象およびそれへの対応について，関係者間が情報・意見を交換し，その過程で関係者間の相互理解を深め，信頼を構築する活動である．その活動は，関係者が一堂に会した意見交換会のみならず，様々な媒体を通じた情報発信などと幅広い．リスクコミュニケーションの目的は，「対話・共考・協働」（engagement）の活動であり，説得ではない．これは，国民が，ものごとの決定に関係者として関わるという公民権や民主主義の哲学・思想を反映したものでもある．」と踏み込んだ記載をしている．リスクコミュニケーションとは，民主主義の哲学・思想と明示しているのである．リスクコミュニケーションに係わろうとする全ての人が，この考え方に立ち戻り，改めてみずからの活動を見直すとき，社会実装への道筋が見えるかも知れない．

緊急時のクライシスコミュニケーション，平常時の科学コミュニケーションやコンセンサスコミュニケーションなどそれぞれの場を想定し，研究・実践されてきたステークホルダー間のコミュニケーションは，社会実装において，平常時から緊急時に向けた連続的なリスクガバナンスの段階における対話として再確認される必要があり，あわせて，緊急時に誰がどのように社会に対してコミュニケーションするのかという制度や体制に関する議論が必要になってきている．本章はリスクに関する対話の基礎的知識を提供し，今後の日本のリスクガバナンスにおける対話について述べ，今後のリスクコミュニケーションの社会実装の進展に寄与することを企図している．

［竹田宜人・広田すみれ］

参考文献

・Covello, V. T. et al.（ed.）（2012）*Effective Risk Communication: The Role and Responsibility of Government and Nongovernment Organizations*, Springer Science & Business Media.
・Lundgren, R. E. and McMakin, A. H.（2013）*Risk Communication: A Handbook for Communicating Environmental, Safety, and Health Risks, 5th Ed.*, Wiley-IEEE Press.
・World Health Organization（WHO）（n.d.）*Risk Communication*（閲覧日：2019年4月）.

【4-3】
リスクコミュニケーション

リスク認知には個人差がある．また，個人や集団によって優先すべきと判断する価値は一様ではなく，さらに，経済的状況や社会的状況も個人や集団によって異なる．そのため，リスクに対してどのように対処すべきかの判断は個人や集団によって差異が生じうる．そのなかで，リスクには多くの人々が集団・組織あるいは社会として共同して対処しなければならないものがある．社会あるいは組織においてリスクに効果的に対処するためには，その構成員間においてリスクについての知識や評価，達成目標，対処方法などの情報を共有する必要がある．そのための情報交換をリスクコミュニケーションという．すなわち，リスクコミュニケーションとは，リスク管理の目的のもとにリスクについての情報を交換する行為である（☞ 3-1）．リスクコミュニケーションにおいては，一般には，リスクについて専門的な多くの情報を持つ専門家（行政，事業者等を含む）と，そのようなリスク情報を持たない非専門家（一般市民）との間の情報交換が想定されることが多い．リスクコミュニケーションは，コンセンサスコミュニケーション，クライシスコミュニケーション，ケアコミュニケーションに大きく分けられる（土田 2018）．コンセンサスコミュニケーションは，科学・技術の社会的受容，忌避施設（NINBY 施設）の受入れなど，リスクを伴う事柄について合意形成を図ることを目的として行われる．クライシスコミュニケーションは，重大事故，大災害，感染症の大流行あるいはテロ・戦争など大きな被害が発生したリスクに可能な限り適切に対処しようとすることを目的として行われる．ケアコミュニケーションは，リスクを心配する人たちに対して科学的に根拠のあるリスク情報に基づいて寄り添うことを目的として行われる．

従来，産業や環境に関連する事柄ではコンセンサスコミュニケーションが重視されてきたことから，今日行われているリスクコミュニケーションのほとんどはコンセンサスコミュニケーションであるが，リスク管理のための対話は，コンセンサスコミュニケーション，クライシスコミュニケーション，ケアコミュニケーションと区別せず，いずれもリスクコミュニケーションとして議論されてきた経緯がある．ただし，医療現場ではケアコミュニケーションも重視される．非常時の住民対応にはクライシスコミュニケーションが重視され，その復旧復興過程においてはケアコミュニケーションが重視される．また，農林水産などに関連する事柄では風評被害への対応なども重視される．さらに，研究開発の関連では，専門家と非専門家が話し合うことによって新たなイノベーションを導こうとする科学コミュニケーションをリスクコミュニケーションの枠組みで捉えることもある．このように，対応する問題や状況によってリスクコミュニケーションの捉え方にもバリエーションがある．

◆コンセンサスコミュニケーションの歴史　公害問題などの環境問題に関して，

W. リース（Leiss 1996）は，1990年代までに，米国ではリスクコミュニケーションが3段階に進展してきたと指摘している．日本や欧州においても米国とほぼ同様であったと考えられる．

第1段階は，1970年代半ばから1980年代半ば頃であり，住民対応（リスクコミュニケーション）の主たる目的は情報公開であった．すなわち，例えば当時までは企業が工場内で使用している化学物質などは，環境に排出された場合に健康被害をもたらすリスクがあるものであっても，企業秘密としてその情報を秘匿することが可能であった．第1段階ではこのリスク情報を公開することが「リスクコミュニケーション」であったのである．この背景には，公害問題の深刻化などにより市民から情報公開要求が高まったことがある．現在では，日本の「特定化学物質の環境への排出量の把握等及び管理の改善の促進に関する法律」（「化学物質排出把握管理促進法」「PRTR法」とも言われる．1999年制定）などにみられるようにリスク情報は公開が当然とみなされるようになっている．

第2段階は，1980年代半ばから1990年代半ば頃であり，リスクコミュニケーションの主たる目的は説得であった．社会の民主化が進んだことにより，政策や企業活動を遂行する場合には市民の同意を得ることが必須となってきた．政策や企業活動の遂行を目的として，産官学の専門家が非専門家である市民に「正しい」リスク情報を伝えて説得することがリスクコミュニケーションとなったのである．このとき，説得する側である産官学の専門家は，「非専門家である市民に対して正しいリスク情報を正しく十分に伝えれば，市民も自分たちに合意するはずである」との立場をとった．これを欠如モデル（Wynne 1993）という（☞ 4-6）．さらにはこの段階では，市民にあえて不安感を持たせる必要はないとの立場から，被害が小さな危険情報あるいは確率の低い危険情報を市民に伝えずに100%安全であるとの説得があったことも事実である．

しかしながら，遅くとも1990年代半ば以降，米国，日本，欧州などでは，欠如モデルに基づく説得を目的とするリスクコミュニケーションでは，特にコンセンサスコミュニケーションにおいて，市民の同意を得ることが困難であることが経験的に明らかになってきた．そこで，リース（Leiss 1996）は，リスクコミュニケーションは新たな第3段階に移ったとした．第3段階では，一般市民の高学歴化が進むと同時に，マスメディアにより情報流通が高度化して，一般市民は容易にリスクに関する情報を入手し，また発信することができるようになった（☞ 4-15，4-16）．このことから，市民の多くは社会のリスクについてみずから情報を得て判断することを望むようになってきた．さらに現在では，2010年代以降SNSなどのインターネットによる情報交換が一般化して，多様な情報源による双方向かつ拡散的コミュニケーションが行われるようになってきている．このような状況において，多くの市民やメディアのリスク判断が産官学の専門家のリスク判断と必ずしも常に一致するわけではない（☞ 4-7）．非専門家には当該リスク問題について情報の真偽を客観的・専門的に判断する技能が備わっていないのであるから，非専門家は，産官学の専門家あるいはその判断を信頼するならばそれに同意するが，信頼しない場合，非専門家もまたみずからのリスク判断が正しいと考えることから，専門家や行政・事業者が利益を得るために世間を騙しているのではないかとの疑いをもちやすい．

◆情報の質と真偽判断の困難さ 一般に，情報が正しいかどうかを判断する難易度には，情報の質が関係する．情報にはその性質によって，①単純な情報，②複雑な情報，③不確実な情報，④多義的な情報がある．

①単純な情報は，日常的に体験上よく知っている事柄や，体験すればすぐに了解できる情報である（例：氷は冷たい．岩は硬い）．単純な情報はその真偽を誰でも容易に判断できるので，大きな説得効果がある．ここで，どのような問題であれ事実情報は単純な情報として機能する．すなわち，「○○航空会社は事故を起こしたことがない」など事実情報は単純な情報として機能して大きな説得効果を生じる．

②複雑な情報は，理解するのにある程度の知識・教養が必要である情報，あるいは，演繹など論理操作ができなければ理解できない情報，さらには，数式などの特殊な言語能力が無ければ理解できない情報である．非専門家にとって複雑な情報は理解することには困難を伴う．しかしながら，わかりやすく工夫をして，時間をかけて根気良く説明をすれば，非専門家にも複雑な情報を理解して真偽判断をしてもらうことが可能である．

これらに対して，

③不確実な情報は，意味する内容が真実であっても断定的に表現することができず，それが現実化するかは確率に代表される数理的手法でしか表現できない情報であるため，その真偽判断は容易ではない．また，リスク情報は基本的に不確実な情報であるが，どのような事柄でも危険の確率は，限りなく0に近いことはあっても，0とはならない．仮に情報が真実であると判断したとしても，万一の危険を案ずる者に対しては不確実な情報による安全方向への説得は困難である．

④多義的な情報は，真実が誰にもわかっていない情報，あるいは，同じ事象について様々な見解や理論などが併存しているような情報である．学問一般に最先端になるほどその成果は多義的な情報となり，また，専門家としての見解を求められた場合には正直に回答しようとするほど多義的な情報を伝えざるをえなくなる．しかしながら，非専門家にとっては多義的な情報による回答は，回答が無かったに等しい．何が正しいとするかを非専門家が判断しなければならなくなるからである．したがって，非専門家にとって多義的な情報の真偽判断はほぼ不可能であり，一方的に多義的な情報を送りつけるだけで合意が形成されることはない．

◆合意形成のための信頼形成 先端的科学技術，あるいは，萌芽的問題に関するリスクを説明するには，不確実な情報や多義的な情報を多用せざるをえない．客観的な真偽判断をすることが困難である場合，人はみずからの直感的な判断と共に，自分が信頼する者，組織，メディアの見解に同調してリスク判断をすることになる．そのため，専門家がみずからのリスク判断を非専門家に受容してもらうには，非専門家から信頼されなければならないとの議論が1980年代からなされるようになった．信頼を促進する要因には，①専門的能力の高さ，②誠実さ（向社会性），③共通する価値観などがこれまでに指摘されている．

そもそも，信頼形成には互いに多くの情報交換をして良好な人間関係（コミットメント）を築く必要がある．そこでは双方向の情報流通が基本であり，非専門家だけではなく専門家もまた相手を信頼することが求められる．さらに，合意形成には，双方が同意できる新たな解を協力して模索する共考（木下 2009）が重要となる．また，相手の危険を最小にし，かつ相手の利得を確保しようとする姿勢を互いに常に確認し合うことが信頼形成と合意形成において重要である．

◆クライシスコミュニケーション　H.B.D. レオナルドと A.M. ホウィット（Leonard and Howitt 2008）は，危機（クライシス）を「事前に想定していない異常事態」と定義している．つまり，危機には事前に作成した対応マニュアルはないのであるから，現状を正確に認識したうえで，その場で最適な対応策を見いだしていかなければならない．

クライシスコミュニケーションとは，危機に対応する者が外部との間で行うリスクについての情報交換である．クライシスコミュニケーションにおける外部は世間（パブリック）であるが，具体的には，①行政機関，②報道機関，③住民／一般大衆，④同業者・関連組織，⑤専門家や研究開発機関である．クライシスコミュニケーションが必要である理由は，次のようにまとめることができる．

①世間を助けるため：危機の被害が広く世間にも及ぶ可能性がある場合には，可能な限り正確で有用な危険情報や避難情報を速やかに世間に対して開示しなければならない．

②世間に助けを求めるため：危機が深刻であるほど当事者だけでは危機に対応できなくなる．その場合には世間に支援を求めなければならない．具体的には，消防署や警察署，ならびに上位行政機関・監督行政機関への通報，自衛隊への出動要請などがこれにあたる．

③世間に正しく理解してもらうため：危機に伴って誤った情報が流布し風評被害などが発生することを防止しなければならない．

④道義的責任：危機が，結果的に世間に被害を及ぼさなかった場合であっても，道義的に世間に危機の状況を説明する責任がある．

◆ケアコミュニケーション　ケアコミュニケーションは，例えば，自分には深刻な病気があるのではないかと心配する人に寄り添って正しいリスク情報を交換することなどである．携帯電話基地局や送電線・家電製品からでる電磁波（電磁界）の健康影響，あるいは，微弱な放射線被爆による健康影響など，医学的に確定的な見解が未だ得られていないため多義的情報となるリスクについての情報交換もケアコミュニケーションに分類される．

［土田昭司］

📖 参考文献

・木下冨雄（2016）リスクコミュニケーションの思想と技術：共考と信頼の技法，ナカニシヤ出版．

【4-4】

不確実性下における意思決定

意思決定を，意思決定者を取り巻く環境についてその意思決定者がどれだけ知っているかという意思決定環境の知識の性質から分類すると，図1に示したように，以下の3つに大別できる（竹村ら 2004；Takemura 2014）．すなわち，①選択肢の結果が確実な状況の確実性下の意思決定，②選択肢の結果の確率分布がわかっている状況のリスク下の意思決定，③選択肢の結果の確率分布がわからない状況の不確実性下の意思決定となり，不確実性下の意思決定は，さらに，(i) 結果の標本空間はわかるが確率分布がわからない曖昧性下と (ii) 結果の標本空間すらわからない無知下に区分することができる．意思決定論では，リスク下の意思決定と不確実性下の意思決定を区別するので注意を要する．ただし，②と③を含めて不確実性下の意思決定ということもある．

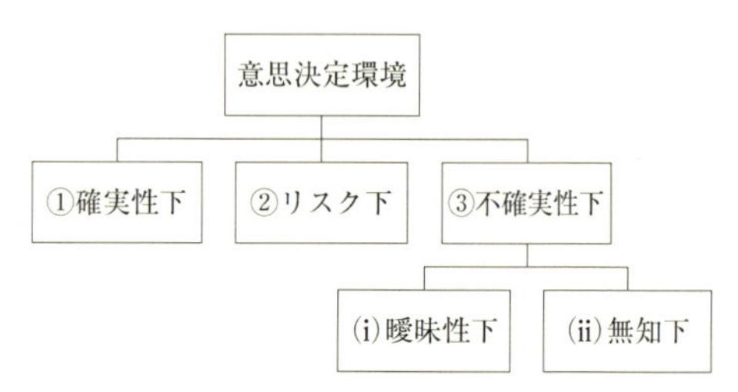

図1　意思決定環境に応じた不確実性の分類
［出典：Takemura 2014］

◆意思決定者を取り巻く環境と不確実性　確実性下の意思決定とは，選択肢を選んだことによる結果が確実に決まって来るような状況での意思決定である．例えば，効果が確実にわかる5000万円の費用のかかる交通安全対策と，効果が確実にわかる8000万円の費用がかかる交通安全対策とのどちらが良いかを決めるような状況は，確実性下での意思決定になる．

リスク下の意思決定は，選択肢を採択したことによる結果が既知の確率で生じる状況での意思決定である．確率分布が既知の状況を通常意思決定論ではリスク下の状況と呼ぶが，リスク研究では，リスクとは不確実性をも含んだより広い意味で用いられることが多いので注意を要する（竹村ら 2004）．

不確実性下の意思決定とは，選択肢を採択したことによる結果の確率が既知でない状況での意思決定である．この不確実性下の意思決定は，以下のように下位分類することができる（竹村ら 2004，Takemura 2014）．まず，第1が曖昧性のもとにおける意思決定である．曖昧性とは，どのような状態や結果が出現するかはわかっているが，状態や結果の出現確率がわからない状況を言う．不確実性下の意思決定の第2が，状態の集合の要素や結果の集合の要素が既知でない場合の，無知下の意思決定である（Smithson et al. 2000）．例えば，ある社会政策を採用することによって，どのような状態が生じ，どのような結果が出現するかその可能性すらもわからない状況である．

◆不確実性下の意思決定論の基本枠組み　不確実性下の意思決定を把握する理論的基本枠組みとして，確率分布が既知かもしくは既知でない状況も含んだ不確実性の状況を記述する．意思決定に関する選択肢の集合を記号で簡単に示すと，不確実性下の意思決定における選択肢の集合 F は，下記のように表記できる（竹村，藤井 2015）．

$$F = \{f \mid f : \Theta \rightarrow X\}$$

ただし，F は意思決定を行う場合の選択肢の集合であり，f は各選択肢であり，Θ は自然の状態の集合（確率論での標本空間），X は結果の集合（金銭的価値や人命などのリスク論での結果）である．不確実性下の意思決定においては，ある選択肢 f を選んで，状態 $s \in \Theta$ が生起するとある結果 $x \in X$ がわかるような構造になっている．もし，選択肢 f と状態 s がわかっていると，$x=f(s)$ のようになり，選択肢は s の状態のときに結果 x になると解釈できる．

◆様々な不確実性下の意思決定論　不確実性には，様々なものがある．すなわち，Θ から X への写像がわかっていて Θ に関する確率分布がわかっている狭義のリスクの状況，Θ から X への写像がわかっているが Θ に関する確率分布がわかっていない場合の曖昧性の状況，さらにそれらもわからない無知の状態の場合に分けられる．Θ から X への写像がわかっているが Θ の要素が何かわからない場合を特に標本空間の無知という（Walley 1996，Smithson et al. 2000）．さらには，Θ から X の写像が確定できず，X の要素もわからないようなより根源的な無知の状態もある．リスク研究では，結果や自然の状態の存在自体に曖昧性などが存在する場合が多く，さらに事態は複雑になる．

リスク下の意思決定を説明する意思決定理論には，期待効用理論がある．効用とは，選択肢を採択した結果に対する主観的価値として解釈されることもあるが，選好関係を表現する実数値である．また，効用は，結果の集合を変数とみなせる場合，結果の集合から実数値への関数と考えることができるので，効用関数と呼ばれることがある．効用関数の形状からリスク態度がわかる．なお，選好の順序のみを保存するような効用のことを序数効用と呼ぶ．序数効用は，単調増大変換（例えば，対数関数）を施してもその本質的な意味を失わず，心理測定論で使われる順序尺度に相当する．

他方，心理測定論で使われる間隔尺度，すなわち正の線形変換（定数倍して定数を加える１次変換）によっても本質的な意味を失わないような効用も考えられる．このような効用は，基数効用と呼ばれる．

リスク下での意思決定において，効用の期待値の大小関係で人々の選好関係を表現できるとする理論を期待効用理論と呼んでおり，特に，確率に主観的確率を仮定しているものを主観的期待効用理論と呼んでいる．

期待効用理論では説明できないようなリスク下の意思決定現象や不確実性下の意思決定をも説明できるような意思決定理論には，D. カーネマンと A. トヴェルスキー（Kahneman and Tversky）によって提唱されたプロスペクト理論のような理論もある．また，このような理論を総称して，非線形効用理論ということもある．

◆プロスペクト理論と意思決定　カーネマンとトヴェルスキーは，プロスペクト理論と呼ばれる意思決定理論を提案し，効用理論では説明しにくい様々な現象を説明し，行動経済学に大きな影響を与えた．彼らによると，意思決定問題を認識し，心的に構成する編集段階と，その問題認識に従って選択肢の評価を行う評価段階とに意思決定過程は分かれる．編集段階では，意思決定の状況をどのように捉えるかということが問題になり，決定のための心的枠組み（決定フレーム）が形成される．また，評価段階では，編集段階で構成された決定フレームに基づいて選択肢の評価がなされる（図 2）．

プロスペクト理論では，編集段階で形成された決定フレームによって心理学的な原点である参照点が決まり，この参照点からの乖離から結果が評価されることになる．したがって，参照点からの乖離から，意思決定者は利得あるいは損失のいずれかとして結果を評価することになる．図 2 に示されているように，プロスペクト理論の価値関数は，利得の領域では凹関数であるのでリスク回避的になり，損失の領域であれば凸関数であるのでリスク志向的になる．プロスペクト理論の特別な点は，意思決定問題のフレーミングの仕方によって心理学的な原点である

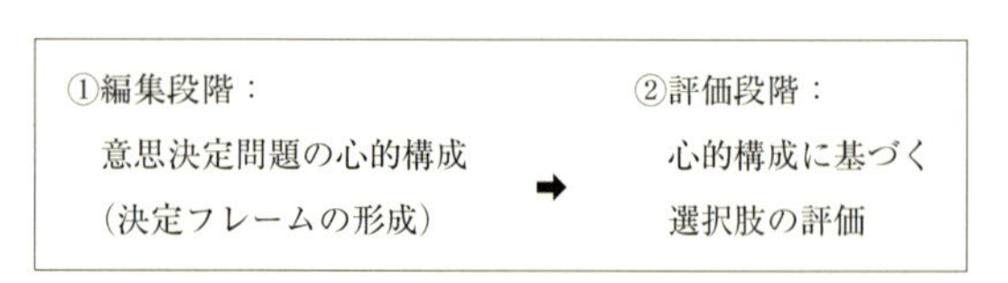

図 2　意思決定の段階
［出典：Kahneman and Tversky（1979）をもとに作成］

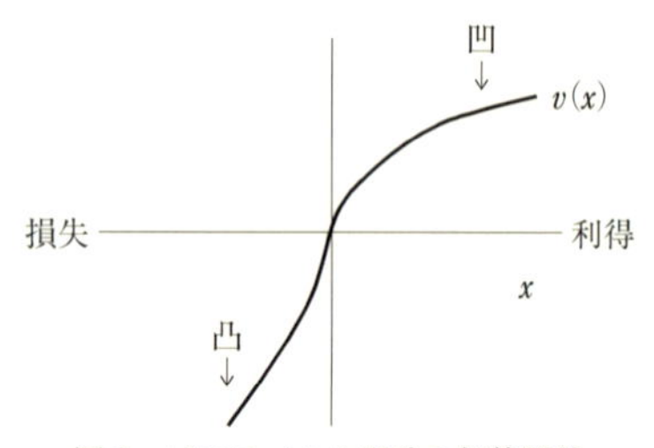

図 3　プロスペクト理論の価値関数
［出典：Kahneman and Tversky（1979）をもとに作成］

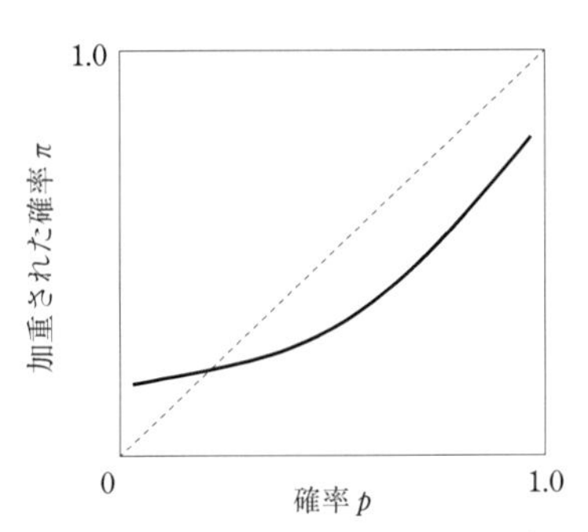

図４　プロスペクト理論における確率荷重関数
［出典：Kahneman and Tversky (1979) をもとに作成］

参照点が平行移動すると仮定していることにある．このような参照点の移動により，同じ意思決定問題でも，利得が強調されて認識される状況ではリスク回避的になり，損失が強調されて認識される条件ではリスク志向的になることが説明される．

さらに，図３に示されているように，利得の領域より損失の領域の方が価値関数の傾きが一般に大きい．このことは，意思決定者が損失を忌避することを示している．この現象は，損失忌避と呼ばれている．損失忌避の性質から導ける現象としては，損失に対する心理的抵抗の強さを指摘することができる．損失の状況では，一般にリスク志向的になる一方で，利得よりも損失をできるだけ避けようという行動傾向が生まれやすい．

また，プロスペクト理論では，確率や不確実性が中程度の事象には比較的鈍感で，確実に生起する事象や確実に生起しない事象については強いインパクトを持つという確率荷重関数の性質が仮定されている（図４）．図４の確率荷重関数は不連続な関数であるが，連続的な関数で表現すると逆Ｓ字型の関数になるとも言われており，その数理モデルも数多く提案されている（竹村 2015）．確率荷重関数の逆Ｓ字型になる性質は，確率関数の非線形性とも言われ，同じ期待値であっても確実な事象や政策（確実な安全など）を人が求めたりする現象（確実性効果）や，同じ期待値であっても損失のリスクが０の事象や政策を求めたりする現象（ゼロリスク効果）を説明すると言われている．　［竹村和久］

参考文献

- 竹村和久 (2015) 経済心理学：行動経済学の心理的基礎，培風館.
- 竹村和久，藤井聡 (2015) 意思決定の処方，朝倉書店.
- Takemura, K. (2014) *Behavioral Decision Theory: Psychological and Mathematical Representations of Human Choice Behavior*, Springer.

【4-5】
リスク認知とヒューリスティクス

リスクは研究領域により重視される側面に軽重があるため唯一の定義は定め難いが，ISO, guide 73 における「目的に対する不確かさの影響（effect of uncertainty on objectives）［ISO13000:2900］」とのリスクの定義が比較的に多くの研究領域で用いられている（☞ 3-2）．ここで，「不確実さの影響」には危険だけではなく便益も含まれる．したがって，リスク認知は，①見込まれる被害の程度，②被害の発生確率，③見込まれる便益の程度，④便益の発生確率についての個人の認識であるといえる．しかしながら，人の認知能力には限界があり，これらの 4 要素全てについて多くの情報を収集して総合的に判断することは，日常生活レベルの認知活動においては人の認知能力を超える認知的過負荷が生じる．そのため，能力と経験のある者が責任のある立場としてリスクを認知し判断する場合でなければ，人は普通の日常生活においてはより簡便な方略，すなわち，ヒューリスティクスを用いたリスク認知をすることが一般的である．

◆危険・被害中心のリスク認知　人は，進化論的には捕食される側の弱い動物の末裔であり，便益（獲物）を感知するセンサーよりも，危険（捕食動物）を感知するセンサーを発達させてきたと考えられる（土田 2018）．そのため，人のリスク認知の主要な要素は被害の程度についての認識である．ヒューリスティクスでは，リスクの便益要素などは無視されて，被害の程度のみに基づく認識がなされやすい．

◆二値的確率判断によるゼロリスク認知　また，人は確率についての思考に優れていない．そのため，ヒューリスティクスでは，リスクの本質である不確実性すなわち確率要素を無視した認識がなされやすい（Gigerenzer 2002）．すなわちヒューリスティクスでは，危険・被害あるいは便益・利益が発生するか発生しないかを，0%でなければ100%であると二値的に判断しやすい．この判断では，安全とは全く危険・被害が生じない（確率 0%）ことであると認識される．これをゼロリスク認知という（中谷内 2004）．客観的には現実に危険・被害の発生確率が 0%になることはあり得ないが，ゼロリスク認知では，たとえ僅かでも危険・被害が発生する確率があるのであれば危険・被害は必ず発生する（確率 100 %）と認識される．

◆現実認識の主観性　リスク認知に限らず人の現実認識は主観的なものであり，客観的現実とはしばしば異なることがある．例えば，錯視などの錯覚は人の主観的認識と客観的現実とのずれを端的に示している．

人は，既に自分が保持している知識体系［スキーマ（schema)］に基づいて現実を認識する．例えば，図１の上段は 11，12，13 と認識され，下段は A，B，C と認識される．客観的には 13 と B は同じ図形であるにもかかわらず，上段では数字の知識体系が活性化するので 13 と認識されるのに対して，下段ではアルファベットの知識体系が活性化するので B と認識されるのである（Neisser 1976）．

11　12　13
A　13　C

図１　知識体系（スキーマ）に基づく現実認識
［出典：Neisser（1976）をもとに作成］

また，代表性ヒューリスティック（Tversky and Kahneman 1974）として知られているように，人は自分が保持している知識体系に合致しない現象は発生しにくいと判断する傾向がある．具体的には，学生時代に政治活動に熱中した女性がその後銀行員になっている確率は，銀行に勤めながら市民運動をしている確率よりも低いと間違って認識する“リンダ問題”が有名である．

人はリスクについても，このように客観的な事実を自分が持っている知識に合うように解釈して認識するのである．そのため，客観的なリスク認知を達成するには様々な（複数の）知識体系による解釈を比較検討する吟味が必要となる．

◆自己正当化欲求による現実認識　人は強い自己正当化欲求を持っており，自分の行為や意見を正当化するために現実を歪めて認識する．また，意識的にせよ無意識的にせよ自分にとって都合の良い情報にしか注意を向けようとしない（情報への選択的接触，Festinger 1957）．このため，明確な危険情報が眼前にない状態では，自分の行為は根拠なく安全であると認識する非現実的楽観主義や，自分が危険な状況にあるはずはないと思い込む正常性バイアスが生じる（☞ 4-6）．

◆記憶の利用可能性　人は自分が思い浮かべやすい情報のもとに現実を認識する（利用可能性ヒューリスティック，Tversky and Kahneman 1974）．例えば，航空機事故についての強い記憶がありいつも思い出している人は，客観的事実とは逆に自動車事故よりも航空機事故のほうが頻繁に発生していると認識することがある（☞ 4-7）．

◆思考における二重過程　人には，主に扁桃体など大脳辺縁系が関わる感情的な思考過程と，主に大脳新皮質（前頭葉）が関わる理性的な思考過程があることが指摘されている．人には，合理的・理性的な認識や判断とは異なる認識・判断があることについては，古くは H.A. サイモン（Simon 1947）が限定合理性として指摘しているが，社会心理学においても二重過程理論として様々な検討がなされてきた．例えば，R.E. ペティと J.T. カシオポ（Petty and Cacioppo 1986）は説得研究の枠組みの中で，問題について深く考える動機と能力があるならば合理的な認識と判断をするが，その動機または能力がない場合には問題の本質とは無関連な状況的情報（周辺的手がかり）に基づく認識と判断がなされることを明らかにしている．また，S. エプスタイン（Epstein 1994）は人の思考には，自動的・経験的システムであるシステム１と，意識的・熟慮的システムであるシステム２

があることを指摘している．同様の議論をA. ダマシオ（Damasio 1994）は脳科学の立場から深く考察している．D. カーネマン（Kahneman 2011）は，感情的なものだけでなく理性的な思考も含めて直感的・経験的な思考である「速い思考」と，熟慮に基づく「遅い思考」に分けて，人の認識や判断を論じている．リスク認知におけるヒューリスティックは主にこの速い思考において生じるものである．

◆危険と利益に対する判断の違い（プロスペクト理論） 前述のように，人は危険に対して利益よりも強い心理的インパクトを受ける．すなわち，例えば金額的には同じであっても借金としての100万円は収入としての100万円よりも心理的なインパクトは強い．このことからD. カーネマンとA. トヴェルスキー（Kahneman and Tversky 1979）は，プロスペクト理論（☞ 4-4）として次のような現象が生じると指摘している．すなわち，(A)「確実に賞金100万円が得られる」，(B)「50％の確率で賞金200万円あるいは50％の確率で何も得られない」の選択では，多くの人は（A）を選択する．しかし，(C)「借金200万円のうち確実に100万円が減免される」，(D)「50％の確率で借金200万円すべてが減免あるいは50％の確率で借金200万円の減免はない」の選択では，多くの人は（D）を選択する．これは，賞金というプラスのフレーミングで提示された場合は，人は賞金には少なくとも確実な結果を求めるのに対して，借金というマイナスの枠組みでは心理的インパクトが強いため，これから逃れようと不確実でもすべてが減免される選択をするのであると説明されている（☞ 4-4）.

◆感情ヒューリスティック 人は相反する感情を同時に持つことが困難であり，危険と利益を同時に考えることを避ける傾向がある．すなわち，対象が利益を生むと認識するとその危険性に注意を向けようとせず，また，対象が危険だと認識するとそれがもたらす利益については考えようとはしなくなりがちである．これ

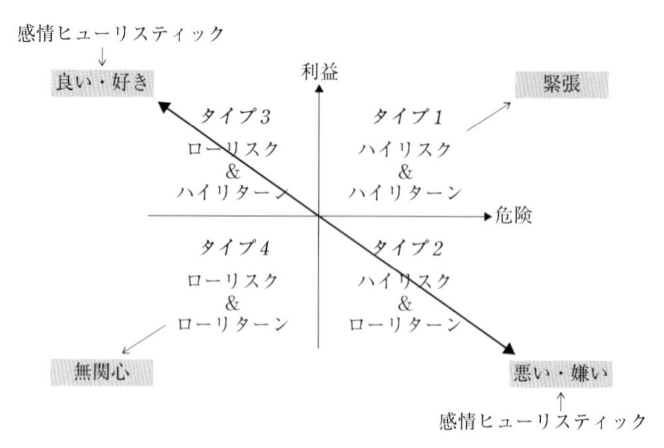

図2 感情ヒューリスティックの判断・評価軸
［出典：Tsuchida（2011）をもとに作成］

を危険認知と利益認知のトレードオフという．このトレードオフが生じた場合，人はリスクを図2で示したタイプ2（ハイリスク＆ローリターン），あるいはタイプ3（ローリスク＆ハイリターン）の軸で判断することになる．タイプ2は拒否・回避の対象であり，悪い，嫌い，反対と表現される．タイプ3は受容・接近の対象であり，良い，好き，賛成と表現される．そこで，人には良いもの（好きなもの）は安全であり，悪いもの（嫌いなもの）は危険であると感情的に判断する傾向があると指摘することができる．これを感情ヒューリスティックという（Finucane et al. 2000, Tsuchida 2011）．

◆直感的・経験的な確率判断　人の脳は客観的な確率判断を行うことに適しているとは言い難い．そのいくつかの例を指摘する．

① 統計的独立の無視：コイン投げで裏・裏・裏・表・表・表となる確率と裏・表・表・裏・表・裏となる確率は同じである．コイン投げでは表／裏の確率は1回毎にそれぞれ1/2であり，前回の試行の結果が後の試行の結果には全く影響しないからである（統計的独立）．しかしながら，人は表が何回も続くと次は裏が出ると判断しやすい．統計的独立を無視した確率判断をしがちなのである．これを賭博者の錯誤という．

② 制御幻想：自分で選ぶことができたクジは選ぶことができなかったクジよりも当選しやすいように感じる．自分がコントロール（制御）できることは自分が望む結果となる確率が高いと判断しがちだからである．これを制御幻想という．

③ 少数サンプル誤差の無視：リスクを予測するとき確率で示された結果となるのは十分に多くの事例が集まるときである．少数の事例（少数サンプル）しかないときには，誤差の影響で確率から乖離した結果が得られやすくなるのだが，このことは無視されやすい．例えば，産科病院で出生児の男女比率が1：1になりやすいのは出生児が十分に多い病院である．出生児が少ない産科病院では出生児の男女比がどちらかに偏りやすいのであるが，この偏りは病院の規模にかかわらず同じであるとみなされる傾向がある．

④ ベースラインを無視した確率判断：女性が乳がんに罹る確率は約1％であるが，このように発生確率（ベースライン）が低い場合には，罹患者を陽性判定する確率が99.5％，非罹患者を陽性判定する確率が0.3％である診断であっても，陽性判定された被験者の23.0％は非罹患者である．G. ギーゲレンツァー（Gigerenzer 2002）によれば，このことを理解していた医師はいなかったとのことである．いわゆる専門家であっても客観的な確率判断をしていない可能性があることには留意すべきである．　［土田昭司］

📖 参考文献
・カーネマン，D. 著，村井章子訳（2014）ファスト＆スロー：あなたの意思はどのように決まるか？（上・下），早川書房．
・土田昭司編著（2018）安全とリスクの心理学：こころがつくる安全のかたち，培風館．

【4-6】

リスク認知とバイアス（1）：知識と欠如モデル

「リスク認知」とは，リスクに対する人々の主観的な判断や態度を指す．英語の直訳はリスク「知覚」であるが，習慣的にリスク認知と言っている．

◆リスク認知への関心　リスクを社会としてどの程度受け入れるか，その意思決定には社会的な合意が必要である．このことは，リスク学が台頭してきた初期から次のような問いとして表現されてきた．すなわち，「どのくらい安全ならばよいのか？」である．リスクとベネフィットとのトレードオフを人々はどのように考えるのか，どのくらい安全ならばリスクを受容するのか，また，そもそも人々はリスクやベネフィットについてどのように考えているのかなどの問題を明らかにするために，主に心理学的な研究手法を用いて，明らかにされてきた．

きっかけになったのは，C. スター（Starr 1969）の研究である．彼は，自発的なリスクは，非自発的なリスクに比べて，約1000倍受容されやすいことを明らかにした．自発的なリスクとは，喫煙や自動車の運転のように，みずから進んで受けるリスクであり，非自発的なリスクとは，受動喫煙や環境汚染のように，みずからの意思ではそれを受けるかどうか選ぶことのできないリスクである．あるリスクが自発的かどうかという判断基準は，技術的なリスクの定義（ハザードと生起確率の積）の中には含まれていないから，同じ程度のリスクであっても，受容が異なることは，リスク認知があることを前提としないと説明できない．

◆リスク認知の次元　技術的なリスクの定義では，ハザードと生起確率しかリスク評価の際に考慮されないが，一般に人々がリスクについて判断するとき，これ以外の要素も考慮している．多様なハザードに対して，心理学的な手法で分析を行ったP. スロビック（Slovic et al. 1980）は，リスク認知を構成する主要な要因（「リスク認知の次元」という）として，「恐ろしさ」と「未知性」の２つを見いだした．恐ろしさの次元は，「制御が困難」「破滅的」「死に至る」「リスクとベネフィットの分配が不公平」「将来にわたって影響が残る」「リスクの低減が困難」「非自発性」などの判断で構成されている．未知性の次元は，「被害の発生過程が観察できない」「晩発的影響がある」「新奇なものである」「科学的に解明されていない」などで構成されている．これらの２次元上に，各種のリスクをプロットしたものが図１である．図で第１象限にあたるところ，すなわち，「恐ろしさ」と「未知性」が高いリスクは，過大視されやすいリスクと言える．

◆リスク認知の「バイアス」　リスク認知の「バイアス」とは，技術的なリスクの定義から逸脱していることを，「ゆがみ」として捉えたものである．ここでは主要なものを３つ紹介する．

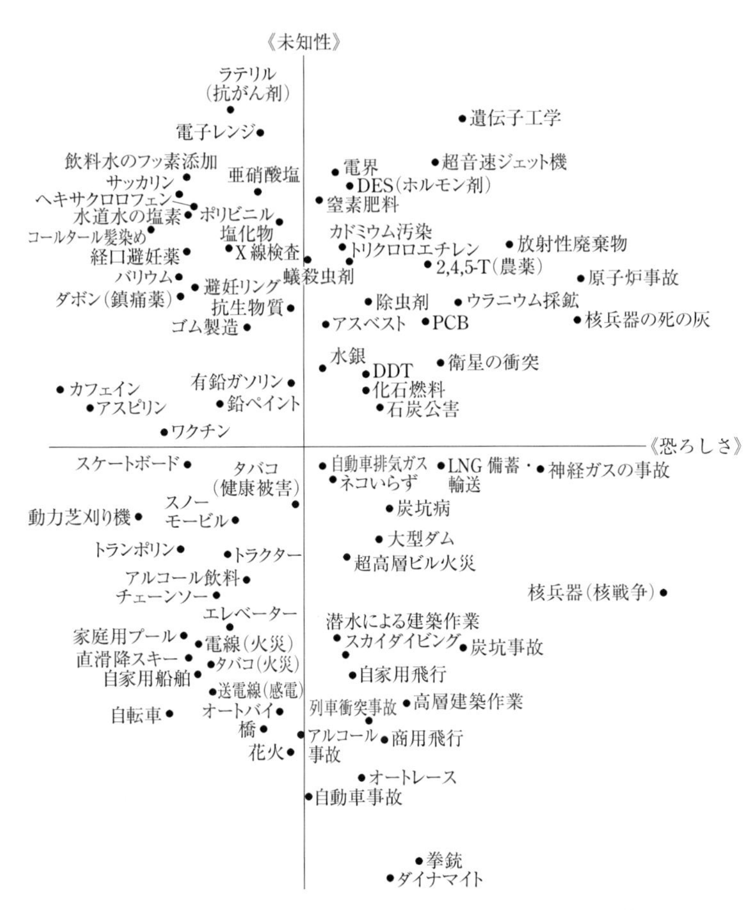

図1　スロビックモデルによるアメリカ人のリスクイメージ
［出典：岡本 1992；Slovic 1986］

第1は，リスクの頻度推定のバイアスである．S.リクテンシュタインら（Lichtenstein et al. 1978）は，アメリカ人の死因の40種類をあげ，年間どのくらいの人が亡くなっているかの判断を行わせた．その結果，頻度判断はおおむね正確ではあったが，高頻度と低頻度の死因についてバイアスがあることがわかった．すなわち，実際には頻度の高い死因を実際より頻度が低いと判断し，逆に頻度の低い死因を実際より頻度が高いと判断していたのである．

第2は，「非現実的楽観主義」（Weinstein 1980）である．これは，重大なことほど起こりにくい，あるいは自分の身に降りかからないと根拠なく考える認知傾向を指す．これは特に，交通事故や健康などの個人的なリスクについてよく見られるバイアスである．例えば，自分だけは災害の被害者にはならないだろうとか，自分は病気にはならないだろうとリスクを甘く見積もっているようなことが該当する．現実には誰でも同じように被害を受ける可能性はあるので，これが「非現実的」楽観主義と呼ばれるゆえんである．認知したリスクが対応能力を超える場合には，リスク認知を低くすることで，心理的に生じている矛盾状態（認知的不協和という）を低減しているためと解釈されている．災害リスクの例をあげれば，自分が危険な場所に住んでいるという状態は矛盾があるが，かといって住居を変えるのはコストがかかる．そこで，住んでいるところはそれほど危険ではないとリスク認知を低くして，この矛盾状態を解消するのである．

第3は，日本で「正常性バイアス」（Mikami and Ikeda 1985）と呼ばれているものである．災害や事故など異常な事態にまさに遭遇したとき，異常事態をあえて日常的な事態と同様に解釈して，異常性の評価を不当に低くしてしまうバイアスである．現実場面では，人々がなかなか異常事態と理解できないために，避難や脱出が必要な状況であっても行動するのが遅れて被害に遭うことが問題になっている．

◆所属する集団の文化を反映するリスク認知 リスク認知に関して，専門家と一般の人々とで異なることは，スロビックらの一連の研究によって明らかにされてきた．しかし，専門家のリスク認知も一様ではない．専門家集団には特有の認知様式や論理，慣習があり，意識するしないにかかわらず，彼らのリスク認知にもバイアスが生じている．マーツら（Mertz et al. 1997）は，同分野の専門家同士でもリスク認知が異なることを明らかにしている．この研究では，化学物質のリスクについて，イギリスの化学製品を扱う企業の上級管理職と毒性学会会員，そしてカナダの一般市民のリスク認知が比較された．結果として，化学製品会社の上級管理職は，喫煙のリスクとアスベスト以外はリスク認知が低く，毒性学会会員と比べても，また，カナダの一般市民と比べた場合も著しく低かった．さらに，毒性学会会員について，政府や企業に所属している会員は，化学製品会社の上級管理職と同程度にリスク認知が低かったが，一方でアカデミックな場に所属している会員は，彼らよりはリスク認知が高かった．この研究結果は，同じリスク評価に基づいて判断しているはずの専門家同士であっても，職業集団によって，リスク認知に差があることを示している（☞ 4-7）．

所属する社会集団によってリスク認知が異なることについては，日本でも小杉らが明らかにしている（小杉・土屋 2000）．それによると，専門家ではないが専門家の多い組織で事務職として働く者（例えば，電力中央研究所の事務職員）が，一般の市民よりも専門家に類似したリスク認知を行うことが報告されている．科学技術に対する考え方も，電力中央研究所の事務職員は，専門課程の教育や訓練の有無によらず，原子力の専門家と非常によく似ており，一般市民の考え方と大きく異なっていた．

◆バイアスを「正す」のか リスク認知が主観的であることは，リスク評価が客観的であるかのように対比されて，しばしば「正しくない」（客観的である方が正しい）と誤解されがちである．リスク認知のバイアスが研究されてきたのも，技術的なリスクの評価から一般の人々の認知が乖離していることが動機のひとつとなっている．しかし，バイアスがあるというのは規範からの逸脱を意味しているだけで，バイアスがない方が良いというようなものではない．そもそも正しいリスク認知というものは存在しえない．リスク専門家であっても，1人の人間であり，その判断は客観的なものとはなり得ないのである．それは，前述の職業集団による差異にも示されている．

これまで紹介した研究からわかるように，リスク認知には年齢や性別など人口統計学的な要因も働くものの，その他にも多くの「リスク認知の文化差」が存在している．ここで言う文化とは，民族，国，社会的地位，職業集団，職業的志向などを指す．リスク認知は，所属する社会集団の中での「社会的現実」として構成されているのである．さらに言えば，主観的なリスク認知に対比されて「客観的」と言われることが多い技術的リスクの定義においても，ハザードのエンドポイントを何にとるか，また確率をどの測度でとるのかという計算のもととなる尺度は専門家コミュニティの合意によっているだけである．すなわち，技術的なリスク概念もリスク認知も，どちらも社会的に構成されたものである．

リスク認知には過大視と過小視の両方向でのバイアスがありうる．しかし，リスク認知がリスクに関わる問題抜きには扱えない科学技術に携わる企業や自治体，政府は，一般の人々の科学技術に対するリスク認知の過大視を主に問題としてきた．そしてその原因を知識不足によるものと考え，彼らに知識を与えて専門家レベルに近づけるように広報活動を行うことが多い．このような知識不足がリスク受容の差異の主因であるとする考え方を「欠如モデル」という．この考え方の前提として，一般の人々が知識を得てリスク認知が専門家並みになれば，リスク受容は高まるはずだという考え方がある．

しかし，たとえ一般の人々に専門家並みの知識を与えたとしても，当該リスクの専門家のリスク認知と同じになるわけではない．

このことに関して，J. フリンら（Flynn et al. 1993）は，「人々は問題を理解していないから啓蒙が必要である」とか，「安全性について科学的な保証をすることが重要」という前提に基づいたキャンペーンは有効ではないと主張している．

他方，リスクを過小視する認知バイアスについても，リスクがあることを認識してもらって，個人のリスクをより低減するという視点から再考される必要があるだろう．
［吉川肇子］

📖 参考文献
・中谷内一也編（2012）リスクの社会心理学，有斐閣.
・Slovic, P.（2000）*The Perception of Risk*, Earthscan.

【4-7】

リスク認知とバイアス(2)：専門家と市民，専門家同士

様々なリスクに対して人々がどのように感じ，受容するのかについて，1970年代から心理学的手法を用いた研究が盛んになり，市民と専門家のリスク認知の間に大きなずれがあることが示された．

◆一般市民と専門家のリスク認知の違い　初期に行われた研究では，30種類の技術や活動について，大学生，女性有権者，リスク専門家などのリスク認知を調べ，属性によりリスクの感じ方が異なることが示された（Fischhoff et al. 1978, Slovic et al. 1979）．その後に行われた多くのリスク認知研究では，原子力発電や電磁界，遺伝子組換え作物，殺虫剤や農薬，食品添加物など，様々な対象について一般市民と専門家のリスク認知の間には食い違いがあり，一般市民の方が危険を強く感じていることが示されている．ただし，対象リスクについて必ずしも一般市民の方が危険だと認知している訳ではなく，喫煙のように専門家のリスク認知やリスク評価より一般市民のリスク認知の方が低いリスクも存在する．

リスク認知やリスクコミュニケーションの研究において，「一般市民」とは，住民基本台帳や調査会社のモニターパネルなど何らかの名簿から無作為抽出した人々や，調査参加に応募してきた人々などを指しており，特定の技能や属性などを有する集団のメンバーとして選んだ訳ではない人々のことである．つまり，社会を構成する人々の代表であり，その中には対象リスクを専門とする研究者や職業として関わりのある人々が含まれている可能性もある．「専門家」については，研究対象とするリスクに関する学会のメンバーや，大学や研究機関などの研究者や技術者を専門家とみなすことが多い．

◆リスク認知の違いの背後にあるもの　一般市民と専門家のリスク認知の違いの背景には，人間の情報処理過程に存在する認知バイアスやヒューリスティクスの影響，および，主に使用される情報処理システムの違い（☞ 4-5）が指摘されている．また，一般市民と専門家とでは知識の質および量，情報源の種類，ベネフィット認知，リスク管理者への信頼，科学技術一般に対する価値観，リスクを伴う技術や活動などの評価軸に違いがあることも示されている（小杉・土屋2000, Siegrist et al. 2007）．例えば，原子力発電やバイオテクノロジーなどの技術について評価する際，一般市民は環境への影響や将来世代への影響などの不確実性，なにか問題が起きた場合の国の対応能力に焦点を当てる傾向があるのに対し，専門家は社会にとっての必要性や社会問題の解決への貢献に着目する．一般市民と専門家は，同じ対象について異なる側面から評価を行うために，リスク認知も異なると考えられる．

さらに，一般市民と専門家が同じリスクを評価しているかどうかも確かではないことを示唆する研究もある．ある対象に関する知識の構造をメンタルモデルといい，一般市民と専門家のメンタルモデルを図化して比較することにより，両者の共通点や相違点を明らかにすることができる（Morgan et al. 2002）．様々なリスクについて，一般市民と専門家のメンタルモデルが異なることがわかっており，図1は電磁界の発生源からリスク管理に至る因果フローについての一般市民と専門家のメンタルモデルである（小杉ら 2004）．専門家のメンタルモデルと比較して，一般市民のメンタルモデルは知識量が少なく，がんのイニシエーションとプロモーション，不確実性に関する知識は存在していない．専門家は電磁界のリスク評価のエンドポイントとして小児白血病を想定しているため，エネルギー密度やがんの発生メカニズム，不確実性が重要な知識としてメンタルモデルに組み込まれているが，一般市民はリスクとして疾患や心身の不調，機器への影響など多様なものを想定しており，それらに個別に対応する発生源やリスク管理に関わる知識もない．つまり，リスクについて表現上は同じ言葉を使っていても，一般市民と専門家とではそもそも想起する具体的な影響内容が異なる可能性がある．

科学的なリスク評価と専門家のリスク認知は近似しているのに対し，一般市民のリスク認知がずれていることから，専門家のリスク認知は正しく，市民のリスク認知が偏っていると考えられやすい（☞ 4-6，4-9）．さらに，上述のような一般市民と専門家の間にある様々な違いから，送り手である専門家が伝えたいと考える知識と，受け手である一般市民が知りたいと思う知識との間にもずれが生じ，これらが市民と専門家の対話を難しくする一因となっている．

◆専門家同士のリスク認知の違い　情報提供やリスクコミュニケーションの場面では，一般市民と専門家のリスク認知の違いや，関連する知識や認知バイアスの違いに注目が集まりがちだが，専門家であっても認知バイアス（☞ 4-5，4-6）の影響を受けたり，同じリスクに関わる専門家同士でも様々な要因の影響によりリスク認知に相違が見られたりする．

化学物質のリスクについて毒性学会の会員を対象とした研究では，回答者である毒性学者の所属が学術機関か産業機関か，規制機関かでリスク認知が異なり，学術機関に所属する回答者は，製薬会社の上級管理職よりもリスクを高く評価する傾向が見られた（Mertz et al. 1998）．その後の研究でも，化学物質の発がん性を検証するための動物実験の信頼性について，産業機関や行政機関に所属する研究者と比較して，学術機関に所属する研究者の方が慎重な判断をすることが示されている．小杉・土屋（2000）は，原子力発電に対して，一般市民よりも原子力専門家の方が安全だと認識し，さらに電力会社社員は原子力専門家よりも安全だと認知する傾向があることを示し，原子力発電への関与度や忠誠度が認知に影響を及ぼしている可能性を指摘している（図2）．

広瀬ら（1994）は，医療場面の専門家のリスク認知に関する研究で，医師にも

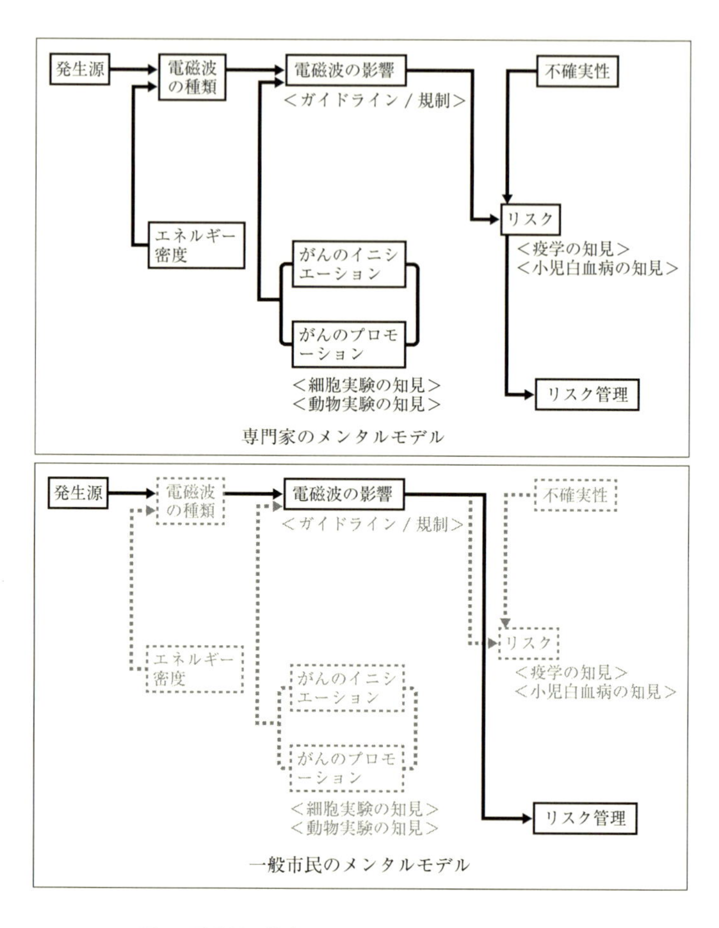

図 1　電磁界の健康リスクについてのメンタルモデル
［出典：小杉ら 2004 をもとに作成］

看護師にも，エイズへの恐怖→感染リスク認知→診察・看護態度→エイズへの恐怖という因果の連鎖が存在し，恐怖が強くなるほどリスク認知も高まることを明らかにした．ただし，連鎖における年齢の効果が異なり，看護師では恐怖とリスク認知に年齢が影響するのに対して，医師では恐怖にのみ影響する．つまり，年齢とともにエイズに対する恐怖が低下するだけでなく，看護師の場合は職業的感染リスクの認知も低下する．広瀬らは職業的感染についての知識量に，医師は年齢による差がないが，看護師は年齢（職業経験の長さ）による差があるためだろうと考察している．

このように，同じ領域の専門家であっても，蓄積した知識や経験の多寡，対象技術に関わる立場によってリスク認知は異なりうる．さらには，たとえ専門的な

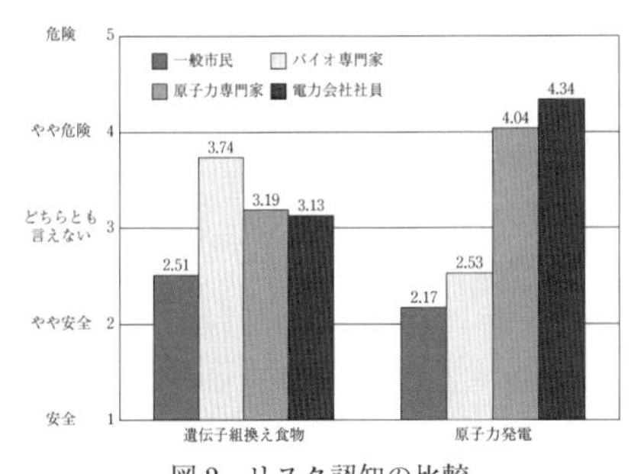

図2　リスク認知の比較
［出典：小杉・土屋 2000 をもとに筆者作成］

教育やトレーニングを受けていなくても，所属や関与度の強さにより，対象リスクに対する認知は影響を受けるのである．

◆同じリスクを扱う異なる専門領域の専門家　気候変動や原子力発電のように対象リスクが複雑・複合的であったり，不確実性が高かったりといった特性を持つ場合，その因果関係や影響範囲は明確でない．さらに，そのリスクを扱う専門領域が複数である場合，同じリスク問題に関わる専門家同士であっても，それぞれが異なる見解を示す可能性が高い．例えば，放射性物質のリスクには，放射線医学，放射線生物学，放射線疫学，放射線防護・保健物理，原子力工学などの多様な専門分野が関わっており，それぞれの領域ではリスクへのアプローチや評価の際のエンドポイントが異なる．電磁界の健康リスクについても，電気工学，疫学，生物学，小児医療などの専門領域が関わり，電気工学の専門家は電磁界のエネルギー密度の低さから考えて健康影響はないという見解を示し，疫学の専門家はデータから小児白血病や脳腫瘍との間に有意な関係があるとする研究結果を示している．

しかし，一般市民の視点からは，異なる専門領域の専門家であっても一括りで「専門家」とみなされる．また，科学的な見解には1つの正解があるという幻想から，異なる専門領域の専門家が異なる解釈を示した場合，一般市民は混乱したり専門家への信頼を失ったりすることにより，社会のリスク管理や規制は遅滞する．このような問題を避けるために，異なる科学的根拠や見解を持つ専門家同士が統一見解を形成する試みとして，共同事実確認がある（Matsuura et al. 2016）．この手法は，それぞれが見解の根拠とするデータや知見を持ち寄り，参加者みなが納得できる科学的根拠を特定・整理するものであり，意見対立のあるリスク問題や紛争において実施されている．近年，科学技術の進展や複雑性の増大に伴って，リスクも因果や影響が複雑化しており，リスクに関する見解の相違や意見対立について専門家同士のコミュニケーションも重要性を増していると言える．

［小杉素子］

参考文献

・Morgan, G.M. et al.（2002）*Risk Communication: A Mental Model Approach*, Cambridge University Press.
・Slovic, P.（2000）*The Perception of Risk*, Earthscan Publications.
・Slovic, P.（2010）*The Feeling of Risk: New Perspectives on Risk Perception*, Earthscan Publications.

【4-8】
リスクに関する対話とリテラシー

従来リスク認知やリスクコミュニケーション研究は，全般的には対象に焦点を当てた知見の蓄積が主であった．しかし，2000年前後から次第に現実場面での問題解決を目指し，受け手側のリテラシーにも関心が向くようになった．本項では，その背景と心理的特性について説明する．

◆リスクリテラシーが注目された背景　よく知られるように，リスクコミュニケーションは，送り手と受け手の間の双方向性が重視されるが，領域によって程度は異なる．医療のように，送り手である医療者の専門性が重視される領域では，数量情報等が含まれた専門的知見を受け手にいかに正確に理解してもらうかが重要課題の1つであった．だが研究によると，必ずしも確率的,あるいは統計的情報が正確に認知されていないことも多かったことから，2000年前後から次第に受け手側のリスクに対するリテラシーが注目されることになった．例えばG.ギーゲレンツァーのグループ（Gigerenzer and Hoffrage 1995，Hoffrage et al. 2000，Gigerenzer 2015）は，米国におけるヒューリスティクスとバイアス研究とは独立に，1990年代に確率のコミュニケーションに関する研究を複数行った．そこでのコミュニケーションの主たる内容は，乳がんの発生率や，誤診断率を含んだマンモグラフィー検査結果という医療情報である．また，後述する行動的意思決定研究でのニューメラシー研究も，経済や医療情報の伝達から始まっている（広田 2015）．日本の場合，東日本大震災直後の低線量放射線影響や食品の安全性に関するリスクコミュニケーションの不調を受け，これらの問題を解決する手がかりとして，受け手の属性，特にリスクリテラシーや科学リテラシーに注目が向くようになった．ただし，受け手のリテラシーに注目することは，双方向性を重視するリスクコミュニケーションを行う努力を怠ることに繋がるのではないかという批判もある．

◆科学リテラシーとリスクリテラシー　リスクリテラシーは，語の意味上はリスクに対する基礎的理解や能力ということになる．だが，現時点ではこの「基礎的理解や能力」の内容に関して一般的定義はなく，いくつかの見解が存在する（☞ 12-1，12-3）．類似の概念に科学リテラシーがある．2015年OECD生徒の学習到達度調査（PISA 2015）では，科学リテラシーを，科学関係の問題や科学の概念を，熟慮する市民として従事する能力と定義している（Koeppen et al. 2008）．それによれば，科学的な教養のある人は科学と技術に関する合理的な言説に携わろうとするので，次のような能力を必要とするとされている．①科学的に現象を説明する．すなわち，様々な幅をもった自然現象や技術的現象の説明を認識し，提供し，評価する．②科学的な問いを評価し，デザインする．すなわち，科学的探究を記述・査定し，科学的に問いを追究する方法に従事する．③科学的にデータと証拠を解釈する．様々な表現でのデータ，主張，論拠を分析・評価し，適切な科学的結論を導き出す．

このように，科学リテラシーでは科学的手法や解釈に焦点が当たっているのに対し，リスクリテラシーは，リスク学の枠組みをどの程度含めるかによって様々な考え方が存在することに注意が必要である．それは，1つにはリスクコミュニケーションの目標の立て方とも関わっている．

◆様々なリスクリテラシー　世界的に見るとリスクリテラシーという用語の使用は，現時点では科学リテラシーに比べると限定的である．その1つがマックスプランク人間発達研究所で，この下にあるリスクリテラシーを研究するハーディングセンターは，リスクリテラシーの研究所の世界的先駆となっている．ただ，このセンターは2009年春に開設され，前述のギーゲレンツァーが中心的役割を果たしてきたため，この研究所で言うリスクリテラシーは次項で説明するニューメラシーにかなり近い．例えば，同センターのサイトにはリスクリテラシーに関するテスト（8問）が掲載されているが，発生率の確率的評価に関するものなどが多数含まれている（Harding center for risk literacy 2019）．

一方，よりリスク学の枠組みに強く沿ったリスクリテラシーもある．内閣府食品安全委員会事務局（2002）は，一般市民向けのDVDで，ゼロリスクやリスクの定量化の考え方を紹介しており，これらは比較的議論の少ない考え方である．だが，リスク比較や，リスクと便益，コストを対比するリスク・ベネフィットという視点を持つことをリスクリテラシーとする場合もある．例えば，株式会社ウエノフードテクノが専門家の監修を受けて作成したパンフレット（株式会社ウエノフードテクノ 2016）はこの立場に立っている．だが，リスク比較で異なる性質のリスクを一元的に扱う考え方や，リスクベネフィット論にはまだ専門家の中でも議論があり，現時点ではリテラシーとして推奨すべきであるかどうかについてコンセンサスはなく，批判も多い．科学リテラシーに比べてリスクリテラシーがそれほど一般的ではないのは，このように，どこまでをリスクリテラシーとするかにまだ統一的見解がないことが一因である．

◆ニューメラシーとその尺度　これに対し，意思決定を心理学的に検討する分野である行動的意思決定研究や医療のリスクコミュニケーションの研究では，意思決定や判断に差を生む個人差要因としてニューメラシーが注目され，一時期集中的に研究が行われた．ニューメラシーとは，日本語で言う「読み書き算盤」の算盤部分にあたるが，2012年国際成人力調査（PIAAC 2012）が採用している全米教育統計センター（NCES 2012）は「ニューメラシーは，成人の生活における幅広い状況での数学的要請に携わり管理するため，数学的情報や考えになじみ，利用し，解釈し，伝える能力」とする．ここからは現代社会で経済や財政に関わる判断や医療情報などに基礎的数学能力が必須となってきたためこの能力が注目された背景が窺われる．

行動的意思決定研究でのニューメラシーは，もう少し単純に確率や統計情報の理解であり，尺度の開発及びこれと意思決定の関係が検討された．具体的な尺度には，簡単な確率計算などに基づく客観的ニューメラシー尺度（例えばWeller et al. 2013），数的情報に対する得意・不得意といった主観評価に基づく主観的ニューメラシー尺度（Fagerlin et al. 2007），直感と熟慮の意思決定の二重過程（☞ 4-5）を意識した認知的熟慮テスト（CRT）などが提案され（図1），また，これらを考慮しつつ現実場面での利用を意識した非常に短いベルリンニューメラシーテスト（Cokely et al. 2012）などがある（広田 2015）．

現実のリスクに対する判断や意思決定場面での違いについては，地震の確率的長期予測に対し，客観的ニューメラシーの低い回答者は予測された確率が修正されて低くなってもかえって不安感の高まった人の割合が多いという報告がある（広田 2013）．また，本田ら（Honda et al. 2015）は，食品における残留農薬のリスクについてグラフやイラストを使った説明の効果を検討した際，CRTや主観的ニューメラシーの高さが食品安全の判断と相関があることを報告している．

行動的意思決定研究でのニューメラシー研究は，尺度の開発という点で現実の課題解決に寄与してはいるが，最終的には二重過程理論のような，背景となる内的な意思決定過程の解明を志向するものである（☞ 4-5）．なお，ニューメラシーに類似した尺度として，グラフリテラシー尺度というものも提案されている（Okan et al. 2012）．

Q1. バットとボールの金額を合わせると1100円になります．バットはボールよりも1000円高い値段です．ボールはいくらでしょうか．＿＿＿＿円

Q2. 5つの製品を作るのに5台の機械を使って5分かかるとしたら，100台の機械を使って100個の製品を作るのにどのくらいかかるでしょうか．＿＿＿＿分

Q3. 湖に睡蓮の葉が浮かんでいる区域があります．毎日，その区域は大きさが2倍になります．その区域が湖全体を覆うのに48日かかるとすると，湖の半分を覆うのに必要な日数はどのくらいでしょうか．＿＿＿＿日

図1　認知的熟慮テスト（CRT）
［出典：Frederick（2005）をもとに筆者翻訳］

◆メディア・リテラシーと批判的思考　一方，東日本大震災後に，マスメディアやWebなどを情報源として危険を強調する偏った言説に対する選択的接触等が人々の不安感を強めたように（☞ 4-15，4-16），リスク認知にメディアの強い影響があることは従来から指摘されている．このため，冒頭のようなリスク認知やリスクに対する態度形成への影響という点で，メディアリテラシーも重要であ

る．これはまた，風評被害や災害時の流言を生じさせないためにも必要とされる．一般的なメディアリテラシーは早くからその必要性が指摘され教育の中に組み込まれてきた．ただ，リスクに関わるメディアリテラシーは，教育の中で重視される情報発信より，災害や様々なリスクに関するメディアの玉石混交の情報からの適切な取捨選択が重視され，情報を批判的に読み取る，すなわち批判的思考が強調される．これは，因果関係の理解や論理的思考をするうえでも重要であり，その意味では科学リテラシーもまた批判的思考を必要要素として持っている．楠見（2013）は，この立場からリスクリテラシーを，メディアリテラシー，科学リテラシー，統計（数学）リテラシーから構成されるものとしており（図2），リスク学の前述の議論に踏み込むことなく，しかし現実のリスクに関して有益な考え方を提供している．［広田すみれ］

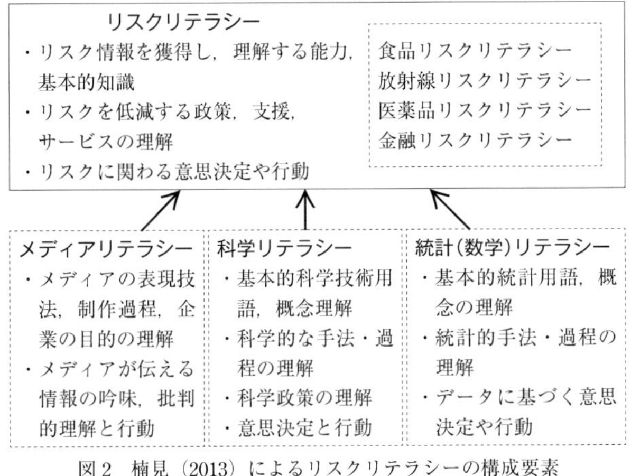

図2　楠見（2013）によるリスクリテラシーの構成要素

参考文献

・ギーゲレンツァー，G. 著，吉田利子訳（2010）リスク・リテラシーが身につく統計思考法：初歩からベイズ推定まで，早川書店（Gigerenzer, G.（2002）*Calculated Risks: How to Know When Numbers Deceive You*, Simon and Schuster）．
・楠見孝，道田泰司（2016）批判的思考と市民リテラシー：教育，メディア，社会を変える21世紀型スキル，誠信書房．
・広田すみれ，増田真也，坂上貴之編（2018）心理学が描くリスクの世界：行動的意思決定入門（第3版），慶應義塾大学出版会．

【4-9】

科学技術とコミュニケーション

科学技術コミュニケーションにはいくつかパターンが存在するが，その目的に照らして整理すると，啓蒙型と参加型の２つに分類することができる．前者は，科学技術に関する興味・関心の喚起，および科学技術への理解向上を目的としたものであり，「科学技術の公衆理解」（PUS）と呼ばれる．一方，後者は，科学技術をめぐる社会問題に関して，専門家と一般市民の双方向性を重視して行われるコミュニケーションを指し，「科学技術への市民関与」（PEST）と呼ばれる．

PUSという概念は，1980年代の欧州で最初に注目を集めるようになった．特に英国王立協会により公開された報告書『科学技術の公衆理解』（The Royal Society 1985），通称「ボドマーレポート」では，一般市民が科学技術を理解することの重要性が強調され，欧米諸国や日本国内でもPUSが普及する契機となった．この背景には，一般市民の科学技術に対する関心や知識の低下（いわゆる「理科離れ」）への危惧や，公害問題や環境汚染の深刻化を背景とした，科学技術の発展に対する反発への各国政府や産業界，専門家集団の強い懸念があった．

◆PUSからPESTへ　このようにPUSの普及が進んだ背景には，「欠如モデル」という考え方がある（☞4-6）．欠如モデルという用語は，専門家が欠如モデル的志向性を持つことへの批判という形で，日本国内では定着している（Wynne 1996，小林 2007）．

欠如モデルの説明にはいくつかのパターンが存在するが，国内で主として流通するものは，科学技術をめぐる問題について，専門家と一般市民の間に認識のずれが生じたり（☞4-7），一般市民が専門家と比較してリスクを高く見積もったりする原因を，一般市民の科学技術知識の欠如に求め，「正しい」知識を付与することでその不安や反対を解消しようとする考え方を指す．一般市民が科学技術の問題を考える際に，基礎となる科学的知識の獲得が重要である一方で，知識の普及のみにその問題解決を求めることは，リスク評価を行う専門家集団や組織への信頼性や，評価プロセスの透明性など，リスクをめぐる多様な問題を見逃すという意味で適切ではないことなどから，欠如モデル批判は行われてきた．

1980年代に入り，P. スロビック（Slovic 1987）の研究に代表されるように，一般市民のリスク概念を構成する要素は，専門家のそれとは全く異なる次元にあることが明らかとなってきた（☞4-6）．加えて，専門知識量の増加は，必ずしも科学技術の受容に結びつかないこと，むしろ対象となる科学技術についての知識量が多い一般市民の態度は，そのリスクを低く見積もったうえで受容するか，そのリスクを高く見積もったうえで反対するというように，二極化することが明らかとなってきた（木下 2002）.

つまり，専門家のリスク評価の考え方に基づいて生成された知識を，一方向的に一般市民に注入することは，必ずしも実効的ではないことが明らかになってきたのである．このことも，欠如モデル批判の主張を後押しした．

こうした PUS の流れに対して，1990 年代半ば以降に欧州を中心に普及し始めたのが，PEST である．80 年代以降に大掛かりに展開された PUS の運動が効果をもたらさなかったことに加え，英国を中心に問題化した牛海綿状脳症（BSE）騒動や，その後に続いた遺伝子組換え作物をめぐる一般市民の不安や疑念に対して，政府や専門家集団が，啓蒙モデルに基づいた PUS 型の科学技術コミュニケーションを展開し，さらなる事態の悪化を招いたことも，PUS から PEST への移行を後押しする状況を生んだ．

そのような反省と方針変更は，2000 年に発表された英国上院科学技術委員会の報告書『科学と社会』でより鮮明となる（The House of Load 2000）．この報告書では，欠如モデルに基づいた一方向の情報伝達ではなく，双方向性を重視した科学技術コミュニケーションの展開が必要であるという主張がなされ，それ以降の科学技術コミュニケーションをめぐる政策および実践活動の展開に大きな影響を与えた．

◆日本における実践例：サイエンスカフェ　このような欧州の動きを踏まえて 1990 年代以降，様々なタイプの科学技術コミュニケーションが，日本国内で展開されるようになった．

日本国内で積極的に展開された科学技術コミュニケーションの 1 つは，サイエンスカフェである．サイエンスカフェとは，カフェやフリースペースなどの公共に開かれた場で，科学技術に関する様々な話題について，専門家と一般市民がリラックスした雰囲気で意見を交わし合う場である．1998 年に英国のリーズで始められたカフェ・シアンフィフィークが発端となり，世界各国に広まった．国内では 2000 年代に入り，いくつかの試みがみられるようになり，『科学技術白書（平成 16 年版）』での紹介以降，急速に全国に広まった（中村 2008）．

サイエンスカフェにはいくつかのパターンがあるが，共通する要素は，専門家が一方的にレクチャーを行った後に質疑応答を行うという，いわゆる講演会形式ではなく，専門家と一般市民，もしくはその場に集う一般市民同士の自由な討議に重きを置くという点である．

しかし一方で日本国内では，白書での紹介や，2006 年に日本学術会議と独立行政法人日本科学技術振興機構が共同で，科学技術週間に全国 21 か所でサイエンスカフェを開催したことなどが，全国展開の端緒となっていることもあり，飲食を伴うなどサイエンスカフェの体裁は整えているものの，実際には専門家の講演会と相違ないケースも少なくない．また，サイエンスカフェ本来の目的である開かれた討議ではなく，理科離れ対策や科学技術研究への理解増進を目的とした

PUS 型のものも少なくないなどの課題も指摘されている（長谷川 2008）.

◆日本における実践例：参加型テクノロジーアセスメント　導入された科学技術コミュニケーション実践のもう1つは，参加型テクノロジーアセスメント（pTA）と呼ばれる手法である．テクノロジーアセスメント（TA）は，1972 年に設立された米国の議会技術評価局（OTA：Office of Technology Assessment）で始まり，その後欧州に広がった．その流れをさらに発展させる形で，1980 年代にデンマーク技術委員会（DBT：Danish Board of Technology）が参加型の TA，つまり pTA 手法を開発・展開したことが，新しい科学技術コミュニケーションの潮流を生むことにつながった．科学技術のリスク評価を専門家主導で行ってきた TA に対し，pTA では，専門家ではない多様な背景をもつ一般市民が，すでに社会に存在する科学技術，もしくはこれから社会に導入されようとしている科学技術について，そのリスクや有用性を評価し，実用化の是非を議論し，さらに実用化された場合の限定条件や適用範囲などについて提案する．

1990 年代以降，積極的に日本国内で展開されてきた pTA の代表的な手法は，コンセンサス会議である．コンセンサス会議とは，一般からの公募などで選ばれた 20 名前後の市民パネルが，社会的な論争となっている話題に詳しい複数の専門家と意見を交わしながら，市民パネルとしての合意（コンセンサス）を目指して討議を進める会議手法である．参加者みずからが議題設定を行い，市民参加者の問いに専門家が応答する形で討議が展開されるため，より一般市民の不安や懸念，価値観に即した形での科学技術評価が可能となるとされている．

コンセンサス会議は，1993 年に初めて日本に紹介（若松 1993）された後，遺伝子治療，高度情報化社会，遺伝子組換え農作物，ヒトゲノム研究など多様なテーマを対象に日本国内で実施されてきた．これらの実践研究は，後述する討論型世論調査（DP）の手法に代表されるミニ・パブリックスの概念からも再解釈され，さらに展開の幅を広げつつある（☞ 4-14）.

◆福島第一原子力発電所事故と科学技術コミュニケーション　日本国内に目を向けるとき，2011 年に発生した東日本大震災および福島第一原子力発電所事故が，科学技術コミュニケーションの展開に与えた影響についても考慮する必要がある．

この大災害と大事故をめぐっては，科学研究の成果が未曾有の大災害と大事故の防止において必ずしも十分に機能しなかったことに加え，科学的知見の限界や不確実性を踏まえた科学技術コミュニケーションが適切には行われていなかったこと，さらにはリスクに関する専門家と一般市民の科学技術コミュニケーション（近年では「対話」という表現がなされることも少なくない）に課題があったことが，指摘されている（科学技術・学術審議会 2013）.

事故後に発表された第 4 期科学技術基本計画（2011～15）では，震災後の社会において，社会の幅広い理解や信頼のもとで科学技術を発展させていくためには，双方向性を重視した科学技術コミュニケーション，ならびに，倫理的・法的・社会的課題（ELSI）への対応が重要であることが，改めて強調されるようになった（☞ 13-5）．またこれらの視点は，続く第5期科学技術基本計画（2016～20）でも引き継がれている．

これは言い換えるならば，科学技術をめぐる社会的意思決定にあたっては，専門家のみならず，様々な関心や知識を持つ人々が集う場をつくり，異なる見解を持つ専門家同士，専門家と一般市民，そして一般市民同士が，科学技術をめぐる諸課題について討議し，そこから生まれる新たな認識や理解を科学技術の発展に活かす社会の実現が求められているということでもある．

そのような社会の実現に向けて，具体的な形で実施された試みの1つが，2012年夏に日本政府によって実施された「エネルギー・環境に関する国民的議論」である．この国民的議論では，パブリックコメント，全国11か所で行われた意見聴取会などの他，DPという新しい手法が用いられた．DPとは，米国の政治学者ジェイムズ・フィシュキン（James S. Fishkin）が開発した「討論型世論調査(DP)」である．一般的な世論調査とは異なり，無作為抽出によりミニパブリックス（社会の縮図）をつくり，様々な市民が集い，事前に配布された情報資料に基づいて討議し，その討論の前後で参加者の考え方がどのように変化したかを調査するという点に特徴がある．結果概要および検証結果については，内閣官房のWebサイト「話そう“エネルギーと環境のみらい”」にて公開されているとおりである．

◆科学技術コミュニケーションをめぐる今後の動向と課題　PUSからPESTへと変貌を遂げた科学技術コミュニケーションは，さらに市民関与の結果を研究やイノベーションに活かす方向に舵を切り始めている．欧州における科学技術政策の新しい枠組みとして策定された「ホライズン2020」では，主要推進プログラムの1つとして，「社会と共にある／社会のための科学」が企画され，「責任ある研究・イノベーション（RRI）」が中心的なコンセプトとして設定されている．

人工知能（AI）技術に代表される科学技術のさらなる進化は，専門家集団だけでは解決できない新しい課題があることを示しており，一般市民のみならず，人文社会科学など理工系以外の研究者も含めた形で多様なステークホルダーが対話・協働し，ともに考え，解決策を模索していくことが必要であるとする方向性である．その具体的な方法論の開発や，社会的定着の可能性，評価方法の確立など課題は残るが，国内外を問わず，この方向性が科学技術コミュニケーションの新しい潮流として推進されつつある．　［八木絵香］

📖 参考文献

・篠原一 (2012) 討議デモクラシーの挑戦：ミニ・パブリックスが拓く新しい政治，岩波書店．
・中村征樹 (2008) サイエンスカフェ：現状と課題，科学技術社会論研究，5, 31-43．
・平川秀幸 (2009)「科学技術コミュニケーション」，奈良由美子・伊勢田哲治（編著）生活知と科学知，放送大学教育振興会，8章，106-121．

【4-10】
リスクガバナンスとリスクコミュニケーション

リスクコミュニケーション（リスコミ）は単独ではなく，リスク評価やリスク管理も含めた，リスクガバナンスという規範的な枠組みの中でとらえることが重要である．東日本大震災以降，リスコミという用語は様々な分野で，様々な定義のもとで使用されるようになった（例えば文部科学省（2016），☞4-2）．多くの場合，国民の科学技術リテラシーの向上といった教育的な成果が主要な目的として挙げられており，リスクガバナンスの枠組みの中でリスコミが醸成されてきた歴史的経緯とは相容れない部分がある．そこで本項目では，リスクガバナンスの中でリスコミが位置づけられた際に，教育という言葉が使われなかった理由，逆に，教育という文脈の中にリスコミを位置づけることで失われてしまうものについて，あらためて歴史的に振り返ってみたい．その理解のためには，米国国立科学アカデミーと全米研究評議会（NRC 1983）による“*Risk Assessment in the Federal Government: Managing the Process*”（通称『レッドブック』）などのいくつかの初期の文書の検討が不可欠である．

◆『レッドブック』など国際的なリスク管理の枠組みにおける対話

1970年代後半から80年代前半にかけて，ラブカナル事件（米国：1979年），ボパール事件（インド：1984年）といった化学物質を原因とする重篤な健康被害を伴う事故が相次いだ．

その結果，有害な化学物質の環境への排出による人々の健康と環境へのリスクの懸念が高まっていった．有害化学物質に発がん性が認められるときには，従来のように人間が取り入れる量を一定の許容量以下に抑えれば安全という考え方では十分に対処できなくなり，科学的な判断と政策的判断の双方に基づく評価のあり方が求められるようになった．このような状況の下，リスクアセスメント／リスクマネジメントに関する報告書「レッドブック」がまとめられた．図1は『レッドブック』で示されたリスクに対する科学的アプローチと，政策決定の仕組みである．フェーズ1の「同定の策定と選定」では実験や現場での経験から，毒性や曝露に関する情報が収集され，社会的な課題が発見される段階である．フェーズ2のリスク評価は4つの要素（「ハザード同定」「用量–反応関係の評価」「曝露評価」「リスクキャラクタライゼーション」）から構成される．4つの要素の名称はリスクの種類や管理制度によって異なるものの，リスク評価の構成は現在も基本的に変わらない．

フェーズ3の「リスク管理」は，評価されたリスクに対して，リスク管理者から管理措置が提案されることである．しかし，リスク評価だけを根拠に政策が決定されるわけではなく，公衆衛生，経済，社会，政治的側面を考慮すべきとされている．

その後，2009年にNRCから提案された“*Science and Decisions: Advancing Risk Assessment*”（通称，『シルバーブック』）では，『レッドブック』の枠組みを「レッドブック・パラダイム」と規範化して呼び，新たに問題設定からリスク評価・リスク管理を通してステークホルダーの参加が明示され，現在では問題設定からリスク評価，リスク管理のすべての過程についてリスコミが必要と

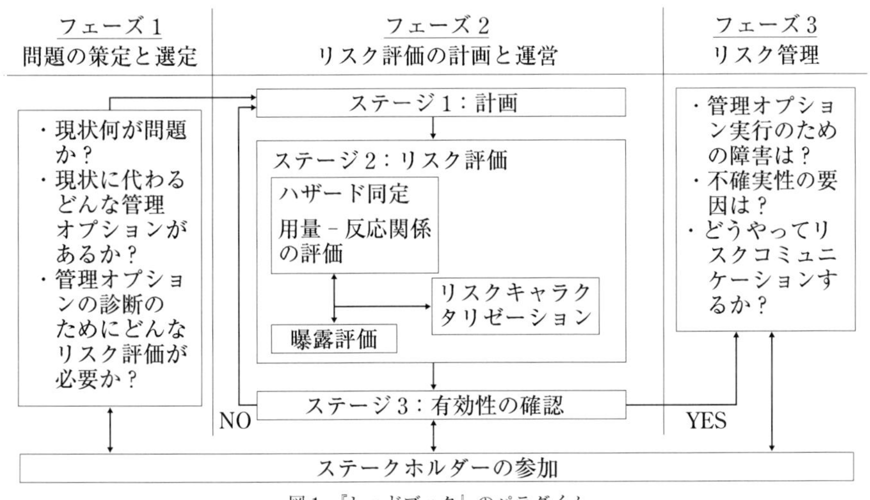

図1　『レッドブック』のパラダイム
［出典：NRC 2009をもとに作成］

されている．また，経済協力開発機構（OECD）は，1999年から，化学物質のリスク管理に関する意思決定とその実行において，リスコミを有効に活用するための方法を検討し，2002年に『化学物質のリスク管理に向けたリスクコミュニケーションに関するOECDガイダンス文書』を公表している．そこでは，リスク管理プロセスにおけるリスコミの重要性が指摘されており，リスコミの役割や機能を再確認するとき，これらの文書は，その原点として重要である．

［竹田宜人・平井祐介］

参考文献
・化学物質評価研究機構（2012）化学物質のリスク評価がわかる本，丸善出版．
・花井荘輔（2012）REACHで学ぶ化学物質のリスク評価，オーム社．

【4-11】
情報公開とリスク管理への参加

◆リスクコミュニケーションとリスク選択　情報の公開や共有はリスクコミュニケーション（リスコミ）において必要最低限の行為である．わが国にリスコミが導入されるきっかけとなった制度の1つに，「特定化学物質の環境への排出量の把握等及び管理の改善の促進に関する法律」（「化学物質排出把握管理促進法」，または単に「化管法」）がある．事業者が環境に排出する化学物質の量を国に届け出，国が集計し，各事業所の個別の排出量とともに公開することを社会的なインセンティブとし，化学物質の自主管理の推進を図るものである．その仕組みの1つとして導入されたのが，地域住民と工場とのリスコミであり，地域における化学物質のリスクを管理することが目的と言えよう．リスコミでは，ステークホルダーすべてにリスク選択への参加が制度的に担保される必要があるが，化学物質排出移動量届出制度（PRTR制度）は自主管理と謳っているように，リスク選択への住民参加が確約されているわけではない（竹田2018）．しかし，工場側が住民対話で得られた意見等を第三者意見として活用する事例が確認されており，リスク管理への参加の1つの事例として考えるべきであろう．様々なリスク管理措置において住民や市民の参加が謳われているが，その実践には，制度的担保が不可欠である．リスコミの現場で双方向性の対話を設計し実践したとしても，住民からの意見がガバナンスに反映される可能性がなければ，それはリスコミとは言えない．しかし，リスク管理者側から素人意見と評価されがちな住民意見を制度的にくみ取ることへのハードルは高く，それは，現状において意見を形式的に聞くことにとどまっている事例が多いことからも伺える．そこで，本項では，リスク管理の枠組みに住民参加を明示した事例として，沖縄県が2017年に策定した「沖縄県米軍基地環境調査ガイドライン」（沖縄県環境部環境政策課基地環境特別対策室2017a）を紹介する．

◆沖縄県米軍基地環境調査ガイドライン　沖縄県の面積はわが国の国土の0.6%に過ぎないが，わが国の米軍施設の71%が集中し，県の面積の約8%を占めている．米軍基地の存在は沖縄の地域社会に様々なリスクの増大を生み出している．飛行場の存在は，騒音ばかりではなく，近接した地域において航空機事故のリスクを高めており，消火剤に含まれている有機フッ素化合物によって，地下水や湧水の汚染が確認されている（沖縄県企業局2018）．また，演習等による裸地化による赤土の流出や，過去の廃棄物の投棄による土壌汚染が返還後に発見されるなど，様々な環境負荷の存在が明らかになっている．しかし，ガイドによれば，米軍の土地収用により，本土で行われたような画一化した土地開発がなされなかったことで，基地内には第2次世界大戦以前の自然環境が残されていることも指摘されている．ここには，本土の環境問題でも共通している点もあるが，サンゴ礁を起源とし石灰岩を母岩とする土壌，民有地でありながら強制的に接収され，実態の管理が米軍に存在する基地の現実，事業活動が軍隊という特殊な組織であるといった，様々な沖縄独特の課題がある．その解決のため，沖縄県は2017年に「沖縄県米軍基地環境調査ガイドライン」を策定した．このガイドは，米軍基地返還時における環境対策について，国，県および関係市町村の役割分担や関連する法制度，化学物質のリスク評価や土壌汚染対策等の技術情報を明示し，関係機関が連携する環境保全の仕組みを提案している．同時に作成された「沖縄県米軍基地環境カルテ」は，このガイドを運用する際に必要となる「米軍基地およびその周辺の環境情報や，米軍基地内の使用状況や使用履歴等を基地ごとに事前に集約した台帳」とされており，対象は「返還後の基地を含むすべての基地」87施設である（沖縄県環境部環境政策課基地環境特別対策室 2017b）．

◆沖縄県米軍基地環境調査ガイドラインと住民参加　このガイドでの参加の記述では，米軍基地の返還が合意されてから引渡しまで，自然環境に関する問題については図1に示すような手続きが想定されている．ここでは，環境事故や引渡し時の汚染発覚が明示されるなど，運用から返還時における土壌汚染に対するリスクガバナンスも含む手続きのフローが示されている．重要なのは，基地返還に合意する前の「跡地利用計画」，合意後の「総合整備計画」や「返還実施計画」，汚染等が発覚した際の「支障除去措置」など，計画時からの住民参加が明示されていることである．このガイドは法定事項ではないため，具体的な運用には国の理解や協働が必要であるが，計画策定時からの住民参加が明示されていることから，リスクガバナンスにおいて画期的な枠組みということができる．［竹田宜人］

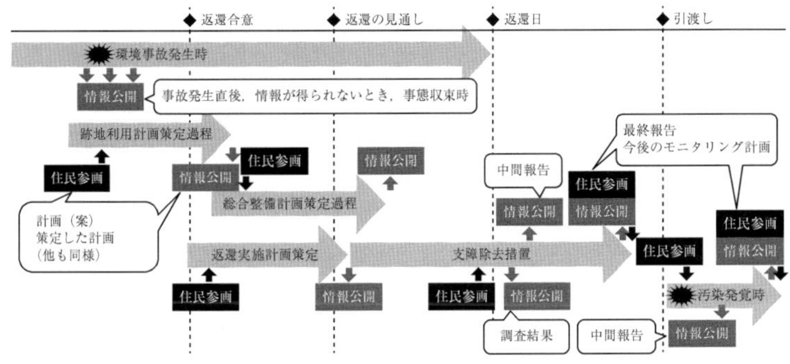

（注）環境汚染や健康被害の拡大を未然に防ぐために緊急の対応が必要な場合，住民参画の実施は現実的に難しいこともある．

図1　基地返還時の環境対策における住民参画

［出典：沖縄県環境部環境政策課基地環境特別対策室 2017a］

参考文献

・新城俊昭（2014）教養講座琉球沖縄史，編集工房東洋企画．
・高良倉吉（2017）沖縄問題：リアリズムの視点から，中公新書．
・外間守善（1986）沖縄の歴史と文化，中公新書．

【4-12】

対話の技法：ファシリテーションテクニック

多様な関係者による対話の創出と促進には，場の設定や情報の提供，またネットワーク形成などの働きかけが必要である．ここでは対話を促す作用であるファシリテーションと，ファシリテーターの役割に焦点を当てたい．

◆ファシリテーション概念の発生と活用場面　ファシリテーションは「容易にする」ことを意味し，一般的に集団の対話を促進する作用や技法として理解される．1940年代の心理的援助を目的としたエンカウンターグループにおいて円滑な進行を促す作用としてファシリテーションという概念が使われるようになった．今日ではより広い分野で用いられる．活用場面を分類すると（表1），心理的援助から参加型学習，組織運営と多岐にわたるが，いずれも次の点で共通している．

① グループが単位であり，個人変容における集団の効用を期待する．
② 自己開示によるホンネの交流を志向する．
③ 相互作用とプロセスに焦点を当てる．

表1　ファシリテーションの活用場面とファシリテーターの役割

場　面	目的と内容	ファシリテーターの役割
エンカウンターグループ（グループ・セラピー，自助グループなど）	個人の成長や対人関係の修復，相互援助をめざした集中的グループ体験	傾聴，受容と共感，自己開示により各人の感情や考えを引き出し，心理的な開放や成長を促す
ワークショップ（グループ学習，ミーティングなど）	主体的で双方向的な学びや創造活動をめざした参加体験型のグループ学習	テーマに応じ話題提供を行うなど各人の経験や知恵を引き出し，参加型の学びや創造活動を促す（中野 2001）
組織開発（チームビルディング，研修，ミーティングなど）	チームづくりや組織力の向上をめざした組織マネジメント	支援型リーダーとして会議などの場をデザインし，チームの力を最大限に発揮し，組織の成長を促す（堀 2004）

ファシリテーターは対話の促進役であり，狭義にはミーティングやグループワークなどの司会進行役を指す．広義には対話の環境づくりを含み，会場設定や関係者への連絡調整といった場の企画運営にも携わる．リスク対話におけるファシリテーターの活用場面としては，例えば会議や説明会などにおける全体またはグループの司会進行役，学習会など理解を深める場における話題提供や解説役，市民会議や政策検討など相互理解や合意形成を促す場における中立的な対話の促進役などがあげられる．

◆**ファシリテーターの資質と能力**　リスク対話はリスク問題を扱い多様な利害関係者が存在する．このことから，リスク対話に関わるファシリテーターは特定の立場や意見に偏ることなく，中立的立場で対話プロセスに寄りそう開放的・開発的な姿勢が必要である．役割を果たすには任命や場の承認など何らかの信任が必要であり，中立性を保つため「誰から」の信任かを自覚することも大切である．

ファシリテーターに求められる資質や能力として，第一に場の発言を引き出す力があげられる．協働の学びをめざすワークショップでは「テーマに応じ話題提供を行うなど各人の経験や知恵を引き出し，参加型の学びや創造活動を促す」ことが求められる（中野 2011）．ファシリテーションの根底には，人間らしさをあるがままに志向する人間性心理学などの考え方がある．ファシリテーターは場の雰囲気に意識を向け，参加者のホンネを引き出し，ときに自らも自己開示し心理的プロセスの開放をめざす（Mindell 2001）．第二に場のやり取りを記録し共有する力があげられる．特に学習や課題解決における協働作業では，議論を可視化するミーティング手法としての側面が重視される．従来の議事録や板書に加え，ＫＪ法など情報を分類し構造化する手法や，イラストで議論の流れを表現するファシリテーション・グラフィックなどの技法が開発されている．第三に，高い情報リテラシーがあげられる．リスク問題の範囲は生活上の事象から高度な科学技術に関する事象まで多岐にわたり，科学的な判断だけでなく個人のリスク認知や社会的な諸問題をも考慮する必要がある．ファシリテーターは，情報の非対称性とともにリスク問題の背景や文脈から「何を解決すべきか」という問題設定の枠組みを考える力が求められる．

◆**ファシリテーションの効果と限界**　ファシリテーションの効果として，第一に中立的立場のファシリテーターの介入により多様な利害関係者による双方向的な対話の促進が期待できる．第二に予定調和や結論ありきを手放しプロセスを重視することで，新たな変容や気づきを生む開かれた対話空間の創出が期待できる．一方，ファシリテーションの限界としては，第一に，ファシリテーションはホンネの交流を通じた個人の変容に焦点をあてており，訴訟や契約など社会的基準（法令など）を基に判断し結論を重視する場では効力を発揮しにくい．第二に，非常時や即時対応が必要な局面では機能しにくい．ファシリテーションは感情を含む個人のホンネを引き出し対立や衝突を容認するため，トップダウンの意思決定や即時対応が求められる局面には適さない．

ファシリテーションは万能ではないが対話の促進に有効といえる．今後の展望としてリスク対話の促進に資するファシリテーターの養成が求められる．

［明田川知美・松永陽子］

📖 参考文献

・中野民夫（2001）ワークショップ：新しい学びと創造の場，岩波新書．
・堀公俊（2004）ファシリテーション入門，日経文庫．
・ミンデル，A．著，永沢哲監修，青木聡訳（2001）紛争の心理学：融合の炎のワーク，講談社．

【4-13】

リスクの可視化と対話の共通言語

リスクをめぐる関係者間の対話は，リスク認知の違いに起因した様々な課題（☞ 4-6，4-7）を伴う．本項目では，これを解決する手段の1つであるリスクの可視化に着目した対話の枠組みと事例を紹介する．リスクの可視化とは，対象のリスクに関する情報を特定の形式（写真や絵，グラフ，表，チャート，アイコンなど）に変換することで，その情報の意味や性質を可視化するものである．何らかの特定の形式による可視化は，異なる立場の人々が異なる視点から見ている対象に関係者共通の視点を与えようとするものである．したがって，その形式には，リスクに関する情報に対し，関係者共通の意味や性質を結びつける共通言語としての役割がある．

◆リスクの可視化の枠組み　リスクに関する情報には，リスクとその効果，リスクの規模と重大さ，特定の人々に対する起こりやすさ，リスクの経時変化，リスクに対する代替案およびその恩恵と危険性などが含まれる（Lundgren and McMakin 2007）．それらの情報について関係者が共通の理解を得るためには，それらがどのような対話の場で用いられるのかを考慮し，目的，内容，ユーザー，利用される状況，手法に応じて「どのようにリスクを可視化すべきか」を問い続けていくことが求められる（図1，表1）（Eppler and Aeschimann 2009）．

◆個別のリスクの可視化　健康，環境，災害，事故などのリスクの多くは，国や企業などの組織レベルだけではなく，個人あるいは家族などを単位とした対処を必要とする．この要求に応じて求められるのが，「個別のリスク」をオーダーメイドで可視化することである．例えば，アメリカ合衆国環境保護庁（USEPA）Webサイト（United States Environmental Protection Agency 2018）の放射線防護に関するページでは，住んでいる地域や飛行機の利用状況等の複数の質問に答えると，ユーザーの年間被ばく量について，地面や宇宙空間，身体内部，飛行機による旅行，その他の放射線源の内訳が数値および円グラフによって可視化される（図2）．また，津波避難訓練支援のために開発されたスマートフォンアプリ「逃げトレ」（孫ら 2017）（図

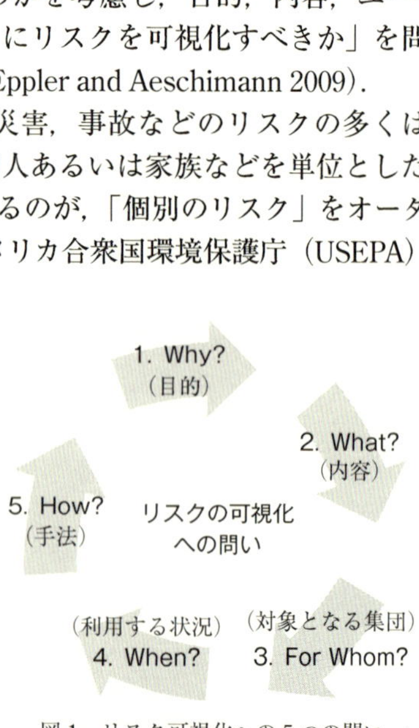

図1　リスク可視化への5つの問い
［出典：Eppler amd Aeschimann（2009）をもとに作成］

表1　リスク可視化への5つの問いと想定される項目

問い	想定される項目
Why（目的）	対象とするリスクの枠組みの明確化，関連するリスクの識別，リスクの低減，リスク低減の戦略構築，モニタリング，リスクの枠組みの改善，リスクコミュニケーション
What（内容）	個別のリスクとそれらの特色，リスク群とそれらの関係性，リスク管理能力の状態または対処方法，リスクにかかわる役割と責任，先例やシナリオなどの情報
For whom（対象となる集団）	事業の管理者，執行役員および役員，組織内／組織外監査役，金融アナリストまたは評価機関，行政，一般市民，マスメディア
When（利用する状況）	報告書，会議，プレゼンテーション，ワークショップ，個人的な閲覧，1対1の対話
How（手法）	定量的図化，定性的図化，視覚的メタファー（非言語的イメージ），地図

［出典：Eppler amd Aeschimann（2009）をもとに作成］

3）は，避難訓練を実施するユーザーのリアルタイム位置情報と，津波の専門家があらかじめ計算した津波シミュレーションを同時にスマートフォン画面に表示することにより，ユーザーは自分の被災リスクを確認することができる．これらの事例は，いずれも「『私の』リスクはどれくらいなのか」という主体的な問いに答えるものであり，個人レベルの対処行動のために必要な情報をオーダーメイドで可視化している．

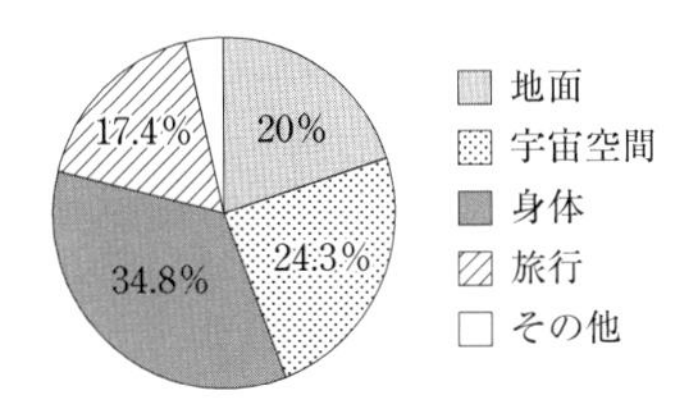

図2　アメリカ合衆国環境保護庁（EPA）のWebページ「Calculate Your Radiation Dose（あなたの年間被ばく量を計算する）」を用いて作成した放射線源内訳円グラフの例（筆者訳）［出典：US EPA 2018］

◆リスクの相対的な可視化　人々の間のリスク認知の違いが対話において障壁となる場合，対象となるリスクを「身近なリスクとの比較」によって相対的に可視化する手法が有効となる場合がある．例えば，USEPAの報告書「ラドンに対する市民のためのガイド（A Citizen's Guide to Radon）」では，放射線源であるラドンによる被ばくがもたらす死亡リスクだけでなく，飲酒運転，家屋内の転倒，溺死，火災などによる死亡リスクを棒グラフで並べて示すことにより，ラドンによる被ばくの相対的な重大性を可視化している（図4）．あまり知られていないリスクや軽視されているリスクについて周知を図る場合に，その重要性を効果的に示すことができる．

◆不確実性の可視化　リスクをめぐる対話においては，しばしば，確率が明らかになっている情報だけでなく，不確実性（☞2-5）を含む情報についての議論が求められる．その一例が，2011年の東日本大震災のような巨大災害対策である．現在の科学では，地震の規模や発生場所，発生日時などを確率的に予測すること

図3　避難訓練支援アプリ「逃げトレ」の画面

「逃げトレ」(登録商標) は，総合科学技術・イノベーション会議のSIP (戦略的イノベーション創造プログラム)「レジリエントな防災・減災機能の強化」の支援を受け，「逃げトレ開発チーム」代表：矢守克也［京都大学防災研究所教授］によって開発されたアプリである．

はできないが，国内外に及ぶ影響が甚大であるため，不確実な情報であっても被害を防止・軽減する施策に関する議論は不可欠である．このような要求に応じて求められるのが，事象について「明らかになっていないこと」を示す不確実性の可視化である．

内閣府の南海トラフの巨大地震モデル検討会は，2012年に，南海トラフ地震対策の根拠として用いる外力の想定として，地震が発生する位置や規模の異なる11ケースの想定を発表した．図5は，そのうちの1ケースが起こったと仮定した場合に予測される高知県高知市の津波浸水分布を地図上に重ねたものである (内閣府 2012)．この4つの地図の対比は，2つの不確実性を含む要素 (図5上：堤防の破堤状況，図5下：地震発生時の潮位) が，予測される結末 (浸水範囲，浸水深) の様相をいかに変えるか，ということを可視化している．このように，不確実性を含む要素について異なる値・条件を設定したシナリオを複数表示することで，不確実性と，それによって生じる結末の範囲を可視化することができる．

ただし，図5は不確実性の可視化を明確に意図して作成されたものではない．実際に地域で活用されるハザードマップの多くは，これらの地図のうち最も浸水範囲や浸水深の値が大きいもの，つまり社会的な影響が大きいと考えられるものである．その運用の過程では，「この範囲が必ず／高確率で浸水する」といった誤解を招くこともある点に注意が必要である．

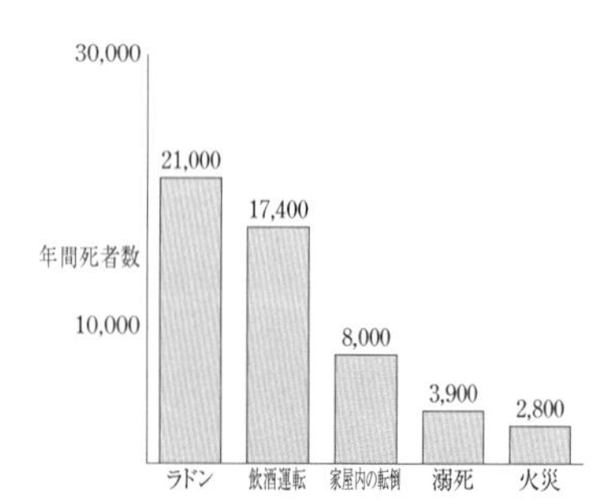

図4　ラドンによる被ばくとその他のリスクの比較を示す棒グラフ (筆者訳)
［出典：USEPA2016：2］

◆近年の動向：リスク情報創出の協働化と可視化のリアルタイム化　近年では，ソーシャルネットワークサービスによって構成される集合知やビッグデータ処理技術の発展に伴い，リスクにかかわる情報を協働で創出する取り組みや，リアルタイムで可視化することが可能になりつつある．例えば，世界中に広く存在するTwitter利用者を，様々な現象の空間情報・時間情報を検知するセンサーと見立てることにより，災害やテロ，事故などの緊急事態の発生を検出できるような技術（Sakaki 2010）は，物理的な観測機器では観測できないようなリスクの社会的側面を可視化できる．また，豪雨災害において時々刻々と変化する浸水状況をリアルタイムで可視化する技術（佐山 2018）では，専門家があらかじめ計算した複数の浸水シナリオの尤度を，災害時に住民から寄せられる通報情報を用いて更新することで，リスクに関する情報の不確実性を徐々に取り除いていくことができる．これらの情報通信技術の発展と共に生まれた技術は，我々がこれまで知り得なかったリスク，あるいはリスクの新たな側面を可視化する可能性を秘めており，今後の発展が期待される．

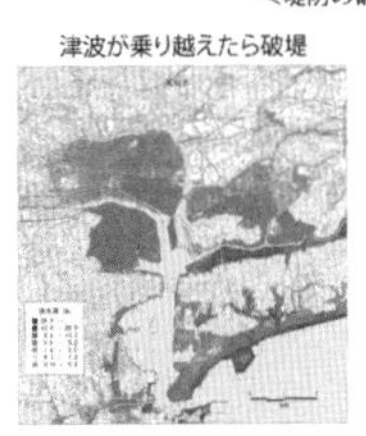

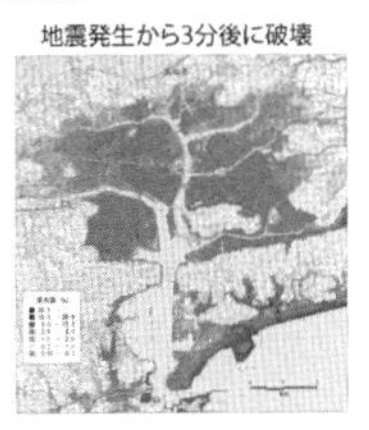

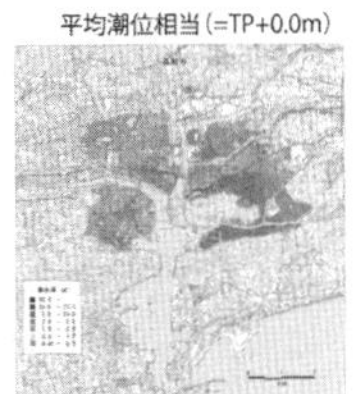

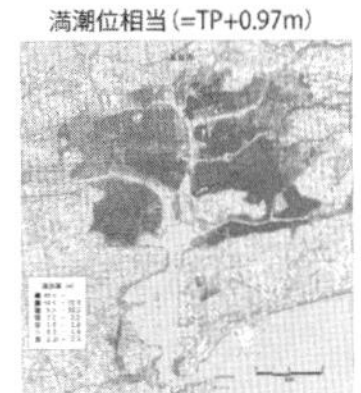

図5　高知県高知市の津波浸水分布図
［出典：内閣府　2012：1-4 に加筆］

◆リスクの可視化における課題　対話におけるリスクの可視化は，その社会的な意味について関係者間の合意を生む役割を担う一方で，対話を欠いた状況においては操作的，説得的なメッセージを生む危険性もある．例えば，リスクの主要な管理者など情報をより多く持っている者が，情報を持っていない者に対して，意思決定を誘導するような形で情報を可視化することは珍しくない．リスクが複雑化，高度に専門化し，関係者が所有する情報の非対称性が拡大する昨今においては，それらの問題への倫理的な対処がますます重要となる．　［中居楓子］

📖 参考文献

・Eppler, M. J. and Aeschimann, M.（2009）A systematic framework for risk visualization in risk management and communication, *Risk Management*, 11（2）, 67–89.
・Lundgren, R. E. and McMakin, A. H.（2013）*Risk Communication: A Handbook for Communicating Environmental, Safety, and Health Risks*, 5th Edition, John Wiley & Sons, 159–190.

【4-14】

手続き的公正を満たす合意形成に向けたプロセスデザイン

社会全体で１つの決定をしなければならない社会的意思決定場面では，多元的な価値の集約が求められる．なぜなら，個人が置かれた立場や利害によって同じ事柄でもリスクやベネフィットの捉え方が異なるため，これらの相違点を克服する合意形成のあり方を検討する必要があるからである．このような社会的意思決定が求められる場面では，十分な協議や熟議を尽くす過程を抜きに誰もが納得できる決定はできない．合意形成とは，ある価値を採択し別の価値を切り捨てることではなく，多様な価値を様々な観点から照らし合わせて全体のバランスを考えることにみなが同意するところから始まる．つまり，一方が勝てば他方が負けるというゼロサムゲームではなく，社会全体にとって望ましいことは何かというゴールを共有し，それを実現するために必要なことやハードルを，開かれた公正な場で議論を深めることが，あるべき合意形成の姿である．より良い合意形成のためには手続き的公正を満たす必要がある．その手続き的公正を満たすためには，市民参加や住民参加などを含めたプロセスデザインが鍵となる．

◆手続き的公正　すべての個人が100％満足できる社会的意思決定は現実的にはほとんどない．むしろ「これなら納得して受け入れられる」という社会的受容を考えることが重要である．社会的受容を高めるには，分配的公正と手続き的公正の２つの公正が重要である（Lind and Tyler 1988）．分配的公正とは，負担や便益の配分に関する公正のことで，典型例は，皆が等しく同じだけ分け合う（平等）か，貢献や能力に応じた配分（衡平）かといった議論である．さらに，社会全体と個人の便益のバランス，社会的弱者など社会の中で不利な立場にある人への配慮なども分配的公正に含まれる．手続き的公正とは，決め方や決定に至るプロセスについての公正さである．

G.S. レーベンソール（Leventhal 1980）は，手続き的公正を満たす公準として，一貫性，偏りの抑制，正確さ，修正可能性，代表性，倫理性の６つを掲げている．市民参加においては，情報開示がなされ誰でも評価できるように透明性が高いこと，市民の代表と思える人々が参加していること，誰でも参加する機会が開かれていること，決定に影響を及ぼせるか決定の正当性について評価できること，の４点が重要とされている．また，原科（2007）は，手続き的公正の評価視点として，情報公開，参加機会，決定機会に加え，関係者が議論し学習できたか，利害関係者の信頼関係が醸成されたかという視点も加えた５つを整理している．

◆プロセスデザイン　リスクガバナンスが求められる社会的意思決定において，手続き的公正を満たすためには，住民参加や市民参加などの場の形成を含めた決定プロセスをデザインしていく必要がある.

社会的意思決定には多様な参加の「場」を考えるべきである．その参加の場はフォーラム・アリーナ・コート，すなわち，自由な情報交流の場としてのフォーラム，意思形成の場としてのアリーナ，異議申立てやルール遵守の確保の場であるコートの3類型に整理できる.

ただし，単に参加の場があり議論すればよいというわけではない．当該問題のどの範囲までを射程に入れ，誰が議論に加わり，どのような時間軸で決めていくかといったプロセス全体が適切にデザインされなければ良質な決定に至らない．まず，問題をどのように切り取るかというフレーミングの問題がある．切り口によって問題の見え方も解決の方向性も異なることに留意し，複眼的に捉える必要がある．対立的な論点があったとしても，二律背反的に捉えるのではなく，社会全体にとって望ましいことは何かという観点から捉え直し，双方の重要な価値を反映する作業であるという枠組みで議論の場が設計されなければならない．また，計画・政策策定にあたっては，スコーピングと言って，将来及ぼすと思われる影響の範囲を可能な限り把握しておく必要がある.

議論に加わるべき主体には，専門家や行政担当者などだけでなく，利害関係者・当事者，関心を有する市民など幅広く存在する．これをステークホルダーという．ステークホルダーがどのように決定に関与するか，どのような場で議論をするかが手続き的公正に大きく関連する．さらに，ステークホルダー以外にも公衆が市民パネルとして計画の評価や判断を行える場が求められる．市民パネルは，公募の呼びかけと無作為抽出があるが，後者の手法を特にミニ・パブリックスと呼ぶ（☞ 4-9）.

◆住民投票の課題と可能性　リスクの負担を巡る問題で，十分な討議を経ずに住民投票を実施するだけではポピュリズムに陥るおそれがある．住民投票は賛成か反対かといった二者択一がほとんどである．しかし，合意形成とはある価値を採択し別の価値を捨てるという二者択一ではなく，多元的な価値を織り込んでいく過程が含まれるべきである．この意味において，住民投票はそれ単独では社会的意思決定の手段としては不向きである．ただし，多くの市民が様々な価値を認めながら議論を尽くしてもなお決着がつかない場合に，あらかじめ多くの人々が了解できる透明な決め方を事前に納得したうえで，最後に住民投票というプロセスデザインはあり得る．誰もが知ることのできる公正なアリーナで討論を尽くすというプロセスを経たならば，最終決定に導く手段として住民投票は意義あるものとなる可能性がある.

［大沼 進］

📖 参考文献

・原科幸彦（2007）環境計画・政策研究の展開：持続可能な社会づくりへの合意形成，岩波書店.
・広瀬幸雄（2014）リスクガヴァナンスの社会心理学，ナカニシヤ出版.

【4-15】
対話とマスメディア

現代社会を生きる我々にとって，マスメディアは日常に遍在する生活環境の一部となっている．我々は新聞やテレビ，雑誌やラジオなどの各種マスメディアによって拡散される大量の情報を消費しながら生活している．リスク情報もその例外ではない．マスメディアを通じて，事故や災害，食品安全や医療問題に至るまで，様々なリスクに関わるニュースが日々人々のもとに届けられている．

人々はマスメディアの伝える情報によってリスクを知るだけでなく，リスクに対する行動も変容させる．例えば，現在では食品の生産国や含まれる添加物を購入前に確認し，買うか否か判断する人は珍しくないが，このような行動はこれまでメディアが食品添加物や中国産野菜の危険性を強調する報道を展開してきた結果だと言える（松永 2007）．マスメディアは公衆に広く危機の存在やリスクに関わる出来事を知らせることで，リスクに対するみずからの意思決定を促すのである（Lundgren and McMakin 2013）．リスクに関する社会的対話においてマスメディアの果たす役割は非常に大きく，リスクコミュニケーション実践においてマスメディア関係者との協働は不可欠であると言える．

◆リスク報道の問題点　リスク情報の拡散と公衆のリスク認知に対してマスメディアが果たす機能が重視される一方で，専門家やリスクコミュニケーション実務者たちの間には，マスメディアに対する不信感が根強く存在している．リスクを過大に報じて大衆を扇動するセンセーショナリズムや，複雑なリスク事象を過剰に単純化する説明など，リスク報道の内容はしばしば不正確であり，公衆の正しいリスク認知を歪めているとみなされてきた．

事実として，報道中のリスク事象の生起確率は大きく歪められている．例えば，航空機は自動車よりはるかに事故が少ないが，ひとたび墜落事故が起きると連日大きく報道されることとなる．これはジャーナリストたちが無数の事実や出来事の中から，公衆が今知るべき事柄や注目を集めそうなもののみを選び出す，情報の「ゲートキーパー（門番）」として機能するためである．ゲートキーパーとしてのジャーナリストは，訓練を通じて身につけた職業的な規範に基づいてニュースにすべき出来事の選択を行なう．その基準ははっきりと明文化されたものではなく，必ずしも全ての者が同じ基準で選択するわけではないが，共通してニュース選択に影響しやすい基準や要素がいくつか明らかにされており，まとめてニュースバリュー（ニュース価値）と呼ばれている．

リスク報道の場合，まれにしか発生しないリスク事象ほどニュースバリューが高く，目新しいハザード（例：エイズや鳥インフルエンザのような新疾患）は以前から知られたものより報じられやすい．人間が一度に大量に死亡するような劇的な事件（例：テロ）も，やはりニュースバリューが高い出来事である（Singer and Endreny 1987）．

過剰に報道されたリスク事象は記憶に強く残り，後のリスク判断の際に想起されやすくなる．人々は思い出したりイメージしたりすることが容易なリスクほど過大に評価する傾向があり，これを利用可能性ヒューリスティックと呼ぶ（☞4-5）．ニュースバリューに基づくメディアの過大報道が利用可能性ヒューリスティックとの相乗効果を生むことによって，公衆のリスク認知が大きく偏る可能性がある（中谷内 2012）．

◆モラル・パニックと風評被害　リスク報道が引き起こす問題として，1970年代から注目されるようになったのがモラル・パニックである．モラル・パニックとは，あるリスクへの認知が高まった結果，特定の個人や社会的カテゴリに所属する人々が社会的価値に反する脅威とみなされ，社会問題化する現象である．提唱者であるS.コーエンが述べるように，モラル・パニックの生起する過程においてマスメディアは，初期段階で人々の間に生じた脅威をステレオタイプとして表象する役割を果たしている（Cohen 2002）．例えば，犯罪統計上の事実とは無関係に，近年になって青少年による犯罪が増えたという認識を持つ人が増え，少年犯罪が社会問題として認識されているのは，未成年者による凶悪犯罪が大きく報道された結果として生じたモラル・パニックの一種と見なすことができる．モラル・パニックは，非難の対象となった人々の権利を脅かすだけでなく，そのリスクに対する誤った信念が社会全体に普及する結果をもたらす可能性がある（犯罪不安とマスメディアに関する一連の研究群は，小俣・島田（2011）によくまとめられている）．

とりわけ近年の日本において，リスク報道が引き起こすモラル・パニックの1つとして度々議論の的となっているのが，風評被害の問題である（☞13-10）．風評被害とは，事件や災害などのある社会問題が報道されることによって，本来は安全とされるものを人々が危険視し，消費することを取り止めることなどによって引き起こされる経済的被害を指す（関谷 2011）．風評被害の及ぶ対象や波及範囲は様々であり，2011年の東日本大震災の際には，国内では被災地近辺で生産された農水産物や工業製品の買控えが起きたほか，日本へやってくる海外からの観光客が激減するなど，観光にも大きな影響が出た．さらには，飛散した放射性物質が人を介して伝染するといった根拠なき噂によって被災者が他地域の住民から差別を受けるなど，人間に対する風評被害も発生したと言われており，リスク報道の在り方が強く問われるようになっている．

しかし従来，モラル・パニックという概念を安易に用いて，報道の在り方や人々の感情的反応を糾弾することに対しては，メディア研究者たちから否定的な見解が示されてきた．モラル・パニック論に依拠したマスメディア批判では，モラル・パニックがマスメディアによって引き起こされる仕組みを，マスメディアが専門家によるリスク評価と乖離した報道を行うことにより，人々がリスクに関して客観的事実からかけ離れた現実を構築するという不均衡を生じせしめるためであると説明してきた．しかし，リスク評価には本来的に不確実性がつきまとうものであり，完全に客観的な事実と言える基準は存在し得ないため，理性的な評価とパニックとを判別することは不可能である（Hier 2008）．加えて，何をもって事実とし，どのラインから評価を過大，もしくは過小とするかは，判断する者の立場によっても大きく変わる（☞ 4-6）．それゆえ，ある社会的な反応を報道によって構成されたモラル・パニックであると指摘することは，指摘者の立場や利害関係を強く反映した一方的な見方となる危険性がある．

R. E. カスパーソンらは，リスク情報が伝達される中で人々のリスク認知やリスクへの反応が増幅したり，逆に減衰することに着目し，この現象を理解するためのフレームワークであるリスクの社会的増幅理論を提唱した．このフレームワークでは「リスクやリスクイベントへの公衆の反応や行動を増幅または減衰させるうえで，ハザードは心理的・社会的・制度的・文化的な過程と相互作用する（Kasperson et al. 1988）」としており，増幅や減衰におけるマスメディアの役割も，その他の要素との複雑な関係性の中で理解することを勧めている．

リスクをめぐる社会的対話には数多くのステークホルダーが関与しており，情報の伝達と受容には様々な要素が影響する．効果的なリスク対話を実現するためには，まずはマスメディアをただ情報拡散の道具として捉えるのではなく，独自の目的と固有の行動規範を持ったステークホルダーと見なすことが必要である．

◆マスメディアの文化を理解する　専門家やリスクコミュニケーション実務者が報道に対して疑念を抱く一方で，マスメディア関係者も公衆が理解しづらい難解な科学技術用語を使用する専門家や，情報を統制したがるコミュニケーション実務者を前にして，職業上のフラストレーションを抱えている（Dunwoody 1992）．両者の間に相互不信が存在することはリスクコミュニケーションの円滑な遂行を阻害し，ひいては多くの市民にとって不利益となりかねない．リスクコミュニケーション実務者がマスメディア関係者との建設的な関係性を構築するためには，彼らの行動規範や職務上の必要性などのマスメディア文化を理解したうえで，計画性をもって情報提供を行うことが肝要である．

ルンドグレンとマクマキン（Lundgren and McMakin 2013）は，以下のような5項目にわたるリスク・コミュニケーション実務者が理解しておくべきマスメディアの文化をあげており，それぞれの特徴を記している．

① イベントへの注目：マスメディアは事件や事故などの，現在進行中のリスクイベントを好んで報じる．特に時勢に合った出来事や地理的に近い出来事，目立つ出来事や読者の耳目を引きそうな出来事，視覚的にインパクトがある出来事などはニュースバリューが高いと判断されやすい．一方で，ハザード

の生じる条件やリスクを取り巻く政治社会的問題など，人々がリスクに関する意思決定に参加するために必要な文脈的情報は強調されない傾向がある．

② 報じられやすいリスクの存在：すべてのリスクは平等に報じられるわけでなく，国家的な大惨事につながるようなものは取り上げられやすい傾向がある．特に劇的なものや象徴的なもの，子供や著名人が犠牲者として関係するものは記憶に残りやすい．その結果，人々は特定のリスクの危険性を誤って理解し続けることになる．

③ 両論併記：マスメディア報道は中立性を希求し，リスク問題にかかわる多様なステークホルダーの意見を同時に提示しようとする．そのため，専門家間で意見が分かれた場合，もしくは専門家を自称するグループが現れた場合，一般市民は混乱し，問題となっているリスクについて何もわかっていないという不安を抱きかねない．

④ ジャーナリストの独立性と締切り：中立的な報道を保つため，ジャーナリストは記事の編集権を堅持し，報道内容について他者から干渉されることを拒否する．記事の事前確認は検閲となる恐れがあり，取材先であっても多くの場合は認められない．さらに，ジャーナリストは常に締切りという時間的制限を抱えているため，リスクコミュニケーション実務者は報道内容をコントロールすることはできない．

⑤ 圧縮，単純化，人格化：マスメディア企業が営利組織である以上，人々の注目を集め，維持し続ける必要がある．そのため，長い記事や映像は避けられる傾向にあり，リスクの科学的な詳細などは省略されてしまいがちである．また，ジャーナリズムは予防原則に従い，潜在的な危険の存在を予め人々に警告する役割が期待されていることから，リスクのもたらす影響やその回避方法のみがクローズアップされ，リスクレベルや不確実性，そのリスクは一時的なのか慢性的なのかなど，専門家たちが重視する情報は伝えられにくい．さらに，データや統計よりも，犠牲者や被害者のエピソードを数多く取り上げる傾向がある．これらは公衆がリスク情報に接しやすくする一方，リスク判断の上では不十分でバランスを欠いた情報となる可能性がある．

本項では，マスメディアの範囲を新聞やテレビなどのいわゆる「伝統メディア」に限って解説してきた．しかし，インターネットの登場と進化は，人々が利用可能なリスク情報のチャネルを爆発的に増加させただけでなく，マスメディアの発信する情報の流通や受容に大きな変化を与え続けている．リスクの社会的対話においてマスメディアが果たす重要な役割は依然として変わりないが，今後は新たなメディアの存在を視野に入れたコミュニケーションを図っていくことが必須となるであろう（☞ 4-6）．

［吉永大祐］

📖 参考文献

・関谷直也（2011）風評被害：そのメカニズムを考える，光文社．

【4-16】
対話とソーシャルメディア

現代では広く普及したソーシャルメディアは，対話を通じたリスクの社会共有にとって重要なメディア空間であると同時に，社会分断を深める可能性も潜んでいる．実践と研究の両面から，ソーシャルメディアは重要な空間である．

◆ソーシャルメディアとは何か ソーシャルメディアの定義は完全には定まってはいない．包括的には「ユーザ生成のコンテンツを流通の中心に置き，社会的ネットワークすなわち人々の関係性をオフラインから転写し，オンラインで生成あるいは拡張する，インターネットに基盤を置く『ソーシャル・ネットワーク・サイト（SNS，日本ではしばしばソーシャル・ネットワーク・サービスとも言われる）』アプリケーションを通じて実現するメディア」であると定義できるだろう．多くのソーシャルメディアにおいては文字情報がコミュニケーションの中心となるが，ソーシャルメディア上では写真や動画といった従来ならば異なるメディアによって媒介されてきたテクスト群も流通する．

現在のようなソーシャルメディアが定着したのは，ブロードバンドやモバイル・コミュニケーションといった技術の普及により双方向コミュニケーションが一般化し，Web2.0 時代が到来した 2000 年代以降のことである．そして 2005 年前後には，フェイスブックやツイッターといった現在に続く主要な SNS が開始され，今やインターネットに接続する人々の大半がソーシャルメディアを利用するようになった．

こうしたソーシャルメディアは単なるコミュニケーションツールに留まらず，その名のとおり社会とメディアのいずれのあり方も変化させつつある．この変化については，2010 年頃までは肯定的な論調が主流であった．しかし，世界的な社会的・政治的混乱の中で，流言やヘイトスピーチの蔓延，フェイクニュース（虚偽報道）の拡散といったソーシャルメディアの関係する負の側面が露わになった結果，現在ではソーシャルメディアは社会に党派的分断をもたらす触媒としての副作用が議論されている．

◆ソーシャルメディアの特性 対話を通じてリスクを社会共有する場としてのソーシャルメディアを考えるうえでは，幾つかの特性を押さえておく必要がある．まず，ソーシャルメディアは本質的に参画の空間である．ユーザは，コンテンツの受動的消費に留まらず，キュレーション（テクストの評価，文脈の付与，共有・拡散），そして生産といった行為を通じソーシャルメディアに参画していく．これはかつてのメディアで単に受動的な聴衆として位置づけられていた市民を，同時に能動的な発信者として再定義した．例えばニュース画像のキャプチャや切り出された専門家の言い回しといった断片的なテクストは，インターネット・ミームと呼ばれる情報の共通財として，共有と改編を繰り返しつつ伝播していく．

このように情報の生産と消費が同時並行で起こる参画の空間であることは，ソーシャルメディアが従来のメディアと異なる点である．

次に，ソーシャルメディアは共同体構築の場であると同時に，また社会分断の場でもある．SNSは，社会的関係性を「保存し，選別する」ことを可能にした（Andrejevec 2011）．この結果，人々は日常で出会う人々との関係性をソーシャルメディア上に転写しつつも，見知らぬ他人と繋がりあうこともできるし，またそれら社会的関係性を能動的に整理することもできる．私たちはかつての同窓生と日常的に繋がり続けることができるし，また一方で「感情的に」好ましくない相手との関係性を「ブロック」「ミュート」といったSNS操作によって切断あるいは不可視化することもできる．こうした変化は，従来の社会共同体のあり方を大きく変えつつある．そして個々人にとって社会的関係性が操作可能になったことは，好ましい人間関係や情報だけを取り入れていく環境に晒された結果，自身の保存し選択した共同体以外に対する不寛容が増幅されるという問題点を引き起こしている．

リスク対話の観点からは，ソーシャルメディアは「感情」や「情動」を重要なテクストとして媒介し，結果として共同体内に支配的な「空気」を形成する空間であることにも注意が必要である．従来のメディアがテクストの解釈に沿って情報の送り手が聴衆の感情を垂直的に喚起する作用を果たしていたのに対し，ソーシャルメディアは感情や情動を水平的に感染させる強力な特質を持っているのである（Papacharissi 2015）．

さらに，ソーシャルメディアは単独のメディアではなく「複合的メディア・システム」という全く異なる視点から捉える必要がある（Chadwick 2017）．そこで流通するコンテンツは文字情報，画像から動画に至るまで複合的であるし，情報経路の観点からも，他のメディアが混交する場となる．例えば，ソーシャルメディアにおいても新聞・雑誌，テレビジョンといった伝統的な主流メディアの影響力は依然として秀でており，ソーシャルメディアで流通するコンテンツや議題の多くは主流メディア起源のものである（O'Neill et al. 2015）．同時にソーシャルメディアの議論は主流メディアに対しても環流し，議題設定のあり方に影響を与えている．さらに政府や企業，研究所といった1次情報の発信源がパブリック・リレーションズに力を入れた結果，それら由来の情報も直接にソーシャルメディア上で交錯するようになっている．

最後に，ソーシャルメディア空間は実践のみならず研究の場としても非常に重要である．従来ならば調査票調査や継続的な観察でしか把握できなかった社会ネットワークは，SNS上のデータとして観測可能なものとなった．この結果として，リスク研究を含む社会科学は広大な実証研究の場を獲得した．しかし，それはまだ始まったばかりであり，今後の研究動向には細心の注意を払い続ける必要がある．

◆リスク対話の場としてのソーシャルメディア　複合的メディアとしてのソーシャルメディアは，社会のリスク共有の場となりうるが，リスク認知の相違による共同体の社会分断の場でもある（☞4-1）．ここではリスクの社会的増幅（☞

4-15）の観点から，その長・短所を概観する．

まずソーシャルメディアの利点としては，その拡散性を利用した情報共有があげられる．政府，企業やリスク評価の専門家や専門機関などは，ソーシャルメディアを利用した直接発信により，リスク情報を求める個人に直接届けることができる．さらにこの個人はSNSの共有機能を通じて情報を増幅する．またリスクの社会増幅モデルが指摘しているように，リスク対話が必要となる状況の多くは，専門家と市民のリスク観の食い違いから起こる．ソーシャルメディアを通じた適切なソーシャル・ヒアリング（広聴）を実施すれば，人々の多様なリスク観と，その背景にあるそれぞれの合理性を理解し，対話に向けた糸口をつかむこともできる．

例えば，アメリカ疾病予防センターがフェイスブック上で提供した情報に集まった市民のコメントを分析した研究からは，通常の健康情報よりも，エボラ熱のような公衆により大きな恐怖感を与える致死的疾患のリスク情報はトピック依存的に大きな注目を集め，さらに能動的にコメントを書き込む人々は，同時にそれらの情報を共有する傾向が強いことがわかっている（Strekalova 2017）．また，気候変動に関する政府間パネル（IPCC）報告書に対するSNSツイッター反応の分析からは，SNSにおける平時のリスク情報伝播の主要なパターンが示唆されている．すなわち，SNSにおいては能動的に情報発信を行う市民の影響力が強く，科学知識の伝達と共有が広く行われる一方，主流メディアの情報を引用するかたちで議論が喚起されるのである（Newman 2016）．

しかし，ソーシャルメディアには上記の利点と表裏一体のかたちで，それらを打ち消してしまうほどの問題もある．エコーチェンバーと呼ばれる同種の意見が共鳴して極端に増幅される空間や，ある個人が作り上げる情報選択的な社会ネットワークが自身の信念を補強する情報しか透過しない膜のように機能してしまうフィルターバブルと呼ばれる現象をも引き起こすようになった（☞ 1-8）．エコーチェンバーやフィルターバブルは，当初は理論的概念だったが，今や実証的に分析可能になっている．例えば気候変動問題は対立的な議論となることが知られているが，それらはエコーチェンバーとして可視化され，分析が行われている（Williams et al. 2015）．

◆ソーシャルメディアを通じたリスク対話　その長所を効果的に用いれば，ソーシャルメディアはリスクの社会共有の重要な回路となりうる．しかし，リスク評価の成果を流布しようという行為は，双方向の情報空間であるソーシャルメディアでは必然的に対話を生み出す．したがって，同時にその実践においては，リスク対話研究が蓄積してきた知が精確に反映される必要があるし，ソーシャルメディアの特性に対する理解が不足したメッセージは，むしろリスク情報を通じた社会分断を促進してしまう．例えばフィルターバブル効果に注目するならば，あるリスクを評価するメッセージは，そのリスクを受認する素地を持ったソーシャルメディア上の共同体には歓迎される．しかし同じリスクに警戒的な共同体では，この情報はフィルターバブル効果によって拒否されて共同体内部に到達しないか，逆に共同体内での懐疑的な共鳴反応を引き起こす．リスクの許容／拒否いずれの場合もエコーチェンバー効果によって情報への選択的接触が促進され，共同体内部の紐帯を強化するにとどまり，目指したリスクの社会共有効果は持ち得ない．さらにリスク情報は，異なる共同体を揶揄し，侮蔑するメッセージとして相互に再利用される．この結果として起こる共同体内部の紐帯の強化とエコーチェンバー相互の感情的対立は，リスクの社会受容に向けた対話を困難にする．

この点で，リスク情報の発信者は，リスク評価のみならず発信意図の誤解に対する是正を心がけ，個々の主体的判断に基づくリスク理解を目指した対話のあり方を模索し続ける必要がある．そのためには，リスク評価情報を受容あるいは拒否する共同体が持つそれぞれの合理性の理解が必須となる．例えばリスク情報探索・解釈（RISP，Griffin et al. 2012）モデルなどに基づいて公衆のリスク観を把握したうえでの情報発信と対話を通じ，精確な情報に辿り着く手がかりを提供することが大切である．また，リスクが喫緊のものとなったときにリスクの確認行動がとられることを見越し，情報発信者は平時からリスクの公開情報をストックしておくことも求められる．これはリスク対話の前段階として必須である信頼の構築のためにも重要である．

一方で，ソーシャルメディアを通じて観測可能な社会は一部分に過ぎず，リスクについて語らない分厚い中間層，さらにはそもそもソーシャルメディアに参画していない人々は不可視化されていることには注意が必要である．ソーシャルメディアは収入や都市化の度合い，文化資本の度合いに比例した普及傾向を示す．すなわち，SNSでのリスク議論に参画する機会や可処分時間を持つ層は中流からエリート寄りの層であり，もっともリスクに脆弱な層は参加すらしていないことが想定される．

したがって，ソーシャルメディアを通じたリスク対話とは，対話以前からの恒常的努力を踏まえたうえで，分断に向かう社会をつなぎ止めるために，リスク態度未決定の潜在層や脆弱層を意識した対話を重ねることで，リスク情報の断片化した文脈を再構築し，個々の市民の判断に資することを目指す行為である．このためには，リスク対話の相手を表面的に判断すること無く，その社会的態度の根源を洞察したうえでの粘り強い対話が必要となる（Hornsey and Fielding 2017）．

これまでのメディアを通じたリスク対話は，才能と経験に基づく属人的な職人芸に強く依存してきた．ソーシャルメディアはメディアを通じたリスク対話をアートからサイエンスへと変える力を秘めている．これからのリスク対話は，ソーシャルメディアがもたらした利点を最大限に活用しつつ，同時にソーシャルメディアが引き起こす問題群をいかに克服していくかが要点となる．　［田中幹人］

📖 参考文献

・パリサー，E. 著，井口耕二訳（2016）フィルターバブル：インターネットが隠していること，早川書房（Pariser, E.（2011）*The Filter Bubble: How the New Personalized Web Is Changing What We Read and How We Think*, Penguin Publishing）.
・Arvai, J. and Rivers III, L.（2014）*Effective Risk Communication*, Routledge.
・Weller, K. et al.（2014）*Twitter and Society*, Peter Lang.

第5章

リスクファイナンス：リスクを移転する

［担当編集委員：久保英也］

【5-1】
リスクファイナンスと残余リスク

リスクマネジメントの流れは，理論的には企業や組織（個人を含む）の個々リスク（金融分野のリスク概念や定義は☞ 1-2）を特定しそれを評価（リスク評価）した後に，「ロスコントロール」と「リスクファイナンス（ロスファイナンスとも言われる）」を行い，その後，必要に応じ個々リスクを組み合わせたリスク分散とより精度の高い情報収集等により，組織としてのリスク軽減を図るというものである（ハリントン，ニーハウス 2005）．このときのロスコントロールは，リスクを取り過ぎていたと判断した場合，リスクの高い活動や投資を抑制（リスク回避）し，また，リスクは同程度であってもより慎重な行動をとることにより，損失の発生頻度と強度を軽減させることである．そして，リスクファイナンスは，それでも残ったリスクを自分で保有するのか，もしくは外部へのリスク移転を行うのかを決めることである．リスクファイナンスを行う際に行われる企業や組織の価値評価とリスク評価は，金融市場のリスク評価と同じく VaR（予想最大損失額）が基本には用いられるが，事業継続計画（☞ 5-3）は定性判断が多く，リスク保有を行う場合の企業価値，設備投資評価にはリアルオプション（☞ 5-4）という考え方も利用されている．

◆リスクファイナンスの重要性　現実には，実際の企業においてリスクマネジメントは，「リスクの顕在化をいかに未然に防ぐか」が中心であり，事前防止策に重点が置かれている．このため，中小企業を中心に事故や災害等が発生した後の対応は必ずしも十分に準備されていないのが実情である．上記の事業継続計画についても，その重要性が認識されつつあるものの，リスクが顕在化したときの運転資金，事故対策資金，復旧資金などを事前に手当てしておくなどのリスクファイナンスの重要性については，いまだ十分に認識されていない．また，企業の地震対策などにおいて，所有する施設の倒壊防止や従業員の安全確保のために耐震補強などにより計算上のリスクを“ゼロ”としたとしても，取引先に円滑に製品を納入できるかなどのリスクが残る．リスクマネジメントにおいては，予防施策の取り組みとともに，予期しないあるいは突発的なリスク事象が顕在化した場合でも，企業財務の健全性を維持し，企業の効率的，積極的な事業活動を続けられることが重要である．とりわけ，サプライチェーンの拡大，深化が進む現在では他企業が引き起こす供給の支障のみならず自企業の同支障がチェーンを伝播し被害を広範囲に拡大させるリスクもある．これらは，従来以上に直接損失以外の間接損失の増加や風評被害リスクを高めている．多くの企業の各ステークホルダーへの負のインパクトを最小限に食い止めるリスクファイナンスへの取り組みは当該企業の持続・成長・発展に資するのみならず，社会・経済全体で考えれば，国の社会，産業基盤そのもののリスク耐性を強化することにつながると考えられる．

◆リスクファイナンスの選択　各企業がリスクファイナンスの最適化を図ろうとする場合，まず，①各企業が置かれた経営環境，②財務状況，③ステークホルダーからの要請，④全社的なリスク評価結果，などを的確に把握することが必要である．次に，リスクをみずからが保有するかどうかの選択が必要になる．リスクを企業組織の中に抱える行為は「自家保険」とも言われ，リスク発現時に対応できる内部資金や外部資金を保有しておく必要があり，調達コストがかかる．一方，リスクを外部に移転する方策としては，①保険の購入，②デリバティブ（先物契約，オプション，スワップなど）を使用したヘッジ，③免責や保証など契約によるリスク移転，などがある．

◆残余リスクの急拡大と予算制約　以上のリスク管理を遂行すれば，理論的には，リスクはコントロールされるが，現実には，リスクファイナンス（保有にしても外部移転にしても）にもコストがかかり，予算にも制約があることから，どうしてもコントロールできないリスクが残る．これが残余リスクである．理論的にはリスクを圧縮，軽減，移転，分担しても依然残るリスクである．図1は，点線で示した自然災害件数の増加に対し企業がその対応に追いついていない状況を見るため，自然災害による被害の内，保険金で埋め合わせられなかった金額（保険担保外損失と呼ぶ）を棒グラフで表示している．1990年代後半から明らかにその金額は巨大化しており，企業の対応ができていない状況が明確に見える．

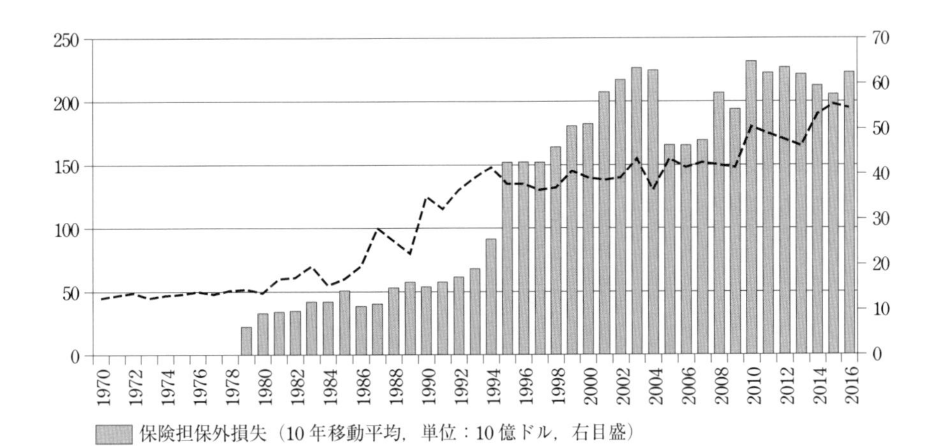

図1　自然災害に関わる損害保険担保外損失の増加
［出典：Swiss Re（2017）のデータをもとに作成］

残余リスクは，予算制約から対応したくても対応できず発生する場合と従来リスクと認識していなかった事象が改めてリスクと認識せざるを得なくなり，そのリスク管理が追いつかず，もしくはそのリスクに対応する移転手段がない場合などでも発生する．例えば，新たな活断層の発見や大地震発生に伴う地層事態の変化は新たな地域の地震リスクを認識することになり，AI，自動運転，IoT など革命的な技術革新の連鎖的な進行は，想定していないまったく新しいリスクを惹起する．また，この新しいリスクに対するリスク移転手段は限られている．

◆財政制約下の残余リスク ①増加する自然災害，②新しい技術革新，③従来リスクとは認知していなかった不登校，引きこもりなどの社会非適合リスク，などは，図 2 に示したように，リスク評価が難しいのに加え，リスクの複合化と巨大化を加速する．このリスク対応を個人や企業がリスクの自己保有で対応するのは限界があり，財政出動への圧力が高まる．しかし，政府（特に，地方自治体）は，高齢化に伴う医療，介護などの支出増や地方自治体の住民の減少に伴う税収減などにより，予算制約が急速に強まっている．

同時に，技術革新が生み出す新しいリスクは，既存のリスクファイナイスではカバーできないリスクである可能性も高く，リスク評価とリスク管理において，新しい対応が求められる．

◆新しいリスク移転策 リスクが多様化・複雑化する中で，一般的な保険商品ではなく，より戦略的なリスクファイナンスに取り組む動きが見られる．例えば，

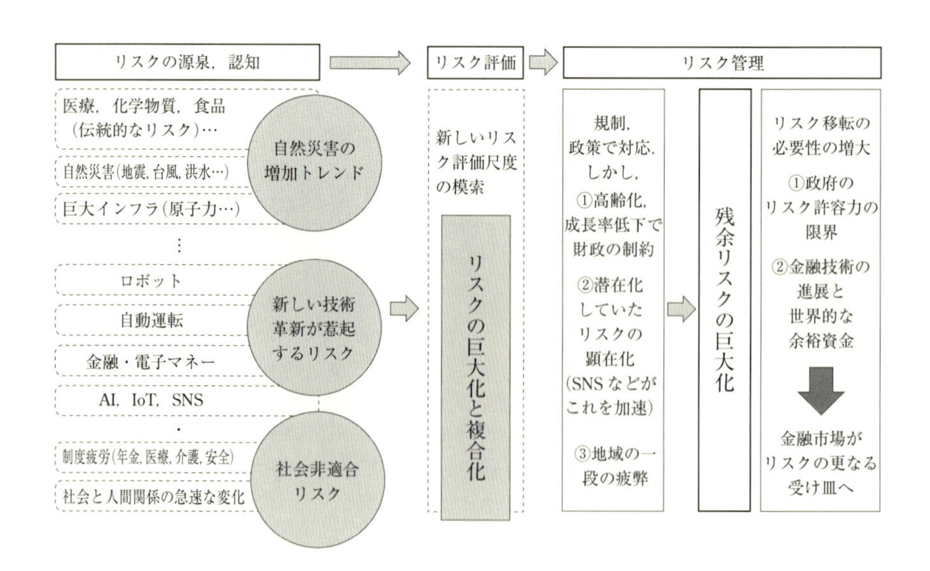

図 2 残余リスクの拡大

保険会社が当該リスク情報を十分に有していないため保険引受けが困難な場合やリスク情報の不完全性を補うために上乗せプレミアムを要するリスクなどは，オーダーメイドの保険プログラムを組成する．すなわち，ファイナイト保険（特定の保険商品を意味するのではなく，保険の引受け手法の1つで，保険会社の引き受けるリスクが限定されている保険契約のこと）などの保険商品を通じて，本来保険会社が100％リスクを引き受けるのに対し，保険会社と企業との間でのリスクをシェアする．また，グループ企業内に保険子会社（キャプティブ：特定の親会社のリスクを専門的に引き受けるために当該親会社等により所有され管理されている保険会社，日本では100社程度設立）を設立し，グループ企業の保険リスクを一部保有するといった手法も一部の企業で活用されている．こうした企業と保険会社の間でリスクシェアリングの動きが拡大している．

◆金融・資本市場の活用　一方，引き受けリスク量に制約のある保険市場や再保険市場に比べ，金融・資本市場は投資家の厚みと多様性に富み，リスク引受けキャパシティに余裕があると言われている．そこで，新たなリスク引受けキャパシティと技術を金融・資本市場に求めた保険デリバティブや証券化商品（☞ 5-6）を用いたリスクファイナンス手法が増加している．例えば，自然災害リスクを対象としたCATボンド（地震，台風リスクが中心で，発行はアメリカ，欧州，日本が多い）や，地域の自然環境リスクを移転するデリバティブ（☞ 5-7）などがある．キャプティブやファイナイト保険，デリバティブあるいは証券化といったリスクファイナンス手法を活用することで，伝統的な保険による引受けが困難であるリスクへの対応を可能としている．

このように巨大化する残余リスクを移転するには，新しい形のリスクファイナンスが必要であるが，幸い，金融技術もITと結びつき，Fintechを活用した高度化や低コスト化が進んでいる．世界の金融市場に存在する十分な余剰資金をリスク対応資金として使えるように金融分野においてさらに知恵を絞ることが求められている．

［久保英也］

📖 参考文献

経済産業省（2006）リスクファイナンス研究会報告書．

【5-2】
統合リスク管理と部門別資本配賦

金融機関は，市場リスク（市場取引における価格変動リスク）や信用リスク（融資や証券取引における貸し倒れリスク），そして，オペレーショナル・リスク（事件・事故，システム障害，災害など業務全般に係るリスク）などを有している．それぞれは異質のリスクではあるが，各リスクを「予想最大損失額」（バリュー・アット・リスク：VaR）という「共通の尺度」で測定することにより，リスクを組織全体として統合的に管理することが重要となっている（VaR については☞ 2-14）．ここでは，この VaR を用いた「統合リスク管理」を取り上げる．それは，金融機関にとどまらず，商社や多くの事業部門を抱える一般企業などでも活用されている．

◆統合リスク管理の目的　リスクを取る対価として収益を獲得する金融機関や企業は，常に組織が直面しているリスクを把握し，その十分な認識と対応を行うことが求められている．統合リスク管理は，部門やリスクカテゴリーごとに異なる各種リスクを共通の尺度で評価し，①そのリスク総量をモニターし，リスクバッファーである資本の金額の範囲に収まっているかを管理，②リスクにあった妥当なリターンを得ているかをチェックし，組織全体として資源の最適配分を行うことを目的としている．

具体的には，以下のような取り組みがあげられる．

① リスクの総量を自己資本の額と比較することにより，組織全体のリスク量のコントロールと自己資本の余裕度を検証（自己資本の十分性チェック）．

② 部門別の収益性を各部門のリスク量などで調整し，それを比較することにより，効率的な資源配分に寄与（資本効率の引上げ）．

③ コントロールされたリスクの範囲内で，利益を極大化（経営の効率化）．

④ 上記①～③の運営を通じ，組織内部や外部のステークホルダー（金融機関においては，預金者，融資先，従業員，株主，監督当局など）との間で，経営について理解を深化（対話ツール）．

そう考えると，リスクの統合管理は，ある意味で経営そのものであるとも言える．リスク管理方針は，経営戦略との一体性が求められる．例えば，経営目標の1つが ROE x% 以上とすれば，それをクリアーできる「リスク調整後」の収益目標に落としたうえで，どのリスクをどれだけとるかという方針を決定することになる．この過程で，資本の十分性の確認とリスク情報を組織内で共有することができる．

一方で，VaR などのリスク尺度は複数の解を提示するし，その手法や前提により計測されたリスク量も変化する．したがって，信頼水準や保有期間の変化に伴う数値の変化幅にも注目し，複眼的にみていく姿勢が重要である．すなわち，絶対的な尺度というより，経営とステークホルダーとの対話やリスクとリターンの考え方を各業務部門に浸透させ，組織のPDCAの推進に寄与する尺度と考えた方が良い．

リスク管理部門が各業務部門のリスク状況を事後的に管理するだけではなく，業務部門が業務遂行の際に自主的にリスクとリターンを十分認識して行動できる仕組みも必要である．例えば，信用リスク（期待損失や非期待損失×資本コスト率）を的確に反映した貸出基準金利の設定やリスク量を踏まえた部門別・個社別・商品別採算管理，そして，リスク調整後収益指標を業務部門の業績評価に活用する仕組みなどである．

◆資本の配賦の目的　図１に示したとおり，リスクの統合管理は，総リスク量の把握だけではなく，部門やリスクカテゴリーごとに自己資本の配賦を行うことにより有用性が一段高まる．すなわち，部門別・リスクカテゴリー別に許容リスク量の上限値を設定することにより，組織全体としてのリスク量を自己資本の範囲に収め，経営の健全性（自己資本の余裕度）を確保する．また，付与された資本に対する組織のリターンを計測することで，収益性（資本の効率性）の向上にも寄与することができる．

部門別に資本配賦することは，各部門は与えられた資本の範囲内でリスクテイクを行う裁量を有することを意味し，分権的な組織運営の意思決定との整合性は高い．逆に，各部門のリスクテイクに対する裁量が小さいほど，部門別資本配賦の意義は薄れることになる．

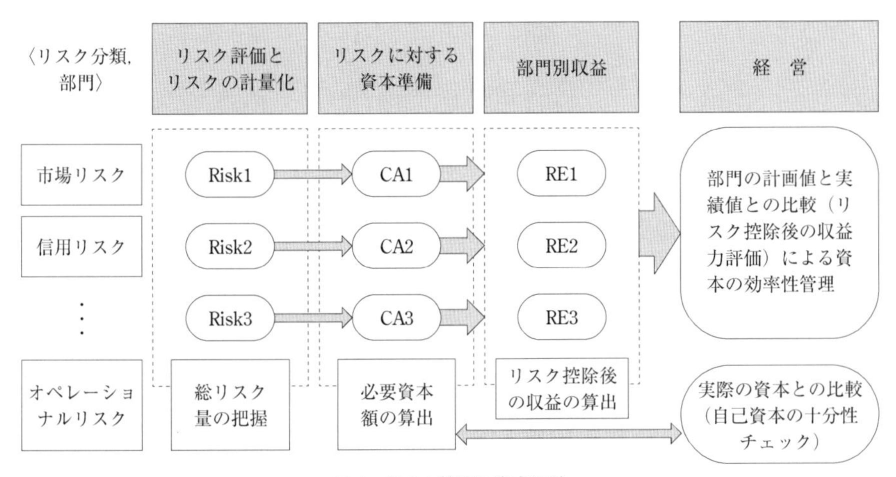

図１　リスク管理と資本配賦

表1 ストレステストに用いられるシナリオ

	過去の最悪事象から高リスク事象を想定	VaRの前提を安全度を高めることを目的に想定
実際に発生した事象	○過去の最悪事象をそのまま採用 ①バブル期ピーク時直後の株価・不動産価格の下落 ②リーマンショック時の証券化商品の下落幅 ③アジア通貨危機におけるアジア諸国の為替下落率 ④昭和恐慌時の倒産率の上昇幅	○より高い安全度 ①より高い信頼水準の採用 ②過度なロングテールを想定 ③モンテカルロシミュレーションの試行回数の変更 ④より大きなボラティリティに変更
実際に発生してはいないが類似事象から類推	○過去の事例から類推した事象で被害額を巨額化 ①大型連鎖倒産 ②マグニチュード8以上の直下型地震 ③大規模なコンピュータのシステムトラブル ④インターバンク市場の急激な市場収縮 ⑤最大大口取引先の倒産，信用不安	○自在に基準を想定 ①イールドカーブの急なスティープ化 ②金利水準の3%のスライドアップ

［出典：日本銀行（2008）をもとに加筆修正］

具体的な資本配賦は，①期初に，部門別資本配賦額を決定し，資本の十分性や効率性の観点から資本のボリューム・収益の水準・リスクの大きさを総合的に判断する．また，②期中においては，配賦資本のリスク使用に伴う毀損状況をモニタリングする．銀行の場合，モニタリング頻度は，日次でも可能であるが，経営に対しては月次か四半期ベースで報告されるのが普通である．

この結果，リスクの保有量が資本配賦額を超過した場合には，当該部門やリスクカテゴリーのリスク量の削減や他部門・他カテゴリーに配賦している資本を付け替えるといった対策を講ずる．また，資本の外部調達を検討することもありうる．長期的な取り組みが必要になるので，危機ラインの手前に，早期警戒ラインなどを決めて早めにウォーニングが出る仕組みづくりも重要である．

◆リスク調整後収益指標 VaRの最大の特色は，リスクを踏まえてリターンを評価できることである．財務諸表にある営業利益は，引き受けたリスクの大きさが勘案されていないため，リスク調整後の指標で評価・管理することが重要である．

一方で，このリスク調整後収益指標は，意味するところが抽象的であることや技術的な限界も踏まえて，現実的な活用方法を考える必要がある．例えば，同指標は，主に短期的なリスクとリターンを表現しているため，中長期的な取引方針の判断や，戦略的な商品展開や顧客のセグメント政策などには必ずしも適さないことから，定性評価を加味するなどである．また，指標特性から見ると，似ている業務間の比較や各部門における計画値と実績値との比較，前年度や前期との比較，そして，時系列の推移を鳥瞰するときなどには有効性が高い．

◆VaRの欠点を補うストレステストの重要性　VaRは優れた特性を有する指標ではあるが，限界もあり，これを補完する方策との併用が重要である．すなわちERM経営研究会（2015）も指摘するように，VaRは，観測データ数の制約から観測期間には無い過去の大きなリスク事象を取り込めないし，一定の前提（分布を正規分布と仮定，静的な相関関係の想定など）を置いて計測するなどの技術的な限界がある．また，想定される損失がどのような出来事に基づいて発生するかを具体的に提示できないという欠点を有する．

そこで，いくつかの危機的な事象を想定することにより，それが再度顕在化したときに組織の期間収益や自己資本比率に与える影響を評価し，備えるべき事象をより具体的にイメージできるようにしておくことが求められる．これがストレステストであり，経営として組織が抱えるリスクの特性を踏まえて「何が最悪か」を想定すると共に，ストックホルダーと対話するときの貴重なツールとなる．

ストレステストは，当然のことながらシナリオの設定が最大の重要ポイントである．シナリオは，経営の目的に応じて様々な形があり，また，シナリオの厳しさの程度に関しても，多くの選択が存在する．シナリオ設定にあたっては，VaRの補完が目的であるため，VaRの算出にあたり不足したデータの補完や前提の不十分さの解消などに対応するように行う必要がある．そのうえで，全社共通のシナリオか各分野・各リスクカテゴリーの特性に合ったシナリオを表1で示した分類の中から選択することが重要である．

ストレステストで得られた情報は，前述のとおり，損失額をイメージしやすく，シナリオが顕在化したときの対応やリスクをそのまま保有したときの資本の十分性チェック，そしてリスク削減と回避手段（保険やリスクファイナンス）の選択などの検討を行いやすくする効果がある．

このように考えると，金融機関のリスク管理手法として生まれたVaRやストレステストによる統合的リスク管理は，金融機関だけではなく，一般企業も含めて活用できることがわかる．統合的リスク管理は，継続企業の経営管理手法のツールとしてだけではなく，企業が事業を継承する場合や，合併・買収（M&A）を行う場合にもその企業を第三者に深く理解してもらうことにつながり，企業価値を高める効果もある．

［久保英也・甲斐良隆］

📖 参考文献

・安藤美孝（2014）ヒストリカル法によるバリュー・アット・リスクの計測：市場価格変動の非定常性への実務的対応，日本銀行金融研究所機関誌金融研究，23（別2），1-41.
・碓井茂樹（2014）市場リスクの把握と管理，“金融機関の経営管理の高度化—理論と実践”セミナー資料，2014年8月.
・山下智志（2000）市場リスクの計量化とVaR，朝倉書店.

【5-3】

事業継続マネジメント（BCM）

事業継続計画（BCP）について，内閣府防災担当（2013）は「大地震等の自然災害，感染症のまん延，テロ等の事件，大事故，サプライチェーン（供給網）の途絶，突発的な経営環境の変化など不測の事態が発生しても，重要な事業を中断させない，または中断しても可能な限り短い期間で復旧させるための方針，体制，手順等を示した計画」と説明している．

国際規格および日本工業規格である ISO/JIS Q 22301 は，「『事業の中断・阻害を引き起こすインシデント』が起きたときに事業継続を図るための具体的な対応について整理し，実際に起きた『事業の中断・阻害』に対応し，予め設定した時間（最大許容停止時間）の枠内で事業（優先事業活動）を予定したレベルまで復旧あるいは再開する流れを示す『文書化した手順』」であるとしている．

◆BCM BCP はより大きな概念である事業継続マネジメント（BCM）の一部である．内閣府防災担当（2013）は BCM を「BCP 策定や維持・更新，事業継続を実現するための予算・資源の確保，対策の実施，取り組みを浸透させるための教育・訓練の実施，点検，継続的な改善などを行う平常時からのマネジメント活動のこと．経営レベルの戦略的活動として位置付けられる」としている．

また「災害対策基本法」に基づき作成された「防災基本計画」の中でも，「企業は，災害時に企業の果たす役割（生命の安全確保，二次災害の防止，事業の継続，地域貢献・地域との共生）を十分に認識し，各企業において災害時に重要業務を継続するための事業継続計画（BCP）を策定・運用するよう努めるもの」とされる．さらに，「防災体制の整備，防災訓練の実施，事業所の耐震化・耐浪化，予想被害からの復旧計画策定，各計画の点検・見直し，燃料・電力等の重要なライフラインの供給不足への対応，取引先とのサプライチェーンの確保等の事業継続上の取組みを継続的に実施するなど事業継続マネジメント（BCM）の取組みを通じて，防災活動の推進に努めるものとする」との一文が設けられている．

◆企業にとっての BCM の必要性

(1) 生き残るための BCM：大地震，洪水などの自然災害が世界各地で甚大な被害をもたらし，停電，大規模火災，テロ，さらにはサイバーテロなど，過去に例を見なかったような緊急事態が発生する可能性も高まっている．こうしたインシデントが発生したときに，対応策がわからず右往左往するようでは復旧への取りかかりが遅れ，廃業に追い込まれる可能性もある．仮に廃業を免れても復旧に時間がかかり，いったん顧客を失うとその後の取引再開からの再興は容易ではない．平時から緊急事態の発生を想定して対応策を意識したマネジメントを取っておくことの意義は大きい．
(2) 取引を守るためのBCM：また，今日の企業活動は，国際化，分業化，外注化が進む中，原材料の供給，部品の生産，輸送，販売など，サプライチェーンに組み込まれている．サプライチェーンに組み込まれた企業のいずれかが被災すると，サプライチェーン全体が影響を受けるので，サプライチェーン内の他の企業から，同社のBCMへの対応を求められることも増えてくる．特にBCMで先行する海外企業は明確で実効性のあるBCMを有している企業でないと取引に応じないというような事態も想定される．事業を守るためにも適切なBCMに取り組む必要がある．
(3) 社会的責任としてのBCM：さらには，社会的責任の観点もある．企業はインシデントに直面しても重要な事業を継続すること，または早期に復旧することを，取引先をはじめとする社内外の利害関係者から求められている．自社の操業停止が国内外のサプライチェーン全体に影響を及ぼすことも懸念される．そのような迷惑を最小限にとどめ，社会的責任を果たすためにも，日常的にインシデントの発生に備え，BCMに基づく経営を行う必要がある．
(4) 生活を守るためのBCM：企業がインシデントに備え，危機的状況にあっても業務を継続し早期に復旧することは，従業員の生命や生活を守り，地域の平穏を守るうえでも重要である．
(5) 競争力向上のためのBCM：さらに，BCMに取り組むことによって，緊急時にも製品・サービスなどの供給が期待できることから，取引先から評価され，新たな顧客の獲得や取引拡大につながり，投資家からの信頼性が向上するなど，平常時の企業競争力の強化といったメリットもある．

◆普及の経緯　2001年のニューヨークテロの際，あらかじめ近郊に準備しておいたバックオフィスで迅速に業務を再開できた金融機関があったことがBCPの必要性を認識させ，わが国でも政府などがBCPの普及に着手するようになった．その後，新潟県中越地震（2004年），新潟県中越沖地震（2007年），東北地方太平洋沖地震（2011年）と，大地震の都度，BCMの必要性が強く理解されるようになった．

このような経緯から，わが国では主に大地震に備えたプランとしてBCPが捉えられる傾向があるが，BCPはより広範な，自然災害，火災による本部・店舗機能の停止，従業員の欠勤に伴う業務中断，新型インフルエンザなど新興感染症の蔓延による従業員の多数欠勤に伴う業務の大幅縮小，大規模なシステム障害による業務中断等，あらゆる『事業の中断・阻害を引き起こす危機的な事象（インシデント）』を対象とするものである．

◆独自策定と国際規格　政府や各業界団体はBCMの導入を推奨しているが，BCMは任意の経営手法の1つとの位置づけである．現在策定されているBCMの大多数は「自社独自のBCPを策定する」ものである．独自策定をサポートするため，内閣府防災担当（2013）が作成され，中小企業庁も『中小企業BCP（事業継続計画）ガイド』『中小企業BCP策定運用指針』などを作成している．また各種団体もテンプレートを開示している．

一方2012年にBCPの国際規格であるISO 22301:2012 *Societal security—Business continuity management systems—Requirements* が発行され，翌2013年に邦訳した日本工業規格JIS Q 22301（『社会セキュリティ—事業継続マネジメントシステム—要求事項』）が発行された．策定したBCPを国際的な水準まで引き上げ，国際規格の認証を受けることができる．この方法が国際活用の多い企業や組織に今後普及する可能性がある．

◆BCPの策定状況　内閣府の『平成29年度企業の事業継続及び防災の取組みに関する実態調査（平成30年3月)』によれば，大企業では64.0%が「策定済み」（平成27年度比3.6ポイント増）となり，「策定中」の17.4%を加えると，8割を超えている．中堅企業では，31.8%が「策定済み」と回答しており（平成27年

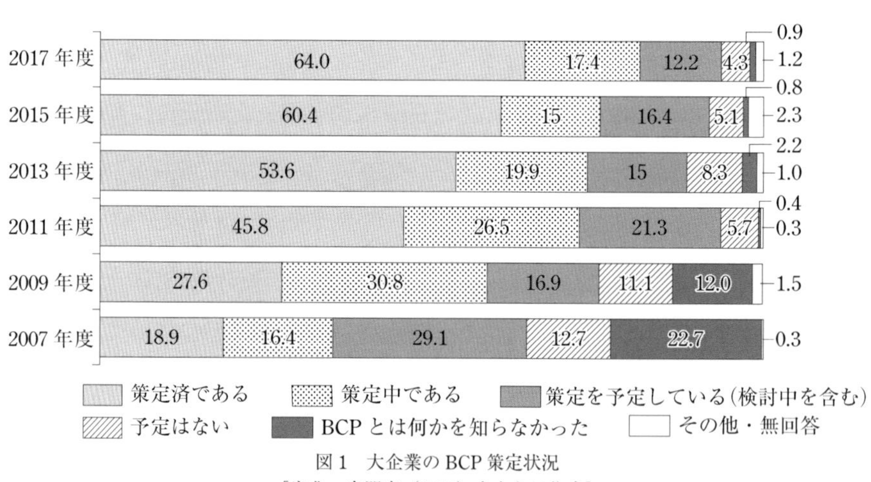

図1　大企業のBCP策定状況
［出典：内閣府（2018）をもとに作成］

度比0.9ポイント増）．これに「策定中」の14.7%を加えると46.5%となっている．大企業を中心に，BCPの策定は進んできている状況と言える（図1，2）．

◆BPCが浸透しない理由　大企業で6割以上の策定率は評価できるものの，中堅企業や中小企業を勘案するとそのペースは遅い．日本では，BCPが東日本大震災を契機に始まったこともあり，地震リスクへの対応や防災計画に終わっている例が多い．BCPの目的は，当該企業の製品やサービスの「供給責任を果たす」ことであることが十分理解されていないことがある．いわば経営者のBCPへのかかわりが低く，以下のような全社を挙げた適切なBCM推進体制が構築されて

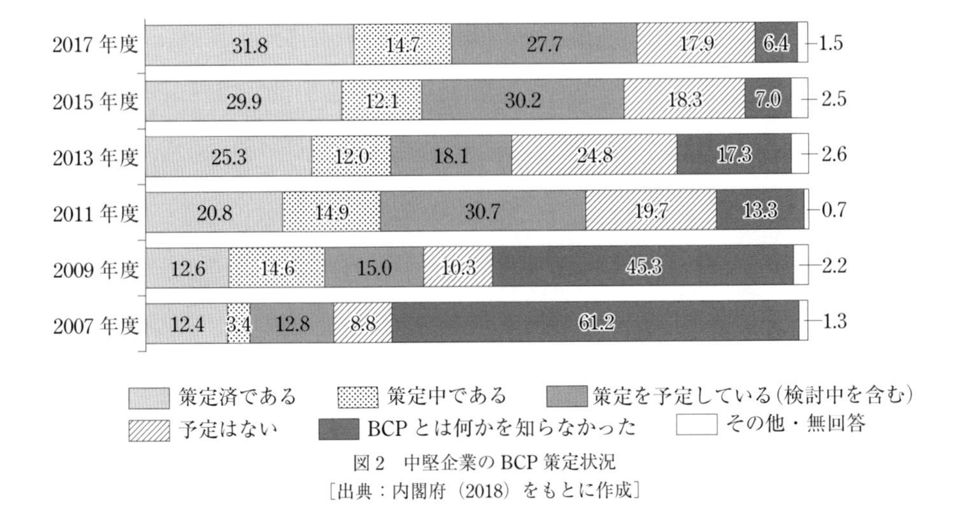

図２　中堅企業の BCP 策定状況
［出典：内閣府（2018）をもとに作成］

いない場合が多い．

(1) 地震 BCP，水害 BCP，インフル BCP，火災 BCP，情報セキュリティ BCP などリスク毎に策定したものではなく，オールリスクへの対応とする．

(2) 最新の被害想定が行われておらず（自社の現在の体力では対応できない水準のリスクも想定すべき），また，市場から許容されるサービスの水準と納品日などの期間なども想定した「代替戦略」の策定ができていない．

(3) 工場の代替生産計画やシステムのバックアップなどが BCP 計画の中心となるが，本社の被災（全体指揮機能，広報，決算，受発注管理機能などが喪失）が想定されず，また，グループ企業，取引先企業との連携も考慮されていない．

(4) BCP の周知と教育ができていない．避難訓練と安否確認訓練は行うが BCP 発動訓練は行われず，BCP マニュアルは事務局のみ保管．

◆ BCM の全体プロセス　図３は内閣府防災担当（2013）に掲載された BCM プロセスのイメージ図である．BCM は単なる計画ではなく取り組みそのものであり，企業・組織全体のマネジメントとして継続的・体系的に取り組むことが重要である．

図３でも見られるように，BCM プロセスは，「①方針の策定（基本方針の策定と BCM 実施体制の構築）を経て，②事業中断による影響度を評価し，需要業務を決定する．③目標とする復旧時間や復旧レベルを検討する事業影響度分析および発生リスクを予測し分析する「分析・検討」段階を経て，④重要製品・サービスの供給継続・早期復旧を目指す事業継続戦略・対策の検討と決定を行う．また，⑤ BCP，事前対策の実施計画，教育・訓練の実施計画など，文書化した計

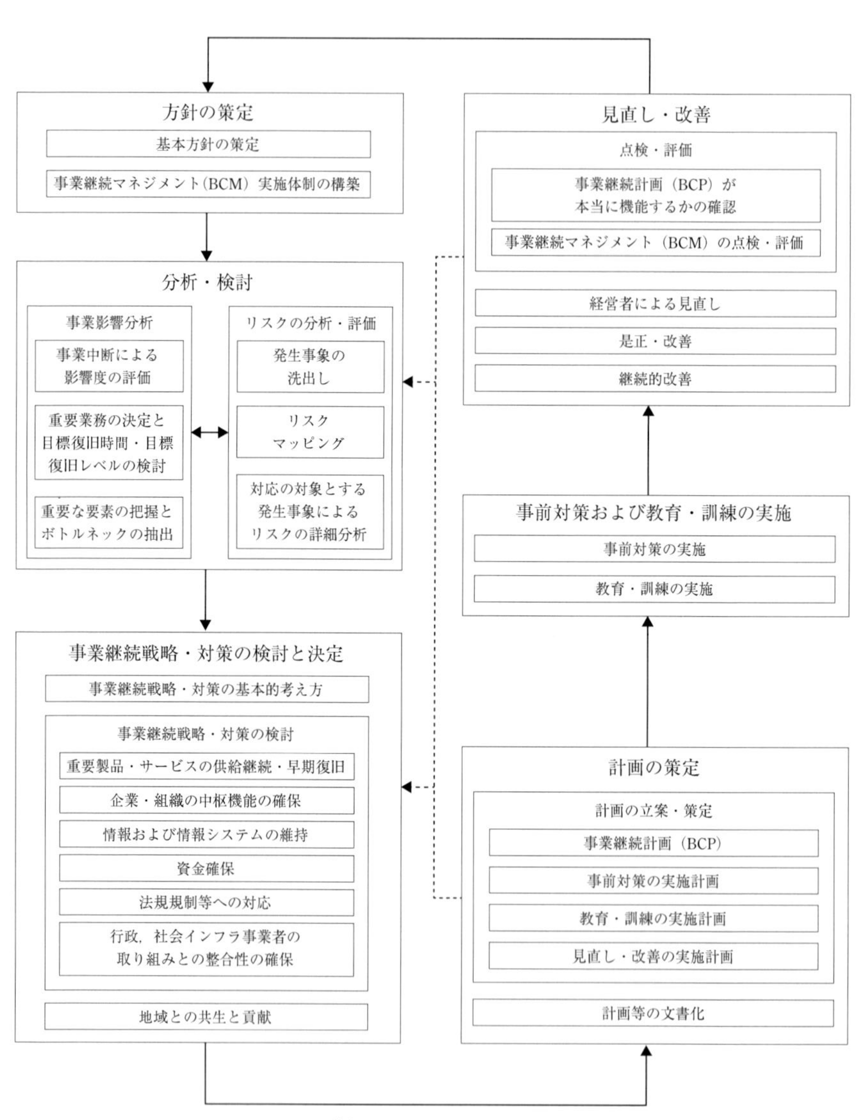

図3　BCMのプロセス
［出典：内閣府防災担当（2013）をもとに作成］

画を策定し，計画に従って事前対策や教育・訓練を実施する．これにより，⑥BCPが本当に機能するかの確認やBCMの点検・評価，経営者による見直し・改善を行う．そして，次の方針の策定へと続く，切れ目のない循環的な活動となる．

◆分析・検討段階の作業内容　上記BCMのうちで最もわかりにくいのは「分析・検討」段階の「事業影響度分析」と「リスクの分析・評価」であろう．「事業影響度分析」では，インシデント（危機的な発生事象）により業務を継続することが困難となった場合を想定して，各事業が停止した場合の影響の大きさおよびその変化を時系列で評価し，優先的に継続・復旧すべき重要事業を絞り込む．そして，この重要事業に必要な各業務（重要業務）につき，どれくらいの時間で復旧させるかを「目標復旧時間」として，どの水準まで復旧させるかを「目標復旧レベル」として決定する．また重要業務間に優先順位を付ける．

この作業と並行して行う「リスクの分析・評価」では，自社の事業の中断を引き起こす可能性がある発生事象を洗い出し，それらについて，発生の可能性および発生した場合の影響度を定量的・定性的に評価し，優先的に対応すべき発生事象を特定，順位付けし，それらにより生じるリスクについて，自社の各経営資源や調達先，インフラ，ライフライン，顧客等にもたらす被害などを想定する．「事業影響度分析」で選定した重要業務に対して行う．

◆中小企業のBCP　BCPの普及は大企業，中堅企業の順で進行しているが，BCPの重要性は中小企業にとっても何ら変わるものではない．中小企業庁は，「わが国企業へのBCPの導入を図るためには，99％を占める中小企業への普及促進が必要不可欠であり，そのためには特に大半を占める小規模事業者への導入を含めた対応が求められて」いるとして積極的にBCP策定振興策を展開している．懇切丁寧な『中小企業BCP策定運用指針：どんな緊急事態に遭っても企業が生き抜くための準備（第2版）』の作成とWeb上での開示のほか，同庁のホームページは『中小企業BCP（事業継続計画）ガイド』など，様々な資料がダウンロードできる．中小企業関係者以外にとっても，BCPを学ぶうえで同庁の資料は価値が高い．

［松岡博司］

【5-4】
リアルオプション

割引キャッシュフロー法（DCF法）が意思決定の手段として利用されている．経営の現場で日々発生する大小様々なプロジェクトから，業界や国境を越えた合併・買収（M&A）に至るまで，資産価値の代表的な評価法がDCF法である．今や，不動産投資信託（REIT）をはじめ，土地価格の評価もDCF法が主流である．DCF法とは，将来キャッシュフローを金利にリスクプレミアムを上乗せして現在価値（NPV）に割り引く手法であり，企業価値は，

・NPVがプラスの事業を行うことにより増加

・NPVの最も大きい事業を選択することにより最大化

といったことが保証される．個々の事業の採算を具体的な金額で表現できるので，DCF法は客観的でわかりやすい管理手法と言える．

◆DCF法の普及と限界　ところが，DCF法にも目覚しい普及と裏腹に限界が見えてきた．企業には直接的にキャッシュフローを生まない活動が数多くある．代表的なのは，研究，新商品開発，マーケティング，採用・教育などである．既存事業のみに固執していては永続的な成長が困難で，新たな技術開発，需要発掘が不可欠である．従来の「欧米に追いつき，追い越せ」スタイルから，わが国は既にみずから新製品，新サービスを創出しなければならない立場に変わっている．現に，研究開発費はデフレ経済のもとでも2000年以降着実に伸びており，今や，製造業の費用において，研究開発費の占める割合は凡そ3.5%に達している（総務省，科学技術調査（2016年））．特に，医薬製造業が11.9%と飛びぬけて高い比率であり，これは，医薬品の開発には膨大な研究費が掛かるうえ，きわめて高いリスク（成功確率，投資期間）が影響している．研究開発の成果が企業の浮沈に直結する今日，日本の産業全体の「医薬業化」がますます進んでいくことであろう．

ところが，キャッシュフローを割り引くことにより価値を求めるDCF法では，キャッシュフローを直接生まない研究や市場調査の巧拙を評価することができない．経営の重点分野を評価できないのであれば，DCF法の威力も半減以下と言わざるを得ない．

それでは，研究，新商品開発，マーケティングなどは，キャッシュフローを生まずに，あるいは減少させてまで企業に何をもたらしているのだろうか．それは，「チャンス（可能性）」である．研究は，企業を商品開発が「できる」状態に置く．「できる」とは，してもよいししなくてもよいのだから，ある種のオプションや権利と考えられる．研究が完了してはじめて，事業の実施是非だけでなくその時期までも，販売価格や競争相手の動向を見ながら，みずからの裁量で決定できる．

このことは，研究の価値は，研究により生まれた技術やノウハウを利用して，最も有利な時期に事業を始めればよいわけで，研究の価値は事業ができる状態で取りうる選択肢のうちの最大価値と言える．

それゆえ，企業の活動はキャッシュフローを生む活動（タイプⅠと呼ぶ）とオプションを生む活動（タイプⅡ）に分類できると考えるべきである．

・タイプⅠ「キャッシュフロー」の創出：生産や営業活動により生じる売上げ，経費など
・タイプⅡ「チャンス」の創出：研究，マーケティング，教育など

ところで，ある種の活動はこれら２つのタイプ双方を保有している．例えば，土地である．更地を購入し，当面は駐車場にして賃料を得ながら，将来，そこにビルの建設を計画する．ビルの仕様は，オフィスかショッピングセンターあるいはマンションなどが考えられるが，最も価値が高いものを適切な時期に選択すればよい．この例は土地保有がタイプⅠ（駐車場ビジネスによるキャッシュの獲得）とタイプⅡ（ビル建設のオプション保有）双方の活動であることを示している．したがって，地価はそれぞれの価値の合計として与えられる．

「目先の利益のみを追いかけるな」「損して得とれ」「採算よりシェア」など，経営者から目先の利益だけでなく，長期的視点の重要性を訴える発言がよく聞かれるが，これはタイプⅡの価値を無視してはならないことを説いたものである．

◆リアルオプション法で測る技術の価値　研究開発や市場調査の本質が事業化オプションの創造だと述べたが，オプションについての研究は以前から金融業界中心に行われてきた．株式オプション市場がシカゴに創設されたのは1973年であり，同年，有名なブラック-ショールズ方程式（オプション価格式）が発表された．オプションの価値計算を可能にしたこのモデルは，当初は金融業界で用いられるだけであったが，そもそもオプション，選択肢は金融を問わずあらゆる世界に存在しており，次第に金融以外の分野でも使用されはじめた．株式の購入権利のような金融オプションと区別するため，リアルオプションと呼ばれるが，価格算出過程は共通である．保険や採掘権から始まり，今や，特許や技術といった研究開発，システム開発等の経営戦略全般まで利用が広がってきた．

では，研究開発を例に，オプション価値を計算しよう．ある技術によって，新製品Ｘの生産が「可能」になり，この製品Ｘの事業が次のように推定されたと仮定する．

・現時点で見込まれる事業価値は95億円で，その後不確実に成長．成長率は平均10%だが，上下のばらつきが20%ある（したがって成長率は10%±20%⇨▲10%～30%，図１）．
・事業を開始するには，100億円の投資が必

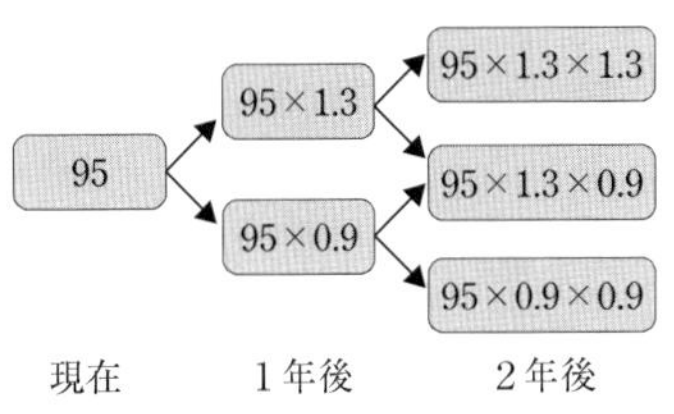

図１　Ｘ事業の価値の推移

要．さらに，開始を1年遅らせる毎に待機費として5億円の追加が必要で，最長2年まで実施を猶予できる．

・金利5%

現時点でこの事業を始めるとすれば，投資額を差し引いて正味価値は95－100＝－5億円となる．これがDCF法による評価であり，この場合の投資判断は「中止」である．しかし，この理由から技術開発が無価値であると決め付けるのは間違いである．それは，将来Xの価格や需要が増加し，事業の正味価値が黒字に転ずることがありうるからで，そのような不確実性がDCF法では考慮できない．技術開発によって得た事業化オプション（チャンス）には実施，中止の裁量があり，事業価値が拡大した場合に「限って」事業を起こせばよい．

以上のことから，オプション価格計算法（二項分布モデル）を用いて最適な事業の開始時期とそのときの事業正味価値，つまり研究価値を求めることができる．計算のプロセスは省略するが，結果として「現時点においては決定そのものを延期し（wait)，1年後に再度Xの事業価値を見積もる．そこで事業価値が増加しているなら，もう1年待って実施し（go)，減少しているなら中止（stop)」が最適な事業戦略であることが得られる．そして，この戦略を前提にする限り，正味の事業価値は約3.7億円と計算できる（過程は省略)．取りも直さず，研究の価値が3.7億円であることを意味する．以上の結果を示したのが図2である．もし，この技術開発に必要なコストが3.7億円以下，例えば2億円であれば，経営者はこの技術開発を進めるべきで，差し引き3.7－2＝1.7億円の価値を，企業価値に上乗せできる．

◆リアルオプションと経営活動　研究の価値とは事業化オプションの価値であり，それは対象事業の収益性，不確実性に左右される．つまり，競合商品の出現，生産方法の革新などにより事業価値は大きく変化し，柔軟，機動的に事業化の実施有無，時期や規模を決定する必要がある．経済のグローバル化，商品ライフサイクルの短期間化はこの柔軟性の価値を飛躍的に高め，ますますリアルオプション法の利用が経営戦略の立案にとって欠かせなくなると思われる．前例をもとに，①待機費用が増加，②投資コストが減少，③事業の不確実性が増加の3つのケースについてシミュレーションを行う．

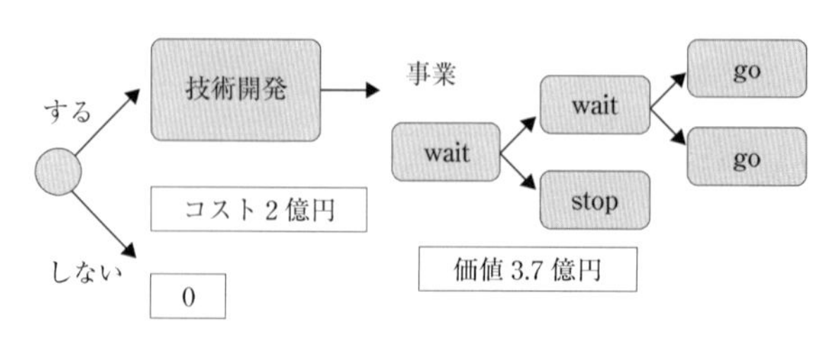

図2　技術開発と最適事業戦略

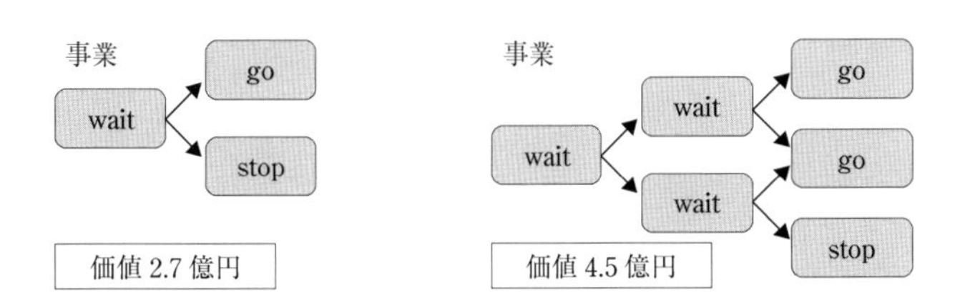

①　待機費用が増加（5→6億円／年）　②　投資コストが減少（100→98億円）

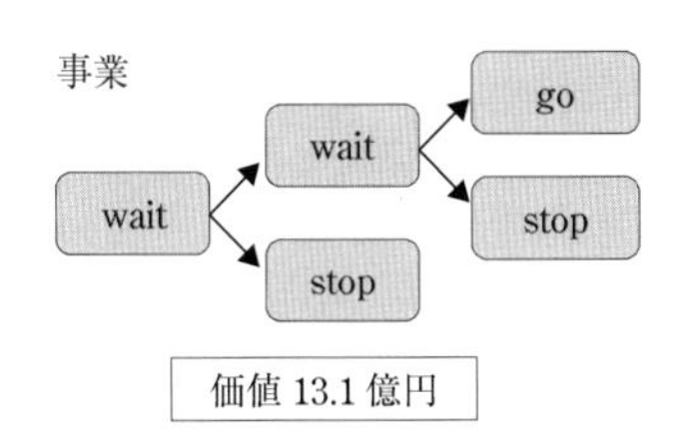

③　事業の不確実性が増加（±20%→±30%）

図3　事業条件の変化

上記①〜③のような状況変化は研究戦略にどのような影響を与えるのだろうか．ここでも結果のみを示すが，最適な事業戦略だけでなく，研究の価値も大きく変化している（図3）．

この結果から多くの示唆が得られた．例えば，今後人件費が上昇し待機費用の上昇が予想されるとしよう．待機費用の増加は事業価値を減少させ（①），技術開発は相当慎重にならざるを得なくなる．また，投資コストの2億円削減は研究コストの0.8億円減少と等価であり（② 4.5−3.7），この関係をもとに経営者は技術部門と生産部門の人員配置の見直しを検討することができる．そして，最も注目すべきは，事業リスクが増加すれば，逆に，研究価値が大幅に上昇することである（③）．この事実は従来の経営感覚と整合的でない．「不確実は悪，リスク減少が価値を高める」がこれまでのリスクに対する見方であるが，このシミュレーション結果はわずか10%不確実性が大きくなっただけで技術価値は数倍になること示している．実際，不確実性の増加はタイプⅠの活動に対して価値を引き下げ，タイプⅡの活動に対して価値の向上をもたらす．経営者は傘下の活動がどのタイプの活動なのか，正しく見極めなければ，正反対の結論を出しかねない．

［甲斐良隆］

参考文献

・コープランド，T.，アンティカロフ，V. 著，栃本克之訳（2002）決定版 リアルオプション：戦略フレキシビリティと経営意思決定，東洋経済新報社．
・ディキスト，R.S.，ピンディック，R.S. 著，川口有一郎ら訳（2002）投資決定理論とリアルオプション：不確実性のもとでの投資，エコノミスト社．

【5-5】
巨大地震と再保険制度

日本は地震大国だと言われる．日本列島は4つのプレート（地表近くにある厚さ数10kmほどの固い岩盤）が複雑に押し合っている上に存在し，そのプレートの少しの移動が地震の発生を誘発する．巨大地震が発生すれば，人的被害や物的被害が広範囲に及び，莫大な損害を被ることになる．地震保険は，こうした地震被害のうち，住宅や家財について損害を被った被災者に対して一定の保険給付を行う損害保険である（表1）．

◆地震保険の基盤　地震保険には一般的な損害保険と大きく異なる特徴がいくつかある．まず，第1は，保険自体が法律に基づいて作られていることである．その法律は「地震保険に関する法律」（以下，「地震保険法」）といい，1964年6月に発生した新潟地震を契機として1966年に制定され，同法に基づき地震保険が誕生した．第2は，政府が再保険を引き受ける仕組みが構築されていることである．各損害保険会社が引き受けた地震保険の契約は，日本地震再保険株式会社（以下，地再社）という地震保険に特化した再保険専門会社を通じてその多くは政府に再保険されている．第3は，厳密な意味での損害てん補ではないということである．地震保険は火災保険に付帯することによって引き受けられるが，火災保険の保険金額の30～50%の範囲でしか付保できないので，すべての損害をてん補できない．また，支払う保険金は保険金額の100%，60%，30%，5%の4区分に簡素化され，損害割合に応じて定額的な支払いとなっている．「地震保険法」上も，被災者の生活安定支援を地震保険の目的に掲げている．さらに支払い

表1　地震保険の商品概略

項　目	説　明
1. 保険の対象	住宅または家財
2. 補償内容	地震もしくは噴火またはこれらによる津波を直接または間接の原因とする火災・損壊・埋没・流失
3. 契約方法	火災保険に付帯（地震保険単独は不可）
4. 付保割合	火災保険の保険金額の30～50%
5. 支払い保険金の区分	・全損（保険金額の100%）・大半損（同60%）・小半損（同30%）・一部損（同5%）の4区分
6. 保険料	・料率は，住宅・家財共通で，耐火建物・非耐火建物別，都道府県別の全社同一料率 ・料率には利潤が織り込まれていない

保険金の総額が定められ，現在は1回の地震について11兆3000億円が上限である．この限度額は，明治時代以降もっとも損害の大きかった1923年の関東大震災と同じ規模の大地震が発生しても，保険金支払いに支障が生じない金額として定められている．

これまでの地震保険の保険金支払いの中でもっとも金額が多かった地震は2011年3月に発生した2011年東北地方太平洋沖地震（東日本大震災）である．保険金支払件数は，81万2371件，支払総額は1兆2795億円であった（2018年3月末現在，地再社調べ）．生命保険の保険金支払いが，約1600億円（生命保険協会調べ）であったのと比較すると，この震災が国民の資産に与えたダメージが相当に大きかったことがわかる．

◆地震リスクの特徴　伝統的な損害保険が補償するリスクには，火災・爆発，交通事故，犯罪などの人為的災害と，風水雪災や地震・噴火・津波（以下，これらを地震リスクという）などの自然災害がある．人為的な災害は一般的には人間の知恵や努力によって一定の制御ができる．一方，自然災害については，人間はその発生自体（頻度）をコントロールすることはできないが，風水雪災については，気象予測技術の向上や防災マップにより発生を一定程度予知することは可能であり，有効な事前対策ができる．しかし，地震リスクについては，予知は基本的には不可能であり，しかも大地震などの巨大な地震リスクの発現は，被害が広範囲に及び，激甚となる可能性がある．

◆地震リスクの評価　保険設計上，地震リスクは損害保険の前提である「大数の法則」が十分には機能しないため，保険化が困難だと言われる．それは図1をみれば明らかである．過去約500年間について被害を及ぼした地震（以下，被害地震）が1年間にまったく起こらなかった年が半分以上を占め，一方では1年間に6回も発生している年もある．この大きなばらつきが1年間の発生予想を困難にしている．

過去の被害地震のデータには大きなばらつきがあり，かつ限られた数百年という期間ではデータの精度にも問題がある．そこで保険設計にあたっては，将来発生が予想される地震が発生した場合の被害シミュレーションを行って被害額（予想支払保険金）を予測し，1年あたりの料率を算出している．なお，予想される被害地震は地震調査研究推進本部が作成・公表している「確率論的地震動予測地図」にある震源モデルを用いている．地震保険の料

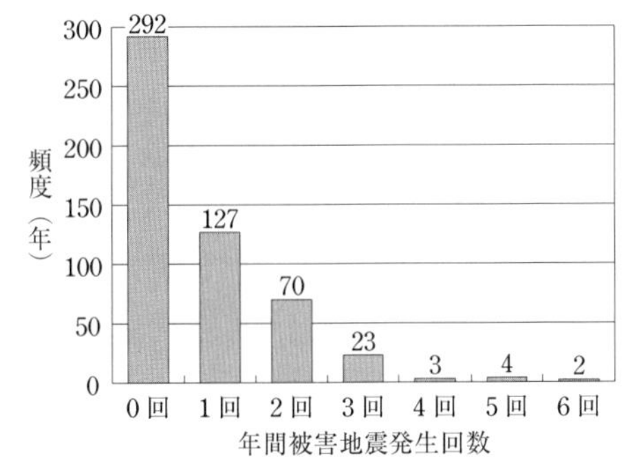

図1　年間被害地震発生回数別の度数分布
［出典：料率算出機構 2017］

率は，以上のような考え方を踏まえて，「損害保険料率算出団体に関する法律」に基づいて設立された損害保険料率算出機構（以下，料率算出機構）が算出している（料率算出機構 2017）．

◆地震保険制度におけるリスクの移転の考え方　前述のように，地震リスクは，巨額の損害を発生させる可能性があること，そして過去のデータからは 1 年単位の被害地震の発生には大きなばらつきがあり，短期的な予測は困難であることが特徴である．こうしたリスクを移転するには，引き受ける側において次のような制度的な工夫が必要になる．

① リスク分散を図るために損害保険会社が共同して引き受けること
② 政府にもリスク移転
③ 収支残（保険料から保険金と保険会社の経費を除いた額）を将来の大地震に備えて準備金として積み立てること

日本の地震保険制度では，①については元受損害保険会社が引き受けた地震保険を全額，地再社へ再保険し，再保険を通じて共同引受けする仕組みを構築した．②については，この再保険組織がさらに政府に再保険（再々保険）することで，大地震が発生した際には政府から巨額の再保険金支払いを確保できる仕組みとした．③については，地再社を含めた損害保険会社と政府は「地震保険法」に基づいて準備金の積立てを義務付けることとした．

◆地震保険の再保険制度　地震保険の再保険の仕組みは図 2 のとおりである．まず，元受損害保険会社が引き受けた地震保険は地再社へ全額再保険される．地再社ではさらに政府へ約 78%，各元受損害保険会社へ引受規模に応じて約 2% がそれぞれ再々保険され，残り約 20% を地再社が保有する．元受損害保険会社への再々保険は再保険専門会社や外資系損害保険会社を含め 20 数社で分担している．また，政府への再々保険は「地震再保険特別会計」で運営されている．この特別会計の所管は財務省である．

◆保険金支払いにおける官民分担　地震保険の支払い保険金総額には，前述のように 1 回の地震について 11 兆 3000 億円の限度額が定められている（2019 年 4

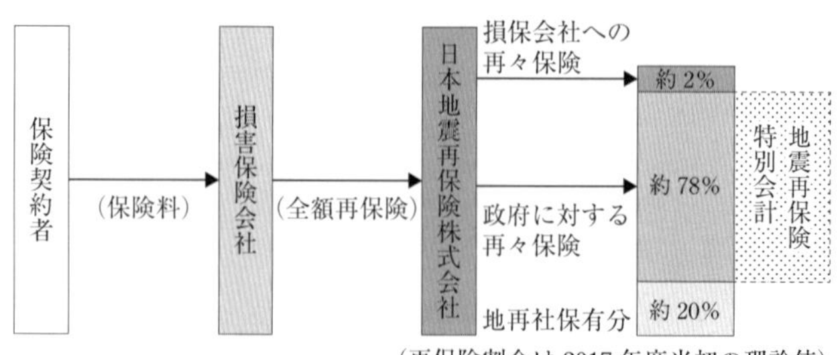

図 2　地震再保険の流れ
［出典：地再社 2018 をもとに作成］

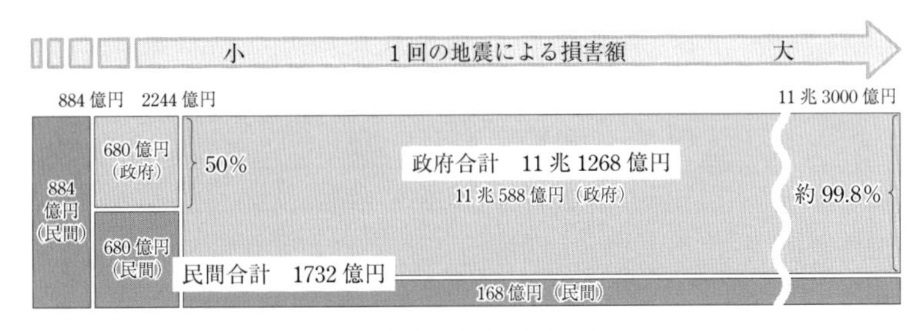

図3　民間と政府の負担割合
［出典：地再社2018をもとに作成］

月に11兆7000億円に改定の予定）．この限度額を「総支払限度額」といい，これを前提に官民でどのように保険金支払いを分担しているかをまとめたのが図3である（地再社編2018）．損害額が少ない小規模地震では主として損害保険会社が負担し，大地震になると政府の負担が急激に増大する仕組みとなっている．

総支払限度額は，地震保険の加入状況等を勘案しながら適宜見直すこととされ，東日本大震災時は5兆5000億円であった．また，官民の分担割合も保険金支払い状況を踏まえて見直され，東日本大震災以前は損害保険会社の分担は5兆5000億円のうち1兆1987.5億円であったが，同震災での巨額な保険金支払いと2016年4月の熊本地震の保険金支払い（3753億円，2017年3月末現在，地再社調べ）が巨額であったため，現在の民間分担金は1732億円である（図3）．

なお，前述のように，地震保険の収支残は準備金として積み立てる義務があり，地再社を含む損害保険会社は「地震保険危険準備金」として，政府は地震再保険特別会計の政府責任準備金として積み立て，2017年度末残高は，民間・政府合計で1兆8718億円である（地再社編2018）．

◆事業者向けのリスク対応　企業など事業者向けの建物や設備は地震保険では対象としていないため，一般的には火災保険に地震リスクを補償する「特約」を付帯して引き受けることになる．しかし，地震保険同様，損害が巨額になる可能性があり，この特約による引受けには再保険の手配が必須となる．再保険は，政府による再保険制度はないので，海外の再保険会社に受けてもらうことになる．欧米では日本の地震リスクはきわめて高いという評価が定着しているので，再保険の手配は容易ではなく，この特約の引受けは限定的となっている．なお，東日本大震災で支払われた事業者向けの地震補償の保険金総額は約6000億円程度と見込まれ，その多くは再保険金によって賄われたと推測される．　［竹井直樹］

参考文献

・損害保険料率算出機構（2017）日本の地震保険．
・日本地震再保険株式会社（2018）日本地震再保険の現状．
・日本損害保険協会Webサイト（閲覧日：2019年1月8日）．

【5-6】
CATボンド

キャット（CAT：カタストロフィの略）ボンド（大災害債券）とは，保険会社，再保険会社，共済団体，その他の事業会社（レジャー，電力，鉄道など），自治体などが抱えている巨大自然災害リスクを，保険の規制を受けない資本市場の投資家に移転するために，証券化の手法により組成した有価証券のことを言う．発生の可能性が低い大規模な地震，台風，ハリケーンなどがリスク移転の対象となり，CATボンドを購入した投資家は，約定した金利を受け取る一方，満期までに特定した自然災害（これは，トリガーと呼ばれている）が発生すると，債券の額面を上限としてその損害を負担し，上記の発行者は損害に対する補償を受けることとなる．

◆CATボンドの仕組み CATボンドは，1996年に初めて発行され，2017年10月末現在で，同種の保険リンク証券（ILS）と合わせた残高は，301億ドル（約3.5兆円，アルテミス社統計による）である．自然災害リスクのCATボンドは，既に機関投資家の資産運用ポートフォリオの一部となっており，日本の地震・台風リスク，アメリカのハリケーン・地震リスク，ヨーロッパの暴風雨リスクが主な対象である．図1にCATボンドの仕組みを示した．

図中央の特別目的会社（SPC）は，保険会社，事業会社などが資産の流動化や証券化を利用する目的で設立した会社で，資産を保有する器として機能し，資産（債権，不動産など）を裏付け（担保）に有価証券（株式や債券など）を発行す

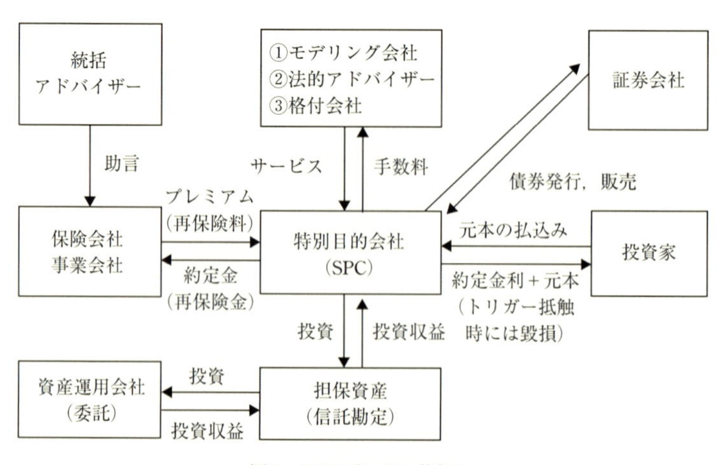

図1 CATボンドの仕組み

表1　CATボンド発行における役割分担

役　割	具体的な内容	事業者
発行までの全体管理	・ストラクチャー・デザイン ・大まかな費用算定，リスクの定量評価	統括アドバイザー（コンサルタント，証券会社）
市場での債券発行業務	・CATボンドの発行事務 ・投資家への広報と販売活動	証券会社
投資家を説得できるリスク評価モデルの作成，検証	・当該リスクの定量評価	モデリング会社
格付の付与	・CATボンドの債権格付の付与	格付機関
法律要件を充足	・組成に関するアドバイスと法的関連業務 ・税制，規制における確認や意見書の作成	法的アドバイザー（弁護士，公認会計士）

［出典：経済産業省・リスクファイナンス研究会（2006）をもとに加筆修正］

る．設立場所は，主に税制上の優遇措置のある地域（ケイマン，バミューダ，バージン諸島など）である．

CATボンドには，建物や収容動産に生じた損害の実額を取引対象とする「実損填補（インデムニティ）型」と，それ以外の要件を設定する「非実損型」がある．後者には，災害時の観測指標（震度，潮位など）を基準とした「パラメトリック型」，業界の損害額を基準とした「業界損失インデックス型」，災害発生後にモデル上で再現した推定損害を基準とする「モデル損失型」の3つがある．

CATボンドの発行には表1に示したとおり，多くの事業者が関与する．

◆保険会社がCATボンドを発行する理由　保険会社や共済団体は，保険の元受事業者（リスクを直接引き受ける事業者）であり，自分たちの抱えるリスクを「再保険」という形で外部に移転することができる．敢えて彼らがそれ以外の手段としてCATボンドを利用するメリットとデメリットを比較することにより，金融市場にリスクを移転する意味合いなどを考えてみたい．

(1) CATボンドのメリット

① リスクの移転先：伝統的な再保険におけるリスクの移転先は再保険会社に限られ，移転できるリスクの額は再保険会社の引受体力の範囲内に限定される．一方，CATボンドは，再保険会社以外の機関投資家にも幅広くリスクを移転することができる．

② 再保険金受取りの確実性：リスクを引き受ける再保険会社の信用度は高いものの，信用リスクが0にはならないのに対し，CATボンドは，調達資金を特別目的会社が任命した資産運用会社の専用の信託口座に確保しており，信用リスクはない．

③ 契約の柔軟性：再保険契約は単年度の契約を基本とするのに対し，CATボンドは3～5年が中心であり，安定的なリスク移転が可能となる．

④　追加リスク移転の融通性：再保険会社は，基本的に引き受けるリスク量の拡大に慎重である．CAT ボンドは，特別目的会社の設立時に定めた発行枠の限度内であれば，追加の発行が年度の途中でも可能である．

表 2　日本企業が発行した CAT ボンド

発行日	スポンサー	発行体	発行金額（100 万ドル）	対象としたリスク
1997 年 11 月	東京海上	Parametric Re Ltd.	100	日本の地震
1998 年 6 月	安田火災	Pacific Re Ltd.	80	日本の台風
1999 年 5 月	オリエンタルランド	Concentric Ltd.	100	日本の地震
2002 年 5 月	ニッセイ同和	Fujiyama Ltd.	70	日本の地震
2003 年 6 月	JA 共済連	Phoenix Ltd.	470	日本の地震および台風
2006 年 8 月	東京海上日動	Fhu-jin Ltd.	200	日本の台風
2007 年 5 月	三井住友海上	Akibare Ltd.	120	日本の台風
2007 年 6 月	共栄火災	Fusion 2007 Ltd.	110	日本の台風
2007 年 10 月	JR 東日本	Midori Ltd.	260	日本の地震
2008 年 5 月	JA 共済連	Muteki Ltd.	300	日本の地震
2011 年 8 月	東京海上日動	Kizuna Re Ltd.	160	日本の台風
2012 年 2 月	JA 共済連	Kibou Ltd.	300	日本の地震
2012 年 4 月	三井住友海上	Akibare Ⅱ Ltd.	130	日本の台風
2013 年 9 月	JA 共済連	Nakama Re Ltd.	300	日本の地震
2014 年 3 月	東京海上日動	Kizuna Re Ⅱ Ltd.	245	日本の地震
2014 年 5 月	JA 共済連	Nakama Re Ltd.	300	日本の地震
2014 年 5 月	損保ジャパン日本興亜	Aozora Re Ltd.	101.25 億円	日本の台風
2014 年 12 月	JA 共済連	Nakama Re Ltd.	375	日本の地震
2015 年 3 月	東京海上日動	Kizuna Re Ⅱ Ltd.	350 億円	日本の地震
2015 年 12 月	JA 共済連	Nakama Re Ltd.	300	日本の地震
2016 年 3 月	三井住友海上	Akibare Ⅱ Ltd.	220	日本の台風
2016 年 3 月	損保ジャパン日本興亜	Aozora Re Ltd.	220	日本の台風
2016 年 9 月	JA 共済連	Nakama Re Ltd.	700	日本の地震
2017 年 3 月	損保ジャパン日本興亜	Aozora Re Ltd.	480	日本の台風
合　計	24 件		約 6000 億円	

海外の企業・保険会社で，日本の台風などを対象に起債した事例が上記以外にある．

(2) CATボンドのデメリット

① 発行コスト：基本的に保険会社は，再保険会社と長年にわたる取引実績があることが多く，リスクプレミアム（再保険料）は最小限に抑えられる．一方，CATボンドの発行には債券組成・モデリングなどにかかる初期費用を要し，また，発行実績も少ないことから，投資家の求めるリスクプレミアムが割高になる．

② 担保額の復元：一般的な再保険契約には，1年に1回の再度の保険金の支払い条項が含まれており，同年度内の2回目の災害への対応も可能となっている．CATボンドは，発行債券額を限度とするため，支払いは一度限り．

③ 為替変動リスク：CATボンドの購入者（投資家）は主に欧米の機関投資家であり，ドル建による債券発行が通例となっていることから，日本の保険会社や共済団体，事業会社が発行する際には為替リスクを負うことが多い．

④ 支払った保険金・共済金と回収額との乖離：災害時の観測指標（震度，潮位など）を基準とした「パラメトリック型」のCATボンドにおいては，現実の被害額と観測指標による支払額との間に差が生じる可能性がある．これは，ベーシスリスクと呼ばれている．

◆CATボンドの発行実績　日本の地震・台風リスクに関して，1996～2016年に発行されたCATボンドの累積額は，表2に示すとおり，24件5984億円である．CATボンドの発行により契約金額（再保険金）を回収した事例としては，JA共済連（全国共済農業協同組合連合会）が2008年に発行したCATボンド「Muteki Ltd.」がある．2011年の東日本大震災が，投資家の元本全額毀損事由に該当したため，発行金額3億ドル（約240億円）の全額を受け取り，建物更生共済（損害保険に相当）の共済金の支払財源の一部に充当した．

このように，自然災害リスクの頻度と規模が高まる中で，そのリスクが顕在化した場合に，直接被害を受ける事業会社のみならず，それらのリスクを引き受ける保険会社も引き受けたリスクの一部を外部に移転している．

日本のみならず，世界の企業は先行きの不安から内部留保を大きく積み増している．それは，残余リスク（☞5-1）が拡大する中でリスクを保有する行動を選択していることを意味する．

企業が抱えるリスクを包括的に漠然と捉えるだけでなく，評価可能なものはリスク評価し，そのリスクを積極的に外部移転することも重要である．保険会社や金融市場は，金融技術を革新し，多様なリスクを引き受けられる柔軟性と知恵が求められている．
［武田俊裕］

📖 参考文献
・エーオンベンフィールドジャパン（2017）保険リンク証券市場について．
・JA共済連ニュースリリース（2012年2月15日）．

【5-7】
環境リスクファイナンス

地球温暖化などに対応するための国際的な資金供与の枠組み（基金や制度）は，既にいくつか存在する．それは気候変動が食料安全保障や巨大災害リスク（ここではリスクハザードの意味で使用する），そして良質な水資源確保という国家の最優先課題に重大な影響を与えるからである．

この気候変動に対応する様々なプロジェクトについて，財団法人地球環境戦略研究機関・NKSJ リスクマネジメント株式会社（2012）によれば，日本は気候変動適応プログラムを実施するために，「国連気候変動枠組条約」（UNFCCC）のもとで約束された短期資金（FSF）に対し，約 150 億ドルの供与を表明している．また，UNFCCC 下で設立された基金は，

① 気候変動枠組条約第 7 回締約国会議（COP7）で採択されたマラケシュ合意に基づいた地球環境ファシリティー（GEF）に設立された特別気候変動基金（SCCF）

② 後発の開発途上国の国別適応行動計画の策定を目的とした低発開発途上国基金（LCDF）

③ 京都議定書の発効に基づいた途上国の対策費用支援に充当する適応基金（AF）

などがある．また，UNFCCC の枠組み以外にも，世界銀行によって設立された気候投資基金（CIF）の中に，対応力強化を目的とした適応パイロットプログラム（PPCR）が存在する．また，CO_2 の排出権取引も欧州を中心に拡大している．

しかし，このような国際的な環境課題が存在する一方，本来，環境問題やその対策は，各国，各地域での個別課題であることが多く，国連開発計画から支援を受けたマケドニアのプレスパ湖の成功事例などは例外である．国際的な支援を得られない案件が大半であり，この場合，膨大な環境対策必要費用は，寄付や地方自治体の税を中心とした経常財源に頼らざるを得ず，財源は大きく不足している．

◆環境対策費用の調整 また，特定の環境破壊を対象とした公的な保険制度も存在する．例えば，日本の森林保険など国営保険制度や中国政府が普及に力を入れる環境汚染賠償責任制度（民間保険の活用）などが存在するものの，給付範囲が限定的で大きな利用には至っていない．

そこで，急速かつ大規模な自然環境悪化に対しては金融市場からの資金調達を視野に入れる必要がある．本項では，水資源を対象に，環境リスク顕在時に金融市場からの資金調達を行う「環境リスクファイナンス」を概説する．具体的には琵琶湖の「全循環停止（表層部と底層部の水循環が停止し，酸素が湖底に行きわ

たらない事態）リスク」を対象とした事例を紹介する．

◆**環境リスクファイナンスの組成**　水資源や水環境を守る手法として，河川・湖沼流域全体を統合的に管理する水資源の流域統合管理（IWRM）が世界共通の水資源管理プラットフォームとして運営されている．その成否は，全ステークホルダーの継続的な参加と財源確保にかかっている．財源は，国際機関や国からの補助金や流域を主管する地方自治体の一般財源，環境保全を目的とした特別税などが主である．

ただ，河川湖沼流域の環境はある閾値を超えると急速かつ広範囲に悪化し，緊急かつ巨大な対策費が発生する可能性が高い．必要な資金規模や資金入手までの時間などからみて，対応が難しい．

一方，すでに金融市場では，特定期間の気温や降水量がある水準を超えた場合に損失を填補する天候デリバティブや，巨大地震やハリケーンなどが所定の規模を超えた場合に迅速に資金を支払う大災害債券（CATボンド）などが存在する（☞5-6）．これらのスキームを自然環境分野に応用する．

環境リスクファイナンスの組成手順の概要を図1に示した．環境リスクファイナンスは，地方債のように債券を発行して，特定期間だけ資金を調達（期間経過後に元本を返済）する金融取引ではなく，環境事象の急激な悪化（金融市場ではこれをイベントと呼ぶ）に伴う損失や対策費用そのものを取引対象とする．

まず，第1段階は，イベントの選定とそれを誘発するリスクの抽出である．地震や巨大台風，異常気象など発生確率は低いが，発生するとその影響や被害が大きい事象がイベントである．琵琶湖の湖水循環が停止し，湖底の貧酸素状態が惹起される事態（後述）などもこれに該当する．そして，イベントを生む諸要素（気温，降水量，風力など）を抽出し，リスクを計量的に表現するための長期データの収集を行う．

第2段階は，資金調達手段の選択である．調達額は少ないものの比較的容易に資金調達できる天候デリバティブの仕組みを応用するか，損害保険会社がイベントに伴う損失を実損填補する環境保険とするか，また，CATボンドのスキームを用い，対象リスクを地震や台風から環境リスクに入れ替えた「環境リスクボンド」とするかなど，リスクのモデル化に伴う難易度や調達する資金規模，そして，発行手続きの煩雑性などを勘案し，選択する．

第3段階は，環境リスクのモデル化，計量化である．過去のイベントの発生状況を分析し，オプション価格の算出ができるまでリスクの計量化を行う．モデル化に際しては，公的機関など信頼できる機関の公表データを用いる．そして，取引の構成要素である，①支払い要件（トリガーと呼ぶ），②オプションプレミアム（もしくは保険料），③調達額などを決定する．

◆**琵琶湖の全循環停止リスクへの対応**　琵琶湖は，京阪神1400万人の飲料水や古代湖で61種の固有種を有するなど近畿圏全体の生態系に多大な影響を与える

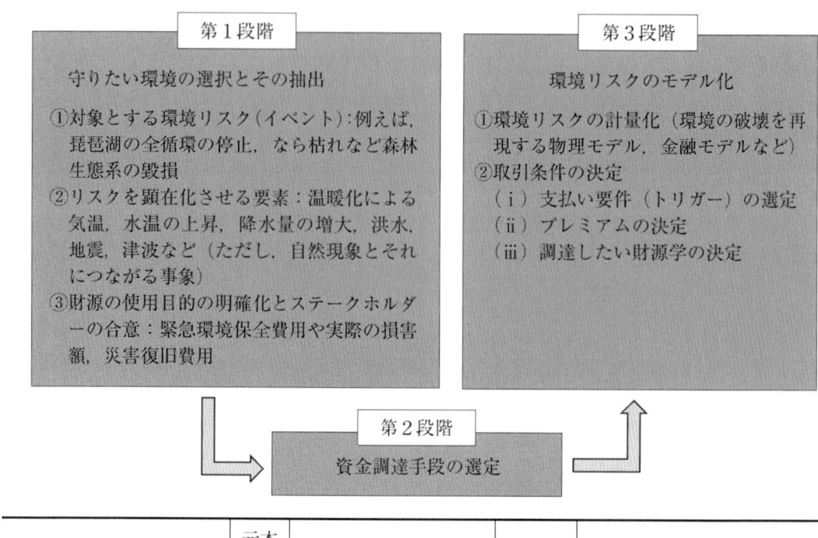

資金調達手段	元本返済	手数料など	調達額	長　短
①天候デリバティブ	無	プレミアム	小～中	手続簡便，リスクの引き受け手は限定
②オーダーメイド型環境保険	無	保険料	中～大	ベーシスリスクを排除できるが，厳格な資金使途，資金入手までの時間が長い
③ CAT ボンド型の環境リスクボンド	無	プレミアム	大	投資家が納得するモデルの提供，起債手続きが煩雑
④地方債	有	利息（市中金利＋信用リスクプレミアム）	大	将来の返済財源の確保，起債手続きが煩雑

図1　環境リスクファイナンスの組成手順

存在である．ただ，水質，生態系維持に不可欠な湖内の酸素濃度はトレンド的に低下している．琵琶湖の深層部（水深 100m 以上）への酸素供給は冬季の湖内の水の循環により行われる．すなわち，酸素を多く含む表層水が冬季の冷たい季節風や雪解け水，湖岸冷却により冷やされ，比重が重くなった湖水が鉛直方向に湖底まで沈むことにより，酸素が深層部まで運搬される．この現象を「琵琶湖の全循環」と呼ぶ．温暖化の影響で冬季の気温や水温が上昇していく中で，全循環の停止リスクは高まり，ついに観測史上初めて，2019 年 4 月に停止した．鹿児島県の池田湖やドイツのコンスタンツ湖などでも既に全循環が停止し，部分循環へ移行している．

今後毎年起こるこのリスクを金融市場に移転し，リスクが顕在化したときには，金融市場から調達した資金で，迅速に対策を行うことが重要である．

具体的な手段とリスクの引き受け手は

① 既に市場で取引されている気温や降水量などの天候デリバティブを応用する（引き受け手：損害保険会社や海外の保険ブローカー）

② カスタマイズした環境保険（同：損害保険会社）

③ 琵琶湖の水循環や生態系の影響を表す構造モデルを基礎にしたCATボンドを環境リスクに応用（同：投資家）

などが考えられる．

ただ，③については，モデルの蓋然性や他の湖沼でも活用できる一般性などの検証に加え，従来の同ボンドのリスク対象（主に地震や台風）とは異なるなど金融市場の投資家に理解を広げる必要があることから，難易度が高い．

ここでは，①について解説する．まず，全循環停止リスクを表現するインデックスを作成する．支払要件を全循環の発生時期で表現し，例えば，「3月下旬においても全循環の発生がない事態」と定義する（この場合，全循環の起こる可能性は低い）．インデックスを構成する要素は，前述した冬季の気温や湿度，風向，風速，琵琶湖を取り囲む山々の積雪量，成層強度（表層水と深層水の温度差）などが考えられる．全循環の発生時期を被説明変数とし，これらの諸要素を説明変数とした構造式で表す．そしてパラメータを最小二乗法などで推計する．

この構造式で示されるインデックスを取引対象とすれば，天候デリバティブと同様に，市場取引が可能となる．例えば，支払要件は，2016年にインデックスが3.5を超えた場合（全循環の時期が3月後半以降にずれ込む事態を示す代理変数）とし，この事態が発生した場合には，投資家は所定の溶存酸素濃度の引上げのための対策費相当額（当初契約で決定）を支払い，その対価として，地方自治体（例えば，滋賀県や関西広域連合）は毎年所定のプレミアムを支払う．

また，別の手法として，毎月の溶存酸素濃度を直接推計し，その値が特定の水準を超えなかった場合（湖底部の酸素量が回復しなかった場合），支払いがなされるという形も考えられる．まず，過去の溶存酸素量の動きを捉える時系列モデルを作成する．そして，当該モデルに基づき先行きの溶存酸素濃度をモンテカルロ法によりシミュレーションを行うことにより，将来のある時点での溶存酸素濃度が支払要件を下回る確率を計算する．これによって，プレミアムが計算できる．

金融市場には国境はなく，丁寧なデータ収集と金融技術があれば，日本のみならず資金調達の難しいアジア諸国でも資金調達を実現できる．　[久保英也]

参考文献

・環境省水・大気環境局水環境課（2013）気候変動による水質等への影響解明調査報告，1–32.
・久保英也（2015）環境リスクファイナンスの提案：琵琶湖の全循環停止リスクを対象として，保険学雑誌，2015（630），43–60.

第三部

リスク学を構成する専門分野

第6章

環境と健康のリスク

［担当編集委員：緒方裕光・神田玲子］

【6-1】
環境と健康

環境とは，一般に人や生物を取り巻くすべての外的要因の総体として定義される．人間を中心に考えれば，人間と環境は相互に影響しあう1つのシステムとして存在している．環境が人間に与える影響のうち，特に健康に関して望ましくない影響を与える可能性があるとき，その可能性の大きさ（またはそれに影響の程度をかけあわせたもの）を環境リスクという．通常，このリスクは確率やその他の量的指標を用いて表現される．また，人間集団は生態系の一部であり，ある要因が人間と動植物を含めた生態系全体あるいは環境そのものに悪影響を及ぼす可能性があれば，それも環境リスクとなる．環境リスクをもたらす要因の多くは人間の諸活動に起因するものであり，人間が環境に対して変化や汚染を生じさせたことが主な原因であると言える．

◆環境要因　環境リスクの原因となる要因は多種多様であり，それらはいくつかの観点から分類される．例えば，要因の性質に応じて，物理的環境（熱，音，光，放射線など），化学的環境（大気成分，栄養素，土壌など），生物的環境（動植物，病原微生物など），社会的環境（文化，社会制度など）に分類される．また，人間が生活する場所や規模に応じて，家庭，学校，職場，地域，国，地球などに分けられる．さらに，生活資源を基準にすれば，空気，水，飲食物，衣料，住居などに分類される．これらの分類方法にかかわらず，公衆衛生学の一部である環境保健の分野では，環境要因と健康影響について原因と結果，すなわち因果関係を想定して「環境」が理解されている．近年では，環境リスクはより広域的な問題となっており，地球温暖化，オゾン層の破壊，砂漠化，酸性雨など地球規模の環境問題へと広がっている．これらは，人間活動の急激な拡大と世界人口の増加に伴う大量生産・大量消費による排出物や廃棄物が主な原因となっている．

◆環境の把握と対策　環境リスクへの対策を考えるためには，まず環境要因の状態を把握する必要がある．これには，主に2つのアプローチがある．第1は，環境中の物理的因子や化学物質の量を測定することである．この方法では，一定の場所に測定器を設置するか，あるいはその場所の媒体（空気や水など）を採取してその中に含まれる量を測る．この方法により，測定場所の環境について経時的変化や地域間の比較が可能となる．第2は，特定の環境要因に人間が曝される量を測定することである．この方法で測定される量は個人曝露量と呼ばれ，個人の移動，滞在場所・時間といった行動パターンの影響を調べることができる．

環境要因の状況を把握したのちに，その要因が人間の健康に及ぼす悪影響を予防または軽減するための対策は環境リスク対策と呼ばれ，主にリスク評価，リスク管理，リスクコミュニケーションの３つの要素から成り立っている．

リスク評価では，ハザードの同定，人間がそのリスク要因に曝される量（曝露量）の評価，曝露量と健康影響との間の定量的関係（量反応関係）の推定，リスクの大きさの判定または予測などが行われる．このリスク評価においては，実験や疫学などの科学的な手法が用いられる．リスク管理では，リスク要因に関する規制手段の開発，規制手段が公衆衛生，経済，社会，政治などに及ぼす影響の評価，行政による政策決定などが行われる．リスク管理は，原則としてリスク評価の結果に基づいて行われるが，その他にも社会的情勢や行政的方針などが判断の根拠となる．さらに，リスク評価およびリスク管理を含むリスク対策全般に関して社会的合意を図るためには，各種の環境要因に関して，専門家だけでなくすべての関係者間で情報を共有するリスクコミュニケーションが重要となる．

また，環境リスク対策における経済的要因を考慮する際の考え方の１つとして，日本の環境政策では，環境汚染防止にかかるコストは価格を通じて市場に反映されることとしている．すなわち，環境汚染により発生した損害の費用は，その原因となる汚染物質の排出源である汚染者がすべて負担することを原則としている(汚染者負担原則)．これにより，希少な環境資源の合理的利用，安全性や環境面に配慮した企業経営や消費行動などにつながるとされている．

◆量反応関係の意義　前述のリスク評価における量反応関係は，リスク管理のための重要な科学的根拠となる．この量反応関係に基づき，有害な健康影響の程度を表す様々な量的指標が求められる．例えば，半数致死量は，半数の生物個体が死亡する曝露量であり，主に急性毒性の強さの指標として用いられる．また，ある値より低い曝露量では悪影響を生じない場合，その値をしきい値という．現実的には，正確なしきい値を求めることは難しいため，動物実験や疫学において何段階かの異なる曝露量に応じて有害影響を調べたうえで，有害影響が認められない最大曝露量である最大無毒性量（NOAEL），悪影響の発現率が統計学的に有意に上昇する最小の量である最小毒性量（LOAEL）などが求められる（☞ 2-6）．

リスク管理手法の１つとして，基準値の設定による方法がある．例えば，「環境基本法」では，大気汚染，水質汚濁，土壌汚染，騒音などについて，人間の健康の保護および生活環境の保全のうえで維持されることが望ましいとされる基準が定められている．これを環境基準といい，量反応関係を主な根拠として設定されている．また，食品安全の分野では，様々な物質の経口摂取量の基準として，量反応関係に基づき，食品添加物や農薬などについて一日摂取許容量，ダイオキシン類や重金属などの汚染物質について耐容一日摂取量が設定されている．

［緒方裕光・神田玲子］

📖 参考文献

・環境省（2017）平成 29 年版環境白書／循環型社会白書／生物多様性白書，日経印刷．
・中西準子ら（2003）環境リスクマネジメントハンドブック，朝倉書店．

【6-2】
労働環境

労働環境における安全確保・健康管理に関しても，戦前は結核を中心とした感染症対策，炭鉱労働をはじめとした災害および災害性中毒の予防などが中心的な役割であった．戦後は災害対策，急性の職業病対策などが実施され，さらにメンタルヘルス，過重労働問題，高齢者の就労など時代とともに課題も変遷している．本項では労働安全衛生関連法規の概要，労働災害の実態，労働衛生における3管理，近年の課題などについて示す．

◆労働安全衛生関連法規　戦後，昭和22（1947）年に「労働基準法」が施行され，同法第5章に安全衛生に関する諸規定，すなわち危害の防止，有害物の製造禁止，危険業務の就業制限，安全衛生教育，健康診断などが盛り込まれた．しかし，その後の産業の発展，産業構造の転換，新しい種類の労働災害の増加などに対応するために，従来の労働安全衛生体制を抜本的に見直し，安全衛生法規を「労働基準法」から独立させることが議論され，昭和47（1972）年に「労働安全衛生法」が成立，施行された．同法において義務主体は，事業者等であり，労働者の安全と健康の確保等が求められている．両法律は現在も密接な関連を前提に規定されている．さらに，労働者は生活時間の約3分の1を職場で過ごしており，言わば生活の場とも言える．その環境が快適に維持管理されていることは，労働災害の予防，作業効率，健康管理の面からも重要である．このような点から，平成4（1992）年に「労働安全衛生法」が改正され，快適な職場づくりが事業者の努力義務として盛り込まれた．あわせて，いわゆる「快適職場指針」が公表された．

その他の関連法規としては，有害業務の中でも，じん肺の予防と健康管理，労働者の健康保持，その他福祉の増進を目的に，「じん肺法」が昭和35（1960）年に，また「作業環境測定法」が昭和50（1975）年に制定された．また具体的な予防・管理等に関しては，「労働安全衛生規則」「有機溶剤中毒予防規則」「電離放射線障害防止規則」などそれぞれの課題に応じ省令等が定められている．

なお，労働災害の発生に対し，最高裁判所の判例に基づき，労働契約に特段の根拠規定がなくとも，労働契約上の付随的義務として管理責任が問われる安全配慮義務，その後さらに健康管理上の課題も対象が広がり，安全健康配慮義務として認識されることが定着した．さらに2008年施行の「労働契約法」第5条に，使用者が当然に安全配慮義務を負うことが初めて明文化された．

◆労働災害の実態・特徴　労働災害の指標としては，100万延労働時間あたりの労働災害による死亡者数を表す度数率があり，経年変化を見るだけでなく，各国間の比較や業種間の比較などにも使用される．ここでは，労働災害の発生状況と

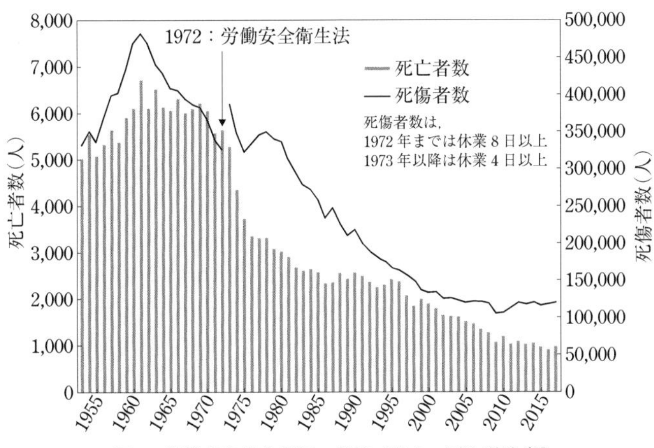

図1　労働災害発生状況の推移［出典：厚生労働省］

して死傷者数の推移を図1に示す．労働災害に伴う死亡者数は昭和30年代には年間6000人を超えていたが，「労働安全衛生法」の施行を契機に急激に改善し，昭和50年代後半から平成初期にかけては年間2500人前後で推移し，大きな改善のない状況が続いた．このような状況は，法律の規制に基づく安全管理だけでは限界があることを示したものであり，平成11（1999）年に当時の労働省（現厚生労働省）から「労働安全衛生マネジメントシステムに関する指針」が公表され，安全衛生管理の基本として，後述する自主管理型のマネジメントシステムが導入されることにつながったのである．

◆労働衛生における3管理　労働衛生管理の基本となる3管理とは，「作業環境管理」「作業管理」「健康管理」を指す．

「作業環境管理」とは，使用されている有害要因を把握し，作業環境中にどの程度発散・飛散しているか「場の測定評価」を行い，できるだけ作業環境を良好な状態に保つため必要に応じて作業環境改善を図る措置を行うことである．

「作業管理」とは，作業環境を汚染させない作業方法の工夫や，有害要因の曝露の軽減，作業姿勢等の人間工学的対応を含めた作業者への負荷の軽減を適切に実施するように管理することである．本来は根本的な対策がとられることが望ましいが，状況に応じて保護具を使用することも含まれる．

「健康管理」とは，健康診断により労働者の健康状態を把握し，異常の早期発見（2次予防）に加え，1次予防，健康の保持増進に努めるものであり，結果を労働者に通知するとともに，記録・保存する必要がある．さらに事業者は産業医など医師から意見を聞き，必要に応じて一時的な就業規制や配置転換など「適正配置」について検討し，事後措置をとることが重要である．一般健康診断に加え，有害業務に従事する場合は，有害要因曝露による健康影響の有無を把握する目的で，それぞれ曝露要因に応じた特殊健康診断が実施される．

上に述べた3管理に加えて，「労働衛生教育」と，産業医や衛生管理者をはじめとする労働衛生スタッフが有機的に連携して安全・衛生の管理に努める「総括管理」まで一体となって安全・衛生確保が図られてきた．

◆近年の労働災害事例　歴史的な有害因子による健康障害としては，1950年代後半にいわゆるヘップサンダルの製造・内職者にベンゼンゴムのり使用によるベンゼン中毒が多発し，重篤な再生不良性貧血等の発症や死亡例が出た．これを受け，当時の労働省は1959年にベンゼンゴムのりの製造・販売・輸入・使用を禁止し，1960年には「有機溶剤中毒予防規則」が公布された．その後，毒性が低いと考えられ代替溶剤として使用されたノルマルヘキサンにより多発性神経障害が引き起こされた．その後は，有機溶剤として毒性の低いトルエンやキシレンに代替されるようになった．有害要因の管理においては，このような事例の経験を踏まえ，有害物質の使用の禁止，有害性の低いものへの代替などが実施されてきたが，その後もしばしば中毒等の事例が報告されている．2012年に印刷工場における胆管がんの集団発生が報告され，当時は法令の規制対象外であった1,2-ジクロロプロパンが洗浄剤に含まれ発症原因となったと考えられている．この事例を受けて，2014年に「労働安全衛生法」の改正が行われ，安全データシート（SDS）の交付義務の対象である化学物質について危険性または有害性等の調査（リスクアセスメント）を実施することが義務化された．2015年には染料・顔料の中間体を製造する中小事業場において膀胱がんの発症事例が報告され，オルト-トルイジンをはじめとする芳香族アミンを取り扱う作業に従事していたことが原因と判明した．

◆労働安全衛生マネジメントシステム　前述のように，国内の労働安全衛生管理の特徴は，様々な法令をベースとした法規制に基づく対策（法準拠型）であった．法準拠型は悪い状況からの改善には有効であったが，新たな設備・化学物質の導入などで労働災害の原因が多様化する中，さらに改善しようとする場合や個別対応へは限界があった．一方，近年では産業構造も大きく変化する中，事業者が労働者の協力のもと継続的な安全衛生管理を自主的に進める仕組みとして，欧米諸国では先に導入されていた労働安全衛生マネジメントシステムの導入が進められている．マネジメントシステムでは，いわゆるPDCAサイクルをスパイラル状に継続的に回して実施する．すなわち，P（プラン）：経営トップの安全衛生方針の表明のもと，リスクアセスメントを行い，その結果に基づいて安全衛生計画を策定，D（ドゥ）：計画に基づく措置の実施・運営，C（チェック）：実施状況の点検・評価，A（アクション）：安全衛生計画の改善・見直し，のサイクルを継続実施することである．国際標準化機構（ISO）から労働安全衛生マネジメントの国際規格ISO45001が2018年3月に発行された．

◆過重労働とメンタルヘルス　日本における労働環境課題としては，過重労働と関連して，自殺，メンタルヘルスの課題がある．国内における自殺者数は，警察庁によると，バブルが崩壊し平成不況と言われた平成10（1998）年に，前年まで2万2000人から2万5000人程度で推移していたのが，前年から8472人（34.7%）増加して3万2863人となり，その後14年間連続して3万人を超過した．平成24（2012）年に15年ぶりに3万人を下回り，平成29年度は2万1321人であった．このような状況に対し，2000年に「事業場における労働者の心の健康づくりのための指針」が公表され，さらに2006年の改訂により「労働者の心の健康の保持増進のための指針（メンタルヘルス指針）」が公表された．また，1999年には「心理的負荷による精神障害等に係る業務上外の判断指針」が，2011年には同指針が「心理的負荷による精神障害の認定基準」として改訂・公表され，うつ病に伴う自殺等の労災請求件数および認定件数が急増してきている．

平成26年の「労働安全衛生法」の改正に基づき，平成27年12月から，労働者に対するストレスチェックの実施が事業者に義務付けられた．労働者にストレスへの気づきを促し，原因となる職場環境の改善につなげることで，労働者のメンタルヘルス不調の未然防止（1次予防）を図ることを目的としている．

◆働き方改革　日本人の年間総実労働時間は，昭和時代には2千数百時間と現在より非常に長く，平成になってからは着実に下がり，平成28年には1724時間と報告されている．しかしこれは，雇用形態の変化からパートタイムなど短時間労働者の割合が右肩上りで増加する中，これらも含めた全体の平均値の変化である．一般労働者の実労働時間は，平成に入っても年間2000時間を超えて，ほぼ同水準で推移している．「労働基準法」では1日8時間，週40時間の労働が法定労働時間として大原則であるが，同法36条の規定に基づき，労使協定（いわゆる36協定）の締結・届出により，月45時間，1年360時間まで上乗せしてもよいことになっている．さらに，特別条項を結べば年間6カ月まで例外的に上限なく限度時間を超えることができる．このような中，長時間労働に伴う過労死の増加が問題となり，英語でも“karoshi”で通用する言葉となっている．平成13（2001）年12月に厚生労働省は，「脳血管疾患及び虚血性心疾患等（負傷に起因するものを除く）の認定基準について」を発出し，発症前1か月間におおむね100時間または発症前2か月間ないし6か月間にわたって，1か月あたりおおむね80時間を超える時間外労働が認められる場合は，業務と発症との関連性が強いと評価できるとした．平成30年度通常国会において，これら長時間労働の是正も含めた働き方改革関連法案が議論され，時間外労働の上限について，臨時的な特別な事情がある場合でも年720時間，単月100時間未満，複数月平均80時間を限度に設定する時間外労働の上限規制の導入が成立した．　［欅田尚樹］

参考文献

・中央労働災害防止協会（2018）労働衛生のしおり（平成30年度），392.
・東京都医師会（2017）産業医の手引（第9版），572.

【6-3】
放射線の健康リスク

地球上に自然に存在する電離放射線（以下，放射線という），さらに医療分野，工業分野などで用いられる放射線など，様々な放射線が私たちの身の回りに存在し，それらの一部は有効利用されている．一方，放射線は，発がんなど，人体に有害な影響を引き起こす要因となる一面もあわせもつ．このため，放射線利用による利益を享受しつつ，人体（および環境）への影響を防止することが，放射線の利用においては重要な課題となる．本項では，放射線に特有の用語，放射線と物質との相互作用，放射線の健康影響，リスク評価の指標と標準的方法，放射線リスクに関するこれまでの科学的知見，国際放射線防護委員会（ICRP）における放射線防護のためのリスク推定値などに関して概説する．

◆放射線の健康影響評価のための基本的要素　人が放射線を浴びることを「被ばく」といい，人が被ばくした際に放射線から受けるエネルギー量を被ばく線量という．放射線が人体に与える健康影響の度合いは，被ばく線量・線量率と発生した健康影響との相関関係（線量反応関係）を把握することが基本となる．このため放射線リスクを推定するには，正確な被ばく線量・線量率の把握と，正確な健康影響の把握が必要となる．正確な被ばく線量・線量率の推定には，放射線の種類などの線源に関する情報と，被ばくの状況に関する情報が必要となる．

◆放射線の種類　代表的な放射線の種類には，X線，γ線，α線，β線，中性子線などがある．これらの放射線の種類およびエネルギーの違いにより，透過能力（どの程度人体の深部へ到達するか）や，物質への相互作用（どの程度物質にエネルギーを付与し，電離させる力があるか）に違いが生じる．

◆被ばくの状況　被ばく線量を把握するためには，線源の情報と共に被ばくした状況の情報も必要となる．放射線における被ばく状況は，体の外からの放射線による被ばく（外部被ばく）と，体内に存在する線源などからの被ばく（内部被ばく）の2つに大きく分けられる．外部被ばくの場合は，被ばくした部位（人体における臓器の位置情報を含む），内部被ばくの場合は被ばくの経路，被ばくしていた時間などの被ばく状況によって，被ばく線量は大きく異なる．放射線の強さは物理量であるグレイ（Gy）で表されるが，被ばく線量は，組織の影響を考慮し防護量であるシーベルト（Sv）が使用される．

◆放射線が生体に与える作用　放射線は，体に入ると，私たちの体を構成する原子の周りの電子を弾き飛ばしながら進み，分子の結合を切断する作用（電離作用）を持つ．この電離作用は，直接的な分子の結合を切断するばかりではなく，水をイオン化させラジカルを発生させる作用も持つ．このように，体に入った放射線は，直接的，もしくは間接的にデオキシリボ核酸（DNA）を切断する作用がある．

修復が不可能な程度までDNAが損傷すると，細胞死を引き起こす．瞬時に大量の放射線を被ばくすることで，組織・臓器を構成する細胞の多くで細胞死が生じると，生体組織としての機能が維持できなくなり，結果として様々な症状が発現する．このように，DNA損傷により組織・臓器が機能不全を起こすことで生じる影響を組織反応という．組織反応には，皮膚の紅斑（やけど）や不妊，脱毛，造血器障害，消化管障害などがあり，これらの障害の重篤度は，線量の増加と共に増加する特徴がある．

一方，DNAの修復では，間違いを生じることがある．このDNAの誤修復が細胞死につながらない場合，誤修復された不完全なDNAを保持したまま，細胞分裂を繰り返すことがある．この過程を経て，がんや遺伝性の影響が発現すると考えられており，これらの影響を確率的影響という．発現メカニズムの違いから，組織反応では，それ以下では影響が発現しないしきい線量が存在するが，確率的影響では，しきい線量は存在せず，線量の増加に伴って影響が現れる確率が増加し，影響の重篤度は線量に依存しないと考えられている．なお，確率的影響の発現メカニズムについては，解明に向けて生物学分野の様々な実験的研究が実施されているが，DNA損傷から発がんまでの複雑な過程における理解は不十分である．

◆放射線による健康影響リスク防護　前述のとおり，放射線による健康影響は，大きく組織反応と確率的影響の２つに分けられるが，放射線リスクを考える際には，組織反応においては，しきい線量が存在することから，その線量を限度として守っていくことで健康影響の発生は防げる．そのため，公衆の放射線防護という観点からは，確率的影響（がん・遺伝的影響）を放射線リスクとして問題にすることが多い．したがって，リスクの程度（度合い）を見積もるためには，確率的影響の発生する確率を定量的に評価することが必要となる．

◆放射線のリスク評価の指標　放射線のリスクは，一般的に年齢別死亡率（ある年齢まで生存していたという条件において，ある年齢＋1歳までに死亡する確率）を用いて，放射線を被ばくした集団の年齢別死亡率と放射線を被ばくしていない集団の年齢別死亡率の差である過剰絶対リスク（EAR），あるいは放射線を被ばくした集団の年齢別死亡率と放射線を被ばくしていない集団の年齢別死亡率の比である相対リスク（RR）または相対リスクから1を引いた過剰相対リスク（ERR）をリスク評価の指標として用いることが多い．また，個人が被ばくによって特定の疾患を発症するリスクや，それにより死亡するリスクを生涯にわたって評価する際には，過剰生涯リスク（ELR），被ばく誘発死亡リスク（REID），平均余命損失（LLE），生涯寄与リスク（LAR）なども指標となる．ICRP 2007年勧告では，生涯リスクの推定に，LARが用いられている．

放射線被ばくによるリスク評価の方法には，観察に基づく直接的な方法と，統計学的モデルや生物学的モデルなどを用いる方法がある．しかし，確率的影響の議論の対象となる低線量被ばくなどについては，統計的検出力が不十分であり，発がんメカニズムも十分に解明されていないことなどから，観察に基づく直接的な評価および生物学的モデルを用いた評価は困難であり，統計学的モデルが一般的に用いられる．この際，パラメータには，被ばく線量，性別，被ばく時年齢，到達年齢が含まれ，被ばくした集団のがん死亡率は，被ばくからの時間の関数として表される．また，このモデルにおいて，線量に依存する関数は，線形や線形2次などとして定義される（緒方 2011）．先行研究などでは，固形がんにおいては，しきい値なしの線形（LNT）モデル，白血病においては，線形2次（LQ）モデルが適用されている．

◆放射線の発がんリスク評価に関する科学的知見　放射線の発がんリスク評価は，被ばくした人を対象とした疫学研究に基づき進められてきた．被ばく者を対象とした疫学研究のうち最も大規模な研究は，広島・長崎の原爆被爆者約12万人を対象とした寿命調査（LSS）コホート研究である．2012年に公表されたLSS報告書第14報では，線形モデルに基づく全固形がんの男女の平均1 GyあたりのERRは，30歳で被ばくした人が70歳になった時点で0.42となることを示した．しかしながら，全固形がんについてERRが有意となる最小推定線量範囲は0～0.2 Gyであり，200 mGy以下では，ERRは有意であると確認されてはいない．また，この解析では，しきい値は示されず，ゼロ線量が最良のしきい値推定値である．がん発生率で有意に増加した部位は，胃，肺，肝臓，結腸，乳房，胆嚢，食道，膀胱，および卵巣で，一方，直腸，膵臓，子宮，前立腺，および腎（実質）では有意な増加は認められていない（小笹ら 2012）．これは，放射線のがんリスクは臓器によって異なることを示している．LSSでは，総固形がん死亡に対する放射線によるERRの線量反応関係は，全線量域で考えると線形モデルとなることが示されている．また，LSSにおいては，固形がん以外に白血病のリスクについても評価が行われており，1 GyあたりのERRは，3.1であり，白血病における線量反応関係は，線形2次モデルとなる．

◆遺伝的影響のリスクに関する科学的知見　持続して放射線に被ばくした集団の子孫に現れる有害な遺伝的影響の確率を意味する．これらの影響は，放射線被ばく後，その集団において生じる遺伝的疾患の自然発生頻度を超える増加の割合として評価される．

遺伝的影響のリスクに関する研究は，広島・長崎の原爆被爆者の2世，3世に対して，寿命調査，染色体異常調査，がんの死亡率調査などが実施されている．しかしながら，平均0.6 Gy被ばくした原爆被爆者の子供に見られた安定型染色体異常数は，非被爆者と有意な差は生じていない．その他の調査においても，非被爆者との有意差は認められていない．一方，動物実験では，ショウジョウバエやマウスにおいて遺伝的影響が確認されている．ヒトと動物実験の違いについては，現在明確な結論は出ていない．

◆**LNT モデル**　LSS の研究でみられるように，被ばく線量 200 mGy（または mSv）程度を超えれば，発がんの ERR は，数 Gy（または Sv）までは被ばく線量にほぼ正比例となる．しかし，200 mGy（または mSv）より小さい被ばく線量について，過剰リスクと被ばく量との定量的関係は疫学調査の結果だけから判断することは難しい．このような状況において，現在 ICRP は放射線防護の目的のための慎重な判断として，低線量領域においても LNT モデルの使用を勧告している．これは，線量の増加に正比例して放射線起因の発がんの確率が増加すると仮定した線量反応モデルであり，国連科学委員会 UNSCEAR も同様の見解を示している（UNSCEAR 2000）．ただし，LNT モデルはあくまで被ばくによる不必要なリスクを避けることを目的とした公共政策のためであり，生物学的真実として受け入れられているわけではない（ICRP 2007）．また，短時間にまとめて放射線を浴びること（急性被ばく）による影響と，放射線を長期的に浴びたこと（慢性被ばく）もしくは被ばくした線量が小さいことによる影響は異なる．そこで，線量・線量率効果係数（DDREF）という因子で割って小さくした値が，慢性の低線量の被ばくでのリスクとして適用される．実際に DDREF を決定するにあたっては，動物実験や理論モデルの解析結果が用いられており，ICRP では，被ばくの総量が 0.2 Gy 以下であるか，または，被ばくした線量率が 0.1 Gy/h 以下のときに固形がんに対しては，DDREF＝2 を採用している（ICRP 1990, 1996）．

◆**名目リスク係数**　ICRP では，放射線被ばくによる致死がんのリスク推定評価に，ERR モデルを用いている．また，この ERR モデルに基づき，被ばく線量によって増加する年齢別のがん死亡率を算出している．被ばくに伴う生涯がん死亡率の増加分は，基本的に被ばく集団の過剰リスクを年齢で積分することによって得られる．さらに，ICRP は，性別，年齢，国，交絡因子などいくつかの要因を考慮したうえで，放射線防護の目的のために世界中で適用できる平均的な数値として，男女同数を考慮した幅広い年齢集団の 1 Sv あたり致死がん誘発確率を組織・臓器別に算出している．致死がんの発生率と生活の質（QOL）を考慮した係数で加重した非致死がん発生率を合わせた全集団のがんの「名目リスク係数」は 5.5×10^{-2}/Sv としている．

［近本一彦・當麻秀樹・青天目州晶］

参考文献

・ICRP（2009）国際放射線防護委員会の 2007 年勧告，日本アイソトープ協会．

【6-4】
放射線利用のリスク管理

放射線利用に関するリスク管理は，望ましい放射線利用を過度に制限することなく，放射線の有害な影響から人と環境を適切なレベルで防護するという基本的な考え方に基づいて行われている．これは，自然界に放射線・放射性物質は広く存在していることと関係している．放射線被ばくを0にすることはできないので，放射線の影響がわずかの可能性であっても生じてはならないという前提で放射線利用に制限を加えることは合理的でないという考え方である．その結果，放射線のリスクと便益との関係を考慮に入れ，被ばくを生じる状況や対象に応じて対処の仕方を変える放射線防護や規制が，世界中で行われている（☞ 3-21）．

◆国民１人あたりの被ばく線量（国民線量） わが国では，自然放射線からの被ばくとして，１人あたり実効線量で年間平均 2.1 mSv を受けると推計されている（原子力安全研究協会 2011）が，実際には，地質や食習慣の違いなどによって個人線量には幅がある．また，医療では様々な形で放射線・放射性物質が利用されており，わが国をはじめ多くの先進国においては，国民線量における医療放射線の寄与分が最も大きくなっている．

◆放射線の人体への影響 放射線防護では，がんと遺伝性影響を確率的影響，それ以外を確定的影響（組織反応）に大別しているが，確率的影響は，実験科学で立証された生物反応ではなく，放射線防護体系を構築するうえで創出された考え方であることに注意が必要である．確定的影響の線量–反応関係にはしきい値があり，特異的に放射線に高感受性の個人を除き，それを超える被ばくがない限り障害が発症することはない．一方，確率的影響については，しきい値の有無が判明しておらず，放射線防護を考えるうえでは線量–反応関係として直線しきい値なし（LNT）モデルを採用している．LNT モデルに従えば，線量あたりのリスクが常に一定であるため，個々の被ばくを独立に管理することができ，線量を相対的なリスクの指標とすることができる（☞ 6-3）．

◆リスクベースの考え方と放射線防護の基本原則：正当化と防護の最適化 「正当化」は「放射線被ばくの状況を変化させるようなあらゆる決定は，害よりも便益が大となるべき」と定義されている（ICRP 2007）．LNT モデルを前提とすると，どんなに低線量の被ばくでも，被ばくを伴う行為に便益が伴わなければその行為は認められない．一方で，自然放射線を含むあらゆる被ばくを0にするという方策も現実的ではない．そこで放射線防護においては，全体のバランスを考えながら，被ばくをできるだけ少なくするというアプローチをとる．この原則は「防護の最適化」あるいは ALARA（as low as reasonably achievable）の原則と呼ばれている．極少量の被ばくを避けるために多大な社会的リソースを投入することはALARAの原則になじまない．そこで，一定レベル以下の放射線・放射能を有する放射線源は規制対象にしないことがある．また，常に体内で一定量が維持されるカリウム40のように，管理することが現実的でないものも規制対象から除外される．

◆放射線利用のリスク管理対象の明確化　被ばくの状況や対象によりリスクと便益との関係は変わるため，管理の仕方も変える必要がある．放射線利用のリスク管理では，まず放射線源がどこに存在し，どのような場所で利用され，どのような経路で，誰にどの程度の被ばくをもたらすかの洗い出しが行われる．例えば放射性医薬品の利用にあたり，製造・調製・投与・検査に携わる者の被ばくは職業被ばく，投与患者の被ばくは医療被ばく，待合室などで他の患者が受ける被ばくは公衆被ばくに分類される（表1）．このうち職業被ばくと公衆被ばくには個別の線量限度が適用されるが，医療被ばくには適用されない．このように，状況や対象別に放射線防護の基本原則に照らし合わせて，被ばくの管理が行われる．

表1　被ばくのカテゴリー

分　類	説　明
職業被ばく	放射線作業者が仕事の結果として受ける被ばく
医療被ばく	患者および介助者が診断・治療のために受ける被ばく
	医療研究に被験者として参加する研究ボランティアが受ける被ばく
公衆被ばく	職業被ばく，医療被ばく以外のすべての被ばく

◆放射線防護の制限値　放射線防護の制限値は，線量限度と線量拘束値や参考レベルに大別される．放射線防護の基本原則の１つである「線量限度の適用」は，計画被ばく状況（線源を意図的に導入し，運用する状況）下での職業被ばくと公衆被ばくに適用される．これは，個々の線源に対して防護の最適化が行われていても，複数の線源からの被ばくが重なった場合に，個人の受ける線量が著しく高くなる可能性があるからである．そこで規制された線源からの被ばく線量の総和に法的制限を設けたのが線量限度である．しかし，医療被ばくの場合，被ばくした個人が医療行為から直接利益を受けるので，線量限度は適用しない．一方，線量拘束値や参考レベルは，前者は計画被ばく状況に，後者は緊急時や復旧期等に特定の線源からの個人に対する線量を制限し，防護の最適化を進めるための目安として用いられる．超過した場合は，計画・運用の改善が必要と判断される．また，設定者や具体的な数値については，被ばくの状況やカテゴリーにより異なる．

［神田玲子］

📖 参考文献

・放射線審議会（2018）放射線防護の基本的考え方の整理：放射線審議会における対応．
・ICRP（2009）国際放射線防護委員会の2007年勧告，日本アイソトープ協会．

【6-5】
電磁波のリスク

電磁波（電磁界とも言われる）とは，電界と磁界が交互に発生しながら空間を伝わっていく波を指す．周波数のない静電磁波，周波数が低い（波長の長い）低周波，周波数が高い（波長の短い）高周波がある．さらに周波数が高くなると，光（赤外線・可視光線・紫外線），X線，γ線となる（X線，γ線については☞6-3）．低周波電磁波は電力設備や家電製品等から発生する．高周波電磁波は，携帯電話・放送をはじめとする通信において利用されるほか，日常における様々な場面で利用されている．

◆電磁波の人体への作用　低周波電磁波に曝露すると，身体内部に電界および電流を誘導する．内部電界強度が数V/mを超える場合に，神経線維を直接刺激する（刺激作用）．直接的な神経や筋の興奮しきい値を下回るレベルでは，磁気閃光現象（視野周辺部での点滅する微弱な光の知覚）が網膜に誘発される．磁気閃光の磁束密度でのしきい値の最小値は，20 Hzにおいて5 mT程度であり，これより高い周波数および低い周波数では，しきい値は上昇する（ICNIRP 2010）．

高周波の電磁波に曝露すると，水分子やタンパク質などの極性を持つ分子が振動し，そのエネルギーが熱に変わることで組織の温度が上昇する（熱作用）．電子レンジで食品を加熱するのと同じ原理である．これまでの研究結果から，高周波電磁波に全身が一様に曝露する場合，深部体温が1℃程度上昇すると健康への影響を生じ，そのような体温上昇を生じる電磁波の強さ（比吸収率，SAR）は，全身平均で4 W/kg以上であることがわかっている．また，局所的に曝露する場合，局所SARが100 W/kgを超えると，眼や睾丸など熱に敏感な組織に著しい熱的損傷が起こりうることがわかっている（ICNIRP 1998）．

上記の既知の作用のほか，2000年頃より，低周波電磁波が小児白血病を，高周波電磁波が脳腫瘍を引き起こすのではないかと疑われている．一部の疫学研究では，影響の可能性が示されている．世界保健機関（WHO）は，「これまでに実施された研究レビューによって，0～300 GHzの周波数を網羅する国際的なガイドラインで推奨される限度値よりも低い曝露は健康への悪影響をなんら生じない」としている．国際がん研究機関（IARC）の発がん性リスク評価では，低周波，高周波ともにグループ2B「ヒトに対して発がん性があるかも知れない」に分類された．すなわち，曝露とがんの関係について，科学的情報が不十分または一貫性がないため分類できないとみなされている．

また，非特異的な身体症状（皮膚症状，神経衰弱性および自律神経性の症状等）に悩まされる人々が，電磁波への曝露が原因であると訴えている．このような電磁波に対する敏感さにより生じるとされる症状は，一般的に電磁過敏症（EHS）と呼ばれているが，EHS には明確な判断基準はなく，その症状を電磁波への曝露と結びつける科学的根拠はない．WHO では，その原因が何であれ，影響を受けている人にとっては日常生活に支障をきたす問題となりうるとして，その治療は，職場や家庭の電磁波の低減や除去を求める認知上の要求に対応するのではなく，健康症状と臨床像に主眼を置くべきであるとしている（WHO 2005）．

◆国際的なガイドラインの整備　電磁波については，国際非電離放射線防護委員会（ICNIRP）が曝露ガイドライン（以下，GL とする）を提唱している．ICNIRP は疫学，生物学，電気工学等の専門家で形成される独立した科学的専門組織である．ICNIRP の GL は，刺激作用や熱作用による人体への作用を生じうる曝露レベルに対し，安全上の余裕を盛り込んで指針値を制定しており，世界約 150ヶ国で採用が進んでいるが，「予防的措置」として，GL より厳しい規制値を選択する国・地域もある（例：イタリア等）．なお，ICNIRP の高周波 GL は，2019 年 1 月現在，改訂作業中である．

◆わが国の電磁波曝露に関する規制　わが国では，ICNIRP の GL に基づいて電磁波曝露に関する規制値が定められている．

送電線などの電力設備から生じる低周波の電界の公衆曝露に関して，ICNIRP GL では参考レベル（基本制限が遵守されるための実測可能な限度値）は電界強度で 50 Hz で 5 kV/m，60Hz で 4.2 kV/m，磁束密度では 50/60 Hz で 200μT である．経済産業省は，「電気設備に関する技術基準を定める省令」において，50/60 Hz の電界強度に関して ICNIRP GL よりも厳しい 3 kV/m，磁束密度は ICNIRP GL と同じ 200 μT と定めている．

ICNIRP GL における高周波電磁波への公衆曝露に関する参考レベルは，周波数によって異なっており，電界強度で 27.5〜61 V/m，電力密度で 2〜10 W/m^2 である．総務省は，「電波防護指針」において，これと同等の人体防護指針の指針値（電界強度で 27.5〜61.4 V/m，電力密度で 0.1〜1 mW/cm^2）を定めている．

また，携帯電話等のように身体の近くで使用される無線機器から発せられる高周波電磁波については，公衆の局所曝露に対する ICNIRP GL の基本制限は SAR で 2 W/kg（頭部および胴体）とされている．わが国の「電波防護指針」でも同様に，局所 SAR について 2 W/kg（四肢については 4 W/kg）とする局所吸収指針値が制定されている．　［近本一彦・平杉亜希］

📖 参考文献

・ICNIRP（1998）*Guidelines for limiting exposure to time-varying electric, magnetic, and electromagnetic fields*（*up to 300 GHz*），Health Physics.
・ICNIRP（2010）*Guidelines for limiting exposure to time-varying electric and magnetic fields*（*1 Hz to 100 kHz*），Health Physics.

【6-6】

大気環境

大気汚染物質は主として，工場，発電所，ビル，家庭などいわゆる「固定発生源」由来のものと，自動車など「移動発生源」由来のものの2種類からなる．前者の場合，大気汚染状況は固定発生源から発生する大気汚染物質の量と濃度によるが，発生源の位置，地形，気象状況にも大きく左右される．一方，移動発生源による大気汚染は，交通量，車種などのほか，街並みの構造，気象条件によっても異なる．

◆大気汚染物質と健康リスク　大気汚染物質には，図1に示すように，硫黄酸化物，窒素化合物，オキシダント，炭化水素，ダイオキシン類，その他の有機化合物，煤煙・粉じん，浮遊粒子状物質など多種類が含まれる．これらの多くは人為的要因によるが，火山，山火事，黄砂，湖沼，生体などを原因とする自然現象から発生するものも多い．以下，主要な大気汚染物質について，その健康障害などを個々に概説する．

(1) 硫黄酸化物　人為的要因で発生する硫黄酸化物の大部分は，火力発電所や工場でエネルギー源として使用する石炭，重油などが発生源である．環境を汚染する硫黄酸化物として重要なものは，二酸化硫黄と三酸化硫黄，およびそれらから生じる硫酸ミストである．硫黄酸化物は，酸性雨の原因として世界各地に甚大な影響を及ぼしているほか，生態系にも悪影響を及ぼす．人間に対しては，気管支喘息などの呼吸器障害を引き起こし，古くはロンドン（1950年代，死者4000人以上）で，日本では特に四日市で，多くの喘息患者を発生させた．

(2) 窒素酸化物　窒素酸化物の多くは，エネルギー源として多量に用いている化石燃料の燃焼の際に不可避的に発生する．特に大気中の窒素酸化物の大部分を占めるのは一酸化窒素と二酸化窒素であり，一般にそれら2種の合計値を窒素酸化物（NOx）としている．NOxは，硫黄酸化物と同じく呼吸器障害を引き起こすほか，貧血（メトヘモグロビン症）を起こすことがある．NOxはまた，硫黄酸化物とともに酸性雨の原因物質であり，さらに後述のオキシダント発生の原因にもなるので，その対策は大気汚染対策の主要な課題である．

(3) 一酸化炭素　一酸化炭素（CO）は，有機物または炭素質燃料の不完全燃焼によって生成する．その発生源は種々の燃焼装置で，例えば，ボイラー，焼却炉，自動車などがある．また，室内での石油ストーブや小型給湯器の整備不良などが原因で死亡事故を起こす事例も報告されているので，注意を要する．COは血中ヘモグロビンの構成金属と結合して細胞への酸素供給を阻害するので，頭痛，貧血の原因となるほか，多量に吸入すると死に至る．

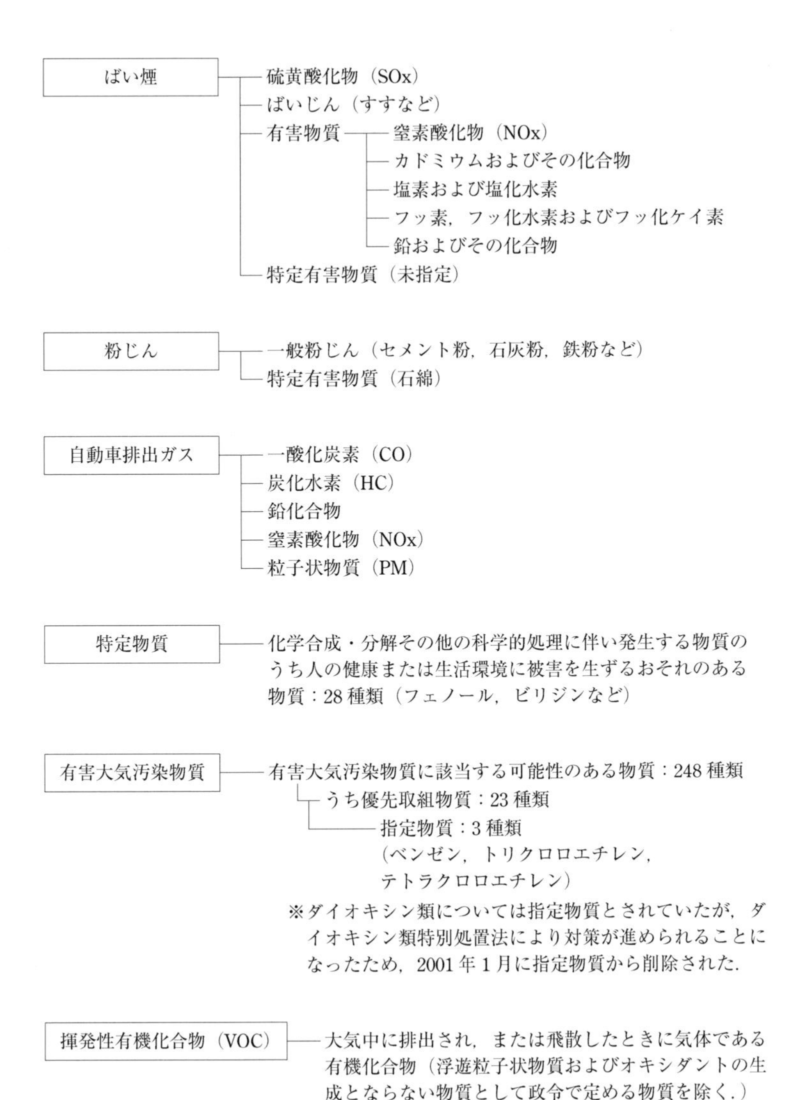

図1　大気汚染防止法で定める大気汚染物質
［出典：環境再生保全機構 ERCA（エルカ）「大気汚染物質の種類」
（https://www.erca.go.jp/yobou/taiki/taisaku/01_01.html）をもとに作成］

(4) 浮遊粒子状物質　浮遊粒子状物質とは大気中に浮遊する径 10μm 未満の粒子をさし，火山塵，黄砂，煤煙，ディーゼル排気ガス中の粒子などがある．ディーゼル排気ガス中の粒子の主成分は炭素質であるが，その周囲には，多環芳香族炭化水素を含む多種の化学物質や金属，イオンなどが含まれており，発がん性を含む多様な毒性が確認されている．特に，PM2.5（微小粒子状物質：径 2.5μm 以下の微粒子）の環境中濃度は肺癌の発生や喘息，花粉症などアレルギー疾患の悪化と深く相関しているとの疫学調査報告も多く存在する．

(5) 炭化水素　大気汚染物質として問題となる炭化水素は，主としてガソリン中の軽質分および芳香族炭化水素（ベンゼン，トルエン）である．これらは自動車から排出されるほか，塗装工場，印刷工場など炭化水素類を成分とする溶剤を使用する工場，事業所からも排出される．特に不飽和炭化水素はオゾン，NOx などと光化学反応により結合して酸化性活性 2 次物質（オキシダント）を作る原因となり，ひいては大気汚染の原因となることがある．

(6)（光化学）オキシダント　オキシダントはオゾンを主成分とし，アルデヒドやアクロレインなどの還元性物質や硫酸ミストなどのエアロゾルとともに光化学スモッグを引き起こす．したがって，オキシダントは自動車排気ガスが多い地区で，夏期晴天の午後に発生することが多い．オキシダントは，人間の目や上気道（咽頭，喉頭）の粘膜を刺激し，著しい不快感を起こし，激しい場合には昏倒する（世良 2011）．

◆大気の環境基準とリスク評価　大気の汚染に係る環境基準は，環境基本法第 16 条の規定に基づき，人の健康を保護するうえで維持することが望ましい基準として，環境省により二酸化硫黄，浮遊粒子状物質，一酸化炭素，二酸化窒素，光化学オキシダント，ベンゼン，トリクロロエチレン，テトラクロロエチレン，ジクロロメタン，ダイオキシン類及び微小粒子状物質の 11 物質について各々定められている（永沼ら 2013）．

このうち浮遊粒子状物質に係るものは，日本のみに用いられている基準である．日本では長年，この浮遊粒子状物質によって粒子状物質による大気汚染の状況把握やその対策が行われてきたが，1993 年にハーバード大学が行った疫学調査である 6 都市での研究とその後の解析により，粒径がより小さい粒子は吸入されると肺の深部まで到達し，呼吸器のみならず循環器等より重大な健康影響を与えることが明らかとなった（Dockery et al. 1993）．この研究をもとに米国では，1997 年に PM2.5 に関する環境基準が初めて制定された．その後，2006 年には世界保健機関がガイドラインを提示し，2008 年には欧州連合で環境基準が制定された．また日本においても PM2.5 の実態調査や疫学的・毒性学的研究が進められ，2009 年に環境基準が制定された（1 年平均値が 15μg/m^3 以下であり，かつ，1 日平均値が 35μg/m^3 以下であること）．さらに韓国（2015 年から適用）や中国（2016 年から適用）でも，PM2.5 の環境基準に関する整備が進められている．

大気中におけるこれらの汚染物質の状況は，全国で約2000の公的測定局で常時観測されている．測定局には地域の大気環境を観測する一般環境大気測定局と，主要道路沿いにあって自動車走行による排出物質に起因する大気汚染状況を測定する自動車排出ガス測定局がある．これらの測定結果は各自治体のコントロールセンターに即時転送され，監視されている．こうした監視下での浮遊粒子状物質の環境基準達成率としては一般局（1,324局）で97.3%，自動車排出ガス測定局（393局）で94.7%（2013年度）と高い達成率で推移しており，近年はほぼ横ばい傾向を示している．その一方で，PM2.5は一般局（492局）で16.1%，自動車排出ガス測定局（181局）で13.3%と依然低い値で推移しており，これはPM2.5の発生源対策（特に光化学スモッグ現象等の多発による二次生成粒子や東アジア諸国で発生した深刻な大気汚染の発生等）の困難さに起因していると考えられている．そのため，PM2.5の汚染に対する日本独自の取り組みとして健康影響が出現する可能性が高くなると予測される濃度水準に関して「注意喚起のための暫定的な指針（70 $\mu g/m^3$）：行動のめやすとして，不要不急の外出や屋外での長時間での激しい運動をできるだけ減らす」を制定しており，各都道府県において運用がなされている．一方，呼吸器系・循環器系，もしくはアレルギー疾患を有する集団は，PM2.5に曝露されるとその病態が悪化する可能性が動物実験（Takano et al. 1997）や疫学調査で指摘されており（高感受性者）この値以下であっても短期的な悪影響がみられる恐れがあるため慎重に行動する必要がある．

［井上健一郎・高野裕久］

📖 参考文献

・世良力（2011）環境科学要論：現状そして未来を考える（第3版），東京化学同人．
・独立行政法人　環境再生保全機構，大気環境の情報館（閲覧日2017年8月1日）．
・Dockery, D.W.et al.（1993）An association between air pollution and mortality in six U.S. cities, *New England Journal of Medicine,* 329, 1753−1759.

【6-7】

室内環境における健康リスク

室内環境における健康被害の発生要因として，室内で日常的に使用される家庭用化学製品（家庭用品／消費生活用製品／日用品，家具，内装材等）由来の化学物質とともに，温熱，音，光があげられる．曝露ルートとしては，経皮，経呼吸器，経口ルートいずれの寄与も予測される．

室内環境における主要な健康被害として，経皮ルートでは皮膚接触による刺激性／アレルギー性接触皮膚炎（ICD/ACD），経呼吸器ルートでは揮発性有機化合物（VOC）等の室内空気汚染化学物質（ガス状／粒子状）の吸入による急性中毒やシックハウス症候群，アスベスト吸入によるアスベスト関連疾患，ラドン吸入による発がん，たばこの喫煙による健康障害，経口ルートでは誤飲／誤食による急性中毒，ボタン電池の誤飲による組織障害，こんにゃくゼリーによる窒息事故，ならびに熱中症，騒音による健康障害，照度不足による眼障害等があげられる．

厚生労働省・化学物質安全対策室／国立医薬品食品衛生研究所（NIHS），製品評価技術基盤機構（NITE），消費者庁／国民生活センターにより，家庭用化学製品に関する健康被害の発生実態の把握，原因製品／化学物質の究明，安全情報の共有，法規制等を含めた健康被害の発生防止対策等が図られており，取り組みの詳細が各機関の Web サイトに掲載されている．

◆経皮ルートでの化学物質曝露による健康被害に関する法規制など　「有害物質を含有する家庭用品の規制に関する法律」（1973 年）に基づいて，ホルムアルデヒドを含めた 20 種の化学物質およびアゾ化合物（24 種の特定芳香族アミンを生成）を対象とした法規制が施行されている．

「家庭用品に係る健康被害病院モニター報告制度」（1979 年）では，医療機関（皮膚科分科会）の協力下，家庭用品等による健康被害情報が年度ごとに集計・公表され，行政施策に資されている．

「家庭用品安全確保マニュアル作成の手引き」（1996 年～）では，製造メーカーが家庭用品の製造，使用等の際に生じるリスクを把握して製品の品質および安全性の向上を図るために，「家庭用化学製品に関する総合リスク管理の考え方」（1997 年）をもとに，防水スプレー（1998，2015 年改訂），芳香・消臭・脱臭・防臭剤（2000 年），家庭用不快害虫殺虫剤（2005 年），家庭用洗浄剤・漂白剤（2011 年）に関する手引きが作成されている．

◆経呼吸器ルートでの化学物質曝露による健康被害に関する法規制など　「家庭用品に係る健康被害病院モニター報告制度」では，日本中毒情報センター（吸入事故分科会）の協力下，家庭用品等による健康被害情報が年度ごとに集計・公表され，行政施策に資されている．

家庭用洗浄剤について，「塩素系」と「酸性タイプ」の混合使用により発生した有害ガス（塩素，塩化水素ガス等）の吸入によって呼吸器障害を伴った中毒事故が多発したことから，1989 年以降，製品表示として「塩素系」「酸性タイプ」「混ぜるな危険」の文字と絵表示の記載が義務付けられている．

「シックハウス（室内空気汚染）問題に関する検討会」（1997 年～）では，「居住環境中の揮発性有機化合物の全国実態調査」（1999 年，2011 年～）の結果等をもとに，室内濃度指針値が 13 種の化学物質および総揮発性有機化合物（TVOC）について設定されている．さらに，2012 年以降，指針値の見直し，新規化学物質の指針値設定の検討が進められている．

アスベスト（石綿）について，1972 年に世界保健機構（WHO）により発がん性が指摘されたことを受けて，日本でも 1975 年に労働安全衛生法・特定化学物質等障害予防規則の改正により吹き付けアスベストが原則禁止，1978 年にアスベスト関連疾患（アスベスト肺，肺がん，中皮腫）に関する労災認定基準が策定された．1995 年に茶石綿（アモサイト）および青石綿（クロシドライト）が原則使用禁止，2006 年に白石綿（クリソタイル）を含め全石綿が全面使用禁止とされた．アスベスト廃棄物について，1991 年に飛散性アスベスト（吹き付けアスベスト，アスベスト保温材等）に関する特別管理産業廃棄物保管基準が策定され，非飛散性アスベスト（アスベスト成形板）に関して「周囲を囲う」「他廃棄物と区別する」等が義務付けられた．

ラドンは日常生活環境中に普遍的に存在する自然放射性物質で，ラドン吸入による内部被ばくにより閾値なく肺がんが引き起こされ，被ばく量に比例して発がんリスクが高くなるとされる．WHO による「屋内ラドンに関するハンドブック」（2009 年）では，屋内ラドン濃度の参考レベルとして 100（最大でも 300 未満）Bq/m^3 が推奨されている．1980～2000 年代に実施された放射線医学総合研究所，日本分析センター，国立保健医療科学院による実態調査結果の統合解析により，日本の屋内ラドン濃度は平均 20～25，最大値 300 Bq/m^3 で，欧州諸国・米国（平均 20～69 Bq/m^3）に比べ，平均として低いと評価された．日本では屋内ラドン濃度に関する規制は導入されていない．

たばこ（加熱式煙草を含む）について，2005 年，WHO による「たばこの規制（受動喫煙の防止）に関する世界保健機関枠組条約」が日本でも発効した．2016 年に厚生労働省より「喫煙と健康　喫煙の健康影響に関する検討会報告」（いわゆる「たばこ白書」）が公表された．2018 年 7 月に改正・健康増進法により，受動喫煙対策が強化された．2019 年 7 月以降子ども／妊産婦等を対象とし，学校，病院，行政機関が屋内全面禁煙に，2020 年 4 月以降飲食店，鉄道，ホテルロビーが原則禁煙に，同時に警告表示の表示面積，警告文が変更される予定である（☞ 6-8）．

◆経口ルートでの化学物質曝露による健康被害に関する法規制など　「家庭用品に係る健康被害病院モニター報告制度」では，医療機関（小児科），日本中毒情報センターの協力下，家庭用品等による誤飲／誤食等による急性中毒情報が年度ごとに集計・公表され，行政施策に資されている．

ボタン電池について，消費者庁により2010年4月～2014年3月に収集された，ボタン電池の誤飲による事故情報90件のうち11件が入院を要していた．海外でのボタン電池に関する30件超の死亡事故の発生を受けて実施された経済協力開発機構主宰の「ボタン電池の安全性に関する国際啓発週間」（2014年6月16日～6月20日）の一環として，消費者庁／国民生活センターにより，2014年3月に乳幼児の保護者を対象としたアンケート調査が実施された．その結果等をもとに，「ボタン電池の誤飲により乳幼児（特に1歳以下）では食道に化学やけど等の重篤な組織障害が発生する可能性を一層周知する必要性がある」と報告された．

こんにゃくゼリーについて，2000年以降，こんにゃくゼリーの誤飲による死亡事故が頻発した米国，欧州連合，英国では回収／規制が実施されている．日本でも1995年以降乳幼児や高齢者で窒息事故が相次いだことを受けて，国民生活センターにより警告情報が繰り返し公表されてきた．2008年に乳児の死亡事故発生を契機に，農林水産省の要請を受けて，業界団体より「一口タイプのこんにゃく入りゼリーの事故防止強化策」として警告マーク，警告表示が自主的に改善された．日本でも消費者庁により規制導入の可否が検討されている．

◆温熱による健康被害に関する法規制など　環境省により，「熱中症環境保健マニュアル」（2014，2018年版」が公表された．厚生労働省により，日本救急医学会の協力下「熱中症治療ガイドライン2015」が策定され，2018年7月に日本救急医学会による「熱中症予防に関する緊急提言」が公表された．熱中症弱者（小児，高齢者）を対象とし，気温／湿度／輻射熱から算定された「暑さ指数」（熱中症指数）が熱中症が起きやすい外的環境を把握するための指標として用いられている．

◆音による健康被害に関する法規制など　騒音規制法（1998年）では，生活環境を保全し人健康を保護するために「騒音に係る環境基準」が規定されている．1993年頃より，家屋内における低周波音（100Hz以下）による不定愁訴等の苦情が増加傾向であったことを受けて，環境省により，2004年に「低周波音問題対応の手引書」，2008年に「低周波音防止対策事例集」「低周波音対応事例集」が作成された．低周波音による物的影響／心身に係る影響に関する評価指針として「参照値」が設定されている．

◆光による健康被害に関する法規制など　労働安全衛生規則（1972年）では，衛生基準として照度不足による健康被害（眼精疲労，視力低下）の発生防止のために最低照度が規定されている．JIS照明基準（JIS Z 9110:2010）では，安全かつ快適な視環境を確保するための参考値として住宅などにおける「推奨照度」が推奨されている．

◆**安全情報の共有**　「改正・消費生活用製品安全法」(2007年〜）では，重大製品事故の要件として死亡事故，後遺障害事故に「治療に要する期間が30日以上の負傷・疾病」が新たに追加された．重大製品事故事例について，経済産業省，厚生労働省（化学物質による事例に特化）による公表・注意喚起とともに，製造メーカーによる製品の社告等での公表，製造・出荷の停止，製品の回収などが規定されている．消費者庁（2009年〜）において，重大製品事故を含め，製品事故情報に関する一元化が図られ，消費者への普及啓発が進められている．

2000年以降，法規制の対象化学物質の安全データの提供ツールとして，労働安全衛生法，毒物劇物取締法，化学物質管理促進法では，安全データシートの活用，さらに「化学品の分類及び表示に関する世界調和システム（GHS)」に対応した安全データシートによる安全情報提供システムの整備が進められている．

◆**研究の動向**　家庭用化学製品などによる健康被害の発生防止対策に関連して，関連学会を中心として様々な取り組みが継続して進められている．

日本皮膚アレルギー接触皮膚炎学会（現・日本皮膚免疫アレルギー学会）では，NITE，NIHS等の協力のもと，ICD/ACD等の皮膚障害の症例報告および原因製品／化学物質の究明，学会の共同研究テーマとして標準アレルゲンシリーズのパッチテスト陽性率の年次動向の解析，「接触皮膚炎診療ガイドライン2017」の刊行などが行われている（鹿庭2015)．

室内環境学会では，家屋等の室内環境における家庭用化学製品由来のVOC（溶剤，フタル酸エステル類，リン系難燃剤等)，細菌由来のVOC等について実態調査，室内空気質／ヒト健康への影響の解析，空気中／ハウスダスト中のVOCの存在比の検討，「室内環境学概論」の刊行等が行われている（角田ら2016)．

日本中毒学会では，日本中毒情報センターを中心に，化学物質による急性中毒の症例報告，急性中毒の発生頻度の年次動向の解析等が行われている（河上2016)．

日本リスク研究学会では，各種タスクグループによるリスク関連テーマの検討，産業技術総合研究所などによる環境リスク評価手法の開発等の検討が進められている（東野・梶原2017)．

［鹿庭正昭］

参考文献

・鹿庭正昭（2006）家庭用品に使用される化学物質による健康被害と安全対策，国立医薬品食品衛生研究所報告，124，1-20.

・瀬戸博，斎藤郁江（2002）化学物質による室内空気汚染の実態とその健康影響，東京衛研年報，53，179-190.

・日本中毒情報センター（2016）中毒情報センターから　2015年受信報告，中毒研究，29，279-311.

【6-8】
喫　煙

世界保健機関（WHO）が2018年3月に発表したファクトシート（World Health Organization 2018）によれば，世界中で11億人のタバコ使用者が存在，その80%は低中所得国に暮らしている．タバコは，使用者の半数を死に至らしめるものであり，毎年700万人以上が死亡し，うち600万人以上は喫煙者本人（能動喫煙）であるが，約89万人は非喫煙者の受動喫煙による死亡である．タバコの使用は，健康影響だけでなく，社会，環境および経済に破壊的な影響を及ぼすとして，これらから現在および将来の世代を保護することが，「たばこの規制に関する世界保健機関枠組条約」（WHO FCTC）の目的である．

◆WHO FCTC　WHO FCTCは健康阻害要因として最も大きいタバコ対策のために公衆衛生上の初めての条約として，2005年2月に発効し，2017年時点で締約国も181の国と地域に達する．様々なタバコ対策の推進に向け，各条文に関連したガイドラインとともに，包括的な政策パッケージとしてWHOではその各政策の英語表記の頭文字からとったMPOWER政策を提示している．具体的には，P：受動喫煙からの保護（第8条），O：禁煙支援の提供（第14条），W：警告表示等を用いたタバコの危険性に関する知識の普及（第11，12条），E：タバコの広告，販促活動等の禁止要請（第13条），R：タバコ税引上げ（第6条），およびM：これらタバコの使用と予防政策をモニターする（第20, 21条）ことである．各国の実施，モニター状況はWHOより定期的に報告されるが，日本のそれぞれの対策実施率は非常に低いレベルにあり，受動喫煙対策をはじめとした継続的なタバコ対策が重要な課題である．

◆タバコの特徴　WHOのファクトシートによれば，タバコ煙には，4000種以上の化学物質が含まれており，うち少なくとも250種は有害性を有し，50種以上が発がん物質である．さらに受動喫煙にもしきい値となる安全なレベルはない．

世界各国では，これらの健康影響を喫煙者に提示するとともに，未成年者の喫煙導入抑制のために，タバコ製品パッケージに喫煙による疾病関連画像などを掲載した健康警告表示と短い文言でインパクトのある警告表示が標準になっているが，国内では未実施である．また，パッケージには，タール，ニコチン量が表示されているが，現在の紙巻きタバコにはフィルター部分に通気孔が多数設けられ見かけ上低い値になるように作られ，パッケージ表示に使用されている評価測定法では実際の喫煙者の有害性の指標とならないため，WHOでも評価法の改定を進めているところである（WHO 2018）．一方で，喫煙者は健康影響が低いものと誤認してパッケージ表示のニコチン・タール量の低いタバコのシェアが拡大しているが，その結果として喫煙による肺がんにおいても，従来の扁平上皮がんよりも腺がんの増加につながっていることが報告されている．

また，近年では，紙巻きタバコの燃焼に伴い発生する有害成分を低減させるとして，電気的に加熱吸煙する加熱式タバコが世界に先駆け日本で広く普及しているが，健康リスクの低減効果は認められない，あるいは不明である．加えて，メンソール・カプセルタバコを含めた各種添加物を含み，誘惑性を高めた製品の販売が拡大している．日本ではニコチン入りが規制されている電子タバコも世界的には販売が拡大している．WHOでは，いずれの形態のタバコも有害であり，タバコ製品としてFCTCに基づき規制することが重要であるとしている（欅田ら 2015）［注：本文では，一般用語としては外来品としてタバコ表記とした］．

◆喫煙状況と喫煙によるリスク　国内では1960年代には成人男性喫煙率が80%程度を占めていたが，その後は徐々に低下し，現在は30%程度である．女性は10%前後であるが，妊婦の妊娠前の喫煙率が高いなどまだ課題も多い．男女合わせた成人喫煙率は約20%である．健康日本21（第2次）では2022（平成34）年度の成人喫煙率目標が12%とされている．このような中，国内では，能動喫煙による年間死亡者数が12〜13万人と推定され，死亡者の約1割を占め，死亡原因の1位である．受動喫煙による年間死亡者数は約1万5000人と推定されている．

2016（平成28）年8月に出された厚生労働省「喫煙と健康」報告書では，国内外の疫学研究などの科学的知見を系統的にレビューし，日本人における能動喫煙による影響として，喫煙との関連について4段階評価において最も確からしいレベル1「科学的証拠は，因果関係を推定するのに十分である」と判定された疾患等は，がんでは，肺，口腔・咽頭，喉頭，鼻腔・副鼻腔，食道，胃，肝，膵，膀胱，および子宮頸部のがん，循環器疾患では，虚血性心疾患，脳卒中，腹部大動脈瘤，および末梢動脈硬化症である（厚生労働省 2016）．呼吸器疾患では，慢性閉塞性肺疾患（COPD），呼吸機能低下，および結核死亡である．妊婦の能動喫煙では，早産，低出生体重・胎児発育遅延，および乳幼児突然死症候群（SIDS）があり，その他の疾患等では，2型糖尿病の発症，歯周病，およびニコチン依存症である．

受動喫煙との関連についてレベル1と判定された疾患等は，大人の健康に及ぼす影響では，肺がん，虚血性心疾患，および脳卒中である．呼吸器への急性影響では，臭気・不快感および鼻の刺激感である．小児の受動喫煙による影響では，喘息の既往，およびSIDSである．

［欅田尚樹］

参考文献

・欅田尚樹ら（2015）特集：たばこ規制枠組み条約に基づいたたばこ対策の推進，保健医療科学，64（5），405-406（閲覧日：2019年3月）．
・厚生労働省喫煙の健康影響に関する検討会（2016）喫煙と健康：喫煙の健康影響に関する検討会報告書，586（閲覧日：2019年3月）．
・World Health Organization（2018）Tobacco（9 March 2018）（閲覧：2019年3月）．

【6-9】
上下水道・水環境の健康リスク

上下水道・水環境に関しては，水の量的リスク，社会基盤としてのリスク，質的リスクを考える必要がある．日本では雨は多いが，山がちで河川が短く，降水量に大きなばらつきがあるため，都市部での水利用や洪水の防止のためにダムや河川堤防，調整池，上下水道が必要となった．これらの施設は降水量に対する容量を定める際に，超過確率年を用いて設計が行われており，ダム洪水吐，重要河川は約200年，河川は重要度に応じ100年～10年，宅地造成に伴う恒久的防災調整池が50年，下水道が5年に1回の最大の降水量を基にしている（木下1980）．安全率は見込むものの，いわば，当初設計では下水道は5年に1回はあふれてもやむを得なかった．現在では10年に1回以上に設定された大規模都市が増加している．

近代的な上下水道の建設は，水系感染症対策と生活用水の確保の観点から1860年代に始められた．水道の普及率は現在97%を超え，水系感染症は大幅に削減され，国民生活の基盤を支えている（図1）．現在，全国で施設や管路の老朽化が進んでおり，更新，耐震化が喫緊の課題である．水道管，下水道管は漏水すると断水のみならず，道路の陥没や浸水により数億円以上の被害を起こすこともある．施設の更新や耐震化等も進められているが，近年の地域的な人口減少や高齢化，節水機器の普及等による給水量の減少もあり，水道事業体の安定的な経営も課題となっている．

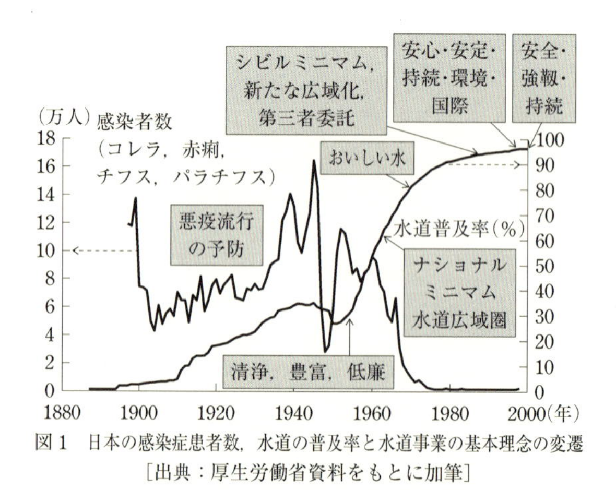

図1　日本の感染症患者数，水道の普及率と水道事業の基本理念の変遷
［出典：厚生労働省資料をもとに加筆］

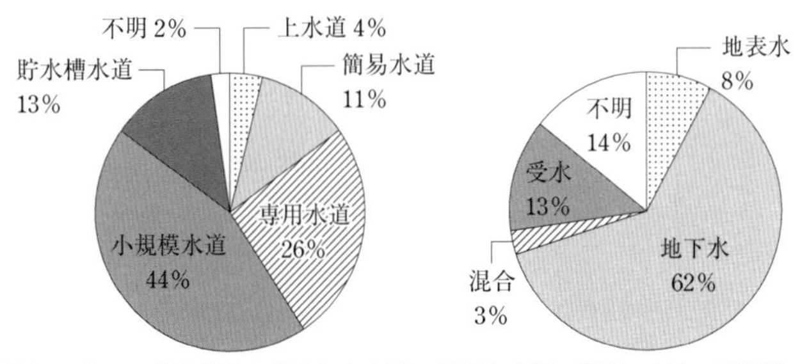

図2　過去30年間に健康被害が発生した水道の種類と水源の種類の割合（事例数ベース）
［出典：岸田ら 2015］

◆水源の水質事故リスクと浄水施設における対応　日本の水道の約7割はダムや表流水を水源としており，しかも人口密度が高いことから，工場，下水，都市活動，農業活動などの影響を受けやすい．年間の水源水質事故は，事業者が何らかの対応を行う必要があったものだけでも年間100件程度で推移している．2012年には利根川の上流の群馬県でヘキサメチレンテトラミン60tの流出があり，塩素処理により水道水質基準項目のホルムアルデヒドの基準超過となる恐れがあることから取水停止が行われ，下流の千葉県で87万人が断水となる事故もあった．

「水道水質基準」では，原水の安全性に応じて浄水処理のシステムを設計することが基本である．環境基準の類型を目安として，消毒のみ，緩速ろ過，凝集沈澱-急速ろ過，高度処理などの浄水処理方式が選択され，認可を受ける．水質に関連する健康影響では，消毒剤の注入不具合に起因することもある．1983年1月から30年間に発生した健康被害に関連する水質事故事例について，収集された全事例数で見ると，健康被害が発生した事例に絞ると，専用水道や小規模水道での健康危機が多い．また，水源についても，地下水の割合が高いことがわかる．専用水道や小規模水道は地下水を水源とすることが多く，日本における飲料水を介した健康被害を減少させるためには，専用水道や飲用井戸等の管理を今後も徹底させる必要がある．年あたりの水道による健康被害を受けた人口の和（給水人口あたり）すなわち，対象人口あたり年間健康被害発生率を比較すると，上水道では2.7×10^{-6}であったが，小規模水供給施設では5.2×10^{-4}のレベルであった（岸田ら 2015）．つまり，小規模施設の方が対象人口あたりでは約200倍健康被害が起こりやすいということがわかる．上水道では，相対的に水質管理体制が整備されており，健康被害に至らない水質異常について発見・報告できるケースが多いが，（専用水道を含む）小規模な施設では，課題が大きいことが示唆された．

◆水質基準の策定におけるリスク評価とリスク管理　水道水質基準は1958年に水道法の制定と共に定められた．世界保健機関（WHO）は，それまでヒトに健

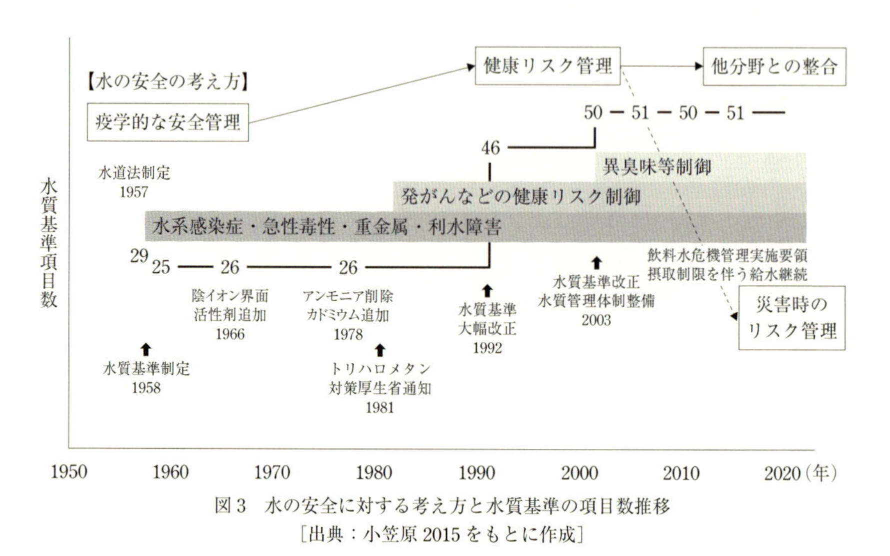

図3　水の安全に対する考え方と水質基準の項目数推移
［出典：小笠原 2015 をもとに作成］

康影響があると科学的に認められている不純物について定めてきた水質基準から，1984 年に，実験動物等で影響があると認められた不純物質もヒトに健康影響があるとして，そのリスクが生じないと想定される水準をもとにガイドライン値を勧告した．特に水系感染症の対策に不可欠な消毒の副生成物の存在が問題となった．日本では 1981 年に消毒により生ずる副生成物についてトリハロメタンに暫定値を設け高度浄水処理導入などの対策を推進した（図 3）．また，1992 年には，これまでの考え方に加え，微量化学物質を含め，発がんに対する健康リスク低減の考え方を導入した大幅な基準改正を行い，項目数を大幅に増加した．現在では，健康項目に加え，生活環境項目としてかび臭も基準項目となっている．現在では，水質基準の策定・改訂には内閣府食品安全委員会のリスク評価が必要であり，それを受け，厚生労働省がリスク管理機関として存在状況や制御可能性，海外の状況，検査法の新しい知見に基づいて水質基準の見直しを行っている（図 4）．割当率については，従来，原則として 10%が用いられてきたが，海外の機関では 20〜80%の値を用いる考え方が出てきており，今後検討が必要である（浅見ら 2016）．また，検査や効率性の観点から，存在状況調査において評価値の 10%以上の複数の検出地点がない場合は，その他の状況を考慮し，水道水質基準に入れない場合もある．

一方で，低濃度かつ長期間の慢性毒性から設定された水質基準について，事故時や災害時にごく短期間濃度超過する場合などに，亜急性毒性に関する参照値を参考に判断することや，「摂取制限を伴う給水継続の考え方」などを元に公報を行いながら給水継続する場合があることも示されている．水質事故時や災害時の水供給を考える上で重要である．

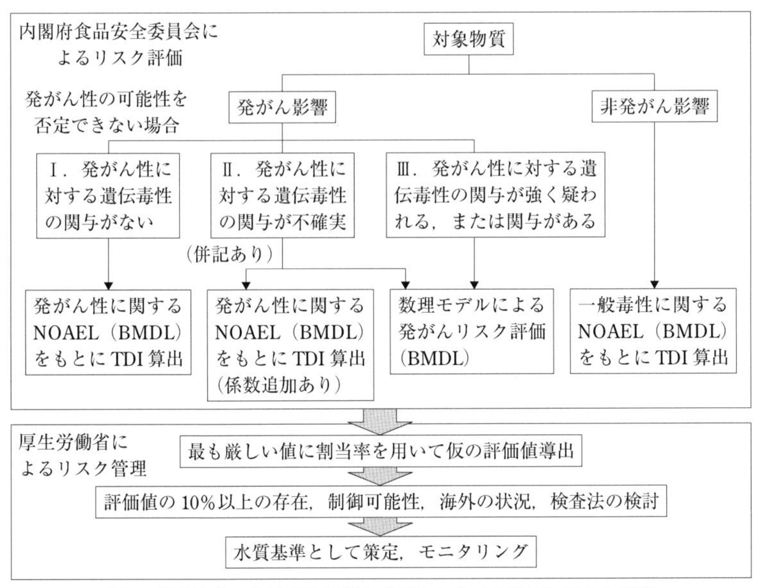

図4　発がん性，非発がん影響を考慮したリスク評価とリスク管理
［出典：食品安全委員会資料「ヒトに対する経口発がんリスク評価手順（清涼飲料水を対象）」をもとに作成］

◆多段階防御と水安全計画　このような水道システムにおいてリスク管理を確実に行うには，多段階防御が必要である．例えば，微生物の汚染防止には，原水の水質管理，凝集沈殿とろ過，消毒剤の注入を多段階に組み合わせ，連続的にセンサー等で監視するなどの方策が重要である．一方，食品分野の危害分析重要管理点（HACCP）を参考としたWHO提唱の水安全計画の導入が進められ，2008年から国内の主な水道事業体で導入された（厚生労働省 2008）．危害因子毎に頻度や影響の重大さからリスクを算定し，重要な項目からモニタリング方法や対策を策定し，記録，保管，改訂を行うことが求められている．今後小規模の水道にも導入されることが必要である．　［浅見真理］

参考文献

・厚生労働省健康局水道課（2016）特集：水道水質基準に関する動向と今後の展望，水環境学会誌，39A（2），41-71.
・世界保健機関（WHO）（編），国立保健医療科学院訳（2012）飲料水水質ガイドライン（第4版）.
・日本医師会編（2017）環境による健康リスク，日本医師会雑誌，（別2），146.

【6-10】
土壌汚染の健康リスク

わが国の土壌汚染に関するリスク管理の考え方は2003年に施行された「土壌汚染対策法」による．同法はそれまでの種々の環境汚染に関する法律と異なり，定量的リスク評価の考え方が初めて導入された法律である．「土壌汚染に関する問題とは，土壌汚染が存在すること自体ではなく，土壌に含まれる有害な物質が私たちの体の中に入ってしまう経路（摂取経路）が存在していること」と明瞭に示されている（環境省，公益財団法人日本環境協会 2017）．つまり，土壌汚染があっても，摂取経路が遮断され，健康リスクの管理ができていれば健康に何も問題はないとして，汚染土壌を残したまま地表面を被覆するといった，摂取経路のみを絶つ対策も有効とされている．土壌は水や大気と比べ移動性が低く，土壌中の有害物質も拡散・希釈されにくいため，土壌汚染は水質汚濁や大気汚染と異なり，汚染土壌から人への有害物質摂取経路の遮断により，直ちに汚染土壌の浄化を図らなくてもリスクを低減し得るためである．

「土壌汚染対策法」の制定以前から存在していた土壌および地下水に関する基準としては，1991年に制定された「土壌環境基準」と1997年に制定された「地下水環境基準」があるが，それぞれ「（土壌）環境基準に適合しない土壌については，汚染の程度や広がり，影響の態様等に応じて可及的速やかにその達成維持に努めるものとする．」（環境庁告示第46号），あるいは「（地下水）環境基準は，すべての地下水につき，……設定後直ちに達成され，維持されるように努めるものとする．」（環境庁告示第10号）と表現され，これらの基準には摂取によるリスクを評価するという考え方は存在していなかった．

土壌汚染の健康リスクとしては，図1に示す摂取経路が想定され，それぞれの経路について図1に示す各管理基準が決められている．ただし，大気経由のリスクについては，その定量的評価が困難であるとして，基準値は設定されていない．この中で，「土壌汚染対策法」には地下水飲用リスクに基づく「溶出量基準」と土壌直接摂取リスクに基づく「含有量基準」という2つの基準がある．

◆地下水飲用リスク　溶出量基準と土壌環境基準は基本的に同じものであり，土壌汚染のため地下水が汚染し，その地下水を飲用することによるリスクに基づいて決められた基準であって，土壌100gを1Lの水で6時間振とう溶出した場合の溶出液の濃度によって設定されている．つまり，汚染土壌から雨水等で汚染物質が溶出し，地下水が汚染された場合の濃度の推定値として，上記溶出液の濃度を用いている．このため，溶出量基準の値は，基本的に「地下水環境基準」と同じ値が採用されており，また，「地下水環境基準」はほぼ「水道水質基準」と同じ値に設定されている．この基準値は人が1日に子どもは1L，大人は2L，その水を一生涯飲み続けたとしても，健康影響が実質上無視できる値に設定されており，このため，土壌が溶出量基準を超えていたとしても，その周辺の地下水を人が飲む可能性がなければ，本来は対策をとる必要はない．

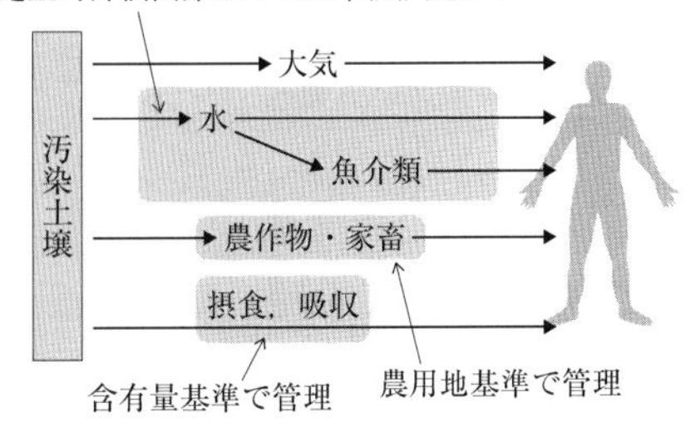

図1　汚染土壌から人への曝露経路と各管理基準

◆土壌直接摂取リスク　土壌の含有量基準は土壌粒子を直接摂取する場合のリスクに基づいて決められている．このため，揮発性有機化合物や農薬のように，長期間に渡って土壌中に一定濃度で残留し続ける可能性が低い物質については，含有量基準は設定されていない．

直接摂取リスクを評価するためのシナリオとして，子ども（6歳以下）は1日に200mg，大人は1日に100mg，評価対象とする土壌を毎日摂取し続けると仮定し，この消化器系に入った土壌粒子から胃腸で吸収される量の70年間の平均値が，飲料水からの摂取量の限度と同じになるように設定されている．また，胃腸で吸収される量の近似値として，例えば重金属の場合，六価クロムを除いては重量体積比3%の1N塩酸で2時間振とうによって抽出される量が採用されている．このため，含有量基準という名称ではあるが，実際は溶出量に基づく基準であり，土壌粒子に含有されている全量ではないので，注意が必要である．

この含有量基準における摂取シナリオと測定法は国際的に統一されたものではなく，国ごとで異なっている．例えば土壌の摂食シナリオでは，その量，年齢ごとの分け方，摂食日数も様々である．また，含有量の測定法としては，土壌粒子をフッ酸などで完全に溶解する真の含有量を採用している国も多く，他国の含有量基準と値を比較する場合には，特に測定法の違いに注意する必要がある．また，基準値自体を土地の使用目的によって変えている国も多く，日本のように全ての土壌について，一律の基準値を設定している国は，むしろ稀である．

また，例えばわが国における法律上の表層土壌というのは，表層から深さ5cmまでの土壌と，深さ5cmから50cmまでの土壌を1対1で混合した粒径が2mm以下のものを指すが，例えば汚染物質が表層数mmの厚さに集積し，そのほとんどが手指に付着しやすい数百μm以下の粒子に吸着している場合には，地表面で遊ぶ子どもたちの直接摂取によるリスクは過少評価されることになる．

［米田　稔］

📖 参考文献

・木暮敬二（2015）これからの土壌汚染対策のあり方，鹿島出版会．

【6-11】
重金属の健康リスク

金属は比重から軽金属と重金属に分けられ，比重として4～7など様々な区分があるが，一般に重金属として鉄，銅，亜鉛，鉛，水銀，カドミウム，クロムなどが含まれる．さらに，重金属の多くは環境汚染の原因物質となった歴史的背景があり，半金属であるヒ素（比重5.7）などもその有害性などから重金属として取り扱われることがある．ただし，比重と有害性の間に密接な関係があるわけではなく，重金属というよりも有害金属という表現が適切である．重金属は自然界に存在し，産業上有用な資源であることから，採掘，精製などの人為的行為によって地殻から取り出され，様々な分野で利用されてきた．一方で，重金属は環境中に高濃度に存在する場合，生態系や人体に対して有害な影響を示すことが多く，足尾鉱毒事件，水俣病，イタイイタイ病，土呂久砒素公害，森永ヒ素ミルク中毒事件などの環境汚染や中毒の原因ともなった（表1）．

重金属は現在でも生活の中になくてはならない有用な材料である．さらに，重金属は生体内に微量に存在し，その一部は金属タンパク質などとして生命活動の中で多彩な機能を担っていることから，必須微量元素とも表現される．

◆水俣病とメチル水銀 水銀は，金属水銀，無機水銀および有機水銀に分類され，その化学形態により生体内動態や毒性が異なる．水俣病は，熊本県水俣湾近郊で1956年に発見された公害であり，アセトアルデヒド製造工程で副生されたメチル水銀が工場排水に含まれ，メチル水銀を含む魚介類を摂取することによって引き起こされた中毒事例である．母親が妊娠中にメチル水銀の曝露を受けた場合，母親に明確な症状が観察されない曝露レベルでも，出生児に重篤な神経症状が観察される胎児性水俣病も確認されている．成人に比較して胎児の脳は感受性が高く，影響を強く受けたと考えられる．

メチル水銀は，人為的活動や火山活動などにより環境中に放出された水銀が生態系の中でメチル化される形でも生成される．メチル水銀は食物連鎖の中で生物濃縮を受けるため，高次捕食魚に蓄積し，その魚を摂取することで人体へ取り込まれる．日本人は魚介類を多食する食習慣を有し，メチル水銀の摂取量は比較的高い．低レベルのメチル水銀曝露による健康影響が環境保健学的な課題となり，2005年に内閣府食品安全委員会は妊娠女性を対象としたメチル水銀のリスク評価を行い，耐容週間摂取量（TWI）を設定した（食品安全委員会 2005）．厚生労働省はこれに基づき魚介類摂取の注意勧告を発した．

国際連合環境計画（UNEP）の提唱で，水銀および水銀化合物の人為的排出から人の健康および環境を保護することを目的とした「水銀に関する水俣条約」が

表1　主な重金属とその健康影響

元　素	水銀	鉛	カドミウム
人への影響など	金属水銀の蒸気曝露により中枢神経，内分泌器，腎臓，口腔などに損傷を引き起こす．金属水銀や無機水銀塩の腸管吸収は低い．有機水銀のうちメチル水銀は腸管から吸収され，視野狭窄，聴覚障害，言語障害，運動失調などを引き起こす．	職業性の急性曝露で，感情麻痺，怒りっぽさ，注意力散漫，頭痛，腹部痙攣，腎障害，幻覚，記憶喪失などが報告されている．慢性曝露では造血系や神経系障害が見られ，特に小児での神経行動学的発達への影響が懸念される．	ヒュームによる急性の職業性曝露で肺水腫などが引き起こされる．慢性曝露では，一般環境の土壌汚染地域住民で，近位尿細管機能異常が観察されている．低レベルの曝露で，小児の腎機能やドーパミン作動神経系への影響が懸念される．
国内の事例	メチル水銀による水俣病（熊本県水俣湾周辺）および新潟水俣病（新潟県阿賀野川下流）	以前は自動車排気ガスによる大気汚染	イタイイタイ病（富山県神通川流域）
元　素	銅	ヒ素	クロム
人への影響など	必須元素であり欠乏症がある．体内調節系により通常は過剰症はない．先天異常で銅が蓄積するウィルソン病が知られている．足尾鉱毒事件は重金属を含む鉱毒に加え，精錬時の二酸化硫黄ガスなどによる複合的環境汚染である．	慢性ヒ素中毒では，皮膚の色素沈着，硬化，ボーエン病などの皮膚癌を生じる．海外ではヒ素による地下水汚染が課題となっている．土呂久砒素公害は亜ヒ酸製造に伴う亜ヒ酸粉じん，亜硫酸ガスなどによる環境汚染である．	耐腐食性から産業分野で多用される．必須元素の1つで，3価Crはサプリメントに利用される．しかし，6価Crは強い酸化能を有し，毒性が高く，クロム酸工場の労働者に鼻中隔穿孔を引き起こした．発がん性を有する．
国内の事例	足尾鉱毒事件（群馬県渡良瀬川流域）	土呂久砒素公害（宮崎県高千穂町），森永粉ミルク中毒事件	化学工場跡地の土壌汚染（東京都江東区周辺）

2017年8月16日に発効した．今後は地球規模での汚染対策とモニタリングが進められることとなる．

ワクチンの一部に防腐剤としてチメロサールという水銀化合物が微量含まれている．チメロサールはエチル水銀に由来する防腐剤であり，自閉症等の発達障害との因果関係が指摘されたことがある．しかし，エチル水銀はメチル水銀と異なり薬物動態学的に代謝・排泄が早く，さらに近年の疫学研究では発達障害との関連性は示されていない．

◆鉛と子どもの健康　鉛は金属として柔らかく，融点が低く加工しやすいため，昔からよく用いられてきた元素である．自動車用ガソリンへの添加は禁止となり，水道管としての利用も禁止となり，現在は鉛給水管の交換が進められている．その他にも，蓄電池，ハンダ，含鉛塗料，鉛製玩具，散弾など様々な用途で利用され，環境中に拡散した．

鉛の有害性について，職業性曝露による鉛中毒では貧血や末梢神経障害が知られているが，より低レベルの継続的曝露により，胎児や小児において知能低下や多動といった神経行動学的発達への影響が懸念されている（Goodlad 2013）．食品安全委員会は，これまでの知見から妊娠女性や小児などハイリスクグループの血中鉛濃度として4μg/dL以下であれば有害影響は見られないとする見解を出している．ただし，血中の鉛濃度から摂取量を換算するモデルはまだ不十分であり，耐容摂取量などは設定されていない．その一方で，血中鉛濃度がより低い領域でも，子どもでは多動などの影響が観察されるとする報告もあり，正確なリスク評価にはさらなる知見の積重ねが必要である．

◆イタイイタイ病とカドミウム 高濃度のカドミウム（Cd）慢性曝露による健康影響として，多発性近位尿細管機能異常症および骨軟化症を主な特徴とし多発性骨折に代表されるイタイイタイ病があげられるが，その前駆症状としてCd腎症があり，尿細管機能低下によるタンパク質などの再吸収阻害が観察される．現在の日本人の主な摂取源は米であり，次いで貝類・頭足類内臓といった食品であるが，Cdはタバコの煙にも含まれる．食品安全委員会は，2010年に日本人を対象とした疫学調査に基づいて，腎臓の近位尿細管機能障害を指標として，TWIを7μg Cd/kg体重/週とした．

◆リスクのトレードオフ あるリスクを削減することが，また別のリスクを生み出したり，増大させることを，リスクのトレードオフという．メチル水銀の摂取量を減らすには魚摂取量を減らすことが有効である．しかし，魚介類には妊娠女性にとって有用な栄養素が含まれており，魚摂取量の削減は栄養不足という別のリスクを招くことが懸念される．またハンダは無鉛ハンダが主流となっているものの，鉛フリー化のため別の元素が導入されており，その毒性について十分な資料がある訳ではなく，無鉛ハンダの環境毒性についても慎重な対応が求められる．これらはリスクトレードオフの事例である．

◆レアメタルとその有害性 希少金属元素をレアメタルと称するが，ほとんどは重金属に分類される．レアアースと呼ばれる希土類元素を含めることもある．英語圏ではマイナーメタルともいう．レアメタルの多くは，鉄などのベースメタルやガラス，プラスチックといった材料に少量を混ぜることで，硬度や耐熱性など特殊な機能を発揮することから，新しい構造材料や機能材料を開発するうえで必須の元素群であり，情報やエネルギー分野における最先端技術に不可欠の材料となっている．

レアメタルは産出量が少ない金属であり，その背景として，地殻中の資源量が希少な場合，地殻中濃度は低くないものの経済性のある鉱床がない場合，採掘と精錬のコストが高い場合などがあげられる．

レアメタルの生産量には偏在性があり供給リスクと密接となる．レアメタルの価格は需給バランスの崩壊に伴い高騰と暴落を繰り返してきており，レアメタルを使用する製品の需要，新技術の開発，投機的な経済操作，寡占生産国の政策，戦争，産出国の電力問題やストライキなどの影響を受ける．近年では，資源保有国が自国資源の主権を求める資源ナショナリズムの動きが活発である．また，発展途上国の採掘現場では環境意識が低く，製造コストに環境コストが含まれず，採掘や精錬現場で環境破壊が進行することも少なくない．都市でゴミとして廃棄される家電製品などの中に有用な資源が含まれることから，都市鉱山と考えた資源リサイクルの開発が期待される．ただし，金などの貴金属を除き経済性のあるリサイクルプロセスはまだ開発途上である．

レアメタルもほとんどが重金属であり，環境中に高濃度に存在する場合に生態系や人体に対して有害な影響を示すことが懸念される．

インジウムは液晶透明電極，ボンディング材，半導体や電池材料などに用いられる金属である．インジウム・スズ酸化物を取り扱う事業所の作業者より間質性肺炎や肺気腫性変化の症例が報告されているものの，有害性に関するデータベースはまだ十分ではない．動物実験では吸入実験で肺の炎症や線維化に加え，生殖毒性，発がん性が報告されており，産業現場における曝露低減の必要性が指摘されている．

白金属元素の１つであるバナジウムは鋼などに少量加えると強度が増すことから特殊鋼や強力チタン合金に応用される．哺乳類の成長や生殖，脂質代謝に必須の元素であり，さらに動物実験から糖尿病の血糖値コントロールでの効果が期待されている．しかし，人間での有効性の検証は明確ではない．高用量では神経変性をもたらすなど有害性が報告されている．海洋生物，特にホヤ類に蓄積する．栄養必要量は微量であり，通常の食事で欠乏が起こることは考えにくい．

パラジウムは水素を吸蔵することから還元触媒として多用される金属である．金銀パラジウム合金はその強度を利用し歯科用材料として利用されているが，パラジウム合金は金属アレルギーを発症するリスクがある．

そのほかに，ガドリニウムは磁気共鳴画像（MRI）の造影剤として用いられるが，有害性を低減するため体内から速やかに排泄されるようにキレート化合物として投与される．ただし，一部の造影剤を繰り返し用いると脳にガドリウムの蓄積が起こることが報告されており，注意喚起がされている．リチウムは電池や合金材料として有用な元素である．塩化リチウムは躁うつ病の治療薬としても用いられている．チタンは耐腐食性に加えて生体適合性に優れており，体内置換される人工材料に用いられる．その人工関節の関節部分は磨耗に強いコバルト・クロム合金が用いられる．

このようにレアメタルは今後も様々な分野で利用が進むと考えられる．しかしながら，レアメタルの健康影響に関する知見は非常に少なく，まだわかっていないことが多い．職業性曝露を中心に，慢性曝露による影響について十分な注意が必要である．

［仲井邦彦・龍田　希・西浜柚季子］

📖 参考文献

・渡邉泉（2013）いのちと重金属：人と地球の長い物語，ちくまプリマー新書．

【6-12】
農薬の環境・健康リスク

農薬とは，農作物（樹木および農林産物を含む）を病害虫や雑草から保護する目的で使用される薬剤および天敵と規定される．農作物の安定的・高品質・省力低コスト栽培には現状不可欠なものとなっている．しかし，農薬は環境中に直接放出されるものであることから，化学物質の中でも厳しく規制されている．

「農薬取締法」は，もともとは戦後に出回った粗悪な農薬を取り締まり，品質を保持することを目的に1948年に制定された．その後，時代の変遷とともに安全性が重視される形となって改正が行われ，現在に至っている．同法に基づき，農薬を製造・輸入する場合には，その農薬について農林水産大臣の登録を受けなければいけない．登録審査においては，農薬の品質や薬効・薬害，安全性等について，申請者が提出する試験成績等をもとに多様な検査が行われている．

現在，健康や環境へのリスクについては，農薬取締法第3条において，農作物への被害や人畜への危険性のほかに，土壌残留・作物残留・水産動植物への被害・水質汚濁について環境大臣が定める基準（登録保留基準）を設け，これに該当する農薬については登録が保留される仕組みとなっている．

2018年に農薬取締法は15年ぶりに改正され，再評価制度の導入と農薬の登録審査の見直し，特に安全性に関する審査の充実がなされることとなった．再評価制度とは，同一の有効成分を含む農薬について定期的（15年を想定）に最新の科学的根拠に照らして安全性等の再評価を行うものである．15年の間には毒性

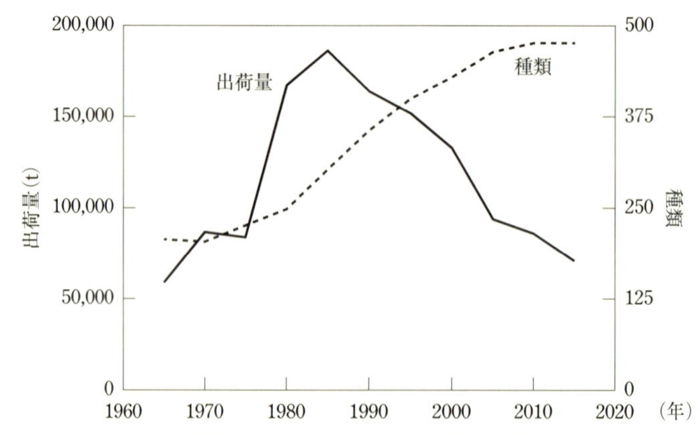

図1　農薬の有効成分の年出荷量合計と，有効成分の種類数の経年変化
［出典：国立環境研究所化学物質データベース WebKis-Plus より，5か年ごとに集計して作成］

データなども新しいものが多く出てくることが予想されるので，その時の最新の知見をリスク評価に活用できることになる．安全性に関する審査の充実については，農薬使用者に対する影響評価の充実，生活環境動植物に対する影響評価の充実，農薬原体が含有する成分（有効成分および不純物）の評価の導入，の３点があげられる．

◆農薬の使用量などの推移　農薬の有効成分の年出荷量合計と，有効成分の種類数の経年変化を図１に示す．出荷量としては1980年代にピークとなり，その後は急激な減少傾向にある．一方で，登録されている有効成分の数は徐々に増加し続けており，現在では500程度となっている．また，農薬の毒性別生産金額割合の推移をみると，1960年頃には特定毒物が２割，毒物が３割，劇物が４割，普通物が１割となっていたが，2014年では劇物が１割，普通物が９割になっており，低毒性化が進んでいることがわかる（日本植物防疫協会 2016）．

◆農薬にまつわる健康・環境リスクの歴史　江戸時代に鯨油が用いられたのが農薬の始まりであると言われており，その後の明治時代には除虫菊などの天然物が殺虫剤として使用されるようになった．昭和初期にはヒ酸や銅などの無機系の薬剤が登場し，戦後以降は化学合成農薬が主流となっている．

戦後すぐに日本に導入されたのはジクロロジフェニルトリクロロエタン（DDT）やベンゼンヘキサクロリド（BHC）などの有機塩素系殺虫剤であり，戦後の食料難の中での食料増産に大きな役割を果たした．しかしながら，これらは長期残留性による食品や環境の汚染の問題があり，R.L. カーソン（Carson 1962）の著書 *Silent Spring* による警告や日本・海外での汚染の発覚により，1971年には「農薬取締法」が改正されて健康リスクの懸念のある農薬の使用が厳しく制限され，やがて登録が失効した．それからは農薬登録に慢性毒性試験のデータが要求されるようになった．有機リン系殺虫剤は1950年代から登場し，このうちパラチオンは1952年に登録されると，有機塩素系農薬に比べて急性毒性がきわめて強いため農薬使用者の中毒事故が多発し，1954年には70人の死者と1887人の中毒者を出した（植村ら 1988）．1961年に登録された有機リン系殺虫剤のフェニトロチオン（MEP）は，人体内では容易に解毒されて人畜毒性がパラチオンに比べて1/100以下になり，その後広く使用されるようになった．

殺菌剤では，稲の重要病害であるいもち病の防除のために有機水銀剤が昭和30年代に広く使用されるようになった．しかし，水銀は水俣病の原因として知られるようになり，作物残留や人体への蓄積のおそれから，1973年までにすべて登録が失効している．

除草剤ではペンタクロロフェノール（PCP）が1956年に登録され，炎天下での田んぼの草取りという重労働から農家を解放することに成功した．ところが，1961年にPCPが流出した琵琶湖や有明海で魚介類の大きな被害が発生し，1963年に農薬取締法が改正されて魚類に対する毒性試験の提出が義務付けられるようになった（後藤 1991）．さらに PCP は不純物としてダイオキシン類を含み，それらが農地などを汚染していることが近年になって明らかになった．また，1965 年に登録されたパラコートは急性毒性が強く，当時の製剤では一口で死に至った．1985 年には自他殺を含む中毒死者数が 1000 人を超え（植村ら 1988），事故防止のため，催吐剤，着色剤，着臭剤，苦味剤を添加するなどの対策がとられた．現在では低濃度化したものだけが登録されている．

2000 年に閣議決定された第 2 次環境基本計画においては，農薬を含めた様々な化学物質による生態系に対する影響の適切な評価と管理を視野に入れて化学物質対策を推進することが必要と記載された．その後，魚類に対する毒性試験の要求をさらに発展させて，魚類・甲殻類等・藻類の毒性試験から決定された急性影響濃度と環境中予測濃度を比較するという生態リスク評価の手法を用いた運用が 2005 年から導入されている．2018 年改正農薬取締法のもとでは，リスク評価の対象を生活環境動植物にさらに広げることとなっており，鳥類や水草，ハチ類を対象としたリスク評価の導入が検討されている．

◆農薬のヒト健康に対する慢性影響　農薬の健康影響評価は食品安全委員会で行われており，事業者から提出された様々な毒性試験の結果を評価して，最終的に一日摂取許容量（ADI）を決定する（☞ 2-6，9-5）．ADI は，一生涯毎日摂取し続けても健康への悪影響がないと考えられる摂取量であるので，これを下回っていれば慢性的な影響の懸念はないものとされる．なお，実際の摂取量は厚生労働省によってマーケットバスケット方式を用いて調査されている．2016 年度の調査においては，推定された平均一日摂取量の対 ADI 比は 0.000～0.933％の範囲であり，十分に低い割合となっていることがわかる．

動物実験における無毒性量（NOAEL）は概ね 5％程度以下の影響率であり，ADI を導出する際に不確実性係数 100 で割り（☞ 2-6，9-5），さらに実際の摂取量は最大でも ADI の 1/100 以下であるため，リスクとしては最大でも 50 万分の 1 以下と推定される．

上記は一般消費者が農作物を食べる場合のリスクであるが，農作業の従事者はより高い農薬の曝露を受ける．農薬使用者のリスクについては，農薬の登録に際して急性毒性を評価し，急性影響が強い農薬について注意事項として防護装備の着用を付して登録を認めている状況である．そして 2018 年改正農薬取締法のもとでは，毒性のみならず曝露量も考慮したリスク評価の導入が検討されている．ただし，このようなリスク評価を先行して導入している欧米においても，農薬散布が行われる時期の短期的な影響を考慮したもので，慢性影響は考慮されていない．

消費者・農薬使用者ともに，基本的には動物実験をベースに毒性評価が行われる一方で，農薬曝露と各種疾病の関係を調べた疫学研究（☞ 10-15）もこれまで数多く行われてきた．欧州食品安全機関（EFSA 2013）はシステマティックレビューの手法を用いて2006年以降に出版された602の農薬の疫学研究の文献を調査した．メタアナリシスの結果，妊娠中曝露による小児白血病や，パーキンソン病等で農薬曝露と疾病の間に統計的有意な関係性が見られたものの，農薬と疾病の間の因果関係については大部分の研究で確固たる結論を導き出せないことを示した．これは疫学研究に多くの制限があるからであり，特に農薬の曝露量の推定は難しく，ほとんどが自己申告に基づく多いか少ないか程度の分類となる．また，ほとんどの農家は多種類の農薬を使用するため，特定の農薬の影響を評価することも困難である．また，曝露群として農家，対照群として非農家を比較すると，農薬曝露量以外の条件も大きく異なるため，多くの交絡因子の影響を受けてしまうなどの問題もある．

◆現状と残された課題　現在では，様々な系統の農薬が開発され，問題のある農薬に代わって使用されるようになった．それ以降は，人畜に対して非常に低毒性であるネオニコチノイド系農薬の登場などを経て現在に至っている．このように，健康や環境への問題の発生と共に，新たな規制の導入や新たな低毒性・低残留性の農薬の開発という両輪により，農薬は徐々に健康・環境に対する安全性を増してきたと言えるだろう（☞9-5）．

現在でも，ディルドリンなど過去に使用された残留性の高い農薬がいまだに農地に残留しており，作物から基準値を超えて検出されるといった問題が残されている．そこで，作物吸収のメカニズムの研究や吸収抑制技術の研究などが行われている．環境面では，新たに導入される生活環境動植物への生態リスク評価手法の高度化の研究や，ミツバチに対するリスク評価法への影響等，新たな問題への対応のための研究が求められているところである．　［永井孝志］

📖 参考文献

・日本植物防疫協会（2016）農薬概説（2016），一般社団法人日本植物防疫協会．

【6-13】

工業化学物質のリスク規制（1）：歴史と国内動向

化学物質を網羅的に登録管理する“Chemical Abstracts”には，1日あたり約1万5000物質が新規登録され，1800年代から2018年までにCAS番号が与えられた既知の無機・有機化合物は累計1億4300万種にのぼる．つまり，化学物質管理の本質的特徴は，膨大で多種多様な化学物質の中から，リスク管理の必要な用途用法をリスク評価により効率的に見出し，適切にリスク管理することである．さらに，新規化学物質の登録（上市前の評価）に加えて，既存化学物質については再点検（時代に応じた再評価）が求められる．対象物質の多さに対して，リスク管理にかけられるリソース（専門人材，コスト）は限られるため，化学物質のリスク評価・管理手法には知恵と工夫が必要である．リスクに基づく優先的な評価・管理の対象の選別はこの分野では昔から採用されてきた．具体的には，毒劇物（使い方を間違えることによりリスクが発現しやすい物質）を優先する管理手法や高生産量物質（HPV）を優先して段階的にリスク評価する手法（tier based approach）など，ハザードやリスクレベルに応じた優先順位付けである．日本の「化学物質の審査及び製造などの規制に関する法律」（化審法）や「労働安全衛生法」（安衛法），EUの「化学物質の登録，評価，許可及び制限に関する欧州議会及び理事会規則」（REACH規則），米国の「有害物質規制法」（TSCA）のように，経済協力開発機構（OECD）加盟国を中心に物質登録制の化学物質総合管理が導入され，それに相補的に数量制限，用途制限，世界調和システム（GHS）分類・表示制度などが用途・用法に応じたリスク管理手法として実用化されてきた．化学物質管理は，公害の時代を経て労働衛生と環境保全を柱に，リスク評価手法とリスク管理の国際調和を実践してきた重要な分野であり，リスク学の膨大なケーススタディの場である．

◆化学物質リスク管理の歴史的経緯　ここでは，1970年代の国際的な議論がきっかけとなり，各国がそれぞれ独自の法規制を運用・深化させた背景を俯瞰し，歴史的経緯を踏まえながら，化学物質分野へのリスク学の活用状況について特徴的な点をあげつつ紹介していきたい．

(1) 国連による国際的な化学物質管理　1972年に開催された国連人間環境会議によって，それまで先進国と発展途上国との間で大きな温度差があった環境問題が人類に対する脅威として明確に位置づけられ，これが化学物質管理の国際的な取り組みのきっかけとなった．その後，世界保健機関（WHO）決議および国連環境計画（UNEP）管理理事会勧告が加わり，1973年に「環境保健クライテリア（EHC）計画」が発足．当時，産業用途で用いられていた懸念化学物質（食品，化粧品，天然毒物，農薬なども含む）を対象に，各国の専門家らによって EHC の作成が開始され，国際化学物質安全性計画（IPCS）に発展，240 物質超のリスク評価書が作成・公表された．EHC は，1980〜90 年代に化学物質のリスク評価の基本的考え方を国際的に標準化する土台の 1 つとなり，現在でも信頼性のある情報源として国際的に重宝されている．その後，1992 年の「環境と開発に関するリオ宣言」（「アジェンダ 21」の第 19 章）後の化学物質安全政府間会議（IFCS）の要請を受けて，国際簡潔評価文書（CICAD）の作成が開始され，70 物質超の評価書が作成・公表された．これらの国際的な取り組みは，リスク評価の手法や評価結果に係る知見の共有につながり，その後の食品安全・医薬・防災・経済など他方面でのリスク評価と安全基準の発展に大きく寄与した．特に CICAD のリスク評価には，次の 4 つの先駆的なアプローチが採用された．① EHC と各国または地域の先行リスク評価書などの既存知見をベースに，信頼性の高い情報を取捨選択し，効率的に評価した点．②外部コメントによるチェックおよびレビューを導入した点．③評価書決定の場に様々なステークホルダーも参加可能にした点．④最先端のリスク評価手法の柔軟な採用・標準化の志向性があった点，など．これらは，現代的リスク評価の考え方につながる仕組みだった．CICAD の他にも「環境と開発に関するリオ宣言」を契機に，OECD による HPV 点検プログラム，UNEP による残留性有機汚染物質（POPs）規制，国際連合欧州経済委員会（UNECE）による GHS 分類・表示制度などにもつながっている．

(2)　OECD によるリスク評価技術の国際協調　OECD は，1978 年より「化学物質管理に関する特別プログラム」を推進し，加盟国の化学物質管理システムの改善・調和を促進する役割を担ってきた．適切な化学物質リスク管理に重要なガイドラインの策定，「優良試験所基準（GLP）規則」の策定などの取り組みを通して，国際調和を促進してきた．この OECD による主導的な化学物質リスク管理の国際調和は，非関税障壁が作られることを防ぎ，加盟国・産業界のコストを低減することを目的とし，グリーン成長と持続可能な開発につながっている．リスク評価の共有については，HPV のうち有害性が未評価の物質に対してリスク評価を行う HPV 点検プログラムを 1992 年から開始した．それぞれの国が担当してリスク評価に必要な情報収集（曝露情報含む）や試験を行い，スクリーニング情報データセット（SIDS）を SIDS 初期評価報告書（SIAR）として取りまとめ，初期評価会議（SIAM）に提出しレビューを受けるというものだったが，化学物質の曝露状況は国によってそれぞれ異なることなどから，1998 年からは有害性評価のためのプログラムに再編成された．その後，2011 年に化学物質共同評価プログラム（CCAP）に改められた．これまでに 1300 物質超の SIAR が作成・公表され，現在でも信頼性のある情報源として各国のリスク評価で重宝されているが，後述する 2007 年のEU REACH規則発効によってリスク評価の主体が事業者に移った影響を受けてEU加盟国の評価文書の提出数が減少したことなどから，今後はSIARの追加作成は行わず，新たなテーマとして試験および評価に関する統合的アプローチ（IATA）の開発・応用，カテゴリ評価（いわゆる化学物質の評価単位のグルーピング），複合曝露評価の開発・検討に注力することになった．

このように，リスク評価を国際的に進めることは困難であったが，後述するUNEPのアプローチは，環境中で長距離を移動する化学物質に的を絞って，化学物質の物理化学的性状および毒性をクライテリアとして国際的な管理を考えるという方策をとるものであった．OECDでは，化学物質の試験法の統一（OECDテストガイドライン）およびGLP規則に基づき，国際的なデータ相互受入れを進めており，産業界による安全性試験の重複実施や非関税貿易障壁を回避するなど国際ガバナンスの成功事例となっている．

(3) 化学物質管理の国際的枠組み　1992年の「環境と開発に関するリオ宣言」を受けて，2001年に「残留性有機汚染物質に関するストックホルム条約」（POPs条約）が採択された．UNEPでは，4つの性状（難分解性・高蓄積性・長距離移動性・毒性）を有するPOPsが，UNEPの専門家委員会である残留性有機汚染物質検討委員会（POPRC）にて判定される．POPsのアプローチは，ポリ塩化ビフェニル（PCB）のような過去の汚染物質のフォローアップだけでなく，今後懸念が高まる可能性のある物質を予防的にリスク評価・管理できる仕組みとして期待される．また，措置の決定にあたっては代替物質の有無や社会経済的な影響の分析までを踏まえることが重要視されており，合理的な判断を行うことを目指したリスク管理の仕組みでもある．「POPs条約」は国際条約であるため，批准する173カ国の国内法を介してリスク管理措置が講じられる．このような国際条約型リスク管理アプローチは，各国の独自・多様な化学物質管理法規制に少なからぬ影響を与え，国際水準のリスク評価に基づくリスク管理を各国に根付かせることとなり，地球規模で対処していくための1つの解決策である．また，2002年の持続可能な開発に関する世界首脳会議（WSSD）で定められた実施計画において，「2020年までに化学物質の製造と使用による人の健康と環境への悪影響の最小化を目指すこと」（WSSD 2020年目標）とされ，そのための行動の1つとして，2006年に国際的な化学物質管理のための戦略的アプローチ（SAICM）が承認され，各国はSAICM国内実施計画を立てWSSD 2020年目標を目指すこととなった．

◆わが国のリスク管理　国際的な動きと調和しつつ，わが国の化学物質法規制にリスク評価・管理の視点が徐々に導入されてきている（平井・竹田 2016）．ここでは2つの法律を概説し，リスク学的視点から見た特徴について述べる．

(1) 化審法　「化審法」は1973年にPCBによる汚染を契機として制定されたため，当初は，新規化学物質の上市前審査とPCB類似性状の難分解性・高蓄積性・毒性を有する化学物質の規制を行う法律であった．その後，大きな改正が① 1986 年，② 2003 年，③ 2009 年，④ 2017 年に行われている．それぞれ，①難分解性・低蓄積性を規制対象に追加，②生態の観点を追加，③すべての既存化学物質を対象とした段階的なリスク評価の導入，④用途に着目した少量化学品の審査特例制度の合理化など，時代に応じて評価・管理の範囲の拡充および効率化を進めてきた．

(2) 安衛法　2006 年の「労働安全衛生規則」の改正によって設けた有害物ばく露作業報告制度による曝露の状況を踏まえ，国がリスク評価を行ってきた．2012 年に印刷会社従業員が胆管がんを発症した事案を契機として 2014 年に「安衛法」が改正され，製造事業者および取扱事業者に対してリスク評価が義務化されている．2018 年 7 月 1 日時点で計 673 物質がリスク評価の対象となっている．安衛法において特徴的なのは，①製造量・取扱量や業種を絞らず，関係する全ての事業者に対してリスク評価を義務化したこと，②リスク評価を実施するタイミングは次の 3 つの時点であること：(a) 化学物質を新たに取り扱うとき，もしくは変更するとき，(b) 取扱方法を変更するとき，(c) 安全データシート（SDS）の危険性情報または有害性情報が変更されたとき，③各事業者が対応可能な範囲で実施できるよう簡易から詳細まで複数の評価方法が用意されたこと，などである．

◆化学物質管理分野におけるリスク学の活用　リスク学は，前述した国際的な化学物質評価・管理との国際調和において，時代に応じて形を変えつつ活用されてきた．具体的には，リスク評価手法の標準化から始まり，評価のためのデータの標準化と共有，管理の仕組みの標準化と，「標準化」をキーワードに評価・管理のプラットフォームの整備が進められ，わが国でもこれを取り入れるために法規制の見直しが進められた．今後の課題解決に向けては，例えば藤井ら（2017）が指摘するように，リスク学をレギュラトリーサイエンスの枠組みで今一度捉え直し，他分野におけるレギュラトリーサイエンスの活用事例などを参考にしつつ，本分野のリスク評価・管理をより深化させることが有用である．本分野は，膨大な種類の化学物質を一元登録しつつ，リスク評価に基づく優先順位付けを用いて，限られたリソースの中で現実的なリスク管理を遂行してきた．この分野で蓄積されたレギュラトリーサイエンスの体系は，「リスク学」を共通知として，実効性のあるリスク管理を必要とする他分野のガバナンス設計にも役立つ．

［井上知也・平井祐介・藤井健吉］

参考文献

・北野大（2017）「なぜ」に答える化学物質審査規制法のすべて，化学工業日報社．
・辻信一（2016）化学物質管理法の成立と発展，北海道大学出版会．
・ロングレン，R. 著，松崎早苗訳（1996）化学物質管理の国際的取り組み：歴史と展望，STEP.

【6-14】
工業化学物質のリスク規制（2）：海外の動向

国際的な動きを受けて各国法規制にリスク評価とリスク管理の視点が徐々に導入され，法改正が進んできた．ここでは，特にリスク評価・管理の枠組みを見直したEUの「化学物質の登録，評価，許可及び制限に関する欧州議会及び理事会規則」(REACH規則)，「化学品の分類，表示，包装に関する規則」(CLP規則)，米国の「有害物質規制法」(TSCA)，カナダの「環境保護法」(CEPA) について，リスク学的視点からみた特徴を概説し，今後の課題を述べる．

◆EU「REACH規則」「CLP規則」 2000年代に入り，2007年に発効した「REACH規則」に注目が集まった．REACH規則を理解するために，リスク評価・管理の視点で特徴的な6点をあげる．(1) 証明責任の転換，(2) 予防原則の導入，(3) 代替原則の導入，(4) リスク評価・管理の分野統合，(5) 他規則との連携，(6) ガイダンスの整備，の6項である．以下に，個別に解説する．

(1) 化学物質の評価・管理は，従来，国が証明責任を負うのが一般的だったところ，「REACH規則」ではそれを事業者に転換し，有害性情報や曝露情報を収集し，リスク評価を行い，管理措置を選定・遵守するところまでを事業者（登録者）の責任とした．化学物質を取り扱う事業者のサプライチェーン内での管理責任の分担も特徴的である．「REACH規則」では，川下企業（川下）が，自身が使用している用途を川上企業（川上）に情報提供し，川上がリスク評価を行い，リスク懸念がない使い方を川下に伝達する．川下が新たな使い方をしたい場合は，川上若しくは川下がリスク評価を行う．別用途や別物質への代替に伴うリスクは事前に評価され，適切な管理が促される．

(2) 予防原則の考え方は高懸念物質（SVHC）の指定として体現されている．SVHCは，製造・輸入数量や曝露情報を明示的には加味することなく，管理が必要と考える有害性または物理化学的性状を有する物質を規制対象にできる制度である．SVHCの指定基準は厳密になりすぎないように作られており，また，指定の提案は各加盟国または欧州化学品庁（ECHA）がそれぞれ可能なため，各国が管理したい物質をそれぞれの裁量の範囲で指定できる仕組みでもある．このようにして，「構造不定物質」や「金属化合物」などの「定量的なリスク評価が困難な物質」，「不可逆影響を有し，曝露レベルが高い物質」や「内分泌撹乱物質」などの「強い有害性が懸念され管理が困難な物質」は，一定程度の証拠があればSVHCとして指定し，管理の型にはめることで，予防的な管理につなげている．なお，SVHCから選定される認可対象物質（後述）は，最終的に有害性以外に需要量や用途も加味されるため，入口はハザードベース，その後の規制はリスクも加味されている．

(3) SVHCが認可対象物質に指定されると，事業者は特定の期日（物質の上市と使用が禁止される日付（日没日）の18カ月前）までに認可申請を提出し，日没日までに認可を受けなければEU域内での上市・使用が禁止される．認可申請には，事業者が「リスクを適切に管理し得るか」「(管理し得ない場合には）当該物質を使うことで社会経済的便益がリスクを上回り，かつ適当な代替物質・技術がない」ことを正当化する必要があるため，有害性の懸念の高い物質や管理が困難な物質は，より有害性の低い物質または技術に代替する（これを「代替原則」という）インセンティブが生じている．なお，「REACH規則」では年間製造・輸入数量１トン以上の全ての化学物質に対して登録（並びに10トン以上はリスク評価）の義務が課されており，代替原則の泣き所であるリスクトレードオフにも対処できるように設計されている．

(4)「REACH規則」は，(a) 保護対象：一般環境（人健康および生態）・労働者・消費者，(b) 曝露経路：間接曝露・直接曝露，(c) ライフサイクルステージ：製造・調合・工業的使用・消費者使用（リスク評価では廃棄も含む）という非常に広範な守備範囲を有しており，総合的な観点からの評価・管理が可能である．リスク評価の範囲だけでなく規制措置の範囲としてこれだけ幅広な範囲をカバーしている法令は国際的にも珍しい．

(5)「REACH規則」と異なり，「CLP規則」では危険有害性があると分類された物質であれば，製造・輸入数量１トン未満にも分類結果の届出義務を課している．また，「CLP規則」に基づく調和化された分類および表示（CLH）を自動的に「REACH規則」で管理できる仕組みになっている．このように，「REACH規則」と「CLP規則」との間に有機的な連携があることで，効率的な評価・管理を実現している．

(6)「REACH規則」と「CLP規則」は，ともに事業者が評価・管理の責務を負っており，簡易的なものから詳細のものまでガイダンスが充実し，リスク評価に関する知見が集約され，知見の充実に伴って適宜更新されている．日本を含めて諸外国は当該ガイダンスを参考にしているため，結果として欧州の化学物質の考え方や評価手法は国際標準化されている点も特徴的である．

◆米国「TSCA」「TSCA」は1977年の制定以降初めての大幅改正が2016年になされた．今時改正は，米国会計検査院（GAO）の幾度とない指摘や各州独自の化学物質規制との不整合などだけでなく，「REACH規則」の制定・運用も背景にあったと言われている（Abelkop et al. 2012）．改正「TSCA」の特徴的な点として，(1) 既存化学物質に対するスクリーニング評価・リスク評価の導入，(2) リスクと便益に対する捉え方の変更，(3) 新規化学物質と新規用途に対する考え方，(4) 評価・管理アクションに対する期限について，それぞれ個別に解説する．

(1) 旧「TSCA」では，法令に基づかない形で既存化学物質のスクリーニング評価・リスク評価を進めてきたが，改正「TSCA」ではこれを明確に位置づけた．また，既存化学物質のリスク評価を効率的に進めるため，既存化学物質のうち流通していない物質を明示的にした．具体的には，既存化学物質のうち指定された期間（2006年から10年間）に製造・輸入した化学物質については，国への事前の活動届出なしに製造・輸入すると罰則が適用される．

(2) 旧「TSCA」では，禁止や規制の発動要件となる実体法上の概念である「正当化されないリスク」の考え方に基づき，有害性と曝露以外に費用・技術・実現可能性などの要素を加味することで，リスクに便益を包含させて評価・管理を行ってきたが，リスクは便益を上回るのかをリスク評価時に提示する必要があり，迅速な管理の足枷になってきた（河野2012）．そこで改正「TSCA」では，「安全基準」という考え方を導入し，安全基準以上のリスクはリスク低減措置の導入が必要と判断することとし，コストを考えずに超過リスクは安全基準まで低減することにした．

(3) 旧「TSCA」では，既存化学物質の用途変更を新規化学物質の製造・使用と同等と捉え，新たな用途（使い方）に伴うリスクを事前に評価し未然に防止してきた．当該の仕組みは「重要新規利用規則」（「SNUR」）と呼ばれ，現在までに1800以上の物質が管理されている．「SNUR」では，有害性が懸念される構造を有していれば「懸念がないとは言えない」として，新たな用途（使い方）の事前申請が必要となる．また，消費者は環境排出量をコントロールできないという考え方に基づき「SNUR」が発出されることがある．このように「TSCA」では，用途（使い方）によって発現する可能性のあるリスクは，化学物質の性状などに応じて予防的に管理している．

(4) 改正「TSCA」では，成立5年後までのスケジュールやスクリーニング評価・リスク評価の速度（例えば，リスク評価の開始または選択から3年（半年延長可）など）や目標物質数（リスク評価中の物質は常に20件を維持，など）が明確に規定されている．期限を切ることによって，効率的かつ妥当な評価を進めようとしている．

◆カナダ「CEPA」「CMP」　カナダでは，1988年に制定されたCEPAに基づき優先化学物質のリスク評価を1994年までに一度終えたが，1999年にCEPAを改正し，既存化学物質の中から，曝露が多い物質や難分解性・高蓄積性・毒性（PBT）性状を有する約4300物質を優先化学物質に再度指定しリスク評価を行っている．当該取り組みの特徴的な点として，(1) リスク評価と管理の法令間の役割分担の仕組み，(2) 有害性情報の収集の仕組み，(3) 優先順位付けの仕組み，(4) 評価単位のグルーピングがある．これらについて，それぞれ個別に解説する．

(1) カナダ保健省・環境省が中心となり，5分野（工業用化学物質，農薬，消費者製品，食品，医薬品）の法令にまたがって既存化学物質のリスク評価を行う化学物質管理計画（「CMP」）が2006年に策定され，リスク評価の結果を効果的に管理につなげる仕組みができ上がった．おそらく，現在最も多くのリスク評価書をコンスタントに作成・公開している国はカナダである．

(2) 優先化学物質のうち高懸念の物質（約200物質）については，CEPA第71条に基づき情報提出を求め，事業者が情報を提出せず有害性情報が不十分であれば安全側の評価をすることとし，有害性情報の提出にインセンティブを発生させる仕組みとした．

(3) CMPでは選定された約4300物質を高・中・低優先に分割し，高優先は詳細評価を，低優先は簡易評価を実施し，両側から評価することで効率的な評価・管理を実現している（また，対象物質は随時追加されている）．

(4) CMPでは個別物質に固執してリスク評価を行うのではなく，金属や芳香族アゾ類，ジフェニルアミン類など，個別に分離しての評価が難しい物質はグルーピングすることによって効率的かつ効果的な評価を実現している．

◆化学物質のリスク評価・管理に係る課題と期待　各国法規制は，国際的な化学物質評価・管理の潮流を踏まえて，評価・管理の「効率化」「高度化」を遂げてきたが，今後はより困難な課題に立ち向かっていかなければならない．特にHPVやPBT物質を優先的にリスク評価・管理するための既存のフレームワークでは対処しにくい，リスク評価に用いる情報の少ない少量多品種や科学的に影響が未解明な物質に対する効率的かつ効果的な評価・管理に課題がシフトしつつある．具体的には，①有害性に関する試験データの無い化学物質に対し，分子構造や有害性の発現経路の類似した化学物質の試験データを用いた有害性評価手法の高度化，②毒性学的懸念のしきい値（TTC）などを用いたリスク評価手法の効率化，③子どもへの健康影響，内分泌撹乱作用，ナノ材料による影響，医薬品・生活関連物質による影響などの未解明問題に対処するための評価・管理の方策の検討，④複数の化学物質による複合影響や個体群・生態系または生物多様性への評価，リスクトレードオフなどの化学物質管理の本質的問題への手法的・制度的対応の検討や，⑤リスクガバナンスのあり方の再考（リスク評価の責任主体のあり方など），などがある．化学物質管理に終わりはない．本分野は「リスク」をキーワードに各国間・法令間で切磋琢磨しつつ進化を遂げていく．

［井上知也・平井祐介・藤井健吉］

📖 参考文献

・畠山武道（2016）環境リスクと予防原則Ⅰ：リスク評価，信山社．
・早川有紀（2018）環境リスク規制の比較政治学：日本とEUにおける化学物質政策，ミネルヴァ書房．
・星川欣孝（2016）化学物質総合管理法制：官主導に捉われた半鎖国状態をただす方策，日本評論社．

【6-15】

化学物質の安全学の考え方と過去の事例からの教訓

安全学におけるリスク低減の3ステップメソッドにおいて，第1ステップは本質的安全設計，第2ステップは，残るリスクへの安全装置，第3ステップは，警告ラベルや取扱説明書の配布である．この3ステップメソッドを化学物質に応用すれば，第1ステップは毒性の低い物質の使用，第2ステップは曝露を小さくする工夫，第3ステップは使用者の注意である．

◆化学物質による人の健康と環境生物への影響例

(1) ジクロロジフェニルトリクロロエタン（DDT）の問題　DDTは1874年に合成され，その卓越した殺虫効力から「奇跡の薬品」とまで言われた．この殺虫効力を発見したミューラー（Müller, P）は，1948年にノーベル生理学医学賞を受賞している．

しかしながらこの「奇跡の薬品」も，わが国ばかりでなく国際的にも「残留性有機汚染物質に係るストックホルム条約」で製造，使用等が規制されている．その理由は，DDTの対象生物以外への強い毒性にある．例えば，鯉に対する48時間半数致死濃度は0.11 ppmである．また，DDTは環境残留性および高度な生物濃縮性を持つ．水生生物への濃縮倍率は10^4～10^5であり，DDTの持つこの性状が，1962年にカーソン（Carson, R. L）が*Silent Spring*（邦訳『沈黙の春』）で示した有機塩素系農薬の警鐘となった．ここでの教訓は，対象生物以外への強い毒性，環境残留性，および高い生物濃縮性を持つ物質は大きな環境影響を示すということである．わが国では「農薬取締法」を改正し，これらの強い毒性を持つ環境残留性農薬は現在ほとんどが登録を失効している．

(2) ポリ塩化ビフェニル（PCB）の問題　PCBの問題は強い急性毒性は持たないが，微量を長期に摂取すると人の健康に影響が出ることにある．

PCBの急性毒性は半数致死量で表すと，1000～3000 mg/kgであり，「毒物及び劇物取締法」の対象とはならない．当時はPCBの発がん性もはっきりしていなかった．1968年に西日本一帯で発症した油症により，急性毒性は小さくても慢性毒性があることが明らかになった（油症の実際の原因物質はPCBが熱により変化・生成したダイオキシン類であったが）．PCBは，ノンカーボン紙，コンデンサーオイルなどとして使用されていたが，PCBの持つ環境残留性，高度な生物濃縮性が環境汚染問題を起こした．ここでの教訓として，これまでは一般化学物質に対しては，「労働安全衛生法」により発がん性物質が，「毒物及び劇物取締法」により強い急性毒性を持つ物質が規制されていたが，PCBのようにこれらに該当しない物質についても事前に規制することの必要性である．国はPCBのような，難分解性，高度な生物濃縮性，および，継続して摂取する場合に毒性を示す物質も規制するため，1973年に「化学物質の審査及び製造等の規制に関する法律」（化審法）を制定した．

(3)　ダイオキシン類およびトリハロメタンの問題　ダイオキシン類は，非意図的に生成される物質である．主な発生源としては，燃焼，塩素漂白，および農薬の不純物がある．トリハロメタンは，水道水の塩素による浄水過程で非意図的に生成される物質である．ここでの教訓としては，非意図的生成物に関しても対策を講じる必要があるということである．これらの問題に対し，国は1993年に水道水質基準を設定し，1999年には「ダイオキシン類対策特別措置法」を制定した．

(4)　フロン（CFC）の問題　CFCは1931年に米国で製造開始され，冷媒，洗浄剤，発泡剤などとして多用されてきた．CFCは毒性や腐食性がなく，「化学の勝利」とも言われ，開発者にはプリーストリー賞（米国化学会の最高賞）が与えられた．CFCはDDT，PCB，およびダイオキシン類と同様に，環境中で分解しないが，大きく異なる点は生物濃縮性が低く，またそれ自体ほとんど毒性を有さないことである．CFCによるオゾン層破壊の教訓から，我々はこのような物理環境に影響を及ぼす物質にも対策を講じる必要性を認識した．国際的には「オゾン層の保護のためのウイーン条約」をわが国は批准し，国内法として1988年に「特定物質の規制等によるオゾン層の保護に関する法律」を制定した．

◆リスクコミュニケーターの必要性　化学物質は「もろ刃の剣」であり，いかにそのリスクを最小化しつつ，そのベネフィットを最大化して使用するかが，我々に問いかけられている．そのためには，化学物質の安全性データとして環境内運命，環境生物，および人の健康への影響データを事前に収集し，これらの情報が製造者から使用者に伝えられ（事業者間取引（B to B）では，物質により安全データシート（SDS）の配布が義務づけられ），使用者には使用条件をきちんと守るなどの注意が必要である．

また，化学物質の安全・安心をさらに増すためにも，リスクコミュニケーションの役割がますます増大しており，リスクコミュニケーターの養成が喫緊の課題である．リスクコミュニケーターに必要な資質は，難しいことをやさしく説明できる能力と，関係者から信頼を得るための人間性である．この意味で，リスクコミュニケーションは人間科学の一分野として位置づけられるべきである．

［北野 大］

参考文献

・及川喜久雄，北野 大（2005）人間・環境・安全：くらしの安全科学，共立出版．

【6-16】

新たな感染症のリスク

人類は，感染症とともに歴史を歩んできた．過去に「黒死病」と呼ばれ人類の脅威となったペストや天然痘は，病原微生物が確認され，抗生物質の発見やワクチン開発の成功により，人類の脅威ではなくなった．衛生環境の向上も寄与し，死因に占める感染症の割合も激減した．数々の成功を背景に，「今や感染症の教科書を閉じる時が来た」と米国医務総監が議会で発言したのは 1969 年のことである．1980 年には地球上から天然痘の根絶が宣言されるに至った．

しかし，感染症との戦いは終わりではなく，新たな感染症アウトブレイクが次々と世界各地で報告された（表 1）．このように，近年になって新しく発見された感染症，あるいはすでに存在したが急速に患者数の増加や地理的な拡大が見られた感染症を「新興感染症」と呼ぶ（Morse 1995）．また，ワクチンなどによりすでに制圧されたと考えられていた感染症が，関心の欠如によりワクチン接種率が下がって流行を起こすなど，再び問題となる場合があり，これを「再興感染症」と呼ぶ．

交通網の世界的な発達により，世界的規模での流行が容易かつ急速になりつつあり，感染症は，グローバルな取り組みが必要なリスクになっている．教科書を閉じるどころか，その改訂作業に終わりは見えない．

◆新興感染症の要因　新興感染症が出現する背景には，病原体とそれに接したことのない人口集団との新たな接触がある．そしてその病原体のほとんどが野生動物由来であることが知られている（Jones 2008）．農業用地や水路等の国土の開発は，野生動物由来の病原体に人が接する機会の 1 つである．人間の行動様式も新興感染症をもたらす要因である．例えば，ヒト免疫不全ウイルス（HIV）の流行は人間の性行動とも深く関わっている．交通網の発達は，地理的な拡大を加速している．

病原体が新たな集団に遭遇しただけでは，感染症として定着しない．そこで，その病原体に

表 1　代表的な新興感染症とその病原微生物

年	病原微生物	種　類	疾　病
1973	ロタウイルス	ウイルス	小児の下痢
1976	*Cryptosporidium parvum*	寄生虫	急性下痢
1977	エボラウイルス	ウイルス	出血熱
1977	*Legionella pneumonia*	細菌	レジオネラ症
1980	HTLV-I	ウイルス	成人 T 細胞白血病
1982	*Escherichia coli* O157: H7	細菌	出血性大腸炎 溶血性尿毒症症候群
1983	HIV	ウイルス	エイズ
1989	C 型肝炎ウイルス	ウイルス	C 型肝炎
1997	鳥インフルエンザ A(H5N1)	ウイルス	インフルエンザ
1998	ニパウイルス	ウイルス	脳炎
2003	SARS コロナウイルス	ウイルス	SARS(重症呼吸器症候群)
2009	インフルエンザ A/H1N1pdm	ウイルス	インフルエンザ
2012	MERS コロナウイルス	ウイルス	MERS(中東呼吸器症候群)
2014	鳥インフルエンザ A(H7N9)	ウイルス	インフルエンザ
2015	ジカウイルス	ウイルス	妊婦の感染による胎児 先天異常，神経障害

感受性のある適切な宿主と出会い，感染して増殖し，次の宿主を見つけるという感染の輪がつながっていく必要がある．病原体の侵入が速やかに検知され，適切な防疫活動などの介入が行われれば，感染の輪が断ち切られ，拡大を防ぐことができる．適切な衛生環境があれば，それだけで感染の輪が自然と断ち切られるかもしれない．新興感染症の発生リスクには，その土地の衛生・公衆衛生的な脆弱性も深く関わっている．そのような新興感染症の世界的な「ホットスポット（新興感染症の発生リスクが高い場所）」となりうる脆弱性を評価する試みも行われている（Moore 2016）．

◆人の手が加わった新規病原体のリスク　自然発生以外にも，いわゆる「バイオテロリズム」として，人為的な病原体散布による感染症の発生も，考慮すべき社会のリスクの1つである．近年は，遺伝子工学の発展により，人為的な操作による強毒化や耐性遺伝子の導入や，過去に根絶されたウイルスでも化学的な合成が技術的に可能になりつつある．技術の悪用は当然阻止せねばならないが，正当な実験過程での意図せぬ病原体の作出やその流出も新たな感染症発生のリスク要因である．病原体を扱う実験室におけるバイオセーフティ（危険な病原体を安全に取り扱う概念）・バイオセキュリティ（病原体を危険な人物から守るための概念）の強化も，新興感染症のリスク管理の1つである（☞ 13-11）．

◆新興感染症のリスク管理　新興感染症のリスク管理で重要なプロセスは，早期検知と対応である．サーベイランス活動により，異常な発生（アウトブレイク）を迅速に検知し，疫学調査を速やかに行って感染源を明らかにし，感染の輪を断ち切る介入を行うことが重要である．新たな病原体であれば，病原メカニズムの調査研究や，迅速な医薬品・ワクチンの開発・供給体制も欠かせない．また新興感染症は，先に述べたように動物由来感染症がほとんどであることから，ヒトのみならず，動物の保健衛生部門との一体的な対応，いわゆる「ワン・ヘルス・アプローチ」が重要である．

対応開始が遅れれば遅れるほど介入・制圧は困難になる．2014年の西アフリカでのエボラウイルス病の大流行は，その介入が遅れたために史上最大規模の流行となった．世界は，協調的な緊急対応能力の強化の必要性を認識すると同時に，感染症対策に欠かせない基本的な医療・公衆衛生対応能力の底上げが不可欠であることを認識した．世界保健機関（WHO）は国際保健規則に基づく「コア・キャパシティ（健康危機管理に必要な基本的な検知・対応能力）」を構築することを定め各国の基本的な対応能力の底上げに努めている（齋藤 2017）．［齋藤智也］

📖 参考文献
・嘉糠洋陸，忽那賢志（2015）感染症 いま何が起きているのか 基礎研究，臨床から国際支援まで～新型インフルエンザ，MERS, エボラ出血熱…エキスパートが語る感染症の最前線，実験医学増刊，33（17）．
・竹内勤，中谷比呂樹（2004）グローバル時代の感染症，慶應義塾大学出版会．

【6-17】

ワクチンと公衆衛生

ワクチン（予防接種）は，個人が感染症に罹患するリスクを軽減する手段であると同時に，効率の良い公衆衛生学的な介入手段である．個人を守る手段としてのワクチンの歴史は古く，西暦1000年頃の中国や，トルコ・アフリカで天然痘に罹った人の膿瘍の分泌液を用いた記録がある．一方，公衆衛生学的な介入手段としてのワクチンは，1796年，ジェンナー（Jenner, E）が同様の方法を用いて牛痘に感染した牛の膿瘍から作った，より安全性の高い「種痘」に始まる．

ワクチンの安全性は，種痘から生ワクチン（ウイルスや細菌の毒性を症状が出ない程度に弱くしたもの），さらには不活化ワクチン（加熱処理，フェノール添加，ホルマリン処理，紫外線照射などにより，ウイルスや細菌の病原性をなくしたもの）へ，さらには抗原の一部のみを用いたサブユニットワクチン等へとワクチンの改良に伴い向上してきた．

他の医薬品や食品などと同様，個体差のあるすべてのヒトに100%安全なワクチンは存在しない．しかし，ワクチン接種によって起こる「副反応（医薬品でいう副作用）」のほとんどは，接種部位の痛みや腫脹，微熱，接種時の失神（迷走神経反射）など一時的なものである．重篤な副反応の代表的なものとして，接種直後におきる「アナフィラキシー」があるが，頻度は稀である．アナフィラキシーは命を脅かすほどの強いアレルギー反応で，ワクチン以外の医薬品でも，果物など自然の食品でもみられる．

◆予防のベネフィットと副反応のリスク ワクチンの感染症予防効果は，予防する病原体やワクチンの種類によって異なるが，各国当局が承認し，推奨しているワクチンは，承認した投与方法，量，回数で接種する限り，リスクがベネフィットを大幅に上回る．市販後のモニタリングで，リスクがベネフィットを上回ると評価されたワクチンは速やかに承認や推奨を取り消される．

しかしながら，ワクチンの安全性や効果を疑う声はいまだに大きい．ワクチンの機序は複雑で，病気にならないというベネフィットは，副反応のリスクや病気が治るというベネフィットに比べて実感しづらいからである．また，各種ワクチンの開発と普及により感染症を目にする機会が激減し，抗生剤や抗ウイルス薬の進歩により命を脅かしていた感染症の多くが治療可能になったことで，感染症によるリスクをワクチンによる副反応のリスクよりも低く評価するようになっているためである．

◆世界の反ワクチン運動 ワクチンのリスクを過大評価させる大きな要因に，「ワクチン不安」がある．

疾患	種痘	ジフテリア	百日咳	破傷風	ポリオ	麻疹	おたふく風邪	風疹	先天性風疹症候群※1	ヒブ	水痘
20世紀の患者数	29,005	21,053	200,752	580	16,316	530,217	162,344	47,745	152	20,000	4,085,120
2017年の患者数	0	0	18,975	33	0	120	6,109	7	5	33	102,128（2016年）
減少率	100%	100%	91%	94%	100%	>99%	96%	>99%	97%	>99%	98%

2019年現在，世界的に見ればポリオ，ジフテリア等の患者は存在し，人類史上，ワクチンによって撲滅された疾患は種痘のみである．
※1　妊婦が風疹に罹ることで児に先天性の障害が生じること

図1　米国におけるワクチンで予防可能な疾患の年間患者数の変化
［出典：CDC（2019）をもとに作成］

ワクチン不安の歴史はワクチンの歴史と同じだけあり，1853年，労働者の間での流行を防ぐため種痘を強制接種と定めた英国では，種痘は労働者階級の子どもの命を奪うための施策であるとの噂がたち接種拒否運動を招いた．

近年のワクチン不安は，科学の急速な進歩の中で公害や薬害問題が噴出した1970年代に始まる．米国では当時，ジフテリア・破傷風・百日咳を予防する三種混合（DTP）ワクチンが自己免疫性の脳障害を引き起こし，痙攣や知的障害をもたらすとする激しい反ワクチン運動が起きた．巨額の賠償を求める集団訴訟にまで発展したが，DTPワクチンが自己免疫を起こすというエビデンスはない．

現在，世界でもっとも不安視されているワクチンは麻疹ワクチンである．1998年，英国人医師のウェイクフィールド（Wakefield, A. J）が，麻疹，おたふく風邪，風疹を防ぐ新三種混合（MMR）ワクチンに含まれた麻疹ワクチンが自閉症を引き起こすというデータを医学誌「ランセット」に発表した．ところが，2004年，ジャーナリストのディア（Deer, B）が，データはねつ造であったことを暴露．論文は撤回され，ウェイクフィールドの医師免許は取り消されたが，1998年当時の接種率（90%）を回復するには8年を要した．その間，英国，米国，および日本を含む世界17カ国で，ウェイクフィールドのデータを検証する調査や研究が行われたが，いずれもワクチンと自閉症との因果関係を否定している（ウェイクフィールド事件）．2016年頃から問題になっている欧米における麻疹の再流行も，この事件の流れを汲むワクチン不安の再興を背景としている．

現代の反ワクチン運動に共通するのは，①ワクチン接種の自己決定権（ワクチンを接種しない権利）や自然志向を掲げる市民運動と親和性が高いこと，②飛躍した論理や科学的根拠の薄弱なデータに基づき，ワクチンの危険性を主張する医師や研究者がいること，③被害を訴える人を組織し訴訟を率いる弁護士がいること，④巨大製薬会社，医師，政府などエスタブリッシュメント間の利益相反を疑う陰謀論を伴うことである．ポピュリスティックな報道や政治の影響も大きい．2018年，ポピュリスト政権となったイタリアではワクチン接種の義務が撤廃された．米国では，数多くの有名人が反ワクチン運動に積極的に関与している．代表的な人物は，ハリウッド俳優のデ・ニーロ（De Niro, R），ジム・キャリー（Carrey, J. E），ジェイミー・マッカーシー（McCarthy, J），政治家ではトランプ（Trump, D. J）大統領，ケネディ・ジュニア（Kennedy Jr., R. F）民主党議員などである．

◆日本における反ワクチン運動　わが国における反ワクチン運動は，先述の4つの特徴を共有しながらも独自の変遷をたどってきた．現在の日本でワクチンを不安視させる最初のきっかけを作ったのは，大腿四頭筋拘縮症の問題であろう．世界では，小児の注射は筋肉量が多く痛みの少ない大腿四頭筋に行うことが一般的であり，かつては日本でも同様だった．しかし，ワクチンを原因と疑うこの問題が浮上して以降，日本では上腕二頭筋への接種が一般的となっている．1970年頃より製薬会社と日本政府に対する訴訟が各地で提起され，1996年の京都地裁での和解を最後に決着するまで長らく尾を引いたが，このとき，一部の医療関係者を含む人たちの間で，ワクチンと筋肉注射を忌避する運動が生まれた．大腿四頭筋拘縮症とワクチンを含む特定の注射薬剤との因果関係は否定されており，原因は抗生剤や解熱剤が普及し始めた当時，筋組織への頻回の注射が行われたことであると考えられている．

日本は，ウェイクフィールド事件の影響をほとんど受けなかった数少ない先進国でもある．1989年，定期接種となったばかりのMMRワクチンのうち，おたふく風邪の株が十分に弱毒化されておらず，1682人にも及ぶ無菌性髄膜炎の患者を出すという薬害事件が起きた．以来，日本ではMMRワクチンを用いる代わりに，麻疹，風疹を予防するMRワクチンと，おたふく風邪ワクチンとに分けて接種が行われている．つまり，ウェイクフィールドが論文を発表した1998年当時，日本ではMMRワクチンを使っていなかったため，事件の影響もほとんど受けなかったのである．

ウェイクフィールド事件という壮大な薬害デマへの免疫がないこともあってか，日本では現在，子宮頸がんを防ぐヒトパピローマウイルス（HPV）ワクチンに対する反ワクチン運動が強固である．HPVワクチンは，2006年に市場に出て以来，世界140か国以上で使用され，80か国以上で定期接種となっている，効果と安全性の確立したワクチンである（2018年9月現在）．日本でも2013年に定期接種となったが，痙攣や慢性疼痛を引き起こすという声を受け，政府は同ワクチンを定期接種に定めたまま「積極的接種勧奨」を停止するという政策決定を行った．70%あった接種率は軒並み1%以下となり，2016年7月には世界初となる国家賠償請求を求める集団訴訟にまで発展している．こうした日本の政策はWHOからも強く非難されており，2015年に出されたHPVワクチンの安全性声明は「(日本では）専門家の委員会が子宮頸がんワクチンと副反応の因果関係はないとの結論を出したにもかかわらず，国は接種を再開できないでいる．薄弱なエビデンスに基づく政治判断は安全で効果のあるワクチンの接種を妨げ，真の被害をもたらす可能性がある」としている.

言うまでもないが，ワクチンに対する不安の大きさや反対運動の大きさとワクチンの実際のリスクは比例しない．高度に情報化された現代社会では，そのことを念頭に，科学的に正しい情報やメッセージを見極めるリテラシーが求められる.

◆チメロサールとアジュバント　近年の反ワクチン言説は，ワクチンの改良および安全性の向上とともにますます洗練された主張となり，反ワクチン運動は「今世紀もっとも成功した市民運動」と評されるほどの勢いを持つに至っている．興味深いことに，大卒以上の高学歴，高収入の人たちほどワクチン不安が強く，特に米国では高級住宅街ほどワクチン接種率が顕著に低い．背景にあるのは，医師や大学教授など有資格者が，科学的な言葉と，それらしいロジックでワクチン危険説を主張していることである．彼らの主張で言及される代表的なワクチン成分は2つある.

1つは，かつてはMMRワクチンにも含まれていた有機水銀「チメロサール」である．チメロサールは，古くからワクチンの保存料として用いられてきた．ウェイクフィールドが論文を発表した翌1999年，ワクチンと自閉症との因果関係についての評価が定まっていなかった米国では，米国疾病予防管理センター（CDC）と米国小児科学会が全ワクチン製造企業にチメロサールの使用自粛を求めた．その結果，米国では2001年までにすべてのワクチンからチメロサールが排除された．チメロサールをはじめ水銀が自閉症を引き起こすというエビデンスはない.

チメロサールが市場から消えても自閉症患者が減少しないという状況の中で新たな標的となってきたのが，ワクチンの効果を高めるために添加される「アジュバント（ラテン語で「助ける」の意）」である．抗原の一部を精製して製造するワクチンは一般的に効き目が弱く，アジュバントを必要とする．代表的なアジュバントは1920年代に見出されたアルミニウム塩で，1932年にジフテリアワクチンに用いられて以来，百日咳，破傷風，HPV，肺炎球菌，B型肝炎など現在でも多くのワクチンに使用されている．アジュバントの機序は長らく不明で，開発が経験的に行われていたという事情もあり，アジュバントは，数々の反ワクチン運動の中で，強すぎる免疫原性が自閉症や自己免疫疾患を引き起こすというもっともらしい主張に用いられてきた．1990年代以降，アジュバントの研究は急激に進み，効果の面でも安全性の面でも改良が重ねられているが，古くからあるものも含め，アジュバントが薬害を起こすというエビデンスはない.　［村中璃子］

📖 参考文献

・オフィット，P. 著，ナカイサヤカ訳（2018）反ワクチン運動の真実：死に至る選択，地人書館.
・村中璃子（2018）10万個の子宮：あの激しいけいれんは子宮頸がんワクチンの副反応なのか，平凡社.
・The College of Physicians of Philadelphia（2019）*The History of Vaccines*, https://www.historyofvaccines.org/（閲覧日：2019年2月6日）.

【6-18】

環境問題と健康リスク

わが国の化学物質に係る健康被害の記録は奈良時代に遡り，東大寺大仏の造営時に職人が水銀中毒に罹患した記録が残されているという（佐藤 2009）．明治維新後の急速な工業化は，足尾銅山鉱毒事件や別子銅山煙害事件を引き起こす．足尾銅山鉱毒事件では，亜硫酸ガスにより山林が荒廃し，土砂の流出によって渡良瀬川流域の農地が鉛等の重金属で汚染された．田中正造らの農民運動が粘り強く続けられたことはよく知られている．しかし，科学的知見も乏しく富国強兵政策の中，産業振興を優先する時代が続く．「毒物劇物営業取締規則」が制定されるのは明治末期（1912 年）であるが，この時点では工業用途や販売など業として扱う者が対象であった．戦後，産業復興に伴い，「労働基準法」（現「労働安全衛生法」（1947 年）），「農薬取締法」（1948 年）など労働災害の防止を目的とした法令が整備されるが，1950 年代の高度経済成長期に入ると，工場からの化学物質の排出を原因とした周辺環境の汚染と住民の健康被害が顕在化する．そして，「公害の時代」を迎える．

◆公害の時代 1960 年代には 4 大公害（水俣病，四日市ぜんそく，イタイイタイ病，新潟水俣病）に代表される，工業活動による化学物質の排出を原因とする住民の健康被害や環境汚染が各地で顕在化し，社会問題化していく．1970 年 11 月の「公害国会」において，公害対策に関連する 14 の法律（「大気汚染防止法」（大防法），「水質汚濁防止法」（水濁法），「廃棄物の処理及び清掃に関する法律」（廃掃法）など）が制定された．しかし，多くの公害病は，化学物質の毒性や発症メカニズムを解明することの困難さから，解決までに長時間を要している．例えば，水俣病は 1956 年に公式に確認され，1968 年に，その原因を国が有機水銀と認めるまで 12 年を要し，2009 年に「水俣病被害者の救済及び水俣病問題の解決に関する特別措置法」が成立するなど，いまだに救済が続いている．

◆予防的アプローチの導入 大防法や水濁法など，環境法と言われるこれらの法令群は工場から排出される化学物質の濃度を規制する（出口規制）もので，化学物質の使用を管理するものではない．1968 年，米ぬか油製造プラントの熱交換機に使われていたポリ塩化ビフェニル（PCB）が製品に混入，痤瘡（にきび）様皮疹や皮膚の黒い新生児，女性機能への影響などの症状が消費者に認められた．カネミ油症である．PCB が体に蓄積しやすい性質であったことから，類似の化学物質が環境に排出され，食物を通じて人に蓄積することが懸念され，1973（昭和 48）年に「化学物質の審査及び製造等の規制に関する法律」（化審法）が制定された．1973 年以前に国内で流通していた既存化学物質と新たに製造・輸入される新規化学物質に分け，新規化学物質には事前に分解性，蓄積性のデータの提出を企業に求める制度で，「予防的アプローチ」の考え方を導入したものである．その後，アメリカは1977年発効の「有害物質規制法」（TSCA）で事前審査制度を導入し，欧州連合（EU）は1967年の67/548/EEC，1993年の93/67/EECを経て，2007年に「化学物質の登録，評価，認可及び制限に関する規則」（REACH規則）をNo1907/2006として整備していく．

◆ **ダイオキシンと環境ホルモン**　1983年，愛媛大学の立川涼教授（当時）がごみ焼却場の焼却灰からダイオキシン類を検出したと発表した．「史上最強の猛毒」とのメディア報道やごみ焼却場の立地問題（NIMBY問題）と相まって社会問題化する．そして，1999年に所沢市の産業廃棄物焼却炉周辺の農産物がダイオキシン類で汚染されているとの民間研究所の分析結果が報道された．ニュースキャスターが「葉物」（「葉物」とは茶葉であった）と，曖昧な表現をしたため，ホウレンソウとの憶測が広がり，流通業者の忌避行動に発展した．「ダイオキシン類対策措置法」では，ごみ焼却場からの排出基準がリスク評価により定められた．その後，コルボーン（Colborn, T）の『奪われし未来』が刊行され，環境ホルモン（内分泌かく乱化学物質とも言う．ダイオキシン類を含む）が社会の関心を集めていく．非常に僅かな量で生物のホルモン作用を発揮したり，阻害するなどの影響を与えるという衝撃的な仮説は，発がん性や生殖毒性など慢性影響への不安を呼び，化学物質の得体の知れなさと漠然とした不安を社会に与えることになる．

◆ **化学物質の自主管理と環境問題**　1984年にインドのボーパールで，ユニオンカーバイド社（アメリカ）の工場から農薬原料のイソシアン酸メチルが漏出し，史上最悪の化学物質による事故が発生した（ラピエール，モロ2002）（被害者の数には諸説ある）．同社は1985年にアメリカ国内でも漏洩事故を起こし，化学物質を扱う工場が地域の環境や住民のリスクとして懸念されるようになった．アメリカで「緊急事態計画および地域住民の知る権利法」（EPCRA）が1986年に制定され，わが国の「化学物質排出移動量届出制度」（PRTR制度）に繋がっていく．工業用途で使用される化学物質は数万種とも言われる．そのすべてに対して法的な排出規制や用途制限を定めることは不可能である．そのため，事業者の自主管理やレスポンシブルケアが提唱されていく．

わが国では，公害対策に始まる化学物質管理制度の整備が功を奏し，一般環境は清浄化している．しかし，内分泌かく乱化学物質など未解明な問題や労働災害に関連して，工場のごく近傍に居住する住民の環境影響への懸念など，新たな課題も生じている．

［竹田宣人］

📖 参考文献

・コルボーン，T. ら（2001）奪われし未来，翔泳社．
・佐藤忠司（2009）日本人が経験した水銀汚染の史的検討，新潟青陵大学大学院臨床心理研究，3，5-13.
・ラピエール，D.，モロ，J. 著，長谷泰訳（2002）ボーパール午前零時五分，河出書房新社．

【6-19】

化学物質による生態リスク

化学物質が生物や生態系にどのような影響を及ぼすかを（定量的に）評価・予測することが化学物質の生態リスク評価である．生態リスク評価では，ヒト健康リスク評価（☞第2章）とは異なり，多種多様な生物を対象とする．そこで，生態リスク評価・管理におけるエンドポイント（避けるべき事象）の候補を，生物学的階層とともにまずは俯瞰してみたい．

環境中に排出された化学物質は，生物個体内（分子など），個体，個体群，群集など様々な生物学的階層に悪影響を及ぼしうる（図1）．任意の生物種の集団を想定すると，化学物質の曝露により，生物個体内の生化学的・生理的機能が攪乱され，それが個体の生存率や繁殖率の低下（個体レベルの影響）や，さらにはその集団の個体数の減少や絶滅（個体群レベルの影響）にまで繋がる．ただし，実際にどこまで影響が波及するかは曝露量（濃度）に依存する．この個体群レベルの影響が複数種に波及すれば，種数の減少をもたらし，生物多様性（遺伝的多様性，種多様性，生態系の多様性）や生態系サービス（☞2-9）の低下に繋がる．また，生態系内では食う食われる関係などの種間相互作用が存在しており，ある種の個体数減少が別の種の個体数変動に間接的に波及することもある．このように整理すると，生態リスク評価がいかに複雑で難しいかがわかるだろう．

◆生態リスク評価の理想と現実　生態リスクを評価・管理するためには，最初にエンドポイントを決める必要がある．化学物質の生態リスク管理における保全目標は，一般に，個体群レベル（例：個体群の存続）や群集レベル（例：種多様性の維持）で定められる．例えば，水生生物の保全を目的とした日本の水質環境基準では，「個体群の存続」をエンドポイントとしている．

では，実際にどのような評価が実施されているのだろうか．ここでは，環境省の生態リスク初期評価（水生生物が対象）を例に説明する（環境省 2017）．この評価は，わが国に流通する数万種の化学物質の中からリスクが相対的に高い物質をスクリーニング（抽出）することを目的に，予測環境中濃度（PEC）と予測無影響濃度（PNEC）の比較，すなわち曝露と有害性を比較することによって行われる．PEC は，安全側に立った評価の観点から，通常，公共用水域

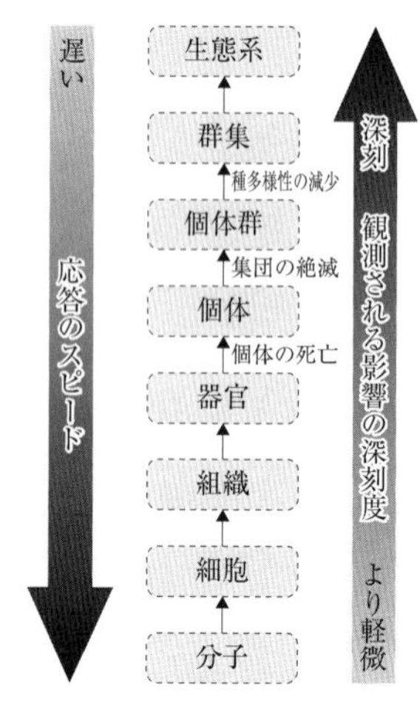

図1　生物学的階層と生態リスク評価における各階層の位置づけ

における高濃度側の実測データ（例：最大濃度）が採用される．他方，PNECは，概念的には「化学物質が生態系に影響を及ぼさない濃度」とされ（林ら2010），藻類，甲殻類，魚類を対象とした室内毒性試験から得られる毒性値（半数影響（致死）濃度や無影響濃度）をもとに，最も低い毒性値をアセスメント係数で除することで計算される．ここで，半数影響濃度（または，半数致死濃度）は，室内試験結果をもとに，半数の個体に成長や行動などの影響（または，半数の個体の死亡）が予測される濃度であり，無影響濃度は統計的に有意な毒性影響が観測されなかった最大濃度である．アセスメント係数とは，室内で行われた単一種を対象とした毒性試験の結果から実環境中の多様な生物相への影響を予測する際に，データの不足度合に応じて組み入れられる係数である（林ら2010）．例えば，上述の3つの生物群全てについて信頼性のある長期の毒性値（慢性毒性値）がある場合は10，それら3つの分類群の短期の毒性値（急性毒性値）しかない場合は100というアセスメント係数が適用される（環境省2017）．最終的に，PEC/PNECの比が1以上であった場合は「詳細な評価を行う候補と考えられる」，0.1未満の場合は「現時点では追加的な作業の必要はない」，0.1から1の間では「情報収集に努める必要があると考えられる」と判定される．

◆生態リスク評価・管理の今後の課題　このように，水質環境基準の設定を含む実務レベルの生態リスク評価のほとんどは，保全目標である個体群レベル以上の影響を直接評価したものではなく，個体レベルの毒性影響に基づいている．これは，個体を保護すれば個体群が護れるという安全側の仮定に基づくが，例えば，水質環境基準の設定は，公共用水域におけるその維持，達成を目的とした排水基準による規制に繋がる．そのため，より保全目標に沿った評価の実装が望ましい．個体群レベルの影響予測には個体群モデルが有用であり（林ら2010），複数の生物種への影響を予測するには，毒性値を統計学的な分布に当てはめる種の感受性分布が国際的に活用されている（永井2017）．さらに，室内試験だけでなく，野外調査により実環境での影響を把握することも重要である（岩崎2016）．リスク評価機関によりPNECの導出方法（急性・慢性の定義，アセスメント係数の大きさなど）が異なるため，同じ毒性データを用いてもPNECが最大3桁ほど異なったことも報告されている．利用可能なデータ量を考慮したより科学的な生態リスク評価方法の構築とともに，その国際協調が今後必要である．　［岩崎雄一］

📖 参考文献

・加茂将史（2016）生態学と化学物質とリスク評価，共立出版．
・中西準子，東野晴行（2005）化学物質リスクの評価と管理：環境リスクという新しい概念，丸善出版．
・松田裕之（2008）生態リスク学入門：予防的順応的管理，共立出版．

【6-20】
循環型社会における リスク制御

日本の循環型社会への取り組みについて，環境省（2014）は5期に分けて解説している．第1期の近代化以降，および第2期の戦後（1945年～1950年代）は，ともに公衆衛生の向上を目指し，1900年の「汚物掃除法」と1954年の「清掃法」をそれぞれ整備した．第3期の高度成長期（1960年代～1970年代）は，公害問題に直面して生活環境の保全が求められ，1970年に「廃棄物の処理及び清掃に関する法律」（廃棄物処理法）を制定し，増加する廃棄物処理の基本体制が整備された．第4期の高度成長期～バブル期（1980年代～1990年代前半）は，最終処分場の逼迫や大規模不法投棄などの課題に対する適正処理を進展させている．第5期の1990年代後半～2000年代は，循環型社会構築の時期として，「循環型社会形成推進基本法」で廃棄物の発生抑制や循環的な利用の必要性が謳われ，リデュース・リユース・リサイクル（3R）といった取り組みが国際的にも認知されるようになった．

◆循環型社会におけるリスクの分類　循環型社会におけるリスクについては，様々な捉え方がある．資源の循環が特に下流の廃棄物処理で「滞る」ことはモノの流れが詰まることであり，それ自体が大きなリスクと考えてよいだろう．また，廃棄物処理プロセスで発生する健康リスク（事故や有害物質など）がこれまで指摘されてきたが，近年は資源利用の上流における供給リスクへの意識も必要になる．

◆循環型社会で「滞る」リスク　廃棄物処理で滞るリスクとしては，まず廃棄物処理施設の立地問題があげられる．廃棄物処理施設は，必要性は認められてもみずからの近隣には立地してほしくない迷惑施設の典型であり，その立地問題はNIMBY（Not In My Backyard）症候群と言われている．例えば，都内で増加するごみの処分場を抱えていた江東区が，清掃工場をつくらない杉並区のごみの受入れを拒絶して，1971年に都知事が「ごみ戦争」宣言を行った事例がある．

このような処理施設の立地問題に対しては，当該施設に起因する問題（衛生面や有害物質の発生）の低減が第1であるとともに，都が実施した自区内処理原則のように特定の地域にリスクが集中することを避ける考え方がある．一方，ダイオキシン類対策としてはごみ処理の広域化が進められており，受益と負担の関係に効率化も含めて，住民を含む関係者がよく議論して意思決定を行う必要がある．

「滞る」リスクは，モノの価値の変動によっても生じ得る．1990年代にごみ問題の象徴でもあったポリエチレンテレフタラート（PET：ペット）ボトルは，1997年施行の「容器包装リサイクル法」によって市町村が分別収集して指定法人に引き渡し，再商品化（リサイクル）されるようになった．2000年以降は，中国での需要から使用済みPETボトルが有償で取引されるように状況が変わり，市町村は同法に基づく引渡しか独自の売却かの選択ができるようになったが，2008年の経済危機では価値の下落によって使用済みPETボトルの処理に困る自治体が続出し，その救済策として指定法人による追加入札などの措置が取られたりした．近年でも，2017年末で中国が廃プラスチックの輸入を禁止すると発表した影響も予想されるなど，モノの価値が変動することによって「滞る」リスクとそれを回避する取り組みが今後も続くと考えられる．

◆廃棄物処理・リサイクルプロセスで生じうる健康リスク　廃棄物処理・リサイクルプロセスで最も重要なリスクと言えるのが，プロセスに伴って発生する事故である．1999年には安定型最終処分場で廃石膏ボードに由来すると考えられる硫化水素ガスによって作業者3名が死亡する事故が，また2003年にはごみ固形燃料発電所の爆発事故で死傷者7名という事故が発生している．内田ら（2008）は，廃棄物処理業における労働災害度数率が全産業と比較して10倍近いことと，その原因として組成が複雑で不均一である廃棄物を取り扱うために安全対策を標準化することが難しいことなどを指摘している．

また，焼却施設から発生するダイオキシン類による健康リスクは，廃棄物処理に関する代表的な問題と考えられてきた．ごみ焼却施設からの排出がダイオキシン類の総排出量の8～9割を占めるとする報告があったことなどから，1997年以降のダイオキシン類対策で焼却施設の改善が進み，2004年の全排出量は1997年の20分の1に減少したとされている．松藤（2007）は，厚生労働省調査で2003年度の摂取量の98%は食品由来で大気経由はほぼ無視できることや，焼却施設改修にかかった費用などを紹介したうえで，ダイオキシン類排ガス基準は安全側に設定された「影響のない濃度」であるが，「これ以上だと危ない濃度」と誤解されているように思われるとしている．

◆資源のサプライチェーンに潜むリスク　循環型社会の推進によって天然資源の消費は抑制を目指すものの，資源や製品などは海外から一定の供給に頼らざるを得ない．近年の新興国の経済成長に伴って世界の資源消費の拡大が予想される中，鉱物資源の供給障害を引き起こすリスクが潜在している．加えて人権，労働，環境などへの関心から，資源利用に伴う環境・社会的な責任の観点からの調達リスクも指摘されている．こうした資源利用の上流におけるサプライチェーンに内在するリスク要因に関する研究（佐々木ら2017）も始められており，これらのリスク要因を踏まえた戦略的な資源管理が重要な課題となっている．［寺園 淳］

参考文献

・環境省（2014）日本の廃棄物処理の歴史と現状，2014年2月（閲覧日：2018年3月6日）．
・佐々木翔ら（2017）責任あるサプライチェーンの実現に向けたニッケル資源利用に関わるリスク要因の整理と解析，日本LCA学会誌，13（1），2-11．
・松藤敏彦（2007）ごみ問題の総合的理解のために，技報堂出版．

第7章
社会インフラのリスク

［担当編集委員：岸本充生］

【7-1】

重要インフラストラクチャーのリスクとレジリエンス

我々の社会・政治・経済活動は，様々なシステムに支えられ，広域かつ重層的に繋がり合い，日々複雑化し続けている．そのため，ひとたびある分野で重大なリスクが顕在化すると，それは時間的・空間的な拡がりをもち，リスクの連鎖を引き起こし，ひいては直接的・間接的に国家の成長や国民生活へ深刻な障害となる可能性をもつ．そして，今この起因事象となるハザード・脅威は，大規模自然災害やパンデミック，重要施設の重大事故，サイバー攻撃，そして重要施設・機能集積エリアへの物理的破壊攻撃など，その規模や特性は多様である．

我々はあらゆるリスク領域がかつてないほど密接に連関している世界，システミックリスクの時代にいる．このような状況を背景に，各国政府では重要インフラストラクチャー（以下，重要インフラ）の社会的機能の維持・確保に焦点をあて，国家リスクマネジメント戦略あるいは国家セキュリティ戦略，そして国家のレジリエンス強化が国家緊急事態対処の文脈の中で検討されている．

◆重層的かつ複雑につながる重要インフラ　重要インフラとは，我々の日常生活に必要不可欠または国家として社会的・経済的に継続するために必要な施設，システム，拠点，ネットワーク，サービスであり，ハードウェアだけでなくソフトウェアも含む．具体的には，国によりやや異なるが，概ね，エネルギー（電力，ガス，石油），情報通信（通信，放送），交通・物流（道路，鉄道，航空，海路，港湾），水道（上・下水道，工業用水道），金融，医療，食糧，緊急対応（自衛隊，警察，消防，避難所等），政府機能（地方自治体を含む）が共通してあげられる．

重要インフラは重層的に連結し，相互に依存しながら機能している大規模な複雑システムである．この状況は平時においてはなかなか実感し難いが，大規模自然災害など緊急事態への対処において，その複雑な関係性は発露する．重要インフラシステムに障害が発生すると，機能依存性に伴い障害は波及する．その形態には，機能停止，機能制限，復旧支障，復旧阻害がある．また，障害が単一の重要インフラシステムに発生する場合，災害により同時に複数の重要インフラシステムに発生する場合，それが広域で発生する場合，複数の地域で時間差をもって発生する場合など，その状況によって波及の仕方には多様なシナリオが考えられる．そして，この多様なシナリオのもと，波及した障害はその発生個所で，そこの利害関係者に社会的，経済的，政治的，心理的なリスクをもたらす可能性があり，リスクもまた複雑な相互依存性をもつことになる．

さらに，重要インフラシステムを保有・管理する組織は国，地方自治体，そして民間事業者であるが，その規模や資金力には差異があり，加えて当該インフラ分野の技術進展の度合いに差異もあるため，適用技術の使用年数や取替頻度の混在度，対応能力などハードおよびソフト面からみても複雑性は一層増し，障害波及は複雑な連鎖構造をもつことが推測される．また，個別重要インフラはそれぞれの規制や制度のもとで運用されているが，障害波及や重大な副次的影響は当該規制の範囲を超えて発生する可能性がある．当該規制当局はこうした影響を，意図せぬ影響あるいは予期せぬ影響という認識を持つことなく，関連規制当局と認識を共有し，監視・対処する必要がある．

◆重要インフラシステムのレジリエント・ガバナンス　レジリエンスとは，外乱やシステム内部の変動がシステムの全体機能に与える影響を吸収し，状態を平常に保つシステムの能力，あるいは想定を超える外乱が加わった場合でも機能を大きく損なわないか，損なっても早期に機能回復できるシステムの能力を言う．この能力を政府，中央・地方の行政機関，民間企業・団体，そして市民が様々な形の協働メカニズムにより社会総体として持ち，緊急事態を想定し，それらに備え，ひとたび緊急事態に直面した際には限られた資源（ヒト，モノ，情報，時間，空間）のもと，応急措置による被害の最少化と迅速な復旧・復興を図ることがレジリエント・ガバナンスである（産業競争力懇談会，東京大学政策ビジョン研究センター 2014）．レジリエントな社会の構築には，社会的に重要な機能である重要インフラシステムのレジリエンスを高めることが不可欠である（☞ 2-15, 13-8）．

レジリエント・ガバナンスを具体的に検討するにあたっては，現代社会を構成する諸セクターの構造と機能の把握，セクター間の繋がりと依存関係の把握，ハザード・脅威に対するシステムやネットワークの脆弱性の同定と被害の推定，社会的脆弱性を生み出す弱点の同定について，大局的な流れを読み全体像を把握するシステム思考に基づき定量的かつ可視的に評価することがまず求められる．これらのシステム分析結果に基づき，脆弱性レベルの低減策，代替手段の整備やバックアップ対策や重要資機材の備蓄など，多様性と多重性を有するハードおよびソフト面での脆弱性軽減策を立案・開発し，費用効果的な方策を準備するリスクマネジメント計画を策定する．ただし，リスク分析はあくまで発見したリスクがどのようなシナリオで顕在化するか，それによって脆弱なところはどこか，その帰結はどの程度かを評価するものであることを認識しておかねばならない．

きわめて複雑化した重要インフラシステムにおいて，様々なハザード・脅威に対し十分に高い耐性と信頼性を確保するために全ての脆弱性を同定し対処することは基本的に不可能に近い．そのため，いかなるハザード・脅威に対しても確保すべき社会的機能とは何かを起点としたレジリエンス評価の実施が重要となる．リスクマネジメント計画では，その前提を継続的監視により適時妥当性を検証し，必要なら修正し，状態変化に応じて方策を変更可能とする順応的アプローチを採り入れ，レジリエンスと制御，柔軟性と安定性，衡平とスピード，多様性・冗長性と効率性というトレードオフについて熟慮することが重要である．

◆**米国および英国の重要インフラ防護への取り組み**　米国では2003年12月，重要インフラおよび主要な資源を同定，優先順位付けし，テロ攻撃から防護することを目的とし，国土安全保障大統領令第7号「重要インフラストラクチャーの同定，優先順位付けおよび防護」が発令され，これを受け国土安全保障省は2009年国家重要インフラ防護計画（NIPP 2009）を作成した．2013年2月の大統領政策指令21により，重要インフラのセキュリティとレジリエンスのためのパートナリング（重要インフラ所有者，運用者等による官民協働）に関する検討が要請され，NIPP 2013へと改定された．NIPP 2013では重要インフラを取り巻くリスク環境や政治環境や運用環境，重要インフラの分散ネットワーク構造，物理的空間およびサイバー空間での機能的相互依存，重要インフラ事業者の異なる組織構造や経営形態，規制等を含むガバナンス構造を踏まえ，パートナー間の役割・責任・権限が検討され，国家準備システムと整合的なリスク管理強化の共通的枠組みと行動が示された．

なお，水，輸送システム，情報技術，エネルギー，コミュニケーション，緊急サービス，原子炉・材料・廃棄物については，セクター別計画が策定されている．計画策定は，非意図的および意図的なハザード・脅威（すなわち，オールハザード）を対象とした包括的リスクマネジメントの枠組み（目標設定，資産・システム・機能等の特定，リスク評価（脅威，脆弱性，影響），優先順位付け，防護プログラムの実施，効率性の計測を循環的に実施）に基づいている．具体的には，国土安全保障省が基準等を提供，施設所有者または運用者が評価を実施，主管官庁は情報収集や結果の蓄積・報告等を実施する．また，連邦政府・州政府・地方公共団体の省庁をまたがる機関と関係する民間部門が参加し，地方レジリエンス評価プログラムが実施されている．

英国の重要国家インフラ（CNI）防護・レジリエンスは，国家安全保障会議に設置されている脅威・ハザード・レジリエンス・緊急事態小委員会（THRC）のもとで検討されている．THRCは2014年6月に設置された省庁横断型組織で，内閣府民間緊急事態事務局のCNIチームが事務局を務めている．同チームは，THRCの運営のほか，13の重要セクター（政府，民生原子力，情報通信，防衛，緊急時サービス（警察・消防・救急），エネルギー（石油・ガス・電力），金融，食糧，健康，宇宙（地上・宇宙空間システム），輸送，上・下水道）に係る省庁・部局の合同会議を組織し，各セクターの脆弱性およびリスクの把握（セクターレジリエンス計画作成を義務化）を行うとともに，リスク緩和およびレジリエンス方策に関する省庁横断的な資源の配分と優先順位付けの指導・監督，大臣級年次レジリエンスレビューの作成，インフラのセキュリティおよびレジリエンスに関するセクター横断的業界フォーラムによるCNI産業界の専門家や事業継続管理担当者等と分野横断的な協議を実施している．

◆**日本の重要インフラ防護の取り組みと課題**　日本の重要インフラ防護・レジ

リエンスに係る国家プログラムは，内閣官房国土強靭化推進本部により2013年12月施行の「国土強靱化基本法」に基づき5年毎に見直す国土強靭化基本計画と毎年策定の国土強靱化アクションプランである．基本計画は大規模自然災害を想定した「事前に備えるべき8つの目標」，その妨げになる45の「起きてはならない最悪の事態」，そのうち対処にあたり国の役割の大きさ・緊急度および影響の大きさの観点から重点的に対応すべきものとして15の事態を示している．各府省庁および内閣官房による脆弱性評価は，45の事態を回避するため現在実施している施策の達成度や進捗状況を重要業績指標（耐震化率，事業継続計画策定率など）により定量的に把握し，アクションプログラム作成に用いている．

しかし，これは決定論的アプローチによる防災・減災でしかなく，レジリエンスの本質に迫っていない．欧米諸国が実施しているリスク論的アプローチ，特に重要インフラ（社会的機能）の脆弱性評価に相互依存性を考慮したシステム思考によるアプローチが採られていない．日本においても，国や地域が潜在的に抱えている主要なリスク群の構造を全体的に把握・評価し，対応の優先順位や資源配分への政策判断に資する，府省庁連携・分野横断による戦略的国家リスクアセスメントや俯瞰的研究を継続的に実施可能とするスキームの構築が急務である．

重要インフラの危機管理は各事業者が一義的な責任を有する．そのため，機微情報等の観点からセクター横断的な対応には大きな壁が存在する．内閣サイバーセキュリティセンター（NISC）では，情報技術（IT）障害に対する対策向上のための情報共有・分析機能を意味するCEPTOARを重要インフラ分野ごとに整備・拡大・運営している．このような内閣官房主導による官民連携の経験と実績を拡大し，サイバー空間への依存性だけでなく，それぞれの重要インフラ分野において緊急事態対処から復旧・復興の過程で他重要インフラにどのように依存しているか，その実態について情報共有・分析機能を拡張するとともに，オールハザードを対象とした重要インフラ事業のセクター・レジリエンス計画の策定を通して官民協働の強化を図ることが望まれる．

さらに，重要インフラのレジリエンス強化は短期的にはその効果を実感し難いが，中長期的には競争力強化につながることを踏まえ，重要インフラ事業者を対象とするレジリエンス投資促進税制などのインセンティブ政策を検討することも必要である．重要インフラ防護・レジリエンス強化に係る中核の意思決定プロセスには，リスクに関する系統的で明示的な考慮がしっかり組み込まれることが重要であり，政府内にリスクカルチャーが醸成されることが不可欠である．

［谷口武俊］

参考文献

・International Risk Governance Council (2006) Managing and Reducing Social Vulnerabilities from Coupled Critical Infrastructure, *White paper*, 3.

【7-2】

工学システムと安全目標

日本学術会議は，2014年に「工学システムに対する社会の安全目標」（以下，2014年報告）を報告として取りまとめた．2014年報告は，工学システムの安全に関する現状を調査し，工学システムの社会安全目標の基本的考え方を整理し，具体的な目標として死亡に関する目標にALARP（アラープ，as low as reasonably practicable）の概念を採用し，その定量的基準値を提案した．また，日本学術会議では，2017年に「工学システムに対する社会安全目標の基本と各分野への適用」（以下，2017年報告）として，工学システムの各分野の特徴を踏まえ安全目標の適用について検討を行い，基本的な考え方の有効性と課題を明らかにして社会安全目標の実効性を高めるための検討内容について取りまとめている．

ここでは，2014年報告と2017年報告の考え方（両報告書に共通の内容は，以下，安全目標報告）を中心に記述する．

◆工学システムの社会安全目標の基本的考え方　安全目標報告では，安全を考える際には経済的発展や国際競争力との兼ね合いで考えることが重要であり，最新のリスクの考え方である好ましい影響と好ましくない影響を共に考えることの重要さを含めた総合評価の考え方を示している．

安全目標報告では，安全の定義としてISO/IECガイド51（1999）の定義を採用しており，2017年報告では，「許容不可能なリスクのないこと」という表現を採用している（☞3-3）．

そして，安全目標報告では，安全目標の基本的な考え方として，ALARPの考え方を人命に関する目標だけでなく一般的な分野に適用することとした．そして，ALARPの考え方に基づき，安全目標の基準として，達成できない場合は許容されない基準値（A）と，さらなる改善を必要としない基準値（B）の2つの基準を定め，その位置づけを以下のように明確化している（図1）．

① A基準は，事業者と社会との合意事項によるものとする．
② B基準は，その領域の関係者の意思・合意によって定められることが望ましい．
③ A基準とB基準との間はALARP領域とし，便益，コスト，リスクの兼ね合いで目標を定め，設定した目標値については不断の改善努力を行う．

安全目標の対象となる事項としては，生命，心身の健康，財産，環境に加え，情報，経済，物理的被害，社会的混乱等とした．

社会的な影響（人的な影響も含む）が大きくなる工学システムに関しては，対象となる事故の発生確率を低下させたり，事故が発生した際の被害を軽減したり

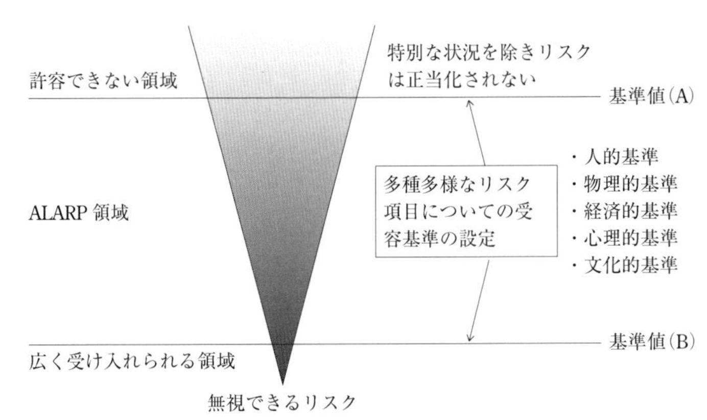

図１　安全目標の基本概念
［出典：日本学術会議総合工学委員会工学システムに関する安全・安心・リスク検討分科会（2014）をもとに改変］

する対策を実施し，提案する安全目標を達成することを求めることとした．事故が発生した際の被害軽減対策の実効性が検証できない場合は，望ましくない事象の起こる頻度（発生確率）を小さくすることが求められるとした．この社会リスクの目標においては，経済的影響が大きいリスク，環境的影響が大きいリスク，物理的被害の規模が大きいリスクに分けて，その考え方を取りまとめることとした．また，安全目標における基本的考え方は，以下のとおりとしている．

① 安全目標は，技術的かつ経済的に実現可能なものでなくてはならない．
② 安全目標の設定においては，経験した事故の再発防止はもちろんのこととして，経験したことの無い事故を未然に防止することも重視する．
③ 安全目標は，人命に加え，社会リスクの観点も考慮に入れて，対象のシステムの稼働・不稼働がもたらす人・社会・環境への多様なリスクを勘案して決定すべきである．
④ 製造者，運用者と利用者の責任をバランス良く考える必要がある．

◆安全目標の要件　安全目標報告では，工学システムの社会安全目標は達成可能なものであり，社会的公平性を維持されなくてはならないとしており，以下の条件を設けている．

① 目標は，特定の活動だけを利するものであってはならず，社会的公平性を前提とするものであること．
② 目標は，技術的合理性，経済的合理性を含めて達成可能なものでなくてはならないが，単なる現状追認であってはならない．また，常に社会状況や技術の進化を反映したものである必要がある．
③ 目標をいつまでに実現するかを明確にすることにより，具体性のある達成計画を作成し実行することが望ましい．

また，安全目標は，社会や技術の状況によって定めるべきものであるとしており，その要件を以下のように定めている．

① 目標は，対象・被害形態・影響の大きさ，得られる便益の大小，経済的・技術的実現性，選択肢の有無等によって変わることを前提とする．

② 目標と比較される各工学システムの現状を示すリスク指標は，そのシステムの過去の実績にとどまらず，環境などの変化，潜在するリスクも考慮した将来の状況も含んだものである必要がある．

そして，安全目標の作成プロセスは，透明性・合理性がなくてはならないとして，以下のように要求している．

① 科学的根拠に立脚し，検証が可能であるものでなくてはならない．

② 多くの人にとり，解釈が容易で明確であるものとする．

さらに，安全目標は，各自の施策に反映できるものでなくてはならないとして，以下のように要求している．

① 工学システムとしての製造から廃棄までの間を通じての安全目標が必要である．

② 供給者・管理者として，施策に反映できるものでなければならない．

③ 一市民の立場からの安全の判断にとっても，有意義でなくてはならない．

安全目標に関しては，人々に希望をもたらすものでなくてはならず，将来の制度改定，技術開発，意識改革につながるものであることとしている．

◆安全目標の対象としている工学システムと社会システム

(1) 工学システムカテゴリー　2017年報告では，工学システムを表1に示すように分類し，その特徴と安全目標の考え方を整理している．

(2) 安全目標のタイプ　2017年報告では，安全目標のタイプを以下の5つに分

表1　工学システムのカテゴリー

カテゴリー	カテゴリーに含まれる工学システムの小分類と説明	安全目標のタイプ
①プラント系	原子力プラント，化学プラントなど	D
②インフラ系	（ア）土木・建築	A　C1
	（イ）電力・ガス・水道ネットワーク	D　B
	（ウ）鉄道・船舶・航空	C2　D
③自動車		B
④ロボット	産業用ロボット，生活支援ロボットなど	C2
⑤情報システム		D
⑥製品安全	工学システムが生み出す製品の安全として目標対象とする	C1
⑦労働災害	全工学システムに共通の労働者の安全として目標対象とする	A　B

けて，表1に示したカテゴリー毎にその対応を示している．

〈Aタイプ〉　このタイプは，安全と見なす環境として，制度・機器，保安距離等の要求事項を設定する考え方である．全ての工学システムにおいて，このタイプの規制・基準は存在するが，ここでAタイプと分類するのは，このタイプの目標が大部分を占めるものをいう．

〈Bタイプ〉　このタイプは，毎年被害が複数発生する状況下，被害の発生件数や減少数を目標として示し，安全を向上する考え方である．

〈C1タイプ〉　このタイプは，リスク指標を安全目標に採用するものであり，死亡被害のように単一指標において，リスクの要素のうち，発生確率を安全の指標とする考え方である．

〈C2タイプ〉　このタイプは，リスク指標を安全目標に採用するものであり，人的リスク（死亡，怪我等の被害の種類とその発生確率の組合せ），物的リスク（被害の大きさと発生確率の組合せ）のように，リスクを安全の指標とする考え方である．

〈Dタイプ〉　リスク指標を安全目標に採用するものであり，A，B基準は，重要なリスク指標を採用するが，その間の許容レベルの判断は，複数のリスクから社会・組織の価値を考慮して総合的な指標を作成し，安全の指標として示す考え方．A，B基準自体に総合的な指標を採用する場合もある．

(3) 工学システム安全に対する要求事項　安全目標報告では，工学システムの安全を評価する際のリスク算定に対する要求や評価の役割分担などに関して取りまとめている．

工学システムの開発・運営者は，開発時においてその安全に関する検討範囲（影響の種類，原因の範囲など）とその目標とするレベル（安全目標）を明らかにし，運営時にはその安全レベルを最新の情報のもとで検証した結果を公開することとしている．

対象となる工学システムの現状リスクの算定に際しては，経験した災害・事故・トラブルに限定することなく，可能性を洗い出すように努めること，対象とする製品・システムに関しては，製造から廃棄までのリスクを総合的に評価することや，最新の知識・環境の変化を反映することとしている．

(4) 工学システムに関する安全に関与した許認可に対する役割分担　2017年報告では，安全の許認可に対する役割に関しては，対象システムの稼働・不稼働の決定は，社会的にその責任をとることができる主体が行うこととしている．

事業者が主体となって判断を行う工学システムに関しては，国等は社会安全の視点から望ましいレベルをガイドラインとして示し，そのガイドラインを参考にして事業者が判断をすることが望ましい．事業者はそのガイドラインを最低基準として，自分の責任において安全目標を明確に示し，安全を向上する責任を持つとしている．

事業者・専門家は，最新の知識・技術を用いて現状リスクを把握・報告する責務を持ち，市民は，科学技術のシステム・製品を安全に活用し豊かな社会生活を行うに際して，理解すべき科学技術のリスクに関して関心を持ち，その受容のあり方に関して常に考えておくこととしている．

ただし，科学技術の多様さ複雑さに鑑みた場合，全ての工学システムに対して，市民の一人ひとりが深く理解することは困難なので，事業者・専門家・国等は，市民が判断するための情報をできる限り提供するとともに，その判断が市民から信頼される状況を作る必要があるとしている．

◆工学システム安全に関する要求事項 安全目標では，工学システム安全を検討・評価する際の要求事項を以下のように取りまとめている．

① 工学システムの開発・運営者は，開発時において，その安全に関する検討範囲（影響の種類，原因の範囲等）とその目標とするレベル（安全目標）を明らかにして，運営時にはその安全レベルを最新の情報のもとに検証した状況を公開する．

② 社会に大きな影響をもたらすリスクを持つ工学システムは，それまでに経験した事故の再発防止はもちろんのこととして，未然防止の考え方を重視すべきである．ここで言う未然防止とは，発生の防止のみならず事象が拡大して被害が甚大になることを防ぐ概念も含まれる．さらに，発生確率が0でない以上，事故は起こり得るので，起こった後の対策も考慮しておく必要がある．

③ 安全目標は，対象システム等やリスクの特徴を反映したものであり，人命に加え，社会リスクの最適化の観点も考慮に入れ，対象システムの稼働・不稼働がもたらす人・社会・環境に影響を与える多様なリスク（ポジティブ，ネガティブ双方の可能性）を勘案して決定することが望ましい．

④ 対象となる工学システムの現状リスクの算定に際しては，算定したリスクの分析条件を提示し，リスク基準との比較における判断に必要な情報を付加することが求められる．

◆安全目標と規制との関係 2017年報告では，安全目標と規制との関係にも以下のように言及している．

規制の制定は，対象とする工学システムに関して多くの検討がなされたうえで定められているが，工学システムに採用される技術の進展や機能の高度化・複雑化を常に規制に反映することは難しい．したがって，規制を遵守していれば事故が発生しないということが保証されているわけではなく，事故の発生が免責されるわけでもない．

社会や企業が新たな工学システムを高度化し，社会の豊かさや企業の発展を目指す限り，社会における必要条件である規制を遵守していることに満足するのではなく，活用する工学システムの特徴に応じ，その開発・運用者は，みずから安全目標を設定し，その達成を目指すことが望ましい．

また，今後，工学システムの活用により豊かな社会を構築するためにも，安全に関する規制と安全目標のあり方を行政・企業・市民で共有し，安全に関する新たな社会の仕組みを構築していくことが望ましい．

◆工学システムの社会安全目標の社会定着要件　工学システムの社会安全目標を社会において活用するためには，まず安全目標の性格を検討する必要がある．

現状では，安全目標には大別して以下の２つの考え方があり，各工学システムに適用する際には，どちらの位置づけにするかを明確にする必要がある．

① 目指すレベルとして安全目標を設定する方法：現状のシステムがその目標を満足していることは担保していない．

② 現状で満足すべきレベルとして安全目標を設定する方法：現状のシステムがその目標を満足していることを担保する必要がある．

また，安全において常に議論となる「事故０」と「リスク０」の意味も整理を行っておく必要がある．年間に数件事故が発生しているシステムでは，「事故０」，または「死亡者０」を目標とすることがある．これは，前記の①に類する目標であるが，注意すべきことは，「事故０」ということと「リスク０」は異なるということである．一般に，事故０は実現できても，リスク０を実現することは，難しい．10年間事故がないプラントにおいても，重大事故の発生確率は10^{-6}/年のような値を持つからである．

さらに，これまでは安全目標として事故の発生確率を設定することが多かったが，今後，対象とするシステムによっては，事故が発生した後の対応について目標を設定することが重要となる．これは，情報システムのように，サイバーセキュリティを考慮すると，基本的には事故の発生を完全には防ぐことができないという考えを表明するシステムがあったり，巨大地震を考慮するとプラントとしてもあるレベルの被害が発生することを完全に防ぐことが難しいという現状があるからである．

安全の考え方は，その対象とする工学システムの発展の状況や社会の要求レベルによって，変化するものである．

安全への対応は，その担当者による安全管理という概念から，社会運営や企業経営の視点からの安全マネジメントへと，移行してきている．

安全目標は，合理的な社会運営や企業の経営には，不可欠なものである．

［野口和彦］

📖 参考文献

・野口和彦（2016）工学システムに対する社会安全目標，学術の動向，21（3），14−19.
・ISO/IEC Guide51（2014）Safety aspects — Guidelines for their inclusion in standards.

【7-3】

インフラの老朽化リスク

道路，鉄道，港・空港，上下水道などのインフラストラクチャー（以後，インフラ）は我々の生活，経済活動に欠かせないものである．経済学者宇沢弘文が「社会的共通資本」を定義した際に，すなわち，自然環境，制度資本と並んで，インフラもその1つを形成すると述べている（宇沢 2000）．2012年に発表された国連大学の「包括的富」報告書（植田ら訳 2014）では富の指標として，自然資本，人工資本と人的資本の3つをあげ，1970年代からの宇沢の主張である「社会的共通資本」の概念が強く反映されている．ここで言う人工資本にはインフラが大きな割合を占めることは言うまでもない．インフラの充実は社会の豊かさを象徴するものと言える．

◆インフラとその実態　1950年代半ばから1970年代の半ばまでのわが国の高度成長期に大量に作られた高速鉄道や高速道路などのインフラが建設後50年前後を迎え，インフラの高齢化とともに事故リスクが高まっている．全国に橋梁が70万，トンネルが1万あると言われている．高齢化したインフラが続々と増えていくことが近年問題になっている．

建設後40年を経過した笹子トンネルの2012年12月の事故（写真1）はそれを象徴する事件であった．現在，インフラは総額にして850兆円（現在価値）にも達すると言われている．事故リスクを低くしつつ，維持管理費用を減らすことは国家的な課題と言える．

◆インフラの特徴とその劣化　インフラの特徴の1つに個体性の大きさがある．すなわちひとつひとつを設計・施工・製作し，それが非常に長い間，それぞれが異なる環境に置かれる．技術の未熟，設計・施工の不備などの理由で初期から欠陥を有しているものも時には存在し，時とともに大きく劣化するものもある．劣化の速度も材質や環境によりそれぞれ異なる．

作った年代によっても基準が異なり，性能も異なる．供用期間も50年もの間使用されるものもあり，中には100年使うものも出てくる．また，橋の状態が劣化したからと言って工事期間にかかる長い年月のあいだ橋自体を封鎖することは難しく，交通を維持しながら改修工事を進める必要がある．そのため，莫大な費用がかかるため，現状のインフラを改修しながら利用していくことが優先される．

写真1　笹子トンネルの事故（2012年12月）［大月市消防本部提供］

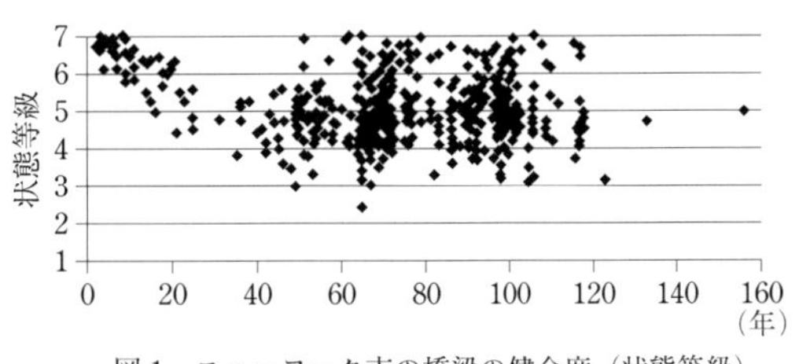

図1　ニューヨーク市の橋梁の健全度（状態等級）と供用年数との関係
［出典：ヤネフ 2009］

電気製品や自動車のように簡単には買い替えるわけにはいかないのが大きな違いである．米国では1970年前後に劣化による落橋事故が続き，2年に一度の定期点検が1970年代の半ばに義務化された．図1に示すのは，ニューヨーク市の橋梁の構造健全度（状態等級）と供用年数との関係である．時間が経つにつれ等級のばらつきが広がり，60年，80年を経ると大きな差があることが理解できる．もちろん，値には補修の効果も入っているが，経年しても満点に近いものが多い一方，等級の低いものも出てくる．ニューヨークの橋では，補修などを全くしないと平均的には60年程度で半数の橋は使用できない（危険な）状態になり，痛みの激しいものでは30年で危険な状態になると言われている．

◆インフラの維持管理のための技術開発　重要なことは，個体差の大きい，個々のインフラの状態を把握，監視し，それぞれのインフラ性能を的確に評価し，余寿命を予測できるようにすることである．これにより補修，補強の優先順位をつけることができ，限られた予算の中での執行順位が決定され，合理的なマネジメントが可能になる．

具体的には，個々のインフラを，検査も含めモニターし，設計図面も含めた諸元をベースに既存インフラの性能や余寿命を高い精度で推定し，補修・補強などの必要なアクションを提示するのがプロセスであり，これらのための研究対象は広範囲に及ぶ．検査を含めたモニタリングにおいても，振動計，レーザー，レーダー，赤外線，エックス線，電磁波などによる非破壊検査が対象になる．また，人間による検査を支援，代替するものとして，ドローン（マルチコプター）などのロボットを使った点検に関する研究が盛んになっている．インフラは道路のように線状で延長が長いので，車などの移動体を使ったセンシング技術も重要である．

これらを実現するための研究開発が，内閣府総合技術・イノベーション会議が主導している戦略的イノベーションプログラム（SIP）「インフラ維持管理更新マネジメント技術」において2014年から5年の予定で行われており，その成果の展開が今後どのように発展していくかが期待される（藤野 2016）．

地方自治体，特に町村では予算不足が深刻である．2014年から始まった橋梁・トンネルなどの道路構造物の5年に一度の近接目視点検でも，予算面で厳しい状況に陥っている．国民の生活にインフラからの恩恵がある以上，老朽化するインフラについて，何らかの形で国民がインフラの維持管理を負担する仕組みもあわせて検討していかなくてはならないと考えられる．

［藤野陽三］

【7-4】
プラント保守におけるリスクベースメンテナンス

プラントなどの機器のメンテナンスは，わが国では，定期検査などで決められた時期に，規準に定められた検査法で，定められた検査箇所について検査し，対策をとる，いわゆる時間計画保全が基本であった．この場合の意思決定は決定論的であり，安全と危険は二者択一であって，その境界は許容値で区切られる．その値以下であれば安全であるが，その値を一歩でも越えるととたんに危険な領域に突入する，とする考え方である．

欧米流の考え方では，両者の中間には多くのグレイゾーンが存在し，この領域では明確に安全とも危険とも判断せず，その危険の程度を把握して少しでも安全な方向に改善するよう努力する．決定論的判断では，一度安全と判断されると，その状態からさらに安全に対する改善をしようとするインセンティブは働きにくい．一方，欧米流の考え方では，多くの設備機器がグレイゾーンに含まれるので，安全側にシフトするよう努力することが求められる．

生産活動に直結しない設備メンテナンスの経費は，厳しい削減の対象とされる．老朽化設備の寿命延伸には適切なメンテナンスの実行が不可欠である．ここで，グレイゾーンの状態をリスクに基づいて評価する保全方式が必要となる．リスクは，事故の起きる発生確率と，その事故が起きた場合の影響度の関数として定義される．リスクを指標としたうえで，メンテナンスの合理的判断を行う手法をリスクベースメンテナンス（RBM，小林 2003）と呼ぶ．

◆ RBM の概念および手順　保全計画における決定事項は，検査対象箇所の選定，検査部位の検査周期，採用する非破壊検査法などがある．リスク保全技術においては，優先順位を明確にするための指標としてリスクを採用する．リスクは検査対象部位に破損が発生する確率と，もし破損が発生した場合に周辺に及ぼす影響度の積として与えられる．システム全体のトータルのリスクのうちの 80% は，実はシステム全体の中のわずか 20% の機器に集中しているとされ，このことが RBM の基本概念となっている．

図 1 に RBM の一般的手順を示す．まず，評価のために必要となるデータおよび情報の収集を行う．これに基づき，対象部位ごとにリスク評価を実施する．リスクは破損の影響度と発生確率の積として評価する．リスク評価の結果に基づいて，検査に対する優先順位の決定を行う．これに基づき，検査プログラムの作成を行う．その結果，リスク値がどのように緩和されるかを示し，提案を行う．提案に対して，現行法規などと照らし合わせて再評価し，問題があれば最初に戻って作業を繰り返す．

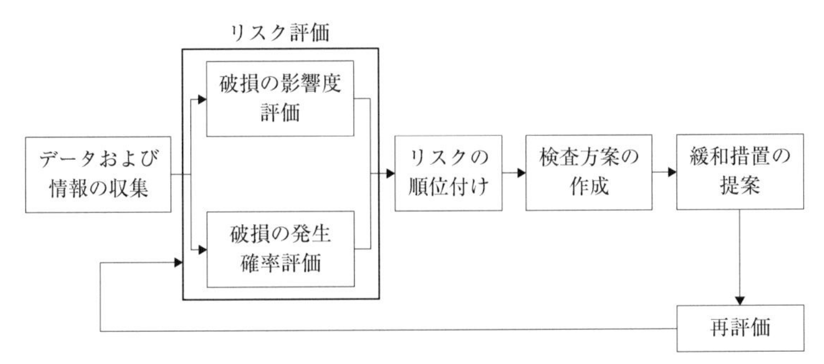

図1　RBMの一般的手順

各機器のリスク値はリスクマトリックス上にプロットしたうえで検討する．リスク評価は，定性評価，半定量評価，定量評価の3段階がある．定性評価は，全体のリスク評価を行ううえで，スクリーニングの位置づけである．プラントは，膨大な機器から構成され，全機器に対して，いきなり定量評価のような厳密な評価を行うことは現実的でない．そこで，簡易なスクリーニングから，詳細な評価に進んでいくプロセスが重要となる．破損確率は，検査時の故障データや文献データに基づいて評価され，影響度については，評価者の関心に応じて健康（H），安全（S），環境（E）などの指標から選択して評価する．

◆RBMの規格動向　RBMに関係する規格動向を概観しておく．まず，世界的にリスクベース検査（RBI）の規格として参照されているのが，米国石油協会（API）のAPI RP-580（2009）およびAPI RP-581（2008）である．なお，RBIという用語は，RBMと類似しているが，特に検査に重点が置かれる場合に使われる．欧州では，RBMに係る活動プラットフォーム（RIMAP）の成果をベースとして，EN規格化が進められている．

一方，わが国では，日本高圧力技術協会（HPI）において規格策定のための活動が行われている．2010年度には，HPIS Z106：2010「リスクベースメンテナンス」がRBMの基本的考え方を示す規格として発行され，これを補強するためのハンドブックとして『HPIS Z107-1TR～4TR』が2011年度までに発行済である．2017年度に，「高圧ガス保安法」の規制対象となる事業者に対して，認定事業者の制度の見直しを行い，自主保安の高度化を促す動機づけとしてリスクアセスメントを活用するようになった．この制度を新認定事業者制度と呼ぶ．［酒井信介］

参考文献

・木原重光，富士彰夫（2002）リスク評価によるメンテナンスRBI/RBM入門，JIPMソリューション．
・小林英男（2011）リスクベース工学の基礎，内田老鶴圃．

【7-5】
航空安全におけるリスク管理

米国のデータでは旅客機で東京–ボストン間（1万マイル）を50万回往復して1人死亡する確率とされ，これはバスや列車の移動より5倍，自動車より7倍安全となる（鈴木2014）．ただし，航空機事故は悲惨であり，社会的に大きな影響を与え，旅客機の墜落事故は4.5億ドルの経済損失を招くと試算されている（Borenstein and Zimmerman 1988）．

◆国際的なリスク管理水準　大きなリスクを伴う航空機事故に関して，国を越えて飛行する航空機の安全基準は国際的取決めが早くから進んだ．第2次大戦後に設立された国際民間航空機関（ICAO）では19の付属書（Annex）により民間航空の基本的なルールを規定している．そこでは，国を越えても混乱することなく安全な運航が可能なように，操縦ライセンス，気象情報，航空図，通信，飛行場などのルールを標準化し，航空機の安全性（耐空性），騒音や廃棄物などに関する性能規定とともに，事故調査や安全管理の実施を定めている．モントリオールに本部を置くICAOには190カ国が加盟し，参加国はそこでのルールを批准し，国内法に反映させている．リスク管理に関係する部分は広範に及ぶが，ここでは機体の型式証明，安全管理に関して概観する．

航空機は設計，開発，製造，運用の各フェーズで安全性の規定がなされ，設計，開発フェーズでは，性能，安全，環境性能を規定する型式証明を製造国当局が発行し，製造に関しては同じく製造国当局が製造証明を発行する．運用に際しては，製造国と異なる場合は，輸出先国当局が型式証明を同じく発行し，整備状況を確認するために毎年，耐空証明を発行する．運用中に，事故やトラブルが発生した場合には，その原因を究明し，耐空性改善通報，型式証明の停止などが発行される場合があり，対策がとられる．

型式証明においては，構造の強度，疲労特性，性能評価，騒音，排出ガスなど性能に基づく評価と，リスク管理的な安全評価が行われる．性能評価の例として，構造強度に関しては想定される最大荷重に安全率（通常1.5）を掛けた終局荷重に3秒間耐えうることが要求され，さらに疲労強度試験やエンジン等の耐久試験が要求される．リスク管理に関して，ICAOの文書は，「歴史的に稀な重大事故は100万飛行時間に1回発生し，その1割がシステム上の問題であるから，1000万飛行時間あたり1回が基準となる．そして，それは100個の潜在的な故障の積重ねで起きるとすると，1つの故障は10億飛行時間あたり1回の確率，信頼性の基準は10^{-9}と帰着される」とリスク管理の考え方を記載している（ICAO 2014）．こうした確率的な信頼性基準は第2次大戦後に電気部品の品質管理手法として作られてきたもので，米国連邦航空規則（FAR）においては航空機（旅客機）の故障を，故障の影響度に応じて，「個々の機体の運用寿命中に1回程度発生」(probable failure)，「全生産機の運用寿命に時々発生」(improbable failure)，「全生産機数の運用寿命中に発生が予想されない」(extremely improbable failure)と分類し，その発生確率をそれぞれ，10^5飛行時間に1回以上，10^9時間に1回から10^5時間に1回，10^9時間に1回以下と設定することを推奨している（FAA 1988）.

◆製造メーカのリスク管理　製造メーカはこうした基準を満たすことを部品のスペックに基づき故障の木解析（FTA）や故障モード・影響解析（FMEA）などの解析によって証明しなければならない．ただし，こうした値が実現できていることの実証は不可能に近く，運航開始後にトラブルが発生し，型式証明が停止されることもある．近年の例では，B787のバッテリー事故がある．トラブルや事故の発生に対してICAOは原因究明と改善提案を目的とした事故調査を求めている．わが国では規制当局と独立した運輸安全委員会を設置し，これにあたっている．

◆リスク管理に基づく安全管理　チェルノブイリ原発事故（1986年）を受け，国際的にリスク管理に基づく安全管理の考え方が整理され，国際標準化機構（ISO）は従来の品質管理の規定に安全管理を新たに追加した．こうした安全管理手法を航空機運航管理に特化させた航空安全管理体制（SMS）がICAO Annex 19として新設され（2011年），2013年から発効された．SMSの基本的な考え方は，事故に対する事故予兆のために運航データの分析とインシデント情報（事故にはならない程度に軽度なトラブル）取集，また事故予知のための事前のリスク評価とその対応策を策定するもので，専門の管理体制を整備することを求めている．さらに，国が安全目標を定め，そのレビューと改善策を推進する国家安全プログラムを求め，わが国では2014年度にその仕組みが動き出している．国内では，JAL 123便事故を教訓として本邦航空会社による旅客機による墜落事故は発生していないが，近年，小型機事故が増加したことを受け，国家安全プログラムによりその実態が把握され，改善案が検討されている．

航空安全リスク管理としては，事故後の被害低減策も重要である．旅客機座席の耐衝撃荷重が16 gと規定されるなどその方策が型式証明に取り入れられている．研究面では知的制御による故障時の緊急自動制御などの開発も行われている．

［鈴木真二］

参考文献

・鈴木真二（2014）落ちない飛行機への挑戦：航空機事故ゼロの未来へ，化学同人.
・東京大学航空イノベーション研究会ら（2012）現代航空論：技術から産業・政策まで，東京大学出版会.

【7-6】
海上交通におけるリスク

国際海事機関（IMO）は，海事分野のための国連の専門機関であり，本部は英国ロンドン，2017年現在の加盟国は172カ国（準加盟国3カ国）である．設立目的は「国際貿易に従事する海運に影響のあるすべての種類の技術的事項に関する政府の規則及び慣行について，政府間の協力のための機構となり，政府による差別的措置及び不必要な制限の除去を奨励し，海上の安全，能率的な船舶の運航，海洋汚染の防止に関し最も有効な措置の勧告等を行う」とされている．IMOで決定した規則が直接，国際条約，各国規則，各船級協会規則となるため，世界共通の規則という点が他の交通インフラと大きく異なる．

規則の中でも，高速船規則（HSC Code），液化ガスのばら積み運送規則（IGC Code），ガス燃料船規則（IGF Code）では，故障モード・影響解析（FMEA）等のリスク評価を用いて技術的仕様を決定するよう要求している．

◆総合的安全評価法（FSA） 「海上における人命の安全のための国際条約」（SOLAS条約）がタイタニック号事故を端緒としているように，規則の作成や改正は大きな海難事故を契機としていたが，1988年，北海油田の石油ガス生産プラットフォームであるパイパー・アルファの爆発炎上事故の反省から，事故の未然回避という観点が強まり，リスク評価の考え方に基づいたルール制定の手順であるFSAが1993年に英国から提案され，その後の議論や試験的な適用を経て承認された．

FSAの手続きは図1に示すように5段階に分かれている．ステップ1で事故に至る種々のハザードを同定し，ステップ2で全体リスクを個々の事故シナリオのリスクの総和として求める．FSAでは事故の発生頻度と被害程度との積をリスクと定義しており，想定する被害は，人命損失，環境影響，財産の喪失であり，リスク許容基準としてALARP（as low as reasonably practicable）領域の上・下限値を定めている（☞7-2）．ステップ3でリスク制御措置（RCO）を，事故頻度の低減措置と事故が起きたときの被害程度低減措置の両面から検討し，それらを導入した場合のリスクの減少を推定する．ステップ4で費用対効果の評価として，CBAを導入して人ひとりを助けるのに必要なコストを

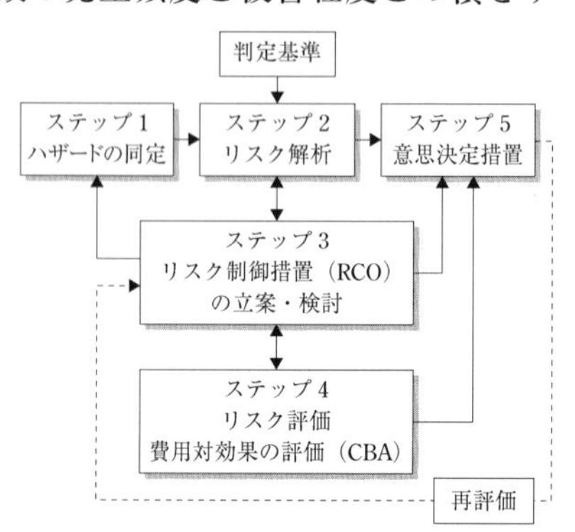

図1 FSA5段階の概念

社会の安全に対する考え方に応じて定めた基準値と比較して，RCOの採否を決定し，ステップ5で導入すべきRCOを提案する．手順や検証の複雑さに難があるものの，FSAを用いた提案は年々増加している．また，油流出のリスクといった環境問題に対してもFSAの考え方が活用されている．

◆目標指向型基準（GBS）　2000年前後に，老朽化したタンカーの大事故が欧州で続発したが，船体構造規則は実質的にIMOから船級協会に委任されており，IMO，各船級協会や国際船級協会連合（IACS）への信頼性が揺らぐこととなった．このため，IMOとIACSは事故後の対応から事前リスク回避に力点を移し，規則の目的・安全レベル・機能要件を明示した目標指向型基準GBS体系の導入を図った．GBSは図2に示すようなTier I～Tier Vのピラミッド型をしており，許容できるリスクレベルを目標として先に定めるという点で，FSAとは異なる安全評価体型となっている．現在のところ，IMOでのGBSの適用は，船種は油タンカーとばら積み貨物船，Tier Iの目標も「北大西洋海域を25年間就航可能」と限定的だが，今後の適用拡大も考えられる．

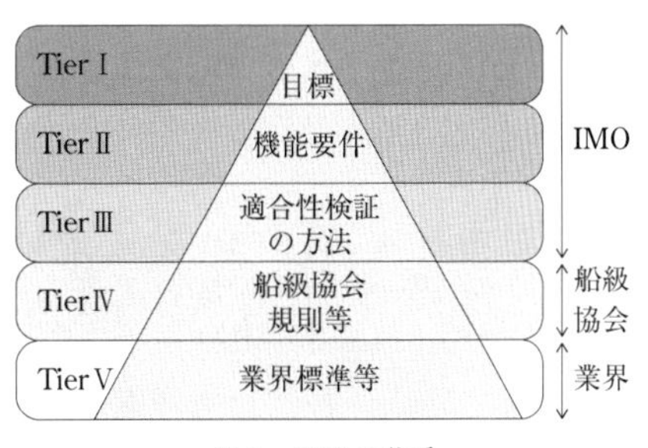

図2　GBSの体系

◆健康・安全・環境（HSE）　船舶と異なり海洋構造物には世界共通規則はなく，操業海域を有する各国政府が独自に規則を制定している．英国はパイパー・アルファ事故に対応し，石油ガス生産者に対し「セーフティケース（Safety Case）」と呼ばれる検証結果を根拠にシステムの安全性を議論・保証するための文書の作成・提出の義務付け等，ALARP概念に基づいたリスクアセスメントを基本としたHSEという労働安全衛生マネジメントシステムを義務づけた．その後，主要国が自国の規則としてこのHSEを採用し，現在ではHSEが海洋構造物のデファクトスタンダードとなっている．さらにこれをオイルメジャーが強力に後押しし，その適用範囲も石油ガスに関連する造船や輸送にまで広げたため，現在は商船の一部もHSEの対象となっている．　［田村兼吉］

📖 参考文献

・日本海事協会（2015）HSEマネジメントシステム導入のためのガイドライン．
・IMO（2015）Generic Guidelines for Developing IMO Goal-Based Standards, MSC.1/Circ.1394 Rev.1.
・IMO（2018）Revised Guidelines for Formal Safety Assessment（FSA）for use in the IMO Rule-Making Process, MSC-MEPC.2/Circ.12/Rev.2.

【7-7】
エネルギーシステムとセキュリティ

日本のエネルギー構成は当初の国産石炭から輸入石油へシフトした結果，エネルギー自給率は急速に低下して，原子力を国産供給源としても20%を下回り，エネルギーセキュリティ確保は国防と並び最重要課題として位置づけられる．

◆エネルギーセキュリティ　エネルギーセキュリティは一般に，国民生活や社会活動に必要な量のエネルギーを合理的な価格で確保することをさす．その判断指標には，エネルギー供給の国内自給率，輸入先や供給エネルギー源の分散度，供給途絶への備えの水準などがあげられる．自給率の向上には，国産・準国産エネルギー源の開発・利用が有効となる．自給できない不足分は輸入に依存するが，輸入先の多様化（中東産原油への依存度是正など）やエネルギー源の多様化（石油依存度の低減など）によりリスクを分散し，さらに，海上輸送や国内供給インフラなどでのエネルギー輸送のリスク管理や，輸入途絶リスクに備えた緊急時対応能力の強化（石油備蓄など）が重要となる．また，調達したエネルギーを効率的に利用し需要を抑制することも自給率の向上に貢献する．ただし，万能なエネルギー源はいまだ存在せず，いずれも欠点があり，エネルギーセキュリティの実現には総合的なリスク対策を踏まえたエネルギーミックスの構築が必要となる．リスク対策が不十分であれば，リスクの発生確率と社会損失費用が増大する．一方，十分なリスク対策は社会損失の低減に貢献するが，リスク対策費用が増加するため，リスク対策と社会損失はトレード・オフの関係にある．リスク対策費用と社会損失費用の合計を社会全体の費用と見なせば，社会全体の費用が最小となるリスク対策の最適水準が存在することが示唆される．

◆エネルギー源の特徴とリスク　エネルギーセキュリティ実現のための適正なリスク対策を考える際，各種エネルギー源のリスクの認識が必要である．石油は常温常圧で液体のため，安価に貯蔵や輸送が可能で利便性が高いが，中東などへ資源が偏在し，安定供給上のリスクがある．

石炭は安価で資源量も豊富であるが，CO_2 排出量は最新鋭の高効率石炭火力でも大幅に削減できず，大気汚染物質の排出もあり，環境対策が厳しくなれば，社会受容性等の面で，石炭利用にリスクが生じる．

一方，天然ガスの CO_2 排出量は石炭の約6割で，環境性能に優れ，都市ガスの高圧・中圧ガス導管は大地震にも耐久性が高く，供給信頼性が高い．しかし気体燃料のため，貯蔵や輸送が経済的に容易ではなく，特に液化天然ガス（LNG）の場合，輸送や液化設備等に多額の投資が必要になる．

原子力は，核燃料のエネルギー密度が高く，燃料交換後約１年は発電可能で備蓄効果があり，使用済燃料の再処理でウランやプルトニウムが燃料として再利用可能なため，準国産資源として自給率に貢献する．しかし，福島第一原子力発電所事故等で明らかなとおり，炉心損傷など過酷事故による放射性物質の外部環境放出に対する社会受容性の問題がある．

再生可能エネルギーでは，太陽光は以前よりコストが低下し，今後もさらなる低下が期待され，供給可能量も大きい．風力発電のコストはまだ高く，資源が北海道や東北に偏在するが，潜在的な供給可能量は大きい．また，太陽光や風力発電は災害時の非常用電源の役割も期待されるが，出力が天候，時刻や季節で大きく変動するリスクがあり，経済的で安定的な電力供給には依然制約がある．

◆エネルギーインフラの相互連結性　エネルギーセキュリティの基盤となる現代のエネルギーインフラは，多数のインフラと相互に依存する複雑なシステムへ発展し，各インフラを単独で見るだけでは全体の挙動を把握できず，新たなリスク評価の視点が必要になる（産業競争力懇談会 , 東京大学政策ビジョン研究センター 2014，古田 2017）．電気，ガス，石油のほか，情報通信，交通・物流，水道は重要な社会基盤であるが，それぞれが相互連結して機能を維持している．

例として，電気は情報通信により周波数制御や需給調整が行われ，情報通信は電気がなければ機能しない．情報技術進展を踏まえれば，電気などと情報通信の相互連結性はさらに進むと想定される．また，電気は供給機能維持に必要な燃料や物資の輸送機能を天然ガスや石油インフラ，交通・物流にも依存する．

したがって，あるインフラの障害の影響は他のインフラに連鎖的に波及して，広範なライフライン機能の停止をもたらし，大きな社会損失が発生するリスクがある．また，多層的なインフラ間の相互連結性は，災害時の障害の発生や進行時のほか，復旧段階でも物理的制約になるなどの影響を与え，復旧の妨げとなる可能性がある（古田 2017）．自然災害等の危機や脅威に対して，エネルギーインフラのレジリエンスを向上させるためには，複雑な相互連結性を理解して，危機発生時のシステム全体の挙動や脆弱性の所在を把握し，インフラの機能停止期間の最小化や早期復旧に資する対策を講じることが不可欠となる．　［小宮山涼一］

📖 参考文献

・産業競争力懇談会，東京大学政策ビジョン研究センター（2014）2013 年度研究会最終報告「レジリエント・ガバナンス」，平成 26 年 3 月．
・日本エネルギー経済研究所計量分析ユニット（2017）エネルギー・経済統計要覧，省エネルギーセンター．
・古田一雄（2017）レジリエンス工学入門：「想定外」に備えるために，日科技連出版社．

【7-8】
社会インフラとしての原子力発電システムのリスク

2011年3月11日，東北地方太平洋沿岸地域をモーメントマグニチュード(Mw) 9の海溝型巨大地震とそれに随伴した大津波が襲った．想像を絶する自然の脅威は，大規模な社会インフラシステム（通信，鉄道，道路，港湾，送配電網，水供給など）に甚大な被害を与えるとともに，福島第一および第二原子力発電所を襲った．福島第一原発1〜3号機は，この外的事象により全電源喪失に陥り，核燃料の冷却ができず炉心溶融に至り，大気・土壌・海洋・地下水へ放射性物質を放出する事態となった．また，事故直後から質の異なる言語的・非言語的シグナルや情報が錯綜，これらも相俟って様々なリスク事象の連鎖が生じた．

この事故は，自然災害起因の産業事故（Natechと呼ぶ）の典型的かつ最悪の事例であるが，複雑化し続ける現代社会の脆弱性を発露させ，わが国の複雑なリスクランドスケープを浮き彫りにした事象として認識しなければならない．以下では，福島原発事故を社会技術システム的な視点で捉え，なぜ様々なリスク事象や帰結が顕在化したのか，リスクガバナンスの観点から如何なる問題を抱えていたか，社会インフラとしての原子力発電システムのリスクを概観する．

◆複雑化する社会における原子力発電システム　我々の社会経済活動および日常生活に必要不可欠な重要インフラにおいて，電力供給は情報通信とともに現代社会の最重要インフラシステムであり，他の重要インフラシステムと物理的に連結し，相互に依存関係を持って機能している．そして，わが国では原子力発電システムが電力供給システムの重要なサブシステムとして機能していた．加えて，原子力発電が社会導入され定着していく過程において，特に原子力施設立地地域では社会的，経済的，政治的な活動などと深くかつ複雑に連結，原子力発電技術のロックイン（固定化）現象は技術や関連する諸制度を支える主体によって政治的に補強されるとともに，制度のロックイン現象も起こり，既得権益による捕囚が生まれた．立地地域および原子力事業・行政分野においては，この現象が重層的かつ複雑に形成されており，福島原発事故以降の社会的な文脈において，これらを源泉としたリスクの顕在化や再興も注視しなければならない．

相互連結性・複雑性の高まりは，対象とするリスク問題が特定の社会，技術あるいは経済領域に端を発したものであるとしても，同時にその影響と深刻度は増幅し，システミックな性質を持つリスク問題になることを意味している．また，社会の個人化・断片化により同じリスクも異なった形で認識される時代にあり，異なったモードによるコミュニケーションの速度・到達度はますます不安定なダイナミズムを引き起こし，システム全体に損失を生み出す状況にある．福島原発事故は，突然の自然現象という外生的要因によって引き起こされたが，その影響の規模や時間的・空間的範囲は，時間をかけて徐々に形成されてきた原子力発電という社会技術システムの内生的要因が大きく作用している．

◆リスクガバナンスの問題点　リスクガバナンスとは，ハザードを内包する活動の運営を可能とする政治的，社会的，法的，倫理的，科学的および技術的な要素の集合から成る社会的な仕組みで，様々なアクターが連携・分担しリスク問題に対処することを言う．具体的なプロセスは，国際リスクガバナンスカウンシル（IRGC）が提案する枠組みを援用すると，リスクに関する知識の生成と理解，リスクに関する意思決定と対応，リスクコミュニケーションから成るが，これらは関係する組織の能力，アクター・ネットワーク，社会的風土，政治・規制文化など様々な要因の影響を受ける（☞ 3-1）．

わが国の原子力発電利用のリスクガバナンスの実態を観察すると，以下の点が指摘できる（Taniguchi 2016）．第1は，大規模なハザードを内包する原子力技術や関連活動に関しては，“そもそも何故我々はこのリスクを引き受ける必要があるのか”という根本的あるいは自己言及的な問いに対する多様な利害関係者による熟議，それに基づく社会的意思決定，社会的正当性の確保が明示的に行われておらず，限られた利害関係者間での暗黙的な認識に留まっていたことである．

第2は，原子力発電施設の過酷事故対策および緊急事態への対応態勢（防災計画立案，訓練）には自然科学・工学から社会科学に至る広範な知識・情報基盤が不可欠であるが，電気事業者や規制機関，そして学術・専門家コミュニティもその知識基盤構築に積極的でなかった．

第3は，2002～06年にかけて急速に進展していた津波に関する研究の知見が，理学と工学の分野間コミュニケーションの欠如・不全から原子炉システム安全の専門家に共有・活用されず，結果としてリスクの早期シグナルの見落しや無視という欠陥を誘発したことである．そして，事業者および規制機関ともに，事前警戒的アプローチへの理解が不十分であった．Mw 9海溝型地震・津波は想定外事象や「既知の未知」と言われるが，むしろ意図的あるいは非意図的にせよ情報が共有化されなかったことは「未知の既知」であったと認識することも重要である．

第4は，現代社会という複雑適応システム（アダプティブなエージェントが相互作用する複雑系）におけるリスクの多面性や挙動について，原子力発電利用との関係性を考えることの重要性への認識が希薄だったことである．

第5は，電気事業者および規制機関ともリスクマネジメントのための十分な組織的能力（ビジョン，ルール・規範，資源，専門能力・知識，組織的統合，柔軟性，ネットワーク）の構築あるいは維持に失敗していたことである．

第6に，緊急事態対処および復旧・復興過程で求められる府省庁横断的体制，いわゆる政府一体アプローチが構築されておらず，原子力行政における内閣府，経済産業省，文部科学省の縦割りの弊害が存在していたことである．

以上のようなリスクガバナンスの重大な欠陥が存在する状況下で未曾有の自然の脅威が福島第一原子力発電所を襲ったのである．

◆原発事故被災地域が抱えるリスク問題　原発事故被災地域では，生活の安全・セキュリティ確保，労働の機会，消費・交流の機会，文化の継承，これらを支える自然環境など相互に関連する，住民の生活環境を構成する基盤や欲求を充足する手段の総体が深刻な被害を受け，弱体化・崩壊・消失した．事故直後から避難生活そして復興という過程を概観すると，災害関連死や心的外傷後ストレス障害などの生命・健康リスク，放射線被ばくの恐怖や不安，信頼感や社会的繋がりの喪失といった心理的リスク，雇用喪失や生活様式の劣化・変更，いじめや差別，スティグマや文化的分裂といった社会的リスク，経済基盤を支える施設や組織，基幹インフラや環境財（土地資源，水資源）等ストックベースの損失，フローベースの損失，収入減少といった経済リスクが顕在化している．

これらのリスクは相互に連関しており，被災地域の復興過程ではこれらの関連性を踏まえ，全体論的な視点から取り組む必要があるが，現実においては問題を悪化・複雑化させる要因が作用し，いわゆる「厄介な問題（wicked problems)」に変化している．例えば，具体的な復興政策は各省庁で実施する事業に分割され，既存の法体系と予算分配構造に影響され，前例主義や実施の容易な事業が優先される．除染（環境省)，避難指示解除（復興庁)，そして早期帰還という一連の政策は固定化され，各被災地域の実情に関わりなく，巨額の除染事業予算はその費用対効果ではなく，被災地域の画一的な平等性や形式的な統一性を重視するあまり使途変更を困難とし，多様で実現可能な復興政策の実現を阻害している（日本学術会議 2014)．そして，避難指示解除は実際の住民の帰還と関わりなく，賠償打切りに連動している．事故当時，縦割り行政の弊害が適切さを欠く事故情報の提供や避難指示等に表れ，さらには意思決定の遅れや責任所在の不明確さを招いたため，原発被災者や被災自治体には社会的な相互信頼の侵食的喪失が起きた．これが原発被災地域の複合的リスク問題に基底的な影響を与えている．

原発事故は多様な利害関係者の存在を浮き彫りにしたが，複合的リスク問題対応に際しては各利害関係者の問題対応のフレーミング（特に時間軸の設定）に違いがあるため，資源配分のあり方，特に世代を超えて継続的な対応を要する問題には柔軟な調整スキームを整備することが求められる．

◆原子力施設立地地域，原子力産業が抱えるリスク問題　全国の原子力発電所は福島原発事故直後，原子力安全・保安院より緊急安全対策を求められ，順次定期検査に入り，2012 年 5 月には国内 50 基全てが運転停止となった．一方，政府は原子力安全規制および原子力政策の行政機構を再編，前者は「国家行政組織法」の三条機関として独立性の高い原子力規制委員会を設置，後者は経済産業省資源エネルギー庁が所管，原子力防災は内閣府が総合調整することとした．

しかし，発電所再稼働プロセスを観察すると，政府の役割は限定的で，地方自治体が広域避難計画策定や周辺自治体を含む地元合意など非公式に大きな役割と厳しい政治的決定を負っている点は変わっていない．発電所の運転停止長期化により，特に発電所に依存する立地地域の経済・産業主体の体力は弱体化した．その一方で，発電所から30km圏内が緊急時防護措置準備区域（UPZ）となり，広域の自治体が原子力安全防災問題に関わることとなった．これらのことが立地地域および周辺自治体でそれぞれ思惑の異なる政治的動員を惹起している．

しかし，福島原発事故の実態を目の当たりにした立地地域住民や周辺自治体の多くは，政府や原子力界への信頼を喪失，広域避難を含む原子力地域防災計画の実効性への懸念もあり，原子力安全や放射線リスクに対する認知的不協和（自身の中に矛盾する認知を同時に抱える）の状態にある．

認知的不協和の解消には，様々なリスクトレードオフ関係について多様なレベルでの利害関係者の対話と共考が必要であり，社会的意思決定には多元的関与を可能とする柔軟で非集権的な決定プロセスの構築が重要となる．この仕組みは地域社会のみならず中央行政にも必要で，これらが重層的かつ相互に機能することが社会的正当性を確保した実効性ある原子力政策を形成する．リスクについて語らない，語れない社会環境は致命的なリスクを内包すると認識すべきである．

他方，電気事業者も長期にわたる運転停止による財務環境の劣化，原子力発電所の再稼働に向けた新規制基準適合性審査への長期に及ぶ対応に伴う重いコスト負担，そして2016年4月に始まった電力の小売全面自由化による競争激化という経営環境下にある．原子力産業界も短期的な視野で行動する国際原子力ビジネス市場において厳しいリスクに晒されており，また国内では技量・現場知を持つ人材の減少や地域の協力企業の衰退など人的資源の脆弱性が今後重大なリスクとして顕在化する可能性がある．長期的かつ相互連結する隣接分野にも視野を拡げ，経営リスクを不断に再吟味することが原子力産業には求められている．

福島原発事故は今なお社会・経済・政治・環境・技術の領域に影響を及ぼし続けている．これらの影響は，原子力安全政策といった狭い文脈での議論や近視眼的かつ硬直的な政策の実施，そして政策モニタリング・影響分析等の不作為により，責任所在の曖昧さも相俟って一層複雑に絡み合っている．短期的な帰結に焦点を当てることで，選択の政治的なフィージビリティは高まるが，政府・行政および事業者が社会的信頼の喪失を恐れ，リアリティある見積もりや議論を回避していると，政策選択肢は限られ，結果として政策的なレジリエンスは失われていく．福島原発事故に起因する複合的リスク問題には長期的かつ分野横断的取り組みを要するが，その第一歩はリスクガバナンスの欠陥の是正である．［谷口武俊］

📖 参考文献

・城山英明（2015）大震災に学ぶ社会科学（第3巻）福島原発事故と複合リスクガバナンス，東洋経済新報社．

【7-9】

サプライチェーン途絶のリスク

サプライチェーンは，原材料や部品などの中間投入財や完成品などの最終財が企業内，企業間，あるいは企業から消費者へ流通するプロセスと定義することができる．現代社会における水平分業の進展や製品・サービスの多様化は，サプライチェーンの複雑化・高度化をもたらしてきた．この結果，特に加工組立型工業を中心に，自社の製品・サービスの提供のために利用しているサプライチェーンの全体像を把握することが困難となっているケースが多くなっている．また，各企業が製造技術の特化やその技術を有する工場の立地地点の集約を図り，さらに費用削減を目的としたジャストインタイム方式の在庫管理手法（需要の発生タイミングに合わせて生産を行う方式）を導入してきた結果，サプライチェーンの途絶の発生頻度や発生に伴う被害影響も大きくなっている．

◆サプリチェーン被害の事例　2011年の東日本大震災やタイ国チャオプラヤ川洪水被害はこのことを広く認識させる結果となった．特に，東日本大震災では，世界中で類をみない大規模なサプライチェーン被害が製造業全般に発生した（表1）．顕著な被害が発生した輸送機械産業では，震災が発生した3月の全国の鉱工業生産指数（原指数）は前年前月と比べて43.6%減少した．また，東日本大震災で認識された問題点の1つとして，サプライチェーンが川下に向かって広がるピラミッド型（川下ほどより代替可能な中間財を供給する複数の事業者で構成される構造）のみではなかったことがあげられる．経済産業省の緊急調査では，加工

表1　大規模なサプライチェーン被害が発生した近年の事例

災害事例	サプライチェーンへの影響を及ぼした主要な製品
2011年東日本大震災	マイコン（自動車：30%），シリコンウェハ（半導体：2社合計63%以上），人工水晶（半導体：50%以上），黒鉛（リチウムイオン電池：48%以上），酸化インジウムすず（ITO）ターゲット材（液晶パネル：40%），その他，エチレン，過酸化水素水，特殊ゴム（EPDM）など
2011年タイの洪水	HDD（コンピュータ：世界シェア約20%の工場被災），磁気ヘッド，磁気ディスク，モーター，磁性材料，ゴム用品など
2016年熊本地震	画像処理半導体（デジタルカメラ等：世界シェア首位の工場被災），トリアセチルセルロース（TAC），フィルム（液晶ディスプレイ），ドア部品（自動車）など

［出典：経済産業省（2011），日本政策銀行（2011），内閣府（2017）をもとに作成］

括弧内の製品種別は各中間投入財の用途．パーセントの記載がある製品は世界シェアを表し，被災した工場を含む社全体を表しているケースが多い．

業種22社中20社が調達先企業のさらに調達先が被災したため，操業に影響が発生したことが報告されている（経済産業省 2011）．

また，2011年10月にはタイ国チャオプラヤ川が氾濫し，日系メーカーを含む様々な企業が操業停止を余儀なくされた．特に，43%の世界シェアがあったハードディスクドライブ（HDD）製造業への影響が大きかった（日本政策投資銀行 2011）．世界的なHDDの供給不足の結果，日本国内において，ある特定のHDDの平均価格は10月初めと比べると，10月末には2倍以上となったことが報道されている（日本経済新聞電子版，2011年11月1日）．

2016年の熊本地震においても，精密な工程を要する装置産業を中心に被害が発生した．被災した輸送機械産業では，金型の移動を行い，他の事業所で部品の代替生産を実施するなどの対応がとられ，最大の納入先の大手完成車メーカーは5月初旬に地震前の生産水準に回復している．東日本大震災で大規模な供給支障の要因となったマイコンメーカーでは，熊本地震においても相当な被害を被ったが，東日本大震災クラスの地震を想定した事業継続計画（BCP）の見直しが奏功し，仕掛製品の損失抑制ならびに生産能力の復旧日数に関する目標値（38日で復旧を完了）をクリアしている（内閣府 2017）．

◆サプライチェーン途絶リスクの評価　基本的に，自社の製品の独自性とその製品のシェアを高めることは製造業の生き残り戦略として重要である．一方で，サプライチェーン途絶の社会的な影響をできる限り軽減することをセットで考えていくことも求められる．そのためにも過去の被害からの教訓を学び，様々な成功事例を検証するとともに，サプライチェーン途絶のリスク評価手法について検討していく必要がある．例えば，齊藤（Saito 2015）は，大規模企業間取引データベースに基づき，複数階層に及ぶサプライチェーンを可視化し，東日本大震災で影響を受けた東北地域の企業と他地域の企業の繋がりについて検討を行っている．また，梶谷と多々納（Kajitani and Tatano 2017）は，地域経済モデルを用いたアプローチとして，東日本大震災後の地域間の被害波及（被災の大きな地域における生産能力低下がもたらす他地域の生産量の低下）を再現する空間的一般均衡モデルを構築している．このようなミクロデータあるいはマクロデータを用いたサプライチェーン途絶リスクの評価はまだ緒についたばかりであり，評価手法の精度を高めながら費用対効果の高い対策を行うことが肝要となる．［梶谷義雄］

📖 参考文献

・森原康仁（2012）サプライチェーンの混乱と震災復興政策，資本と地域，8，1–19.
・Fujita, M. and Hamaguchi, N.（2016）Supply chain internationalization in East Asia: Inclusiveness and risks, *Papers in Regional Science*, 95（1）, 81–101.

【7-10】
災害の経済被害

災害の経済的リスクは，災害の経済被害額に災害の発生確率を掛け合わせたものと定義できる．災害の経済被害は，地震の揺れや洪水による浸水などの外的な力が，住宅や工場，生産設備，道路などを損壊し，その直接的および間接的な結果として，様々な産業における生産活動の停止や家計消費の減少といった形で発生する．経済被害の規模は経済被害額という形で金銭換算され，統一的に把握される．経済被害額を算出するうえで，経済被害の概念上の整理と，適切な評価手法の選択が必要である．

◆直接被害額と間接被害額 災害の経済被害は，従来，政府の被害想定において直接被害と間接被害に概念上で分類され，それぞれ被害額が評価されてきた．直接被害額は，住宅や工場，生産設備，道路などの損壊によるこれらの資産価値の減少分である．直接被害額はストック指標であり，任意の一時点で評価される．そのため，災害発生前後における被災資産の価値の差の総和が直接被害額に相当する．間接被害額は，災害に伴う経済活動の減少分を金銭評価したものであり，国内総生産（GDP）の減少額や産業の出荷額，輸出額の減少などで評価される．間接被害額はフロー指標であり，任意の一定期間で評価される．災害発生年とその前年の実質 GDP の差で評価される場合がある．

ローズ（Rose, A）によれば，ストック指標よりもフロー指標の方が災害の経済被害額を評価するうえで優れている（Rose 2004）．その第 1 の理由は，生産の停止はみずからの生産設備の損壊を伴わずとも，停電や物流の寸断により生じ得るためである．第 2 に，資産価格理論によれば，被災資産の価値の減少分は，その資産が被災しなければ得られたであろう当該資産からの利益，すなわち機会損失の割引現在価値の総和に等しい．資産価値の減少分を直接計算しなくても，フロー指標による評価から導くことができる．第 3 に，GDP などのフロー指標は企業の生産活動や人々の所得水準を直接的に反映するため，人々の厚生水準に近い指標だからである．

◆経済被害額の推計上の注意点 上記において，直接被害額は，被災資産の価値の減少分とした．この場合に災害の経済被害額を計算するため，直接被害額と間接被害額を足し合わせると重複計算となる．その論拠は，資産市場が完全競争的である場合，資産価格は当該資産から生じる利益の割引現在価値の総和に等しいという資産価格理論にある．同理論に基づけば，直接被害額として被災資産の価値の減少額を計上し，間接被害額として当該資産から生じる利益の機会損失額を計上すれば，同じものを 2 度計上したことになる．

続いて復旧投資の考え方を説明する．被災企業は時間とともに操業を回復させる場合があるが，これは企業の復旧投資の成果である．復旧投資を一切考えない場合，災害による利益の機会損失の割引現在価値の総和で経済被害額が計算できる．復旧投資がある場合，これも災害に伴う行為である限り，復旧投資の純便益を経済被害額に計上する必要がある．復旧投資の便益は回復した利益である．復旧投資の費用はその機会費用である．復旧に用いる資材や人材には他の用途がある．復旧にこれらの資源を投入すれば，他の用途を断念せざるを得ない．断念した用途から得られたであろう便益が復旧投資の機会費用である．

なお，災害発生後に政府が復旧予算を見積もるため，被災した資産を再調達価額で評価し積算する場合がある．また，災害発生前の直接被害額の推計において，想定される被災資産の単価を，災害発生後の時価でなく災害発生前の再調達価額で評価する場合がある．被災資産を災害発生前の再調達価額で評価し積算した額は，先に述べた直接被害額の定義，すなわち被災資産の価値の減少分とは異なる意味を持つことに注意が必要である．

◆経済被害額の評価モデル　災害の経済被害額をフロー指標で評価するモデルはいくつか存在する．例えば，政府は間接被害額を推計する際，生産関数法と呼ばれる方法を用いる．生産関数法では，各産業の付加価値額が労働の投入量と資本ストックの利用量の関数であると仮定される．生産関数は経済学で利用されるコブ＝ダグラス型関数などで特定し，関数のパラメータは時系列データにより統計的に推定される．そのうえで，想定する災害に伴う人的被害や建物被害を考慮し，生産関数への投入量を減少させ，出力である付加価値額の減少を評価する．生産関数法はサプライチェーンを明示的に考慮できない課題がある．

災害の経済被害額の評価において，これまで多く用いられてきたモデルが産業連関モデル（投入産出モデル）である．産業連関表を用いることでサプライチェーンを産業間取引および産業家計間取引で近似し，特定産業の操業停止の影響を，取引関係を通じた他産業への波及効果を含め評価できる．標準的な産業連関モデルは線型モデルであり，災害が生じても取引関係が変わらない．また，産業連関モデルは商品価格の変化を考慮しない．こうした仮定から，同モデルは災害発生から間もない期間の経済被害額の評価に適している．

実際の災害では，企業は損失を抑えるため，壊れた機械を労働力で一部代用したり，部品の調達先を被災地から非被災地へ移したりすることがある．こうした経済主体の合理的行動と，産業間取引および産業家計間取引を明示的に考慮したモデルが応用一般均衡モデルであり，近年では災害の経済被害額の推計にも応用されている．［山﨑雅人］

参考文献

・多々納裕一，高木朗義（2005）防災の経済分析：リスクマネジメントの施策と評価，勁草書房．
・Okuyama, Y. and Chang, S. E.（2004）*Modeling Spatial and Economic Impacts of Disasters*, Springer.

【7-11】
IT リスク学

近年，情報技術（IT）システムに対するサイバー攻撃はますます厳しくなり，巧妙化してきている．一方，金融，航空，鉄道，電力，ガス，政府・行政サービス，医療，水道，物流などの社会の重要インフラストラクチャー（以下，重要インフラ）がITシステムに大きく依存するようになってきており，ITシステムの安全の問題が社会にとって非常に重大な課題になってきている．ITシステムの安全の問題は，表1に示すように，3つの層に分けて考えることができる．従来の情報セキュリティは「第2階層：ITシステムが扱う情報の安全」を中心に扱うものであった．しかし，今後は「第1階層：ITシステムそのものの安全」や「第3階層：ITシステムが行うサービスの安全」の問題を積極的に扱っていかないと，適切な対策をとるのが困難となる．

ITシステムの安全の問題に関し，広く扱うアプローチとしては，トラスト（Hoffman et al. 2006）やニューディペンダビリティ（戦略イニシャティブ 2006）という名で研究が行われてきた．本項目で，トラストやニューディペンダビリティという概念ではなく，「ITリスク」という概念を採用することにしたのは，次の2つの理由による．

① トラストはおもに第2，第3階層を扱っており，ニューディペンダビリティは第1，第2階層を主に扱っているが，すべてを扱うものはなく，ITシステムに対する統合的アプローチが必要である．

② 安全の問題を扱うには，リスクという概念がもともと持つ不確実性への配

表1 ITシステムの安全の階層化

階層	対 象	扱う事故・障害	従来の学問・技術分野	指 標
3	ITシステムが行うサービスの安全	発券サービスの停止，プライバシーの喪失など	システム工学 リスク学 社会科学など	プライバシー，ユーザビリティ
2	ITシステムが扱う情報の安全	情報のCIA（機密性，完全性，可用性）の喪失	情報セキュリティ	セキュリティ（機密性，完全性，可用性）
1	ITシステムそのものの安全	コンピュータや通信機器の故障	信頼性工学 情報セキュリティ	信頼性 可用性

（注）アミ部分は，情報セキュリティが従来扱っていた範囲．

慮が不可欠であり，発生確率の概念を積極的に取り入れていかざるを得ない．

◆ITリスクの特徴　サイバー攻撃，個人情報漏洩問題，暗号の危殆（きたい）化，大規模情報システムの故障，2000年問題などのITリスクを，食品医薬品リスク，廃棄物リスク，放射線での健康リスク，環境リスク，自然災害リスクなどの他のリスクと比べて見てみると，ITシステムのリスクは他のリスクと同様に次のような特徴があると言える．

① ゼロリスクは存在しないため，対策のプライオリティ付けをしようとすると定量的評価が必要となる．特に社会的合意形成のように説明責任の大きいものでは不可欠となる．

② 多重リスクへの対応が必要である．セキュリティを守るために証明書を用いることがプライバシー問題を引き起こすように，ITシステムにおいても1つのリスクへの対応が別のリスクを引き起こすことがある．したがって，「リスク対リスク」あるいは「多重リスク」への配慮が不可欠である．

③ 多くの関与者とのリスクコミュニケーションが大切である．ITシステムの対策においても意思決定関与者が複数おり，それらの間の利害の対立が大きい場合にはリスクコミュニケーションが重要となる．

次に，ITシステムのリスクは他のリスクと比べ，以下のような特徴があることがわかる．

① ITリスク対策は1つの対策だけで対応するのは困難であり，さまざまな対策の組合せが不可欠である．ITシステムはソフトウェアにより多様な機能を実現されているため，障害時の影響も多様である．また，ITリスクには意図的な不正も含むため，不正の高度化により，脅威がどんどん大きくなり，対応が難しくなっていく．したがって，1つの対策だけで防止するのは困難であり，いろいろな対策の組合せが不可欠である．

② 組織内合意への適用の重要性が高い．ITシステムはほとんどの組織が利用しており，社会的合意形成だけでなく組織内合意形成のためのリスクコミュニケーションのニーズは広い範囲で存在する．

③ 動的リスクへの対応が重要となる．個人の不正を対象とするITリスクにおいては，攻撃側の対応が防御側の対応を変え，防御側の対応が攻撃側の対応を変化させるといったように相互依存性があり，リスクが動的に変化する．したがって，これらの動的リスクを考慮した評価ができることが望ましい．

◆ITリスク学の構成　こういう問題に対処するため日本セキュリティ・マネジメント学会の中にITリスク学研究会が設置され，ITリスク学の研究が進められてきた．その過程で，ITリスク学を下記のように定義している．

定義：「不正によるものだけでなく，天災や故障ならびにヒューマンエラーによって生ずるITシステムのリスク，ならびにITシステムが扱う情報やサービスに関連して発生するリスクに対し，リスク対策効果の不確実性や，リスク対リスクの対立，関与者間の対立などを考慮しつつ適切に対処し．ITシステムに関連する安全を確保していくための学際的学問」

ITリスク学の構成は図1に示すようなものとされており，その中心となるのが「①ITリスクマネジメント技術」である．これは狭義のITリスクマネジメント，ITリスクアセスメント（☞2-13），ITリスクコミュニケーションをリスク対リスクの対立，関与者間の対立を考慮しつつ実施し，社会や組織にとって安全なシステムの構築と運用を可能とするためのものである．

◆支援ツール　ITリスクの特徴を考慮し，安全対策に関する合意形成を支援するために，次の2つのツールが開発された．

① 組織内合意形成支援用：多重リスクコミュニケータ（MRC，佐々木ら 2008）

② 社会的合意形成支援用：社会的合意形成支援システム（Social-MRC, Sasaki et al. 2011）

MRCの開発の要求と対応については，図2に示すとおりであり，「要求1」と「要求2」に対応するため，多くのリスクやコストを制約条件とする組合せ最適化問題（最適組合せ問題ともいう）として定式化し，「要求3」に対応するため関与者の合意が得られるまでパラメータの値や制約条件値を変えつつ最適化エンジンを用い求解を行い，その結果をわかりやすく表示できるような機能を持っている．MRCについては，個人情報漏洩対策，標的型攻撃対策などに適用し，組織における対策を実際に決定するのに役立っている．

Social-MRCについては以下に示すとおりである．すなわち社会的合意を形成するためには，より多くの人が合意形成に参加できるようにするとともに，でき

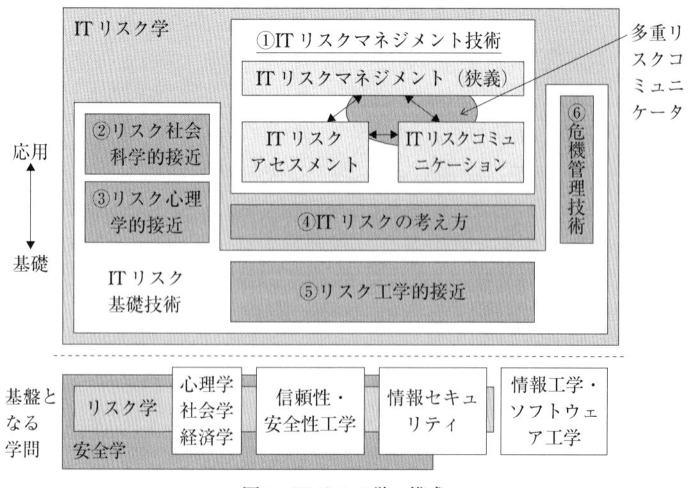

図1　ITリスク学の構成

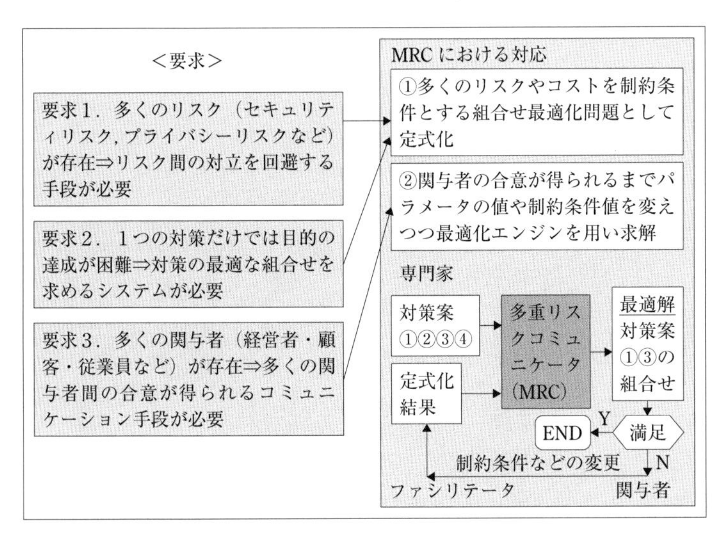

図2　多重リスクコミュニケータ（MRC）の概要

るだけその人たちの意見が反映できるようにすることが必要である．そこで，対象とする問題に関し，オピニオンリーダに意見を戦わせてもらい，それを見て一般関与者が意見を述べたり，誰を支持するかを述べたりしてもらおうというものである．第1階層（オピニオンリーダ間のコミュニケーション）では，既開発のMRCをベースに必要な機能を追加し，第2階層（一般関与者の議論参加）では，一般関与者に向けてオピニオンリーダたちの討議の模様をUStreamなどの動画共有サービス機能に取り込んで中継するとともに，オピニオンリーダたちも見ている出力を提示できるようにしている．そして，一般関与者にTwitterを改良したものの機能を通じて意見を述べてもらい，その意見をわかりやすくオピニオンリーダたちに提示できるようになっている．ここでは，多数の意見を人間が見て瞬時に判断するのは困難なので，機械学習の機能を導入し，有用な意見を半自動的に選定できるようにしている．

ITリスク学は発展途上であり，動的リスクにどのように対応するかなどの課題が多数残されている．　［佐々木良一］

📖 参考文献

・佐々木良一（2008）ITリスクの考え方，岩波新書．
・佐々木良一ら（2013）ITリスク学：情報セキュリティを超えて，共立出版．

【7-12】
宇宙開発利用をめぐるリスク

世界初の人工衛星スプートニクの打上げから半世紀以上が経ち，今日では宇宙システムは軍事安全保障から社会経済活動，さらには人々の日常生活に至るまで，あらゆる分野で不可欠な役割を担っている．一方，宇宙空間の安定的かつ持続的な利用を脅かす要因も多様化・顕在化するようになっており，宇宙安全保障の重要性が高まっている．

◆社会インフラ化する宇宙システム　今日，現代社会はあらゆる分野で宇宙システムへの依存を深めている．軍事安全保障の分野では，平時における偵察・監視・早期警戒から，軍事作戦のプランニングや遂行の支援，さらには軍事攻撃後の状況評価に至るまで，あらゆるレベルで宇宙システムが深く統合されるようになっている．また現在では，宇宙システムは広く民生利用・商業利用されるようにもなり，様々な分野において社会経済活動を支える基盤となりつつある．例えば，全地球測位システム（GPS）は，軍事安全保障面だけでなく，民間航空，海上交通，鉄道，物流などの重要な社会機能を支えるうえでも不可欠な役割を担っている．また，GPS が提供する正確な時刻情報は，金融取引におけるタイムスタンピングに活用されるほか，電力供給網や情報通信回線の同期など，重要インフラストラクチャー（以下，重要インフラ）の運用にとっても欠かせなくなっている．加えて，宇宙システムは人々の日常生活とも密接に結びついている．カーナビやパーソナル・ナビゲーション，気象観測や通信・放送など，日々の生活は宇宙システムに支えられていると言っても過言ではない．さらには，自然災害への対応，気候変動，環境保全，資源管理，食糧安全保障，難民支援など，宇宙システムは様々な分野において地球規模課題への対応や人々の安全・安心にも貢献するようになっている（鈴木 2011，2015）．

◆多様化する脅威　宇宙システムが現代社会を支える重要なインフラの一部となりつつある一方，それを脅かす要因は多様化するようになっている．それに伴い，宇宙の安定的かつ持続的な利用を如何に維持・確保していくかという宇宙安全保障が重要性を高めている（Schrogl et al. 2015）．

宇宙システムに対する脅威は，意図的な脅威と非意図的な脅威に大別することができる．前者の代表例としては，人工衛星の物理的な破壊を目的とした対衛星兵器（ASAT）があげられる．2007 年 1 月に中国が行った衛星破壊実験は記憶に新しい．中国は，弾道ミサイルの技術を応用した ASAT 兵器を用いて，自国の気象衛星を軌道上で破壊する実験を行ったのである．また意図的な脅威には，高出力のレーザーやマイクロ波を用いた指向性エネルギー兵器によって人工衛星の機能に致命的なダメージを与えるといった攻撃の可能性も含まれる．潜在的には，高高度核爆発による強力な電磁パルス攻撃によって軌道上の人工衛星に致命的な障害を引き起こすという方法も考えられる．また，ジャミングと呼ばれる電波妨害により，必ずしも物理的なダメージを与えることなく，安定的な宇宙利用を脅かす脅威も顕在化している．さらに近年では，サイバー攻撃によって宇宙利用を妨害されるといった事態も具体的な脅威として懸念されるようになっている．

他方，非意図的な脅威にはスペースデブリや宇宙天気が含まれる．スペースデブリとは，一般的には地球軌道に存在する有益な目的を持たないすべての人工物体と理解されている．現在，地球軌道上には地上から観測可能なものだけでも２万個以上もの人工物体が存在すると言われている．このうち実際に機能している人工衛星は1900機程と言われる（2018年末時点）．すなわち，現在軌道上に存在する観測可能な人工物体のうち，90％以上がスペースデブリなのである．増加するスペースデブリによって宇宙空間が混雑化するに伴い，近年では宇宙における交通事故のリスクも高まっている．実際，2009年には米国の通信衛星が運用を終えたロシアの人工衛星と軌道上で衝突するという事故が発生した．また，この事故によって約2000個もの新たなスペースデブリが発生する事態となった．スペースデブリは，地球低軌道では秒速7kmを超える速度で移動しており，たとえ小さなものであっても，他の物体と衝突した場合の破壊力は計り知れない．また潜在的には，スペースデブリ同士が連鎖的な衝突を繰り返し，その数が自然に増え続けていくという可能性も懸念されている（加藤 2015）．

また，太陽活動に由来する宇宙天気も人工衛星の運用に大きな影響を与える要因の１つである．宇宙空間では，太陽フレアの発生に伴い，X線放射や高エネルギー荷電粒子の放出，あるいはコロナ質量放出と呼ばれるプラズマの塊が発生する現象が生じる．また，その影響によって磁気嵐という地磁気の乱れも生じる．宇宙天気とは，こうした宇宙環境の変化を指す．大規模な宇宙天気現象が発生した場合には，人工衛星の機器が故障したり，GPSや通信衛星の機能に障害が生じたりする可能性が考えられる．1859年にキャリントン・イベントと呼ばれる観測史上最大規模の太陽フレアが発生した際には，軌道上に１つの人工衛星も存在していなかった．しかし，社会が宇宙システムに深く依存するようになった今日，大規模な宇宙天気現象が発生した場合の悪影響も決して小さくはないものと考えられる（NRC 2009）．

◆サイバーセキュリティとの交錯　また宇宙安全保障の問題は，本質的にサイバーセキュリティとの接点を有する．宇宙システムは，人工衛星のみならず，それらを運用・管制・利用するための地上施設や機器，その間をつなぐ双方向の通信リンクが正常に機能することによって，情報通信インフラとしての価値を生み出している．それゆえ，宇宙システムに対する脅威は，宇宙を活用した情報通信インフラやネットワークの安定性に対する脅威でもあるという意味において，サイバーセキュリティに関わる問題でもある．

第1に，宇宙システムはサイバー攻撃の標的となり得る．具体的には，宇宙システムによるデータの送受信を標的とする攻撃（電子攻撃とも呼ばれる）や，人工衛星および地上施設が依存する情報システムを狙ったサイバー攻撃などが考えられる．前者には，先述したジャミングによる電波妨害や，スプーフィングと呼ばれる偽信号を利用した撹乱行為が含まれる．中でもGPSや通信衛星に対するジャミングは，過去にも複数の事案が報告されており，具体的な脅威となっている．また後者では，サイバー攻撃によって人工衛星がハッキングされるという可能性も考えられる．潜在的には，このような手法によって人工衛星のコントロールが奪われ，意図せず他の宇宙物体と衝突したり，危険な軌道変更が行われたりする事態も懸念される（Livingstone 2016）．

第2に，宇宙システムは，社会が依存する情報通信ネットワークの一部となっている．例えば，GPSが提供する測位・航法・時刻参照といった機能は，航空，鉄道，電力，情報通信，金融など，社会の重要インフラを支えるうえでも不可欠な役割を担っている．仮に，GPSの機能に何らかの障害が生じた場合には，その情報に依存する重要インフラの運用にも重大な障害や混乱が生じる可能性がある．事実，2016年には北朝鮮によるGPSへのジャミングが繰り返し行われ，これにより韓国では民間航空機等に影響被害が生じたほか，モバイル通信ネットワークにも障害が発生したと言われている．

◆宇宙開発利用をめぐるリスクへの対応　このように，宇宙空間の安定的かつ持続的な利用を脅かす脅威は多様化している．一方で，宇宙システムはこうした脅威に対してきわめて脆弱である．例えば，一度軌道に打ち上げられた人工衛星を脅威から防御したり，修理したりすることは難しい．また，特に民生衛星や商業衛星は，軍事安全保障用の衛星に比べて脅威に対する防護策も限られている．しかしながら，現代社会はこうした宇宙システムにますます深く依存するようになっているのである．それゆえ，宇宙における脅威が顕在化した場合のリスクは，単に宇宙システムに障害が発生するだけにとどまらず，それに依存する社会の様々な分野へと連鎖的に波及していくという可能性も懸念されるのである．

このようなリスクへの対応においては，まず脅威を軽減していくことが肝要である．とりわけ，意図的な脅威をどのように抑止するかということは宇宙安全保障にとって大きな課題となる．究極的には，宇宙における戦争を如何に防止していくかという問題でもある．宇宙空間の国際秩序の形成は，こうした脅威に対処するうえで重要になる．これまで国際社会では，1967年に発効した宇宙条約に基礎をおきながら，国際連合をはじめ様々なフォーラムにおいて宇宙空間の国際秩序や規範のあり方が議論されたきた（青木2006）．近年では，宇宙活動に参加するアクターの多様化に伴い，宇宙空間における新たな国際ルール形成の必要性はますます高まっている．特に人工衛星を意図的に破壊するような行為は，安全保障上の脅威が高まるばかりでなく，スペースデブリを大量に発生させる行為でもある．それによって宇宙における交通事故のリスクも高まるのである．宇宙活動の透明化と信頼醸成措置を通じて宇宙における安全保障環境を改善しながら，新たなスペースデブリの発生を抑制し，宇宙活動の長期持続性を促進するためのガイドラインや，宇宙利用に関する国際ルールを整備していくことによって新たな国際秩序を形成していくことが求められる．

一方で，軌道上に既に存在するスペースデブリや宇宙天気といった自然現象を含め，全ての脅威を取り除くことは難しい．したがって，ある程度の脅威の存在を前提に，被害の発生確率を低下させたり，その影響度を最小化したりすることによって脆弱性を解消していくことも重要な対応策となる．特に，宇宙安全保障の分野では，機能保証という考え方が注目されている．これは，脅威の探知と回避，宇宙システムのレジリエンスの強化，そして事案発生後の機能回復などを通じて，いかなる状況が生じた場合でも必要な機能を維持し続けるという考え方である．脅威の探知と回避においては，宇宙状況監視（SSA）の強化に向けた取り組みが重要となる．SSAとは，人工衛星やスペースデブリを含め，軌道上に存在する人工物体を観測・追跡するとともに，宇宙天気を含む宇宙環境の状況を把握する取り組みを指す．これにより，スペースデブリとの衝突を回避したり，宇宙天気現象の影響に備えたりすることが可能となる．また，個々の人工衛星の防護策を強化することに加え，もし１つの人工衛星に障害が発生した場合にも，その機能をあらかじめ様々なプラットフォームに分散化・多様化しておくことでシステム全体としての悪影響を最小化し，必要な機能を維持していくことも重要になる．さらに，万が一の場合には，システムの復旧や代替を通じて必要な機能を早期回復することも重要となる．また，こうした取り組みにおいては，国際協力の推進とともに，民間企業との連携も重要な課題となる．今日では，多くの民間企業が人工衛星を運用するようになっており，SSAにおける情報共有や機能保証の強化策などでも官民の連携を促進していくことが求められる．

さらに，宇宙システムに対する脅威が顕在化した場合に社会に及ぶ悪影響を如何に最小化できるかという視点も重要になる．つまり，宇宙システムの利用者においても，万が一の場合に備え，宇宙システムへの脅威に対する社会全体のレジリエンスを高めていくことが必要になる．宇宙システムと社会との連結性を見極め，潜在的なリスクの波及効果を俯瞰的に把握・評価していくことがその第一歩となる．そのためには，宇宙コミュニティにおける対策だけでなく，重要インフラの事業者など宇宙システムの利用者も含め，様々なステークホルダーとの情報共有や連携を強化していくことが課題となる．　［永井雄一郎］

参考文献

・青木節子（2006）日本の宇宙戦略，慶應義塾大学出版会．
・加藤明（2015）スペースデブリ：宇宙活動の持続的発展をめざして，地人書館．
・鈴木一人（2011）宇宙開発と国際政治，岩波書店．

【7-13】
安全保障（セキュリティ）リスク

リスク研究は学際的な性格を有し，多様な分野の研究者がリスクという概念への関心を共有している．社会科学において，ギデンズ（Giddens, A）らの社会学者や故ベック（Beck, U）の「リスク社会」論文は特に大きな影響を持った（☞13-9）．近年では，筆者を含む，国際関係論や安全保障研究の分野の研究者もまた，リスク社会論や再帰的近代化といった社会学から着想を得たアイデアに大きく依拠しながら，リスク研究を自分たちの分野に持ち込むことを試みてきた．都市研究分野の研究者もまた，都市における安全保障に対するリスク概念の持つ含意を探求してきた．

◆リスク概念の登場　冷戦後の世界において「安全保障」の概念は，軍事的脅威や核抑止といった従来の物質的な概念を超えて拡大した．民族紛争や国境を越えた難民の流入による社会不安効果，国境を越えたテロリズム，環境破壊，パンデミック疾患，サイバーセキュリティ，金融危機といった多様な脅威のリストが，広く「安全保障（セキュリティ）リスク」の名のもとで語られるようになった．実際，ベックが著書『世界リスク社会論』で「3つの次元」と名付けたものは，環境脅威，民族紛争やグローバルテロリズムの形で捉えられる．

多くの安全保障や防衛関連の公式文書，とりわけ近年の米国や英国のものは，不確実な安全保障環境を表現するにあたり，リスク関連用語を利用してきた．例えば，2000年に公表された米国国家安全保障戦略（NSS）では，いかに「グローバリゼーションが同時にリスクももたらしているか」に言及している．2015年版のNSSも「不安定な世界のリスクから我々の利益を守る」必要性を強調している．英国では，内閣府の戦略ユニットが2002年にリスクに関する報告書を公表し，相互連結性が高まることはより大きなリスクに晒されていることをも意味すると警告した．2010年以来，機密扱いの国家安全保障リスクアセスメントが英国戦略防衛および安全保障レビューの情報源となっている．日本で2015年に閣議決定された「開発協力大綱」においても，すでに上で言及したような課題のリストをあげながら，「世界各地のあらゆるリスクが，わが国を含む世界全体の平和と安定および繁栄に直接的な悪影響を及ぼし得る状態になっている」と書かれている．

非国家主体もまた，リスクの認識の形成や，リスク意識を生み出す点において重要な役割を果たしている．例えば，世界経済フォーラムは2006年以来，グローバルリスク報告書を毎年発表している．ロイズ・オブ・ロンドン（ロイズ保険組合）は，都市が人為起源および自然起源の一連のリスクにどれくらい晒されているかを調査した「都市リスク・インデックス」を公表した．ケンブリッジ大学のリスク研究センターのような学術組織も，「ケンブリッジ版グローバルリスク・インデックス」を取りまとめた．このような取り組みをあわせて考えると，リスクという考え方はますます安全保障（セキュリティ）の定義と関連が強くなっていっていることが窺える．

◆安全保障化　過去およそ10年間に生じた主要な出来事は，リスクと安全保障（セキュリティ）の間の結びつきを研究する推進力となった．9・11テロの影響もまたこの急激に進展する分野の研究の方向性を形成するのに大いに貢献した．ニューヨークへのテロリストの攻撃に加えて，2003年にアジアで発生した重症急性呼吸器症候群（SARS）といった感染症のアウトブレイクは多くの国に衝撃を与えた．そういったリスクの早期の兆候を発見するために，シンガポール政府は，2007年に「リスクアセスメントおよびホライゾンスキャニング」プログラムを，国家安全保障調整事務局（NSCS）内に設置することを決めた．シンガポールのNSCS事務次官（当時）のホー（Ho, P）は，そういった「ブラック・スワン」をもっと研究すべきだと言った．米国の9・11委員会は，情報機関が「想像力の欠如」ゆえに，点と点を結び付けて攻撃を防止することができなかったと結論づけた（CBC News 2004）．国家を超えて活動し，捉えどころのない敵からの次なる破局的な攻撃の防止に取り組む政治家にとって，ワーストケース・シナリオが掻き立てる想像は，回避すべき潜在的リスクを安全保障化（セキュリタイズ）し，特定することに役立った．当時の米国国土安全保障省長官，リッジ（Ridge, T）は，テロリストによる攻撃シナリオには，「無数の可能性」が存在していると述べた（Ridge 2001）．米国の国防長官であったラムズフェルド（Rumsfeld, D）の悪名高い「未知の未知（アンノウン・アンノウン）」は，イラク侵攻を正当化するために用いられたが，安全保障化（セキュリタイゼーション）プロセスの古典的な例である．政治家たちは，回避すべき潜在的に破局的な帰結のシナリオを吹聴することで，効果的に，安全保障化のプロセスを企てた．

◆リスク概念の政治利用　9・11後のブッシュ政権の軍事行使の決定に典型的に見られるように，政治家は，ある特定の政策オプションや選択を正当化したり，説明したりする際にリスク計算に関連する考え方を利用してきた．戦争は，例えば，フセイン（Hussein, S）が，アルカイダと協働して大量破壊兵器プログラムを保有しているといった，潜在的に危険なシナリオから想定されるリスクを予防的に回避するリスクマネジメントの実践のように扱われるようになった．ブッシュ（Bush, G.W.），チェイニー（Cheney, D），ラムズフェルド，そしてブレア（Blair, T）といった政策立案者は，軍事行動の根拠の中心にリスク概念を置いた同じフレーズや文章構造を用いた．「行動しないリスクは，行動を起こすリスクを上回っている」と（Heng 2006）．イラクで大量破壊兵器が見つからなかったのちにトニー・ブレアが2004年に言ったように，9・11は「リスクのバランスを変えた．…何も起こらなかったことはありえる．……しかし，我々はそのリスクをとりたいだろうか？」(Blair 2004)．望ましくないシナリオが将来起きることを回避するために軍事力の行使に訴えるこの戦略は，当時，米国副大統領であったディック・チェイニーのいわゆる「1%ドクトリン」にも反映されていた．彼は，「もしテロリストが大量破壊兵器を入手した可能性が1%でもあったなら，米国はいまやそれが確実であるかのごとく行動しなければならない」(Suskind 2007) とたびたび主張した．米国国家安全保障戦略2002は，同盟国にも敵対国にも，ワシントンがいまや「敵の攻撃の時期と場所に関して不確実性が残っていたとしても，みずからを守るために予防的な行動をとりうる」ことを知らしめた．

◆リスクに基づくアプローチ　脅威の安全保障化において顕著な役割を果たすリスク計算とは別に，リスクに基づいた安全保障ガバナンスという観点での実践的な政策的含意もまたあった．リスクに基づくアプローチ（RBA）は，リスク社会論に特有のものではないが，組織が晒されているリスクを特定して理解し，リスクのレベルに応じた適切な軽減・管理策を模索する金融および銀行セクターにおいて特に用いられてきた，さらに専門的なプロセスである．RBAは，資源が最も必要とされているところに効率的に配分されていることを保証する費用対効果的な方法でもあるとみなされている．安全保障の観点からは，RBAは，当初はマネーロンダリングの，9・11後にはテロリストの資金調達のリスクに対処するための金融活動作業部会（FATF）の勧告の中心的な施策として取り上げられた．勧告はそれ以来，大量破壊兵器の資金調達や海賊行為に関連する他の金融リスクへも拡大された．RBAは，とりわけ米国国土安全保障省によって，航空セキュリティ規制にも取り入れられた．オランダのプリビアムや米国の「信頼できる旅行者」制度といった航空旅行プログラムも，事前に承認された低リスクとみなされた旅行者の迅速な入国を可能にするように設計された本質的にリスクに基づいたプログラムである．これにより，リソースを他の「高リスク」グループに向けることができる．他の同様の取り組みは，海上貨物輸送分野において導入されてきた．例えば，コンテナ・セキュリティ・イニシアティブ（CSI）は，事前情報やインテリジェンスにより，米国に向かうサプライチェーンのできるだけ上流の段階で，可能ならば出国港で，高リスクのコンテナを特定し，検査するという前提に基づいている．

◆リスクマネジメントとしてのドローン　安全保障（セキュリティ）リスクへの関心は，テロとの戦いにおけるドローンや遠隔操縦車輛への傾倒にも見てとることができる．ドローンは，テロ容疑者の居場所を標的とした空爆において，ソマリアからパキスタン，イエメンに至る地域で広く用いられた．空爆の適法性と正当性については多くの議論があるが，2つの意味でリスクの考え方と強く関係する．第1に，このようなドローンによる攻撃は，テロリストとそのインフラストラクチャーを物理的に撲滅することで，攻撃の計画と実施をより困難にさせ，西側諸国での将来的なテロ攻撃の戦略的リスクを全体として軽減させることを目的としている．また，テロリストグループが常に追われる身になることで，理論上は，将来的な攻撃リスクが減少し，最小限になる．第２に，有人戦闘機ではミサイル攻撃でパイロットの負傷・死亡や捕虜のリスクがあるが，遠隔操縦車輛の展開で，そのリスクを完全に０にすることができる．こういった理由から，「ドローンによる攻撃は，リスクマネジメントの観点からウィンウィンに思える」(Schulzke 2016)．ドローン攻撃はリスクマネジメントの一形態とされており (Kessler and Werner 2008)，これを無限に続きそうなある種の「終わりのない軍事作戦」と呼ぶ学者もいる (Enemark 2014)．無限に続く軍事行動という考え方は，リスク概念の持つ，常時監視と軽減策を必要とする，進行中で繰り返し起こるという特性を強調するリスクマネジメントの理論とうまく合っている．

◆リスク研究の今後　近年のもう１つの注目すべき展開は，国家の安全保障計画立案体制や研究プログラムにおけるリスク概念への注目である．先にも述べたようにシンガポールは，それを支持する人たちの言うところの世界初の「リスクアセスメントおよびホライゾンスキャニング」プログラムを国家安全保障調整事務局内に 2007 年に確立した．欧州では，2010 年以降，国が直面しているリスクの全体像を検討し，より良く理解することを目指して，英国，オランダ，スイスといった国でナショナルリスクの一覧を編集するという流れが定着している．これらの一覧ではたいてい様々なリスクを，自然災害，事故，あるいは悪意や熟慮された意図的な攻撃といったリスクの種類とともに，１から５といったレベルでランク付けして，分類や優先順位付けを試みている．リスク研究はその起源と発展からこれまで西洋中心であったが，アジア太平洋地域における安全保障環境を分析する流れが出てきている．近年，何人かの研究者が，安全保障リスクのレンズを通してリスクという考え方を活用して日本やシンガポールを研究した書籍を出版した (Heng 2016, Hook et al. 2015)．

リスク概念は過去数十年，安全保障研究や国際関係論に深く入り込んできた．世界がますます複雑化し，不確実性が増す時代を迎える中で，リスクという考え方は，安全保障の課題の性質の変化を理解するうえでも，また，政策立案者によりリスクがどのように伝えられ，認識され，管理されるかを見るうえでも，安全保障研究において重要な役割を果たし続けると思われる．

［ヘング，イ・クァン (HENG, Yee-Kuang)／岸本充生訳］

参考文献

・Heng, Yee-Kuang (2006) *War as Risk Management: Strategy and Conflict in an Age of Globalised Risks*, Routledge.

【7-14】
核のリスク

人類が核分裂によるエネルギーを利用する技術を手にしたときから，核・原子力技術は膨大なエネルギーによる恩恵を与える一方，熱核戦争と熱線・爆風・放射線による人体への影響という巨大なリスクも生み出した．とりわけ人類が核兵器を手にしたことは，広島，長崎に投下された原爆の被害が明らかにしたように，都市を一瞬にして消し去るだけの破壊力と，数十年にわたる塗炭の苦しみを与え，他の兵器にはない被害を生み出すことが可能となった．近年では，核兵器を「非人道兵器」と見なす「核兵器の開発，実験，製造，備蓄，移譲，使用及び威嚇としての使用の禁止ならびにその廃絶に関する条約」（核兵器禁止条約）が採択され，2017年のノーベル平和賞はその条約を推進した非政府組織（NGO）である「核兵器廃絶国際キャンペーン」（ICAN）が受賞した．

「核なき世界」が実現することが，核のリスクをなくす最善の方法であることは論を待たない．しかし，現代世界では北朝鮮やイランのように核兵器を手にする野心を持つ国があり，また，クリミア半島併合への国際的批判に対して核兵器の使用をプーチン大統領がほのめかすなど，核戦争のリスク，核兵器製造技術の拡散のリスク，そして核物質を使ったテロのリスクなど，核兵器がいつかなくなるとしても，それまでに起こりうるリスクに対処しなければならない．

◆核戦争のリスク　核のリスクの中で最大の被害を生み出し，人類存続の危機をもたらすのは核戦争のリスクである．第2次大戦で初めて核兵器が使用されてから，人類はこの核戦争のリスクをいかに回避するかということに注力してきた．

核戦争リスクの回避方法として代表的なものは抑止である．抑止とは，他国に対して，自国に危害を加えようとする行為を抑制させ，その行為による利得よりも損失の方が大きいと思わせることで行動を思いとどまらせることであり，合理的な利得計算に基づいて戦争の勃発を未然に防ぐことである．

核戦争はいきなり起こるわけではなく，核を保有する国家がどのような核ドクトリン（核兵器の使用に関する基本原則）を持ち，その核ドクトリンにコミットしている態度を示すことで，核戦争を回避しようとするシグナルを送る．しかし，何らかの理由で通常兵器による紛争が起きた場合，そこから核戦争へとエスカレートしないように管理し，エスカレーション・ラダー（梯子）と呼ばれる段階を設けて，核戦争に至らないように敵対国家との間で紛争の止めどころを探り合う努力を行う．そのため，かつて米ソの間ではホットラインが設けられ，直接対話によって意図を確認しあい，核戦争に至らないようコミュニケーションをとることが企図されている．

抑止にはいくつかの形態があり，1つは懲罰的抑止と呼ばれ，確実な報復能力を備えることで，最初に攻撃した国に対して懲罰を与えるものである．核抑止の代名詞である「相互確証破壊（MAD)」は，自国に配備した核兵器が全て破壊されても，潜水艦などに搭載した核兵器によって相手を確実に破壊する抑止の形態であるが，これは典型的な懲罰的抑止である．もう1つは拒否的抑止であり，敵からの攻撃を拒否し続けることで攻撃するコストを高め，獲得する利得を極小化する形態の抑止である．核抑止においてはスターウォーズ計画と呼ばれた戦略防衛構想（SDI）や，ミサイル防衛システムが拒否的抑止に該当する．

日本では北朝鮮の核・ミサイル開発への対抗措置として拒否的抑止であるミサイル防衛システムを配備しているが，完全なミサイル防衛を実現するのは現時点では困難である．他方，核保有国の間ではSDIやミサイル防衛は，MADによって担保されている核抑止を脆弱にすると主張する国もある．これはミサイル防衛によって被害を軽減できれば，先制攻撃をするインセンティブが高まり，核抑止が成立しなくなるという懸念があるためである．

また，核抑止は核保有国が限定されていることで成立しているが，核保有国が増加し，より野心的な国家が核兵器を手にすれば，核戦争のリスクは高まる．そのため，核のリスクを軽減するために「核兵器の不拡散に関する条約」（核不拡散条約，NPT）が結ばれ，1970年に発効している．これにより当時すでに核兵器を保有していた米英仏中露の5カ国のみが核保有を認められ，それ以外の国は核保有が禁じられている．しかし，インド，パキスタン，イスラエルの3カ国はNPTの締約国となっておらず，インドは1974年に核実験に成功し，1998年には核保有国となった．またパキスタンも1998年に核実験を行い，核兵器を保有している．イスラエルは核保有を宣言することなく，その保有については肯定も否定もしないという曖昧戦略をとっている．また，北朝鮮は当初NPTの締約国であったが，1993年と2003年に脱退を宣言し，6回の核実験を行っている（後述）.

◆核拡散のリスク　核戦争のリスクを低減するために結ばれたNPTではあるが，非核保有国が核保有への野心を持ち，核兵器開発を行うリスクは常に存在する．とりわけ1953年にアイゼンハワー米大統領が演説で明らかにした「平和のための原子力」によって，全ての国に核・原子力技術を平和目的である発電や医療に用いることが推奨された．

平和目的とは言え，原子力技術は容易に核兵器に転用可能となる軍民両用技術である．原発の燃料には低濃縮ウランが用いられるが，ウランを濃縮する技術を持てば，原爆に使用する高濃縮ウランを製造することも可能になる．また，使用済み核燃料を再処理し，そこからプルトニウムを取り出せば水爆の原料となる．このように，原子力技術が世界に広がることで軍事転用する国家が現れるリスクがある．それが核拡散のリスクである．

このリスクを低減するため，1957年に国際原子力機関（IAEA）が設立され，平和目的で原子力開発を行う国は，IAEAと包括的保障措置協定（CSA）を結ぶことになっている．これは原子力開発が核兵器の開発に転用されていないかを監視する制度である．CSAは各国が申告した原子力関連施設に対し，IAEAが査察を行い，軍事転用がないことを確認する仕組みであるが，1991年の湾岸戦争以降，イラクが申告していない施設において秘密裏に核兵器開発を行った疑いから，CSAの追加議定書（AP）が1997年に設けられた．このAPは申告していない施設であっても，核開発の疑いがある場合はIAEAが査察することができる．しかし，全ての国がAPに署名，批准しているわけではなく，秘密裏に核開発を行うことは容易ではないが不可能でもない状況にある．

その状況が生み出したのがイランと北朝鮮による核開発である．イランはNPT締約国ではあるがAPを批准しておらず，CSAしか批准していない．そのイランが秘密裏にウラン濃縮のための遠心分離機を設置していることが2002年に発覚した．その後，一度は英仏独（EU3）とイランの間で核合意が結ばれたが，この合意が実効性を持たなかったため，2005年に大統領に就任したM. アフマディネジャド（Afmadinejad）のもとで核開発が進んだ．北朝鮮は1985年にはNPTの締約国となり，1992年にCSAを結んだが，IAEAの査察と申告しているデータの食い違いが激しく，北朝鮮が秘密裏に核開発を進めているとの疑惑が持たれた．それに反発して1993年にNPTの脱退を宣言し，第1次朝鮮半島核危機が起きた．その時は1994年にカーター元大統領が訪朝し，「枠組み合意」が成立したことで核危機は収まったが，その後も繰り返し核開発の疑惑があったにも関わらず，IAEAに強制査察権限はなく，2002年にウラン濃縮が疑われた際，北朝鮮は再度IAEAの査察官を追放し，2003年にはNPT脱退を再度宣言した．日米中露韓はこの第2次朝鮮半島核危機に対応するため，北朝鮮を含めた六者協議を発足させたが，その成果は出ず，北朝鮮は2006年には第1回の核実験を行い，2017年までに計6回の核実験を行い，既に核爆弾を保有しているとみられている．

こうした核拡散が起こってしまった際の国際社会の対処として，国際連合による制裁がある．国連安全保障理事会は国際平和と安全の脅威である核拡散を防止し，核開発を停止させるために制裁を科すことができるが，その方法は「ターゲット制裁」と呼ばれ，核（とその運搬手段であるミサイル）開発に必要な物資の取引を禁じ，核開発の資金源となっている活動（武器輸出など）を禁ずるものである．これは国連が全面的に経済制裁をするとその国の国民に多大な影響が出るという人道上の観点から，「ターゲット制裁」という手段をとるが，その効果は限定的である．そのため，国連制裁と連動して各国が独自に制裁を実施することでより高い効果を発揮する．

イランに対しては国連制裁と米欧などの独自制裁が効果を発揮し，イラン国民が2013年の選挙で制裁解除を公約に掲げたロウハニ大統領を選出したことをきっかけに，EU3である英仏独と安保理常任理事国の米中露を加えたP5+1との交渉を進め，2015年にイラン核合意（JCPOA）が結ばれた．これに対し，北朝鮮に対する制裁は一定の圧力として機能しつつも，独裁体制のもとで政策転換が起こる可能性は低く，2018年６月の米朝首脳会談で「朝鮮半島の完全なる非核化」に同意しつつも核・ミサイル開発を停止する姿勢を見せていない．

イランと北朝鮮が核開発に邁進することを可能にしたのは，パキスタンの核兵器開発の父と言われるカーン（Khan, A.Q.）が，いわゆる「核の闇市場」で核開発の技術を移転していたからである．核拡散のリスクを低減するためには，輸出管理の仕組みを通じてこうした技術移転や核開発に使用される物品へのアクセスを断つことも重要な方策である．そのため，核関連技術を保有する先進工業国が集まり，核供給国グループ（NSG）を構成し，核開発の懸念国に輸出することを注意しなければならない品目をリスト化している．このリストに基づいて，NSG参加国は北朝鮮やイランなど核開発の懸念国やそうした活動に関与する企業に核関連技術を含む物品を輸出することを許可制にしており，許可なしに輸出した場合は国内法に基づいて刑事罰が与えられる．

また，各国の規制当局の監視をすり抜け，無許可で輸出された物品を公海上で臨検することを可能にする，アメリカ主導の拡散防止イニシアチブ（PSI）や，金融活動作業部会（FATF）が中心となって進める，大量破壊兵器関連の物品の取得に対する金融取引を規制する，拡散金融を監視する措置などもとられている．

◆核セキュリティ　核抑止によって核戦争のリスクを回避し，IAEAの査察と輸出管理，国連による制裁で核拡散のリスクをコントロールしたとしても，まだ核の残余リスクはある．それが非国家主体による核テロである．既存の原子力施設や核兵器施設から核物質やその他の放射性物質を盗取することで，それらの物質を「汚い爆弾」としてテロに利用する可能性はある．また，原子力発電所などの原子力施設や核燃料の移送などを襲い，破壊することで放射性物質をまき散らすというテロを行うことも可能である．

これらのリスクを低減する方策は，国内における重要インフラの防護や警備と類似した対応となる．また，核テロで使用された，あるいは使用される可能性がある盗取された核物質がどこから流出したものなのかを判別するための核鑑識の技術の向上，原子力関係者の身元確認や汚職・腐敗の根絶，また，原子力施設などへの攻撃に対抗するための訓練やガイドライン作りなどがあげられる．核セキュリティ（security）は原子力発電所の安全な運転（safety）と核物質を厳格に管理するための保障措置（safeguard）とともに「3S」と言われるが，核セキュリティはとりわけテロリスト集団などの意図的な攻撃を想定している点が特徴的である．

［鈴木一人］

📖 参考文献

・秋山信将（2012）核不拡散をめぐる国際政治：規範の遵守，秩序の変容，有信堂高文社．
・土山實男（2004）安全保障の国際政治学：焦りと傲り，有斐閣．

第８章

気候変動と自然災害のリスク

［担当編集委員：藤原広行・臼田裕一郎］

【8-1】
大規模広域災害時における国と地方公共団体との連携

東日本大震災（2011年3月11日）の発生直後，政府は被災した地方公共団体（以下，自治体という.）の行政機能の喪失や災害対応能力の大幅な低下を容易に推測できたにも拘らず，自治体から応援要求が無かったことを理由として支援を控えたため被災者救援等に即応できなかった．その教訓を踏まえ，災害対策基本法の改正（2012年6月27日法律第41号）によって，国は要請を待たずに自治体に対する情報提供や救援物資等の提供が可能となった．加えて，自治体間の相互応援を円滑化するために国による調整規定が新設された．国と自治体の垂直的連携の強化や自治体間の水平的連携の円滑化に向けた法制度の整備は，災害対策基本法が前提とする中小規模の災害対応における補完性原理に基づく要請主義といった災害対策の原則を限定的に修正するものである．同改正は大規模広域災害における応急対策を高度化するものとして一定の評価に値するものの，大規模広域災害を想定したリスクガバナンスの抜本的な改革が求められる．

◆補完性原理に基づく要請主義の修正　災害対策基本法は国や自治体に対し防災計画の策定を義務付け，計画によって国と自治体の役割分担と連携関係の明確化を図っている．計画は上位整合性が求められ国から自治体へとトップダウンの統制が図られる．一方，同法上，応急対応は原則として補完性原理に基づき展開されるため，被災市町村が災害対応の主体となり，避難勧告等の発令，避難誘導，被害状況の把握，人命救助，避難所の運営，被災者への救援物資の配布等の業務を担う．市町村が対応能力を超える事態に遭遇した場合は都道府県に救援を要請する．さらに，都道府県は国に支援を要請するなどボトムアップのガバナンスが基本となる．2016年熊本地震では国による初めてのプッシュ型支援が実施され運用上の課題が明らかになった．トップダウンのガバナンスの実効性を高めるためには，事前の受援計画の策定や物流等民間事業者や被災者支援に取り組むNPO等との連携体制の整備が不可欠となる．

◆連携のための情報の収集・提供・共有　国や自治体が連携して応急対策に取り組むためには状況認識の統一が不可欠となる．同改正によって国と地方公共団体等が情報を共有し連携して災害応急対策を実施することが改めて確認された．その際，地理空間情報の活用が規定された．現状，国や都道府県の防災情報システムは市町村から情報を吸い上げるといった従来の報告主義の発想が踏襲され，時々刻々と変化する現場の意思決定や業務遂行を支援するものではない．また，情報の信頼性に対する過度な要求や報告様式に基づく確定報へのこだわりがリアルタイムかつ双方向の情報共有の普及を阻害している．国と自治体との連携に加え事業者やボランティア団体等の社会資源を動員した官民連携による災害対応のためには，リアルタイムかつ双方向の情報共有を支える相互運用プラットフォームの構築とそのオープンな運用が求められる．

◆災害緊急事態への対処　大規模広域災害の防災対策や災害対応は，首都直下地震対策特別措置法（2013 年法律第 88 号，2018 年一部改正）や東南海・南海地震に係る地震防災対策の推進に関する特別措置法（2002 年法律第 92 号）等に基づいて，国と自治体が連携して対策に取り組んでいる．首都直下地震における具体的な応急対策活動に関する計画（2016 年 3 月 29 日，中央防災会議幹事会）では，災害対策基本法に基づく緊急災害対策本部の設置と災害緊急事態の布告の発令が想定されている．南海トラフ巨大地震でも災害緊急事態の布告の発令が想定される．災害緊急事態の布告は国民等の権利制限にも関わるため同制度の活用について国民的な議論と備えが求められる．

◆大規模広域災害のリスクガバナンス　現状，自治体の地理的，人工的な規模や行政能力に大きな差がある中でその現実を踏まえた役割分担や連携関係の見直しが求められる．改正災害救助法（2018 年法律第 52 号改正法）によって，現行の事務委任に加え，大規模災害時の避難所運営や仮設住宅整備の権限を都道府県から政令指定都市に権限委譲ことが可能となった．しかし，災害救助に関する実務検討会の最終報告（2017 年 12 月，内閣府防災担当）では，権限移譲を巡り都道府県と政令市の見解の相違があり応急対策における広域調整が課題となる．

国の中で災害対策を統括する内閣府防災担当は，出向者等非専門的な職員によって運営されている．国難レベルの大規模広域災害に対処するためには防災省の設置等，防災体制を抜本的に見直す必要がある．自治体においては，警察，消防，緊急消防援助隊，自衛隊等防災関係機関との連携強化に加え，災害時派遣医療チームや災害時健康危機管理支援チーム等の受援体制の整備，災害福祉支援ネットワークの構築，官民連携による移動型応急仮設住宅の社会的備蓄，原子力災害等複合災害への対応等多くの課題を抱えており，そのためには自治体間の相互援助や対口支援に基づく応援職員派遣が不可欠となる．全国知事会はじめ全国市長会，全国町村会，指定都市市長会による応援派遣の調整や派遣職員の研修・登録制度の整備等，市町村を超えた県域や広域の取り組みの拡充が求められる．

［長坂俊成］

参考文献

・津久井 進（2012）大災害と法，岩波新書．
・内閣府防災担当（2017）地方公共団体のための災害時受援体制に関するガイドライン（閲覧日：2019 年 4 月 21 日）．
・長坂俊成（2012）記憶と記録：311 まるごとアーカイブス（叢書 震災と社会），岩波書店．

【8-2】
気候変動・自然災害リスクの概念と対策

人間社会がこの地球上で展開されている以上，我々は気候変動や自然災害によるリスクから解放されることはない．したがって，これらに対して，過去からの経緯と，将来への予測を踏まえ，その影響をリスクとして評価したうえで，適切なリスク対策をとることが必要である．また，国境などの人間社会の作る境界線が意味をなさない場合も多く，国家などの人間社会の単位を超え，協力・協働して対策をとることが重要な分野の１つである．

◆気候変動・自然災害リスクの概念と特徴　リスクが，ハザード，曝露，脆弱性の３つの要素で構成されているとすれば，ハザードは気候変動や自然現象であり，曝露は人や財産の数量，脆弱性は人間社会の影響の受けやすさである．この分野は，ハザードの変動の期間によって大きく２つに分けられる．１つは，気候変動のように，年月をかけて長期にわたって少しずつ変化していく現象．もう１つは，地震，火山噴火，極端気象のように，突発的あるいは短期間に日常と大きく変化する現象である．

気候変動・自然災害リスクの特徴としては，発生源であるハザードが人間活動ではなく地球環境や自然にあること，100年，1000年という長期間の単位で未来を対象としたリスクが含まれること，ハザードの発生確率を何万年という過去の経緯から計算する場合があることなどがあげられる．ただし，近年では，人間社会が地球環境の変動に影響を及ぼしているという点から，ハザードを地球環境の変動のみとしない場合も多い．例えば，人口爆発，急激な都市開発，生態系破壊などが影響したことで気候変動が加速したとする考え方がある．あるいは，高度な土木工事によって小規模災害の発生を防ぐことで，より甚大な災害の発生確率を上げてしまうという考え方などである．

一方で，リスクをネガティブな方向だけでなく，その影響によるベネフィットも同時に捉えていくことも重要である．そもそも地球上のあらゆる地形は地球環境の変動によりもたらされたものであり，地球は人間社会に対して生活環境や生産物といった様々な面で日々恩恵をもたらしている．このような大きなベネフィットを得ている反面，突発的な自然災害や長期的な気候変動などの影響を受けながらの生活が人間社会に求められている．

◆気候変動リスク　気候変動とは，気温の上昇・下降，降水量の変化といった気候の変化を指す．これにより農作物・海産物への影響，家畜生育，関連疾病の増加，感染症リスクの増加，労働生産性，観光産業への影響，洪水・暴風などによる交通・通信等の都市機能の麻痺など，人間社会への影響は多大に存在する．

また，人間社会だけでなく，生態系への影響も考慮するべきとされている点が特徴である．さらに，必ずしもネガティブな影響だけでなく，例えば海氷の喪失は航路の利活用を可能とするなど，人間社会に対するベネフィットも存在する．

気候変動の方向性として，温暖化に向かっているという点は疑う余地がないとされており，その要因として，産業革命以降，特に化石燃料の大量消費や土地利用形態の急激な変化が拍車をかけているとされる．

気候変動リスクへの対策としては，1988年世界気象機関（WMO）と国連環境計画（UNEP）による「気候変動に関する政府間パネル」（IPCC），1992年「気候変動に関する国際連合枠組条約」，1997年「京都議定書」などにみられる議論と対処から，2015年の国際連合気候変動枠組条約第21回締約国会議（COP21）における「パリ協定」など，国際的な活動が活発に行われている．

◆自然災害リスク　自然災害とは，暴風，竜巻，豪雨，豪雪，洪水，崖崩れ，土石流，高潮，地震，津波，噴火，地滑り，その他の異常な自然現象が人間社会に影響を及ぼして生ずる被害のことである．具体的には，人命や財産の喪失，都市機能の麻痺，経済の破綻，地域コミュニティの崩壊などがあげられる．

世界で発生する地震の約10%が日本周辺で発生し，また，台風の来襲も多く，これらを起因とした土砂災害など様々な自然現象が複合的に発生し，被害をもたらすことから，日本は災害大国とも呼ばれる．しかし，ハザードとなるこれらの現象を予知することは容易ではなく，過去に多くの取り組みはなされているものの，達成している状況にはない．そのため，ハザードの発生確率を求め，リスク評価を行うことで，対策につなげるとともに，観測網の整備により，可能な限り迅速に状況を把握し，災害対応の強化を進めている．一般には，災害が発生していない平時の段階で行う対策をリスクマネジメントというのに対し，災害発生後に行う対策をクライシスマネジメントと呼ぶことが多い．この２つのマネジメントを繰り返し回すことで，マネジメントサイクルを構成することが重要とされている．

自然災害リスクへの対策として，国際的には，1994年の第１回国際連合防災世界会議など，様々な議論の場が持たれ，2005年の「兵庫行動枠組」，2015年の「仙台防災枠組」などが採択されている．日本国内では，「災害対策基本法」を中心とした自助・共助・公助の取り組みが進められている．また，今後は，前述した気候変動に加え，多様な自然現象と複雑化した人間社会の相互作用によるマルチハザード，マルチリスクの課題として，自然災害を捉えていく必要もある．

［藤原広行・臼田裕一郎］

参考文献

・外務省（2016）パリ協定（閲覧日：2019年３月４日）．
・第３回国連防災世界会議（2015）仙台防災枠組 2015−2030（閲覧日：2019年３月４日）．

【8-3】

気候変動に対する国際的な取り組み・ガバナンス

気候変動は，人間，社会および自然システムに様々な影響やリスクをもたらす（☞ 8-5）．気候リスクは，人間，社会および自然システムの脆弱性（影響の受けやすさ），曝露（リスクにさらされること），ハザード（災害，危険な事象など）の3つが相互に作用し合うことによって，もたらされる．これらには，気候システムや，緩和（温室効果ガスの排出削減および吸収源の増強）や適応（気候変動影響への対応）を含む人間の活動（社会経済プロセス）の変化が大きく関わっている．

気候変動影響が危険な水準に達しないようにするためには，地球全体で温室効果ガスの排出を大幅に削減する必要がある．現在の気候変動対策では不十分であるため，気候工学（意図的な惑星環境の大規模改変）も検討されている．しかし，これは，緩和策や適応策の代替とはならないことや，自然を改変することで，予想外の影響が出るという新たなリスクが生じること等に留意する必要がある．

◆気候変動対処のための新たな国際条約が必要となった事情　国際社会は，「気候変動枠組条約」（1992年採択，1994年発効．以下，条約と記す）と京都議定書（1997年採択，2005年発効），カンクン合意（2010年採択，第16回締約国会議（COP16）決定1）に基づき，気候変動問題に対処してきた．そして，2015年末，COP21（パリ（フランス））において，2020年以降，国際社会が気候変動対策にどのように取り組むかを規定したパリ協定が採択された（2016年11月発効）．

これまでの経緯を踏まえ，気候変動対処のための新たな国際条約を作ることとなった．理由は3つある．第1に，長期目標の重要性に対する認識が高まったこと，第2に，これまでの先進国と途上国のグループ分けや役割分担を固定した仕組みでは，地球全体での温室効果ガスの大幅な排出削減を実現することはできないため，すべての国が排出削減に参加する必要性が高まったこと，第3に，緩和策以外の要素，つまり，適応策，途上国への資金・技術支援等を国際制度に組み込む必要性が高まったことである．

◆パリ協定の意義と課題　パリ協定の意義は3つある（久保田2017）．第1に，国際条約の中で，長期目標を設定したことである．同協定は，世界中で気候変動影響の懸念が高まっているため，気候変動の脅威への対応を強化するとし，そのために，産業革命前と比べて，世界全体の平均気温の上昇幅を，2℃を十分に下回る水準に抑制することを目的としている（2℃目標）．さらに，気候リスクおよび影響を著しく減少させることにつながることから，上昇幅を1.5℃未満に抑えるように努力することも記されている．

そして，緩和策については，今世紀後半に，人為起源の温室効果ガス排出を正味で0にすることを，適応策については，適応能力を拡充し，レジリエンス（気候変動した世界に合わせられるしなやかさ）を強化し，脆弱性を低減させることを，それぞれ長期目標として設定した．パリ協定は，実質的には，世界が化石燃料への依存から脱却していくという方向性を示している．

第2に，包括的かつ持続的な国際制度を実現したことである．すべての国が長期目標の達成のために気候変動対策を前進させ続けることになった．緩和策だけではなく，適応策，資金支援，技術開発・移転，能力構築，行動と支援の透明性といった要素をバランス良く取り扱っている．加えて，先進国以外の国に対しても，途上国に対して，気候変動対策に必要な資金や技術などの支援を行うよう奨励している．

第3に，条約の共通だが差異ある責任原則を一部修正したことである．すべてのパリ協定締約国は，各国の気候変動対策に関する目標を5年ごとに設定・提出し，その達成に向けて努力することが義務づけられている．そして，各国は，前の期よりも進展させた目標を提出することになっている．ただし，京都議定書とは異なり，目標の達成そのものは義務とはされていない．

先進国と途上国との差異化については，パリ協定では，先進国と途上国の二分論を回避しつつ，排出削減や，各国が行った気候変動対策に関する情報のモニタリング・報告・検証については，それぞれの国の事情に違いがあることを認め，すべての国が共通の枠組みのもとで実施することが原則とされている．現在までのみならず，今後の各国の事情の変化にも対応できるよう，配慮がなされている．

パリ協定の採択・発効は，国際レベルの気候変動対策の転換点となる大きな成果と言えるが，現在，各国が提出している2025年および2030年の気候変動対策の目標がすべて達成されたとしても，2℃目標の達成にはほど遠い．同協定が真に実効性あるものになるかは，①詳細ルール（COP24（カトヴィツェ（ポーランド），2018年）において採択）と，②2020年まで，そして2021年以降，各国がとる気候変動対策のレベルの引上げを実現させられるかにかかっている．

◆パリ協定の目的実現に向けて動き出した国際社会　上述のような課題はあるものの，国際社会は，パリ協定の目的，すなわち脱化石燃料の実現に向けて，着実に歩みを進めている．例えば，世界の主要機関投資家の間では，石炭等の化石燃料を，座礁資産（利益を回収できないリスクの高い資産）と捉える見方が広がっており，ダイベストメント（化石燃料関連からの投資の引揚げ）などの動きが拡大している．

［久保田 泉］

参考文献

・久保田泉（2017）パリ協定，日本医師会雑誌，146（特別号2），63–66.
・小西雅子（2016）地球温暖化は解決できるのか：パリ協定から未来へ！，岩波ジュニア新書.

【8-4】

自然災害に対する国際的な取り組み・ガバナンス

2015年3月14〜18日に宮城県仙台市において第3回国連防災世界会議（WCDRR）が開催され，出席した国連加盟国187カ国の総意として，開催地である「仙台」の名前を冠した「仙台防災枠組」が採択された．国連防災世界会議は1994年に横浜で，2005年に兵庫で開催されており，3回目となる2015年の会議は3回連続での日本国内での開催であった．

◆仙台防災枠組の採択までの国際的な取り組み　国連総会は，世界での度重なる災害被害の発生を背景として，1990年代を「国際防災の10年（IDNDR）」と位置づけ，1994年の第1回国連防災世界会議の成果として，「より安全な世界に向けての横浜防災戦略」を採択された．これは，国連総会決議に基づく初めての文書であり，持続可能な経済成長および開発は災害による被害の軽減なくしては達成できないという認識のもと，国際社会がなすべきことを体系的に整理したものである．

その後，1999年に「国際防災の10年」は終了したが，2000年以降は「国際防災戦略（ISDR）」の活動が開始された．2002年に，国連ISDR事務局は日本政府の協力も得て『世界防災白書：Living with Risk』を初めて作成した．本白書は，国連組織として初めて世界各地の防災の取り組みを総合的に評価しようとしたものであり，自然災害の発生傾向などの基礎的資料も網羅されている．

2005年1月には，1995年の阪神・淡路大震災の発生から10年目を迎える兵庫県神戸市にて，横浜防災戦略後の10年間の進捗状況を総点検し，21世紀における防災指針を議論するための第2回国連防災世界会議が開催された．この直前の2004年12月26日にはインド洋にて大津波が発生し，世界各国からの防災への関心が高まった．この会議の成果としては，「兵庫行動枠組2005–2015（HFA）」が採択された．兵庫行動枠組は，世界での災害による人的被害，社会・経済・環境資源の損失の削減を目指して，「防災を国，地方の優先課題に位置づけ，実行のための強力な制度基盤を確保する」「災害リスクを特定，評価，観測し，早期警報を向上する」「全てのレベルで防災文化を構築するため，知識，技術，教育を活用する」「潜在的なリスク要因を軽減する」「効果的な応急対応のための事前準備を強化する」という5つの優先行動を掲げている．これ以降は，様々な国際機関の知見を共有するための国際復興支援プラットフォーム（IRP），世界銀行を中心として各国の防災の取り組みを支援するための防災グローバル・ファシリティー（GFDRR），兵庫行動枠組の進捗状況を議論するために2年ごとに開催する防災グローバル・プラットフォーム会議など，様々な機関が集まって協働する活動が活発に展開されることとなった．

一方，世界では，2008年の中国四川省での地震，2011年の東日本大震災，2011年のバンコク（タイ）の洪水など，大規模災害が相次いで発生し，持続可能な経済成長のために災害被害の軽減が不可欠であるとの認識が世界各国において広く共有されるようになった．このような背景のもと，2015年には，兵庫行動枠組の進捗状況をレビューし，2015年以降を対象とする新たな枠組みを議論することを目的として，第３回国連防災世界会議が開催され，仙台防災枠組が採択された．

◆仙台防災枠組とリスクガバナンス　仙台防災枠組は，2030年までの15年間において，「人命・暮らし・健康と，個人・企業・コミュニティー・国の経済的・物理的・社会的・文化的・環境的資産に対する災害リスクおよび損失を大幅に削減する」ことを目指して，「災害リスクの理解」「災害リスクを管理する災害リスクガバナンスの強化」「強靭性のための災害リスク削減への投資」「効果的な災害対応への備えの向上と，復旧・復興過程における「より良い復興」」という４つの優先行動を掲げている．国連ISDR事務局が，世界の防災専門家との議論を経て作成した用語集（UNISDR 2017）によれば，災害リスクガバナンスとは，「災害リスク軽減および関連分野の政策を立案・調整・監督するための制度・仕組み・政策・法制度および取決め」のことである．兵庫行動枠組の優先行動の１つである「防災の制度基盤の確保」に関して，『世界防災白書（2013年度版）』は，120ヵ国が防災のための政策や法的枠組みを整備したことを報告している．しかし，その後の世界での災害経験は，災害リスク軽減の実現には，法的枠組みだけでは十分ではなく，国際機関・地域・国・地方自治体・公共機関・民間団体などの多様なステークホルダーが参画し，協働することの必要性を示唆してきた．仙台防災枠組は，防災の法的枠組みに留まらず，災害リスクを管理するガバナンスの強化を優先行動の１つに掲げ，災害リスク削減および持続可能な開発に関連した多様なステークホルダー間の協働や連携を促進する様々な仕組みの強化を目指している点に特徴がある．

今後，仙台防災枠組の達成に向けた進捗状況は，「①死者数，②被災者数，③直接経済損失，④重要インフラへの損害や基本サービスの途絶，⑤防災戦略を有する国家数，⑥国際協力，⑦マルチハザードに対応した早期警戒システムと災害リスク情報・評価へのアクセス」という７つのグローバルターゲットに基づき，評価される予定である．　　［大原美保］

📖 参考文献

・アジア防災センター（1994）より安全な世界に向けての横浜戦略（仮訳）．
・外務省（2005）兵庫行動枠組 2005–2015（暫定仮訳）．
・外務省（2015）仙台防災枠組 2015–2030（仮訳）．

【8-5】
気候変動に対する国内の取り組み・ガバナンス

気候変動に対する取り組みは，緩和（温室効果ガスの排出削減）と気候変動がもたらす変化・災害への適応が考えられる（☞ 8-3）．日本ではこれまで緩和が中心的に行われてきており，本項では，緩和への主要な取り組み・ガバナンスを紹介する．

◆省エネ法　緩和への取り組みとして第1にあげられるのは，「エネルギーの使用の合理化に関する法律」（通称「省エネ法」）であろう．石油危機を期に，省エネ促進のために1979年に導入された．その規制は2種類あり，1つは，工場等の事業所での省エネの促進を目指す取り組みである．対象事業所に対して，エネルギー管理の専門家の配置とエネルギー（熱および電気）の利用状況の報告を義務付けている．そして原単位（経済活動量あたりの排出量）あたり1%削減の目標を掲げている．目標の対象はエネルギーであるが，その使用削減は，化石燃料の消費量削減を意味し，温室効果ガス（GHG）削減に寄与するため，緩和の政策手段としても活用されてきた．製造事業所を対象に始まったが，その後，民生部門・運輸部門まで対象が拡張されてきた（有村，岩田 2011）．2015年には，「建築物省エネ法」も導入されている．

「省エネ法」のもう1つの規制は，1999年改正時に導入されたトップランナー制度である．これは，自動車の燃費や家電製品の効率性について，最も優れている「トップランナー」を指定する制度である．各メーカーに目標年度までにそのトップランナーの基準を満たすよう規制する方法である．達成できない場合は，勧告，公表，罰金などがある．日本特有の制度として国際的に知られている．

◆環境自主行動計画　経済団体連合会（以下，経団連）による自主的な取り組みも重要である．経団連は，1997年の京都会議を機に，環境自主行動計画を掲げた．自主行動計画では，各業界団体が様々な目標を掲げ，それに向け取り組みを行った．その結果，製造業およびエネルギー転換部門の2012年の排出量は，1990年から比べると12.1%の削減に成功した．具体的には，各業界団体がそれぞれ総量，あるいは，原単位目標を掲げた．例えば，電力業界は対象の5年間に発電に伴うGHGの排出原単位を0.34kg-CO_2/kWhまで下げることを目指し，目標達成のために，クリーン開発メカニズムから得られる京都クレジットを入手した．その結果，排出原単位は1kWhあたり0.373kg-CO_2（2008年）から0.350（2010年）まで低下した．しかし，東日本大震災が発生し，原単位は2012年に0.487kg-CO_2/kWhとなり目標達成とはならなかった．その後，京都議定書の第Ⅰ約束期間終了後は，「低炭素社会実行計画」として，引き続き取り組みが行われている．

◆カーボンプライシング　温室効果ガスの排出削減を実現する政策として最も重要なのは，市場メカニズムを利用した方法である．これは，二酸化炭素に価格を付ける制度であり「カーボンプライシング」として知られている．大きく，税と排出量取引の2種類がある．どちらも市場を活用しながら，排出削減目標を最小費用で達成することが知られている（日引，有村 2002）．

税としてのカーボンプライシングは，炭素税，あるいは環境税として知られている．日本でも「地球温暖化対策のための税」が2012年に導入された．税率は段階的に上げられ，2014年には二酸化炭素1トンあたり289円の課税が行われた．この税率はガソリン1Lに対し0.76円という低額であり，それだけでは大きな行動変化は期待しにくい．しかし，税収が省エネや再生可能エネルギー普及などの補助金として利用されており，低額の税率で大きな削減効果を実現することを目指している．税と補助金のポリシーミックスを実現しようという政策である．

もう1つのカーボンプライシングである排出量取引は，2010年には民主党政権下で制度設計の議論が行われた．欧州や中国をはじめ世界各国で導入されているが，日本では企業の国際競争力や（非規制地域で排出が増えてしまう）炭素リーケージへの懸念（有村ら 2012），産業界等の反対などがあり，国レベルでは導入されていない．一方，地域レベルでは，東京都が2010年から，埼玉県が2011年から導入し，どちらも排出削減を実現している．

また，再生可能エネルギー普及のための固定価格買取制度も価格メカニズムを使った制度である．同制度は，エネルギーの視点から導入された政策であるが，二酸化炭素を排出しない再エネに実質的に補助金を与える制度であり，温暖化政策として一定の貢献をしていると考えられる．

パリ協定以降，長期削減目標達成に向けて，カーボンプライシングの議論は日本国内でも活性化している．2018年度には環境省審議会で「カーボンプライシングの活用に関する小委員会」が開かれ，本格導入に向けて議論が続いている．

◆温室効果ガス排出量算定・報告・公表制度　気候変動に関してガバナンスの重要な要素としては，「温室効果ガス排出量算定・報告・公表制度」の存在も重要である．同制度のもとでは，一定規模の事業所は，温室効果ガスの排出量を測定し報告しなければならない．また，その値は公開され，国民は情報を入手できる．気候変動対策のガバナンスを支える制度として認識できるだろう．

以上のように様々な緩和策がとられているが，2050年に80%削減という長期目標には，さらなる緩和策が必要である．特に，費用の大きさから効率性やイノベーションへの期待が大きく，カーボンプライシングの役割が一層大きくなると考えられる．

［有村俊秀］

参考文献

・有村俊秀，岩田和之（2011）環境規制の政策評価：環境経済学の定量的アプローチ，上智大学出版．
・日引聡，有村俊秀（2002）入門環境経済学：環境問題解決へのアプローチ，中公新書．

【8-6】
自然災害に関する国内の取り組み・ガバナンス

日本列島は，太平洋プレートの潜込みなどのプレート境界に位置し，地震や火山活動に伴う災害が繰り返し発生している．

◆近年のわが国の自然災害の様相 地震災害では，1995年1月の阪神・淡路大震災では大都市直下を震源とする地震で10万4906棟の住家が全壊し，6437名の犠牲者を出した．耐震性確保の重要性が指摘され，さらに，全国からの救援の受入体制の不備も課題となった．

2004年10月の新潟県中越地震では，過疎が進む中山間地域での災害復興がいかに困難であるかが課題となった．2011年3月の東日本大震災はマグニチュード9.0と，従来の想定を超える規模の巨大地震が発生し，大津波で1万8000人を超える犠牲者を出した．あわせて東京電力福島第一原子力発電所では原子炉のメルトダウンに至る重大事故が発生し，その影響は深刻である．

火山災害では，岐阜・長野県境の御嶽山が2014年9月に噴火し，登山者63名が犠牲となる大惨事となった．火山性地震が多発していたにもかかわらず気象庁が噴火警戒レベルを上げなかったことが問題となった．

気象災害では，戦後の高度成長期を経て急激な人口増や産業拡大に伴い山麓まで都市的土地利用が進み，近年は都市近郊での土砂災害も多発している．集中豪雨などの発生に際しては，気象庁をはじめ国や都道府県から住民避難を判断する様々な情報が発信される．

その一方で，市町村長から避難勧告・指示が出されても，避難を躊躇する，もしくは情報の理解不足から避難に結び付かず，犠牲者が発生している．

近年の災害の特徴として，一定の防災機能が備わっていてもその能力を超える災害外力が発生した途端に機能不全に陥ることが多く見られる．こうした災害外力に対して，ガバナンスをつかさどる機関が安易に「想定外」の言葉で説明してしまうと，問題の本質が見失われてしまうこととなる．

◆防災政策の変化 1959年の伊勢湾台風を契機に1961年に制定された「災害対策基本法」は，災害予防，応急，復旧という災害対策全般を体系化し総合的な防災行政を図ることを目的としている．しばらく大きな法改正はなかったが，1995年の阪神・淡路大震災や2011年の東日本大震災を受け，その災害教訓を反映するため法改正が行われた．あわせて，災害の都度に検証委員会が設置され，国の防災基本計画の修正も行われるようになった．

阪神・淡路大震災後の法改正では，災害時に全国からの応援部隊が被災地に入るための交通規制の円滑化や，警察官，消防吏員，自衛官による放置車両の移動権限，地方公共団体間の広域応援体制の強化などが盛り込まれた．さらに，防災基本計画にも震災対策，風水害対策および火山災害対策の各編が定められ，その後も海上災害，原子力災害，危険物災害など事象毎にきめ細かく防災基本計画が定められるようになった．

東日本大震災を受けて改正された「災害対策基本法」と防災基本計画では，大規模広域災害への即応力強化として都道府県や国による応援業務の調整，救援物資の迅速な供給，さらに，災害教訓や防災教育の強化，居住者などからの提案により，地域の実態に合ったきめ細かな防災体制を構築する地区防災計画制度の導入が図られた．

こうした見直しは，阪神・淡路大震災以降，様々な主体が確実に災害に備え，行動できることを目指した防災政策の新たな流れである．

「災害対策基本法」の基本理念に「減災」の考え方を明記することに始まり，国，地方公共団体と民間ボランティアとの連携にまで踏み込んで法制化されるようになった．

◆自治体における防災戦略の動向　災害対策の実施にあたって，都道府県は広域行政を担う観点から関係機関との総合調整に主な権限が置かれる．基礎自治体である市町村は住民の生命・財産の安全の確保を直接担う観点から，住民などへの避難の勧告・指示を行う．さらに，災害応急措置のためには現場に居る者に対する応急措置の従事や土地・建物・物品などの応急公用負担を指示する権限などを持つ．

予防政策においては，減災を達成する具体的な事業を進捗するため，減災目標を設定したアクションプログラムを定める例が見られるようになった．例えば，静岡県の地震・津波アクションプログラム 2013 では，10 年後の犠牲者 8 割減を目標とした計画的な事業進捗を図っている．

災害応急対策の分野では，救出や救助，緊急物資確保，復旧などの迅速化を図るため，自治体と民間の関係機関が災害時の応援協定を結ぶ事例が増加している．こうした協定締結により，単に地域防災計画上の位置づけだけでなく，防災訓練などを通じて平時から災害時の協力関係の具体化が進められるようになった．

［岩田孝仁］

参考文献

・岩田孝仁（2018）減災から防災社会へ：自治体の防災力をいかに高めるか，議会と自治体，246, 48–60.

【8-7】
気候変動の現状とその要因

産業革命以降，人類は石炭，石油，天然ガスなどの化石燃料を大量に消費することで，CO_2 などの温室効果ガスを大気中に放出してきた．また，土地利用の変化によっても，森林や土壌中の炭素が分解され，大気中に放出されている．人間活動による CO_2 の放出量は，植物や海洋が吸収する量を上回っており，現在の年間放出量の約半分が毎年大気中に蓄積されている．そのため，大気中の CO_2 濃度は増加を続け，過去 80 万年間の氷床コアの記録による最高濃度を大幅に超えている．過去 1 世紀にわたる大気中濃度の平均増加率は，非常に高い確信度で過去 2 万 2000 年間に前例がない（気候変動に関する政府間パネル（IPCC）第 5 次報告書（IPCC 2013））．

CO_2 などの温室効果ガスの大気中濃度が増加すれば，地上気温を上昇させるように加熱効果（温室効果）が働く．図 1 に，19 世紀後半から 2016 年までに観測された世界平均年平均地上気温変化を示す．2016 年は，1850～99 年平均値と比べて＋1.1℃の気温差が記録され，これは過去 1 位の気温である．また上位 17 年のうち 16 年は 21 世紀に入ってから（2001～2016 年）で，残り 1 年は 1998 年である．IPCC（2013）では，様々な観測データを収集・分析した研究に基づいて，「気候システムの温暖化には疑う余地がなく，また 1950 年代以降に観測された変化の多くは数十年から数千年間にわたり前例のないものである．大気と海洋は温暖化し，雪氷の量は減少し，海面水位は上昇し，温室効果ガス濃度は増加している」と結論づけている．

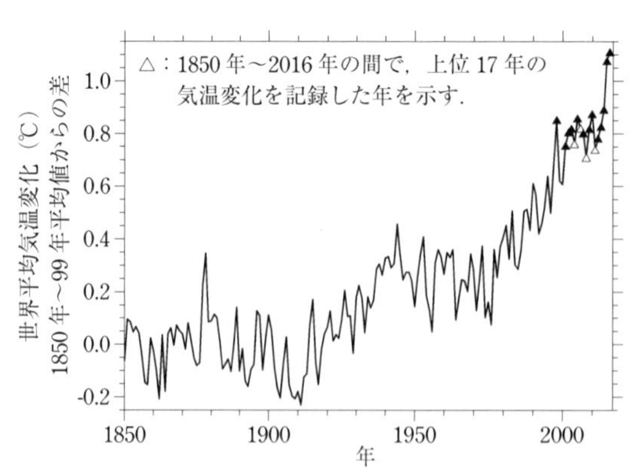

図 1　1850 年～2016 年までに観測された世界平均年平均地上気温変化（℃）
［出典：Morice et al.（2012）のデータをもとに作成］

◆気候変動の検出と要因分析　観測された気候変化は，人間活動によるものと言えるのであろうか．この疑問に答える研究領域を「気候変動の検出と要因分析（D&A）」と呼ぶ．D&A の研究手法に関する解説は，参考文献の塩竈ら（2014）を参照されたい．IPCC（2013）では，膨大なD&A研究を参照して，「1951～2010年の世界平均地上気温の観測された上昇の半分以上は，温室効果ガス濃度の人為的増加とその他の人為起源強制力の組合せによって引き起こされた可能性がきわめて高い」「南極を除くすべての大陸域において，20世紀半ば以降の地上気温の上昇に人為起源強制力がかなり寄与をしていた可能性が高い」「人為起源強制力は，1970年代以降に観測された世界の海洋表層（0～700 m深）の貯熱量の増加にかなり寄与していた可能性が非常に高い」と評価した．

極端な気象および気候現象に関するD&A研究の評価を以下に示す．「ほとんどの陸域で寒い日や夜の頻度の減少，昇温」や「ほとんどの陸域で暑い日や夜の頻度の増加，昇温」が起きていて，人間活動が寄与した可能性は非常に高い．大雨の頻度，強度，降水量が1950年以降に増加している陸域が，減少している陸域より多い可能性が高く，その変化に人間活動の寄与がある確信度は中程度である．気温が上昇すると大気中の水蒸気量が増加するため，今後大雨の頻度，強度，降水量が増加する可能性は高い．強い熱帯低気圧の活動度の増加に関しては，人工衛星による観測が始まる1970年代以前の観測データが十分にないために，100年規模の変化の確信度が低い．ただし，1970年以降，北大西洋では活動度が増加していたことがほぼ確実である．人間活動の寄与に関しては，確信度が低い．1970年以降に極端に高い潮位の発生や高さが増加した可能性は高く，また人間活動の寄与があった可能性は高い．これは，温室効果によって海水の温度が上がって膨張するほか，陸上の氷河が融解して海洋に流れ込むなどして，海面水位が上昇しているためである．

◆パリ協定　このような気候変動の現状と要因分析に関する科学的な知見の蓄積などもあって，国際社会は人間活動による気候温暖化の影響を最小限に食い止めるために，2015年12月に新たな枠組み「パリ協定」を採択した（2016年11月発効）．パリ協定は，「産業革命前からの気温上昇を2℃より十分低く抑えたうえで，1.5℃を目指す」ことを目標として掲げた（United Nations Framework Convention on Climate Change 2015）．ただし，地球温暖化抑制のために必要な温室効果ガス排出削減レベルと，現在各国が掲げている削減目標との間には大きなギャップがあり，対策の加速，強化が求められている（United Nations Environment 2017）．

［塩竈秀夫］

📖 参考文献

・塩竈秀夫ら（2014）「産業革命以降の気候変動の検出と要因分析」，日本気象学会・地球環境問題委員会（編著）地球温暖化：そのメカニズムと不確実性，朝倉書店，4章，37−46.

・Intergovernmental Panel on Climate Change（2013）IPCC第5次評価報告書第1作業部会報告書政策決定者向け要約，気象庁（訳），http://www.data.kishou.go.jp/climate/cpdinfo/ipcc/ar5/prov_ipcc_ar5_wg1_spm_jpn.pdf（閲覧日：2019年2月5日）.

【8-8】
気候変動によるハザードの変化

地球上の水・エネルギー循環は，自然現象として時間的・空間的に偏在しており，またそれらが人間活動によって変化するという基本的な特徴がある．20世紀半ば以降の地球温暖化は疑う余地がなく，それが人間活動の影響である可能性がきわめて高い．地球温暖化による気候変化は，極端な気象現象の頻度，強度，空間的な広がり，継続時間，発生のタイミングに変化をもたらす．

気候の極端現象における変化は，平均，分散もしくは確率分布の形，あるいはこれらすべての変化と関係づけられるとされており，これに基づけば，平均の上昇により，暑い気象が増えることとなる．また気温の上昇は，海面や陸面からの蒸発量の変動を通して，降水量や台風の強度などにも影響する．

◆気候変動がもたらすリスクとハザードの変化　気候変動に関する政府間パネル（IPCC）の第5次評価報告書では，このまま気温が上昇を続けた場合の確信度の高いリスクとして，次の8つの現象をあげている（環境省 2014）．

① 高潮，沿岸域の氾濫および海面水位上昇による，沿岸の低地並びに小島嶼開発途上国およびその他の小島嶼における死亡，負傷，健康障害，生計崩壊
② 複数の地域での内水氾濫による大都市住民の深刻な健康障害や生計崩壊
③ 気象の極端現象による，電気，水供給並びに保健および緊急サービスのようなインフラ網や重要なサービスの機能停止
④ 特に脆弱な都市住民および都市域または農村域の屋外労働者についての，極端な暑熱期間における死亡および罹病
⑤ 特に都市および農村の状況におけるより貧しい住民にとっての温暖化，干ばつ，洪水，降水の変動および極端現象に伴う食料不足や食料システム崩壊
⑥ 特に半乾燥地域において最小限の資本しか持たない農民や牧畜民にとっての，飲料水およびかんがい用水の不十分な利用可能性，並びに農業生産性の低下による農村の生計や収入の損失
⑦ 特に熱帯と北極圏の漁業コミュニティにおいて，沿岸部の人々の生計を支える海洋・沿岸生態系と生物多様性，生態系の財・機能・サービスの損失
⑧ 人々の生計を支える陸域および内水の生態系と生物多様性，生態系の財・機能・サービスの損失

ここにあげられているとおり，気候変動は，高潮，洪水，海面上昇，内水氾濫，極端な気象現象，熱波，気温上昇，干ばつなどを引き起こし，これらがハザードとなって，生命，健康，インフラストラクチャ，生態系などのリスクに影響を及ぼす．このうち，極端気象，地盤・斜面については別項目（☞ 8-13，8-17）で詳

細に述べられるため，ここでは，洪水・渇水と高潮のハザードとしての変化について述べる．

◆洪水・渇水　洪水・渇水の変化については，社会資本整備審議会「水災害分野における気候変動適応策のあり方について」にまとめられており，以下に抜粋する（社会資本整備審議会 2015）．

洪水については，全国の一級水系において，現在気候と比べ，将来気候において年最大流域平均雨量が約 1.1 倍に，基本高水を超える洪水の発生頻度が約 1.8～4.4 倍になることが予測されており，今後，水害が頻発するとともに，激甚化することが想定されている．一方，渇水については，無降水日数の増加や積雪量の減少が想定されており，河川の源流域において積雪量が減少すると，融雪期に生じる最大流量が減少するとともに，そのピーク時期が現在より早まることで，春先の農業用水の需要期における河川流量が減少するとされている．

諸外国の一部においては，気候変動により増大する外力を踏まえた施設計画や設計における対策が進められており，さらに，低頻度または極端な洪水に対する浸水想定などを行っている．一方，わが国では，比較的発生頻度の高い外力を超える規模の外力を対象とした対策はほとんど行われていない．さらに，施設計画や設計段階において気候変動による外力の増大についての具体的な考慮もほとんどなされていない．また，浸水想定などについても，長期的な河川整備の方針で定める比較的発生頻度の高い外力を対象としており，これを上回る外力を対象としたものは作成していない．渇水に対しても，気候変動を踏まえた渇水対策はほとんど行われていない．

◆高潮　高潮の変化については，環境省ほかによる「気候変動の観測・予測及び影響評価統合レポート 2018」より抜粋する（環境省ほか 2018）．

気候変動は台風の数，強度，経路などの特性を変化させる可能性があり，その予測にはまだ不確実性があるものの，そうした台風の特性が将来変化すれば，沿岸域における高潮の発生動向にも影響を及ぼすと考えられている．将来の高潮偏差は，西日本で現在と比べて増減する地域があり，東日本で増加する傾向があることが示されている研究がある．しかし，高潮は，湾に対してある決まった経路をもつ台風に対してのみ大きな偏差を生じさせる現象であるため，台風の来襲頻度に対してその発生頻度が極端に低く，定量的に気候変動の影響を評価することが難しいとされている．

［大楽浩司・臼田裕一郎］

参考文献

・環境省ほか（2018）気候変動の観測・予測及び影響評価統合レポート 2018：日本の気候変動とその影響．
・気象庁（2008）IPCC 第 4 次評価報告書 第 1 作業部会報告書 技術要約．
・社会資本整備審議会（2015）水災害分野における気候変動適応策のあり方について．

【8-9】
気候変動による大規模な変化

科学的知見に基づいた地球温暖化に伴う洪水や干ばつなどの社会への影響評価は，IPCC の評価報告書等で多く取り上げられている一方，地球システムを構成する現象への影響やそもそもどのような大規模な変化をするか，といったことは全くと言っていいほど掲載されていない．このような地球システムを構成する現象の大規模な変化を，ティッピングエレメント（Tipping element）と呼び，いわゆる地球温暖化に伴う気候変動が進行して，あるティッピングポイント（臨界点）を過ぎた時点で，不連続といっても良いような急激な変化が生じて，結果として大惨事を引き起こすような気候変動の要素を指す（図 1）．

ただし，急激といっても 10 年程度で遷移する可能性のある北極海の夏の海氷（の喪失）や夏のインドモンスーン（循環の弱体化），サヘル・西アフリカモンスーン地域（の植生割合増大）などもあれば，グリーンランドの氷床（の融解）や西南極氷床（の不安定化，融解）のように数百年以上かけて変化すると想定されるものもあり，まさに地球物理学的時間スケールで急激と言えよう．その一方で，ティッピングエレメントによる急激な変化は，悪い面とは限らない．その例として，北極海の夏の海氷（の喪失）は固有の生態系への影響が悪い面として挙げられるが，北極海航路の利活用を可能とする経済的にはプラスになる面もある．最新の IPCC 第 5 次評価報告書（AR5）第 1 作業部会（WG1）報告書（IPCC, 2013）では，「ティッピングエレメント」という言葉を使用せず，「急激あるいは非線形な遷移」とした．また，そのような急激あるいは非線形な遷移は，気象現象だけに限らず，地球システムを構成するその他の現象としても生じうることが明示的に扱われている．

◆ティッピングエレメントの特徴　近年ティッピングエレメントが議論されるのは，ある定常状態から別の定常状態へと比較的短時間のうちに気候システムが遷移する可能性もあるにも関わらず，地球温暖化の全体の損益を算出するような統合評価モデルなどでは，排出量，地球温暖化の進展，想定被害が比較的連続的に滑らかに変化するように取り扱われていることが一つの要因といえる．また，一般的にティッピングエレメントという言葉が使われる場合には，一度別の安定状態に遷移したら温暖化レベルを多少減らしても元には戻らないという意味を含んでいるが，ティッピングエレメントが必ずしも不可逆であるとは限らない．微少な変化要因に対して元に戻そうとするフィードバック機構が働かないため元にはもどらない不安定な状態，を含意することも多い．ティッピングエレメントは，ティッピングポイントを一旦過ぎてしまったらこれまでに経験したことのない大

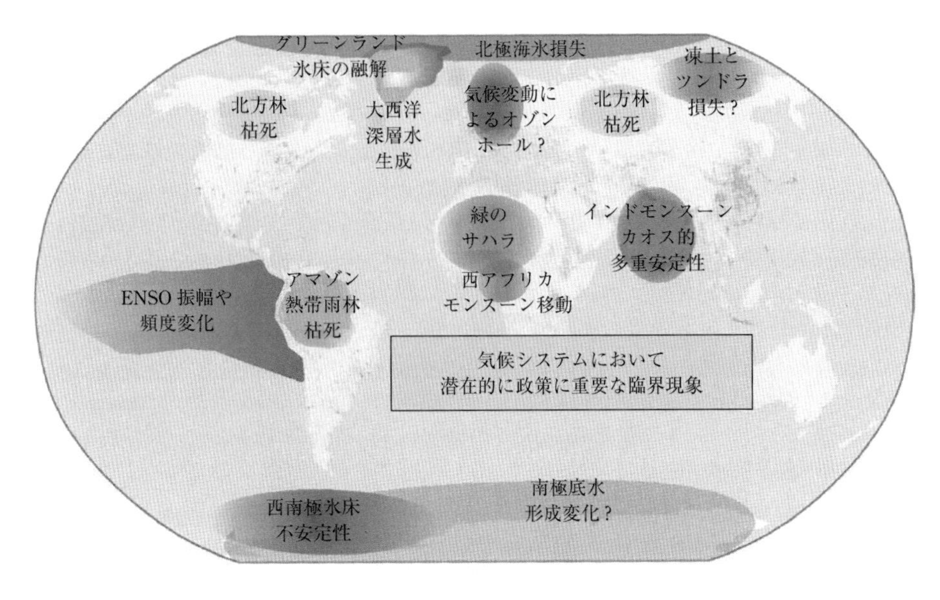

図1　地球上の重要なティッピングエレメント
［出典：Lenton et al.（2008）をもとに作成］

惨事をもたらす，という印象もあり，critical な事象，と呼ばれることもある．しかし，従来想定されていた海面上昇の速度や極端な旱魃の頻度がさらに増大するという点は問題だが，人類1万年の歴史上で経験したことがまったくない影響というわけでもない．

◆古気候学からのアプローチ　古気候学では気候プロキシやモデル計算による古気候復元から，ティッピングエレメントの解明に挑戦している．過去の海水準復元によれば，2014 年とほぼ同じ CO2 濃度であった 300 万年前には海水の熱膨張を含めて 6m 以上高かったことが示されており（Dutton et al., 2015），南極氷床モデルを用いて，2100 年までに 1m 以上，2500 年までに 15m 以上の海面上昇への寄与のポテンシャルがあることが指摘されている（DeConto and Pollard, 2016）．また最終氷期（Last Glacial Period）が約1万年前に終了した後，ヤンガードリアス期と呼ばれる非常に短期間で約 7.7℃以上下降した（Alley et al., 1993）時期があった．原因は大西洋熱塩循環の弱化が有力であったが，北米大陸への地球外飛来物（彗星や隕石）による説（Kennett et al., 2009）が近年では有力だ．その後，後氷期への移行期，日本で縄文海進と呼ばれる全球で温暖な時期があり，日本周辺では現在より約 1～2℃高く，2～3m 海水準が高かった．

一方で，モデル計算から将来のティッピングエレメントの発現可能性を示されるようになった．大西洋熱塩循環の弱化については，複数の大循環モデル群を用いて過去の再現及び今世紀末（モデルによっては2300年）までの発現が多くのモデルで示されている（Weaver et al., 2012）．また，これまで指摘されている13個のティッピングエレメントのこれまでの既往文献から得られるティッピングポイントと過去2万年前から2500年までの気温経路を示し，パリ協定で合意された目標全球昇温量1.5～2°Cでどのティッピングエレメントが発現するかを表現した（Schellnhuber et al., 2016）．それによれば，西南極氷床（の不安定化，融解），グリーンランドの氷床（の融解），北極海の夏の海氷（の喪失），アルプス氷河（の消失），サンゴ礁（の死滅）が，パリ協定の枠組みでも発現する可能性があると指摘している．さらに踏み込んで直接的な情報（生起可能性など）の提供を目指し，グリーンランドの氷床（の融解），北極海の夏の海氷（の喪失）について評価を実施したものもある．

◆いつティッピングポイントを迎えるのか　Lenton and Schellnhuber（2007）は，今世紀中に生じる地球温暖化によって誘発される可能性のある，政策関連性の高いティッピングエレメントを示した．それによれば，今世紀中にはティッピングポイントに達しないものがある一方，北極海の夏の海氷の喪失やグリーンランド氷床の融解は，産業革命以降の全球平均気温が1～2℃程度上昇すると発生するとされ，その閾値の取り方が正しいとするならば，今世紀中にティッピングポイントに達する可能性が高いことが予想される．現在すでに産業革命以降1℃弱上昇している地球は，気温上昇がたとえ止まっても融解が止まらない領域に入りつつあることが言えるだろう．そういった中で，新たな国際枠組を議論する上で温度上昇の目標をどのように設定するかが重要となる．

一方で，一度ティッピングポイントを超えてその後下回る場合どのようになるのかは，これまで研究がほとんど無いため，よく分かっていない．また，より厳しい目標の緩和水準を取ることでティッピングポイント到達の時期を遅らせることが期待されるが，ティッピングポイントを超えた場合でも実際の問題（大きな海面上昇とその被害）が生ずるのは数百年～数千年先になるため，このティッピングポイントを超過する時期を遅らせる効果の意義をどう解釈するかは議論が残る．さらに，一度ティッピングポイントを超えた後に再び下回る場合の現象についての知見が不足しているため，今後の研究の推進が待たれる．

◆ティッピングエレメントに関する不確実性　これまでティッピングエレメントが将来発現する可能性については，幅のあるティッピングエレメントを用いて，将来気候シナリオに基づいた大気大循環モデル（GCM; Global Circulation Model）などの全球平均気温あるいは特定のティッピングエレメントについては局地の気温上昇量がそれを超過するかで示されてきた．GCMが本来持つ不確実性の低減については，複数の大気大循環モデルを用いることで説明されてきた

(Schellnhuber et al. (2016)，木口ほか (2016)，Iseri et al. (2018))．しかし，政策決定者や国民がより主体的な選択をするためには，幅がある値のみならず直接的な数値や情報も重要である．

◆ **今後の課題**　政策決定者，ひいては社会が最も関心があるのは，そのようなティッピングエレメントがどれくらい発生する可能性があり，その経済被害はどれくらいなのか，と考えられる．しかし，そもそも温度上昇幅にはまだ不確実性も大きく (Lenton and Schellnhuber, 2007)，ティッピングエレメントの発現が突然ではなく緩やかに発生するなどの特性から，これまでなかなか研究が進んでいなかったが，統合評価モデルなどに簡易ではあるものの組み込むことで評価しようという動きもある．最新の研究では，ティッピングエレメントに関するパラメータを確率的に与える要素を統合評価モデルに組み込んで動的な最適化を行い，ティッピングエレメントが炭素税に与える影響が分析されている (Lontzek et al., 2015; Cai et al., 2015)．その結果，ティッピングを考慮すると，現在 (2005 年時) の最適な炭素税 50% 近く上昇し，ティッピングによる影響の遷移時間が短くその影響も大きい場合を想定すると，炭素税が約 200% 増加すると述べている (Lontzek et al., 2015)．

このようにいまだ不確実性を含む情報ではあるもののティッピングエレメントの評価は重要視されており，今後の研究開発が待たれるところである．

［木口雅司］

📖 参考文献

・沖 大幹 (2016)，水の未来：グローバルリスクと日本，岩波新書．
・環境省環境研究総合推進費 S-10 (2017) ICA-RUS REPORT 2017 地球規模の気候リスクに対する人類の選択肢 (最終版)．
・木口雅司ら (2015) ティッピングエレメント，環境情報科学，44 (1)，29−35.

【8-10】
気候変動による生態リスク

気候変動は気温上昇，降水量変化，海洋酸性化，海面上昇など様々な形で生物多様性と生態系に影響をもたらす．例えば，生物分布の高緯度域への移動，開花時期など季節性の変化，適温自体の遺伝的変化，それらに伴う種の絶滅や種間関係の変化などが起きる（図 1）．一部は生態系サービスへの影響を通じて人間の福利にも影響するが，農作物増産の可能性など，正の効果も含まれる．また，生態系への影響に加えて，水力発電ダムなどの気候変動緩和策が生態系に及ぼす負の影響もある．一方，植林のような生態系を利用した緩和策も考えられる．

◆気候変動と生物多様性　地球温暖化をはじめとする気候変動は多くの生物に影響する．温暖化が急速に起きると，分布移動が追い付かず，種が絶滅する恐れがあり，移動能力の高い鳥類や昆虫類より植物などで影響が大きいと考えられる．温暖化による種の絶滅リスクは，分類群ごとの移動能力と気候変動シナリオに加え，人口動態や土地利用変化シナリオによって評価される．特に，造礁サンゴは，温暖化，海洋酸性化と海面上昇の複合的な影響を受け，サンゴの白化はすでに深刻である．ただし，温暖化や温室効果ガス（GHG）濃度の上昇自体は，必ずしも生態系や植物の 1 次生産力に悪影響ばかり与えるとは限らない．また，極端気象による風水害などは自然撹乱の一部であり，自然撹乱によって維持されてきた生物多様性もある．ダムなどの河川改修によって河川の氾濫が抑制され，下流の氾濫原に生育する植物が激減し，海浜の後退など沿岸生態系にも影響している．このように，気候変動についても，正と負の生態影響をともに評価する必要がある．

生物多様性への人為影響は，国連ミレニアムエコシステム評価（2005）では土地利用変化，乱獲，環境汚染，外来種，気候変動の 5 つの要因に分けて考えられている．ただし，これらの諸要因はしばしば複合的に作用する．また，気候変動自体に加えて，森林伐採や植林など土地利用変化も重要であり，日本の過去半世紀における生物多様性変化に対しては，気候変動よりもその他の要因のほうが大きかったと考えられている．

◆気候変動と生態系の変化　生物は分布移動や季節性の変化で気候変動に適応することができるが，植物と訪花昆虫など，密接な種間相互作用をもつ生物で移動速度が異なる場合や生物季節にずれを生ずる場合には，これまでの相互作用が損なわれる恐れがある．サンゴの白化も，共生褐虫藻の消失による．農業においても，野生のハチなどに受粉を頼っているイチゴなどの作物種では，訪花昆虫を失うリスクが懸念されている．

図１　２つの気候変動シナリオに基づく将来のニホンジカの分布拡大予測
［出典：Ohashi et al.（2016）をもとに大橋春香氏・松井哲哉氏作成・提供］

また，気候変動によりヒアリなどの外来種が定着して在来生態系が脅かされる恐れがある一方，在来種の分布変化が生態系を激変させる例もある．ニホンジカは過去の乱獲により個体数が激減したが，保護政策や土地利用変化と温暖化により，近年北陸から東北地方に向けて拡大しつつあり，南アルプスや屋久島の花之江河（はなのえごう）のような高標高域にも進出している．そのため，農作物や造林地だけでなく，自然の植物にも食害により大きな影響が出ている．

◆**気候変動対策と生態リスクの関係**　気候変動対策には，GHG 濃度の上昇を抑制する緩和策と，気候変動に伴う負の影響を軽減する適応策がある．対策の中には，種の環境リスクを減らすが，それと同時に他のリスクも減らす場合（両得）も，別のリスクを増やす場合（トレードオフ）もある．例えば，GHG 排出削減のために風力発電所を増設すると，希少鳥類の衝突死を起こす．他方，植林による炭素吸収と河川流量調節，土壌流出防止など，生態系の調整サービスを積極的に利用する施設整備（いわゆるグリーンインフラ）は両得を目指している例である．

◆**気候変動と生態系サービスの関係**　気候変動は生物多様性だけでなく，生態系サービスにも影響する．もともと熱帯産であるイネの生産力は，日本においては２℃程度の上昇ならば増産も期待できるが，４℃上昇すると減産が予測されている．一方，生態系にはもともと自然回復力がある．生物自身の適応的変化に加え，品種改良などの適応策により，影響を減らすことができるだろう．

［松田裕之・中静　透］

参考文献

・中静 透（2009）温暖化が生物多様性と生態系に及ぼす影響，地球環境，14，183−188.

【8-11】

気候変動による社会・人間系へのリスク

気候変動は，例えば降水変化に伴う河川流量変化や気温上昇に伴う氷河・氷床の融解などの物理システムへの影響，気温・降水等変化に伴う生物分布や個体数の変化といった自然生態系への影響を引き起こすとともに，直接的あるいは間接的に食料，健康，経済などの社会・人間系に対しても，多岐にわたる影響を及ぼすことが懸念されている．

◆社会・人間系への気候変動リスクの例 気候変動により農作物の栽培適地の変化や単収（単位面積あたりの収量）の増減が生じうる．農家にとっては収入の大小，あるいは変化が大きな場合には従来型の農業活動の継続の可否に関わる．環境変化に適応するための灌漑・施肥・農薬等の変更や品種・作物種の変更なども，一定の追加的な努力・費用を要するという点で農家にとってのリスクと言える．一方で消費者側から見ると，気候変動により単収減少や灌漑・施肥等に要する費用の増加が生じた場合，市場価格の上昇を通じて，消費量の減少・生活水準の低下，状況によっては栄養不足の増加などのリスクが高まりうる．同様の悪影響は，飼料作物の収量変化や家畜の生育環境変化を通じて畜産にも生じうるし，水産などにも当てはまる．

気候変動は人間の健康にも影響を及ぼす．前述の栄養不足による健康影響以外にも，夏季の暑熱日の激化に伴う熱中症やその他熱関連疾病の増加，豪雨・洪水の増加に伴う上下水道の未普及地域における下痢等の水系感染症リスクの増加，媒介生物の生育適地変化に伴うマラリア・デング熱等の生物媒介感染症リスク変化などがあげられる．

気候変動は，極端気象（☞ 8-13）の増加を通じて，社会インフラストラクチャー（以下，社会インフラ）に対しても影響を及ぼす．例えば，洪水・暴風等による交通・通信等の都市機能の麻痺，河川水温の上昇による火力発電の冷却効率の減少などがある．降水・流量の変化は水力発電の効率に影響する．沿岸には港湾施設が集中するが，海面上昇や高波の増加は，その機能を低下させ，施設の損壊を引き起こす可能性もある．

社会・人間系への気候変動リスクは経済的側面からも評価・対応が求められる．例えば，前述の食料影響，健康影響，社会インフラ影響などは，様々な形で生産・消費活動に影響を及ぼす．他にも，気温上昇に伴う労働生産性の低下，気候条件の変化による観光産業（例：避暑地，スキー，自然景観）や飲料産業（例：ビール，清涼飲料）への影響，損害保険の料率や保障範囲への影響などは，経済的な影響に区分できる．

市民生活への影響という点では，気温変化に伴う冷暖房需要の変化，季節感の喪失に関連する伝統的な催事・行事への影響などがその範疇にある．あるいは，長期的視野に立てば，より深刻な影響として，気候変動に伴う水資源・土地資源の不足などに起因する紛争，海面上昇や土地劣化を背景とした不可避の移住なども生じうる．影響の大小を金銭単位で計測することが困難な影響も多い．

◆社会・人間系への気候変動リスクの特徴　自然生態系への気候変動リスク（☞8-10）に比べて，社会・人間系への気候変動リスクは，適応策を通じた曝露・脆弱性の制御の余地が比較的大きい．例えば，上述の人間健康への影響のうち暑熱による熱中症リスクの増加であれば，高温時の野外活動の抑制，水分摂取の励行，空調の適切な利用などにより，リスクを相当軽減しうる．逆に言えば，気候変動の規模が小さな場合には，その社会・人間系への影響は限定的で，検出が困難なものとなる．

一方，気候変動の規模が大きなものとなった場合，危害を受ける社会・人間系の適応可能な許容範囲を超え，被害が顕在化することが見込まれる．このことから，気候変動リスクの把握と管理に際しては，外力・危害である気候変動や極端気象の大小に関する現況と将来見通しとともに，対象の社会・人間系が外力・危害に対してどの程度の曝露（例：人口や資産の分布）・脆弱性を有しているかを把握し，またその将来変化について現実的な想定を置くことが重要になる．

なお，対処の必要性から気候変動の悪影響の評価事例が多いが，一部の地域・分野では好影響も想定される．寒冷な地域での作物栽培適域の拡大，冬季の暖房エネルギー需要の軽減，冬季の低温関連疾病の減少などが典型的な例である．

社会・人間系への気候変動リスクは，複数の因子が関与・連鎖して生ずることもある．例えば，河川下流域での農業では，気温上昇，河川流量変化，海面上昇に伴う塩水遡上域拡大といった複数のハザードの同時考慮を要する場合がある．あるいは，洪水発生，現地の社会インフラの混乱・停止，現地部品工場の操業停止，部品供給の遅滞による被災場所とは別の場所での生産活動への影響発生というサプライチェーン寸断に具体例を見るように，影響の連鎖や，原因と結果の時間的・空間的な乖離を捉えることが必要なケースもある．また，ある地域・分野での適応策が，波及的に他地域・他分野での影響リスクを増大してしまうリスクのトレードオフ関係への配慮も求められる．例えば，河川上流域での作物の安定栽培のための灌漑拡大は，下流での農業・都市・工業等の各用途における水資源不足のリスクを増大しうる．［高橋　潔］

📖 参考文献

・江守正多，気候シナリオ「実感」プロジェクト影響未来像班（2012）地球温暖化はどれくらい「怖い」か？：温暖化リスクの全体像を探る，技術評論社．

【8-12】

気候変動リスクへの対応
：ネガティブエミッション技術の持続可能性評価

2015年12月,「産業革命前からの世界の平均気温上昇を2℃より十分低く保つ」という「パリ協定」を採択した．この「2℃目標」は，国連気候変動に関する政府間パネル（IPCC）の代表濃度経路（RCP）2.6のシナリオに相当する．RCP2.6シナリオに対応するIPCCシナリオによれば，地球全体の炭素排出量（人間の排出量から自然吸収量を差し引いたもの）を今世紀末にマイナスにする必要がある．そのため，過去に排出した大気に蓄積された二酸化炭素（CO_2）を削減する「ネガティブエミッション」技術が重要な役割を果たすことが期待されている。この技術としては，植林など自然界のCO_2吸収を増大，化学工学的技術を使って大気中からCO_2を直接回収，アルカリ性化による風化反応の促進，バイオ炭，バイオマス地中埋設，そしてバイオエネルギー利用におけるCO_2回収貯留（bio-energy with carbon capture and storage: BECCS）などがあげられる。その中でも，比較的安価で大量に実施可能とIPCCで評価されたCO_2貯留（CCS）を伴うバイオエネルギー（BECCS）が，大気中のCO_2濃度を減少させる有望な「ネガティブエミッション」技術として脚光を浴びている．しかし，大量のバイオ燃料作物を生産するためには，広大な農耕地の利用が必要である．水，食糧，生態系などの他の持続可能性に対する気候変動緩和の影響を研究する必要がある．RCP2.6に必要な年間のバイオ作物の栽培による排出削減量は，最大3.3 GtC/年と見積もられている．山形ら（Yamagata et al. 2018）は，水資源，生態系，および土地利用の相互作用を考慮するモデルを用いて，以下に示すように，土地利用，水資源，生態系サービスに対するBECCS導入の影響を評価した．

◆BECCS土地利用シナリオによる評価　BECCSによって3.3 GtC/年（IPCC-RCP 2.6）の年間排出削減量を達成するシナリオでは，食糧生産や人口増加などの気候変動の影響により食糧需給の逼迫が予想されるため，将来の食料安全保障の視点から，バイオ燃料作物の集中灌漑（S1）と森林地帯の追加使用（S3）という，バイオ農作物の生産のための天水耕地の使用（S2）以外の2つの土地利用シナリオを我々は新たに分析した．

S2の場合，RCP2.6についてBECCSを仮定すると，世界中のバイオ燃料作物生産（天水）に非常に大きな面積（5億ha，または世界の農地の25%まで）を使用する必要がある．S1の場合は必要な土地を半分に減らすために，バイオ燃料作物を灌漑して生産性を高めると仮定することによって，農地に対する需要は緩和される．S3シナリオの場合，広大な自然の土地（5億ha，現在の森林総面積の10%まで）が，バイオ燃料作物用農地に転換されると仮定し，生物多様性の高い熱帯雨林の変換を可能にし，保護区域がない場合（S3-1）と，生物多様性ホットスポットは世界自然保護基金の地図に基づいて指定保護されている場合（S3-2）の土地利用シナリオを評価している．ここで，バイオ作物収量としては，ススキ（*Miscanthus*）やスイッチグラス（switchgrass）などのバイオ燃料作物が仮定されている．

◆水利用の持続可能性　ここでは３つのシミュレーションを実施した．１番目のシミュレーションは期間が1996～2005年で，この時期に大規模な第２世代バイオ燃料作物の生産は想定されていない．現在の灌漑および天水耕作地の分布を用いて，自然の水文サイクルと人間の水利用をシミュレートした．２番目のシミュレーションでは，２億5000万haの農地が2100年までに灌漑されたバイオエネルギー農耕地に変更されたと想定した（シナリオS1）．シミュレーション期間は2006～2100年である．灌漑用水は，主に同じグリッドセル内の河川から引かれた．河川が枯渇したときに追加で必要な水の量を見積もった．３番目のシミュレーションでは，５億haの農地が2100年までに天水バイオエネルギー農耕地に変更されたと想定した（シナリオS2）．

バイオエネルギーのための灌漑用水の使用は，シナリオS1について，バイオエネルギーを生産するための消費灌漑用水の使用容量は，2090年に1910 km^3/年（2091～2100年の平均値）と推定された．この量は，ベースシミュレーションの食糧生産量（1420 km^3/年）の135％である．バイオエネルギーのための灌漑用水の使用は，南米，中央サヘル，インド東部，そしてオーストラリア北部および南部の一部地域に集中すると予想される．

シナリオS1は，農耕地の総量に比例して２億5000万haの農耕地がバイオエネルギー用に変換されたと想定しているため，灌漑は世界の主要な穀倉地帯に集中している．特に乾燥地域に集中する傾向があり，長い作付期間の暖地では大量の灌漑が必要となる傾向がある．

バイオ燃料作物を栽培するための灌漑のさらなる強化は，食糧生産と競合する可能性が高い．これは，重大な問題であり得る．なぜなら，気候モデルが今世紀のうちにさえ，気候変動に起因する食糧収穫量の大幅な減少を予測しているからである．

◆生態系サービスの持続可能性　このシミュレーションでは次の６項目の陸上生態系サービスが評価された．①基本サービスおよび暫定サービスに関連する純１次生産（NPP），②規制サービスに関連する生態系 CO_2 交換，③基本的，暫定的および文化的（風景による）サービスに関する植生バイオマス，④基本的なサービスに関する土壌炭素ストック，⑤腐食による土壌喪失，⑥生態系サービスの劣化に関連するバイオマス燃焼である．

S3-1（保護地区なし）とS3-2（保護地区あり）シナリオでは，広大な自然生態系がバイオ燃料作物栽培に転換されている．我々のシミュレーションでは，1990

年代の 56.5 GtC/年から 2090 年代の 65.6 GtC/年に増加した．これは主に CO_2 施肥効果によるものである．農作物は森林に匹敵する高い生産性を有するため，指定された土地利用転換は地球規模の NPP に大きな影響を与えなかった．

グローバル NPP は，ピーク時に 2060 年前後までほぼ直線的に増加した．この傾向は大気中の CO_2 濃度と平行している．いずれの場合も，陸上生態系は土地利用変化からとバイオマス燃焼からの放出を含む CO_2 の小さな正味の吸収源として作用し，気候条件に起因して相当量の経年変動性を示した．この純 CO_2 吸収源は生態系による炭素ストックのみであり，CCS による隔離は別々に評価されるべきであることに留意されたい．植生バイオマスおよび土壌有機炭素の炭素ストックは，我々のシミュレーションでは，10 年変動の小さな範囲でシナリオ間の明確な違いを示した．2000 年以降の土地利用の変化なしに，植生バイオマスは 1990 年の 483 GtC から 2090 年の 544 GtC に増加した．

S3-1 のシナリオでは，熱帯雨林の森林の減少により 460 GtC に減少した．対照的に，S3-2 のシナリオでは，植生バイオマスがわずかに増加し（2090 年に 495 GtC，RCP2.6 ベースの場合の 509 GtC よりも少し低い），これは生物多様性ホットスポットの指定保護の有効性を示している．土壌の炭素ストックは，土地利用事例では 21 世紀初めにある程度まで減少し，その後，温帯や亜寒帯の生態系への蓄積により徐々に増加した．ここで，S3-1 と S3-2 の結果の差はそれほど大きくはなかった．なぜなら，熱帯雨林の土壌炭素ストックは低く，放牧地に匹敵するためである．

陸上の生態系機能は，地表面上で変化することが予想される．例えば，中・高緯度では植生バイオマスが増加すると予想される．なぜなら，これらの地域の植物は，RCP2.6 ベースの気候下であっても，より高い CO_2 大気濃度と地球温暖化による好影響を受けるためである．対照的に，S3-1 のシナリオでは，アマゾン盆地，中央アフリカ，東南アジアの森林など，低緯度の植生バイオマスは，バイオ燃料作物生産のための土地利用転換の結果として 21 世紀に大きく減少すると推定されている．これらの熱帯雨林は重要な生物多様性と関連する生態系サービスを支えているため，バイオマスの減少は地域社会に悪影響をもたらすはずである．

S3-2 のシナリオでは，中央アマゾンなどの生物多様性のホットスポットは保護されている．しかし，周辺の自然生態系は依然としてバイオエネルギー生産の土地利用の影響を強く受けていた．オーストラリアでは，バイオエネルギー栽培の拡大は植生バイオマスのわずかな増加をもたらしたが，他の森林における大規模な損失を補うことはできなかった．我々のシミュレーションでは，植生被覆の減少は，水侵食による土壌喪失を招く結果にもなった．水浸食による現在の土壌損失は，主に降水量が多い山間部，耕作地，モンスーンアジア地域で発生している．アマゾン盆地と中央アフリカの熱帯雨林の土壌は，密集した植生の覆いによって保護されており，降水量が多くても水侵食による土壌の損失が少ない．

熱帯域（S3-1）および亜熱帯域（S3-2）でのバイオ燃料作物のための急激な土地被覆変化は，植生生産性，水文学的調整機能，および生物多様性などの低下を伴う土壌損失という深刻な破壊をもたらす可能性がある．このような土壌喪失は，亜寒帯地域でも起こったが，強度は低かった．

◆土地利用への総合的な影響　水資源の観点からは，現在の水使用量が倍以上になるため，S1は持続可能とは言えない．世界の多くの地域で水不足が観察されており，河川水のさらなる増加が問題を悪化させるであろう．追加する水は河川水以外から汲み出されるであろうから，集中的な水資源開発（ダム，水道，地下水開発）が必要になると考えられる．

食糧生産の観点から，S2は食糧生産を減少させるリスクが高い．S1とS2の食糧の世界平均作物収量は，現在のレベルよりも約7%小さい（この研究ではCO_2施肥効果と将来の収量増加は考慮されないことに留意されたい）．これは世界に食糧を供給するために，食糧配給効率の大幅な改善が必要であることを示している．

生態系サービスの観点から見ると，S3は生態系の持続可能性に関して問題となる可能性がある．なぜなら，自然林の広範な転換は，パーム・オイル・プランテーションの急速な拡大のために熱帯地域で大規模な森林伐採が行われた場合のように，生態系の保全に望ましくない影響を及ぼすからである．さらに，アマゾンとコンゴ盆地の熱帯雨林の喪失は，これらの地域における生物多様性の深刻な低下をもたらすであろう．強い森林減少規制が実施されていない場合，土地利用転換によって水浸食が悪化し土壌喪失が引き起こされる可能性がある．大規模なバイオ燃料作物の導入は，生態系の構造の崩壊や生産性の低下といった土地の劣化を引き起こす可能性もある．バイオエネルギー耕作地の拡大を想定するには，より洗練された土地利用モデルによって開発されたシナリオを利用した方が現実的であろう．

大量のバイオエネルギーが生産されると，土地（および生態系保全），水，食糧などの生態系サービスとの間で複雑なトレードオフが発生する可能性がある．これらの相互作用を評価できる統合モデルを，国際的に意見調整しながら開発することが急務である．現在の土地利用シナリオベースのいくつかの評価は，バイオ燃料作物栽培を無制限に拡大することは現実的ではないことを示している．グローバルな持続可能性目標を達成するためには，生物多様性保全と気候変動緩和活動との間の相乗便益と相乗効果に関するリスク評価・管理の視点からのアプローチが必要である．

［山形与志樹］

📖 参考文献

・山形与志樹（2015）バイオCCSなどの二酸化炭素除去技術にはまだ多くの制約があることが国際共同研究により判明―国際合意の2℃目標達成には、今すぐ積極的な排出削減が不可欠，国立環境研究所（閲覧日：2019年4月）．
・山形与志樹（2016）2℃目標実現に向けたネガティブ・エミッション技術の可能性と課題．環境研究，181，29-40．

【8-13】

極端気象リスク

「極端気象」という言葉は，気候変動に関する政府間パネル（IPCC）評価報告書に使われている「extreme weather event」という用語の和訳である．IPCC 第5次評価報告書では，極端気象を「特定の場所や時期におけるまれな現象．『まれ』の定義は様々であるが，通常は，観測から見積もられる確率密度関数における10または90パーセンタイル値よりまれな現象を言う．定義上，極端気象の特性は，その絶対的意味が場所によって異なる」としている（IPCC 2013：1454，筆者訳）．

一般に極端気象のリスク評価は，その再現期間を推定することによって行われる．十分に長期のデータが得られていれば，データから直接再現期間を推定することが可能であるが，極端気象はまれな現象であるため，再現期間を推定できるほど十分な数のデータが得られていない場合が多い．そこで極値分布関数を当てはめることで，極端気象の再現期間を推定する手法が広く用いられている．例えば同じ確率分布に従う互いに独立な多くのデータ（同一分布・独立・多数のデータ）の極値は，以下の式(1)に示す一般化極値分布に従うことが知られている（藤部 2010）．

$$F(x) = \exp\left[-\left\{ 1 - \frac{\kappa(x-\beta)}{\alpha} \right\}^{1/\kappa} \right] \tag{1}$$

ここで，x はある期間におけるデータの最大値，F は値が x 以下である確率，α，β，κ はパラメータを表す．例えば異常高温が観測されたとき，その地点の毎年の最高気温のデータからパラメータ α，β，κ を事前に決めておけば，x に観測された気温を代入することで F が求まり，再現期間（年）を $1/(1-F)$ で推定することができる．以下，極端気象の例として極端な降水量，極端な積雪深，竜巻を例としてあげ，そのリスク評価手法を述べる．

◆極端な降水量　ある地点における降水現象は，直感的には，季節ごとにほぼ同一の条件で毎年独立に繰り返されているように思われる．その場合，その地点の降水量は「同じ確率分布に従う互いに独立な多くのデータ」と見なせるので，毎年の最大値の出現は式(1)の確率分布に従うと仮定できる．一方で，年最大日降水量に式(1)を当てはめた場合，極端に再現期間が長くなる事例が報告されている．例えば藤部（2010）によると，彦根で1896年に観測された日降水量596.9 mmの再現期間は，22万年になるという．このように極端に長い再現期間が生じてしまう理由は，降水現象においては「同じ確率分布に従う」という条件が，必ずしも満たされていないことが一因であると考えられる．例えば，気候変動によってその場所の気温や湿度が長期的に変化している場合，もはや年々のデータが同一の確率分布をもっているとは言えなくなる．このため，降水量の極値に対するいくつかの確率分布関数を用意し，観測データに最も適合する関数を選択することが行われている．例えば葛葉（2015）は，レヴィ分布を仮定すると，彦根における既往1位の日降水量の再現期間が410年になることを示した．このように，極端な降水現象の再現期間は，推定手法によって大きく異なる場合があることに注意を要する．

◆極端な積雪深　極端な積雪は，交通障害や家屋の倒壊，農林被害，雪崩など様々な災害をもたらす．したがって，積雪深に対するリスク評価は重要な取り組みである．しかしながら，積雪深の観測は限られた観測地点でしか行われていないため，「得られた再現期間をいかに空間内挿するか」という問題を伴う．スイスにおける日最大積雪深を検討したブランシェとレーニング（Blanchet and Lehning 2010）によると，積雪観測地点について求められた再現期間を空間内挿するよりも，式(1)におけるパラメータ α，β，κを空間内挿して再現期間をマップ化する方が精度が高い．これらのパラメータを空間内挿するとき，緯度・経度のほかに，標高および平均積雪深を説明変数として回帰式を作成すると，より現実的なマップが作成できる．

◆竜巻　竜巻の発生記録は，米国においては米国海洋大気庁（NOAA）が，日本においては気象庁がそれぞれデータベースとして公開している．ただし，記録された事例の多くは，目撃情報や被害情報に基づいているため，データの均一性に問題がある．例えば同じ頻度で竜巻が発生していたとしても，人口の少ない地域では見落としが生じていて，発生件数が少なく記録されている可能性がある．したがって，竜巻の発生記録に基づいてリスク評価を行うことは，大きな誤差を伴う危険性がある．一方で，「竜巻の起こりやすい場所があるのではないか」という素朴な疑問は常にあり，竜巻リスクがどのように空間的に分布しているかは興味深いテーマである．P. ディクソンら（Dixon et al. 2011）は，NOAAが公表している竜巻発生記録を用いて，米国における年間の竜巻発生確率をマップ化した．彼らは，線または点として記録されている竜巻被害データを，バンド幅25マイル（40.2 km）のカーネル密度関数を用いて空間に広げた．彼らの結果によると，ミシシッピー州スミス郡，アーカンソー州ロノーク郡などで竜巻発生確率が1回／年を超える．日本の竜巻に関しては，新野ら（Niino et al. 1997）が統計的な解析を行い，日本における竜巻の死者数が年間0.58人，負傷者数が29.7人であることなどを明らかにしている．

［三隅良平］

参考文献

・藤部文昭（2010）極端な豪雨の再現期間推定精度に関する検討，天気，57（7），449−462.
・藤部文昭（2011）回答，天気，58（2），147−151.

【8-14】

地震リスク

世界中で発生する地震の10％程度が日本周辺で起きており，自然現象の中でも地震は，低頻度ではあるが甚大な被害をもたらす災害の要因となっている．地震には，海溝型地震と内陸の活断層による地震の２つのタイプがある．東日本大震災を引き起こした東北地方太平洋沖地震や，関東大震災を引き起こした関東地震などは海溝型地震であり，阪神・淡路大震災を引き起こした兵庫県南部地震は，内陸の活断層による地震である．地震により引き起こされる災害には，揺れによる人や建物の被害の他，津波，液状化，斜面崩壊，火災など多様な災害がある．

◆地震リスクの定義　地震リスクは，地震により生じうる被害量を被害の発生確率も含めて評価したものであり，地震の規模やその発生確率など自然現象としての外力の大きさを意味する地震ハザード，地震に見舞われる建物，各種構造物，人などの対象物を総称した曝露量，曝露される対象毎の地震に対する脆弱性から定量的に計算される．なお，近年では，この定義に災害からの回復力を指標として加え，レジリエンスという考え方も提唱されている．地震リスクは，純粋リスクでありかつ集積リスクである．つまり，損害だけが発生し，利益につながらない事象であり，また，発生確率は低いが一度発生するとその被害量はきわめて大きなものとなり，狭い地域で考えると保険などでの対応が一般には難しいリスクである．ただし，世界規模で見れば，集積リスクも分散リスクに変わる場合があり，地震リスクをヘッジするために，世界全体でのリスク分散が有効な場合もあり得る（中村 2013）．

◆地震ハザード解析　地震ハザードとは，地震の規模やその発生確率，各地点での地震動の強さなど自然現象としての外力の大きさを示すものである．現状の科学のレベルでは，将来発生する地震について，決定論的な予測を行うことは困難である．このため，その評価には，確率論的地震ハザード解析と呼ばれる手法が用いられている．確率論的地震ハザード解析とは，ある地点において将来発生する「地震動の強さ」「対象とする期間」「対象とする確率」の３つの関係を確率論的手法により評価するものである．それらの関係は，地震ハザード曲線により表現される．国の地震調査研究推進本部では，長期的な地震の発生確率についての評価を実施したうえで，この手法に基づいて日本全国を対象とした「全国地震動予測地図」を作成している（地震本部 2017）．「全国地震動予測地図」は，地震発生の長期的な確率評価と強震動の評価を組み合わせた「確率論的地震動予測地図」と，特定の地震に対して，ある想定されたシナリオに対する強震動評価に基づく「震源断層を特定した地震動予測地図」の２種類の性質の異なる地図から構成されている.「確率論的地震動予測地図」作成の手順は以下に示すとおりである.

① 地震調査研究推進本部地震調査委員会による地震の分類に従い，対象地点周辺の地震活動をモデル化する．なお，地震活動のモデル化では，震源断層が特定できる地震のみならず，震源断層が特定しにくい地震についても統計的なモデルを作成する.

② モデル化したそれぞれの地震について，地震調査委員会による長期評価結果に基づき，地震の発生確率を評価する.

③ 地震の規模と位置が与えられた場合の強震動評価のための確率モデルを設定する．具体的には，地震動予測のばらつきを考慮した経験的地震動予測式を用いる．地震動の評価は，工学的基盤で行い，次に，各地点での増幅特性を考慮して地表の地震動を評価する.

④ モデル化された各地震について，対象期間内にその地震により生じる地震動の強さが，ある値を超える確率を評価する.

⑤ 上の操作をモデル化した地震の数だけ繰り返し，それらの結果を確率論的に足し合わせることにより，全ての地震を考慮した場合に，対象期間内に生じる地震動の強さが，ある値を少なくとも一度超える確率（超過確率）を計算する.

現状の「確率論的地震動予測地図」における地震ハザードの評価地点は，表層地盤の増幅率のデータに対応した日本全国を覆う第3次地域区画メッシュ（約1 km 四方）を16等分割した4分の1地域メッシュ（約250 m 四方）の中心としている.

このようにして評価された地震ハザード情報に基づいて,「確率論的地震動予測地図」では，今後30年以内にある一定の震度以上の揺れに見舞われる確率を示した地図や，今後30年間のある一定の超過確率に対する地震動の大きさを示す地図が作成されている．具体的には，地表において今後30年および50年以内に震度5弱，5強，6弱，6強以上の揺れに見舞われる確率を示した地図，今後30年間の超過確率が3%，6%に対応する計測震度の領域図，および今後50年間の超過確率が2%，5%，10%，39%に対する計測震度の領域図，加えて，工学的基盤における最大速度に関する地図も作成されている．各地点での地震動の強さは，その地点周辺の地下構造の影響を強く受ける．地震ハザード解析において，地下構造のモデル化は重要であり，関係機関によりデータの整備が進められている．これら地震ハザードに関する情報は，防災科学技術研究所が運用している地震ハザードステーション J-SHIS（http://www.j-shis.bosai.go.jp/）から公開されている.

地震ハザード曲線は，1地点ごとに評価されるため，複数の地点でのリスクを同時に評価するためには，地震ハザード曲線を計算するもととなるシナリオ地震ごとに分解した評価が必要になる場合がある．このため,「全国地震動予測地図」

では，主要断層帯で発生する地震など，震源断層があらかじめ特定できる地震については，確率論的な地震ハザード評価に加えて，ある地震シナリオを想定し，物理モデルに基づき断層面上での破壊過程をモデル化し，不均質な地殻・地盤中での地震波伝播の数値シミュレーションを用いた詳細な地震動評価を行うことにより「震源断層を特定した地震動予測地図」が作成されている．地方公共団体による地域防災計画の策定などでは，その目的に応じて適切なシナリオ地震をいくつか選定し，それらのシナリオ地震に対する被害想定を行う場合が多い．

全世界を対象とした確率論的な地震ハザード評価が，世界地震モデル（GEM）により進められている．GEMは，イタリアのパヴィア市にある欧州地震工学センターに事務局本部をおく特定非営利活動法人（NPO法人）であり，地震災害の軽減を目的として，16の国，20以上の国際団体・民間企業から構成されている．GEMに参画しているそれぞれのメンバーが中心となって，関連する国と地域で連携しながら，地域ごとの地震ハザードモデルを作成しそれらを組み合わせることにより世界全体を覆う地震ハザードモデルの構築を進めている．これらのモデルは地域ごとに格差があり，統一的な基準に基づいて作成されたものとはなっていないために，グローバル・モザイクモデルと呼ばれており，その第1版が2018年12月に公表された．

確率論的地震ハザード解析においては，自然現象のもつ偶然的なばらつきの評価に加えて，人間の側の認識論的不確定性の定量的な評価が重要となる．こうした課題の検討のため，米国では米国原子力規制委員会の下にSSHAC（Senior Seismic Hazard Analysis Committee）を設置し，確率論的な地震動評価で課題になる認識論的不確定性について，その評価内容や評価手順を検討することにより，議論の進め方の程度をレベル1から4の4段階に整理し，ガイドラインを制定している．その中でも有効とされるレベル3では，①認識論的な不確実さに関し，学術界・技術界における意見の全体像を，意見の中央値・分布・範囲を示すことにより偏りなく提示する，②TIチームの入念な直接討議により，科学的・技術的に正当性ある見解を提示する，③公開ワークショップにより，プロジェクトの進捗内容を説明し，かつ外部の専門家の意見を最大限に吸収してプロジェクトの討議に反映する，こととされている．

◆曝露量と脆弱性　地震リスクを定量評価する場合に重要となる曝露量に関するデータとしては，建物およびその再調達価格に関するデータ，人口および建物内滞留人口データなどが必要となる．人口・建物データに関しては，防災科学技術研究所により「全国地震動予測地図」で用いられている4分の1地域メッシュに対するデータの整備が進められている．地震リスク算出のための脆弱性の評価手法には統計的手法と解析的手法がある．広域的な建物被害のリスク評価を行う場合には，ある建物群の被害率と地震動強さの関係を示す被害率曲線（フラジリティカーブ）などの統計的手法が一般に用いられる．被害率曲線は，建物の実被害のデータを統計的に分析し，地震動の大きさと建物の被害率の関係を示した関数であり，横軸に地震動の大きさ（加速度，速度，計測震度，応答スペクトルなど），縦軸に建物被害レベルの発生確率を示したときに得られる，ハザードに曝露される対象物の脆弱性を表した曲線のことである．また，個別建物のリスク評価においては，統計的な手法のほか，個別建物の詳細なデータに基づき，応答解析から求めた個別建物に対する地震動と被害の関係を利用する場合もある．

◆地震リスク指標　ハザード解析結果・曝露データ・脆弱性から個々の地震（イベント）による平均損失額とその損失をもたらす地震の発生確率との関係を示すイベントカーブが得られる．イベントカーブは，横軸に損失額，縦軸に地震イベントの発生に対する超過確率をとることにより図示される．カーブの右下先端が，最も大きな損害を与える地震イベントの平均損失額を示している．なお，平均ではなく 90 パーセンタイル値などでイベントカーブを定義する場合もある．イベントカーブに，損失予測における「不確実性」を織り込んだものがリスクカーブである（☞ 2-3）．リスクカーブは損失額とその発生確率の関係を直接示したものであり，横軸に損失額，縦軸に損失額の超過確率をとったグラフで表現される．イベントカーブの超過確率が，それ以上の損失をもたらす災害の発生確率を意味しているのに対して，リスクカーブの超過確率は，それ以上の損失が発生する確率を意味している．リスクカーブは，耐震補強等のリスク低減策や地震保険等のリスク転嫁策の検討に役立てることができる（兼森 2005）．

また，リスクカーブから，「年間期待損失」「地震 PML」といった地震リスク指標を算定できる．年間平均損失とは，想定しうるすべての地震による損失の年間期待値でリスクカーブをプロットした際のリスクカーブと縦軸・横軸に囲まれた面積に相当する．地震 PML とは，地震による予想最大損失のことで，「再現期間 500 年の予想損失額」や「再現期間 475 年の地震によって生じる損失の 90 パーセンタイル値」など目的に応じて複数の定義が併用されている（損害保険料率算出機構 2002）．

地震リスクのポートフォリオ分析とは，複数の建物・事業所などの資産をひとまとまり（ポートフォリオ）として，ポートフォリオ全体のリスクを評価するものである．分析対象資産の損失に関する相関が反映されるため，資産を地域的に分散して保有するとリスクは減少する．

地震リスク評価においては，被害予測に影響を及ぼす様々な不確実性を定量化することが重要な要素となる．不確実性の要因としては，地震ハザードに関わる不確実性と，被害予測に関する不確実性があり，リスク評価では，これらの不確実性を確率分布として表したうえで評価に取り込む必要がある．　［藤原広行］

📖 参考文献

・宇津徳治ら（2010）地震の事典 , 朝倉書店.
・中村孝明，宇賀田健（2009）地震リスクマネジメント，技報堂出版.

【8-15】

津波リスク

津波は低頻度の現象である．しかし一度発生すると，広域的に大きな被害をもたらしやすい．そのため将来起こり得る津波によるリスクを合理的に評価し，あらかじめ適切な対策をとることで，将来の被害を低減することが求められている．

◆津波の発生要因と被害　津波の約9割は地震によって海底に地殻変動が生じることで発生し，残りの約1割は主として火山活動，地すべりによって発生すると考えられている．海洋への隕石落下でも津波が発生するが，被害をもたらすような津波を発生させる規模の落下はごく稀にしか起きない．米国海洋大気庁／国立環境情報センター（NOAA/NCEI）のグローバル歴史津波データベースに基づき，日本で発生した津波について被害の大きかった順に上位10位までを表1にまとめた．最大級のものは，1896年6月15日の明治三陸沖地震および2011年3月11日の東北地方太平洋沖地震によって発生した津波で，それぞれ死者数が2万7000人および1万8000人に達した．流出した家屋数（全壊家屋数）もそれぞれ1万1000棟および12万7000棟に達し，甚大な被害が生じた．次に被害が大きかったのは，島原半島普賢岳の火山活動に伴う山体崩壊によって発生した津波で，島原周辺で9500人余り，肥後（現在の熊本）で4800人余りの死者が発生，

表1　日本で発生した大津波と被害概要

No.	津波波源								最大遡上高(m)	死者数(人)	負傷者(人)	全壊家屋(棟)
	年	月	日*1	種類	波源名称	M*2	緯度(度)	経度(度)				
1	1896	6	15	地震	明治三陸沖地震	8.3	39.5	144.0	38.2	27,122	9,247	11,000
2	2011	3	11	地震	東北地方太平洋沖地震	9.1	38.3	142.4	38.9	18,453	6,152	127,511
3	1792	5	21	火山活動	島原山体崩壊	6.4	32.8	130.3	55	14,524	707	6,200
4	1771	4	24	地震	八重山地震（津波）	7.4	24.0	124.3	85.4*3	13,486	-	3,237
5	1703	12	30	地震	元禄関東地震	8.2	34.7	139.8	10.5	5,233	-	20,162
6	1498	9	20	地震	明応南海地震	8.3	34.0	138.1	10	5,000	-	1,000
7	1605	2	3	地震	慶長南海地震	7.9	33.0	134.9	10	5,000	-	700
8	1611	12	2	地震	慶長三陸沖地震	8.1	39.0	144.5	25	5,000	-	
9	1707	10	28	地震	宝永南海地震	8.4	33.2	134.8	25.7	5,000	-	17,000
10	1933	3	2	地震	昭和三陸沖地震	8.4	39.2	144.6	29	3,022	-	6,000

＊1　グレゴリオ暦

＊2　地震のマグニチュード

＊3　現在は30mを超える程度と考えられている．

流失潰家は約6000軒に達した．上位4位から10位まではいずれも地震に伴う津波であり，南西諸島海域，相模湾，南海トラフ，三陸沖で数千人から1万人を超える死者が発生している．いずれの場合も津波波源の近傍で被害が大きくなる傾向がある．

◆津波ハザード評価　津波ハザード評価の歴史はそれほど古くなく，地震ハザード評価の成果（☞8-14）を活用し，1980年代にその評価手法の開発が開始された（Geist and Parsons 2006）．工学において，津波ハザードは，ある特定期間において発生する津波の高さと，津波の高さがそれ以上になる確率（超過確率）の関係と定義され，津波ハザードカーブとして表現される．津波の高さとしては，海岸線での水位上昇量や陸域での浸水高が用いられる．確率・統計の概念に基づき，津波ハザードの評価手法がいくつか提案されており，地震性の津波の確率論的評価に関してはほぼ実用域に達している（Annaka et al. 2007）．確率論的津波ハザード評価は，津波の高さの評価に付随する様々な不確定性を合理的に整理し，工学的な意思決定を支える系統的・論理的構造を提供する手段である．将来発生し得るすべての事象を評価に反映している点，発生頻度・発生確率を明確に考慮している点，不確定性（偶然的不確定性と認識論的不確定性）を考慮している点が決定論的な津波評価手法と異なる．

◆津波リスク評価　一般に，津波リスクは，津波による被害や損失の大きさと，その大きさ以上になる頻度（超過確率）の関係として定義される．津波という外乱から何をどのレベルで守るのかによって，求めるべき津波リスクの定義やリスク評価のアプローチが異なる．一般の防災目的では，沿岸部の建物の流出率や損害率と，そのような被害が起きる超過確率との関係が求められる場合が多い．この関係は津波ハザードカーブと，津波に対する建物の壊れやすさを表すフラジリティカーブを用いて推定される．他方，原子力発電所に対する津波リスク評価は，原子力発電所に対する津波ハザード評価，発電所内の建物損傷・機器機能喪失に対するフラジリティ評価，さらに事故が発生した場合の事故シーケンス評価から構成され，最終的には炉心損傷の発生確率分布まで求め，各種の対策に用いられる．確率論を用いた津波リスク評価手法では，津波ハザード評価やフラジリティ評価における不確定性を適切に考慮している点，津波の大きさが想定を超える場合の残余リスクの評価も可能である点（藤間，樋渡 2013）が決定論的な被害推定と異なる．

［平田賢治］

📖 参考文献

・原子力安全基盤機構（2014）確率論的手法に基づく基準津波策定手引き，JNES-RE-Report Series, JNES-RE-2013-2041.
・土木学会原子力土木委員会津波評価小委員会（2016）原子力発電所の津波評価技術2016，原子力土木シリーズ1，土木学会.
・防災科学技術研究所（2015）日本海溝に発生する地震による確率論的津波ハザード評価の手法の検討，防災科学技術研究資料，400，190.

【8-16】

火山噴火リスク

火山噴火リスクの大小は，噴火に伴う加害要因のタイプ，噴火地点と生活地域との地理的位置に関わる曝露，加害要因に対する生命や日常生活のあらゆる社会・経済活動を支えるインフラの脆弱性との相互作用によって決まる．

加害要因は，噴火とほぼ同時に発生する降下物（噴石や火山灰，溶岩流，火砕流），土砂災害（発生後短時間で居住地域に到達する可能性がある火山泥流や融雪型火山泥流，降雨に伴う堆積した火山灰の土石流），火山活動に伴う地震等による山体崩壊と多様である．

これらの加害要因の発生を制御することは難しく，まずは火山現象全体を観測し，火山活動の評価および予測を行うことが大切である．しかしながら，火山は明瞭な前兆がなく突如噴火することもあり，災害予防・事前対策を通じて曝露する可能性がある地域の脆弱性を少なくすることが火山災害軽減の重要なポイントとなる．

◆火山観測と調査　日本では活火山を「概ね過去1万年以内に噴火した火山および現在活発な噴気活動のある火山」と定義している．その数は2017年10月現在111に上り，多様な火山現象を理解するための観測や過去の噴火履歴調査が多くの関係機関でなされている．

例えば，気象庁の監視項目は，震動や空振，遠望，地殻変動，熱，機上，火山ガスの観測，噴出物調査と多岐にわたっている．

気象庁以外にも，国土地理院，防災科学技術研究所，産業技術総合研究所，海上保安庁，大学，国土交通省水管理・国土保全局砂防部などが，地球物理や地球化学，土木工学的観測データの収集・解析，地質学調査に関わっている．

◆火山活動の評価および予測　火山噴火の活動について総合判断を行っているのは火山噴火予知連絡会である．定例会では，関係機関が最新の観測データや調査結果を照合しながら，火山活動の評価や予測を検討している．

しかしながら，地震調査研究推進本部の発表するような長期評価や噴火確率の手法は学術的に確立しておらず，また，火山ごとに噴火活動の特徴が異なるので，事前に評価予測できる確度は様々である．

◆火山災害特有の対策　災害予防事前対策として，「活動火山対策特別措置法」が活火山対策の総合的な推進に関する基本的な指針として設けられた（1973年）．その後，2014年御嶽山の噴火災害を受け，火山ごとに火山防災協議会を設置するなどの改正が行われた（2015年7月）．

協議会は，火山専門家の意見をもとに作成された噴火シナリオと火山ハザードマップ，気象庁が発表する噴火警戒レベル，市町村による避難計画を一体化させた統一的な警戒および避難体制の整備を進めている．

土砂災害に対しては，火山噴火緊急減災対策砂防計画に基づき，緊急時の対策と平常時の準備対策が用意されている．

なお，災害発生後は他の自然災害と同じく，応急対策は「災害救助法」や「消防法」，復旧復興対策は「激甚災害に対処するための特別の財政救助等に関する法律」などで対処することになっている．

◆火山災害軽減に向けた情報発信　緊急の防災速報は，生命を守るためや避難促進のための重要な情報源である．気象庁は，登山者や火山周辺の住民に，火山が噴火したことをいち早く伝え，身を守る行動を促す噴火速報をプッシュ型で通知する．

噴火警報・予報は，生命に危険を及ぼす火山現象（大きな噴石や火砕流）や，発生から避難までの時間的猶予がほとんどない現象（泥流など）に対して発せられる．この噴火警報・予報には，火山活動の状況に応じて「警戒が必要な範囲」と防災機関や住民等の「とるべき防災対応」を５段階に区分した噴火警戒レベルが付される．なお，この噴火警戒レベルは火山噴火予知連絡会によって選定された 50 火山のうち，41 火山（2018 年５月現在）で運用されている．その他にも，降灰予報，火山ガス予報，火山現象に関する海上警報，航空路火山灰情報が火山現象の状況に合わせて随時発表される．

◆降下火山灰による都市災害　降下した火山灰は視界を奪うだけではなく，0.1 mm 程度のわずかな堆積層厚でさえ，交通分野（道路，鉄道，航空，船舶）や健康・生活関連分野（電気，上下水道，通信，農作物，家屋，健康）の生活基盤に影響を与える．鹿児島市を除くと，首都圏をはじめとする人口密集都市では，降下火山灰の経験はほとんどなく，今後検討しなければならない課題は多い．

◆原子力発電所に対する火山影響評価　原子力発電所の稼働に対しては，原子力規制委員会が火山影響評価ガイドを取りまとめている．火山影響評価は，立地評価として，溶岩流を含む６項目の火山現象に対し，建設地としての良否を判定する．良と評価されると，次に影響評価として個々の火山現象に対する設計と運転対応の妥当性が評価される．　［棚田俊收］

📖 参考文献
・気象庁（2013）日本活火山総覧（第４版），気象業務支援センター．
・中村洋一ら（2013）日本の火山ハザードマップ集（第２版），防災科学技術研究所．
・吉田武義ら（2017）火山学，共立出版．

【8-17】
地盤・斜面リスク

地震時に揺れ以外で住宅地などが被害を受ける地盤災害としては，液状化，谷埋め盛土のすべり，地すべりや崩壊などがある．2011 年東北地方太平洋沖地震では，埋立地や干拓地などが分布する利根川下流域，霞ヶ浦流域，東京湾岸地域において液状化が発生し，栃木県那須烏山市周辺などでは地すべりが発生している（地盤工学会 2014）．また，2016 年熊本地震では，断層に近い熊本県益城町等で液状化や谷埋め盛土のすべりなどによる建物被害が発生し，阿蘇山では阿蘇大橋を巻き込んだ崩壊が発生している．

◆液状化　液状化は，同じ大きさの砂粒の隙間が地下水で満たされている砂地盤において発生しやすい．砂地盤は砂粒同士が結びついて強度を保っているが，地震の揺れを繰り返し受けると地下水の間隙水圧が高くなり，砂粒同士の結びつきが弱くなると地下水に浮いた泥水状態になる．これが液状化である．間隙水圧が高くなった地下水は，噴砂として地上に噴き出すことがあり，砂粒は沈下して水と分離するため地盤沈下が発生する．砂地盤が液状化すると，砂地盤の上にある建物など水の比重よりも重いものは沈み，地下にある水道管のマンホールなど水の比重よりも軽いものは浮き上がる場合がある．

2011 年東北地方太平洋沖地震では，東京湾岸の埋立地に位置する千葉市や浦安市などにおいて，家屋の沈下や傾斜など液状化による被害が発生している．液状化によって家屋が沈下あるいは傾斜した場合は，家屋を持ち上げて傾斜を直す工事や，家屋の下にできた空洞を元に戻す工事などが必要になる．

液状化は，地下水位が高い砂地盤で発生する可能性が高いため，ボーリング調査などを行うことにより，液状化のリスクを低減させることができる．新築住宅の液状化対策は，住宅下の地盤に粘土やセメントを混ぜて固める「浅層改良工法」，住宅の基礎を杭で補強する「杭基礎工法」，破石を敷いて液状化時の間隙水圧を緩和する「グラベルドレーン工法」などがある．既存住宅の液状化対策は，住宅直下に薬液を注入して固化させる注入固化工法，真空ポンプにより地下水位を下げる「地下水位低下工法」，住宅下の地盤に空気やマイクロバブル水を注入して不飽和化させる「地盤不飽和工法」などがある（全国地質調査業協会連合会 2012）．

◆地すべり　地すべりには明確な定義はないが，わが国では山地斜面の表面の一部が，すべり面を境界として重力によって下方に滑動する現象のうち比較的大規模で緩慢な動きを指すことが多い．計画的に災害対策を実施したり警戒避難体制を整備したりするために，地すべりが起こりやすいとされる地形や地質などの条件を満たす場所を都道府県が調査して「地すべり危険箇所」として指定し，土石流危険渓流・急傾斜地崩壊危険箇所と並んで公表されている．防災科学技術研究所は，地すべり変動によって形成された地形的痕跡のうち，幅 100 m 以上の比較的大規模な地すべり地形の分布状況を全国の地形図上に示した「地すべり地形分布図」を作成し，地震ハザードステーション（J-SHIS）から公開している（図 1）．図 1 により，過去に地すべり変動を起こした場所や範囲，規模，変動状況などを把握することができる．

地すべり面は水を通しにくい粘土層で構成される場合が多く，地すべり地では地下水面が高く湧水も豊富であるため，古くから田畑として利用されることが多かった．しかしながら，地すべりは再活動を繰り返す性質を持ち，降雨や融雪，強震動によってその一部もしくは全体が変動するリスクが高い．想定されるリスクとしては，地すべり地の下方で人家・集落が巻き込まれるほかに，土砂により河道閉塞されて形成される天然ダムに留意が必要である．特に水を大量に蓄積した天然ダムの決壊を回避するための排水路掘削は，規模が大きな地すべりが原因の場合には困難で，かつ急を要する．

事前にリスクを回避するための災害対策としては，地表水排除工，地下水排除工，排土工，押え盛土工，河川構造物等による侵食防止工などの抑制工，および，杭工，シャフト工，アンカー工などの抑止工がある（国土交通省砂防部 2008）．地すべりリスクを定量的に評価する手法は確立されていなかったが，近年これらのリスクを事前に顕在化する手法として，地すべり地形を成す斜面の抽出と抽出された箇所を構成する微地形の特徴から，階層構造分析法（AHP）を用いた評価が試みられている（北海道立総合研究機構地質研究所 2013）．

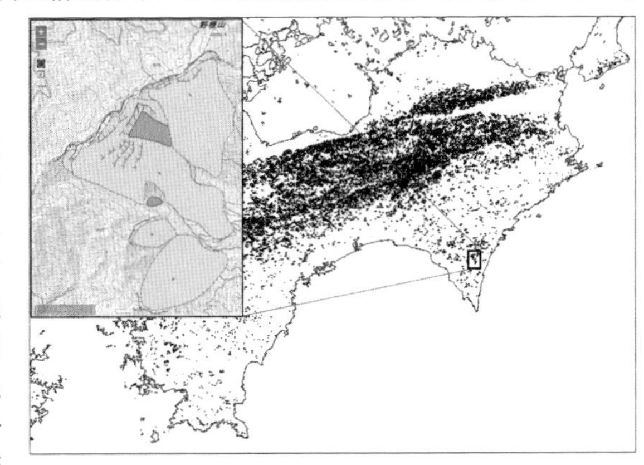

図 1　四国地方の地すべり地形の分布と地すべり地形読取りの例
［出典：地震ハザードステーション（J-SHIS）］

［酒井直樹・山田隆二・大井昌弘］

参考文献

・地盤工学会（2013）役立つ!! 地盤リスクの知識：自然災害に負けない地盤がわかる本，公益社団法人地盤工学会．
・日本地すべり学会（2004）地すべり：地形地質的認識と用語，日本地すべり学会．

【8-18】

自然災害のマルチリスク

「災害対策基本法」によると，災害とは「暴風，竜巻，豪雨，豪雪，洪水，崖崩れ，土石流，高潮，地震，津波，噴火，地滑りその他の異常な自然現象又は大規模な火事若しくは爆発その他その及ぼす被害の程度においてこれらに類する政令で定める原因により生ずる被害」と定義されており，自然災害の発生要因は自然現象とはいえ多種多様（マルチハザード）であり，これらに対し，同時に対策をとっていく必要がある．さらに，街並み，人口構成や急速な少子・高齢化や地域コミュニティの成熟度などの社会構造によって，引き起こされる複合的な被害のリスク（マルチリスク）への対応も求められている．

●災害事例からみるマルチハザード・マルチリスク　近年の自然災害においては，マルチハザード・マルチリスクによって被害が拡大した事例が多く存在する．2011 年の東日本大震災は，大規模の地震・津波による被害に加え，原子力災害によって，多くの人の生活や財産に被害を与えた．さらには，風評被害もあり，その影響範囲は非常に広くかつ長期にわたり，より複雑なものとなった．

2016 年の熊本地震においては，地震・土砂崩れによる直接的な被害に加えて，避難所の確保や生活環境の整備がままならず，避難者が独自に開設した避難所や自家用車による避難など，避難生活が多様化したため，その状況を国や自治体が網羅的に把握することができず，その後の支援活動に遅れや不足が生じるといった問題が発生した．

2017 年九州北部豪雨や 2018 年西日本豪雨では，浸水被害に加え，都市のスプロール化によって急峻な丘陵帯に形成された住宅地に土砂崩れや流木，土石流などが発生し，被害の拡大要因となった．なお，いずれの災害においても，発災直後の被害に加え，電気やガスの寸断，インターネットや電話等の情報・通信の途絶，交通機関の麻痺といったライフラインの機能停止によって，人命救助や避難，避難生活が阻害され，多くの人的，経済的な被害が長期的に生じることとなり，時代の変化に合わせた柔軟かつ複合的な対策の必要性が露呈している．

●マルチハザード・マルチリスクの評価　「第 3 回国連防災世界会議」(2015 年 3 月，宮城県仙台市）では，「仙台防災枠組 2015−2030」が採択され，「優先行動 1：災害リスクの理解」において，災害が複合的に発生する可能性を含めた災害リスク評価の重要性が指摘された．また，行政の災害対策においては，東日本大震災を機に，マルチハザード・マルチリスクに対応できる社会システムの構築と，それを支援する防災システムの整備が顕著になってきた．

その１つの例として，地方自治体等が作成・公開しているハザードマップについて，従来は災害種別毎に地図を作成し，紙やpdfファイルで一方的に提供していたものを，地理情報システム（GIS）を基盤に統合的に扱えるようにするとともに地域コミュニティとの双方向の情報媒体として活用するようになり，各種ハザードデータに加え，地域社会資本に関する各種行政データを重ね合わせ，地域のハザードに対するリスクの総合的な評価を可能とする方向になりつつある．

●地域防災におけるマルチハザード・マルチリスクの対応　地域防災において，マルチハザード・マルチリスクへの対応のためには，地域社会の多様性を考慮し，自治体，地域住民，民間企業，特定非営利活動法人（NPO法人）などの幅広いステークホルダーが，地域の課題と対策に関するリスクコミュニケーションを通じて共通の理解と認識を持ち，連携・協働し，社会的な意思決定とその実践まで，あらゆるリスクに対して柔軟な対応策を講じていくことが重要である．

自然災害に対する地域レベルのリスク対策は，「災害対策基本法」に基づいて都道府県および市町村の防災行政が策定する「地域防災計画」をもとに講じられることとなっている．しかし，1995年の阪神・淡路大震災を契機に，防災行政の「公助」に依存した災害リスクへの対応の限界が認識され，国民一人ひとりの災害リスクへの対応力の向上といった「自助」と，地域住民が相互に助け合うといった「共助」の考え方が用いられるようになった．さらに，2011年の東日本大震災の教訓から，巨大な災害リスクに対する対応のあり方として，「自助」「共助」「公助」の協働による対応の重要性が強く認識された．

これを受け，2013年の「災害対策基本法」の改正においては，市町村内の一定の地区の居住者および事業者が自発的に計画を策定できる「地区防災計画制度」が創設された．これによって，地域防災においては，「自助」「共助」「公助」の考えのもと，国，都道府県，市町村の各種防災計画と，地区居住者等による地区防災計画の策定過程を経て，多様な利害関係者の多角的な視点を取り入れた連携・協働によるマルチハザード・マルチリスクへの対策が推進されることとなり，今後のレジリエントな社会の実現に結び付くことが期待されている．

［李 泰榮・臼田裕一郎］

参考文献

・防災科学技術研究所（2012）東日本大震災調査報告，48.
・防災科学技術研究所（2018）平成29年7月九州北部豪雨調査報告，52.
・李泰榮ら（2017）地震防災取り組みにおける災害リスクコミュニケーション手法の構造化と実践効果：茨城県つくば市筑波小学校区の事例，日本地震工学会論文集，17（1），63–76.

【8-19】
リスクとレジリエンス

2015年に仙台で開催された第3回国連世界防災会議で，レジリエンスは「強靭性」として今後の世界の防災における最重要概念と位置づけられた（☞8-4）．強靭性は『国連国際防災戦略（ISDR）防災用語集（2009年版）』に従って，以下のように定義されている．（外務省2015）．

「強靭性：ハザードに曝されたシステム，コミュニティあるいは社会が，基本的な機構及び機能を保持・回復するなどを通じて，ハザードからの悪影響に対し，適切なタイミングかつ効果的な方法で抵抗，吸収，受容し，またそこから復興する能力」をいう．

すなわち，災害を予測し，予防，応急，復旧・復興という防災のすべての側面を含む包括的な概念として定義されている．レジリエンスは個人，家庭，組織，地域，国家，世界のどの単位でも成立すると考えられ，人，コミュニティ，国家，その暮らし，健康，文化遺産，社会経済的資産，生態系，経済，社会，教育，人工物，社会基盤施設，環境，労働環境，個人，ビジネス，サプライチェーン，政治および制度的手段など広範な領域に適応できるとされている．

◆我が国におけるレジリエンス概念の登場　レジリエンスの概念は2011年の東日本大震災を契機にわが国の防災の中心概念に据えられた．2012年当時民主党政権下の中央防災会議に，閣僚と有識者による「防災対策検討推進会議」が設置され，21世紀前半に危惧される南海トラフ地震や首都直下地震による国難災害に対する国家戦略計画がまとめられた．その最終報告書では「災害に強くしなやかな社会の構築」が目標とされ，“Disaster-Resilient Society”と英訳され，レジリエンスの向上が災害対策に取り組む基本姿勢として位置づけられた．その後，自民党政権に移行して2013年に制定された国土強靭化基本法でも，「強くしなやか」が「国土強靭化」と読み替えられているものの，依然としてレジリエンスの向上が中心概念となっている．

◆レジリエンスとはなにか　レジリエンスとは，一般に外から強い力が加えられると変形するが，その力が取り除かれると元の形に戻ることができる力と定義される．形状記憶の合金や衣類をイメージするとわかりやすい．災害レジリエンスとは，一言でいえば「災害をのりこえる力」である．さまざまなハザードに対して，できるだけ災害の発生を予防するとともに，万が一被害が発生したとしても，そこから回復できる力を持つことである．リスクが未来を想定した概念であるのに対して，レジリエンスは災害を乗りこえる過程を表現する概念である．レジリエンスは，個人や家庭，コミュニティや地域社会，企業や行政組織，国家や世界までの，あらゆる単位で成立する．どの単位でレジリエンスをとらえるとしても，災害を乗りこえるプロセスは図１のようにモデル化できる．

横軸は時間の流れ，縦軸は対象とする単位が社会から期待されている機能の充足度を示す．平時は100％果たされている機能が災害による被害によって，一部あるいは全部が喪失する．それは機能回復プロセスを開始させる．結果として機能回復が完全になされる場合もあれば，一部に留まる場合もある．この図では，災害の影響による機能中断の大きさが三角形で示され，それは脆弱性を意味する．この面積を小さくすることがレジリエンスの向上であり，それを実現するプロセスは事業継続能力の向上を意味する．

図１はレジリエンスを向上させる二つの方策の存在を示唆する．第１の方策は，機能損失をできるだけ減らすこと，つまり予防力の向上である．そのためには個々の建物や構造物を頑丈にする，システムであれば多重化することが有効である．第２の方策は，復旧に要する時間を短縮する回復力の向上である．復旧活動の実施に必要となる資源をできるだけたくさん集めること，個々の仕事に要する時間を短縮し，待ち時間を減らすことが有効である．

◆災害レジリエンスをどう向上させるか　災害レジリエンスの向上という観点からは，予防力向上と回復力向上の双方を戦略的に総合することが大切になる．具体的には，予防力，対応力に，予測力を加えた３種類の力をバランス良く向上させる必要がある．以下，順に見ていく．

・ステップ１：予測力の向上：すべてリスクを考慮して，その重大性を評価すること

災害レジリエンスを高める第１歩はリスク評価である．金融を含めた広い分野でリスクは，予定された結果がおきる確実性の大きさによって定義される．予定通りにしか事が進まなければリスクは低く，良い結果になるか悪い結果となるかが判らないほど，リスクは大きいと定義される．しかし災害の場合は基本的に悪い結果を想定するので，災害リスクは負の結果をもたらす事態（ハザード）が起

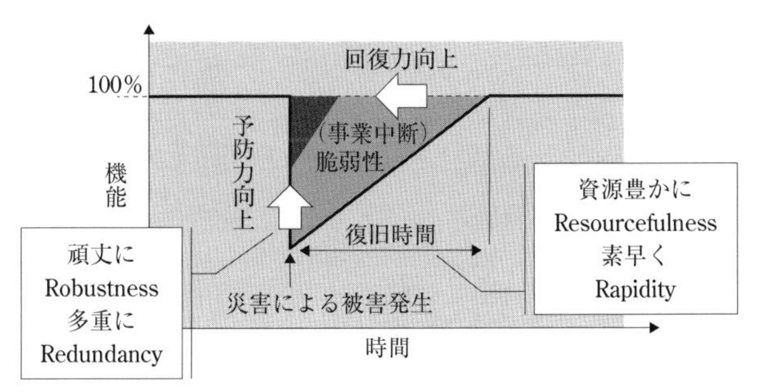

図１　災害レジリエンスのモデル
［MCEER’s Resilience Framework をもとに作成］

きる確率と，起きた場合の影響の大きさの積として定義される．影響の大きさは社会のあり方，とくに人々の住まい方（Exposure）と構造物の脆弱性（Vulnerability）によって規定される．

私たちの周りにはさまざまなハザードが存在する．地震，風水害，雹や雷，猛暑，渇水・水不足のような自然災害，隕石の衝突，新興感染症，集団食中毒，食の安全，科学技術災害などの事故，あるいは暴力，妨害，窃盗，コンピュータ犯罪，テロ等の犯罪行為，さらには，金融・財政破綻や国際関係の悪化などである．すべてのハザードに対して万全な備えが理想だが，必要となるコストの制約から事実上不可能である．そこで，個々のハザードがもたらす脅威をリスクという共通のモノサシを使って相対的に評価し，総体としてのリスクを最小化することが現実的な対処法となる．つまり，大きなリスクとなるハザードは予防対策を講じ，それ以外は無視するのである．予防対策の対象となるリスクの大きさは，各自が持つ資源の大きさに依存している．

・ステップ2：予防力の向上：重大なリスクについてはできる限り被害を予防すること

重大なリスクと評価されたハザードについての予防策には，①災害の発生確率を減らすための対策，②災害によって生み出される負の影響を小さくするための対策，の2種類が存在する．前者を防災，後者を減災と呼ぶことも可能である．これら2種類の対策のいずれか，あるいは両方を，ハザードごとにコストベネフィットを勘案しながら講じていくことが予防策となる．なぜならば，あらゆるハザードにも使える万能の予防対策は存在しないからである．たとえば，インフルエンザを予防するための手洗いやマスクの着用，人混みを避ける等の対策は地震対策にはならない．

一般に予防力の向上には長い時間と多大な費用を必要とする．そのため有限な時間内に予防対策の実効性を高めるためには，選択した対策の適切さが大切になる．システム論では，システム全体のパフィーマンスを決めるボトルネックが必ず一つ存在し，その改善が重要であり，それ以外の改善は必ずしもシステムの能力改善にはつながらないのである．

予防策を講じたとしても，それは被害を完全に予防できることを必ずしも意味しない．予防対策はコストパフォーマンスを考慮して必ず一定の「設計外力」を必要とする．東日本大震災の例が示すように，津波ハザードの威力が沿岸堤防の設計外力を上回る場合には，被害が発生してしまうのである．

・ステップ3：それでも被害が出た場合に早期の回復を可能にすること

ハザードが「設計外力」を上廻った場合でも，リスクが小さいとして無視したハザードでも，災害が発生する場合がある．さらに，未知のハザードによる災害の発生も否定できない．いずれにしろ，最後に頼るべきは対応力である．

災害対応力の特徴は「一元性」にある．つまり，どのような種類のハザードによる災害でも，社会がとるべき対応は基本的に変わらないのである．図2に示す

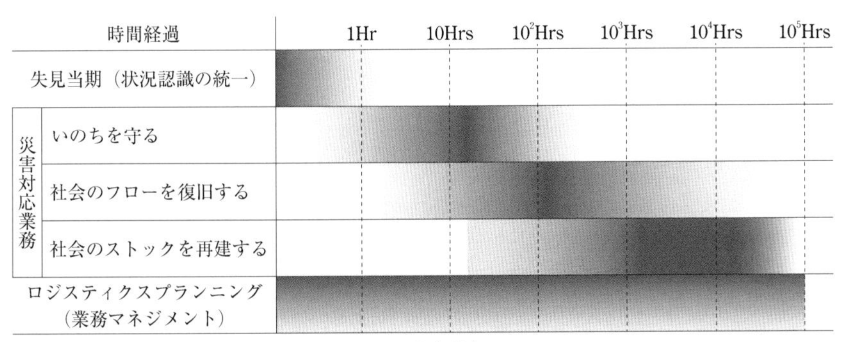

図2　一元的な災害対応のモデル

ように，必要最小限の社会機能の維持と，失った機能の早期回復を目指した5つの活動の実施が必要となる．いかなる災害でも，発生直後は何が起きたかを被災地内の誰もが理解できない「失見当」の状態に置かれる．したがって失見当期をできるだけ早く脱し，組織だった災害対応を可能にするために関係者で「状況認識の統一」を迅速に確立することが災害対応の第一歩となる．

災害対応には3種類の活動が存在する．第1は，通常発災後最初の100時間程度が活動のピークとなる人々のいのちを守るための活動である．第2は社会のフローを復旧させるための活動である．社会のフローとは社会・経済活動を支える人・モノ・金・情報の流れである．社会のフロー停止が災害時の特徴であり，フローを復旧させる活動と，それまでの間被災地での人々の生活を支える避難所運営などの活動が必要となる．この活動は発災後最初の1000時間程度がピークとなる．第3は社会のストックの再建である．そこには社会基盤施設の再建，構造物の再建，経済活動の再建，そして人々の生活の再建が含まれる．この活動は発災から10年程度の長い期間を必要とする．どの活動が必要となるかは個々の災害で異なるが，どれも災害発生直後から活動を開始しないとピークを乗り切ることができない．最後に，状況認識の統一と効果的な災害対応の実現には，必要となる人的・物的・空間的資源を適時・適切に配置するための業務マネジメントが不可欠となる．

対応力の向上にあたっては「災害時には普段やっていることしかできない」という教訓を踏まえて，5つの業務に関して事前に関係者が集まり「いつ・だれが・なにをすべきか」について協議し，合意された結果を文書化して共有し，定期的な訓練を通した見直しが必要になる．しかし，災害リジリエンスは決して無尽蔵ではない．歴史を見れば大災害からの立ち直れなかった事例が数多く存在することを忘れずに，レジリンス向上に努める必要がある．　［林 春男・井ノ口宗成］

参考文献

・「レジリエンス社会」をつくる研究会（2016）しなやかな社会の挑戦 CBRNE，サイバー攻撃，自然災害に立ち向かう，日経 BP コンサルティング．

【8-20】
残余のリスクと想定外への対応

ナイト（Knight 1921）の定義（図 1）に従えば，リスクは結果の確率分布である．結果の確率分布が定まるためには，結果のリスト（起こりうる範囲）とそのリストに含まれる事象の生起頻度（結果の確率分布）がわかっている必要がある．これらがいずれもわかっているとき，それをリスクと呼び，生起頻度が不確定な場合を不確実性がある場合という．さらに結果のリスト自体がわからない（確実でない）場合は，無知の状態と言われる．ただし，酒井（1982）によればナイトの定義による「不確実性」に分類される場合でも主観確率を導入すれば，実際には「不確実性」にも生起頻度は付与されるから，「リスク」と「不確実性」との区別は，それほど重要なものではないと言える．

◆想定外とは 想定外の出来事とは，結果のリストがわからなかったという意味で「無知」の状態であったのだろうか．もちろん，そのような場合もありうる．かつては，冷蔵庫やクーラーの冷媒の多くはフロンガスであった．「フロンガスの利用」という行為が「オゾン層の破壊」という結果に結びつくとはだれも認識していなかった．

しかしながら，「想定外」という言葉が意図的に設けられた「想定」の外の事象が生じた場合にも用いられることがある．このため現実には，結果のリストはわかっていたが，その結果を引き起こすハザードを無視，または，その生起確率を 0 とみなしてしまっていたために，適切なリスク対応がとれていなかった場合に「想定外」という言葉が使われていることが多い．

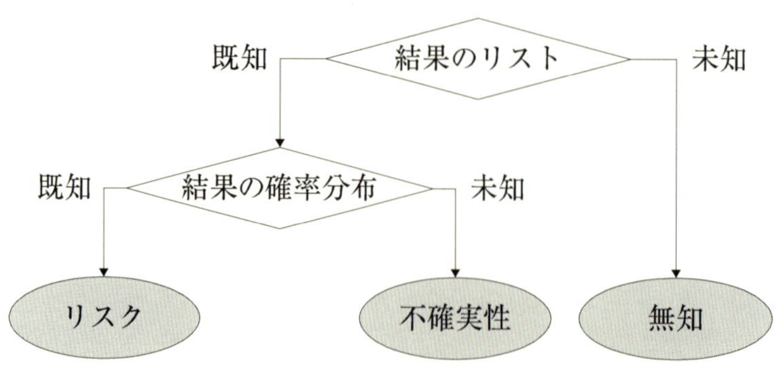

図 1 ナイトによる不確実性の分類
［出典：Knight（1921）をもとに作成］

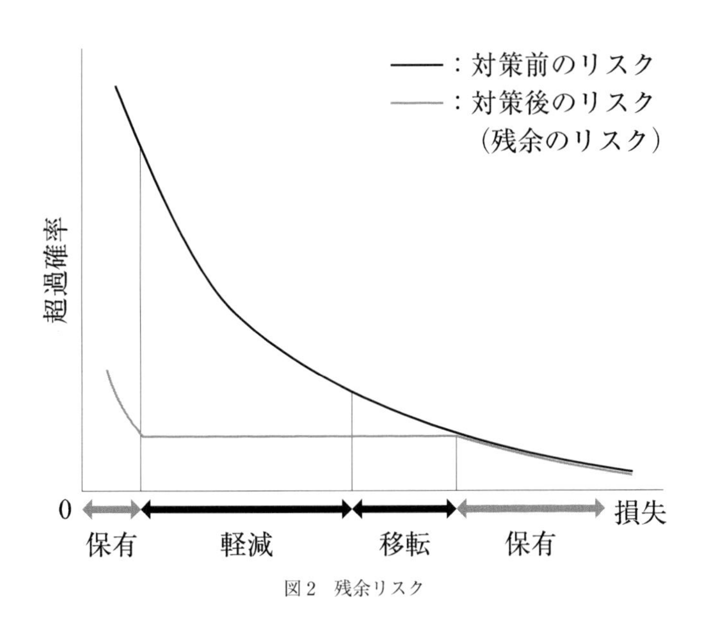

図２　残余リスク

リスクの構成要素として，ハザード，ばく露，脆弱性があげられる．これらを同定して，定量化することでリスク分析が行われる．想定外の問題に対処するためにはこのうち，ハザードの同定が問題となる．東日本大震災が発生する以前には，三陸沖から房総沖にかけての地震は，いくつかの領域ごとに地震規模と生起確率の分布が与えられており，宮城県沖と三陸沖南部海溝寄りの連動（M8.0）を除いて，それぞれの領域で独立して地震が発生するものと考えられてきた．2011 年東北地方太平洋沖地震では，複数の領域をまたぐ形で地震が発生し，地震規模はモーメントマグニチュードで 9.0 を記録した．複数の領域をまたぐような巨大地震は，ハザードとして同定されていなかったわけである．

◆想定の意義とリスク対応可能性　理由はどうであれ，我々の知識が完全でない以上，リスク分析の前提を定める必要があり，前提をはみ出した想定外が存在し続けることは否定できない．しかしながら，想定外の事象が現実となっても，その対応は必要である．そして，結果のリストに含まれてさえいれば，そのための準備は可能となる．

まさに，東日本大震災に見舞われる前の日本の原子力行政は重大事故の可能性を０とみなし，重大事故発生時の対応はきわめて不十分なものとなってしまった．「重大事故が起きたらお手上げでは済まされない」ことはわかっていたはずである．重大事故発生時の対応を準備しておくことは可能であるし，被害の拡大防止，円滑な復興のためにも危機対応計画，事前復興計画など社会的な備えを充実させておくことの重要性はいくら強調しても強調しすぎることにはならない．

◆リスク管理と残余のリスク　リスク管理は，リスクを分析評価し，各種リスク対策を実施することで，みずからのリスクを管理する活動である．抑止・回避，軽減，移転・分担などの施策をとった後に，残るリスクを残余リスクという（☞ 5-1）．

言い換えれば，リスク対策を実施した後に残るリスクである．図 2 に残余のリスクを図示する．一般に，頻度が高く損失が小さいリスクは保有することが効率的である．また，頻度が低いが損害の大きなリスクのすべてを抑止・回避や軽減などのリスク制御施策により解消することは効率的でなく，ある程度の水準までの損害をもたらすリスクをこれらの施策により制御することが多い．可能であれば，リスク制御施策で制御しきれなかったリスクを対象として保険などのリスク移転施策がとられるが，リスク移転にもコストがかかるから，大抵の場合すべてのリスクを移転してしまうことはできない．したがって，リスク制御施策やリスク移転施策を実施した後にも，低頻度ではあるが大規模な損害をもたらしうるリスクが残存することになる．

さて，それではリスク分析に際して対象とされなかった「想定外」のハザードは，残余のリスクにどのように影響するのだろうか．いかなる理由でリスク分析の対象から外れていたとしても，すなわち，リスクとして同定されなかったとしても，それはリスクとして存在している．

リスク分析の対象外とされたハザードに対しても，それが顕在化した場合の被害を計量化することは大抵の場合可能である．一方，データが足りない，若しくは，全くないという理由で，頻度を算定できないということはよくある．ナイトのいう「不確実性」に相当する場合である．このような場合であっても，それを認識している人々の選択結果があれば，サベージ（Savage 1954）の理論に基づき，人々の意思決定と整合的な主観確率を算定することは可能である．ただし，その値は人により大きくばらつくことになることは想像に難くない．

リスク分析では，一般に分析対象を定めるから，対象から必ず除外されているリスクは必ずあると考えることが妥当である．実際には不可能であろうが，すべてのリスクを考慮した損失の超過確率曲線（リスクカーブ）は，通常のリスク分析の結果得られたリスクカーブの右上方に位置することになる．さらに，リスク分析から除外されたリスクは対策の対象となっていないから，対策前も対策後もその頻度やそれがもたらす損失の程度が変わらないであろうから，リスク分析の対象から外されているリスクはそのまま保有されるリスク，すなわち，残余のリスクに含まれることになる．このため，分析の正確さを求めるがゆえにリスク分析の対象を限定しすぎると，意図しない形で大きな残余のリスクを抱えてしまうことになってしまう．リスクの同定に際しては，木を見て森を見ずとならないように心がけねばならない．

◆残余リスクを知る：リスク保有の積極的な意味　残余のリスクはその定義からして，みずから保有するリスクそのものである．すでに事前に打てる手は打った後に残ったリスクであるから，これを知っても何の役にも立たないのであろうか．実はそんなことはない．想定外への対処としても強調したように，少なくとも，このような事象が顕在化した場合にどのような対応をなすべきか，事前に準備を進め，しっかり備えておくことは可能であるし，被害の拡大防止や円滑な復興のためにもきわめて重要である．被害軽減策などのハード対策の限界は必ずあるから，外力がそれを超え，被害が発生するような事象はどのような場合に顕在化するのか，残余リスクを知ることはこの意味で危機管理等の事後的な対応方策を検討するための出発点となるのである．

◆レジリエントな社会の実現へ向けて　以上の議論から明らかなように，我々の知識が限られている以上，ハザードの同定という観点からは想定外は今後も存在し続けることになる．しかしながら，結果に関しては，「最悪の状況」を含め，被害を０にはできないまでも，被害の拡大を抑止し，迅速な復興を可能とするように対処方策を準備することは可能である．そのためには，残余のリスクを把握し，みずからがいかなるリスクを保有しているのかを認識したうえで，危機管理等の社会的備えを進めていく必要がある．

リスク制御方策は，災害によって生じる被害を直接的に減少させるが，社会的備えやリスクファイナンシングは迅速な復興を容易にする．レジリエンスはシステムが持つショックへの抵抗性と回復性として定義されることが多い（例えば，Bruneau et al. 2003）が，リスク管理と危機管理を車の両輪として，このレジリエンスを高める施策をいかに社会に実装していくか，そのための論理と実証的・実践的研究が待たれている．　　　　［多々納裕一］

参考文献
・酒井泰弘（1982）不確実性の経済学，有斐閣．
・小林潔司（2013）想定外リスクと計画理念，土木学会論文集 D3（土木計画学），69（5），1-14．
・多々納裕一（2014）「大規模災害と防災計画―総合防災学の挑戦」，堀井秀之，奈良由美子（編著）安全・安心と地域マネジメント，放送大学教育振興会，175-177．

第９章

食品のリスク

［担当編集委員：新山陽子］

【9-1】

リスクアナリシス
：リスクの概念とリスク低減の包括的枠組み

リスクアナリシスは，広い分野で活用されている枠組みであるが，本章では食品安全分野におけるリスクアナリシスについて解説する．なお，本章では化学分析との混同を避けるため，リスクアナリシスと記述する．

食品安全分野では，悪影響の起きる「可能性」をリスクとする．この分野で最初にリスクの概念を導入したのは米国である．1991年，国連食糧農業機関（FAO）と世界保健機関（WHO）は，関税及び貿易に関する一般協定（GATT）と協力して，「食品規格基準及び食品中の化学物質と食品貿易に関する国際会議」を開催した．それは，当時作成中であったSPS協定（☞9-2）により，コーデックス委員会（Codex Alimentarius Commission：CAC）の作成する食品に関する規格・ガイドラインその他（国際規格等）に新たな国際的重要性が付与されること，その結果としてGATTの加盟国が食品安全に関する国際規格等からの逸脱を正当化しなればならなくなることなどが予測されていたためである．同会議は，コーデックス委員会の国際規格等の策定に関して，国際規格の有効性や科学的根拠，手続き論，見直しの必要性などについて多数の勧告に合意したが，特にリスクに関するものは以下のとおりである．

・コーデックス委員会とその下部組織が，食品安全に関する国際規格等の策定をする場合，リスクをどのように評価するのかの方法論を明確にすること
・コーデックス委員会に科学的な勧告をする機関（☞9-2）の重要性を認識するとともに，それらが，評価の際に科学的原則に則って，一貫性のあるリスク評価をすること
・政府や国際機関，事業者がリスク評価に必要な科学データの収集やマスメディアや市民に対するコミュニケーションに主要な役割を占めること

そこで，コーデックス委員会総会は1993年にリスクアナリシスの導入に合意し，FAOおよびWHOがリスクアナリシスの3要素（以下を参照）の各々について専門家会議を開催した．その後，コーデックス委員会総会およびその下部組織である一般原則部会や食品安全に関わる専門部会による議論を経て，リスクアナリシスに関する用語の定義，リスク評価の役割についての原則，リスクアナリシスの作業原則（コーデックス委員会内部および加盟国向けの2種）などを採択するとともに，食品安全に関する各分野の部会用のガイドラインや加盟国向けの文書も作成してきた（CAC 2018, 2007）．国際貿易機関（World Trade Organization：WTO）の「衛生植物検疫措置の適用に関する協定」（SPS協定）（WTO 1995）は

その第５条第１項で食品安全措置について，リスク評価に基づいていなければならないと明記している．

コーデックス委員会は，食品安全に関わるハザード（危害要因）とリスクを以下のように定義している（CAC 2018）．

・ハザード：人の健康に悪影響を及ぼす可能性のある食品中の生物学的要因や化学物質，物理学的要因（異物など），および食品の状態（例：カドミウム，ダイオキシン，カンピロバクター，サルモネラなど）

・リスク：食品中にハザードが存在する結果として生じる人の健康への悪影響の起きる確率と，その悪影響の重篤性との関数

リスクアナリシスは，リスク評価，リスク管理，リスクコミュニケーションの３要素からなるプロセスである．どの程度リスクがあるかを知るには，リスク評価により，その食品を通じたハザードの摂取量（経口曝露量）を，そのハザードの健康への悪影響に関する毒性指標値（化学物質の場合，毒性データの評価に基づく１日許容摂取量など）と比較する．健康への悪影響が無視できないのであれば，その発生を防止したり，確率を低下させたりする必要がある．

リスクアナリシスは，通常，食品・飼料添加物，農薬，動物用医薬品などのような政府によって承認または登録されたものだけが意図的に使用できる資材以外については，リスク管理の初期作業から開始される．

◆リスク管理　すべてのステークホルダーと協議しながら，リスク評価の結果や消費者の健康保護，公正な取引に関連する他の要素を考慮して，各種の政策オプションを検討することである，必要に応じて，適切な防止や管理の措置を選択する（CAC 2018）

◆リスク管理の初期作業　リスク管理の初期作業は，食品安全に係る問題の特定，リスクプロファイルの作成，リスク評価とリスク管理のための優先度の決定，リスク評価のためのリスクアセスメントポリシーの確立，リスク評価の委託，リスク評価結果の検討を含む（CAC 2007）．どのような食品安全上の問題があるかの情報を広い範囲から収集し，それらについてさらに情報やデータを収集して，食品安全に関わる問題の内容を記載するリスクプロファイルを作成する．それに基づいて，どの有害微生物や有害化学物質についてリスク評価やさらにリスク管理をする必要があるのか，ステークホルダーと協議しながら優先度を決定する．予備的なリスク評価によってリスクが無視できると結論された場合には，さらなるリスク管理並びにリスク評価は不要である．必要に応じて，含有の実態を把握するための調査を実施し，リスク評価を依頼する．リスク管理の初期作業においては，情報収集と価値判断が不可欠であり，専門知識は必須である．

リスク評価の依頼にあたっては，リスク評価プロセスの科学的完全性を確保するために，リスク評価における決断の適切なポイントにおけるオプションの選択

とそれに関連する判断についてリスク管理者がリスク評価者と協議し，リスクアセスメントポリシーを作成する（CAC 2007）.

◆リスク評価　科学に基づくプロセスであり，ハザード特定，ハザード特性評価，曝露評価，リスク判定の4つのステップからなる（CAC 2018）．SPS 協定では，食品，飲料または飼料中の添加物，汚染物質，毒素または病原性生物に由来する人の健康に悪影響を与える可能性の評価と定義されている（WTO 1995）.

政府によって承認または登録されたものだけが使用できる資材については，申請者が政府の要求する毒性その他のデータを提出し，汚染物質・天然毒素や有害微生物については，文献データや政府・学界の作成したデータなどを活用して，リスク評価を実施する.

化学物質と微生物では，リスク評価のステップの順序が異なるが，ハザード特定では，健康への悪影響を生ずる可能性を持ち，特定の食品や食品群に存在するハザードを特定する．ハザード特性評価では，食品中に存在するハザードに起因する健康への悪影響の性質を定性的または定量的に評価する．その際，データがあれば，ハザードへの曝露量（用量）と，それに伴う健康への悪影響の重篤性や頻度との関係を明らかにする用量-反応評価をする（CAC 2018）．ハザード特性評価の結果，化学物質の場合，長期的毒性については1日摂取許容量（ADI；毎日生涯にわたって摂取しても健康に悪影響の出ない量を体重 1kg あたりで示したもの）や1日許容摂取量（TDI；暫定1日許容摂取量（PTDI）が使用されることもある），急性毒性のある場合には急性参照用量（ARfD；1日の摂取で健康に影響の出ない量を体重 1kg あたりで示したもの）が設定される.

また，食品からのハザードの摂取量を定性的または定量的に評価する曝露評価を実施する（CAC 2018）.

これらの各ステップの評価に基づいて，既知または可能性のある健康への悪影響の確率とその重篤性の定性的または定量的な推定をし，リスク判定とする．ここで得られたリスクの推定値には不確実性も含まれる（CAC 2018）.

リスク評価とリスク管理とは，機能的に分離していなければならないが，その両者の間に相互作用があることが不可欠とされている（CAC 2007）.

◆リスク管理措置の検討　有害物質や有害微生物のリスク評価の結果，無視できないリスクがあるとされた場合には，科学的根拠に基づいて，リスク管理措置を検討する．措置には大きく分けて3種類ある.

① 実施規範の策定と実施：食品の生産・製造・加工・保蔵方法等を改善することにより，ハザードによる汚染を防止したり，低減したりして，食品の安全性の向上を図る．生産から消費までの実態を把握する必要がある．導入・実施した後，適切な期間をおいて，有効性を検証する必要がある.

② 基準値（当該化学物質の許容される濃度や微生物の菌数などを食品の単位重量あたりで記述）の設定：食品の検査を行い，規定された基準値と比較

し，基準値に整合しない食品を排除することが可能であるが，基準値には食品の安全性を高める機能はない．設定には，科学的に得るデータの目的を決定し，代表性を保証するサンプリングと妥当性確認された分析法を用いて，品質保証制度を導入した分析機関が分析して得た含有実態のデータが必須である．

③ 消費者に対する食品の摂取に関する指示やガイドラインの策定：より安全な食生活のためには，消費者に対するガイドラン等を示すことが有効であることもある．魚類中のメチル水銀に関しては，妊婦に対して特定の魚類の摂食を控えるように指導している国も多い．有害微生物による食中毒を防ぐためには，家庭における衛生的な取扱いが必須である．また，食品の消費期限表示は，安全に摂食できる期間を示している．

◆政策・措置の評価と実施　複数の措置案を，健康保護の効果，技術的な実行可能性，食品供給量への影響，経済的影響などから総合的に評価し，適切な措置を選択し，実施する（CAC 2007）．評価においては，措置をとらない場合の損失も検討する必要がある．

◆リスク管理措置の検証と見直し　実施した措置が有効かどうかは，含有実態調査により，措置の実施前後での濃度や汚染率の比較を行うことによって知ることができる．有効でない場合は新たな措置を検討する．必要に応じてリスク評価を依頼する．このようにリスク管理は，継続的なプロセスであり，常に見直しが必要である（CAC 2007）．

◆リスクコミュニケーション　リスクコミュニケーションとは，リスクアナリシスの全過程において，リスク，リスクに関連する因子，リスク認知などについて，リスク評価機関，リスク管理機関，消費者，事業者，学術的な団体，その他の関連機関などと情報や意見を交換することである．リスクコミュニケーションには，リスク評価における知見やリスク管理における判断の説明も含む（CAC 2018）．

リスク評価者とリスク管理者との間の双方向のコミュニケーションや，リスク管理者とステークホルダー（事業者や消費者）との間のコミュニケーションも，有効なリスクアナリシスには必須である．さらに，食品安全に関する施策の決定前や実施に際する説明もリスクコミュニケーションに含まれる．

［山田友紀子］

参考文献

・Codex Alimentarius（コーデックス委員会の規格・基準，および，その他の勧告の無料ダウンロードが可能）（閲覧日：2019年2月19日）．

【9-2】

食品安全の国際的対応枠組み

国民には安全な食料の安定供給を受ける権利がある．ただし，国民にも食品を安全に扱う義務がある．例えば，微生物学な安全を考える場合には，家庭における正しい扱いは必須である．英語の food safety は「食品安全」つまり食品の安全性について扱うのであるが，わが国の政府やマスコミはこれを「食の安全」と訳している．以下では「食品安全」について解説する．

◆食品が安全であるとは　食品が安全であることについて，世界で唯一の定義があるわけではないが，後段で解説するコーデックス委員会の食品衛生に関する原則（CAC 2003a）は，食品安全を「予期された方法や意図された方法で調製したり，摂食したりした場合に，その食品が摂食者に害を与えないという保証をすること」としている．この場合の「害」とは，通常，健康への害のことであり，一度食べたらすぐに，または短期間で発生する「急性影響」（化学物質の場合は急性毒性という）と，長期間食べ続けることによって発生する「慢性影響」（慢性毒性）がある．いわゆる食中毒は急性影響の例であり，長期間ある程度以上の濃度でカドミウムを摂取することによる腎臓障害は慢性影響の例である．

どのような害をどのような確率で及ぼすのかは，摂取される物質等の毒性とそれらの体内への吸収量によって決まる．生命の維持に必須である物質（例えばビタミン）は，ある一定量以上摂取することが勧奨されているが，ある程度以上摂取すると過剰症など健康への悪影響を及ぼす．

◆SPS 協定　1991 年 3 月に国連食糧農業機関（FAO）と世界保健機関（WHO）が関税と貿易に関する一般協定（GATT）と協力して開催した「食品規格基準および食品中の化学物質と食品貿易に関する国際会議」は，コーデックス委員会（後段参照）が国際規格・基準をより効率的に作成するための方法を提案したが，その 1 つが，コーデックス委員会がリスクに基づく考え方を導入すべきであるということであった．

1986 年から 1994 年にかけて，産品の国際貿易についてウルグアイラウンドと呼ばれる国際交渉が実施された．食品・動物・植物の貿易に関連する食品安全・動物衛生・植物防疫についての交渉も含まれる．交渉の結果として，1994 年 4 月モロッコのマラケシュで開催された大臣会合で約 60 の協定が署名され，わが国を含む多くの国で批准された．また，1995 年 1 月 1 日に国際貿易機関（World Trade Organization : WTO）が設置された．

WTO の協定には，食品の貿易に関連する以下の 2 つが含まれている．

・衛生植物防疫措置の適用に関する協定（SPS 協定）：国内では衛生植物検疫

措置の適用措置の適用に関する協定と訳されている（WTO 1995）.

・貿易の技術的障害に関する協定（TBT 協定）

これらのうち，食品の安全性に関する規制を扱っているのがSPS 協定である．食品中の有害微生物，天然毒素，汚染物質，残留農薬・動物用医薬品・飼料添加物，食品添加物などに関する規制だけではなく，それらについての分析・サンプリング法や食品安全に関わる表示も本協定が扱う．一方，TBT 協定は，SPS 協定で扱わない分野，例えば栄養，品質，食品安全に関わらない分析法や表示等を扱う．

SPS 協定は，14 の条文と３つの付属書からなり，第２条にWTO 加盟国の義務と権利を規定している．その第２項は，衛生措置を，人の生命と健康を守るために必要な限り適用すること，およびそれらの衛生措置が科学的原則に基づいており，十分な科学的証拠なしに維持してはいけないこと，を保証しなければならない（例外は５条７項）としている．また第３項は衛生措置が同一または同様の条件下にあれば，加盟国間や国内外の間の差別をしてはいけないとしている．また，衛生措置を貿易の障壁の偽装に使ってはならないとしている．

さらに，SPS 協定第３条は国際調和について規定しており，その第１項で，衛生措置をできるだけ調和させるために，加盟国は国際規格・基準，ガイドランまたは勧告（国際規格等）が存在していれば，それに基づいてみずからの衛生措置を策定しなければならないとしている．食品安全に関わる国際規格等とは，付属書Ａの「定義」によれば，コーデックス委員会の確立した食品添加物，残留動物用医薬品・農薬，汚染物質，分析サンプリング法および衛生規範やガイドラインである．また，加盟国は資源の許す限りコーデックス委員会で十分な役割を果たさねばならないとも第４項に記載されている．第３項は，国際規格等がもたらすより高い水準の保護をもたらす衛生措置を導入したり，維持したりしてもよいとしているが，そのためには科学的に正当であることや加盟国が決定した保護水準の結果として必要であることを証明しなければならない．

第４条では，輸出国である加盟国の衛生措置が，輸入国の衛生措置と異なっていても，輸入国の適切な保護水準に整合することを輸出国が客観的に証明できれば，輸入国はその措置を同等とみなさなければならないとしている．

第５条は，加盟国の衛生措置が，コーデックス委員会が確立した人へのリスクの適切な方法による評価に基づいていなければならないとしている．評価にあたっては，科学的証拠や関連する食品の生産・加工法，検査・サンプリング・分析法，生態学的・環境的条件，検疫その他の措置などの情報も検討しなければならない．また，リスクの評価と，適切な保護水準を達成するために必要な措置の決定において，加盟国は関連する経済要因（例えば食品を輸入した際の生産や販売における損失，管理に必要なコスト，リスクを低減するための代替措置のコストと有効性等）も検討する必要があるとしている．さらに，科学的根拠が不十分な場合に，加盟国は利用可能な関連情報（国際機関の持つ情報や他の加盟国で実施されている措置等）に基づいて，暫定的な措置をとってもよいが，より客観的なリスク評価をするために必要な追加情報を収集し，適切な期間内に措置を見直さねばならないとしている．

◆コーデックス委員会　SPS 協定に，食品安全の国際規格・基準その他の勧告を策定する機関と明記されているコーデックス委員会は，1963 年に FAO および WHO によって設立された政府間機関である．Codex Alimentarius とは「食品の法律」を意味するラテン語である．コーデックス委員会の主な目的は，消費者の健康保護と食品貿易における公正な取引の保証である．主要な任務は，食品に関する規格・基準や実施規範，ガイドラインその他の勧告の策定である．安全な畜産物の生産にきわめて重要である飼料についての勧告も策定する．

コーデックス委員会の下部組織として 2018 年 1 月現在，執行委員会，6 つの地域調整部会，10 の一般問題部会，11 の個別食品部会がある．さらに，必要に応じて設置・改組できるタスクフォースがある．コーデックス委員会やその下部組織の会議には，メンバー政府の代表団および FAO または WHO に承認された国際組織の代表が参加し，議論する．議決権はメンバーのみが所有する．

一般問題部会は，食品・飼料について水平横断的に担当する課題を検討するもので，そのうちもっぱら食品安全について検討する 5 つの部会は以下のとおりである．食品衛生，食品添加物，残留農薬，残留動物薬，汚染物質．

さらに，業務の一部として食品安全も扱う次の部会がある．食品安全に関する検討事項の例とともに列挙する．

・原則：リスクアナリシスの作業原則
・食品表示：アレルギーや食品添加物等安全に関わる表示
・分析・サンプリング：汚染物質や食品添加物の分析サンプリング法
・食品輸出入の検査認証システム：食品安全措置の同等性

SPS 協定以来，コーデックス委員会の重要性は著しく上昇し，コーデックス委員会も SPS 協定の加盟国への要件に従う必要が生じた．すなわち，食品安全に関する勧告が科学に基づいていること，およびリスクアナリシスの導入である．コーデックス委員会に対して食品安全に関する科学的な勧告をする独立のリスク評価機関として，次の 3 つがある．

・FAO/WHO 合同食品添加物専門家委員会（JECFA）：食品添加物，動物薬，天然毒素・汚染物質
・FAO/WHO 合同残留農薬会議（JMPR）
・FAO/WHO 合同微生物学的リスク評価会議（JEMRA）：細菌，ウイルス，寄生虫等微生物

参加者は個人の科学者として参加し，所属国や機関の代弁をしてはいけない．各国または製造者が提出したデータを活用し毒性評価や暴露評価を行う．動物薬

と農薬においては，食品中の残留物の基準値案をコーデックス委員会に勧告する．

◆**コーデックス委員会における科学の役割とリスクアナリシス**　コーデックス委員会内のルールや手続き，構造などの情報は「コーデックス委員会手続きマニュアル」（CAC 2018）に記載されている．

食品安全に関するコーデックス委員会の決定はSPS協定に規定されているように，科学的原則に基づいていなければならない．一方，上記手続きマニュアルの７章によれば，規格・基準等を検討する際には，コーデックス委員会は経済的影響も考慮しなければならない．

1995年，コーデックス委員会は「コーデックス委員会における科学の役割と，どの程度科学以外の要素を考慮するかについての原則の声明」を採択した．その第１原則として，「コーデックスの勧告は，健全な科学的分析と根拠の原則に基づいていなければならない」と述べている．

1993年にコーデックス委員会は，リスクアナリシスを導入した．1997年コーデックス委員会は，「食品安全リスク評価の役割に関する原則の声明」を採択した．また，以下の文書をコーデックス内での使用のために採択した．

- 食品安全に関わるリスクアナリシス用語の定義（1997採択．1999，2003，2004年に改定）
- コーデックス委員会の枠組みで使用するためのリスクアナリシスの作業原則（2003）

それ以降，食品安全を主な業務とするコーデックス部会が使用するため，または特定の食品安全分野において加盟国が使用するために，リスクに関わる勧告を多数採択してきた．前者は手続きマニュアルに，後者はコーデックス委員会のWebサイトに掲載されている．

食品安全に関する勧告を検討する際には，各国から提出された実態データや生産・製造方法の情報等が必須である．各部会の電子作業部会でそれを科学的に解析して，国際規格等を提案する．

食品安全に関する勧告には以下のようなものがある．

- 規格・基準：食品が整合すべき規格や基準．一般規格などは原理原則を示す．残留農薬・動物薬や汚染物質の基準値および食品添加物の使用許容値など数値で示されるものもある．
- 実施規範：衛生規範その他，食品の生産・製造や保蔵，流通などの方法を改善することにより，食品の安全性を向上させるためのもの．
- ガイドライン：上記には当てはまらないもの．

これらのすべてがコーデックス委員会のWebサイト（Codex Alimentarius）から無料で入手できる．

［山田友紀子］

参考文献

・熊谷進，山本茂貴編（2004）食の安全とリスクアセスメント，中央法規出版．

【9-3】
主要国の食品安全行政と法

食品リスク低減のためのリスクアナリシスの枠組み（☞ 9-1）や，現場の衛生管理の原則（☞ 9-10）が実際に確実に実施されるためには，行政の仕組みや法律などを整える必要がある．ここでは，主要国において食品安全確保のための法制度がどのように整えられているかを概説することとする．主要国として取り上げるのは，欧州連合（EU），米国および日本である．なお，コーデックス委員会のガイドラインにより，国の食品安全管理システムの原則として，消費者の保護や全フードチェーンアプローチ，透明性，関係者の役割および責任など 13 の原則があげられている（Codex 2013）.

◆EU における食品安全行政と法　EU において，加盟国共通の食品安全政策や基準の策定を担当するのは，欧州委員会の健康・食品安全総局である．EU では，牛海綿状脳症（BSE）問題をはじめとする食品危機を受けて，1990 年代後半から食品安全システムの改革が進められてきた．リスク管理機能は，健康・食品安全総局に一元化され，2000 年の『食品安全白書』によって食品安全改革の原則・指針と工程表が示された．それに基づき，食品・飼料に関する法律の一般原則と要件を定める「一般食品法」（規則（EC）No178/2002）が制定され，リスク評価を行う欧州食品安全機関（EFSA）が設置された．「一般食品法」は，食品や飼料にかかわるすべての法律の原則を定めるものであり，食品関連法に求められる要件（食品安全要件やトレーサビリティ，国や事業者の責任等）などについて明確に定めている．

EU の法律には，加盟国に拘束力を持って直接適用される「規則」，その達成のために国内法の制定が加盟国に任せられる「指令」，特定の加盟国等に対して直接適用される「決定」などがある（EU の Web サイトに基づく）．食品安全の分野では国内法等の制定を必要とする「指令」に代わって，加盟国に直接適用される「規則」で法律を制定することが優先されることとなり，これまでに多くの食品安全に関する法律が「一般食品法」の原則に従って再編・改正されてきた．2020 年まで法律の再検討や統合が続くとされている（EC 2013）.

一方，加盟国は法律の実施と監視（行政コントロール）を担当する．法律に定められた措置が事業者によって適切に実施されているかどうかをチェックし，助言する機能が監視である．監視は，各加盟国が独自のやり方で行うわけではなく，監視方法の原則は欧州議会と理事会の規則（EU）No 2017/625（「公的コントロール規則」）により EU 共通で定められている．リスクベースで，つまりリスクや問題の大きいところに焦点を当ててチェックを行うことが必要とされている．

また，生産段階も含めてフードチェーン全体で実施される．EUでは食品に関連する法律が様々ある中で，それらの法律の実施状態をコントロールするための専門の法律があるということが特徴である．

さらに健康・食品安全総局は，各国のコントロールにかかわる監視システムの監査，つまり各加盟国の行政コントロールが機能しているかのチェックも行う．また，EUへ農産物・食品を輸出する国に対する監査も実施している．

◆米国の食品安全行政と法　米国では，日本や欧州とは異なり，BSE問題を契機として食品安全行政システムの抜本的な再編は行われていない．リスクアナリシスは，リスク評価，管理，コミュニケーションのチームを設置して実施され，機能的に分離されている（FDA 2002）．米国において食品は，連邦（国），州，地方のレベルで規制される．連邦（国）は州間の取引および貿易を対象とするのに対し，州政府は州内の事業者を規制する（Directorate-General for Internal Policies 2015）．

連邦レベルで見ると，食品のリスク管理には複数の連邦機関が権限をもつ．特に，食肉・家禽肉・卵製品を担当する農務省の食品安全検査局（FSIS）と，その他のすべての食品を担当する保健福祉省の食品医薬品局（FDA）が重要な役割を果たしている．品目によってリスク管理の担当機関が分かれているものの，担当機関によりフードチェーンを通しての管理がなされる．ただし，政府説明責任局（GAO）は40年以上にわたって，分断化された食品安全の監視システムの不備を報告し，見直しを求めている（GAO 2017）．

米国の制定法は「合衆国法典」に編集される．食品安全に関する代表的な法律には，食品安全の監督や食品基準の設定，施設の検査の実施などについてFDAに権限を与える「食品・医薬品・化粧品法」（FD&C Act）や，と畜前・と畜後の検査，と畜場・加工場の衛生基準の設定，モニタリング・検査等について定め，USDAが管轄する「食肉検査法」（FMIA）などがある．なおFDAに関して，2011年には全面的な改革とされる「食品安全強化法」（FSMA）が成立した．この法律では，①予防管理の強化（農場を除く食品施設に対する，HACCPの考え方に基づく予防的な管理措置実施の義務化，農場での青果物の義務的な生産・安全基準など），②リスクベースの公的検査，効率的・効果的な検査アプローチ，③問題が発生した場合の効果的な対応ツール（義務的なリコールの権限），④輸入食品の安全確保（輸入業者の責任や第三者認証の必要性），⑤連邦・州・地方や海外等の関連機関とのパートナーシップの強化，の5つが重要な要素とされている（FDAのWebサイトに基づく）．なお食品施設は登録が必要であるが農場は除外されている．農作物の乾燥や熟成，包装やラベリング作業などは農場の活動として含められている（FDAのQ & Aに基づく）．

州の役割を見ると，各州は食品安全や品質の規制のために，州の法規制でこれらを補完する場合がある．食品安全は，「憲法」によると公衆衛生の確保にかかわり，州の権限のもとにある．州政府は境界内の食品安全を確保する権限を持ち，連邦の基準と異なる場合や，あるいは厳しい場合でも，州の食品安全基準を設定し実施する権限を持つとされる．ただし，大部分の州は，連邦の「食品安全法」をモデルとし，それと同じ内容の法律を策定している（以上，Taylor and David (2009) に基づく）．また，連邦と州の間で，例えば食中毒のサーベイランスの仕組みなど連携ネットワークが数多くある．

◆日本における食品安全行政と法　日本においては，2001 年に BSE 発生が国内で確認されたことを契機に食品安全行政の改革が進められ，2002 年の「食品安全基本法」によってリスクアナリシスが導入された．リスク評価を実施する機関として食品安全委員会が設置され，リスクアナリシスの枠組みに沿った組織再編がなされた．

表 1 は，日本における食品安全に関する主要な法律を示したものである．「食品安全基本法」では，食品安全確保のための基本理念や，国，自治体，食品関連事業者の責務，基本的な方針などが述べられているが，理念法にとどまり，EU の「一般食品法」と比較すると，具体的な食品安全の要件や関係者の責任・役割などが定められていない（新山 2004）．2018 年には「食品衛生法」が 15 年ぶりに改正され，食品事業者に対する HACCP に沿った衛生管理の義務づけ（制度化）等が行われた．

表 1　日本における代表的な食品安全関連法

名称	内容
食品安全基本法	基本方針や関係者の責務など
農薬取締法	農薬の登録，基準の作成
薬事法	動物用医薬品の承認，登録，基準の作成
飼料安全法	飼料中の有害物質や飼料添加物
家畜伝染病予防法	家畜の伝染性疾病の発生の予防とまん延の防止
肥料取締法	肥料の登録，使用基準等
食品衛生法	食品の規格基準の策定（残留農薬等，汚染物質，微生物，GMO など） 食品添加物の規格基準の策定 食品包装・容器の規格基準の作成 食品監視指導や営業許可等の枠組みなど

日本では農林水産省と厚生労働省が食品安全のリスク管理を担う．厚生労働省は主に製造段階以降を，農林水産省は主に農畜水産物の生産段階を規制する．農林水産省による生産・流通・消費に関する安全確保の取り組みや，両省によるリスク管理標準手順書の共同策定といった取り組みが行われたりしているものの，フードチェーンを通した統合的な食品安全・衛生管理にはまだ課題があるのが現状である．それは実施を担当する自治体の段階でも同様である．

自治体は食品事業者に対する政策措置実施の指導や，実施の検証・監視を担当する．都道府県・指定都市・中核都市等の保健所が実施する食品衛生監視指導は，法的な要件を食品事業者が満たしているかをチェックしたり，指導を行う．そのために食品事業所への立入検査や食品の抜取検査である収去検査が行われる．都道府県等の食品衛生担当部局は，毎年「食品衛生監視指導計画」を策定し，立入検査や収去検査に関する計画を公表している．各自治体は厚生労働省の指針に基づいて，施設の種類や取り扱う食品の種類，地域・全国の法違反状況，問題発生状況，当該施設の直近の衛生管理状態などを考慮して，検査の予定回数を設定することとなっている．

ただし，食品衛生監視指導は食品製造段階（家畜の場合はと畜段階）以降が対象であり，農畜水産物の生産段階は対象とならない．農業生産段階の現場での施策の実施に関する監視指導を担当するのは自治体の農林水産部局となる．改良普及員による農家への指導や，畜産農家に対しては家畜保健衛生所による巡回指導がなされているが，それらは要件を実施しているかどうかという監視の側面よりもアドバイス・支援の側面が強いと考えられる．

ただし，飼料や飼料添加物，動物用医薬品，水産用医薬品，農薬の使用状況や農薬の残留状況に関しては，農林水産省／農政局による調査が，農畜水産物や食品，飼料中の有害化学物質や有害微生物については，農林水産省によるサーベイランスやモニタリングの取り組みがある．

なお，輸入食品の水際での監視は厚生労働省が担当している．牛・牛肉，米・一部の米製品についてはトレーサビリティが義務化されているが，その遵守については，農政局がチェックを行っている．さらに，日本においては，EUのような食品に関連する法律すべてを対象とした監視や検証のための法律があるわけではなく，例えば「食品衛生法」では食品衛生監視指導について定められているというように，それぞれの食品・飼料関連法の中で実施や検証についての規定があるという違いがある．

［工藤春代］

参考文献

・新山陽子（2014）食品安全システムの実践理論，昭和堂．

【9-4】
化学物質の包括的リスク管理

食品中に存在する化学物質は多種多様である．食品安全の観点から見ると，大きく3つのカテゴリーに分類される．

① 天然に食品中に存在：栄養素，機能性成分，食品の風味に寄与する成分以外に，天然毒素や，天然成分から加工・調理・保蔵中に生成する物質もある．後者には食品の風味に寄与するものもあれば，アクリルアミドや多環芳香族炭化水素類など毒性が知られ，食品安全の対象となる物質もある．食品として利用される動植物に感染した微生物や，動物が捕食したプランクトンが産生する毒素（カビ毒，貝毒など）も含まれる．

② 食品の生産・製造に意図的に使用された結果として，食品中に存在：食品中で機能を発揮することを期待して加える食品添加物や栄養強化剤と，農薬・動物用医薬品・飼料添加物などのように機能を期待して生産時に使用した結果として，食品中に残留するものがある．

③ 食品の生産・製造・加工・保蔵・流通・販売・消費などの段階で環境（大気・土壌・施設等）や機器，包装その他から，降下・接触等により食品を汚染し，意図しないにもかかわらず食品中に存在：土壌や大気中の粉塵に由来する重金属やダイオキシン，包装材から移行する塩化ビニルモノマーやフタル酸などがある．

◆化学物質のリスク管理の概要　各国政府等が化学物質に関するリスク管理をする場合，意図的に使用する化学物質（食品添加物や農薬・動物用医薬品など）では，製造者等が承認や登録を申請し，政府の要件に従って提出したデータを政府が科学的に評価し，安全性が証明された物質を，使用法を規定して承認または登録する．これらが原因で問題が生じた場合には，使用禁止・制限，承認・登録取消しにより対応可能である．しかし，環境中に蓄積し，環境から食品を汚染する場合は汚染物質として扱うことになる．

一方，天然毒素や天然成分から生成される物質，環境等から混入・汚染する物質などのうち，人の健康に悪影響を与える物質は，意図的に使用される物質に比べて，リスク管理はより困難である．そこで，以下では主にこれらの化学物質についてコーデックス委員会（Codex Alimentarius Comission : CAC）の規格・基準の考え方に基づき解説する．

◆汚染物質とは　食品および飼料中の汚染物質に関する国際基準を策定する組織であるコーデックス委員会の定義によれば，「汚染物質」とは，①食品や食用家畜飼料に意図的に加えることのない物質であり，②生産（農産・畜産，動物医療を含む）・製造・加工・調製・処理・包装・輸送・保蔵などの結果として食品や飼料中に存在するもの，または，③環境からの汚染により食品や飼料中に存在するものである（CAC 2018a）．汚染物質の定義は，微生物の生成する毒素（カビ毒，細菌毒素），植物毒素，貝毒などを含むプランクトンや藻類の生成する毒素，重金属，加工の過程で生成したり包装材から食品へ移行したりする多くの有機化合物，放射性物質，農薬・動物用医薬品・飼料添加物や加工助剤の残留物などを含むが，昆虫の細片やネズミの体毛，その他の異物は含まない．意図的に毒性の高い物質を食品等に混入させたり，偽装のために化学物質を添加したりするのは犯罪である．

これらのうち，残留物・細菌毒素を除く汚染物質を扱うのがコーデックス汚染物質部会（CCCF）である．主な任務は，汚染物質の基準値や，汚染の防止・低減のための実施規範の策定と，それらに関連する分析サンプリング法の検討である（CAC 2018a）．

汚染物質（天然毒素を含む）のリスク管理は，消費者の健康の保護を目的とし，食品の安全性の向上による事故や問題の発生の防止を図る．そのために，国内の汚染実態または含有実態を把握することが必須であり，海外（特に輸出国）での事故・問題に関する情報の収集も重要である．すなわち，リスク管理の初期作業をまず行う．

◆リスク管理の初期作業　毒性が高い，高濃度に存在する，広い範囲の食品に存在する，問題が発生したなどの情報を国内外の広い範囲から収集し，文献検索からの情報も含めて，リスクプロファイルを作成する．国によってリスクプロファイルのフォーマットは異なるが，毒性情報や汚染・含有実態等の情報を含む．情報がない場合には，調査し情報を得る必要がある．リスクプロファイルをもとに，健康への悪影響の発生の可能性や，その悪影響の性質や程度（慢性・急性，致死性・可逆性，影響の範囲や持続性など）の検討，すなわち予備的なリスク推定を行う．この際リスクが過小評価にならないよう注意する．予備的な評価の結果が「無視できるリスク」ではない場合，それらの汚染物質について優先度を決定し，さらなる情報を収集したり，必要に応じて直ちに措置を検討・実施したりする．優先度の分類においては，健康への悪影響の程度（毒性や汚染実態，含有する食品の摂取量など）や科学データの量，他国で実施されているリスク管理措置，措置の有無による経済的影響や食料供給への影響なども検討する．その結果，優先度が高く，必要データが入手できる化学物質について，リスク評価を依頼する．緊急的な措置が必要な場合，科学的に信頼できる国際的なリスク評価機関や海外のリスク評価機関の評価結果を利用することも可能である．なお，承認または登録を必要とする資材の場合は，申請の受付け後，リスク評価を依頼するところからリスク管理が始まる．

◆データの作成と統計学的解析　リスク評価のためにもリスク管理のためにも

多様な科学データが必要である．実態調査に関しては，まず対象化学物質，対象食品，並びに対象とする地域（国なのかコーデックスのように世界全体なのか）を決定する．対象地域の実態を代表する試料を統計学に基づいて採取し（CAC 2004，1999，2014），妥当性確認をした分析法（CAC 1997a, 2003）により，精度管理システムを導入している分析機関（CAC 2003，1997b，1995）で分析する．サンプリング，分析法の妥当性確認，精度管理以外に，目的にかなう分析法の各種要件（検出下限，定量下限，回収率，不確かさなど）についてもコーデックス勧告がある（CAC 2018a，2001，1997b）．精度管理を含む分析の品質保証の制度の１つが経済協力開発機構（OECD）または各国政府が勧告または要求する優良試験所規範（GLP）である．国際標準化機構／国際電気標準会議規格ISO/IEC17025への認定を求める政府もあり，コーデックス委員会も勧告の中に含めている．

分析結果については，分析が必要な要件を満たしているかを評価し，異常値の有無その他の統計学的な解析を実施する．グラフ化やモデル化などにより，汚染濃度の分布の情報を得る．

◆リスク評価結果の検討 リスク評価がリスクアセスメントポリシーに則って実施されているかなどを検討する．評価の結果や勧告が，リスクは無視できない，または食品全てやある種の食品群，特定の集団（乳幼児，妊婦など）向けの食品について濃度低減を図るべきであるなどの場合には，リスク管理措置の検討を開始する．

曝露評価においては，非意図的に存在する汚染物質（天然毒素を含む）の場合には汚染実態データを活用し，意図的に使用される資材の場合には，使用基準（食品添加物）や残留試験（農薬・動物用医薬品）を活用して，経口摂取量を推定する．

◆リスク管理措置の検討・決定・実施 リスク管理措置が必要であるというリスク評価結果が出れば，以下のようなリスク管理措置の策定を検討する．消費者に勧告を出すこともある．

① 実施規範：食品の生産・製造・加工・保存・流通方法などの改善により，汚染を防止したり，低減したりして，食品の安全性の向上を図る．策定に際して，技術的な実現性，経済的なインパクト，リスクの低減効果などを検討する必要がある．そのため，関係事業者からの情報収集や意見交換などのリスクコミュニケーションが必須である．また，低減技術について，効果・効率などを事業レベルで検証する必要がある．さらに，実施規範を決定・実施した後，その有効性を新たな実態調査により確認する．分布が低濃度側に移動したり，高濃度で含有する試料の比率が低下したりして，経口曝露量が減少していれば，その規範は有効である．コーデックス委員会は多くの実施規範を策定している．

② 基準値：汚染物質の場合，コーデックスの食品・飼料中の汚染物質・毒素に

関する一般規格（CAC 2018c）に，基準値は，

・健康への影響が無視できない汚染物質について
・経口摂取に有意な寄与をする食品のみ

について適正に生産・製造・加工されている食品の汚染実態データに，合理的に可能な限り低濃度に設定する原則（ALARA : As Low As Reasonably Achievable）を適用して設定する，とされている．その際にはリスク評価の結果，その他多くの科学データを検討する．コーデックス委員会では，汚染物質の基準値は，実際の汚染濃度の分布を活用し，基準値を設定した場合にどの程度の率で違反が出るのを許容するかを選び，その率に対応する数値を選択する．この際，基準値に違反する率として2〜3%程度を選ぶことが多い．基準値としては通常有効数字1桁を使うことが多い（例えば，0.1や0.2は使われるが，0.11等は通常使われない．しかし，2桁目が5で終わる数値は使われることがある．例えば0.25等）．また，「経口摂取に有意な寄与」として，世界を食品摂取により17地域に分けた場合，推定経口摂取量が毒性指標値の10%以上の地域が1つでもあれば，または複数の地域で5%以上であれば，基準値を作成することになる．特定の集団にインパクトがある場合には毒性指標値の5%未満でも検討を要する場合もある（CAC 2018a）．基準値の妥当性については，基準値を用いて規制した場合の経口曝露評価を実施して決定する．また，基準値の設定には，規制のための妥当性を確認された適切な定量下限（分析できる最小の濃度）や回収率（真の濃度のうち，分析された割合．例えば基準値が1 mg/kgである場合，許容できる回収率は80〜110%とされている.），再現性（いつでも，どこでも，誰が分析しても同様の結果が出ること）等の性能を持つ分析法の有無も重要な要因となる．

食品添加物の場合は，使用実態と毒性指標値を検討し，最大使用に関する基準値を策定する．毒性が低く，長い使用歴がある場合には，数的な基準値は決定されない場合もある．残留農薬・動物用医薬品の場合は，使用基準のうち，最大残留濃度を導く条件で実施した残留試験を活用して残留基準値を設定する．この場合も，基準値の妥当性は経口曝露評価により決定する．国内では使用できないが輸出国で使用できる場合には，輸出国の申請により，輸入食品中の残留農薬についてインポートトレランスを決定する場合もある．その際には輸出国における残留試験を活用する．

いずれにしても，規制における検査結果などを活用して定期的に実施規範や基準値を見直すことが重要である．　［山田友紀子］

参考文献

・Codex Alimentarius, http://www.fao.org/fao-who-codexalimentarius/en/（コーデックス委員会の規格・基準および実施規範，ガイドラインその他の勧告が無料でダウンロード可能）（閲覧日：2019年2月19日）．

【9-5】
食品中の化学物質のリスク評価

食品には種々の化学物質が含まれている．栄養素を含む食品の構成成分から，意図的に添加される物質（食品添加物等），原材料の生産に使用された結果最終的に食品に存在する物質（農薬や加工助剤等），容器内に溶出する化学物質，食品中に微量に存在する物質（天然毒素等），生産貯蔵中のカビの発生により生成される物質（アフラトキシン等）および調理加工中に生成される物質（アクリルアミド等），環境中に存在して食品を汚染する物質（重金属等）などである．これらは全て食品中の化学物質としてリスク評価の対象となりうる．国際的なリスクアナリシスの枠組みをリスク管理機関であるコーデックス委員会が提示し，その依頼によりJECFA（FAO/WHO合同食品添加物専門家会議），JMPR（FAO/WHO合同残留農薬専門家会議）が食品中の化学物質に関するリスク評価を行っている．本項はコーデックスの作業原則（CAC 2016），およびJECFA，JMPRのリスク評価指針（EHC240 2009），日本の食品安全委員会のリスク評価に基づいて説明する．

◆食品中の化学物質のリスク評価　毒性学の発展による毒性発現機序の発見や，分析化学の進歩により検出下限値が下がり，これまで検出できなかったレベルまで検出できるようになるなどに伴い，危害要因は完全に排除できず，100％の安全性は存在しないと考えられるようになった．ゼロリスクの考え方に代わり，健康への影響は使用する化学物質の濃度や量，摂取量に依存し，実際の摂取量から健康への影響の懸念の大小を判定するリスク評価の考え方が重要な役割を果たすようになった．リスク評価はハザード同定，ハザード特徴付け，曝露評価およびリスク判定のプロセスで行われるが（リスクとハザードの定義は☞9-1），化学物質のリスク評価ではハザード同定と特徴付けをあわせ毒性評価ということがある（EHC240 2009）．毒性評価の主目的は，生涯にわたりその化学物質を摂取し続けても人の健康に有害影響（毒性）が発現しない量（health based guidance value：HBGV）を求めることである．毒性評価では，実験動物に短期間あるいは長期間投与して発現する毒性やその標的臓器，毒性の種差を検出する一般毒性試験，発がん性試験，DNAの傷害の有無を検出する遺伝毒性試験，次世代や繁殖能への毒性等を検出する生殖発生毒性試験などのデータが用いられる．それらを総合的に解析し，ハザードの経口摂取により発現する毒性の特性を明らかにする．評価可能と判断された場合は人の知見を用いることもある．

毒性の発現は投与用量や身体に吸収される量に依存する．すなわち化学物質の投与量増加とともに毒性は増強し，投与量が減少すると毒性も弱くなるという右肩上がりの曲線（用量反応曲線）として表される．得られた試験の用量反応の結果から毒性が発現しないと判断される量をHBGV算出の出発点，point of departure, PODという．PODとして有害影響が認められなかった最大投与量である無毒性量（no observed adverse effect level：NOAEL）が広く利用されてきた．またベンチマークドーズ（benchmark dose：BMD）法を用いてPODを算出することもある．BMD法とは，体重減少やがんの発生頻度などの毒性とそれが発現した用量に最もフィットする用量反応曲線を数理モデルから見つけ，投与しないとき（毒性試験では対照群）の値と比べる．そして低い用量であるが一定の変化を起こす用量（BMD）からその信頼区間（通常は95%）の下限値BMDL（benchmark dose lower confidence limit）を算出し，BMDLをPODとして用いる．BMD法は低い投与量で起きる毒性や遺伝毒性発がん物質でのPODとして使われてきた（食品安全委員会評価技術企画ワーキンググループ2018，EHC240, 2009，村田ら2011）．

ハザード特徴付けの最終段階において，実験動物で認められた毒性の特性やその毒性が人で起きうるか（人への外挿性）を総合し，最も低いPODを安全係数（不確実係数ともいう）で除してHBGVを導き出す．HBGVは，農薬や食品添加物，動物用医薬品では一日摂取許容量（ADI：acceptable daily intake）として，汚染物質で体内に蓄積する物質では暫定耐容週間（または一日）摂取量（PTWI：provisional tolerable weekly intake, PTDI：provisional tolerable daily intake）として，いずれも体重あたりの量として表される．安全係数は，動物と人の種差や人の個体差を考慮したものであり，一般的に100が使用される．抗菌作用があり腸内細菌に影響する動物用医薬品では，毒性学的ADIだけでなく腸内細菌への影響に対する微生物学的ADIも算出し，より低いADIを採用する．食品添加物で毒性が弱い場合は，ADIを設定しないこともある．DNAの傷害性にはしきい値がないと現在は判断されていることから，遺伝毒性物質についてHBGVは設定しない．残留農薬や動物用医薬品等では，季節性または一過性に大量に単一の食品を摂取する短期曝露に対応するため，急性影響に対するHBGVの設定が検討され，急性参照用量（ARfD：acute reference dose）が用いられる．ARfDは，単回あるいは24時間以内の経口摂取でも有害影響が起こらないPODを安全係数（通常はADIと同様に100）で除した値である．人が一度に摂取可能な量には限界があることから，5 mg/kg体重をARfDのカットオフ値とし，超えた場合はARfD設定の必要はないと評価する．

曝露評価は毒性評価と区別して行う．曝露評価の目的は，人々の化学物質の摂取量を推定することにある．食品の摂取は国ごとに異なるので，現実的な摂取量を推定することが重要である．経口曝露評価は，残留農薬，残留動物薬，重金属やカビ等の汚染物質および食品添加物などのハザードによって評価方法が異なる．残留農薬では，農業生産工程管理（GAP：good agriculture practice）が最大限実施された条件下で行った作物残留試験の中央値にその他の因子を考慮して，1日経口摂取量を算出する．また作物と家畜代謝と環境動態等のデータから残留物を決めている．添加物では，使用量に近い濃度が食品中に含まれることが多い．汚染物質の曝露については，各国政府や研究機関が提供したデータを用いて確率論的摂取量推計が可能な場合もある（山田 2004）．長期曝露に対しては，そのハザードの摂取推定量の総和とし，短期曝露に対してはそのハザードの単一の食品の摂取量として推定する．摂取する人の集団は，一般集団だけでなく，小児，また胎児への影響を考慮し妊婦または妊娠する可能性のある女性等に分けて推定する．

最後のプロセスであるリスク判定では，HBGVと曝露評価による推定摂取量を比較する．摂取量がHBGVを超えなければ，評価対象となった化学物質の食品を介した人の健康への懸念はないと判定する．残留農薬の場合は，慢性曝露影響は長期曝露の摂取量とADI，急性曝露影響は短期曝露の摂取量とARfDを比較する．遺伝毒性がある物質ではBMD法により得られたPODと推定摂取量との差の大きさ（MOE ☞ 2-3）によりリスク判定を行う．以上により，摂取量がHBGVと同じあるいは超過してしまう場合，MOEが十分でない場合は，措置が必要であり，ハザードの摂取を「無理なく到達可能な範囲で低くすべき」（ALARA：as low as achievable の原則）であることをリスク管理機関に提言する．

◆リスク評価における科学的データの質および透明性ある評価の重要性　試験結果に一貫性があり，被験物質となる化学物質の情報や試験方法が明らかであるなどデータが堅牢であることはリスク評価にとって重要である．農薬や動物用医薬品等の評価では，試験データの一貫性や堅牢性を確保するため国が認めた優良試験所規範（GLP：good laboratory practice）に適合した施設において，OECD（経済協力開発機構）や各国担当省庁作成の標準試験方法に準拠して実施された毒性試験やGAPに基づいて作成された作物中の農薬の残留データが登録申請企業から提供されることが多い．リスク評価の結果や経過の文書での公表は，評価の中立性，科学的な手順などの検証のための透明性確保に役立つ．JECFA，JMPRでは化学物質ごとにリスク評価結果，リスク評価の指針やガイダンスも公表している．

◆アクリルアミドの日本におけるリスク評価とJECFAとの比較　アクリルアミドは，食品の原材料に含まれるアミノ酸であるアルパラギンが水分の少ない高温調理で加熱され，果糖，ブドウ糖などの還元糖と化学反応を起こす過程で主として生成される．2016年に食品安全委員会は「加熱時に生ずるアクリルアミド」のリスク評価を実施し（食品安全委員会 2016），毒性評価で遺伝毒性を有する発がん物質であると結論した．アクリルアミドは生体内で遺伝毒性発がん物質のグリシドアミドに代謝され，実験動物に発がんを起こすと考えられた．BMDL は 0.17mg/kg体重/日と算出された．また，曝露評価により摂取量は 0.158～0.240 μg/kg体重/日と推定された（河原 2016）．リスク判定では，疫学研究で職業性曝露を含めアクリルアミド曝露量とがんの発生率に一貫した傾向はみられず人の健康影響は明確ではないものの，BMDL と食事由来のアクリルアミド推定摂取量との MOE が十分でないことから，公衆衛生上の観点から懸念がないとは言えないと結論した．食品安全委員会は，ALARA の原則に則り，アクリルアミドの低減に努める必要があると提言された．JECFA でも同様の毒性評価の結果が出されたが，推定摂取量は平均的摂取者で 1 μg/kg体重/日と日本よりかなり高い値であった（JECFA 2011）．

◆ 曝露評価の重要性　国により食品の消費量，化学物質の濃度，加工方法，食品や作物の使用率（食品添加物や農薬等）が異なることから，国ごとの曝露評価による国民の摂取量の正確な把握はリスク評価にとって重要である．また，リスク管理の妥当性を検証するためには，曝露量の継続的な調査も重要である．バイオモニタリングデータや陰膳によるサンプリング等の継続的な分析も有効である．保存されていた母乳のダイオキシン類濃度の調査（1973～1996 年）で，その期間でのダイオキシン濃度のほぼ半減化が報告された（佐藤 2017）ことはその好例である．さらに人は環境からも化学物質に曝露されているため，食品を含め環境全体からみたリスク評価も将来の検討課題である．

［吉田　緑］

参考文献

・食品安全委員会（2016）評価書　加熱時に生じるアクリルアミド（閲覧日：2019 年 2 月 27 日）．
・山田友紀子（2004）化学物質のリスクアセスメントとリスクマネジメント，新山陽子（編）食品安全システムの実践理論，昭和堂，49-61．

【9-6】
微生物の包括的リスク管理

細菌，ウイルス，寄生虫などの有害微生物（食中毒菌）に汚染された食品を摂取することで起こる健康被害（食中毒）と言えば，①摂食後，数時間で腹痛，下痢，嘔吐などの症状が出現し，②短時間で回復する一過性の急性胃腸炎を連想する．これら症状は，食品や体内で食中毒菌が産生した毒素，または体内に取り込まれた食中毒菌が消化管細胞などで増殖することによって生じる．食中毒を予防するためには，これら食中毒菌を「つけない」「増やさない」「やっつける」こと（予防３原則）が重要と広く認識されている．

この認識は，ヒトや動物の消化管内や生産環境に食中毒菌が生息しており，動植物（家畜，魚，野菜など）が農林水産物となる過程，さらに食品となる過程で，農林水産物や食品に付着し，不適切な保存状況下で増殖するとの考えから生まれた．また，実際の効果は別として，食品購入時の消費・賞味期限の確認行動や，摂食時の色（視覚），におい（嗅覚），味（味覚）および食感（触覚）による食品の異状（品質劣化）の感知といった行動は，食品中で食中毒菌が増殖していないことを確認するための行動の１つであろう．

この認識は科学的に間違っておらず，従来から広く知られている黄色ブドウ球菌，腸炎ビブリオ，ウェルシュ菌などによる食中毒は，上述の予防３原則に則り，食品加工施設や飲食店における衛生管理の徹底，新たな冷蔵・冷凍技術や真空包装技術の導入，殺菌・消毒剤や高熱・高圧調理器の使用，さらに，食品外装への消費・賞味期限，保存方法の表示などの方策により，近年，発生件数が減少した．一方，1990 年以降認知されるようになった腸管出血性大腸菌とも言われる志賀毒素産生性大腸菌（STEC），ノロウイルス，E 型肝炎ウイルス（HEV），カンピロバクターなどが原因となる食中毒は，この認識から少し外れた印象を受け，また，時に集団食中毒事件となる．例えば，STEC 食中毒では，原因食品（牛肉製品，生野菜，浅漬けなど）の摂食後数日で，激しい腹痛，出血性の下痢となり，幼児，高齢者，免疫機能が低下しているヒトでは溶血性尿毒症症候群（HUS．溶血性貧血，血小板減少および急性腎傷害を主徴とする）のような，胃腸炎以外の症状を引き起こし，重症化した場合は死亡することもある．HEV 食中毒では，原因食品（ブタ，イノシシ，シカなどの肉製品）の摂食後数週で，肝炎（発熱，黄疸，肝腫大を主徴とする）を引き起こす．これら食中毒菌の特徴は，①少量で感染することができ，食品中で増殖する必要がないこと，②消化管から体内（細胞）に侵入・増殖すること，③糞便や嘔吐物中に大量に存在するため，トイレ後の手指の洗浄不足，不十分な嘔吐物処理などによって，食品以外からもヒトに感染（2次感染）することである．さらに，食品の大量生産，流通の広域化が加わり，大規模・広範囲な集団食中毒事件に発展することがある．このような現状を考慮すると，上述の予防3原則に食中毒菌を「広げない」を加える必要がある．

◆微生物学的リスク管理　微生物学的リスク管理とは，科学的根拠に基づいて，フードチェーンの最適なポイントで「つけない」「増やさない」「広げない」および「やっつける」ための方策を行い，その効果を継続的に確認し，必要に応じ方策を追加・変更することである．

食品の国際規格を作成しているコーデックス（Codex）は，各国の微生物学的リスク管理の取り組みを支援するため，2007年に「微生物学的リスク管理の実施に関する原則及びガイドライン」（Codex 2007）を作成した．この文書の一般原則は，「①ヒトの健康保護が最重要であり，リスク管理は，②フードチェーン全体を考慮し，③構造的なアプローチに従い，④その過程について，透明性と一貫性を確保し，文書化するべきである．リスク管理者は，⑤関連する利害関係者との効果的な協議および⑥リスク評価者との効果的な相互作用を確実に行うとともに，⑦地域的な違いから発生するリスクと実行可能なリスク管理措置の違いを考慮すべきである．さらに，⑧その後のモニタリングと再評価によって，必要があればリスク管理措置を変更するべきである」と要約される．微生物学的リスク管理の過程は大きく，①初期作業，②リスク管理措置の特定と選択，③リスク管理措置の実施，並びに④モニタリングと再評価の4つの段階に分けられる．

◆リスク管理の初期作業　初期作業では，食中毒の発生状況，フードチェーンにおける食中毒菌汚染状況，食中毒菌の病原性，微生物制御技術や検査技術の開発状況，消費者の関心などの情報を幅広く収集する．その後，これら情報をもとに食品安全上の問題（危害要因）を特定し，リスクプロファイルを作成する．なお，「食品衛生法」に基づく食中毒患者数や「感染症の予防及び感染症の患者に対する医療に関する法律」（「感染症法」）に基づく感染症患者数は，医療機関からの届出に基づくものであって必ずしも全数ではないこと，研究計画（サンプリング法，分析法など）によって分析結果が異なることなど，データの信頼性には常に科学的限界が存在することに留意する必要がある．

例えば，E型肝炎は「感染症法」の四類感染症（全数把握対象疾病の1つ）であり，2011年まで届出患者数は年60名前後であったが，2012年に100名を超え，2016年は300名を超えた．この患者数増加については，実際にE型肝炎患者が増加しているのかもしれないが，E型肝炎診断薬の保険適用によって鑑別診断される機会が増加し，これまでE型肝炎と診断されていなかった患者がE型肝炎患者として診断され，届出をされるようになったことが大きな要因と考えられている（Kanayama 2015）．

また，技術革新による検出感度の向上が，結果的に食中毒菌汚染率の上昇に結びつくこともある．このため，最新の情報を随時入手し，リスクプロファイルを更新する必要がある．ただし，入手情報の全内容を記載するより，概要を記載し，詳細情報がいつでも確認できるように出典（1次情報）を記載・保管しておく方が効率的である．なお，農林水産省と食品安全委員会（みずからの判断で行うリスク評価のため）はリスクプロファイルをホームページで公開している．

次に，リスクプロファイルをもとに優先的にリスク管理を行うべき危害要因を決定し，優先度の高いものから，リスク管理措置の必要性を検討する．その後，リスク評価者の協力のもとでリスク評価の科学的な完全性を保ち，調和のとれた価値判断，政策選択，ヒトへの悪影響に関するパラメータ，考慮すべき情報源，リスク評価過程で発生するデータギャップや不確実性に関するガイダンスを提供するためのリスク評価方針を作成し，リスク評価者にリスク評価（食品健康影響評価）を依頼する．その後，リスク評価結果に基づき，リスク管理措置の特定および選択を行う．

◆リスク管理措置の特定と選択　最もよく知られているリスク管理措置は最終製品における微生物規格（MC）であるが，リスク管理措置はこれに限ったものではない．例えば，「乳及び乳製品の成分規格等に関する省令」（昭和26年厚生省令第52号）を見ると，牛乳には，細菌数が5万個/mL以下かつ大腸菌群陰性という最終製品のMCに加え，「保持式により63℃で30分間加熱殺菌するか，またはこれと同等以上の殺菌効果を有する方法で加熱殺菌すること」という製造方法の基準（殺菌条件），さらに保存方法についても基準（保存条件）が存在する．さらに，農場や食品製造工場におけるガイドラインの作成や消費者に対する注意喚起などもリスク管理措置の1つである．多くの選択肢の中から，最も効果的かつ実現可能性が高いもの（組合せ）を選択する．

◆数値目標とリスク管理措置　リスク管理措置を選択するうえで最も重要なことは，上述の一般原則にあるように，ヒトの健康保護である．ただ，健康保護と言っても，フードチェーンから食中毒菌を完全に排除することは不可能であるため（リスクゼロは存在しない），公衆衛生上の目標値（ALOP）を設定する必要がある．ALOPは，単位人口あたりの年間発症者数などで表現され，現状の健康被害より低い数値にされることが多い．ただ，ALOPを設定しても，実際のリスク管理措置であるMC，製造方法の基準，保存方法の基準などの数値をALOPに直接結びつけることは難しい．そこで，コーデックスは両者を直接的に結びつけ，透明性が確保されたリスク管理の実施を支援するため，上述のコーデックス文書（Codex 2007）に付属文書Ⅱを加えた．この付属文書には，摂食時安全目標値（FSO），達成目標値（PO）および達成基準（PC）という新しい数的指標が定義されている．

2011年10月1日から生食用牛肉に適用された「生食用食肉の規格基準」（平成23年厚生労働省告示第321号）を例に，リスク管理措置の選択とこれら数的指標について説明する．このリスク管理措置は，同年4月から発生した一連の集団STEC食中毒事件を契機とする．この事件で，約170名が発症し，4名が死亡したことを受け，厚生労働省はリスク管理措置の検討を開始した（薬事・食品衛生審議会食品衛生分科会食中毒・乳肉水産食品合同部会 2011）．まず，年間死者数を1名未満にするため（ALOPに相当），FSOを0.014 CFU/gにした．このFSOは，文献情報に基づき推定された牛肉のSTEC汚染濃度（牛切落し肉，幾何平均14 CFU/g）に安全係数1000で除したものである．CFU（colony forming unit）は，試料を固体培地上に塗布後に培養し，菌の増殖に伴い形成されたコロニー数のことで，試料中に存在する増殖可能な菌数を表している．次に，飲食店で生じる2次汚染や菌の増殖を考慮し，生食用牛肉の販売・提供時のPOはFSOの10分の1とした（つまり，0.0014 CFU/g）．この数値は，推定STEC汚染濃度の1万分の1であり，PCはSTEC汚染濃度を1万分の1にすることとなる．そして，POが達成されていることを確認するためのMCを腸内細菌科菌群陰性とした．MCの対象菌が腸内細菌科菌群となっているのは，0.0014 CFU/gというごく低いSTEC汚染濃度の検体から，STECの存在を検出できるような精度の高い検査法は存在しないこと，STECだけでなくサルモネラについても考慮すべきであることなどから，両菌種が含まれ，また，簡便な検査法が存在する腸内細菌科菌群が検査対象微生物として最適と判断されたためである．さらに，このMCに加え，POを達成するために必要な加工基準，保存基準および調理基準も設定した．その後，食品安全委員会のリスク評価を受け，2011年10月1日から適用された．数的指標を利用したリスク管理措置は，この例を含めても，調理済み食品のリステリア・モノサイトゲネスの規格基準など，ごく限られているが，行政施策における透明性確保や消費者の信頼性確保の観点を考慮しても，積極的に利用されていくと思われる．

◆モニタリングと再評価　最後に，リスク管理措置の効果について，継続的にモニタリングと再評価を行わなければリスク管理とは言えない．実施したリスク管理措置によって，ALOPを達成できなければ，リスク管理措置の変更または新たなリスク管理措置を検討する必要がある．再評価に際し，注意しなければならないことがある．例えば，効果が現れるまでにタイムラグが発生すること，気候変動などの他の要因により食中毒事件数は変化することがあげられる．また，リスク管理措置の効果を評価するには，ALOPだけでなく，リスク管理措置を行ったポイントまたはその付近でその効果を検証できる指標を予め設定しておくことが必要である．

［佐々木貴正］

参考文献

・薬事・食品衛生審議会食品衛生分科会食中毒・乳肉水産食品合同部会（2011）配布資料2：生食用食肉に係る微生物規格基準案の考え方，2011年7月6日開催．

・Codex（2007）*Principles and guidelines for the conduct of microbiological risk management*（*MRM*），CAC-GL 63-2007.

【9-7】
微生物学的リスク評価

内閣府食品安全委員会事務局では，食品に係るリスク評価は，①ハザードの同定，②ハザードの特徴付け，③曝露評価，④リスク判定の4つのステップで行うものとしている．①ハザードの同定では，食品中のハザードが，化学的，生物学的，物理学的の要因のうちどれによるものかを同定する．②ハザードの特徴付けでは，当該ハザードによりヒトの健康にどのような影響があるのか，どの程度の確率で影響が生じるかを推定し，③曝露評価ではヒトが当該ハザードをどのような経路でどの程度摂取しているかを推定する．④リスク判定では，①～③を踏まえて当該ハザードによるリスクを総合的に判断する（内閣府食品安全委員会事務局 2017）．微生物をハザードとした場合のリスク評価を微生物学的リスク評価という．

◆予測微生物学　予測微生物学は，フードチェーンの全体（farm-to-fork：農場から食卓まで）または一部における食品中での微生物の増殖，死滅，生残，交差汚染などの消長を数理モデルとし構築し，微生物によるヒトなどへの影響を予測するための考え方・方法論である．微生物学的リスク評価では，予測微生物学に基づき，食品とハザードである微生物の組合せについて，ハザード特徴付けで得られた各種データや科学的知見を活用して，食品中に微生物がどの程度存在するか，その喫食等によってどの程度の確率でどの程度の量の微生物にヒトが曝露するかといった「曝露評価」を行ったり，どの程度の確率で当該微生物を原因とする食中毒を発症するか，年間にどれだけのヒトが発症するかといった「リスク判定」を行ったりする．

特に原材料が動物である食品では，個体によって微生物の汚染率や汚染濃度にばらつきがある（変動性）．そして，モデル構築に用いるデータは，ばらつきがある母集団からサンプリングされたものであるため，それ以外のデータが考慮されておらず不確実性がある．特にドーズレスポンス（用量–反応）モデルでは，後述のとおり，曝露された微生物の多寡と発症との関係に大きな変動性があり，さらにその関係を得るためのデータがきわめて限られているため，大きな不確実性がある．微生物学的リスク評価を定量的に行う場合には，ばらつきと不確実性を考慮できる確率論的な予測微生物学の手法をとることが多い．なお，変動性と不確実性の双方を広義の意味で不確実性と呼ぶこともある．

◆確率論的微生物リスク評価　確率論的アプローチを用いた微生物学的リスク評価を確率論的微生物リスク評価と呼び，そこで構築されるモデルを確率論的微生物リスク評価モデルと呼ぶ．このモデルでは，モデルの初期インプットや各プロセスにおける微生物の菌数や汚染濃度，あるいは菌数等の変化を確率分布として表現し，モンテカルロシミュレーションによってアウトプットを確率分布として得る．すなわち，まず初期インプットの菌数等の値をその確率分布から無作為抽出する．これを用いて，各プロセスのモデルにおいて数理的な演算を行う．菌数等の変化に係るパラメータが確率分布としてモデル化されている場合には，パラメータの値を確率分布から無作為抽出して演算に用いる．そうして全ての演算を行って，アウトプットとしての菌数の１つの値が推計される．この操作を数万回から数百万回繰り返すことでアウトプットの菌数の分布が推計される．ヒトが曝露する菌数の分布とドーズレスポンスのデータがあれば，発症確率あるいは発症数の分布を推計することができる．

以下では，確率論的微生物リスク評価を行ううえでのポイントや留意点を示す．

◆ポイントⅠ：分析目的に応じたモデル化　確率論的微生物学的リスク評価では，評価の目的を明らかにし，目的に整合したモデルを構築することが重要である．すなわち，分析対象とする食品と微生物の組合せについて，生産・輸送・加工・流通・消費・調理 / 喫食・罹患 / 発症といった各プロセスでの微生物の消長などの特徴を整理し，分析の目的に応じて，どのプロセスに着目して分析するか検討する必要がある．特定のプロセスに注目する場合は，その他のプロセスを捨象したり簡略化したりすることもある．モデルはあくまでも現実のプロセス等を近似的に数理的に表現するものに過ぎないため，いくら緻密にモデル化を行っても必然的にモデル誤差は発生する．また，モデルのパラメータ推定に用いたデータが十分でないと，パラメータ値に大きな不確実性が内包される．モデル誤差や不確実性が蓄積・拡大するモデルリスクを防ぐためには，分析の目的以外のプロセスを過度に詳細にモデル化しないことが肝要である．

例 1）鶏肉中のカンピロバクターのリスク評価では，プロセス全体を通じて食中毒発症リスクの低減に効果的な管理措置を検討するため，フードチェーン全体 (farm-to-fork) を対象に，特に調理プロセスでの（RTE 食品），つまり調理済み食品との交差汚染に着目して図１のようにモデルを構築している．鶏肉中のカンピロバクターの食鳥処理場における交差汚染率の分布を試算した結果は図２に示すとおりである．歪度がほぼ 0，尖度がほぼ３であることから，正規分布（平均値 55.44%，標準偏差 1.33%）に近い分布形である（内閣府食品安全委員会事務局 2009）．

例 2）と畜場における微生物の交差汚染リスクの低減に係る管理措置の効果を評価の目的とする場合，と畜プロセスを整理し，そこで交差汚染の原因となる工程（例えば，チラー水を用いたと体の冷却工程など）に注目する必要がある．

例 3）絶対的な菌数ではなく相対的な菌数の変化に着目する場合もある．ユッケなど生食用食肉（牛肉）の規格基準を検討した際には，摂食時安全目標値の達成から逆算して，肉塊内部の１cm 以深で約 10^4 オーダーの減少を図るため，肉

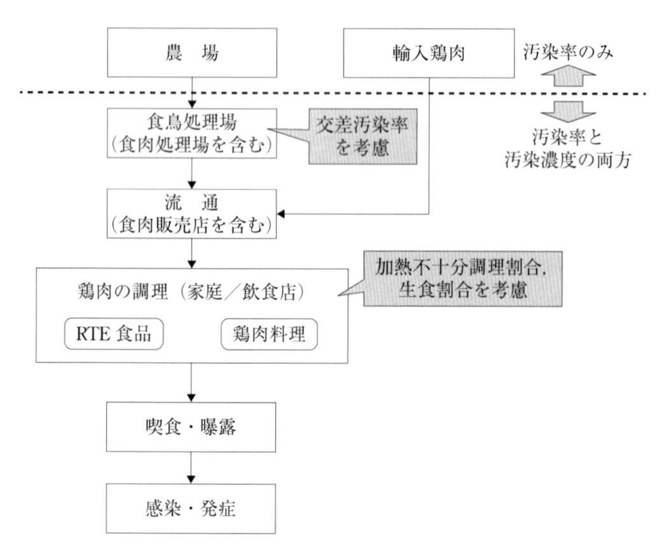

図1　鶏肉中のカンピロバクターのリスク評価における全体フロー
［出典：食品安全委員会（2009）をもとに作成］

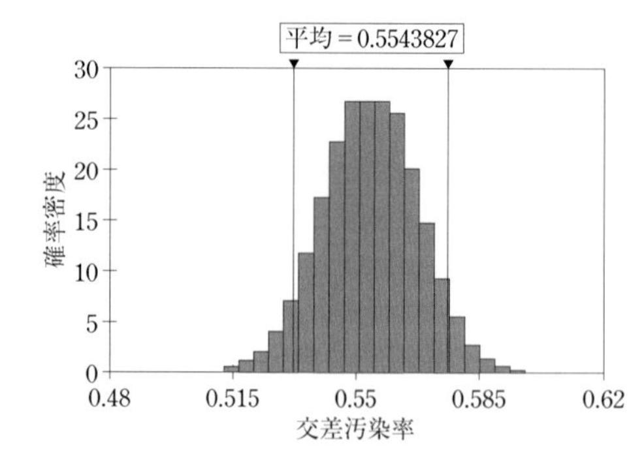

概要統計

統計	値	%値	値
最小	49.50%	5%	53.24%
最大	61.16%	10%	53.73%
平均	55.44%	25%	54.54%
標準偏差	1.33%	30%	54.74%
分散	0.0001779	50%	55.44%
歪度	−0.02368	70%	56.14%
尖度	2.992	75%	56.34%
メジアン	55.44%	90%	57.15%
モード	54.33%	95%	57.63%

図2　食鳥処理場における交差汚染率の分布
［出典：食品安全委員会 2009］

塊の表面をどの程度の時間，何度で加熱すればよいかを検討している．

◆ポイントⅡ：管理措置の効果推定　微生物学的リスク評価の主な目的の１つとして，ある管理措置を導入した場合の効果を推定することがある．ただし，導入の可否は，リスク管理主体が各管理措置の導入効果を参考に，実務的な導入可能性や導入コスト等を勘案して判断する．鶏肉中のカンピロバクター・ジェジュニ／コリのリスク評価において，様々な対策の組合せによるリスク低減効果の程度を試算した結果，食鳥の区分処理と生食割合の低減，もしくは農場汚染率低減を組み合わせることにより，８割以上リスクを低減できると試算された．また，生食割合の低減のみでも７割程度のリスクを低減できるという結果も示された．一方，加熱不十分割合の低減のリスク低減に対する寄与度は低い．これは，既に対策に関する情報が一般に浸透しているためと想定される（食品安全委員会 2009）．

◆ポイントⅢ：データの収集・利活用　定量的な微生物学的リスク評価に利用可能なデータはきわめて限られる．もちろん，微生物学的特性などの普遍的なデータならば，海外のデータでも日本国内のリスク評価に適用できる．しかし，国や地域の特性が反映されるデータの場合は，海外のデータは原則利用できない．例えば，生産農場における汚染率や汚染濃度，と畜場における処理方法，流通・小売の方法・期間・温度管理の状況，喫食の方法などは国や地域によって様々である．これらは厳密に言えば，当然，個々の農場やと畜場によって異なる．しかし，国や地域といったマクロなリスク評価を行う際に，必要なデータが不十分な場合には，様々な調査や実験によって収集されたデータを，たとえ収集時点や収集条件，試験方法などが異なってもプールして活用することもある．当然ながら，企業が自社の生産物や製品のリスク評価を行う場合には，できる限り自社のフードチェーンのデータを調査や実験によって収集し利活用することが望ましい．なお，活用可能な適切なデータがない場合には，ないよりはましとの割り切りで，仮定を置いて条件が異なるデータを用いたり，専門家の意見（expert opinion）に基づいてモデルを構築したりすることもある．

用量反応（ドーズレスポンス）モデルは，必ずしも利用可能なデータが十分にあるわけではなく，むしろそうしたデータが存在することは稀である．かつて海外で囚人等への病原微生物の摂取実験によりデータ収集が行われたこともあったが，倫理上，もはやそうしたことは行い得ない．また，集団食中毒事件におけるデータ収集でも，発症者が原因食品をどれだけ喫食し，どの程度の病原微生物に曝露したかを正確に推定するのは困難なことが多い．このため，ドーズレスポンスモデルの精度を高めることは難しい．

［長谷川専・長田侑子］

📖 参考文献

・デビッド・ヴォース著，長谷川専，堤盛人訳（2003）入門リスク分析：基礎から実践，勁草書房．
・山本茂貴ら（2012）食用食肉の規格基準の考え方，日本食品微生物学会雑誌，2（92），98–100.

【9-8】
ナノテクノロジーと遺伝子組換えを利用した食品の安全評価と規制措置

ここでは，高度科学技術をともなう食品の安全性評価，規制措置として，ナノテクノロジーと遺伝子組換えを取り上げる．

【ナノテクノロジー】

ナノテクノロジー（以下，ナノテク）は，ナノ・スケール（10億分の1m）で意図的に加工することにより，物質に新たな機能や特性をもたせ，新しい材料やデバイスをつくり出す技術である．エレクトロニクスから医薬，建築，エネルギーなど産業分野の幅広い分野において革新的な技術をもたらすことが期待されており，農業や食品分野も例外ではない．

食品分野では，食品素材，食品加工，食品計測，食品安全検知，製品製造などでナノテクの応用が期待されている（中嶋・杉山 2009）．サイズを小さくすることで，消化・吸収効率の増大や微生物汚染検出の迅速化，食感の向上，包装資材の高機能化などが可能となる．他方，こうした特性変化は，次のような点で安全性の懸念が生じる．すなわち，急速な吸収や過剰摂取，細胞などへの直接侵入，体内や環境中での動態予測の困難さなどである（中嶋・杉山 2009，Chaudhry et al. 2008）．総じて，サイズを微細化したことによる特性や挙動の変化に伴うリスクが課題となっており，これらの知見の蓄積が必要である点が指摘されている．

◆EUにおける規制動向 ナノテクノロジーの食品への応用に関して，明確な法規制を導入している国はほとんどないものの，欧州連合（EU）においては明確な法規制が導入されている．EUの規制は，ナノマテリアルに関する横断的な定義のもとで，製品分野ごとの規制および最終製品に対する表示方法が制定されている．

EUにおけるナノマテリアルの定義は，欧州委員会による勧告（EU 2011）として2011年に公表された（その後，見直しの検討が進んでいる）．定義の特徴は，自然物や人工物を区別せず，1～100nmのサイズが物質中に50%以上含まれているものすべてとしている点である（必要に応じて，含有率50%以下の場合でもナノマテリアルとみなす）．

EUでは，製品分野ごとの規制（例：新規食品，農薬，食品添加物など）においてナノテク関連の規程が設けられるとともに，食品表示においても，ナノマテリアルに関する表記が求められる点が特徴的である．これは，消費者への食品情報提供に関する規制（EU 2011）に基づく措置であり，該当する食品原材料の直後にカッコを付してnanoと表記する必要がある．

食品および飼料に含まれるナノマテリアルに関するリスク評価に関しては，欧州食品安全機関（EFSA）がガイダンス文書を公表した（EFSA 2011）．2018年に公表されたガイダンス改訂案では，ナノマテリアルの毒性評価が3ステップに整理され，特に体内で容易に分解しないナノマテリアルに関しては，順次，①試験管内（*in vitro*）毒性試験，②マウス等による90日給餌試験，③詳細な毒物動態学試験を行うことを提案した．

◆**米国における規制動向**　米国においては，クリントン政権により国家ナノテクノロジー計画（NNI）を立ち上げ，全世界に先駆けてナノテクの研究開発を推奨したことから，様々な分野での技術開発とその応用が進みつつある．食品や食品添加物，包装資材を所管する米国食品医薬品局（FDA）においても，2006年よりナノテク・タスクフォースを設置し，規制等のあり方を検討してきたものの，EUとは異なるアプローチをとっている．FDAは，ナノマテリアルを含有している食品を一律に規制するというよりも，ケースバイケースでリスク評価を行うという立場をとり，そのための産業向けガイダンス（FDA 2014）を公表している(2014年6月)．また，FDAはナノマテリアルに関する規制上の定義を制定していない．FDAはナノマテリアルを一義的に定義するよりも，サイズおよびこれに由来する特性に注目するとしている．したがって，1～100nmのサイズ以上であっても，新たな特性が発現する場合には，安全性評価などがなされる必要があるとFDAは見ている．また，米国環境保護庁（EPA）は農薬規制の一環として，農薬目的で使用されるナノマテリアルを規制している（例：ナノ銀を用いた殺菌剤）．

以上に見たような米欧間の規制アプローチの相違は，ナノテクを1つのカテゴリーとみなして予防原則のもとに規制導入に積極的な欧州議会などの動きに呼応しているEUと，科学的な知見の蓄積を優先し，定義は後回しとし，ケースバイケースで既存制度の枠組みのもとで判断していく米国という形で整理できる（松尾2013）．

◆**ガバナンス上の課題**　ナノテクノロジーなどの萌芽的技術のリスクガバナンスにおいては，定義や用語法も未統一である中で，リスク評価手法や実験方法の標準化，リスク管理措置の検討（規制対象，規制方法，規制ギャップの把握），産業化動向と消費者への情報提供なども検討する必要があり，様々なジレンマに直面する（松尾2013）．また，各国や各業界は既存の制度や産業構造との連続性の中で最適解を見出す傾向があることから，リスクガバナンスにおいても様々なアプローチが生じることになる．ナノテクノロジーに関して米欧がたどった軌跡はまさにこうした課題を典型的に示すものと言えよう．

【遺伝子組換え】

◆**食品の安全評価の特徴**　毒性物質や感染性のある病原体などのような危害要因の混入がヒトの健康被害の原因となる場合の食品の安全性評価は，その危害要因をどのように食品から排除するかが問題となる．一方，遺伝子組換え食品のような新規開発食品の安全性評価では，通常，上述のような明確な危害要因が存在することはない．そのため，食品として摂取した場合，ヒトに健康障害を起こす可能性の有無を予測し，さらには想定外の健康障害発生の恐れも考慮しながら，“食品そのものの食品”について安全性を評価することになる．

一方，現在我々が摂取している食品は，そもそも予め安全であると評価された後“食品”として認知されているわけではない．古くはまず食べるという行為があり，健康障害が起きない程度に加工・調理などの工夫を行いながら，食べ続けられてきたものが食品と認知されてきた．食品は多種多様であり，各々の食品では，その成分を分析すると微量の毒性物質や変異原性物質を含むことも多い．また，一般に食品は無菌ではなく，腐敗菌や雑菌など微生物が存在する．食品には安全性に関してこのような“おおざっぱ”なところがあり，食品そのものに対して科学的に安全性評価を行うことは容易ではない．遺伝子組換え食品の安全性評価では，既存の食品と齟齬をきたすことなく，かつ，科学的な安全性評価を行うことが要求される（FAO 2008）．

◆実質的同質性による評価　ヒトが直接経口的に摂取する食品における遺伝子組換え食品の安全性評価は，コーデックス委員会（Codex）のガイドラインで採用されている実質的同等性という考え方に基づき行われている．

遺伝子組換え食品の安全性評価では，これまで安全に食べられてきた食品を比較対象として設定し，その食品と遺伝子組換え食品を比較し，組換えにより新たに付加されたものについて安全性を評価する方法で安全性評価を行っている．つまり，遺伝子組換え食品とそれに相当する従来の食品とを比べて，「実質的に同程度とみなせるかどうか」を検討し，安全性を評価する．この考え方により，既存の食品の安全性を問題にすることなく，遺伝子組換えにより付加された新たなる成分について重点的に安全性を評価し，複雑で多数の成分から構成される食品そのものの安全性を評価することが可能となった．

◆安全性の促進　遺伝子組換え技術が非常に高い可能性を持った技術であるという共通認識は既に確立していると思われるが，この技術が期待される一方で，その技術に対する漠然とした不安があるのも事実である．遺伝子組換え技術が確立したのは今から約40年前であり，それほど長い年月が経っているわけではない．表1に，遺伝子組換え体の安全性関連の年表を示した．当初から科学者は，遺伝子組換え技術がすばらしい技術であると同時に意図的にも非意図的にも危害物質を作り出す可能性がある危険な技術となりうるという認識を持っていた．そこで，年表にあるように，自主的に遺伝子組換え体の安全性の議論が始められた．1970年代から開始された封じ込めによる研究方法は現在も続けられている．これまで組換えという技術に伴う固有のリスクは確認されているわけではないが，人々には組換え体の安全性に対する感覚的な不安があることは否定できない．特に食品の分野では，組換え技術を用いた育種の結果，食品として組換え体の曝露

表１　遺伝子組換え体安全性関連年表

1973	組換えDNA技術の確立（ゴードン会議）
1974	P. バーグ（Berg）らの呼びかけによる研究の一時中止（SV-40ネズミにがんが発生？）
1975	アシロマ会議（組換えは生物学的，物理学的に封込め実験で行う）
1976	米国NIH　組換えDNA実験ガイドライン制定，意図的環境放出実験は禁止
1982	米国NIH　ガイドライン改正，各種禁止条項の削除
1983	OECD，科学技術政策委員会におけるバイオ安全対策の検討開始
1991	（日本）「安全性評価指針」に基づき，遺伝子組換え（GM）食品の安全性審査開始
2000	（日本）「食品衛生法」に基づき，GM食品の安全性審査開始
2003	CODEX　モダンバイオテクノロジーにより得られる食品のリスク分析の原則
2003	CODEX　GM植物，GM微生物応用食品の安全性のためのガイドライン
2003	（日本）食品安全委員会により，GM食品のリスク評価開始
2004	（日本）「カルタヘナ議定書」国内担保法，GM使用等の規制生物の多様性確保
2005	CODEX　GM動物食品の安全性ガイドライン検討を開始

NIH：国立衛生研究所　OECD：経済協力開発機構　CODEX：コーデックス委員会

を受ける．遺伝子組換え食品の安全性は，科学的な安全性の議論があることは前提であり，直接的健康影響に加え，間接的影響や意図しない影響についても検討が必要である（Alexander 2003）．その実用化には消費者心理や情報伝達といった社会的な問題としても議論していくことが重要である．このことは，生きた微生物の組換え体の実用化を考えると，特に重要であると思われる．

［立川雅司（ナノテクノロジー）・五十君靜信（遺伝子組換え）］

参考文献

・ドレスラー, K.E. 著，相澤益男訳（1992）創造する機械：ナノテクロノジー，パーソナルメディア（Drexler, K.E.（1987）*Engines of Creation*：*The coming Era of Nanotechnology*, Anchor）．

【9-9】

動物感染症と人獣共通感染症のリスクアナリシス

近年，鳥インフルエンザや中東呼吸器症候群（MERS）など動物由来感染症によるヒトの感染や健康被害が取りざたされている．実際，新たに発生したヒトの新興感染症の60％は動物由来であるとする報告もある（James et al. 2008）．このように動物とヒトが共に感染する疾病は人獣共通感染症とも呼ばれる．一方，動物間でのみ感染が成立する疾病であっても，その感染が動物の健康に大きな影響を与える場合，ヒトの生活にも影響を及ぼす．特に，家畜の疾病が流行した場合には畜産業に大きな影響を与え，ひいては畜産物の消費を担う社会全体にも影響を及ぼす．このような動物の健康被害を通じて被る社会的なリスクを回避するために，リスクアナリシスの考え方や手法が用いられる．

◆動物感染症分野のリスクアナリシス　動物感染症や人獣共通感染症の分野でリスクアナリシスが本格的に用いられるようになったのは，1995年に施行された世界貿易機関（WTO）設立協定の「衛生植物検疫措置の適用に関する協定」（SPS協定）に，リスク評価の考え方が盛り込まれたことが大きい（筒井 2004）．この協定では，リスク評価は国際機関が作成した方法を考慮しつつ実施することとされ，動物検疫分野においては，国際獣疫事務局（OIE）がその機関として位置づけられた（☞9-2）．OIEは，SPS協定が発効する以前の1993年にリスクアナリシスに関する基準を策定し，動物検疫措置の決定に用いることを推奨していた．しかしながら，この基準において，リスクアナリシスは，リスク評価，獣医組織の評価，ゾーニングと地域主義からなるとされており，病原体（ハザード）を特定するプロセスが盛り込まれていないなど，現在一般的に用いられる手法や考え方とは異なるものであった．当時，動物衛生分野においては，リスクアナリシスの用語・考え方が完全に統一されておらず，リスクの定義もあいまいであった．このリスクアナリシスに関する基準は，1999年に改定され，リスクアナリシスは，ハザードの同定，リスク評価，リスク管理，リスクコミュニケーションの4つの要素から成ると整理され，それぞれの役割および相互の関係が明確に位置づけられた（図1）．OIEの枠組みでは，ハザードの同定が1つの要素として独立している．これまでリスクアナリシスとリスク評価の定義に統一性が見られなかったが，これにより動物衛生分野にお

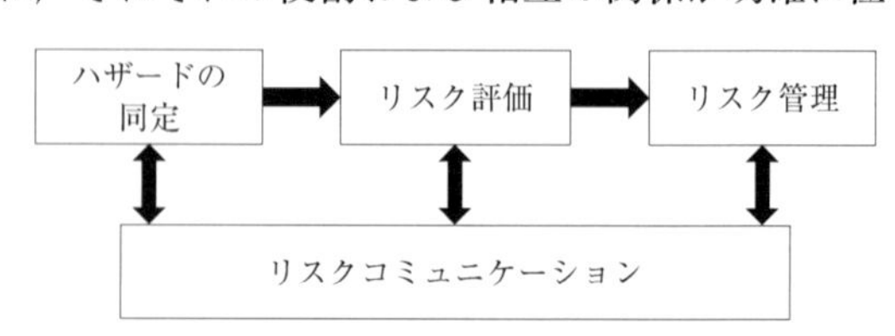

図1　動物感染症分野のリスクアナリシスの構成要素
［出典：OIE（2017）をもとに作成］

ける用語の統一が促されることとなった．

この基準では，リスク評価をさらに，侵入評価，曝露評価，結果評価，リスクの推定の4つの段階に分けている．ここでは，病原体などが食品や動物などを介して人や動物の健康に悪影響を与えるまで，あるいは経済的な被害をもたらすまでを経路を追って分析し，それらが起こる可能性や程度の推定を行う．

このようなリスクアナリシスの考え方は，全てのリスクを排除しようとするゼロリスクの考え方から，科学的にリスクを評価し，リスクを認知したうえで適切な措置を考えるための手段として広く活用されるようになった．

◆リスク評価の実施状況　動物感染症のリスク評価は，輸入検疫や国内対策など政策に関する場合が多いため，多くは政府機関が実施している．日本では動物感染症の輸入検疫措置などに関するリスク評価は農林水産省が，動物感染症であっても食品としての健康被害に関するリスク評価は内閣府に設置された食品安全委員会が実施している．輸入検疫措置については，その措置が貿易制限的である場合，SPS協定違反として輸出国から提訴される場合があるため，リスク評価手続きを透明化して運用することが重要となる．実際，これまでも動物や畜産物の輸入検疫措置が不当に運用されているとして，輸出国側が提訴し，WTOの紛争処理手続きが行われた複数の事例がある．日本では，農林水産省が動物や畜産物の輸入に関して，動物感染症のリスク評価を行うための標準手続きを定めている（農林水産省 2008）．この標準手続きにおいては，輸出相手国からの要請の受付けから，相手国への資料要求，リスク評価の実施，結果の公表などの一連の手順が定められている．また，その運用指針において，リスク評価の実施体制，具体的な検討手順，報告書の作成手順などが定められている．相手国からの要請のあった案件の検討状況については，ホームページに公開されている．リスク評価は農林水産省の動物衛生関係部局が行うことになるが，必要に応じて外部の専門家が参加することとなっている．また，案件の重要度に応じて手続きが異なり，重要な案件の場合，リスク評価の内容が外部専門家からなる審議会で検討される．

食品として消費される食肉や畜産物などのヒトへの危害に関するリスク評価は，食品安全委員会において実施される．リスク評価の仕組みの詳細については他章に譲る．通常は，農林水産省や厚生労働省からの諮問を受けて行うが，食品安全委員会が独自に実施する場合もある．後述する牛海綿状脳症（BSE）に関するリスク評価においては，国内対策のみならず輸入される牛肉等に関するリスク評価も実施している．

これら政府機関が行う動物感染症に関するリスク評価の多くは定性的に行われている．定性的なリスク評価は，計算の根拠となる詳細なデータを要しないため，評価が比較的容易であり，説明もし易いという特徴があり，短期間で実施する場合や，パブリックコメントなどを通じて広く一般に意見を求める場合には，有効な方法である．欧州連合（EU）のリスク評価機関である欧州食品安全機関（EFSA）は，口蹄疫，昆虫媒介性疾病，アフリカ豚コレラ，BSE など多くの動物疾病のリスク評価を実施しているが，それらの多くは定性的な手法を用いている．また，国際機関である国際獣疫事務局（OIE）は，口蹄疫，豚コレラ，BSE などの家畜の重要疾病について，加盟国の疾病発生状況や対策の有効性を評価するステイタス評価の仕組みを持っている．例えば，口蹄疫の清浄性を国際的に認知させるには OIE のステイタス評価が必要であり，評価対象国のサーベイランスの実施状況，診断能力，防疫体制などの詳細が OIE によって定性的に評価される．これらの評価の結果，清浄国と認定されれば，当該国から輸入される動物や畜産物のリスクは非常に低いとされ，原則として口蹄疫に関する輸入条件は課さないこととなる．

定量的な評価手法は，リスク評価における全ての過程を数量化して計算し，疾病が発生する確率や年間あたりの死亡数などの数値でリスクを表現する手法である．定量的な手法は，透明性が高く，また，結果の解釈や対策の評価が容易であるため，一般的には望ましいとされる．しかしながら，データの有無や信頼性が結果に大きな影響を与える．定量的なリスク評価が輸入検疫措置に関して用いられた例として，英国の獣医学研究所が実施した狂犬病に関する輸入検疫措置の変更に関するリスク評価（Jones et al. 2005），肉製品の密輸に伴う豚や牛の感染症の侵入に関するリスク評価（Wooldridge et al. 2006）などがある．狂犬病の例では，EU 域内で適用されているペットの移動規則との整合化を検討するために，措置を変更した場合の狂犬病侵入リスクについて定量的な評価を行った．その結果，EU 共通規則のもとでも侵入リスクは十分低いと推定され，2012 年から新しい制度のもとで輸入が認められるようになった．

このような定量的な手法は，動物感染症の地域内流行やまん延防止対策の有効性の評価には頻繁に用いられている．これらは疫学モデルとも呼ばれ，動物感染症の流行を数理モデルやシミュレーションモデルなどを用いて再現するものであり，獣医疫学の分野で盛んに研究が行われている．これらのモデルは急速に感染が拡大する口蹄疫，豚コレラなどの伝染病に対してよく用いられ，発生時の対策の評価ツールとして役立てられている．これらのモデルは主に発生時の危機管理対応のために用いられるものであるが，意思決定を支援するツールという意味ではリスク評価と考え方が近く，獣医疫学という学問分野を背景に近年発展が著しい．

◆ BSE のリスク評価　日本で食の安全に関する意識が高まり，食品安全委員会が設置されたのには，2001 年に日本で初めて BSE が発生したことが契機となった．BSE は 1987 年に英国で初めて確認された牛の疾病であるが，当初は牛のみに発生する疾病であると考えられていた．しかしながら，1996 年に英国政府がヒトの変異型クロイツフェルトヤコブ病の原因として，BSE に感染した牛の喫食が疑われると公式に発表したことから，牛肉の安全性を揺るがす世界的な社会問題となった．BSE は潜伏期間が長く，牛が神経症状を示すまでに数年を要するが，生前診断法がないため，発症するまでは牛群内の感染牛を摘発する方法がない．また，BSE の病原体であるプリオンについてもいまだ不明な点が多い．したがって，リスク評価においても不確実性を含むことが避けられない．このような理由から，政府レベルで行われるリスク評価は定性的なものが多い．例えば，EU は牛肉の輸入を行う相手国を評価するために，地理的 BSE リスク評価という定性的なリスク評価手法を開発した．これは，輸出国における過去の動物や畜産物の輸入状況と国内措置の実施状況をあわせて評価し，BSE 発生の可能性に応じて対象国のリスクを格付けするものである．このアプローチは，その後，OIE が行う BSE のステイタス評価に引き継がれている．日本においては，食品安全委員会において BSE に関する定性的なリスク評価が行われている．日本では 2001 年の BSE 発生を受けて，と畜場において牛の全頭検査が開始されたが，国内の発生状況や新たに得られた科学的知見等を勘案し，数度にわたるリスク評価の結果，検査月齢の引上げが段階的に行われ，2017 年にはと畜場における健康牛を対象とした BSE 検査は全面的に廃止された．また，海外から輸入される牛肉などのリスク評価も行われ，欧州や米国などの BSE 発生国から輸入される牛肉等の輸入停止は条件付きで解除されている．

BSE に関する定量的リスク評価も行われているが，ヒトの BSE 病原体の摂取量と変異型クロイツフェルトヤコブ病の発症との間の容量反応関係が不明であるため，多くはヒトが摂取する病原体の量を推定する曝露評価となっている．不確実性を確率論的に考慮し，牛肉の消費を通じて BSE 病原体に曝露されるリスク（Cooper, Bird 2002）や，と畜場における措置の変更に伴うリスクを評価した例などがある（Tsutsui, Kasuga 2007）．一方で，疫学モデルを用いて BSE の流行や対策の有効性を定量的に評価する研究や，変異型クロイツフェルトヤコブ病の発生を予測する研究は盛んに行われている．これらの評価においても不確実性の影響は避けられないが，BSE の流行実態の解明や対策の立案に一定の貢献を果たしてきた．

［筒井俊之］

📖 参考文献

・春日文子，筒井俊之（2006）食品衛生と動物衛生のリスクアセスメント，生物の科学遺伝，19，204-208，エヌティエス出版．
・筒井俊之（2009）リスク評価と行政への応用，最新獣医公衆衛生学．
・ヴォース，D. 著，長谷川専，堤盛人訳（2003）入門リスク分析：基礎から実践，勁草書房．
・OIE（2004）*Handbook on Import Risk Analysis for Animals and Animal Products*, Volume 1 & 2.
・Pfeiffer, D.（2010）*Veterinary Epidemiology An Introduction*, Wiley-Blackwell.

【9-10】

食品現場の衛生管理とリスクベースの行政コントロール

食品生産・製造・流通に携わる現場の食品事業者には，食品安全の確保のためにどのようなことが求められるのだろうか．また，行政の役割にはどのようなものがあるだろうか．世界保健機関／国連食糧農業機関（FAO/WHO 2006）は，業界（事業者）が食品安全管理措置（義務的なものと自発的なものの双方）の実施に関する第一義的な責任を持ち，政府は業界による基準の遵守をチェックするために様々な検証活動を利用することができるとしている．

ここでは，安全な食品を提供するための衛生管理の原則と，現場の衛生管理や事業者による基準の遵守の公的な検証活動（行政コントロールと呼ぶ）について概説する．

◆現場に必要な衛生管理の仕組み 安全な食品を生産するために，現場の衛生管理ではリスクアナリシスの枠組みで決定されたリスク管理措置を実施することが求められるが（☞ 9-1），FAO/WHO（2006）では，事業者は一般的にこれらの措置を効果的に実施するために，後に述べる一般衛生管理や危害分析重要管理点（HACCP）システムのような包括的アプローチを用いて食品安全管理システムを実施するとされている．

なお食品事業者には，安全でない食品を市場に出さないという食品安全確保のための措置と，万が一問題が起こった場合の対応を行う危機管理のための措置の2つが必要となるが，ここでは前者を対象としている（後者については☞ 9-13）．

◆一般衛生管理 安全な食品を製造するには，施設や設備，作業員など食品を製造する環境の衛生を保つことと，加熱，冷却，包装などの製造の工程（プロセス）を適切に管理することが必要となる（新山 2010）．一般衛生管理は前者にあたり，原料，施設・設備，作業員を清潔に保ち，それらによって製品が汚染されることを防ぐためのものである．具体的な内容を，コーデックス委員会の食品衛生の一般原則（Codex 2003）に沿って示したものが表1である．

また一般衛生管理の作業規範が適正衛生規範（GHP）であり，フードチェーンの段階に応じて，適正農業規範（GAP），適正製造規範（GMP），適正流通規範（GDP）などと呼ばれる．日本においてGAPは農業生産工程管理と訳されており，生産工程の管理手法とされているが，本来は農業生産段階における一般衛生管理に相当する（新山 2010）．

◆危害分析重要管理点（HACCP） HACCPは，重要なハザードを重要な管理点で集中的に管理するプロセス管理の手法である．コーデックス委員会は，HACCPシステムはハザードを評価し，管理措置を確定するツールであり，最終

表1　食品衛生の一般原則（コーデックス委員会）で示されている前提条件プログラム

項　目	内　容
一次生産	環境衛生，食品原料の衛生的生産，取扱・保存および輸送，一次生産における清掃，保守および従業員衛生
施設：設計および設備	立地，建物および室内，装置，設備
オペレーションの管理	食品ハザードの管理，食品衛生管理の主要な側面，原料の要件，包装，使用水，管理と監督，文書化と記録，回収手続き
施設：保守と衛生	保守と清掃，清掃プログラム，鼠族・昆虫対策，排水管理，モニタリングの有効性
施設：従業員の衛生	健康状態，病気およびけが，従業員の清潔さ，従業員のふるまい，訪問者
輸送	一般要件，必要要件，使用と保守
製品情報と消費者の意識	ロットの識別，製品情報，表示，消費者教育
訓練	意識と責任，訓練プログラム，指導と監督，再訓練

［出典：Codex (2003) をもとに作成］

製品検査のみに頼るのではなく予防に焦点を当てたシステムであると述べている．設備の進歩，加工方法や技術の発展などの変化に対応することができるとしている．なおHACCPシステム導入の前に，一般衛生管理の実施が必要となる．

HACCPシステムの実施手順はコーデックス委員会により（Codex 2003），7原則12手順として示されている．手順5までは準備段階にあたり，手順6（原則1）で，その製品のハザードを確定し，手順7（原則2）で，そのハザードを管理するうえで外すことのできない重要管理点（CCP）を確定する．そしてCCPで管理されているかどうか（安全面で受容できるかどうか）を判定するための管理基準（CL）を設定する（手順8：原則3）．手順9（原則4）では，重要管理点において管理基準が守られているかの確認のためのモニタリングの設定がされる．そして守られていない場合の是正措置の確定（手順10：原則5），HACCPプラン自体が有効かどうかの検証方法の特定（手順11：原則6），文書化と維持記録（手順12：原則7）が続く．

重要管理点では，モニタリングや記録など多くの作業を必要とする．そのためハザードの予防や除去，ハザードを受容可能な安全水準まで削減するのに欠かすことのできない点のみを重要管理点として設定する必要がある．重要管理点決定のための決定樹も掲載されている（Codex 2003）．

各国の動向を見ると，EUでは農業生産段階を除くすべての食品事業者にHACCPに基づくシステムの導入と実施が義務付けられている．リスクに応じて柔軟性ある導入と実施に配慮されており（EC 2016），食品業界団体の策定する適正規範ガイドが，事業者によるHACCP実施に重要な役割を果たしている．米

指　標	判断指標	点　数
Ⅰ　施設の種類	1. 施設の種類	6段階で0〜100点
	2. 製品のリスク	3段階で0〜20点
Ⅱ　施設の様子	1. 食品法の規定の遵守	5段階で0〜5点
	2. トレーサビリティ	3段階で0〜3点
	3. 従業員訓練	5段階で0〜7点
Ⅲ　自己管理の信頼性	1. HACCP	5段階で0〜12点
	2. 製品の検査	5段階で0〜5点
	3. 温度の遵守（冷却）	5段階で0〜8点
Ⅳ　衛生管理	1. 施設基準	5段階で0〜5点
	2. 洗浄と消毒	5段階で0〜8点
	3. 従業員の衛生	5段階で0〜11点
	4. 生産の衛生	5段階で0〜13点
	5. 害虫の駆除	3段階で0〜3点

合計点 ➡

合計点数	リスククラス	監視頻度
200〜181	1	（営業日）毎日
180〜161	2	週に1回
160〜141	3	月に1回
140〜121	4	3か月に1回
121〜101	5	半年に1回
100〜 81	6	年に1回
80〜 61	7	1年半に1回
60〜 41	8	2年に1回
40〜 0	9	3年に1回

注：指標Ⅰは，製造される食品の性質などによって決まる．指標Ⅱは事業者の努力を反映させることができる項目であり，よいシステムを持っているほど点数が低くなる．

図1　ドイツにおける立入検査頻度の決定方法

［出典：工藤春代 2012 より転載．原典：食品法・ワイン法およびタバコ法の規定の遵守に関する公的監視の原則と実施に関する一般管理規定：Allgemeine Verwaltungsvorschrift über Grundsätze zur Durchführung der amtlichen Überwachung der Einhaltunglebensmittelrechtlicher, weinrechtlicher und tabakrechtlicher Vorschriften］

国では，州を越えて取引される水産食品や畜産物・畜産加工品など特定の品目に対して義務付けられている．また「食品安全近代化法」により，食品施設への危害分析，およびリスクに基づいた予防管理措置が義務付けられ，HACCPに基づいたアプローチが導入されている．一方，日本ではこれまで認証制度などによる推奨措置にとどまっていたが，食品衛生法の改正により食品事業者に対してHACCPに沿った衛生管理の義務化がなされた．

◆リスクベースの行政コントロールの仕組み：ドイツの事例　次に現場の事業者が法律の要件を遵守し，必要とされる食品安全管理システムを実施しているかを公的に検証する活動（行政コントロール）について取り上げる．

本章の項目「【9-3】主要国の食品安全行政と法」では，EUにおいてリスクベースの行政コントロールが求められていることを述べた．EUでは加盟国が行政コントロールを実施するので，加盟国の中でもドイツを事例に紹介する．また行政コントロールには，施設に立ち入って現場の衛生管理をチェックする立入検査と，食品のサンプル検査があるが，ここでは立入検査に着目する．以下，ドイツの「食品法・ワイン法およびタバコ法の規定の遵守に関する公的コントロールの原則と実施に関する一般管理規定」に基づいて整理した．立入検査の頻度は，まず施設のリスクを評定することから始まる．施設のリスク評定は，固定的な基準と変動的な基準の２種類で行われる．

固定的な基準とは，図１に示す指標Ⅰであり，食品の種類や施設のそもそもの性質によって決まるものである．

変動的な基準は，図１の指標Ⅱ～Ⅳであり，企業の努力を反映させることのできる基準となっている．指標Ⅱについては，食品関連法の遵守やトレーサビリティ，従業員訓練の状況，指標Ⅲについては，HACCP システム，入荷・中間・最終製品の検査，温度基準の遵守で判定される．指標Ⅳは，建物の状況や，清掃・洗浄，従業員の衛生，生産の衛生，害虫の管理で判定される．これらは一般衛生管理にあたる．

これらの指標Ⅰ～Ⅳの基準に従って合計点数が計算され，点数に従って９つのリスククラスに分類され，立入検査の頻度が決定される．つまり，食品のもつ性質と施設のシステムの両面でリスクの高低が捉えられ，リスクが高いほど監視頻度が増えるというシステムになっている．指標Ⅱ～Ⅳにあげた項目は，立入検査の際に現場でチェックされ，点数が付けられる．立入検査が実施されるとその結果に基づいて新しいリスククラスの評価が行われ，リスククラスの分類が変わった場合には新しい立入検査の頻度が適用される（工藤 2012）．

◆日本における行政コントロールの課題　「【9-3】主要国の食品安全行政と法」の項目で見たように，食品製造段階以降の事業者に対して，自治体による食品衛生監視指導が実施される．自治体の策定する「食品衛生監視指導計画」を見ると，多くの自治体では，施設の種類によってランク分類がされ，立入頻度が決定されている．これは，先に見たドイツの場合の頻度決定のための基準（図１の指標Ⅰ）でのみ分類されていることとなり，各施設の衛生水準の差などは考慮に入れられないこととなる．実際には，違反状況や企業の衛生管理の水準を考慮して回数が調整されることもあるが，明確な基準に基づく調整でないため，監視員や自治体によって頻度の決定に幅が出る可能性がある．よりリスクの高いところに立入検査をより多く実施するということは，問題を早期に発見するうえでも，資源を有効活用するうえでも重要である．食品衛生監視指導においても，リスクベースの仕組みを整えることが必要になると考えられる．　［工藤春代］

参考文献

・Codex（2003）*Recommended International Code of Practice: General Principles of Food Hygiene*, CAC/RCP 1-1969, Rev 4-2003.

【9-11】

食品由来リスク知覚と双方向リスクコミュニケーション

リスクコミュニケーションは，食品由来リスク低減の枠組みであるリスクアナリシスの重要な要素である．リスクアナリシスは関係者による合意を重視したリスク低減の仕組みであり，リスクコミュニケーションは，リスクアナリシスへのすべての関係者の適切な参加を促進するものとされている（CAC 2007）．しかし，リスク管理やリスク評価のように，構造化された要素や手順は明示されていない．

◆**定義**　リスクコミュニケーションとは，「リスクアナリシスのプロセスを通して，リスク評価者，リスク管理者，消費者，産業界，学術界，およびその他の利害関係者の間で，リスク評価の知見の説明やリスク管理の決定の根拠を含む，リスクやリスクに関連する諸要素，リスク知覚について，情報および意見を双方向に交換すること」と定義されている（CAC 2007，FAO/WHO 2006）．

◆**リスクコミュニケーションの場面と要求事項**　リスクアナリシスにおいてリスクコミュニケーションが必要とされるポイントとその関係者は，国連食糧農業機関／世界保健機関（FAO/WHO 2006）によって示され，表1のように多段階にわたる．リスク評価者とリスク管理者（明瞭で双方向の文書によるコミュニケーション），あらゆる利害関係者とのコミュニケーションが含まれることがわかる．これらのリスクコミュニケーションは双方向であるべきとされ，単なる情報の普及にとどまらず，効果的なリスク管理に必要なあらゆる情報や意見が意思決定過程に反映されるよう保証することとされる．関係者とのリスクコミュニケー

表1　リスクコミュニケーションを行うポイントとその関係者

リスクマネジメント過程のポイント	コミュニケーションの主体
1. リスク管理の初期作業	
①食品安全上の問題の特定	すべての関係者
②リスクプロファイルの作成	リスク管理者，リスク評価者，科学者，業界
③リスク管理目標の設定	リスク評価者，リスク管理者，外部利害関係者
④リスク評価方針の策定	リスク評価者，リスク管理者，利害管理者
⑤リスク評価の委任	リスク評価者，リスク管理者
⑥リスク評価中	リスク評価者，リスク管理者，外部利害関係者（奨励）
⑦リスク評価完了時	リスク評価者，リスク管理者，関係者，公衆
⑧リスクのランク付け	リスク管理者，関連する利害関係集団
2. リスク管理の選択肢の特定と選択	行政のリスク管理者，産業，消費者
3. リスク管理の決定の実施	リスク管理者，リスク管理措置実施者（産業界，消費者）
4. モニタリングと見直し	リスク管理者，公衆衛生当局

［出典：新山ら(2015)，FAO/WHO(2006)をもとに作成］

ションにおいては，以下が明確に説明されるべきとされる．①リスク評価方針と不確実性についての説明を含めたリスク評価について　②採用された決定やそこに至る手続きについて（不確実性がどのように取り扱われたかを含む）　③あらゆる制約，不確実性，仮定，それらがリスクアナリシスに及ぼす影響，リスク評価の中で出された少数意見について

以上のそれぞれに課題があるが，特に専門家と市民とのコミュニケーションにおいて双方向性を確保することは難しく，食品分野ではまだ世界的にも効果的なモデルの模索段階である．情報と知識の非対称性に加えて，食品の関係者は食品事業者も消費者市民も不特定多数であることが困難の理由であろう（新山 2015）．以下，専門家と市民の間のリスクコミュニケーションを取り上げる．

◆専門家のリスク評価と市民のリスク知覚構造　P. スロビック（Slovic 1999）は，リスクの概念の違いにより，一般大衆と専門家との間に対立が起きるので，政策を決定する場合は，一般大衆のリスクの概念の幅広さ（様々な要因が連結されて考慮される質的で複雑な概念）を考慮すべきであると述べている．これを受けて，食品のリスクコミュニケーションの定義には，交換すべき情報・意見に主観的なリスク知覚を含むことが示されている．

これまでに，多くの知覚要因分析が蓄積されている．スロビックら（Slovic et al. 1980）は，リスク知覚特性の尺度を開発し，リスクの特性として主観的に知覚されているのは「恐ろしさ」「未知性」因子であることを明らかにし，いくつかの研究により食品についても追認された．一方，L. スウェベルク（Sjöberg 2002）は，リスク知覚の差をどの程度説明できるかを重回帰分析により解析し，これら2因子だけでは説明力が低く，「自然への干渉」をあげた（遺伝子組換え作物）．近年は，構造方程式モデリング（SEM）を用いて，複数因子の関係とそれらのリスク度知覚や態度への影響が解析され，「信頼」「生命倫理感」「知識」「一般的態度」「科学技術への態度」が取り上げられているが，分析対象は遺伝子組換え技術・食品に留まる．対して，消費者への面接調査により食品固有のリスク知覚要因を調査し，規制や責任，管理等の因子を抽出した研究がある（Fife-Schaw & Rowe 1996，大坪・山田 2009）．新山ら（2011a, b）も食品固有の要因を調査し，SEMにより，残留農薬や食中毒菌，牛海綿状脳症（BSE）など高リスク知覚のハザードでは，「情報暴露および悪影響のイメージ連想」，さらにリスクの定義の二要素のうち重とく度にかかわる因子（「健康被害の重大さ」「体内蓄積・影響遅延」）がリスク知覚に影響を与え，発生「確率」の知覚がみられないこと，「知識」「信頼」の影響は小さいことを明らかにした．

◆日本の食品リスクコミュニケーションのケースと方法　日本においては，リスク管理機関である農林水産省，厚生労働省，消費者庁，リスク評価機関である食品安全委員会がリスクコミュニケーションに当たっている．リスクコミュニケーションが行われる主なケースは，リスク低減施策や規制措置に関する社会的合

意形成，個人の選択への寄与（食品の選択，調理），緊急事態への対応である．代表的な手法は，Webサイトやメディアを介した情報提供であり，海外でもよく用いられ一方向であるが，迅速に広い範囲に提供でき，すべての目的に用いられる．海外でもよく用いられるパブリックコメントは，意見収集が期待される．加えて，日本に固有な手法として意見交換会がある．多数の参加者を集め，専門家や行政がリスク評価や管理措置について説明し，参加者と一問一答の質疑をする方式である．双方向性の確保が不十分としながらも（食品安全委員会 2006），緊急事態対応などで多用され，改善ガイドラインも示されている．

◆双方向リスクコミュニケーションモデル　より実質的な双方向を目指す方式は主には学術サイドにより試行されているが，まだまれである．「コンセンサス会議」が，農林水産省や学術サイドにより，GM作物（小林 2004）や，ナノテクノロジーの食品への応用（立川・三上 2013）などを対象に実施された．しかし，リスクコミュニケーションより，それら技術の社会的な扱いに関する意見交換や倫理的考慮への市民の関与に主眼が置かれた．「対話フォーラム」（飯沢 2008）は，BSE措置などへの関係者の意見交換を目的として実施され，コンセンサス会議のリスクコミュニケーションへの適用例と捉えられる．

さらに，市民の水平的議論を基礎にしたモデルが開発され，構造化された要素や手順が示されており，効果が検証されている（新山 2015）．モデルには4つのステップが提示されている（図1）．①専門家チームによる科学情報の取りまとめ　②第1回グループ・ディスカッション（以下，GD）：科学情報の説明，5〜6人のGDの実施（理解が進んだ点，疑問点の提示）　③専門家チームによる疑問に応える科学情報の取りまとめ　④第2回GD：科学情報の説明，同一グループによるディスカッション

このモデルのねらいは，市民自身が，政府やメディアの情報を吟味し判断する力の基盤をつくることとされ，2つの特徴が示される．第1は，上記4ステップのフォーカスグループ・コミュニケーションを行いながら科学情報をまとめることである．GDにおいて，消費者の不安や疑問を探り，それに応える情報を作成することが要になる．こうしてまとめられる科学情報は，専門家が必要だと考える情報と市民が求める情報を統合したものとなる．第2は，参加市民は，市民自身によって進めるGDの中で情報吟味を行うことである（水平的議論）．司会は参加者から選び，専門家は一切介入せず，議論は市民だけで行う．参加者は疑問を提示するが，その場で専門家と質疑はしない．科学情報の受け止めは市民自身にゆだねる．これによって，参加者はみずからの思うように存分に情報を吟味でき，複数の視点から情報を吟味するので，情報を受け止めやすく，また，自分の視点を相対化できる．以上，2回の繰返しコミュニケーションにより，双方向性をもった科学情報の取りまとめができ，専門家は市民の認知を知り，市民はみずから理解を蓄積できる，とされている．この科学情報を用いて，専門家チームが普及

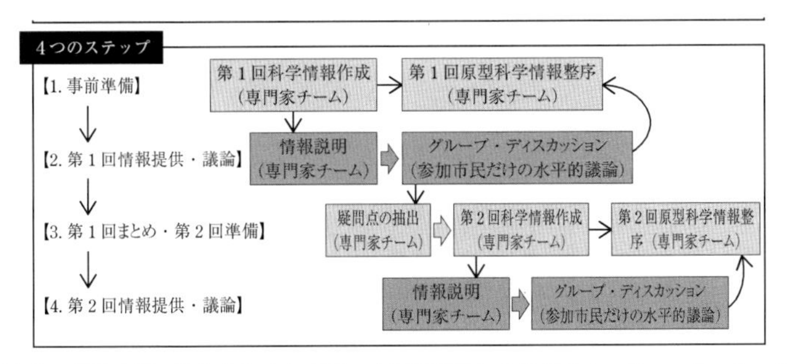

図1 双方向の科学情報の取りまとめと市民の水平的議論によるリスクコミュニケーションモデル
［出典：新山ら(2015)をもとに作成］

者（自治体など）と共にコミュニケータを育成し，多数の普及コミュニケーション（②〜④ステップ）を行うことが想定されている．この科学情報を用いて，専門家チームが普及者（自治体など）と共にコミュニケータを育成し，多数の普及コミュニケーション（②〜④ステップ）を行うことが想定されている．

このモデルは，東日本大震災時に福島第1原子力発電所事故により放出された放射性物質の健康影響に関するリスクコミュニケーションに適用された．事故直後の2011年6〜8月に東京と京都で44人の参加者に実施され，効果も検証されている．第1回の科学情報に基づくディスカッション後，「初めて知った」「理解が進んだ」とされたのは，「自然放射線の存在」「確定的影響に閾値があること」「低線量放射線によるDNA損傷と修復」を含むいくつかの点であった．同時に，以下のような多くの疑問が出されている．第1に，「健康への影響（被ばく線量と疾病の関係）の判断に用いられた根拠データは何か，充分か」「過去の広島・長崎の原爆被ばく，チェルノブイリ事故の影響からわかること，福島第1原子力発電所事故との違い」であり，掘り下げたデータが求められている．第2に，科学情報（これまで観察された影響，放射性物質の物理的・生理的半減期）によってもなお得心できないこととして，「遅れて現れる影響」「体内蓄積の増加は本当にないのか」との疑問が呈された．第3は対応措置について，検査体制・方法への疑問，医療・生活面での対応の情報が求められた．実験者・専門家側からは，影響の現れ方（確定的影響，確率的影響）の違いへの理解が困難であったと評されている．事前と事後の知識やリスク認知の変化の統計的検証がされているが，参加者の自由回答からは，「第1回の疑問点に応える情報が第2回に提供されたことによって理解が進んだ」「詳しい資料，データや数値，グラフにより理解が深まった」など，コミュニケーション方法への評価が高かった，とされている．

［新山陽子］

参考文献

・新山陽子ら (2015) 市民の水平的議論を基礎にした双方向リスクコミュニケーションモデルとフォーカスグループによる検証：食品を介した放射性物質の健康影響に関する精緻な情報吟味，フードシステム研究，21 (4).

【9-12】
食品のトレーサビリティとリスク管理

食品分野へのトレーサビリティの本格的な導入は，1990年代に欧州から始まった．科学的に予測不能な要因や人間のミスが複合して食品事故が発生し，交易の広がりによって被害の範囲が拡大した．グローバリゼーションの進む社会における不確実性やリスクのもとで発生する事故による健康被害の拡大を食い止めるため，迅速な対応の必要にせまられて登場した．

◆定　義　コーデックス（Codex）委員会の一般原則部会で2003年に定められた次の定義が用いられる．食品のトレーサビリティとは，「生産，加工および流通の特定化された1つもしくは複数の段階を通じて食品の移動を追跡する能力」である．「もの」の移動を追跡することが定義の要である．前方，後方への追跡を「追跡」「遡及」と呼ぶことが多い．

◆背景と意義　直接のきっかけは，イギリスにおける牛海綿状脳症（BSE）の蔓延，欧州大陸への拡大であった．最初の本格的な導入はBSE対策であり，欧州連合（EU）で2000年に，日本でも2003年に「牛肉トレーサビリティ法」が制定され，牛と牛肉に高いレベルのトレーサビリティの確保が義務づけられた．BSEの蔓延防止の確実な実施，すなわち感染牛を確実に除去するため，牛を個体単位で識別し，感染牛の出自を遡及し，淘汰すべき群れを特定すること，感染牛の牛肉の回収を可能にし牛肉の供給経路を透明化して消費者の信頼を回復することが目的であった．欧州では，ダイオキシン汚染飼料が流通し，飼料や卵，鶏肉，豚肉を欧州全土で回収する事態も生じた．法制度整備後にも，発芽野菜の腸管出血性大腸菌汚染を原因とする国をまたがる大規模な食中毒が発生し（2012年），トレーサビリティが強化された．

食品事故を防ぐためリスクを低減すべく食品安全・衛生管理がなされるが，周到に実施しても事故が発生することがある．事故発生時には，消費者の健康被害の拡大防止が最優先され，迅速な製品撤去／回収，また原因究明が求められる．そのために，迅速に問題製品の行き先の追跡，経路の遡及を実施し，公的機関へ情報提供が必要であり，そのためにトレーサビリティの確保が求められる．このようにまず，トレーサビリティはリスク管理の補完的な手段，危機管理手段として着目された．

また，フリーライダーを防ぎ，食品を表示偽装から守る手段としても必要とされた．欧州では，産地，家畜の飼育方法，品種や銘柄の偽装防止のために，重要品目には個別法を制定して導入した．表示（情報）の信頼確保は取引の公正を確保する手段であるが，アレルギー物質表示の場合はリスク管理に直結する．

日本では，当初，商品差別化に結びつけ，マーケティング手段にしようとされる傾向があったが，農林水産省の『手引き』（下記）の作成・普及や，それらを通じた食品事業者の認識の高まりによって，その傾向は払拭された．トレーサビリティは，特定の商品や事業者だけに実施されても本来の効果はなく，リスク管理，食品表示の信頼確保のため，食品供給の社会的基盤としてすべての食品，事業者をカバーできるように実施されてこそ意味のあるシステムである．

そのため，基本的なトレーサビリティは，社会制度として確保されるよう，一般衛生管理や危害要因分析重要管理点（HACCP）の導入のように，法に定めるようにされ，欧州やアメリカではそれが実現されている．日本ではまだ法制化には至っていないが，広く普及するために，欧州の取り組みを調査し，関係業者とも議論を進め，農林水産省が『食品トレーサビリティシステム導入の手引き』（策定委員会 2008，初版 2003 年）の策定，産業別の『食品トレーサビリティ「実践的なマニュアル」』（農林水産省 2014，2015，2016）の策定を行ってきた．以下に，主に『手引き』に基づき，トレーサビリティの仕組みを説明する．

◆トレーサビリティ導入の目的の特定　トレーサビリティは有効な手法であるが，あくまで食品の移動追跡の手段である．導入に際しては，まず目的を特定する．

『手引き』では次の目的をあげている．

① リスク管理の強化：不適合品や事故が生じたとき，消費者の健康被害の拡大を防ぐため，迅速で正確な製品の撤去／回収，迅速な製品不適合の原因探索のための経路の調査を行なう．食品チェーンの関係者の責任の明確化．

② 情報の信頼性の向上：表示の立証性を助ける．経路の透明性を確保し，関係者への積極的な情報提供．

③ 事業者の業務の改善：食品衛生，品質，在庫の管理システムと結合し，改善をはかる．

食品安全確保には，一般衛生管理や HACCP からなる食品衛生管理の仕組みの導入が不可欠である．そのうえでなお，不適合品や事故が生じたときに備え，消費者の健康被害の拡大を防ぐための措置がトレーサビリティの確保である．トレーサビリティには，追跡の精度やどのような情報媒体を使用するかなどにおいて技術的な幅がある．適用の可能性（適用のしやすさ）は製品や部門によって異なる．そのため，コストを考慮し，目的達成に必要なレベルを確保すべきであって，過度な仕組みの構築は避けるべきである．新規に特別なシステムをつくるより，現状の原料や製品の取扱い方法，記録方法などを少し改善することによって追跡を可能にするよう工夫することが大切である．

◆識別と対応づけ　食品という「もの」を追跡するには，ものに印をつけて識別し，識別されたものの取扱いの記録を残して，移動の跡をたどれるようにする必要がある．識別のために，情報（究極的には識別番号）を用いる．トレーサビリティにおいて，情報は識別の手段であって，目的ではない．

トレーサビリティの確保は，「識別と対応づけ」に依存する．「識別と対応づけ」とは，①原料および製品のロットに番号などを付して固有に識別できるようにし，②識別番号を用いて，原料ロットとそれから製造された製品ロットを互いに対応づけた記録を残し，どの原料ロットからどの製品ロットを製造したかが特定できるようにすること，さらに，③原料ロットを誰から仕入れ，製品ロットを誰に販売したかの記録を残すことによって，原料ロットの仕入れ先，製品ロットの販売先が特定できるようにすることである．それを可能にするための原則として，『手引き』は下記の①～④の4原則をあげている．カナダの食品回収プログラム（CFID 2001）にも，ほぼ同じ事項がガイドされている．

① 製品識別の単位を定める．ロットを単位とすることが多く，どのような条件でロットを形成するかを定める（ロットを定義する）．

② 識別単位に，固有の識別番号を付し，同定できるようにする．

③ 意図しない混入を避けるため，識別単位毎に分別管理する．

④ 識別番号（ロット番号）を用いて，以下の対応づけ（紐つけ）を確保し，納品・製造・出荷時に対応関係を記録する．(i) 原料ロットとその仕入先，(ii) 原料ロットとそれからできた製品ロット，(iii) 原料や製品の統合・分割時に，統合（分割）前ロットと統合（分割）後ロット，(iv) 製品ロットとその販売先

(iii) (iv) は「内部トレーサビリティ」と呼ばれる．

対応づけは複数ロット対複数ロットになるのが普通である．重要なのは対応関係が記録されていることである．それができていれば，追跡，遡及は可能である．

対応づけの精度やロットの大きさは，リスク管理と表示，費用と効果を考慮して定める．リスク管理上のロットの大きさの限度は，同一生産条件（同一日）の範囲を超えないことである．表示上のロットの上限は，表示項目の範囲であり，ロットの識別と対応づけ記録によって表示と製品の対応が保証される．

『実践的なマニュアル』では，「仕入れ先と販売先の特定」（仕入れ日・仕入れ先，販売日・販売先のみの記録）をステップ1，「食品の識別」（ロット単位に識別番号を付して管理）をステップ2，「識別した食品の対応づけ」（上記4原則の確保）をステップ3として，各要件を解説し，段階を踏んで仕組みを整備できるようにしている．ステップ1では全量回収，ステップ3でロット単位の回収が担保される．

◆情報の記録と保管　トレーサビリティ確保のための記録は，上記に示した原料や製品の移動を追跡するための記録である．生産／加工／流通各工程における衛生・品質管理の記録の内容は，衛生管理や品質管理の基準に従って定めるべきものである．トレーサビリティ上は，それらの記録にロット番号を付すことにより，ロットと各種記録を対応づけすることが可能になる．それによって，迅速に，

当該ロット生産時の衛生・品質管理の状態を確認できるので，問題が発生したとき迅速な原因究明が可能となる．記録された情報は各事業者が保管する．必要なときには，ロット番号によって事業者間で迅速に記録を検索できる．

◆国際動向　EUでは，2002年制定の「一般食品法」（規則（EC）No176/2002第2章）第18条により，すべての食品，飼料，食用家畜，食品・飼料の原料に対して，基礎的な仕入れ先と販売先の記録を義務化した（2005年実施，EC 2002）．同法第19条に製品回収が義務づけられ，その担保となる．ロット単位の追跡に必要な内部トレーサビリティが奨励されている．また，1989年に，食品製造事業者に対して，食品ロット識別の指令（89/396/EEC）が出され，これが食品トレーサビリティの基礎になったと言われる．牛肉，遺伝子組換え物質，鶏卵など特定品目には，より高次の内部トレーサビリティの義務を課している．これらは表示の信頼確保を主な目的とする．牛肉では原産国やと畜場，解体場など，遺伝子組換え物質は使用の有無，鶏卵は鶏の飼養者や飼養方法，パッキングセンター，賞味期限などの表示の担保である．システムに対する厳しい検査，監査が実施されている．（以上，新山2010）近年，動物由来食品（規則（EC）No.931/2011），スプラウトとスプラウトの種子（規則（EC）208/2013）の品目別規則が出され，強化されている．

日本では，2003年の「食品衛生法」改正により，食品仕入れ先の記録の努力を定めた（第3条第2項）．そのガイドラインは，必要な記録事項として，仕入れ日，仕入れ先名称，販売日，販売先名称，ロット番号などロット確認が可能な情報，をあげている．冒頭に述べたように，牛と牛肉（2003年）に義務づけられ，カビ毒に汚染された輸入米の不正流通事件をきっかけに，2009年に米・米製品に義務化された．後者には，内部トレーサビリティは求められていない．

アメリカは，かつては消極的であったが，バイオテロへの対策のために「バイオテロリズム法」（USA 2002）を制定したとき，同法により，国内食品事業者の登録，輸入農産物・食品の原産国での取扱い事業者の情報提供を義務づけた．これらは2011年の「食品安全強化法」にも組み込まれた．

このような国際的な動きの中で，コーデックス委員会は複数の部会で議論し，冒頭の定義を定めた．国際標準化機構（ISO）では，2005年発行のISO22000（食品安全マネジメントシステム規格）にトレーサビリティを組み込み，2007年にはISO22005（飼料・食品チェーンにおけるトレーサビリティ，ISO 2007））を発行した．

［新山陽子］

📖 参考文献

・新山陽子（2010）解説 食品トレーサビリティ：ガイドラインの考え方／コード体系，ユビキタス，国際動向／導入事例：ガイドライン改訂第2版対応，昭和堂．

【9-13】

緊急事態対応と危機管理

食品安全の分野で扱われる主なリスクは，食品の汚染事故である．食品の汚染事故とは，病因性微生物，化学物質，物理学的な危害因子の食品中への混入などにより，健康に悪影響をもたらす可能性のある食品が流通する状況のことであり，消費者を疾病に罹患させるほか，最悪の場合には，死にいたらせ得る．こうした事故については世界保健機関や各国政府が，国，事業者レベルでの対応の指針を発出している（WHO 2008，農林水産省 2018 など）．

◆食品安全分野における危機管理の概念　食品安全の分野における「危機管理」とは，食品の汚染事故が発生したときに消費者の健康被害の拡大を抑制することに関わる一連の管理過程を指す．具体的には，汚染された食品の回収（リコール）や，消費者への情報提供といった緊急時の対応措置のほか，これらの措置を有効に進めるための平常時の事前準備，さらには，事故が収束した後の是正措置が含まれる．

なお，危機管理と混同されやすい言葉に，「リスク管理」があるが，これは，食品中の危害因子による健康への悪影響の発生の可能性を社会的に許容可能な水準に抑える予防的な管理措置であり，危機管理とは別の概念である．

◆危機管理のプロセスの全体像　食品安全に関わる（事業者の）危機管理は，平常時，緊急時，収束時の3つの局面からなるプロセスとして捉えられる（図1）以下，主に山本（2012）をもとに説明する．

平常時においては，食品事業者があらかじめ食品の汚染事故の発生を想定し，危機管理計画の作成などの準備を整えておくこと（事前準備）が必要となる．単なる机上の準備に留まらず，食品事業者が訓練を実施して，準備の有効性を検証しておくことが，緊急時の措置の有効性を高める．

一方，食品の汚染事故が発生して緊急時となった場合，食品事業者は，まず，危機の兆候をつかみ，行政機関と連携をとりながら，対応の実施を組織として決定すること（危機の探知）が求められる．その際に問題となるのは，危機に関する情報の不確実性である．食品事業者が危機の兆候をつかんでも，その危機が自社の責任に起因するのかは，ただちに判別できないことが多い．そのため食品事業者は，通常，食品の汚染物質，汚染源，汚染原因の調査（危機の調査）を実施することになる．ただし，過去には，食品の汚染源が迅速に特定されない中で，食品事業者が対応の実施を躊躇し，健康被害が広がった事例もあった．したがって，危機の調査はあくまで補助的な作業であり，調査が進展しない場合でも，対応の実施が決断されなければならないとする見解も見られる．

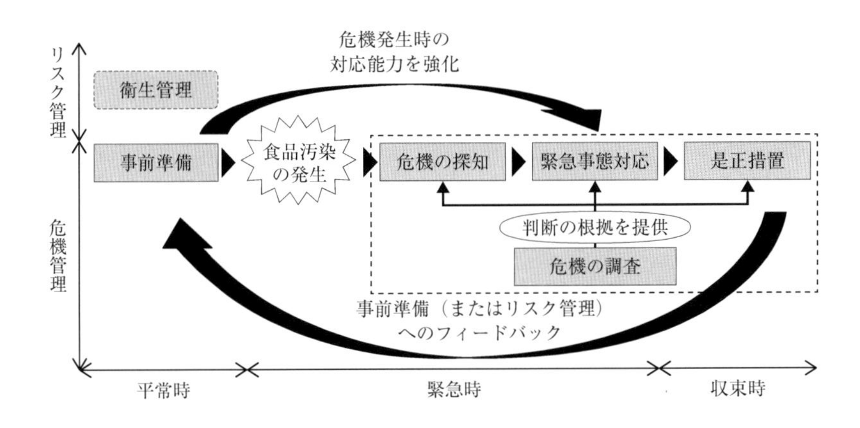

図１　食品事業者の危機管理の枠組み
［出典：山本 (2012) をもとに作成］

危機の探知に続く緊急時の措置として，食品事業者は，汚染された食品の範囲やその所在を特定し，食品の回収や消費者への情報提供などを通じて，被害の拡大を抑制すること（緊急事態対応）が求められる．正確な汚染食品の範囲をつかむには，危機の調査が重要だが，過度な対応の遅れをまねかないことが原則となる．

食品の汚染事故の収束時には，事故に対する自社の対応を振り返って改善点を抽出するとともに，事故の原因を踏まえて再発防止策を講じること（是正措置）が求められる．是正措置の実施は，平常時の事前準備のほか，食品の日常的な衛生管理に対するフィードバックを与える．

◆緊急時における措置の詳細　危機管理の中核をなす危機の探知，危機の調査，緊急事態対応の要点，および，危機管理計画の作成や訓練以外の，それぞれの措置に対応した事前準備は，以下のように整理される．

(1) 危機の探知　第１の要点としては，食品の不適合に関する情報を把握したときに，各部署が，その情報を，品質保証部などの安全性評価の能力のある部署に一元化し，かつ初動対応に関わる部署と共有することがあげられる．ここで言う「不適合に関する情報」とは，消費者や顧客からの苦情，原料の商品事故に関する仕入先からの通知，食中毒の発生に関する保健所からの連絡，各部署からの内部通報などを指す．第１の要点に対応する事前準備は，下記のとおりである．

・各部署が報告すべき，「不適合に関する情報」の定義と社内共有．
・各部署が不適合に関する情報の記録様式を作成し，後で照合・確認できるようにしておくこと．

・必要であれば，不適合に関する情報の社内共有に向けたシステム整備．

第2の要点としては，緊急事態対応の必要性について，品質保証部などの部署が不適合の情報をもとに，判断することがあげられる．具体的には，不適合の情報に信ぴょう性があるか，不適合が多数の消費者に健康被害をもたらし得るかが検討されることになる．第2の要点に対応する事前準備は下記のとおりである．

・どのようなときに緊急事態対応を実施するべきかについて，判断の原則を作成し，関係者間で共有しておくこと．なお，一般に，1つのロットに同様の不適合が複数寄せられたときには，危機の発生が強く疑われる．仮に不適合に関する情報が1件であっても，その情報から重篤な問題（化学物質汚染など）が強く想定される場合などには，食品事業者は警戒態勢をとるべきとの意見も見られる．

第3の要点は，緊急事態対応の必要性を判断した後のタスクフォース（対策本部）の招集である．その事前準備には，下記の項目が含まれる．

・品質保証，営業，広報など，対応に必要な部署の責任者とその代理人を，平常時のうちにタスクフォースのメンバーとして定めておくこと．メンバーの人数を，迅速な対応を損なわない程度にすることが原則となる．

・平常時における，タスクフォースのメンバーの役割，責任，権限の明確化．

第4の要点は，行政機関や高い検査能力を持つ外部機関との連携を通じて，危機管理の適否に関する助言や，汚染食品の検査に関する支援を得られるようにすることである．そのために必要な事前準備は下記のとおりである．

・保健所などの行政機関や，外部の検査機関の検査能力を整理するとともに，平日と，可能であれば休日における連絡先を取りまとめておくこと．

(2) 危機の調査　危機の調査の第1の要点は，食品の汚染物質（危害因子）の特定である．理化学試験や微生物検査などを通じた汚染物質の特定により，食中毒が自社の商品によって引き起されていることへの根拠に加え，汚染源などの調査を進める手がかりが得られる．その事前準備は，下記のとおりである．

・可能な範囲で，食品事業者自身の検査能力を拡充しておくこと．

・行政機関や，外部の検査機関の検査能力を整理し，連絡先をまとめておくこと（(1)「危機の探知」における第4の要点を参照)．

第2，第3の要点は，食品の汚染源・汚染原因の特定である．汚染源とは，食品が危害因子で汚染された工程を指す．一方，汚染原因とは，食品が汚染源を通過した際に，危害因子に汚染された経緯を指している．汚染源や汚染原因を特定するには，食品事業者が，食品の生産・製造や移動に関する記録をもとに，不適合のあった食品の工程における異常を確認することが求められる．したがって，これらの要点に対応する事前準備は，下記のとおりとなる．

・生産・製造の工程のモニタリングを実施し，その記録を保管しておくこと．

・食品やその原材料について，トレーサビリティを確保しておくこと（☞9-12）.

(3) 緊急事態対応　緊急事態対応の第１の要点は，不適合品の種類，数量など（汚染範囲）を特定することである．まずは，対応の初期の段階で，食品事業者が生産・製造などの記録をもとに，不適合品の含まれている可能性のある最大限の範囲を，推定し対応を進める．その後，危機の調査の進展に合わせ，汚染範囲を絞り込んでいくことが１つの有効な方法となる．

続いて，緊急事態対応の第２の要点として，食品事業者は，被害抑制のための措置を講じることになる．具体的には，汚染範囲に含まれている食品の所在をつかみ，社内の在庫品の出荷を停止し，かつ出荷済みの食品を回収することが求められる．また，消費者等に向けて情報を公開して，不適合品の喫食による被害を阻止するとともに，消費者との信頼関係の崩壊を避けることも重要である．食品事業者が真実を意図的に隠した場合に加え，隠す意図がなくとも，事業者が事故に関する情報を社内に留め置き，後日，それがメディアなどを通じて露見した場合，世間は「情報が隠ぺいされた」と見なすことがある．こうしたレピュテーションリスク（評判低下のリスク）の発生に留意が必要である．なお，上記の第１，第２の要点に対応する事前準備は下記のとおりである．

・食品のトレーサビリティの確保．特にロットの識別と対応づけができていれば，汚染範囲の正確な特定と，回収範囲の最小化に資する．汚染範囲や配送先の迅速な特定には，トレーサビリティシステムの構築が有効である．
・メディア対応に向けた訓練の実施．

緊急事態対応の第３の要点は，対応作業の有効性を検証し，対応の終了を判断することである．食品事業者は対応の実施中に，不適合品の数量，所在，出荷先への連絡状況，出荷先の対応状況を常時確認し，また回収された不適合品を適切に隔離・処分したうえで，これらの確認，隔離，処分の記録を作成する必要がある．そのうえで，記録をもとに緊急事態対応の終了を判断し，行政機関等の関係者に顛末を報告することが求められる．必要な事前準備は，下記のとおりである．

・作業の有効性の検証結果を記録するための様式を作成すること．
・緊急事態対応の終了に関する判断基準を作成すること．

［山本祥平］

参考文献

・消費者庁（2015）食品安全関係府省食中毒等緊急時対応実施要綱（閲覧日：2019年２月17日）.
・農林水産省（2018）農林水産省食品安全緊急時対応基本方針（最終改定：平成30年３月），（閲覧日：2019年２月17日）.
・WHO（2008）*Terrorist Threats to Food: Guidance for Establishing and Strengthening Prevention and Response Systems*, WHO.

【9-14】

食品分野のレギュラトリーサイエンスと専門人材育成

すでに先の節において説明されているように，食品安全分野では，科学的な基礎により，またリスクをベースとして健康保護措置を講じることが求められており，この科学に基づく食品安全行政（公共施策）を支える科学領域がレギュラトリーサイエンスと呼ばれる．日本では，日本学術会議・食の安全分科会が，2011年に食品安全分野のレギュラトリーサイエンスの確立の必要性について提言（以下，「提言」）を公表している（日本学術会議，農学委員会・食料科学委員会・健康・生活科学委員会，食の安全分科会 2011）．ここでは「提言」に基づいて定義や内容，それに必要な人材育成や評価システムについて説明する．

◆定義と対象領域　「提言」では，食品安全分野におけるレギュラトリーサイエンスは，食品安全行政を支えることによって，食品分野の科学・技術の人間生活への適用のための調整（ルールづくり）の役割をもつものであるとしている．食品安全分野においては，食品安全確保のためのルールづくりにおいて食品安全行政の果たす役割がきわめて大きいからであるとされている．

また，レギュラトリーサイエンスの対象領域については，科学的データに基づく食品安全行政の実務手法として国際的に共有されているリスクアナリシス（☞9-1）の各構成要素であるリスク評価，リスク管理，リスクコミュニケーションの全体を支えるものであることが求められるとされている（「提言」）．

◆経緯と背景　レギュラトリーサイエンスにあたる概念は，欧米で1970年代頃から医薬品，薬学，さらに食品安全分野において用いられ始め，レギュラトリーリサーチ部門の設置に至っている．日本では，内山充（元国立衛生試験所所長）の提唱（内山 1987，1989）に始まるとされる（光島 2006，日本薬学会など）．内山は「レギュラトリーサイエンスは，科学技術の所産を人間の生活に取り入れる際に，最も望ましい形に調整するための科学である」としている．その後，医薬品，薬学，農薬分野の学会において，この科学のカテゴリーが共有され，科学的基礎に基づく安全性確保のための独自の科学分野として理解されてきた．1990年には『厚生白書』にも記載されるようになった．これらの文書において，レギュラトリーサイエンスの役割が，安全行政の支援，科学技術の人間生活への適用のための調整（ルールづくり）にあるとみるところは大方に共通している．なお，レギュラトリーサイエンスの内容や科学領域については，リスク評価とそれを支える科学に焦点を絞って論じている場合と，役割を達成するに必要な社会科学，人文科学を含む関連科学を視野に入れて論じている場合とがある．

2010年12月，総合科学技術会議は「科学技術に関する基本政策について」（諮問第11号）への答申の中で，主に医薬，医療分野を念頭において，レギュラトリーサイエンスを「科学技術の成果を人と社会に役立てることを目的に，根拠に基づく的確な予測，評価，判断を行い，科学技術の成果を人と社会との調和のうえで最も望ましい姿に調整するための科学」としている．また，日本学術会議『日本の展望　リスクに対応できる社会を目指して』（2010年）は，幅広い分野に「安全の科学（リスク管理科学：レギュラトリーサイエンス）」の必要性を提言した．以上の経緯や定義の詳細は「提言」を参照されたい．

食品安全分野においても，リスクアナリシスの本格的な導入を契機に，レギュラトリーサイエンスの確立が求められるようになったが，このような研究のカテゴリーに対する認知が科学界でも行政サイドでも十分ではなく，これらの研究への十分な評価がなされず，研究者や行政における専門家の養成や予算配分についても十分とは言えない状況にある．

◆レギュラトリーサイエンスの特徴　真理探究型，仮説実証型の基礎研究とは異なり，課題解決型の研究が要請される．健康保護措置（行政措置）を講じるには，措置案件を想定し，例えば，あるハザードによるリスクを推定するための定量モデルの開発のような，現在直面している，また将来生じうる案件に伴うリスクを可能な限り低減することを目標として研究が実施されるという特徴をもつ．措置の立案は将来に向けた予防的なものであり，多くの場合，将来の予測には不確実性（データの欠如）が伴うが，不確実性を踏まえた最善の措置を合理的に立案することが求められることも特徴である．

◆諸科学の連携の必要性　レギュラトリーサイエンスに関連する科学領域は，前述のリスクアナリシスを構成する三要素をカバーする自然科学諸分野，人文・社会科学諸分野にわたり，それらの連携が求められる．リスクアナリシスにおいては，ハザードの性状やそれによる汚染，疾病などの自然科学的データを扱うが，リスク評価にあたっては，さらに食品の生産から消費に至るプロセス（フードシステム）や消費行動の把握，あるいは数学的モデリングを必要とすることがある．リスク管理においては，疾病の発生による損失推定，リスク管理措置の費用−効果／費用−便益分析などの経済分析を必要とし，社会的，文化的，倫理的要因の考慮をも必要とする．リスクコミュニケーションにおいては，リスク認知やリスク受容態度などの心理的プロセスへの考慮を必要とする．以上は一例であるが，関連する幅広い領域の科学による支援，そしてそれら関連諸科学の連携が求められるのである．

◆必要とされる科学的知見　「提言」においては，喫緊に望まれる研究内容，その特徴，必要な人材育成について詳細に説明している．以下はその例示である．

① リスク管理に関して

a. 食品安全にかかわる問題をより正確に認識するための研究

b. フードチェーン各所でハザードの汚染の分布と程度を検出するための

研究

c. リスク管理目的に対応するリスク評価内容・方法を効果的に決定するための研究

d. 新たなリスク管理措置を提案するための各種研究

e. 被害発生による損失の推定，リスク管理措置の費用–便益／効果の研究

f. リスク管理措置の実施により生じ得る新たなリスクを検討するための研究

g. リスク管理措置の実施とその効果のモニタリングを支えるための研究

例えば，c. について，リスク管理の目的は様々な次元に及ぶが，それらに対応するリスク評価の内容や方法を決める手法は整理されておらず，手探りである．研究もごく一部で開始されたところであり．促進が望まれる．

② リスク評価に関して

a. リスク評価のために必要な各種科学的データの収集

b. リスク評価理論，評価技術の開発

リスク評価に科学的データの収集は必須であるが，それだけでは実施できない．リスク評価とは，ハザードによる汚染の状態や人体への病原性の発現について，観察された個々のデータの背景にある真の値にできるだけ近づくために，統計学的方法を用いた数学的理解やデータ間の論理的関連づけを行い，そのうえで問題に関する総括的かつ系統的な解を導くことをさす．しかも，入手できるデータから可能な限りの推定を行うことが求められる．こうした理論，技術の開発が求められる．

③ リスクコミュニケーションに関して

リスク認知，リスクへの態度の解明，双方向リスクコミュニケーション手法を含む，リスクコミュニケーションに関する人文・社会科学，認知科学を含めた総合的な研究とその成果の活用に関する研究が必要である．

④ 緊急事態への対応に関して

突発的な緊急の事象に対しても，緊急かつ迅速なリスク評価，管理，コミュニケーションが必要とされる．時間の猶予がない場合の，迅速かつ可能な限り正確なリスク分析のあり方の研究を含め，各要素を支える研究が必要である．

◆早急に改善を要する研究評価システム，それにかかわる研究者の意識　専門家の養成，実践的な研究への評価，それらへの予算配分が適切に行われるためには，レギュラトリーサイエンスに対して，学術界でも行政サイドにおいても社会的な認知が必要である．レギュラトリーサイエンスは，真理探究型，仮説実証型の科学研究とは異なるため，日本ではまだ科学としての理解と評価が十分には進んでいない．大学・研究機関，行政においては，リスクアナリシスのための理論，その要素であるリスクの評価・管理・コミュニケーション技術の

開発のための研究を科学として認知し，適切な評価を行えるようにすることが不可欠である．

◆早急に必要な人材の登用と高等教育における人材育成　大学・研究機関における研究者の拡充，人材登用が望まれるだけでなく，行政部局やリスク評価機関の事務局にも，リスクアナリシスのための専門的知識を有する人材の拡充が求められ，人材登用制度，トレーニング制度の整備が必要である．欧米のように博士号をもった人材の登用，国際的な視点をもつ人材の育成と，そのようなキャリアをもつ人材の活用も必要である．欧州食品安全機関（EFSA）では，博士号をもったEFSA専任の事務局員が，日本の食品安全委員会の3〜4倍の人数で雇用されており，リスク評価に必要な文献や情報の収集，分析を担っている．食品企業においても，リスク分析の専門家が求められる．

それらの人材の育成のためには，農学部，薬学部，医学部などにおいて，高等教育カリキュラムの整備が必要である．科学としての理解が十分に進んでいないこととも相俟って，大学教育が不十分である．国際的議論に加わり，議論を先導できるような人材を育成すべく，最新の国際動向に目を向け，大学や研究機関における至急の取り組みが求められる．また，そこにおいては，研究者倫理，職業倫理の涵養が不可欠である．

◆国際的な措置の調整と普及への貢献　貿易上の調整を含む，食品安全，動植物衛生や人と動物の共通感染症への対応に関する国際的な調整は，国際機関の活動を通して行われている（☞ 9-2）．「食品安全基本法」（第5条）において国際動向への配慮が定められているが，国際機関に蓄積された知見や提示される措置の枠組みを迅速に掌握することがきわめて重要であり，また，国際機関の活動，国際的な調整への積極的な参画が求められる．食料の貿易関係が密接になっているアジアにおいては，全体の食品安全行政が向上するように寄与する役割も求められている．そのためには，研究者のネットワークや共同研究体制をアジア諸国にも一層広げることが重要である．

［新山陽子・春日文子］

参考文献

・日本学術会議，農学委員会・食料科学委員会・健康・生活科学委員会，食の安全分科会（2011）提言　わが国に望まれる食品安全のためのレギュラトリーサイエンス，2011年9月28日（閲覧日：2019年4月）．
・新山陽子（2010）科学を基礎にした食品安全行政とレギュラトリーサイエンス，金澤一郎ら（著）食の安全を求めて：食の安全と科学，学術会議叢書（16），日本学術協力財団，98-120．
・山田友紀子（2008）食品安全の考え方とレギュラトリーサイエンス，安達修二（編）食品の創造：生物資源から考える21世紀の農学（第5巻），京都大学学術出版会，197-218．

【9-15】

食品摂取と健康リスク

食事を通じて特定の物質を摂取すると，それによって健康が損なわれる場合がある．生存や健康の維持・増進に必要な（または役立つ）物質で食品から摂取できるものを「栄養素」と呼ぶが，これら，いわゆる役に立つものでも，摂取量が一定量より多過ぎたり少な過ぎたりすれば健康を障害する場合がある．栄養素の持つこの二面性が，食品摂取と健康リスクへの理解をさらに難しいものにしている．

◆慢性反応としての健康リスク　食事を通じて特定の物質を摂取してから健康が損なわれるまでに要する時間は，その長短によって，急性反応（その結果としての急性疾患）と慢性反応（その結果としての慢性疾患）に分かれる．食品中に存在する毒素や，毒素を産生する微生物を摂取することによって生じる食中毒は，典型的な急性反応である．一方，食品に含まれる物質や栄養素を長期間にわたって摂取することによって生じる健康障害が慢性反応であり，おおまかに次の２つのタイプに分かれる．１つは慢性中毒であり，米に高濃度に含まれていたカドミウムによって発生したイタイイタイ病や，魚などの海産物に高濃度に含まれていた有機水銀によって発生した水俣病が典型例である．これらの特徴の１つに体内蓄積性がある．

一方，体内に蓄積されないにもかかわらず，摂取された物質が身体の機能や臓器に影響や変化を与え，それが僅かなものであっても長い年月にわたることによってその影響や変化が蓄積され，特定の疾患が発生する（健康が障害される）ことがある．いわゆる生活習慣病はこちらに分類される．例えば高血圧症のリスクとなるナトリウム（食塩）は必須栄養素であり，かつ，体内に比較的に大量に存在するミネラルであるが，特定の臓器に蓄積されるものではなく，その濃度は血液中でほぼ一定に保たれ，摂取した量とほぼ同じ量のナトリウム（食塩）が腎臓を経て常に体外に排泄されている．しかしながら，ナトリウム（食塩）を習慣的かつ過剰に摂取している個人や集団では血圧が上昇する傾向があることが数多くの疫学研究で報告されている．また，エネルギーの過剰摂取は肥満のリスクであるが，エネルギーそのものは体内に蓄積しない．しかしながら，エネルギーは脂肪となって蓄積し，これは肥満そのものである．

慢性反応の場合，大雑把に言えば，摂取期間中における摂取量に健康リスクが関連（または相関）する．一定期間内における摂取量が一定量を超えたり，一定量を下回ったりしたときに初めて健康リスクとなって現れるが，中にはその閾値が存在しないものや，まだ明らかにされていないものも多い．健康への利益となりうる物質や栄養素の場合も同じである．いずれの場合も，「摂取量」の情報は非常に重要である．したがって，対象者や対象集団における摂取期間や摂取量を無視して，「○○（例えば魚）は健康に良い」「○○（例えば味噌）は健康に悪い」と考えてはならない．

◆複数の原因・複数の結果　精製糖のような例外を除けば，1つの食品は複数の物質や栄養素を含んでいる．魚＝ドコサヘキサエン酸（DHA）ではない．有機水銀も含んでいる．片方だけを取り上げ（他方を無視または不当に過小評価して），魚と健康について評価してはならない．味噌はナトリウム（食塩）を含むが，大豆イソフラボンも含んでいる．片方だけを取り上げ（他方を無視または不当に過小評価して），味噌と健康について評価してはならない．ではどうすべきか．想定されるリスクについて量-反応関係を調べ，それらを使って，想定されるリスクを合算し，その割合を原因（物質）別に推定し，割合の多い順に重要なものとして扱う．この場合，健康利益となるものと健康リスクとなるものの双方を扱う．しかしながら，実際には，取り扱う健康事象（または健康障害事象）は物質ごとに異なることが多く，異なる健康事象は単純には合算して評価できないという問題がある．例えば，味噌に含まれるナトリウム（食塩）で想定される健康事象は高血圧と胃がんであり，前者は脳卒中や心筋梗塞として生命が脅かされる．一方，大豆イソフラボンには乳がんを予防する可能性が示唆されている．この2つの異なる健康事象を合算するには期待死亡率といった共通の変数を用いなくてはならない．しかし，乳がんによる健康の損失は，死亡だけではなく，死に至るまでの健康の損失や生活の質の低下を無視してよいとは言えない．脳卒中と心筋梗塞と乳がんの発症率を合算する方法も考えられるが，ここにも問題があることは容易に想像できるだろう．

生活習慣病の大きな特徴の1つに「原因が複数存在する」というものがある．イタイイタイ病の原因はカドミウムの長期過剰摂取であり，これ以外に原因はない．ところが，高血圧症の原因はナトリウム（食塩）の過剰摂取だけでなく，肥満，過度な飲酒，運動不足もある．高血圧症へのナトリウム（食塩）のリスクは，これらを比較したうえで，評価されなくてはならない．

食品と健康リスクを考え，コントロールするうえで難しいことの1つが，食品の選択やコントロールは提供者側（販売側）だけでなく，摂取者側に委ねられている部分が大きいという点である．この事実は，食品分野における消費者教育（食育を含む）やリスクコミュニケーションの重要性を示している．［佐々木 敏］

参考文献

・佐々木 敏（2015）佐々木敏の栄養データはこう読む！，女子栄養大学出版部．
・佐々木 敏（2018）佐々木敏のデータ栄養学のすすめ，女子栄養大学出版部．

第10章

共生社会のリスクガバナンス

［担当編集委員：長坂俊成］

【10-1】
共生社会を取り巻くリスク

失業や疾病，加齢という個人的なリスクは，これまで主に正規雇用や終身雇用，世代間の支え合いなどを前提とする社会保険や公的扶助などの社会保障制度によって守られてきた．近年，高齢化や非正規労働化，ワーキングプア，相対的貧困の増加，格差の拡大と固定化などの社会の構造的変化によって，従来型のセーフティネットから漏れ落ち，家族や職場の相互扶助や地域社会の共助からも切り離され，孤立化・無縁化する個人が生み出されている．このようなリスクの個人化は，社会の連帯や共生を脅かし，生活困窮者を社会的に排除する圧力を高めている．一方，女性やLGBT，障害者，定住外国人などの社会的マイノリティに対する制度的・社会的差別（合理的な配慮がなされないことを含む）や社会的排除の解消が求められる中で，平等の実現，多文化共生，ジェンダーフリーな社会の構築に向けた取り組みが求められている．また，雇用や労働を巡るリスク対策は，従来から取り組まれている労働安全衛生上の安全対策や使用者による安全配慮義務違反，裁量権の濫用を防止する労働法制による規制強化に加え，女性労働者や非正規労働者に対する均等待遇や差別の解消が社会的な課題となっている．このような使用者と労働者を巡るリスク対策に加え，パワーハラスメントやセクシャルハラスメントなど労働者間の関係から生じるリスクへの対応やワークライフバランス（子育てや介護と仕事との両立）の実現といった社会的要請への対応が労使双方に迫られている．長寿化は望ましい社会的な価値であるが，その一方で，認知症高齢者が増加し，認知症高齢者本人が徘徊により死亡するリスクや，記憶を失い行方不明となるリスクが高まりつつある．同時に認知症本人の行動が見守る家族や地域コミュニティにも影響を与え，さらには，第三者を他害するリスクとなり，個人のリスクが誰でも被る社会的なリスクとなる中で，個人や家庭の責任から解放し社会的なリスクとして制度的・社会的な対策が急務となっている．子どもの貧困や虐待，引きこもりは，貧困の連鎖と固定化の問題として捉えることができる．家庭責任の枠組みのみでは子どもの貧困は解決不能であり，各種セーフティネットの縦割り的な制度の枠組みを超えて，包括的・包摂的な対策のアプローチが求められている．消費生活の場面では，従来の製品安全に加え，電子商取引（eコマース）における取引の保護，悪質化する特殊詐欺の予防対策，消費者の選択権を尊重する表示制度など新たな消費者保護が求められる．その一方で，個人の消費生活やライフスタイルによっては消費者が環境リスクを高めることや，グローバル化する経済社会の中で不公正な児童労働によって生産された製品を消費することなどによって発展途上国や最貧国の子どもたちの人権侵害に間接的に加担するなど，消費者自身が加害者となるリスクが生じ，その対策として環境教育や人権教育と連携した統合的な消費者教育が社会的に要請されている．その他，共生社会を脅かすリスクとしては，リスクの地域的偏在の問題がある．公害事件かつ食中毒事件である水俣病事件や沖縄県の米軍基地問題，福島の原発事故，過疎による地域社会の崩壊，高レベル放射性廃棄物処分の立地問題など，リスクの地域的偏在は，従来のリスクコミュニケーション論の中でも嫌悪施設（NIMBY）問題やリスクの公平な負担を巡る問題として語られてきたが，日本社会や地域を分断し社会的排除のリスクが高まる中，リスクコミュニケーションの議論を超えて，社会の正義や倫理を踏まえた新たなリスクガバナンスの枠組みが求められている．

リスク学が主として依拠している「科学的リスク評価に基づく合理的な意思決定と対策（政策）」という規範は，「どのような社会が望ましいか，守るべき社会的正義とは何か，個人の人権や自己決定の尊重」といった価値前提や倫理を主観的で非科学的なものとして軽視または排除する傾向がある．また，確率や期待値に偏重するリスク対策は，人の生の一回性・不可逆性を無視し個人に対して倫理上の問題を生じさせるとの問題意識から，エビデンスに基づく医療に加えてナラティブベースの医療など対話やかかわりを重視した全人的（身体的，精神・心理的，社会的）な問題解決のアプローチや，障害当事者の選択と統制を高めるエンパワメントに基づく意思決定支援などが提唱され，実践されつつある．政策決定過程において，リスクベネフィット（コストベネフィット）論という価値判断の枠組みを過度に信奉すると，地域コミュニティの歴史性や文化，アイデンティティなどの非経済的な価値を軽視し，特定の地域や集団にリスクが偏在することとなる．リスク管理において個人の自発的選択や自己責任を過度に強調すると，社会の連帯が希薄化し社会的排除のリスクが高まる方向に作用する．障害者や認知症高齢者に対するケアや支援の実際においては，支援者のパターナリズムが障害当事者の自己決定権や個人の尊厳を脅かしている．また，ヘルスプロモーションなど健康価値へのパターナリスティックな介入は特定の集団に社会的な差別が生じる可能性がある．しかしながら，パターナリズムに基づく政策的介入は個人の自由や自己決定を制限するものの，情報の非対称性や限定合理性を前提とすると，パターナリズムは個人の意思や自由に対する侵害の程度によっては社会的・倫理的に正当化される場合がある．

リスクマネジメントの標準的なフレームワークやリスクコミュニケーション，リスクガバナンスの諸理論は，共生社会を脅かす社会的排除のリスクに対する予防や救済にとって有効な示唆を与えてきたであろうか．社会的排除とは，福祉制度や労働市場，住居，教育，家族，地域社会など，社会の様々な領域において，その構成員が帰属やかかわりを喪失し，排除が他の排除を生み出し，社会的孤立や相対的貧困を誘発するリスクの連鎖性・複合性および格差の固定化（リスクの偏在）を意味する．社会によって生み出され社会によって増幅されるリスクに対する対策には，共生社会の実現といった価値規範や倫理を考慮し，社会的な包摂を目指す新たなリスクガバナンスが求められる．共生とは，多様性を尊重し，障害者や高齢者，女性，生活困窮者などのマイノリティが社会に平等に自立・参画し，支える側と支えられる側に分断せず，また，制度と非制度が協働して共に支え合う社会的包摂を意味する．この共生社会という概念は，持続可能な地域社会が目指すべき理念・価値前提であると同時に，社会的排除リスクを軽減する対策でもある．自助・自立を尊重しつつ，社会保険や公的扶助などの公的資源（共助）と地域コミュニティやボランティア，ソーシャルキャピタルなどの社会資源（共助・互助）が連携・協働する重層的なセーフティネットが社会的排除リスクを予防し，困窮者を社会に包摂する．そこで，第10章では共生社会の視点からリスク学に求められる新たな視座を俯瞰する．

◆社会的排除と貧困　人は誰でも障害や疾病，事故，失業，離婚，高齢，ギャンブルや薬物・アルコール依存など，様々な原因により生活困窮や貧困に陥るリスクがある．また，親の失業など本人以外の理由により子どもとその家族が貧困リスクにさらされる．従来，生活困窮や貧困に対する対策は，所得保障と医療・福祉サービスの提供など社会保障政策として講じられてきた．しかし，必要な公的措置やサービスに十分アクセスできずに貧困が固定化し，職場や家族，地域コミュニティ，学校などから孤立すると，社会的排除のリスクが高まる．社会的排除リスクを予防する対策としては，失業対策や所得再分配に留まらず，ホームレスや薬物依存症などの社会問題を一連の社会的排除リスクとして捉え，早期発見，相談支援，個別プログラムの提供，家族への働きかけ，社会資源の開発，社会的居場所づくりやソーシャルキャピタルの形成など公民連携により困窮者を社会が包摂するアプローチが求められている．さらに，農福連携など，制度福祉の中で解決し得ない課題を農業振興や地域再生など他の政策領域と連携し解決する社会的包摂の取り組みが試行されている．他方で，行政が財政的な理由からボランティアなど社会資源に過度に期待し，制度的な対策の責任を果たさずに，地域コミュニティやボランティアに行政責任を転嫁するケースも見られ，公民連携や公民協働においては，社会的包摂に向けた新たなリスクガバナンスが求められる．

◆女性の社会的排除と男女共同参画　男性中心かつ正規雇用を中心とする労働慣行や社会保険制度は，女性の出産・介護離職，賃金格差，昇格差別などの様々なジェンダーリスクを顕在化させ，特に，非正規雇用のシングルマザーがワーキングプア化するなど，貧困の女性化を生み出している．貧困の女性化は，家族や地域社会，労働組合，社会保障などのセーフティネットから切り離されることで，リスクの個人化と相俟って，社会的排除のリスクを高める．

貧困女性のセーフティネットが生活保護ではなく性風俗産業が生存を支える最後の砦となっているという由々しき実態がある．また，母子世帯の貧困は子どもの貧困へと連鎖するリスクをはらんでいる．このように社会的に生み出され増幅される女性の貧困リスクは個人の自己責任のみでは回避・軽減できない．女性の貧困対策としては，ハイリスクに対する救済的アプローチに加え，ペイエクイティの確保などジェンダー差別を解消する労働政策や雇用慣行の改革が求められる．さらに，ディーセントワーク（働き甲斐のある人間らしい仕事）やテレワーク，ワークシェアリングなど，男女共同参画に向けたワークライフバランスの実現が社会的な課題となる．女性の貧困化対策には，リスクを社会全体で共有するといった共生的なアプローチが求められる．

◆子どもをもつ家庭の貧困と社会的排除　子どもの成長過程のリスクは，本人の障害とそれに伴う社会的な差別から生じるものと，親による児童虐待，ネグレクト，モラルハラスメントや，親自身のアルコール・薬物・ギャンブルなどの依存，親の貧困や自殺などの家庭環境によって生じるリスク，さらには，いじめや不登校，引きこもり，中退，学習障害，低学歴など教育環境によって生じるリスクなどがある．このような子ども時代のリスクが重複し，かつ成長に伴って社会的に増幅されることで，子どもの成長過程のリスクは，成人を迎えた際に，ワーキングプアやネットカフェ難民など社会的排除のリスクを高める．子育ての責任は一義的には親や家族にあるが，家庭環境は子どもの成長を阻害し将来的に社会的排除リスクの要因となる場合がある．子どものウェルビーイングを守るためには，子育てを親や家族などの当事者の自己責任に限定せず，保育や未就学期の教育などの公的制度による介入とともに，地域社会やボランティアなどの社会資源と連携した支援などのリスク対策が求められている．

◆障害者との共生を阻むリスク　人は誰もが疾病や事故により後天的に障害者となりうるリスクを有しており，その対策として社会保険制度が整備されてきた．一方，先天的な障害者に対する福祉施策は，歴史的には家族責任や民間の社会事業家に委ねられ，国による福祉施策はパターナリズム思想に基づく救貧的・恩恵的な保護に留まってきた．その後，ノーマライゼーション，脱施設化，自立支援，インクルーシブ教育などの世界的な動向に合わせて障害福祉の転換が図られてきた．近年，健常者を前提とした教育，就労，まちづくり，情報提供などの社会のしくみ自体が共生を阻むリスクであるという「障害の社会モデル」に基づき，障害者の就業や社会参画の機会を権利として保障するための福祉政策への転換が図られつつある．また，障害者の社会的排除を予防し公平な社会を実現するため，行政や事業者が障害者に対して合理的配慮を行わないことを差別として禁止する法規範が整備された．また，障害福祉は対象を限定して施策が講じられてきたが，近年，難病や高次脳機能障害，知的障害の定義に入っていなかった自閉症，アスペルガー症候群，発達障害などが社会的に注目され，援助が拡充されつつある．

知的障害者に対する虐待，精神障害者に対する無用な長期入院などの人権侵害，重度心身障害者に対する侵襲的医療などの社会的リスクに対する対策は不十分であり，権利擁護の制度化など多くの課題が残されている．障害者教育は特別支援教育の推進の名のもと原則分離の現状については，インクルーシブ教育の視点から是非を巡る議論がある．医療技術の進歩に伴い出生前診断に基づく選択的妊娠中絶が可能となり，出産を巡る命の選択といったきわめて個人的な意思決定がパーソン論や優生思想と相俟って障害当事者にとっては自身の存在を脅かすリスクとして認知されており，また，生命倫理や医療倫理を巡る論争が偏見や差別を増幅している．障害者の社会的排除リスクを予防し共生社会を実現するために，リスク学においても正義や倫理の議論は不可欠と考えられる．

◆認知症高齢者の意思決定支援と権利擁護　高齢化，長寿化が進む中，認知機能の障害により判断能力が低下する認知症高齢者が急増しつつあり，徘徊によるケガや死亡，行方不明は，本人のリスクであると同時に家族や地域コミュニティに保護や監督，見守りなどの対応を迫る社会問題となる．認知症による判断能力の低下に伴い，契約トラブルや消費者被害のリスクが高まるとともに，認知症高齢者を保護すべき家族による利益相反や身体的・経済的虐待，後見人による横領などの人権侵害が顕在化し増加する傾向にある．終末期医療における本人意思に反する侵襲的医療や医療の差控えのリスクは，本人の最善の利益に基づく代行決定など強いパターナリズムの是非を巡る倫理問題をはらみ，本人意思の尊重や権利擁護の制度化に関する議論がある．認知症高齢者の権利擁護のためには，医療同意，リビングウィル，安楽死・平穏死の尊重，ケアと看取りなど，自己決定権の尊重や第三者によるアドボカシーの制度化など倫理を踏まえたリスクガバナンスのデザインが求められる．

判断能力が低下した認知症高齢者の社会生活や日常生活を支えるために，成年後見制度（「民法」）の普及が課題となっている．成年後見制度は自己決定権の尊重や残存能力の活用，ノーマライゼーションの理念に基づくものであるが，成年後見人が選任されると，エンパワメントに基づく支援付き意思決定が軽視され安易な代理代行決定に陥り，最善の利益の名のもとで権利侵害が生じる可能性があるとの指摘がある．

認知症高齢者が加害者となって他害するリスクがある．認知症高齢者が第三者に加害した場合は，家族や成年後見人等が責任無能力者に対する監督義務違反として損害賠償責任を負うリスクがある．長寿化に伴い誰もが認知症になりうる時代を迎え，他害リスクの被害者救済は不法行為に基づく損害賠償というスキームではなく，他害リスクを社会のリスクとしてシェアする新たな制度設計が求められる．

◆性的マイノリティーの差別　性的マイノリティに対する偏見や差別などの人権侵害は，制度的・社会的なリスクとして当事者とその家族を脅かしている．いじめや自殺，就職困難，貧困など社会問題として性的マイノリティのリスクが顕在化する中で，LGBTなど当事者による社会運動による状況改善の取り組みに呼応して，自治体や企業の中には，人権や平等の理念から，同性パートナーシップの認証や採用活動，福利厚生など性的指向性やアイデンティティに対する合理的な配慮への取り組みが活発化している．一方，このような当事者による社会運動の中に当事者間による新たな差別（あるカテゴリーのマイノリティの優位性の規範化）が内包するという指摘がある．さらに，性的マイノリティを排除するヘテロノーマティビティ（異性愛規範）という価値観が，異性愛者の中の生涯未婚者やシングル親など一見するとマジョリティと見做される人々に対する社会的排除のリスク要因として作用し共生を阻害するとの指摘がある．マイノリティに対する差別を解消する対策とともに，マイノリティかマジョリティかにかかわらず，多様性を尊重し社会全体で支え合う共生という視点からリスクガバナンスの変革が不可欠となる．

◆定住外国人の社会的排除と多文化共生　移民政策をとらないわが国においては，技能実習制度の名のもとで非熟練の外国人労働力を受け入れている実態がある．そうした中で，生活言語や文化的な差異が日本人コミュニティとの軋轢を生むことや，学習言語としての日本語の理解力から生じる学力格差や不登校による教育機会からの排除，ワーキングプアなど，在留外国人を巡る社会的排除のリスクが社会問題として認識されつつある．外国人による犯罪は統計的には増加が認められないにもかかわらず，定住外国人の増加は犯罪リスクを増加させるといったリスク認知バイアスが生じている．こうした状況下において国や自治体は，社会的なリスク対策として，同化政策としてではなく，多文化共生という価値前提に立ち，ダイバーシティを尊重しつつ外国人定住者を生活者として社会的に包摂するアプローチにシフトしつつある．夜間中学校などの定住外国人の公教育への受入れは，高等教育への進学機会や好条件の就職機会を提供し，貧困や引きこもり，孤立，犯罪などの社会的排除が誘因となるリスクの予防対策として位置づけられる．

◆雇用社会のリスク　仕事と生活の調和（ワークライフバランス），就労形態の多様化，職場環境の健全化といった社会的背景を踏まえ，雇用社会の中に内在する個別的労働紛争を新たなリスクとして捉え，法制化も踏まえた新たな対策の取り組みが進展しつつある．育児介護休業の法制度化などワークライフバランスへの取り組みは，従来の長時間労働による過労死や健康被害をエンドポイントとしたリスク対策とは異なり，育児・介護など家庭生活との調和に加え自己啓発や社会参加など従業員の生活の質（QOL）向上など複合的な目的を含んでいる．非正規雇用が増加する中で，パート，アルバイト，派遣社員などは，正社員と比較して雇用期間の不安定性や低賃金というリスクが高い．これまでの判例法理（同一（価値）労働同一賃金の原則（ペイエクイティ）の基礎にある均等待遇の理念）を踏まえた改正「労働契約法」では，正社員とパート社員の労働条件の不合理な格差は禁止された．一般にリスク管理においては管理者（使用者）の裁量権を広く認める傾向があるが，均等待遇の理念という価値前提に立ち返り，使用者の裁量権の濫用を予防する立法化がなされた例である．過労死や過労自殺のリスク対策として，「労働契約法」上，使用者に安全配慮義務を負わせ，業務起因性（基礎疾患が自然的経過を超えて著しく憎悪し疾患が生じた場合）と業務の過重性（長時間労働など）が認められると，過労死として労災保険が給付される．セクシャルハラスメント（性別に基づく嫌がらせ行為）は，使用者による従業員に対するリスク以外に，従業員間のリスクについても職場環境配慮義務として使用者が責任を負う．使用者と労働者の非対称的な契約関係を前提とすると，労働契約の中での個人化が進展することは，労働者の保護にとって望ましいものか今後検証する必要がある．

◆消費生活のリスク ネット通販，ハイリスクな金融商品，特殊詐欺など，消費生活を取り巻くリスクは多様化し増加する傾向にある．そうした中で，消費者の権利・利益を守る消費者行政の重要性が高まりつつあり，「消費者基本法」では消費者教育を受ける機会が消費者の権利として位置づけられた．消費者の自己決定を保障するため表示の適正化が不可欠となる中で，表示制度はリスクコミュニケーションの役割に留まらず，意思決定支援の役割が期待されている．

経済のグローバル化の中で，個人による消費が地球環境問題や人権侵害（児童労働などフェアトレード問題）などの社会的リスクの誘因となり，消費者の権利保護と同時に消費者の責任（エシカル消費など）が問われる時代を迎えている．こうした背景の中で，新たな消費者教育としては，従来の安全教育に留まらず，公正かつ持続可能な社会の形成に積極的に参加する主体形成が求められており，消費者の安全教育と環境教育，人権教育の統合，子どもから成人，高齢者を対象とする社会教育や生涯学習との連携，消費者と事業者との協働が求められる．消費者問題を巡るリスクコミュニケーションも，新たな消費者教育への対応が迫られている．また，命を守る防災教育においても消費者教育との連携や統合が課題となっている．情報の非対称性，制約された合理性の視点からは，事業者には企業の社会的責任として任意のリスク情報や対策情報の提供が期待される．住宅の建築事業者による耐震化や耐水化レベルの提案に際しては，パターナリズムに基づくナッジによるデフォルト提案とオプトアウトによる倫理的保障など，市場による個人のリスク対策への介入の有効性と正当性が主張されており，消費者教育と防災教育を統合するリスクコミュニケーションの高度化が今後の課題となる．

◆地域社会の崩壊と再生 少子高齢化は人口減少，都市への産業と人口の一極集中が地方の過疎を招き，過疎地域では医療や介護サービス，商業などの提供が困難となり，さらなる人口流出を加速させている．都市部においても地域社会のつながりが薄れ無縁社会や孤立死などの社会的排除のリスクが高まる中，社会的包摂を支えるコミュニティの共助の重要性が謳われている．社会疫学からはソーシャルキャピタルが健康を社会的に決定することや，貧困，社会的孤立，格差拡大などの社会的リスクを軽減する効果があるとのエビデンスが示され，自治体においても社会疫学の知見に基づき，健康寿命や幼児教育など社会的リスクの予防対策が試行されている．また，過疎地など地域社会の崩壊に対し，公民が協働する地域おこしやまちづくり，内発的な起業，ボランティアセクターとの連携，共通価値の創造と社会的共有など，新たなガバナンスに基づく地域再生が試行されている．過疎など地域社会の崩壊という社会的リスクは，里山や森林の喪失，土砂災害など環境リスクや防災リスクにも波及するため，消費者と結びついた森林資源の維持管理や基礎自治体を超えた広域連携など，防災対策などのリスク対策とともに，地域の価値を高める戦略とあわせて展開することが必須となる．

◆高レベル放射性廃棄物の地層処分：地域と世代を超えるリスクガバナンス

高レベル放射性廃棄物の地層処分のリスクは超長期の不確実性を有するといった特性を有するため，地層処分に関する科学的知見が現時点では不十分と評価されると，現世代が処分を進めることが将来世代のリスクを増幅させる可能性がある．現状の地層処分技術がある程度確立していると評価されると，現世代が処分事業を行わないことは，原子力発電の便益を享受していない将来世代に処分の負担を先送りすることとなる．このように，地層処分の不確実性と技術的安全性の評価を巡る議論は世代間倫理の問題をはらみ，さらに，処分事業プロセスの可逆性や処分後の廃棄体の回収可能性など，リスクコミュニケーションやリスク管理を巡る合意形成を困難にしている．

処分地選定を進める手続きには公募方式と申入れ方式がある．リスクが特定の地域に集中することを踏まえると，公募と申入れのどちらがより民主的で公正か，また，民主的かつ倫理的な手続きが安全性を阻害しないかといった議論が生じる．リスクを受け入れる地域の自発性を尊重するという点では公募方式の方が民主的なものと評価される場合がある．公募は国や電力事業者，処分事業主体が，責任や判断を自治体や住民に転化するとの批判がある．申入れは地域にリスクを押し付けるとの意見がある一方で，国や処分事業主体が科学的な有望地を公表し立地の安全性と経済性（輸送）を考慮し，かつ，恣意性を排除する民主的で公正な手続きであるとの意見がある．このように，手続き的な公正さや倫理の問題は，従来のリスクコミュニケーション論の枠を超え，リスクガバナンス論の枠組みで捉え直すことがリスク学に求められている．

廃棄物処分は，核燃料サイクルという原子力政策という文脈で社会的に判断される．福島原発事故以降，廃棄物の量の確定など核燃料サイクルと切り離された地層処分を巡るリスクコミュニケーションはより困難な状況にある．東日本大震災以降，学術会議は福島原発事故を踏まえ高レベル放射性廃棄物処分について提言しているが，実務には反映されていない．この提言は，検討プロセスへの諸学術団体の意見反映手続きは保障されていないため，アカデミズムの総意とは言えず，特に，社会的価値判断が求められるリスクに対するリスクガバナンスにおけるアカデミズムの役割や責任の在り方が問われている．

◆リスクの地域的偏在：沖縄米軍基地　「日本国とアメリカ合衆国との間の相互協力及び安全保障条約」（「日米安保条約」）に基づき沖縄県に米軍基地が偏在し，不完全な日米地位協定が，米軍機の騒音や事故，米軍関係者による犯罪など沖縄県民の暮らしと命を脅かしている．また，米軍基地は交通網の整備や産業立地を制約するなど沖縄の土地利用を阻害するなど，軍事的な脅威に加え，様々な社会的リスクが沖縄県に偏在している．米軍基地の整理・移転を巡るリスクコミュニケーションを巡るステークホルダーは，沖縄県民に限定される国民全体が対象となり，沖縄県に偏在するリスクを巡りその負担を分担する連帯や共感が求められる．しかしながら，ソーシャル・ネットワーキング・サービス（SNS）上では逆に沖縄県民に対する誹謗中傷や沖縄県民の人権を侵害するヘイト記事が投稿される由々しき状況がみられる．リスク学では，従来，嫌悪施設の立地を巡る合意形成の困難さをNIMBY問題として扱ってきたが，沖縄の基地問題におけるリスクの偏在はNIMBY問題としてフレーミングされること自体が社会的排除や差別を助長する危険をはらんでいる．リスクを不平等に引き受けざるを得ない集団に対して，倫理的な要請からも応分な補償を行うことは原則となるが，過度に偏在する沖縄基地の社会的なリスクを軽減するためには，従来の受忍限度と経済的補償という枠組みに留まらず，沖縄県民の自己決定権を尊重し，沖縄が地域として自立できる基地対策が求められる．

◆被災者と地域の自己決定：東京電力福島第一原子力発電所事故　福島第一原子力発電所の事故によって，福島の被災者は，低線量放射線被ばくによる健康被害のリスクに限らず，ふるさとの喪失や検査ストレス，風評被害，社会的な差別など様々な社会的リスクにさらされている．緊急時の避難行動による災害関連死は的確な情報提供に基づく屋内退避などにより防げた可能性もあり，リスク・リスクトレードオフを考慮した緊急時の情報提供や避難誘導の在り方の再考が求められる．広域・長期の避難生活による失業やコミュニティの崩壊，文化やアイデンティティの喪失，避難先での偏見やいじめ，差別などの人権侵害，避難指示に基づく強制避難者と自主避難者との補償格差，帰還する者としない者との住民間の分断などの間接的，社会的リスクは適切にコントロールされているとは言えない状況にある．国や自治体は発災後に欠陥モデルに基づき，低線量被ばくの健康影響について情報提供を行う広報活動や相談をリスクコミュニケーションと称して展開してきた．

事故発生後に福島の原発事故の被災者の広域・長期避難が始まると，リスク研究者の中には，原発事故の社会的文脈を軽視し，リスクベネフィット論という政策決定における価値判断の一要素を過大に評価し，除染と帰還のための基準値を科学的なものとして提言する者も現れた．低線量被ばくリスクの不確実性を巡り，科学者が科学的知見を踏み越えて政策的・社会的価値判断に言及する，いわゆる

「科学者の踏み越え」は被災者の自己決定権を阻害する悪しきパターナリズムであり，除染費用の財政的制約をことさら強調する社会工学や公共政策におけるリスク学の知見をむやみに振りかざすことが，被災者本人の意思や人格的利益を棄損し，社会的排除につながりかねないため，リスクコミュニケーションやリスクガバナンスの在り方として，また正義や倫理の視点からも議論の余地がある．被災者の帰還や福島の復興を巡るリスクコミュニケーションにおいては，個人や地域の自己決定の尊重を前提として，コミュニティ，アイデンティティ，里山の育む伝統・文化，ソーシャルキャピタルなど経済性以外のベネフィットや暮らし全体の価値も考慮した枠組みと場づくりが求められる．

◆疫学的証明とリスクガバナンス：水俣病事件　水俣病事件は，公害事件であると同時に食中毒事件である．「食品衛生法」に基づく疫学的調査に基づき水俣湾産の魚介類を原因食品や原因施設として特定できれば科学的な証拠として操業停止や回収命令により被害の拡大を防止できた事件であった．行政や医師は病因物質（メチル水銀）の特定や因果関係のメカニズムの解明が科学的な対応であると主張し，「食品衛生法」に違反して対策を遅らせ，被害を拡大させた．さらに，患者の認定に際して行政や司法が疫学的な証拠を非科学的として無視し，メカニズム解明への偏重などにより救済を遅らせるとともに，被害者に対する差別，被害者や地域の分断など，社会的排除のリスクを生み出した．水俣病事件は，予防原則が適用できなかった失敗例として国際的にも批判される中で，リスク学は水俣病事件からどのような教訓を得ているのであろうか．疫学や公衆衛生学における知見を踏まえ，医学や行政，司法，事業者に対するリスクガバナンスの在り方についてさらなる議論が求められる．特に，わが国においては，立法府が立法に際して，行政の技術的専門性を根拠として行政に対する広範な委任を認め，不確実性が高い状況下においても行政裁量を拡大してきた．高レベル放射性廃棄物の地層処分のように，影響が大きくかつ不可逆性が高いリスク対策の検討に際して，リスクベネフィット論という価値判断に捉われず，予防原則に基づく規制や介入が適切に行われるリスクガバナンスの在り方について，学術的，社会的な議論が求められている．［長坂俊成］

📖 参考文献

・セン，A. 著，池本幸生訳（2011）正義のアイデア，明石書店．
・マーモット，M. 著，栗林寛幸監訳（2017）健康格差，日本評論社．
・ヤング，I.M. 著，岡野八代，池田直子訳（2014）正義への責任，岩波書店．

【10-2】
社会的排除と貧困

「社会的排除」は1980年代に現代社会の新しい社会問題を捉える概念として登場し，対となる政策概念である「社会的包摂」とともに，広く認知されるようになった．この概念は，特に，生活や就労において様々な不利を抱える人々の実態分析とその支援策を研究するにあたって必須の概念である．

◆社会的排除とは何か　社会的排除の定義としてよく取り上げられるのは，欧州委員会のものである（European Commission 1992）．それによると，社会的排除は，物質的・金銭的欠如（貧困）だけでなく，就労，居住，教育，保健，社会サービスなどの多次元の領域において，個人が排除され，社会的な交流や社会参加が阻まれ，社会の周縁に追いやられていくことを指す．その結果，将来の展望や選択肢が剥奪されることにつながる．

ところで，産業社会の登場とともに大きな社会問題となったのは，失業とそれにともなう貧困であった．これに対し，現代社会における主要な社会問題は社会的排除であると言われる．この点について，U. ベック（Beck 1986，ベック 1998）は，個人と社会の関係の変化，個人という単位のあり方の変化に着目し，次のように論じた．産業社会（第1の近代社会）においては主な社会問題は階級や貧困であったが，これは労働者階級，職業的集団，地縁集団や家族での相互扶助を促すとともに，普遍的な問題解決の手段として福祉国家の登場をもたらした．これによって，生活水準の上昇と社会的移動性の増大が進み，失業や困窮に対しては現金給付や福祉サービスの提供による生活の維持が可能となった．しかし，その後に登場したリスク社会（第2の近代社会）では，社会的移動性の増大が個人化の進展と社会集団の相互扶助機能の衰退をもたらし，個人の社会的孤立が新たな社会問題となった．このような状況下，1980年代頃からのサービス経済を中心とした産業構造への転換の中で，雇用の二極化（正規雇用と非正規雇用）が進むが，これは低学歴や職業教育未経験の女性，若者，中高齢者，障害者などの失業と不安定雇用従事のリスクを際立たせることになった．そして，こうした孤立と雇用の不安定さ，これらと背中合わせになっている貧困の拡大に対処する福祉財政の支出が限界をきたすようになっていった．

すなわち，現代社会において，個人は，様々な集団からの離脱・自立が可能となったが，他方で社会集団が安定性を失ったことから再帰属は難しく，あわせて国家の関与が弱まったことから，個人は，これらの“防波堤”に守られることなく直接に社会的排除のリスクに晒されるようになった．こうして，社会的排除は，現代の新しい社会問題となったのである（福原 2007：11）．

◆社会的排除リスク　人々は，家族関係，住居，教育，地域社会，労働市場，福祉サービスへのアクセスなどのそれぞれの領域において，その必要が満たされて初めて安心して暮していくことができる．しかし，こうした必要が満たされない不利を抱えている特定の個人や社会集団は，これらの状況を是正する社会的な仕組みや制度が欠如していると，これらの不利がいっそう強く社会的排除リスクとして作用することになる．すなわち，個人化が進展し，これらの課題の受け皿となる家族や職業的団体，そして地域社会の共助的機能が低下するとともに，福祉国家の保護機能も弱まっている現代社会においては，これらの不利は，社会的排除をもたらすリスク要因として作用するのである．

◆様々な社会的排除リスク　日本でも2000年代に入って，不利の連鎖や社会的排除リスクをめぐる調査研究がみられるようになった（福原2015）．岩田（2007）は，成人の貧困と社会的排除をもたらす不利（すなわち社会的排除リスク）として，①低学歴，②未婚・離婚，③病気や事故といった生活上のアクシデント，④失業や良くない就業条件，⑤転職の失敗などがあることを明らかにした．これに対し，内閣府社会的包摂推進室が設置した社会的排除リスク調査チーム（2012）は，18〜39歳までの社会的排除を経験した若者（高校中退者，ホームレス，非正規雇用者，生活保護受給者，シングル・マザー，自殺者，薬物・アルコール依存症の若者）が直面したリスクに着目した．これらの研究成果から，社会的排除リスクは次のように整理できる．「子ども期に発生した潜在リスク」には，①本人の生まれ持った障害（発達障害，知的障害等），②出身家庭の環境（ひとり親や親のいない世帯などに現れやすい家庭の貧困，児童虐待・家庭内暴力，親の精神疾患・知的障害，親の自殺，親からの分離，早すぎる離家），③教育関係（いじめ，不登校・ひきこもり，学校中退，低学歴，学齢期の疾患）がある．また，「成人期に発生した潜在リスク」には，①本人の疾病・障害，精神疾患，②職場環境（初職の挫折，リストラ・解雇・倒産，職場におけるいじめや虐待などの人間関係トラブル，劣悪な労働環境，頻繁な転職などの不安定就労，風俗関連産業），③生活環境（援助交際），④家庭環境（若年妊娠やシングル・マザー，結婚の失敗，配偶者からのドメスティック・バイオレンス（DV），親（実家）との断絶すなわち帰れる家の欠如，住居不安定，借金）がある．

このように，社会的排除リスクは，人生のそれぞれの世代に応じて，多様なものがあることが明らかとなった．また，これらのリスクは，単一に発生することは稀で，2つ以上のリスクが併存したり，1つのリスクが新たなリスクを招いたりすることが多くみられることもわかった．

◆社会的排除プロセスのいくつかの類型　社会的排除リスクに関するこれらの調査研究によって，社会的排除と貧困に至るプロセスには4つの類型があることがわかった（図1）．

第1の類型は，本人が生まれつき持つ発達障害や知的障害などによって，幼少

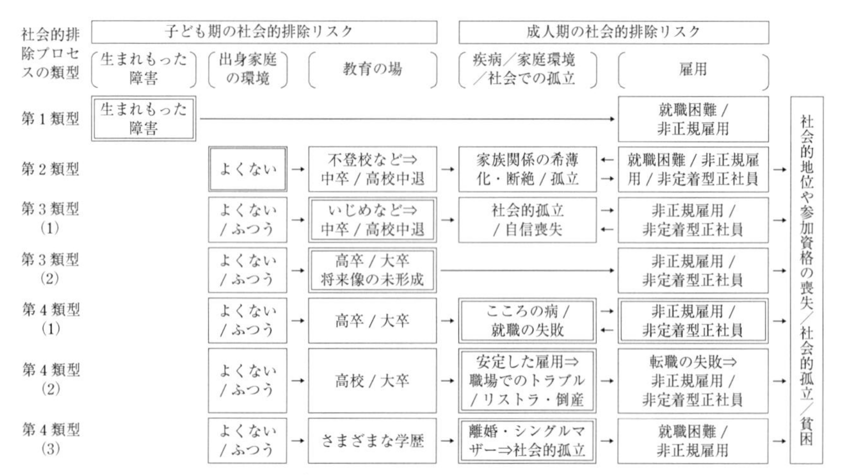

図1　社会的排除リスクとその連鎖のプロセス

注1：□は，それぞれの類型のキーリスクを示している．

注2：矢印⇄は，相互に影響しあう関係を示している．

［出典：岩田（2007），社会的排除リスク調査チーム（2012），福原（2015）をもとに作成］

期から学校生活になじめず，勉強についていけなかったり，いじめを受けたりするケースである．また，就労してからも様々な問題を抱えるなど，いろいろな場面で「生きづらさ」に直面し，社会的排除に至る．

第2類型は，様々な問題を抱えている家庭環境が，当事者の低学歴につながり，精神的な不安定・いじめ・孤立など人間関係の形成などに悪影響を及ぼしているケースである．これらは，成人となったときに大きなハンディとなり，安定した雇用の確保を難しくし，社会的排除に至る．

また，子ども期の家庭環境に問題がない場合，あるいはそこにおける潜在リスクの決定的な悪影響を受けずにすんだ場合でも，教育を受ける時期の大きな問題（キーリスク要因）が，成人期の社会的排除と貧困をもたらすことがある．これが第3類型である．なお，このキーリスク要因には2つある．1つは，学校でのいじめによる不登校や社会的孤立によって中途退学を経験したことが，就職の失敗，不安定な雇用しか選べなくなるケースである．もう1つは，教育を受ける時期に将来の見取り図を描けずに卒業し，卒業後はひとまず日々の生活費を確保するために非正規雇用職に従事するケースである．これは，モラトリアム型や夢追い型のフリーターと呼ばれた．

成人期のキーリスク要因が社会的排除と貧困をもたらす第4類型には，3つのケースがある．1つは，もともと抱えていたこころの病や，高学歴であっても就職に失敗したこと（特に就職氷河期の卒業生に多くみられる）がキーリスク要因となって就職後に仕事を辞めてしまうケースがある．仕事や職場への忌避感，孤立，こころ病，そして正規職の離職へと連鎖するケースである．もう1つは，倒産やリストラ，職場でのハラスメントなど職場の問題がキーリスク要因となって会社を辞め，その後不安定な雇用を余儀なくされるケースがある．さらに，職業経験や職業資格がないままでシングル・マザーとなった人たちのケースがある．

このように，社会的排除は，もって生まれた特質，子ども期の家庭環境や教育の影響，そして若年期・成人期の家族や職場・仕事など関係，さらには社会的制度との関係によって多様な展開がみられる．しかし，社会的排除には，共通した特徴をみいだすこともできる．S. ポーガム（Paugam）は，職業への統合の観点から，保障された統合（安定した雇用・満足度の高い仕事に就く層），不確実な統合（雇用の安定度の低い層），苦痛を伴う統合（仕事の満足度が低い層），そして資格喪失過程にある統合（雇用の安定度も仕事の満足度も低い層）があるとした（Paugam 2007）．その上で，彼は，この資格喪失過程は「脆弱」「依存」「断絶」の3つによって特徴づけられるとした（Paugam 1991）．「脆弱」は，非正規雇用などの仕事を繰り返すことによる労働市場での不安定な地位を言うが，当事者は孤立への道を歩みつつも，社会的排除への不安はそれほど感じていない段階である．「依存」は，不安感の高まりから支援機関に相談に来たり，場合によっては社会的な支援策の対象となる段階である．ここでは，ソーシャルワーカーなどとの社会的つながりが新たにつくられ維持される．「断絶」は，住宅や家族関係の喪失などに直面し，支援の機関や制度との関係も断ち切れ，社会の中で自分は無用であると感じ，こころの病を抱えることになる．こうして，彼らは社会の構成員としての地位を喪失していき，みずから，そして社会から参加資格を持たない者とみなされていく．

◆社会的包摂政策　排除に至るプロセスには，キーリスク要因の存在，多様なリスクの連鎖性・複合性がみられ，これらが他の排除・社会的孤立・貧困を誘発していく．こうして，社会的排除は，産業社会における階級とは異なる現代社会固有の社会階層化をつくりだしていく．このため，求められる社会政策は，これまでの失業対策，所得再分配政策だけでなく，個別的な相談支援や社会的居場所づくり，社会的参加と就労への支援，これらを通じた相互承認関係の（再）構築などから構成される社会的包摂策が求められる．　［福原宏幸］

参考文献

・岩田正美（2008）社会的排除：参加の欠如・不確かな帰属，有斐閣．
・川野英二（2005）リスク社会における排除のリスクと連帯，社会経済システム，26，39−51．
・バラ，A. S.，ラペール，F. 著，福原宏幸，中村健吾監訳（2005）グローバル化と社会的排除：貧困と社会問題への新しいアプローチ，昭和堂．

【10-3】

女性の社会的排除と男女共同参画

人の一生は男か女かという生物学的な性（セックス）に付与される「男であること」「女であること」という社会的・文化的な意味での性（ジェンダー）と男女の権力関係により，個人の生き方や行動が制限される．また，社会制度上の待遇や位置づけが異なったりするなど，ジェンダーが「リスクの不平等分配」を進ませる社会的リスクになる．この点について，現代社会をリスク社会と定義したU. ベック（Beck 1986）は，生命を脅かす環境的・技術的リスクに加え，人間生活を支えてきた男女関係・家族や職業労働の在り方についての社会的リスクも高まるという「個人化」（「家族の個人化」「女性の個人化」など）という概念を示している（Beck 1986，東・伊藤訳 1998）．

ベックの個人化とは「家族・階級・企業など様々な中間集団から個人が解き放たれることにより，個人による自己選択の余地が拡大するとともに，これらの集団によって標準化されていた個人の人生が多様化し，失業や離婚など人生上のリスクを個人が処理することを余儀なくされるという一連の現象を表すもの」である．そして，個人化は「選択の自由」と引き換えに，「選択した結果」に対する自己責任を課されるという逆説的な面を持っている（鈴木 2015：ii）．

◆貧困の女性化　これまで生活を支えてきた中間集団というリスクのバッファーがなくなることにより，リスクが直接個人に分配され，リスクの個人への転嫁が進むことになるが，リスクの分配は男女によって異なる．男女ともに経済的自立が不可避とは言え，雇用機会や賃金格差などにより男性よりも女性のほうが貧困に陥りやすいという男女のリスクの不平等分配が存在する．そして，その根底にある固定的性別役割分業規範に基づく労働市場，教育，社会保障等における不平等は，とりわけ女性に対する社会的排除として起こる．

男性よりも女性のほうが貧困に陥りやすいことを「貧困の女性化」と表現したのはアメリカのD・ピアース（Pearce 1978）である．ピアースはこの言葉を1976年当時のアメリカの貧困者の3分の2が女性であることを強調するために造語した．その後，多くの研究者の調査により「貧困の女性化」の主な原因は女性世帯主の増加にあること，さらに貧困の女性化の拡大は母子世帯数の増加と密接に結びついていることが明らかにされた．女性世帯主の増加の原因は，離婚率の上昇，婚姻率の低下，婚姻外出産にあり，とりわけ離婚率の上昇と婚姻外出産は女性世帯主世帯の所得を大きく低下させ，貧困をもたらす最大の因子となる．それは離婚後や出産後に大半の女性は労働市場に復帰するが，正規雇用に復帰することは難しく，その多くは非正規労働に従事せざるをえない状況におかれるからである．そして，ピアースの指摘した「女性の貧困化」は，日本においても確実に社会的リスクとして深刻な課題となっている．

内閣府男女共同参画局の調査によれば，相対的貧困の状況には明らかに男女の違いが見られ，特に高齢単身女性世帯や母子世帯の貧困率が高い．また離別女性も厳しい状況にある．なぜならば離別女性は配偶者の収入，遺族年金に頼れないことに加え，再就職も難しいからである．このように女性の相対的貧困率が男性よりも高い理由としては，「女性は家事・育児・介護等で就業中断が生じやすいこと，給与所得が男性に対して低いこと，非正規雇用の割合が高いことなどの就労環境等により，所得や貯蓄が十分でないという状況」がある（内閣府男女共同参画局 2015）．また，給与所得が男性よりも低いのは，歴史的に女性が行ってきた（いる）仕事は男性の仕事に比べ実際の価値よりも低く評価されることに起因する男女賃金格差（労働市場における水平的職務分離）にある．

◆女性が貧困に陥るリスク　ベックが「危険社会」を著した1986年は，日本で「雇用の分野における男女の均等な機会及び待遇の確保等に関する法律」（以下，「男女雇用機会均等法」とする）が施行された年である（1985年成立）．「男女雇用機会均等法」は日本が1980年に署名した「女性に対するあらゆる形態の差別の撤廃に関する条約」（以下，「女性差別撤廃条約」とする）を批准するために行った3つの国内法制度改正の1つである（他に高校男女家庭科共修，「国籍法」改正）．ちなみに「女性差別撤廃条約」は1979年に国際連合が採択した条約で，女性差別の根源にある固定的な性別役割分業や慣行，慣習の解消に踏み込んだ条約である．

「男女雇用機会均等法」は女性の働く権利，経済的自立を確立するため，職場における男女差別の撤廃を目指した法律である．しかし，「日本型雇用制度」，すなわち終身雇用，年功序列賃金体系に基づく仕組みを変えることなく，男性に適用した雇用管理や，性別役割分業を前提として雇用管理を女性に適用したことにより，女性は実質的に不利な競争条件下におかれた．例えば，採用から昇進まで，結婚，出産等のライフイベントを考慮しない画一的な人材育成や昇進システムの適用は，結果として男女の賃金格差や「ガラスの天井」（昇進やトップに位置するに値する人材であるのにもかかわらず，性別を理由にキャリアアップを阻む状況を表現．労働市場における垂直的職務分離）を生み出すなど，女性が排除された状況が続いている．実際，国連の女性差別撤廃委員会（「女性差別撤廃条約」の履行を監視するために国連人権理事会が設置している組織）からは，大企業のコース別人事，男女の賃金格差，パート・派遣労働に女性が多く低賃金であること，家庭生活と職業生活の両立が困難であることなどが指摘され，事実上の機会均等の実現，両立を可能にする施策の強化が求められている．

しかし，日本においては職業を持つ女性の3割が結婚を機に退職，出産前に就業していた女性の6割が第1子出産後に離職するという「M字型カーブ」（結婚・出産期にあたる年代に一旦低下し，育児が落ち着いた時期に再び上昇）がいまだに解消されていない．また，「大介護時代」と言われる近年では，介護・看護を理由に離職するする人は年間10万人に上るが，介護者の70％は女性で，しかも育児と介護を同時に行うダブルケア人口も25万人で，男女共に30代から40代が多い（内閣府男女共同参画局2016）．そして有償労働と家事・育児・介護等の無償労働の両立を求められる女性の働き方と経済構造においては，依然として女性が育児，看護，介護等の理由で離職や転職を余儀なくされ，その数は男性の7倍となっている（内閣府2017）．

このように女性が離職や転職を迫られる背後には，終身雇用を前提とした正規雇用の男性稼ぎ手と家事，育児，介護等のケア役割を主に担うという専業主婦と子供が2人で構成された世帯を「標準家族モデル」として構築された生活保障システムがある．「標準家族モデル」は1990年代のバブル崩壊とともに実質的には解体された．1997年には共働き世帯が専業主婦世帯を逆転し，役割に基づく標準化されたライフコースも崩れた．それにもかかわらず，制度的な水準では解体できずにいる．そのため性別役割分業の固定化は続き，女性は働くにしてもパートなどの家計補助的な収入で良しとする雇用慣行のもと，配偶者控除（2017年税制改正）に考慮した就労抑制や調整をせざるをえない状況にある．このような雇用慣行は男女の賃金格差に大きく影響する．

◆ワーキングプアと若年女性　2017年度国税庁の平均年収の男女比較調査によると，男性の521万1000円に対して女性は279万7000円と男性の53.7％の額にとどまる．また，本調査によれば1年を通して働いても年収200万円以下のワーキングプア（働く貧困層）が4年連続で1000万人を超え，男性は全体の約10％に対して，女性は全体約40％であり，女性の貧困化が進んでいる（国税庁2016年分民間給与実態統計調査2017年9月）．

女性のワーキングプアの増加の主たる要因は，賃金水準が低いこと，非正規雇用者が多いことにある．子供のいないミドル世代のシングル女性を対象とした公益財団法人横浜市男女共同参画推進協会の調査によれば，35～39歳の70％が初職から非正規職であり，その理由として「正社員として働ける会社が少ない」と回答している女性が60％を超えている．低賃金の非正規労働は貧困リスクを抱え，将来への見通しを立てることを難しくしている．中でも月10万円程度の月収で働いている20代，30代の女性は「貧困女子」と言われているが，彼女たちを可視化させたのがNHKクローズアップ現代「あしたが見えない：深刻化する“若年女性”の貧困」（2014年1月）である．番組では寮や託児所付きの風俗店などの性産業が貧困女性のセーフティネットになっていることが紹介され話題となった．

性産業で働く女性に対して実施した調査によれば（一般社団法人Grow As People 2017），働き始めた動機は，生活費，借金返済，学費など経済的な理由がほとんどである．しかも若いうちは高収入を得られても加齢とともに減収し，最終的に働き続けることができなくなるという実態が報告されている．ベックの言う中間集団の家族，地域，制度（社会保障制度）という3つの縁をなくし，性産業で働くしかない女性の労働条件は不安定かつ，犯罪や暴力に巻き込まれるなど，生活困難，貧困リスクがさらに高まることが指摘されている（鈴木 2016）．

◆女性の貧困対策　女性の貧困が深刻化する背景には女性の継続的な就労を困難にしたり，非正規雇用化を促す固定的な性別役割分業規範の存在と，経済的支援を含む社会保障などの公的支援が貧困からの脱却に有効に働いていないことにある．したがって，固定的な性別役割分業規範を解消させる意識改革，社会保障制度改革や労働環境の改善など多面的な対策が求められる．大沢真理は，社会保障や税制が前提とする「標準家族モデル」はすでに持続不可能なシステムになっており，この世帯に属さないシングル女性や母子世帯の女性のみならず男性に対しても不利に働き，経済的困窮化を導くという「新しい社会的リスク」の要因となっていると指摘している（大沢 2007）．また木下武徳は，母子世帯の貧困が子どもの貧困に密接につながっているように，女性の貧困は女性だけの問題ではなく，家族，仕事，社会の在り方そのものを問う問題であると述べている（木下 2017）．つまり「新しい社会的リスク」とは誰もが直面するかもしれないリスクであり，もはや個人の自己責任だけではリスク回避することはできないのである．ではどのような取り組みをしていくべきなのか．

白波瀬は「男女ともに働く社会を想定するならば，女性の働く際の前提条件そのものを崩す必要があり，そのためにはまず労働市場における男女間賃金格差を最優先で解決すべき」と強調する（白波瀬 2010:203）．具体的には男女賃金格差を是正する1つの有効な手段であるペイ・エクイティ（同一価値労働同一賃金）の原則（ILO100号条約（「同一価値の労働についての男女労働者に対する同一報酬に関する条約」）の適用や女性の仕事の価値を公正に評価する「性に中立な職務評価システム」の導入，長時間労働の是正を含むワーク・ライフ・バランスの実現や，女性がライフイベントの有無にかかわらず働き続けることができるような労働市場における男女平等が大きな課題となっているディーセントワーク（働きがいのある人間らしい仕事）の実現である．そして最も大事なことは「貧困は社会の構成員一人ひとりが共有するリスクであり，貧困問題を社会で共有」し，「お互いさまの社会」をつくることである（白波瀬 2010:208）．　［萩原なつ子］

📖 参考文献
・大沢真理（2007）現代日本の生活保障システム：座標とゆくえ，岩波書店．
・白波瀬佐和子（2010）生き方の不平等：お互いさまの社会に向けて，岩波新書．
・鈴木大介（2016）最貧困女子，幻冬舎新書．

【10-4】

子どもをもつ家庭の貧困と社会的排除

子どもにとって家族・家庭は成長の基盤となる大切な環境である．子どもの成育過程で遭遇しやすいリスを親子など当事者だけでなく社会が的確に認識し支援をすることが，子どもの福祉と幸福（well-being）を守るために必要である（児童福祉法の理念）．

◆子どもの成長に対する負の家庭環境要因　子どもをもつ家庭には貧困と社会的排除に陥るリスクがある．不安定雇用，心身の疾病，家族関係の悪化等である．

2007年の国連総会は，子どもたちが経験する貧困の特殊さにかんがみ，“子どもの貧困”とは単にお金がないというだけでなく，国連子どもの権利条約に明記されているすべての権利の否定と考えられる，との認識を示した．この新しい定義によれば，“子どもの貧困”の測定は，一般的な貧困のアセスメント（しばしば所得水準が中心となる）によるだけではなく，栄養，飲料水，衛生施設，住居，教育，情報などの基本的な社会サービスを利用できるかどうかも考慮に入れる必要がある（2007年国連決議）．子どもの貧困化はOECD加入国に広く見られる傾向である．日本においては，7人に1人の子どもが相対的貧困の状態にあり，その割合は先進国のなかでも高い方にある．1990年代半ばから，不安定雇用の増加による現役世代の所得の減少が進み，続く2000年代初めからは，就職氷河期世代が親となるタイミングとも重なった結果，貧困下にある子どもが顕在化するようになったのである．

国際的にみると，離婚率の高い先進国で貧困化する子どもが増加している．しかし，離婚が子どもの貧困の原因になるとばかりはいえない．むしろ，貧困が家庭崩壊（離婚や親の行方不明）をもたらし，それがさらに貧困を悪化させている．離婚をとりまくダイナミズムを理解して公的支援をするかどうかで，特に母子世帯の貧困率に違いが生まれる．働く女性の賃金水準が低いことや，子どもをもつ母親の就労の困難も母子世帯の貧困の原因となっている．所得保障と就労および保育サービスや住宅などの生活支援の水準も，母子世帯の貧困率を左右する．高卒以下の女性は短大卒以上の者と比べて，離別経験のリスクが近年ほど高まっている（Raymo et al. 2004）．また，高学歴のひとり親世帯も増えているため，ひとり親世帯内部で所得格差が拡大している．とくに，低学歴層の経済状況が悪化している影響が大きい．ひとり親世帯の脆弱性は，女性の就業問題やジェンダー規範のみに還元されず，低学歴階層の人々を中心にひとり親世帯が構成されることで生じる階層問題として捉えなおすことができる（斉藤和洋 2018）．

近年では貧困の固定化と世代間連鎖の傾向が強まっている（道中 2016）．東京都が2016年に実施した『子供の生活実態調査』によれば，親が若い世代ほど，子ども時代の貧困が継承され，貧困から抜け出せない傾向つまり貧困の連鎖が強まっている．たとえば，15歳時点の暮らし向きが「苦しかった」母親の生年別内わけをみると，1980-84年生まれの母親のうち，現在苦しさから抜けているのは約半数に過ぎない．その上の世代は，15歳時点で「苦しかった」母親の7割前後はその後，苦しさから抜けていることと比較して明らかな差がみられる（阿部2015，首都大学東京2018）．

◆子育ては社会的課題　子育て世帯の貧困は世代間で継承されやすい．なぜなら，夫婦双方の親の世帯の貧困，親子共に低い教育歴，職業能力の未形成や劣化，子どもに与えられる経済的文化的資源の乏しさなどのために，高学歴社会における競争から排除されやすいからである．子どもの成長にとって学校は不可欠の条件となっているが，学校は種々の理由から子ども躓きの場となり，不登校や中退にもつながり，本人にも家庭にとっても深刻な問題ともなりやすい．子どもが有する障がいや心身の疾病が原因となってスムーズな学校生活を送ることが難しくなる場合もある．このような状況を長引かせないためには，学校が教育・福祉・労働などの地域資源が集積する「学校プラットフォーム」となって，子どもとその家庭に対する包括的支援ができるようになる必要がある（山野2018）．

◆長期にわたるリスクへの着眼と支援　幼少時から現在までに，不登校，高校中退，非正規就労，ホームレス，生活保護受給，シングルマザー，薬物•アルコール依存，自殺などの問題を抱えて社会的排除に陥っている若者の経歴を分析した内閣官房の調査によれば，これらの事例が抱える潜在リスクは，子ども期の貧困，虐待，親の精神疾患，失業等が重複しており，「社会的排除」に陥ったプロセスも類似していた．別々の社会問題として扱われてきたものが，「社会的排除」というひとつの社会問題として統一的にとらえることができることを示している（内閣府2012）．

子どもの福祉と幸福を守るためには，諸困難を抱える家庭に対する早期からの社会的支援が求められる．ひとつの例を紹介しよう．フィンランドのネルボラというしくみは，妊娠期から子育て期に至るまでを，担当保健師が切れ目なく手厚い支援を続けるしくみである．ネルボラとはアドバイスの場という意味で，子どもだけでなく，母親，父親，きょうだい，家族全体の心身の健康サポートも目的としている．利用者のデータは50年間保存され，過去の経歴から親支援に役立てたり，医療機関との連携に活用したり効率的に子どもとその家族を支援する．その結果，児童虐待や夫婦間のDVの予防的支援にも役立っている（山野2018）．このような考え方は日本でも支持されており，予防機能として寄り添い型で切れ目のない支援をめざすことが目標として掲げられている．［宮本みち子］

参考文献
・松本伊智朗他（2016）子どもの貧困ハンドブック，かもがわ出版．

【10-5】

障害者との共生を阻むリスク

障害をリスクとして捉える考え方は，歴史的には19世紀末の労働災害補償制度や，第1次世界大戦による傷痍軍人を救済するための年金などの導入にさかのぼることができる．しかし，個人の障害が個人的なリスク管理ではなく，社会保険という社会的なリスク管理によって対応することになった理由については，障害の原因が戦争や基幹産業での公務によるものであるということや，20世紀初頭の世界恐慌期に軽度の障害者や高齢者を労働市場から退出させて労働力の需給調整を行おうとしたためであるとか，健康な労働者の障害は家族や社会全体に影響するなど複数の理由が考えられている．いずれにせよ，社会保険制度においてリスクとして捉えられた「障害」とは，健常者が成人後に事故や病気を原因として身体障害になることであり，子どもの頃からの先天的な身体障害や知的障害，精神障害は，個人的なことがらであり，社会保険の対象となるリスクとしては捉えられてこなかった．

19世紀末から20世紀初頭にかけてドイツや英国で創設された社会保険制度はヨーロッパ諸国で発達し，第2次世界大戦後には福祉国家制度へと収斂していく．日本でも，1960年前後に年金と医療の社会保険が整備され，国民皆保険皆年金が確立し，人生リスクに対する社会保障体制が整い始める．しかし，1970年代には，先進諸国の福祉国家制度は財政問題をはじめ，様々な課題を露呈し，福祉国家政策の見直しが始まる．この時期に指摘された福祉国家の課題の1つが，社会保険が対応するリスクから排除されてきた先天的な身体障害や，個人に帰属されるべき問題と考えられていた知的障害や精神障害などの障害にどのように対応するかという課題だった．これに対して，多くの政府が無拠出制の社会手当などを障害者のために新設するが，こうした所得保障だけでは解決しない根本的な課題を福祉国家は抱えていた．それは，障害者を弱者と見なして，これを保護・指導しようとするパターナリズムの思想だった．

◆障害者政策の転換点　1970年代には，米国の先天的な身体障害者たちは，慈善の対象という屈辱的な立場に置かれることを差別として訴えて，公民権を求める運動を開始した．同様の障害者権利運動が英国でも日本でも生起した．また北欧では，優生思想に基づいて知的障害者を施設に隔離することによって知的障害遺伝子を根絶しようとする政策の妥当性と有効性が1960年代から疑問視されるようになり，1970年代には知的障害者の脱施設化を求めるノーマライゼーション理念は世界的に共有されるようになった．また，1950年代後半の向精神薬の発見と普及に伴い，精神科医療も入院治療から地域精神保健へと変化する中で，一部の精神医療施設における入院患者の人権侵害が問題視されるようになったのも1970年代である．

これらの運動の世界的広がりを背景として，1981年の国際障害者年は完全参加と平等をテーマとして，障害者の尊厳や自己決定権を認め，社会のバリアフリーや一般就労や余暇を通じて障害者の社会参画を促進する機運が生まれた．1990年には，米国で，障害者にバリアフリーなどの合理的配慮を提供しないことを差別とする「障害者差別禁止法」が成立し，先進諸国で同様の立法が続き，2006年には国連総会で「障害者の権利に関する条約」（「障害者権利条約」）が制定された．この条約では，健常者と同じ便宜やサービスが利用できるように合理的な範囲内で障害者に適切な配慮を提供する「合理的配慮」義務と，障害者にとっての困難は個人の障害よりも障害者を排除する社会制度や社会の価値観にあるという「障害の社会モデル」が，国際社会の共通理解になった．また，精神障害についても，地域精神保健への転換が世界に比して大幅に遅れた日本では，1984年に発生した精神病院における看護職員による入院患者への暴行死事件が国連人権委員会で取り上げられ，日本政府は世界人権宣言，国際人権規約のもとで，非人道的な処遇や恣意的拘禁から市民を保護すべき義務の履行を怠っていると非難されたために，日本政府は1987年に患者の人権保護の観点を重視した「精神保健法」（1995年精神保健福祉法に改正）を制定し，患者の同意のない措置入院などの手続きが厳格化された．

◆障害をめぐるリスクの２つの見方　このように19世紀末以来の社会保険における障害と，1970年代以降の福祉国家批判以降の現代の社会保障政策における障害とでは，そのリスクについての見方が根本的に異なることがわかる．それは，20世紀半ばまでの障害のリスクとは，健常者が障害をもつリスクであり，1970年代以降の社会保障政策が対応しようとしている障害のリスクとは，障害者が社会に参加するうえでのリスクやバリア（障壁）のことだと言える．例えば，視覚障害のある人に配慮されていない駅のプラットホームは彼らにとっては大変危険なリスクだし，そのような大きなリスクをかけて通勤しなければならない一般就労は多大なコストを障害者に要求するリスクの高い仕事になるだろう．バリアフリー政策や就労支援政策は障害者の通勤リスクや就労が不安定になるリスクを軽減する．

同様に，知的障害のある人にとっても社会は危険に満ちている．知的障害のある人の友人や保護者を名乗って彼らの財産を奪おうとする人はどこにでも存在する．障害者年金をとられるだけならまだしも，軽度の知的障害者は，知らないうちに犯罪に巻き込まれ，主犯は逃走し，障害者だけが逮捕され，すべての罪を着せられるリスクは健常者よりも高い．こうしたリスクを考えると，多くの親は知的障害のある子を，親元に置いて一生保護したいと考える．しかし，親が高齢になって死期を意識し始めると，子どもは無理心中の被害者となるリスクを抱えるし，親が安心できる施設に入所しても，施設で虐待されたり，暴行されたりするリスクもある．

精神障害者も医療を受けること自体がリスクである．現在の日本では，30年前に比べれば地域で病気を抱えながら生きることも少しずつ可能にはなっているが，入院先でも施設でも，安全で安心な医療やサービスが受けられるとは限らないし，地域に出ても安心できる居場所はなかなかない．精神障害者運動の当事者たちは，自分たちのことを「精神医療システムの生存者」と呼んでいる．これは世界共通語である．精神科医療が人権保護の観点を重視したとしても，患者にとっていかに過酷であるかということをこの言葉は物語っている．障害者として生きること自体がリスクだらけの毎日だということである．このリスクを少しでも管理しようというのが現代の障害者政策と言える．

◆個人による障害リスク管理と出生前診断　障害をめぐる社会的なリスク管理の重点が「健常者が障害者になるリスク」よりも「障害者が生きるうえでのリスク」に移るに伴って，健常者が障害者になるリスクの管理は個人的選択に委ねられることが多くなった．例えば，出生前診断と選択的妊娠中絶の問題はその例である．もしも胎児に障害があるとわかったらあなたは妊娠中絶を選択するか，あるいは，障害胎児の妊娠中絶は倫理的に認められるか，といったテーマは，生命倫理や医療倫理，「胎児はいつから人間か」といったパーソン論の入門的な命題として，大学の教養授業でもよく取り上げられる．しかし，この問題をリスク学で読み解く場合は，一般市民と専門家とダウン症児の親と障害者という四者間のリスク認知のずれに着目することが重要だろう．

出生前の胎児を診断して，その障害を見つける方法は現時点では画像診断と血液や羊水などの検査などに限られており，見つかる障害もごく一部の特定のものに過ぎない．その中でも特に選択的妊娠中絶につながるものとして注目されているのは，いわゆる新型出生前診断と呼ばれる母体血胎児染色体検査だが，これによって見つかる障害は，13番・18番・21番の染色体が3本存在するトリソミーという異常だけであり，異常の出生確率は，母体が40歳の場合で，13トリソミーが1400分の1，18トリソミーが740分の1，21トリソミーは84分の1とされている（Gardner el. al. 2012:406, 408）．この母体血検査の問題点として，従来の検査に比して精度は高いもののあくまでも確率の診断であって，確定診断のためには子宮に搾刺して羊水を取り出すという母体に対してリスクがある侵襲的な羊水検査が必要な点などが指摘されている．

しかし，リスクという視点から考えると，同じ染色体異常でも，生命維持そのものが課題となる13または18トリソミーと予後が比較的安定している21トリソミーのダウン症とでは，そもそも同じリスクとして比較すること自体が不適切である．つまり，13または18トリソミーの出生前診断においては，まさに胎児の命と家族が向き合うような深刻な意思決定が行われることになるだろう．

一方，ダウン症は，重度ではない知的障害に加えて心疾患などが伴うこともあるが，従来の知的障害児教育や福祉の世界では珍しくない障害であり，特別支援教育によって通学し，就労支援サービスを利用して50歳以上まで存命して社会参加している人も多い．このように障害の専門家の間では，13または18トリソミーとダウン症とではまったく異なるリスクとして認知されるが，一般市民は染色体異常のリスクをその種類によって区別するだけの予備知識がないことが多い．

このような染色体トリソミーについてのリスク認知のずれは，一般市民と専門家との間に生まれる典型的なリスク認知課題であるが，ダウン症児の親や障害者もそれぞれ独特のリスク認知をしている．出生前診断がなかった時代にダウン症児を産み育てた母親は，「出生前診断」で胎児がダウン症とわかった人の多くが中絶しているという事実が，「情報として届いてくることで，どんなにか傷つけられてきました」と述べている（佐々木1998）．

出生前診断がなかった時代にダウン症児を産み育てた母親にとっては，ダウン症をスクリーニングする出生前診断技術とそれを利用して行われる選択的妊娠中絶行為そのものが，わが子がこの世に存在することの正当性を脅かすリスクとなりえるものである．同様に，障害者の多くもまた，胎児の障害を理由とした選択的妊娠中絶が社会の多数派によって支持されることが，みずからの生きる権利を脅かすのではないかという不安を感じている．つまり，選択的妊娠中絶はきわめて個人的な選択の問題でありながら，同時に，その選択結果は障害者やその親たちの人生のリスクにもなりえるものである．このことは，障害が誰にでも起こりえる普遍的なリスクでありながら，すでに障害を持っている人と持たない人との間で大きな格差が生じているということを示唆している．

障害に関して，何をリスクと考えるか，また，どの程度のリスクとして認知するかは，健常者，専門家，障害者，障害者の家族というそれぞれの認知主体の立場によって異なるものだし，互いの存在そのものが互いにリスクになる場合もありえる．その意味では，障害者との共生を阻むリスクとは，障害をめぐるリスク認知の対立やジレンマであり，その解決のためにはリスク・コミュニケーションが大切である．

［杉野昭博］

📖 参考文献

・小川善道，杉野昭博編（2014）よくわかる障害学，ミネルヴァ書房．
・横塚晃一（2007）母よ！殺すな，生活書院．

【10-6】

認知症高齢者の意思決定支援と権利擁護

内閣府の調査によれば，2016年10月1日現在，わが国の総人口1億2693万人に対して，65歳以上の高齢者人口は3459万人であり，総人口に占める65歳以上人口の割合（高齢化率）は27.3%となっている．現時点でもわが国は4人に1人が高齢者と，世界で最も高齢化率の高い国であるが，2025年には高齢化率が30%（3677万人）を超え，2065年には38.4%に達すると推計されている．また，65歳以上の認知症高齢者についても，2012年は15%程度（462万人）であったが，今後，有病率が上昇した場合には，2025年には20%（730万人）を超え，2060年には33.3%（1154万人）に達するとも予測されている．このような状況からすると，およそ10年後には，わが国は，約3人に1人が高齢者であり，かつ，高齢者のうち5人に1人が認知症を抱えるという超高齢社会に突入することになるだろう．

◆認知機能の低下に伴い発生しうるリスク　ここでは，高齢者，特に認知症など認知機能の障害等により，判断能力が低下しつつある高齢者の法的側面・生活面における様々なリスクがどのように発生するか，高齢者を支援する関係機関の相談例から紹介したい．

①　最近，身寄りのない1人暮らしのAさんの自宅に高価そうな健康食品や布団が手付かずのまま置いてあるとの連絡がありました．本人は「知らない．わからない．」と言っていますが，判断能力の低下も著しく，介護サービスの利用料も滞納となっており，このままでは1人暮らしが継続できません．（ケアマネジャー，日常生活自立支援事業専門員，消費生活センターからの相談）．【独居→孤立化→消費者被害→生活困窮】

②　認知症で施設入所をされているBさんの施設利用料が滞納状態になっています．Bさんのお金を管理している息子に聞いたところ，「そんな金を払う余裕はない」と言われました．どうやら息子には借金があり，仕事も見つからないため，Bさんの年金で借金返済をしているみたいです（生活困窮者支援窓口職員，地域包括支援センター職員，施設職員からの相談）．【借金→利益相反→経済的虐待＋ネグレクト】

③　Dさんの家族全員が，認知症，知的障害，精神障害などの課題を抱えていて，家がゴミ屋敷のようになっています．親族は関わりを拒否しており，親族以外に支援の基点となりうる方が必要です（障がい福祉課職員，地区担当保健師，相談支援専門員からの相談）．【家族全体の複合問題＋孤立化→ゴミ屋敷→生活維持困難】

④　脳梗塞の影響により，失語症かつ認知症と診断されたEさん．現在，生活保護を受け，グループホームで生活していますが，将来，大きな病気になったときにどのような医療を提供されることを望んでいるのか，どんな最期を迎えたいのか，関係者だけではEさんの意図を十分に汲み取ることができていません．身よりがなく，将来，老人ホームなどの施設に入所する場合には，身元保証人の役割を果たすことのできる人の確保をどうするかも課題です（グループホーム職員，看護師，生活保護ケースワーカーからの相談）．
【コミュニケーション困難＋判断能力低下→居住移転・身元保証・医療同意・終末期医療の問題】

◆チーム支援による対応と司法ソーシャルワーク　このように，福祉・医療領域にまたがる複合的な問題に関する相談を受けた場合，まずは地域包括支援センターや生活困窮者支援窓口などの関係機関がケース会議（ケア会議・支援調整会議など名称は様々である）を主催し，本人や支援者が参集して互いの情報共有と課題整理を行ったうえ，支援方針と役割分担を検討することが有益である．

また，近年は法律問題が絡むことも多く，弁護士などの法曹関係者が当初からこうした会議に参加し，複雑な事案を整理することにより，関係者が陥りがちな法的リスクへの対応も期待されている．このような法曹関係者が社会福祉や隣接専門職等と協働する取り組みは，司法ソーシャルワークと呼称されることもある．

先に紹介した各事例は，本人の判断能力が十分とは言えないことから生活の支障が生じている（あるいは今後生じうる）か，または他者によって本人の権利侵害がなされている事案であり，成年後見制度等の活用が検討されるべき事案と言える（図1）．

◆成年後見制度の活用に関する現状　成年後見制度は，判断能力が低下した本人に代わって，家庭裁判所から選任された本人以外の第三者が，法律上の権限をもって契約や財産管理等を行い，本人の社会生活を支えるための民法上の制度である．自己決定の尊重，残存能力の活用，ノーマライゼーション（障がいのあるなしにかかわらず，本人が家庭や地域で普通に生活できる社会を整備するという考え方）という3つの理念が掲げられており，単に財産管理を行うだけではなく，本人の心身および生活に対する配慮が重要とされている（「民法」868条等）．この制度は，法定後見制度（補助，保佐，後見の3類型がある）と任意後見制度に分かれているが，前者の申立ては，本人，配偶者，4親等内の親族および市区町村長などが行うことができる．

さきほどの各事例では，通常，本人や親族がみずから申立てを行うことは期待することが困難とみられることから，原則として市区町村長が申立てを行うべき事案と言えよう．また，申立てがなされた後は，本人にとって適切な成年後見人等を家庭裁判所が審理のうえ，親族（親族後見人：配偶者，親，子，兄弟姉妹およびその他親族），または親族以外の第三者（第三者後見人：弁護士，司法書士，

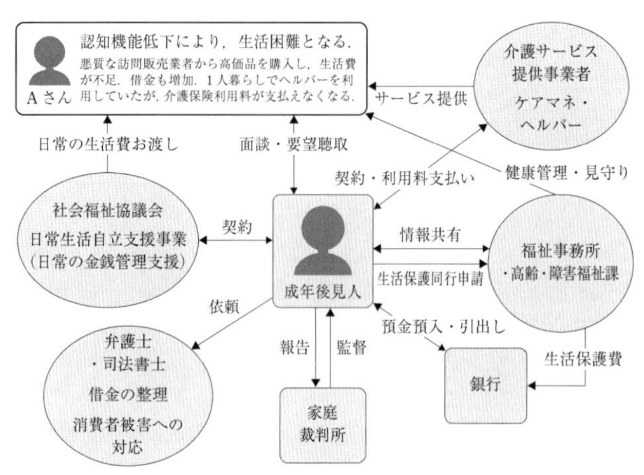

図1　①の事例における成年後見制度の活用と関係機関の連携イメージ

社会福祉士などの専門職，社会福祉協議会や特定非営利活動法人（NPO法人）などの法人，市民後見人など）を選任することになる．

◆成年後見制度の実務上の課題

(1) 選任者の偏り　最高裁判所作成「成年後見関係事件の概況」によると，2018年においては，後見人として選任された親族と第三者後見人の割合は，前者が約23%，後者が約77%となっており，4人に3人は第三者後見人が選任されている状況である．

このように，第三者後見人が親族後見人の選任率を上回る，いわゆる逆転現象は2012年から生じているが，これは近年の成年後見人による横領問題が背景にあるとされている．すなわち，最高裁によると，成年被後見人等の利用者が受けた横領被害は，例えば2012年には575件，被害総額45億7000万円に上っており，加害者は90%以上が親族後見人とみられているからである．もっとも，このような事態は成年後見制度や成年後見人等の職務に関する理解不足が一端にあるとも考えられており，親族後見人に対する支援の強化が求められている．

(2) 類型の偏り　成年後見制度については，2012年以降，年間約3万5000件の申立てがなされ，2018年12月末日時点では21万8142件が裁判所に係属している．しかしながら，すでに450万人を超えているわが国の認知症高齢者の数に対して，利用件数は，諸外国と比較しても十分とは言えず，また，法定後見における類型の内訳をみても，後見が約78%を占め，保佐は約16%，補助は約5%と低迷しており，本来，制度改正の際に注目されていた補助類型はほとんど活用されていない．

◆成年後見制度の運用の見直しと意思決定支援ガイドラインの策定　このような実情から，支援を必要とする人に対して，成年後見制度を含めた権利擁護支援を適時・適切に提供するため，2016 年 4 月に成年後見制度の利用の促進に関する法律（いわゆる「成年後見制度利用促進法」）が制定され，2017 年 3 月には同法に基づき基本計画が閣議決定された．同基本計画においては，本人の意思決定支援・身上保護を重視した成年後見制度の運用改善をはじめ，後見人も含めた本人支援チーム体制の構築や地域連携ネットワークの中核となる機関（センター）の設置等の必要性が強調されている．特に，意思決定支援については，2014 年 2 月に日本が批准した「障害者権利条約」をきっかけに，2017 年 3 月には「障害福祉サービス等の提供に係る意思決定支援ガイドライン」が，2018 年 3 月には「認知症の人の日常生活・社会生活における意思決定支援ガイドライン」が厚生労働省より発出されるなど，意思決定支援に関する関心はますます高まっている．他方，本人が自己決定することを周囲が支援する「支援付き意思決定」と，本人に代わって第三者が意思決定する「代理代行決定」との境界線が曖昧な形で議論されるなど，いまだにわが国においては，意思決定支援の概念が十分に確立しているとは言い難い状況にある．

なお，国連の障害者権利委員会の一般的意見を踏まえ，一部の団体からは，代理代行決定を許容する成年後見制度それ自体が「障害者権利条約」12 条に違反しているとして，制度の見直しを求める動きも出てきている．

◆高齢者事故に伴う成年後見人等への訴訟リスク　重度の認知症の高齢者が徘徊後に線路内に侵入し，人身事故を起こした事件において，鉄道会社が本人の遺族（成年後見人を含む）に対して，責任無能力者を監督する法定の義務（「民法」714 条）を怠ったとして，車両の遅延等を原因とする損害賠償請求を行ったケースもみられた（いわゆる JR 東海事件）．本件について最高裁（最高裁第三小法廷平成 28 年 3 月 1 日判決（平成 26 年（受）第 1434 号，第 1435 号損害賠償請求事件））は，本件の遺族らは，監督義務者ないし準ずべき者にあたらないとして，JR 東海側の請求を棄却した．しかし，本件を通じて，家族や成年後見人，支援者らが，高齢者本人が生じさせた事故や加害に対する責任追及をされるリスクを潜在的に負うことも明らかとなった．このようなリスクまで成年後見人等が引き受けるべきなのか，あるいは社会全体の課題として何らかの施策を検討すべきなのか，今後の議論が待たれるところである．　［水島俊彦］

参考文献

・法政大学社会問題研究所，菅富美枝（2013）成年後見制度の新たなグランド・デザイン，法政大学出版局．
・水島俊彦（2014）司法ソーシャルワークと成年後見制度拡充活動：「佐渡モデル」からみる地域支援への発展プロセス，総合法律支援論叢，4，26−49．
・水島俊彦，児玉洋子（2018）論説・解説　成年後見制度と意思決定支援，実践成年後見，73，56−66．

【10-7】

性的マイノリティーの差別

セクシュアリティやリスクの概念は，近代の所産であり，近代の展開とともに性的マイノリティにとってのリスクは変化し続けている．以下では，歴史的変遷を示した後，今日的な状況と課題を示す．

◆セクシュアリティとリスクの歴史的変遷　西欧から始まった近代は，18 世紀に労働力確保が国家の関心事となり，人口問題は国家的リスク管理の対象となった．このため性科学が編成され，一夫一妻制からなる正規の婚姻の中での生殖に結びつく性行為を唯一正当と規定し，他を異常や病理とし，社会的排除や治療の対象とした（Foucault 1976）．一方，社会的包摂を企図した同化主義的運動が 19 世紀に興り，これが第 2 次大戦後アメリカに伝わり，ホモファイル運動と呼ばれた．

戦後アメリカは，資本主義経済・都市化の発達により家内経済から独立した都市生活が可能になり，性的指向性やアイデンティティの明確化が促進された（D'Emilio 1983）．だが生殖に結びつかない性行為を禁ずる「ソドミー法」により，逮捕後は新聞に氏名，住所，職業等が公表され，社会的生命を奪われる当事者がいた．ヘイトクライムに遭い命を奪われる者もいた．このころ同性愛の露見は当事者にとって社会・身体的生命のリスクであった．また，異性愛を自明とした家族にとっても成員内に同性愛者がいると露見した場合，社会・経済的制裁を受けるリスクがあると認識された．当事者のリスク回避策としては性的マイノリティであることを隠匿するしかなかった．

1960 年代の新左翼運動の影響を受け，欧米では同化主義の訣別と差別を支えるヘテロセクシズム（異性愛主義）とホモフォビア（同性愛嫌悪）への抵抗・打破が提唱された．カミングアウトをし，社会変革を訴えることが当事者の抱えるリスクの解体につながると理解された．ラディカル・ゲイ・リベレーションと呼ばれたこの運動は，異性愛を自明視する家族こそが同性愛を抑圧し，当事者のアイデンティティを否定するとして捉えられ家族解体も主張された．

1980 年代には，婚姻・養子縁組等の権利要求が萌芽した．これは英米圏での 1970 年代のレズビアンの出産ブーム，80 年代のゲイ男性の AIDS 禍が影響している．この権利要求は制度外で他者との関係を結びながら生きるリスクの解消要求である．89 年，ノルウェーで「登録パートナーシップ法」が，2000 年に同性婚がオランダで成立した．現在，主にキリスト教圏を中心に類似の進展がみられる．

◆グローバル化する「LGBT」運動とあらたなリスク　性的マイノリティの境

遇改善にまつわる動きは，日本では2000年代よりレズビアン，ゲイ，バイセクシャル，トランスジェンダーの頭文字である「LGBT」の言葉を掲げて展開されてきた．いじめや自殺，就業困難，貧困等の諸問題が提唱され，パートナーシップの制度化は第一級の議題とされている．これに応じて近年，自治体や企業等では制度化等の取り組みが活発になっている．2014年に大阪府大阪市淀川区で「LGBT支援事業」が，15年には東京都渋谷区，世田谷区等自治体レベルで同性パートナーシップの認証が開始された．また，19年には婚姻制度の同性間への不適用を違憲とする提訴が行われるに至った．グローバル企業を皮切りに，大企業から積極的な当事者の採用活動や福利厚生の適用が行われている．これらの動きは拡大傾向にあり，一部の性的マイノリティの社会的経済的リスクの軽減につながる．これらは，人権や平等の理念の徹底化や多様性の尊重の証明となる一方で，制度化による保護からこぼれ落ちる性的マイノリティの存在も指摘され，これへの批判も見られる．

すでにキリスト教圏で見られるような近年の日本の動きは，グローバル化の影響だと理解できる．欧米での「LGBT」運動は白人ゲイ男性優位の規範性，すなわちホモノーマティヴィティがクィア理論の立場から問題とされてきた．同様の問題を日本も抱えているとする批判である．また同性パートナーシップへの認証や保障は，カップル関係を結び，子を持ち，家族を形成することこそが正しい生き方だとするヘテロノーマティヴィティ（異性愛規範性）に迎合しているものだとする批判も行われている．とりわけ自治体や企業における同性パートナーシップへの認証や保障は，イメージアップや経済活動と結びつき，新自由主義やヘテロノーマティヴィティに迎合する「新しいホモノーマティヴィティ」だと告発し，ここからこぼれ落ちる人々の存在の指摘がそれにあたる（清水2017）．

無論，こぼれ落ちるのは性的マイノリティだけではない．マジョリティと見なされがちな異性愛者にも上記のような家族を形成しない／できない人々，たとえば生涯未婚者や，シングル親，オープンな関係を指向する人々等がいる．これらの人々もまた社会的排除に遭っており，社会的・経済的リスクを抱えている．解決策として，既存の社会システムへの包摂が適切か，まったく異なる視点からの社会変革が適切かの模索が行われている．　［志田哲之］

参考文献

・清水晶子（2017）ダイバーシティから権利保障へ：トランプ以降の米国と「LGBTブーム」の日本，世界，895，134−143，岩波書店．

・デミリオ，J. 著，風間孝訳（1997）資本主義とゲイ・アイデンティティ，現代思想，25（6），145−158，青土社（D’Emilio, J.（1983）Capitalism and Gay Identity, *Powers of Desire*）．

・フーコー，M. 著，渡辺守章訳（1986）性の歴史Ⅰ：知への意志，新潮社（Foucault, M.（1976）*La Volanté Du Savoir*（*Volume 1 de Histoire de La Sexualité*）, Gillmard）．

【10-8】

定住外国人の社会的排除と多文化共生

現代日本は格差社会とされ，正規雇用と非正規雇用が二分され，一度非正規労働に就くと，なかなか正規労働ができない状況が続いている．中でも 2016 年末現在の在留外国人が 238 万 2822 人と，前年比で 15 万 633 人（6.7%）増加している（法務省 2017）．彼らは製造業が盛んで工場が多い地域に居住することが多く，低賃金で多くの家族を養う実態が国内の格差社会を助長している原因となっている（出井 2016）．彼らの多くが家族を伴って来日し，外国人との共生社会を築かなければ，人口減少が著しく進む日本社会にリスクがかかる．

日本政府は，外国人の単純労働者を受け入れる移民政策をとっていない．しかし，増え続ける外国人住民たちに対しては，渡来人の歴史をもつ中国や韓国・朝鮮系住民を「オールド・カマー」と位置づける一方，1970 年代以降特に，1990 年改正の「出入国管理及び難民認定法」（入管法）の施行に伴い，製造業を中心とした地域に家族とともに移住している南米系日系外国人を「ニュー・カマー」と分類し，その教育環境や国際交流の実態，公立学校や外国人学校の実態を中心とした調査・研究が進んでいる．

◆リスク回避につながる教育体制の整備　昨今は，外国人住民の家族関係においても，両親または一方の親は日本以外の国で生活してきたが，その子どもは日本で出生し，日本国内で義務教育を受けているため，家庭内における使用言語が親子で違う実態がある．また，両親の母語は日本語ではないが，苗字は日本名，子どもは地元の公立校に通学するなどの事例もある．外国人住民に対する日本語学習や教科の補習など，教育環境を整えることが，社会的排除リスクの回避につながる．外国人住民について，政府は「生活者」としての視点から多文化社会の構築に向けた，共生施策を打ち出している．政府は，国内に在留する外国人が近年増加し，2019 年 4 月には新たな在留資格を創設することを受け，「外国人材の受入れ・共生のための総合的対応策（概要）」をまとめた．特に「生活者」としての支援のうち，「円滑なコミュニケーションの実現」として日本語教育の充実などを掲げている（法務省 2018）．

国や自治体においても多文化共生策が充実してきた．その背景には，例えばユネスコの報告書があり，「生涯を通じた学習とは『知ることを学ぶ』『為すことを学ぶ』『共に生きることを学ぶ』『人間として生きることを学ぶ』という 4 本柱を基とする」とする指針と勧告を示している（ユネスコ 1997）．国際理解や平和等に関する教育を持続可能な観点から実施する側面があるためだ．国内では 2001 年に自治体等が外国人集住都市会議を発足させ，外国人住民の教育や福祉を中心に自治体間の情報交換を行っている（外国人集住都市会議 2017）.

◆世論調査結果と犯罪動向　国内においては，少子高齢化が年々進み，労働力不足が一層進むことが予測され，移民政策導入の是非が問われることが多い．朝日新聞社が 2015 年に，日本とドイツで実施した世論調査結果を公表したが，永住を希望する外国人を移民として受け入れることについて，日本側は「賛成」が 51％で，「反対」の 34％より多かった．一方，読売新聞社が同年に行った世論調査では，日本での定住を希望する外国人を移民として受け入れることについて，「賛成」は 38％，「反対」が 61％と，朝日新聞社調査とは逆の結果が出た．しかし，読売新聞社調査においても 20 歳代は「賛成」「反対」がほぼ半数ずつであった．両調査において，外国人の労働者や住民が増えると「治安が悪くなる」といった考え方が若者から高齢者まで根付いていることがわかる．しかし，『平成 25 年版犯罪白書』が「グローバル化と刑事政策」という特集を掲載したが（法務省 2013），それによれば 2004～05 年のピーク時を機に，来日外国人による犯罪は減少している．また，これを踏まえて，同白書は「グローバル化の進展にもかかわらず，来日し在留する外国人による犯罪情勢の悪化は招いていないと認められる」としていることからも，外国人の増加自体が「リスク」になるわけではない．しかし，特に「ニュー・カマー」が増えた 2000 年代ごろまでは，不登校となる外国人の児童・生徒が外国人集住都市で社会問題となり，外国人学校の存在が注目されたが，学校法人化が達成できない学校の運営は厳しい状況にあった．

◆高まる夜間中学の重要性　2016 年 12 月に「義務教育の段階における普通教育に相当する教育の機会の確保に関する法律」（以下，教育機会確保法）が成立し，第 14 条に夜間中学で学齢期を経過した人に必要な措置を講じている（文部科学省 2016）．多様性を尊重する社会では，外国人との共生を前提とする教育環境の整備が必要で，夜間中学が注目される．文部科学省の資料によると，夜間中学は戦後の混乱期に義務教育の機会を提供する目的で設置された．夜間中学は現在，義務教育を修了しないまま学齢期を経過した者，不登校などで十分な教育を受けられないまま中学校を卒業した者に加え，在留外国人の義務教育を受ける機会を担っている．文部科学省は，各都道府県に少なくとも 1 つは夜間中学を設置することを目指す方針を掲げるが，2016 年度現在，全国 8 都道府県 25 市区 31 校で，新設も数校にとどまる状況である．外国人との共生リスクを抱えないためには，教育格差をなくすことが求められる．公教育の場で外国人の子どもを受け入れることが，多様性を認める社会へとつながる．　［大重史朗］

📖 参考文献

・朝日新聞「移民に『賛成』日本 51％」2015 年 4 月 18 日付朝刊.
・出井康博（2016）ルポニッポン絶望工場，講談社＋α新書.
・読売新聞「移民に反対 61％」2015 年 8 月 26 日付朝刊.

【10-9】
雇用社会のリスク

労働者と使用者の間では，利害が必ずしも一致しないため，様々な紛争が生じることがある．その多くは個々の労働者と使用者との間の労働紛争である．

近年は，労務管理の個別化，就業形態の多様化に伴い，労働関係をめぐる紛争もまた変遷しつつある．本項では，近年，新しい問題として取り上げられることが多いワーク・ライフ・バランス，非正規労働者，そして過労死・過労自殺に関する労働紛争ついて検討する．

なお，本項で言う「リスク」とは，雇用社会に内在する労働紛争のリスクを言う．しかし，その原因は，使用者側が当然に守るべき法律そのものを知らない場合や，また労働者側にも法律知識が欠けている場合が少なくない．そこで，当該リスクについて検討するにあたっては，労働関係法令および労働紛争に関する裁判例を参照する．

◆ワーク・ライフ・バランス

(1) 問題の所在　ワーク・ライフ・バランスとは，「多様な働き方が確保されることによって，個人のライフスタイルやライフサイクルに合わせた働き方の選択が可能となり，性や年齢にかかわらず仕事と生活との調和を図ることができるようになる．男性も育児・介護・家事や地域活動，さらには自己啓発のための時間を確保できるようになり，女性については，仕事と結婚・出産・育児との両立が可能になる」（労働市場改革専門調査会 2007）と定義される．

すなわち，「仕事も生活もともに充実させる生き方」を言うと解することができる．

(2) ワーク・ライフ・バランスに関する法規制　労働者は，仕事を継続していく中で，ワーク（職業生活）とライフ（家庭生活）との調和を要求されることがある．その代表例が育児と介護である．育児と介護は，長期にわたり労働者を拘束することが多く，仕事を続けられないほどに過大な負担となる．このようにワーク・ライフ・バランスは，社会的対応をとることが緊急の課題として意識されるようになり，「育児休業，介護休業等育児又は家族介護を行う労働者の福祉に関する法律」（「育児・介護休業法」）が成立した．

「育児・介護休業法」は，1991 年に，「育児休業等に関する法律」（「育児休業法」）として誕生し，その後の諸改正を経て，労働分野でのワーク・ライフ・バランスに関して総合的な規律を行う法規としての性格を備えつつある．

さらに，ワーク・ライフ・バランスは家庭生活に限らず自己啓発や地域との交流等を含めた個人生活全般についても問題となる．こうした観点から，「労働契約法」(「労契法」) も,「労働契約は, 労働者及び使用者が仕事と生活の調和にも配慮しつつ締結し, 又は変更すべきものとする」(第3条第3項) と規定している.

(3) ワーク・ライフ・バランスをめぐる裁判例　ワーク・ライフ・バランスは, 労働者の私生活上の事情と使用者の配転命令という形で争われることがある.

同居中の母親と保母 (保育士) をしている妻との別居を余儀なくされる配転命令を拒否したことが争われた東和ペイント事件 (最二小判昭和61.7.14判時1198号149頁) で, 最高裁は, 配転命令が「不当な動機・目的をもってなされたものであるとき若しくは労働者に対し通常甘受すべき程度を著しく超える不利益を負わせるものである等, 特段の事情の存する場合でない限りは, ……権利の濫用になるものではない」としたうえで,「転勤がXに与える家庭生活上の不利益は, 転勤に伴い通常甘受すべき程度のものというべきである」と判示した.

一方, 精神病に罹患している妻を残しての単身赴任や, 妻とともに介護しなければならない母親を残しての単身赴任の配転命令の妥当性が争われたネスレ日本事件 (大阪高判平成18.4.14労判915号60頁) では,「本件配転命令はXらに通常甘受すべき程度を著しく超える不利益を負わせるもので配転命令権の濫用にあたり, 無効」であると判示している.

以上のとおり, 裁判例では, 労働者に対して「通常甘受すべき程度を著しく超える不利益性」の判断が個々の労働者の家庭の事情によってなされている.

(4) ワーク・ライフ・バランスの実現への課題　安定した雇用のもとでワーク・ライフ・バランスを実現するためには, 前記「労働市場改革専門調査会」では, 以下の3つの政策が基本となるとしている. 第1に,「生涯を通じて, 男性も女性も, 多様な働き方の選択が可能」な社会を実現することである. そのためには, 正規・非正規を問わない「処遇の合理性の保障」, およびテレワークや在宅勤務などを活用するための「IT環境の整備や仕事・労働時間管理の仕組み」が必要である. 第2に,「個人を単位とした働き方」の拡大, および「時間あたりの生産性を高めること」が必要である. そして第3に,「年間の労働時間の削減」を行うことで,「労働者の健康管理を保障すること」である.

◆非正規労働者

(1) 問題の所在　わが国では, 長期雇用システムのもとで正規労働者が典型的な雇用形態とされてきた. 正規労働者とは, 企業で正社員などと呼ばれ, フルタイムで長期にわたって期間の定めのない労働契約によって雇われ, その企業で就労する労働者である. これに対し, 非正規労働者は, 量的な柔軟性を提供しうるいわゆる雇用の調整弁として長期雇用システムの周辺に位置づけられてきた.

2019年2月に総務省が発表した「労働力調査」によれば, 非正規労働者が労働者全体に占める比率は, 2013年は36.6%, 2014年は37.4%, そして2015年は37.5%と増加し続けてきた. 2016年は37.5%と横ばいとなり, 2017年は37.3%

と一旦減少した．しかし，2018 年には再び 37.9％と増加に転じている．

これらの労働者は，パートタイマー，アルバイト，派遣社員，嘱託，臨時社員，契約社員，出向社員などと呼称されており，正社員に比べて，極端に低い賃金と雇用の不安定性という特有の問題を抱えているとされている．

(2) 非正規労働者に関する法規制　非正規労働者も労働者である限り，原則として，「労働基準法」(「労基法」)，「最低賃金法」(「最賃法」)，「労働安全衛生法」(「労安衛法」)，「労働者災害保障保険法」(「労災保険法」)，「労働組合法」(「労組法」) などの各労働法規が適用される．

さらに，「1 週間の所定労働時間が同一の事業所に雇用される通常の労働者……に比し短い労働者」については，1993 年に制定された「短時間労働者の雇用管理の改善等に関する法律」(「パートタイム労働法」) があわせて適用される．

また，無期労働契約形態にある正社員と同様な職務内容にありながら，有期の契約形態下に非正規労働者として位置づけられ，正社員と労働条件が大きく相違する労働者も多数存在する．2012 年の「労契法」の改正に際しては，このような有期契約労働者と無期契約労働者間の労働条件の格差に立法上対処すべく，第 20 条が新設され，「同一の使用者」のもとでの有期契約労働者と無期契約労働者間の労働条件の相違が労働者の「職務の内容」(業務の内容と責任の程度)，「当該職務の内容および配置の変更の範囲その他の事情」を考慮して，「不合理と認められるものであってはならない」と規定された．

なお，「労契法」第 20 条は，2014 年 4 月より，「パートタイム労働法」とあわせて，「短時間労働者及び有期雇用労働者の雇用管理の改善等に関する法律」(「パートタイム・有期雇用労働法」) 第 8 条として再規定され施行される．

(3) 非正規労働者の格差をめぐる裁判例　期間 2 カ月の雇用を反復更新されて長期勤続しつつ，正社員と同じ労働時間，同じ職務に従事していた女性臨時社員の一部が，同一職務の女性正社員との賃金格差について，差別であると主張して，差額相当分の損害賠償を求めた丸子警報器事件（長野地上田支判平成 8.3.15 労判 690 号 32 頁）では，「同一（価値）労働同一賃金の原則の基礎にある均等待遇の理念は，賃金格差の違法性判断において，ひとつの重要な判断要素として考慮されるべきものであって，その理念に反する賃金格差は，使用者に許された裁量の範囲を逸脱したものとして，公序良俗違反の違法を招来する場合がある」として，上記臨時社員の賃金が同じ仕事に従事する同じ勤続年数の女性社員の 8 割以下になるときは，均等待遇の公序に違反すると判断した．

有期契約労働者と無期契約労働者の間の不合理な労働条件の相違を禁止した「労契法」第 20 条に違反するか否かが争点となった 2 つの最高裁判決がある．

その 1 は，ハマキョウレックス事件（最二小判平成 30.6.1 労判 1179 号 20 頁）である．本件は，期間の定めのある配車ドライバーとして雇用された労働者が，正社員との間で職務内容に大きな違いがないにもかかわらず無事故手当・作業手当などの点で格差が設けられていることの違法性を争った事案である．最高裁は，「労契法」第 20 条に言う「不合理と認められるもの」とは，「有期契約労働者と無期契約労働者との労働条件の相違が不合理であると評価することができるものであることを言うと解するのが相当である」としたうえで，無事故手当，作業手当，給食手当，通勤手当についての相違は不合理なものであるとした．

その 2 は，長澤運輸事件（最二小判平成 30.6.1 労判 1179 号 34 頁）である．本件は，60 歳で定年退職した後，有期労働契約を締結し勤務していた労働者が，職務内容や，職務内容・配置の変更範囲の点で違いがないにもかかわらず，定年後再雇用労働者の賃金が，定年前の正社員より低く設定されていることの違法性を争った事案である．最高裁は，不合理性の判断にあたっては，「賃金の総額を比較することのみによるのではなく，当該賃金項目の趣旨を個別に考慮すべきものと解するのが相当である」としたうえで，精勤手当および超勤手当（時間外手当）にかかる労働条件の相違は，「不合理と認められるもの」にあたると判断した．

これらの最高裁判例は，有期契約労働者と無期契約労働者との労働条件の相違をどのように処理するかについて実務上の有益な判断基準を提供するものである．

(4) 非正規労働者をめぐる課題　前記「労働力調査」によると，非正規労働者は 2018 年は 2120 万人と，前年に比べ 84 万人増加している．非正規で働く主な理由は，「家計の補助・学費等を得たいから」(19.7%)，「家事・育児・介護等と両立しやすいから」(12.7%）などを抑え，「自分の都合の良い時間に働きたいから」が最も多く，前年同期よりも 53 万人増の 597 万人と全体の 29.9% を占めた．「正規の職員・従業員の仕事がないから」非正規で働いている労働者（不本意非正規労働者）の割合は，全体の 12.8% と依然として高いものの前年同期より 18 万人も減少している．

非正規労働者は，長期雇用システムにおける「雇用の調整弁」として雇用されてきた．しかしながら，「労働力調査」に見るとおり，全体の 3 割の労働者は，現在の雇用形態をみずから望んで選択している．しかも，その傾向は一層顕著になりつつある．

正規労働者と非正規労働者の雇用および賃金・労働条件における平等取扱いのための法的介入は，不本意非正規労働者に対しては，有益であると言える．しかし，みずから望んで選択して非正規となっている労働者が増加している現状に鑑みると，今後は，非正規労働者を雇用システムにおける働き方の一形態として位置づける必要があろう．その際，「処遇の合理性の確保」は是非とも必要である．

◆過労死・過労自殺

(1) 問題の所在　近年，脳出血や心筋梗塞などの急性脳・心臓疾患による労働者の死亡（過労死）などについて労災保険給付の請求がなされ，それが業務上のものかどうかが争われる事例が増えている．これらの疾患は，高血圧や動脈硬化などの基礎疾病や素因をもつ労働者に発症することが多いため，どのような基準で業務起因性を判断するかが困難な問題となる．

また，労働者が，長時間労働や勤務の重圧・ストレスなどによって心因性精神障害に罹患し自殺するケース（過労自殺）がある．自殺は，労働者自身の自由意志が介在するため，通常は業務外とされる．しかしながら，心因性精神障害に罹患し自殺したようなケースでは，正常な意思能力が欠如していた状態にあったと言えるため，このような場合の「業務上外判断」が問題となる．

(2) 過労死・過労自殺をめぐる法規制　行政解釈（「脳血管疾患及び虚血性心疾患等（負傷に起因するものを除く．）の認定について」（平13基発1063号））は，①業務による明らかな過重負荷によって，②基礎疾病がその自然的経過を超えて著しく増悪し，これらの疾患が生じた場合には，業務起因性が認められるとしている．また，精神障害の発症に対しては，「心理的負荷による精神障害等に係る業務上外の判断指針」（平11基発544号）が作成されている．

さらに，過労死・過労自殺（過労死等）の問題に対する社会的関心の高まりの中で，2014年に，過労死等の防止のための対策の推進・過労死等防止対策推進協議会の設置，組織などについて定めた「過労死等防止対策推進法」（「過労死防止法」）が議員立法により成立した．

「過労死防止法」は，これまで法的な定義がなかった過労死等を「業務における過重な負荷による脳血管疾患若しくは心臓疾患を原因とする死亡若しくは業務における強い心理的負荷による精神障害を原因とする自殺による死亡又はこれらの脳血管疾患若しくは心臓疾患若しくは精神障害」と定義した（第2条）．したがって，死亡に至らない疾患等も本法の対象となっている．

「過労死防止法」は，過労死等をさせた事業者に罰を科すなど直接これを取り締まるものではない．しかし，国のとるべき対策として，①過労死の実態の調査・研究，②教育・広報など国民への啓発，③産業医の研修など相談体制の整備，④民間団体の支援を掲げている．

その他，過労死等防止のための「労安衛法」上の規制としては，包括的には，第69条第1項の規定による労働者の健康の保持などの努力義務があるほか，具体的な規定としては，第66条の8および第66条の9の規定による長時間労働者に対する医師による面接指導制度等の整備がある．

(3) 過労死・過労自殺をめぐる裁判例　使用者は，労働契約上の義務として，労働者の安全に配慮する義務（安全配慮義務）を負うと解されている．そして，「労契法」第5条は，「使用者は，労働契約に伴い，労働者がその生命，身体等の安全を確保しつつ労働することができるよう，必要な配慮をするものとする」と定め，この法理を明文化している．

裁判例の傾向は，行政通達の基準を超える長時間労働等の過重な業務が認められる場合，使用者側で，過労死等が基礎疾患を主原因とするものであるといった特段の事情を立証できなければ，業務と死亡との相当因果関係が認められるのが一般的である．そして，このような場合，業務を軽減するなどの措置を怠ったとして，使用者側に安全配慮義務違反が認められることが多い．過度の長時間労働によりうつ病に罹患し自殺した労働者の遺族が損害賠償を請求した電通事件（最二小判平成 12.3.24 民集 54 巻 3 号 1155 頁）では，「使用者は，その雇用する労働者に従事させる業務を定めてこれを管理するに際し，業務の遂行に伴う疲労や心理的負荷等が過度に蓄積して労働者の心身の健康を損なうことがないよう注意する義務を負う」としたうえで，恒常的に著しい長時間労働に従事していること，およびその健康状態が悪化していることを認識しながら，その負担軽減措置をとらなかったとし，会社の過失責任（安全配慮義務違反）を認定した．

なお，損害賠償額の決定にあたっては，従業員の基礎疾患を考慮し，賠償額を減額し使用者の責任を軽減することがある．基礎疾患を有する被災者が，業務上の過重負荷により急性心筋虚血で死亡したことにつき遺族が会社に対して損害賠償を請求した NTT 東日本北海道支店事件（最一小判平成 20.3.27 労判 958 号 5 頁）では，「被害者に対する加害行為と加害行為前から存在した被害者の疾患とが共に原因となって損害が発生した場合において，当該疾患の態様，程度等に照らし，加害者に損害の全部を賠償させるのが公平を失するときは，裁判所は損害賠償の額を定めるに当たり……被害者の疾患を斟酌（しんしゃく）することができる」と判旨している．

(4) 過労死・過労自殺をめぐる課題　戦後日本では，長時間労働を組み込んだ日本的経営システムが構築され，そのもとで高度経済成長が実現し，日本は世界有数の経済大国となった．長時間労働を解消し，過労死等を防止するためには，歴史的に形成されてきた「長時間労働神話」から脱却し，もっと短い労働時間で経営を進める方向に大きく舵を切る決断をすることが求められる．

また，過労死等の問題は，企業の問題だけだと考えられがちである．しかし，サービスを受ける消費者側による過度な期待が負担となって労働環境を悪化させている側面もある．長時間労働を是正し，過労死等を減少させるためには，私たち消費者も労働者への過度な要望を慎むという意識改革が必要であろう．

［幡野利通］

📖 参考文献

・菅野和夫（2017）労働法（第 11 版補正版），弘文堂．
・山川隆一（2008）雇用関係法（第 4 版），新世社．
・渡辺章（2009）労働法講義（下），信山社．

【10-10】
消費生活のリスク

消費生活とは，ひとがみずからの生活を営む中で，商品やサービス（役務）を選択，購入，利用する部分のことを言う．消費者は商品やサービスを最終的に選択し，購入し，利用する主体であり，契約者，購入者という一過的な役割も包含する．完全な自給自足の生活はありえず，家計消費が国民総生産の6割以上を占める今日のわが国の市場経済社会にあって，すべてのひとは消費者としての側面を有しており，消費生活のリスクは誰にとっても身近なリスクとなる．

◆消費者の特徴　消費者はしばしば事業者と相対して扱われる．事業者との関係において消費者には以下の3つのような特徴があり，これらが根源的な要因となって消費者の被害や不利益の発生可能性に関わっている．その特徴とは，以下のとおりである．①情報の非対称性：消費者側の情報が量質ともに劣る．②交渉力の格差：消費者は交渉力において劣る．③脆弱性：消費者は生身の人間（自然人）であり，経済的資源も限られ，特に心身に対する不可逆的な被害を受けうる脆弱な存在である．このような特徴をもつ消費者にとって，独自に被害や不利益の問題を解決することは困難であり，事業者，政府，さらには消費者団体がなんらかの取り組みを行うことになる．

◆わが国の消費生活をめぐる問題と政策の変遷　わが国においては，第2次大戦の終戦直後に粗悪品やヤミ物価が横行し，その撲滅に向けた主婦らを中心とする消費者運動が始まった．1960年代になると高度経済成長を背景に，大量生産，大量販売の経済構造が拡大，カネミ油症事件といった食品への有害物質混入や欠陥商品による消費者被害が多発し，人々の消費者問題への関心が高まりを見せる．1968年には「消費者保護基本法」が制定され，それ以降，全国の地方自治体に消費生活センターが設置されるなど，日本の消費者保護の制度が整備されていく．

1970年代に入ると，マルチ商法など販売方法や契約等に関する新しいタイプの消費者問題が発生する．1980年代には経済のサービス化や情報化，国際化が加速した．いわゆるサラ金被害が社会問題化し，「貸金業の規制等に関する法律」が制定されたのもこの頃である．

1990年代から2000年代前半は，消費者と事業者との間の情報および交渉力の格差を考慮した民事ルールの整備が進んだ時期である．「製造物責任法」「消費者契約法」「金融商品の販売等に関する法律」「電子消費者契約及び電子承諾通知に関する民法の特例に関する法律」などが相次いで整備された．食の分野では，牛海綿状脳症（BSE）問題を契機に「食品安全基本法」が制定され，食品安全委員会が設置された．

わが国の消費者政策の方向性が大きく転換するのは，「消費者保護基本法」が改正され，新たに「消費者基本法」が制定された2004年である．従前の「消費者保護基本法」においては，消費者の「保護」を通じて消費者の利益の擁護および増進を確保することが基本であった．一方，「消費者基本法」は，「消費者の権利の尊重」「消費者の自立の支援」を消費者政策の基本としている．消費者を「保護」の対象から経済社会における重要な「主体」と位置づけるとともに，消費者団体についてもその役割を法律上初めて規定した．2009年には消費者庁および消費者委員会が設置された．新しい体制のもとでは，消費者事故等に関する情報が消費者庁に一元的に集約され，関係機関との情報共有，連携等による取り組みおよび法執行が行われている．

◆消費者の権利と消費者法　消費者の権利としては，1962年に米国のケネディ大統領が消費者保護特別教書において提示した4つが有名である．①安全である権利，②選択する権利，③知らされる権利，④意見を聞かれる権利がそれで，この教書は後の世界の国々の消費者政策の出発点となった．これにフォード大統領が⑤消費者教育の権利を加え（1975年），さらに国際消費者機構（CI）によって，⑥最低限の需要を満たす権利，⑦救済を受ける権利，⑧健康的な環境を享受する権利が加えられ（1982年），国際的に8つの消費者の権利が主張されている．

消費者が権利を適切に行使できる仕組みを法的に整備することは消費者政策の重要課題である．わが国では消費者法（消費者の権利・利益を守る機能を有する法領域・法律群のこと．「消費者法」という名称の法律があるわけではない）が整備され，被害の未然防止，拡大防止，ならびに被害の迅速かつ適切な救済を行ううえでの根拠となっている．消費者法のうち，包括的な法には「消費者基本法」「消費者安全法」「消費者庁及び消費者委員会設置法」（所管はいずれも消費者庁）がある．また，安全性の確保，消費者契約の適正化，計量・規格・広告その他の表示の適正化の3つに目的を分けたとき，それぞれ次のような法律（その所管）が整理されることになる．

① 安全性の確保：「製造物責任法」（消費者庁），「消費生活用製品安全法」（消費者庁，経産省），「食品衛生法」（消費者庁，厚労省），「薬機法」（厚労省），「電気用品安全法」（経産省）など

② 消費者契約の適正化：「消費者契約法」（消費者庁），「特定商取引に関する法律」（消費者庁，経産省），「利息制限法」（金融庁），「金融商品の販売等に関する法律」（消費者庁，金融庁）など

③ 表示の適正化：「計量法」（経産省），「農林物資の規格化及び品質表示の適正化に関する法律」（「JAS法」）（消費者庁，農水省），「家庭用品品質表示法」（消費者庁）など

◆消費生活リスクのスコープの拡大　消費生活をめぐるリスクについて，従来は商品やサービスの最終消費主体である消費者に生じる被害・不利益の問題とし

て捉え，その発生可能性を小さくし，被害が具現化した場合に速やかに救済を図ることに主眼がおかれてきた．しかし，近年ではリスクの範囲をより広く捉えることが国際的な動向となっている．すなわち，加速するグローバル化の中，個人の消費の結果は，本人の被害・不利益だけにとどまるものではなく，地球環境の悪化，途上国における労働問題や人権問題などの発生可能性も射程に入れて消費生活の問題を捉えようとする考え方である．

2009年に提出された経済協力開発機構（OECD）消費者政策委員会の消費者教育政策提言（OECD 2009）では，持続可能な消費が重要とされ，その実現に向けての消費者の役割が強調されている．またCIは，消費者の責任として，①批判的意識を持つ責任，②主張し行動する責任，③社会的弱者への配慮責任，④環境への配慮責任，⑤連帯する責任を提唱している．エシカル消費（環境や社会に配慮した商品・サービスを選択，購入し消費すること）を行うことはその具体例である．

組織の社会的責任に関する規格である国際標準化機構のISO26000は，持続可能な発展に貢献することを目的とし，7つの中核主題を掲げている（ISO 2014）．その1つが消費者課題であり，事実に即した偏りのない情報，消費者の安全衛生の保護，持続可能な消費，教育および意識向上等を具体的課題としている．また，同規格は人権についても中核主題として扱っており，人権デューディリジェンス（当該組織が社会に与えうる人権への悪影響を防止・軽減するための管理過程）の導入が課題とされている．

◆新たな消費生活リスクの出現　近年のこのような動向がある一方で，消費者本人の被害や不利益に係るリスクへの懸念がなくなったわけではない．むしろ，消費者を取り巻く環境の変化によって消費者本人にとってのリスクは多様化，拡大化している．電子商取引に関するリスクがその典型である．経産省商務情報政策局によると，2016年の日本国内の消費者向け電子商取引（B to C-EC）市場規模は，15.1兆円（前年比9.9％増）まで拡大している．また，同年のネットオークション市場規模は，1兆849億円（うち，C to C部分3458億円）になるなど，近年ではECチャネルの1つとして個人間ECが急速に拡大している．これに伴うリスクも増大傾向にある．国民センターが運用する全国消費生活情報ネットワーク・システム（PIO−NET）によると，2015年度に全国の消費生活センター等が受け付けた相談のうち，販売方法に問題のある相談は全相談件数の約5割を占めているが，その中で最も件数が多いのは「インターネット通販」（約21万件）であり，「偽物や粗悪品が届いた」などの被害相談が寄せられている．電子商取引については「特定商取引に関する法律」（「特定商取引法」）の規制の対象であり，ガイドラインも様々に制定されているが，海外Webサイトとの取引など国境を越えた電子商取引も増加し，消費者の救済が困難なケースが多い．

また，近年では高齢者をねらった悪徳商法被害や振り込め詐欺（架空請求詐欺，還付金詐欺等）による被害も増加し，大きな社会問題となっている．

◆消費者教育の目的と内容　市場経済の発展と消費にかかる問題の増加に伴い，消費者に対する啓発活動および教育の必要性が指摘されることになる．わが国の「消費者基本法」は，消費者に対し教育の機会が提供されることが消費者の権利であることを明記しており，「消費者基本計画」もこれを受けて策定される．

さらに2012年には，「消費者教育の推進に関する法律」（「消費者教育推進法」）が成立する．同法は消費者教育を「消費者の自立を支援するために行われる消費生活に関する教育（消費者が主体的に消費者市民社会の形成に参画することの重要性についての理解および関心を深めるための教育を含む）およびこれに準ずる啓発活動」と定義し，消費者教育の射程を，消費者本人の被害・不利益の未然防止や回復のために必要なリテラシーの向上にとどめず，公正かつ持続可能な社会の形成に積極的に参画する消費者としての主体形成にも広げている．

消費者教育の具体的内容は，2013年1月に消費者庁から公表された「消費者教育の体系イメージマップ」に示されている．これを見ると，消費者教育は，①消費者市民社会の構築，②商品等の安全，③生活の管理と契約，④情報とメディアの4分野を重点領域とし，持続可能な消費の実践，消費者の参画・協働，商品安全の理解と危険を回避する能力，トラブル対応能力，選択し契約することへの理解と考える態度，情報の収集・処理・発信能力といった能力・態度の育成を目指す教育となっている．また，消費者教育は，幼児期から高齢期の生涯にわたり，学校，地域，家庭，職域その他の様々な場を通じて行われるとしている．

◆消費生活にかかる課題解決にむけてのガバナンス　戦後の混乱期から現在に至るまで，その時々の社会経済情勢を背景に消費生活の問題が生じ，これに対する消費者の声や運動がきっかけとなり，それがやがて政策論に結びついて消費者のための様々な規制や取り組みが積み重ねられてきた．その過程では，消費者がみずから商品テストを行うなどして情報提供型消費者運動を行い，自分たちがどのような商品やサービスを望むのかを発信したことも大きな役割を果たした．これらのダイナミズムの総体は，リスクの当事者である消費者を含めたガバナンスをなしている．従来，消費者と事業者とは被害や不利益を受ける者–もたらす者という対立関係で捉えられることが一般的であった．今後，消費生活のリスクの概念が拡大する中で，持続可能な社会を構築するための課題解決という新たなフレーミングのもと，両者には協働の関係がいっそう求められよう．［奈良由美子］

📖 参考文献

・西村隆男（2017）消費者教育学の地平，慶應義塾大学出版会．

【10-11】
地域社会の崩壊と再生

地域社会の崩壊という言葉でまず想い起こすのは，1960年代からの高度経済成長により農山村から都市部への大量の人口移動が起き，地域の産業衰退により人口減少が加速化し，高齢者は医療，介護サービスの提供を受けられず離村し，コミュニティーの崩壊を招いてきている各地での状況である．過疎とは人口が大幅に減少し，住民が一定の生活水準を維持することが困難になることを指すが（山内 2009），過疎地域と見なされる要件は人口減少率，高齢化比率が一定値を上回り，若年者比率が一定値を下回る地域である（過疎地域自立促進特別措置法）．全国1700余りの市区町村の内，人口流出に歯止めがかからず存続ができなくなる可能性のある約半数896自治体を消滅可能性都市・自治体として元総務相の増田寛也氏代表の日本創生会議が2014年に試算し大きな話題となった．しかし地域社会の崩壊は過疎化だけではない．1990年代初頭のバブル崩壊後，業績の悪化した企業はリストラを繰り返し，非正規雇用労働者は1994年から漸増し2017年平均で雇用者全体の37.3％（厚生労働省）となり，単独世帯も2010年に3割を超し，都市の地域でもコミュニティーの崩壊を招いている．

◆地域社会の崩壊リスクと社会的排除　家族，故郷，会社等での人の繋がりが薄れ，誰にも知られず亡くなり，死後長時間放置された孤立死（厚労省）が阪神・淡路大震災の後，高齢者の間で相次いだ．孤立する人が増えているこの状況をNHKが2010年に「無縁社会」として特集したが，2016年には孤立死の約4分の1が東京23区内の20代から50代の現役世代に起きたことから全世代に渡る問題として表面化した（東京都監察医務院調査）．このような現役世代の孤立死を招く社会の要因の1つとして社会的排除があげられる．社会的排除とは，貧困問題を従来のように単に所得・消費の面から捉えるのではなく，教育・家庭・雇用・近隣などの社会関係からの排除に焦点を当てて幅広くその原因を探る分析法であり，現代の先進国での若者の失業や非正規雇用の拡大などを背景とした相対的貧困の拡大の仕組みを動態的に捉える手法である（日下部 2016，岩田・西澤 2005）．社会的排除は70〜80年代に長期の失業問題を抱えたフランスに発し，英国では1980年代の保守党サッチャー政権による新自由主義政策により社会的排除が発生したため，1997年に登場したブレア—新労働党政権では「第三の道」としてコミュニティー支援策を振興した．このプロセスで注目されたのが社会的包摂策を支えるソーシャル・キャピタルであった．

◆ソーシャル・キャピタル（社会関係資本）論の動向　米国の政治学者，R.パットナム（Putnam 2006）はソーシャル・キャピタル（SC）を個人間の繋がり，すなわち社会的ネットワークおよびそこから生じる互酬性と信頼性の規範で社会の効率性を高めるものと定義し同概念を広めた．彼はイタリア州政府の統治効果の差異をSCの豊かさの差によって説明できるとし，市民活動の原動力として論じた．グラノベッター（Granovetter, M）の指摘した強い繋がりと弱い繋がりの比較を踏襲し，出身，背景など似たもの同士の強い繋がりのSCをボンディング・キャピタル（絆のSC），出身や背景は似ていないが興味・目的を共有する多様な者同士の緩やかな繋がりをブリッジング・キャピタル（橋渡しのSC）として2種の異なる属性のSCがあることを指摘した．米国の教育社会学者であるコールマン（Coleman, J）はSCを集団の協調行動を起こし，効率的に目的を達成させる公共的側面をもった資本とし，とりわけ家庭および地域における次世代の人的資本の創出においての重要性を説いた．A. ギデンズ（Giddens著，今枝・干川訳 2003）はSCとは公共的生活にとってきわめて重要な，諸個人が社会的支援の際に活用できる信頼のネットワークのことであるとしている．ギデンズがブレーンであった英国ブレア―労働党政権において2001年から導入された地域再生のための地域戦略パートナーシップは公的機関，民間部門，ボランタリー部門の代表者から成り，地域のニーズを最も把握している地域住民に参加の機会と権限を与えた点に特徴がある（金川 2008）．

ライディンとホルマン（Rydin and Holman 2004，日下部 2016）は，このようなパートナーシップにおいて機能しているSCの関係性は従来の地域の共同社会関係に根差す閉鎖的なボンディングSCや際限なく広がり得る緩やかな横の連携関係に基づくブリッジングSCの2種のSCだけでは掴み切れないとして，第3の種類，ブレイシングSCの存在を指摘した．ブレイシング（bracing）とは「締め支える」ことを意味し，地域，部門，行政レベルを超え，公・民・市民間の多様な主体の連携を支える接点となる結束力のある小人数のネットワークを形成するSCである．M. ウールコック（Woolcock 2001）が援助機関などのフォーマルな制度との縦の繋がりの重要性を指摘する際に提唱したリンキングSCと異なり，より幅広い地域のキーパーソンの繋がりを示唆する．ブレイシング型SC（支縁型SC）はボンディング型やブリッジング型のSCの強みをあわせ持ち，多様な集団と連携する，結束力のある小数のキーパーソンから成るSCネットワークを形成し，資源動員力，実践力をもつ．Bonn 2011会議において議論された持続可能な開発目標（SDGs）の達成のために肝要とされたネクサス（連携）アプローチにおいても，部門と行政レベルを超えた連携関係の重要性が指摘され（Hoff 2011），今後の活用が重要となる第3のSCである．

◆ソーシャル・キャピタルと社会疫学　J. スティグリッツら（Stiglitzら著，福島訳 2012）は暮らしの質を測る客観的指標に「社会的繋がり」もあげ，SCの計測には他人への信頼や社会的孤立，困ったときに非公式の支援が得られるかなどを調べている．イチロー・カワチや近藤克則らはSCが健康の社会的決定に及ぼす影響に関して，社会疫学的手法により実証分析を行っている．疫学は疾病の発生を生活環境との関係から考察する学問である．英国では19世紀前半の産業革命後，都市化の波により労働者の生活環境が劣悪化した．社会階層に伴う社会的不利が健康の悪化を生むとして，社会制度の改善のため，疫学の手法を応用し実証的研究を行うため開発された学問体系が社会疫学である．日本でも2000年以降，健康のみならず貧困や社会的孤立，格差拡大などの広い社会問題について社会的な決定要因が議論されるようになり，地域の近隣効果などを調べる試みがなされている．仲間との交流が苦手などの，近年急増している発達障がいの前兆から引きこもりがちになる心の健康リスクが引き起こされ，貧困へと繋がる負のリスク連鎖の実証研究も進んでおり，同時に友人・隣人の支援や近隣の援けあいなどのSCがこの負の連鎖を大きく軽減する効果が社会疫学的手法により示されている（日下部 2016）．

◆格差社会，地域防災力，災害復興のレジリエンス　格差社会とは所得・消費などの経済格差が教育・雇用などの社会生活上の格差をもたらしている社会を指す．日本の格差に関する実証研究は2000年代に入り活発化した．大竹（2005）は所得格差拡大の要因は，もともと所得格差の大きかった高齢層の比率の増大，単身世帯の増加，非正規雇用の増大による勤労世代の格差拡大などの複合的な要因に因ると分析している．小塩隆士らは，不十分な所得分配政策に関する分析を行い，橘木俊詔は様々な貧困指標を使い格差拡大の実証研究を行っている．格差は地域防災力や多難な復興プロセスにもある．地域被災の差は，自然地形のみならずインフラへの社会的な投資，行政や地域社会の災害対応力不足によっても拡大するが，復興には人が被災を乗り越え豊かな人生を送ることを旨とした地域の再構築も含まれ，このような困難なショックに対し，それを受け止め，新たな安定状態を回復する力を災害復興のレジリエンスという（早田 2015）．

◆地域再生と参加協働型ガバナンス（協治）　近年，地域再生をめぐって市民と行政の協働など，新しい関係性のあり方が模索されている．そのような議論の背景として，福祉国家の崩壊と新自由主義の台頭がある．資本主義のグローバルな展開により各国の経済の循環が崩れ，福祉国家体制が維持できなくなっていった．これに代わり登場したのが1980年代以降の新自由主義であった．アメリカにおいては「小さな政府」策でレーガン政権が行った福祉予算の削減は中低所得層に大きな影響をもたらし，英国ではサッチャー政権が新自由主義的な理念のもとに地方自治体に市場原理による抜本的な改革を求めた．この結果，貧困層に健康，社会関係喪失など多次元での剥奪状態に見舞われる社会的排除が発生した．このような福祉国家による大きな政府への反省，新自由主義による小さな政府の失敗に対応して生まれて来たブレア━労働党政権による「第三の道」が参加協働型のガバナンスである．金川（2008：60）は，協働型ガバナンスを「住民自治に加えて，（中央・地方）政府と問題の種類・内容に応じて統治を分担していくパートナーシップ型の統治形態」と定義している.「第三の道」では機会の平等，個人の責任，市民とコミュニティーの動員を基礎にコミュニティー・レジーム（体制）型地域再生パートナーシップ構築を促進し，民営化によらない公共事業の効率化，成果主義に拠る雇用政策，政府内法規制を進展させるなど市場メカニズムは活用しながら公共部門の構造改革を行い，ベンサム（Bentham, J）の唱えた社会的弱者に配慮する功利主義（永井義雄は公益主義と訳している）の社会的包摂性も主眼とした点で前保守サッチャー政権との違いがあった.

◆日本の参加協働型地域再生の実例　日本では，バブル崩壊以降，大規模工場誘致型の地域開発が行き詰まり，それに代わる地域資源を活かした内発的発展が主流となった．その協治形態として参加型協働が脚光を浴びることとなり，各市でまちづくり会社等が設置された．農山村では2000年代に入り「地域おこし協力隊」などの政策的基盤により現役世代の移住が始まり，自然志向の流れの中，農山村の多目的機能に注目が集まり，6次産業化など地域資源を活かした農山村での就業が多様化してきた．地域を動かす新たな模索も始まり，大都市と中山間地域の中間に存在する多自然拠点都市への若者の移住による地方都市の活性化の例として，コウノトリの生息地の兵庫県豊岡市では，転勤，転職による移入が72%と増加し，自治体も地場の中小企業の空き家のシェアハウス使用支援，自然と進学教育の両立支援などに注力し，移住者も背後の中山間地域での地域活動の活力源となっている.

大企業や社会的企業による参加協働型地域再生も始まっている．CSRが本業の周辺としての社会貢献活動であったのに比し，事業の中核部分で利益の獲得と社会的価値の創造の両方を達成するという「共通価値の創造（CSV）」という活用マネジメントの例（Porter and Kramer 2011）も出始めている．大手企業が社会的企業などの新しい主体と連動し地域再生を図る例としては，過疎化や高齢化が進む高知県大豊町で買い物支援や見守り支援を行う大手宅配業の例，地域で活動する特定非営利活動法人NPO法人と連携し，ショッピングセンターの集客力を増し，地域住民の居場所づくりや社会参加などの社会的価値創造を目指す大手リース業者の例などがある.（加藤ら 2016）.　［日下部笑美］

参考文献

・加藤恵正（2016）都市を動かす，同友館.
・日下部元雄（2016）平成25-27年厚生労働省社会福祉推進事業報告書：9都市のエビデンスで見る若者世代のリスク急増の要因と対策，オープン・シティー研究所.
・山崎史郎（2017）人口減少と社会保障，中央公論新社.

【10-12】

高レベル放射性廃棄物処分 ：地域と世代を超えるリスクガバナンス

原子力発電や医療放射線利用といった原子力利用からは，事故の有無にかかわらず「使用済みの放射性物質および放射性物質で汚染されたもので，以後の使用の予定がなく廃棄されるもの」（長崎，中山 2011），すなわち放射性廃棄物が発生する．放射性廃棄物の管理や処分においては，含まれる放射性物質の放射能が人間や環境に与える影響（リスク）を，常に我々が受け入れられるレベル以下に抑えなければならない．ところが，放射能の人体や環境への影響の評価には大きな不確実性が伴い，かつ，放射性物質の中には放射能の影響が数千年，数万年以上の超長期にわたるものがあるため，リスクへの対処にあたって，ほかの廃棄物の管理や処分との質的な差異が大きな問題となる．

◆高レベル放射性廃棄物と「地層処分」 放射性廃棄物は，含まれる放射能のレベルにより区別して対処されるが，日本では「高レベル放射性廃棄物」と「低レベル放射性廃棄物」に大別される（分類の数や基準は国により異なる）．このうち，高レベル放射性廃棄物と，一部の低レベル放射性廃棄物が上記の特別な対処を必要とする．

核燃料サイクル政策のもと，原子力発電所から出る全ての使用済み核燃料を再処理（使用済み核燃料から次の核燃料の材料となるウランとプルトニウムを取り出す工程）する日本の場合，再処理後に排出される放射能レベルの高い放射性廃液をガラスと混ぜ合わせて固めた「ガラス固化体」が高レベル放射性廃棄物となる（核燃料サイクルを実施しない諸国では，原子力発電所で用いた使用済み核燃料そのものを高レベル放射性廃棄物として処分する．これを直接処分と呼ぶ）．

高レベル放射性廃棄物は，強い放射線を出す放射性物質と長期間放射線を出し続ける放射性物質の両方を高い濃度で含んでいる．したがって，そのリスクが人間やほかの生物が生活する地上の環境に有意な影響を与えることがないよう，地上の環境から隔離した状態を超長期にわたって確実に維持する方法が問題になる．

原子力関係機関や原子力専門家によるこれまでの国際的な共通認識では，人間による何らかの管理を永続的に続けられるとは前提できないので，人間の管理に依らずに必要な期間にわたるリスク抑制の蓋然性を確保することが必要だとされている．こうした人間の管理に依らない処分を彼らは「最終処分」と呼んでいる．最終処分の方法としては，宇宙処分，海洋底処分，氷床処分などが提案されてきたが，それぞれ，打上げ時の安全性や国際条約による保護などによりその実現性が乏しいとみなされ，現時点では，高レベル放射性廃棄物の最終処分方法として，「地層処分」がもっとも有力とされ，各国がその実現を目指している．

地層処分においては，高レベル放射性廃棄物を特別な容器に入れ，地下数百mより深い地中に埋設処分することになる（図1）．

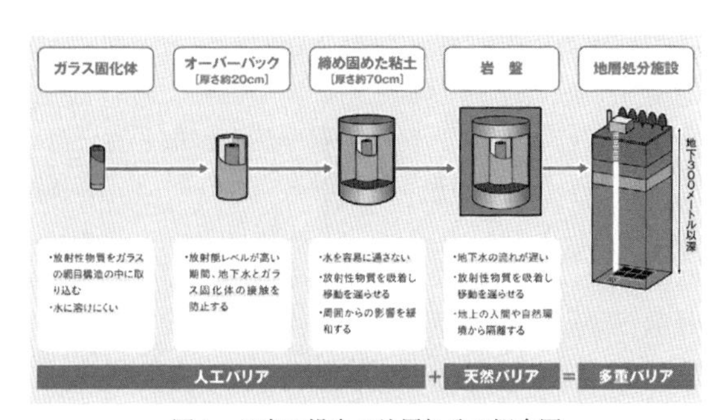

図1　日本の場合の地層処分の概念図
［出典：経済産業省資源エネルギー庁「放射性廃棄物の適切な処分の実現に向けて」（2017年6月16日）］

◆各国の地層処分の取り組みとその紆余曲折　第2次世界大戦後の米国において，マンハッタン計画で生じた放射性廃棄物の処分が問題となり，1957年に米国科学アカデミー（NAS）が現在に至る地層処分の考え方の原型を示した．その後，容器などの工学的な人工物による障壁（人工バリア）に加えて，地層そのものが本来的に持つ閉じ込め効果や希釈・拡散効果（天然バリア）を組み合わせる「マルチ（多重）バリア」の概念とその隔離性能を評価する工学的手法により，数万年以上の期間のリスクの抑え込みに実現性をひらく現代的な地層処分の概念が検討され，1980年代末までには関係専門家の間で国際的にそれが「確立した」と評価されるに至ったとされる（長崎，中山 2011）．

しかし，工学的な知見の大きな発展と関係専門家の自信の深まりとは裏腹に，原子力利用諸国はいずれも社会の強い懸念や反対に直面し，地層処分計画の見直しを迫られてきた．「地層処分」発祥国の米国では，1982年の「核廃棄物政策法」による制度化が行われ，1987年の同修正法によってネバダ州ユッカマウンテンが米国唯一の（民生用）高レベル放射性廃棄物処分場に選定されたが，地域の反対は根強く，2010年には当時のオバマ政権が計画中止を打ち出すに至った（ただし，後を引き継いだトランプ政権は2017年に計画再開の方針を示している）．

その他，フランス，イギリス，ドイツ，スイス，カナダ，韓国，台湾など，いずれも社会的・政治的困難に直面し，様々な政策的努力を経つつも，現在まで地層処分による最終処分場は確保・建設できていない．現在では地層処分場予定地が決まり，建設の動きも先行していてしばしば良好例として参照される北欧のフィンランドやスウェーデンも，1980年代にはこの問題をめぐって，地質調査の際などに厳しい社会的紛争状況を経験している．

◆社会的・倫理的側面への理解の深まりと対処の方途　こうした海外の経緯においては，住民・市民参加の必要性，環境影響評価の有用性，代替選択肢確保の重要性など，現代社会の様々なリスクへの対処に関してリスク研究や科学技術社会論などの関連研究分野が見いだしてきた様々な方策が適用されたことが確認できる．また，高レベル放射性廃棄物のリスクの特殊性ゆえに，通常の意味での技術開発や政策形成・実施とは質的に異なる対処を求めるという認識が，社会科学研究者のみならず，処分技術や政策に関係する工学研究者や実務家の間でも早くから深まって，倫理的基盤の重要性や社会的意思決定プロセスにおける市民参加拡大の必要性などが一定程度，国際的な共通認識となっていったことも注目される．経済協力開発機構原子力機関（OECD/NEA）やNASの多くの報告書がこうした内容を論じ，提言を示している．

◆依然として残る困難と学術的批判　しかし，学術的にはより根本的な次元での批判もなおも数多く出されている．

例えば，環境倫理学者のK.S. シュレーダー=フレチェット（Schrader-Frechett）は，地層処分のリスクが抱え込む不確実性に着目して，むしろ未来世代がみずからリスクに対処できる余地が大きい長期貯蔵の方がかえって世代間倫理に叶うとして，「最終処分」の考え方を早くから批判しているし（Shrader-Frechett 1993），地層処分場がしばしば，それぞれの国で辺境化・周縁化された地域に計画され，少数者を構造的に抑圧するシステムの中に位置づけられることについても，例えば石山徳子による研究が，原子力技術の根源的問題性として環境正義の視点から米国における歴史的経緯をひもといて実証的に問題提起している（石山 2004）．地層処分を支持するコミュニティでは良好事例と評価されるカナダの事例を「倫理的政策分析」という観点で検討したG.F. ジョンソン（Johnson）も，同国の高レベル放射性廃棄物処分政策・計画・行政・事業が，政策見直しを経てもなお，そうした倫理的課題を十分に解決できていないことを指摘している（ジョンソン 2011）．そもそも，超長期にわたる地球科学的な現象が地層処分場に及ぼすリスクの評価については，過去に対する経験科学である地球科学の知見を援用することの危うさや限界が兼ねて指摘されており，米国の地質学者・科学技術社会論研究者であり，オバマ政権下で米国原子力規制委員会委員長を務めたA. マクファーレン（MacFarlane）はその代表的論者である．

◆日本の高レベル放射性廃棄物処分政策・事業の歴史的経緯　日本政府は1970年代からこの問題への対処に着手し，技術開発や深地層研究施設の建設などを進めたが（その立地にあたっては実際の処分場への移行を懸念する住民との摩擦があった），現行の高レベル放射性廃棄物処分政策は2000年に制定された「特定放射性廃棄物の最終処分に関する法律」（「最終処分法」）に基づく．同じ年には同法に基づいて地層処分による最終処分の実施主体として原子力発電環境整備機構（NUMO）が設立され，NUMOは2002年から，公募方式により処分場候補地選定に向けた調査を受け入れる自治体の募集を開始した．これに対し，2006年に当時の高知県東洋町長が応募したが，直ちに反対の声が強まって大きな社会的紛争状況が出現し，町長リコール運動の結果，町長は辞職，出直し選挙で応募撤回を掲げる候補が当選し，応募は取り下げられた．

政府はこうした状況を憂慮し，2008年，公募に加えて「国からの申入れ」を追加的に制度化した．この間，東洋町以外にも各地で応募検討の動きがあり，報道があったものだけで10件程度が確認されているが，いずれも実際の応募に至ることなく，住民の反対等により短期間で立消えとなった．

◆3.11 複合災害後の政策見直しとその後の状況　こうした中，2010年9月，政府の原子力委員会は「高レベル放射性廃棄物の処分の取り組みにおける国民に対する説明や情報提供の在り方についての提言」を日本学術会議に依頼した．しかし，この諮問に対する回答に向けた日本学術会議での審議の最中に2011年3月の東日本大震災・福島原子力発電所事故が発生した．日本学術会議はこうした状況の急変に鑑み，当初の諮問の範囲を超えて，地上での中期的な「暫定保管」の継続による戦略的な時間的猶予の確保と「総量管理」による高レベル放射性廃棄物の総量の抑制を行い，多段階の合意形成の手続きを進めるなど，高レベル放射性廃棄物処分政策の抜本的な見直しを提言した（日本学術会議2012）．

政府はこの提言も踏まえ，2013年から経済産業大臣の諮問機関である総合資源エネルギー調査会において高レベル放射性廃棄物処分政策の見直しを進め，その審議を踏まえて「最終処分法」が定める「基本方針」を改定して2015年5月に閣議決定した．そこでは，日本学術会議が提言した「暫定保管」や「総量管理」といった考え方は採用されず，「科学的有望地」の選定と提示による安全確保の徹底と処分場候補地選定プロセスの透明化，「可逆性・回収可能性」の確保や中間貯蔵の活用，代替技術開発の促進などにより柔軟性を確保したうえで，あくまでも地層処分の実施を目指すことが示された．

また，この新たな「基本方針」では，政府が進める高レベル放射性廃棄物処分政策への支持を求める「理解活動」の充実が謳われ，その後，担当官庁である経済産業省資源エネルギー庁やNUMOは，シンポジウム，意見交換会等を継続的に実施している．なお，「科学的有望地」は，その後，「科学的特性マップ」に名称と内容を改め，2017年7月に公表された．

しかし，新たな「基本方針」や「科学的特性マップ」が示された後も，複数の広域自治体や基礎自治体から高レベル放射性廃棄物処分場を受け入れる意思がないことを示す表明が相次ぐなど，政府の現行政策の前進は見通し難い状況にある．

［寿楽浩太］

参考文献

・楠戸伊緒里（2012）放射性廃棄物の憂鬱，祥伝社．
・総合資源エネルギー調査会電力・ガス事業分科会原子力小委員会放射性廃棄物WG（2014）放射性廃棄物WG中間とりまとめ，平成26年5月．
・日本学術会議（2012）回答：高レベル放射性廃棄物の処分について，平成24年9月11日．

【10-13】

リスクの地域的偏在：沖縄米軍基地

国土面積の0.6%の沖縄県に国内の米軍基地（米軍専用施設）の70.3%が集中している．その広さは1万8609 ha，駐留する軍人およびその関係者はおよそ2万6000人である（2017年3月末）．そして，米軍基地から派生する事故や事件，騒音などによって沖縄の人々の命と暮らしは危険にさらされ続けている．また，広大な土地を占有する米軍基地は，まちづくりや経済振興の障害になっている．

◆なぜ沖縄に基地が集中するのか　沖縄に大規模な米軍基地が存在することになった起点は，1945年の沖縄戦である．住民を巻き込んで3カ月間にも及んだ地上戦で，20万人以上の命が奪われた．そのうち沖縄県民の死者は12万人あまりで，県民の4人に1人が命を落とす苛烈なものであった．米軍は上陸後軍政を敷き，大規模な基地を建設，収容所から解放されても故郷が基地となって住む場所を失った人は少なくない．1952年に日本本土が独立を回復して以降も，沖縄では米国による統治が続き，冷戦の勃発に伴う大量の核の配備と本土からの海兵隊の移駐で基地は拡大され，住宅や農地が強制接収された．1972年に沖縄の施政権が日本に返還されても基地の大幅な返還はないままとなっており，復帰後46年以上が経過しても沖縄本島の15%が米軍基地で占められている．

◆絶えない米軍機の事故　米軍機による事故が相次いでいる．2016年12月，名護市で垂直離着陸機オスプレイが墜落・大破．2017年10月には，本島北部の東村に大型ヘリコプターCH53が不時着・炎上した．同年12月，普天間基地に近い緑ヶ丘保育園にCH53の部品が落下する事故が起き，さらに普天間第二小学校校庭にCH53が金属製の窓枠を落下させたほか，2018年2月にはオスプレイが重さ13 kgの部品を伊計島の海岸に落とした．復帰から2017年までに起きた米軍機の事故は738件，2017年だけで部品落下・不時着などの事故が29件発生している．普天間第二小学校の事故の後，米軍幹部は「最大限学校上空は飛ばない」としたが，この約束は守られず，普天間飛行場を離陸した軍用機が学校に近づくと，防衛省が配置した監視員が校庭にいる子どもたちを避難させるという異常事態が続く．その避難回数は，2018年2月から7カ月間で700回を超えた．

◆犠牲者を出した事故　1959年6月，石川市の宮森小学校に戦闘機が墜落した事故では，児童11人を含む18人の命が奪われ，重軽傷者は200人以上に上った．1965年には，読谷村で降下訓練中のトレーラーが民家の庭先に落ちて，小学5年生の女子児童を圧死させた．

1959年6月に米軍那覇飛行場で核弾頭の付いたままのミサイルが誤って発射され，那覇沖の海に突っ込んだ．ミサイルに付いていた広島型原爆と同じ20キロトンの核弾頭が爆発していれば那覇市は壊滅していた．隠蔽されていたこの事故は，2017年になってNHK沖縄放送局が資料発掘と元米兵の証言で明らかにした．

事故が多発するのは，米軍が即応力を維持するために激しい訓練・演習を行っているからである．3700mの滑走路2本を持つ嘉手納飛行場は，常駐する軍用機が200機に上る．那覇防衛施設局の調査によると，2017年4〜7月の4カ月間で離着陸は1万9000回に及んでいたことがわかった．普天間飛行場でも，ヘリコプターやオスプレイの飛行訓練や給油機のタッチアンドゴーと呼ばれる離着陸訓練が4カ月間で5000回を超す．

◆米軍関係者による犯罪と日米地位協定　2016年4月，うるま市で20歳の女性が殺害された事件では，基地で働く元米海兵隊員の男が強姦殺人容疑で逮捕され，その後無期懲役の有罪判決を受けた．

米軍関係者による刑法犯罪は，復帰から2016年までに5919件発生し，殺人，強盗，強姦などの凶悪犯は576件に上る．1995年には3人の海兵隊員による小学6年生の少女への強姦事件が起きた．この事件では，犯人の身柄を米軍側が確保し続け，県民の怒りの声が沸き起こった．これは，被疑者が米軍側にいるときは起訴まで日本側に身柄を引き渡さなくてもよいという日米地位協定における米軍優位の取決めによるものである．そのため，起訴までの限られた期間内に捜査が十分に行えない．基地に逃げ込めば日本側に拘束されないということが米軍関係者の犯罪へのハードルを低くしていると言える．法務省の統計によると，2001〜08年の日本人刑法犯の起訴率は48.6%だったが，米軍関係者の刑法犯の場合17.3%にとどまっている（吉田 2010）．また，2004年の沖縄国際大学構内へのヘリコプター墜落事故では，日米地位協定を盾に米軍が現場を封鎖して，消防や警察ですら閉め出された．日本人の生命・財産にかかわる大事故にもかかわらず現場検証ができなかった．

米軍関連の事件や事故について，適正な捜査・検証が行われ，再発を抑えるには，日米地位協定の改正が必要だが，日本政府は米側への配慮を優先し，運用改善で対応するという姿勢を崩さない．

◆振興を妨げる基地の存在　「沖縄の人々は基地で食べている」，こうした基地依存の言説は過去のものになった．復帰時の県民総所得に占める基地関係収入は16%を占めていたが，2013年には5%までに低下している．それどころか，基地の存在は振興を図るうえで障害になっている．沖縄本島中南部都市圏の米軍基地は，平坦で優良な土地を占有し，地域を分断しており，交通体系の整備や産業立地を制約している．基地が障害になっていることは，返還後跡地利用が始まって経済的な効果を生み出している地域を見ることでわかる．「北谷町美浜地区（1981年全面返還）」「那覇新都心地区（1987年全面返還）」では，再開発後の域内生産額が一気に増えた．県の試算で，リゾートホテルやレストランを集積した「北谷町美浜地区」では返還前に比べて108倍，企業や行政機関が移転し大型小売店舗が数多く出店した「那覇新都心地区」では返還前に比べて32倍になった．返還前は，軍用地料，基地へのサービスの提供，市町村に支払われる交付金など固定的な収入にとどまるが，返還後再開発が進めば，卸・小売業，飲食・サービス業，製造業などの売上げ，不動産賃貸料などを生み出し，雇用も大幅に増える（沖縄県 2015）．

◆進まない基地返還　「沖縄における施設及び区域に関する特別行動委員会」（SACO）で，1996年に「普天間飛行場」「牧港補給地区」など本島中南部の施設の返還が合意された．しかし，返還はその機能の他施設への移設を条件にしており，特に普天間飛行場に関しては名護市辺野古沖を埋め立てて建設する新たな施設に移設することが条件である．この新基地建設については，翁長沖縄県知事（2018年8月死去）が阻止を訴え，2018年7月，仲井眞元知事が行った埋立て承認の撤回を表明した．しかし，国は建設を強行しようとしており，普天間飛行場の返還は不透明だ．普天間飛行場は，人口集中地域の宜野湾市の中心を480 haも占めており，返還・開発が進めば大きな経済的インパクトが期待される．沖縄の軍用地の特徴は，地主に個人が多いことで，普天間飛行場にも3000人以上の地権者がいる．これら地権者の合意形成を図りながら，周囲の幹線道路との接続や企業の誘致を進め，住宅地域や公共施設をどこに置くのかなど跡地利用計画を立てる必要があるが，返還時期が見通せないままでは詳細を詰めていくことはできず，立ちすくんだ状況が続く．

◆広がる本土との意識の溝　NHK放送文化研究所は，沖縄と本土で基地問題などに関する意識調査を行っている．2017年4月に行った世論調査では，「本土の人々は沖縄の人の気持ちを理解していない」と答えた沖縄の人が70%もいた．さらに「この5年ほどの間に沖縄に対する誹謗中傷が増加したと感じる」とする沖縄県民が60%近くいることも明らかになり，沖縄と本土との間の溝がかつてないほど深まっていることがわかった（NHK放送文化研究所 2017）．

2017年12月，普天間飛行場に近い保育園と隣接する小学校に米軍機の部品が落下する事故が発生したとき，保育園に対して「自作自演だろう」，小学校にも「基地のそばに学校があるのが悪い」など被害者をなじる電話やメールが多く寄せられた．保育園への部品落下事故では，米軍が事実を認めなかったことから，ソーシャル・ネットワーキング・サービス（SNS）上に「保育園が部品を入手してみずから置いた」などの投稿が書き込まれ，拡散したのである．

◆「沖縄ヘイト」が深める「分断」　NHK報道局では，2017年4月，「沖縄」を誹謗するツイッターについての調査結果を公表した（NHK 2017）．その中で「沖縄の米軍基地」に関する報道があるたびに，「沖縄ヘイト」と思われる投稿が急増していることがわかった．2017年3月25日，当時の翁長沖縄県知事が辺野古の埋立て承認の撤回を明言したニュースが報じられた際，「沖縄」と「基地」の

2語を含むツイッター投稿から「反日」「売国」などヘイトや侮蔑を表現する言葉を含むツイートを抜き出した．その結果，「沖縄」「基地」を含む投稿を母数とすると，上記のヘイトワードを含む「沖縄ヘイト」の投稿が46%に上った．この年の1月と2月のヘイトワード含有率が26.5%なのに対し，一気に増えたことになる．さらに「沖縄ヘイト」投稿は総数も増え続けている．2012年では「沖縄ヘイト」投稿が月平均およそ3500件だったのに対して，2017年1～4月の月間平均は5万件を超えた．ネットやSNSが，外国人や少数者への差別や侮蔑的な投稿が振りまかれる場になっており，沖縄にその矛先が向けられた形である．

さらに一部のテレビや新聞が，基地反対の動きに対して否定し蔑む放送・報道をするようになっている．2017年1月放送のTOKYO MXテレビの番組「ニュース女子」で，基地建設に抗議する人々に対して「日当が出ている」「テロリストみたいだ」などの内容を放送した．この番組に対して，放送倫理・番組向上機構（BPO）の検証委員会は，同年12月，事実の裏付けが確認されないまま侮蔑的な表現がなされ，「重大な放送倫理違反があった」と判断を発表した．

2017年12月には，沖縄自動車道で発生した交通事故をめぐって，産経新聞が「事故車から米海兵隊員が日本人を救出した後に後続の車にはねられ大怪我を負う英雄的行為があった」と伝えたうえで，「沖縄2紙（琉球新報，沖縄タイムス）」がこの英雄的行為を記事にしなかったことを「『米軍＝悪』なる思想に凝り固まる沖縄メディアは冷淡を決め込み，その真実に触れようとはしないようだ」とし，「(2紙は）報道機関を名乗る資格はない，日本人の恥だ」と報じた．しかし，沖縄2紙の取材によって米海兵隊員による救出行動が確認できなかったと伝えられると，産経新聞は誤報を認め，記事を削除，沖縄2紙に対して謝罪した．これらの放送・報道も本土と沖縄の分断を深めていると言える．

◆問題の解決に向けて　沖縄の米軍基地は，「日米安保条約」という国家間の条約に基づいて存在しており，国民の多くが安保体制を支持している以上，日本人全員が基地問題の当事者であると言える．NHKの「復帰45年沖縄」調査では，米軍基地の存在について「必要だ」「やむをえない」と考える沖縄の人が44%に上り，「日米安保条約」についても65%の沖縄県民が日本の平和と安全のためには重要だと考えていることがわかった．沖縄の人々が長年大規模な基地を負担してきたことに向き合い，整理・縮小をどう進め，どのように負担を分かち合うのかを日本全体で考えなければならない．そのときは，沖縄戦で県民の4人に1人の命が奪われ，自治を制限されたうえに人権が蹂躙された異民族統治が27年間続いた沖縄現代史への真摯な眼差しを持つことが求められる．　［宮本聖二］

📖 参考文献
・高良倉吉（2017）沖縄問題：リアリズムの視点から，中央公論新社．
・吉田敏浩（2010）密約：日米地位協定と米兵犯罪，毎日新聞社．
・琉球新報社編集局（2017）これだけは知っておきたい　沖縄フェイク(偽)の見破り方，高文研．

【10-14】

被災者と地域の自己決定：東京電力福島第一原子力発電所事故

東京電力福島第一原子力発電所の事故は，国民生活，経済，技術，災害統治のすべてに関わり，影響の甚大さ，解決への時間の長さからも戦後最大級の複合ハザードの顕在化と言える（関澤 2018）.

◆原発事故被害の特徴　福島原発事故による被害の特徴として，以下の点があげられる．①影響がきわめて長期かつ広範囲にわたる．②想定を超える津波を契機とするが，各種の事故報告書（☞ 1-12）から見て，国と東京電力および関係専門家の責任は重大で，適切な対応により防ぎ得た，あるいは被害を大きく軽減し得た人災リスクの側面がある．③リスクとして，(i) 制御可能な食品，環境，健康安全問題と，(ii) 現時点で制御困難な事故現場の処理，廃炉，放射性廃棄物の最終処理問題（現時点では科学的知識の不備と技術的な限界）とがあり，明確に切り分ける必要がある．④被災者への影響のあり方は，家族構成，年齢，性別，生計基盤，居住地，障害の有無などによりきわめて多様である．⑤重大かつ複雑なリスク事象であるが故に，被災者の不安や要望に対応し具体的で適切な施策が必要とされる．

◆被害の実際　1999 年の東海村 JCO 臨界事故の教訓を踏まえ，同年に「原子力災害対策特別措置法」ができた．同法では事故発生時に，総理大臣が原子力緊急事態宣言を出し，全権を掌握，政府・地方自治体・原子力事業者を直接指揮し，災害拡大防止や避難などができるとした．しかし 12 年後の福島原発事故では，予めの備えと，発災時の適時かつ的確な情報を欠いたため，同法は十分機能したと言えない．14 万 6000 人の住民が居住地から強制退去させられ，約 4 万人が不安から自主避難した．3 月 11 日 14 時 46 分に地震が発生した後，19 時 3 分に緊急事態宣言が発出され，その後五月雨的に避難指示が拡大し，14 日の水素爆発の翌日に 30 km 圏屋内退避指示，25 日に自主避難勧告となり，警戒区域が指定された（後に避難指示区域と改訂）．内閣府（2015）の調査では，緊急事態宣言を聞いた人は有効回答者中の 16.5% に留まり，事故の状況が不明確・不明とした割合は 39%，避難の行き場所不明も 48% に及び，当時の混乱の一端を示している．

◆被ばくリスクを減らす取り組み　避難のための長期移動や帰還の見通しが見えないことなどによる震災関連死者数（福島県）は，復興庁によれば 2016 年 3 月時点で 2000 人を超えている．被ばくリスクを減らす以下の対応が講じられた．①厚生労働省は早期に周辺 17 都県で食品汚染の検査（初年度の検査数 13 万 7000 件）を実施，基準超過食品の出荷停止措置（初年度の暫定規制値超過数は

1204件で検査数の1%以下）などで食品摂取による被害防止に努めた．②放射性ヨウ素による健康影響の可能性に対し，甲状腺検査（2016年末まで延べ受診者は57万人）の本格検査で一定サイズ以上の結節などが見つかった2709人に指示や助言がなされた．③2011年8月30日公布の「平成23年3月11日に発生した東北地方太平洋沖地震に伴う原子力発電所の事故により放出された放射性物質による環境の汚染への対処に関する特別措置法」（放射性物質汚染対処特措法）では，国が除染を担当する特別地域と市町村が担当する除染状況重点調査地域に分けられ，前者は帰還困難区域を除き2017年3月末に完了し，後者では一部除染が継続されている．

◆住民帰還の難しさ　国は原発事故に伴う避難指示区域のうち5年を経過しても年間の積算線量が20 mSvを下回らないおそれのある帰還困難区域を除き，避難指示区域の避難指示を除染終了に合わせて解除するとした（環境省2016）．1年の延長措置がとられたものの2018年3月には応急仮設・借上げ住宅の供与や精神的損害賠償は終了した．除染が終了しても人が住まなかった家屋の荒廃があり，生存基盤である商業施設や介護・医療などのインフラの復旧・再開の目途が十分立っているとは言い難い（関澤2018）．被災者の人生設計や，家族や知人との人間関係，子供の教育と成長など多様な状況への対応が必要である．

町の大部分が帰還困難区域とされ，国との30年契約で放射性廃棄物の中間貯蔵施設建設が進む大熊町の2018年1月の住民意向調査では，「戻りたい」とする住民は12.5%であるが，「戻らないと決めている」と「まだ判断がつかない」という住民のうち，町とのつながりを保ちたいとする住民は60%にも及ぶ．除染が一部終了し帰還が進められる隣町の浪江町の2017年12月の同調査においても，「帰還済み」と「すぐに・いずれ帰還したい」は16.8%に留まる．

◆被災者の自主的な選択を尊重　7年以上の時間と長期の避難生活を経たが，福島原発事故避難者の生活の再建の見通しは必ずしも立っておらず，除染後即帰還という国の方針に戸惑いがある．国は県外企業の進出を中心に据えたイノベーション・コースト（福島・国際研究産業都市）構想の具体化を進めている．しかし，①長期の避難生活と本来の生業からの乖離，②崩壊の危険性もあるコミュニティー，③住民の多くが高齢者という状況に対し，配慮する必要がある．こうした中であるが，前出の住民意識調査に見られるように，コミュニティーとつながり，みずからの暮らしを中心とした「身近な計画」の必要性の訴えや，帰還困難地域の今後の対応や中間貯蔵施設の存在などの課題を抱える双葉郡8町村では，人口減と帰還率の伸び悩みが懸念される中，町村間の広域連携のあり方と再生を検討し（福島民友2017），若者有志の「未来会議」（双葉郡未来会議2016）を発足させ，地域の将来を考える動きもある．　［関澤 純］

📖 参考文献

・ふくしま復興ステーション，福島復興ポータル（閲覧日：2017年2月18日）．

【10-15】
疫学的証明とリスクガバナンス：水俣病事件

「リスク」という単語が，経済学，工学，社会学など，多岐にわたる分野で用いられている．本書『リスク学事典』では大きな分野ごとにリスク概念が整理されているが，現場では，多義的に用いられていること自体が意識されないために，様々な不毛な論争や意見のすれ違いを惹起させている．

リスクを論じた書籍（中西 2013）等では，定義が明確でないまま確率のような定量的数値がよく出てくることがある．リスクを定量的に評価・比較しようとする場合には，先ず，対象とするリスクの定義を確認し，共通認識を持つことが不可欠となるが，共通の定義に基づかないと，定量的検証や合理的な結論の誘導が困難となる．因果判断や対策を巡る科学的議論にはリスクの定義と共通認識が不可欠となる．

◆保健医療領域で使われるリスクの意味　人体影響が絡む問題で「リスク」という単語が用いられる場合，筆者は経験上，概ね３つの意味で用いられていると考える．

① 単なる「(ある事象の）発生確率」(ただしある一定期間，例えば１年間とか生涯とかの時間単位と共に使う）として用いられる．

② 「発生確率×被害１件あたりの大きさ（例えば金額計算上の)」として用いられる．統計学では被害の期待値と呼ばれる．

③ 有害物質による疾病発生か否かに関わらず，単なる有害物質への曝露のみを指して「リスク」と呼ばれる場合がある．まだ「人体影響」にまで問題が及んでもいない場合にも「ちょっと危険そう（危険性)」など，感覚的に用いられることがある．

上記の３つの用法に加え，リスクの違い（リスクの増加）および慣習的なリスクの使い方などもあり，定義の混乱が科学的議論を阻害する場合がある．

◆「リスク」と「リスクの違い」　ゼロリスクの概念を例として，リスクの使われ方の違いについて説明する．環境汚染によるリスクの増加を懸念する意見に対して，「安全というのは，リスクがゼロのことだとだれもが思っていたのに，（しきい値がないと）リスクゼロの領域がないが，どうするのかということが問題となった」という類いの話がしばしばなされる（中西 2013：251)．

しかし，この言い方は文章としての意味はなさない．なぜなら「疾患（もしくは死亡）の発生確率」を意味する言葉として「リスク」が用いられた場合，「ゼロリスク」であれば，その疾患の発生確率（リスク）はゼロとなる．そもそも発生確率ゼロの疾患は人類には認識されず議論にすらのぼらない．人間はいつか死ぬ（生涯死亡確率 100%）ため，生涯死亡確率（生涯死亡リスク）ゼロはあり得ない．このような混乱が起こる原因は，「(疾患もしくは死亡）リスク」と「リスクの違い（リスクの増加もしくはリスクの減少)」という 2 つの概念が，「リスク」という言葉にひとまとめに用いられているからである．人体影響を定量的に推定する科学的基礎方法論である疫学では，「病気の原因」のことを，通常「曝露 (exposure)」と称する．この 2 つを区別するには，「原因曝露」という言葉を挿入して「リスク」と「リスクの増加」を区別して用いる必要がある．つまり，安全というのは，原因曝露による「リスクの増加」がゼロのことと思っていたのに，(しきい値がないと，自然放射線はどこにでもあるため）原因曝露によるリスクの増加ゼロの領域がないが，どうするのかということが問題となった．そして，原因曝露をゼロ（例えば，自然曝露は許容し人工発生源の曝露をゼロ）にできる条件が達成できれば，その原因曝露によるそのリスクの増加はゼロにできる．自然放射線はゼロにはできないが人工放射線はゼロにできるときに，人工放射線によるリスクの増加は論理的にゼロにできる．しかし自然放射線があるので「(その疾患の発生）リスク」自体はゼロにできない．放射線以外による，その疾患の発生リスクもあるので，やはり「リスク」はゼロにできない．なお，放射線でのしきい値なしの線形モデル（LNT）は，放射線被ばくによるがんの増加にしきい値はないという意味である．

「リスク」と「リスクの違い」の 2 つをわかりやすく式で説明する．

リスク差* = 曝露した人のリスク** − 曝露していない人のリスク　(1)

リスク比 = 曝露した人のリスク ÷ 曝露していない人のリスク　(2)

「リスクの違い（リスクの増加もしくはリスクの減少)」は，2 つのリスク（2 つの疾患発生確率）を引き算もしくは割り算で，それぞれ「リスク差」および「リスク比」を求めることにより推定が可能である．引き算だけを考えるときは，「曝露していない人のリスク」がゼロならば，リスク差*と曝露した人のリスク**が等しいことが成り立つ．しかし，これは論理的には可能だが経験的にはほとんどあり得ない．なぜなら，曝露したことが完全に記録されていないと「曝露していない人」の中に「曝露した人」が混入し，そして「曝露によるリスク」により「曝露していない人のリスク」はゼロにならない．このような事態を防ぐような人体実験は倫理的に禁じられているうえに，曝露を非常に多数の人間に関して間違いなく記録しておくことは，実際の自然科学的観察では不可能であるからである．

◆ 医学的根拠とは：水俣病事件の教訓　科学的なリスク対策にはその根拠が必要となる．例えば，医学的根拠は人のデータを集めて疫学的方法論を用いて分析した結果である．水俣病事件では，医学的根拠を熟知しない医学専門家や法律を軽視した行政に 1 つの原因がある．熊本県と鹿児島県にまたがる水俣病事件は，単に，「食品衛生法」(当時は第 27 条，現在は第 58 条）に義務づけられた調査義務（調査の方法は，「食品衛生法施行令」「食品衛生法施行規則」「食中毒処理要領」「食中毒調査マニュアル」「食中毒統計の報告事務の取扱について」および各種様式などに詳細に書かれている；日本食品衛生協会 2013）や，食品衛生法体系に定められた調査が無視されたために，大食中毒事件に発展した（津田 2014）．1956 年の事件発覚当時，もしくは水俣病が水俣湾産魚介類を原因食品とする食中毒事件であることが確定した 1956 年 11 月初旬時点において，もし「食品衛生法」が義務づけていた調査が行政により行われていれば，水俣病事件はもっと小規模な食中毒事件で済んだと考えられる．さらに，患者の認定においても，通常なら食中毒患者と診断される原因食品喫食患者が患者として認識されず，多数の水俣病関連裁判が発生し被害者の救済を遅らせた（津田 2014）．

水俣病事件は，病因物質が不明であっても原因食品や原因施設が疫学的な調査で特定できれば，それを科学的根拠として，営業停止や回収命令などの法的措置により被害の拡大を防ぐことができた．しかし，医師や行政は，因果関係のメカニズムの特定や要素還元主義こそが科学的で合理的な対応だとの考えに囚われ，適切なリスク措置がとられなかった．また，患者救済のための患者認定を巡り，医師の経験に基づく直感的な判断とメカニズム解明への偏重から認定問題を生じさせた．患者認定を巡る訴訟においても疫学調査に基づく集団の因果関係が患者個人の被害の因果関係を示す科学的な証拠とはならないとされ，その後のたばこによる肺がんなどの健康被害を巡る判断においても，わが国の司法では科学的証拠を認めない判決が続いている（津田 2013）．

◆被害者救済のための科学的調査の制度化　「食品衛生法」以外の人体影響に関する諸法律，例えば，「労働安全衛生法」「医薬品，医療機器等の品質，有効性及び安全性の確保等に関する法律」（旧「薬事法」），「大気汚染防止法」「学校保健法」「予防接種法」「感染症の予防及び感染症の患者に対する医療に関する法律」などでは，科学的調査が義務づけられていないため，調査方法も具体的に示されていない．これらのリスク分野においても，「食品安全衛生法」で義務づけられている疫学に基づく科学的調査を制度化することが不可欠である．

リスク対策に必要なデータ収集を行政に義務づける法制度が存在しないと，データ（リスクやリスク比・差を推定する）が不足し，十分な科学的証拠に基づく政策判断ができない．保健医療分野のリスク対策においては，医学的根拠がなければ，思い込みや群集心理，もしくは感覚などにより，因果関係判断や政策の決定にバイアスが生じかねない．また，行政による科学的調査データがないと，被害者は裁判では原告として因果関係を証明しなければならないという困難に直面する．科学的根拠・医学的根拠に基づいて，因果判断や政策決定が行われることは，共生社会の基礎である．

表1　相対危険（relative risk, risk raito, RR, リスク比ともいう）

要　因	罹　患		計
	あり	なし	
曝露群	A	B	A＋B
非曝露群	C	D	C＋D

$$\text{相対危険}=\frac{\text{危険因子曝露群の罹患リスク}}{\text{危険因子非曝露群の罹患リスク}}=\frac{\frac{A}{A+B}}{\frac{C}{C+D}}$$

［危険因子に曝露した場合，それに曝露しなかった場合に比べて何倍疾病に罹りやすくなるかを示す．疾病罹患と危険因子曝露との関連の強さを表し，因果関係を検討する際の指標となる］

［出典：「小橋 元：疫学で用いられる指標，はじめて学ぶやさしい疫学―疫学への招待（日本疫学会監修），改訂第2版，p.21，2010，南江堂」より許諾を得て転載］

◆疫学：人を対象とした因果関係の直接的証明方法　疫学とは，人を対象とした因果関係の直接的証明方法であり，例えば世界保健機関（WHO）の国際がん研究機関（IARC）（Pearl 2009）による「人における発がん物質の分類」にも直接的証明方法として取り入れられている．1947年に公布された「食品衛生法」にも組み込まれている．医学的根拠を提供し，臨床医学各科の診療ガイドラインを決定する基礎的科学方法論も疫学である（IARC 2017）．今日では，薬剤認可などの保健医療分野を中心に，幅広く社会制度や法制度の中にまで浸透している方法論である．

前述したリスク比・リスク差は因果影響を示し，因果関係判断と対策の基礎となる．疫学の方法論を用いて厳密かつ迅速に推定することが，被害の拡大防止と被害者数や経済的損害を最小限に抑えることにつながる．欧米では「フィールド疫学」と名づけられ，毎年，組織的に専門家が養成され，地方行政にまでその人員が配置されている．科学的方法論である疫学が普及していない日本では（津田 2013），フィールド疫学の専門家が少ないことから，科学的根拠・医学的根拠に基づいた政策決定が行われず，水俣病事件と同じ過ちが繰り返され，共生社会を脅かしている．

［津田敏秀］

📖 参考文献

・Rothman, K.J. 著，矢野栄二，橋本英樹訳（2013）ロスマンの疫学：科学的思考への誘い，篠原出版新社.

第 11 章

金融と保険のリスク

［担当編集委員：津田博史］

【11-1】
リスクの経済学の系譜

リスクの経済学は，実に300年以上の長い歴史を有する．その発展はおよそ6段階を経ており，各段階の背後には特有の歴史的事情が存在すると考えられる．

◆リスクの経済学の成立：第1段階「初期の時代」と第2段階「B-Aの時代」

第1段階は「初期の時代」であり，文明当初より1700年頃までに至る長い期間に対応する．この期間には，コロンブス（Columbus, C）の新大陸到達（1492年）やマゼラン（Magellan, F）の世界一周（1519～22年）などの大冒険，ロンドン証券取引所（1566年）やイギリス東インド会社（1600年）などの創設があった．また，ロンドン大火（1666年）の後始末の中で，リスク管理の近代保険会社ロイドが，（情報交換の場としての）コーヒー店から徐々に発展したという歴史的事実はまことに興味深い（1688年）．

数学の一分野としての統計学や確率論的思考は，パスカル（Pascal, B）やフェルマー（Fermat, P）などの大学者によって発展させられた反面，経済理論そのものはまだまだ未発達であったと言える．ギャンブル遊びが好きだった若きパスカルは，友人のプロ賭博者C. メレ（de Méré）から，「ギャンブルを途中で中止するときに，賞金額を各プレーヤー間でどう配分するのが合理的なのか」という質問を受けて，かかる「賞金配分問題」を確率論的に解くことに成功した．さらに，名著『パンセ』（1656年）の中で，パスカルは「神がこの世に存在するか否か」という「神の存在問題」について言及し，「神の存在がほんの僅かでもあり，その信仰が無限の幸福感を約束する限り，その存在を信じるのが価値合理的である」という結論を確率論的に下している．これは極端な形であるとはいえ，現代の「期待効用理論」の萌芽であると見なすこともできよう．

第2段階は，1700年頃から1880年頃までに至る期間であり，活躍した2人の学者，ベルヌーイ（Bernoulli, D）とスミス（Smith, A）のイニシアルを組み合わせて「B-Aの時代」とも呼ばれる．この時期には，アメリカ独立（1776年），フランス革命（1789年），明治維新（1868年）など，近現代の幕開けとなる大事件が勃発した．

ベルヌーイは，巨星ニュートン（Newton, I）の死後最も著名な数学者の1人であった．彼は創設間もないロシア帝国首都のサンクト・ペテルブルク・アカデミーから招聘を受け，そこで純粋・応用数学上の難題を次々と解いていった．中でも1738年にラテン語で執筆された論文「リスク測定の新理論の展開」は，第1段階のパスカルの試論を遥かに超えて，リスクの現代理論の根幹としての「期待効用理論」を確立したものとして有名である．ベルヌーイの考え方の源泉は，

表1　ベルヌーイのコイン投げゲームと期待効用レベル

表が出るのは何回目	1回目	2回目	……	N回目	……
確　率	1/2	1/4	……	$1/2^N$	……
もらえる賞金額	2	4	……	2^N	……
期待賞金額	1	1	……	1	……
期待効用レベル	$(1/2)U(2)$	$(1/4)U(4)$	……	$(1/2^N)U(2^N)$	……

やはりギャンブルとしての「コイン投げゲーム」である．コインを投げると，「表」と「裏」の2つの可能性がある．ここでベルヌーイは，次のようなゲームを考案した（表1）．「表が出るまでコインを振り続けよう．表が1回目に出れば賞金が2万円，2回目に出れば賞金が4万円，一般に第N回目に出れば賞金が2^N万円もらえると想定する．もしゲーム参加料が100万円であるならば，貴方はゲームに参加するだろうか.」一般常識からすれば，その解答は否定的であり，ゲームに参加しないだろう．ところが，このゲームから獲得可能な期待賞金額の総計は$1+1+\cdots+1+\cdots=+\infty$(無限大）であるから，参加料100万円を超える巨大金額である．したがって，「期待賞金基準」によればゲーム参加が推奨されることになる．このような常識に反する結果は「サンクト・ペテルブルクのパラドックス」と呼ばれる．ベルヌーイはかかるパラドックスの解消のために「期待効用基準」という斬新なルールを提唱している．そのために特に，効用関数として簡単な対数関数$U(x)=\log x$を採用すればその場合にはゲーム参加から獲得可能な期待効用レベルは，$EU(x)=(1/2)(\log 2)+(1/4)(\log 4)+\cdots+(1/2^N)(\log 2^N)+\cdots$となり，これは結局log4に等しいことが示される．これに対して，ゲーム参加料の（期待）効用は遥かに大きいレベルlog100である．これよりパラドックスは無事解消され「高額のゲーム参加は止めるべし」という常識の妥当性が示されたわけである．

さて，スミスは二大主著『道徳感情論』（1759年）と『国富論』（1776年）の公刊を通じて，リスクおよび道徳感情が人間行動に及ぼす影響について興味ある分析を行っている．スミスによれば，リスクに対する人々の「評価上のバイアス」は無視すべきではない．一方において，当選金額が高い宝くじ人気が雄弁に教えるように，多くの人間は利得の機会を過大評価する傾向がある．他方において，保険の無加入が（特に若者たちの間で）散見されることによって示されるように，損害リスクを軽く見る傾向が観察される．スミスは「経済学の父」として有名であるが，同時に「道徳哲学者」としても顕著な業績を残し，現代の「行動経済学」へと繋がる道筋を示していた．

◆発展：第3段階「K–Kの時代」と第4段階「N–Mの時代」　第3段階は1880年頃から1940年頃までをカバーする．その段階はマーシャル（Marshall, A）の大著『経済学の原理』から多大な影響を受けた2人の巨人，ケインズ

(Keynes, J. M.) とナイト (Knight, F.H.) のイニシアルに留意して「K–K の時代」と称することができる．この段階は戦乱と激動の時代であり第 1 次世界大戦 (1914〜18)，ロシア革命 (1917)，関東大震災 (1923)，世界大恐慌 (1929) および第 2 次世界大戦 (1936〜45) など世界を震撼させる大事件が頻発した．

ケインズは，初期の著作『蓋然性論』(1921 年) の中で，「数値化できない蓋然性」の問題を学界に問いかけるとともに，後期の主著『雇用，貨幣および利子の一般理論』(1936 年) の中で，「美人投票」や「アニマル・スピリッツ」までも広く含む「不確実性」の問題が市場経済の不安定性にいかに関係するかについて鋭く吟味した．これに対して，ナイトは同じ 1921 年に，難解な書物『リスク，不確実性および利潤』を公刊し，「測定可能なリスク」と「測定不可能な不確実性」とを峻別し，後者に立ち向かう企業家の役割を強調した．

次の第 4 段階は，1940 年頃から 1970 年頃までの約 30 年間に対応する．この期間は第 2 次世界大戦の継続・終結と，それに続く「東西冷戦」の対立状態を反映して，戦争や紛争を一種のゲームとして考える斬新なアプローチが発展した．そのアプローチこそ，稀代の応用数学者ノイマン (Neumann, J. V.) と異才の理論経済学者モルゲンシュテルン (Morgenstern, O) の共同作業によって生まれた「ゲーム理論」である．このことから，この段階は特に「N–M の時代」と命名することができる．

ノイマンとモルゲンシュテルが最大の関心を寄せたことは，「相手をやらなければ自分がやられる，だが相手の戦略がよく読めない」というような「戦略ゲーム上のリスク」の問題であった．その中核となる「ゼロ和 2 人ゲーム」においては，互いにいわゆる「マックス・ミニ戦略」を採ることから「ゲームの均衡」が成立することが厳密に証明された．ゲーム理論はその後，ナッシュ (Nash, J)，ゼルテン (Selten, R) などによって多方面に発展させられた．今日では経済学の領域を超えて，進化生物学・言語学など他分野への応用が盛んに行われている．

◆成熟と沈滞：第 5 段階「A–S の時代」と第 6 段階「不確実な時代」　第 5 段階は，1970 年頃から 2000 年に至る 30 年間をカバーする．実は，リスクの経済学の歴史にとって，1970 年は時代を画する年である．というのは，この同じ年に大家アロー (Arrow, K. J.) の名著『リスク負担理論に関する論文集』と俊秀アカロフ (Akerlof, G.A.) の玉稿『レモンの市場：品質不確実性と市場メカニズム』が公表され，学界に一大衝撃を与えたからである．ここに，リスクの経済学は学問としての市民権を獲得し，大手を振って闊歩できるようになった．このような成熟期は 20 世紀の終わりまで，つまり 2000 年まで続いていたと考えてよい．

上記のアローとアカロフ，それに才子スペンス (Spence, A.M.) と豪傑スティグリッツ (Stiglitz, J.E.) が 1970 年代に相次いで，リスクと情報に関する重要著作を世に送り出した．これら 4 人の名前が「A」か「S」のイニシアルを持つので，この時期を「A–S の時代」と呼ぶこともできよう．

リスクの世界では，人々の知識量が限られている．そこでは，各種の「情報」が特に物を言う．問題となるのは，情報の分布が人々の間で決して公平でないことである．そのために，「グレッシャム（Gresham, T）の法則」が教えるように，「悪貨が良貨を駆逐する」可能性が起こる．アカロフは，この法則が中古車市場で働いていると考えた．中古車の場合には新車と異なり，手入れの良い良質車から，「レモン」と呼ばれる欠陥車に至るまで，その品質の幅が非常に広い．この場合，中古車の売り手は買い手の無知につけこんで，たとえレモンの車でも，それを良質車として過大申告するインセンティブを持つだろう．このような「モラル・ハザード」の結果として，中古車市場は遅かれ早かれレモンの車で溢れ，遂には市場取引の収縮停止へと向かうだろう，という結論が導かれる．このような「情報の非対称性」は，医療市場・保険市場・教育市場など，他の多くの市場において広く見られる．

世の中の常として，「成熟」はやがて「沈滞」を伴い，遂には新しい「再生」への希望を生み出す．実は，1970年から世紀末までの期間は，既存の主流派経済学が行き詰まり，「新しい経済科学」の誕生が待望される時期でもあった．ケインズの高弟ロビンソン（Robinson, J）は，早くも1971年，「経済学の第2の危機」について熱っぽい講演を行っている．ロビンソンによると，経済学の第1の危機は1930年代に起こった．大恐慌の中で，連鎖倒産や大量失業のリスクが発生したが，この危機はケインズのマクロ経済政策の採用によって無事救済された．

2000年以降，リスクの経済学はその進路が不確かで，袋小路状態の「不確かな時代」に突入している．「奢れる平家，久しからず」という言葉を思い出して欲しい．ロビンソンのいう第2の危機は，情報の経済学の進展とともに次第に多くの経済学者の間で意識されるようになり，その危機意識は新世紀に入って止まる所を知らない．現実世界を見れば，人々の失業リスク，健康リスク，環境リスク，制度リスク，僻地リスクなど，様々な種類の格差リスク問題が山積している．ところが，既存の主流派経済学は古い枠組みに捉われるあまり，斬新な解答を十分提出できていない．

◆リスクの経済学の将来への期待　最新の注目すべき著作は，気鋭の学者ピケティ（Piketty, T）の野心作『21世紀の資本』（仏語原本2013年，英訳本2014年）であろう．ピケティは，過去200年に及ぶ主要各国の「富・所得の不平等」を綿密に実証分析している．ケインズがかつて指摘したように，世界における社会経済リスクの広範な存在は，かかる不平等と格差の拡大と密接に関係している．

［酒井泰弘］

📖 参考文献

・酒井泰弘（2010）リスクの経済思想，ミネルヴァ書房．
・酒井泰弘（2015）ケインズとナイト：経済学の巨人は「不確実性の時代」をどう捉えたのか，ミネルヴァ書房．

【11-2】
バブルの歴史とその生成の仕組み

バブルは，土地や株式などの資産価格が長期にわたって急騰し，その後突如急落する現象であり，そうした様子がまるで泡が膨れて弾けるように見えることからこの名がつけられた．

もっとも，資産価格の急騰が全てバブルを意味するわけではない．ファイナンス理論によれば，あらゆる情報は瞬時かつ適正に資産価格に取り込まれており，資産価格はその基礎的価値（ファンダメンタルズ）を反映して付けられている．このメカニズムを，効率的市場仮説と呼ぶ．効率的市場仮説に従えば，情報を適正に反映した結果として資産価格が急上昇した場合，価格はファンダメンタルズを反映することになるため，将来的に価格が暴落することはない．したがって，こうした状況はバブルとは呼ばない．

厳密に定義するならば，バブルとは何らかの要因を引き金として資産価格がファンダメンタルズから大きく乖離して上昇する現象を指している．バブルにおける価格の上昇期をバブルの形成と呼ぶ．ファンダメンタルズから乖離した当然の帰結として，その価格は将来のどこか遠くない時点で修正され，暴落する．これをバブルの崩壊と呼ぶ．

◆バブルの歴史

(1) チューリップ・バブル（17 世紀，オランダ）　バブルの歴史は古く，世界中のあらゆる国々において，その国の経済が発展していく過程の中で度々発生してきた．歴史上，最初期のバブルの事例として有名なのが，17 世紀にオランダで発生したチューリップ・バブルである．

16 世紀半ばにトルコ以東を原産とするチューリップがオスマン帝国からヨーロッパ地域に伝播されると，当時のヨーロッパの人々の関心を集め，特に，当時黄金時代を迎えていたオランダで大流行した．チューリップはステータス・シンボルとして大いにもてはやされ，珍しい品種を所有して展示することが盛んに行われた．結果，貴重な品種の球根が高額で取引されるようになった．

チューリップの球根価格の高騰は，オランダ中を投機ブームに巻き込むことになった．チューリップの花弁の模様には不確実性があり，貴重な品種の花が咲く可能性がある．また，チューリップの栽培は比較的簡単で，手間もかからず，ギルドも存在しないため誰でも売買可能であった（Chancellor 1999）．つまり，当時のチューリップは，後の株式や不動産といった投機対象となる資産の条件を備えていたと言える．

珍しい品種が高値で取引されるようになると，その価格上昇に注目して，多くの（チューリップそのものにはさほど関心のない）人々も取引に参加するようになり，その価格を一層押し上げることになった．バブルのピーク時には，ある貴重な品種の球根1個に対し，「小麦27トン，ライ麦50トン，太った雄牛4頭，太った豚8頭，太った羊12頭，ワイン大樽2樽，ビール大樽4樽，バター2トン，チーズ2トン，ベッドとシーツ一式，ワードローブ1個分の衣装，銀コップ」が買えるだけの値段がついたという（Chancellor 1999）．

投機の過熱は，チューリップの球根の先物取引まで成立させることになった．オランダでは，チューリップの球根を掘り出して植えるまでの夏の間に球根の現物売買が行われ，それ以外の期間では商品先物として球根を翌年の春に受け渡す約束を取引者間で取り交わす取引が行われた．

チューリップ・バブルは1636年から1637年の初頭にかけてピークを迎え，1637年2月に突如崩壊した．一攫千金を狙った投機家らは不動産や家財を担保として借金を行い取引に参加していたが，バブルの崩壊によって彼らのほとんどが破産した．チューリップ価格の暴落とそれによる貧困化は，その後のオランダ経済に深刻な打撃を与え，長期不況をもたらしたと言われている．

(2) 南海泡沫事件（18世紀，イギリス） 18世紀のイギリスでは，バブルの語源となった南海泡沫事件が発生した．その発端となったのは，1711年に設立された南海会社である．同社は，イギリス政府から多額の債務を引き受けることと引換えに免許状が与えられ，南アメリカのスペイン植民地との貿易の独占権を得たものの，貿易事業では赤字を出し続けていた．

南海会社は，富くじによる成功をきっかけに金融業に事業を転換し，1720年初めには巨額の政府債務を引き受け，国債を自社株式に転換することに合意した．国債保有者と同社株との交換を有利に進めるためには株価をつり上げる必要があり，南海会社は投資家の投機意欲を掻き立てることでこれを果たそうとした．当時のイギリスには投機熱を高めるための背景が備わっていたこともあり，南海会社の株価は1720年1月には約120ポンドであったのが，5月には550ポンドとなり，夏には1000ポンドまで急騰した（Galbraith 1990）．

また，この時期，南海会社の成功に便乗して，数多くの泡沫会社がこの投機ブームに参画しようとしていた．当時のイギリスでは株式会社を設立するには政府の許可が必要であったが，多くの株式会社が無許可で設立され，これらの会社の株価もブームに乗る形で急騰した．こうした事態に政府も対策に乗り出し，1720年夏に「泡沫会社禁止法」（「バブル法」）が成立した．同法に基づき，会社の設立には議会の認可を受けることが義務付けられ，既存の会社には特許状に定められた事業以外への多角化が禁じられた．

バブル法の成立により泡沫会社は消滅し，投機ブームが終息に向かうことで，バブルは崩壊した．南海会社の株価も1720年末には120ポンドまで暴落した．このバブルの余波として，破産自殺者が続出し，イギリス経済は大いに沈滞したと言われている（Galbraith 1990）.

(3) 資産価格バブル（20 世紀，日本） 1980 年代には日本において不動産と株式を中心とした資産価格のバブルが発生した．その発端は 1985 年のプラザ合意を皮切りにした急速な円高にあった．円高による不況への対策のため，日本銀行は公定歩合を 5% から 2.5% に段階的に引き下げる決定を行った．この金融緩和は 2 年余りにわたって行われ，その結果日本経済に長期の景気拡大をもたらすことになった．一方で，不動産と株式への投機が進み，バブル形成の要因に繋がったと言われている．

日本の地価と株価は，1980 年代後半から急激に上昇し，1990 年前後にピークに達した．1986 年 9 月時点では 1 万 2000 円台であった日経平均株価は，1987 年秋には 2 万 5000 円台に，1989 年末には 3 万 8000 円台に達し，バブル前の 3 倍にまで急騰した．不動産価格も 1990 年時点での評価額が総額 2500 兆円に達し，1985 年の 2 倍以上，また当時のアメリカ全土の 4 倍となった．不動産は担保資産としての価値が高まり，銀行は価値の高まった土地を担保としてさらに融資を拡大させるというサイクルがバブルを加速させる結果となった．

バブルは 1990 年に崩壊した．その結果，貸出しの返済が滞り，地価も下落したため，担保資産を売却しても多額の資金が回収不能となった．こうした不良債権の問題は長く日本経済に悪影響を及ぼし，その後の長期不況を引き起こす要因となった．

(4) 住宅バブル（21 世紀，アメリカ） 2000 年代後半のアメリカでは住宅価格のバブルが発生した．その背景として，アメリカでの住宅ブームによる住宅ローンの増大があげられる．特に問題となったのが，信用力の低い低所得者（サブプライム層）向けの住宅ローンであるサブプライムローンであった．

サブプライムローンは，借入当初は猶予期間として金利を低く抑える一方で，猶予期間を過ぎれば借手の信用力を再評価し，悪ければ金利が急上昇するという仕組みとなっている．所得の上昇が見込めない低所得者にとって，サブプライムローンは不向きの商品であるが，住宅価格が上昇している局面ではそれを担保に借換えを行えば返済を続けていくことができると想定されていた．

住宅ブームに便乗した投機的な借入れもバブルの一因となった．住宅バブルのピーク時における住宅購入のうちの約 40% が，投資目的や別荘などの非居住を目的としたものであったと言われている．

S&P ケース・シラー住宅価格指数によると，2006 年のアメリカの住宅価格は 2000 年時点に比べ 80% 以上上昇したものの，それ以降は下降に転じた．結果として，返済が滞るサブプライムローンが急増し，不良債権化した．さらに，信用リスクを分散するため，サブプライムローンの証券化がなされていたことが問題をより深刻なものとさせた．証券化によって世界中の金融機関の商品にサブプライムローン関連の証券が組み込まれていたため，その影響は各国の経済に波及し，世界金融危機を引き起こすことになった（証券化と世界金融危機についての詳細は☞ 11-7）.

◆**バブルの生成の仕組み**　効率的市場仮説に従えば，その資産価格はファンダメンタルズと乖離しないため，バブルが発生することはない．にもかかわらず，なぜバブルは歴史的に繰り返し発生してきたのだろうか．バブルのメカニズムを説明した理論としては，投資家の合理的期待形成に基づいてバブルが発生する合理的バブルのアプローチと，非合理な投資家が多数存在するためにバブルが発生するという行動経済学からのアプローチがある．

株価を例として考えた場合，合理的バブルの説明に従えば，株価は将来受け取る配当（インカムゲイン）の割引現在価値を反映したファンダメンタルズ項と，無限先に株を売った場合に得られる値上り益（キャピタルゲイン）の現在価値を反映したバブル項の要素に分割される．もし投資家が，インカムゲインとは独立した株の価値が存在しそれを得る可能性があると期待すれば，バブル項はプラスとなり，バブルが発生すると考えられる．

もっとも，このような合理的バブルのアプローチには否定的な見解も多い．もう１つの見方として，行動経済学のアプローチでは，現実の多くの投資家は完全な合理性のもとでは行動せず，時に非合理的な行動をとりうるという前提に立ち，このような非合理性が生み出す様々なバイアスをもとにバブルの発生を説明している．

シラー（Shiller, R.J.）は，多くの投資家には自信過剰や適応的期待といったバイアスがあり，過去に資産価格が上昇することで投資家が自信と期待を強め，彼らの取引行動でさらに資産価格が上昇し，それによってさらに多くの投資家が参入するといったサイクルを繰り返す「フィードバック・ループ」という現象が見られると主張する（Shiller 2000）．この主張のもとでは，群衆行動（ハーディング現象）としてフィードバック・ループが繰り返された結果，資産価格の上昇がさらなる資産の購入へと投資家を駆り立て，資産価格がファンダメンタルズから乖離することでバブルが発生すると考えられている．　［山﨑尚志］

📖 参考文献

- Chancellor, E.（1999）*Devil Take the Hindmost: A History of Financial Speculation*, Farrar, Straus & Giroux（チャンセラー E. 著，山岡洋一訳（2000）バブルの歴史：チューリップ恐慌からインターネット投機へ，日経 BP 社）.
- Galbraith, J. K.（1990）*A Short History of Financial Euphoria*, Penguin Books（ガルブレイス, J. K. 著，鈴木哲太郎訳（2008）新版バブルの物語：人々はなぜ「熱狂」を繰り返すのか，ダイヤモンド社）.
- Shiller, R. J.（2000）*Irrational Exuberance*, Princeton University Press（シラー, R. J. 著，植草一秀監訳，沢崎冬日訳（2001）根拠なき熱狂：アメリカ株式市場，暴落の必然，ダイヤモンド社）.

【11-3】

金融・保険分野のリスクの概念とリスク管理

金融・保険リスクとは，経済主体である法人・個人等の資産や所得の価値に影響を与える可能性のある不確実性のことを言うが，同分野のリスクは，数学的には通常期待値の回りの変動性を示す「分散」で表現される．

金融機関（銀行・証券会社・保険会社など）が抱えるリスクについては，金融庁が2017年まで作成していた金融検査マニュアルなどにその説明が行われており，以下のリスクの種類などは基本的にそれに基づいている．なお，これによれば「リスクとは，業務運営のうえでの不測の損失を生ぜしめ，資本を毀損する可能性を有する要因」と説明されている．

◆金融・保険リスクの主な種類

(1) 信用リスク 信用供与先の財務状況の悪化等により，資産（オフ・バランス資産を含む）の価値が減少ないし消失し，金融機関が損失を被るリスクである．このうち，特に，海外向け信用供与について，与信先の属する国の外貨事情や政治・経済情勢等により金融機関が損失を被るリスクをカントリー・リスクという．

(2) 市場リスク 金利，為替，株式などの様々な市場のリスク・ファクターの変動により，資産・負債（オフ・バランスを含む）の価値が変動し損失を被るリスク，資産・負債から生み出される収益が変動し損失を被るリスクを言う．主な市場リスクには，以下の３つがある．

① 金利リスク：金利変動に伴い損失を被るリスクで，資産と負債の金利または期間のミスマッチが存在している中で金利が変動することにより，利益が低下ないし損失を被るリスク

② 為替リスク：外貨建資産・負債についてネット・ベースで資産超または負債超ポジションが造成されていた場合に，為替の価格が当初設定されていた価格と相違することによって損失が発生するリスク

③ 価格変動リスク：有価証券等の価格の変動に伴って資産価格が減少するリスク

(3) 流動性リスク 運用と調達の期間のミスマッチや予期せぬ資金の流出により，必要な資金確保が困難になるか，または通常よりも著しく高い金利での資金調達を余儀なくされることにより損失を被るリスク（資金繰りリスク），および，市場の混乱等により市場において取引ができなかったり，通常よりも著しく不利な価格での取引を余儀なくされることにより損失を被るリスク（市場流動性リスク）を言う．

(4) オペレーショナルリスク 金融機関の業務の過程，役職員の活動若しくは

システムが不適切であることまたは外生的な事象により損失を被るリスクなどで，例えば以下のリスクが含まれる．

① 事務リスク：役職員等が正確な事務を怠るか，あるいは事故・不正等を起こすことにより会社が損失を被るリスク
② システムリスク：コンピューターシステムのダウンまたは誤作動等，システムの不備等に伴い，さらにはコンピューターが不正に使用されることにより，会社が損失を被るリスク
③ 法務リスク：金融取引での不備な契約や法律解釈問題，取引相手先の法的行為能力妥当性といった法的要因から発生するリスク（不十分または不適切な契約内容により，契約が実行できないことから生じる経済的リスク）
④ 人的リスク：従業員の不正や従業員の流出などによって損失を被るリスク
⑤ 風評リスク：金融機関の行動が，評判を落とし，業務に支障が発生したり，金融機関の存在に致命的な悪影響を及ぼすリスク

(5) 保険引受けリスク　保険会社に特有のリスクとして，経済情勢や保険事故の発生率などが保険料設定時の予測に反して変動することにより，保険会社が損失を被るリスクを言う．

(6) 不動産投資リスク　保険会社に大きな意味を有するリスクとして，賃貸料等の変動などを要因として不動産に関わる収益が減少する，または市況の変化等を要因として不動産価格自体が減少し，保険会社が損失を被るリスクを言う．

◆金融リスク評価手法　金融リスクを定量的に評価する手法としては，例えば以下の手法があげられる．

(1) バリュー・アット・リスク（VaR）　統計的手法で，市場リスクなどの予想最大損失額を算出する指標であり，現在保有している資産（ポートフォリオ）を，将来のある一定期間保有すると仮定した場合に，ある一定の確率の範囲内（信頼区間）で，市場の変動によって，どの程度の損失を被る可能性があるかを計測したものである（図1）．

数学的には，ある期間 T における資産価格などの変動の確率密度関数を想定した場合に，信頼水準 X%において，想定される最大損失 Y（X%の確率で損失は Y 以内に収まる）のことを示しており，算式では，

$$P(\text{損失} \geqq VaR(=Y)) = 1 - X$$

と表され，これは損失がVaR（$=Y$）以上となる確率が（$1-X$）

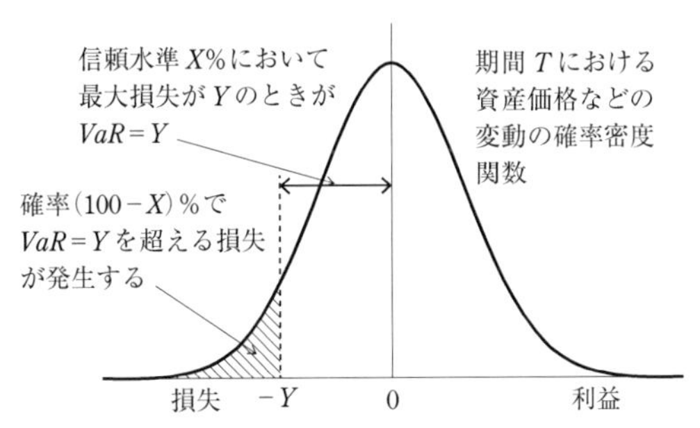

図1　バリュー・アット・リスク（VaR）のイメージ（正規分布に従う市場リスクの場合）

となることを意味している．$(1-X)$ が破産確率に相当することになる．

これを求める手法としては，「①分散共分散法（またはデルタ法）（リスク・ファクターの変化が正規分布に従うとして，それらによる資産と負債の感応度および相関関係を分散・共分散行列に表して，それをもとに VaR を算出）」「②ヒストリカル・シミュレーション法（過去の実績に基づいた市場の変化のパターンが将来も同じ確率で起こると仮定して，保有している資産や負債のポートフォリオ（ポジション）に適用することで，その損益を計算し，それを損失額の順に並べた場合の目的の信頼水準に対応するパーセント点の損失として VaR を算出）」「③モンテカルロ・シミュレーション法（多数の乱数を発生させるモンテカルロ・シミュレーションによって将来のリスク・ファクターの変化の度合いを生成し，その変動を現在の資産や負債のポートフォリオに適用することで，損益を計算し，それを損失額の順に並べた場合の目的の信頼水準に対応するパーセント点の損失として VaR を算出）」などがある．

なお，VaR はあくまでも一定の前提に基づく統計的手法によって推定値として求められる指標であるため，常にその前提の妥当性を確認するとともに，バックテストなどで統計的に検証する必要がある．さらに，過去の実績に基づいていることが多いため，推定値として限界がありストレステストなどで補完していく必要がある．

(2) バックテスト　過去のデータなどに基づいてみずからがリスク管理などの目的のために設定した仮説およびシナリオが正しいかどうかを検証する手法であり，市場リスク計測の有効性を確認するため，定期的に行われる．

(3) ストレステスト　市場で不測の事態が生じた場合に備えて，市場の暴落や大災害などのストレス事象におけるポートフォリオの損失の程度やそれに対する回避策を予めシミュレーションする手法を言う．日常的に発生確率が低いと考えられるリスクシナリオを，過去のデータなどから設定し，その発生確率や変動パターンに基づいて，現在のポートフォリオが抱える潜在的なリスク量を計測する．

(4) シナリオ分析　潜在的に発生しうるリスク事象を特定し，その事象が発生する可能性およびそれらが損益などに与える影響を評価，測定するために使用される．自然災害，テロリズムなど，発生頻度は低いが発生時の損失の重大度が大きい事象を特定し，より長期的な観点から広範な影響を評価する場合に使用される．

◆金融機関（銀行）のリスク管理　金融機関にとって，リスクテイクは収益の源泉であり，その業務活動はリスク管理そのものであると言える．企業価値の極大化を目標に収益を追求する過程で発生する様々なリスクを，事前に定められた一定の範囲内にコントロールするためにリスク管理が行われる．

現在の金融機関においては，統合的リスク管理（ERM）経営との名称のフレームワークの中で「各社の経営理念・ミッション等を前提として，取るべきリスクと許容しうる損失を定め，健全性を確保しつつ収益性の維持向上を図り，企業価値の継続的な拡大を目指す経営」が行われている．このために，「資本」「リスク」「利益（リターン）」のバランスをどう図るかが重要なポイントになっている．資本の範囲内でリスクテイクを行うことで，財務の健全性の確保を図りつつ，一方で資本効率の向上を目指して，リスクと対比しての収益性の向上を目指している．

なお，資本とリスクの関係については，銀行・証券では自己資本比率（国際決済銀行規制（BIS規制）など），保険会社ではソルベンシー・マージン比率などの指標で表現される．これらの算出においては，標準的な計算式が定められているが，一方で各社のリスクプロファイルをより適切に反映し，各社のリスク管理の高度化を促す観点から，BIS規制や欧州のソルベンシーII制度等では，各社の内部モデルに基づく算出が認められている．

◆リスク管理の重要性を示す事例：2000年前後の生命保険会社の経営破綻　リスク管理の重要性を示す具体例として，1997年から2001年にかけて，日本の生命保険会社7社が経営破綻したことがあげられる（日産生命（1997年），東邦生命（1999年），千代田生命，第百生命，協栄生命，大正生命（2000年），東京生命（2001年）．なお，2008年に大和生命も破綻）．その原因は，これらの会社の多くが1990年前後のバブル景気の時代に高い保証利率の商品を大量に販売していたことに起因している．バブルの崩壊によって，「急激」かつ「急速」に金利が低下し，その後低金利が継続したことにより，多額の逆ざや（契約者に保証している予定利率と実際の会社の運用利回りとの差額）を抱えることになり，将来的に契約者への予定利率保証を提供できなくなったことで，破綻処理を選択せざるをえなくなった．結果として，これらの会社の契約に対して，責任準備金の削減や将来の保証予定利率の引下げなどの契約条件の変更が行われた．

この破綻事例から，商品価格設定とその販売政策，およびこれらの契約に対応する資産の運用方針等の総合的なリスク管理の重要性が見て取れる．考えうるシナリオを想定したうえで，これらが発生した場合の対応を一定想定したうえで経営にあたることの重要性を再認識させることとなった．こうした反省を踏まえて，その後，新たなソルベンシー制度，将来収支予測，ストレステスト，リスクとソルベンシーの自己評価（ORSA）などのリスクとソルベンシーの管理ための制度の構築が行われてきている．

［中村亮一］

参考文献

・金融庁金融検査マニュアル関係資料．
・栗谷修輔，久田祥史著，森本祐司監修（2015）市場リスク・流動性リスクの評価手法と態勢構築，きんざい．
・ERM経営研究会著，公益財団法人損害保険事業総合研究所編（2014）保険ERM経営の理論と実践，きんざい．

【11-4】
価格変動リスクの評価

金融市場で取引されている金融商品の価格やレートは時々刻々変化する．それに伴い，投資家の資産だけでなく負債も考慮したポートフォリオ（以下，資産・負債ポジションと呼ぶ）の価値は変動する．このように，投資家の資産・負債ポジションの価値は不確実性を有しており，損失が発生するリスクがある．このリスクを価格変動リスクと呼ぶ．金融実務では，価格変動リスクは経済価値変動リスクと期間損益変動リスクの両側面で捉えられる．経済価値変動リスクとは，評価時点における資産の現在価値から負債の現在価値を引いた資本の現在価値（経済価値）が市場レートの変化によって変動するリスクのことである．期間損益変動リスクとは，一定期間中，既存取引だけでなく将来の新規取引などから発生する損益が市場レートの変化に応じて変動するリスクのことである．

◆価格変動リスクの種類 価格変動リスクは市場リスクとも呼ばれ，起因するリスクの種類に応じて，①株価リスク，②金利リスク，③外国為替リスク，④コモディティリスク，⑤その他（自然災害，ボラティリティ変動など）に分類できる．株価リスクを有する金融商品として，株式，株式オプションがあげられる．株式オプションはデリバティブ（金融派生商品）の一種である．ここでは，株式オプションの1つであるヨーロピアンコールオプションを例に，株式オプションが株価リスクを持つことを説明する．まず，当該オプションの買い手が，売り手にオプション料を契約時点で支払うと，買い手はオプション満期日に契約日に定めた価格（行使価格）で指定した株式（原資産）を購入する権利を持つことになる．仮に，オプション満期日に原資産の株価が行使価格を上回ると，オプションの買い手は権利を行使し，売り手から行使価格で原資産を購入し，即座に金融市場で売却すれば利益を上げることができる．したがって，満期前に原資産の株価が上昇すると，満期日に行使価格を上回る可能性が高まるため，株式オプションの買い手から見た価値は上昇する．逆に，株価が下落すると，満期日に行使価格を下回る可能性が高まるため，買い手にとってのオプションの価値は下落する．以上から，株式オプションは株価リスクを持つことになる．ただし，株式オプションの価値は原資産の株価に対して非線形となることには注意が必要である．また，株価変動のボラティリティの増減は，満期日に原資産の株価が行使価格を上回る確率を変えるため，オプションの価値を変化させる．すなわち，株価だけでなくボラティリティの変動も，株式オプションの価格変動リスクの1つである．

金利リスクを有する金融商品として，預金，貸出金，債券，金利を原資産とするデリバティブなどがあげられる．以下に，債券が金利リスクを持つことを示す．

償還までの年数がn年，額面F，クーポンCが年1回投資家に支払われる固定利付債（ただし，利払い直後とする）の価格Pは，i年のスポット金利r_iを用いて，

$$P=\frac{C}{1+r_1}+\cdots+\frac{C}{(1+r_{n-1})^{n-1}}+\frac{F+C}{(1+r_n)^n}$$

と表される．すなわち，債券価格はスポット金利の関数となっており，スポット金利の上昇は債券価格Pの下落を引き起こすことがわかる．

外国為替リスクを有する金融商品の代表例は，外貨建て預金，外国債券，外国株式，為替レートを原資産とするデリバティブである．例えば，時刻tでの米国企業の株価をS_tドル，ドル円為替レートを1ドルF_t円とすると，この株式投資に係る円建てでの時価はS_tF_t円である．したがって，当該投資は，株価リスクだけでなく外国為替変動リスクをも持つ．

コモディティリスクは，金属，エネルギー資源，農作物などの実物資産の価格や，それを原資産とするデリバティブの時価が変動するリスクである．

以上のポジションの価値変動をもたらす要因はリスクファクターと称される．また，資産・負債ポジションを構成する個々の金融商品が，それぞれのリスクファクターの変化に対して示す価値変化をエクスポージャーと呼ぶ．

◆経済価値変動リスクの定量化　既述のとおり，価格変動リスクは，経済価値変動リスクと期間損益変動リスクの2つの側面で捉えられる．以下ではまず，経済価値変動リスクを定量化する方法を紹介する．

経済価値変動リスクを定量化する際に最もよく使われる指標は，予想最大損失額（VaR）である．VaRはあらかじめ定める特定の確率水準（信頼水準）のもと，あらかじめ設定する期間（保有期間）に失われる経済価値の最大値として定義される．VaRの計算法として，分散共分散法，ヒストリカル法，モンテカルロ法が知られている．

分散共分散法では，資産・負債ポジションを構成する個々の金融商品が有するリスクファクターの変化率が正規分布に従うとの仮定が置かれる．この仮定により，経済価値の変化は正規分布に従う．個々のリスクファクター変動の標準偏差，異なるリスクファクター変動間の相関係数，エクスポージャーから，経済価値変動の確立分布の標準偏差を計算し，それを用いてVaRを計算することになる．ここで，2つの株式A，Bを資産に持つ（負債はないと仮定）場合の，信頼水準99%，保有期間T日のVaRの計算法を示そう．まず，A，Bそれぞれの日次の価格変動を次のように仮定する．

$$\log\frac{S_{t+1}^A}{S_t^A}=\mu_A+\sigma_A\varepsilon_{A,t+1},\qquad \log\frac{S_{t+1}^B}{S_t^B}=\mu_B+\sigma_B\varepsilon_{B,t+1}$$

ここで，S_t^iは時刻tにおける株式iの保有額，logは自然対数を表すとする．これより，上式左辺は株式A，Bの1日間の対数収益率を表す．上式右辺のμ_iは株式iの1日の対数収益率の期待値，σ_iは標準偏差（ボラティリティ）である．

$\varepsilon_{i,t+j}$ $(j=1,\cdots,T)$ は，収益率への予測不可能なショックを表す項で，期待値 0，標準偏差 1 の独立同一な正規分布に従っているとする．また，$\varepsilon_{A,t}$ と $\varepsilon_{B,t}$ の相関係数は，任意の t で一定の ρ と仮定する．信頼水準 α%，保有期間 T の VaR は，T 日間のポートフォリオの収益・損益額を表す確率変数の期待値と同確率分布の下側 $(100-\alpha)$% 分位点の差として計算される．上記設定のもと，W_i を株式 i への投資比率とすると，信頼水準 99% の VaR は，

$$2.33(S_t^A+S_t^B)\sqrt{T(W_A^2\sigma_A^2+W_B^2\sigma_B^2+2\rho W_A W_B \sigma_A \sigma_B)}$$

と計算される．以上のように，分散共分散法は VaR を解析的に計算できる．

分散共分散法では，リスクファクターの変動に伴う商品価値の変動が線形であるとの仮定を置く．したがって，原資産価格の変化に対して非線形性を有するオプションが資産・負債ポジションに存在する場合，経済価値変動リスクを分散共分散法では捉えられない．さらに，同手法ではリスクファクターの変動は正規分布に従うとの仮定を置く．しかし，リスクファクターを構成する株価や為替レートなどの収益率の確率分布は，正規分布より裾の厚いファットテールの形状を示していることが多くの研究で指摘されている．これは，分散共分散法で VaR を計測するとリスクの過小評価につながる危険性を示唆している．

以上の問題に対処するため，ヒストリカル法では，リスクファクターの変動が，過去に実際に起きたリスクファクターの変動から生成される確率分布（ヒストリカル分布）に従うと仮定する．リスクファクターの変動をヒストリカル分布から無作為抽出することによって，経済価値の変化の確率分布が得られる．この確率分布の期待値と同確率分布の下側 $(100-\alpha)$% 分位点の差が信頼水準 α% の VaR である．この方法は，ファットテールを示す確率分布のリスク事象を捉えるだけでなく，非線形リスクも捕捉できる利点を有する．しかし，将来のリスクファクターの変動について，過去に起きたことをそのまま想定することになるため，ヒストリカル法を用いて VaR を計算する際は，過去と現在の市場環境の違いについての注意深い検討が事前に必要であろう．モンテカルロ法では，リスクファクターの変動に確率モデルを想定し，同モデルに基づきリスクファクターの変動をシミュレーションすることにより，経済価値の変化の確率分布を得るという手続きを踏む．シミュレーションにより経済価値の変化の確率分布を得るという点で，ヒストリカル法と類似の方法と言える．非線形リスクを捕捉できるなどの利点がある一方，統計的に信頼のおける経済価値変動の確率分布を得るため，多数のシミュレーションを必要とすることから，計算負荷が高くなるという問題がある．

◆ボラティリティ変動のモデル化　モンテカルロ法で VaR を計算する場合，リスクファクターの確率モデルの設定が問題となる．特に，現実的なモデルの設定を考えた場合，ボラティリティのモデル化が重要となる．金融商品価格のボラティリティは，大きな変動を示した後にもそれが持続するボラティリティ・クラス

タリングと呼ばれる現象が観測される．エンゲル（Engle, R.F）は，ボラティリティ・クラスタリングを表現するため，ボラティリティの 2 乗が過去の収益率へのショックの 2 乗から定まるというモデルを提案した（Engle 1982）．これは自己回帰条件付き不均一分散モデル（ARCH モデル）と呼ばれる．さらに，ボラースレブ（Bollerslev, T）は，ARCH モデルを一般化した GARCH（一般化自己回帰条件付き不均一分散）モデルを提案した（Bollerslev 1986）．ARCH や GARCH モデルといった，ボラティリティ変動を捉えるリスクファクターの確率モデルの導入は，精緻な VaR 計測を実現するうえで一考の余地があろう．

◆期間損益変動リスクの定量化　期間損益変動リスクの把握は主に銀行で実施されてきた．銀行の貸出・預金取引の既存分と将来取引分（将来の新規取り組みと既存取引のロールオーバー）から，一定期間中に発生するキャッシュフローに基づき計算される期間損益を先行きの市場レートのシナリオそれぞれに対して定量化する．定量化の手順の一例は以下のとおりである．①まず，貸出・預金の既存取引から発生するキャッシュフローを一定期日の期間フレームごとに集計したマチュリティラダーと呼ばれる表を作成する．②次に，将来取引に関して想定されるシナリオ（資金シナリオ）を用意する．③さらに，金利・株価・為替レートなどの金融市場レートの先行きのシナリオ（市場シナリオ）を用意し，それぞれのシナリオが預金金利や貸出金利にもたらす影響を過去のデータから推定する．④既存分のマチュリティラダー（①）と，②の資金シナリオと③の市場シナリオから作成されるマチュリティラダーから期間損益を計算する．各資金シナリオ，市場シナリオに対して期間損益がそれぞれ計算されることになる．これらの結果は，資産・負債管理戦略の策定や予算の着地見込みの検討などに活用可能である．上記の手順の中で，リスクファクター変動の確率モデルに基づきモンテカルロ・シミュレーションで市場シナリオを多数発生させれば，1 つの資金シナリオに対して期間損益の確率分布を得ることができる．同分布からどの程度期間損益がぶれる可能性があるのかを定量化した指標が期間収益下落リスク（EaR）である．EaR の値を小さくしたい場合には，想定する資金シナリオに金利デリバティブによるヘッジ取引を盛り込むといった対応が考えられる．このように，EaR を計測・把握することは，先行きの業務戦略を修正・構築するうえで有効である．

［菊池健太郎］

📖 参考文献

・Crouhy, M. et al. 著，三浦良造訳（2015）リスクマネジメントの本質（第 2 版），共立出版．
・東京リスクマネジャー懇談会編（2011）金融リスクマネジメントバイブル，金融財政事情研究会．
・渡部敏明（2001）ボラティリティ変動モデル，朝倉書店．

【11-5】

ヘッジと投機

リスクには様々な側面があるが，経済的損失の発生形態に注目すると，純粋リスクと投機的リスクに分類される．純粋リスクとは，将来の不確実な事象の結果が損失のみを生じさせるリスクのことである．例えば，工場の爆発や賠償責任等がそれにあたる．このようなリスクはたとえ発生しなかったとしても，当事者に利得をもたらすことはない．一方で，鉄鋼価格の上昇によって自動車メーカーの利益が減少する，円安によって輸入業者の売上げが落ち込むといった状況は，結果次第では利得をもたらす可能性がある．このように損失の可能性だけでなく利益の可能性も考慮したリスクは投機的リスクと呼ばれる．

一般的に，保険会社は純粋リスクに対して火災保険や賠償責任保険といった保険商品を提供しており，企業や個人は保険を購入することで将来の損失のリスクを保険会社に移転することができる．対照的に投機的リスクに対しては伝統的に保険によるカバーが存在せず，その移転手段には通常デリバティブが利用される．

◆デリバティブとヘッジ　デリバティブとは，その価格が，農作物，商品，証券，通貨，金利など，取引の対象になる資産（原資産）の価値に依存して決定される契約のことを言う．

デリバティブの利用目的の１つに，投機的リスクに対するヘッジがある．ヘッジとは，もともとは生垣という意味であるが，そこから派生してリスクに伴う将来の損失可能性から資産を保護する行為全般のことを指している．特に投機的リスクへの対応手段に限定し，純粋リスクへの対応手段である保険と対比して用いられることも多い．

デリバティブの基本的な形態として，先渡し・先物，オプション，スワップなどがあげられる．先渡し・先物は，あらかじめ定められた将来時点（満期）に，あらかじめ定められた価格（先渡し・先物価格）と数量で取引する契約である．先渡しも先物も契約の構造は同じであるが，先渡しは取引の当事者間で直接契約が結ばれる相対取引であるのに対して，先物は取引所取引の形態をとっている．オプションとは，原資産をあらかじめ定められた将来時点や一定期間内に，あらかじめ定められた価格（権利行使価格）で売買する権利を取引する契約である．先物と違い，オプションは保有者に権利を売買する契約であるため，オプション保有者は権利を行使するか否かの選択権（オプション）を持つことになる．原資産を購入する権利のことをコール・オプション，売却する権利のことをプット・オプションという．スワップとは，あらかじめ定められた将来時点に，あらかじめ定められた価格で，キャッシュフローを交換する契約である．代表的なスワップとして，通貨スワップや金利スワップがあげられる（具体的なヘッジの仕組みについては柳瀬ら（2018）などを参照されたい）．

◆デリバティブと投機　デリバティブのもう1つの利用目的は，投機である．投機とは，短期的な資産の売買を行うことで，その価格差から利ざやを得ようとする行為である．例えば，原資産の価格が将来値上りしそうならば先物を購入し，逆に原資産の価格が将来値下りしそうならば先物を売却すれば，予想が的中すると利益を得ることができる．

もちろん，デリバティブではなく原資産そのものを売買することでも利益を得ることは可能である．しかし，デリバティブによる投機の特徴は，より少ない資金で大きな利益を得る機会がある点にある．例えば，ある年の3月に，ある投機家が今後のトウモロコシ価格の下落を予測しているとしよう．9月限（満期）のトウモロコシの先物価格は現在1トン2万円であり，この投機家はこの先物を100枚（100トン）売却したとする．7月になり，この投機家の予想どおりトウモロコシ価格が値下りし，同先物価格が1トン1万8000円になった．この時点で投機家はトウモロコシ先物を100枚購入（反対売買）することで，20万円（=100×（2万円−1万8000円）の利益を確定することができる．このように，先物によるデリバティブ取引の場合，最初にデリバティブを買っていれば売り，売っていれば買い戻すという反対売買を行うことで決済を完了することができる．この場合，実際の金銭の受渡しは，反対売買による差額だけでよいことになる．これを差金決済という．

もしこの取引を現物で行おうとするならば，3月の時点で100トンのトウモロコシを確保し，保管できるだけの元手が必要となるが，デリバティブ取引の場合より少ない資金で現物売買と同じ利益を得ることができる．このように，少ない資金で大きな収益を上げることをレバレッジ効果と呼ぶ．もっとも，デリバティブはレバレッジ効果を利用して少ない資金で大きな利益を上げることができる反面，予想が外れたときに大きな損失を被る可能性があることにも注意が必要である．取引者が少ない資金で参加した結果として決済不能になり，取引システム全体が機能不全に陥ることを防ぐため，取引者は取引単位ごとに一定の証拠金を取引所に預け入れることが要求される．

投機を目的としたデリバティブの利用は，市場に悪影響を及ぼすように思われるが，投機目的での利用者がデリバティブ市場に参入して積極的に売買を行うことで，流動性を高める役割も果たしている．流動性が高まることにより，取引の相手が見つからないという可能性が小さくなることから，ヘッジ目的の利用者もその意味で恩恵を受けることになる．一方で，投機が過熱しすぎると，バブル発生の原因となる（詳しくは☞11-2）．

［山﨑尚志］

📖 参考文献

・柳瀬典由ら（2018）リスクマネジメント（ベーシックプラス），中央経済社．

【11-6】
信用リスクの評価

信用リスクとは，金融取引の与信先の信用状況が悪化する，もしくは倒産するなどの信用事由により，当該取引の価値が消失もしくは減少し，損失を被るリスクのことである．信用事由には，法的手続きに則って与信先の倒産処理手続きが進められる法的破綻，与信先からの利払いや元本返済の不履行（支払不履行），金利減免や支払期限延長などの債務の条件変更（リストラクチャリング）などがある．これらの信用事由はデフォルトと総称される．

信用リスクは，発行体リスクとカウンターパーティリスクの２種類に分類される．発行体リスクのある代表的な金融商品は，債券，貸出である．債券の発行体は債券発行により資金調達を行う．債券を購入する者は，発行体の信用事由発生により債券の価値が毀損するリスクを負う．貸出についても，借り手が借用証書を発行して資金調達を行っているとみれば，貸し手である債権者が発行体リスクを負っていると解釈できる．一方，カウンターパーティリスクは，デリバティブ（金融派生商品）取引に伴う信用リスクである．契約の当事者間で，満期まで変動金利と固定金利を一定の時間間隔で交換する金利スワップを例に，当該リスクを解説する．金利スワップは，契約時点での時価評価は０であるが，契約後に金利が上昇し，固定金利を支払い，変動金利を受け取る当事者Ａに評価益が生じたとする．このとき，契約の相手方（カウンターパーティ）Ｂがデフォルトすると，Ａは評価益を実現できないまま，満期までの契約が履行されない状態に陥る．すなわち，ＡはＢへの債権を有している状態にあったが，Ｂのデフォルトによってその価値が消滅することになる．以上のような，デリバティブの取引当事者が有する信用リスクをカウンターパーティリスクという．

◆信用リスク定量化のための基本的要素　信用リスクを定量化する際の基本的要素は，①デフォルト時エクスポージャー（EAD），②デフォルト確率（PD），③デフォルト時損失率（LGD）である．①のEADは，企業や債権がデフォルトしたときの与信額，もしくは，その期待値である．②のPDは，与信先がデフォルトする可能性の大きさを表すものである．③のLGDは，与信先がデフォルトした際のEADに対する損失額の割合である．これら３要素が把握できれば，個別の企業や債権の期待損失額は，EAD，PD，LGDの積で表される．ただし，金融実務においては，EAD，PD，LGDの全て，もしくは一部が事前にわからず，何らかの推定が必要となる場合が多い．例えば，貸出においては，EADは貸出残高であり容易に把握可能だが，PDとLGDについては推定が必要である．デリバティブに関しては，カウンターパーティのPDとLGDの推定に加え，EAD

の推定も必要となる．これは，デリバティブの EAD が，デリバティブの将来価値の期待値に依存することから，価格の確率変動モデルに基づく期待値計算が必要となるためである．デリバティブの EAD の正確な定義や計算法に係る解説は，専門の書籍，例えば富安（2014）に譲るとし，以下では LGD と PD の推定方法の概要を解説する．

◆LGD の推定　LGD の推定は，一般に，過去のデフォルト企業や債権の実績損失率のデータに基づいて行われる．被説明変数を実績損失率，説明変数をマクロ経済変数，企業の属する産業，担保の有無，担保の種類，担保のカバー率，担保の順位などとする回帰分析によって推定が行われる．LGD は 0 以上 1 以下の数値をとる必要があるので，被説明変数を変数変換するなどの事前処理を施したうえで回帰分析を実行することが一般的である．実績損失率の頻度分布が，0 か 1 のどちらかに偏った分布の形状を示すか，0 と 1 の近くに峰を持つ双峰性の分布形状を示す傾向にあることが，先行研究でしばしば指摘されている．これは，優良な担保で保全されている場合や信用保証などでリスク移転がなされている場合は，デフォルトが発生しても損失率を 0 近くにできるが，そうではない場合は 1 近くの損失率となることを示唆している．この点を反映できるよう，上述の LGD 推定に係る回帰モデル式に工夫を施すなどの研究も存在する．

◆PD の推定（統計モデル）　PD の推定は，統計モデル，構造型モデル，誘導型モデルに基づく 3 つの方法に主に分類される．まず，統計モデルに基づく PD の推定法を解説する．当該手法では，初めに，与信先の財務データからデフォルト事象と関連が高いと見込まれる財務指標を説明変数として選択する．考えられる説明変数として，純資産額，自己資本比率，経常収支比率，有利子負債償還年数，インタレスト・カバレッジ・レシオ，売上高営業利益率などがあげられる．次に，PD を定める関数をモデル化する．例えば，ロジスティック回帰モデルに基づく PD の推定においては，説明変数を $x_1, \cdots, x_n$ とすると，

$$PD = \frac{1}{1 + \exp\{-(\beta_0 + \beta_1 x_1 + \cdots + \beta_n x_n)\}}$$

と PD をモデル化することになる．与信先のデフォルトの有無が二項分布に従うと仮定すると，過去の与信先のデフォルト実績や説明変数のデータから，尤度は上式の係数 $\beta_0, \beta_1, \cdots, \beta_n$ を変数とする関数で表される．これらの係数は，尤度を最大化するように選択される．以上のアプローチは，個人や中小企業の PD を推定する際に用いられることが多い．

◆PD の推定（構造型モデル）　マートン（Merton, R）は，株式発行と割引債発行の 2 種類で資金調達している単純な資本構成を持つ企業を念頭に置き，負債（割引債）の満期時点で，当該企業の企業価値が負債の額面を割り込む場合にデフォルトと定義する構造型モデルを提案した（Merton 1974）．このモデルでは，株式価値は，企業価値を原資産とし，行使価格を負債額面とするヨーロピアンコ

ールオプションとして評価される．マートンは，企業価値の確率変動に幾何ブラウン運動と呼ばれる確率過程を仮定し，株式価値を，ブラック-ショールズ-マートン式（BSM 式）と呼ばれる，企業価値やそのボラティリティなどを変数とする関数形で記述した．一方，負債価値は，企業価値から株式価値を減じたものとして評価される．企業の PD（企業価値が満期に負債額面を割り込む確率）は，企業価値に幾何ブラウン運動を仮定すると，企業価値やそのボラティリティなどを変数とする解析式として表現される．しかし，企業価値やそのボラティリティは市場で直接観測されないため，PD の推定にはそれらの推定が必要になる．KMV 社のクレジットモニターモデルでは，① BSM 式と，②企業価値のボラティリティと株式ボラティリティを関連付ける式をもとに，市場で観測される株価と株式ボラティリティから企業価値とそのボラティリティを推定することで，PD を得るという方法をとっている．マートンが 1974 年に提案したモデルでは，比較的単純な仮定が置かれている．しかし，同モデルは，企業の資本構成の観点から信用リスクを分析できる経済学的含意に富む枠組みであり，多くの研究で様々な拡張が試みられている．

◆PD の推定（誘導型モデル）　構造型モデルは，負債満期までの期間が短くなるにつれて，デフォルト確率が 0 に近づいていくという性質を持つ．しかし，デフォルトはしばしば突発的な形で発生し，このようなデフォルトを構造型モデルでは説明できない．そこで，ジャロウ（Jarrow, R）とターンブル（Turnbull, S）は，デフォルト強度（ハザード率とも呼ばれる）に基づき PD を推定する誘導型モデルを提案した（Jarrow and Turnbull 1995）．デフォルト強度とは，ある時刻までデフォルトを起こしていない与信が，次の瞬間にデフォルトする条件付き確率である．構造型モデルと異なり，デフォルトが無作為に発生するモデルとなっている．先行研究では，デフォルト強度を一定とするモデルだけでなく，デフォルト強度が確率変動するモデルも提案されている．PD の推定は，デフォルト強度自体やデフォルト強度の確率変動を定めるパラメータの推定に帰着される．誘導型モデルの枠組みで社債価格をあらかじめ解析的に表現しておき，同一発行体の様々な満期の社債の市場価格に適合するよう，デフォルト強度の確率変動を定めるパラメータを推定するという方法が，PD 推定の一例として考えられる．

◆与信ポートフォリオの信用リスク評価　与信ポートフォリオの信用リスクは，予想最大損失額（VaR）によって定量化されることが多い．与信ポートフォリオの VaR である信用 VaR は，あらかじめ定めた特定の確率水準（信頼水準）のもと，あらかじめ設定する期間（保有期間）に与信ポートフォリオから生じる損失額の最大値として定義される．信用 VaR は，ポートフォリオの損失額の確率分布を計算し，信頼水準に対応する分位点を求めることによって得られる．信用 VaR のほかに，信用 VaR から期待損失額を控除した非期待損失額によって，与信ポートフォリオの信用リスクを評価することもある．

ここでは，信用 VaR の計測モデルの 1 つである「1 ファクターマートンモデル」の概要を解説する．まず，あらかじめ，全ての与信先の EAD，LGD，PD を求めておく（与信先 i について，EAD_i, LGD_i, PD_i とする）．与信先 i の企業価値 V_i は，以下のような確率変数で表されるとする．

$$V_i=\rho_i X+\sqrt{1-\rho_i^2}\varepsilon_i$$

ここで，X はマクロ共通要因，ε_i は与信先の固有要因を表す標準正規分布に従う確率変数とする．なお，両者の相関係数は 0 とする．また，異なる与信の固有要因間の相関係数は 0 と仮定する．以上の仮定から，企業価値 V_i は標準正規分布に従う確率変数である．デフォルトは，企業価値があらかじめ設定される閾値を下回った状態として定義される．与信先 i の閾値は，デフォルト確率が PD_i と一致するように，$x_i=\Phi^{-1}(PD_i)$（ここで，Φ は標準正規分布の分布関数）と設定される．与信先 i の損失額 L_i は，与信 i がデフォルトすれば $L_i=EAD_i\times LGD_i$，そうでなければ $L_i=0$ とする．企業価値を定める式中の ρ_i は，企業価値のマクロ共通要因への感応度である．ρ_i の平方根は資産相関と呼ばれ，与信ポートフォリオの期待損失額には寄与しないが，信用 VaR には影響を与えるパラメータである．景気が悪化した場合，すなわち，マクロ共通要因 X が小さな値をとるとき，資産相関が高いほど，多数のデフォルトが発生しやすくなる．これは，資産相関が高いほど，与信ポートフォリオの損失額分布の右裾が厚い形状を示し，信用 VaR が大きな値をとることを意味している．

信用 VaR を得るための与信ポートフォリオ損失額分布の計算は，モンテカルロ法に基づく方法が一例として考えられる．この方法では，①マクロ要因 X と全ての企業固有要因を標準正規乱数としてシミュレーションし，②個別与信の企業価値を①で得られた値をもとに計算することでデフォルトの有無を判定し，③個別与信の損失額をそれぞれのデフォルトの有無から計算し，④その総和をとることでポートフォリオの損失額を求めるという手順を踏む．シミュレーションの回数を増やすほど，ポートフォリオの損失額分布が正確な分布に近づいていくことになる．ただし，モンテカルロ法による信用 VaR の計算は，ポートフォリオの与信先数が多数の場合，計算負荷が過大になるという問題がある．先行研究では，効率的に信用 VaR を計算するための近似手法がいくつか提案されている．

［菊池健太郎］

参考文献

・サウンダース，A.，アレン，L. 著，森平爽一郎監訳（2009）信用リスク入門，日経 BP 社．
・富安弘毅（2014）カウンターパーティーリスクマネジメント：金融危機で激変したデリバティブ取引環境への対応（第 2 版），きんざい．
・森平爽一郎（2009）信用リスクモデリング：測定と管理，朝倉書店．

【11-7】

証券化とそのリスク

証券化とは，貸出債権（ローン）や，住宅ローン，不動産といった将来にわたってキャッシュフローを生み出す資産から得られる収益を返済の原資として新規に証券を発行し，資本市場における不特定多数の投資家から資金を調達する仕組みのことを言う．

証券化の主な目的として，資産の流動化，分散化があげられる．流動性の低い資産を小口の証券に変換することで，証券の売手は資金調達や資本効率の改善，買手は運用手段の多様化などのメリットが得られる．

◆証券化の特徴と仕組み　証券化の大まかなプロセスを，以下の図1に従って説明する．

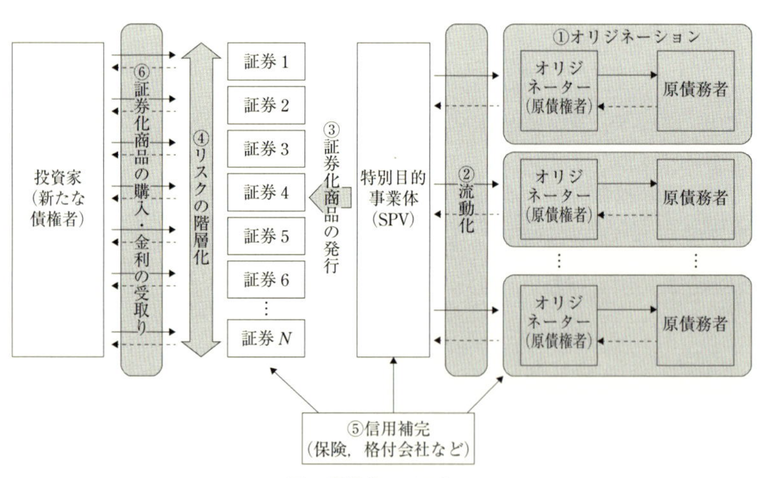

図1 証券化のプロセス
［出典：内田（2016）ならびに岡村ら（2017）をもとに作成］

まず，住宅ローンなどの貸し借りが債権者と債務者の間で行われる．この当初の貸し借りの段階のことをオリジネーションと呼び，原債権者のことをオリジネーターと呼ぶ（図1の①）．

証券化は，アレンジャーと呼ばれる銀行や証券会社などの専門組織によって設計される．証券化を行うにあたって，まずオリジネーターは原資産を特別目的事業体（SPV）と呼ばれる証券の発行者に譲渡し，流動化する（図1の②）．SPVは，証券化される資産を，オリジネーターが保有している別の資産から分離することを目的として設立される法律上の組織であり，発行される証券ごとに設立される．オリジネーターと原資産を切り離すことで，オリジネーターが倒産しても原資産を勝手に処分することができなくなり，オリジネーター自身の信用リスクの影響から解放される．また，SPV は破綻防止のため証券発行以外の業務は執り行わず，返済金の回収業務は委託を受けた債権回収会社（サービサー）によって行われる(オリジネーターがサービサーを兼ねることも多い)．こうした一連の仕組みを倒産隔離と呼ぶ．

オリジネーターは，原資産を SPV に売却することで，その資産を保有することからくる信用リスクや流動性リスクから解放される．さらに，SPV に売却した資金で新たな貸出を行うこともできるため，証券化はオリジネーターにとって資金調達手段の 1 つとみなすこともできる．

SPV は複数の原資産から得られるキャッシュフローを受け取ることになり，その原資をもとに新たに証券（証券化商品）を発行する（図 1 の③）．通常，SPV が証券化商品を発行する際，証券を信用リスクに応じて階層化し，投資家のニーズに合わせた証券を組成する．これを優先劣後構造という（図 1 の④）．優先順位の高い証券化商品を保有する投資家は，原資産の元本・金利支払いを優先的に受け取ることができる分，リターンは小さくなるように設計される．逆に劣後部分を保有する投資家は，キャッシュフローの受取りの順位が劣る代わりに通常のリターンは大きくなる．当然ながら，階層化によって優先順位が高い証券化商品の信用力は高くなる一方で，優先順位の低い証券化商品の信用力は相対的に劣ることになる．

証券化商品の信用リスクに対して，保険会社による保証保険，格付機関による信用格付け，クレジット・デフォルト・スワップ（CDS）といった様々な商品やサービスが提供されている．CDS は信用リスクの移転を目的としたデリバティブの一種であり，CDS の売り手は買い手から保証料にあたる手数料を受け取る代わりに，もし対象となる資産が債務不履行になった場合には損失に見合った金額を買い手に支払うことになる．このように証券の階層化や保険・CDS の活用を通じて証券化商品の信用力を高める仕組みのことを，信用補完と呼ぶ（図 1 の⑤)．

SPV は原資産からの返済を受け取ると，この収益をもとに証券化商品の買い手に利息を支払う（図 1 の⑥)．利息は優先劣後構造に従って，優先度の高い証券化商品から支払われ，原資産から十分な返済金を得られなければ，劣後する証券は利息を受け取ることができなくなる．ただし，上記の CDS を購入していれば，CDS の売り手から支払いを受けることができる．

◆証券化商品の種類　証券化商品のもととなる原資産は，将来にわたってキャッシュフローを生み出す資産が対象となる．代表例として，住宅ローンを対象とする住宅ローン担保証券（RMBS）や，住宅以外の商業用不動産を対象とする商業不動産担保証券（CMBS）などがあり，これらをまとめて不動産担保証券（MBS）と呼ぶ．

不動産担保証券以外の証券化商品として，貸出債権や社債などを対象とする債務担保証券（CDO）がある．CDO の中でも，貸出債権を担保とするものをローン担保証券（CLO），社債を担保とするものを社債担保証券（CBO），と呼ぶ．CDO は，一般的な貸出債権や社債だけでなく，すでに証券化された他の証券化商品までも担保として発行されるものもある．これを再証券化（2 次証券化）という．CDO に分類されない自動車ローンやクレジットカードローン，企業の売掛債権といった金銭債権を裏付けとするものは，単に資産担保証券（ABS）と呼ばれる．

また，近年では，このような証券以外にも，特定の事業資産を対象とした証券化（事業証券化）も行われており，2006 年にはソフトバンクがボーダフォンを買収する際に 1 兆 4500 億円の事業証券化を行い，話題となった．

◆証券化のリスク　証券化には，資産の流動化や分散化，あるいは信用リスクの補完など，一連のプロセスにおいて様々な工夫が行われている．その技術によって投資家から広く資金を集めることを可能にする一方で，証券化には潜在的なリスクが存在する．

特に問題となるのが，証券化によるモラル・ハザードである．証券化では原資産をオリジネーター自身のリスクから切り離すことが重要なプロセスとなる．しかし，このことは，債権をすぐに売却するオリジネーターにとって，彼らがリスクを負わなくなることを意味している．その場合，最終的なリスクを負わないオリジネーターは十分な審査を行わないままに原債務者への貸し出しを行う誘因に駆られるだろう．

同様に，アレンジャーや格付会社らがその投資成果に対する直接的なリスクを負っていないことも，モラル・ハザードを誘発しやすい状況にあると言える．投資家にとって複雑な仕組みを持つ証券化商品のリスクを判別することは難しく，彼らの果たすべき役割は大きいが，リスクを負わないアレンジャーは返済可能性の低い資産が含まれているのを知りながら証券化商品を設計したり，格付会社は十分な審査を行うことなく甘い格付けを行う可能性がある．

こうした証券化に内在するリスクが顕在化した重要なケースが，2000 年代後半に発生した世界金融危機であった．世界金融危機のそもそもの発端は，アメリカで発生した住宅バブルの崩壊に伴うサブプライムローンの不良債権化によるものであったが，その問題をより深刻なものとしたのが証券化であった．住宅ローンを原資とした証券化商品は，原資産である住宅ローンそのものよりも流動性が高く，優良な投資先を求めていた投資家に受け入れられ，多額の資金が流入することになった．その結果，サブプライムローンの多くが RMBS として証券化（1 次証券化）され，さらに RMBS を担保とした CDO（2 次証券化）や，さらにはその CDO を担保とした証券化商品（3 次証券化）までもが流通した．こうした証券化商品は，サブプライムローンの拡大を下支えすることになり，住宅価格バブルを生み出すことにつながった．

住宅バブルの崩壊によって多くのサブプライムローンが不良債権化することは，当然ながら，その返済を原資とする RMBS や CDO といった証券化商品の不良債権化も意味する．このため，バブルの崩壊は，サブプライムローンの証券化商品を大量に購入していたヘッジファンドや投資銀行に大きな打撃を与えることになった．2008 年 9 月には，サブプライムローンによる多額の損失により，リーマン・ブラザーズが経営破綻した．その倒産による負債総額は約 6000 億ドルという史上最大の金額にのぼった．リーマン・ブラザーズに端を発して，世界各国で連鎖的に金融危機が生じたことから，この一連の騒動はリーマン・ショックと呼ばれている（ただし，「リーマン・ショック」という言葉は日本以外では浸透しておらず，海外では「世界金融危機（Global Financial Crisis）」という呼び方が一般的である）．

リーマン・ブラザーズの破綻直後には，当時の世界最大の保険会社であるアメリカン・インターナショナル・グループ（AIG）の経営危機が大きな注目を浴びた．AIG は当時数千億ドルの CDS を発行しており，サブプライムローンの不良債権化によって多額の支払いが生じる事態となった．CDS は信用リスクに対する保険としての役割を持つため，AIG の破綻による市場への深刻な影響を懸念したアメリカ政府によって，AIG は FRB から 850 億ドルの資金供給を受け，政府の管理下で経営再建が行われることになった．

こうした世界金融危機を招いた要因として，前述したモラル・ハザードの問題が指摘されている．サブプライムローンの証券化商品に多額の資金が流れ込んだこともあって，十分なプロセスを経ないままで証券化が行われていた．オリジネーターは不十分な審査で貸し出したうえで資産を流動化させ，アレンジャーはそうした状況を理解しながら証券化を設計し，格付会社はそのような証券化商品に甘い格付けを行った．

ただし，世界金融危機では，オリジネーター自身が投資や信用補完目的で証券化商品を保有しており，彼らも大きな損失を被っている．結局のところ，バブルのような特殊な状況において，信用リスクを適切に評価することがそもそも困難であったとも言えるだろう．

［山﨑尚志］

参考文献

・内田浩史（2016）金融，有斐閣．
・岡村秀夫ら（2017）金融の仕組みと働き，有斐閣．

【11-8】
保険会社の健全性リスクの評価

保険会社は契約どおりの保険給付を行うことを経営課題としている．万一のときにきちんと保険金が支払われると社会が信頼をおいてこそ，経済活動に安心と積極性をもたらすことができる．保険会社の健全性に関するリスクの評価は重要である．

◆ソルベンシー規制　保険会社の健全性を図る指標として最も一般的に使われるものが保険会社版の自己資本比率規制ともいうべき「ソルベンシー規制」である．保険会社は保険金等の支払いに備えて責任準備金を積み立てているが，責任準備金は通常予測できる範囲内のリスクの発生を見込んで積み立てられているものであるため，大災害や株価大暴落など，通常の予測を超えるリスクには対応しきれない．こうした通常の予測を超えるリスクの発生に対応すべき保険会社の支払余力はソルベンシー・マージンと呼ばれる．ソルベンシー規制は，こうした通常の予測を超えるリスクの発生に対応すべきソルベンシー・マージンをどの程度有しているか，具体的にはソルベンシー・マージンが，保険会社の負っているリスク総額の何%に相当するかで保険会社の健全性をチェックする．ソルベンシー・マージンが十分な水準にあれば良しとし，十分な水準にない場合には何らかの行政措置が下される．

ソルベンシー規制のこのような大きな枠組みは世界各国で共通している．リスク量，ソルベンシー・マージンの計算方法は各国生命保険の事業内容や会計制度等に応じて様々であるが，大枠としての形式は共通している．

◆ソルベンシー・マージン比率の概要　ソルベンシー・マージン比率は，次の式に従い，純資産などの内部留保と有価証券含み益などの合計で求められるソルベンシー・マージンの合計額を，通常予想できる範囲を超える諸リスクを数値化して算出した諸リスクの合計額に1/2を乗じた数値で割ることにより求められる．1/2を乗じているため，ソルベンシー・マージン比率が200%の場合にリスクと支払余力が一致することになる．

$$\text{ソルベンシー・マージン比率} = \frac{\text{ソルベンシー・マージンの合計額}}{\text{リスクの合計額}\times\frac{1}{2}}\times 100$$

分子のソルベンシー・マージンの合計は，資本金・基金，価格変動準備金，危険準備金，一般貸倒引当金，その他有価証券の評価差額の90%，土地の含み損益の85%，負債性資本調達手段により調達した額（一定の控除あり）などを合計した額である．なお，その他有価証券の評価差額または土地の含み損益がマイ

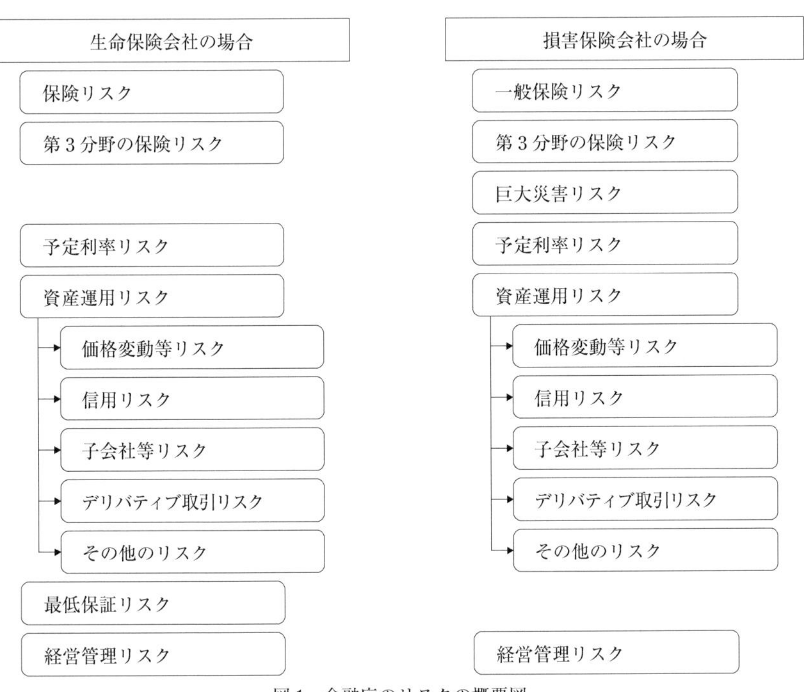

図１　金融庁のリスクの概要図
［出典：金融庁監督局保険課 2006］

ナスの場合には，90％や 85％ではなく 100％を乗ずる．

一方，分母のリスクの合計額の算出にあたっては，図１のように区分されたリスク区分で算出したリスク相当額を計算に用いる．なお，このうち保険リスクは大災害の発生などにより，保険金支払いが急増するリスク，予定利率リスクは運用環境の悪化により資産運用利回りが予定利率を確保できなくなるリスク，資産

生命保険会社

リスクの合計額

$$=\sqrt{(\text{保険リスク}+\text{第3分野の保険リスク})^2+(\text{予定利率リスク}+\text{資産運用リスク}+\text{最低保障リスク})^2}$$

＋経営管理リスク

損害保険会社

リスクの合計額

$$=\sqrt{(\text{一般保険リスク}+\text{第3分野の保険リスク})^2+(\text{予定利率リスク}+\text{資産運用リスク})^2}$$

＋経営管理リスク＋巨大災害リスク

図２　リスクの合計額の算式
［出典：金融庁監督局保険課 2006］

運用リスクは株価暴落・為替相場の激変などにより資産価値が大幅に下落するなどのリスク，最低保証リスクは変額保険，変額年金の保険金などの最低保証に関するリスクである．

リスク区分ごとのリスク相当額が算出された後，図2に示す算式によりソルベンシー・マージン比率算出式の分母のリスクの合計額が算出される．

◆ソルベンシー・マージン比率を活用した早期是正措置　ソルベンシー・マージン比率の水準に応じて行政の関与のあり方を定めるものが早期是正措置である．ソルベンシー・マージン比率が200%以上であれば，健全性の基準を満たしていることになる．ソルベンシー・マージン比率が200%を下回った場合，表1のように，その比率の水準に応じて設けられた3区分に応じて定められた行政措置が講じられる．事業継続が困難な状況に陥ることが見込まれる生保会社を早期に把握できれば，損失が小さい段階での行政対応が可能となり，破綻処理に伴う社会経済的コストを小さくすることができる．早期是正措置はまた生保会社に客観的な行政介入の水準を示すことによって，生保会社の健全性向上に向けた経営努力を促すものでもある．

表1　早期是正措置の概要

比率による区分		発動される命令
200%以上	非対象区分	——
200%未満 100%以上	第1区分	・経営の健全性を確保するための合理的と認められる改善計画の提出とその実行の命令
100%未満 0%以上	第2区分	・保険金等の支払能力の充実に資する措置 ・保険金等の支払能力の充実に係る改善計画の提出とその実行 ・社員配当の支払禁止または額の抑制 ・新規販売契約の保険料の見直し・事業費の抑制　など
0%未満	第3区分	・期限を付した業務の全部又は一部の停止の命令

［出典：ニッセイ基礎研究所（2011）］

なお，早期是正措置では，ソルベンシー・マージン比率の状況とあわせて，実質純資産（「時価評価した資産の額」が「実質的な負債の額」を上回る額）の状況に応じ，以下のような取扱いが行われうる（表2）．

表2　実質純資産の状況に応じた取扱い

第3区分に該当する会社であっても	実質純資産がプラスである場合や，明らかにプラスになると見込まれる場合には，第2区分の措置を講ずることができる
第3区分に該当しない会社であっても	実質純資産がマイナスである場合や，明らかにマイナスになると見込まれる場合には，第3区分の措置を講ずることができる

［出典：ニッセイ基礎研究所（2011）］

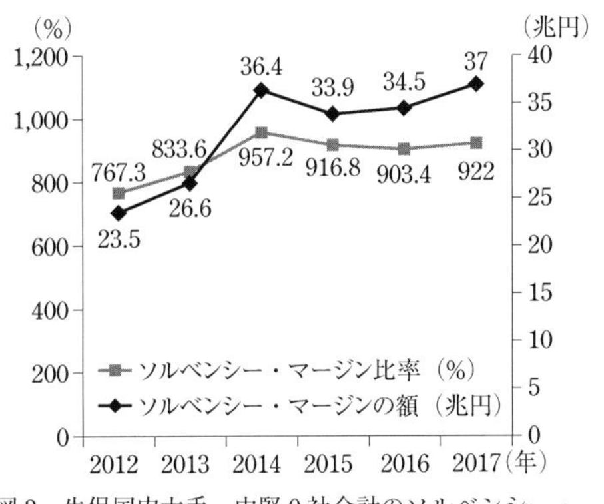

図3　生保国内大手・中堅9社合計のソルベンシー・マージン比率

［出典：安井（2017）などをもとに作成］

◆**生保国内大手・中堅9社合計のソルベンシー・マージン比率の状況例**　図3のグラフは，国内資本の大手・中堅生保会社9社の合計ベースでのソルベンシー・マージン比率の推移をみたものである．2017年度は922.0％とピークの2014年度の957.2％から若干低下しているが，早期是正措置発動の200％を遙かに超えた高い水準にある（図3）．

◆**ソルベンシー・マージン比率の見直し**　「ソルベンシー・マージン比率規制」は1996年の導入以来，適宜，計算基準の見直し等が行われてきた．今後の見直し方向として明確なものは，実施時期はいまだ未定であるが，保険金支払いのための準備金を経済価値ベース（＝時価ベース）で評価し直してソルベンシー・マージン比率を算出する方向である．これはEU（欧州）の健全性規制である「ソルベンシーII規制」が経済価値ベースを前提としていることを念頭に置いて決定されたものである．

◆**その他の「健全性」判断材料**　テレビコマーシャルを多く流している保険会社が必ずしも健全性の高い保険会社とは限らない．消費者が保険会社の健全性についての判断を行う場合，保険会社が発行している「○○保険会社の現状」などの名称を付したディスクロージャー誌（各社または生命保険協会・損害保険協会のホームページで閲覧可能）は様々な財務数値等が開示されており有用である．しかし，百数十ページに及ぶこともあるディスクロージャー誌は，情報量が膨大かつ専門的すぎて，消費者が短時間に読みこなし判断することは難しいものでもある．

そこで判断の一助とされるのがマスコミ報道や格付情報である．これらは記者や格付担当者がみずからの判断に基づいて，よりまとまりがある読みやすい分析を提供している．ただし，マスコミ報道については，時として記事の内容が一定のバイアスを持ったものになりがちであることに留意する必要がある．

一方で格付情報は，経営分析を専門とする格付担当者が財務情報の分析だけでなく，生保会社の経営幹部へのインタビュー等も行って提示するもので，参考とする価値は高い．それでも格付けはあくまでも1つの参考指標であるという認識は必要である．

［松岡博司］

【11-9】

モラル・ハザードと逆選択

通常，売り手は商品の品質に関し，より多くの情報を持っているが，買い手は情報をほとんど持っていない．経済取引において，売り手と買い手の保有する情報の量と質に大きな格差がある状態を「情報の非対称性がある」という．情報の非対称性があると，モラル・ハザードと逆選択という２つの問題が発生する．

◆モラル・ハザードと逆選択　モラル・ハザードは，ある主体が何らかの意思決定を行う一方で，別の主体がそのコストを負担する状態にあり，かつコストを負担する側が意思決定者の行動を完全には監視（モニタリング）できない場合に，意思決定者がコストを悪化させる方向に行動する問題を言う．意思決定者の側にある行動規範の緩みに由来するので，道徳的危険（モラル・ハザード）と言われる．取引開始後の情報の非対称性が招く弊害である．一方，逆選択は情報優位にある者が情報劣位にある者の無知につけ込み，質の悪い商品やサービスを割高な価格で売りつけたり，割安な価格で購入しようとする行為を指す．取引に入る前の情報の非対称性が招く弊害である．

◆保険におけるモラル・ハザード　保険契約に加入した保険契約者や被保険者は保険による補償・保障があることを当てにして，通常あるべき慎重さを持たずに，リスクの高い運転を行ったり，不健康な生活態度をとるというような，保険に加入していない場合と比べて損失の予防に関する注意水準を低下させる傾向にあることを言う．また，保険業界に特有の表現であるが，例えば保険金目当てに故意に自動車にキズをつけたり，交通事故にあったと装って入院給付金を詐取したり，極端な場合には保険金殺人を企てるといったような，倫理的に問題のある保険加入者の行為もモラル・ハザードと呼ばれる．このようなモラル・ハザードが生まれるのは，保険会社が保険に加入した後の保険契約者や被保険者の行動を完全には監視（モニタリング）できないという情報の非対称性があるからである．保険会社は，自動車保険の契約者が従来どおりの慎重さで運転したにもかかわらず不慮の事故で車をキズつけたのか，モラル・ハザードによって事故が発生したのかを識別することができないので，どちらも同じ扱いにせざるを得ない．このような場合，保険会社は保険契約者や被保険者が安全への注意水準を低下させるということを予想し，これに見合う保険料を設定する可能性があるが，その場合には，保険加入者は本来の価格以上の保険料を請求され結果的に損をする可能性がある．

◆保険以外のモラル・ハザード　例としてしばしばあげられるのは雇用契約である．時給払いのアルバイトを雇った場合に，雇い主が働き具合をモニタリングできない状況でおいておくと，普通に働けば3時間で終了する作業を5時間かけるような手抜きを誘発しかねないというような問題である．金融機関の破綻が預金保険による預金者保護を当てにした金融機関経営者の過度なリスクテイク等から発生した場合にも，モラル・ハザードがあったと言われる．

◆逆選択　アカロフ（Akerlof, G）は中古車市場における品質の低い中古車（レモン）の売り手の行動として逆選択を描写した．中古車の売り手は買い手と比べて，過去のサービス内容，修理履歴，車がかかえる慢性的な問題，事故に関する情報など，その品質に関するより多くの情報を持っている．中古車の品質を確認することができない買い手は，平均的な品質を持つ中古車にふさわしい価格を購入価格として提示することになる．こうした状況下では，平均を下回る品質の中古車を持つ売り手は積極的に売ろうとし，高品質の中古車を持つ売り手は取引に参加しないので，市場の大半が平均よりも質の悪い中古車で埋め尽くされることとなり，市場が成立しなくなる．

◆保険における逆選択　保険会社が，全体をひとまとめにして平均的な疾病率や死亡率で保険料を決定した生命保険や医療保険は，壮健な人にとっては割高，病気がちの人にとっては割安と映る．この場合，健康に自信のある人は保険加入を敬遠し，疾病確率の高い人ほど保険に加入する傾向が強まる．これが行きすぎると，保険に加入しているグループの疾病実績率はますます上昇し，保険料率のさらなる引上げを迫られる．その結果，健康に自信のある人は，いっそう保険への加入を見合わせ，保険料が一段と高くなる，という負の連鎖が発生する．

◆情報の非対称性に伴う問題の解決方法　情報の非対称性に伴う逆選択問題を解決する方法として，売り手側が品質の良さについて積極的に情報を発信して非対称性をなくそうとする「シグナリング」がある．品質保証，ブランド，資格などが該当する．モラル・ハザードを防ぐ有効な方法としてはモニタリングがある．労働者にタイムレコーダによる記録を義務づけ，遅刻や早退に対しては減給や解雇などの処罰を課したり，セールス・パーソンに歩合給を採用したり，優れた行動が認められた場合に報酬を与えることも多い．認証機関，評論家，口コミなどからの客観的な情報を入手することも有効である．

◆モラル・ハザードや逆選択を防ぐ事業上の工夫　実際の事業活動では様々な工夫が凝らされている．例えば保険会社は保険加入時の倫理的なモラル・ハザードを避けるため，一定の外形に当てはまる保険申込みに対しては加入前調査を行う．また，生命保険では保険加入時に告知書による一定の健康情報の申告，医的な診査等を用いて，契約者間の公平性を損なうような保険加入への対応を行っている．自動車保険には，過去の保険金支払い履歴を保険会社の枠を超えて共有し，リスクに見合った保険料を設定する仕組みがある．　［松岡博司］

【11-10】
金融監督の国際基準とガバナンス

国際的な金融監督規制は，国際組織で主要国の金融監督当局が協力して国際基準を策定し，各国がその基準に則った制度を国内に導入し金融監督するという仕組みで行われている．各国で整合性と統一性のある金融監督と規制を実現するため国際基準が策定される．法的には強制力を持たない国際組織が策定した国際基準が各国内の制度として導入され，監督が実行されるというガバナンス構造である．

◆国際的に整合性のとれた金融監督の必要性 経済がグローバル化し，金融機関の活動も一国内に留まらない．金融機関はボーダレスに取引し，複雑に結び付いている．金融機関のグローバル化は多くの恩恵を与えたが，反面，金融機関の破綻が直ぐに飛び火し，他国に深刻な影響を与える可能性を高め，2007～09年の金融危機時にはこれが現実の脅威となった．こうした国際的なリスク連動をコントロールするうえでは，各国が国境や分野を超えた整合性と統一性のある金融監督規制を行うことが必要である．その手段としては，国際組織が国際金融の統一基準を定め，各国がそれに従う方法が，柔軟性と即応性があり，効率的である．

◆国際金融基準策定を中心的に担う３つの国際組織 銀行に関する国際基準策定機関であるバーゼル銀行監督委員会（BCBS），証券業務の国際基準を策定する証券監督者国際機構（IOSCO），保険業務の国際基準策定を担当する保険監督者国際機構（IAIS）の３つが，金融監督の国際基準を設定する中心的な国際組織である．

本部事務局をバーゼル（スイス）に置くBCBSは，G10により設立された経緯により，参加国数が少なかったが，2009年と2014年にメンバーの追加を実施し，27カ国にまで参加国を拡大した．一方，事務局をマドリード（スペイン）に置くIOSCOは世界各国・地域の証券監督当局，証券取引所等をメンバーとし，普通会員（証券規制当局），準会員（その他当局），協力会員（自主規制機関等）を合わせた会員数は210となっている．また，BCBSと同じく事務局をバーゼル（スイス）の国際決済銀行（BIS）内に置くIAISのメンバー数は世界の各国・地域の保険監督当局など約200である．３つの国際組織は，法人形態，メンバー構成，議決方式など，微妙に異なっている．

◆国際基準の策定を担当する国際組織の設立経緯と設立根拠 基準策定国際組織間に上記のような食い違いがあるのは，それぞれの組織がその時々の課題に対応すべく期間をあけて設立されたからである．上記３組織に限らず金融監督の国際基準策定を担当する各国際組織は，全体のバランスを見て設立されたというよ

表1　主な国際組織の設立

設立年	名　称	設立根拠
1930	国際決済銀行（BIS）	1930年国際決済銀行に関する条約
1945	国際通貨基金（IMF）	1945年国際通貨基金協定
1945	国際復興開発銀行（世界銀行）	1945年国際復興開発銀行協定
1961	経済協力開発機構（OECD）	1961年経済協力開発機構条約
1974	バーゼル銀行監督委員会（BCBS）	1974年G10中央銀行総裁会議での合意
1986	証券監督者国際機構（IOSCO）	前身・米州証券監督者協会の改名・拡大
1989	金融活動作業部会（FATF）	1989年G7アルシュ・サミット経済宣言
1994	保険監督者国際機構（IAIS）	他業に対応しスイス法人として設立
1996	ジョイント・フォーラム（Joint Forum）	BCBS, IOSCO, IAISの「三者会合」の発展形
1999	G20蔵相・中央銀行総裁会議	G7蔵相・中央銀行総裁会議を拡大
1999	金融安定化フォーラム（FSF）	1999年ケルンサミットG7首脳声明
2001	国際会計基準審議会（IASB）	先進国の会計士団体IASCを組織変更
2008	G20首脳会議（サミット）	G7（ロシアを含めばG8）首脳会議を拡大
2009	金融安定理事会（FSB）	G7設立の前身FSFをG20が拡大

条約に基づく国際機関は網かけで示す.
［出典：久保田（2016）をもとに改変］

りは，パッチワーク的に追加設立されてきたイメージが強い．表2は，金融監督の国際基準に関連のある各国際組織の設立年，設立根拠を一覧にしたものである．

国際的な金融混乱が発生する都度，国際的な金融監督・規制の整合性が重要であるとの認識は深まり，国際基準を協議決定する体制が整備されてきた．まず1975年，先進国の変動為替相場制移行に伴う相場混乱で銀行の破綻が発生したことを受け，銀行に関する国際基準策定機関であるBCBSが設立され，国際基準作りが始まった．1983年には証券業務の国際基準を策定するIOSCO，1994年には保険業務の国際基準策定を担当するIAISが設立された．また1996年には，金融コングロマリットなどの銀行・証券・保険にまたがる国際規制を議論するためにBCBS，IOSCO，IAISが共同でジョイント・フォーラムを設立した．アジア通貨危機を経た1999年に設立された金融安定化フォーラム（FSF）は，2009年，世界的な金融危機を契機に金融安定理事会（FSB）へと改組，強化された．

表2からわかるように，今日，国際金融の基準策定を行っている国際組織は，戦後まもなく設立された国際機関とは異なり，条約に基づき設立された組織ではなく，明確な設立根拠を持たずに設立された組織である．

◆国際基準策定の階層構造　世界金融危機を経て，G20，FSBを最上部に置き，

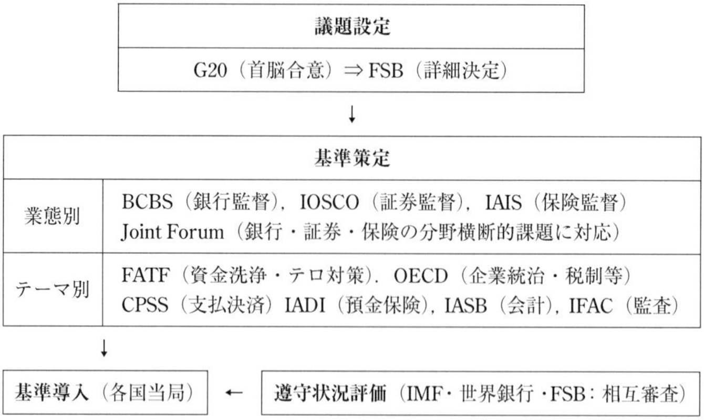

議題設定
G20（首脳合意）⇒ FSB（詳細決定）

↓

基準策定	
業態別	BCBS（銀行監督），IOSCO（証券監督），IAIS（保険監督） Joint Forum（銀行・証券・保険の分野横断的課題に対応）
テーマ別	FATF（資金洗浄・テロ対策），OECD（企業統治・税制等） CPSS（支払決済）IADI（預金保険），IASB（会計），IFAC（監査）

↓

基準導入（各国当局）　←　**遵守状況評価**（IMF・世界銀行・FSB：相互審査）

図 1　金融監督規制に関する国際組織の階層構造
［出典：久保田 2016］

その下に様々な基準策定国際組織が連なり基準を策定し，各国がこれら国際組織の定めた国際基準を自国に導入するという仕組みができあがった（図 1）.

流れは以下のとおりである．①まず，G20 の首脳段階や閣僚段階で改革の大きな方向性が合意されると，②首脳・閣僚段階からの指示を受け FSB が詳細を検討し，③ FSB から依頼を受けた BCBS，IOSCO，IAIS 等が国際基準を策定する．

表 2　主な国際組織の会員国数，決定方式，策定規範

国際祖織	会員国数	決定方式	代表的な策定規範（ソフトロー）
G20 サミット	20 カ国・地域（以前は 7 カ国）	コンセンサス	G20 首脳宣言（詳細は FSB が定める）
FSB	47 カ国・地域・国際組織	コンセンサス	Compendium of Standards（各国の遵守状況監視），Guidance など（全世界向け）
BCBS	27 カ国（以前は 11 カ国）	コンセンサス	Core Principles（全世界向け），バーゼルⅠ・Ⅱ・Ⅲ（メンバー国向け）
IOSCO	120 カ国以上	多数決や 2/3 以上の特別多数決	Objectlves and Principles，Code of Conduct など（全世界向け）
IAIS	140 カ国以上	多数決や 2/3 以上の特別多数決	Insurance Core Principles など（世界向け）
FATF	34 カ国・地域	コンセンサス	FATF 勧告（資金洗浄防止，テロ資金対策）（全世界向け）
IASB	地域分布に考慮して 16 名	多数決	IAS（国際会計基準）や IFRS（国際財務報告基準）（全世界向け）

［出典：久保田 2016］

銀行・証券・保険の分野横断的課題はジョイント・フォーラムが国際基準を策定する．④基準策定後，各国当局が国際基準に基づき国内法制を整備し，規制・監督を実施する．

◆法的な強制力を持たない基準策定国際組織　金融監督に関する国際基準の策定を担当する各国際組織は，条約を根拠とせずに設立された，各国への法的強制力を持たない国際組織である．これらが策定する国際基準もまた各国への法的強制力を持たない規範，合意等のソフトローである（表 2）．

◆国際基準を各国の国内金融監督に取り入れる仕組み　各国はソフトローである国際基準を遵守し，国内制度として導入し，国際的に整合する金融監督規制を遂行している．例えば，BCBS の合意（バーゼルⅢなど）や IOSCO の行動規範，国際会計基準審議会（IASB）の国際財務報告基準（IFRS）などは，それ自体では法的拘束力を持たないが，各国が国内法化したり国内法でその適用を認めると定めることにより，法的強制力を得て実行に移されている．

国際基準が国内規制として導入実行されることを担保する仕組みとしては，国際基準を遵守しない国を国際組織が監視し，不遵守が著しい場合には厳格に処罰するという仕組みが機能している．例えば，世界銀行と国際通貨基金（IMF）および FSB は，金融セクター評価プログラム（FSAP）において各国の金融システムを審査・評価する際，国際基準の遵守状況も評価しているが，遵守不十分な国については国名が公表され，その国の金融機関の市場における評判が低下することになる．また，これらから受ける融資条件にも評価が反映されることになる．この他，FATF は，FATF 勧告に基づく相互監視のもと，遵守不十分な国に対しては，市場の評判の低下や資本市場での信認低下を招く国名の公開，メンバーからの追放等の処置をとっている．また，IOSCO も一部相互監視の仕組みを有している．

国と国の相互主義も国際基準の受入れと内国化を促進した．例えば BCBS は発足後まもなく，銀行の本拠国と進出先の国の双方の監督当局が銀行を共同監督するというバーゼル合意を制定した．これにより，BCBS の基準を遵守しない国の銀行が他国に進出しようとしたときに，進出を拒否される可能性があるのではないかと考えられるようになり，BCBS のメンバー国でない国々までもが BCBS の基準を自主的に遵守するようになった．

◆常時変化する金融監督の国際基準を巡る動向　現在も前回金融危機の教訓に基づく国際基準の策定，整備は継続されており，国際的な金融監督規制の姿は日々変転している．さらなる混乱があった場合にはその教訓をもとに新たな基準策定が図られる．法的強制権限を持たない国際組織によるソフトローとしての国際基準の策定は，そうした状況変化に対応するうえで有効である．　［松岡博司］

【11-11】
フィンテックとインシュアテック

「フィンテック（FinTech)」は，金融を意味する「ファイナンス（Finance)」と技術を意味する「テクノロジー（Technology)」を組み合わせた造語で，「情報通信技術（ICT）を駆使した革新的な金融商品・サービスの潮流」の総称である．

フィンテックは，金融機関や伝統的な金融 ICT ベンダーのみならず，様々な起業家，スタートアップ企業，大手 ICT 企業が参入し，提携や出資・買収などを行いながら急速に拡大している．フィンテックの登場によって，これまで金融機関が規制のもとで独占的に提供してきた金融商品・サービスを，ICT を活用することにより，利用者の目線から「安く，早く，便利」に変えていこうとする動きが活発化している．また，フィンテックは，金融サービスの「グローバル化」を進める潜在力を有するとともに，人工知能（AI）やビッグデータ，スマートフォンなどを活用し，各ユーザーのニーズに合わせた金融サービスを提供していく「金融のパーソナル化」や，金融と金融以外のサービスを切れ目なく提供する「金融のシームレス化」にも寄与する（日本銀行 2018)．

代表的なフィンテック・サービスとしては，個人のお金に関わる情報を統合的に管理するサービス（PFM)，ロボ・アドバイザー（AI の活用による投資助言サービス)，マーケットプレイス・レンディング（銀行を介在せず，資金の貸し手と借り手を仲介するサービス)，モバイル POS（スマートデバイスを利用してクレジットカードでの支払いを受け入れるサービス）などがあげられる．

◆フィンテックリスクの基本的な考え方　フィンテックは自動運転センサー技術，介護ロボット制御技術のようなそれ自体で完結する新技術ではなく，金融と情報通信技術を融合させ，新しい金融サービスを創造しようとするものである．

したがって，フィンテックは，通常の金融が内包するリスクを削減するというよりは，上述の新しい金融サービスの業態の創出に加え，例えば決済手段の効率化により，経済全体や企業経営の「インフラ」を改善するものである．それは，ブロックチェーン技術が仮想通貨の取引だけではなく，一般的な経済活動に応用されたり，ビッグデータの活用が金融以外の産業や企業に新しい収益機会を作ることと同じである．

当然，その過程では激しい競争が起こることから，フィンテックの進歩・拡大に伴い，従来の金融業務（例えば決済システム）は，他の事業者に代替される可能性も高く，金融業は伝統的業務と決別するイノベーションなしには生き残れない．そのような環境の中で，金融の機能的な観点と各金融機関の立ち位置，そして体力から，金融機関の経営者が最適なイノベーションを選択し自分のものにできるかというリスクが潜む.

その意味では，フィンテックが抱えるリスクは，「金融機関」にとっての大きな経営リスクであるとともに，「監督官庁」にとっても，金融機関が国民に良質な金融サービスを提供できないことにより，経営破たんを誘発するリスクということになる.

◆ 金融機関と監督当局にとってのリスク　フィンテック時代の金融機関の経営リスクをイメージしやすいように，バーゼル銀行監視委員会の作業部会による 2016 年 4 月の提言書の内容を紹介する．技術の実像と産業構造がよく見えない中での提案であり，やや遠い一つの将来像であるが，フィンテック時代の銀行業をイメージするヒントとなるため，ここにはその一部を掲載する.

同報告をまとめた『日銀レビュー』（2017 年 10 月号）によれば，将来のリスクとフィンテックが今後普及していくことが予想される中で，銀行と各国の銀行監督当局に対して，それぞれ 4 つと 7 つ（1 つは重なる），の合計 10 の提言を行っている．その前提として，銀行業の姿を 5 つに分類し予想している．その内容を表 1 に示す.

銀行業は，既存銀行みずからがフィンテック技術を取り込み，金融サービスを高度化し存在感を維持する段階（better bank）からフィンテック企業が銀行業務を代替もしくは顧客チャネルをめぐり分業や協業する段階（new bank, distributed bank）また，新たなプラットフォームを展開するプラットフォーマー（検索エンジン企業，ソーシャルネットワークサービス（SNS）企業，巨大電子商取引（e コマース）企業など）のもとで，金融サービスのサプライヤーとなる段階（relegated bank），そして，金融仲介機能そのものが消滅する段階

表 1　バーゼル委員会が想定する将来の銀行シナリオ

将来のステージ	バーゼル委員会による呼び名
①既存の銀行が自らの金融サービスを高度化	Better Bank（発展した既存銀行）
②フィンテック企業が自ら銀行を設立して，フィンテック技術を生かした高度な金融サービスをフルラインで提供	New Bank（フィンテック企業による新しいスタイルの銀行）
③既存銀行とフィンテック企業が決済機能を中心に分業・協業	Distributed Bank（②に組み込まれ，決済機能を担当する銀行）
④オープン化されたプラットフォーム下で，その顧客チャネルを用いて既存銀行とフィンテック企業が分業	Relegated Bank（②に組み込まれ，顧客と分離された銀行）
⑤プラットフォームに分散化が加速し，銀行という金融サービス提供自体の消滅	Disintermediated Bank（排除された銀行）

［出典：日本銀行（2017）の表を筆者が修正，呼び名の日本語訳は筆者による.］

(disintermediated bank) までを想定している．時間軸もその実像も具体的ではないものの，中長期の経営戦略を描くためのシナリオとしては意味がある．

◆想定されるリスクシナリオ　この5つのシナリオを踏まえた上で銀行と銀行監督当局に表2にみる提言を行っている．フィンテック技術を取り込む過程では従来と異なるオペレーショナルリスクが存在する．また，フィンテック企業との分業が進む過程では，プラットフォーマーと従来の銀行とはリスク管理文化も異なることから，リスク管理の責任の所在があいまいとなるリスク（アウトソーシングリスク）がある．また，銀行の決済代行を行う企業などにソフトウェアコンポーネントが互いにやりとりするのに使用するインタフェースの仕様(Application Programming interface：API) を開放するなど，システムの連動性が高まり，サイバーセキュリティリスクも高まる．

また，移行過程で，銀行は既存システムインフラと新規インフラへの二重の設備投資を迫られるのに加え，その後競争するフィンテック企業は資本力もある企

表2 バーゼル委員会の提言

銀行に向けた提言	
	①フィンテックの発展のチャンスとリスクを認識
	②フィンテック時代にふさわしいリスクガバナンスに変革
	③アウトソーシング・リスクの管理を強化
	④サイバーセキュリティ対策などのITリスク対応を推進
銀行監督当局に向けた提言	
	①フィンテックの発展のチャンスとリスクを認識
	②情報セキュリティや競争対策，消費者保護などを所管する，銀行監督当局以外の当局と連携を強化
	③各国当局間の国際連携を一段と強化
	④フィンテック時代の銀行監督を担う人材を確保
	⑤銀行監督のツール高度化に向けた知見と経験を共有
	⑥技術革新の促進と金融安定化のバランスを意識しつつ，銀行監督体制の実効性を検証
	⑦銀行監督の高度化に向けて（監督当局間で国際的に）互いに切磋琢磨

［出典：日本銀行（2017）の表を筆者が修正．原典には各項目の最後に「すべき」という文言が入っているが，見にくくなるので割愛している.］

業である可能性が高く，既存銀行は業務や投資の選択と集中が求められる．

フィンテックのリスクは金融監督当局にも存在する．とりわけ，それが普及する過程で消費者保護，情報セキュリティ，競争政策の担当当局は金融監督当局とは基本となる考え方の相違もあると考えられ，これらとの緊密な連携や各当局間の国際的な連携が重要となる．また，リスク管理の変革が進む過程では，専門性が高まることからリスク管理がさらに細分化され，全体像が見えなくなる「リスクのサイロ化」が加速することも考えられ，監督方法の変革も求められる．

◆インシュアテックとは　このフィンテックの概念を巨大なリスクを引き受けている保険業に適用したのが「インシュアテック（InsurTech）」である．インシュアテックは，「保険（Insurance）」とテクノロジーを組み合わせた造語であり，インステック（InsTech）とも呼ばれている．インシュアテックは，「保険契約者（や保険金受取人）や保険事業者を取り巻く様々な手続きや管理をAI，モノのインターネット（IoT），ビッグデータやブロックチェーンなどの先端情報技術を利用することにより，効率化・合理化し，便利性を高める新たな保険サービスである．これにより，ニッチな保障ニーズに適合する保険商品の提供や効率化した保険事務制度を組むことも可能となる．

一例がテレマティクス保険と呼ばれる自動車保険の一種で，運転者の運転の特徴などからリスクに応じた保険料が算定される．自動車内に設置された専用機器やスマホアプリを通じて収集された走行距離や運転速度，急ブレーキなどの運転情報を分析することでリスクが査定され，安全運転をする人には保険料割引などの恩恵が受けられる．他にもウェアラブル端末で得た健康増進活動データに応じ特典や割引を提供する医療保険，防犯や防災に寄与するセンサー類を設置すれば保険料を割り引くスマートホーム保険など，リスクを精緻に分析し保険料を最適化（パーソナライズ）した保険商品が登場している．インシュアテックは従来の多くの契約（例えば死亡率統計）を集め，それらを大量に保有することによってリスクを分散，減殺，安定化させる，いわゆる「大数の法則」に依存したリスク評価とリスク管理とは一線を画する．多くの契約をプールすることよりも，大量の電子情報（例えば，脈拍やブレーキを踏む回数）からひとつひとつの契約ごとのリスクの大きさを評価し，厳格に保険料に反映させるという方法をとる．これにより一部契約には割安な保険料の提供が可能となるが，一方で，この契約が主流になると保険の本質である相互扶助（助け合い）の精神が薄れていくことにも留意がいる．

［久保英也］

📖 参考文献

・小林啓倫（2016）FinTechが変える！：金融×テクノロジーが生み出す新たなビジネス，朝日新聞出版．

第四部

リスク学の今後

第12章

リスク教育と人材育成，国際潮流

［担当編集委員：村山武彦］

【12-1】

リスクリテラシー向上のためのリスク教育

リスクの考え方は，法律や製品管理などのリスク管理に広く用いられ，社会システムや製品の安全性の向上などに役立てられている．人の健康などに悪影響が及ぶ確率を科学的なデータから算出し，その確率が一定水準以下になるように管理することで，受入れ可能な安全性を担保する考え方である．一方，日常生活においては個人が物事のリスクをみずから科学的に考えて判断しない場合は多い．リスクを直感的に判断するか，あるいはリスクの判断を他人に任せ，内容を熟慮することなく受け入れてしまうこともある．このようなリスクの判断プロセスは効率的でありすべて否定されるものではないが，科学的にリスクを考慮した結果導かれる判断とは大きく異なる場合もある．そのような場合，無用な心配をしてストレスを抱えたり，きわめて小さいリスクをさらに小さくするために多額の費用を投じたり，逆にリスクを軽視して対応をなおざりにし，予防可能であった事故に遭遇したりするなど，好ましくない判断や行動をしてしまうことがある．社会のレベルでもリスク管理の実効性を低下させる要因となる．

◆リスクリテラシー向上の必要性　個人がリスクをどう捉えるかというリスク認知のモデルとして，個人はリスクを「ハザード」と「アウトレージ（怒りや不安，不満，不信など感情的反応をもたらす因子）」の和として捉える，と指摘される（安全・安心科学技術及び社会連携委員会 2014）（その他のリスクの定義としては☞ 1-2）．アウトレージの要素による価値判断は統計的・確率的に導かれる見方と異なることもあり，このような傾向を持つ個人がより適切にリスクと向き合うためには，個人のリスクリテラシーの向上が望まれる．リスクリテラシーは，「リスクに関する情報に基づいて，リスクの大きさや受容の判断，選択行動などを適切に行ううえで必要な基本的思考能力および基礎知識」と定義される（田中 2014）．そして，リスクリテラシーの内容としては，①リスクとは何かというリスクに関する基礎知識を学ぶこと，②一般市民のリスク認知には様々なバイアスが掛かっていること，③重大なリスクが克服されるとより軽微なリスクを重視する傾向という意味でのリスク認知のパラドックス，④ゼロリスク達成は不可能であるのにそれを求めること（ゼロリスク志向），⑤ある科学技術が有するリスクばかりでなく，そのベネフィットも考慮してその科学技術の受容を判断するべきというリスクとベネフィットのトレードオフ思考，⑥あるリスクとそのリスクを低減することで生じる別のリスクとを両方考慮してその科学技術の受容を判断するべきというリスクとリスクのトレードオフ思考，といった人の特性を理解することが重要である．市民はまずこれらの基本概念について理解したうえで，当該科学技術や化学物質に関するリスクとベネフィットの情報を用いて，これらの概念に沿って思考し，当該科学技術のリスクに適切に対処することが求められる．今後も開発され続ける新たな科学技術や化学物質などのリスクやベネフィットを妥当に判断し，我々の社会生活や日常生活に取り入れて行こうとするのであれば，すなわち科学技術を利用し共存して行こうとするのであれば，我々はリスクリテラシーを身につけ，まずは科学技術との妥当な付き合い方を学ぶ必要がある．それは，リスクリテラシーの向上によって「ハザードとアウトレージの和」として捉えられるリスクをより適切に認識する可能性が高まり，個人がより適切にリスクと向き合うことを意味する．

◆学校におけるリスク教育の現状　市民がリスクリテラシーを修得する場として，学校は特に重要であることが指摘されている（Zint 2001，楠見 2013，田中 2014）．リスクリテラシーは今後すべての国民が身につけておくべき基礎的能力であり，それゆえ学校教育でも扱うべき能力と言えるからである．M.T. ジント（Zint 2001）が「米国における環境リスク教育は，学校教育の場において最大の潜在可能性を持っている．なぜならば学校はほとんどすべての米国の若者が彼らのほとんどの時間を過ごす場所だからである」と述べていることは，日本においても当てはまる．では，日本の学校におけるリスク教育の現状はどのようなものであろうか．学校における教育内容は文部科学省の学習指導要領を見ると確認できる．最新の小・中学校の学習指導要領（2017 年 3 月公示）にはリスクという用語は登場しない．従来の学習指導要領にも記載はなく，また福島原子力発電所の事故を経験して 2014 年に発行された放射線副読本にも，リスクの理解が重要にもかかわらずリスクという用語を用いた解説はない．すなわち，義務教育課程ではリスクで物事を考えさせる観点の教育は，日本においてはこれまでなく，今後も当分はなされない状況にある．一方，高等学校の学習指導要領（2018 年 3 月公示）にはリスクという用語が登場する．各学科に共通する教科の「家庭」の科目である「家庭基礎」と「家庭総合」において，家計における経済上のリスク管理のみが扱われている．また，主として専門学科において開設される教科の中では，「工業」の科目である「工業環境技術」に環境リスク，「商業」の科目である「ビジネス・マネジメント」に企業統治上のリスクマネジメントや財務上のリスク，「ソフトウェア活用」や「情報セキュリティ」に情報ネットワークや情報システムのリスク，「福祉」の科目である「介護総合演習」に介護現場におけるリスクマネジメントが掲載されている．従来の学習指導要領より増えているが，専門学科の開講科目であることから内容は就業上必要なリスク要因に限定される．このように高等学校においても，リスクという用語は登場するものの，広くリスクリテラシーを修得させる観点での授業の実施はそれぞれの学校もしくは教員個人の意識と能力に依存している状態である．

　このように現状では学校教育においてリスクリテラシーが，ある教科あるいはカリキュラムで体系的に取り上げられ，教育されているとは残念ながら言い難い．その理由の1つとして，リスクリテラシーを学ぶために必要な教科書や教材の開発，教員や講師の養成などが，まだわが国では本格的には始まっていないことがあげられる（田中 2014）．それゆえ，教材やアクティビティの開発，あるいはそれらを用いてリスク教育を指導する教員や講師の養成は，リスク教育を推進するうえで喫緊の課題となっている．一方で，社会人について考えてみると，①リスク教育が整備されない段階で学校教育を終えている，②リスクリテラシーの教育が将来的に学校で行われるようになっても，すでに学校教育を終えた大人の多くはリスクリテラシーについて学ぶ機会がない，③リスクリテラシーの学習効果は時間の経過により劣化する可能性を持つなどの状況があり，社会人を対象としたリスク教育機会の整備も必要である．人生 100 年時代の到来により社会人の学び直しとしてリカレント教育が1つのテーマとなっている．長期にわたる人生の中で社会的にも私的にも生活に影響を与えるリスクは複合的に絡み合って社会的あるいは私的生活に影響を与える．このような観点からも社会人に対するリスク教育が必要と考えられる．

◆リスク教育の手法 リスクは確率的なもので不確実性を含むので，唯一の正しい解というものは存在しない．そのため，リスク情報を受け止めて自分自身で根拠のある判断ができることが重要である一方で，他人はどのような判断をしたかについても理解しなければ対立の原因となる．そのような能力を修得するには，自分と他人の考えを互いに知る機会が必要である．また興味・関心の大きさにかかわらず多くの人に内容を理解してもらうためには，学びが易しく楽しいことも重要である．これらはすべて，読書や一方的に話を聴く講話のような方法では達成しづらい．また，学びの場は学校が最適であるが，学習指導要領に取り入れられるまでは学校外での教育が中心にならざるをえない．そのような条件の中でリスクリテラシーを学ぶにあたり，学習の方法の選択は大きな課題である．一般的な学習手法を整理すると，次のようなものがある．すなわち，①本や論文，Web 情報を読む「文字情報型」，②ビデオや e ラーニング教材などによる「視聴型」，③講義や講演会の聴講による「講義型」，④グループワークや演習などから気づきと内省を伴う「参加型」である．①の文字情報型は，人数や時間的制約を受けないメリットがあり，すでに様々な本や文献が存在する．しかし，これらは興味・関心がなければ手に取ることはなく，学習者の読解力も必要となる．②の視聴型も人数や時間の制約を受けず，教材のつくりによっては文字情報型よりもわかりやすいものになる．しかし，情報伝達が一方的であり，学習者の理解につながるとは限らない．③の講義型は講師から重要な情報をまとめて得ることができるが，視聴型と同様に情報伝達が一方的なため参加者は受動的になりがちで，受講直後はわかったつもりでいても，しばらくすると受講内容を忘れてしまう話はよく耳にする．パネルディスカッションなどのように質問や話題提供の場があったとしても，十分な学習時間は確保できない．④の参加型は学習者が能動的に学習に取り組めるような指導方法であり，例えば簡単な実験やディスカッションなどを行い，参加者同士のコミュニケーションを伴いながら学ぶ方法である．参加者同士のコミュニケーションは多様な価値観に気づく機会になるなど，リスク教育において有用なことが多い．参加型にもいくつかの形態があり，時間や人数を決めて部屋に集まりグループで行うワークショップは効果的な1つの形式である．時間や人数が制約されること，情報量が少ないことなどがデメリットにあげられるが，近年はいわゆるアクティブ・ラーニングとして学校教育にも取り入れられるようになったように，高い学習効果が期待される方法である．また，イベントなどで三々五々来訪する人に対して都度体験を伴う授業を行うような形式も需要がある．ここでは前者をワークショップ型，後者を屋台型と呼ぶ．筆者らは日本リスク研究学会の協力を得ながら，リスクリテラシーを身につけるための参加型の一般市民向けのリスク教育教材を製作し，その普及を図る取り組みを行っている．それぞれの具体的なリスク教育プログラムの例を次に紹介する．

◆参加型リスク教育の実際：「ワークショップ型プログラム」の例　ワークショップ型の基本的なプログラム構成を図1に示す．プログラムは目的に応じた複数のアクティビティを予め用意したアクティビティ集から講習会の目的や時間に合わせて数や種類を選び，組み合わせて構成する．アクティビティとは小さな学習目標を習得するための活動である．数分から1時間程度の体験活動等を含む1つの授業であり，体験して感じたことを共有し一般化し，次につなげるプロセスを含む．参加者のコミュニケーションの状況が学習の結果に大きく影響するため，参加者の緊張を解いたり，話しやすい雰囲気を作ったりするアイスブレイクも重要である（金澤・建部 2017）．具体的なアクティビティの例として，リスクの基礎知識を向上させるためのアクティビティを紹介する．「白か黒か」は，連続的な確率であるリスクの概念をイメージするために考案したアクティビティである．白とも黒ともつかない様々な濃度の灰色を紙あるいはプロジェクタで提示して参加者に白か黒かを尋ねた後，図2のようなグラデーションを示し，白と黒の境界を指してもらう．通常は参加者全員が一致することはなく，幅を持つことが参加者全員の結果から示される．白と黒を分けることと，リスクがある・ないを分けることは基本的に同じであり，そもそも白と黒の境界がないのと同様に，リスクがある・ないの境界もなく，リスクは小さい（白い）から大きい（黒い）まで示される連続的なものであり，我々は感覚でリスクを受け入れるか否かを決めていることを理解するアクティビティである．「痛い確率」は，針を除去した押しピン99本と針のついた押しピン1本を1つの袋の中に入れ，学習者は袋の中に手を入れて押しピンを1本取り出す作業をするアクティビティである．もし2回連続で針のついた押しピンを取れば1万分の1すなわち，万が一のことが起きたことになる．参加者全員が作業を一通り行った後，ハザード，エンドポイント，リスクを尋ねる．エンドポイントは最終的に起きてほしくないこと，ハザードはエンドポイントが生じる原因，リスクはそのエンドポイントが生じる確率である．今回のケースでは，ハザードは袋に手を入れて押しピンを1個引く行為であり，針のついた押しピンを取ることがエンドポイントならば，そのリスクは1/100である．一方で，取った押しピンが指に刺って痛い思いをすることをエンドポイントとした場合，針がついた押しピンであっても指が針に触れないことがあるので，リスクは1/100よりも小さいことになる．すなわちリスクはエンドポイントによって変わり，エンドポイントを決めなければリスクは決まらないことが体験と振返りを通して学習できる．例えばタバコのリスクについて，エンドポイントが健康か火災等の安全かによってリスクは異なるが，その前提に気づかずに議論がかみ合わない事例まで話し合いが発展するとさらにリスクの理解が深まる．また，このアクティビティでは1/100あるいは万が一のリスクを実際に体験することで，意識の中に確率の絶対値のものさしを作ることにつながる．このようなアクティビティの内容は文字で書いてもなかなか伝わりにくいが，実際にこれらを楽しみながら体験し，感じたことを共有して考えることで，自然にリスクリテラシーを修得し，日常生活における様々な事象と結びつけて考えられるようになる．

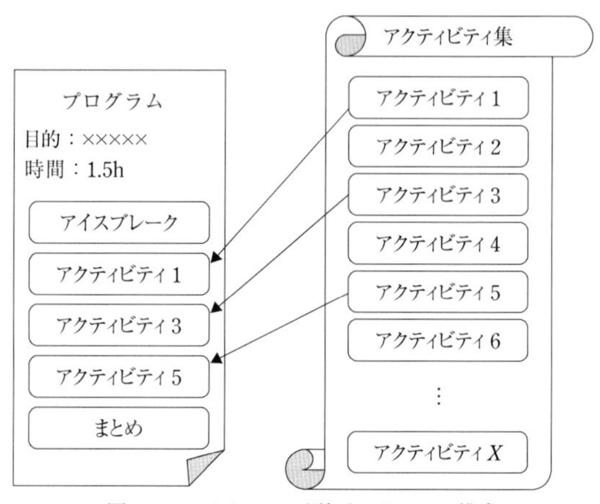

図1　ワークショップ型プログラムの構成

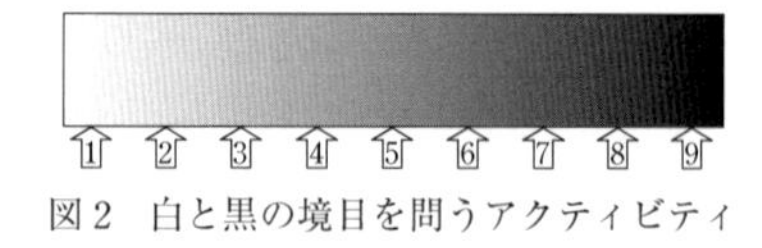

図2　白と黒の境目を問うアクティビティ

◆参加型リスク教育の実際：「屋台型アクティビティ」の例　屋台型のリスク教育プログラムでは，低年齢層から成人に至るまでを対象とし，短時間で体験可能な教育プログラムが求められる．達成目標として，「1つの事象に対して個人個人で考え方が異なること」「答えの無い質問の存在と重要性」「善／悪，有／無で判断するゼロイチ思考からの脱却」「判断力の育成（科学的根拠の利用）」を念頭に置き，これらを満たすプログラムとして，「サイコロ積みランキング」と「シールでリスクマップ作り」を考案した．前者は，木製のサイコロを積んでもらい，これ以上積めないと止める宣言をすればランキングされる特典を与えるゲームである．ランキング上位に入るためには高く積まなければならず，しかし高く積めば物理的に倒れてランキングすらされないこととのジレンマから，安全と危険がつながっていることを体感しつつ，バランス・判断の難しさや個人差を経験してもらう．科学館や小中学校などで幾度となく出展してきたが，参加者の多くは再チャレンジを希望し，繰り返しリスクを体感する中で判断力が身につくと推察された．後者は，数種類の有毒生物シールを用意し，危険だ（怖い）と思う順番をつけてもらうリスクマップ作成プログラムである．他者との相違や有毒生物の利用などを考察して，基準作りの難しさやジレンマの体験から興味や知識をつけてもらうプログラムである．また，シールを食品とすることで，賞味期限あるいは消費期限の過ぎた食材をどこまで食べるかマッピングしてもらうなど，年齢層に合わせたプログラムとなっており，科学館だけでなく小・中・高等学校への出張講義でも行っている．

◆リスク教育の効果の評価　参加型の講習会であっても高い学習効果が得られる保証はなく，それぞれに教育効果の検証は必要である．具体的にはリスクリテラシー能力の向上の度合いを，客観的あるいは実証的に測定する必要がある．そこで筆者らは，先述のリスクの基礎知識，リスク認知のバイアス，リスク認知のパラドックス，ゼロリスク志向，リスクとベネフィットのトレードオフ，リスクとリスクのトレードオフなど，リスクリテラシーを測定するための24項目で構成される尺度を開発した（金澤ら 2018）．学習効果の検証は容易ではないが，学習者へのアンケート調査から判断する方法である．これら6つの要因がリスク受容に及ぼす影響を共分散構造分析によって解析し，6つの要因がリスク受容をある程度説明することも明らかになっている（金澤ら 2018）．このような尺度によりリスク教育の効果測定は可能となるので，リスク教育の講習会などでは効果の検証をセットで行いながら，リスク教育プログラムの改善や開発，そして一般市民のリスクリテラシーの向上に役立てられることが期待される．市民がリスクリテラシーを身につけ，リスクをみずから判断する力を持つことは，生活や社会をより良い方向に導くものと期待される．今後，リスクリテラシーへの関心を高め，リスク教育の普及に一層の努力が必要である．

［金澤伸浩・田中 豊・内藤博敬・小山浩一］

参考文献

・ガードナー，D. 著，田淵健太訳（2009）リスクにあなたは騙される，早川書房．
・グラハム，J. D.，ウィナー，J.B. 編，菅原努監訳（1998）リスク対リスク，昭和堂．
・中西準子（2004）環境リスク学，日本評論社．

【12-2】

大学のリスク教育：食品

教育機関におけるリスク教育の1つとして，大学のリスク教育がある．分野を問わず，学生の中には，将来，行政機関や企業などの組織の一構成員としてリスク管理やリスク評価に携わる者もいれば，リスクに関わる広報や報道に関わる者，それらの業務に対する資源の配分を決定する立場に身を置く者もいるだろう．学術または実践の場でリスク学における新たな理論，リスク評価・管理の枠組みを生み出すことも期待される．また，1人の市民として，様々なリスク問題に対応しコミュニケーションに参加することが想定される．大学のリスク教育には，これらの礎となる基本的なリスクの概念を習得し，リスク管理，リスク評価，リスクコミュニケーションのあり方を考える場としての意味がある．

◆高次のリスクリテラシーの育成 楠見（2013）は，リーダーや専門家が身につける必要がある高次のリテラシーとして学問リテラシー・研究リテラシーをあげ，これらは大学・大学院教育で育成されるものとしている．また，市民に向けたコミュニケーションやリーダーシップ能力を身につける必要性も指摘している（楠見 2013）．リスク問題の文脈に落とし込めば，大学（および大学院）教育においては，リスクに関わる調査・研究を行うリテラシー，リスク評価結果などの科学的情報を解釈・判断するリテラシー，組織内／関係者参加のもとでの意思決定を行うマネジメントのためのリテラシー，リスクとその関係者の構造を把握しコミュニケーションを進めるリテラシーの育成が重要であると考えられる．

◆食品リスクを扱った授業科目の事例 本項では，筆者が関西大学社会安全学部にて2015年度より4年間担当した講義科目「リスク評価法」における取り組みの事例を紹介する．科目名は「リスク評価法」だが，文系出身学生が多く受講すること，受講者が卒業後に多様な分野でリスク管理やリスクコミュニケーションに携わる可能性を念頭に置き，食品リスクを事例にリスクの概念およびリスク評価・管理の枠組み・考え方の習得を到達目標としている．

表1に示すとおり，冒頭の4回にて，リスクの概念およびリスク評価・管理の基本的な考え方を講義している．授業終了時に受講者に疑問点を提出してもらい，翌週にそれに対するフィードバックとして発展的な内容を解説している．疑問点の傾向をみると，学生の間ではリスク評価・管理における不確実性への対応への関心が高い．「動物実験の結果を人間に当てはめてよいのか」「（食品中の化学物質のリスク評価における）安全係数100の根拠は何か」「曝露量の個人差はどうなるのか」「誤差にはどのように対応するのか」といった疑問が多くあげられ，それに対して，動物実験結果をヒトに適用できない事例や，安全係数の根拠，リ

表1　授業計画：食品リスクを扱った授業科目「リスク評価法」の事例

回	授業内容
1	ガイダンス，「リスク」とは何か
2	リスク評価・リスク管理の考え方〔1〕：リスク評価・管理の全体の枠組み
3	リスク評価・リスク管理の考え方〔2〕：様々なリスク評価の手法
4	リスク評価・リスク管理の考え方〔3〕：評価結果を踏まえたリスク管理
5	意図して使用する化学物質のリスク評価・管理（農薬・添加物の事例）
6	化学物質のリスク評価・管理〔1〕（魚介類に含まれるメチル水銀の事例）
7	化学物質のリスク評価・管理〔2〕（食品中のアクリルアミドの事例）
8，9	食中毒の原因となる微生物のリスク評価・管理〔1〕〔2〕
10，11	放射性物質のリスク評価・管理〔1〕〔2〕
12	食品事業者のリスク管理
13	食品リスク評価・管理と国際貿易
14	リスク認知とリスクコミュニケーション
15	総括

［出典：関西大学社会安全学部2018年度授業シラバスをもとに作成］

スク評価における確率論的アプローチなどについて解説を行っている．

第5回以降は食品ハザードを順に取り上げ，映像教材も用いながら実際のリスク評価・管理の内容および課題を解説している．各事例の理解を深めるだけでなく，事例に対して受講者みずからが検討することを重視している．受講者数が多くグループディスカッション導入に困難があるため，授業終了時に講義で扱ったリスク管理に関する具体的論点を示し，みずからの見解をミニッツペーパーに記し提出してもらう方法をとっている．さらに授業終盤では，リスク情報やリスクコミュニケーション事例を批判的に吟味する機会を設けるために，小レポートを課している．食品安全委員会主催のリスクコミュニケーション（意見交換会やサイエンスカフェ）の実績より1件を選択し，食品安全委員会ホームページ上に公開されているスライド資料，議事録およびアンケート集計結果をもとに，第三者の立場から当該リスクコミュニケーション事例の評価報告書を書くという課題である．受講者からは「レポートを書いていて面白かった」という感想が聞かれた．

◆本事例における課題　受講者がリスク管理やコミュニケーションにおけるジレンマや困難さをみずから発見し考えるために，カードゲーム教材『クロスロード 食の安全編』（日本公衆衛生協会2008）を活用し（吉川ら2009），グループディスカッションを行うことが有効と考えられる．しかし本事例では時間の制約からその導入が課題となっている．また，現場の課題に触れるために，行政や事業者においてリスク評価・管理に携わっている専門家を講師として招くことも重要である．

［鬼頭弥生］

参考文献

・吉川肇子ら（2009）クロスロード・ネクスト―続：ゲームで学ぶリスク・コミュニケーション，ナカニシヤ出版．
・楠見 孝（2013）科学リテラシーとリスクリテラシー，日本リスク研究学会誌，23（1），29-36.

【12-3】
社会人を対象とするリスク教育の試み

安全に関する一般常識を，社会人は通常身に付けておくべきであると考えられる．特に将来，社会を担おうとする学生にとって安全についての知識を修得していることは必須条件であろう．しかし，現実には，例えば，大学では専門分野に関する安全の話はあっても，安全の体系的な教育は昔も今もほとんど行われていない．明治大学では安全の科目を正規に設置することを目指して，まず一般社会人に向けて，生涯教育を担当する機関である明治大学リバティアカデミーの公開講座として，「安全学」の講義を開始し現在も継続している．ここでは，この安全学の公開講座開講の経緯，カリキュラム，および受講者の反応などを紹介する．

◆安全学公開講座の経緯とカリキュラム 明治大学で社会人向けの安全学の公開講座が始まったのは，2005年10月であった．安全学に対して経済産業省の製品安全課が支援し，委託事業を受託して，一般消費者，社会人，学生に安全の基本を広く知ってもらうことを目的としたカリキュラムの開発であった．最初は参加費無料で，「安全学入門」と題して，90分を6回，大学の教員を中心に安全の基礎を講義した．翌年の2006年，さらに，経済産業省の依頼で，前期に「安全学入門」を講義し，後期に現場に即した「製品の安全学」と題して，同じく90分6回，実務家を中心に開講し，安全学のカリキュラムを開発した．

受託事業の終了後は，このカリキュラムに従い，明治大学で社会人向け安全学公開講座（明治大学公開講座2018）として継続された．ただし，このカリキュラムは，学部や大学院の授業として採用することは考えておらず，90分を6回で終了としていた．その後，日本機械工業連合会からも支援を受け，受講者からの意見も踏まえて，製品安全と共にものづくりの安全（機械安全・労働安全）の要望も強いことがわかった．製品安全でも機械安全でも共通する安全の基本的な考え方はリスクアセスメントであることから，これまでのカリキュラムを改良して，表1，表2のように，前期「安全学入門」，後期「製品と機械のリスクアセスメント」として整備し，毎回，土曜日の午後に開講して，現在に至っている．前期は，安全の基本・基礎を重視し，後期は，安全の設計・管理に重点を置いて，主として現場に詳しい講師によって講義が行われている．このカリキュラムは，大学や大学院の正規の授業としても使えるように，100分授業を14回として，半期分2講座に使えるように考慮されている．内容的には最新の例を入れた安全学の公開講座として，2018年時点も継続されている．

明治大学では，これらのカリキュラムを基本に，理工学部に「安全学概論」を正規に設置し，講義が行われている．また，大学院理工学研究科では，「安全学入門」「新領域創造特論」として設置し表1と表2のカリキュラムでそれぞれ開

表1　前期「安全学入門」(2018年現在)

回	講義名（講師）
1	安全学とは（向殿政男）
2	安全の思想（鞍田　崇）
3	ものづくりと安全（芳司俊郎）
4	産業現場の安全（小松原明哲）
5	原子力の安全（森　治嗣）
6	防災とインフラの安全（菊池雅史）
7	安全・安心と リスクコミュニケーション（北野　大）

表2　後期「製品と機械のリスクアセスメント」(2018年現在)

回	講義名（講師）
1	安全設計の基礎概念（向殿政男）
2	製品安全の基本（長田　敏）
3	製品のリスクアセスメント（松本浩二）
4	生産現場における安全活動実践論（古澤　登）
5	機械安全における安全管理と 安全確保（梅崎重夫）
6	国際規格による機械安全のグローバル化（福田隆文）
7	現代社会における安全文化（鞍田　崇）

講している．これらの大学院の講座を一般公開する形で，リバティアカデミーで社会人向けの安全学講座として開講して2018年現在で13年にわたって継続されるまでに至っている．講義の一部は本として出版された（向殿ら2009）．

◆受講者の反応　この安全学の講座は，当初，社会人に大変好評を得た．当初のカリキュラムで無料開催のときは150人以上の受講者が，その後，表1，表2に示すようにある程度専門化して，「米国UL寄付講座」として廉価（半期1万円）で開催したときは，常時50人以上の受講があった．しかし，有料化（半期3万2000円）した現在は20〜30人の受講者で定常化している．無料のときに参加していた一般社会人はいなくなり，現在は半分は専門家のリピータであり，半分は，企業からの受講者となっていて，授業として受けている大学院生は数人である．アンケート結果を見ると，ほとんどが大変有意義であり勉強になると答えて，再度参加したい，同僚に推薦したいという回答であった．開催が，土曜日の午後であることから，社会人受講者は自費で参加していると思われる．したがって，安全を体系的に専門的に学習しようとする社会人には大変良い機会を提供していると考えられる．逆に，学生や大学院生の参加が非常に少ないのは残念である．

◆安全教育の課題　本安全学公開講座は，安全を本格的に，体系的に学びたい社会人には大変歓迎されている．一方，一般社会人には難しすぎて参加が少なく，また，学生はほとんど興味を示していない．

安全は，担当者や専門家が考えればよいというものではなく，皆で守らなければならない．ここから考えられることは，消費者など一般社会人向けの安全学の講座が別途必要であること，および，学生が安全に興味を示さないことから，学校における安全教育に問題があることがわかる．特に，学生が安全に興味を持たない問題は，その前の小・中・高等学校での安全教育にも課題があると共に，大学に本格的な安全の科目が設置されていないところにある．今後のわが国社会の安全に大きな問題を発生させるのではないかと憂慮される．　［向殿政男］

参考文献

・向殿政男（2016）入門テキスト安全学，東洋経済新報社．
・向殿政男ら（2009）安全学入門：安全の確立から安心へ，研成社．
・明治大学公開講座，明治大学リバティアカデミー（閲覧日：2019年4月1日）．

【12-4】
リスク管理のための人材育成

リスク教育とは,「リスクの性質,リスク評価の方法,リスク認知やリスクコミュニケーションなどについて学び,適切にリスクを管理するために必要な知識や技能を獲得することに重点をおいた教育である」とされている.(元吉 2013)義務教育の課程において,「リスク」を冠した教科はなく,生田(2018)によれば唯一,家庭科の教科書に食品安全委員会の取り組みに関する紹介があり,「リスク評価,リスク管理,リスクコミュニケーション」の文言が登場するとされているが,現状では,大学における教育が主体となっている.

別の視点として,実践的な人材育成への社会的要求がある.2001年9月11日に発生した米国同時多発テロ事件以降,欧米を中心に,企業を取り巻く様々なリスクに対する対策や,危機管理への関心が高まり,リスク管理者の設置が一般化した.

また,2009年にISO31000が国際標準化機構(ISO)により公表され,わが国でもこの規格をベースに2010年に日本工業規格のJIS Q 31000「リスクマネジメント:原則及び指針」が発行され,企業のリスクガバナンスの根拠となっている.しかし,わが国ではリスク教育という教育体系はなく,学校等でのリスク教育と企業等での人材育成の取り組みは系統的に整理されているわけではない.そのため,それぞれの分野のニーズに応じた教育や研修が提案され,実施されているのが現状であると言える.

本項では,そのいくつかの事例を紹介する.

◆企業におけるリスク管理者の養成 大阪大学大学院工学研究科環境・エネルギー工学専攻は,リスク管理の知識と技能をもつ人材の育成・供給を図るため,2004年度より2008年度まで「環境リスク管理のための人材養成」プログラム(文部科学省科学技術振興調整費新興分野人材育成プログラム)を開講した.平行して2007年に,日本リスク研究学会はリスクマネジャ養成プログラム認定制度を立ち上げた.本プログラムはその第1号として登録され,修了した受講生のうち希望者は「リスクマネジャ」として,日本リスク研究学会に登録された.

また,一般社団法人リスクマネジメント協会は,2003年に,欧米等では専門職と社会的に認められている「リスクマネジャー」を育成するため,当該協会が定めた一定の知識を取得した者を,人事・労務,財務・会計,医療・介護等の様々な分野で認定するリスクマネジメント資格を設置している.なお当協会はRIMS(Risk and Insurance Management Society, Inc.)の日本支部を兼ねている．さらに，全国老人保健施設協会は，2007 年に転倒・転落や施設内感染等の事故に対して，事後対応や事前リスクに対するリスクマネジメントを行う人材を養成する制度として「介護老人保健施設リスクマネジャー」認定制度を創設するなど，それぞれの分野で類似した称号を用い，人材育成を行っているのが現状である．

◆職能としてのリスクコミュニケーションと教育　2013 年に科学技術・学術審議会が「東日本大震災を踏まえた今後の科学技術・学術政策の在り方について（建議）」を発表し，2014 年に「リスクコミュニケーションの推進方策」が安全・安心科学技術及び社会連携委員会から提案された．そこでは，問題解決に向けたリスクコミュニケーションの場の創出や媒介機能を担う人材の育成の必要性が指摘された．また，大学におけるリスクコミュニケーションを職能として身につけ，社会でステークホルダー間の連携や調整を行う，媒介機能を担う人材の養成の必要性が指摘された．その実践として，リスクコミュニケーションモデル形成事業が 2014 年度から開始し，2018 年度までに北海道大学（食と農），福島県立医科大学（地域医療），横浜国立大学（工場と地域）の 3 校においてそれぞれのテーマでの大学院教育のカリキュラムを構築しており，2019 年度からは社会実装が始まる．

◆東日本大震災と消費者へのリスク教育　2011 年に発生した東日本大震災がリスク教育に与えた影響は大きく，特に福島第一原子力発電所事故後に，放射線を懸念して人々がとった行動に対する批判的な論調をベースにした「安全」に関する正しい知識の理解を求める圧力と，科学的なリスク評価に基づく意思決定の推奨への動きがみられる．

消費者庁等が主催した「風評被害対策」としての「食と放射能に関する説明会」もリスク教育の 1 つと言えるが，「欠如モデル」に基づく批判的な意見（開沼（2015）など）もあり，リスクガバナンスの実現に求められる消費者の知識や能力，それら知見の浸透に必要な教育の在り方とは何か，改めて議論を行う必要がある（☞ 4-7，13-10）．

◆リスク教育の今後　企業，大学，消費者の観点からリスク教育の現在の主な動きをまとめた．リスク教育の必要性は社会的に認められているところであるが，それぞれの実施主体の連携は不足しており，社会実装の観点からは内容の共通性や学校教育から社会人研修に至る縦横の連携が必要となろう．　［竹田宜人］

📖 参考文献

・生田奈緒子（2018）化学物質のリスクに関するリテラシーを育てる初等・中等教育の現状と課題：日本と諸外国の教科書の比較から，みずほ情報総研レポート，15，1–21.
・開沼 博（2015）はじめての福島学，イースト・プレス．
・元吉忠寛（2013）リスク教育と防災教育，教育心理学年報，52，153–161.

【12-5】
アジアの化学物質管理：規制協力と展望

世界におけるアジアの存在感はますます高まりつつある．特にアジア新興国は先進国に比べ高い経済成長率を誇り，中期的にも高成長の継続が予想されている．アジアにサプライチェーンを展開する日本企業にとって，急激に変貌するアジアでのビジネス展開には様々な潜在的リスクが伴うため，規制当局による規制と，産業界による自主管理を通じてこれらリスクの軽減が期待される．ここでは特に化学物質のリスクに的を絞り，アジア各国の行政による規制と，現場の取り組みによるリスク管理の実態を紹介するとともに，今後の展望を述べる．

◆化学物質管理の国際動向　わが国の化学産業は今，アジアを中心とした新興国への海外進出，機能性化学品の事業分野選択や技術流出，原料の多様化や製造工程の革新等の技術開発，電力供給不安等のエネルギー制約といった様々な課題を抱えている．日本からアジアへの化学製品の輸出額は世界への化学製品の輸出額の74%を占め，15年前に比べ2.5倍の増加，アジアから日本への化学製品の輸入額はそれぞれ，34%，4倍に増加している．2015年11月に環太平洋パートナーシップ（TPP）が大筋合意に至り，また，同年末には東南アジア諸国連合（ASEAN）経済共同体（AEC）が発足した．今後，6億人超の巨大市場による域内の経済活性化が助長され，日本との間でも人と物の流れがさらに活発になることが期待される．化学物質を製造・加工し，ASEAN各国にサプライチェーンを持つ化学物質等取扱事業者にとっては，自社製品の安全性に責任を持つだけでなく，化学物質のライフステージ全てにわたってコンプライアンスリスクを回避するため，常に最新の各国化学物質管理制度とその現場の運用実態を把握しなければならない．

化学物質管理規制については，ヨハネスブルクサミット（WSSD）2020年目標を受け，各国で改正や新たな導入が進んでいる．化学物質規制の強化に先鞭を付けた欧州連合（EU）のREACHでは，事業者にリスク評価とリスク管理を求めている．一方，わが国では国内における議論を踏まえて，「化学物質の審査及び製造等の規制に関する法律」（「化審法」）の2009年改正により，行政当局側が各化学物質のリスク評価をしつつ，事業者から必要な情報を提出させるなどの制度を導入した．これらの動きを受けて，アジア各国も化学物質管理の強化に向けた検討を開始している．

化学物質の国際的流通がますます拡大し，いずれの国においても化学物質が市民生活の様々な局面に広範に使用されることを考えると，行政当局にとっても，企業にとっても，制度と実態の把握およびリスクベースの化学物質管理の高度化が効率的に達成されることが望まれ，そのためには制度の調和と段階的なリスク評価手法を用いた効率性の高い化学物質管理制度の導入が期待される．

◆ASEAN各国の化学物質管理規制の現状　WSSD2020の目標達成に向けて，ASEAN各国でも，化学物質管理制度の見直しや新設が急ピッチで進められている．特にタイ，マレーシア，インドネシア，ベトナムでは，中長期的な国家計画の中で“リスクベースの化学物質管理”を掲げ，他国の制度やその教訓を学びながら，自国の国内事情も考慮した最適な方法を検討している段階にある．表1に各国の状況を示す．詳細については，独立行政法人製品評価技術基盤機構が2016年度に行った調査報告書等を参考にされたい．なお，職場の労働安全にかかるリスクアセスメントは除く．

表1　アジア各国の主要化学物質法令とリスク管理の運用状況

国名	主な化学物質規制（法令）	同法令におけるリスク管理
日本	化学物質審査規制法	産業界からの曝露情報を用いて行政当局が既存化学物質のリスクを段階的に評価．管理措置の策定までを実施
中国	新規化学物質環境管理弁法，危険化学品安全管理条例	環境管理弁法に基づき新規化学物質の常規申告において事業者がリスク評価を実施し行政当局が審査．危険化学品 安全管理条例には環境リスク評価制度あり
韓国	化学物質の登録及び評価等に関する法律，化学物質管理法	既存化学物質の登録と並行して段階的に事業者がリスク評価を実施
台湾	有害物質規制法，職業安全衛生法	新規化学物質の登録時に事業者がリスク評価を実施．その後行政当局がリスクレベルに応じた階層管理を推進
インドネシア	政府法令74/2001	現行法の後継となる化学物質法案の中でリスク評価と管理を実施予定
カンボジア	化学物質の使用・輸入・輸出及び販売を管理する省令	国連の支援を受け，国際的化学物質管理に関する戦略的アプローチ（SAICM）への対応のためのキャパシティーアセスメント実施
シンガポール	環境汚染管理法	行政当局の要求に応じて事業者がリスクの評価と管理を実施
タイ	有害物質法	現行法の枠組みの中でリスク評価の実施と管理の仕組みを検討中
フィリピン	有害物質及び有害及び核廃棄物管理法	行政当局によるリスク評価結果に基づき優先化学物質（PCL）と管理物質（CCO）を選定し規制しているが実態は不明
ブルネイ	不明	
ベトナム	化学品法	2015～17年度の国際協力機構（JICA）プロジェクトを通じてリスクベースの化学品管理を目指す
マレーシア	環境有害物質登録制度（EHS NR），CLASS規則	EHS NRにおいてリスク評価制度の導入を検討中
ミャンマー	化学品及び関連物質危害防止法	リスクに関する主な記述や行政当局によるリスク評価は現在のところなし
ラオス	化学物質管理に関する法律	新規化学物質の登録時に事業者がリスク評価を行うことになっているが未運用

以上のように，化学物質管理法令がリスクベースで運用されているとは言い難いものの，その意思は法条文から見受けられ，危険有害性の高い物質だけを優先

的に規制していた時代はもう終わったと言っても過言ではない．しかし実際には，リスクベースの化学物質管理規制を構築し運用し監視していくまでには現地の規制当局と，実際に化学物質を扱う現場の事業者の両方の能力開発が不可欠である．このため日本の官庁や工業会がアジアの中でも特にASEANに対してリスク評価や管理手法，化学物質管理規制等のキャパシティービルディングや対話を通じた構築のための協力を進めている．例えば日本の経済産業省は2010年に「アジアン・サステイナブル・ケミカル・セーフティ構想」を打ち出し，ASEAN各国のリスクベースの化学物質管理を実現するために支援をしてきた．この取り組みの中で規制のハーモナイズを目的としてハザード情報や規制情報の共有が進められており，具体的には日ASEAN化学物質管理データベースを構築し，2016年より正式に運用している．他方，産業界側では日本化学工業協会等が先導し各国での自主的な化学物質のリスク評価と管理のためのキャパシティービルディングが行われてきた（表2）．

表2 日本とASEANとの化学物質管理強化のための規制協力

日本の協力元	相手国／地域	協力内容
経済産業省管理課	タイ	MOCに基づく化学物質管理強化のための規制協力（2014年～）
	ベトナム	同上
	ASEAN	アジアン・サステイナブル・ケミカル・セーフティ構想に基づく化学物質管理規制とリスク評価の合理化推進（2010年～）
環境省環境保健企画管理課化学物質審査室	インドネシア	環境協力に関するMOCに基づく化学物質管理規制協力（2012年～）
	ベトナム	同上（2013年～）
日本化学工業協会	ASEAN	プロダクトスチュワードシップを強化するための自主的な取り組み（GPS/JIPS）のためのリスク評価・管理を主とするキャパシティービルディング（2011年～）

新たな規制の導入など，それぞれの取り組みの成果は少しずつ表れてはきたがまだ十分とは言えない．例えばそれはSDGsインデックス＆ダッシュボード（ドイツのベルテルスマン財団がSDGs達成の進捗状況をまとめたもの）からも読み取れる（図1）．SDGs 17目標の内，目標12が“持続可能な消費と生産”である．その12.4においてSAICMの達成，すなわちリスクベースの化学物質評価と管理によるリスクの最小化が掲げられている．各国の進捗度合いが5色で識別されており（●●●●●），ほとんどの国は停滞と評価されている．目標4の教育においては後退・減少を示す国もあり，教育があってこそ持続可能な消費と生産，そのためのリスクベースの化学物質管理が実現されると考えられる．

◆アジア地域の化学物質リスク規制における位置づけ 以上のように，アジア地域においてはこれまで化学物質リスク管理のための法規制が，十分に体系化さ

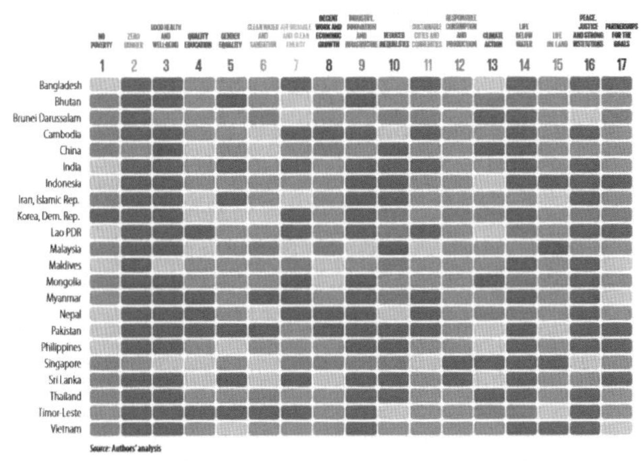

図1　2018年版のSDGsインデックス＆ダッシュボード

［出典：SDSN（Sustainable Development Solutions Network：「持続可能な開発ソリューション・ネットワーク」）とドイツのベルテルスマン財団による2018年版のSDGsインデックス＆ダッシュボード（閲覧日：2019年2月23日）］SDGs: 2015年国連総会で採択された持続可能な開発目標．2016年から2030年の15年間で達成するために掲げた17の目標と169のターゲット／横軸：1.貧困をなくそう，2.飢餓をゼロに，3.すべての人に健康と福祉を，4.質の高い教育をみんなに，5.ジェンダー平等を実現しよう，6.安全な水とトイレを世界中に，7.エネルギーをみんなにそしてクリーンに，8.働きがいも経済成長も，9.産業と技術革新の基盤をつくろう，10.人や国の不平等をなくそう，11.住み続けられるまちづくりを，12.つくる責任つかう責任，13.気候変動に具体的な対策を，14.海の豊かさを守ろう，15.陸の豊かさも守ろう，16.平和と公正をすべての人に，17.パートナーシップで目標を達成しよう［出典：『朝日新聞』2030SDGs］

●達成状態維持／達成予定　●緩やかな進歩・増加　●停滞　●後退・減少　●データ不足

れてこなかった．規制の国際調和がますます求められる昨今において，今後に向けてパッケージ化した（統一された）リスクベースの新しい規制枠組みを思い切って導入できる余地があると言える．言い換えれば，アジア圏は，新しいリスク規制を限られたリソースで合理的に運用していく潮流を生み出すポテンシャルを持つ．リスクベースの法規制づくりの国際的な波及の最前線として，興味深い地域と言っても過言ではない．

◆今後の化学物質管理　化学物質管理は一国の課題ではなく，また，政府だけの課題でも，事業者だけの課題でもない．各国，各地域の状況に応じて適切な方法を産官学が双方向に議論を重ねながら提案し，構築し，改良していくこと，そしてそれを運用していくことが求められる．その中で，地域内での知見や経験および情報の共有は重要な基盤である．今後も国内外での産官学の連携を強化しつつ，高い信頼のもと，共通目標であるWSSD2020の達成，すなわちリスクベースの化学物質管理が実現されていくことが期待される．［長谷恵美子・藤井健吉］

📖 参考文献

・NITE（2016）平成28年度アジア諸国等の化学物質管理制度等に関する調査報告書（閲覧日：2019年4月）．

【12-6】
アメリカにおける研究動向

リスク研究はこれまでアメリカが主導してきた．その中心的役割を担ったのが，1980年に設立されたリスク分析学会（以下，SRA）である．発端となったのは1970年代の環境汚染問題と科学物質の発がん性研究の進展であった．これら環境リスク問題の研究が，同様の認識を持つ他の領域との交流に発展し，それがSRAの設立に繋がった（Thompson 2005）．SRA発足時の委員会メンバーの専門領域を見ると，環境リスク，食品安全，自然災害，エネルギー，心理学等を含んでいる．本項では，アメリカにおいてSRA設立から現在までの研究の動向を概観する．

1980年代，リスク分析の研究は環境リスク分野を中心に発展してきた．1983年，米国研究審議会（以下，NRC）は*Risk Assessment in the Federal Government*という本を出版した（NRC 1983．以下，『レッドブック』）．これはアメリカ連邦政府の化学物質に関するリスクアセスメント（☞2章）の枠組みを示した．リスクアセスメントが，ハザードの同定，用量–反応評価，曝露評価，リスクキャラクタリゼーションの4ステップで構成されること，科学的プロセスであるリスクアセスメントと，政治的・社会的プロセスであるリスクマネジメント（☞3章）を分離すべきであることを示すなど，現在のリスクアセスメントの原型を提示した．さらにNRCは*Improving Risk Communication*を1989年に出版し，これが現在のリスクコミュニケーション（☞4章）の原型になっている（NRC 1989）．

◆リスクマネジメントの体系化　『レッドブック』は，リスクアセスメントのプロセスは詳細に述べていたが，リスクマネジメントについては詳しく踏み込んではいなかった．リスクマネジメントの体系化は，むしろ民間企業において進められた．例えば大手石油会社であるエクソン社は，1989年のバルディーズ号事件（NOAA 2017）への反省から，完璧操業のためのマネジメントシステム（OIMS）というリスクマネジメントシステムを開発した．この中では，トップのリーダーシップ，リスクアセスメントと管理，地域社会とのコミュニケーションなど，後発のリスクマネジメントシステムの提案と重なる概念が既に示されている（Exxson mobil 2018）．

連邦政府の政策に関しては，アメリカ大統領と議会の諮問委員会が，環境リスクマネジメントの枠組みを提示した（米国大統領議会諮問委員会 1998）．この枠組みはリスクマネジメントを，問題の明確化・関係付け，リスク分析，選択肢，意思決定，実施，評価の6ステップから構成し，すべてのステップで利害関係者の関与を求めている点に特徴がある．このことは，利害関係者とのリスクコミュニケーションの重視，そしてリスクアセスメントとリスクマネジメントの分離を求めたそれまでの考え方の再考を意味する．

特にリスクアセスメントとリスクマネジメントの関係については，リスクアセスメントの最後のステップであるリスクキャラクタリゼーションが重視されている．リスクキャラクタリゼーションとは，科学的情報に基づくリスクの推定に加えて，社会的・心理的側面を考慮したリスクの評価のことを言う．この後，リスクキャラクタリゼーションは重視されるようになり，環境保護庁は2000年に*Risk Characterization Handbook*を出版した（EPA 2000）．また，現在のSRAの用語集では，リスク分析を，リスクアセスメント，リスクキャラクタリゼーション，リスクコミュニケーション，リスクマネジメントとその他関係する政策を含むとしており，リスクキャラクタリゼーションは，リスクアセスメント，リスクコミュニケーション，リスクマネジメントに並ぶ概念と規定されている（SRA 2015）．このように科学的な分析と熟議による意思決定が緊密に連携することによるリスクマネジメントの考え方は，「分析と熟議による過程」と呼ばれている（NRC 1996）．

2009年にはNRCから*Science and Decision*が出版された．改めて『レッドブック』の示した枠組みを見直すとともに，リスクアセスメントのあるべき方向について分析した（NRC 2009）．ここではリスクアセスメントの技術のさらなる発展を求めるとともに，アセスメントの事前のプランニングと事後の有効性評価を意思決定過程の中に明確に位置づけている．言わば上記の「分析と熟議」をリスクアセスメントの観点から再整理した形になっている．

◆研究動向の変化　このように環境リスクを中心にアメリカで発展してきたリスク概念だが，2001年にそれを揺るがす事態が起こる．9月11日に起こった同時多発テロ事件である．これを機にアメリカ国内でのリスク研究の流れが大きく変わる．例えば，それまで食品安全に従事していた研究者が食品防御にシフトするといったことになった．国土安全保障が重要なキーワードになった．

一方，リスクに関する概念はアメリカに端を発するものばかりではない．ヨーロッパ発祥の重要な概念に事前警戒原則がある（☞3-10）．アメリカではリスクアセスメントを前提としたマネジメントを前提としたので，判断のための科学的根拠が不十分でも行動を起こすことを認める事前警戒とは考え方が衝突するという懸念もあった．しかし，ハミットら（Hammitt et al. 2005）は，大局で見ればヨーロッパとアメリカの事前警戒的傾向にそれほどの違いがみられないとしている．また，リスクガバナンスや国際標準化機構によるISO31000といった概念でも，ヨーロッパの研究者・実務者が議論をリードしている．［前田恭伸］

📖 参考文献

・谷口武俊（2008）リスク意思決定論，大阪大学出版会．

【12-7】
国際機関，EU などの国際的なリスク管理に関する研究動向

本項においては，リスク，特に地球環境に関するリスク研究を取り上げる．関連する国際機関としては国際連合（UN）や欧州連合（EU）本体，またそれらによって設立された組織，関連研究者ネットワークなど様々なものがある．

◆リスクを取り扱う国際機関　地球環境に関するリスクを取り扱う国際機関としては，まず国連環境計画（UNEP）があげられる．気候変動問題については，この UNEP と世界気象機関（WMO）が共同で設立した気候変動に関する政府間パネル（IPCC）が関連する科学的知見を提供し，「国連気候変動枠組条約」事務局（UNFCCC）が国際条約の動向を担っている．生物多様性に関しては，UNEP と他の様々な国連関係機関が設立した「生物多様性条約」事務局（CBD）が国際動向を担い，生物多様性と生態系サービスに関する政府間科学政策プラットフォーム（IPBES）が，関連する他の組織とあわせて科学的知見の取りまとめを行っている．健康関連については世界保健機関（WHO）や世界農業機関（FAO）が担っており，この 2 つの共同設立機関としてコーデックス委員会（CODEX）などがある．国際機関においては自身で調査研究を実施する場合もあるが，むしろ，IPCC や IPBES などのような機関を問題に応じて設置し，ここに世界の関連研究成果を集約するということが近年の主流となってきている．

◆国際的な研究者ネットワーク　上記以外に研究者自身のネットワークも多く存在する．1990 年代以降，自然科学，社会科学また両分野にまたがる様々な国際的な研究計画（関連研究プログラムを取りまとめる存在）が創設され，各国の資金助成機関がこれに協力する形で国際的な研究プロジェクトが多く進められてきた．現在，その代表的な存在がフューチャー・アース（Future Earth）である．それまで 20 年以上にわたって地球環境研究を推進してきた 4 つの国際研究計画である地球圏・生物圏国際協同研究計画（IGBP），地球環境変化の人間的側面国際研究計画（IHDP），生物多様性科学国際協同計画（DIVERSITAS），世界気候研究計画（WCRP）を一本化したものである．このようなプログラムによる研究成果が，各国のナショナル・プログラムの成果とあわせて先に述べた IPCC や IPBES などに反映されていくことになる．

◆リスク研究　近年の大きな動きとしてあげられるのは，気候変動関連研究である．日本や欧州をはじめとする国々では専門の研究機関を設置したり，研究ファンドを整えて，大規模なモデル研究をはじめとする気候変動のリスク評価をはじめとして，様々な対策において世界の他の地域に先駆けてその対策を現実に展開している．この背景には，自然科学分野によるリスク評価だけではなく，人々

の認知，政策立案，世論などに対しても目を配り，現実の政策へのフィードバックを行っていることがあげられる．まさにエビデンス・ベースの政策立案である．

◆イギリスにおける気候変動リスクについての人文社会科学からのアプローチ

このような国内での研究体制を世界に先駆けて整えたのがイギリスである．イギリスにおいては，2000年にバーチャルな研究センターとしてティンダール・センターが開設され，自然科学から人文社会科学を含む総合的な気候変動に関する研究ネットワークを作り上げた．その中から社会科学系の研究を取り上げると，気候変動に関するリスク認知（洪水リスクなど）や，ライフスタイル変化（イギリス全体の2030年，2050年等をターゲットにしたエネルギー源選択シナリオと温室効果ガス排出予測モデルを組み合わせて，ライフスタイル変化のあり方を議論する），目標策定とそれに対する支持に関する世論調査など多岐にわたる．

◆EU助成によるリスク研究　EUの研究に関する方向性は，リスク研究だけではなく，全世界の研究の方向性をも定める影響力を持っている．その1つが「オープン・アクセス」である．そして，「責任ある研究と革新」などの動きにつながっている．特に公金を使って活動することの意味，その社会への還元などを深く考察したものである．このような背景をもったEUによる研究助成は多岐にわたる．その中でも最大のプログラムがホライズン2020であるが，最大の特徴は経済成長や雇用などEUの社会的な問題の解決のための社会の変革を視野に入れた研究が求められていることである．このホライズン2020の中で，気候変動対応，低炭素社会構築は優先分野のトップにあげられている．リスク研究との関連で言うと，気候変動とは別にリスク・ファイナンスへのアクセスが優先課題にあがっている．また，並行して欧州には共同研究センター（JRC）が設置されており，そこにおいてもリスク関連研究（気候変動を含む）は活発に実施されている．

◆OECDの動き　OECD（経済協力開発機構）もまたリスク管理および研究には大きな役割を果たしてきた．OECDが打ち出したリスク管理・環境政策には例えば汚染者負担原則（PPP：Polluter Pays Principle），様々な政策手法（経済的手法，規制的手法など）などがあげられる．また，環境を捉えるフレームワークとして，Pressure-state-responseのフレームワークを提示し，環境指標（environmental indicators）による環境政策の進捗把握などを提唱した．化学物質や消費者に関するリスク管理に関してもOECDにおける決定は各国の政策形成に大きな影響を与えている．

［青柳みどり］

参考文献

・欧州委員会によるH2020 Webサイト European CommissionEuropean Commission ‘horizon2020’,（閲覧日：2019年2月22日）．
・IISD Reporting Services（様々な国際会合の議事録を掲載）．
・Tyndall℃entre（イギリスの気候変動研究を掲載）．

第13章

新しいリスクの台頭と社会の対応

［担当編集委員：岸本充生］

【13-1】
新興リスクの特徴

想定外の被害を避けるためには，すでにわかっているリスクに加えて，新興（エマージング）リスクを予測し，優先順位を付けて，あらかじめ対処しておく必要がある．新興リスクとは，新しく発生するリスクだけでなく，以前から存在するが状況が変化したことでリスクが増大したり，新たにリスクと認識されたりするものも含まれる．新興リスクは，近いうちに重大なリスクになりうると考えられるため，早期に発見し，事前に対応することが求められるものの，まだ完全に理解されない，すなわちリスクの評価に不確実性が大きい段階で，リスク管理に関する意思決定（何もしないという決定も含めて）が求められる．そのため，早期発見の方法とともに，不確実性の大きい中でのリスク分析手法，ガバナンスの仕組み，そして予防されたことを可視化する方法などが研究対象となりえる．

◆発生源による分類　すべてのリスクは過去のどこかの時点では新興リスクであった．発生源を，自然起源のもの，非意図的なもの，意図的なものに分類したうえで，新興リスクがどのような場合に発生するかを整理する．

第1に，リスクの発生源，すなわち脅威やハザードが新たに生まれる，あるいは認識される場合である．自然起源の場合は，ハザード自体は大昔から繰り返し発生し，新たなものはめったに生じないものの，その頻度が少ないものについては，これまでハザードとして認識されていなかったものが新たにハザードと認識される場合がある．海溝型地震に起因する大津波，破局的噴火とも呼ばれるカルデラ噴火，小惑星衝突などが当てはまる．また，科学的な発見により，これまで使用してきた，あるいは，摂取してきたもののリスクが明らかになる場合がある．発がん性のある化学物質アクリルアミドがフライドポテトをはじめとする多くの食品に含まれていることが2002年に初めて明らかになったケースがこれにあたる．事故などの非意図的なものには，技術イノベーションに起因する場合がある．自動車も飛行機もそれらが社会に普及し始める際に新たなハザードとなった．近年では，自動運転技術，生活支援ロボット，ドローン，ゲノム編集などが潜在的に新たなハザードの発生源になりうる．また，こうした新規技術は，悪意を持って利用されることで，新たな脅威にもなりうる．

第2に，社会の側が変化することでリスクが新たに発生する場合がある．これらはいくつかのタイプに分かれる．自然起源の場合，人口が増加するなどしてこれまで居住していなかった沿岸部や山間部，さらには埋立て地などに居住地が広がることで，津波や高潮，土砂流出，液状化などの新たなリスクが生まれる．高齢化などによる脆弱性の増加は，同じハザードに対してもリスクを高めることになる．生活習慣が変わることも新たなリスクを生み出す可能性がある．新規技術の普及が自然起源のハザードと組み合わさることで，事故などの非意図的な新たなリスクを生む．これらは自然起因の産業事故（Natech）と呼ばれる．石油タンクやコンビナート，そして原子力発電所が津波被害に遭った東日本大震災は代表的なNatechである．また，グローバル化や情報通信技術（ICT）化による地域間およびシステム間の相互連結性や相互依存性の高まりも，新たなリスクを生んだり，既存のリスクを増幅して，システミックリスク，あるいはグローバルリスクに変容させたりする可能性がある．

第3に，人々の考え方が変化することにより新たなリスクになる場合がある．ヒト健康リスクの指標は，単なる死者の数から，損失余命年数という概念が導入され，さらに医療分野から生活の質（QOL）という考え方が導入されて以降，死亡に至らない疾病や負傷が明示的に扱われるようになり，公衆衛生分野では，障害調整生存年数（DALY）や（損失）質調整生存年数（QALY）といった指標が使われるようになった．近年は人間だけでなく，生態系の破壊も避けるべきものと認識され，種の保存や個体群の保全自体もリスク管理の目的に取り入れられるようになった．また，人権に関する意識も急速に変化し，以前から存在していた事象も，セクシャルハラスメント，パワーハラスメント，いじめ，過重労働，プライバシー侵害などとして新たなリスクになった．このような社会の規範の変化には，社会問題化が起きたのちに法規制度にとりこまれる．

◆早期発見のためのアプローチ　新興リスクは顕在化した場合，過去に経験がないため，珍しい事象としてマスメディアが繰り返し取り上げ，それが社会不安を引き起こすことが多い．結果として，無駄な対策費用の支出や過度に厳しい規制につながることも多い．このように，新規技術の場合，一度の事故や事件がイノベーションを止めてしまうことになりかねない．また，行政には，実際に被害が起きないと対策をとれないという傾向も根強い．逆に，被害が一度でも起きるとそれがどんなに頻度の低い出来事でも，「再発防止」というスローガンのもと規制強化につなげられてしまう．リスクが不確実なまま，強い対応をすることが別のリスクを引き起こす可能性もある．

新興リスクを早期に発見するためのアプローチをここでは3つあげる．1つ目は，意思決定の基礎となるデータを収集することである．低頻度大規模災害の場合は地質学的あるいは天文学的な証拠を探る自然科学の研究や，古文書の解読などによって当該ハザードのスケールと頻度の関係を把握することが第一歩となる．事故などの非意図的なものについては，モノのインターネット（IoT）によりすべての機器がつながると，事故データだけでなく，事故に至るヒヤリハットに関連するデータを含めた膨大なデータが収集される．これらの解析を通して，事故につながる予兆を見出すことが期待される．同様に，生体情報も，検査，健康診断やウェアラブル機器などから得られたビッグデータの解析を通して，個人レベルでも集団でベルでも予防に有効な変数を見つけることが期待される．

2つ目は，フォーサイトの活用である．英国の政府科学局で実施されている「フォーサイト・プロジェクト」は，科学や研究の要素を強く持つテーマについて，数十年先までの未来を対象にした検討を行う．これまで，高齢化，都市，製造業，海洋，移動などのテーマで実施されてきた．欧州では，労働安全衛生庁（EU-OSHA）が2000年代初頭，労働安全衛生分野における新興リスク，特に環境に優しい新規技術に関わる仕事（「グリーンジョブ」）に伴うリスクを早期に発見するためのプロジェクトを開始した．2002年に設立された欧州食品安全機関（EFSA）も新興リスクを早期に特定するための手順を確立することを目指し，毎年報告書を発表している．類似の活動に，ホライゾン・スキャニング，シナリオ・プラニング，ロードマッピングなどがある．社会あるいは技術の変化と現行法規制の間のギャップの大きさをチェックする「法規制ギャップ調査」も有用である．新規技術の場合は，テクノロジー・アセスメントとして，その潜在的な正と負の社会的影響を予測し，技術開発やその利用についての課題設定や社会の意思決定を支援する活動として実施される．

3つ目は，社会の価値観の変化を見極めることである．そのためには，アンケート調査やインタビュー，ソーシャルメディアの観察などにより，人々が何を不快に思うか，何を守りたい価値と捉えるか，どこまでなら，どんな状況なら受容可能と考えているか，などを継続的に観察する必要がある．社会受容性はリスクの裏返しである便益（ベネフィット）と切り離せない．ベネフィットが大きいものは受容されやすく，ベネフィットが直接見えづらいものは受容されにくい．

新興リスクを早期に発見し，顕在化する前に対応するためには，防災でも，グローバルヘルスでも，金融取引においても，これらの多様なアプローチをあらかじめ制度化しておくことが重要である．また，実施主体は，政府やアカデミアだけでなく，ビジネスの観点からこのような取り組みを行うインセンティブを持つ保険会社も重要なアクターである．

◆新興リスクのガバナンス　新興リスクのガバナンスのあり方の検討を続けていた国際リスクガバナンスカウンシル（IRGC）は，第1段階として，新興リスクを発生させる12の一般的な要因をあげた（IRGC 2010）．すなわち，科学的未知，安全余裕度の喪失，正のフィードバック，リスクへの感受性のばらつき，利害・価値観・科学の衝突，社会のダイナミクス，技術進歩，時間的な複雑性，コミュニケーション（の不足），情報の非対称性，歪んだインセンティブ，悪意ある動機と行動，である．第2段階として，新興リスクの管理の改善のために組織が必要とするアプローチを11点あげた（IRGC 2011）．これらは，スコープの広い方から順に，リスクガバナンス，リスク文化，訓練と能力構築，順応的計画および管理，の4つの階層に分けられた．例えば，リスクガバナンスの階層では，全体戦略や組織意思決定の一部として新興リスク管理戦略を設定することと，役割と責任を明確にすることがあげられた．

これらの検討を踏まえて，IRGCは，新興リスクのガバナンスのためのガイドラインを提案した（IRGC 2015）．ガバナンスは下記の5つのプロセスからなる．ステップ5はステップ1につながり，循環することになっている．そしてこれらの新興リスクのガバナンスがうまく機能するにはリーダーシップが必要とされ，言わば「リスク指揮者」と呼べるような役割の人あるいは組織を置くことが望まれる．

・ステップ1：現状を理解し，将来を探索する
・ステップ2：ナラティブ（物語）とモデルに基づくシナリオを作成する
・ステップ3：複数のリスク管理オプションを作成し，戦略を立てる
・ステップ4：戦略を実行する
・ステップ5：リスクに関する意思決定を事後評価する

◆新興リスクのための規制対応　不確実性の大きなリスクは，過度に予防原則的な対応をとれば，多くが制限されることになる一方，確実性が高まるまで規制を行わないならば，被害が出るのを待つことになってしまう．前者の例は，欧州における遺伝子組換え技術，米国における一時期の幹細胞研究があげられるだろう．後者の例は，日本や米国における牛海綿状脳症（BSE）問題があげられる．新規技術については，前者の場合は研究開発のインセンティブが失われ，イノベーションが阻害されることになる一方で，後者の場合もいったん被害が出ると社会受容性が大きく損なわれてしまい，結果として当該技術のイノベーションが長期にわたり停止させられることにつながりかねない．このようなジレンマを克服するために，産業振興と安全監視の間のバランスのとれた規制を導入し，状況を監視しながら順応的に対応していく順応的（適応的）アプローチをとる必要がある．これは事件や事故が起きてから反射的に規制措置を導入するパターンと異なり，リスク関連情報を常に最新のものに更新しながらそれに合わせてリスク管理措置を変更するという柔軟なやり方である．ただし，その場合に将来見通しが不安定にならないように，あらかじめスケジュールを示しておくことが望ましい．また，規制アプローチだけに頼るのではなく，事業者による自主的取り組みや，行政や第三者機関による情報公開を利用するような非規制アプローチも活用する必要がある．　［岸本充生］

参考文献

・岸本充生（2018）エマージング・リスクの早期発見と対応：公共政策の観点から，保険学雑誌 642，37-60．
・松尾真紀子，岸本充生（2017）新興技術ガバナンスのための政策プロセスにおける手法・アプローチの横断的分析，社会技術研究論文集，14，84-94．
・IRGC（2015）*Guidelines for the Governance of Emerging Risks*, International Risk Governance Council.

【13-2】
新興リスクのためのガバナンス

リスクガバナンスは，どのようにリスク情報が収集・分析・コミュニケーションされるか，そしてどのように意思決定がなされるかについてのアクターや規則，プロセスやメカニズムの総体であり，リスクを最小化するためのあらゆる決定や行動を含む．国際リスクガバナンスカウンシル（IRGC）ではリスクガバナンスをリスク事前評価，リスクアプレイザル（リスクの技術的・認知的因果関係の評価），特徴づけとリスク評価，リスク管理，リスクコミュニケーションの要素に分けたフレームワークを提唱している（☞ 3-1）．ただし，これは理想化されたフレームワークであり，リスクの特徴づけやリスク管理がなされている社会構造やダイナミクスと乖離していると指摘されたり（Boholm et al. 2012），知識の不定性や内在的な主観性を反映した多元的で条件つきの代替的フレームワークが提案されたりしている（Stirling 2008）．国際的にリスクガバナンス機関の正統性や有効性を高めるには，議論を促す場の設定，認識共同体や偏りのない専門的助言機関の活用，ステークホルダーや市民が参画できる手続きの織込みが重要である（Klinke 2014）．

リスクガバナンスが，対象の科学的・技術的側面についての詳細な記述に基づく戦略的なアプローチであるのに対し，テクノロジーアセスメントやフォーサイトなどの未来志向型技術分析（FTA）は新たな技術や社会課題から出発するアプローチであり，新興リスクのためのガバナンスに資する．ただし，どちらのアプローチも将来の不確実性を扱い，起こりうる変化に対処するための意思決定を支援するという点では共通している．

◆技術の社会的影響を評価する　テクノロジーアセスメント（TA）とは，従来の研究開発・イノベーションシステムや法制度に準拠することが困難な技術に対し，その技術発展の早い段階で将来の様々な社会的影響を独立不偏の立場から予見・評価することで，技術や社会のあり方についての新たな課題や対応の方向性を提示して，社会意思決定を支援していく制度や活動を指す．インパクトアセスメントやリスクアセスメントと比較して，分析対象を制約しないことが特徴である．この概念が1960年代の米国に登場したことには，環境・反核運動の高まりを受けて新興技術のもたらす結果について懸念が広まったことが1つの背景にある．米国では，TA専門の機関として連邦議会技術評価局（OTA）が1972年に世界で初めて設立されたが，1995年に廃止され，以後は国家ナノテクノロジー・イニシアティブ（NNI）をはじめ，様々な機関や制度のもとで断片的にTAの活動が行われている．欧州では1980年代以降，各国議会の専門機関が独自に，あるいは連携しながらTAを進めている．日本では，官民ともに1970年代から散発的に取り組まれてきた．2000年代からは，コンセンサス会議をはじめとする参加型TAの実践も広まった．参加型TAとは，幅広い関係者や国民一般が参加する開かれたアセスメントによって，公共的議論や社会的学習を促進するものである．このようにTAについての研究や社会実装，政策実施が試みられているが，現在まで制度として確立したものはない．現代におけるTAの実践では，関係者それぞれにとっての便益や安全，リスクに対する考え方の違いを認識し，対話を図りながら科学技術の発展の方向性を舵取りしている．こうしたTAは構築的TAやリアルタイムTAなどと呼ばれ，技術発展のダイナミックなプロセスにおける多様な主体の関与が促進されている．一方でドイツ語圏を中心に，技術の現象面ばかりでなく，技術そのものの法則性や倫理的側面を問い直すアプローチも提唱されている．

ヘルステクノロジーアセスメント（HTA）という用語は1967年頃から米国議会で用いられていたが，実際の活動は1975年にOTAが医療部門を設置したことに始まる．これは1965年に公的医療制度のメディケイドが成立し，国民の医療へのアクセスが著しく改善された一方で，医療費の増大が問題になったことが背景にある．HTAは費用効果分析やリスク便益分析による経済的評価を中心とし，政策形成に直接的な影響を与えるという，TAとは異なるアプローチとして独自の発展を遂げている．1985年頃からは欧州でも同様のHTA機関が必要であると認識され，オランダやスウェーデンでは制度化が行われた．近年では，医療技術の社会的・倫理的課題を考慮するため，HTAにおける患者や市民の関与が重要視されるようになった．日本でも，これまでに幾度となくHTAの必要性について議論が行われてきたが，諸外国に比べて政策形成や研究発展，社会理解は立ち遅れている．

◆ありうる技術や社会を予見する　フォーサイトは日本では長らく技術予測として知られ，1971年の科学技術庁によるデルファイ法に基づく技術予測調査に遡ることができる．デルファイ法とは，技術の実現予測時期などについての質問紙調査の結果を提示し，専門家に対する質問紙調査をくり返し行うことによって意見集約を図る手法である．1990年代以降，フォーサイトは単なる技術動向の予測から市場や社会との関わり合い，科学技術イノベーションシステムの領域全体にまで対象範囲を拡大させ，広範な政策や戦略策定との結びつきを強めている（Miles et al. 2008）．フォーサイトの手法としては，デルファイ法のほか，バックキャスティング，シナリオ分析やホライゾン・スキャニングが知られている．

ホライゾン・スキャニングは，水平線に敵の船影を見つけることになぞらえた，潜在的な脅威や好機，ありうる将来展開などを体系的に観察・分析する活動である．これによって政策立案者が科学技術や社会の将来的な課題を予見したり，得られたデータを分析・統合することで新たな課題を創造したりする．特にウィークシグナル（非常に不正確な将来変化の予兆）やワイルドカード（非常に確率は低いが大きな影響を及ぼす事象．ブラック・スワンとも呼ばれる）の探索が重要とされる（Amanatidou et al. 2012）．プロセスとしては，大きく①情報収集，②情報分析，③結果の選択・評価・コミュニケーションの段階に分けられる．手法は文献検索やレビュー，専門家へのデルファイ調査，インタビュー，ワークショップから，テキストマイニング，オンラインプラットフォーム，ソーシャルメディアまで，スキャニングの段階や目的に応じて様々である．

ホライゾン・スキャニングは2000年代から欧州を中心に広まり，英国，オランダ，EUのほか，カナダやシンガポールでも実施されている．シンガポールは首相府国家安全調整事務局（NSCS）にリスクアセスメントとホライゾン・スキャニング（RAHS）プログラムオフィスを有し，シンガポールの将来に影響を与えるようなリスクや好機を探索している．シンガポール政府は1990年代からシナリオプランニングの手法を年次戦略計画・予算サイクルに取り入れていたが，1997年のアジア通貨危機や2001年の米国9.11同時多発テロをはじめ，複雑化する社会状況に十分に対処できないことが明らかとなった．そこで，ワイルドカードなど新たな戦略的課題をシナリオプランニングに組み込んだRAHSプログラムを2004年に開始し，研修やコンサルタント，共同プロジェクトを通じて政府当局や学術機関，国際的パートナーとの連携を深めている．英国では，主席医務官（CMO）に独立した専門的助言を行うため，国立新興感染症専門家パネル（NEPNEI）が2003年に設立された．2004年には専門家パネルの科学事務局が長を務める人・動物感染症とリスク監視（HAIRS）グループが結成され，多様な政府関係当局のメンバーからなるフォーラムを開催，人獣共通の新興感染症に関するホライゾン・スキャニングとリスクアセスメントを実施した．このほか，カナダ医薬品・医療機器審査機構（CADTH）や英国健康研究所（NIHR），オーストラリアASERNIP-S，スペイン・バスク郡健康イノベーション研究財団（BIOEF）などでは，HTAの一環として新たな医療技術に関するホライゾン・スキャニングを取り入れている．

◆将来に対するケアを担う　政策形成や社会意思決定への接続を主眼としているテクノロジーアセスメントやフォーサイトに加え，研究やイノベーションの実施主体やそのコミュニティによる社会を意識した自律的な活動も含めた取り組みは，責任ある研究・イノベーション（RRI）と総称される．これは研究・イノベーションのプロセスの非常に早い段階で，その成果と社会の価値とを擦り合わせることであり，研究・イノベーションと社会との関係の様々な側面をつなぐ大きな傘である．RRIは研究・イノベーションを促進するためのEUのフレームワークプログラムHorizon 2020（2014−20）における領域横断的な課題とされ，市民関与，オープンアクセス，男女平等，科学教育，倫理，ガバナンスといった6つの政策議題を抱える．そこでは，幅広いステークホルダーを巻き込みながら研究・イノベーションのプロセスの公開性や透明性を高め，新しい知識や見方，規範に対応して思考や行動様式，組織的構造・システムを変えたり，未来を予見して技術や社会の変化に対応したりすることが求められる．

2009年，英国工学・物理科学研究会議（EPSRC）では助成申請者に対して提案研究の環境・健康・社会・倫理面でのリスクについて申告するよう求めた．研究者はナノ粒子の健康リスク以外はほとんど言及しなかったものの，こうした活動を通じて，みずからの研究の社会的影響について前もって理解し，多様な関係者を巻き込みながら研究を進めていく必要性を意識するようになったとされる（Owen and Goldberg 2010）．

◆人々の想像力を喚起する　不確実な未来を展望し，ケアするには，多様な人々による発想の飛躍と，研究・イノベーションのプロセスや成果，リスクに対する所有，関与，責任の適切な分配が求められる．不確実性への対処における多様性や分散性の重視はレジリエンスにも通底しており，想定外の衝撃を受けたシステムを無理にコントロールするのではなく，フォーサイトを通じて社会的・環境的にも異なるスケールで異なる制度や組織におかれている様々なステークホルダーとの協働によって順応させることが望ましい（Quay 2010）．こうした先見的ガバナンスとは，社会の中で技術が実際に導入される前に，これまでの知識や能力，経験のみに捉われず，幅広い専門家や市民による批判，想像力や試行錯誤による学習を通じて，社会や技術のあり方を方向づけることである．これには技術開発や政策形成，社会意識が萌芽的な段階で，専門家や市民を巻き込む上流関与が重要とされる．

しかし，一般市民は必ずしも科学技術やそのリスクに関心をもっているわけではなく，サイエンス・カフェのような科学コミュニケーションの従来手法で幅広い上流関与を実現することは難しい．英国ではバイオテクノロジーなどの新興技術のリスクについての一般市民の認識を高めるため，科学者がアーティストやデザイナーと連携して研究に市民を関与させるような助成プログラムが立ち上げられている．その1つのアプローチであるスペキュラティヴ・デザインは，批判的な議論喚起を通じて問題を発見し問いを立てる概念的なデザインであり，バイオアート作品や将来の社会技術イメージなどの提示を通じて人々に倫理や権利について思索を促す力を持った表現である．また，議論だけに終わらず，将来の技術や社会に対して活動や運動をシフトさせていく可能性も持っている．［吉澤　剛］

📖 参考文献

・赤池伸一ら（2016）新たな予測活動の展開に向けて：科学技術予測の歴史とホライズン・スキャニングの導入，*STI Horizon*, 2（3），22–26.
・科学技術社会論学会（2017）研究公正とRRI，玉川大学出版部.
・ダン, A.，レイビー, F. 著，千葉敏生訳（2015）スペキュラティヴ・デザイン 問題解決から問題提起へ：未来を思索するためにデザインができること，ビー・エヌ・エヌ新社.

【13-3】
グローバルリスクへの対応

グローバルリスクとは，人間の活動が地球規模に拡大することに起因し，もしそれが起こると，重大な悪影響を引き起こす可能性がある不確実な出来事または状態として定義されている．コミュニティや社会において将来の一定期間のうちに生じうる，人命，健康，生活，資産およびサービスが対象とされており，世界経済フォーラム（通称：ダボス会議，WEF）が2006年に初めて『グローバルリスク報告書』を発刊した際に定義された概念である．同報告書では，今後10年間におけるリスク発生の可能性，また発生による社会的影響などを査定している．グローバルリスクの発生要因を経済，環境，地政学，社会，技術の5つの領域から同定し，単独または各リスクの相互連関性等の特徴を踏まえ，経済活動を前提とした国際協調によるグローバル・リスク・ガバナンスの構築を提唱している．

◆『グローバルリスク報告書』の目的と意義　2006年，『グローバルリスク報告書』が初めて発行されたとき，世界は各国の経済と社会に広く影響を及ぼすことになる金融危機に突入する直前だった．いわゆるリーマンショックである．初回報告書の狙いは，差し迫った短期的なリスクを指摘するというよりは，グローバルという思想を掲げる政策立案者やビジネスリーダーらに対し，10年単位の先行き不透明な将来に取り組むうえで必要な見識を与えることだった．既に，本調査と報告書はWEFの旗艦的地位を獲得しているほか，毎年1月に開催されるダボス会議（WEFの年次総会）の討議に活用されるほか，各国の政府や企業らの長期戦略策定にも影響を与えている．

◆グローバルリスクの算定方法　グローバルリスクの洗い出しには世界120カ国の有識者や政府，国際組織，企業，NPO法人などから約1000人がアンケートに回答しているほか，約15000人の企業経営層に自国の事業運営を阻害する主要リスクに関する見解を回答させている．今後10年間に影響を及ぼし得る事象やその可能性を抽出したうえで，それらのリスク要因を5種類（経済，環境，地政学，社会，技術）の30件程度に分類し，それらの相対的な発生可能性（likelihood）と相対的な影響度（impact）を調査している（2019年の場合，*The Global Risks Report 2019*）．

2019年の報告書において特筆すべき点は，地政学上の問題に対する懸念だ．悪化が予想される上位10のグローバルリスクのうち，7つは政治環境に関連しており，主要国間の経済的対立と経済摩擦の悪化と多国間貿易の規制や協定の崩壊が危惧されている．ヒアリングやアンケートという手法の特徴ゆえ，リスクの選定と評価が，その時々で強く耳目を集めた事件や動向に引きずられ近視眼的に

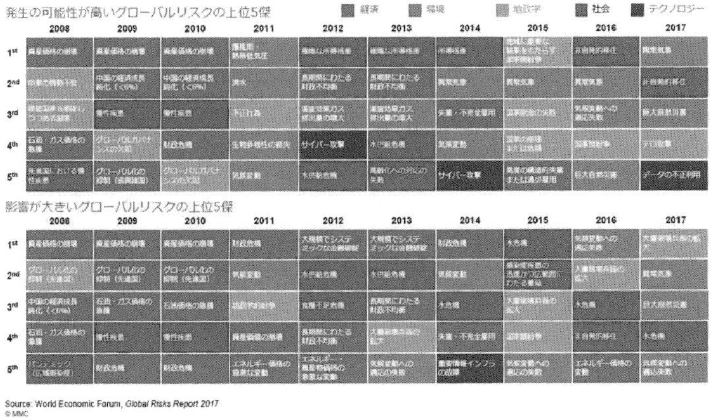

発生の可能性が高いグローバルリスクの上位5傑

経済　環境　地政学　社会　テクノロジー

	2008	2009	2010	2011	2012	2013	2014	2015	2016	2017
1st	資産価格の崩壊	資産価格の崩壊	資産価格の崩壊	暴風雨・熱帯低気圧	深刻な所得格差	深刻な所得格差	所得格差	地域に重大な結果をもたらす国家間紛争	非自発的移住	異常気象
2nd	中東の情勢不安	中国の経済成長鈍化（<6%）	中国の経済成長鈍化（<6%）	洪水	長期間にわたる財政不均衡	長期間にわたる財政不均衡	異常気象	異常気象	異常気象	非自発的移住
3rd	破綻国家・破綻しつつある国家	慢性疾患	慢性疾患	不正行為	温室効果ガス排出量の増大	温室効果ガス排出量の増大	失業・不完全雇用	国家統治の失敗	気候変動への適応失敗	巨大自然災害
4th	石油・ガス価格の急騰	グローバルガバナンスの欠如	財政危機	生物多様性の損失	サイバー攻撃	水供給危機	気候変動	国家の崩壊または危機	国家間紛争	テロ攻撃
5th	先進国における慢性疾患	グローバル化の抑制（新興諸国）	グローバルガバナンスの欠如	気候変動	水供給危機	高齢化への対応の失敗	サイバー攻撃	高度の構造的失業または過少雇用	巨大自然災害	データの不正利用

影響が大きいグローバルリスクの上位5傑

	2008	2009	2010	2011	2012	2013	2014	2015	2016	2017
1st	資産価格の崩壊	資産価格の崩壊	資産価格の崩壊	財政危機	大規模でシステミックな金融破綻	大規模でシステミックな金融破綻	財政危機	水危機	気候変動への適応失敗	大量破壊兵器の拡大
2nd	グローバル化の抑制（先進国）	グローバル化の抑制（先進国）	グローバル化の抑制（先進国）	気候変動	水供給危機	水供給危機	気候変動	感染症疾患の迅速かつ広範囲にわたる蔓延	大量破壊兵器の拡大	異常気象
3rd	中国の経済成長鈍化（<6%）	石油・ガス価格の急騰	石油価格の急騰	地政学的紛争	食糧不足危機	長期間にわたる財政不均衡	水危機	大量破壊兵器の拡大	水危機	巨大自然災害
4th	石油・ガス価格の急騰	慢性疾患	慢性疾患	資産価格の崩壊	長期間にわたる財政不均衡	大量破壊兵器の拡大	失業・不完全雇用	国家間紛争	非自発的移住	水危機
5th	パンデミック（広域感染症）	財政危機	財政危機	エネルギー価格の急激な変動	エネルギー・農産物価格の急激な変動	気候変動への適応の失敗	重要情報インフラの故障	気候変動への適応の失敗	エネルギー価格の変動	気候変動への適応失敗

Source: World Economic Forum, *Global Risks Report 2017*

図1　グローバルリスク展望の変遷（2008〜2017）
［出典：世界経済フォーラム発行「グローバルリスク報告書 2019 年版」
（マーシュジャパン／マーシュブローカージャパンによる翻訳）］

なる傾向がある点，WEF に関与する母集団という帰属の偏りがある点は否めないが，多分野の諸情勢を広く俯瞰できるとともに，経年的な変化も確認できる．

◆グローバルリスク・ランドスケープとリスク・シナリオ　同報告書の重要な成果物は，グローバルリスク・ランドスケープである．2019 年度版で，注目すべき領域に位置したリスク（ランドスケープの右上領域）は，異常気象，気候変動，自然災害，サイバー攻撃，水資源危機，大規模な移民，重要インフラの機能停止などとなった．経済を主たる議題とする WEF が調査したものだが，経済リスクよりも環境，社会，技術のリスクが脅威と評価されている点が興味深い．これらに対して報告書では，経済の成長と再生，コミュニティの再構築，新技術の管理，国際的な協調関係の強化，気候変動への迅速な対応，というアジェンダを設定した議論が展開されている．

特に，新技術の管理については，工業のデジタル化・情報化による第 4 次産業革命「Industry 4.0」を進めるために注目すべき技術が 11 個提示された．例えば，3D プリンティング，新素材，人工知能（AI），バイオ，ブロックチェーン，地球工学，宇宙関連技術などである．ただ，これらの新技術群の導入や社会への浸透は，限られた時間や資源を効率的に活用し地球益に貢献するものであるが，一方で既存の雇用を奪い，既に構築された世界規模でのバリューチェーンを創造的に破壊していくことから，この急激な事業環境の変化に対応できない個人，企業，国は，現在の経済的な優位性を失う．このことが，既に顕在化している格差や貧困事例をもって説明されている．さらに，その間接的影響として，所得格差が拡大し，社会不安に繋がり，いま以上に個別テロが乱発するシナリオも提示されている．原子力技術の事例を出すまでもなく，新技術・巨大技術と我々人類は共存できるのか，という問いも暗示している．

このように，経済活動を前提にグローバルリスクを評価しているため，影響の直接的・間接的な拡がりについても考察がなされ，また，リスクの解釈はビジネス上の脅威と機会の双方が共存しているのも本調査の特徴である（図 2）.

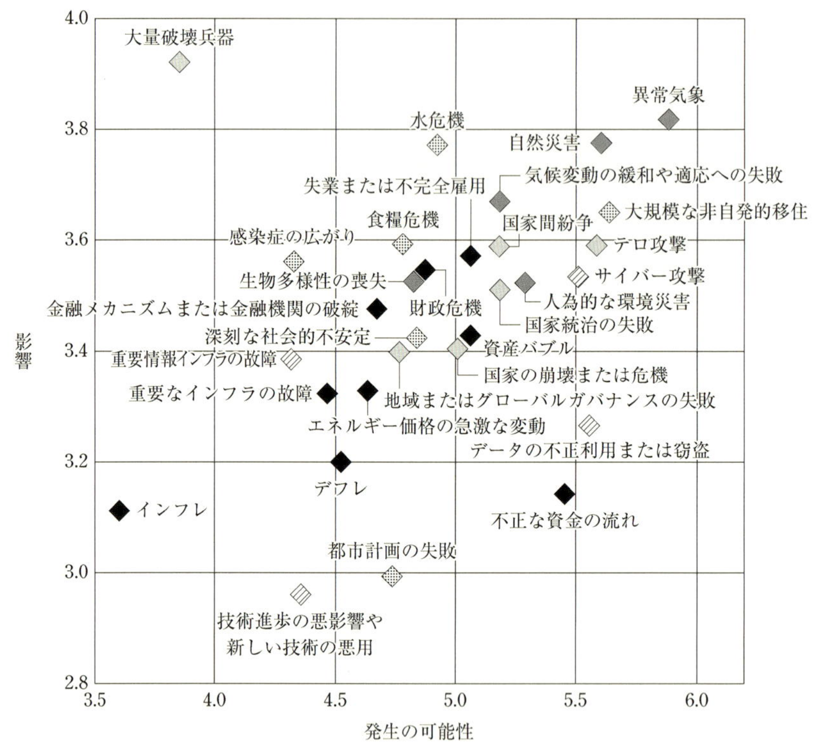

図 2　グローバルリスク・ランドスケープ 2017

［出典：世界経済フォーラム発行「グローバルリスク報告書 2019 年版」（マーシュジャパン／マーシュブローカージャパンによる翻訳）］

◆**グローバルリスクへの対応**　このようなグローバルリスクに，日本はどのように対応するべきか．海外各国との比較で捉えると，行政も民間事業者も，全体（holistic）や統合（integrate）という概念が鍵を握る．具体的には，①日本社会を俯瞰した全体的なリスク評価の実施，②統合された危機管理体制の構築，③日本社会全体としての政策や立案と合意形成，④将来世代とのリスク・シェアリングである．

①　WEF のグローバルリスクを踏まえ，日本のリスク・ランドスケープ調査

を開始している（日本政策投資銀行 2014，産業競争力懇談会 2014，東京大学政策ビジョン研究センター 2014）．当該調査を日本国の調査として実施し，定点観測する施策：ナショナル・リスクアセスメントが必要となる．OECD 加盟各国は既にこの取り組みを実施している．

② 個別・具体のリスクを管理することから，統合的にリスクを管理することを意味する．その象徴が行政である．経済・金融，地政学，自然災害（防災，復興，国土強靱化），感染症，サイバー攻撃，環境，エネルギー，気候変動といったテーマ毎に所管省庁が分かれているが，国家の危機管理という観点での統合されたリスク・ガバナンスの構築が急務である．また，中央と地方，省庁間，民間では本社と事業所，環境と防災，さらに社会的にはセイフティとセキュリティの統合が求められる．

③ 防災，危機管理，安全保障は行政の分掌業務であり，専門家の領域とされているため，公共政策や公助のテーマとして扱われている．しなしながら，人口減少，少子化，高齢化に代表される日本社会の長期的な構造特性の変化を踏まえるに，国民，家計，民間事業者，地域社会など多様なステークホルダーの参画が不可欠だ．また，自助や共助を充実させながら公助負担を低減するとともに，社会の安全性や信頼性の水準と費用便益の合意形成を意識的に図る必要がある．

④ 気候変動に代表される長期のグローバルリスクは，長期の時間軸での危機管理の巧拙が問われている．その際，発生するのが世代間による公平性の議論だ．年金問題に代表される社会保障で後手を露呈した経験を生かし，予防的な視座での社会投資が求められよう．

グローバルリスクへの対応を検討する本質は，危機管理の重要性を日本国民が認識することにある，安全タダ乗り論，安全の絶対視，災害を天災のように見ること，「想定外」という表現への依存など，という責任回避という思考と対応パターンからの脱却が，否応なく求められるようになったということだろう．日本という国家を運営する社会技術の中核的な地位に危機管理が据えられるか，日本社会がこの点でどのように変質するかは，現時点では予測不可能である．もはや，グローバルリスクの不安定さや不確実性が，社会全体に与える物理的，心理的影響を過小評価することはできない状況にあることを認識すべきであり，私たち人間にもたらす影響から目を背けてはならない．ただし，「危」を「機」に変える力は，私たちの生活を豊かにし，生命と財産を守り，国際的な競争力と協調力を確保する根本的な力でもある．　［蛭間芳樹］

参考文献

・産業競争力懇談会（COCN），東京大学政策ビジョン研究センター（2014）レジリエント・ガバナンス研究会 最終報告書．
・日本政策投資銀行（2014）DBJ リスク・ランドスケープ調査 2014．
・World Economic Forum（2019）*The Global Risks Report 2019, 14th Edition.*

【13-4】
ナショナルリスクアセスメント

ナショナルリスクアセスメント（NRA）は，国家レベルでのリスクを定期的に評価する制度化された仕組みを指す．NRA には 2 つの流れがある．

◆2つのナショナルリスクアセスメント　1つは，公共政策として，リスク削減対策の優先順位を付けるために，あらゆるハザードや脅威を対象として実施されるリスク評価活動である．各国で共通するのは，最初に対象とするハザードや脅威のリストを作成し，それぞれのリスクを，発生可能性とそれが起きた場合の影響の大きさの 2 要素から評価し，リストやマップとして可視化する点である．

英国や米国などで 2000 年代に開始され，経済協力開発機構（OECD）のハイレベルリスクフォーラムも推進してきた．また，欧州連合（EU）理事会が 2009 年に，今後起こりうる重大な自然および人為的な災害を対象とした，国家レベルのリスク管理アプローチ（リスク評価，リスクマップ，リスク管理計画を含む）を 2011 年末までに実施するように加盟国に勧告したため，すべての EU 加盟国で実施されている．あらゆるハザードと脅威を対象とするため「オールハザード・アプローチ」が，また，全省庁横断的に取り組むことから「全政府アプローチ（whole-of-government）」が採用されている．

もう 1 つは，資金洗浄やテロ資金供与リスクに関するものである．独立の政府間組織であるマネーロンダリングに関する金融活動作業部会（FATF）による 2012 年の勧告において，その第 1 項目に新たに，「リスクの評価およびリスク・ベース・アプローチ（RBA）の適用」があげられ，「各国は，自国における資金洗浄およびテロ資金供与のリスクを特定，評価および把握」したうえで，「リスクに応じた措置」をとるべきであるとした．これによってナショナルリスクアセスメントが義務付けられたため，日本や途上国を含む世界各国で実施されている．リスクは脅威と脆弱性と帰結の関数であると定義され，様々な項目のリスクは高・中・低として定性的に表現される．

前者は日本ではまだ実施されていないが，後者は日本でも報告書が公表されている．本項では前者を取り上げて，英国，オランダ，スウェーデン，米国，カナダの取り組みを紹介する．

◆英国の取り組み　2000 年の燃料危機と洪水の多発を契機として危機管理に関する議論が始まり，2004 年に成立した「民間緊急事態法」に基づき，2005 年以降毎年内閣府が NRA を実施している．NRA の結果は機密であるが，国民向けには「国レベルのリスク一覧（NRR）」が 2 年に 1 回の頻度で公開されている．リスクは，今後 5 年以内に起きる可能性とそれが起きた際の影響の大きさから評価される．2015年版の，テロ等の悪意あるリスクを除いた「その他のリスク」は図1のとおりである．

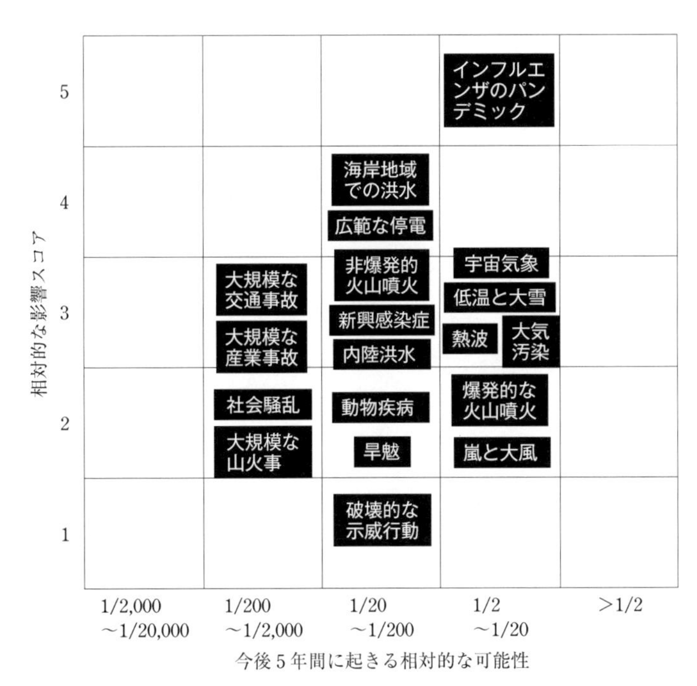

図1　英国の国レベルのリスク一覧（NRR）結果
［出典：U. K. Cabinet Office 2015 をもとに作成］

法律の定義に合致したあらゆる緊急事態が対象であるが，日常的なものは除外される．このプロセスには省庁内外の専門家が多数関わっている．被害の大きさには「合理的な（極端でない）ワーストケース」が選択される．影響の大きさは，死者数だけでなく，疾病や負傷，社会的混乱の程度，経済的被害に加えて心理的影響も加味される．それぞれについて1から5段階で評価され，平均点が採用される．発生確率の推計には過去のデータや数値シミュレーションも利用されるが，テロ等に関しては専門家の判断に依拠する場合もある．このような全国版に加えて，地域レジリエンス・フォーラム（LRF）によってコミュニティ版のリスク一覧も作成されている．ロンドンでは2017年版（6.0版）では，約70のハザードに，発生可能性と影響の大きさの点数が付けられ，一覧表およびマップとして可視化されている．

◆オランダの取り組み　オランダ政府は2007年，「国家安全および安全保障戦略」を作成し，オランダにとっての重要な関心事項として，①領土の安全保障，②身体的安全，③経済的安全保障，④生態的安全，⑤社会的政治的安定性の5つをあげたうえで，国として対応能力を構築すべき優先リスクを特定することを目的としてNRAが実施されている．発生可能性と影響の大きさはそれぞれ5段階で評価され，それぞれに定量的な目安も示されている．NRAは2008年以降，毎年実施されており，大学や研究機関を含む6組織からなる独立性の高い「安全およびセキュリティ分析ネットワーク」が作成を担当している．13のシナリオからスタートしたが，2014年には50近くまで増えている．

◆スウェーデンの取り組み　2009年のEU理事会の勧告を受けて，同年，政府決定により，緊急事態庁がNRAの実施を担当することになった．図2のように，NRAは，対策も含めて7つのステップからなり，1年に1回このサイクルを回すことになっている．ステップ1として，人間の生命と健康，社会の機能性，民主主義・法の役割・人権・自由，経済的価値と環境，国の主権の5点があげられた．ステップ2では，2010〜11年に緊急事態庁が実施したリスクおよび脆弱性分析から約200の国レベルのイベントが導出された．ステップ3では，30人以上が死傷，直接費用が9000万ユーロ以上，その他の重大性といった基準を用いて，対象となるリスク・イベントが27に絞られた．ステップ4では最終的に18のシナリオが細分析のケーススタディとして選択された．ステップ5では，影響の大きさ（5段階），発生可能性（5段階），不確実性（3段階），対応能力の観点から解析された．ステップ6ではこれらの情報を総合してリスクが評価され，それに基づいて対策が検討される（図2）．

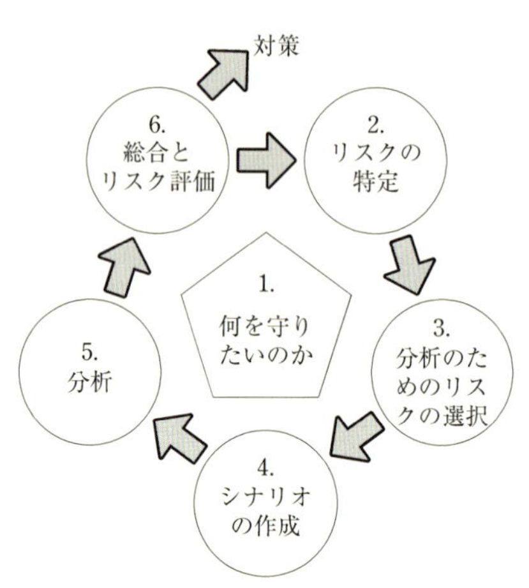

図2　スウェーデンのNRAのサイクル
［出典：MSB 2013をもとに作成］

◆米国の取り組み　米国では，2011年，大統領政策指令PPD-8「国としての備え」が公布された．これは，9.11テロをきっかけに2003年に設立された国土安全保障省が策定した国家安全保障大統領指令HSPD-5を，2005年に発生したハリケーン・カトリーナ被害を受けて2007年に改訂したHSPD-8を踏まえてさらに改訂したものである．「国としての備え」の目標，システム，および報告書を求め

表1　米国戦略的国家リスクアセスメントにおける「国家レベルのイベント」

ハザードと脅威のグループ	ハザードと脅威のタイプ
自然	動物疾病の大流行，地震，洪水，ヒトへのパンデミックの大流行，ハリケーン，宇宙気象，津波，火山噴火，山火事
技術／事故	生物学的な食品汚染，化学物質の漏洩や放出，ダム決壊，放射性物質の放出
悪意ある／人為	武器としての航空機，武装攻撃，生物学的テロ攻撃（非食品），化学的／生物学的食品汚染攻撃，データへのサイバー攻撃，物理的インフラへのサイバー攻撃，爆発物によるテロ攻撃，核テロ攻撃，放射性物質によるテロ攻撃

［出典：U. S. DHS 2011をもとに作成］

たPPD-8に従って，国土安全保障省は「戦略的国家リスクアセスメント」を実施した．自然災害，事故や技術災害，意図的事象を含む，「国家レベルのイベント」についての発生可能性と起きた場合の影響に関するデータが収集され，相対リスク評価が実施された．表1は初期評価に用いられた国家レベルのイベントのリストである．各事象について，国家レベルとされるための，被害者数や被害額などを指標とした「閾値」が設定されている．ただし，戦略的国家リスクアセスメントは1回きりのプロジェクトであり，その後は行われていない．

◆カナダの取り組み　2007年の「緊急事態管理法」において，緊急事態管理における連邦政府の役割，公衆安全省大臣および全大臣の責任が規定されている．各省の大臣には，所管事項に関連するリスクを特定し，これらに対処する緊急事態管理計画を準備することが指示されている．これは「オールハザードリスク評価（AHRA）」イニシアティブと呼ばれている．緊急事態管理は法律第2条において，緊急事態の予防と軽減，緊急事態への準備，緊急事態への対応，緊急事態からの回復の4要素からなるとされている．AHRAの方法論は公衆安全省が中心に開発され，すべての政府機関に適用される．ただし，重要インフラに関しては別途「重要インフラのための国家戦略および活動計画」のもとで実行されることになっており，両者の連携が検討されている．AHRAプロセスはISO31000の枠組みが援用され，文脈の決定，リスクの特定，リスクの分析，リスクの判断，リスクへの対処という5つのステップからなる（図3）．　［岸本充生］

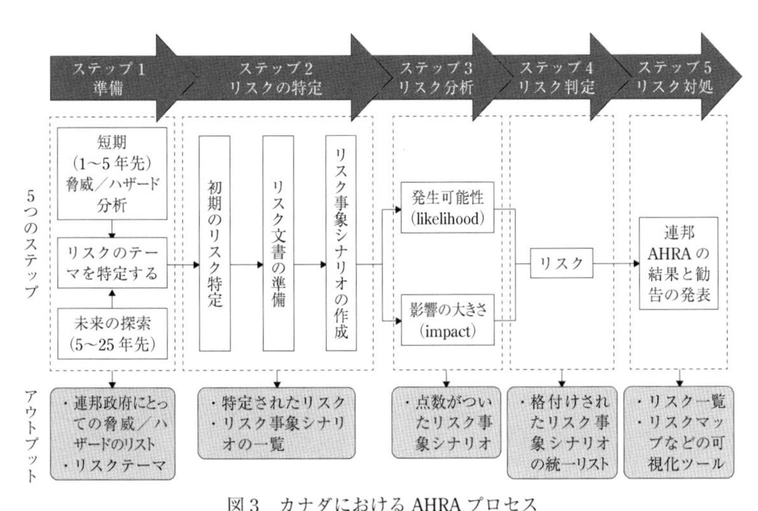

図3　カナダにおけるAHRAプロセス
［出典：Public Satety Canada 2012をもとに作成］

参考文献

・産業競争力懇談会，東京大学政策ビジョン研究センター（2014）レジリエント・ガバナンス，2013年度研究会最終報告，2014年3月3日．

【13-5】

ELSI（倫理的法的社会的課題／問題）とは何か

ELSIとは，ethical, legal and social implications/issuesの頭文字をとったものである．用語として明確な定義はないが，この言い回しを国際的に知らしめる契機となったのは，米国で1988年に実施が決定された「ヒトゲノム解析計画」であり，そこで設けられた事業の固有名詞である（“ELSIプログラム”）．国内外で「エルシー」と呼ばれており，日本では初出の場合に「倫理的法的社会的課題／問題」と訳されることも多い．

現在は，ELSIは，国内外で多義的に利用されており，①事業名，②課題群の総称，③専門分野などの用法が認められる．例えば，ヒトゲノム解析計画」と同様に，ある革新的な技術を推進する研究領域，あるいは社会的な懸念増大が予期できる研究領域において，それを支える事業名ないし研究領域名として用いられている．研究事業内にELSIを検討する委員会の設置，研究事業として予算賦課などの例がある．より広義な用法として，ある萌芽的技術が，将来，広く社会で利用される事態に備えて抽出される，技術的課題以外の広範な課題群を指す用語として用いられる場合がある．例えば，ナノテクノロジー，神経科学，未知のウィルス探索（グローバル・バイローム・プロジェクト），人工知能，3Dバイオプリンティング，分子ロボットなどの研究領域では国内外で議論されてきた．さらに，科学技術社会論や生命倫理学などの研究者が，自分の専門分野を指し示す言葉として表現する場合もある（“ELSIリサーチ”，“ELSIリサーチャー”など）．

◆起源　主要な医学系雑誌などの文献検索データベースであるPubMedでELSIを検索すると，1970年代から“moral”，“ethical”，“legal”といった形容詞とともに“implications”が述べられる文献が見受けられる．米国では，未成年者の避妊，羊水検査，新生児スクリーニングなどの題材において，そのあり方への懸念を表現する場合の言い回しとして利用されてきた．

ヒトゲノム解析計画に関する公的な文書での初出は，同計画のあり方を論じた1988年の報告書（NRC 1988）の終章であり，①商業的・法的影響，②倫理的・社会的影響が指摘され，プロジェクトの進め方，医療への応用，得られたデータの利用方法などが問題提起されている．懸念表明に留まらず，ELSIへの公的資金投入を進める動きを後押しした1人が，DNAの二重らせん構造の発見者の1人でもあるワトソン（Watson, J. D.）であった．米国国立衛生研究所（NIH）におけるヒトゲノム研究の責任者であったワトソンは，ヒトゲノム研究の進展によって新たな「倫理的・社会的課題」が生じることを懸念し，「全研究予算の3%程度をこれらの領域に投じるべきである．20世紀前半に優生学の名のもとに，不完全な遺伝学的知識の恐るべき誤用があったことを常に意識していなければならない」と連邦議会をはじめ各所で明言していた（Watson 1990）．こうした流れを受けて，1989年にはNIHと米国エネルギー省が，ELSIワーキンググループを共同で設置した．その委員長には，神経心理学者であり，かつて優生学が淘汰の対象としていた遺伝性神経難病であるハンチントン病の当事者でもあるウェクスラー（Wexler, N.）氏を迎えている．同ワーキンググループでは，ELSIに関わる研究を推進し，社会での議論を喚起するための事業を開始すべきと結論付けている．この事業の名称が，“Ethical, legal and Social Implications Program”であり，略して「ELSIプログラム」と呼ばれる．さらに，1993年に成立した「国立衛生研究所活性化法」では，現在の国立ヒトゲノム研究所（NHGRI）の設置目的の1つとして，「ヒトゲノム解析計画に伴う倫理的法的問題に取り組む提案を検討し，資金提供すること」が含まれている（SEC. 485B. (a)(6)）．

その後，約20年間，ELSI事業は事業評価を繰り返しつつも，NIH随一の生命倫理の研究事業として，またこの領域では世界最大の研究事業として，今日まで継続している（McEwen et al. 2014）．

◆諸外国への影響　欧州連合（EU）では，第4次欧州研究開発フレームワーク計画の一環として，新興技術の倫理的法的社会的諸問題を同定し，研究，関係当事者の対話，教育，その他の活動に投資をするためのELSAプログラム（Ethical, Legal and Social Aspects of Emerging Sciences and Technologies）が1994年に開始された．米国のELSIプログラムと異なり，EUのELSAプログラムでは，ナノテクノロジーや情報科学技術でも取り組みを進めた．

日本では，長らくゲノム医科学・ゲノム医療への対応が遅れていたが，2014年に閣議決定された「健康・医療戦略」を踏まえ，2015年には健康・医療戦略推進本部のもとに「ゲノム医療実現推進協議会」が設置された．2016年には，「中間とりまとめ」が公表され，ELSIに関する課題群も同定されている（内閣官房健康・医療戦略室，ゲノム医療実現推進協議会 2015）．

現在，日本ではELSIという用語が曖昧かつ多義的に用いられている．冒頭で述べた①～③の用法に加えて，④既に応用が進んだ技術において生じている課題群を指す用法，⑤関連法令・倫理指針などの規制枠組みへの対応全般を指す用法などがある．他方，ELSIは，科学研究費助成事業の「系・分野・分科・細目表」に例示されたことはなく，米国が目指していた学問分野としての確立が十分になされているとは言い難い．
［武藤香織］

📖 参考文献

・ウェクスラー, A. 著，武藤 香織，額賀 淑郎 訳（2003）ウェクスラー家の選択：遺伝子診断と向き合った家族，新潮社．
・神里彩子，武藤香織 編著（2015）医学・生命科学の研究倫理ハンドブック，東京大学出版会．
・塚田敬義，前田和彦 編著（2018）改訂版 生命倫理・医事法，医療科学社．

【13-6】
プライバシーリスクとプライバシー影響評価

情報技術が発達した現代の情報社会では，様々なプライバシーリスクが発生している．プライバシーリスクとしては，個人に関する情報が，不正に取得されたり，利用目的以外に利用されたり，大量に漏洩したり，本人の同意なしに第三者に提供されたり，プロファイリングに利用されたりするなどのリスクがある．

このようなプライバシーリスクに対応するためには，新しい情報システムやプロジェクトを実施する前に，プライバシーリスクの有無や程度を評価し，プライバシーリスクを除去ないし緩和することが重要である．そのような仕組みとして，国際的に広く実施されているのが，プライバシー影響評価（PIA）である．PIAは，技術の設計仕様の段階からプライバシーを考慮すべきであるというプライバシー・バイ・デザイン（PbD）の思想を実現するための１つの手段であるということができる．

◆PIAの概要 PIAは，これまで，カナダ，オーストラリア，ニュージーランド，アメリカ，イギリスなどの国々で行われてきた．また近年では，欧州連合（EU）においても，PIAまたはそれに相当するものが行われるようになっている．EUにおいて，2016年5月に成立した「一般データ保護規則」（GDPR）では，PIAに相当するデータ保護影響評価（DPIA）が導入されている．

PIAの定義については様々なものが存在するが，比較的わかりやすいものとしては，「個人情報を伴う政府のイニシアティブがプライバシーリスクをもたらすかどうかを判断するのに役立ち，そのようなリスクを計測し，記述し，数量化し，プライバシーリスクを除去するか受け入れ可能なレベルまで緩和するための解決策を提案するもの」という定義がある（Office of the Privacy Commissioner of Canada 2011:1）．ここでは，「政府のイニシアティブ」という表現になっているが，世界的には，PIAは公的部門だけではなく民間部門にも広がってきており，必ずしも公的部門に限られるものではない点に注意が必要である．また，わが国では，「個人情報の収集を伴う情報システムの導入又は改修にあたり，プライバシーへの影響を『事前』に評価し，問題回避又は緩和のための運用的・技術的な変更を促す一連のプロセスである」という定義がなされている（瀬戸ら 2010:1）．いずれにせよ，重要な点は，情報システムやプロジェクトを新たに導入するか重大な変更を行う際に，プライバシーへのリスクないし影響を事後に判断するのではなく，事前に評価するということである．

◆PIAの手続きの流れ PIAの内容，手続きの流れなどは国ごとに異なっているが，ある程度共通している部分もある．一般的な手続きの流れは，おおむね以下のようになっている.

① PIA の開始を判断する手続き（しきい値評価など）
② PIA 本体の実施
③ PIA 報告書の作成
④ 第三者機関による審査・助言

まず，① PIA を実施するかどうかを判断する手続きが行われるのが通常である.これは，しきい値評価や，スクリーニング質問などと呼ばれている.②の PIA 本体では，システムないしプロジェクトにおける個人情報の流れを分析するデータフロー・マッピング，プライバシーリスクの特定・分析・評価，一般市民などのステークホルダーからの意見を聴取するパブリック・コンサルテーション，プライバシーリスクに対する解決策の検討などが行われる.③の PIA 報告書の作成では，PIA を実施した結果が文書化される.PIA 報告書は，最終的に公開されるのが通常であるが，セキュリティに関する情報のようなセンシティブな要素は公開しなくともよいとされる場合や，国家機密やセンシティブな情報を含む場合には報告書自体を公開しないでよいとされる場合がある.④では，プライバシー保護に関する第三者機関によって PIA の審査が行われたり，PIA に対して助言が与えられたりする.この第三者機関の名称は国によって異なり，プライバシー・コミッショナーや，情報コミッショナーなどの名称がある.

◆PIA 実施に対する法的強制の有無　PIA については，法律などによって実施を強制する国と任意の実施に委ねている国とに分かれる.PIA の実施を法律によって強制する場合，対象となるのは通常公的機関であるが，そのような強制を行っている国・州としては，アメリカ，カナダのブリティッシュコロンビア州，韓国などがある.カナダの連邦レベルでは，指令によって義務化をしている.

まず，アメリカでは，2002 年に制定された「電子政府法」によって，PIA の実施を強制している.また，カナダのブリティッシュコロンビア州は，1996 年の「情報公開・プライバシー保護法」によって，PIA の実施を公的機関に対して義務付けている.そして，カナダの連邦レベルでは，法律ではなく，カナダ財務委員会事務局（TBS）が 2010 年に発行した「PIA 指令」によって，PIA を行政機関に義務付けている.なお，EU の GDPR は，センシティブデータを扱う場合など，データ主体に特別なリスクを与えるような場合に，DPIA の実施を義務付けている.

これに対して，オーストラリア，ニュージーランド，イギリスなどその他の国々では，PIA の実施は法律上強制されているわけではなく，任意の実施に委ねられている.もっとも，オーストラリアなどでは，特定のプロジェクトないしプログラムに対して，プライバシー・コミッショナーが PIA の実施を勧告することがあり，これが事実上大きなプレッシャーになっていると言われている（Linden Consulting, Inc. 2007）.

◆PIA の対象となる情報の範囲　PIA の対象となる情報の範囲，すなわち，PIA の対象となるプライバシーの範囲については，諸外国では比較的広く捉えられている．

第 1 に，多くの国において，PIA は情報プライバシーまたはデータ・プライバシーの保護を主たる目的にしている．そして，情報プライバシーや個人情報保護に関する法律を遵守しているかという法令遵守のチェックが中心的な内容になっていることが多い．ただし，プライバシー権が憲法上の人権として保障されている国では，憲法上のプライバシー権が PIA の対象に含まれることがある．

第 2 に，PIA の対象となるプライバシーは，情報プライバシーが中心だが，それ以外の形態のプライバシーも考慮されるべきであるとされることがある．例えば，オーストラリアでは，個人情報のプライバシーは，プライバシーの一側面に過ぎず，身体のプライバシー，行動のプライバシー，コミュニケーションのプライバシーといったその他のタイプのプライバシーも PIA の対象になり得るとされている（Office of the Australian Information Commissioner 2014）．

第 3 に，PIA においては，法令遵守の観点だけではなく，道徳・倫理の観点も重要であるということが，有力な学者によって指摘されている（Flaherty 2001）．これによれば，法律上のプライバシー権だけではなく，道徳・倫理上のプライバシーも PIA の対象になり得るということになる．

◆PIA に対する第三者機関の関わり方　多くの PIA 実施国では，プライバシー・コミッショナーなどのプライバシー保護に関する第三者機関が何らかの形で PIA に関わっている．

まず，カナダ，オーストラリア，イギリス，ニュージーランドなどでは，プライバシー・コミッショナーないし情報コミッショナーが PIA に関するガイドラインやガイダンスを作成するか，または作成に協力している．また，カナダではコミッショナーが PIA の審査をしているが，オーストラリア，イギリスではそこまで行っておらず，コミッショナーは，基本的に助言を与える程度である．

なお，この PIA に対する第三者機関の関り方については，少なくとも主要な PIA 実施国では，第三者機関は PIA 報告書の承認を行っていないということに注意する必要がある．つまり，第三者機関の PIA に対する関与の程度は，それほど強くないということである．

◆PIA に関する国際規格　PIA については，いくつかの国際規格が存在する．まず，金融分野における PIA に関する国際規格として，ISO22307:2008 がある．これは，国際標準化機構（ISO）の金融サービス専門委員会（TC68）が 2008 年に発行したものである．ISO22307 は PIA の要素として，① PIA 計画，② PIA 評価，③ PIA 報告書，④十分な専門知識，⑤独立性と公的側面，⑥対象システムの意思決定時の利用を定めている．もっとも，この ISO22307 は記述が抽象的なところもあり，具体的に PIA を実施する際の基準としては必ずしも十分ではないところがある．

また，PIAに関する一般的な国際規格としては，ISO/IEC29134:2017がある．これは，ISOと国際電気標準会議（IEC）の合同部会であるJTC1に設置されているアイデンティティ管理とプライバシー技術作業グループ（SC27/WG5）が，2017年に発行したものである．

このISO/IEC29134を作成する過程では，リスクマネジメントに関する国際規格であるISO31000:2009との関係をどのように捉えるかということが問題となった．リスクマネジメントの手続きがPIAと似ているところがあるといった理由から，当初は，ISO31000をベースドキュメントにして，これに追加や修正を加えることで，ISO/IEC29134のドラフトを作成するという方向性がとられた．しかし，このような方向性については，いくつかの国から異論が唱えられるようになった．プライバシーリスク・マネジメントとPIAは異なるものであるというのがその主たる理由である．前者のプライバシーリスク・マネジメントは，プライバシーリスクの評価・管理を内容とするが，後者のPIAはそれだけではなく，ステークホルダー・コンサルテーションに関する一連の手続きや，報告書の公開，第三者機関による助言・審査など様々な要素から構成されているものである．結果的には，ISO/IEC29134では，ISO31000をベースドキュメントにするのをやめ，PIAの手続きの流れとPIA報告書に記載する内容を中心的に定めるようになっている．

◆PIAに関する国内の動向　わが国では，「行政手続における特定の個人を識別するための番号の利用等に関する法律」（「番号法」）によって，マイナンバー制度が創設されたが，これによって生じるプライバシーリスクに対応するために，特定個人情報保護評価が導入された．これは，諸外国において実施されているPIAを参考にしたものである．もっとも，この制度は，諸外国で行われている一般的なPIAとは多くの点で異なっていることに注意が必要である．まず，諸外国ではPIAは公的部門から民間部門に拡大してきているが，わが国の特定個人情報保護評価では，実施主体が行政機関の長，地方公共団体の機関など，基本的に公的機関に限られている．また，諸外国ではPIAの対象情報は広く捉えられているが，わが国の特定個人情報保護評価では，対象となる情報が特定個人情報ファイル，すなわち個人番号をその内容に含む個人情報ファイルに限定されている．その他の点でも，諸外国のPIAとは異なる点が多く，わが国独自の制度となっている．

［村上康二郎］

📖 参考文献
・瀬戸洋一ら（2010）プライバシー影響評価PIAと個人情報保護，中央経済社．
・堀部政男/日本情報経済社会推進協会（JIPDEC）編，アン・カブキアン著，JIPDEC訳（2012）プライバシー・バイ・デザイン，日経BP社．
・村上康二郎（2017）現代情報社会におけるプライバシー・個人情報の保護，日本評論社．

【13-7】
リスクの分配的公平性

ある意思決定や事業による便益・損害やリスクは，その決定がなされた時代に生きる人々すべてに平等にもたらされるわけではない（☞2-4）．例えば，産業廃棄物処分場の立地によって起こりうる土壌汚染・水質汚濁やそこから派生する健康被害は，おもにその周辺地域の住民が被ることになる．

しかも，そのようないわゆる迷惑施設は，一般的に一国内の「中心部」を回避し「周縁部」に計画・建設される傾向にある．これに対して，それら施設の便益を享受する人びと，すなわち産業廃棄物を排出する企業およびその企業の製造物を利用する人びとは，「中心部」に身を置いている場合が多い．このときの「中心部」とは，地理的なものというよりも，人口，経済力，政治力・行政決定権，文化的集積などの点で他と比べて優位にある地域を意味し，反対に，「周縁部」とは他と比べて劣位にある地域を意味する（舩橋 2005）．

同様の問題をグローバルな観点から論じたベック（Beck, U）は，「とりわけリスクに満ちた工業部門は周辺の貧しい諸国に疎開」し，「世界的にみると，リスク社会における無産階級の居住地は，第三世界の工業地帯にある煙突の林立した場所や，精錬所や化学工場の周辺に移動している」と指摘する（Beck 1986：54−56, 1998：60−63）．このような，ある時点においてある社会の中でもしくはグローバルなレベルで，便益・損害やリスクのもたらされ方に偏りが生じることが，世代内公平性の欠如の問題である．

◆世代内公平性と環境正義　この問題は，とりわけ，人種の多様性も階層間格差もともに著しいアメリカ社会において，1960年代後半に環境人種差別として告発され始めた．それを受けて，環境保全と社会的公正の同時達成を求める社会運動が，環境正義運動として各地で展開され，研究者の間でも環境正義の概念が明確化，精緻化されていった（Agyeman et al. 2003など）．

このように，世代内公平性の問題に「正義」が深く関わってくるのは，世代内の公平性をめぐる議論の背後には，“ある決定によってもたらされる便益や損害やリスクは，その社会の中で公正に分配されるべき”という規範が，暗黙のうちに存在しているからである．この規範こそ，ロールズ（Rawls, J）に代表される分配正義の考え方である．ロールズは，社会における効用の総和の最大化を正義とみなし効用の分配のされ方にはさして注意を払わない功利主義を，「個人の個体性に鈍感」であると批判する（Rawls 1971：183）．そしてその対案として提示されたのが，「社会的基本財」が諸個人に公正に分配される社会こそ正義に適う社会であるとする分配正義の考え方であった．ロールズの言う「社会的基本財」

とは，「権利と自由，機会と権力，収入と富，自尊心の社会的基礎」などを指しており（Rawls 1971：92），その中に損害やリスクが直接あげられているわけではない．だが，人々は損害やリスクを回避することで社会的基本財を享受するのであり，社会的基本財の享受と，損害やリスクの回避とは，表裏一体である．損害・リスク回避の機会は諸個人に公平に与えられるべきである，損害やリスクの分配的不公平は是正されるべきであるという正義論，すなわち分配正義の考え方が，世代内公平志向の論拠となっている．

◆受益圏・受苦圏論への展開　こうした分配正義の考え方を踏襲し，日本の環境社会学者によって提示され精緻化されたのが，受益圏・受苦圏論である．受益圏・受苦圏論は，ある事業や社会制度に関連して，「主体がその内部に属することによって，固有の受益の機会を得るような社会的圏域」を受益圏，それとは反対に「主体がその内部に存在することに伴って，固有の苦痛や損害や危険性を被るような社会的圏域」を受苦圏とした（船橋 2011：14）うえで，受益圏・受苦圏の形状や分布のしかたが公害問題の被害拡大やそれに対する住民運動の展開過程を規定すると指摘する．

実際に，船橋ら（1985）は，新幹線公害問題を事例に，「受益圏と受苦圏の分離」と「受益圏の拡散と受苦圏の局地化」と「受益圏から受苦圏への補償的な財の還流の欠如」の3点により，被害がより深刻化し，解決がますます困難になるメカニズムを明らかにした．

◆世代内公平性と世代間公平性　近年では，環境問題の影響が国境だけでなく世代をも超えて拡大すること，それによって新たな不公平が生み出されることが指摘されている．ある世代がある時点で下した決定のために，それ以降の将来世代がリスクを負うことになったり将来世代の選択が規定されてしまったりする問題である．

このことは世代間倫理の問題として議論され，世代間に生じる不公平を是正する方途が探られている．だが，それは容易なことではない．というのも，世代間の公平性を確保しようとすることで，世代内の公平性が損なわれかねない場合もあるためである（吉永 2018）．世代間公平性と世代内公平性との間で優劣をつけることはできず，だからこそ，同世代に生きる誰かであれ将来世代の誰かであれ，他者にリスクや損害をもたらしうる決定は，ことさら慎重になされることが求められている．

［青木聡子］

📖 参考文献

・戸田 清（1994）環境的公正を求めて：環境破壊の構造とエリート主義，新曜社．
・吉永明弘，福永真弓（2018）未来の環境倫理学，勁草書房．

【13-8】
リスクと世代間の衡平性

1984年に国際連合のもとに設けられた「環境と開発に関する世界委員会（ブルントラント委員会）」が1987年に『我ら共有の未来』と題する報告書を発表した．その報告書の中で，持続可能な開発は次のように定義されている．持続可能な開発とは，将来の世代が彼らのニーズを満たすための能力を損なうことなく，現在の世代のニーズを満たしたうえで，開発を持続させることである．持続可能な開発の中では，現在と将来の「世代間の衡平性」が重要な柱となっている．

全ての世代が地球をいたわり，全ての世代が地球および我々の自然・文化的資源を良い状態で次の世代に渡す必要がある（Weiss 2008）．現在起きている気候変動問題や生物多様性の損失といった地球規模の環境問題やリスクを管理していく中で，現在の世代でどのように負担を分配するかだけでなく，将来の世代の負担を考慮した世代間の衡平性が重要となっている．その世代間の衡平性の原則として，①将来世代の，彼らの価値観を満足させる自然資源の利用を可能にするため，自然資源の多様性を保護すること，②世代間で同等の環境の質を全体として確保すること，③世代間で地球や資源へのアクセスに差異がないこと（Weiss 2008）があげられる．

以下では，森林保全・管理，気候変動対策，生物多様性保全対策の具体的な環境問題やリスクへの対策を事例に，世代間の衡平性に関わる課題を紹介する．

◆世代間の衡平性と自然資源管理：森林保全・管理の事例　2007年の国連総会で，現在および将来の世代の便益のため，全ての種類の森林の経済的・社会的・環境的価値を維持，促進することを目的とした持続可能な森林管理の概念が示され（国連総会決議A/RES/62/98），世代間の衡平性を考慮した森林保全・管理が求められている．2015年の国連総会で採択された持続可能な開発目標（SDGs）の中では，2020年までに全ての種類の森林の持続可能な管理の実施を促進し，森林減少を停止し，劣化した森林を回復し，世界全体で新規植林や再植林を大幅に増加させること（目標15.2）も示されている．持続可能な森林管理に関しては，50～100年と長い年月がかかる木材生産などの経済的側面に注目したスキームと森林生態系の持続可能性などの環境的側面に注目したスキームがあり，林業と森林生態系両面の世代間の衡平性を考慮した持続可能な森林管理が課題となっている．

◆世代間衡平性と対策実施速度：気候変動対策の事例　気候変動問題においても様々な世代間の衡平性の議論があるが，最も注目されている問題は，将来人々が気候変動の悪影響を受けないようにするために，人々はどのような義務があるのかについてである.「国連気候変動枠組条約」では，条約の締約国は，衡平性の原則および共通だが差異ある責任と各国の能力に従い，人類の現在・将来世代の便益のために気候システムを保護すること（3.1条），気候変動の原因を予測，防止または軽減し，その悪影響を軽減するための予防的措置をとること（3.3条）が示されており，世代間の衡平性に配慮した対策の実施が求められている.

気候変動の原因である温室効果ガスの排出削減策（緩和策）の適切な実施速度に関しては，統合評価モデル（温室効果ガス排出に寄与する経済活動を含む気候変動の原因や，排出がもたらす環境・経済的影響などの一連の流れを統合的に評価）を活用した緩和策の費用便益が評価されているが，その評価においても世代間の衡平性は非常に重要である（Weyant 2017）．その適切な緩和策の実施速度を評価する鍵となるのが割引率（将来価値を現在価値に換算する利率）である．低い割引率は，高い割引率と比較して将来にわたる気候変動によりもたらされる経済的影響を大きく評価しており，緩和策のより迅速な実施を求める．割引率の設定には様々な議論があるが，例えば2006年に発表された気候変動問題の経済的影響に関するスターン報告書（Stern 2007）では，低い割引率を用いて，強固で早期の気候変動対策を実施する必要性を示している．2016年に発効した「パリ協定」の中でも，締約国は，長期目標を達成するよう，世界の温室効果ガス排出量のピークをできる限り早期に迎えることや，今世紀後半に人為的な温室効果ガスの排出と吸収源による除去の均衡を達成するために，最新の科学に従って早期の削減を行うこと（4.1条）が示されており，世代間の衡平性を考慮し，早期に対策を進めることが課題となる.

◆世代間の衡平性と世代内の衡平性：生物多様性保全対策の事例　「生物多様性条約」においても，条約の締約国が，現在および将来の世代の便益のため生物多様性の保全や持続的な利用を行うことや，予防的措置をとること（前文）が示されており，世代間の衡平性への考慮が求められる．生物多様性保全は，貧困層が保全の費用を負担し，富裕層が多くの便益を受けることが多い．さらに，生物多様性のホットスポット（生物多様性が高く，損失の危機に瀕している地域）を含む不公平な生物多様性の空間的配分，生物多様性の重要な特徴である種の損失の不可逆性などが，生物多様性保全に関わる世代間の衡平性だけでなく，世代内の衡平性の問題も深刻化させ，ローカルレベルの所有権の要求と国・国際レベルおよび将来の公共財の要求との対立を深める（Martin et al. 2013）.

以上のように，持続可能な開発の柱となっている世代間の衡平性は地球環境問題やリスクを考えるうえで重要であり，世代間の衡平性と自然資源管理，対策実施速度，世代内の衡平性との関係など，様々な側面での世代間の衡平性を議論していく必要がある.

［森田香菜子］

📖 参考文献

・UN Secretary General (2013) Intergenerational solidarity and the needs of future generations, *Report of the Secretary-General*, A/68/100.

【13-9】
リスク社会学

人々はどのような時代にあっても，望ましくない事態やその可能性に直面してきたが，時代や社会などによって，そうした事態や可能性への対応の仕方は異なる．ある社会がどのようにリスクに対応しているか，その様式を明らかにすることを通じて社会に関するより深い理解を目指すのがリスク社会学である．

◆リスク概念の多様性　社会科学におけるリスク概念は，自然科学以上に多様である．リスクは客観的であり，文化的・社会的過程とは独立に測定可能であるが，文化的・社会的な解釈枠組みがバイアスとして働くことで様々に異なって認知され得ると考える実在論的把握は，自然科学の諸分野と同様，経済学や心理学でも主流である．一方，リスク自体は客観的だがそれに気づき対応する過程は文化的・社会的である，またはさらに踏み込んで，文化的・社会的過程なしには何もリスクとされ得ないなど，様々な強度の構成主義的把握が人類学や社会学ではなされる（Lupton 1999：17–35）．無用の混乱を避けるために，リスクがどのようなものとして把握されているかを理解することが重要だろう．

◆ベックのリスク論と再帰的近代化論　ドイツの社会学者であるベック（Beck, U）は，チェルノブイリ原発事故と同じ1986年に『リスク社会』（邦題は『危険社会』）を著し，リスク社会という概念を提起した．

近代社会以前，疾病・自然災害等は人間が対処すべきものというよりも，運命として捉えられていた．近代社会の出現と科学技術の発展によって疾病・自然災害等に対する制御可能性が増し，それらは人間が対処すべきものへと認識が転換した．そして，科学技術が社会外部のリスク制御に成功し，貧困の克服と豊かさが目指される時代の社会を彼は産業社会と呼ぶ．科学技術はリスク対応の有効な手段と同時に新たなリスクの源でもある．産業社会後に到来する，科学技術の使用に伴うリスクへの対応が主要関心事となる社会を彼はリスク社会と呼ぶ．

近代化の進行により起こる産業社会からリスク社会への移行は，主要関心事が富の分配からリスク分配へと移行する過程でもある．のちに彼がギデンズ（Giddens, A），ラッシュ（Lash, S）とともに提唱した再帰的近代化論の枠組みの中では，この移行は第一の近代から第二の近代への移行として捉え直されている（ベックら 1997）．この変化の過程で，人々は自分のライフコースをある程度規定していた伝統的な社会役割から解放され，自身の選択により自身のライフコースを形成しなくてはならなくなった．この過程は個人化と呼ばれ，再帰的近代化論の中心的概念のひとつになっている．

◆リスク社会におけるリスクの特徴　「貧困は階級的で，スモッグは民主的である」（ベック 1998：51）という標語に象徴されるように，彼はリスク社会以前と以後で問題となるリスクの性質が異なると主張する．リスク社会のリスクの諸特徴は，①空間的・時間的・社会的に限定することができない，②集合的な決定の結果であり，責任の所在の特定が難しく，組織化された無責任が生じる，③最悪の場合には補償や保険が無意味なほど破局的な結果となる，④ヒトの感覚器官では直接知覚できず，リスクを認識するために測定機器・理論等の科学技術に依存する，⑤いまだ生起せずとも将来生起しうる被害として予見・認識され，現在の行動に影響を与える，と整理できるだろう（ベック 1998：35–36, Beck 1995：78, 伊藤 2017：19–20, 阪口 2017：255）．ベックがリスクとして想定している科学技術のもたらす脅威は，リスク分析の用語法に従えばリスクというよりもハザードに近い．また，ベック自身は明確に構成主義的立場を掲げながらも，リスクに気づき対応する文化的・社会的過程へはあまり着目しておらず，「半分にされた構成主義」との批判もある（Japp 1997, 小松 2003：27-29）.

◆リスク社会におけるサブ政治　リスク社会において，科学技術が生み出すリスクは科学技術を用いて低減されるか，あるいは科学技術を用いて新しい解釈を施す（例：現状のリスクは十分に低いと主張する）ことが必要となる．そのため，ベックはリスクを生み出す側に立つ既存の科学や専門家に対して，同様に専門知識を持ちつつも彼らに対して異議を唱える対抗科学や対抗専門家に期待をかける．また，特定のリスクに対する不安の共有を通じて市民の間に連帯が生まれ，市民運動などのサブ政治（Subpolitik）を通じて，時に対抗専門家の協力を得ながら，より良いリスク対応が模索されていくというシナリオを描いている．サブ政治とは，従来からの議会制民主主義に基づき権威を付与された政治に対する概念で，市民運動や特定非営利活動法人（NPO）・非政府組織（NGO）による政治的活動である能動的サブ政治と，各主体の非政治的活動が結果的に政治性を帯びる受動的サブ政治からなる（Sørensen and Christiansen 2012, 阪口 2017：256）.

◆ルーマンのリスク論　ベックと同じくドイツの社会学者であるルーマン（Luhmann, N）は，独自のリスク論を展開した．リスクについて考える場合，少なくとも「どのくらい安全であれば安全か」のように安全性の次元で考える場合と，「何・誰のせいか」のように原因や責任の次元で考える場合がある．前者はファースト・オーダー（1次）の観察，後者はセカンド・オーダー（2次）の観察と呼ばれる．彼のリスク論の独自性は2次の観察に関する議論に存する．2次の観察に焦点を当てるため，彼はリスクの概念を社会心理学における帰属概念と結びつけ，ある主体がある損害やその可能性を自らに帰属する，すなわち自らのせいであるとする場合をリスク，そうでない場合を危険と定義した（ルーマン 2014：38）．1次の観察ではリスク対安全，2次の観察ではリスク対危険の構図が現れることになる．

一般的に，ある現象はそれまでに存在する多数の因果連関の末に結実するものである．人々は日常生活の中で，ある損害がひき起こされた理由を，多数の因果連関のいずれか，因果連関がなかったこと（例：堤防がなかったから津波が来た），あるいは科学的な因果関係から離れて（例：普段の行いが悪かったから雨が降った）等，さまざまに帰属している．あり得た損害が起こらなかった場合も同様である．ある損害やその可能性がリスクと危険のどちらであるかは客観的な性質で決まるのではなく，帰属をおこなう各主体の観察やコミュニケーションによって調整されるのであり，ここではリスクの構成主義的把握がなされている．

◆ダグラスのリスク論 なぜ専門家と非専門家のリスク認知はしばしば異なるのか．イギリスの文化人類学者であるダグラス（Douglas, M）は，非専門家による確率計算の間違いやバイアスといった，心理学で一般的な考えに意義を唱え，人々が属する文化の働きに答えを求めた．換言すれば，彼女はリスク認知を個人ごとに異なるものとしてではなく，特定の集団ごとに共通のものとして捉えた．

彼女はフィールドワークや聖書研究を根拠に，秩序立って分類されているものを清浄，その分類から逸脱しているものを汚穢として捉える思考法が普遍的に存在することを主張する（ダグラス 2009）．例えば，靴はそれ自体で汚いわけではなく，それが食卓の上にあれば「場違い」であるために汚いとされ，食べ物も同様に衣服に跳ねかかったり，食事が終わった後にまだ皿に残っていたりすると汚いとされる（Lupton 1999：41）．本来あるべき場所から，境界を越え，秩序を乱すものに対して，汚さ，ひいては危険やリスクを感じるメカニズムが文化を通じて人々に共有されているという主張である．

ベックは現代社会とそれ以前の社会との相違点を強調したが，ダグラスはむしろ共通点に着目する．ある不幸な出来事が発生した場合，その原因や責任をどう説明するかが問題となる．彼女によれば，かつての西洋社会では，キリスト教的な罪の概念がその説明にしばしば用いられたが，現代ではリスクの概念がそれに取って代わっている．宗教的罪とリスクとは全く異なる概念ではあるが，不運な出来事の原因・責任の帰属をめぐる説明の中では等価な役割を果たす．原因・責任の帰属に着目する点は，ルーマンと共通していると言えるだろう．

また，彼女はグリッド（人々が互いの行動を制限するために使用する社会的区別や責任分担の程度）とグループ（集団内の結束，集団外との差異化の程度）という2つの次元に基づいて組織の特性やリスク対応の傾向を説明するグリッド・グループ文化理論を提唱している．

◆フーコーの統治性概念 統治性は，フーコー（Foucault, M）による造語で，広義には，統治のための権力行使を可能にする諸制度，手続き，分析，考察，計算，戦術，またそれらの総体を意味する（フーコー 2007：132–33）．いまあなたが学校や職場で健診を受け，結果を受け取ったとしよう．この場合，健診という制度，あなた自身の測定値，基準値に統治性が現れる．健診結果は，あなたの健康を管理する目的で，学校や職場によってだけでなく，あなた自身によっても活用される．基準値は集団から得られたデータを基礎とするが，一度定まると今度は基準内かどうか，生活を改めるべきかどうか等の判断材料として使用され，個人の判断やふるまいを規定する力を持つ（重田 2003：122）．

また，健診ではあなたという主体はそれぞれの検査項目でのリスクの大小へと解体される．こうした主体の解体を，リスク概念の台頭と関連づける研究（Castel 1991）や，従来の臨床医学から予防医学への変化と結びつける研究（Armstrong 1995, 美馬 2012）もある．主体が解体される一方，病人に加え健康人，発病後に加え未病，物理的身体に加え生活習慣や環境と，対象は拡大する傾向にある．

小さな政府が目指される潮流の中では，管理が国家から民間組織や個人へと委譲され，国家の役割は直接管理からリスクを自己管理する国民への助言や支援等に変化する．リスクが高いことを知りながら，それに対処しない個人は自己管理能力が欠如していると見なされるようになる．フーコーの統治性概念に基づく研究は，リスクをめぐる言説と統治のための権力行使との関係性を明らかにする．

◆実際の問題へのインプリケーション　ベックは「貧困は階級的で，スモッグは民主的である」と，リスクが貧者と富者に等しく分配されるとの前提に立つ．しかし，そもそもその前提がどの程度成り立っているのか，そしてリスクを測定し低減する科学技術の使用によって「スモッグもやっぱり階級的」（神里 2013：36–37）になっているかどうかは検証されるべき問いだろう．さらに，リスク対応によって，どのような空間的・時間的・社会的リスク分布を目指すかも問題である（シュレーダー=フレチェット 2007）．この問題を考えるに当たっては，健康や財産，環境への物理的な被害という意味でのリスクだけでなく，ルーマンやダグラスが指摘する責任リスクも考慮する必要があるかもしれない．統治性研究がしばしば問題にする，国家，組織，個人間でのリスク分配という観点も重要だろう．

双方向的なリスク・コミュニケーションの重要性が叫ばれて久しいが，「正しい」理解のための情報伝達だけでなく，リスク発生の原因や責任をどこに求めるか，そしてそれに応じた対応を模索していくことも重要だろう．合意がリスク・コミュニケーションの目的としてしばしば掲げられるが，それ故に説得的コミュニケーションへの変質，議論の決裂・膠着を招くこともある．この点に関しては，理性的討議を通じた合意を重視したハーバーマス（Habermas, J）と，合意手前の了解を有効活用する道を模索するルーマンとの論戦が参考になるだろう（井口 2019）．

[関谷 翔]

📖 参考文献

・井口暁（2019）ポスト3・11のリスク社会学：原発事故と放射線リスクはどのように語られたのか，ナカニシヤ出版．
・ベック，U. 著，東廉，伊藤美登里訳（1998）危険社会：新しい近代への道，法政大学出版局．
・ルーマン，N. 著，小松丈晃訳（2014）リスクの社会学，新泉社．

【13-10】
風評被害とは何か

風評被害とは,「ある事件・事故・環境汚染・災害が大々的に報道され,本来“安全”とされる食品・商品・土地を人々が危険視し,消費や観光を止めることによって引き起こされる経済的被害」のことである(関谷 2003).元々,原子力分野に限定され用いられてきた言葉であった.この「本来“安全”」とは,客観的,科学的な「安全」ではなく,主観的な「安全」も含まれるという意味である.ある企業が倒産するかもしれない(経営状態が危険)と世間で言われていても,そうではない(経営状態は問題がなく安全)という意味で用いられる場合等がある.

●風評被害と放射性物質 仮に,食品中の放射性セシウムの 100 Bq/kg という基準値に対して,ある食品から 50 Bq/kg が検出されたとする.100 Bq/kg を「安全」と捉えている人や基準を設定している政府の立場においては,この食品は「安全」となる.ゆえに,「原子力損害の賠償に関する法律」(「原子力損害賠償法」)上の指針(東京電力福島第一原子力発電所事故後の原子力損害賠償紛争審査会中間指針)においては「いわゆる風評被害」とされる.だが,0 Bq/kg,バックグラウンド値以下,10 Bq/kg など検出限界値以下を「安全」と捉えている立場においては,この食品は「安全ではない」食品であり,実害であって「風評被害ではない」ということになる.ただし,両方の立場であっても,「風評被害」は安全が前提であるという点は変わりがない.だが,人によって,その安全と捉える基準,安全に対する価値観が異なり,何を風評被害とするかは異なる.すなわち,風評被害とは,社会科学的な概念なのである.

●風評被害の歴史 風評被害は,元々「放射性物質による汚染がないにも関わらず発生する経済被害」を指し,原子力分野のみで用いられる言葉だった.放射性物質は限られた期間での測定が可能である.ゆえに原子力事故やトラブルの場合は,事故直後において放射線量の上昇,放射性物質の放出があったかどうかは計測できるので,「実際の被害」と,それがない「風評に過ぎない被害」は区別できる.(東京電力福島第一原子力発電所事故直後は,大量に放射性物質が放出したので,地域,農産物によって汚染の状況は異なり,汚染状況の把握もままならなかった.ゆえに風評被害かどうかは人によって判断が分かれるものであった).

「原子力損害賠償法」第 2 条第 2 項では,「核燃料物質の原子核分裂の過程の作用又は核燃料物質等の放射線の作用若しくは毒性的作用」により生じた損害を賠償対象としているので,原子力の事故やトラブルが起こった後,大量の放射性物質の検出や放射線量の上昇がない段階での経済的被害は,心理的要因が原因とされ,「原子力損害賠償法」上の賠償対象ではなかった.だが,事故やトラブルに起因する経済的被害である以上，補償してほしいという要望として社会問題化した事象である．戦後，1954年の第五福龍丸被ばく事件を契機としてマグロが売れなくなった「放射能パニック」，1974年原子力船むつの放射線漏出事故，1981年の敦賀原子力発電所におけるコバルト60の漏出などにおいて漁業被害として問題となり，北海道電力泊原子力発電所立地に伴う「民事協定」で明文化された．そして，JCO臨界事故の賠償を議論する科学技術庁原子力損害調査研究会で方針が転換され，以降，風評被害は原子力損害として認められるようになった．

なお，風評被害は，元々は学術用語ではない．定義のないまま，マスコミが用い始めた言葉であるという側面もある．1990年代にナホトカ号重油流出事故，所沢ダイオキシン報道など環境分野で，2000年代には自然災害やテロなどの危機管理分野，不良債権処理などの経済分野で用いられ，人口に膾炙するようになった．東京電力福島第一原子力発電所事故後は，流言（風評），スティグマ，いじめ，いやがらせ，ネット上の書込みなど様々な意味で使われることもあり，用語の定義，その意味や理解のされ方は人によって様々である．だが，もともと原子力分野の用語であること，原子力損害賠償や地域防災計画では原子力災害，自然災害後の経済被害の一形態として議論されてきたことには留意する必要があろう．

●リスクの社会的増幅理論と風評被害の違い　関連する研究として，カスパーソン（Kasperson, R）らによる「リスクの社会的増幅理論」という一連の研究がある（Kasperson et al. 1988，Renn et al. 1992）．この概念は放射性廃棄物処分場の研究に端を発し，原子力事故や地球温暖化などの脅威から発生する経済的影響，心理的影響，政治的影響など様々な社会的影響のプロセス全体を分析するものである．一方，風評被害は同じ原子力に関連する問題に端を発するものの，「安全である」にもかかわらず被害が発生している部分を指し，被害についても，もともとは経済的被害のみを指す．概念的には類似するものの，その言葉のもつ概念，歴史的な経緯や指す範囲が異なることには留意すべきである．

風評被害が問題になる時点で「安全である」ということは前提であり，農業者・漁業者・観光業者もある程度そのことは了解している．ただ，すべての報道関係者，消費者，その動向を踏まえ事業を行う流通関係者に理解してもらうことは難しい．そのため，この経済的被害は，単なる人々の不安感や消費行動の問題ではない．農産物では，家庭用消費から業務用消費へ，市場順位の低下などに伴い，出荷額が全体的に低下するなどが長期的に発生し続ける．災害後の構造的な経済被害として，これにどう対処するかという問題なのである．　［関谷直也］

📖 参考文献

・関谷直也（2011）風評被害：そのメカニズムを考える，光文社新書．
・関谷直也（2015）風評被害の構造と5年目の対策，協同組合経営研究誌「にじ」，652，109-120.

【13-11】
バイオ技術のリスク

「バイオ技術」という用語は，もとはバイオテクノロジー（生命工学）の別称であり，デオキシリボ核酸（DNA）の組換えに関連する技術を指していた．しかし，現在では単なる組換えDNA技術にとどまらず，急速に進展する種々の生命科学技術を包括して呼称する用語として使用されている．

◆組換えDNA技術とバイオセーフティ・バイオセキュリティ　組換えDNA技術は，制限酵素によるDNAの切断とDNAリガーゼによる再接合，並びにプラスミドへの組込みによる遺伝子増幅を組み合わせた技術である．1975年のアシロマ会議において，遺伝子組換え実験の潜在的なリスク回避が議論され，「生物学的封じ込め」や「物理的封じ込め」の概念並びにバイオセーフティの大筋が確立された．

1990年代以降，組換えDNA技術を利用した改変微生物が多数作成され，研究目的や利用手段の正当性が議論されるようになった．米国科学アカデミーは，2004年に「*Biotechnology Research in an Age of Terrorism*（通称Finkレポート；National Academies Press 2004)」を出版し，生物兵器防止の観点から生命科学研究の在り方に警告を発した．以後，バイオ技術や病原体を悪意ある環境や用途から守るバイオセキュリティの概念が共有されるようになった．2011年には，逆遺伝学技術を利用して哺乳類に空気感染する高病原性鳥インフルエンザウイルスが改変作成された．病原体が感染力に関する新たな性質を獲得するように操作することから，このような研究は「機能獲得研究（GOF)」と呼ばれる．ウイルス変異による流行予測やワクチン株選定に有用であるが，漏出事故や誤用によりパンデミックの危険性が生じる懸念が指摘された．このような用途の両義性を有する研究領域は「DURC」と総称され，リスクベネフィット解析，査読・出版を含めた情報発信，資金供与や研究管理，研究者への啓発，国際的な協力などの在り方が議論の焦点となっている（四ノ宮 2013)．

農業分野における組換えDNA技術は，農作物に害虫耐性や除草剤耐性の能力を付与し，収穫の向上に寄与する．また，茶色に変色しないリンゴ（ポリフェノールオキシダーゼ失活）や短期間で大きく育つ鮭（成長因子組込み）なども販売されている．しかし，無秩序な栽培は生態系を永続的に変える恐れがあることから，生物多様性の確保を目的としたカルタヘナ議定書が2000年に採択された．日本国内では，遺伝子組換え生物等を使用等する際の規制措置を定めた「遺伝子組換え生物等の使用等の規制による生物の多様性の確保に関する法律」

（通称「カルタヘナ法」）が2004年に施行され，遺伝子組換え農作物の輸入，流通，栽培等はこれに従って行われている．現在，遺伝子組換え農作物の商業栽培はトウモロコシ，ダイズ，ワタ，ナタネの4種を中心に26カ国で行われており，日本はこれらの遺伝子組換え農作物を飼料用や加工用に大量に輸入している．一方，国内で商業栽培されている遺伝子組換え植物は今のところバラのみである（☞9-8）．

◆ ヒトゲノムプロジェクトとゲノムプロジェクトライト　ヒトの遺伝情報をになうゲノムの塩基配列すべてを決定し遺伝子地図を作成する目的で開始された「ヒトゲノムプロジェクト」が2003年に終了した．ヒトゲノム30億塩基対中の遺伝子数は2万数千個程度であり，残りの大部分は機能が特定されていない配列やマイクロリボ核酸（miRNA）などの遺伝子発現制御に係る情報である．ゲノム情報の発現にはDNAのメチル化などエピジェネティックな制御が必要であることもわかってきている．

一方，ゲノムを人工合成してヒト細胞を創り，生命の仕組みの解析を目指す国際プロジェクト「ゲノムプロジェクトライト（GP-Write）」が2015年から始まり，ゲノムは読み解く時代から書く（創る）時代に突入した．ゲノムの人工デザインは，エンハンスメント（能力強化）やデザイナーベビーの作製にもつながるため，「倫理的・法的・社会的問題（ELSI）」へと発展しつつある（☞13-5）．

◆ 遺伝子診断　次世代型シーケンシングの技術により，短時間かつ低コストの長鎖塩基配列解読が可能となった．また，母体の血液サンプルで胎児の染色体異常が診断できる．一方で，検査の正確性や遺伝カウンセリング体制は不十分であり，不必要な人工妊娠中絶につながっているとの議論がある．会社と顧客が直接取引を行う遺伝子検査サービス「DTC（direct to consumers）」も登場しており，2006年に起業した個人ゲノムサービス会社「23andMe」が話題となった．しかし，2013年FDAは必要な法的規制に基づく許可を得ていないとして23andMeに対して個人ゲノムサービスを中止するよう命じた．日本人がインターネットサービスを通じて直接外国企業に遺伝子診断を依頼した場合，個人情報等に関する国内の法律や規制が適用されなくなる恐れがある．

◆ 特定胚とヒト受精胚　クローン技術などを用いて操作した胚で，胎内に戻すとヒト，ヒトの亜種，ヒトの要素を持った動物などに分化・発育する可能性のある胚を「特定胚」と呼ぶ．特定胚の胎内移植はクローン人間の作製につながり，人の尊厳や社会の秩序を大きく損なう可能性があるため「ヒトに関するクローン技術等の規制に関する法律」で禁止されている．特定胚を利用した医学研究は，難病や再生医療の目的のみに限られる．不妊治療などの生殖補助医療において使用されずに残ったヒト受精胚（余剰胚）の実験研究利用については「ヒト受精胚の作成を行う生殖補助医療研究に関する倫理指針（文部科学省・厚生労働省告示）」で適応範囲や基本原則が定められている．

◆**合成生物学**　遺伝子を1から人工合成し生命の創造に迫る「合成生物学」という研究分野が急速に発展している．2002年にポリオウイルスの完全人工合成が報告されて以来，マイコプラズマ人工ゲノムの作製（2008年）とそれを利用した人工細菌の作製（2010年），最小のゲノムサイズを持つ細菌「ミニマム・バクテリア」の作製（2016年）など，種々の微生物が人工合成されている．2017年に馬痘ウイルスが完全人工合成されるに至り，ヒトに感染する天然痘ウイルス（痘瘡ウイルス）の人工作成技術は理論上達成された．このような研究は感染性病原体の人工合成に道を拓くもので，目的や用途によっては悪用・誤用が懸念されるDURCに分類される．合成生物学の研究で使用するDNAの受託合成を請け負っている主な企業数社が中心となって国際的なコンソーシアムを形成し，発注されたDNAシークエンスのスクリーニング，発注者の身元確認，記録の保存などを定めたバイオセキュリティ・スクリーニング・プロトコールを作成して濫用防止にあたっているが，インターネットを介した通販業界全てを管理できているわけではない．

2003年にマサチューセッツ工科大学で始まった「iGEM（International Genetically Engineered Machine competition）」と呼ばれる学生主体の合成生物学の大会は，若い研究者の育成や新規技術開発によるバイオ産業の振興に大きく寄与している．一方で，本学問は発展中の分野であり，その用途の先行きが不透明な点もあり悪用・誤用の懸念が払拭できないことから，毎年，米連邦捜査局（FBI）がスポンサーとなって全員参加のバイオセキュリティセッションが設けられている．

◆**ゲノム編集**　2012年にCRISPR/Cas9（clustered regularly interspaced short palindromic repeats/CRISPR-associated protein 9）システムを利用したゲノム編集技術が発表され，遺伝子操作・ゲノム改変領域の研究は大きく変化している（ダウドナ，スターンバーグ 2017）．本技術を用いると，目的部位のゲノム情報を高効率かつ短期間で書き換えることが可能で，遺伝子治療（遺伝性疾患の根本的治療），人工多能性幹細胞（iPS細胞）と組み合わせた再生医療，遺伝子改変動物の作成，遺伝子ドライブによるマラリア抵抗性を持つ蚊の作成，農作物や家畜の遺伝子改変（収穫の向上，病気に強い家畜）など，広範な応用範囲が想定されている．当初は，意図しない遺伝子部位に変異が挿入される「オフターゲット効果」が問題となっていたが，現在急ピッチでこの問題を解決するための技術開発が進んでいる．CRISPR/Cas9システムの基本原理は相同配列部分の組換えによる修復機構を利用しているので，2本鎖DNAのゲノム編集にしか利用できなかった．しかし，近年は2本鎖でなく1本鎖の塩基配列を書き換える塩基編集という技術も登場してきている．DNAやRNAの1塩基レベルでの書換えを容易にする方法として，今後，点突然変異を有する疾患への治療応用も期待される．一方で，ゲノム編集による遺伝子の書換えは，次世代へのリスクの伝搬，ゲノムの永続的な変化，不可逆的な環境や生態系への影響などの恐れを孕んでおり，慎重な使用が求められる．ゲノム編集を時間・空間的に制御し，望まれないゲノム編集に対する対抗手段や編集されたゲノムの環境中からの除去手段を開発すべく，米国の国防高等研究計画局（DARPA）主導でSafe Genes Programが進められており，ツールキットの開発に予算が投入されている．

ゲノム編集技術は，絶滅危惧種の保存や絶滅種の復活にも応用可能なことから，アジアゾウのゲノムを改変・編集してマンモスを復活させるプロジェクトも進行している．また，農業・畜産分野においては新たな品種改良技術として利用されつつある．このような中，2018年7月に欧州連合司法裁判所はゲノム編集作物も従来の遺伝子組換え作物（GMO）と同様に規制の対象とすべきだとの判断を下した．一方で，米国の農務省はゲノム編集作物にはGMO規制は適用されないとの立場を取っており，判断は二極化の様相を呈している．同年11月には，中国の研究者が本技術を利用してヒト胚を操作しHIVに感染しない「ゲノム編集ベビー」を誕生させたと報告し，倫理関連の学会やメディアから“無責任で受け入れ難い”との批判を受けた．

このような新規バイオ技術を安全，公平かつ正義に基づいた方法で如何に科学研究の発展，産業分野への貢献，医学・臨床治療分野への利用などにつなげていくのかは重要な課題であり，多くのステークホルダーが協働して問題解決にあたる必要がある．

［四ノ宮成祥］

📖 参考文献

・四ノ宮成祥，河原直人（2013）生命科学とバイオセキュリティ：デュアルユース・ジレンマとその対応，東信堂．
・ダウドナ，J.，スターンバーグ，S.著，櫻井祐子訳（2017）CRISPR（クリスパー）究極の遺伝子編集技術の発見，文藝春秋．
・Committee on Research Standards and Practices to Prevent the Destructive Application of Biotechnology, National Research Council（2004）*Biotechnology Research in an Age of Terrorism*, National Academies Press（通称Finkレポート）．

【13-12】
人工知能の普及に伴うリスクのガバナンス

人工知能（AI）に関して想定されるリスクの議論には，AI 技術が引き起こすリスクのほか，AI 技術と人々の価値観や法・社会的システムとの界面で生じるリスクがある．現在，AI のリスクとベネフィットのトレードオフは異分野，異業種のステークホルダーで議論されており，国内外で AI のリスクに関するコミュニケーションやガバナンスの在り方が模索されている．

◆AI 技術とリスクの種類　AI の定義は時代によって異なるだけではなく AI 研究者間でも異なる（松尾 2016）．本項では AI とそのリスクの捉え方を 3 つに分けて整理する．AI 関連技術としてロボット，デジタライゼーションや IoT，ビッグデータなどの既存の情報技術（IT）とのかかわりを重視する立場がある．IT が浸透してから常にプライバシーやセキュリティの問題，技術へのアクセス格差（デバイド），技術への依存などの問題が存在する．これらの課題は依然として存在し，IT 全般に対するリスク対応の枠組みは有効である．

一方，現在の AI ブームを牽引している深層学習（ディープラーニング）などの確率・統計型の AI 技術は，学習によってあるデータの塊の分類や判別をするパターン認識を部分的に自律的に実行する．そのため，ルールベースの AI では難しかった「暗黙知」の学習も可能であると期待される一方で，人間が学習の方向性や内容をコントロールしにくくなる，いわゆる「ブラックボックス化」が懸念される．また学習の際に学習データの偏りによって差別や偏見を強化してしまうアルゴリズムバイアスに対する懸念もある．そのほか設計者のアンコンシャス・バイアス（無意識の思い込み）によって人種，ジェンダーやプライバシーの問題が起こることもある．そのため機械が判断理由を説明する AI や，公平性に配慮する AI など技術的な研究のほか，技術に対する信頼を高める制度設計の在り方，プライバシー保護と透明性確保のようにトレードオフ関係にある課題に対して異分野連携の研究が行われている（日本ディープラーニング協会 2018）．

人間と機械による「偏見」や「ブラックボックス化」は，設計者が意図的に起こそうとしているというよりは気づかないうちにあるいは設計上やむを得なく生じてしまう可能性が高い．一方，明確な「悪意」をもって偏見や差別を冗長するリスクも指摘されている．例えば Microsoft が開発したチャットボット Tay（テイ）はヘイトスピーチをするよう学習させられ，公開停止となった．そのほか，誤った学習を引き起こすようなサンプルデータ（adversarial example）を読み込ませることで，アルゴリズムを騙すことができる．「停止」の標識が「速度制限標識」のように誤認識させることなども可能であり，これらはハッキングと同様，セキュリティという観点から対策を行っていく必要性が指摘されている．

最後に，汎用AIなど「まだ見ぬ技術」を懸念する立場がある．将棋AIのように特定の作業しかできない特化型AIとは異なり，汎用的な作業に従事できるAIはまだ存在しない．しかし汎用AIが実現した場合，開発した企業の独占状態になることが予想されるため，競争と協調のバランス構築が求められている．「まだ見ぬ技術」の議論には自律型致死兵器システム（LAWS）の開発競争防止もあり，「特定通常兵器使用禁止制限条約」など国際的な枠組みで現在，議論されている．

◆ AI技術の社会的影響やリスク　AI技術がもたらす社会的な影響は，開発者が気を付けるべきことと，利活用者が気を付けるべきことに分けられる．総務省情報通信政策研究所は2017年に「AI開発ガイドライン案」，2018年には「AI利活用原則案」を公開した．「AI開発ガイドライン」には，前項に掲げたAI技術のもたらすリスクへの開発段階からの対策が盛り込まれていた．

「AI利活用原則」においても適正利用や適性学習の原則が盛り込まれるなど，開発と利用の連続性を意識しながらも，具体的な論点を分けて議論している．AI技術はデータ，ソフトウェア，ハードウェアへのアクセスが容易かつ安価になったことにより，開発者と一般利用者の垣根も曖昧化している．イノベーションを促進するためデータの利活用を促進し，作成したソフトウェアを訓練するためのプラットフォームが公開されているほか，AIの設計ツールが無料で入手できるようにもなっている．このように新たなビジネスや市民のエンパワメントに供する一方，開発ガイドラインを遵守しない個人による開発の実態を把握しきれないという問題が存在する．

またAIの応用領域が広がることによって増大するリスクもある．例えば従来，ITはソフトウェアとしてパソコンや携帯などのデバイスに搭載されており，不具合やバグに対してはアップグレードを行うなど，「永遠のベータ版」的な要素が強かった．しかし，それが医療機器や自動車，安全保障技術などに搭載された場合，単なる不具合が命にかかわるリスクとなりうる．

さらにAIに与えるデータの質と量が多様化かつ増大することで生じるリスクもある．欧州においてはグーグルなどの巨大IT企業はプラットフォーマーへの対抗策として2018年に「一般データ保護規則」（GDPR）が施行され，データ消去を求める権利やアルゴリズムによるプロファイリングに異議申立てができる権利などが盛り込まれた．データに基づいた誘導は，カスタマイズ化されることで個人に有益な情報を提供する便利なものでもあるため，価値や倫理の議論が必要になってくる．一方で自分の見たい情報しか入手しないといったフィルターバブル状態や，音声や画像を操作することで作られたフェイクニュースが個人の意思決定や選挙などの政治的判断を左右する事態も起きている（山本 2018）．このように AI が普及することによってアクセスや応用先が多様化しているため，ベネフィットとリスクに関するガバナンスの議論が不可欠である．

AI 技術やその社会的な影響の範囲が混乱することで生じるもう 1 つの懸念は，一般市民側の過度な期待と不安を招くことである．特に AI に関しては SF の題材となるものも多く，ここ数年だけでも「トランスセンデンス」，「her/ 世界でひとつの彼女」，「エクス・マキナ」，「チャッピー」，「ゴースト・イン・ザ・シェル」，「ブレードランナー2049」などいくつもの映画が公開されている．このような AI の自律や暴走を描くフィクションに対し，現在「AI 搭載」をうたう商品の多くは既存の IT の延長であり自律的な学習もしていないものも多い．そのため 2017 年 6 月に発足した日本ディープラーニング協会は，「「人工知能」と総称され，現段階でできることとできないことが曖昧になることで，過剰な期待や過大な心配が社会に生まれつつある」ことに対して情報発信や理解促進を目的とした対話を行うことを活動の 1 つとして掲げている．

また一般市民が AI に抱く懸念として「雇用喪失」がある．2013 年にオックスフォード大学の教員が 10～20 年後には雇用の 5 割弱が機械に置き換わるという報告書を出した（Frey and Osborne 2017）．これに対し短期的に奪われるのは「仕事」ではなく「タスク」であり，人の仕事が完全に機械に置き換わることはないとする指摘もある（国会図書館 2018）．一方で，人がやるべきタスクがなくなるわけではないが，機械と協働することによって人数が減る，あるいは労働時間が減らせるなどの改革も行われており，企業の理念や働き方などに対する価値の再考が求められている．

◆ AI リスクのガバナンス　AI の様々なリスクに対応するために様々な機関が AI 研究者や AI に関する開発ガイドを作成している．本項では国内外の産学官民の主だった活動を概説する（江間 2017）．国内においては前述の総務省情報通信政策研究所のほか，内閣府が 2016 年に「人工知能と人間社会に関する懇談会」で人工知能に対する疑念や不安，倫理・法・社会・経済・教育・技術開発の 6 つの論点を整理したほか，2018 年には「人間中心の AI 社会原則（案）」を公開している．そのほか，学としては 2017 年に人工知能学会倫理委員会が学会員に対する「倫理指針」を公開し，2019 年には日本経済団体連合会（経団連）が「AI-Ready 化ガイドライン」を含む AI 活用戦略を公開した．

国外では 2016 年 12 月に米国電気電子技術者協会（IEEE）のイニシアティブが「倫理的に調和された設計」の第 1 版を，2017 年に第 2 版の報告書を公開した．倫理的な研究や設計のための方法論といった研究者倫理や教育に関する項目のほか，個人データとアクセス制御，法律などAIの倫理に関する項目からなる．また，本報告書を母体として，IEEE標準規格P7000シリーズとして自律システムの透明性，データプライバシーの処理など11のワーキング・グループが倫理的設計の標準化を目指して活動している．

産業界ではグーグル，アマゾン，アップル，IBMなどのIT巨大企業からなる非営利団体パートナーシップ・オン・エーアイ（PAI）がAI研究に関する便益を最大化しリスクを最小化する構想を打ち上げ，企業のほかユニセフなどの国際機関や大学のセンターなど非営利団体が参加している．

AIのリスクについて警鐘を鳴らしているホーキング（Hawking, S）博士やテスラ・モーターズ社のマスク（Musk, E）氏などの実業家もメンバーに連なる特定非営利活動法人（NPO法人）フューチャー・オブ・ライフ・インスティチュート（FLI）は，世界各国で公開されているガイドラインや原則を精査したうえで，2017年1月に「アシロマAI原則」を公開した．研究課題，倫理と価値，長期的な課題という3項目に分類された23項目の原則には，競争の回避や安全性，責任，個人のプライバシー，自由とプライバシー，人間による制御，軍拡競争の回避などがあげられる．さらに長期的な課題として，「人工知能システムによって人類を壊滅もしくは絶滅させうるリスク」の緩和努力や，「再帰的に自己改善する人工知能」の安全管理厳格化など，まだ見ぬ技術に対するリスクに言及しているのも特徴的である．

国際的な組織としては，欧州委員会が2018年12月に「信頼できるAI（Trustworthy AI）」をタイトルに掲げた倫理指針案を公開したほか，ユネスコ事務局長が人工知能の倫理的側面に関して取り組んでいくことを宣言し，経済協力開発機構（OECD）ではAIに関する専門家会合（AIGO）が開始している．

これらの国内外の異分野・異業種からなるマルチステークホルダーによって，AIのリスクを議論するだけではなく，そのリスクに関するコミュニケーションやガバナンスの在り方について検討が開始している．　［江間有沙］

📖 参考文献
・江間有沙（2019）AI社会の歩き方：人工知能とどう付き合うか，化学同人.
・情報処理推進機構AI白書編集委員会（2018）AI白書，角川アスキー総合研究所.
・弥永真生，宍戸常寿（2018）ロボット・AIと法，有斐閣.

【13-13】

再生医療と先端医療の光と影

再生医療とは，疾患や外傷など，さまざまな理由によって不可逆的な機能不全状態となった臓器を薬や人工素材，そして細胞などを用いて回復させることを目指す医療の総称である．特に，さまざまな細胞へと分化が可能で，自己複製能を持つ「幹細胞」と呼ばれる細胞は大きな注目を浴びている．

日本では世界に先駆けて再生医療に関する法律が整備され，従来認められてこなかった「条件付き・期限付き承認」が認められるようになった．このほか，再生医療を開発する中小企業やベンチャーを対象に医薬品医療機器総合機構（PMDA）による薬事戦略相談や承認プロセスにおける費用の補助を検討されるなど，研究から臨床への距離を短縮するべく環境の整備が行われている．

再生医療はこれまでの医薬品で治療が困難とされた疾患に対するチャレンジでもあり，既存の比較対象となる医薬品が少ないことも特徴として挙げられる．もちろん細胞や動物を使った前臨床試験や臨床試験を通じて生物学的な特性について把握することは当然であるが，既存の実薬からのデータを外挿しリスクを推定することには困難が伴う．そのため，実際には日本で承認を受け，薬価基準に収載されている再生医療製品は4品目（2018年7月現在）にとどまり，一般的に普及したという状況にはない．このことは，現行の医薬品や食品におけるリスクコミュニケーションとは文脈が異なることを示しているが，再生医療という新たな医療技術に対しては社会からの期待が大きくハイプ（hype，誇大な宣伝）状態を招来しかねないため，適切なコミュニケーションが欠如することにより，かえって社会の側にリスクが増大する危険性をはらむ．本稿では，エマージングテクノロジーに関するリスクコミュニケーションのケーススタディとして，再生医療をとりまく社会的情勢と，日本再生医療学会が行ってきたリスクコミュニケーションについて述べる．

◆再生医療研究で生じている問題　今日における再生医療の原点といえるものは，1983年にマサチューセッツ工科大学のハワード・グリーンらが，重症やけど患者自身の皮膚を拡大培養し，移植を行ったことにあるとされる．この成功がきっかけとなり，各種体細胞とバイオマテリアルと呼ばれる生体吸収性の材料を組み合わせることにより，臓器・組織再建を目指す手法の研究が盛んとなった．

日本では，体性幹細胞（体内に存在し，血液や神経など，各々の細胞が属する系譜の組織を維持する役割を果たしている）を中心とした再生医療研究を健全に発展させるため，2006年9月に「ヒト幹細胞を用いる臨床研究に関する指針」（ヒト幹指針）が施行された．その後幾度かの改正を経て，最終的にはES細胞や

iPS細胞といった，人体を構成するほとんどの細胞へと分化できる多能性幹細胞も対象に包含することになった．ヒト幹指針では組織の再生等を目的とした幹細胞の投与にあたっては自機関内の委員会と国レベルの二段階の審査が必要とされたが，法律ではないため罰則の適用はできなかった．そのため，医師の裁量権を根拠とした，いわゆる自由診療で細胞の投与が行われる場合はそうした審査の義務はなく，公的機関による実態の把握が困難であった．また，薬事法に基づき商品化を目的とする治験についてはハードルが高く市中のクリニックでの実施例はほぼ存在せず，自由診療に関しては事実上野放しの状態であった．

2010年には，韓国人男性が日本国内で脂肪由来細胞とされる点滴を輸注され，その後死亡するという事例が生じている．また，しびれをうったえる患者に脂肪由来細胞を輸注した結果歩行障害を生じさせ，十分なインフォームドコンセントが行われなかったとして，患者側が全面勝訴する裁判もあった．

国外に目を転じても，市中のクリニックが行う再生医療には様々な問題がある．例えば，幹細胞クリニックが実施するWebでの情報発信では，幹細胞があらゆる疾患に効果的で安全性が確保されているような宣伝がなされるが，実際はそうした内容の裏付けに乏しいケースが報告されている．そのため，患者は十分かつ適切な情報を得られず，危険にさらされる可能性が示されている．

◆日本における再生医療関連法の整備　市中のクリニックにおける行為が明るみに出るにつれ，これらの行為は医療倫理の観点から重大な問題であるのみならず，研究を推進する立場からも健全な再生医療の推進にとって妨げになると考えられるようになった．そこで，2013年，議員立法によって「再生医療を国民が迅速かつ安全に受けられるようにするための施策の総合的な推進に関する法律」（再生医療推進法）が成立し，次いで内閣提出による「再生医療等の安全性の確保等に関する法律」（再生医療等安全性確保法）が成立，薬事法が改正され，「医薬品，医療機器等の品質，有効性及び安全性の確保等に関する法律」（薬機法）となり，再生医療を推進する法律の整備が行われた（再生医療等安全性確保法の施行に伴い，ヒト幹指針は施行前日の2014年11月24日限りで廃止）．

安全性確保法は大きく2つの特徴がある．1つは，iPS細胞やES細胞，体性幹細胞，その他の細胞移植などによる医療について，自由診療も含めすべて国への届け出を義務化したことである．医療機関は，学会などが設置する特定認定再生医療等委員会の意見聴取を経るなどして，厚生労働省へ実施計画を届け出る．このことにより，市中において自由診療として行われている行為も届け出が義務化され，国レベルでの実態把握が可能となるというものである．もう1つは，これまでの実績等に鑑みて再生医療を第一種（iPS細胞やES細胞のような新規性の高いもの，他人の幹細胞を移植するもの），第二種（報告例の多い自己の幹細胞を移植するもの），第三種（自己の細胞を用いるもの）に分類し，審査体制を分けたことである．ヒト幹指針では二重審査が必要とされたが，第一種のみ特定認定再生医療等委員会での審査と厚生科学審議会での審議という二重審査となった．第二種では特定認定再生医療等委員会，第三種では特定認定再生医療等委員会よりも構成メンバーの要件が緩やかな認定再生医療等委員会の審査で，厚生労働大臣へは届け出のみで実施できる．この法律の施行によって，自由診療によるものであっても，届出を行っていなかったり，届出と異なる行為を行っていたりする場合に取り締まる根拠ができ，有害な事象が生じた場合にも，施設内に立ち入って調査・把握することができるようになった．

◆アカデミア集団によるリスクコミュニケーション　日本再生医療学会では，上記の法律が制定されるときにも，知見の提供などさまざまな形で協力をおこなった．その一方，再生医療の健全な発展のために，安全性に関する提言や，産業界との連携のほか，毎年行われる年次総会において「日本再生医療学会総会市民公開講座」を行ってきた．さらに2010年の事例では，社会に対しては注意喚起を行い，学会員に対しては指針に則った形での再生医療への関与を求める声明を出すなど，積極的な情報発信に努めてきた．しかし，基本的には大人数を集める市民講座での一方行性の，いわゆる「欠如モデル」的な古典的科学コミュニケーションにとどまり，社会における情報ニーズの把握や，研究者側の態度変容といった「双方向型モデル」には到達することはできていなかった．

そうした中，2014年に公募が行われた文部科学省「リスクコミュニケーションのモデル形成事業（学協会型）」（リスコミ事業）に「知る」「学ぶ」「伝える」の3つの柱からなる事業提案を行い，採択されることとなった．この事業では，再生医療研究についてどのような情報発信が行われ，どのように理解されてきたかを調査し，コミュニケーションの基盤となるエビデンスを構築すること（知る），社会に対してどのような手段で，どのような内容を発信するべきか（学ぶ），この2つを基盤とし，実際に社会への発信を行う（伝える），というサイクルを繰り返すことにより，社会における再生医療に対する知識の向上とともに，研究者側の態度変容にもつなげることを目指した．そのため，日本再生医療学会理事長の直轄組織として，人社系の研究者と再生医療学会員で構成された学際的なワーキング・グループが設置された．医療系の学会には生命倫理問題を扱う委員会が設置されることが多く，生命倫理学者や医事法学者が参画することはよく見られるが，このワーキング・グループにおいてはそれだけでなく，科学技術社会論を専門とする計量社会学者や，リスク学の研究者といった，通常は中核となる活動に参加することが少ない研究者が参画したことは大きな特色といえる．

このワーキング・グループでは質問紙調査を実施し，再生医療に関して，学会員（再生医療研究者）と一般社会の意識の差について明らかにした．例えば，再生医療研究の推進や研究のためのサンプル（皮膚や血液）の提供などについて，専門知識を持たない層の実に7割が好意的な態度を示すことが明らかになった．しかし，実際にそうした層が，再生医療について「知りたい知識」として考える内容としては，安全性や費用負担などの「受益者」として選択するために必要な情報であるのに対し，研究者側が「伝えたい知識」と考える内容は，研究の有用性や将来の展望，メカニズムといった「研究推進」の基盤となる知識であり，大きな差異があることが示された．また，動物の体内で，ヒトの多能性幹細胞からなる臓器を作出することの是非や，研究者がコミュニケーション活動を実施する障壁などについても分析が実施された．重要な点は，人社系のメンバーの参画によって，調査結果が単なる報告書ではなく，査読付きの国際的な学術雑誌に掲載され，再生医療に関するコミュニケーション活動を実施する堅牢なエビデンスを構築できたことが挙げられる．このほか，大規模な講演会が実施されないような小規模な都市の科学館を基盤とした継続的なコミュニケーション活動の実施や，低関心層に向け，美術館でのアーティストトークの実施など，多彩な活動を実施している．

◆さらなる「リスク」に備えるために　新たな法律が制定され，学会の主導によるリスクコミュニケーション活動が活発化する中でも，2017年6月に，11の医療機関が再生医療等安全性確保法違反（届出なしの再生医療の提供）を行ったとして，提供の一時停止を命じられていたことが発表された．これらの医療機関では破綻した民間の臍帯血バンクから流出した臍帯血を投与しており，この行為は「第一種」に該当する極めてハイリスクなものであった．こうした事態が起こったことは大変遺憾なことであったのは間違いないが，再生医療等安全性確保法がなければ，摘発することはできなかった事例である．事後とはなってしまったが，脱法行為を行おうとする医療者に対しては有罪判決もあるという戒めであり，社会への大きな注意喚起にもつながった．

また，再生医療学会では，今回の事例とリスコミ事業から得た知見をもとに，日本医療研究開発機構（AMED）「再生医療臨床研究促進基盤整備事業」の一環として，患者と双方向のコミュニケーション活動を実施する「患者相談窓口」を設置するとともに，再生医療に関するポータルサイトを構築し，市民・患者がどのような点で困っているのかを理解し，ケアするための体制を整備している．

エマージングテクノロジーは，これから社会へと浸透していくものであるため，定性的に「このような手法をすればよい」といったモデルを構築することは難しい．そうした見地から，実際の研究現場に関与する研究者でなければ見えてこないリスクの所在は少なくない．その一方で，当該分野の研究者がコミュニケーションに関する知識を十全にもつことはないため，リスク研究への知見を持った研究者との協働を欲しているが，そのルートについて未開拓である場合がほとんどといえよう．叶うならば，人社系研究者は学会などの研究現場に出向いたり，研究推進を担当する省庁との連携を緊密にし，「転ばぬ先の杖」として活動する場を自ら拡充していくことが一層求められる．　［八代嘉美］

📖 参考文献
・スラック，J. 著，八代嘉美訳（2016）幹細胞：ES細胞・iPS細胞・再生医療，岩波科学ライブラリー．
・ムカジー，S. 著，田中文訳（2018）遺伝子 親密なる人類史（上・下），早川書房．

【13-14】
ドローンの登場と社会の環境整備

2000年代，携帯電話・スマートフォンのために，リチウムポリマー電池やマイクロコントローラチップ，各種センサー，無線技術の小型化・高性能化・低価格化が進んだ，そして同時期に，4つのプロペラの回転速度を制御することでヘリコプターより容易に飛行できる新たな飛行方式の研究が進展したことを受け，1930年代まで遡れる軍用目的の無人固定翼機や，1980年代，世界に先駆け日本が開発した農薬散布利用を目的とする無人ヘリコプター等とは異なる技術系統と言えるマルチコプターが出現した．その手軽に利用できる制御方法と価格帯から，2010年代に一気に世間の注目を集め，ホビー利用や空撮目的を中心に利用され，”ドローン”という言葉は世界に定着し，身近なものとなった．ドローンという用語はもともと軍用目的の無人航空機のイメージが強く，UAS（unmanned aerial system），UAV（unmanned aerial vehicle）といった言葉を国内外の専門家は利用し世間にも推奨していたが，現在のドローンブームを牽引したフランスParrot社のマルチコプターの製品名「AR. Drone」がきっかけか，社会には無人航空機を指し示す言葉として“ドローン”が定着している．一般的には，ドローンというと，軍用目的の無人固定翼機よりも，ホビーや商用利用目的の比較的小型のマルチコプターをイメージする人が，世界でも日本でも多くなったが，ここでは，特に断りがない限り25 kg以下の小型で，ホビーや商用利用の，その形態，固定翼・ヘリコプター・マルチコプター等は問わない無人航空機をドローンと称し，解説する．

◆首相官邸屋上でのドローン発見と法改正　2015年4月22日，首相官邸屋上でドローンが発見されたことを受け，同週には関係省庁連絡会議が開催され，それまで目立った動きのなかったドローン法整備の議論が日本で一気に進んだ．同年9月には改正「航空法」公布，12月には施行という異例のスピードでドローンは規制されることとなった．改正「航空法」により，地表水面150 m以上の空域，人口集中地区（DID）の上空，空港周辺の空域での飛行は原則として禁止され，その空域での飛行には国土交通大臣の許可が，また，飛行ルールとして，夜間の飛行，目視外飛行，地上または水上の人または物件より30 m未満の飛行，イベント上空飛行，危険物輸送，物件投下も禁止され，その飛行には国土交通大臣の承認が必要になった．なお，2017年度より，上記の国土交通大臣の許可や承認は，地方航空局局長の許可や承認に変更されている．

「それまで目立った動きのなかった」というのも，2015年3月に筆者が関係省庁の担当者に，ドローンの規制について話を伺う機会があったが，もっぱらオモチャのイメージが先行する話題のマルチコプターなどに関して，航空機を対象とする「航空法」で管理すべきか，それとも警察が管轄すべき事項なのか判断しづらいといった様子であった．2015年4月22日の事件は，新しい技術の出現と新しい空の利用方法に伴う新たなプライバシー，セキュリティ，そして第三者の安全リスクへの対応責任者が決まっていない中でまさに発生し，政府が新しいリスクに緊急に対応した興味深いケースである．

さらに言えば，2015年初頭は，それまで新しい技術・身近な空の利用への期待に，ドローンに好意的な特集がメディアに散見されていた頃であった．本事件により，そのムードは一転，ドローンへの不安に焦点を当てた報道一色となった．それから2年後，ドローンの利用に対するニュース性が薄れていたが，2017年11月4日，大垣市のイベントでドローンが墜落し子供を含む6名が負傷し，再びドローンは大きなニュースになった．技術に関する進展や課題に大きな変化がなくとも，事件発生によるリスクの表面化により，社会におけるその技術の印象が大きく変化することをドローンは経験している．特に不安が広がった際に，社会の強い要求のもと，制度設計，環境整備の加速化が試みられるものの，専門的知識が追いつかないことが多い．いまだドローンの技術や利用に関する課題，すなわち性能や技量に関する経験やデータ不足と技術発展の必要性が残っている．世界でも同様の問題意識があり，世界が協調して制度設計・環境整備の議論が行われているのは，ドローン分野の特徴である．

◆安全，安心，そして経済的なドローンの利用に向けて　変化の激しいドローンの技術や利用方法に対し，空や地上の安全や信頼の確立，セキュリティやプライバシー（さらにデータ保護，環境問題）の課題がある．一方で，その潜在的な大きな価値（危険な場所での人の仕事を減らすことができ，新規ビジネスチャンス創出，効率化，雇用創出につながる）のために，空に安全にアクセスできるように，無人運行管理システム（UTM：unmanned aircraft system traffic management）のような支援サービスと適切な制度の早急な確立が必要だというのが世界で共通する認識である．

改正「航空法」の施行に合わせるように，2015年12月10日，「小型無人機に係る環境整備に向けた官民協議会」が発足した．ドローンについて，安全確保，利用促進，技術開発など様々な視点からの課題を，関係する幅広い関係者の知見を結集し，継続して議論，解決していくためのわが国におけるプラットフォームである．特に，2018年にドローンによる荷物配送を実現させるための環境整備を目標に議論を積み重ね，その経過は「小型無人機に関する安全・安心な運行の確保等に向けたルール」や「空の産業革命に向けたロードマップ」等にまとめられ，随時公開されている．また，優先度の高い事項に関しては分科会が設置され，これまでドローンの安全確保，有人機との安全確保，そして第三者上空や目視外飛行に関する検討会が官民協議会のもとに設けられてきた．

◆ドローンが社会に普及した場合の社会のリスク　最大の懸念は，ドローンの空中衝突または墜落による人的被害，そして物件損傷である．そして，カメラのついた操縦しやすいドローンの普及によりプライバシーの侵害リスクが高まり，また空中から取得される様々なデータの管理に注意を払う必要がある．さらに，上記のリスクに対応した規制が整備されたとして，遠隔から操縦可能なドローンに対し，違法行為の把握や取締りの難しさも，ドローンと人の安全・安心な共生社会の実現に向けて考慮すべきリスクである．以下に，ドローンの第三者安全リスクとドローン利用者の把握について，業界の取り組みを紹介する．

ドローンの空中衝突や墜落等による第三者の安全リスクについて，欧米での昨今の議論がとても興味深い．欧米では，有人機の議論を踏襲して，1飛行時間あたりの致死率をどこまで抑制するか議論する傾向がある．リスクを可視化し，社会が許容できるリスクレベルを議論し，それを達成するのであれば手段を指定しないパフォーマンスベースアプローチ，またはリスクベースアプローチをとることで，リスクに対して効率的でイノベーションを阻害しない環境づくりを目指している，一方，リスクの定量化は非常に難しく，また，航空レベルのリスクを目指すべきか，あるいは自動車レベルのリスクを目指すべきか，合意にいたるのは難しい．

欧州ではもともと，150 kg 以下の無人機については各国がそれぞれ規制を設けていたが，欧州において統一した規制をという通達が 2015 年に出され，現在も統一に向け，議論が欧州安全航空局（EASA）を主体に進められている．産業発展と安全確保の調和のため，リスクベースアプローチをとると宣言されており，リスクに応じて運航を「公開（open）」「特例（specific）」「認証（certified）」の 3 レベルに分類した政策をとる予定で議論は進んでいる．

「公開」レベルとは，地上設備，人的被害の程度が極端に低い運用に適用される分類で，操縦者資格や耐空証明は不要である．その飛行は目視範囲内（500 m），高度 150 m 以下に限定し，安全装置は各メーカーに委ねられる見通しである．「特例」レベルは「公開」レベルよりリスクが高い運用概念に適用し，操縦者資格，耐空証明と規制当局による安全レビューが必要とされ，さらに有人機との共有空域を使用する際は航空管制の許可が必要となる見通しである．「認証」レベルは，リスクが高い運用概念に適用され，有人機と変わらない条件，さらにコマンドコントロール（c2）リンクと衝突回避装置（DAA）の別途認定が必要となる見通しである．この中で，「特例」とされるレベルの運用が，ドローンの商業利用の環境として注目され，迅速で的確な承認・許可が政府によってなされることが事業性にとっては重要であり，システマティックに判断できる手法 SORA（specific operations risk assessment）の開発が検討され，第 1 版が欧州当局も参加する無人機システムの規則に関する航空当局間会議（JARUS）より 2017 年 7 月 31 日に発行された．SORA では，空中衝突や墜落等による第三者への致命的損傷または物件への深刻な損傷を防ぐべきハザードとし，それらを引き起こす要素として，機体の技術的問題，ヒューマンエラー，航路の干渉，悪運航環境，支援システム不具合の5つを特定し，それらの要素を引き起こさない手段，および，それらの要素が発生しても致命的な損傷を引き起こさない手段についてガイダンスを提供している．また，リスクは深刻さと頻度の両面で見る必要性を主張し，定量的アプローチの困難さに言及しながらも，1飛行時間あたりの致死率について現航空機レベルの10^{-6}を参照値とするのが「特例」レベルの概念と記述している(JARUS 2017)．

ドローン利用者の把握については，有人航空機の場合，登録・追尾・識別により，衝突回避や万が一の事故の際の責任追及の環境が整っている．低高度空域利用のドローンに対し，事前の機体や操縦者の登録と，空の衝突回避のための飛行計画提出・空域や無線の調整・天候等様々な情報の取得，さらにはリアルタイムの位置情報共有によるドローンの監視や，誰が利用しているのか識別可能とすることが，現在制限されている目視外飛行を可能にする空の状況把握インフラとなり，社会の安心にもつながると，UTMの研究・開発が始まっている．

アメリカ航空宇宙局（NASA）エイムズ研究センターの研究グループが，2013年からUTMの研究や政府・企業との連携（NASA UTM）を開始したのが一番早く，2016年5月にスイスを本拠地とする企業コンソーシアムGUTMAが設立され，技術標準に関する分科会を運営，欧州では2017年5月に，U-Spaceの名のもと，UTM研究開発のキックオフワークショップが開かれた．またUTMの社会実装のさきがけとして，米国では2017年10月に，複数の国内の空港にて，低高度ドローン飛行許可システムLAANC（Low Altitude Authorization and Notification Capability）のサービスを始めた．米国には多数の空港があり，空港まわりのドローンの飛行にはアメリカ連邦航空局（FAA）の許可が必要で，その許可を得るにはこれまで数か月かかっていたのが，LAANCを利用することにより数秒で得られることになった．デジタルにドローンの飛行計画を航空局は得られ，有人機の安全管理の面でメリットがあるため，米国では対象の空港や，LAANCサービス提供業者を増やしている．わが国でも，日本無人機運航管理コンソーシアム（JUTM）は，ドローンを含む無人機にかかわる各種施策実現の支援と事業化を推進するための実行組織として，2016年7月に設立され，各種ワーキンググループや実証実験を行い，国内外の関連委員会で発表，知見提供する役割を担っている．

空の産業革命と称されるドローンを安全に利活用するためには，従来の行政や産業インフラ等に少なからず革命が必要である．　［中村裕子］

📖 参考文献

・鈴木真二（監修），（一社）日本UAS産業振興協議会（編）（2016）トコトンやさしいドローンの本，日刊工業新聞社．
・鈴木真二（2017）ドローンが拓く未来の空：飛行機のしくみを知り安全に利用する，化学同人．
・野波健蔵（2018）ドローン産業応用のすべて：開発の基礎から活用の実際まで，オーム社．

【13-15】
生活支援ロボットと安全性の確保

少子高齢化による人材不足が問題となると同時に，国際的にもトップレベルのロボット技術によって，介護・福祉，家事，安全・安心等の生活分野での社会的課題の解決が期待されている．しかしながら，産業ロボットとは異なり，生活支援ロボットはその安全性が，利用者のみならず，事業化する企業の訴訟リスクを低減するという観点から，求められている．その中で，安全性検証を行う認証機関・試験機関，安全基準に関する国際標準等の整備が急務とされてきた．

同時に，各地方自治体などで推進されている特区では，地元企業の作ったロボットを用いた実証実験が開始されているが，実際の介護施設などでの実証実験には，前述の安全審査はもとより，機能評価，さらに倫理審査は必要不可欠である．

以上のことを，ロボット革命イニシアティブ協議会が「社会実装ガイドライン（俗称）」（ロボット革命イニシアティブ協議会 2016）でまとめたように，設計，実証実験，社会実装段階に分けて解説し，さらに社会実装学についても言及する．

◆生活支援ロボット安全検証センター 茨城県つくば市にある「生活支援ロボット安全検証センター」は，2009 年から 2013 年までの 5 年間の国立研究開発法人新エネルギー・産業技術総合開発機構（NEDO）の“生活支援ロボット実用化プロジェクト”の一環として，18 の試験装置などを整備すると同時に，認証プロセスの手助けとなる，チェックシートやリスクアセスメントのひな形などを公開している（図 1，図 2）．NEDO プロジェクトの成果としては，機械安全規格の C 規格の 1 つとして，2013 年 2 月に ISO13482 が正式に発行し，ドラフト版での認証と合わせると，2017 年 10 月時点で合計 13 件の JQA（日本品質保証機構）での認証実績を有している．

現行のプロジェクトである，2013 年から 2017 年までの 5 年間の経済産業省の“ロボット介護機器開発・導入促進実証事業”に引き継がれ，現状は生活支援ロボットから，ロボット介護機器にスコープを絞った安全性の評価手法などの研究を継続している．同時に，同センターでは，“ロボット介護機器開発・導入促進実証事業”に関わってい

図 1 生活支援ロボット安全検証センター

ない企業からも，見学や技術相談にも応じており，必要とあれば依頼試験や認証を受けることも可能な体制となっている．

◆社会実装ガイドラインと特区における実証試験のあり方

昨今の地方自治体のロボット関係の特区において，屋外や施設などにおいて実証実験が盛んに行われつつあるが，現状を見てみると，その安全性などのための体制はばらばらである．また，2020年の東京オリンピックにおいても，何らかのロボットで日本の技術水準の高さを見せることが期待されている中で，ロボットシステム自体の安全性を考慮した完成度もさることながら，その運用体制や保険，保障なども含めたガイドラインの制定が急がれる．

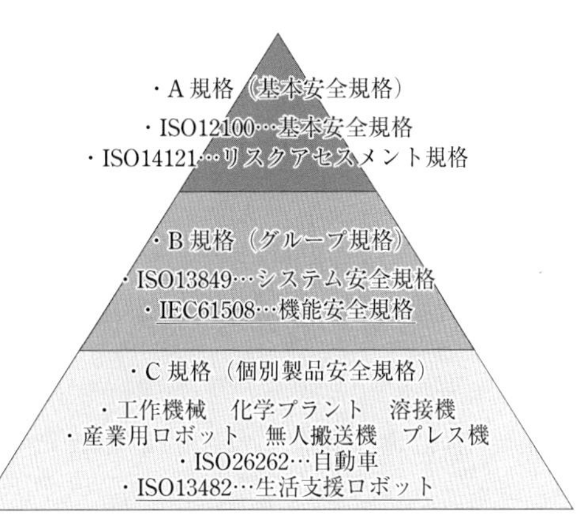

図2　ISO13482の位置づけ

生活支援ロボットのうち，移動作業型，搭乗型，および装着型身体アシストロボットの設計，実証実験，販売および運用等の各段階において遵守すべき事項を定め，もってロボットおよびロボットシステムの安全性を確保することを目的として，ガイドラインにまとめられている．ロボット革命イニシアティブ協議会のロボットイノベーションWGに設置された「ロボット活用に係る安全基準／ルールサブWG」における活動成果として，ガイドライン「生活支援ロボット及びロボットシステムの安全性確保に関するガイドライン（第一版）」を2016年6月に公表した．

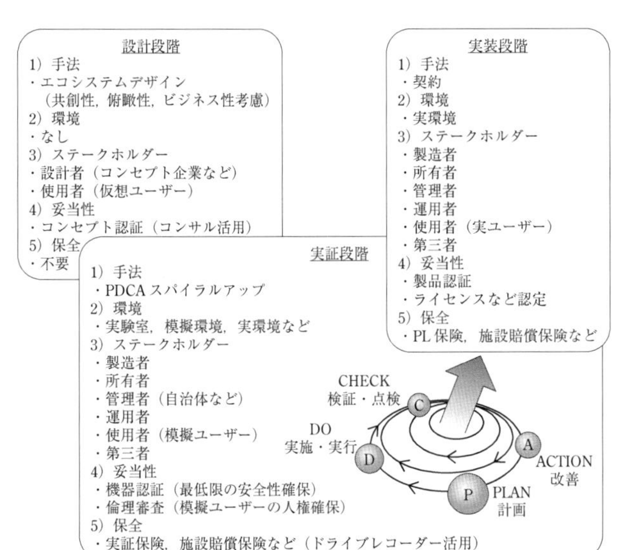

図3　社会実装ガイドライン

最低限の評価を経ると同時に，その運用管理体制についても規定することは，今後のロボットの実証実験を，事故なく，そのノウハウを効率的に蓄積し，将来において，ロボットが人間生活に入り込むためのルールを確立していくためにも，避けられない過程である．

◆社会実装学　「Think About the End Before the Beginning」この文句は，ダビンチが言ったとされ，システムエンジニアリングの標語であるが，ロボットを作る際に，そのロボットが創り出す世界観をイメージしなければ，社会実装がうまくいかないということである．多くの議論が陥りがちである，道具である「ロボット」という“単語”と“物理的な実態”に捉われるあまり，本当に何が必要とされているのかを見失う．図4は，先に述べた生活支援ロボット安全検証センターを構築する際に，生活支援ロボットが社会実装された場合どのようなポジションになるかを，国内外のアンケート調査から位置づけしたものである．

そもそも，何のためのロボットかという疑問について考える際に重要な視点は，「ユーザーはロボットというモノが欲しいのではなく，ロボットが提供するサービスが欲しい」ということである．サービスを提供してくれるのであれば，手段的にロボットであっても人間であっても，はたまた，仮想空間の情報操作で実現したものであっても，ユーザーは手段を意識はしていないということである．昨今の若者の車離れと同じで，昔は自動車に憧れ，特定の自動車をステータスシンボルとして保有することが満足につながったが，そのような時代は終わり，公共交通機関が十分に発達している場合には，自動車を持つよりも公共交通機関を利用したほうが“安価”，“快適”，“便利”，“高速”であるということに気づき始めたのではなかろうか．そのため，自動車の設計手法も今までのようにモノとしての

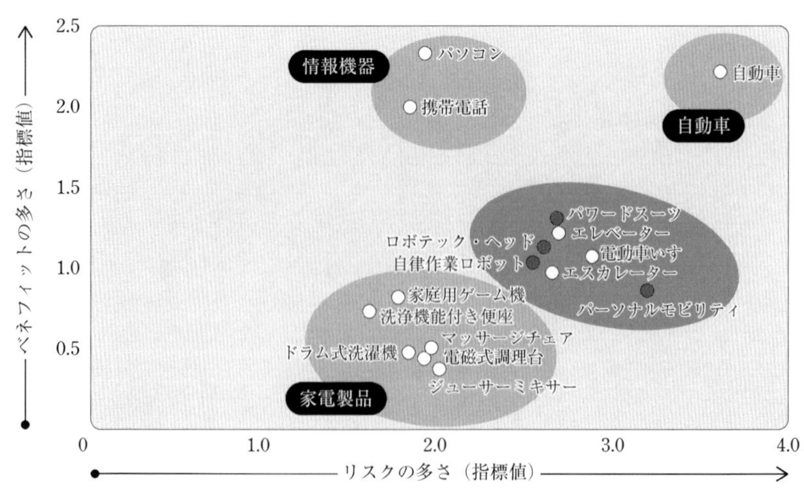

産業技術総合研究所　「製品の安全性イメージに関する調査」（2010年11月実施）

図4　リスクとベネフィットのバランス

視点から，コトを提供する道具としての視点への転換を余儀なくされている．

何のため，という問いに対して，「理念」を持ったものづくりが求められている（野中 1996）．

◆俯瞰的システムデザイン　前述のように“モノとしてのシステム”，さらには“サービスシステム”，人を含んだ社会をマクロに考えると，社会自体が1つのシステム“社会システム”（横山 2012，前野 2014）であるという考えも可能である（図5）．つまり，社会の中でモノとしてのシステムが果たすべき役割，人の役割，サービスの役割を明確にして，社会制度の中にモノを取り組むことで，各ステークホルダーがどのようなベネフィットとデメリットを得る可能性があるのかを，社会システムとして俯瞰的に捉えたデザインを行い，法制度や社会インフラ，さらにはモノとしてのシステムはどうあるべきかを総合的にデザインすることが重要である．

近年の地方自治体からの生活支援ロボット安全検証センターへの見学依頼の増加，さらには特区を遂行している自治体の増加を俯瞰していると，緊急にその実施におけるガイドラインを制定することは必要不可欠である．そのガイドラインの考え方自体が，来る2020年の東京オリンピックなどにおける実証実験，さらには将来の人とロボットの共存において，非常に重要な知見になることを期待する．［大場光太郎］

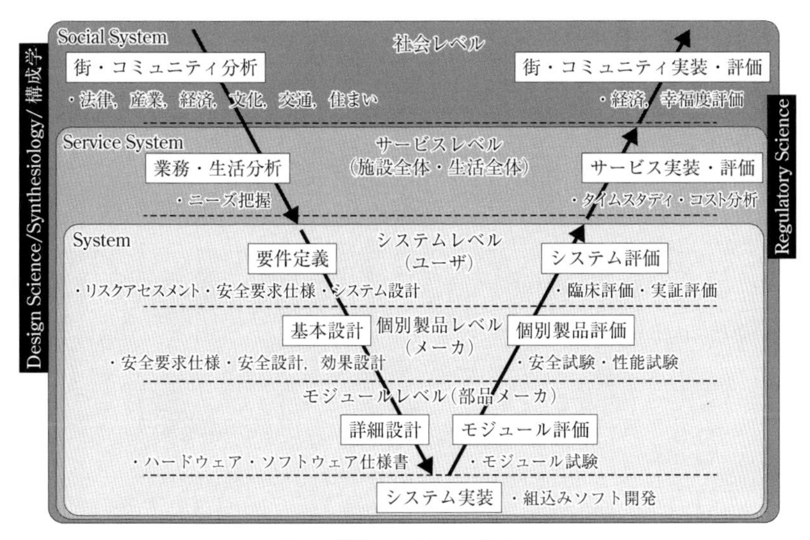

図5　俯瞰的システムデザイン

参考文献

・ロボット革命イニシアティブ協議会（2016）生活支援ロボット及びロボットシステムの安全性確保に関するガイドライン（第一版）（閲覧日 2019年4月）．

【付録】
一般社団法人
日本リスク研究学会の歩み

◆学会前史と設立趣旨　日本リスク研究学会が発足する5年前の1983年に，米国のリスク分析学会（Society for Risk Analysis=SRA）で活躍しているリスク研究者や専門家が筑波研究学園都市を訪れ，「リスク評価とリスク管理の日米比較」という共同ワークショップが行われた．そこでは，リスク問題の日米比較のためにリスク事例を取り上げて両国のリスク評価の手法，リスク管理の進め方が議論された（Ikeda，1989）．その4年後の大阪大学で行われた第2回目も含めて，リスク研究の深さと現実の行政政策への適用の圧倒的な差異に大きなインパクトを受け，同様な研究組織の設立への動機となった．

1988年6月25日，東京神田の学士会館で60余名の参加を得て設立総会が開催され，会長に末石冨太郎（大阪大学），副会長に横山栄二（国立公衆衛生院），事務局に筑波大学社会工学系池田三郎研究室を選出して発足した．学会の設立趣意書では，「我が国は高度産業社会としてその産業経済の規模を拡大し，情報化社会へとその内容を大きく変化させてきました．これらの発展の原動力である科学・技術はその革新的な効用と共に，技術の開発と運用に係わるさまざまな不確実性（リスク）が内包されているために，それらのリスクの適切な評価と管理に対して広く科学者や市民の関心が高まってきました．」としており，学際的かつ国際的な視野を持つ学会組織の発展の必要性を強調している．

◆「安全の科学」から「リスクの科学」へ（1988～98年）　学会誌創刊号の巻頭論文で，初代会長の末石冨太郎は，不確実性を研究対象とする「リスク学」自体は，科学としての「完全分析」ができないゆえに，その研究のスタイルとパラダイムにおいて，「科学政策」や社会の「文化」という暗黙の外的な枠組みからのがれることはできないことを指摘した．このような先駆的な指摘を受けて，最初の数年間は，それぞれの専門研究分野（防災科学，公衆衛生，環境医学，環境工学，放射線科学，保険学，社会心理学，災害心理学等）における「リスク」に関連する研究の相互理解を深めることから始まり，個別分野における「安全の科学」から，「リスクの科学」への方向を模索する時期であった．

図1　日本リスク研究学会誌

その後，「リスク学の体系化」に向けた「リスク学事典」（学会誌版）を編集することになり，リスク学を構成する学際的な数十項目を選び，それらの簡潔な解説を，会員が中心となって執筆するという形式で「リスク学の体系化」を行なった（図1）．その結果が学会誌特別号「リスク学のアプロ

図2　Journal of Risk Research

ーチ」（第5巻第1号，1993年）である．この事業の成果は，「リスク概念」の学際性と「リスク学」の枠組みの内容を政策科学として体系化を試みたことである．これにより，リスク評価とリスク管理のための情報の定量化，規格化を可能にし，さまざまな内容と状況にあるリスクの相対的な比較の手段・指標を提供し，リスクコミュニケーションも含めて日常的なリスク管理への指針を議論するための基礎となった．1995年に日米の共同学会を両国の中間に位置するハワイで開催し，日本からは約40名の参加を得た．その成果は学会誌第8巻第2号（1997）ハワイ学会論文集となっている．

1997年に文部省科学研究費を受けて，「環境リスクの社会的管理手法の総合的研究」という新しい学際的な評価科学を目指した研究プロジェクトの提案を行った（本学会誌第10巻，1998）．そこでは，環境・技術リスク研究を組み立てる総合的な枠組：①米国科学研究審議会（NRC）の枠組－リスク研究，謬価，管理の機能的区分，②科学と文化による政策科学的分析の枠組－リスク（不確定性）への多元的評価軸，③学際的，横断的な対話の枠組－リスクの認知とコミュニケーションの重視，これらの3つの基本的な枠組みを取り入れたリスクの社会的な管理手法の総合化の研究プロジェクトを提案した．

◆国際展開とリスク概念の普及（1999～2009年）　1995年には米国のSRAとハワイで合同学会を持ち，1997年にはSRA Europeと共同責任編集の学術誌（Journal of Risk Research）を創刊した（図2）．さらに，アジア諸国のリスク研究者との関係を強化するために，1998年11月．には，北京で東アジア諸国（中国，韓国等）のリスク研究者と共同学会を開催し引き続き第2回を神戸大学（2001）で，第3回を韓国梨花女子大学（2004）で行い，韓国をはじめとして北東アジア諸国の研究者との協力と連携の強化を図ってきた．2003年6月にはリスク世界会議（ブリュッセル，ベルギー）がSRAを主催者として関連の国際学術団体を含めて組織され，日本リスク研究学会も2つのセッション（アジアのリスク問題と防災リスク）を組織した．そこでは21世紀におけるグローバルなリスク学の構想に向けた白書作り等の作業が行われ，「リスク分析と社会」（McDaniel and Small（eds.），2004）として刊行された．

一方，国内で初めてとなる『リスク学事典』が，2000年に阪急コミュニケーションズから出版された．この中で，リスク学の領域を8章に分け，章ごとのはじめに概説を配し，章全体が見渡せるような記述とした．概説に続く中項目は各章15前後で構成し，原則見開き2頁で解説した．また中項目で解説できなかった専門用語を簡素に説明し，小項目として巻末に配した．その後，2006年には『増補改訂版リスク学事典』を発行し，鳥インフルエンザ，エイズ，牛海綿状脳症（BSE），ダイオキシン，産業廃棄物，土壌・水質汚染，食品添加物，モラル・

ハザード，地震，地球温暖化，遺伝子組換え，環境ホルモン，医療上リスク，金融リスクなど，リスクに関わるさまざまな現象を取り上げ，その最新の研究成果と対応策を解説した．さらに，2008年に丸善から出版した『リスク学用語小辞典』は，リスク関連用語の辞典として本邦初となる書であり，全12領域・約1,600語を収録し，広範かつ専門性の高い用語を平易に解説している．

こうした出版活動とともに，2004年には優れたリスクコミュニケーションの担い手を養成しリスクコミュンケーションを支えるシステムを構築することを目的として，講習形式のリスクコミュニケータートレーニングプログラムを実施した．その中で，効果的なリスクコミュニケーションやそれを支えるシステムづくりなどを取り上げ，O157事件への対応やMTBE（メチル-t-ブチルエーテル）による地下水汚染を具体事例として扱った．

このような活動を発展させるものとして，大阪大学で2006年から4年間実施された「環境リスク管理のための人材養成」プログラム（代表：盛岡通）を軸に，個別のリスク事象に対応するのみならず，統合的かつ複眼的にリスクを捉えてシステム的思考によって問題解決を図る能力を育成する教育プログラムを認定し，人材の養成・教育システムの構築を目的として，リスクマネジャ養成プログラム認定制度を開始した．これは，学会が定める認定・審査基準を満たす教育プログラムに対して，「リスクマネジャ養成プログラム」としての認定を行う制度で，認定された養成プログラムを修了した受講生のうち希望者を，「リスクマネジャ」として本学会に登録するものである．この制度への登録者は，約100名に上っている．

◆一般社団法人化と東日本大震災対応を含めた活動の深化（2010年～） 2010年5月20日に，日本リスク研究学会は一般社団法人の登記を完了し，新たなスタートを切った．その後，2011年3月11日に発生した東日本大震災と福島第一原子力発電所の事故が続き，自然災害と原子力発電所の事故という2つの大きなリスクと向き合うことになった．東日本大震災直後，頻繁な余震の発生，そして，福島原子力発電所事故の影響で様々な情報が飛び交い，市民にとっては不安な日々が続いていた．そこで，本学会では，その不安や疑問を少しでも解消するために，市民から質問を受け付け，リスクの専門家として回答するためのWebサイトとして，「一般社団法人 日本リスク研究学会 災害対応特設サイト」を3月20日に開設した．Webサイトは当時の学会長と数名の学会員がボランティアで設置・運営し，市民から受け付けた質問毎に，その分野で専門的知見を有する学会員に回答を募り，結果をWebサイト上で公開するという流れで行われた．回答においては，リスクに関する専門的視点に立ちながらも，理解しやすい表現や様々なリスクの総合的な理解を促すよう努めた．

また，2011年8月に東日本大震災対応特別委員会を設置し，リスク学の視点から分野横断的に研究を集約し，情報を発信する取組を行ってきた（前田ほか，

2014）．そこには次のような狙いがあった．第一に，会員からの意見を聴き，震災に対する会員の活動を集約すること，第二に，学際的なリスク分析学の立場から情報を発信すること，第三は，これまでのリスク分析のアプローチでは対応できなかった残された課題を明らかにすることであった．このような考え方から，2011年11月に開かれた年次大会においては，リスク学から見る「想定外」：低頻度大規模災害（LPHC）リスクのアセスメント・ガバナンス再考，東日本大震災からの復興の課題と対応：リスクに協働して対処する側面から，という二つの特別セッションを設けた．さらに，海外への情報発信として，英文冊子が作成され，2013年3月11日に公開された（The committee of the Great East Japan Disaster, 2013）．内容は4部から構成され，第1部は東日本大震災とその後の本学会の取り組みの経過についての報告，第2部は「想定外」問題についての考察，第3部はリスクガバナンスの弱点についての議論，第4部はリスクコミュニケーションに関する研究となった．

こうした取り組みとともに，2013年度から特定のテーマについて会員が取り組むタスクグループ（TG）の活動を始め，次のようなテーマで取り組みが開始された．リスク教育TGでは，リスク教育タスクグループでは，市民に“リスク”の考え方を普及するために，新たなリスク教育システムの構築を目指している．リスクコミュニケーションTGでは，科学技術振興機構科学コミュニケーションセンターとの共同研究により，リスクコミュニケーション研究及び実践の現状に関する分野横断的調査（2015.3）が行われた．こうした取り組みは文部科学省によるリスクコミュニケーションモデル形成事業の支援や日本科学未来館との連携につながっている．リスク用語TGでは，国際機関や国際規格，また社会の動きに応じたリスク分野に関連する用語の整理を行い，レギュラトリーサイエンスTGでは，リスク評価に関する科学的な知見と行政による規制や基準等の施策との関係を扱い，より望ましいリスク管理のあり方を検討している．

一方，国際的には韓国，台湾をはじめとするSRAメンバーと連携して，2018年3月に東アジアリスク会議を関西大学高槻キャンパスで開いた．こうした取り組みのなかで以前から交流があった東アジアのSRAメンバーと連携して，アジア全域のSRAメンバーとの交流をより深めていく取り組みが具体化してきている．

［村山武彦］

（※注）本項目は，次の文献を要約するとともに，その後の経過を追記したものである．

・池田三郎（2006）「日本リスク研究学会小史」，増補改訂版リスク学事典，36-37，阪急コミュニケーションズ．
・新山陽子（2015）「日本リスク研究学会の活動紹介」，ATOMOΣ, 57（3），83-84

和文引用参照文献

あ

粟飯原景昭，内山 充編著（1983）食品の安全性評価，学会出版センター.
青木節子（2006）日本の宇宙戦略，慶應義塾大学出版会
青木将幸（2012）ミーティング・ファシリテーション入門：市民の会議術，ハンズオン！埼玉出版部.
浅見真理，松井佳彦（2016）水道における化学物質・放射性物質の管理と制御，水環境学会誌，39A（2），48−53.
阿部彩（2015）貧困率の長期的動向：国民生活基礎調査 1985〜2012 を用いて，厚生労働科学研究費補助金（政策科学総合研究事業〈政策科学推進研究事業〉）「子どもの貧困の実態と指標の構築に関する研究 平成 26 年総括報告書」.
有村俊秀，岩田和之（2011）環境規制の政策評価：環境経済学の定量的アプローチ，上智大学出版.
有村俊秀ら（2012）地球温暖化対策と国際貿易：排出量取引と国境調整措置をめぐる経済学・法学的分析，東京大学出版会.
安全・安心科学技術及び社会連携委員会（2014）リスクコミュニケーションの推進方策，54.
生田奈緒子（2018）化学物質のリスクに関するリテラシーを育てる初等・中等教育の現状と課題：日本と諸外国の教科書の比較から，みずほ情報総研レポート，15，1−21.
井口暁（2019）ポスト 3.11 のリスク社会学：原発事故と放射線リスクはどのように語られたのか，ナカニシヤ出版.
石川和幸（2009）なぜ日本の製造業は儲からないのか，東洋経済新報社.
石山徳子（2004）米国先住民族と核廃棄物，明石書店.
伊藤和也ら（2017）我が国の自然災害に対するリスク指標の変遷と諸外国との比較，自然災害科学，36-1，73-86.
伊藤美登里（2017）ウルリッヒ・ベックの社会理論：リスク社会を生きるということ，勁草書房.
岩崎雄一（2016）生物群集の応答から金属の“安全”濃度を推定する：野外調査でできること，日本生態学会誌，66（1），81−90.
岩田正美，西澤晃彦（2005）貧困と社会的排除，ミネルヴァ書房.
岩田正美（2007）現代の貧困：ワーキングプア／ホームレス／生活保護，筑摩書房.
植田和弘ら訳，武内和彦監修（2014）国連大学包括的「富」報告書 2012，明石書店.
ウエノフードテクノ（2016）リスクと上手につきあおう（閲覧日：2018 年 8 月 15 日）.
植村振作ら（1988）農薬毒性の事典，三省堂.
宇沢弘文（2000）共通的社会資本，岩波新書.
内田良（2015）「教育」のリスク：組体操事故から考える，日本リスク研究学会第 28 回年次大会講演論文集.
内田浩文（2016）金融，有斐閣.
内田剛史ら（2008）廃棄物処理工程における火災・爆発事故解析，神奈川県産業技術研究報告，14，19.
内山 充（1987）Regulatory Science，全厚生職員労働組合国立衛生試験場支部ニュース，1987 年 10 月 28 日.
内山 充（1989）レギュラトリーサイエンス：人生を健やかにする科学技術のコンダクター，厚生，44（1），32.
内山充（2002）レギュラトリー・サイエンスとは，日本リスク研究学会誌，13（2），5−10.

エーオンベンフィールドジャパン株式会社（2017）保険リンク証券市場について，2017年5月.
NHK放送文化研究所（2017）復帰45年の沖縄，調査.
NHKクローズアップ現代プラス（2017）沖縄復帰45年深まる本土との“溝”.
江間有沙（2017）倫理的に調和した場の設計：責任ある研究・イノベーション実践例として，人工知能，32（5），694-700.
及川喜久雄，北野大（2005）人間・環境・安全：くらしの安全科学，共立出版.
大沢真理（2007）現代日本の生活保障システム，岩波書店.
大竹文雄（2005）日本の不平等：格差社会の幻想と未来，日本経済新聞出版社.
大塚直（2016）環境リスクの法政策的検討，日本リスク研究学会誌，26（2），91-96.
大坪寛子，山田友紀子（2009）食品領域における市民のリスク認知構造：サイコメトリック・パラダイムの応用による検討，日本リスク研究学会誌，19（1），55-62.
岡敏弘ら（1999）「期待多様性損失」指標による生態リスク評価とリスク便益分析，環境経済・政策学会1999年大会発表.
小笠原紘一（2015）中小規模水道における水道事故時の対応について，水道，60（1），20-26.
岡田有策（2005）ヒューマンファクターズ概論：人間と機械の調和を目指して，慶應義塾大学出版会.
緒方裕光（2011）放射線の健康リスク評価，保健医療科学，60（4），326-331.
岡部光明（2011）経済政策の目標と運営についての再検討：二分法を超えて（序説），明治学院大学国際学研究，39，1-18.
岡村秀夫ら（2017）金融の仕組みと働き，有斐閣.
岡本浩一（1992）リスク心理学入門：ヒューマンエラーとリスク・イメージ，サイエンス社.
小川喜道・杉野昭博編（2014）よくわかる障害学，ミネルヴァ書房.
沖縄県環境部環境政策課基地環境特別対策室（2017a）沖縄県米軍基地環境調査ガイドラインについて（閲覧日：2019年1月1日）.
沖縄県環境部環境政策課基地環境特別対策室（2017b）沖縄県米軍基地環境カルテ（閲覧日：2019年1月1日）.
沖縄県企業局（2018）企業局における有機フッ素化合物の検出状況について（閲覧日：2019年1月1日）.
沖縄県（2015）駐留軍用地跡地利用に伴う経済波及効果等に関する検討調査.
小野恭子（2013）化学物質安全のためのレギュラトリーサイエンス：化学物質のリスク評価・管理の観点からの考察，環境科学会誌，26，440-445.
小俣謙二・島田貴仁（編）（2011）犯罪と市民の心理学：犯罪リスクに社会はどうかかわるか，北大路書店.

か

外国人集住都市会議（2017）外国人集住都市会議の概要（閲覧日：2018年1月25日）.
開沼博（2015）はじめての福島学，イースト・プレス.
外務省（2002）持続可能な開発に関する世界首脳会議実施計画（和文仮訳）（閲覧日：2019年3月29日）.
外務省（2015）仙台防災枠組 2015-2030（仮訳）（閲覧日：2019年2月14日）.
科学技術・学術審議会（2013）東日本大震災を踏まえた今後の科学技術・学術政策の在り方について（建議）（閲覧日：2019年3月29日）.
リスク評価及びリスク管理に関する米国大統領／議会諮問委員会編，佐藤雄也，山﨑邦彦訳（1998）環境リスク管理の新たな手法，化学工業日報社.
加藤明（2015）スペースデブリ：宇宙活動の持続的発展をめざして，地人書館.
金川幸司（2008）協働型ガバナンスとNPO，晃洋書房.
金澤伸浩，建部彰一（2017）体験学習法の技法と環境教育への適用，秋田県立大学Webジャーナル A，4，55-62.
金澤伸浩ら（2018）リスク教育とリスクリテラシーの測定尺度の検討，日本リスク研究学会第31回年次大会講演論文集.
鹿庭正昭（2015）日用品による皮膚障害における行政の役割，*Monthly Book Derma*，231，61-66.
カーネマン，D.著，村井章子訳（2014）ファスト&スロー：あなたの意思はどのように決まるか？（上・下），早川書房（Kahneman, D.（2011）*Thinking Fast and Slow*, Farrar, Straus and Giroux）.

兼森孝（2005）災害リスクのアセスメント：地震リスクの定量化，高木朗義，多々納裕一（編著）防災の経済分析，勁草書房，3 章.
神里達博（2013）「食品における放射能のリスク」，中村征樹（編）ポスト 3・11 の科学と政治，3–46，ナカニシヤ出版.
河上強志ら（2016）家庭用品の安全対策 家庭用防水スプレー製品等による健康被害状況とその安全対策，中毒研究，29，45−49.
河原純子（2016）平成 27 年度食品健康影響評価技術研究「食品由来のアクリルアミ ド摂取量の推定に関する研究」（閲覧日：2019 年 2 月 27 日）
環境再生保全機構 ERCA（エルカ）「大気汚染物質の種類」（閲覧日：2017 年 8 月 1 日）
環境省，環境基準について（閲覧日：2019 年 3 月 30 日）
環境省地球温暖化影響適応研究委員会（2008）気候変動への賢い適応：地球温暖化影響・適応研究委員会報告書.
環境省（2000）平成 12 年度リスクコミュニケーション事例等調査報告書　（閲覧日　2019 年 4 月）.
環境省（2014）気候変動 2014：影響，適応及び脆弱性気候変動に関する政府間パネル 第 5 次評価報告書 第 2 作業部会報告書 政策決定者向け要約 技術要約.
環境省（2014）日本の廃棄物処理の歴史と現状，2014 年 2 月（閲覧日 : 2018 年 3 月 6 日）.
環境省（2016）環境省除染情報サイト（閲覧日：2017 年 2 月 18 日）.
環境省（2017）化学物質の環境リスク評価，15，環境保健部環境リスク評価室（閲覧日：2019 年 3 月 29 日）.
環境省，公益財団法人日本環境協会（2017）土壌汚染対策法のしくみ，ver. 5.
環境省（2018）化学物質の環境リスク評価，16，（閲覧日：2019 年 3 月 29 日）.
環境省ほか（2018）気候変動の観測・予測及び影響評価統合レポート 2018：日本の気候変動とその影響.
環境庁（1996）環境白書（平成 8 年版），大蔵省印刷局.
環境庁（1996）平成 8 年版環境白書 , 第 3 章第 2 節 2 不確実性を伴う環境問題への対応―環境リスク , 大蔵省印刷局（閲覧日：2019 年 3 月 29 日）.
木口雅司ら，（2016）将来の気候変動下におけるティッピングエレメントのティッピングポイントの超過可能性，土木学会論文集 G（環境），72（5），I_241-I_246.
ギーゲレンツァー, G. 著，吉田利子訳（2010）リスク・リテラシーが身につく統計的思考法：初歩からベイズ推定まで，早川書房（Gigerenzer, G.（2002）*Calculated Risks: How to Know When Numbers Deceive You*, Simon & Schuster）.
岸田直裕ら（2015）我が国における過去 30 年間の飲料水を介した健康危機事例の解析（1983～2012），保健医療科学，64（2），70−80.
気象庁（2008）IPCC 第 4 次評価報告書 第 1 作業部会報告書 技術要約.
北区（2006）　区豊島地区ダイオキシン類等健康調査報告.
吉川肇子ら（2009）クロスロード・ネクスト続：ゲームで学ぶリスク・コミュニケーション，ナカニシヤ出版.
吉川肇子（2009）人は健康リスクをどのようにみているか，吉川肇子（編著）健康リスク・コミュニケーションの手引き，ナカニシヤ出版，96−115.
ギデンズ，A. 著，今枝法之，干川剛史訳（2003）第三の道とその批判，晃洋書房（Giddens, A.（2000）*The Third Way and its Critics*. Polity Press）.
木下武雄（1980）降雨災害対策における超過確率年の例と問題点，国立防災科学技術センター研究報告，23（3），1−10.
木下武徳（2017）貧困下におかれた女性の支援 : 自治体の取組の在り方，住民と自治，8 月号，自治体問題研究所.
木下冨雄（2009）リスクコミュニケーション再考，日本リスク研究学会誌，19（1），3−24.
金融庁監督局保険課（2006）ソルベンシー・マージン比率の概要について，平成 18 年 11 月 20 日.
日下部笑美（2017）3 種類目のソーシャル・キャピタルと社会起業家，21 世紀社会デザイン研究，立教大学大学院 21 世紀社会デザイン研究科紀要，15，19-33.
葛葉泰久（2015）既往最大値の再現期間を考慮した日降水量確率分布の推定，水文・水資源学会誌, 28（2），59−71.

楠見 孝（2013）科学リテラシーとリスクリテラシー，日本リスク研究学会誌，23（1），29−36.
工藤春代（2012）ドイツにおける食品安全コントロールシステム：日本の課題に照らして，フードシステム研究，19（2），181-195.
欅田尚樹ら（2015）特集：たばこ規制枠組み条約に基づいたたばこ対策の推進，保健医療科学，64（5）（閲覧日：2019 年 4 月 23 日）.
久保田 泉（2017）パリ協定，日本医師会雑誌，146（特別号 2），63−66.
久保田 隆（2016）金融監督規制に関する国際制度の展開，論究ジュリスト，19, 43−50.
グラント，J. 著，久留間鮫造訳（1941）死亡表に関する自然的及政治的諸考察，栗田書店.
経済産業省（2011）2011 年版ものづくり白書，342.
経済産業省（2013）化審法のリスク評価に用いる排出係数一覧表の公表について（閲覧日：2019 年 3 月 9 日）.
経済産業省（2016）消費生活用製品のリコールハンドブック 2016.
経済産業省総合資源エネルギー調査会（2013）エネルギーコストと経済影響について，総合資源エネルギー調査会基本政策分科会，第 2 回会合，資料 2，2013 年 8 月，1−12.
警察庁（2017）平成 28 年中におけるサイバー空間をめぐる脅威の情勢等について.
原子力安全研究協会（2011）新版生活環境放射線：国民線量の算定.
高圧ガス保安協会，事故事例データベース（閲覧日：2019 年 3 月 25 日）.
高圧ガス保安協会（2015）リスクアセスメント・ガイドライン（Ver.1）.
厚生労働省（2008）水安全計画策定ガイドライン（閲覧日：2019 年 1 月 1 日）.
厚生労働省（2015）第 22 回生命表（完全生命表）の概況.
厚生労働省（2016）所得再分配調査.
厚生労働省（2016）平成 28 年（2016）人口動態統計（確定数）の概況.
厚生労働省（2016）健康と畜牛の BSE 検査見直しを含む BSE 対策について（閲覧日：2019 年 3 月 30 日）.
厚生労働省労働基準局安全衛生部安全課（2016）平成 28 年労働災害発生状況（S49 以降）.
厚生労働省（2016）食品中の残留農薬等の一日摂取量調査結果.
厚生労働省（2017a）平成 28 年人口動態調査.
厚生労働省（2017b）平成 28 年国民生活基礎調査の概況.
厚生労働省喫煙の健康影響に関する検討会（2016）喫煙と健康：喫煙の健康影響に関する検討会報告書，586（閲覧日：2019 年 4 月 23 日）.
厚生労働省社会・援護局障害保健福祉部長（2017）障害福祉サービスの利用等にあたっての意思決定支援ガイドラインについて.
河野真貴子（2012）米国における有毒物質管理法の現在と将来：全体像と正当化されないリスク基準，一橋法学，11（2），85−158.
海の自然再生ワーキンググループ（2007）順応的管理による海辺の自然再生，国土交通省港湾局監修（閲覧日：2018 年 11 月 20 日）.
国税庁（2018）平成 29 年分民間給与実態統計調査結果について.
国土交通省砂防部（2008）地すべり防止技術指針.
國分康孝（1981）エンカウンター：心とこころのふれあい，誠信書房.
国立環境研究所，化学物質データベース WebKis-Plus.
国立環境研究所，曝露評価シミュレーションモデル＆ツール（閲覧日：2018 年 12 月 10 日）.
国連ミレニアムエコシステム評価（2007）生態系サービスと人類の将来，オーム社（横浜国立大学 21 世紀 COE 翻訳委員会訳）（Millennium Ecosystem Project（2005）*Ecosystems and human well-being: Our human planet: Summary for decision-makers*，Island Press）.
小杉素子，土屋智子（2000）科学技術のリスク認知に及ぼす情報環境の影響：専門家による情報提供の課題，財団法人電力中央研究所研究報告，Y00009.
小杉素子ら（2004）情報内容の抽出におけるメンタルモデル・アプローチの適用：電磁界の健康影響を題材として，財団法人電力中央研究所研究報告，Y03022.
国会図書館（2018）人工知能・ロボットと労働・雇用をめぐる視点（平成 29 年度　科学技術に関する調査プロジェクト）（閲覧日：2019 年 2 月 25 日）.
後藤真康（1991）農薬の生産と使用および農薬汚染の実態，水質汚濁研究，14，70−74.

小橋元（2010）はじめて学ぶやさしい疫学（日本疫学会監修），改訂第2版，南江堂.
小林傳司（2004）誰が科学技術について考えているのか：コンセンサス会議という実験，名古屋大学出版会.
小林傳司（2007）科学技術と社会のコミュニケーションデザイン，小林信一ら（編）社会技術概論，6章，放送大学教育振興会.
小林潔司（2013）想定外リスクと計画理念，土木学会論文集 D3（土木計画学），69 (5)，p. I_1－I_14.
小松丈晃（2003）リスク論のルーマン，勁草書房.
小松原明哲（2010）ヒューマンエラー（第2版），丸善出版.
コルボーン，S. ら，長尾力訳（2001）奪われし未来（増補改訂版），翔泳社（Colborn, T. (1996) *Our Stolen Future: Are We Threatening Our Fertility, Intelligence, and Survival? A Scientific Detective Story*, Dutton）.

さ

最高裁第三小法廷（2016）平成28年3月1日判決（平成26年（受）第1434号，第1435号 損害賠償請求事件）.
最高裁判所事務総局家庭局（2018）成年後見関係事件の概況：平成29年1月～12月.
斉藤和洋（2018）ひとり親世帯の所得格差と社会階層，家族社会学研究，30（1），44-56.
齋藤智也（2017）国際保健規則（2005）に基づく健康危機に対するコア・キャパシティ開発：新たなモニタリングと評価のフレームワーク，保健医療科学，66（4），387－394.
酒井泰弘（1982）不確実性の経済学，356，有斐閣.
酒井泰弘（2013）ケインズの蓋然性論とナイトの不確実性論：奇跡の1921年を考える，彦根論叢，398，50－68.
阪口祐介（2017）「リスク社会」，友枝敏雄ら（編）社会学の力：最重要概念・命題集，254–257，有斐閣.
佐々木和子（1998）出生前診断についての意見，京都ダウン症児を育てる親の会（トライアングル）会報，(4)（閲覧日：2019年3月19日）.
佐々木ら（2017）責任あるサプライチェーンの実現に向けたニッケル資源利用に関わるリスク要因の整理と解析，日本LCA学会誌，13（1），2－11.
佐々木良一ら（2008）多重リスクコミュニケータの開発と適用，情報処理学会論文誌，49（9），3180－3190.
佐々木良一（2013）ITリスク学：「情報セキュリティ」を超えて，共立出版.
佐藤洋（2017）環境による健康リスクⅠ環境問題の基礎 我が国の環境問題，日本医師会雑誌，146（特別号2），S28－S31.
佐藤忠司（2008）日本人が経験した水銀汚染の史的検討，新潟青陵大学大学院臨床心理学研究，3，5－13.
佐山敬洋，寶馨（2018）リアルタイム浸水ハザードマッピングのための現地浸水情報同化技術，水工学論文集，62，1297–1302.
産業技術総合研究所（2017a）環境暴露モデル（閲覧日：2018年12月10日）.
産業技術総合研究所（2017b）暴露係数ハンドブック（閲覧日：2018年12月10日）.
産業競争力懇談会（COCN），東京大学政策ビジョン研究センター（2014）2013年度研究会最終報告「レジリエント・ガバナンス」，平成26年3月.
滋賀県（2012）滋賀県流域治水基本方針.
滋賀県（2014）滋賀県流域治水の推進に関する条例，平成26年3月31日滋賀県条例第55号.
滋賀県（2017）浸水警戒区域の指定，滋賀県告示第300号，滋賀県公報.
重田園江（2003）フーコーの穴：統計学と統治の現在，木鐸社.
地震調査研究推進本部（2017）全国地震動予測地図2017年版.
地震ハザードステーション（J-SHIS）（閲覧日：2019年2月6日）.
四ノ宮成祥，原直人（2013）生命科学とバイオセキュリティ：デュアルユース・ジレンマとその対応，東信堂.
地盤工学会（2014）新・関東の地盤，丸善出版.
標葉隆馬（2016）成城大學大學院文學研究科（編）政策的議論の経緯から見る科学コミュニケーションの

これまでとその課題，コミュニケーション紀要，27，13−29（2016年3月）．
清水晶子（2017）ダイバーシティから権利保障へ：トランプ以降の米国と「LGBTブーム」の日本，世界，895，134−143，岩波書店．
下山憲治（2011）環境リスク管理と自然科学，公法研究，73，208−219．
下山憲治（2017a）リスク言説と順応型の環境法・政策，環境法研究，7，1−11．
下山憲治（2017b）リスク制御と行政訴訟制度：日本における司法審査と救済機能について，行政法研究，16，117−131．
社会資本整備審議会（2015）水災害分野における気候変動適応策のあり方について．
社会的排除リスク調査チーム（2012）社会的排除にいたるプロセス：若年ケース・スタディから見る排除の過程，内閣官房社会的包摂推進室．
首都大学東京　子ども・若者貧困研究センター（2018）子供の生活実態調査詳細分析報告書．
シュレーダー＝フレチェット，K. S. 著，松田毅監訳（2007）環境リスクと合理的意思決定：市民参加の哲学，昭和堂（Shrader-Frechette, K. S.（2002）*Environmental Justice: Creating Equality, Reclaiming Democracy*, Oxford University Press）．
消費者庁（2019）食品のリスクコミュニケーション（閲覧日：2019年3月10日）．
食品安全委員会（2006）食の安全に関するリスクコミュニケーションの改善に向けて．
食品安全委員会（2008）意見交換会の実施と評価に関するガイドライン．
食品安全委員会（2009）微生物・ウイルス評価書：鶏肉中のカンピロバクター・ジェジュニ／コリ，2009年6月．
食品安全委員会（2015）魚介類等に含まれるメチル水銀について，食品健康影響評価書，2005年8月4日（閲覧日：2019年3月29日）
食品安全委員会（2016）評価書：加熱時に生じるアクリルアミド，kya20160405231_200.（閲覧日：2019年2月27日）．
食品安全委員会評価技術企画ワーキンググループ（2018）新たな時代に対応した評価技術の検討-BMD法の更なる活用に向けて（閲覧日：2019年3月1日）
ジョンソン，G. F. 著，舩橋晴俊，西谷内博美監訳（2011）核廃棄物と熟議民主主義：倫理的政策分析の可能性，新泉社（Johnson, G. F.（2008）*Deliberative Democracy for the Future: The Case of Nuclear Waste Management in Canada*, University of Toronto Press）．
白波瀬佐和子（2010）生き方の不平等：おたがいさまの社会に向けて，岩波書店．
城山英明（2013）つなぐ人材・見渡す組織：複合リスクマネジメントの課題と対応，アステイオン，78，31−43．
城山英明（2015）リスクの拡散と連動にどう対応するか，遠藤乾（編）シリーズ日本の安全保障8　グローバル・コモンズ，岩波書店．
城山英明ら（2015）事故前の原子力安全規制，城山英明（編）大震災に学ぶ社会科学（第3巻）福島原発事故と複合リスク・ガバナンス，東洋経済新報社．
菅野和夫（2017）労働法（第11版補正版），弘文堂．
鈴木一人（2011）宇宙開発と国際政治，岩波書店
鈴木一人（2015）宇宙安全保障，鈴木一人（編）技術・環境・エネルギーの連動リスク，岩波書店，255−278．
鈴木真二（2014）落ちない飛行機への挑戦：航空機事故ゼロの未来へ，化学同人．
鈴木大介（2016）最貧困女子，幻冬舎新書．
鈴木宗徳（2015）個人化するリスクと社会：ベック理論と現代日本，勁草書房．
スティグリッツ，J. E. ら著，福島清彦訳（2012）暮らしの質を測る：経済成長率を超える幸福度指標の提案，きんざい（Stiglitz, J. E. et al.（2010）*Mismeasuring Our Lives: Why GDP doesn't add up*, The New Press）．
生活支援ロボット安全検証センター，Webサイト（閲覧日：2019年3月29日）．
製品評価技術基盤機構（2017a）化審法リスク評価ツール（PRAS-NITE：プラス-ナイト）（閲覧日：2018年12月10日）．
製品評価技術基盤機構（2017b）室内暴露にかかわる生活・行動パターン情報（閲覧日：2018年12月10日）．

関澤 純（2018）福島第一原子力発電所事故被災者の生活再建への情報支援のあり方，21世紀社会デザイン研究，16，47−59.
関谷直也（2003）「風評被害」の社会心理：「風評被害」の実態とそのメカニズム，災害情報，(1)，78−89.
関谷直也（2011）風評被害：そのメカニズムを考える，光文社.
瀬戸洋一ら（2010）プライバシー影響評価PIAと個人情報保護，中央経済社.
世良力（2011）環境科学要論：現状そして未来を考える（第3版），東京化学同人.
全国地質調査業協会連合会（2012）地震による液状化とその対策，オーム社.
戦略イニシャティブ（2006）情報化社会の安全と信頼を担保する情報技術体系の構築：ニュー・ディペンダビリティを求めて，科学技術振興機構研究開発戦略センター，CRDS-FY2006-SP-07.
早田宰（2015）地域再生・復興とソーシャル・キャピタル，坪郷實（編著）ソーシャル・キャピタル，ミネルヴァ書房.
総務省（2017）労働力調査　長期時系列データ.
孫英英ら（2017）スマホ・アプリで津波避難の促進対策を考える：「逃げトレ」の開発と実装の試み，情報処理学会論文誌，58（1），205–214.
損害保険料率算出機構（2002）地震危険度指標に関する調査研究：地震PMLの現状と将来，地震保険研究，1.
損害保険料率算出機構編（2017）『日本の地震保険』損害保険料率算出機構Webサイト，

た

ダウドナ，J. A.，スターンバーグ，S. H. 著，櫻井祐子訳（2017）CRISPR（クリスパー）究極の遺伝子編集技術の発見，文藝春秋（Doudna, J. A. & Sternberg, S. H.（2017）*Crack in Creation: Gene Editing and the Unthinkable Power to Control Evolution,* Houghton Mifflin Harcourt）.
高村ゆかり（2010）国際法における予防原則，植田和宏，大塚直（監修），損害保険ジャパン，損保ジャパン環境財団（編）環境リスク管理と予防原則，有斐閣，174.
高村ゆかり（2016）パリ協定で何が決まったのか：パリ協定の評価とインパクト，法学教室（428），44−51.
瀧健太郎ら（2009）中小河川群の氾濫域における超過洪水を考慮した減災対策の評価方法に関する研究，河川技術論文集，15，49−54.
瀧健太郎ら（2010）中小河川群の氾濫域における減災型治水システムの設計，河川技術論文集，16，477−482.
瀧健太郎（2018）リスクベースの氾濫原管理の社会実装に関する研究：滋賀県における建築規制区域の指定を事例として，日本リスク研究学会誌，28，31−39.
ダグラス，M. 著，塚本利明訳（2009）汚穢と禁忌，ちくま学芸文庫（Douglas, M.（1966）*Purity and Danger: An Analysis of Concepts of Pollution and Taboo*, Routledge and Kegan Paul）.
竹田宜人（2018）PRTR制度におけるリスクコミュニケーションの現状について，日本リスク研究学会誌，27（2），53−61.
竹林由武ら（2016）自殺の総合的対策に向けたリスクアセスメント，日本リスク研究学会第29回年次大会講演論文集.
竹村和久ら（2004）不確実性の分類とリスク評価：理論枠組の提案，社会技術研究論文集，2，12−20.
竹村和久，藤井聡（2015）意思決定の処方，朝倉書店.
田城孝雄，畑中綾子（2015）震災への医療システムの対応の経緯と課題，城山英明（編）大震災に学ぶ社会科学（第3巻）福島原発事故と複合リスク・ガバナンス，東洋経済新報社.
多々納裕一（2014）堀井 秀之，奈良 由美子（編著），大規模災害と防災計画—総合防災学の挑戦，安全・安心と地域マネジメント，169-182，放送大学教育振興会.
立川雅司，三上直之（2013）萌芽的科学技術と市民：フードナノテクからの問い，日本経済評論社.
橘木俊詔（2016）21世紀日本の格差，岩波書店.
田中幹人（2013）科学技術を巡るコミュニケーションの位相と議論，中村征樹（編）ポスト3.11の科学と政治（ポリティクス），ナカニシヤ出版.
田中 豊（2014）一般市民の教養としてのリスクリテラシー，日本リスク研究学会誌，24（1），31−39.

ダマシオ, A. 著，田中三彦訳（2010）デカルトの誤り：情動，理性，人間の脳，筑摩書房（Damasio, A.（1994）*Descartes' Error: Emotion, Reason, and the Human Brain*, Putnam）.
タレブ，N. N. 著，望月 衛訳（2009）ブラック・スワン：不確実性とリスクの本質（上・下），ダイヤモンド社（Taleb，N. N.（2007）*The Black Swan: The Impact of the Highly Improbable*，Random House）.
近本一彦（2011a）入門講座　放射線：基礎から身の回りの放射線について，大気環境学会誌，46（5），A68-A74.
近本一彦（2011b）入門講座　放射線 第 2 講：放射性物質の放出と移行，被ばく線量の推定及びその影響について，大気環境学会誌，46（6），75-83.
財団法人地球環境戦略研究機関，NKSJ リスクマネジメント株式会社（2012）環境リスクを移転する仕組みに関する基礎的情報調査，1－72.
中央環境審議会（1996）今後の有害大気汚染物質対策のあり方について（第二次答申）.
中央環境審議会（2015）日本における気候変動による影響の評価に関する報告と今後の課題について（意見具申）.
津田敏秀（2011）岩波科学ライブラリー184　医学と仮説：原因と結果の科学を考える，岩波書店.
津田敏秀（2013）岩波新書 1458　医学的根拠とは何か，岩波書店.
津田敏秀（2014）岩波現代文庫 311　医学者は公害事件で何をしてきたのか，岩波書店.
土田昭司（2012）福島原発事故にみる危機管理の発想とクライシス・コミュニケーション：何のための情報発信か？，日本原子力学会誌，54（3），181－183.
土田昭司編著（2018）安全とリスクの心理学：こころがつくる安全のかたち，培風館.
土田昭司（2018）リスクのコミュニケーションとガバナンス，土田昭司（編著），安全とリスクの心理学：こころがつくる安全のかたち，培風館，89－119.
筒井俊之（2004）「獣医疫学とリスクアセスメント」，新山陽子（編）食品安全システムの実践理論，62－76，昭和堂.
角田徳子ら（2016）都内新築ビルにおける室内空気中の化学物質の実態調査，東京都健康安全研究センター年報，67，253－259.
デミリオ，J. 著，風間 孝訳（1997）資本主義とゲイ・アイデンティティ，現代思想，25（6），145－158，青土社（D'Emilio，J.（1983）Capitalism and Gay Identity，*Powers of Desire*，NYU Press, 100-113）.
デロイトトーマツ企業リスク研究所（2018）企業のリスクマネジメント及びクライシスマネジメント実態調査 2017 年版，1－50.
東京電力（2013）福島原子力事故の総括および原子力安全改革プラン.
東京電力（2015）福島第一原子力発電所 1～3 号機の炉心・格納容器の状態の推定と未解明問題に関する検討　第 3 回進捗報告.
ドラッカー，P. F. 著，上田惇生編訳（2008）マネジメント，ダイヤモンド社.

な

内閣官房健康・医療戦略室，ゲノム医療実現推進協議会（2015）ゲノム医療実現推進協議会中間とりまとめ（閲覧日：2019 年 3 月 29 日）.
内閣府（2007）交通事故の被害・損失の経済的分析に関する調査研究報告書.
内閣府（2012）津波の浸水分布図（高知）（南海トラフの巨大地震モデル検討会：防災情報のページ - 内閣府）（閲覧日：2019 年 1 月 10 日）
内閣府（2012）平成 23 年度国民生活選好度調査結果.
内閣府（2014）日系定住外国人施策の推進について（概要版），2014 年 3 月（閲覧日：2018 年 2 月 5 日）.
内閣府（2015）東日本大震災における原子力発電事故に伴う避難に関する実態調査.
内閣府（2017）平成 29 年版防災白書.
内閣府（2017）企業の事業継続に関する熊本地震の影響調査報告書，115.
内閣府（2017）平成 29 年度高齢社会白書.
内閣府（2018），国土強靱化アクションプラン 2018.
内閣府食品安全委員会事務局（2002）リスクコミュニケーションツール　何を食べたら良いか？考える

ためのヒント：一緒に考えよう！食の安全，DVD，毎日映画社．
内閣府食品安全委員会事務局（2017）リスク評価について（食品に関するリスクコミュニケーション「食品の安全を守る取組～農場から食卓まで～」），平成29年6月，7月．
内閣府男女共同参画局（2015）平成24年版男女共同白書．
内閣府男女共同参画局（2016）育児と介護のダブルケアの実態に関する調査．
ナイサー，U. 著，古崎敬・村瀬旻訳（1978）認知の構図：人間は現実をどのようにとらえるか，サイエンス社（Neisser, U.（1976）*Cognition and Reality*, Freeman）．
内藤博敬（2015）露店リスク：冷やしキュウリによる集団食中毒は何故起きたのか，日本リスク研究学会第28回年次大会講演論文集．
永井孝志（2016）リスクのモノサシで測る身近なリスクランキング，日本リスク研究学会第29回年次大会講演論文集，29．
永井孝志（2017）室内試験から野外での影響までの共通解析基盤としての種の感受性分布，日本農薬学会誌，42（1），133-137．
長崎晋也，中山真一（2011）原子力教科書　放射性廃棄物の工学，オーム社．
中嶋光敏，杉山滋（2009）フードナノテクノロジー，シーエムシー出版．
中西準子（1996）環境リスク論，岩波書店．
中西準子ら（2007）不確実性をどう扱うか：データの外挿と分布，丸善．
中西準子（2010）食のリスク学：氾濫する「安全・安心」をよみとく視点，日本評論社．
中西準子（2013）原発事故と放射線のリスク学，日本評論社．
永沼章ら（2013）衛生薬学：健康と環境（第5版），丸善出版．
中野民夫（2001）ワークショップ：新しい学びと創造の場，岩波書店．
中村孝明（2013）実務に役立つ地震リスクマネジメント入門，丸善出版．
中谷内一也（2004）ゼロリスク評価の心理学，ナカニシヤ出版．
中谷内一也（2006）リスクのモノサシ，NHKブックス．
中谷内一也（編）（2012）リスクの社会心理学：人間の理解と信頼の構築に向けて，有斐閣．
新山陽子（2010）「科学を基礎にした食品安全行政とレギュラトリーサイエンス」，金澤一郎ら（著）食の安全を求めて：食の安全と科学，学術会議叢書（16），日本学術協力財団，98-120．
新山陽子（2010）食品安全のためのGAPとは何か，農業と経済，76（7）．
新山陽子（2010）解説 食品トレーサビリティ：ガイドラインの考え方／コード体系，ユビキタス，国際動向／導入事例：ガイドライン改訂第2版対応，昭和堂．
新山陽子ら（2011）食品由来リスクの認知要因の再検討：ラダリング法による国際研究，農業経済研究，82（4），230-242．
新山陽子（2012）放射性物質の健康影響に対する市民の心理と双方向で密なリスクコミュニケーション：知識の獲得に必要な精緻な情報吟味プロセス，農林業問題研究，188，345-354．
新山陽子ら（2012）食品由来のハザード別にみたリスク知覚構造モデル：SEMによる諸要因の複雑な連結状態の解析，日本リスク研究学会誌，21（4），295-306．
新山陽子（2014）食品安全システムの実践理論，昭和堂．
新山陽子ら（2015）市民の水平的議論を基礎にした双方向リスクコミュニケーションモデルとフォーカスグループによる検証：食品を介した放射性物質の健康影響に関する精緻な情報吟味，フードシステム研究，21（4），267-286．
西一総（2016）近年における美容・化粧品リスク顕在化の実態，日本リスク研究学会第29回年次大会講演論文集．
西田佳史（2015）遊具・家庭内事故におけるミッション・インポッシブルのサイエンス，日本リスク研究学会第28回年次大会講演論文集．
日本エネルギー経済研究所計量分析ユニット（2017）エネルギー・経済統計要覧，省エネルギーセンター．
日本学術会議，農学委員会・食料科学委員会・健康・生活科学委員会，食の安全分科会（2011）提言 わが国に望まれる食品安全のためのレギュラトリーサイエンス，2011年9月28日．
日本学術会議（2012）回答：高レベル放射性廃棄物の処分について．
日本学術会議（2014）東日本大震災からの復興政策の改善についての提言．
日本規格協会（2010）JIS Q 31000: 2010 リスクマネジメント：原則及び指針，一般財団法人日本規格協会．

日本銀行（2017）「FinTech時代の銀行のリスク管理」，日銀レビュー，2017-J-16，2017年10月，1-6.
日本銀行（2018）「フィンテック特集号―金融イノベーションとフィンテック―」，決済システムレポート，2018年2月，1-36.
日本経済新聞社編（2014）リーマン・ショック5年目の真実，日本経済新聞出版社.
日本原子力学会（2013）日本原子力学会標準　原子力発電所の出力運転状態を対象とした確率論的安全評価に関する実施基準：2013（レベル1PRA編）.
日本原子力学会（2014）日本原子力学会標準　外部ハザードに対するリスク評価方法の選定に関する実施基準：2014.
日本原子力学会（2014）福島第一原子力発電所事故 その全貌と明日に向けた提言.
日本原子力学会（2015）標準委員会技術レポート「リスク評価の理解のために」.
日本原子力学会（2016）日本原子力学会標準委員会技術レポート「外部ハザードに対するリスク評価手法に関する手引き：2015」.
日本公衆衛生協会（2008）クロスロード　食の安全編，日本公衆衛生協会.
日本産業衛生学会（2017）許容濃度等の勧告，産業衛生学雑誌，59，153－185.
日本地震再保険株式会社編　2018.『日本地震再保険の現状』
日本食品衛生協会（2013）食中毒予防必携（第3版），日本食品衛生協会，巻末資料，473－555.
日本植物防疫協会編（2016）農薬概説，一般社団法人日本植物防疫協会.
日本政策投資銀行（2011）タイ洪水によるHDDサプライチェーンへの影響，今月のトピックス，166，4.
日本政策投資銀行（2014）DBJリスク・ランドスケープ調査2014.
日本ディープラーニング協会（2018）ディープラーニングG検定公式テキスト，翔泳社
日本ネットワークセキュリティ協会セキュリティ被害調査ワーキンググループ（2016）2015年情報セキュリティインシデントに関する調査報告書.
日本弁護士連合会（2015）第58回人権擁護大会シンポジウム実行委員会第二分科会2015基調報告書：「成年後見制度」から「意思決定支援制度」へ.
日本リスク研究学会（1993）日本リスク研究学会誌特別号，リスク学のアプローチ，第5巻第1号.
農林水産省訓令第13号（2008）
農林水産省（2014－16）食品トレーサビリティ「実践的なマニュアル」，総論，取組手法編，［各論］農業編，畜産業編，漁業編，製造・加工業編，卸売業編，小売業編，外食・中食業編.
野中郁二郎（1996）知識創造企業，東洋経済新報社.

は

長谷川寿一（2008）サイエンスカフェ：その効用と課題，学術の動向，7月号，28－31.
畠山武道（2016）環境リスクと予防原則：Ⅰ リスク評価（アメリカ環境法入門），信山社.
林岳彦ら（2010）化学物質の生態リスク評価：その来歴と現在の課題，日本生態学会誌，60（3），327－336.
早岡英介ら（2015）リスクコミュニケーター育成プログラム開発の試み：映像メディアを用いた対話の場構築，科学技術コミュニケーション（17），35-55.
原科幸彦（2007）環境計画・政策研究の展開：持続可能な社会づくりへの合意形成，岩波書店.
S. E. ハリントン，G. R. ニーハウス著，米山高生ら訳（2005）保険とリスクマネジメント，東洋経済新報社.
東野晴行，梶原秀夫（2017）室内製品暴露評価ツール（ICET）の開発，日本リスク研究学会誌，26，209－216.
日引聡，有村俊秀（2002）入門環境経済学：環境問題解決へのアプローチ，中央公論社.
平井祐介，竹田宜人（2016）日本の化学物質管理関連法制度におけるリスク評価の役割，環境法政策学会誌，19，275-294.
平川秀幸（2005）リスクガバナンスのパラダイム転換，思想，973，2005-5.
広瀬幸雄（2014）リスクガヴァナンスの社会心理学，ナカニシヤ出版.
広瀬弘忠ら（1994）日本の医師と看護婦のHIV感染者・AIDS患者に対する態度の構造，社会心理学研究，10（3），208－216.
広田すみれ（2013）地震の確率予測を人はどう判断しているか?：ニューメラシーによる違い，日本心理

学会第77回大会発表論文集，258.
広田すみれ（2015）日本の一般市民のニューメラシーや教育水準が意思決定バイアスに与える影響，認知科学，22（3），409-425.
フェスティンガー，L. 著，末永俊郎監訳（1965）認知的不協和理論：社会心理学序説，誠信書房（Festinger, L.（1957）*A Theory of Cognitive Dissonance*, Row Peterson）.
福島県（2018）福島県産食品の検査体制：米の全量全袋検査を中心として（閲覧日：2019年3月10日）.
福島県立医科大学（2017）よろず健康相談（閲覧日：2019年3月10日）.
福島民友（2017）双葉8町村，広域連携へ全体構想で協議，合併巡る議論視野（閲覧日：2017年3月12日）.
福田敬（2013）医療経済評価手法の概要，保健医療科学，62（6），584-589.
福原宏幸（2007）社会的排除／包摂と社会政策，法律文化社.
福原宏幸（2015）社会的排除をもたらす「不利」の連鎖，社会と調査，14，20-27.
フーコー，M. 著，渡辺守章訳（1986）性の歴史Ｉ：知への意志，新潮社（Foucault，M.（1976）*La Volanté Du Savoir*（*Volume 1 de Histoire de La Sexualité*，Gillmard）.
フーコー，M. 著，高桑和巳訳（2007）安全・領土・人口（コレージュ・ド・フランス講義1977–1978年度），ミシェル・フーコー講義集成7，筑摩書房（Foucault，M.（2004）*Securite, Territoire, Population*，Seuil）.
藤井健吉ら（2017）レギュラトリーサイエンス（RS）のもつ解決志向性とリスク学の親和性：薬事分野・食品安全分野・化学物質管理分野の事例分析からの示唆，日本リスク研究学会誌，27（1），11-22.
藤野陽三（2016）安全なインフラに向けての維持管理とSIPでの取り組み，計測と制御，55（2），117-122.
藤部文昭（2010）極端な豪雨の再現期間推定精度に関する検討，天気，57（7），449-462.
藤間功司，樋渡康子（2013）津波防災施設の最適規模と残余リスクを明示する手法の提案，土木学会論文集A1（構造・地震工学），69（4），I_345-I_357.
双葉郡未来会議（2016）（閲覧日：2017年1月16日）
船橋晴俊ら（1985）新幹線公害：高速文明の社会問題，有斐閣.
舩橋晴俊（2005）むつ小川原開発・核燃料サイクル施設問題調査報告書，法政大学社会学部舩橋研究室.
舩橋晴俊（2011）現代の環境問題と環境社会学の課題，舩橋晴俊（編）環境社会学，弘文堂，4-20.
古田一雄（2017）レジリエンス工学入門：「想定外」に備えるために，日科技連出版社.
文京区（2003） 京区さしがや保育園アスベスト暴露による健康対策等健康委員会報告
文京区（2019）さしがや保育園アスベスト健康対策等について（閲覧日：2019年3月30日）.
文京区立さしがや保育園アスベストばく露による健康対策等検討委員会（2003）文京区立さしがや保育園アスベストばく露による健康対策等検討委員会報告書．
文京区立さしがや保育園アスベスト健康対策等専門委員会（2005）さしがや保育園アスベスト健康対策等専門委員会ニュース，3（8月26日発行）．
米国大統領／議会諮問委員会編，佐藤雄也，山崎邦彦訳（1998）環境リスク管理の新たな手法，化学工業日報社（The Presidential/Congressional Commission on Risk Assessment and Risk Management（1997）*Framework for Environmental Health Risk Management*，*Final report Volume 1*，The Presidential/Congressional Commission on Risk Assessment and Risk Management）.
ベック，U. 著，東廉，伊藤美登里訳（1998）危険社会：新しい近代への道，法政大学出版局（Beck, U（1986）*Risikogesellschaft: Auf dem Weg in eine andere Moderne*，Suhrkamp）.
ベック，Uら著，松尾精文ら訳（1997.）再帰的近代化：近現代における政治，伝統，美的原理，而立書房（Beck, U., et al.（1994）*Reflexive Modernization: Politics, Tradition and Aesthetics in the Modern Social Order*, Stanford University Press）.
法務省入国管理局（2017）平成28年末現在における在留外国人数について（確定値），2017年3月，（閲覧日：2018年1月25日）
法務省法務総合研究所（2013）平成25年版犯罪白書：女子の犯罪・非行：グローバル化と刑事政策，日経印刷，319-320.
北海道立総合研究機構地質研究所（2013）土砂災害軽減のための地すべり活動度評価手法マニュアル，北海道立地質研究所調査研究報告，40，119.

堀公俊（2004）ファシリテーション入門，日本経済新聞出版社.
堀智晴ら（2008）氾濫原における安全度評価と減災対策を組み込んだ総合的治水対策システムの最適設計：基礎概念と方法論－，土木学会論文集B，64（1），1－12.

ま

前野隆司（2014）システム×デザイン思考で世界を変える：慶應SDM「イノベーションのつくり方」，日経BP社.
前田恭伸ら（2014）東日本大震災後のわが国のあり方についてのシナリオ分析（予備調査・抄），日本リスク研究学会誌，24（1），61–66.
松尾豊（2016）人工知能とは，近代科学社.
松尾真紀子（2013）フードナノテクをめぐる米欧の規制とガバナンス上の課題，立川雅司，三上直之（編），萌芽的科学技術と市民：フードナノテクからの問い，日本経済評論社.
松尾真紀子（2015）食品中の放射性物質を巡る問題の経緯とそのガバナンス，城山英明（編）大震災に学ぶ社会科学（第3巻）福島原発事故と複合リスク・ガバナンス，東洋経済新報社.
松田裕之（2000）環境生態学序説，共立出版.
松田裕之（2008）生態リスク学入門：予防的順応的管理，共立出版.
松藤敏彦（2007）ごみ問題の総合的理解のために，技報堂出版.
三國谷勝範ら（2015）日本のリスク・ランドスケープ：第2回調査結果，PARI-WP 15（20），93，東京大学政策ビジョン研究センター（閲覧日：2019年3月29日）.
道中隆（2016）貧困の固定化と世代間連鎖：子どもの社会的不利益の継承を断つ，晃洋書房.
光島健一（2006）レギュラトリーサイエンスの今後の課題，製薬協ニューズレター，2006年5月，113.
美馬達哉（2012）リスク化される身体：現代医学と統治のテクノロジー，青土社.
三宅島帰島プログラム準備検討会（2004）三宅島帰島プログラム準備検討会報告書.
向殿政男（2014）機械安全に関する国際規格の動向，日本機械学会誌，117（1150），2014－12.
向殿政男（2016）入門テキスト安全学，東洋経済新報社.
向殿政男ら（2009）安全学入門：安全の確立から安心へ，研成社.
村上道夫ら（2014）基準値のからくり，講談社.
村越真（2015）登山は死と隣り合わせか？，日本リスク研究学会第28回年次大会講演論文集.
村田勝敬ら（2011）ベンマークドーズ法の臨床的基準をもつ健康影響指標への適用，総説，産業衛生学雑誌，53，67-77.
元吉忠寛（2013）リスク教育と防災教育，教育心理学年報，52，153－161.
文部科学省（2016）第5期科学技術基本計画（閲覧日：2019年3月29日）.
文部科学省（2016）別添3：義務教育の段階における普通教育に相当する教育の機会の確保等に関する法律（平成28年法律第105号）（閲覧日：2018年1月25日）.
文部科学省（2017）夜間中学の設置・充実に向けて【手引】（改訂版），2017年4月，（閲覧日：2018年2月7日）.

や

安井義浩（2017）2016年度生命保険会社決算の概要，ニッセイ基礎研REPORT（冊子版），2017年9月号，vol. 246.
柳瀬典由ら（2018）ベーシックプラス：リスクマネジメント，中央経済社.
ヤネフ，B.　著，藤野陽三ら訳（2009）橋梁マネジメント：技術・経済・政策・現場の統合，技報堂出版（Yanev, B.（2007）. *Bridge Management*, Wiley）.
山田友紀子（2004）化学物質のリスクアセスメントとリスクマネジメント，新山陽子（編）食品安全システムの実践理論，昭和堂，49－61.
山田友紀子（2008）食品安全の考え方とレギュラトリーサイエンス，安達修二（編）食品の創造：生物資源から考える21世紀の農学（第5巻），197－218，京都大学学術出版会.
山野則子（2018）学校プラットフォーム，有斐閣.
山本祥平（2012）食品汚染事故発生時に食品製造業者が実施する危機管理の作業原則の構築，フードシステム研究，19（2），169-180.

山本龍彦（編）(2018) AIと憲法，日本経済新聞出版社.
ユネスコ「21世紀教育国際委員会」(編)，天城 勲（監訳）(1997) 学習：秘められた宝：ユネスコ「21世紀教育国際委員会」報告書，ぎょうせい，76.
横塚晃一（2007）母よ！殺すな，生活書院.
東京大学EMP，横山禎徳（2012）東大エグゼクティブ・マネージメント：課題設定の思考力，東京大学出版会.
吉田孟史（2003）コンカレント・ラーニング・ダイナミクス，白桃書房.
吉田敏弘（2010）密約：日米協定と米兵犯罪，毎日新聞社.
吉永明弘（2018）福島第一原発事故に対する欧米の環境倫理学者の応答，吉永明弘，福永真弓（編著）未来の環境倫理学，33-48，勁草書房.

ら

ラピエール，D.，モロ，J. 著，長谷 泰訳（2002）ボーパール午前零時五分，河出書房新社（Lapierre, D. & Moro, J. (2001) *Il Etait Minuit Cinq a Bhopal*, Robert Laffont).
リスク対策. COM-危機管理とBCPの専門メディア（2017）「グローバルリスク報告書2017版を読み解く」(閲覧日：2019年3月).
経済産業省・リスクファイナンス研究会（2006）リスクファイナンス研究会報告書：リスクファイナンスの普及に向けて，2006年3月.
ルーマン，N. 著，小松丈晃訳（2014）リスクの社会学，新泉社（Luhmann，N.（1991）*Soziologie des Risikos*，de Gruyter).
労働安全衛生総合研究所（2010）「近代産業安全運動の先駆者たちが遺した未来への提言」安衛研ニュース No. 21（閲覧日：2018年11月14日).
労働調査会出版局（2015）労働安全衛生法の解説，労働調査会.
ロボット革命イニシアティブ協議会（2016）生活支援ロボット及びロボットシステムの安全性確保に関するガイドライン（第一版）(閲覧日：2019年3月29日).

わ

ワイルド，G. J. S. 著，芳賀繁訳（2007）交通事故はなぜなくならないか：リスク行動の心理学，新曜社（Wilde，G. J. S.（2001）*Target Risk 2: A New Psychology of Safety and health*，Pde Publications).
若松征男（1993）デンマークのコンセンサス会議：科学と社会をどうつなぐか，科学技術ジャーナル，2(2)，22-24.
ワクチン・アジュバント研究センター（2019）アジュバントとは（閲覧日：2019年2月6日).

A～Z

ERM経営研究会（2015）保険ERM経営の理論と実践，きんざい.
Grow As People (2017) 報告書「夜の世界白書」.
IAEA（2015）福島第一原子力発電所事故：国際原子力機関事務局長報告書.
IPCC（Intergovernmental Panel on Climate Change）編，気象庁（訳），(2013) IPCC第5次評価報告書第1作業部会報告書政策決定者向け要約（閲覧日：2019年2月5日).
NRC著，林裕造，関沢純訳（1997）リスクコミュニケーション：前進への提言，化学工業日報社（National Research Council（1989）*Improving Risk Communication*).
WHO（2005）WHOファクトシート296電磁過敏症.

欧文引用参照文献

A

Abelkop, A. D. K. et al.（2012）Regulating industrial chemicals: Lessons for US. lawmakers from the Europian Union's reach program, *Environmental Law Reporter*, 42（11）, 1042-1065.

Agyeman, J. R. et al.（2003）*Just Sustainabilities: Development in an Unequal World*, Earthscan Publications.

Alexander G. H.（2003）*Codex guidelines for GM foods include the analysis of unintended effects*, Nature Biotechnology, 21（7）, 739−741.

AIChE（American Institute of Chemical Engineers）（2000）*Chemical Process Quantitative Risk Analysis*, 2nd Edition, Wiley Interscience.

Alley, R. B., et al.（1993）Abrupt increase in Greenland snow accumulation at the end of the Younger Dryas event. *Nature*, 362, 527-529, doi:10.1038/362527a0.

Amanatidou, E. et al.（2012）On concepts and methods in horizon scanning: Lessons from initiating policy dialogues on emerging issues, *Science and Public Policy*, 39（3）, 208−221. DOI: 10.1093/scipol/scs017

Andrejevic, M.（2011）Social network exploitation, Papacharissi, Z.（ed）*A Networked Self: Identity, Community, and Culture on Social Network Sites*, Routledge.

Annaka, T. et al.（2007）Logic-tree approach for probabilistic tsunami hazard analysis and its applications to the Japanese coasts, *Pure and Applied Geophysics*, 164（2-3）, 577−592. DOI: 10.1007/s00024-006-0174-3

Arimura, T. & Abe, T.（2018）*An empirical study of Tokyo Emission Trading Scheme: An expost analysis of emissions from commercial and university buildings*, Presented at Meeting the Energy Demands of Emerging Economies, 40th IAEE International Conference, June 18−21, 2017.

Armstrong, D.（1995）The rise of surveillance medicine, *Sociology of Health & Illness*, 17（3）, 393−404.

Atkinson, G.（2003）Explosion at a chemical factory. *Loss Prevention Bulletin* 171, pp.25-27.

B

Beck, U.（1986）*Risikogesellschaft: Auf dem Weg in eine andere Moderne*, Suhrkamp（東廉・伊藤美登里訳（1998）危険社会：新しい近代への道，法政大学出版局）.

Beck, U.（1995）*Ecological Politics in an Age of Risk*, Polity Press.

BEH（Bündnis Entwicklung Hilft）& UNU-EHS（United Nations University-EHS）（2016）*World Risk Report 2016*, Bündnis Entwicklung Hilft.

BEH（Bündnis Entwicklung Hilft）（2017）*World Risk Report 2016*, Bündnis Entwicklung Hilft, 49.

Bernoulli, J. & Sylla, E. D.（1713）Ars conjectandi（The art of conjecture）, *Impensis Thurnisiorum, Basel, Switzerland（1713）Google Scholar.*

Bernoulli, D.（1738）Exposition of a new theory on the measurement of risk, Reprint in *Econometrica: Journal of the Econometric Society in 1954*, 22（1）, 23−36.

Birkmann, J., et al.（2011）WorldRiskIndex: Concept and Results, in Bündnis Entwicklung Hilft（Ed.）, *WeltRisikoBericht*, S.13–43,

Birkmann, J. & Welle, T.（2015）Assessing the risk of loss and damage: exposure, vulnerability and risk to climate-related hazards for different country classifications, *International Journal of Global Warming*, 8（2）, 191-212.

Blair, T.（2004）Blair terror speech in full, *Guardian*, 5 March 2004（閲覧日：2019 年 3 月 30 日）.

Blanchet, J. & Lehning, M.（2010）Mapping snow depth return levels: smooth spatial modeling versus station interpolation, *Hydrology Earth System Sciences*, 14, 2527−2544.

Boholm, Å. et al.（2012）The practice of risk governance: Lessons from the field, *Journal of Risk Research*, 15（1）, 1−20.

Bollerslev, T.（1986）Generalized autoregressive conditional heteroskedasticity, *Journal of Econometrics*, 31（3）, 307-327

Borenstein, S. & Zimmerman, M.（1988）Market incentives for safe commercial airline operation, *The American Economic Review*, 78（5）, 913−935.

Brownstein, J. S. et al.（2006）Empirical evidence for the effect of airline travel on inter-regional influenza spread in the United States, *PLOS Medicine*, 3（10）, e401.

Bruneau, M. et al.（2003）A framework to quantitatively assess and enhance the seismic resilience of communities, *Earthquake Spectra*, 19（4）, 733−752.

C

Cai, Y., et al.（2015）Environmental tipping points significantly affect the cost-benefit analysis of climate policies. *PNAS*, 112（15）, 4606-4611. doi:10.1073/pnas.1503890112.

Castel, R.（1991）From dangerousness to risk. In Burchell, G. et al（Eds）*The Foucault Effect: Studies in Governmentality*, 281–298, University of Chicago Press.

CBC News（2004）9/11 Commission slams 'failure of imagination', 22 July 2004（閲覧日：2017 年 10 月 16 日）.

CDC（Centers for Disease Controll and Prevention）（2007）*Chartbook on Trends in the Health of Americans*, National Center for Health Statistics.

CEMC（The Canadian Centre for Environmental Modelling and Chemistry）, ChemCAN Software Update Version 6.00 - September 2003（閲覧日：2018 年 12 月 10 日）.

CFID（Office of Food Safety and Recall, Canadian Food Inspection Agency）（2001）*Developing and Implementing Food Recall Programs*, Ottawa, May 15, 2001.

Chadwick, A.（2017）*The hybrid media system: politics and power*, Oxford University Press.

Chancellor, E.（1999）*Devil Take the Hindmost: A History of Financial Speculation*, Farrar, Straus & Giroux（チャンセラー，E. 著，山岡洋一訳（2000）バブルの歴史：チューリップ恐慌からインターネット投機へ，日経 BP 社）.

Chaudhry, Q. et al.（2008）Applications and implications of nanotechnologies for the food sector, *Food Additives and Contaminants*, 25（3）, 241−258.

Chertoff, M.（2005）Speech at Georgetown University, Washington D.C. 15 March 2005.

Chiu, C., et al.（2010）*Vaccine preventable diseases in Australia, 2005 to 2007*, Commun Dis Intell 34 Suppl: S1−S167.

CAC（Codex Alimentarius Commission, FAO）（1997a）*Protocol for the Design*, Conduct and Interpretation of Method Performance Studies（CAC/GL 64-1995）.

CAC（Codex Alimentarius Commission, FAO）（1997b）*Harmonized Guidelines for Internal Quality Control in Analytical Chemistry Laboratories*（CAC/GL 67-1997）.

CAC（Codex Alimentarius Commission, FAO）（1995b）*Food Control Laboratory Management: Recommendations*（CAC/GL 28-1995）.

CAC（Codex Alimentarius Commission, FAO）（1999）*Recommended Methods of Sampling for the Determination of Pesticide Residues for Compliance with MRLs*（CAC/GL 33-1999）.

CAC（Codex Alimentarius Commission, FAO）（2003a）*General Principles of Food Hygiene*, CAC/RCP 1-1969.

CAC（Codex Alimentarius Commission, FAO）（2003b）*Harmonized IUPAC Guidelines for Single-Laboratory Validation of Methods of Analysis*（CAC/GL 49-2001）.

CAC（Codex Alimentarius Commission, FAO）（2003c）*Harmonized IUPAC Guidelines for the Use of Recovery Information in Analytical Measurement*（CAC/GL 49-2001）.

CAC（Codex Alimentarius Commission, FAO）（2003d）*Recommended International Code of Practice:*

General Principles of Food Hygiene, CAC/RCP, 1-1969, Rev 4-2003.
CAC（Codex Alimentarius Commission, FAO）（2004a）*General Guidelines on Sampling*（CAC/GL 50-2004）.
CAC（Codex Alimentarius Commission, FAO）（2004b）*Guidelines on Measurement Uncertainty*（CAC/GL 54-2011）.
CAC（Codex Alimentarius Commission, FAO）（2007）*Working Principles for Risk Analysis for Food Safety for Application by Governments*（CAC/GL 63-2007）.
CAC（Codex Alimentarius Commission, FAO）（2014） Guidelines for the Desgin and Implementation of National.*Regulatory Food Safety Assurance Programmes Associated with the Use of Veterinary Drugs in Food Producing Animals*（CAC/GL 71-2009）.
CAC（Codex Alimentarius Commission, FAO）（2016）*Procedural Manual*, 25th edition, The Food and Agriculture Organization of the United Nations and the World Health Organization, WHO Press.
CAC（Codex Alimentarius Commission, FAO）（2018a）*Colex general standand of contaminants and Toxins in Food and Feed*（CODEX STAN 193-1995）.
CAC（Codex Alimentarius Commission, FAO）（2018b）*Codex Alimentarius Commission Procedural Manual*, 26th Edition.
CAC（Codex Alimentarius Commission, FAO）（2018b）*General Standard for Contaminants and Toxins in Food and Feed*（CODEX STAN 193-1995）.
CAC（Codex Alimentarius Commission, FAO）（2013）*Principles and guidelines for national food control systems*, CAC-GL 82-2013.
CDC（2019） Impact of Vaccines in the 20th and 21th Centuries（閲覧日：2019 年 5 月 14 日）
Cohen, S.（2002）*Folk Devils and Moral Panics*, Routledge.
Cohen, B. L. & Lee, I. S.（1979）A catalog of risks, *Health and Physics*, 36, 707−722.
Cokely, E.T. et al.（2012）Measuring risk literacy: The Berlin Numeracy Test,*Judgment and Decision Making*, 7（1）, 25−47.
Congress of the USA（2002）*An Act to improve the ability of the United States to prevent, prepare for, and respond to bioterrorism and other public health emergencies*, 107th Congress of the United States of America, January 23, 2002.
Cooper, J. D. & Bird, S. M.（2002）UK bovine carcass meat consumed as burgers, sausages and other meat products: by birth cohort and gender. *Journal of Cancer Epidemiology and Prevention*. 7（2）, 49−57.
Covello, V. T. et al.（1988）*Risk Communication, Risk Statistics, and Risk Comparisons: A Manual for Plant Managers*, Chemical Manufacturers Association.
Cruz, A. M. et al.（2004）*State of the Art in Natech Risk Management*, European Commission Joint Research Center.
Cutter, S. L. et al.（2008）A place-based model for understanding community resilience to natural disasters, *Global Environmental Change*, 18, 598−606.
Cutter, S. L. et al.（2010）Disaster Resilience Indicators for Benchmarking Baseline Conditions, *Journal of Homeland Security and Emergency Management*, 7（1）.

D

Damasio, A.（1994）*Descartes' Error: Emotion, Reason, and the Human Brain*, Putnam.
DeConto, R. M. & Pollard, D.（2016）Contribution of Antarctica to past and future sea-level rise, *Nature*, 531, 591−597. DOI: 10.1038/nature17145.
Delmaar, J. E. & Schuur, A. G.（2016）ConsExpo Web Consumer Exposure models: model documentation, RIVM Report 2016-0171（閲覧日：2018 年 12 月 10 日）.
Directorate General for Internal Policies（2015）*Food Safety Policy and Regulation in the United States*（閲覧日：2017 年 11 月 30 日）.
Dixon, P. et al.（2011）Tornado risk analysis: Is Dixie Alley an extension of Tornado Alley?, *Bulletin of American Meteorological Society*, 92, 433−441.
Dockery, D. W. et al.（1993）An association between air pollution and mortality in six U. S. cities, *New*

England Journal of Medicine, 329, 1753-1759.
Douglas, M. & Wildavsky, A.B.（1982）*Risk and Culture: An Essay on the Selection of Technical and Environmental Dangers*, University of California Press.
Douple, E. B. et al.（2011）Long-term radiation-related health effects in a unique human population: Lessons learned from the atomic bomb survivors of Hiroshima and Nagasaki, *Disaster Medicine and Public Health Preparedness*. 5（0 1）：S122–S133.
Dutton, A. et al.（2015）Sea-level rise due to polar ice-sheet mass loss during past warm periods, *Science*, 349, aaa4019. DOI: 10.1126/science.aaa.4019.

E

EC（European Commission）（2016）Commission notice on the implementation of food safety management systems covering prerequisite programs and procedures based on the HACCP principles, including the facilitation/flexibility of the implementation in certain food businesses, 2016/C 278/01.
ECETOC（European Centre for Ecotoxicology and Toxicology of Chemicals）（2004）*Targeted Risk Assessment*, Technical report No. 93, European Centre for the Ecotoxicology and Toxicology of Chemicals（閲覧日：2018 年 12 月 10 日）.
ECHA（European Chemicals Agency）（2008）, Guidance on Socio-Economic Analysis: Restrictions.
EEA（European Environment Agency）（2001）*Late Lessons from Early Warnings: the Precautionary Principle 1896 — 2000*, European Environmental Agency（欧州環境庁編（2005）レイト・レッスンズ：14 の事例から学ぶ予防原則，七つ森書館）.
EFSA（2011）*Guidance on risk assessment of the application of nanoscience and nanotechnologies in the food and feed chain*，2011 年公表，2018 年改訂案.
EHC240（2009）*Principles and Methods for the Risk Assessment of Chemicals in Food*, A joint publication of the Food and Agriculture Organization of the United Nations and the World Health Organization, WHO Press.
Enemark, C.（2014）Drones, risk, and perpetual force, *Ethics and International Affairs*, 28（3）, 365－381.
Engle, R.（1982）Autoregressive conditional heteroscedasticity with estimates of the variance of United Kingdom inflation, *Economica*, 50（4）, 987-1007.
US.EPA（1987）*Unfinished Business: A Comparative Assessment of Environmental Problems, Overview Report.*
EPA（1992）GUIDELINES FOR EXPOSURE ASSESSMENT, U.S. Environmental Protection Agency, Risk Assessment Forum, EPA/600/Z-92/001.
EPA（1993）*A Guidebook to Comparing Risks and Setting Environmental Priorities*, EPA 230-B-93-003.
EPA（2000）*Risk Characterization Handbook*, EPA 100-B-00-002, U.S.EPA.
EPA（2010）*Guideline for Preparing Economic Analysis.*
EPA（2011）*Exposure Factors Handbook 2011 Edition（Final Report）*, U.S. Environmental Protection Agency, EPA/600/R-09/052F
EPA（2014）*E-FAST-Exposure and Fate Assessment Screening Tool Version 2014*（閲覧日：2018 年 12 月 10 日）.
EPA（2016）*A Citizen's Guide to Radon: The Guide to Protecting Yourself and Your Family from Radon*（*A Citizen's Guide to Radon: The Guide to Protecting Yourself and Your Family from Radon | Radon | US*）（閲覧日：2019 年 1 月 10 日）.
EPA（2018）*Calculate Your Radiation Dose*（*Calculate Your Radiation Dose | Radiation Protection | US EPA*（閲覧日：2019 年 1 月 10 日）.
Eppler, M. J. & Aeschimann, M.（2009）A systematic framework for risk visualization in risk management and communication, *Risk Management*, 11（2）,67–89.
Epstein, S.（1994）Integration of the cognitive and psychodynamic unconscious, *American Psychologist*, 49（8）, 709－724.
EU, Regulations, directives and other acts（閲覧日：2017 年 11 月 30 日）.
EU（2011）*Commission Recommendation of 18 October 2011 on the definition of nanomaterial*, 2011/696.
EU（2011）*Regulation（EU）No 1169/2011 of the European Parliament and of the Council of 25 October 2011*

on the provision of food information to consumers.
EU（2004）*Guidance on the implementation of articles 11, 12, 16, 17, 18, 19 and 20 of regulation*（EC）*No.178/2002 on General Food Law, Conclusions of the Standing Committee on the Food Chain and Animal Health*, Brussels, December, 2004.
European Commission（1992）*Toward a Europe of Solidarity: Intensifying the Fight against Social Exclusion*, Brussels.
European Commission（2000）*Communication from the Commission on the Precautionary Principle*, COM（2000）1 final.
European Commission Directorate General for Health and Consumers（EC）（2013）*Scoping Study: Delivering on EU Food safety and Nutrition in 2050: Final report.*
European Food Safety Authority（2013）Literature review on epidemiological studies linking exposure to pesticides and health effects. EFSA supporting publication 2013:EN-497.
Exxson Mobil（2018）*Operations Integrity Management System*（閲覧日：平成 30 年 2 月 28 日）.

F

FAA（Federal Aviation Administration）（1988）System design and analysis, FAA AC 25.1309-1A（閲覧日：2019 年 3 月 29 日）.
Fagerlin, A. et al.（2007）Measuring numeracy without a math test: development of the Subjective Numeracy Scale, *Medical Decision Making*, 27（5）, 672−680.
FAO/WHO（(2006)）, *Food Safety Risk Analysis:; A Guide for National Food Safety Authorities.*
FDA, Background on the FDA Food Safety Modernization Act（FSMA）（閲覧日：2017 年 11 月 30 日）.
FDA（1956）Delany Clause.
FDA（1977）Chemical compounds in food-producing animals: criteria and procedures for evaluating assays for carcinogenic residues in edible products of animals, *Fed.eral Register.*, 42（35）, 10412−10437.
FDA（2002）*Initiation and Conduct of All 'Major' Risk Assessments within a Risk Analysis Framework.*
FDA（2014）*Considering Whether an FDA-Regulated Product Involves the Application of Nanotechnology.*
FDA（2018）*Guidance for Industry : Questions and Answers regarding Food Facility Registration*（7th Edition）（閲覧日：2019 年 2 月 20 日）.
Festinger, L.（1957）*A Theory of Cognitive Dissonance*, Row Peterson.
Field, C.B. et al.（2012）*Managing the Risks of Extreme Events and Disasters to Advance Climate Change Adaptation: Special Report of the Intergovernmental Panel on Climate Change*, Cambridge University Press.
Finucane, M. L. et al.（2000）The affect heuristic in judgment of risks and benefits, *Journal of Behavioral Decision Making*, 12（1）, 1−17.
Fischhoff, B.（1978）How safe is safe enough? A psychometric study of attitudes towards technological risks and benefits, *Policy Sciences*, 9, 127−152.
Fisher, A. et al.（1989）The value of reducing risks of death: a note on new evidence, *Journal of Policy Analysis and Management*, 8, 88−100.
Flaherty, D.（2001）Privacy Impact Assessments: an Essential Tool for Data Protection, *The Personal Information Protection and Electronic Documents Act*, Irwin Law.
Flynn, J. et al.（1993）The Nevada Initiative: A risk communication fiasco, *Risk Analysis*, 13, 497−502.
FOEN（Federal Office for the Environment）,（2016）Schweizerhalle: a fire sparks action on major accident prevention（閲覧日：2018 年 11 月 14 日）.
Food and Agriculture Organization of the United Nations（FAO）（2008）*GM food safety assessment tools for trainers.*
Frederick, S.（2005）Cognitive reflection and decision making, *Journal of Economic Perspectives*, 19（4）, 25−42.
Frey, C. B. & Osborne, M. A.（2017）The future of employment: How susceptible are jobs to computerization?, *Technological Forecasting and Social Change*, 114（January）254−280. DOI: 10.1016/

j.techfore.2016.08.019
Funtowicz, S. & Ravetz, J.（1993）Science for the post-normalage, *Futures*, 25（7）, 739－755.

G

Galbraith, J. K.（1990）*A Short History of Financial Euphoria*, Penguin Books（ガルブレイス，J. K. 著，木哲太郎訳（2008）新版バブルの物語：人々はなぜ「熱狂」を繰り返すのか，ダイヤモンド社）.

GAO（2017）, *Food safety: A national strategy is needed to address fragmentation in federal oversight*, GAO-17-74.

Gardner, R. J. M, et al.（2012）*Chromosome Abnormalities and Genetic Counseling*, 4th Edition, Oxford University Press.

GBD 2016 Causes of Death Collaborators（2017）Global, regional, and national comparative risk assessment of 84 behavioural, environmental and occupational, and metabolic risks or clusters of risks, 1990－2016: A systematic analysis for the Global Burden of Disease Study 2016, *Lancet*, 390（10100）, 1345－1422.

Geist, E. L. & Parsons, T.（2006）Probabilistic analysis of tsunami hazards, *Natural Hazards*, 37（3）, 277－314. DOI: 10.1007/s11069-005-4646-z.

Gigerenzer, G. & Hoffrage, U.（1995）How to improve Bayesian reasoning without instruction: frequency formats, *Psychological Review*, 102（4）, 684.

Gigerenzer, G.（2002）*Calculated Risks: How to Know When Numbers Deceive You*, Simon & Schuster.

Gigerenzer, G.（2006）Out of the Frying Pan into the Fire: Behavioral Reactions to Terrorist Attacks, Risk Analysis, 26, 347-351.

Gigerenzer, G.（2015）*Calculated Risks: How to Know When Numbers Deceive You*, Simon and Schuster.

Goodlad, J. K. et al.（2013）Lead and Attention-Deficit/Hyperactivity Disorder（ADHD）symptoms: a meta-analysis, *Clinical Psychology Review.*, 33（3）, 417－25. DOI: 10.1016/ j.cpr.2013.01.009. Epub 2013 Jan 29.

Graham, J. D. and Wiener, J. B.（1997）*Risk versus Risk: Tradeoffs in Protecting Health and the Environment*, Harvard University press.

Graham, J. D. and Wiener, J. B.（1995）*Risk vs. Risk: Tradeoffs in Protecting Health and the Environment*, Harvard University Press（ジョン・D. グラハム，ジョナサン・B. ウィーナー編，菅原努監訳（1998）リスク対リスク：環境と健康のリスクを減らすために，昭和堂）.

Graunt, J.（1662）*Natural and Political Observations Mentioned in a Fallowing Index, and Made Upon the Bills of Mortality.*

Griffin, R. et al.（2012）Linking risk messages to information seeking and processing, *Communication Yearbook*, 36, 323－362.

H

Hammitt, J. K. et al.（2005）Precautionary regulation in Europe and the United States: A quantitative comparison, *Risk Analysis*, 25（5）, 1215－1228.

Harding Center for Risk Literacy.（2019）Risk Quiz（閲覧日：2019 年 3 月 6 日）.

Helbing, D.（2013）Globally networked risks and how to respond, *Nature*, 497, 51－59.

Heng, Y.（2006）*War as Risk Management: Strategy and Conflict in an Age of Globalized Risks*, Routledge.

Heng, Y.（2016）*Managing Global Risks in the Urban Age; Singapore and the making of a Global City*, Routledge.

Hier, S. P.（2008）Thinking beyond moral panic: Risk, responsibility, and the politics of moralization, *Theoretical Criminology*, 12（2）, 173－190.

Hoffman, L. J. et al.（2006）Trust beyond security: An expanded trust model, *Communications of the ACM*, 49（7）, 94－101.

Hoffrage, U. et al.（2000）Communicating statistical information, *Science* , 290（5500）, 2261－2262.

Hollander, A. et al.（2016）SimpleBox 4.0: Improving the model while keeping it simple..., *Chemosphere*, 148, 99－107.

Honda, H. et al.（2015）Effect of visual aids and individual differences of cognitive traits in judgments on

food safety,*Food Policy*,55, 33－40.
Hook, G. et al.（2015）*Regional Risk and Security in Japan*, Routledge.
Hornsey, M. J. & Fielding, K. S.（2017）Attitude roots and JiuJitsu persuation: Understanding and overcoming the motivated rejection of science. *American Psychologist*. 72（5）, 459-473.
HSE（1988）*The tolerability of risk from nuclear power stations*, HMSO.
HSE（Health and Safety Exclusive）（1992）*Tolerability of Risk from Nuclear Power Stations*, HSE Books.
HSE（Health and Safety Exclusive）（2018） Union Carbide India Ltd, Bhopal, India. 3rd December 1984（閲覧日：2018 年 11 月 16 日）.
IAEA（2014）*Radiation Protection and Safety of Radiation Sources: International Basic Safety Standards*.
International Agency on Research on Cancer（IARC）, Web サイト（閲覧日 : 2017 年 10 月 30 日）.

I

ICAO（2014）*Airworthiness Manual, Doc 9760*, 3rd Edition.
ICCA, *Expertise in Action: ICCA's Product Stewardship Pioneers Circumnavigate the Globe for Sound Chemicals Management*（閲覧日 :2019 年 3 月 29 日）.
ICRP（1977）. *Recommendations of the ICRP*. ICRP Publication 26, Annales of the ICRP 1（3）.
ICRP（1984）*ICRP Publication 41 Nonstochastic Effects of Ionizing Radiation*, Pergamon Press.
ICRP（1990）*Recommendations of the International Commission on Radiological Protection*, ICRP Publication 60.
ICRP（1998）*Guidelines for Limiting Exposure to Time-Varying Electric, Magnetic, and Electromagnetic Fields（up to 300 GHz）*, Health Physics.
ICRP（2007）*The 2007 Recommendations of the International Commission on Radiological Protection*, ICRP Publication, 103.
ICRP（2010）*Guidelines for Limiting Exposure to Time-Varying Electric and Magnetic Fields（1 Hz to 100 kHz）*, Health Physics.
IEC 61508（2010）*Functional Safety of Electrical/Electronic/Programmable Electronic Safety-Related Systems*（JIS C 0508 電気・電子・プログラマブル電子安全関連系の機能安全）.
Ikeda, S（1989）A comprative perspective on risk management in the USA and Japan : Case studies of technological risks, 日本リスク研究学会誌，1（1）, 45-53
Inoue, Y. et al.（2016）Current public support for human-animal chimera research in Japan is limited, despite high levels of scientific approval, *Cell Stem Cell*, 19（2）, 152-153.
International Risk Governance Council（IRGC）（2017）*Introduction of the IRGC Risk Governance Framework, Revised version*, IRGC.
IPCC（2013）Climate Change 2013: The Physical Science Basis. Contribution of Working Group I to the Fifth Assessment Report of the Intergovernmental Panel on Climate Change. Cambridge University Press.
IPCC, Planton, S.（Ed.）,（2013）Annex III: Glossary, Planton, S.（ed.）, In IPCC *Climate Change 2013: The Physical Science Basis. Contribution of Working Group I to the Fifth Assessment Report of the Intergovernmental Panel on Climate Change*（閲覧日：2019 年 3 月 29 日）.
IPCC（2014a）Summary for policymakers, In *Climate Change 2014: Impacts, Adaptation, and Vulnerability*.
IPCC（2014b）Technical summary, In*Climate Change 2014: Mitigation of Climate Change*.
IPCS（2004）IPCS Risk Assessment Terminology, International Programme on Chemical Safety.
IRGC（International Risk Governance Council）（2005）*Risk Governance: Towards an Integrative Approach*.
IRGC（International Risk Governance Council）（2009）*Risk Governance Deficits: An analysis and Illustration of the Most Common Deficits in Risk Governance*.
IRGC（International Risk Governance Council）（2010）*The Emergence of Risks: Contributing Factors*, International Risk Governance Council.
IRGC（International Risk Governance Council）（2011）*Improving the Management of Emerging Risks*.
IRGC（International Risk Governance Council）（2013）*Preparing for Future Catastrophes Governance Principles for Slow-Developing Risks that may have Potentially Catastrophic Consequences*.
IRGC（International Risk Governance Council）（2015）*Guidelines for the Governance of Emerging Risks*,

IRGC（International Risk Governance Council）（2016）*A short introduction to 'Planned Adaptive Regulation'.*
IRGC（International Risk Governance council）（2017）*An Introduction to the IGRC Risk Governance Framework*, IGRC.
IRGC（International Risk Governance Council）（2018）*IRGC Guidelines for the Governance of Systemic Risks in Systems and Organisations in the Context of Transitions*, 1－82.
Iseri, Y., et al.（2018）Towards the incorporation of tipping elements in global climate risk management: probability and potential impacts of passing a threshold. *Sustainability Science*, 13:315-328, doi:10.1007/s11625-018-0536-7.
ISO（2007）*ISO22005:2007 Traceability in the Feed and Food Chain: General Principles and Basic Requirements for System Design and Implementation.*
ISO（2009b）*ISO31000:2009, Risk Management: Principles and Guidelines.*
ISO（2009a）*ISO Guide 73:2009, Risk management — Vocabulary, International Organization for Standardization*（JIS Q 0073:2010 リスクマネジメント－用語）.
ISO（2018）*ISO 45001: Occupational Health and Safety Management Systems（OHSMS）: Requirements with Guidance for Use*（JIS Q 45001 労働安全衛生マネジメントシステム）.
ISO/IEC（2013）*ISO/IEC27001:2013, Information Technology — Security Techniques — Information Security Management Systems-Requirements.*
ISO/IEC（2013）27001: 2013, *Information Technology — Service management — PerT1: Service management Requirement.*
ISO/IEC（2011）*ISO/IEC20000-1, Information technology — Service management — Part 1: Service management system requirements.*
ISO/IEC（2018）20000-1, *Information Technology-Information security management systems-Requirement.*
ISO/IEC（2002）*ISO/IEC Guide 73:2002, Risk management — Vocabulary — Guidelines for use in standards*（JIS TR Q 0008:2003 リスクマネジメント－用語－規格において使用するための指針）.
ISO/IEC（2014a）*ISO/IEC 27000:2014, Information technology — Security techniques — Information security management systems – Overview and vocabulary*（JIS Q 27000:2014 情報技術－セキュリティ技術－情報セキュリティ－情報セキュリティマネジメントシステム－用語）.
ISO/IEC（2014b）*ISO/IEC Guide 51:2014: Safety aspects — Guidelines for their inclusion in standards.*
ISO/IEC（2014）*ISO/IEC Guide 51: Safety aspects: Guidelines for their inclusion in standards*（JIS Z 8051 安全側面：規格への導入指針）.
ISO（2014）*Discovering ISO 26000: Guidance on social responsibility.*

J

James, K. E., et al.（2008）Global trends in emerging infections diseases, *Nature*, 451, 990-993.
Japp, K. P.（1997）Die Beobachtung von Nichtwissen, *Soziale Systeme*, 3, 289－312.
Jarrow, R.（1995）Pricing derivatives on financial securities subject to credit risk, *The Journal of Finance*, 50（1）, 53-85.
Jasanoff, S.（1990）*The Fifth Branch: Science Advisors as Policymakers*, Harvard University Press.
JECFA（2011）Acrylamide, The Seventy-second meeting of the Joint FAO/ WHO Expert Committee on Food Additives, Safety evaluation of certain contaminants in food, *WHO Food Additives Series*, 63, FAO JECFA Monographs, 8, 1－153（閲覧日：2019 年 2 月 27 日）.
John D. Graham and Jonathan Baert Wiener（1997）*Risk versus risk -Tradeoffs in Protecting Health and the Environment-*, Harvard University press.
Joint Authorities for Rulemaking of Unmanned Systems（JARUS）（2017）*Guidelines on Specific Operations Risk Assessment*（*SORA*）（閲覧日：2019 年 3 月 29 日）.
Jones, R. D.,et al.（2005）Quantitative isk assessment of rabies entering Great Britain from North America via cats and dogs, *Risk Analysis*, 25（3）, 533-542.
Jones, K.E. et al.（2008）Global trends in emerging infectious diseases, *Nature*, 451, 990－993.
Jones-Lee, M. W. et al.（1985）Measuring the value of safety: results of a national sample survey, *The Economic Journal*, 95, 49－72.

K

Kahneman, D. & Tversky, A.（1979）Prospect theory: An analysis of decision under risk, *Econometrica*, 47（2）, 263–292.

Kahneman, D.（2011）*Thinking Fast and Slow*, Farrar, Straus and Giroux.

Kajitani, Y. & Tatano, H.（2017）Applicability of a spatial computable general equilibrium model to assess the short-term economic impact of natural disasters, *Economic Systems Research*, 30（3）, 289-312. DOI: 10.1080/09535314.2017.1369010

Kanayama, A. et al.（2015）Epidemiology of domestically acquired hepatitis E virus infection in Japan: assessment of the nationally reported surveillance data, 2007–2013, *Journal of Medical Microbiology*., 64, 752–758.

Kasperson, R. E. et al.（1988）The social amplification of risk: A conceptual framework, *Society for Risk Analysis*, 8（2）, 177–187.

Kennett, D. J., et al.（2009）Nanodiamonds in the Younger Dryas boundary sediment layer. *Science*, 323, 94, doi:/10.1126/science.1162819.

Kasperson, R, E. et al,（1988）The social amplification of risk: A conceptual framework, *Risk Analysis*, 8, 177-187.

Kessler, O. & Werner, W.（2008）Extrajudicial killing as risk management, *Security Dialogue*, 39, 2-3, 289–308.

Keynes, J. M.（1937）The General Theory of Employment, *The Quarterly Journal of Economics*, 51（2）, 209–223.

Knight, F.（1921）*Risk, Uncertainty and Profit*, Houghton Mifflin Co.

Klein, D.（2017）*The Paris Agreement on Climate Change: Analysis and Commentary*, Oxford University Press.

Klinke, A.（2014）Postnational discourse, deliberation, and participation toward global risk governance, *Review of International Studies*, 40（2）, 247–275. DOI: 10.1017/S0260210513000144

Koeppen, K. et al.（2008）Current issues in competence modeling and assessment,*Journal of Psychology*, 216（2）, 61–73.

L

Lees, F.（2012）*Lees' Loss Prevention in the Process Industries* 4th Edition, Butterworth-Heinemann.

Leiss, W.（1996）Three phases in the evolution of risk communication practice, *The Annals of the American Academy of Political and Social Science*, 545（1）, 85–94.

Lenton, T. M., & Schellnhuber, H. J.（2007）Tipping the scales. *Nature Reports Climate Change*, 1, 97–98. doi:10.1038/climate.2007.65.

Leonard, H. B. D. & Howitt, A.M.（2008）'Routine' or 'Crisis': The search for excellence, *Crisis/Response Journal*, 4（3）, 32–35.

Leventhal, G. S.（1980）What should be done with equity theory?: New approaches to the study of fairness in social relationship, in Gargen, K.J. et al.（Eds.）*Social exchange*, Plenum, 27–55.

Lichtenstein, S. et al.（1978）Judged frequency of lethal events, *Journal of Experimental Psychology: Human Learning and Memory*, 4, 551–578.

Lind, A. E. & Tyler, T. R.（1988）*The social psychology of procedural justice*, Plenum Press（菅原郁夫，大渕憲一訳（1995）フェアネスと手続きの社会心理学：裁判，政治，組織への応用，ブレーン出版）.

Linden Consulting, Inc.（2007）*Privacy Impact Assessments: International Study of their Application and Effects*.

Livingstone, D. and Lewis, P.（2016）*Space, The Final Frontier for Cybersecurity?*, Chatham House.

Lloyd's（2015）*Lloyd's City Risk Index 2015 — 2025 Executive Summary*, Lloyd's（閲覧日 :2019 年 3 月 29 日）.

Lontzek, T. S. et al.（2015）Stochastic integrated assessment of climate tipping points indicated the need for strict climate policy. *Nature Climate Change*, 5:441-444. doi:10.1038/nclimate2570.

Lundgren, R. E. & McMakin, A. H.（2007）*Risk Communication: A Handbook for Communicating Environmental, Safety, and Health Risks*, 5th Edition, John Wiley & Sons, 159-190.

Lundgren, R .E. & McMakin, A.H.（2013）*Risk communication: A Handbook for Communicating Environmental, Safety, and Health Risks*（*5th ed.*）, John Wiley & Sons, Inc.

Lupton, D.（1999）*Risk*, Routledge.

M

Martin, A. et al.（2013）Global environmental justice and biodiversity conservation, *The Geographical Journal*, 179（2）, 122−131.

Matsuura, M. & Schenk, T.（2016）*Joint Fact-Finding in Urban Planning and Environmental Disputes*. Routledge.

McDaniels, T. and M, Small（Ed.）（2004）*Risk Analysis and Society*, Cambridge University Press.

McEwen J. E. et al.（2014）The Ethical, Legal, and Social Implications Program of the National Human Genome Research Institute: reflections on an ongoing experiment, *Annual Review of Genomics and Human Genetics*, 15, 481−505.

Merton, R.（1974）On the pricing of corporate debt: The risk structure of interest rates, *The Journal of Finance*, 29（2）, 449-470.

Mertz, C. K. et al.（1998）Judgment of chemical risks: Comparison among senior managers, toxicologists, and the public, *Risk Analysis*, 18, 391−404.

Mikami, S. & Ikeda, K.（1985）Human response to disasters. *International Journal of Mass Emergencies and Disasters*, 3（1）, 107-132.

Miles, I. et al.（2008）The many faces of foresight, in Georghiou, L. et al.（eds.）*International Handbook on Foresight and Science Policy: Theory and Practice*, Edward Elgar, UK, 3−22.

Milvy, P.（1986）A general guideline for management of risk from carcinogens, *Risk Analysis*, 6（1）, 69−79.

Mindell, A.（2014）*Sitting in the Fire: Large Group Transformation Using Conflict and Diversity*, Deep Democracy Exchange.

Moore, M. et al.（2016）*Identifying future disease hot spots: Infectious Disease Vulnerability Index*, RAND Corporation.

Morabia A.（2004）Epidemiology: An epistemological perspective, In *A History of Epidemiologic Methods and Concepts*, Part I, 3−125.

Morice, C. P. et al.（2012）Quantifying uncertainties in global and regional temperature change using an ensemble of observational estimates: the HadCRUT4 dataset, *Journal of Geophysical Research*, 117, D08101.

Morse, S. S.（1995）Factors in the emergence of infectious diseases, *Emerging Infectious Diseases*, 1（1）, 7−15.

Murakami, M. et al.（2017）Communicating with residents about risks following the Fukushima Nuclear Accident, *Asia Pacific Journal of Public Health*, 29（2_suppl）, 74S-89S.

N

Nakayama, J. et al.（2016）Preliminary hazard identification for qualitative risk assessment on a hybrid gasoline-hydrogen fueling station with an on-site hydrogen production system using organic chemical hydride, *International Journal of Hydrogen Energy*, 41, 7518−7525 .

NAS（2017）*Using 21st Century Science to Improve Risk-Related Evaluations, National Academies of Sciences, Engineering, and Medicine*, The National Academies Press. doi:10.17226/24635

NCES（National Center for Education Statistics）（2012）*Program for the International Assessment of Adult Competencies*（*PIAAC*）*: Literacy Domain*（閲覧日：2018 年 8 月 15 日）.

Neisser, U.（1976）*Cognition and Reality: Principles and Implications of Cognitive Psychology*, Freeman.

Newman, T. P.（2016）Tracking the release of IPCC AR5 on Twitter: Users, comments, and sources following the release of the Working Group I Summary for Policymakers, *Public Understanding of Science*, 96366251662847.

Niino, H. et al.（1997）A statistical study of tornadoes and waterspouts in Japan from 1961 to 1993, *Journal of Climate*, 10, 1730－1752.

NIST（2002）*Risk Management Guide for Information Technology Systems, NIST SP800-30.*

NOAA/NCEI（2019）NGDC/WDS Global Historical Tsunami Database（閲覧日：2019 年 2 月 7 日）.

NOAA（National Oceanic and Atmospheric Administration）（2017）*Exxson Valdiz Oil Spill*, NOAA（閲覧日：2019 年 3 月 29 日）.

NRC（1983）*Risk Assessment in the Federal Government: Managing the Process*, The National Academies Press.

NRC（2009a）*Severe Space Weather Events: Understanding Societal and Economic Impacts*, National Academies Press.

NRC（National Research Council）, Commission on Life Sciences, Board on Biology（1988）*Report of the Committee on Mapping and Sequencing the Human Genome*, National Academy Press.

NRC（1989）*Improving Risk Communication*, National Academy Press.

NRC（1996）*Understanding Risk: Informing Decisions in a Democratic Society*, National Academy Press.

NRC（2009b）*Science and Decision: Advancing Risk Assessment*, National Academy Press.

NRC（National Research Council）Committee on the Institutional Means for Assessment of Risks to Public Health（1983）*Risk Assessment in the Federal Government: Managing the Process*, National Academies Press, 212.

NRC（National Research Council）Committee on Improving Risk Analysis Approaches Used by the U.S. EPA（2009）*Science and Decisions: Advancing Risk Assessment*, National Academies Press（閲覧日 :2019 年 3 月 29 日）.

O

O'Neill, S. et al.（2015）Dominant frames in legacy and socialmedia coverage of the IPCC Fifth AssessmentReport, *Nature Climate Change*, 5（4）, 380－385.

OECD（2000）Framework for Integrating Socio-Economic Analysis in Chemical Risk Management Decision Making, OECD Environmental Health and Safety Publications Series on Risk Management No.13.

OECD（2003）*Emerging Systemic Risks in the 21st Century: An Agenda for Action.*

OECD（2009）*Consumer Education: Policy Recommendations of the OECD'S Committee on Consumer Policy*（閲覧日：2019 年 3 月 29 日）.

OECD（2011）*Future Global Shocks: OECD Reviews of Risk Management Policies* , OECD publications.

OECD（2014）*How was life?: Global Well-being since 1820*, OECD Publishing.

OECD（2016）*Preparing governments for long term threats and complex challenges.*

Emission Scenario Documents. OECD（閲覧日：2018 年 12 月 10 日）.

Office of the Australian Information Commissioner（2014）*Guide to Undertaking Privacy Impact Assessments.*

Office of the Privacy Commissioner of Canada（2011）*Expectations : A Guide for Submitting Privacy Impact Assessments to the Office of the Privacy Commissioner of Canada.*

Ohashi, Y. et al.（2016）, Land abandonment and changes in snow cover period accelerate range expansions of sika deer. *Ecology and Evolution*, 6, 7763-7775.

Okan, Y. et al.（2012）Individual differences in graph literacy: Overcoming denominator neglect in risk comprehension, *Journal of Behavioral Decision Making*, 25（4）, 390－401.

Owen, R. & Goldberg, N.（2010）Responsible innovation: a pilot study with the U.K. Engineering and Physical Sciences Research Council, *Risk Analysis*, 30（11）, 1699－1707. DOI: 10.1111/j.1539-6924.2010.01517.x

Ozasa, K, et al.（2012） Studies of the mortality of atomic bomb survivors, Report 14, 1950-2003：An overview of cancer and noncancer diseases. *Radiation Research*, 177, 229–243

P

Papacharissi, Z.（2015）*Affective Publics: Sentiment, Technology, and Politics*, Oxford University Press.

Paugam, S.（1991）*La Disqualification Sociale: Essai sur la Nouvelle Pauvreté*, PUF.

Paugam, S.（2007）*Le Salarié de la Précarité*, PUF.

Paustenbach D. J.（1991）*The Risk Assessment of Environment and Human Health Hazards: A Textbook of Case Studies*, John Wily & Sons.

Pearce, D.（1978）The feminization of poverty: Women, work and welfare,*Urban and Social Change Review , Boston College*, 11（1/2）.

Pearl, J.（2009）Introduction to probabilities, graphs, and causal models, in *Causality: Models, Reasoning, and Inference*, 2nd ed, Cambridge University Press, Chap. 1, 1–40.

Petty, R. E. & Cacioppo, J. T.（1986）*Communication and Persuasion: Central and Peripheral Routes to Attitude Change*, Springer-Verlag.

Pfizer Inc.（2015） Broadening the Vaccines Portfolio. in *Pfizer 2015 Annual Review*（閲覧日：2019 年 2 月 6 日）.

Plotkin, S. A. et al.（2017）*Plotkin's Vaccines*, 7th edition, Elsevier.

Q

Quay, R.（2010）Anticipatory governance: a tool for climate change adaptation, *Journal of the American Planning Association*, 76（4）, 496–511. DOI: 10.1080/01944363.2010.508428

R

Rawls, J.（1971）*A Theory of Justice*, Belknap Press.

Raymo, J. M., et al,（2004） Marital dissolution in Japan: Recent trends and patterns, *Demographic Research*, 11（14）, 395-420.

Renn, O. et al.（1992）The social amplification of risk: Theoretical foundations and empirical applications, *Journal of Social Issues*, 48（4）, 137–160.

Ridge, T.（2001）Press briefing, 2 November 2001（閲覧日：2019 年 3 月 29 日）.

Rogers, C.（1970）*Carl Rogers on Encounter Group*, HarperCollins.

Rose, A.（2004）Economic principles, issues, and research priorities in hazard loss estimation, in Okuyama, Y. & Chang, S.E.（Eds.）*Modeling Spatial and Economic Impacts of Disasters*, Springer, 13–36.

Rowe, W. D.（1988）*An Anatomy of Risk*, Krieger Publishing.

Rowe W. D.（1988）*An Anatomy of Risk*, Robert E. Krieger Publishing company. 78, Fig.5.3.

S

Saito, Y. U.（2015）Geographical spread of interfirm transaction networks and the Great East Japan Earthquake, in Watanabe, T. et al.（Eds.）*The Economics of Interfirm Networks*, Springer, 157–173.

Sakaki, T. et al.（2010）, Earthquake shakes Twitter users: Real-time event detection by social sensors, *Proceedings of the 19th International Conference on World Wide Web*, 851–860.

Sasaki, R. et al.（2011）Proposal for Social-MRC: Social consensus formation support system concerning IT risk countermeasures, *International Journal of Information Processing and Management*, 2（2）, 48–58.

Savage, L. J.（1954）*The Foundation of Statistics*, Jhon Wily and Sons, 294.

Schelling, T.C.（1968）The Life You Save May Be Your Own, Chase, S.B. Jr.（ed.）*Problems in Public Expenditure*, The Brookings Institution, 127–162.

Schellnhuber, H.J. et al.（2016）Why the right climate target was agreed in Paris, *Nature Climate Change*. DOI: 10.1038/nclimate3013

Schrogl, K. et al.（2015）*Handbook of Space Security: Policies, Applications, and Programs*, Springer.

Schulzke, M.（2016）*The Morality of Drone Warfare and the Politics of Regulation*, Springer.

Sendai Framework for Disaster Risk Reduction 2015 – 2030（閲覧日：2019.2.14）.

Shiller, R. J.（2000）*Irrational Exuberance*, Princeton University Press（シラー，R. J. 著，植草一秀監訳，沢崎冬日訳（2001）根拠なき熱狂：アメリカ株式市場，暴落の必然，ダイヤモンド社）.

Shineha, R. et al.（2018）A comparative analysis of attitudes on communication toward stem cell research and regenerative medicine between the public and the scientific community, *Stem Cells Translational Medicine*, 7（2）, 251-257.

Shrader-Frechett, K. S.（1993）*Burying Uncertainty: Risk and the Case Against Geological Disposal of Nuclear Waste*, University of California Press.
Siegrist, M. et al.（2007）Laypeople's and experts' perception of nanotechnology hazards, *Risk Analysis*, 27（1）, 59–69.
Simon, H. A.（1947）*Administrative Behavior: A Study of Decision-Making Processes in Administrative Organizations*, The Free Press.
Singer, B. E. & Endreny, P.（1987）Reporting hazards: Their benefits and costs, *Journal of Communication*, 37（3）, 10–26.
Sjöberg, L.（2002）Attitudes toward technology and risk: Going beyond what is immediately given, *Policy Science*, 35（4）, 379–400.
Slovic, P.（1986）Informing and educating the public about risk, *Risk Analysis*, 6（4）, 403–415.
Slovic, P.（1987）Perception of risk, *Science*, 236, 280–285.
Slovic, P.（1999）Trust, emotions, sex, politics, and science: Surveying the risk-assessment battlefield, *Risk Analysis*, 19（4）, 689–701.
Slovic, P. et al.（1979）Rating the risks, *Environment*, 21, 14–20, 36–39.
Slovic, P. et al.（1980）Facts and fears: Understanding perceived risk, in Schwing, R. C. & Albers, W. A. Jr.（Eds.）*Societal Risk Assessment: How Safe is Safe Enough?* , Plenum Press, 181–216.
Slovic, P. et al.（1997）Evaluating chemical risks: results of a survey of the British Toxicology Society, *Human and Experimental Toxicology*, 16（6）, 289–304.
Smithson, M. et al.（2000）Human judgment under sample space ignorance, *Risk Decision and Policy*, 5, 35–150.
Sørensen, M. P., & Christiansen, A.（2012）*Ulrich Beck: An Introduction to the Theory of Second Modernity and the Risk Society*, Routledge.
Sornette, D.（2009）Dragon-kings, black swans and the prediction of crises, *International Journal of Terraspace and Engineering*, 2（1）, 1-18.
Sowby, F.D.（1965）Radiation and other risks, *Health Physics*, 11, 879–887.
SRA（Society for Risk Analysis）, Committee on Foundations of Risk Analysis（2015）*Society for Risk Analysis Glossary*, Society for Risk Analysis（閲覧日：2019 年 3 月 29 日）.
Starr, C.（1969）Social benefit versus technological risk, *Science*, 165（3899）, 1232–1238.
Stern, N.（2006）*Stern Review: The Economics of Climate Change*.
Stirling, A.（2008）Science, precaution, and the politics of technological risk: converging implications in evolutionary and social scientific perspectives, *Annals of the New York Academy of Sciences*, 1128, 95–110. DOI: 10.1196/annals.1399.011.
Strekalova, Y. A.（2017）Health risk information engagement and amplification on social media: News about an emerging pandemic on Facebook, *Health Education & Behavior : The Official Publication of the Society for Public Health Education*, 44（2）, 332–339.
Sunstein, C.R.（2014）Nudging: A Very Short Guide, *Journal of Consumer Policy*, 37, 583–588.
Suskind, R.（2007）*The One Percent Doctrine*, Simon and Schuster.

T

Takano, H. et al.（1997）Diesel exhaust particles enhance antigen-induced airway inflammation and local cytokine expression in mice. *American Journal of Respiratory and Critical Care Medicine*, 156（1）, 36-42.
Takemura, K.（2014）*Behavioral Decision Theory: Psychological and Mathematical Representations of Human Choice Behavior*, Springer.
Taniguchi, T.（2016）Risk governance deficits in Japanese nuclear fraternity, *Journal of Science and Technology Studies*, 12, 242–258.
Taylor, M. R. & David, S. D.（2009）*Stronger Partnerships for safer food: An agenda for strengthening state and local roles in the nation's food safety system: Final report*, Department of Health Policy, The George Washington University（閲覧日：2017 年 11 月 30 日）.

TCFD (2017) *Recommendations of the Task Force on Climate-related Financial Disclosures.*

Tengs, T. O. et al. (1995) Five-hundred life-saving interventions and their cost-effectiveness, *Risk Analysis*, 15 (3), 369−390.

Terminology — UNISDR（閲覧日 : 2019.2.14）

Thaler, R. & Rosen, S. (1975) The value of saving a life: evidence from the labor market, in Terleckyj, N.E. (ed.) *Household Production and Consumption*, Columbia University Press, 265−298.

Thaler, Richard H. and Sunstein, Cass R. (2003) Libertarian paternalism is not an oxymoron, *American Economic Review*, 93 (2), 175−179.

The Committee of the Great East Japan Disaster, Society for Risk Analysis, Japan (2013) *Emerging Risk Issues leaned from the 2011 Disaster as Multiple Events of Earthquake, Tsunami and Fukushima Nuclear Accident.*

The House of Load (2000) Science and Society Third Report（閲覧日 : 2018 年 8 月 20 日）.

The Royal Society (1985) The Public Understanding of Science（閲覧日 : 2018 年 8 月 20 日）.

Travis, C. et al. (1987) Cancer risk management, *Environmental Science & Technology*, 21 (5), 415−420.

Tsuchida, S. (2011) Affect heuristic with 'good−bad' criterion and linguistic representation in risk judgments, *Journal of Disaster Research*, 6 (2), 219−229.

Tsutsui T, & Kasuga F. (2007) Assessment of the impact of cattle testing strategies on human exposure to BSE agents in Japan. *International Journal of Food Microbiology*.107 (3), 256-64.

Turney, R. D. (1994) Flixborough:20 years on. *Loss Prevention Bulletin* 117, 1-3,

Tversky, A. & Kahneman, D. (1974) Judgment under uncertainty: Heuristics and Biases, *Science*, 185, 1124−1131.

Travis, C. (1987) Cancer risk management, *Environmental Science & Technology*, 21 (5), 415-420.

U

U. S. DHS (2008) *DHS Risk Lexicon*, Department of Homeland Security.

U.S.DHS (2010) DHS Risk Lexicon, Risk Steering Committee, United States Department of Homeland Security.

UNISDR (United Nations Office for Disaster Risk Reduction) (2009) *2009 UNISDR terminology on disaster risk reduction*. UNISDR.

UNISDR (United Nations Office for Disaster Risk Reduction) (2015) *Sendai Framework for Disaster Risk Reduction 2015 — 2030*（閲覧日 : 2019 年 3 月 29 日）.

UNISDR (United Nations Office for Disaster Risk Reduction) (2017) *Terminology on Disaster Risk Reduction*（閲覧日 : 2019 年 3 月 29 日）.

United Nations Environment Programme (2017) Emissions Gap Report（閲覧日 : 2019 年 2 月 5 日）.

United Nations Framework Convention on Climate Change (2015) Adoption of the Paris Agreement, *FCCC/CP/2015/L.9/Rev.1.*

United Nations (2014) Convention on the Rights of Persons with Disabilities, General comment No. 1, 2014,（国際連合障害者権利委員会 (2014)「一般的意見第 1 号」）.

UNSCEAR (2000) *2000 report.*

V

Vose, D. (2008) *Risk Analysis: A Quantitative Guide*, Wiley.

W

Walley, P. (1996) Inference from multinomial data: Learning about a bag of marbles (with discussion), *Journal of the Royal Statistical Society*, Series B, 58, 3−57.

Watson, J. D. (1990) The human genome project: past, present, and future, *Science*, 248 (4951), 44−9.

Weaver, A. J., et al. (2012) Stability of the Atlantic meridional overturning circulation: A model intercomparison. *Geophysical Research. Letters*, 39 (20), L20709, doi:10.1029/2012gl053763.

Weinberg, A.M. (1972) Science and trans-science, *Minerva*, 10 (2), 209−222.

Weinstein, N. D.（1980）Unrealistic optimism about future life events, *Journal of Personality and Social Psychology*, 39（5）, 806–820.

Weiss, E. B.（2008）Climate change, intergenerational equity, and international law, *Vermont Journal of Environmental Law*, 9, 615–627.

Weller, J. A. et al.（2013）Development and testing of an abbreviated numeracy scale: A Rasch analysis approach, *Journal of Behavioral Decision Making*, 26（2）, 198–212.

Weyant, J.（2017）Some contributions of integrated assessment models of global climate change, *Review of Environmental Economics and Policy*, 11（1）, 115–137.

WHO（2008）*Guidelines for drinking-water quality, Vol. 1*, 3rd edition（閲覧日：2019年3月29日）.

WHO（2012）*Rapid Risk Assessment of Acute Public Health Events*, World Health organization.

WHO（2013）*Pandemic Influenza Risk Management WHO Interim Guidance*, World Health organization.

WHO（2018）, WHO methods and data sources for global burden of disease estimates 2000-2016（閲覧日：2019年3月29日）.

Whyte, A. V. & Burton, I.（1980）*Environmental Risk Assessment*, Scientific Committee on Problems of the Environment（SCOPE）of the International Council of Scientific Unions（ICSU）, John Wiley & Sons.

Wilde, G. J. S.（1982）The theory of risk homeostasis: Implications for safety and health, *Risk Analysis*, 2（4）, 209–225.

Williams, H. T. P. et al.（2015）Network analysis reveals open forums and echo chambers in social media discussions of climate change, *Global Environmental Change*, 32, 126–138.

Wilson, R.（1979）Analyzing the daily risks of life, *Technology Review*, 81, 40–46.

World Health Organization. Tobacco（9 March 2018）（閲覧日：2019年3月）.

Wooldridge, M. et al.（2006）Quantitative risk assessment case study: smuggled meats as disease vectors. *Revue scientifique et technique*（*International Office of Epizootics*）.,25（1）, 105-117.

World Economic Forum（2017）*The Global Risks Report 2017, 12th Edition*, World Economic Forum.（閲覧日：2019年3月29日）

WTO（1994）*WTO Agreement on Sanitary and Phytosanitary Measures, WTO Analytical Index: Sanitary and Phytosanitary Measure*（閲覧日：2019年2月27日）.

WTO（1995）*The WTO Agreement on the Application of Sanitary and Phytosanitary Measures*（*SPS Agreement*）（閲覧日：2019年3月）.

Wynne, B.（1993）Public uptake of science: A case for institutional reflexivity, *Public Understanding of Science*, 2（4）, 321–337.

Wynne, B.（1996）Misunderstood misunderstandings: Social identities and public uptake of science, in Irwin, A. & Wynne, B.（eds.）*Misunderstanding Science?: The Public Reconstruction of Science and Technology*, Cambridge University Press, 19–46.

Wynne, B（2001）*Creating Public Alienation, Expert Cultures of Risk and Ethics on GMOs,* Science as Culture 10（4）, 446-481.

 Y

Yamagata, Y. et al.（2018）Estimating water–food–ecosystem trade-offs for the global negative emission scenario（IPCC-RCP2.6）, *Sustainability Science*, 13（2）, 301–313.

 Z

Zint, M. T.（2001）Advancing environmental risk education, *Risk Analysis*, 21（3）, 417–426.

和文事項索引

（＊見出し語の掲載ページはゴシック体で示してある）

数字

1 パーセント・ドクトリン　1percent doctorine 392

1 ファクターマートンモデル　1 factor Merton model 595

2℃目標　2 ℃ goal 404

2010 年メキシコ湾原油流出事故　2010 Gulf of Mexico oil spill 28

3 つのシステミックリスクからの示唆 Suggestion from 3 systemic risk **50**

4 大公害　The four major pollution-caused illnesses 346

50% 有効量　50% effective dose 92

5 つの原発事故調査報告書と被ばく線量の安全基準値　5 nuclear accident investigation report and safety standard value **42**

A~Z

ABC 106

ABS 47

ADI 77, 92, 144, 151, 454, 469

ADME 96

AI 676

AIC 88

ALARA の原則　87, 145, 150, 152, 303, 470

ALARP の原則　14, 87, 358, 370

ALE 118

AMED 683

API RP-580 366

API RP-581 366

ARCH モデル　589

ARfD 469

ASAT 386

ASEAN 630

ASEAN 経済共同体　630

BAT 152

BCBS 606

BCM 266

BCP 258, 266, 379

BEH 26

BHC 327

BIS 123

BMDL 92

BMD 法　469

BMR 92

BSE 36, 485, 496

BSS 188

CAPM 121

CAT ボンド　261, **280**, 286

CCAP 331

CCP 489

CDM 408

CDO 46

CDS 46, 597

CICAD 331

CL 320, 489

CLP 規則（化学品の分類，表示，包装に関する規則） 335

CMP 336

Codex 委員会→コーデックス委員会

COP7 284

COSO 195

COSO-ERM 195

CP 47

CPLYS 16

CRA 14

CRT 230

CSIRT 117

DALY(s) 20, 78, 169, 641

DCF 272

DCF 法　121

DDREF　93, 301
DDT　172, 327, 338
DP　235
DPIA　658
DROP モデル　129
dual use　672

EAD　592
EaR　589
ECHA　334
ECHC　334
EFSA　460, 486, 507
EHC　330
ELB　81
ELSI（倫理的・法的・社会的課題／問題）とは何か　234, 656, 673
EPA　635
ERM　194
ESG 投資　40
ETA　108

FAO　636
FAO/WHO 合同食品添加物専門家委員会（JECFA）　468
FDA　461
Fintech　261, 610
FLI　679
FMEA　108, 110, 369
FMIA　461
FRB　47, 51
FSA　370
FSIS　461
FTA（未来志向型技術分析）　644
FTA（フォールトツリー解析）　108, 369
Future Earth　636

GAO　335, 461
GAP　469, 489
GARCH モデル　589
GBS　371
GDP　19, 380
GHG　408, 412, 420
GHS　330
GLP　331, 470
GMP　489
GPS　386

HACCP　73, 319, 488
HAZID　110
HAZOP　108, 110
HPIS Z106　366
HPIS Z107 TR　366
HPV ワクチン　344
HSE（英国安全衛生庁）　14, 86
HSE（健康・安全・環境）　153, 371
HTA　164, 645

IA　644
IACS　371
IAEA　42, 43, 188, 395
IAIS　606
IARC　304, 570
IATA　332
ICAO　368
ICER　165
ICH　186
ICRP　44, 93, 188, 298
IFCS　331
IEEE　678
IMO　370
INDC　126
IOSCO　606
IoT　Internet of things　260, 676
IPBES　636
IPCC　124, 254, 402, 412, 424
IPCS　331
IRGC　132, 375, 642, 644
ISO　499
ISO/IEC20000-1:2018　119
ISO 22000　499
ISO/IEC27001:2013　119
ISO/IEC 29134: 2017　661
ISO/IEC ガイド 51　ISO/IEC Guide 51　140
ISO13482　688
ISO22307: 2008　660
ISO26000　552

ISO31000　71,72, 117, 134, 136, 635
ISO31000: 2009　661
ISO31010　72
ISO45001　143
IT システム（情報技術システム）　116
IT システムのリスク評価　116
IT バブル　46
IT リスク　382
IT リスク学　382

JCO 臨界事故　671
JDLA　678
JECFA　468
JIS Q 31000　72
JIS Q 31010　72
JMPR　468
JR 東海事件　539
LAWS　677
LD50　92
LGBT　540
LGD　592
LNT　300, 302, 569
LOAEL　92, 293

MBS　46
Merton モデル　123
MDGs　40
MMF　47
MRC　384
Muteki Ltd.　282
MVP　105

NaTech　32, 374, 641
NCP　104
NICE　164
NIMBY　347, 350, 513, 520
NIMBY 症候群　350
NITE　167
NOAEL　76, 92, 293, 469
NOEL　77, 92
NPT　395
NRA　33, 175, 652
NRC（米国原子力規制委員会）　206, 432
NRC（全米研究評議会 , 米国研究審議会）　236, 634
NSG　397
NTT 東日本北海道支店事件　549
NUMO　560

OECD　27, 330
OIE　484
OIMS　634
OSHMS　143, 295

PAI　678
PBPK モデル　97
PBT　336
PCB　332, 338
PD　592
PDCA サイクル　161, 263, 296
PEC　348
PEST　232
PFM　81
PIA　658
PIA 報告書　659
PIO-NET　552
PMDA　184, 680
PML　81, 123
POD　469
POPRC　332
POPs　331
POPs 条約　332
PPP　293, 637
PRA　81, 112
PRI　40
PRTR 制度　96
PSI　397
PTDI　454, 469
PTWI　469
PUS　232
PVA　105

QALY(s)　79, 164, 641
QOL　79, 641
RBA　8, 37, 392, 686, 652
REACH 規制　165, 330, 334

和文事項

REIT 272
RIA 164
RIMAP 366
RISP 255
RRI 235, 646
RTE 食品 477

Safety first 運動 176
SAICM 180
SARF 15, 248, 253
SCCF 284
SDGs 40, 553, 664
SDGs と ESG 投資 40
SDS 333
SEA 84, 165
SIAM 331
SIAR 331
SIDS 331
SIDS 初期評価報告書 331
SMS 369
SNS 35, 252
SNUR 336
SOLAS 条約 370
SPC 280
SPS 協定 36, 452, 457, 484
SPV 596
SRA 634
SSA 389
SVHC 334

TARP 48, 55
TBT 協定 457
TCFD 127
TDI 80, 92, 454
TSCA 330, 335
TTC 337
TWI 322 → PTWI

UNECE 331
UNEP 284, 330, 636
UNFCCC 126, 162, 234, 403, 404, 664, 636, 664
UNSCEAR 188, 301
UNU-EHS 26
UTM 685

VaR 9, 123, 258, 262, 582, 587, 594
VSD 91, 144
VSL 82, 85

WHO 36, 304, 318, 330, 342, 636
WMO 636
WRI 82
WSSD 180, 332
WSSD2020 年目標 630
WTA 85
WTO 468
WTP 82, 84
YLD 78
YLL 78

Z スコアモデル 122

あ

アイデンティティ Identity 513
赤池情報量基準（AIC） Akaike's information criterion 88
アカウンタビリティ accountability 134, 157
亜急性毒性 subacute toxicity 90, 318
アクティブ・ラーニング active learning 621
アジアの化学物質管理：規制協力と展望 Chemical management in Asia—regulatory cooperation and perspective 630
アジアン・サステイナブル・ケミカル・セーフティー構想 Asian Sustainable Chemical Safety Plan 632
アジェンダ 21 Agenda 21 180, 331
アスベスト asbestos 56, 62, 205, 310
アセスメント係数 assessment factor 88, 349
新しいホモノーマティヴィティ new homonormativity 541
アメリカにおける研究動向 Research trend in the United States 634
予め定めた対照群からの反応の変化（BMR） benchmark response 92
新たな感染症のリスク Risk of new types of infectious diseases 340

新たな社会実装の試み（2）：保育園とアスベスト　New social implementation（2）：Asbestos in a nursery　**62**
新たな社会実装の試み（1）：水害対策の先進事例　New social implementation（1）：Risk response for flood risk　**56**
アルゴリズムバイアス　algorithm bias　676
安全データシート（SDS）　safety data sheet　296, 313, 333, 339
安心　security　71, 206
安全　safety　70, 140, 358
安全学　safenology　338, 626
安全学入門　introduction to safenology　626
安全学のカリキュラム　curriculum for safenology　626
安全側　safe side　89
安全教育　safety education　518, 627
安全係数　safety factor　88, 93, 316, 624
安全上重要な設備　safety critical element　111
安全審査　safety review　688
安全性評価　safety assessment　184, 481
安全設計　safety design　114
安全文化　safety culture　179
安全保障化（セキュリタイズ）　securitization　391
安全保障リスク（セキュリティリスク）　security risk　**390**
安全目標　safety goal　109, 358
安全目標の要件　important issues in safety goal　359

硫黄酸化物　sulfur oxide　306
医学的根拠　medical evidence　569
閾値（しきい値）　threshold　76, 91, 103, 285, 293
意見交換会　public meeting（iken-koukan-kai）　207, 494, 625
意思決定支援／支援付き意思決定　supported decision-making　513, 538
意思決定支援ガイドライン　Guideline of Supported Decision-Making for People with Disabilities　538
異性愛主義（ヘテロセクシズム）　heterosexism　540
イタイイタイ病　Itai-Itai disease　322
一日摂取許容量，許容一日摂取量（ADI）　acceptable daily intake　77, 92, 144, 151, 454, 469
一般衛生管理　general hygiene pnactice　488
一般化極値分布　generalized extreme value distribution　428
一般市民　the public/laypeople　224, 232
一般就労　open employment　533
一般食品法（EU）　General Food Law　460, 499
遺伝子組換え　gene modification　481
遺伝子組換え食品　genetically modified food　481
意図せぬ影響　unintentional impacts　355
イノベーション・コースト　innovation coast　567
イベント　event　285
イベントツリー解析（ETA）　event tree analysis　108
医薬品医療機器総合機構（PMDA）　Pharmaceuticals and Medical Devices Agency　184, 680
医薬品医療機器等法（医薬品，医療機器等の品質・有効性及び安全性の確保等に関する法律）　Act on Securing Quality, Efficacy and Safety of Products Including Pharmaceuticals and Medical Devices　184, 570
医薬品規制調和国際会議（ICH）　International Council for Harmonisasion of Technical Requirements for Pharmaceuticals for Human Use　186
医薬品のガバナンスとレギュラトリーサイエンス　Governance of pharmaceutical and regulatory science　**184**
医薬品の再審査　reexamination for new pharmaceuticals　155
医薬品リスク管理計画　risk management plan　186
イラン核合意　Joint Comprehensive Plan of Action　397
医療技術評価（ヘルステクノロジーアセスメン

ト，HTA） health technology assessment 164, 645
医療倫理 medical ethics 515, 534, 681
インシデント incident 199, 266, 271, 369
インシュアテック Insur Tech 613
インターネット Internet 132, 251, 252
インパクトアセスメント（IA） impact assessment 644
インフラ（インフラストラクチャー） infrastructure 364, 422
インフラの老朽化リスク Aging risk of infrastructures **364**

ウィークシグナル weak signal 645
ウィングスプレッド宣言 Wingspread Statement on the Precautionary Principle 160
ウェイクフィールド事件 Wakefield's Affair 343
受入補償額（WTA） willingness to accept 85
牛海綿状脳症（BSE） bovine spongiform encephalopathy 36, 485, 496
宇宙安全保障 space security 386
宇宙システム space system 386
宇宙状況監視（SSA） space situational awareness 389
宇宙天気 space weather 387
宇宙開発利用をめぐるリスク Risks in space activities **386**
運行管理システム（UTM） unmanned aircraft traffic management 685
運輸安全委員会 Japan Transport Safety Board 369

影響度 consequence 30, 108, 110, 269, 366, 648
影響の大きさ impact 4, 70, 113, 150, 444, 652
英国安全衛生庁（HSE） Health and Safety Executive
英国国立医療技術評価機構（NICE） National Institute for Health and Care Excellence 164
栄養不足 malnutrition 324, 422
疫 学 epidemiology 100, 170, 227, 293, 556, 571
疫学研究のアプローチ Epidemological approach **100**
疫学的照明とリスクガバナンス：水俣病事件 Epidemiological proof and risk governance: Minamata disease **568**
液状化 liquefaction 438
エクスポージャー（曝露） exposure 128, 587
エコーチェンバー echo chamber 35, 254
エシカル消費 ethical comsumption 518, 552
エネルギーインフラ energy infrastructure 373
エネルギー自給率 energy self-sufficiency 372
エネルギーシステムとセキュリティ Energy system and security **372**
エネルギーセキュリティ energy security 372
エネルギーミックス energy mix 372
エビデンス・ベース evidence based 637
エンドポイント endpoint 74, 90, 104, 348, 622
エンパワメント empowerment 513

欧州化学品庁（ECHA） European Chemicals Agency 334
欧州食品安全機関（EFSA） European Food Safety Authority 460, 486, 507
横断研究 cross-sectional study 102
応用一般均衡モデル computable general equilibrium model 381
オキシダント oxidant 308
沖縄県 Okinawa Prefecture 520, 562
沖縄県米軍基地環境カルテ Okinawa Prefecture US military base environmental research karte 239
沖縄県米軍基地環境調査ガイドライン Okinawa Prefecture US military base environmental research guidelines 238
沖縄ヘイト Okinawa hate 564
汚染者負担原則（PPP） polluter-pays principle 293, 637
汚染物質 contaminants 454, 458, 464
遅い思考（システム 1） slow thinking, system 1 218

臆　見　opinion　10
オッズ比　odds ratio　102
オプション　option　122, 590
オプション価値　option value　104
オプションプレミアム　option premium　285
オペラビリティスタディ（ハザード&オペラビリティスタディ，HAZOP）　hazard and operability study　108, 110
オペレーショナルリスク　operational risk　120, 262, 582
オールド・カマー　old comer　542
オールハザード　all hazard　175, 356
オールハザード・アプローチ　all hazard approach　16, 33, 652
温室効果ガス（GHG）　greenhouse gas　408, 412, 420
温室効果ガス排出量算定・報告・公表制度　GHG Emission Accounting Reporting and Disclosure System　409

か

外国為替リスク　foreign exchange risk　586
海上交通におけるリスク　Marine traffic risk　**370**
外生的要因　exogenous factor　375
蓋然性　probability　10, 576
階層構造分析法（AHP）　analytic hierarchy process　439
外的ハザード　external hazard　112
介入　intervention　513
開発援助連合（BEH）　Bündnis Entwicklung Hilft（独）　26
外部曝露　external exposure　95
外部被ばく　external exposure　98
海面水位　sea level　412
外来種　exotic species　107, 421
カウンターパーティリスク　counterparty risk　592
科学技術基本計画　The Science and Technology Basic Plan　234
科学技術コミュニケーション　science and technology communication　232
科学技術社会論　social studies of science and technology　559
科学・技術水準　scientific and technological standard　156
科学技術とコミュニケーション　Science communication　**232**
科学技術の公衆理解（PUS）　public understanding of science　232
科学・技術の社会的受容　social acceptance of science and technology　208
科学技術への市民関与（PEST）　public engagement with science and technology　232
科学コミュニケーション　science communication　65, 205, 207, 208, 647
科学的原則　scientific principles　457
科学的特性マップ　nationwide map of scientific features for geological disposal　561
化学品の分類および表示に関する世界調和システム（GHS）　Globally Harmonized System of Classification and Labelling of Chemicals　330
化学品の分類，表示，包装に関する規則（CLP規則）　Regulation 1272/2008　on Classification, Labelling and Packaging of substances and mixtures　335
化学物質　chemicals, chemical compounds, chemical substances　62, 338, 348, 464, 468
化学物質安全政府間会議（IFCS）　Intergovernmental Forum on Chemical Safety　331
化学物質管理　chemical management　62, 630
化学物質管理計画（CMP）　chemicals management plan　336
化学物質管理の国際規格と国際戦略　International standards and strategies on chemical management　**180**
化学物質共同評価プログラム（CCAP）　cooperative chemicals assessment program　331
化学物質による生態リスク　ecological risk of chemicals　**348**
化学物質の安全学の考え方と過去の事例からの教訓　Safety management of chemical

和文事項

substances lessons learned from the past 338
化学物質の審査及び製造等の規制に関する法律（化審法） Act on the Evaluation of Chemical Substances and Regulation of Their Manufacture, etc. 339, 346
化学物質の包括的リスク管理 Inclusive risk management of chemical compound 464
化学物質排出把握管理促進法 Act on Confirmation, etc. of Release Amounts of Specific Chemical Substances in the Environment and Promotion of Improvements to the Management Thereof 238
価格変化率 price elasticity 121
価格変動リスク price change risk 586
価格変動リスクの評価 Market risk evaluation 586
科学リテラシー science literacy 228
可逆性・回収可能性 retrievability and reversibility 561
核鑑識 nuclear forensics 397
核供給国グループ（NSG） Nuclear Suppliers Group 397
国際簡潔評価文書（CICAD） Concise International Chemical Assessment Document 331
国際原子力機関（IAEA） International Atomic Energy Agency 42, 188, 395
格差社会 differential society 542, 556
格差の固定化 fixed inequality 513
拡散金融 proliferation financing 397
拡散防止イニシアチブ（PSI） proliferation security initiative 397
確実性下の意思決定 decision making under certainty 212
確実性効果 certainty effect 215
学習指導要領 educational guidelines 619
格付機関 rating agencies 123, 597
核テロ nuclear terrorism 397
核なき世界 world without nuclear weapons 394
核の闇市場 nuclear black market 397
核のリスク Risks associated with Nuclear technology 394
核不拡散条約（NPT） Treaty on the Non-Proliferation of Nuclear Weapons 395
核兵器 nuclear weapon 394
核兵器禁止条約 Treaty on the Prohibition of Nuclear Weapons 394
学問リテラシー academic literacy 624
確率 probability 568
確率的影響 stochastic effects 76, 299
確率的生命価値（VSL） value of statistical life 82, 85
確率の知覚 perception of probability 493
確率分布 probability distribution 477
確率論的アプローチ stochastic approaches, probabilistic approaches 112, 625
確率論的破壊力学（PFM） probabilistic fracture mechanics 81
確率論的微生物リスク評価 probabilistic microbiological risk assessment 476
確率論的リスク評価（PRA） probabilistic risk assessment 81, 112
陰膳調査 duplicate diet method 98
過酷事故（シビアアクシデント） severe accident 32, 42, 112
火山影響評価ガイド volcano Impact assessment guide 437
火山災害 volcanic disaster 410
火山ハザードマップ volcanic hazard map 436
火山噴火 volcanic eruption 436
火山噴火予知連絡会 Coordinating Committee for Prediction of Volcanic Eruption 436
火山噴火リスク Volcanic eruption risk 436
火山防災協議会 Volcanic Disaster Prevention Council 436
可視化 visualization 242
過失責任 fault liability 153, 159, 549
化審法（化学物質の審査及び製造等の規制に関する法律） Act on the Evaluation of Chemical Substances and Regulation of Their Manufacture etc., Japanese Chemical Substances Control Act 330
河川管理 river administration 56

河川湖沼地域　rivers lakes basin　285
型式証明　type certificate　368
価値判断　price judgement　513
活火山　active volcano　436
学校教育　school education　619
学校保健安全法　Scholastic Safety and Health Act　570
渇　水　drought　415
活動火山対策特別措置法　Act on Special Measures for Active Volcanoes　436
活動プラットフォーム（RIMAP）　risk-based inspection and maintenance for European industries　366
家庭環境　home environment　523, 530
家庭用化学製品　household chemical product　310
河道管理　river-channel management　56
カドミウム　cadmium　322
加熱式タバコ　heated tobacco products　315
ガバナンス　governance　16, 132, 553, 642, 676
株価リスク　equity risk　586
株式オプション　equity option　586
株式収益率　price earnings ratio　121
株式リスク　stock risk　121
株式リターン　return　121
カーボンニュートラル　carbon neutral　126
カーボンバジェット　carbon budget　126
カーボンプライシング　carbon pricing　409
カルタヘナ議定書（生物の多様性に関する条約のバイオセーフティに関するカルタヘナ議定書）　Cartagena Protocol on Biosafety　162, 672
過労死　Karoshi　297, 547
環境アセスメント　Environmental assessment　**182**
環境運命動態モデル　environmental fate and behavior model　96
環境影響評価　environmental impact assessment　107, 559
環境基準　environmental standard　148, 293, 308
環境基本計画　Basic Environment Plan　163, 328
環境基本法　Basic Environment Law　148, 163, 293
環境自主行動計画　Environmental Voluntary Action Plan　408
環境・社会・企業統治（ESG）　environment, social, governance　40
環境省　Ministry of Environment　6
環境人種差別　environmental racism　662
環境税　environmental tax　409
環境正義　environmental justice　662
環境正義運動　environmental justice movement　662
環境と健康　Environmant and health　**292**
環境媒体　environmental media　94
環境ハザード　environmental hazard　73
環境保健クライテリア（EHC）　Environmental Health Criteria　330
環境保護庁（米国，EPA）　Environmental Protection Agency　635
環境保護法（米国）　Canadian Environmental Protection Act　334
環境問題　environmental problem　346, 663
環境問題と健康リスク　Environmental issues and health risks　**346**
環境揺らぎ　environmental stochasticity　105
環境容量　carrying capacity　105
環境リスク　environmental risk　154, 292
環境リスクアセスメント　environmental risk assessment　73
環境リスクファイナンス　Environmental risk finance　**284**
感情ヒューリスティック　emotional heuristic　218
間接的影響　indirect effects　483
間接被害(額)　indirect economic loss　380
感染症　infection　340, 342, 484
感染症法（感染症の予防及び感染症の患者に対する医療に関する法律）　Act Concerning Prevention of Infection of Infectious Diseases and Patients with Infectious Diseases　570
官邸危機管理センター　Crisis Management Center of Prime Minister's Office　192
官邸対策室　Situation Room at Prime Minister's

Office 192
感度解析 sensitivity analysis 109
監督義務者 person obligated to supervise a person without capacity 539
カンピロバクター・ジェジュニ／コリ Campylobacter jejuni/coli 479
官民協議会 public private council 685
含有量基準 content test standards 320
管理基準（CL） critical limit 320, 489
管理濃度 administrative levels 149
緩和（気候変動） mitigation 404, 408
緩和策（気候変動） mitigation policy 124, 182, 404, 421, 665

危　害 harm 6, 140, 166
機械安全 safety machinery/safety of machinery 6, 140, 626
危害因子 hazard 319, 500
帰還困難区域 difficult-to-return zone 567
期間収益下落リスク（EaR） earning at risk 589
期間損益変動リスク periodic profit and loss change risk 586
危機（クライシス） crisis 211
危機管理（緊急事態対処活動，クライシスマネジメント） crisis management 190, 496, 500, 650
危機管理体制 crisis management system 191
危機の探知 detection of crisis 500
危機の調査 investigation of crisis 500
企　業 company 262, 266, 272, 554, 592, 628
企業行動憲章 Corporate Bahavior Charter 40
企業の危機管理とリスク対策 Crisis management and risk control measures for companies 194
帰　結 consequences 6, 374, 652
危　険 danger/Gefahr（独） 667
危険源 hazard 6
『危険社会』 *Risikogesellschaft*（独） 666
危険認知と利益認知のトレードオフ tradeoff between danger recognition and benesit recognition 219
気候関連財務情報開示タスクフォース（TCFD） Task Force on Climate-related Financial Disclosures 127
気候工学（ジオ・エンジニアリング） geo engineering 126, 404
気候変動 climate change 22, 404, 649, 664
気候変動・自然災害リスクの概念と特徴 concept and specialty for risks of climate change and natural disaster 402
気候変動・事前災害リスクの概念と対策 Concept and counter measures for risks of climate charenge and natural disaster 402
気候変動シナリオ climate change scenario 420
気候変動に関する政府間パネル（IPCC） Intergovernmental Panel on Climate Change 124, 254, 402, 412, 424
気候変動に対する国際的な取り組み・ガバナンス Climate change governance 404
気候変動に対する国内の取り組み・ガバナンス Domestic Practices and Governance for Climate Change 408
気候変動による社会・人間系へのリスク Climate change risk on social & human systems 422
気候変動による生態リスク Ecological risks of climate change 420
気候変動による大規模な変化 Large-scale chaege due to climate change 416
気候変動によるハザードの変化 Change of the hazards by climate change 414
気候変動の検出と要因分析 detection and attribution 412
気候変動の現状とその要因 Current state of climate change and its cause 412
気候変動リスク risks of climate change 402
気候変動リスクの評価 Evaluation of crimate change risk 124
気候変動リスクへの対応：ネガティブエミッション技術の持続可能性評価 Dealing with crimate change risk 424
気候変動枠組条約（気候変動に関する国際連合枠組条約，UNFCCC） United Nations Framework Convention on Climate Change

126, 162, 234, 403, 404, 664, 636, 664
気候変動枠組条約第7回締約国会議（COP7） Conference of the Parties 7 284
気候リスク climate risk 404
技術イノベーション technological innovation 640
記述疫学 descriptive epidemiology 100
技術導入 technology introduction 145
技術のロックイン現象 technological lock-in phenomena 374
技術予測 technology forecasting 645
基準値 maximum level, maximum residue limit, maximum use level 467
基準値の役割とレギュラトリーサイエンス Role of standards and regulatory science **148**
基準（参照）曝露量 reference dose 77
基数効用 cardinal utility 213
規制 regulation 363, 460
規制影響評価（RIA） regulatory impact assessment 164
規制遵守費用 regulatory compliance cost 164
規制の事前評価 regulatory Impact analysis 164
季節性 phenology 420
帰 属 attribution 667
期待効用理論 expected utility theory 213, 574
期待多様性損失（ELB） expected loss of biodiversity 81
汚い爆弾 dirty bomb 397
基地返還 base return 239, 564
喫煙 Smoking **314**
機能依存性 functional dependency 354
機能安全 functional safety 142
機能評価 functional evaluation 688
揮発性有機化合物 volatile organic compound 310
基本安全基準（BSS） basic safety standards 188
義務教育 compulsory education 543, 619
逆選択 adverse selection 605
虐 待 abuse 534
客観的ニューメラシー尺度 objective numeracy scale 230
キャットボンド（CATボンド） CAT bond 261, 280, 286
キャプティブ captive 261
キャリントン・イベント Carrington Event 387
急性参照用量（ARfD） acute reference dose 469
急性中毒 acute poisoning 310
牛肉トレーサビリティ法 law for traceability in beef 496
吸 入 inhalation 310
吸入曝露 Inhalation exposure 95
脅 威 threat 8
教育機会確保法 Educational Opportunity Securement Law 543
教育教材 learning materials 621
教育リスク education risk 24
狂犬病 rabies 486
共 考 211
強靭性（レジリエンス） resilience 127, 198, 355, 373, 389, 405, 442, 647
行政決定 administrative decision 156
行政コントロール official control 488
共生社会 inclusive society 512, 542, 570
共生社会を取り巻くリスク Social risk and inclusive society **512**
行政訴訟 administrative procedure 158
共通言語 common lauguage 242
共通する価値観 common values 210
共通だが差異ある責任原則 common but differentiated responsibility 405
共同事業確認 joint fact finding 227
京都議定書 Kyoto Protocol 284, 403
極端気象 extreme weather and climate events 413, 420, 428
極端気象リスク Risk of extreme weather events **428**
極端現象 extreme events 124, 414
巨大地震と再保険制度 Large-scale earthquake risk and reinsurance **276**
巨大自然災害リスク risk on mega-natural disaster 280

許容一日摂取量（一日摂取許容量，ADI） acceptable daily intake 77, 92, 144, 151, 454, 469
許容可能なリスク tolerable risk 140
許容濃度 acceptable concentration 149
ギリシャ・ショック Greek Debt Crisis 120
緊急参集チーム emergency assembly team 192
緊急事態 emergency situation 190, 266
緊急事態宣言 declaration of emergency 506, 566
緊急事態対応 emergency response 494, 501
緊急事態対応と危機管理 emergency response and crisis management **500**
緊急事態対処活動（危機管理，クライシスマネジメント） crisis management 190, 496, 500, 650
緊急事態対処（事態対処） emergency situation response（situation response） 190, 354
近代社会 modern society 522, 666
金融監督の国際基準とガバナンス International standard of financial supervision and governance **606**
金融機関 financial institutions 262, 584, 606
金融市場 financial market 120
金融庁 Financial Services Agency 582
金融・保険分野のリスクの概念とリスク管理 Risk concept and risk management in the financial and instance fields **582**
金融リスク financial risk 120
金融リスクの評価 Evaluation of financial risk **120**
金利感応度 interest rate sensitivity 121
金利スワップ Interest rate swap 592
金利変化率 intetest rate 121
金利リスク Interest rate risk 120, 586

クィア理論 queer theory 541
区域指定 zoning 61
空間的一般均衡モデル spatial computable general equilibrium model 379
偶然誤差 random error 102
偶然的なばらつき aleatory variability 432
偶然的不確定性 aleatory uncertainty 435
国と地方公共団体の連携 cooperation system between notional and local governments 400
熊本地震 The 2016 Kumamoto Earthquake 379
クライシスコミュニケーション crisis communication 65, 208, 211
クライシスマネジメント（危機管理，緊急事態対処活動） crisis management 190, 496, 500, 650
グラス・スティーガル法 Grass-Steagall Act 46
グラム・リーチ・ブライリー法 Gramm-Leach-Bliley Act 46, 50
グリッド・グループ理論 grid group theory 674
グリーンインフラ green infrastructure 421
クリーン開発メカニズム（CDM） clean development mechanism 408
クレジット・デフォルト・スワップ（CDS） credit default swap 46, 597
『クロスロード』 *Crossroad* 625
グローバルショック global shock 27
グローバルリスク global risk 641, 648
グローバルリスクへの対応 Responding to global risk **648**
グローバルリスク報告書 Global Risk Report 28
グローバル・リスク・ランドスケープ global risk landscape 29
軍民両用技術 dual-use technology 395

経営の効率化 efficiency of management 262
経口曝露 oral exposure 95
経済価値変動リスク economic value change risk 586
経済協力開発機構（OECD） Organisation for Economic Co-operation and Development 27, 330
経済的インセンティブ economic incentive 152
経済的手法 economic measure 61

経済被害　economic loss　380
刑事訴訟　criminal procedure　158
系統的誤差　systematic error　102
経皮曝露　dermal exposure　95
ケース会議　case meeting　537
欠如モデル　deficit model　209, 223, 232
決定フレーム　decision frame　214
決定論的アプローチ　deterministic approach　357
決定論的減少　deterministic reduction　105
ゲノム編集　genome editing　674
ゲーム理論　game theory　576
研究リテラシー　research literacy　624
健康アウトカム指標　health outcome measures　102
健康・安全・環境（HSE）　health, safety and environment　371
健康影響　health effect　62, 78, 100, 292, 298, 314, 323
健康管理　health management　295
健康経営銘柄　health and productivity management brand　41
健康寿命　healthy life expectancy　78
健康・食品安全総局　Directorate General for Health and Food Safety　460
健康被害　health damage　310, 317, 472, 484, 496, 500, 662
健康リスク　health risk　100, 169, 298, 306, 310, 316, 320, 322, 326, 346, 350, 508
原告適格　standing to sue　158
現在価値　present value　121
減災対策　disaster prevention　58
原資産　underlying asset　586, 593
顕示選好法　revealed preference　85
原子放射線の影響に関する国連科学委員会（UNSCEAR）　United Nations Scientific Committee on the Effects of Atomic Radiation　188, 301
検証活動　verification　488
原子力　nuclear energy　372
原子力安全委員会　Nuclear Safety Authority　32
原子力規制委員会　Nuclear Regulation Authority　189
原子力船むつ　Nuclear Powered Ship MUTSU　671
原子力発電環境整備機構（NUMO）　Nuclear Waste Management Organization of Japan　560
原子力発電所の確率論的リスク評価　Analysis of technical Risk　**112**
限定合理性　limited rationality　217, 513

誤飲／誤食　accidental ingestion/drink　310
高圧ガス保安法　high pressure gas safety law　110
合　意　consensus　669
合意形成　consensus building　208, 246
公害国会　Diet session that discussed environmental pollution　346
公害問題　environmental pollution　663
工学システム　engineering system　358
工学システムと安全目標　Engineering systems and safety goals　**358**
工学システムにおけるリスク管理の国際規格　International standard for risk management in engineering systems　**140**
工学システムのリスク評価　Risk assessment in engineering systems　**108**
工業化学物質のリスク規制（1）：歴史と国内動向　Chemical Risk Assessment, Management, and Regulatory Science（1） Historical overview　**330**
工業化学物質のリスク規制（2）：海外の動向　Chemical Risk Assessment, Management, and Regulatory Science（2） Global frameworks　**334**
航空安全におけるリスク管理　Risk management in Aviation Safety　**368**
航空法　Aeronautics Act　684
高懸念物質（SVHC）　substances of very high concern　334
行使価格　exercise price　586, 593
公衆衛生上の目標値　appropriate level of protection　474
高周波　radio frequency electromagnetic wave

304
洪　水　flood　61, 415
洪水リスクファイナンス　flood risk financing　61
降水量　precipitation amount　428
構成主義　constructivism　666
合成生物学　synthetic biology　674
厚生労働省　Ministry of Health, Labour and Welfare　18, 34, 149, 184, 189, 297, 315, 463, 566
構造型モデル　structural model　593
構造方程式モデリング（SEM）　structural equation modeling　493
高速鉄道　high speed train　364
高速道路　highway　364
高知県東洋町　Toyo-town, Kochi Prefecture　560
口蹄疫　foot and mouth disease　486
高等教育カリキュラム　higher education curriculum　507
行動的意思決定　behavioral decision making　228
幸福感　happiness　20
衡平　equity　84, 246
効用関数　utility function　213
交絡　confounding　103
交絡因子　confounding factor　103
功利主義　utilitarianism　557
効率　efficiency　84
効率的市場仮説　efficient markets hypothesis　578
合理的なリスク管理のための行政決定　Rationaly of administrative decision for risk management　**156**
合理的配慮　reasonable accommodation　512, 533
高レベル放射性廃棄物　high-level radioactive waste　558
高レベル放射性廃棄物処分：地域と世代を超えるリスクガバナンス　High-level radioactive waste disposal　**558**
呼吸器障害　respiratory disorder　306
国際海事機関（IMO）　International Maritime Organization　370
国際化学物質安全性計画（IPCS）　International Programme on Chemical Safety　331
国際がん研究機関（IARC）　International Agency for Research on Cancer　304, 570
国際規格・基準　international standards　457
国際機関, EU などの国際的なリスク管理に関する研究動向　Perspectives of risk research in International Organizations　**636**
国際基準と国内基準の調和：放射線のリスクガバナンス　Harmonization of domestic standards with international standards: the radiation risk governance　**188**
国際決済銀行（BIS）　Bank for International Settlements　123
国際獣疫事務局（OIE）　World Organisation for Animal Health　484
国際食品規格委員会（コーデックス委員会）　FAO/WHO Codex Alimentarius Commission　36, 134, 452, 456, 460, 464, 482, 490, 636
国際船級協会連合（IACS）　International Association of Classification Society　371
国際的な化学物質管理のための戦略的アプローチ（SAICM）　Strategic Approach to International Chemicals Management　180
国際的な措置の調整　coordination of international measures　507
国際非電離放射線防護委員　International Commission on Non-Ionizing Radiation Protection　305
国際標準化機構（ISO）　International Organization for Standardization　499
国際放射線防護委員会（ICRP）　International Commission on Radiological Protection　44, 93, 188, 298
国際保健規則　International Health Regulations　341
国際民間航空機関（ICAO）　International Civil Aviation Organization　368
国際リスクガバナンスカウンシル（IRGC）　International Risk Governance Council　132, 375, 642, 644
国際連合欧州経済委員会（UNECE）　United

Nations Economic Commission for Europe 331
国土安全保障　homeland security　635
国土強靭化アクションプラン　action plan for national resilience　129
国土強靭化基本計画　basic plan for national resilience　357
国内総生産（GDP）　gross domestic product 19, 380
国連海洋法条約（海洋法に関する国際連合条約） United Nations Convention on the Law of the Sea　106
国連環境計画（UNEP）　United Nations Environment Programme　284, 330, 636
国連大学環境・人間安全保障研究所（UNU-EHS） United Nations University Institute for Environment and Human Security　26
国連防災世界会議　World Conference on Disaster Risk Reduction　406, 440
故障モード・影響解析（FMEA）　failure mode and effect analysis　108, 110, 369
個人ゲノムサービス　personal genome service 673
個人曝露　personal exposure　98
個人曝露量　personal exposure　292
コスト　cost　70
コストベネフィット論　cost benefit theory 513
個体群存続可能性分析（PVA）　population viability analysis　105
国家安全プログラム　State Safety Program 369
国家セキュリティ戦略　national security strategy　354
国家リスクマネジメント戦略　national risk management strategy　354
固定価格買い取り制度　feed-in tariff　409
コーデックス委員会（国際食品規格委員会） FAO/WHO Codex Alimentarius Commission 36, 134, 452, 456, 460, 464, 482, 490, 636
子どもをもつ家庭の貧困と社会的排除　Poverty and exclusion of family with children　**530**
コホート研究　cohort study　101, 300
コマーシャルペーパー（CP）　commercial paper　47
コミットメント　commitment　137
コミュニティーのつながり　personal linkage in the community　567
コモディティリスク　commodity risk　586
雇用社会のリスク　Risk in Employment Society **544**
コンセンサス会議　consensus conference　645
コンセンサスコミュニケーション　concensus communication　208
コントロール幻想　control illusion　219

さ

サイエンスカフェ　science cafe　233, 625
災害応急対策（応急対策）　disaster emergency response　193
災害救助　disaster relief　193
災害救助法　Disaster Relief Act　193
災害緊急事態　disaster emergency　400
災害対応　emergency respouse to disaster　400
災害対策　disaster counter measures　400
災害対策基本法　Disaster Countermeasures Basic Act　193, 266, 400, 403, 410, 440
災害の経済被害　economic losses from disasters **380**
災害復興のレジリエンス　resilience against natural disaster　556
災害リスクガバナンス　disaster risk governance 407
災害リスクの評価　Evaluation of disaster risk **128**
催奇形性　teratogenicity　90
再帰的近代　reflexive modernity　666
再現期間　return period　428
再興感染症　re-emerging infectious diseases 340
最終処分　final disposal　558
最小存続個体数（MVP）　minimum viable population size　105
最小毒性量（LOAEL）　lowest observable adverse effect level　92, 293
再審査制度　reexamination system　186

再生医療　regenerative medicine　**680**
再生医療と先端医療の光と影　Light and Shadow of Regenerative Medicine and Advanced Medicine　680
再生可能エネルギー　renewable energy　373
最大損失額（VaR, バリュー・アット・リスク, 予測最大損失）　value at risk　9, 123, 258, 262, 582, 587, 594
最大無毒性量（NOAEL）　no observed adverse effect level　76, 92, 293, 469
生態リスク評価　ecological risk assessment　104, 328, 348
サイバー攻撃　cyber attack　383, 387
サイバーセキュリティ　cyber security　117, 199, 387, 390
サイバー犯罪　cyber crime　20
サイバー保険　cyber insurance　199
サイバーリスク　cyber risk　199
裁判におけるリスクの取扱い　Handling of risks in litigation　**158**
再評価制度　reevaluation system　186
再保険　reinsurance　276, 280
再保険会社　reinsurance company　280
債務担保証券（CDO）　collateralized debt obligation　46
先　物　futures　590
作業環境管理　work environment management　295
作業環境測定法　Working Environment Measurement Act　294
作業管理　work management　295
先渡し　forward　590
笹子トンネル　Sasago Tunel　364
差止め　injunction　159
座礁資産　stranded asset（s）　126, 405
サブ政治　Subpolitik（独）　667
サブプライムローン　subprime lending　120, 580, 598
サプライチェーン　supply chain　351, 381, 378
サプライチェーン途絶のリスク　Risks from supply chain disruption　**378**
差別　discrimination　532
参加型　participatory　620
参加型テクノロジーアセスメント　participatory technology assessment　234
産業事故　industrial accident　176
産業社会　industrial society　522, 666
産業保安　industrial safety　177
産業保安と事故調査制度　Industrial safety and accident investigation　**176**
産業連関モデル（投入産出モデル）　input-output model　381
サンクト・ペテルブルクのパラドックス　St. Petersburg paradox　575
参照（基準）曝露量　reference dose　77
酸性雨　acid rain　306
暫定管理　interim management　561
暫定耐容一日摂取量（PTDI）　provisional tolerable daily intake　454, 469
暫定耐容週間摂取量（PTWI）　provisional tolerable weekly intake　469
サンプリング　sampling　466, 476
残余のリスクと想定外への対応　Residual risks and response to unforeseen events　**446**
残余リスク（残留リスク）　residual risk　7, 140, 258, 435
残留性有機汚染物質検討委員会（POPRC）　Persistent Organic Pollutants Review Committee　332
残留性有機汚染物質に関するストックホルム条約（POPs 条約）　Stockholm Convention on Persistent Organic Pollutants　332
残留性有機汚染物質（POPs）　persistent organic pollutants　331
残留リスク（残余リスク）　residual risk　7, 140, 435

ジェンダー　gender　526, 676
ジェンダーフリー　gender free　512
ジオ・エンジニアリング（気候工学）　geo engeneering　126, 404
資格喪失　disqualification　525
滋賀県　Shiga Prefecture　56
志賀毒素産生性大腸菌　Shiga toxin-producing Escherichia coli　472
自家保険　self-insurance　259

時間価値　time value　120
時間計画保全　time based maintenance　366
磁気嵐　magnetic storm/geomagnetic storm　28, 387
しきい値（閾値）　threshold　76, 91, 103, 285, 293
しきい値評価　threshold evaluation　659
識別と対応づけ　identification and link　497
識別番号（ロット番号）　identification number (rot number)　498
事業価値　business value　274
事業継続計画（BCP）　business continuity plan　258, 266, 379
事業継続マネジメント（BCM）　Business continuity management　**266**
資金洗浄　money laundering　37
ジクロロジフェニルトリクロロエタン（DDT）　dichlorodiphenyltrichloroethane　172, 327, 338
試験及び評価に関する統合的アプローチ（IATA）　integrated approaches to testing and assessment　332
資源効率性　economical efficiency　127
自己決定　self-determination　566
自己決定の尊重　respect for self-determination　537
自己決定権　the right to self-determination　533
自己原因性　self-causative　145
事故シーケンス　accident sequence　113
自己資本の十分性チェック　capital adequacy check　262
自己正当化欲求　self-justification desire　217
自己責任　self-respousibility　513
事故調査制度　accident investigation system　179
地先の安全度　land safety　60
自殺リスク　suicide risk　25
シーサート（CSIRT）　computer security incident response team　117
資産相関　asset correlation　595
資産担保証券（ABS）　asset-backed securities　47
自主避難勧告　voluntary evacuation advisory　566
自助・公助・共助　self-help/multi assistance/public assistance　441
市場感応度　market sensitivity　121
市場リスク　market risk　262, 582, 586
地震災害　earthquake disaster　410
地震再保険特別会計　Earthquake Reinsurance Special Account　278
指針値　reference value　149
地震調査研究推進本部　Headquarters for Earthquake Research Promotion　37
地震ハザード　seismic hazard　430
地震ハザード曲線　seismic hazard curve　430
地震 PML　seismic probable maximum loss　433
地震保険　earthquake insurance　276
地震保険危険準備金　earthquake insurance risk reserve　279
地震保険に関する法律　Act on Earthquake Insurance　276
地震リスク　Seismic risk　**430**
地震リスク評価　seismic risk evauation　433
システミックな性質　systemic nature　374
システミックリスク　systemic risk　16, 46, 50, 174, 641
システム 1（遅い思考）　system 1, slow thinking,　218
システム 2（速い思考）　system 2, fast thinking　218
システム思考　system thinking　355
地すべり　landslide　438
地すべり地形分布図　landslide map　439
自然回復力　ecological resilience　421
自然撹乱　natural disturbance　420
事前警戒原則／予防原則　precautionary principle　15, **160**, 162, 251, 635
事前警戒的アプローチ（予防的アプローチ）　precautionary approach　16, 162, 346, 375
事前警戒的措置（予防的措置）　precautionary measure　665
自然災害　natural disaster　410
自然災害起因の産業事故（Natech）　natural-hazard triggered technological accidents

374
自然災害に関する国内の取り組み・ガバナンス　Domestic practices and governance for natural disaster　**410**
自然災害に対する国際的な取り組み・ガバナンス　International Initiatives and governance against natural disasters　**406**
自然災害のマルチリスク　Multi-risks on natural disaster　**440**
自然災害リスク　risks of natural disaster　403
自然災害リスクの評価　Assessment of natural disaster risk　128
事前準備　preparedness　500
自然の人間への貢献（NCP）　nature's contribution to people　104
自然ハザード　natural hazard　112
持続可能な開発　sustainable development　664
持続可能な開発に関する世界首脳会議（WSSD）　World Summit on Sustainable Development　180,332
持続可能な開発目標（SDGs）　Sustainable Development Goals　40, 553, 664
持続可能な開発目標実施指針　SDGs Implementation Guiding Principles　40
持続可能な社会　sustainable society　553
持続可能な森林管理　sustainable forest management　664
持続可能な利用　sustainable use　104
自治　autonomy　565
市町村長　mayor of municipality　135, 193, 410
失業率　unemployment rate　19, 48
シックハウス症候群　sick-house syndrome　310
実在論　substantialism　666
実施規範　code of practice　458, 465
実質安全用量（VSD）　virtually safe dose　91, 144
実質的同等性（実質的同質性）　substantial equivalence　482
質調整生存年数（QALY, QALYs）　quality adjusted life years　79, 164, 641
室内環境　indoor environment　310
室内環境における健康リスク　Health risk in indoor environment　**310**
疾病率　morbidity　78
自動運転　automatic driving　260
児童虐待　child abuse　531
シナリオプラニング　scenario planning　646
シナリオ分析　scenario analysis　110, 584
ジニ係数　gini coefficient　19, 83
自発的なリスク　voluntary risk　220
支払意思額（WTP）　willingness to pay　82, 84
支払い要件　terms of payment　285
地盤災害　ground disaster　438
地盤・斜面リスク　Ground disaster risk/slop disaster risk　**438**
シビアアクシデント（過酷事故）　severe accident　32, 42, 112
シーベルト　sievert　99
司法ソーシャルワーク　legal social work　537
死亡率　mortality rate　78, 168
資本効率の引上げ　improving capital efficiency　262
資本資産価格モデル（CAPM）　capital asset pricing model　121
資本配賦　capital allocation　263
資本の効率性　capital efficiency　263
市民運動　citizen movement　343
市民後見人　citizen guardians　538
市民のリスク知覚構造　structure of public risk perception　493
市民パネル　citizen panel　247
社会インフラシステム　social infrastructure system　374
社会インフラとしての原子力発電システムのリスク　Risks of nuclear power generation system as social infrastructure　**374**
社会疫学　social epidemiology　100, 518, 555
社会技術システム　socio-technical system　374
社会経済分析（SEA）　Socio-economic analysis　**84**, 165
社会参画　participation in society　533
社会資源　social resources　514
社会実装学　Science for Society　690
社会受容（社会的受容）　social acceptance/public acceptance　25, 246

社会人を対象とするリスク教育　Risk education for adults　**626**
社会的意思決定　public decision making　246
社会的現実　social reality　227
社会的合意形成支援システム　Social-MRC　384
社会的孤立　social isolation　513
社会的正当性　social justfication　375
社会的増幅理論　social amplification of risk　671
社会的排除　social exclusion　512, 514, 522, 530, 540, 554
社会的排除と貧困　Poverty and social exclusion　**522**
社会的排除リスク　risk of social exclusion　523
社会的包摂　social inclusion　514, 522
社会的マイノリティ　social minority　512
社会保障　social security　514
ジャストインタイム　just-in-time　378
ジャーナリスト　journalist　248
ジャパン SDGs アワード　Japan SDGs Award　40
ジャミング　jamming　387
順応的リスク規制（適応的リスク規制）　adaptive risk regulation　643
収去検査　sample inspection　463
重金属　heavy metal　322
重金属の健康リスク　Health risk of heavy metal　**322**
自由診療　medical treatment at one's own expense　681
重大なリスク　significant risk　14
重篤度　severity　76
重要インフラストラクチャー（重要インフラ）　critical infrastructure　354, 374, 386
重要インフラストラクチャーのリスクとレジリエンス　Risks and resilience of critical infrastructure　**354**
重要管理点（CCP）　critical control point　489
重要国家インフラ　critical national infrastructure　356
重要新規利用規則（SNUR）　significant new use rule　336
就労支援　support for employment　533
受益圏・受苦圏　beneficial sphere/costly sphere　663
種間相互作用　interspecific interaction　420
主観的期待効用理論　subjective expected utility theory　214
主観的ニューメラシー尺度　subjective numeracy scale　230
主観的認識　subjective recognition　216
種多様性　species diversity　348
シュツットガルト大学空間地域計画研究所　University of Stuttgart Institute of Spatial and Regional Planning　26
受動喫煙　involuntary smoking/passive smoking　314
種の感受性分布　species sensitivity distribution　349
種の絶滅　species extinction　80, 104, 420
寿命調査　life span study　103, 300
主要国の食品安全行政と法　Food safety administration and law in major countries　**460**
循環型社会　sound material-cycle society　350
循環型社会形成推進基本法　Fundamental Law for Establishing a Sound Material-Cycle Society　350
循環型社会におけるリスク制御　Risk Control under Sound Material-Cycle Society　**350**
純粋リスク　pure risk　430, 590
順応型制御　adaptive management or control　156
順応的アプローチ　adaptive approach　355
順応的管理　adaptive management　107, 161
「順応的管理による海辺の自然再生」　161
省エネ法（エネルギーの使用の合理化に関する法律）　Act on the Rational Use of Energy　408
障害　disability　523, 532
障害者権利条約　Convention on the Rights of Persons with Disabilities　533, 539
障害者との共生を阻むリスク　Risk factors for persons with disabilities and elimination of social barriers　**532**

障害生存年数（YLD） years lived with a disability 78
障害調整生命年数（DALY, DALYs） disability-adjusted life years 20, 78, 169, 641
小規模高頻度災害 small scale and highly frequent disaster 24
状 況 context 8
上下水道・水環境の健康リスク Water supply, sewerage and water environment **316**
証券化 securitization 596
証券化とそのリスク Securitization and its risk **596**
証券監督者国際機構（IOSCO） International Organization of Securities Commissions **606**
条件・期限付承認 conditional and time-limited approval 155
少数サンプル誤差の無視 ignore on the little sampling error 219
消費者 consumers 550
消費者基本法 Basic Consumer Act 551
消費者教育 consumer education 553
消費者教育推進法（消費者教育の推進に関する法律） Act on Promotion of Consumer Education 553
消費者政策 consumer policies 551
消費者製品のリスク管理手法 Risk management for consumer products **166**
消費者庁 Consumer Affairs Agency 551
消費者と事業者 consumers and businesses 553
消費者に生じる被害・不利益 harm to consumers 551
消費者の健康被害の拡大防止 preventing the spread of consumer health damage 496
消費者の権利 rights of consumers 551
消費者の信頼 consumer confidence 496
消費者の特徴 consumers' characteristics 550
消費生活 cosumption by citizens 550
消費生活のリスク Consumers' risk **550**
情報技術システム（IT システム） information technology system 116
情報公開 information disclosure 238, 643
情報公開とリスク管理への参加 Participation in information disclosure and risk management **238**
情報コミッショナー information commissioner 659
情報資産 asset 8, 198
情報セキュリティ information security 382
情報提供 Information providing 225
情報の記録と保管 recording and storing information 498
情報の非対称性 information asymmetry 513, 577, 605
情報の不確実性 uncertainty of information 245, 500
情報プライバシー information privacy 660
消滅可能性都市 disappearing city 554
将来起こりうるグローバルショック future global shocks 27
上流関与 upstream engagement 647
症例対照研究 case-control study 101
初期評価会議（SIAM） SIDS initial assessment meeting 331
食肉検査法（米国，FMIA） Federal Meat Inspection Act 461
食品安全 food safety 7, 36, 293, 452, 456, 500, 504
食品安全委員会 Food Safety Commission 37, 319, 462, 468, 485
食品安全基本法 Food Safety Basic Act 462, 507
食品安全強化法（米国） Food Safety Modernization Act 499
食品安全行政 administration for food safety 504
食品安全検査局（米国，FSIS） Food Safety Inspection Service 461
食品安全の国際的対応枠組み International flamework on food safety **456**
食品安全白書 White paper on food safety 460
食品・医薬品・化粧品法（米国） Federal Food, Drug, and Cosmetic Act 461
食品衛生監視指導 inspection and guidance for food hygiene 463, 491

食品衛生監視指導計画　inspection and guidance plan for food hygiene　491
食品衛生法　Food Sanitation Act　499, 569
食品現場の衛生管理とリスクベースの行政コントロール　Food hygiene control by food industry and risk-based official control　**488**
食品固有のリスク知覚要因　factors of food-specific risk perception　493
食品摂取と健康リスク　Food intake and health risk　**508**
食品中の化学物質のリスク評価　Risk assessment of chemicals in food　**468**
食品トレーサビリティとリスク管理　Tracebility in food chain for risk management　**496**
食品の汚染事故　food contamination　500
食品の回収　food recall　500
食品分野のレギュラトリーサイエンスと専門人材育成　Regulatory science for food safety and development of human resources　**504**
食品由来リスク知覚と双方向リスクコミュニケーション　Food-deriverd risk perception and interactive risk communication　**492**
食品リスク　food-related risk　624
序数効用　ordinal utility　213
女性差別撤廃条約（女子に対するあらゆる形態の差別の撤廃に関する条約）　Convention on the Elimination of All Forms of Discrimination Against Women　527
女性の社会的排除と男女共同参画　Social exclusion of woman and gender equality　**526**
除　染　decontamination　567
初動活動　Initial response　193
自律型致死兵器システム（LAWS）　lethal autonomous weapon system　677
指　令　directive　460
指令と統制　command and control　152
人為ハザード　artificial hazard　112
シングル・マザー　single mother　523
人　権　human rights　17, 198, 517, 541
人権デューディリジェンス　human right due diligence　552
人工衛星　satellite　386
新興感染症　emerging infectious diseases　340
人工水晶　artificial crystal　378
人工知能　artificial Intelligence　123
人工知能学会倫理委員会　Ethics Committee, Japanese Society for Artificial Intelligence　678
人工知能の普及に伴うリスクのガバナンス　Governing the risk of Artificial Intelligence　**676**
人口揺らぎ　demographic stochasticity　105
新興リスク（エマージングリスク）　emerging risk　25, 640
新興リスクのためのガバナンス　Governance for emerging risks　**644**
新興リスクの特徴　Characteristics of emerging risks　**640**
震災関連死　late death caused by the great earthquake　566
人材の登用と育成　appointment and development of human resources　507
人獣共通感染症　zoonosis　484
新自由主義　neoliberalism/new liberalism　541, 556
侵襲的医療　invasive medicine　515
深層防護　defense in depth　114
親族後見人　relative guardians　537
人的過誤　human error　113
信用 VaR　credit VaR　594
信用補完　credit enhancement　597
信用リスク　credit risk　120, 154, 262, 582, 592
信用リスクの評価　Credit risk evaluation　**592**
信頼形成　credit building　210
森林保険　forest insurance　284
森林保全・管理　forest conservation and management　664

水害対策　flood-control measure　56
水　銀　mercury　322
水系感染症　waterborne disease　316
水質環境基準　environmental water quality standard　149, 348
水質事故　water quality accident　317
水素スタンド　hydrogen station　110

水素爆発　hydogen explosion　42
水道水質基準　water quality standards　77, 318
水平分業　horizontal specialization　378
数値化できない蓋然性　non-numerical probabilities　12
スクリーニング情報データセット（SIDS） screening information data sets　331
スコーピング　scoping　182, 247
ステークホルダー　stakeholder　132, 247, 262
ストレステスト　stress test　264, 584
砂地盤　sandy ground　438
スペキュラティヴ・デザイン　speculative design　647
スペースデブリ　space debris　387
スリーステップメソッド　three step method 141
スロープファクター　slope factor　77
スワップ　swap　590

生活支援ロボット安全検証センター　Robot Safety Center　688
生活支援ロボット及びロボットシステムの安全性確保に関するガイドライン（第一版） Guideline on safety for robot and robot systems　690
生活支援ロボットと安全性の確保　Healthcare robotics and their safety　688
生活者　citizen　542
生活の質（QOL）　quality of life　79, 641
生起確率　probability　220
正規雇用　formal Employment　522
政策的介入　policy intervention　513
生産関数法　procuction function method　381
生産管理　production management　197
誠実さ　honesty　211
脆弱性　vulnerability　7, 128, 355, 423, 443
正常性バイアス　normalcy bias/normative bias 217, 222
製造物責任法　Product Liability Act　153, 550
生態系サービス　ecosystem service　80, 104, 348, 421, 425
生態系保全　conservation of ecosystem　83, 104
生態リスク　Ecological risk　104
生態リスクの評価　Ecological risk assessment 104
性的マイノリティーの差別　Discrimination against sexual minorities　540
正当化　justification　302
制度化された社会経済分析　Socio-economic analysis incorporated into the system　164
精度管理　quality assurance　466
成年後見制度　adult guardianship　537
成年後見制度利用促進法　Act on Utilization Promotion of Adult Guardianship　539
性能規定書　performance standard　111
製品安全　product safety　140, 626
製品事故　product-related accidents　166
製品撤去／回収　withdrawal/recall　496
製品評価技術基盤機構（NITE）　National Institute of Technology and Evaluation　167
生物学的階層　biological organization　348
生物学的許容漁獲量（ABC）　allowable biological catch　106
生物学的有効用量　biological effective dose　96
生物多様性　biodiversity　22, 104, 348, 664, 672
生物多様性基本法　Basic Act on Biodiversity 163
生物多様性条約（生物の多様性に関する条約） Convention on Biological Diversity　104, 636, 665
生物多様性と生態系サービスに関する政府間科学政策プラットフォーム（IPBES） Intergovernmental science-policy Platform on Biodiversity and Ecosystem Services 106, 636
生物濃縮　bioaccumulation　339
生分解　biodegradation　339
生命倫理　bioethics　534, 656
生理学的薬物動態モデル（PBPK モデル） physiologically based pharmacokinetic model　97
世界気象機関（WMO）　World Meteorological Organization　636
世界金融危機（リーマン・ショック）　Global Financial Crisis　46, 50, 581, 598
世界金融危機の構造と監督当局の対応

Structure and response of global financial crisis 46
世界経済フォーラム World Economic Forum 28, 648
世界農業機関（FAO） Food and Agriculture Organization 636
世界貿易機関（WTO） World Trade Organization 468
世界保健機関（WHO） World Health Organization 36, 304, 318, 330, 342, 636
世界リスク指標（WRI） world risk index, 26, 82
『世界リスク報告書』 *World Risk Report* 26
セカンド・オーダーの観察 second order observation 667
積雪深 snow depth 428
責任ある研究・イノベーション（RRI） responsible research and innovation 235, 646
責任投資原則（PRI） Principle for Responsible Investment 40
責任無能力者 person without legal capacity 539
セクシャルハラスメント sexual harassment 512, 518, 641
セクシュアリティ sexuality 540
是正措置 corrective action 500
セータ theta 122
世代間の衡平性 intergenerational equity 664
世代間倫理 inter-generational ethics 663
世代内公平性 intra-generational equity 662
摂取量 intake 94
摂食時安全目標値 food safety objective 474
接触皮膚炎 contact dermatitis 310
説得的 persuasive 245
絶滅危惧種 threatened species 105, 675
絶滅リスク extinction risk 104, 420
セーフティケース safety case 371
セベソ指令 Seveso Directive 177
狭い意味でのリスク risk in a narrow sense 70
ゼロリスク zero risk 70, 229, 568
ゼロリスクアプローチ zero-risk approach 145
ゼロリスク効果 zero-risk effect 215
ゼロリスク認知 zero-risk recognition 216
船級協会 Classification Society 370
先験的確率 a priori probability 12
先見的ガバナンス anticipatory governance 647
全国共済農業協同組合連合会（JA 共済連） National Kyosai Federation of Japan Agricultural Cooperatives 282
全国地震動予測地図 national seismic hazard maps for Japan 430
全国消費生活情報ネットワーク・システム（PIO-NET） practical living information online network system 552
潜在的パレート改善 potential pareto improvement 86
全社的リスク管理（ERM） enterprise risk management 194
全循環 overturn 284
全政府アプローチ whole-of-government approach 652
仙台防災枠組 Sendai Framework for Disaster Risk Reduction 403, 406, 440
選択的接触（情報への） selectional contact on information 217, 230, 255
全地球測位システム（GPS） global positioning system 386
全米研究評議会（米国研究審議会, NRC） National Research Council 236, 634
専門家 expert 224
専門職後見人 professional guardians 538
専門的能力の高さ high level capacity 210
専門領域 discipline 227
戦略的国家リスクアセスメント strategic national risk assessment 357
線 量 dose 99
線量限度 dose limit 303
線量・線量率効果係数（DDREF） dose and dose rate effectiveness factor 93, 301
線量率 dose rate 93
線量率効果 dose rate effect 93

早期警戒ライン　early warning line　263
相互依存性　interdependence　16, 55, 354
総合調整　oveall coodination　192
総合的安全評価法（FSA）　formal safety assessment　370
相互運用性　interoperability　400
相互確証破壊　mutually assured destruction　395
相互信頼　mutual trustworthyness　376
相互接続性　Interconnection　28
相互連結性　interconnectivity　16, 55, 374
操作的　manipulative　245
総支払限度額　total payment limit　279
相対的貧困率　relative poverty rate　19, 34, 513, 522
相談支援　consultation support　525
想定外　unexpected　410
増分費用効果比（ICER）　incremental cost-effectiveness ratio　165
双方向リスクコミュニケーション　interactive risk communication　506
双方向性をもった科学情報の取りまとめ　organization of scientific information with interactivity　495
双方向の情報流通　bidirectional flow of information　211
双方向リスクコミュニケーションモデル　interactive risk communication model　494
総務省情報通信政策研究所　Institute for Information and Communications Policy, Ministry of Internal Affairs and Communications　678
総量管理　immutable weight control　561
遡　及　trace back　496
遡及的薬物動態モデル　97
組織化された無責任　organized irresponsibility　667
組織状況の確定　establish context　137
組織反応　tissue reaction　299
ソーシャル・キャピタル　social capital　514, 554
ソーシャルネットワークサイト／サービス（SNS）　social network sites/service　35, 252
ソーシャルメディア　social media　252
ソースターム評価　source-term analysis　114
措置入院　enforced hospitalization　533
ソルベンシー規制　solvency regulation　600
ソルベンシー・マージン　solvency margin　600
損害賠償　damage compensation　158
損害賠償請求　claim for damages　539
損害保険料率算出機構　General Insurance Rating Organization of Japan　278
尊　厳　dignity　533
損失期待値　expected loss　81
損失忌避　loss aversion　215
損失推定　loss estimation　505
損失生存年数（YLL）　years of life lost　78
損失余命　loss of life expectancy　78, 170
損傷度曲線　fragility curve　129

た

第一の近代　first modernity　666
対衛星兵器（ASAT）　anti-satellite weapon　386
対応力　response and recovery　444
ダイオキシン（ダイオキシン類）　dioxin(s)　306, 347
大学のリスク教育：食品　Risk education at university: food-related risk　624
大気汚染　air pollution　22
大気汚染物質　air pollutant　148, 306
大気汚染防止法　Air Pollution Control Act　570
大気環境　Atmospheric environment　306
大規模広域災害　large scale and wide scale natural disaster　400
大規模広域災害時における国と地方公共団体の連携　Cooperation between government and municipality in large-scale natural disaster　400
大規模災害　large-scale disaster　177, 193, 407
大規模地震対策特別措置法　Act on Special Measures Concerning Countermeasures for Large-Scale Earthquakes　37
耐空証明　airworthiness certificate　368
耐空性改善通報　airworthiness directive　368

対抗科学　counter science　667
対抗リスク　countervailing risk　172
第五福龍丸被ばく事件　The Accident of “Daigo Fukuryū Maru” (Lucky Dragon No.5) suffered from the H-bomb test at Bikini Atoll　671
第三者機関　third party　659
第三者後見人　third-party guardians　538
第三の道　The Third Way　554
大地震　great earthquake　266
体性幹細胞　somatic stem cell　680
タイタニック号事故　Sinking of the RMS Titanic　370
第二の近代　second modernity　666
代表性ヒューリスティック　representative heuristic　217
台　風　typhoon　414
ダイベストメント　divestment　405
太陽嵐　solar storm　27
耐容一日摂取量（TDI）　tolerable daily intake　80, 92, 454
太陽フレア　solar flare　387
第 4 次産業革命　industry 4.0　649
代理代行決定　substituted decision-making　539
対　話　communication　65, 242
対話ツール　tools for communication　262
対話とソーシャルメディア　Dialogs in social media　**252**
対話とマスメディア　Dialogs and mass media　**248**
対話の技法：ファシリテーションテクニック　Ways of dialogs: Facilitation technique　**240**
高　潮　flood tide　414
多義的な情報　multi-meaning information　209
ターゲット制裁　target sanctions　396
多重リスク　multiple risk　383
多重リスクコミュニケータ（MRC）　multiple risk comunicator　384
立入検査　inspection　463, 491
達成基準　performance criteria　474
達成目標値　performance objective　474
竜　巻　tornado　428
妥当性確認　validation　466
多能性幹細胞　pluripotent stem cell　681
多文化共生　multicultural symbiosis　512
多媒体モデル　multimedia model　96
たばこ規制に関する世界保健機関枠組条約　WHO Framework Convention on Tobacco Control　314
多様性　diversity　541, 543
タール　tar　314
単一媒体モデル　single-medium model　96
単　収　yield　422
男女雇用機会均等法　Act on Securing, etc. of Equal Opportunity and Treatment between Men and Women in Employment　527
炭素税　carbon tax　409, 419
炭素リーケージ　carbon Lealcage　409

地　位　status　525
地域コミュニティ　local community　513
地域社会の崩壊と再生　Regional decline and vitalizing local community　**554**
地域復興　regional development　566
チェルノブイリ原子力発電所事故　Chernobyl disaster　179
地下水　groundwater　438
地下水環境基準　groundwater quality standards　320
地球温暖化　global warming　284, 414, 416, 420
地球温暖化対策のための税　tax for climate change mitigation　409
地球環境問題による自然災害　natural disaster by global environmental problem　206
地区防災計画　community disaster management plan　441
知識体系　schema　217
治　水　flood control　56
治水計画　flood control plan　57
地層処分　geological disposal　558
窒素化合物　nitrogen compound　306
地方自治体　municipality　400
チャオプラヤ川洪水　The 2011 Chao Phraya River Flood　378
潮　位　tide level　413

超過確率 exceedance probability 435
超過確率年 excess recurrence interval 316
超過絶対リスク excessive absolute risk 103
超過相対リスク excessive relative risk 103
超高齢社会 super-aging society 536
直接摂取リスク direct ingestion risk 321
直接的健康影響 direct health effects 483
直接被害(額) direct economic loss 380
沈黙の春 *Silent Spring* 338

追 跡 trace forward 496
ツイッター Twitter 252
津波の高さ tsunami height 435
津波ハザード tsunami hazard 435
津波ハザードカーブ tsunami hazard curve 435
津波ハザード評価 tsunami hazard assessment 435
津波リスク Tsunami risk **434**
津波リスク評価 tsunami risk assessment 435
定住外国人の社会的排除と多文化共生 Foreign residents and social exclusion **542**

低周波 low frequency electromagnetic wave 304
定性的リスク評価 qualitative risk assessment 78, **110**
ディーセントワーク decent work 529
低線量被ばく low dose exposure 93
ティッピングエレメント tipping element 416
ティッピングポイント tipping point 416
定量的リスク評価 quantitative risk assessment 78
ディルドリン dieldrin 329
ティンダール・センター Tyndall Center 637
適 応 adaptation 404, 422
適応計画 adaptation plan 124
適応策 adaptation policy 124, 421
適正製造規範(GMP) Good Manufacturing Practice 489
適正農業規範(GAP) Good Agricultural Practice 469, 489
出口規制 exit regulations 346
テクノロジー・アセスメント technology assessment 642, 644
デジタライゼーション digitalization 676
データの不確実性と信頼性評価 Uncertainty of data and credibility of evaluation **88**
データ・プライバシー data privacy 660
データ保護影響評価(DPIA) data protection impact assessment 658
手続き的公正 procedural justice 246
手続き的公正を満たす合意形成にむけたプロセスデザイン Process design for consensus building that meets procedual justice **246**
デフォルト default 122, 592
デフォルト確率(PD) probability of default 592
デフォルト時エクスポージャー(EAD) exposure at default 592
デフォルト時損失率(LGD) loss given default 592
デフォルト率 default rate 123
デュレーション duration 121
デラニー条項 Delany Clause 144
デリバティブ derivative 259, 586, 590, 592
デルファイ法 Delphi method 645
テロ資金 funds to terrorists 37
電子商取引に関するリスク risk on electric commerce 552
電子タバコ electronic cigarette/e-cigarette 315
電磁波のリスク Risk of electromagnetic wave **304**
電磁パルス electromagnetic pulse 387
電通事件 549
天然ガス natural gas 372
天然痘 smallpox 340
添付文書 package insert 185

投 機 speculation 591
投機的リスク speculative risk 590
東京電力福島第一原子力発電所(福島第一原発) Fukushima Daiichi Nuclear Power Station 42, 670
統計的確率 statistical probability 12

統計的独立　statistical independence　219
統計モデル　statistical model　593
統合リスク管理　integrated risk management　262
統合リスク管理と部門別資本配賦　Integrated risk management and capital allocation for division　**262**
倒産隔離　bankruptcy remote　597
同時多発テロ　September 11 attacks　635
同性愛嫌悪（ホモフォビア）　homophobia　540
同性婚　samesex marriage　540
同性パートナーシップ　samesex partnership　541
統治性　governability　668
動的リスク　dynamic risk　383
東南アジア諸国連合（ASEAN）　Association of South-East Asian Nations　630
動物感染症　animal infectious disease　484
動物感染症と人獣共通感染症のリスクアナリシス　Risk anlysis on anthropozoonosis　**484**
登録パートナーシップ法　registreret partnerskab（ノルウェー）　540
討論型世論調査（DP）　deliberative opinion poll　235
東和ペイント事件　545
特殊毒性　special toxicity　90
毒性　toxicity　76, 90
毒性試験　toxicity test　185
毒性学的懸念の閾値（TTC）　threshold of toxicological concern　337
特定個人情報保護評価　specific personal information protection assessment　661
特定胚　specified embryo　673
特別気候変動基金（SCCF）　Special Climate Change Fund　284
特別目的会社（SPC）　special purpose company　280
特別目的事業体（SPV）　special purpose vehicle　596
登山リスク　mountain-climbing risk　24
土壌汚染　soil contamination　320
土壌汚染の健康リスク　Health risk of soil polution　**320**
土壌汚染対策法　Soil Contamination Countermeasures Act　320
土壌環境基準　soil quality standards　320
都市リスク指標　city risk index　27
ドーズレスポンス（用量反応）　dose-response　476
ドッド＝フランク・ウォール街改革・消費者保護法　Dodd-Frank Wall Street Reform and Consumer Protection Act　49
トップ事象　top event　108
トップランナー制度　top runner program　408
都道府県知事　governer of prefecture　193
「どのくらい安全ならば良いのか？」　How safe is safe enough?　220
賭博者の錯誤　gambler's fallacy　219
トリガー　trigger　280, 286
トレーサビリティ　traceability/product tracing　496, 502
トレッドウェイ委員会支援組織委員会（COSO）　Committee of Sponsoring Organizations of the Treadway Commission　195
トレードオフ　trade-off　220, 324, 421, 423
ドロップモデル（DROPモデル）　DROP model　129
ドローン　drone, unmanned Aerial System（UAS）, unmanned Aerial Vehicle（UAV）　392, 684
ドローンの登場と社会の環境整備　Emergrnce of civil drone and industry activities to mitigate the risk　**684**

な

内閣官房　Cabinet Secretariate　191
内閣危機管理監　Deputy Chief Cabinet Secretary for Crisis Management　192
内閣情報集約センター　Cabinet Information Center　192
内閣総理大臣　prime minister　191
内閣府　Cabinet Office　33
内閣府食品安全委員会　Food Safety Commission Secretariat　206
内生的要因　endogenous factor　375
内的ハザード　internal hazard　112

和文事項

内発的発展　endogenous development　557
内部曝露　Internal exposure　96
内部被ばく　Internal exposure　98
長澤運輸事件　Nagasawa Transportation Case　547
ナッジ　nudge　153
ナショナルリスクアセスメント（NRA）　National risk asessment　33, 175, 652
為すことにより学ぶ　learning by doing　161
なでしこ銘柄　Nadeshiko brand　41
7原則12手順　7 procedures and 12 principles for HACCP application　490
ナノテクノロジー　nanotechnology　480
ナノテクノロジーと遺伝子組換えを利用した食品の安全評価と規制措置規制措置　Safety evaluation and regulation on food by nano-tech and genetic modification　480
ナノマテリアル　nanomaterial　480
鉛　lead　322
ナラティブベースの医療　narrative-based medicine　513
難分解性・高蓄積性・毒性（PBT）　persistent, bioaccumulative and toxic substances　336

ニコチン　nicotine　314
二重過程モデル　dual process model　230
二重過程理論　dual process theory　217
日米地位協定　Japan-U.S. Status of Forces Agreement　563
日ASEAN化学物質データベース　ASEAN-JAPAN Chemical Safety Database　632
日本医療研究開発機構（AMED）　Japan Agency for Medical Research and Development　683
日本学術会議　Science Council of Japan　561
日本学術会議・食の安全分科会　Science Council of Japan（Subcommittee of Food Safety）　504
日本銀行　Bank of Japan　51
日本再生医療学会　Japanese Society for Regenerative Medicine　680
日本地震再保険株式会社　Japan Earthquake Reinsurance Co., Ltd　276
日本ディープラーニング協会（JDLA）　Japan Deep Learning Association　678
日本の危機管理体制　Crisis Management System of Japan　190
日本無人機運航管理コンソーシアム　Japan UTM Consortium　687
ニュー・カマー　new comer　542
ニュースバリュー　news value　249
ニューメラシー　numeracy　229
ニューラル・ネットワーク　neutral network　123
認識論的確率　epistemological probability　10
認識論的不確定性　epistemic uncertainty　435
認知症高齢者　people with dementia　536
認知症高齢者の意思決定支援と権利擁護　Elderly Risk with decline in cognitive function　536
認知的過負荷　cognitive overload　216
認知的熟慮テスト（CRT）　cognitive reflection test　230
認知的不協和　cognitive dissonance　222, 377
認知バイアス　cognitive bias　224

ネイテック（Natech）　natural-hazard triggered technological accidents　32, 374, 641
ネオニコチノイド系農薬　neonicotinoid pesticide　329
ネガティブエミッション　negative emmition　424
ネスレ日本事件　Nestlé Japan Case　545
熱帯低気圧　tropical cyclone　413
熱中症　heatstroke　422
年間被害想定額（ALE）　annualized loss expectancy　118
年超過確率　annual exceedance probability　128
年齢調整死亡率　age-adjusted mortality rate　19

農場から食卓まで　farm-to-fork　476
濃　度　concentration　90
能動喫煙　acitive smoking　314
農　薬　pesticide　326

農薬取締法 Agricultural Chemicals Control Act 346
農薬の環境・健康リスク Human health and environmental risks of pesticide **326**
農林水産省 Ministry of Agriculture, Forestry and Fisheries 485
ノーマライゼーション normalization 532

は

バイアス bias 103, 220, 224, 666
バイオエネルギー bioenergy 427
バイオ技術のリスク Biotechnological risks **672**
バイオセキュリティ biosecurity 341, 672
バイオセーフティ biosafety 341
バイオテロリズム bioterrorism 341
バイオテロリズム法（米国） Public Health Security and Bioterrorism Preparedness and Response Act of 2002 499
バイオマーカー biomarker 98
廃棄物処理法（廃棄物の処理及び清掃に関する法律） Waste Management and Public Cleansing Act 350
排出基準 emission standard 148
排出係数 emission factor 96
排出量取引 emission trading 409
排水基準 effluent standard 349
パイパー・アルファ Piper Alpha 370
廃 炉 decommissioning 566
曝 露（エクスポージャー） exposure 7, 90, 94, 100, 128, 423, 568, 587
曝露係数 exposure factor 97
曝露経路 route of exposure 94
曝露シナリオ exposure scenario 166
曝露媒体 exposure media 94
曝露評価 exposure assessment 7, 77, 100, 236, 466, 468
曝露評価とシミュレーション技法 Evaluation of procedure and method of simulation **94**
曝露マージン margin of exposure 170
曝露量 exposure 76, 94
ハサップ（HACCP） hazard analysis and critical control point 73, 319, 488
ハザード hazard 7, 10, 76, 82, 128, 220, 442
ハザード＆オペラビリティスタディ（オペラビリティスタディ，HAZOP） hazard and operability study 108, 110
ハザード曲線 hazard curve 128
ハザード同定（ハザード特定） hazard identification 7, 76, 236, 468, 476
ハザード特徴付け hazard characterization 468, 476
ハザード特定スタディ（HAZID） hazard identification study 110
ハザードの汚染の分布 distribution of hazard pollution 505
ハザード分析 hazard analysis 76
ハザードマップ hazard map 128
ハザード率 hazard rate 594
バーゼル銀行監督委員会（BCBS） Basel Committee on Banking Supervision 606
パーソン論 personhood theory 515, 534
パターナリズム paternalism 513, 532
パターナリスティック paternalistic 513
発がん物質（発がん性物質） carcinogenic substance 36, 570
発癌率 cancer probability 77
発行体リスク issuer risk 592
発生確率 probability 366
発生可能性 likelihood 652
発生源 source 94
発生頻度 frequency 110
発生率（罹患率） incidence rate 100
発生割合（累積発生率） incidence proportion 100
パートナーシップ・オン・エーアイ（PAI） Partnership on AI 679
パブリック・リレーションズ public relations 253
バブル bubble 578
バブルの歴史とその生成の仕組み A history of bubbles and its mechanism of generation **578**
バブル崩壊 collapse of the bubble economy 50
ハマキョウレックス事件 Hamakyorex Case

547
速い思考（システム 2） fast thinking, system 2 218
パラコート paraquat 328
パラチオン parathion 327
ばらつき variability 476
バリアフリー barrier free 533
パリ協定 Paris Agreement 124, 404, 413, 424, 665
バリュー・アット・リスク（VaR，最大損失額，予測最大損失） value at risk 9, 123, 258, 262, 582, 587, 594
バルディーズ号 Valdez 634
パレート改善 pareto improvement 85
パワーハラスメント power harassment 512
番号法（行政手続における特定の個人を識別するための番号の利用等に関する法律） Act on the Use of Numbers to Identify a Specific Individual in Administrative Procedures 661
阪神淡路大震災 Great Hanshin earthquake 37
半数致死濃度 median lethal concentration 50, 92, 349
半数致死量（LD_{50}） median lethal dose, lethal dose 50 92, 293
判断過程の過誤 mistake in the process for decision-making 157
パンデミック（流行する疫病） pandemic 190, 206
反 応 Response 90
判別分析 discriminant analysis 122
氾濫原管理 ebara management 57
反ワクチン運動 anti-vaccine movement 343

非意図的生成物 unintentionally produced chemicals 339
比較リスク評価（CRA） comparative risk analysis 14
非確率的影響 nonstochastic effect 76
東日本大震災 Great East Japan Earthquake 50, 378, 400, 561
東日本大震災とリスクコミュニケーション Risk communications in the Great East Japan Earthquake **202**
非期待損失額 unexpected loss 594
非現実的楽観主義 unrealistic optimism 218, 221
被災者と地域の自己決定：東京電力福島第一原子力発電所事故 Self-determination of victims of Fukushima No.1 nuclear power plant accident **566**
非自発的移住 involuntary mitigation 29
非自発的なリスク involuntary risk 220
ヒストリカル法 historical method 587
非正規雇用 informal employment 517, 522
非正規労働者 infomal labor 545
微生物学的リスク管理 microbiological risk management 473
微生物学的リスク評価 microbiological risk assessment **476**
微生物規格 microbiological criteria 474
微生物の包括的リスク管理 Comprehensive approach to microbiological risk management（MRM） **472**
非線形効用理論 nonlinear utility theory 214
ヒ素 arsenic 322
ビッグデータ big data 676
ヒトゲノム human genome 673
ヒトパピローマウイルスワクチン，HPV ワクチン human papillomavirus vaccine 344
ひとり親世帯 single parent household 530
避難指示 evacuation order 566
被爆者 hibakusha 103
批判的思考 critical thinking 231
皮膚接触 skin contact 310
ヒューマンエラー human error 178
ヒューリスティクス heuristics 171, 216
病因物質 hospital sabstance 521, 570
費用–効果／費用–便益分析 cost-effectiveness/ cost-benefit analysis 505
兵庫行動枠組 Hyogo Framework for Action 403
表示（情報）の信頼確保 ensure label（information）reliability 496
標準家族モデル standard family model 528

費用対効果 cost-effectiveness 145
標的サイト曝露 goal site exposure 96
平 等 equality 246, 541
費用便益分析（費用対効果評価） cost-benefit analysis 84, 164
表明選好法 stated preference 85
美容リスク beauty risk 24
比例原則 proportional principle 154
広い意味でのリスク risk in a broad sense 70
貧 困 poverty 34, 522, 530
貧困女子 poverty women 528
貧困の女性化 feminization of poverty 526
貧困の世代間連鎖 genenaional chain of poventy 34
貧困の連鎖と固定化 chain and immobilization of poverty 512

ファイナイト保険 finite insurance 261
ファシリテーション facilitation 240
ファシリテーター facilitator 240
ファースト・オーダーの観察 first order observation 667
ファットテール fat tail 588
ファンダメンタルズ fundamentals 578
不安定雇用 unstable employment 530
フィルターバブル filter bubble 254, 677
フィンテック Fintech 261, 610
フィンテックとインシュアテック Fintech and Insur Tech 610
フィールド疫学 field epidemiology 571
風評被害 reputational risk/reputational damage/harmful rumor 231, 247, 249, 640
風評被害とは何か What is harmful rumor? 670
フェイクニュース fake news 677
フェイスブック Facebook 252
フォーサイト foresight 174, 642, 645
フォーラム・アリーナ・コート forum-arena-court 247
フォールトツリー解析（FTA） fault tree analysis 108, 369
不可逆的な影響 Irreversible damage 104
不確実状況での意思決定 decision making under incertainty 11
不確実性 uncertainty 12, 88, 216, 243, 476, 505, 624
不確実性下における意思決定 Decision making under uncertainty 212
不確実性係数 uncertainty factor 77, 88, 93, 149
不確実な情報 uncertain information 209
複合的メディア hybrid media 253
複合的リスク問題 complex risk issue 376
複合リスク Complex risk 32
複雑システム complex system 354
複雑性 complexity 374
複雑適応システム complex adaptive system 375
副作用 adverse drug reaction 184
副作用・感染症報告制度 adverse drug reactions and Infections reporting system 186
福祉国家 welfare state 522, 532, 556
福島原子力事故調査委員会 Fukushima Nuclear Accident Investigation Commission 43
福島原子力発電所事故（福島原発事故） Fukushima Nuclear Accident 32, 50, 374, 561, 566
福島原発事故独立検証委員会 Fukushima Nuclear Accident Investigation Commission 43
福島県立医科大学 Fukushima Medical University 65
福島第一原発（東京電力福島第一原子力発電所） Fukushima Daiichi Nuclear Power Station 42, 670
副反応 sub effect 342
復旧投資 disaster recovery investment 381
復興庁 Reconstruction Agency 566
不動産担保証券（MBS） mortgage-backed securities 46
不動産投資信託（REIT） real estate investment trust 272
不動産投資リスク real estate investment risk 583
不法行為 tort 158

浮遊粒子状物質　suspended particulate matter　308
フューチャー・オブ・ライフ・インスティチュート（FLI）　Future of Life Institute　679
プライバシー　privacy　658, 676
プライバシー影響評価（PIA）　privacy impact assessment　658
プライバシー権　privacy rights　660
プライバシー・コミッショナー　privacy commissioner　659
プライバシー・バイ・デザイン　privacy by design　658
プライバシーリスク　privacy risk　658
プライバシーリスクとプライバシー影響評価　Privacy risk and privacy impact assessment　**658**
プライバシーリスク・マネジメント　privacy risk management　661
フラジリティ曲線（フラジリティカーブ）　fragility curve　7, 435
フラジリティ評価　fragility assessment　435
ブラック-ショールズ方程式　Black-Scholes equation　273
ブラック-ショールズ-マートン式（BSM 式）　Black-Sholes-Merton's formula　594
ブラック・スワン　black swan　17, 391, 646
プラント保守におけるリスクベースメンテナンス　Risk based maintenance in plant safety　**366**
不良資産救済プログラム（TARP）　Troubled Asset Relief Program　48, 55
プレミアム　premium　286
フレーミング（枠組み）　framing　214, 217, 247
プロスペクト理論　prospect theory　20, 214, 218
プロセス　process　137
プロセスデザイン　process design　246
フロン　chloro fluoro carbons　339
噴火警戒レベル　volcanic alert levels　437
噴火警報・予報　volcanic warnings, forecasts　437
噴火シナリオ　eruptive scenario　436
噴火速報　eruption notice　437
文京区立さしがや保育園　Sasigaya Nursery　62
分散共分散法　variance covariance method　587
分析疫学　analytic epidemiology　100
分析と熟議　analytic-deliberative　635
分配正義　distributive justice　662
分配的公正　distributive justice　246
分布移動　distributional shift　420

ペイ・イクイティ　pay equity　529
平均残存期間　average current maturity　121
平均寿命　life expectancy at birth　18
平均余命　life expectancy　11, 78
米軍基地　US military base　562
米国会計検査院（GAO）　Government Accountability Office　335, 461
米国環境保護庁（EPA）　Environmental Protection Agency　635
米国研究審議会（全米研究評議会 , NRC）　National Research Council　236, 634
米国原子力規制委員会（NRC）　Nuclear Regulatory Commission　432
米国洪水保険法　National Flood Insurance Act　61
米国食品医薬品局（FDA）　Food and Drug Administration　461
米国大統領議会諮問委員会　Presidential/Congressional Commission on Risk Assessment and Risk Management　634

米国電気電子技術者協会（IEEE）　Institute of Electrical and Electronics Engineers, Inc.　678
米国連邦航空規則　Federal Aviation Regulations　368
米国連邦準備制度理事会（FRB）　Federal Reserve Board　47, 51
米国有害物質規制法（TSCA）　Toxic Substances Control Act　330, 335
ベイズ推計法　Bayesian estimation　107
「平和のための原子力」　Atoms for Peace　395

ベ　ガ　vega　122
ベクレル　becquerel　99
ベーシスリスク　basis risk　283, 286
ペスト　plague　11, 340
ベースラインを無視した確率判断　statistical decision ignoring baseline　219
ヘッジ　hedge　590
ヘッジと投機　Hedge and speculation　**590**
ヘテロセクシズム（異性愛主義）　heterosexism　540
ヘテロノーマティヴィティ　heteronormativity　541
ヘルステクノロジーアセスメント（医療技術評価，HTA）　health technology assessment　164, 645
ヘルスプロモーション　health promotion　513
ベルリンニューメラシーテスト　Berlin numeracy test　230
便益　benefit　82
ベンゼン事件　Benzene Case　14
ベンゼンヘキサクロリド（BHC）　benzene hexachloride　327
ベンチマークドーズ法（BMD 法）　benchmark dose method　469
ベンチマーク用量　benchmark dose　88

包括的リスクマネジメント　comprehensive risk management　356
芳香族炭化水素　aromatic hydrocarbon　308
防護の最適化　optimisation of radiological protection　302
防災基本計画　Basic Plan for Disaster　266, 411
防災政策　disaster prevention policy　410
防災体制　disaster managemene system　266, 401, 411
放射性廃棄物　radioactive waste　558, 566
放射性物質　radioactive material　670
放射性物質汚染対処特措法（平成二十三年三月十一日に発生した東北地方太平洋沖地震に伴う原子力発電所の事故により放出された放射性物質による環境の汚染への対処に関する特別措置法）　Act on Special Measures concerning the Handling of Environmental Pollution by Radioactive Materials Discharged by the Nuclear Power Plant Accident Accompanying the Earthquake that Occurred off the Pacific Coast of the Tohoku Region on March 11, 2011　567
放射性物質の健康影響　health effects of radioactive substances　495
放射線審議会　Radiation Council　189
放射線による健康影響　health effect from radiation exposure　567
放射線の健康リスク　Health risk of radiation　**298**
放射線防護　radiation protection　87, 188, 298, 302
放射線利用のリスク管理　Risk management in radiation use　**302**
放射能パニック　radiation panic　671
法人後見人　organizational guardians　538
法律に組み込まれたリスク対応　Risk management in laws　**154**
補完性原理　subsidiary principle　400
保険会社の健全性リスクの評価　Risk assessment for soundness of insurance companies　**600**
保険監督者国際機構（IAIS）　International Association of Insurance Supervisors　606
保険リスク　insurance risk　154
保護具　personal protective equipment　295
補償原理　compensation principle　86
ポスト・ノーマル・サイエンス　post normal science　15
ポートフォリオ分析　portfolio analysis　433
ボパール　Bhopal　176
ホモノーマティヴィティ　homonormativity　541
ホモフォビア（同性愛嫌悪）　homophobia　540
ホライゾン・スキャニング　horizon scanning　174, 642, 645
ホライズン 2020　Horizon 2020　637
ボラティリティ　volatility　122, 586, 594
ボラティリティ・クラスタリング　volatility clustering　588
ボランティア　volunteer　400

ポリ塩化ビフェニル（PCB） poly chlorinated biphenyl 332, 338
ボルカー・ルール Volcker Rule 49
『ポール・ロワイヤル論理学』 *Logique de Port-Royal* 11
本質的安全設計 inherently safe design 141

ま

マイナンバー my number 661
マーケットバスケット調査 market basket method 98
マスメディア mass media 248
マックス・ミニ戦略 maximin strategy 576
マネー・マーケット・ファンド（MMF） money market fund 47
丸子警報器事件 Mruko Keihoki Case 547
マルチハザード multi-Hazard 440
マルチハザード・マルチリスクの対応 management of multi-hazard and multi-risk 441
マルチハザード・マルチリスクの評価 assessment of multi-hazard and multi-risk 440
マルチリスク multi-risk 440
慢性毒性 chronic toxicity 90

水安全計画 water safety plan 319
水利用 water utility 425
未知の未知（アンノウン・アンノウン） unknown unknown 391
水俣病 Minamata Disease 322, 569
ミニ・パブリックス mini publics 234, 247
三宅島噴火災害 Miyake Island eruption disaster 64
未来志向型技術分析（FTA） future-oriented technology analysis 644
ミレニアム開発目標（MDGs） Millennium Development Goals 40
民事訴訟 civil procedure 158
無縁社会 relationless society 554
無観測効果量（NOEL） no observable effect level 77, 92
無作為抽出 random sampling 477
無毒性量（最大無毒性量，NOAEL） no observed aduerse effect level 77, 92, 293, 469
無リスク金利 risk-free interest rate 121

迷惑施設 unwanted facility 350, 662
メチル水銀 methyl mercury 322
メディア・リテラシー media riteracy 230
メルトダウン（炉心溶融） melt down 42, 54, 410
免 責 exemption from responsibility 259
メンタルモデル mental model 225

目的に対する不確実な効果 effect of uncertainty on objectives 216
目標指向型基準（GBS） goal-based standards 371
目標リスク target risk 172
モデルリスク model risk 477
モニタリング monitoring 490, 506, 604
モラル・ハザードと逆選択 Moral hazard and adverse selection 604
モラル・ハザード moral hazard 577, 598, 604
モラル・パニック moral panic 249
モンテカルロ・シミュレーション（モンテカルロ実験） Monte Carlo simulation 89, 105, 584
モンテカルロ法 Monte Carlo method 287, 587, 595
文部科学省 Ministry of Education, Culture, Sports, Science and Technology 619

や

夜間中学 night junior high school 543
約束草案（INDC） intended nationally determined contributions 126
厄介な問題 wicked problem 376

有害金属 toxic metal 322
有害性 hazard 89, 90
有害性判定 hazard Identification 100
有害性評価項目 toxicity endpoint 76
有害大気汚染物質 hazardous air pollutant 36,

149
遊具リスク　play equipment risk　24
優生思想　eugenism　515, 532
優先順位付け　prioritization　169, 330, 336, 356
優先劣後構造　senior-sub structure　597
誘導型モデル　reduced form model　593
有病割合　prevalence　100
優良試験所基準（GLP）　Good Laboratory Practice　331, 470
ユッカマウンテン　Yucca Mountain　559
ユーロ危機　Euro Crisis　48

要監視項目　monitored substances　149
要求事項　requirements　361
溶出量基準　elution test standards　320
要素還元主義　reductionism　570
溶存酸素濃度　dissolved oxygen concentration　287
用　量　dose　90
用量段階　dose level　92
用量−反応関係　dose-response relationship　7, 76, 90, 100, 173, 236, 293, 476
用量−反応関係の評価　Evaluation of dose-response relationship　**90**
用量−反応曲線　dose-response curve　90, 469
用量−反応評価　dose-response assessment　236
余　暇　leisure　533
抑　止　deterrance　394
予見可能な誤使用　foreseeable misuse　166
予算制約　budget constraint　260
予想最大損害額（PML）　probable maximum loss　81, 123
予　測　prediction　156
予測環境中濃度（PEC）　predicted environmental concentration　348
予測最大損失（VaR, バリュー・アット・リスク，最大損失額）　value at risk　9, 123, 258, 262, 582, 587, 594
予測微生物学　predictive microbiology　476
予測無影響濃度　predicted no effect concentration　348
予測力　prediction　443
四日市　Yokkaichi　306
予防原則／事前警戒原則　precautionary principle　15, **160**, 162, 251, 635
予防原則の要件と適用　Requirements and application of precautionary principle　**162**
予防接種（ワクチン）　vaccine　342
予防接種法　Preventive Vaccination Act　570
予防的アプローチ（事前警戒的アプローチ）　precautionary approach　16, 162, 346, 375
予防的措置（事前警戒的措置）　precautionary measure　665
予防力　prevention　443
余命１年延長費用（CPLYS）　cost per life-year saved　16
余裕度　margin　89
ヨーロピアンコールオプション　European call option　586, 593

ら

ライフサイクル　life cycle　127
乱　獲　overexploitation　104
ランダム化比較試験　randomized controlled trial　89

リアルオプション　Real options　**272**
利益相反の管理　conflict of interest management　157
罹患率（発生率）　incidence rate　100
リコール　recall　167, 500
リスク　risk　4, 136, 140, 442, 452, 468, 568
——アセスメント　risk assessment　72, 137, 141, 178, 468, 626, 634
——アセスメント技法　risk assessment techniques　72
——アナリシス　risk analysis　37, 452, 459, 468, 492, 504
——アナリシス：リスクの概念とリスク低減の包括的枠組み　Risk analysis: The concept of risk and flamework for reduction of risk　**452**
——アプレイザル　risk appraisal　644
——アペタイト　risk appetite　197
——概念の展開と多様化　Diversity of risk concepts and definitions　**6**

——学　risk research　4, 56
——学とは何か　What is risk research?　4
——学の社会実装（1）：行政編　Application of results from risk research（1）: Governmental agency　36
——学の社会実装（2）：企業編　Application of results from risk research（2）: private companies　38
——学の歴史　History of risk research　10
——下の意思決定　decision making under risk　212
——ガバナンス　risk governance　16, 50, 133, 207, 239, 374, 400, 512, 629, 635, 644, 648
——ガバナンスとリスクコミュニケーション　risk governance and risk communication　236
——ガバナンスの概念と枠組み　Concepts and frameworks of risk governance　132
——カーブ　risk curve　82, 433
——カルチャー　risk culture　357
——監視　risk survailance　135
——管理　risk management　5, 51, 62, 135, 156, 162, 292, 452, 465, 468, 479, 496, 500, 504, 618, 644
——管理措置　risk management measures　506
——管理の基準とリスク受容　Criteria for risk management and risk acceptance　144
——管理の初期作業　preliminary activities of risk management　453, 465
——管理のための人材育成　Human resource development for risk management　628
——キャラクタリゼーション（リスクの特性解明，リスクの特徴づけ，リスクの判定）　risk characterization　7, 77, 236, 634
——教育　risk education　619, 624
——共有　risk sharing　117
——許容基準　risk acceptable standard　109
——コミュニケーション　risk communication　15, 35, 62, 171, 208, 224, 238, 293, 383, 452, 468, 492, 506, 513, 628, 634, 644, 669
——コミュニケーションの社会実装に向けて　Risk communication: Heading towards social implication　206
——コントロール　risk control　258
——差　risk difference　569
——削減対策の多様なアプローチ　Various approaches on risk reduction measures　152
——シェアリング　risk sharing　120
——指標　risk index　24, 78
——社会　risk society/Riskogesellschaft（独）　15, 522, 666
——社会学　sociology of risk　666
——受容態度　risk acceptance attitude　505
——情報探索・解釈モデル（RISP）　risk Information seeking and processing　255
——対応　risk treatment　74, 138
——耐性　risk tolerance　259
——態度　risk attitude　213
——対話　risk communication　240, 254
——調整後収益指標　risk-adjusted profitability indicators　263
——低減　risk reduction　117, 338
——特定　risk identification　73
——と世代間の衡平性　Risks and intergeneratinal equity　664
——とベネフィット　risk and benefit　70
——とレジリエンス　Risk and resilience　442
——トレードオフ　risk tradeoff　16, 107, 168, 172, 174
——トレードオフ解析　risk tradeoff analysis　172
——に関する対話とリテラシー　Dialogs and literacy about the risk　228
——に基づくアプローチ（リスクベースドアプローチ，RBA）　risk-based approach　8, 37, 392, 686, 652
——認知（リスク知覚）　risk perception　171, 224, 220, 242, 505
——認知とバイアス（2）：専門家と市民，専門家同士　Risk perceptions and cognitive biases（2）: among experts and citizens　224

——認知とバイアス（1）：知識と欠如モデル　Risk perceptions and various biases（1）：Knowledge and deficit models　**220**
——認知とヒューリスティクス　Risk perceptions and heuristics　**216**
——の概念の幅広さ　broad conception of risk　493
——認知の次元　factors of risk perception　220
——認知の文化差　Cultunal differences in risk penception　227
——の回避　risk aversion　117
——の可視化　visualization of risks　242
——の可視化と対話の共通言語　Visualization of risks and common language for risk communication　**242**
——の経済学の系譜　Genealogy of economic risk area　**574**
——の個人化　indivirualization of risk　512
——の固定化　fixation at risk　**34**
——の固定化と市民化　Fixation and citizenization at risk　**34**
——の市民化　citizenization at risk　**34**
——の社会的増幅枠組み（SARF）　social amplification of risk framework　15, 248, 253
——の相互依存と複合化への政策的対応　Policy response for interdependent and complex risks　**174**
——の耐容性　tolerability of risk　14
——の地域的偏在：沖縄米軍基地の事例　Unfair distribution of risk: problem of Okinawa Naval base　513, **562**
——の定義　definition of risk　71, 568
——の定量化　quantification of risk　229
——の定量化手法　Method of quantification of risk　**78**
——の同定　risk identification　449
——の特性解明→リスクキャラクタリゼーション　77
——の特徴づけ→リスクキャラクタリゼーション　634
——の判定→リスクキャラクタリゼーション　236
——の部門別配賦（リスク・バジェッティング）　risk budgeting　123
——の文化理論　cultural theory of risk　14
——の分配的公平性　Distributive justice of risks　**662**
——判定　risk evaluation/risk characterization　74, 100, 468
——比　risk ratio　102, 569
——比較　risk comparison　24, **168**, 229
——評価　risk assessment/risk evaluation　5, 62, 135, 71, 138, 162, 166, 224 ,236, 292, 452, 457, 465, 468, 476, 504
——評価機関　risk assessment authority　507
——評価方針　risk assessment policy　468
——評価の多義性　semantic polysemy of risk assessment　72
——評価の目的　Purpose of risk evaluation　**70**
——評価の枠組み　Flamework of risk evaluation　**72**
——ファイナンス　risk finance　261
——ファイナンスと残余リスク　Risk finance and residual risk　**258**
——プレミアム　risk premium　121, 282
——分析　risk analysis　73, 88, 162
——分析学会（SRA）　Society for Risk Analysis　634
——ベース資本比率規制　risk-based capital ratio regulation　603
——ベースド　risk-based　491
——ベースドアプローチ（リスクに基づくアプローチ，RBA）　risk-based approach　8, 37, 392, 686, 652
——ベースの化学物質管理　risk based chemical management　630
——ベースメンテナンス　risk based maintenance　366
——ベネフィット　risk benefit　229, 513, 520
——への態度　attitude to risk　506
——・ホメオスタシス理論　risk homeostasis theory　13
——マトリクス　risk matrix　58, 110, 367

——マネジメント risk management 9, 190, 634
——マネジメント規格 ISO31000 ISO31000 **136**
——マネジメント計画 risk management plan 355
——マネジメントのプロセス risk management process 72
——ランキング risk ranking 24
——・ランドスケープ risk landscape 29, 649
——リテラシー risk literacy 171, 228, 618, 624
——リテラシー向上のためのリスク教育 Risk education for developin risk literacy **618**
——を俯瞰する試み Overviews of risk **26**
リーダーシップ leadership 137
「リバタリアン・パターナリズム」 “Libertarian Paternalism is Not an Oxymoron” 153
リーマン・ショック（世界金融危機） Global Financial Crisis 46, 50, 581, 598
流 言 rumor 231
流行する疫病（パンデミック） pandemic 206
流動性リスク liquidity risk 120, 582
了 解 Verstandigung（独） 669
利用可能性ヒューリスティック availability heuristic 217
利用可能な最良の技術（BAT） best available technology/techniques 152
臨床試験 clinical trial 184
倫理 ethics 513
倫理審査 ethical review 688
倫理的・法的・社会的課題（ELSI） ethical, legal and social issues 234, 673

累積発生率（発生割合） cumulative incidence 100

レギュラトリーサイエンス regulatory science 5, 150, 187, 504
レジリエンス（強靭性） resilience 127, 129, 198, 355, 373, 389, 405, 442, 647
レジリエンス評価 resilience assessment 129, 355
レジリエント・ガバナンス resilient governance 355
レセプター recall 94
『レッドブック』 *Red book* 236
レッドリスト Redlist 105
レバレッジ効果 levarage effect 591
レピュテーションリスク reputation risk 503
『レモンの市場』 *The Market of “Lemons”* 577
連帯 solidarity 512

ロイズ Lloyd’s 27
労働安全 occupational safety 140, 626
労働安全衛生法（安衛法） Industrial Safety and Health Act 149, 294, 330, 346, 570
労働安全衛生マネジメントシステム（OSHMS） occupational safety and health management system 143, 295
労働環境 Occupational environment **294**
労働基準法 Labor Standards Act 294
六者協議 Six-party talk 396
ロジスティクス logistics 197
炉心溶融（メルトダウン） melt down 42, 54, 410
ロスコントロール loss control 258
露店リスク stall risk 24
ロボット robot 676, 688
ロボット介護機器開発・導入促進実証事業 Project to promote the development and introduction of robotic devices for nurding care 689

わ

ワイルドカード wild card 646
枠組み flame 137
枠組み（フレーミング） framing 214, 217, 247
枠組み合意 agreed Framework 396
ワクチン（予防接種） vaccine 342
ワクチンと公衆衛生 Vaccine and public health **342**
ワクチン不安 vaccine anxiety 342
ワーキングプア working poor 512

ワーク・ライフ・バランス　work life valance　512, 544
私たちを取り巻くリスク（1）：マクロ統計からみるリスク　Risks surrounding our life（1）：A bird eye view from macro statistics　18
私たちを取り巻くリスク（2）：身近に隠れた日常生活リスク　Risks surrounding our life（2）: Risk behind everyday life　24
割引キャッシュフロー（DCF）　discount cash flow　272
割引キャッシュフロー法（DCF 法）　discount cash flow method　121
割引率　discount rate　665
ワン・ヘルス・アプローチ　one health approach　341

欧文事項索引

（＊見出し語の掲載ページはゴシック体で示してある．なお，本文中の表記は和文のみである）

A

A history of bubbles and its mechanism of generation　バブルの歴史とその生成の仕組み　**578**
a priori probability　先験的確率　12
absorption, distribution, metabolism and excretion（ADME）　96
abuse　虐待　534
academic literacy　学問リテラシー　624
acceptable concentration　許容濃度　149
acceptable daily intake（ADI）一日摂取許容量，許容一日摂取量　77, 92, 144, 151, 454, 469
accident investigation system　事故調査制度　179
Accident of “Daigo Fukuryū Maru”（Lucky Dragon No.5）suffered from the H-bomb test at Bikini Atoll　第五福龍丸被ばく事件　671
accident sequence　事故シーケンス　113
accidental ingestion/drink　誤飲／誤食　310
accountability　アカウンタビリティ　134, 157
acid rain　酸性雨　306
acitive smoking　能動喫煙　314
Act Concerning Prevention of Infection of Infectious Diseases and Patients with Infectious Diseases　感染症法（感染症の予防及び感染症の患者に対する医療に関する法律）　570
Act on Confirmation, etc. of Release Amounts of Specific Chemical Substances in the Environment and Promotion of Improvements to the Management Thereof　化学物質排出把握管理促進法　238
Act on Earthquake Insurance　地震保険に関する法律　276
Act on Promotion of Consumer Education　消費者教育推進法（消費者教育の推進に関する法律）　553
Act on Securing Quality, Efficacy and Safety of Products Including Pharmaceuticals and Medical Devices　医薬品医療機器等法（医薬品，医療機器等の品質・有効性及び安全性の確保等に関する法律）　184, 570
Act on Securing, etc. of Equal Opportunity and Treatment between Men and Women in Employment　男女雇用機会均等法　527
Act on Special Measures Concerning Countermeasures for Large-Scale Earthquakes　大規模地震対策特別措置法　37
Act on Special Measures concerning the Handling of Environmental Pollution by Radioactive Materials Discharged by the Nuclear Power Plant Accident Accompanying the Earthquake that Occurred off the Pacific Coast of the Tohoku Region on March 11, 2011　放射性物質汚染対処特措法（平成二十三年三月十一日に発生した東北地方太平洋沖地震に伴う原子力発電所の事故により放出された放射性物質による環境の汚染への対処に関する特別措置法）　567
Act on Special Measures for Active Volcanoes　活動火山対策特別措置法　436
Act on the Evaluation of Chemical Substances and Regulation of Their Manufacture etc., Japanese Chemical Substances Control Act　化審法（化学物質の審査及び製造等の規制に関する法律）　330
Act on the Rational Use of Energy　省エネ法（エネルギーの使用の合理化に関する法律）　408
Act on the Use of Numbers to Identify a Specific Individual in Administrative Procedures　番号法（行政手続における特定の個人を識別

するための番号の利用等に関する法律）
661
Act on Utilization Promotion of Adult Guardianship　成年後見制度利用促進法 539
action plan for national resilience　国土強靭化アクションプラン　129
active learning　アクティブ・ラーニング　621
active volcano　活火山　436
acute poisoning　急性中毒　310
acute reference dose　ARfD, 急性参照用量　469
adaptation　適応　404, 422
adaptation plan　適応計画　124
adaptation policy　適応策　124, 421
adaptive approach　順応的アプローチ　355
adaptive management　順応的管理　107, 161
adaptive management or control　順応型制御 156
adaptive risk regulation　順応的リスク規制，適応的リスク規制　643
administration for food safety　食品安全行政 504
administrative decision　行政決定　156
administrative levels　管理濃度　149
administrative procedure　行政訴訟　158
adult guardianship　成年後見制度　537
adverse drug reaction　副作用　184
adverse drug reactions and Infections reporting system　副作用・感染症報告制度　186
adverse selection　逆選択　605
Aeronautics Act　航空法　684
age-adjusted mortality rate　年齢調整死亡率 19
Agenda 21　アジェンダ 21　180, 331
Aging risk of infrastructures　インフラの老朽化リスク　364
agreed framework　枠組み合意　396
Agreement on Technical Barriers to Trade　TBT 協定　457
Agricultural Chemicals Control Act　農薬取締法 346
air pollutant　大気汚染物質　148, 306
air pollution　大気汚染　22
Air Pollution Control Act　大気汚染防止法　570
airworthiness certificate　耐空証明　368
airworthiness directive　耐空性改善通報　368
Akaike's information criterion（AIC）赤池情報量基準　88
ALARA（as low as Reasonably achievable）principle　合理的に達成可能な限り低くの原則　87, 150, 152, 303, 470
ALARP（as low as Reasonably practicable）principle　合理的に実行可能な限り低くの原則　14, 87, 358, 370
aleatory uncertainty　偶然的不確定性　435
aleatory variability　偶然的なばらつき　432
algorithm bias　アルゴリズムバイアス　676
all hazard　オールハザード　175, 356
all hazard approach　オールハザード・アプローチ　16, 33, 652
allowable biological catch（ABC）生物学的許容漁獲量　106
Analysis of technical Risk　原子力発電所の確率論的リスク評価　**112**
analytic epidemiology　分析疫学　100
analytic hierarchy process（AHP）階層構造分析法　439
analytic-deliberative　分析と熟議　635
animal infectious disease　動物感染症　484
annual exceedance probability　年超過確率 128
annualized loss expectancy（ALE）年間被害想定額　118
anticipatory governance　先見的ガバナンス 647
anti-satellite weapon（ASAT）対衛星兵器　386
anti-vaccine movement　反ワクチン運動　343
Application of results from risk research（1）：Governmental agency　リスク学の社会実装（1）：行政編　**36**
Application of results from risk research（2）：private companies　リスク学の社会実装（2）：企業編　**38**
appointment and development of human resources　人材の登用と育成　507
appropriate level of protection　公衆衛生上の目

標値 474
ARCH model ARCH モデル 589
aromatic hydrocarbon 芳香族炭化水素 308
arsenic ヒ素 322
artificial crystal 人工水晶 378
artificial hazard 人為ハザード 112
artificial Intelligence（AI）人工知能 123, 676
asbestos アスベスト 56, 62, 205, 310
ASEAN Economic Community ASEAN 経済共同体 630
ASEAN-JAPAN Chemical Safety Database 日 ASEAN 化学物質データベース 632
Asian Sustainable Chemical Safety Plan アジアン・サステイナブル・ケミカル・セーフティー構想 632
assessment factor アセスメント係数 88, 349
assessment of multi-hazard and multi-risk マルチハザード・マルチリスクの評価 440
Assessment of natural disaster risk 自然災害リスクの評価 **128**
asset 情報資産 8, 198
asset correlation 資産相関 595
asset-backed securities（ABS）資産担保証券 47
Association of South-East Asian Nations ASEAN，東南アジア諸国連合 630
Atmospheric environment 大気環境 **306**
Atoms for Peace 「平和のための原子力」 395
attitude to risk リスクへの態度 506
attribution 帰属 667
automatic driving 自動運転 260
autonomy 自治 565
availability heuristic 利用可能性ヒューリスティック 217
average current maturity 平均残存期間 121

B

Bank for International Settlements BIS，国際決済銀行 123
Bank of Japan 日本銀行 51
bankruptcy remote 倒産隔離 597
barrier free バリアフリー 533
base return 基地返還 239, 564
Basel Committee on Banking Supervision（BCBS）バーゼル銀行監督委員会 606
Basic Act on Biodiversity 生物多様性基本法 163
Basic Consumer Act 消費者基本法 551
Basic Environment Law 環境基本法 148, 163, 293
Basic Environment Plan 環境基本計画 163, 328
Basic Plan for Disaster 防災基本計画 266, 411
basic plan for national resilience 国土強靭化基本計画 357
basic safety standards（BSS）基本安全基準 188
basis risk ベーシスリスク 283, 286
Bayesian estimation ベイズ推計法 107
beauty risk 美容リスク 24
becquerel ベクレル 99
behavioral decision making 行動的意思決定 228
benchmark dose ベンチマーク用量 88
benchmark dose lower confidence limit BMDL 92
benchmark dose method（BMD 法）ベンチマークドーズ法 469
benchmark response（BMR）予め定めた対照群からの反応の変化 92
beneficial sphere/costly sphere 受益圏・受苦圏 663
benefit 便益 82
Benzene Case ベンゼン事件 14
benzene hexachloride（BHC）ベンゼンヘキサクロリド 327
Berlin numeracy test ベルリンニューメラシーテスト 230
best available technology/techniques（BAT）利用可能な最良の技術 152
Bhopal ボパール 176
bias バイアス 103, 220, 224, 666
bidirectional flow of information 双方向の情報流通 211
big data ビッグデータ 676
bioaccumulation 生物濃縮 339

biodegradation　生分解　339
biodiversity　生物多様性　22, 104, 348, 664, 672
bioenergy　バイオエネルギー　427
bioethics　生命倫理　534, 656
biological effective dose　生物学的有効用量　96
biological organization　生物学的階層　348
biomarker　バイオマーカー　98
biosafety　バイオセーフティ　341
biosecurity　バイオセキュリティ　341, 672
Biotechnological risks　バイオ技術のリスク　**672**
bioterrorism　バイオテロリズム　341
black swan　ブラック・スワン　17, 391, 646
Black-Scholes equation　ブラック-ショールズ方程式　273
Black-Sholes-Merton's formula（BSM 式）ブラック-ショールズ-マートン式　594
bovine spongiform encephalopathy（BSE）牛海綿状脳症　36, 485, 496
bubble　バブル　578
budget constraint　予算制約　260
Bündnis Entwicklung Hilft（BEH）開発援助連合　26
Business continuity management　事業継続マネジメント　**266**
business continuity plan（BCP）事業継続計画　258, 266, 379
business value　事業価値　274

C

Cabinet Information Center　内閣情報集約センター　192
Cabinet Office　内閣府　33
Cabinet Secretariate　内閣官房　191
cadmium　カドミウム　322
Campylobacter jejuni/coli　カンピロバクター・ジェジュニ／コリ　479
Canadian Environmental Protection Act　環境保護法（米国）　334
cancer probability　発癌率　77
capital adequacy check　自己資本の十分性チェック　262
capital allocation　資本配賦　263
capital asset pricing model（CAPM）資本資産価格モデル　121
capital efficiency　資本の効率性　263
captive　キャプティブ　261
carbon budget　カーボンバジェット　126
carbon Lealcage　炭素リーケージ　409
carbon neutral　カーボンニュートラル　126
carbon pricing　カーボンプライシング　409
carbon tax　炭素税　409, 419
carcinogenic substance　発がん物質（発がん性物質）　36, 570
cardinal utility　基数効用　213
Carrington Event　キャリントン・イベント　387
carrying capacity　環境容量　105
Cartagena Protocol on Biosafety　カルタヘナ議定書（生物の多様性に関する条約のバイオセーフティに関するカルタヘナ議定書）　162, 672
case meeting　ケース会議　537
case-control study　症例対照研究　101
CAT bond　CAT ボンド，キャットボンド　261, 280, 286
certainty effect　確実性効果　215
chain and immobilization of poverty　貧困の連鎖と固定化　512
Change of the hazards by climate change　気候変動によるハザードの変化　**414**
Chao Phraya River Flood（2011）　チャオプラヤ川洪水　378
Characteristics of emerging risks　新興リスクの特徴　**640**
chemical management　化学物質管理　62, 630
Chemical management in Asia — regulatory cooperation and perspective　アジアの化学物質管理：規制協力と展望　**630**
Chemical Risk Assessment, Management, and Regulatory Science（1）Historical overview　工業化学物質のリスク規制（1）：歴史と国内動向　**330**
Chemical Risk Assessment, Management, and Regulatory Science（2）Global frameworks　工業化学物質のリスク規制（2）：海外の動

向 **334**
chemicals management plan（CMP）化学物質管理計画 336
chemicals, chemical compounds, chemical substances 化学物質 62, 338, 348, 464, 468
Chernobyl disaster チェルノブイリ原子力発電所事故 179
child abuse 児童虐待 531
chloro fluoro carbons フロン 339
chronic toxicity 慢性毒性 90
citizen 生活者 542
citizen guardians 市民後見人 538
citizen movement 市民運動 343
citizen panel 市民パネル 247
citizenization at risk リスクの市民化 34
city risk index 都市リスク指標 27
civil procedure 民事訴訟 158
claim for damages 損害賠償請求 539
Classification Society 船級協会 370
clean development mechanism（CDM）クリーン開発メカニズム 408
climate change 気候変動 22, 404, 649, 664
Climate change governance 気候変動に対する国際的な取り組み・ガバナンス **404**
Climate change risk on social & human systems 気候変動による社会・人間系へのリスク **422**
climate change scenario 気候変動シナリオ 420
climate risk 気候リスク 404
clinical trial 臨床試験 184
code of practice 実施規範 458, 465
cognitive bias 認知バイアス 224
cognitive dissonance 認知的不協和 222, 377
cognitive overload 認知的過負荷 216
cognitive reflection test（CRT）認知的熟慮テスト 230
cohort study コホート研究 101, 300
collapse of the bubble economy バブル崩壊 50
collateralized debt obligation（CDO）債務担保証券 46
command and control 指令と統制 152
commercial paper（CP）コマーシャルペーパー 47
commitment コミットメント 137
Committee of Sponsoring Organizations of the Treadway Commission（COSO）トレッドウェイ委員会支援組織委員会 195
commodity risk コモディティリスク 586
common but differentiated responsibility 共通だが差異ある責任原則 405
common lauguage 共通言語 242
common values 共通する価値観 210
communication 対話 65, 242
community disaster management plan 地区防災計画 441
company 企業 262, 266, 272, 554, 592, 628
comparative risk analysis（CRA）比較リスク評価 14
compensation principle 補償原理 86
complex adaptive system 複雑適応システム 375
Complex risk 複合リスク **32**
complex risk issue 複合的リスク問題 376
complex system 複雑システム 354
complexity 複雑性 374
Comprehensive approach to microbiological risk management（MRM） 微生物の包括的リスク管理 **472**
comprehensive risk management 包括的リスクマネジメント 356
compulsory education 義務教育 543, 619
computable general equilibrium model 応用一般均衡モデル 381
computer security incident response team（CSIRT）シーサート 117
concensus communication コンセンサスコミュニケーション 208
concentration 濃度 90
Concept and counter measures for risks of climate charenge and natural disaster 気候変動・事前災害リスクの概念と対策 **402**
concept and specialty for risks of climate change and natural disaster 気候変動・自然災害

リスクの概念と特徴 402
Concepts and frameworks of risk governance リスクガバナンスの概念と枠組み **132**
Concise International Chemical Assessment Document（CICAD）国際簡潔評価文書 331
conditional and time-limited approval 条件・期限付承認 155
Conference of the Parties 7（COP 7）気候変動枠組条約第 7 回締約国会議 284
conflict of interest management 利益相反の管理 157
confounding 交絡 103
confounding factor 交絡因子 103
consensus 合意 669
consensus building 合意形成 208, 246
consensus conference コンセンサス会議 234, 645
consequence 影響度 30, 108, 110, 269, 366, 648
consequences 帰結 6, 374, 652
conservation of ecosystem 生態系保全 83, 104
constructivism 構成主義 666
consultation support 相談支援 525
Consumer Affairs Agency 消費者庁 551
consumer confidence 消費者の信頼 496
consumer education 消費者教育 553
consumer policies 消費者政策 551
consumers 消費者 550
consumers and businesses 消費者と事業者 553
consumers' characteristics 消費者の特徴 550
Consumers' risk 消費生活のリスク **550**
contact dermatitis 接触皮膚炎 310
contaminants 汚染物質 454, 458, 464
content test standards 含有量基準 320
context 状況 8
control illusion コントロール幻想 219
Convention on Biological Diversity 生物多様性条約（生物の多様性に関する条約） 104, 636, 665
Convention on the Elimination of All Forms of Discrimination Against Women 女性差別撤廃条約（女子に対するあらゆる形態の差別の撤廃に関する条約） 527
Convention on the Rights of Persons with Disabilities 障害者権利条約 533, 539
Cooperation between government and municipality in large-scale natural disaster 大規模広域災害時の国と地域の連携 **400**
cooperative chemicals assessment program（CCAP）化学物質共同評価プログラム 331
Coordinating Committee for Prediction of Volcanic Eruption 火山噴火予知連絡会 436
coordination of international measures 国際的な措置の調整 507
coordination system between national and local governments 国と地方公共団体の連携 400
Corporate Behavior Charter 企業行動憲章 40
corrective action 是正措置 500
COSO Enterprise Risk Management（COSO-ERM） 195
cost コスト 70
cost per life-year saved（CPLYS）余命 1 年延長費用 16
cost-benefit analysis 費用便益分析，費用対効果評価 84, 164
cost benefit theory コストベネフィット論 513
cost-effectiveness 費用対効果 145
cost-effectiveness/cost-benefit analysis 費用–効果／費用–便益分析 505
cosumption by citizens 消費生活 550
counter science 対抗科学 667
counterparty risk カウンターパーティリスク 592
countervailing risk 対抗リスク 172
credit building 信頼形成 210
credit default swap（CDS）クレジット・デフォルト・スワップ 46, 597
credit enhancement 信用補完 597
credit risk 信用リスク 120, 154, 262, 582, 592
Credit risk evaluation 信用リスクの評価 **592**

credit VaR　信用 VaR　594
criminal procedure　刑事訴訟　158
crisis　危機（クライシス）　211
crisis communication　クライシスコミュニケーション　65, 208, 211
crisis management　危機管理，緊急事態対処活動，クライシスマネジメント　190, 496, 500, 650
Crisis Management and risk control measures for companies　企業の危機管理とリスク対策　**194**
Crisis Management Center of Prime Minister's Office　官邸危機管理センター　192
crisis management system　危機管理体制　191
Crisis Management System of Japan　日本の危機管理体制　**190**
Criteria for social risk acceotance　リスクの社会的受容のための判断基準　**144**
critical control point（CCP）重要管理点　489
critical infrastructure　重要インフラストラクチャー（重要インフラ）　354, 374, 386
critical limit（CL）管理基準　320, 489
critical national infrastructure　重要国家インフラ　356
critical thinking　批判的思考　231
Crossroad『クロスロード』　625
cross-sectional study　横断研究　102
cultunal differences in risk perception　リスク認知の文化差　227
cultural theory of risk　リスクの文化理論　14
cumulative incidence　累積発生率（発生割合）　100
Current state of climate change and its cause　気候変動の現状とその要因　**412**
curriculum for safenology　安全学のカリキュラム　626
cyber attack　サイバー攻撃　383, 387
cyber crime　サイバー犯罪　20
cyber insurance　サイバー保険　199
cyber risk　サイバーリスク　199
cyber security　サイバーセキュリティ　117, 199, 387, 390

D

damage compensation　損害賠償　158
danger/Gefahr（独）　危険　667
data privacy　データ・プライバシー　660
data protection impact assessment（DPIA）データ保護影響評価　658
Dealing with crimate change risk　気候変動リスクへの対応：ネガティブエミッション技術の持続可能性評価　**424**
decent work　ディーセントワーク　529
decision frame　決定フレーム　214
decision making under certainty　確実性下の意思決定　212
decision making under incertainty　不確実状況での意思決定　11
decision making under risk　リスク下の意思決定　212
Decision making under uncertainty　不確実性下における意思決定　**212**
declaration of emergency　緊急事態宣言　506, 566
decommissioning　廃炉　566
decontamination　除染　567
default　デフォルト　122, 592
default rate　デフォルト率　123
defense in depth　深層防護　114
deficit model　欠如モデル　209, 223, 232
definition of risk　リスクの定義　71, 568
Delany Clause　デラニー条項　144
deliberative opinion poll（DP）討論型世論調査　235
Delphi method　デルファイ法　645
demographic stochasticity　人口揺らぎ　105
Deputy Chief Cabinet Secretary for Crisis Management　内閣危機管理監　192
derivative　デリバティブ　259, 586, 590, 592
dermal exposure　経皮曝露　95
descriptive epidemiology　記述疫学　100
detection and attribution　気候変動の検出と要因分析　412
detection of crisis　危機の探知　500
deterministic approach　決定論的アプローチ　357
deterministic reduction　決定論的減少　105

deterrance 抑止 394
Dialogs and literacy about the risk リスクに関する対話とリテラシー **228**
Dialogs and mass media 対話とマスメディア **248**
Dialogs in social media 対話とソーシャルメディア **252**
dichlorodiphenyltrichloroethane（DDT）ジクロロジフェニルトリクロロエタン 172, 327, 338
dieldrin ディルドリン 329
Diet session that discussed environmental pollution 公害国会 346
differential society 格差社会 542, 556
difficult-to-return zone 帰還困難区域 567
digitalization デジタライゼーション 676
dignity 尊厳 533
dioxin(s) ダイオキシン（ダイオキシン類） 306, 347
direct economic loss 直接被害(額) 380
direct health effects 直接的健康影響 483
direct ingestion risk 直接摂取リスク 321
directive 指令 460
Directorate General for Health and Food Safety 健康・食品安全総局 460
dirty bomb 汚い爆弾 397
disability 障害 523, 532
disability-adjusted life years DALY(s)，障害調整生命年数 20, 78, 169, 641
disappearing city 消滅可能性都市 554
disaster countermeasures 災害対策 400
Disaster Countermeasures Basic Act 災害対策基本法 193, 266, 400, 403, 410, 440
disaster emergency 災害緊急事態 400
disaster emergency response 災害応急対策（応急対策） 193
disaster management system 防災体制 266, 401, 411
disaster prevention 減災対策 58
disaster prevention policy 防災政策 410
disaster recovery investment 復旧投資 381
disaster relief 災害救助 193
Disaster Relief Act 災害救助法 193
disaster risk governance 災害リスクガバナンス 407
discipline 専門領域 227
discount cash flow（DCF）割引キャッシュフロー 272
discount cash flow method DCF 法，割引キャッシュフロー法 121
discount Rate 割引率 665
discriminant analysis 判別分析 122
discrimination 差別 532
Discrimination against sexual minorities 性的マイノリティーの差別 **540**
disqualification 資格喪失 525
dissolved oxygen concentration 溶存酸素濃度 287
distribution of hazard pollution ハザードの汚染の分布 505
distributional shift 分布移動 420
distributive justice 分配正義 **662**
distributive justice 分配的公正 246
Distributive justice of risks リスクの分配的公平性 **662**
diversity 多様性 541, 543
Diversity of risk concepts and definitions リスク概念の展開と多様化 **6**
divestment ダイベストメント 405
Dodd-Frank Wall Street Reform and Consumer Protection Act ドッド=フランク・ウォール街改革・消費者保護法 49
Domestic Practices and Governance for Climate Change 気候変動に対する国内の取り組み・ガバナンス **408**
Domestic Practices and Governance for natural disaster 自然災害に関する国内の取り組み・ガバナンス **410**
dose 線量 99
dose 用量 90
dose and dose rate effectiveness factor（DDREF）線量・線量率効果係数 93, 301
dose level 用量段階 92
dose limit 線量限度 303
dose rate 線量率 93
dose rate effect 線量率効果 93

dose-response ドーズレスポンス，用量反応 476
dose-response assessment 用量-反応評価 236
dose-response curve 用量-反応曲線 90, 469
dose-response relationship 用量-反応関係 7, 76, 90, 100, 173, 293, 476
dot-com bubble ITバブル 46
drone, unmanned Aerial System（UAS）, unmanned Aerial Vehicle（UAV） ドローン 392, 684
DROP model DROPモデル，ドロップモデル 129
drought 渇水 415
dual process model 二重過程モデル 230
dual process theory 二重過程理論 217
dual use 672
dual-use technology 軍民両用技術 395
duplicate diet method 陰膳調査 98
duration デュレーション 121
dynamic risk 動的リスク 383

E

early warning line 早期警戒ライン 263
earning at risk（EaR）期間収益下落リスク 589
earthquake disaster 地震災害 410
earthquake insurance 地震保険 276
earthquake insurance risk reserve 地震保険危険準備金 279
Earthquake Reinsurance Special Account 地震再保険特別会計 278
ebara management 氾濫原管理 57
echo chamber エコーチェンバー 35, 254
ecological resilience 自然回復力 421
ecological risk assessment 生態リスクの評価 104, 328, 348
ecological risk of chemicals 化学物質による生態リスク **348**
ecological risks of climate change 気候変動による生態リスク **420**
economic incentive 経済的インセンティブ 152
economic loss 経済被害 380
economic losses from disasters 災害の経済被害 **380**
economic measure 経済的手法 61
economic value change risk 経済価値変動リスク 586
economical efficiency 資源効率性 127
ecosystem service 生態系サービス 80, 104, 348, 421, 425
education risk 教育リスク 24
educational guidelines 学習指導要領 619
Educational Opportunity Securement law 教育機会確保法 543
effect of uncertainty on objectives 目的に対する不確実な効果 216
efficiency 効率 84
efficiency of management 経営の効率化 262
efficient markets hypothesis 効率的市場仮説 578
effluent standard 排水基準 349
Elderly Risk with decline in cognitive function・認知症高齢者の意思決定支援と権利擁護 **536**
electromagnetic pulse 電磁パルス 387
electromagnetic wave 電磁波のリスク **304**
electronic cigarette/e-cigarette 電子タバコ 315
elution test standards 溶出量基準 320
emergency assembly team 緊急参集チーム 192
emergency response 緊急事態対応 494, 501
emergency response to disaster 災害対応 400
emergency response and crisis management 緊急事態対応と危機管理 **500**
emergency situation 緊急事態 190, 266
emergency situation response（situation response） 緊急事態対処（事態対処） 190, 354
emerging infectious diseases 新興感染症 340
emerging risk 新興リスク，エマージングリスク 25, 640
Emergrnce of civil drone and industry activities to mitigate the risk ドローンの登場と社会の環境整備 **684**

emission factor 排出係数 96
emission standard 排出基準 148
emission trading 排出量取引 409
emotional heuristic 感情ヒューリスティック 218
empowerment エンパワメント 513
endogenous development 内発的発展 557
endogenous factor 内生的要因 375
endpoint エンドポイント 74, 90, 104, 348, 622
energy infrastructure エネルギーインフラ 373
energy mix エネルギーミックス 372
energy security エネルギーセキュリティ 372
energy self-sufficiency エネルギー自給率 372
Energy system and security エネルギーシステムとセキュリティ **372**
enforced hospitalization 措置入院 533
engineering system 工学システム **358**
Engineering systems and safety goals 工学システムと安全目標 **358**
ensure label（information）reliability 表示（情報）の信頼確保 496
enterprise risk management（ERM）全社的リスク管理） 194
Environmant and health 環境と健康 **292**
environment, social, governance（ESG）環境・社会・企業統治 40
Environmental assessment 環境アセスメント **182**
environmental fate and behavior model 環境運命動態モデル 96
environmental hazard 環境ハザード 73
Environmental Health Criteria（EHC）環境保健クライテリア 330
environmental impact assessment 環境影響評価 107, 559
Environmental issues and the chemical substance 環境問題と化学物質 **346**
environmental justice 環境正義 662
environmental justice movement 環境正義運動 662
environmental media 環境媒体 94
environmental pollution 公害問題 663
environmental problem 環境問題 346, 663
Environmental Protection Agency（EPA）米国環境保護庁 635
environmental racism 環境人種差別 662
environmental risk 環境リスク 154, 292
environmental risk assessment 環境リスクアセスメント 73
Environmental risk finance 環境リスクファイナンス **284**
environmental standard 環境基準 148, 293, 308
environmental stochasticity 環境揺らぎ 105
environmental tax 環境税 409
Environmental Voluntary Action Plan 環境自主行動計画 408
environmental water quality standard 水質環境基準 149, 348
Epidemiological proof and risk governance: Minamata disease 疫学的証明とリスクガバナンス：水俣病事件 **568**
epidemiology 疫学 100, 170, 227, 293, 556, 571
Epidemological approach 疫学研究のアプローチ **100**
epistemic uncertainty 認識論的不確定性 435
epistemological probability 認識論的確率 10
equality 平等 246, 541
equity 衡平 84, 246
equity option 株式オプション 586
equity risk 株価リスク 586
eruption notice 噴火速報 437
eruptive scenario 噴火シナリオ 436
establish context 組織状況の確定 137
ethical comsumption エシカル消費 518, 552
ethical review 倫理審査 688
ethical, legal and social implications/issues（ELSI）倫理的・法的・社会的課題／問題とは何か 234, 656, 673
ethics 倫理 513
Ethics Committee, Japanese Society for Artificial Intelligence 人工知能学会倫理委員会 678
eugenism 優生思想 515, 532
Euro Crisis ユーロ危機 48

European call option　ヨーロピアンコールオプション　586, 593
European Chemicals Agency（ECHA）欧州化学品庁　334
European Food Safety Authority（EFSA）欧州食品安全機関　460, 486, 507
evacuation order　避難指示　566
Evaluation of crimate change risk　気候変動リスクの評価　124
Evaluation of dose-response relationship　用量-反応関係の評価　90
Evaluation of financial risk　金融リスクの評価　120
Evaluation of procedure and method of simulation　曝露評価とシミュレーション技法　94
event　イベント　285
event tree analysis（ETA）イベントツリー解析　108
evidence based　エビデンス・ベース　637
exceedance probability　超過確率　435
excess recurrence interval　超過確率年　316
excessive absolute risk　超過絶対リスク　103
excessive relative risk　超過相対リスク　103
exemption from responsibility　免責　259
exercise price　行使価格　586, 593
exit regulations　出口規制　346
exogenous factor　外生的要因　375
exotic species　外来種　107, 421
expected loss　損失期待値　81
expected loss of biodiversity（ELB）期待多様性損失　81
expected utility theory　期待効用理論　213, 574
expert　専門家　224
exposure　曝露，エクスポージャー　7, 76, 90, 94, 100, 128, 423, 568, 587
exposure assessment　曝露評価　7, 77, 100, 236, 466, 468
exposure at default（EAD）デフォルト時エクスポージャー　592
exposure factor　曝露係数　97
exposure media　曝露媒体　94
exposure scenario　曝露シナリオ　166
external exposure　外部曝露　95
external exposure　外部被ばく　98
external hazard　外的ハザード　112
extinction risk　絶滅リスク　104, 420
extreme events　極端現象　124, 414
extreme weather and climate events　極端気象　413, 420, 428

F

Facebook　フェイスブック　252
facilitation　ファシリテーション　240
facilitator　ファシリテーター　240
factors of food-specific risk perception　食品固有のリスク知覚要因　493
factors of risk perception　リスク認知の次元　220
failure mode and effect analysis（FMEA）故障モード・影響解析　108, 110, 369
fake news　フェイクニュース　677
FAO/WHO Codex Alimentarius Commission　コーデックス委員会，国際食品規格委員会　36, 134, 452, 456, 460, 464, 482, 490, 636
FAO/WHO Joint Expert Committee of Food Additives（JECFA，FAO）FAO/WHO 合同食品添加物専門家委員会　468
FAO/WHO Joint Meeting of Pesticide Residues JMPR，FAO/WHO 合同残留農薬専門家会議　468
farm-to-fork　農場から食卓まで　476
fast thinking　速い思考，システム 2　218
fat tail　ファットテール　588
fault liability　過失責任　153, 159, 549
fault tree analysis（FTA）フォールトツリー解析　108, 369
Federal Aviation Regulations　米国連邦航空規則　368
Federal Food, Drug, and Cosmetic Act　食品・医薬品・化粧品法（米国）　461
Federal Meat Inspection Act（FMIA）食肉検査法（米国）　461
Federal Reserve Board（FRB）米国連邦準備制度理事会　47, 51
feed-in tariff　固定価格買い取り制度　409

feminization of poverty　貧困の女性化　526
field epidemiology　フィールド疫学　571
filter bubble　フィルターバブル　254, 677
final disposal　最終処分　558
financial institutions　金融機関　262, 584, 606
financial market　金融市場　120
financial risk　金融リスク　120
Financial Services Agency　金融庁　582
finite insurance　ファイナイト保険　261
Fintech　フィンテック　261, 610
Fintech and Insur Tech　フィンテックとインシュアテック　**610**
first modernity　第一の近代　666
first order observation　ファースト・オーダーの観察　667
Fixation and citizenization at risk　リスクの固定化と市民化　**34**
fixation at risk　リスクの固定化　34
fixed inequality　格差の固定化　513
flame　枠組み　137
Flamework of risk evaluation　リスク評価の枠組み　**72**
flood　洪水　61, 415
flood control　治水　56
flood control plan　治水計画　57
flood risk financing　洪水リスクファイナンス　61
flood tide　高潮　414
flood-control measure　水害対策　56
Food and Agriculture Organization（FAO）世界農業機関　636
Food and Drug Administration　FDA，米国食品医薬品局　461
food contamination　食品の汚染事故　500
Food hygiene control by food industry and risk-based official control　食品現場の衛生管理とリスクベースの行政コントロール　**488**
food recall　食品の回収　500
food safety　食品安全　7, 36, 293, 452, 456, 500, 504
Food safety administration and law in major countries　主要国の食品安全行政と法　**460**
Food Safety Basic Act　食品安全基本法　462, 507
Food Safety Commission　食品安全委員会　37, 319, 462, 468, 485
Food Safety Commission Secretariat　内閣府食品安全委員会　206
Food Safety Inspection Service　FSIS，食品安全検査局（米国）　461
Food Safety Modernization Act　食品安全強化法（米国）　499
food safety objective　摂食時安全目標値　474
Food Sanitation Act　食品衛生法　499, 569
Food-deriverd risk perception and interactive risk communication　食品由来リスク知覚と双方向リスクコミュニケーション　**492**
food-related risk　食品リスク　624
foot and mouth disease　口蹄疫　486
foreign exchange risk　外国為替リスク　586
Foreign residents and and social exclusion　定住外国人の社会的排除と多文化共生　**542**
foreseeable misuse　予見可能な誤使用　166
foresight　フォーサイト　174, 642, 645
forest conservation and management　森林保全・管理　664
forest insurance　森林保険　284
formal Employment　正規雇用　522
formal safety assessment（FSA）総合的安全評価法　370
forum-arena-court　フォーラム・アリーナ・コート　247
forward　先渡し　590
four major pollution-caused illnesses　4 大公害　346
fragility assessment　フラジリティ評価　435
fragility curve　損傷度曲線　129
fragility curve　フラジリティ曲線，フラジリティカーブ　7, 435
framing　フレーミング，枠組み　214, 217, 247
frequency　発生頻度　110
Fukushima Daiichi Nuclear Power Station　東京電力福島第一原子力発電所，福島第一原発　42, 670

Fukushima Medical University　福島県立医科大学　65
Fukushima Nuclear Accident　福島原子力発電所事故，福島原発事故　32, 50, 374, 561
Fukushima Nuclear Accident Independent Investigation Commission　福島原発事故独立検証委員会　43
Fukushima Nuclear Accident Investigation Commission　福島原子力事故調査委員会　43
functional dependency　機能依存性　354
functional evaluation　機能評価　688
functional safety　機能安全　142
Fundamental Law for Establishing a Sound Material-Cycle Society　循環型社会形成推進基本法　350
fundamentals　ファンダメンタルズ　578
funds to terrorists　テロ資金　37
Future Earth　フューチャー・アース　636
future global shocks　将来起こりうるグローバルショック　27
Future of Life Institute（FLI）フューチャー・オブ・ライフ・インスティチュート　679
future-oriented technology analysis（FTA）未来志向型技術分析　644
futures　先物　590

G

gambler's fallacy　賭博者の錯誤　219
game theory　ゲーム理論　576
GARCH model　GARCH モデル　589
gender　ジェンダー　526, 676
gender free　ジェンダーフリー　512
gene modification　遺伝子組換え　481
genetically modified food　遺伝子組換え食品　481
Genealogy of economic risk area　リスクの経済学の系譜　**574**
General Food Law　一般食品法（EU）　460, 499
general hygiene practice　一般衛生管理　488
General Insurance Rating Organization of Japan　損害保険料率算出機構　278
generalized extreme value distribution　一般化極値分布　428
generational chain of poverty　貧困の世代関連鎖　34
genome editing　ゲノム編集　674
geo engeneering　ジオ・エンジニアリング，気候工学　126, 404
geological disposal　地層処分　558
GHG Emission Accounting Reporting and Disclosure System　温室効果ガス排出量算定・報告・公表制度　409
gini coefficient　ジニ係数　19, 83
Global Financial Crisis　世界金融危機，リーマン・ショック　46, 50, 581, 598
global positioning system（GPS）全地球測位システム　386
global risk　グローバルリスク　641, 648
global risk landscape　グローバル・リスク・ランドスケープ　29
Global Risk Report　グローバルリスク報告書　28
global shock　グローバルショック　27
global warming　地球温暖化　284, 414, 416, 420
Globally Harmonized System of Classification and Labelling of Chemicals（GHS）化学品の分類および表示に関する世界調和システム　330
goal site exposure　標的サイト曝露　96
goal-based standards（GBS）目標指向型基準　371
Good Agricultural Practice（GAP）適正農業規範　469, 489
Good Laboratory Practice（GLP）優良試験所基準　331, 470
Good Manufacturing Practice（GMP）適正製造規範　489
governability　統治性　668
governance　ガバナンス　16, 132, 553, 642, 676
Governance for emerging risks　新興リスクのためのガバナンス　**644**
Governance of pharmaceutical and regulatory science　医薬品のガバナンスとレギュラトリーサイエンス　**184**
governer of prefecture　都道府県知事　193

Governing the risk of Artificial Intelligence　人工知能の普及に伴うリスクのガバナンス　**676**
Government Accountability Office（GAO）米国会計検査院　335, 461
Gramm-Leach-Bliley Act　グラム・リーチ・ブライリー法　46, 50
Grass-Steagall Act　グラス・スティーガル法　46
great earthquake　大地震　266
Great East Japan Earthquake　東日本大震災　50, 378, 400, 561
Great Hanshin earthquake　阪神淡路大震災　37
Greek Debt Crisis　ギリシャ・ショック　120
green infrastructure　グリーンインフラ　421
greenhouse gas（GHG）温室効果ガス　408, 412, 420
grid group theory　グリッド・グループ理論　674
gross domestic product（GDP）国内総生産　19, 380
ground disaster　地盤災害　438
Ground disaster risk/slop disaster risk　地盤・斜面リスク　**438**
groundwater　地下水　438
groundwater quality standards　地下水環境基準　320
Guideline of Supported Decision-Making for People with Disabilities　意思決定支援ガイドライン　538
Guideline on safety for robot and robot systems　生活支援ロボット及びロボットシステムの安全性確保に関するガイドライン（第一版）　690

H

Hamakyorex Case　ハマキョウレックス事件　547
Handling of risks in litigation　裁判におけるリスクの取扱い　**158**
happiness　幸福感　20
harm　危害　6, 140, 166
harm to consumers　消費者に生じる被害・不利益　551
harmonised classification and labelling（ECHC）調和化された分類および表示　334
Harmonization of domestic standards with international standards: the radiation risk governance　国際基準と国内基準の調和：放射線のリスクガバナンス　**188**
hazard　危害因子　319
hazard　危険源　6
hazard　ハザード　7, 10, 76, 82, 128, 220, 442
hazard　有害性　89, 90
hazard analysis　ハザード分析　76
hazard analysis and critical control point（HACCP）ハサップ　73, 319, 488
hazard and operability study（HAZOP）オペラビリティスタディ，ハザード＆オペラビリティスタディ　108, 110
hazard characterization　ハザード特徴付け　468, 476
hazard curve　ハザード曲線　128
hazard identification　ハザード同定（ハザード特定）　7, 76, 236, 468, 476
hazard Identification　有害性判定　100
hazard identification study（HAZID）ハザード特定スタディ　110
hazard map　ハザードマップ　128
hazard rate　ハザード率　594
hazardous air pollutant　有害大気汚染物質　36, 149
Headquarters for Earthquake Research Promotion　地震調査研究推進本部　37
health and productivity management brand　健康経営銘柄　41
Health and Safety Executive（HSE）英国安全衛生庁　14, 86
health damage　健康被害　310, 317, 472, 484, 496, 500, 662
health effect　健康影響　62, 78, 100, 292, 298, 314, 323
health effect from radiation exposure　放射線による健康影響　567
health effects of radioactive substances　放射性

物質の健康影響 495
health management 健康管理 295
health outcome measures 健康アウトカム指標 102
health promotion ヘルスプロモーション 513
health risk 健康リスク 100
Health risk in indoor environment 室内環境における健康リスク **310**
Health risk of heavy metal 重金属の健康リスク **322**
Health risk of radiation 放射線の健康リスク **298**
Health risk of soil polution 土壌汚染の健康リスク **320**
health technology assessment（HTA）医療技術評価，ヘルステクノロジーアセスメント 164, 645
health, safety and environment（HSE）健康・安全・環境 153, 371
Healthcare robotics and their safety 生活支援ロボットと安全性の確保 **688**
healthy life expectancy 健康寿命 78
heated tobacco products 加熱式タバコ 315
heatstroke 熱中症 422
heavy metal 重金属 322
hedge ヘッジ 590
Hedge and speculation ヘッジと投機 **590**
heteronormativity ヘテロノーマティヴィティ 541
heterosexism ヘテロセクシズム，異性愛主義 540
heuristics ヒューリスティクス 171, 216
hibakusha 被爆者 103
high level capacity 専門的能力の高さ 210
high pressure gas safety law 高圧ガス保安法 110
high speed train 高速鉄道 364
higher education curriculum 高等教育カリキュラム 507
high-level radioactive waste 高レベル放射性廃棄物 558
High-level radioactive waste disposal 高レベル放射性廃棄物処分：地域と世代を超えるリスクのガバナンス **558**
highway 高速道路 364
historical method ヒストリカル法 587
History of risk research リスク学の歴史 **10**
home environment 家庭環境 523, 530
homeland security 国土安全保障 635
homonormativity ホモノーマティヴィティ 541
homophobia ホモフォビア，同性愛嫌悪 540
honesty 誠実さ 211
horizon scanning ホライゾン・スキャニング 174, 642, 645
Horizon 2020 ホライズン 2020 637
horizontal specialization 水平分業 378
household chemical product 家庭用化学製品 310
How safe is safe enough?「どのくらい安全ならば良いのか？」220
human error 人的過誤 113
human error ヒューマンエラー 178
human genome ヒトゲノム 673
Human health and environmental risks of pesticide 農薬の環境・健康リスク **326**
human papillomavirus vaccine HPV ワクチン，ヒトパピローマウイルスワクチン 344
Human resource development for risk management リスク管理のための人材育成 **628**
human right due diligence 人権デューディリジェンス 552
human rights 人権 17, 198, 517, 541
hybrid media 複合的メディア 253
hydogen explosion 水素爆発 42
hydrogen station 水素スタンド 110
Hyogo Framework for Action 兵庫行動枠組 403

I

identification and link 識別と対応づけ 497
identification number (rot number) 識別番号，ロット番号 498
ignore on the little sampling error 少数サンプル誤差の無視 219

immutable weight control 総量管理 561
impact 影響の大きさ 4, 70, 113, 150, 444, 652
impact assessment (IA) インパクトアセスメント 644
important issues in safety goal 安全目標の要件 359
improving capital efficiency 資本効率の引上げ 262
incidence proportion 発生割合 (累積発生率) 100
incidence rate 発生率 (罹患率) 100
incidence rate 罹患率 (発生率) 100
incident インシデント 199, 266, 271, 369
Inclusive risk management of chemical compound 化学物質の包括的リスク管理 **464**
inclusive society 共生社会 512, 542, 570
incremental cost-effectiveness ratio (ICER) 増分費用効果比 165
incremental cost-effectiveness ratio (ICER) 増分費用効果比 165
indirect economic loss 間接被害(額) 380
indirect effects 間接的影響 483
indivirualization of risk リスクの個人化 512
indoor environment 室内環境 310
industrial accident 産業事故 176
industrial safety 産業保安 177
Industrial safety and accident investigation 産業保安と事故調査制度 **176**
Industrial Safety and Health Act 安衛法 (労働安全衛生法) 149, 294, 330, 346, 570
industrial society 産業社会 522, 666
industry 4.0 第4次産業革命 649
infection 感染症 340, 342, 484
infomal labor 非正規労働者 545
informal employment 非正規雇用 517, 522
information asymmetry 情報の非対称性 513, 577, 605
information commissioner 情報コミッショナー 659
information disclosure 情報公開 238, 643
information privacy 情報プライバシー 660
Information providing 情報提供 225
information security 情報セキュリティ 382
information technology system ITシステム, 情報技術システム 116
infrastructure インフラストラクチャー 364, 422
inhalation 吸入 310
Inhalation exposure 吸入曝露 95
inherently safe design 本質的安全設計 141
Initial response 初動活動 193
injunction 差止め 159
innovation coast イノベーション・コースト 567
input-output model 産業連関モデル, 投入産出モデル 381
inspection 立入検査 463, 491
inspection and guidance for food hygiene 食品衛生監視指導 463, 491
inspection and guidance plan for food hygiene 食品衛生監視指導計画 491
Institute for Information and Communications Policy, Ministry of Internal Affairs and Communications 総務省情報通信政策研究所 678
Institute of Electrical and Electronics Engineers, Inc. (IEEE) 米国電気電子技術者協会 678
Insur Tech インシュアテック 613
insurance risk 保険リスク 154
intake 摂取量 94
integrated approaches to testing and assessment (IATA) 試験及び評価に関する統合的アプローチ 332
integrated risk management 統合リスク管理 262
Integrated risk management and capital allocation for division 統合リスク管理と部門別資本配賦 **262**
intended nationally determined contributions (INDC) 約束草案 126
interactive risk communication 双方向リスクコミュニケーション 506
interactive risk communication model 双方向リスクコミュニケーションモデル 494

Interconnection 相互接続性 28
interconnectivity 相互連結性 16, 55, 374
interdependence 相互依存性 16, 55, 354
Interest rate risk 金利リスク 120, 586
interest rate sensitivity 金利感応度 121
Interest rate swap 金利スワップ 592
intergenerational equity 世代間の衡平性 664
inter-generational ethics 世代間倫理 663
Intergovernmental Forum on Chemical Safety (IFCS) 化学物質安全政府間会議 331
Intergovernmental Panel on Climate Change (IPCC) 気候変動に関する政府間パネル 124, 254, 402, 412, 424
Intergovernmental science-policy Platform on Biodiversity and Ecosystem Services IPBES, 生物多様性と生態系サービスに関する政府間科学政策プラットフォーム 106, 636
interim management 暫定管理 561
internal exposure 内部曝露, 内部被ばく 96, 98
internal hazard 内的ハザード 112
International Agency for Research on Cancer IARC, 国際がん研究機関 304, 570
International Association of Classification Society IACS, 国際船級協会連合 371
International Association of Insurance Supervisors (IAIS) 保険監督者国際機構 606
International Atomic Energy Agency (IAEA) 国際原子力機関 42, 43, 188, 395
International Civil Aviation Organization (ICAO) 国際民間航空機関 368
International Commission on Non-Ionizing Radiation Protection 国際非電離放射線防護委員 305
International Commission on Radiological Protection (ICRP) 国際放射線防護委員会 44, 93, 188, 298
International Convention on Safety Of Life At Sea SOLAS 条約 370
International Council for Harmonisasion of Technical Requirements for Pharmaceuticals for Human Use (ICH) 医薬品規制調和国際会議 186
International flamework on food safety 食品安全の国際的対応枠組み **456**
International Health Regulations 国際保健規則 341
International Initiatives and governance against natural disasters 自然災害に対する国際的な取り組み・ガバナンス **406**
International Maritime Organization (IMO) 国際海事機関 370
International Organization for Standardization (ISO) 国際標準化機構 499
International Organization of Securities Commissions (IOSCO) 証券監督者国際機構 606
International Programme on Chemical Safety (IPCS) 国際化学物質安全性計画 331
International Risk Governance Council (IRGC) 国際リスクガバナンスカウンシル 132, 375, 642, 644
international standards 国際規格・基準 457
International standard for risk management in engineering systems 工学システムにおけるリスク管理の国際規格 **140**
International standard of financial supervision and governance 金融監督の国際基準とガバナンス **606**
International standards and strategies on chemical management 化学物質管理の国際規格と国際戦略 **180**
Internet インターネット 132, 251, 252
Internet of things IoT 260, 676
interspecific interaction 種間相互作用 420
interoperability 相互運用性 400
intervention 介入 513
intetest rate 金利変化率 121
intra-generational equity 世代内公平性 662
introduction to safenology 安全学入門 626
invasive medicine 侵襲的医療 515
investigation of crisis 危機の調査 500
involuntary mitigation 非自発的移住 29
involuntary risk 非自発的なリスク 220

involuntary smoking/passive smoking　受動喫煙　314
Irreversible damage　不可逆的な影響　104
ISO 22000　499
ISO 22307:2008　660
ISO 26000　552
ISO 31000　リスクマネジメント規格 ISO 31000　136
ISO 31000:2009　661
ISO 31010　72
ISO 45001　143
ISO/IEC 29134:2017　661
ISO/IEC Guide 51　140
ISO/IEC20000-1:2018　119
ISO/IEC27001:2013　119
ISO13482　688
ISO31000　71, 72, 117, 134, 136, 635
issuer risk　発行体リスク　592
IT risk　IT リスク　382
IT risk science　IT リスク学　**382**
Itai-Itai disease　イタイイタイ病　322

J

jamming　ジャミング　387
Japan Agency for Medical Research and Development（AMED）日本医療研究開発機構　683
Japan Deep Learning Association（JDLA）日本ディープラーニング協会　678
Japan Earthquake Reinsurance Co., Ltd　日本地震再保険株式会社　276
Japanese Society for Regenerative Medicine　日本再生医療学会　680
Japan SDGs Award　ジャパン SDGs アワード　40
Japan Transport Safety Board　運輸安全委員会　369
Japan-U.S. Starus of Forces Agreement　日米地位協定　563
Japan UTM Consortium　日本無人機運航管理コンソーシアム　687
JCO criticality accident　JCO 臨界事故　671
JIS Q 31000　72
JIS Q 31010　72
Joint Comprehensive Plan of Action　イラン核合意　397
joint fact finding　共同事実確認　227
journalist　ジャーナリスト　248
JR Tokai vs P's family members Case　JR 東海事件　539
justification　正当化　302
just-in-time　ジャストインタイム　378

K

Karoshi　過労死　297, 547
Kumamoto Earthquake（2016）熊本地震　379
Kyoto Protocol　京都議定書　284, 403

L

Labor Standards Act　労働基準法　294
land safety　地先の安全度　60
landslide　地すべり　438
landslide map　地すべり地形分布図　439
large scale and wide scale natural disaster　大規模広域災害　400
Large-scale chaege due to climate change　気候変動による大規模な変化　**416**
Large-scale disaster　大規模災害　177, 193, 407
Large-scale earthquake risk and reinsurance　巨大地震と再保険制度　**276**
late death caused by the great earthquake　震災関連死　566
law for traceability in beef　牛肉トレーサビリティ法　496
lead　鉛　322
leadership　リーダーシップ　137
learning by doing　為すことにより学ぶ　161
learning materials　教育教材　621
legal social work　司法ソーシャルワーク　537
leisure　余暇　533
lesbian, gay, bisexual, transgender（LGBT）540
lethal autonomous weapon system（LAWS）自律型致死兵器システム　677
lethal dose 50（LD_{50}）半数致死量　92, 293
levarage effect　レバレッジ効果　591
"Libertarian Paternalism is Not an Oxymoron"

「リバタリアン・パターナリズム」 153
life cycle ライフサイクル 127
life expectancy 平均余命 11, 78
life expectancy at birth 平均寿命 18
life span study 寿命調査 103, 300
Light and Shadow of Regenerative Medicine and Advanced Medicine 再生医療と先端医療の光と影 **680**
likelihood 発生可能性 652
limited rationality 限定合理性 217, 513
linear-non-threshold（LNT） 300, 302, 569
liquefaction 液状化 438
liquidity risk 流動性リスク 120, 582
Lloyd's ロイズ 27
local community 地域コミュニティ 513
Logique de Port-Royal 『ポール・ロワイヤル論理学』 11
logistics ロジスティクス 197
loss aversion 損失忌避 215
loss control ロスコントロール 258
loss estimation 損失推定 505
loss given default（LGD）デフォルト時損失率 592
loss of life expectancy 損失余命 78, 170
low dose exposure 低線量被ばく 93
low frequency electromagnetic wave 低周波 304
lowest observable adverse effect level（LOAEL） 最小毒性量 92, 293

M

magnetic storm/geomagnetic storm 磁気嵐 28, 387
malnutrition 栄養不足 324, 422
management of multi-hazard and multi-risk マルチハザード・マルチリスクの対応 441
manipulative 操作的 245
margin 余裕度 89
Marine traffic risk 海上交通におけるリスク **370**
market basket method マーケットバスケット調査 98
market risk 市場リスク 262, 582, 586
Market risk evaluation 価格変動リスクの評価 **586**
market sensitivity 市場感応度 121
Maruko Keihoki Case 丸子警報器事件 547
mass media マスメディア 248
maximin strategy マックス・ミニ戦略 576
maximum level, maximum residue limit, maximum use level 基準値 467
mayor of municipality 市町村長 135, 193, 410
media literacy メディア・リテラシー 230
median lethal concentration 半数致死濃度 50, 92, 349
median lethal dose, lethal dose 50（LD_{50}） 半数致死量 92, 293
medical ethics 医療倫理 515, 534, 681
medical evidence 医学的根拠 569
medical treatment at one's own expense 自由診療 681
melt down メルトダウン，炉心溶融 42, 54, 410
mental model メンタルモデル 225
mercury 水銀 322
Merton Model Merton モデル 123
Method of quantification of risk リスクの定量化手法 **78**
methyl mercury メチル水銀 322
microbiological criteria 微生物規格 474
microbiological risk assessment 微生物学的リスク評価 **476**
microbiological risk management 微生物学的リスク管理 473
Millennium Development Goals（MDGs） ミレニアム開発目標 40
Minamata Disease 水俣病 322, 569
mini publics ミニ・パブリックス 234, 247
minimum viable population size（MVP）最小存続個体数 105
Ministry of Agriculture, Forestry and Fisheries 農林水産省 485
Ministry of Education, Culture, Sports, Science and Technology 文部科学省 619
Ministry of Environment 環境省
Ministry of Health, Labour and Welfare 厚生労

働省　18, 34, 149, 184, 189, 297, 315, 463, 566
mistake in the process for decision-making　判断過程の過誤　157
mitigation　緩和（気候変動）　404, 408
mitigation policy　緩和策（気候変動）　124, 182, 404, 421, 665
Miyake Island eruption disaster　三宅島噴火災害　64
model risk　モデルリスク　477
modern society　近代社会　522, 666
money laundering　資金洗浄　37
money market fund（MMF）マネー・マーケット・ファンド　47
monitored substances　要監視項目　149
monitoring　モニタリング　490, 506, 604
Monte Carlo method　モンテカルロ法　287, 587, 595
Monte Carlo simulation　モンテカルロ・シミュレーション，モンテカルロ実験　89, 105, 584
moral hazard　モラル・ハザード　577, 598, 604
Moral hazard and adverse selection　モラル・ハザードと逆選択　**604**
moral panic　モラル・パニック　249
morbidity　疾病率　78
mortality rate　死亡率　78, 168
mortgage-backed securities（MBS）　不動産担保証券　46
mountain-climbing risk　登山リスク　24
multicultural symbiosis　多文化共生　512
multi-Hazard　マルチハザード　440
multi-meaning information　多義的な情報　209
multimedia model　多媒体モデル　96
multiple risk　多重リスク　383
multiple risk comunicator（MRC）　多重リスクコミュニケータ　384
multi-risk　マルチリスク　440
Multi-risks on natural disaster　自然災害のマルチリスク　**440**
municipality　地方自治体　400
Muteki Ltd.　282
mutual trustworthyness　相互信頼　376
mutually assured destruction　相互確証破壊　395
my number　マイナンバー　661

N

Nadeshiko brand　なでしこ銘柄　41
Nagasawa Transportation Case　長澤運輸事件　547
nanomaterial　ナノマテリアル　480
nanotechnology　ナノテクノロジー　480
narrative-based medicine　ナラティブベースの医療　513
National Flood Insurance Act　米国洪水保険法　61
National Institute for Health and Care Excellence（NICE）英国国立医療技術評価機構　164
National Institute of Technology and Evaluation（NITE）製品評価技術基盤機構　167
National Kyosai Federation of Japan Agricultural Cooperatives　全国共済農業協同組合連合会（JA 共済連）　282
National Research Council　（NRC）全米研究評議会 , 米国研究審議会　236, 634
national risk asessment　（NRA）ナショナルリスクアセスメント　33, 175, 652
national risk management strategy　国家リスクマネジメント戦略　354
national security strategy　国家セキュリティ戦略　354
national seismic hazard maps for Japan　全国地震動予測地図　430
nationwide map of scientific features for geological disposal　科学的特性マップ　561
natural disaster　自然災害　410
natural disaster by global environmental problem　地球環境問題による自然災害　206
natural disturbance　自然撹乱　420
natural gas　天然ガス　372
natural hazard　自然ハザード　112
natural-hazard triggered technological accidents（Natech）自然災害起因の産業事故　32, 374, 641

nature's contribution to people (NCP) 自然の人間への貢献　104
negative emmition　ネガティブエミッション　424
neoliberalism/new liberalism　新自由主義　541, 556
neonicotinoid pesticide　ネオニコチノイド系農薬　329
Nestlé Japan Case　ネスレ日本事件　545
neutral network　ニューラル・ネットワーク　123
new comer　ニュー・カマー　542
new homonormativity　新しいホモノーマティヴィティ　541
New social implementation（1）: Risk response for flood risk　新たな社会実装の試み（1）：水害対策の先進事例　**56**
New social implementation（2）: asbestos in a nursery　新たな社会実装の試み（2）：保育園とアスベスト　**62**
news value　ニュースバリュー　249
nicotine　ニコチン　314
night junior high school　夜間中学　543
nitrogen compound　窒素化合物　306
no observable effect level (NOEL) 無観測効果量　77, 92
no observed adverse effect level (NOAEL) 無毒性量, 最大無毒性量　76, 92, 293, 469
nonlinear utility theory　非線形効用理論　214
non-numerical probabilities　数値化できない蓋然性　12
nonstochastic effect　非確率的影響　76
normalcy bias/normative bias　正常性バイアス　217, 222
normalization　ノーマライゼーション　532
not in my backYard (NIMBY)　347, 350, 513, 520
nuclear black market　核の闇市場　397
nuclear energy　原子力　372
nuclear forensics　核鑑識　397
Nuclear Powered Ship MUTSU　原子力船むつ　671
Nuclear Regulation Authority　原子力規制委員会　189
Nuclear Regulatory Commission (NRC) 米国原子力規制委員会　206, 432
Nuclear Safety Authority　原子力安全委員会　32
Nuclear Suppliers Group (NSG) 核供給国グループ　397
nuclear terrorism　核テロ　397
Nuclear Waste Management Organization of Japan (NUMO) 原子力発電環境整備機構　560
nuclear weapon　核兵器　394
nudge　ナッジ　153
numeracy　ニューメラシー　229

O

objective numeracy scale　客観的ニューメラシー尺度　230
Occupational environment　労働環境　**294**
occupational safety　労働安全　140, 626
occupational safety and health management system (OSHMS) 労働安全衛生マネジメントシステム　143, 295
odds ratio　オッズ比　102
official control　行政コントロール　488
Okinawa hate　沖縄ヘイト　564
Okinawa Prefecture　沖縄県　520, 562
Okinawa Prefecture US military base environmental research guidelines　沖縄県米軍基地環境調査ガイドライン　238
Okinawa Prefecture US military base environmental research karte　沖縄県米軍基地環境カルテ　239
old comer　オールド・カマー　542
one health approach　ワン・ヘルス・アプローチ　341
open employment　一般就労　533
operational risk　オペレーショナルリスク　120, 262, 582
operations integrity management system (OIMS) 完璧操業のためのマネジメントシステム　634
opinion　臆見　10

欧文事項

optimisation of radiological protection 防護の最適化 302
option オプション 122, 590
option premium オプションプレミアム 285
option value オプション価値 104
oral exposure 経口曝露 95
ordinal utility 序数効用 213
Organisation for Economic Co-operation and Development (OECD) 経済協力開発機構 27, 330
organization of scientific information with interactivity 双方向性をもった科学情報の取りまとめ 495
organizational guardians 法人後見人 538
organized irresponsibility 組織化された無責任 667
oveall coodination 総合調整 192
overexploitation 乱獲 104
overturn 全循環 284
Overviews of risk リスクを俯瞰する試み **26**
oxidant オキシダント 308

P

package insert 添付文書 185
pandemic パンデミック，流行する疫病 190, 206
paraquat パラコート 328
parathion パラチオン 327
pareto improvement パレート改善 85
Paris Agreement パリ協定 124, 404, 413, 424, 665
Participation in information disclosure and risk management 情報公開とリスク管理への参加 **238**
participation in society 社会参画 533
participatory 参加型 620
participatory technology assessment 参加型テクノロジーアセスメント 234
Partnership on AI (PAI) パートナーシップ・オン・エーアイ 679
paternalism パターナリズム 513, 532
paternalistic パターナリスティック 513
pay equity ペイ・イクイティ 529
PDCA (plan-do-act-check) Cycle PDCA サイクル 161, 263, 296
people with dementia 認知症高齢者 536
perception of probability 確率の知覚 493
performance criteria 達成基準 474
performance objective 達成目標値 474
performance standard 性能規定書 111
periodic profit and loss change risk 期間損益変動リスク 586
persistent organic pollutants (POPs) 残留性有機汚染物質 331
Persistent Organic Pollutants Review Committee POPRC，残留性有機汚染物質検討委員会 332
persistent, bioaccumulative and toxic substances PBT，難分解性・高蓄積性・毒性 336
person obligated to supervise a person without capacity 監督義務者 539
person without legal capacity 責任無能力者 539
personal exposure 個人曝露 98
personal exposure 個人曝露量 292
personal genome service 個人ゲノムサービス 673
personal linkage in the community コミュニティーのつながり 567
personal protective equipment 保護具 295
personhood theory パーソン論 515, 534
Perspectives of risk research in International Organizations 国際機関，EU などの国際的なリスク管理に関する研究動向 **636**
persuasive 説得的 245
pesticide 農薬 326
Pharmaceuticals and Medical Devices Agency (PMDA) 医薬品医療機器総合機構 184, 680
phenology 季節性 420
physiologically based pharmacokinetic model PBPK モデル，生理学的薬物動態モデル 97
PIA report PIA 報告書 659
Piper Alpha パイパー・アルファ 370
plague ペスト 11, 340

play equipment risk　遊具リスク　24
pluripotent stem cell　多能性幹細胞　681
point of departure　(POD) 469
policy intervention　政策的介入　513
Policy response for interdependent and complex risks　リスクの相互依存と複合化への政策的対応　**174**
pollutant release and transfer register　PRTR 制度　96
polluter-pays principle　汚染者負担原則　293
poly chlorinated biphenyl　(PCB) ポリ塩化ビフェニル)　332, 338
population viability analysis　(PVA) 個体群存続可能性分析)　105
portfolio analysis　ポートフォリオ分析　433
post normal science　ポスト・ノーマル・サイエンス　15
potential pareto improvement　潜在的パレート改善　86
poverty　貧困　34, 522, 530
Poverty and exclusion of family with children　子どもをもつ家庭の貧困と社会的排除　**530**
Poverty and social exclusion　社会的排除と貧困　**522**
poverty women　貧困女子　528
power harasment　パワーハラスメント　512
practical living information online network system (PIO-NET) 全国消費生活情報ネットワーク・システム　552
precautionary approach　事前警戒的アプローチ（予防的アプローチ）　16, 162, 346, 375
precautionary measure　事前警戒的措置，予防的措置　665
precautionary principle　事前警戒原則，予防原則　15, 160, 162, 251, 635
precipitation amount　降水量　428
predicted environmental concentration (PEC)　予測環境中濃度　348
predicted no effect concentration　予測無影響濃度　348
prediction　予測，予測力　156, 443
predictive microbiology　予測微生物学　476
preliminary activities of risk management　リスク管理の初期作業　453, 465
premium　プレミアム　286
preparedness　事前準備　500
present value　現在価値　121
Presidential/Congressional Commission on Risk Assessment and Risk Management　米国大統領議会諮問委員会　634
prevalence　有病割合　100
preventing the spread of consumer health damage　消費者の健康被害の拡大防止　496
prevention　予防力　443
Preventive Vaccination Act　予防接種法　570
price change risk　価格変動リスク　586
price earnings ratio　株式収益率　121
price elasticity　価格変化率　121
price judgement　価値判断　513
prime minister　内閣総理大臣　191
Principle for Responsible Investment (PRI)　責任投資原則　40
prioritization　優先順位付け　169, 330, 336, 356
privacy　プライバシー　658, 676
privacy by design　プライバシー・バイ・デザイン　658
privacy commissioner　プライバシー・コミッショナー　659
privacy impact assessment (PIA)　プライバシー影響評価　658
privacy rights　プライバシー権　660
privacy risk　プライバシーリスク　658
Privacy risk and privacy impact assessment　プライバシーリスクとプライバシー影響評価　**658**
privacy risk management　プライバシーリスク・マネジメント　661
probabilistic fracture mechanics (PFM)　確率論的破壊力学　81
probabilistic microbiological risk assessment　確率論的微生物リスク評価　476
probabilistic risk assessment (PRA)　確率論的リスク評価　81, 112
probability　確率，蓋然性　568, 576
probability　生起確率　220

欧文事項

probability 発生確率 366
probability distribution 確率分布 477
probability of default（PD） デフォルト確率 592
probable maximum loss（PML） 予想最大損害額 81, 123
procedural justice 手続き的公正 246
process プロセス 137
process design プロセスデザイン 246
Process design for consensus building that meets procedual justice 手続き的公正を満たす合意形成にむけたプロセスデザイン 246
procuction function method 生産関数法 381
Product Liability Act 製造物責任法 153, 550
product safety 製品安全 140, 626
production management 生産管理 197
product-related accidents 製品事故 166
professional guardians 専門職後見人 538
Project to promote the development and introduction of robotic devices for nursing care ロボット介護機器開発・導入促進実証事業 689
proliferation financing 拡散金融 397
proliferation security initiative（PSI） 拡散防止イニシアチブ 397
proportional principle 比例原則 154
prospect theory プロスペクト理論 20, 214, 218
provisional tolerable daily intake（PTDI） 暫定耐容一日摂取量 454, 469
provisional tolerable weekly intake（PTWI） 暫定耐容週間摂取量 469
public decision making 社会的意思決定 246
public engagement with science and technology（PEST） 科学技術への市民関与 232
Public Health Security and Bioterrorism Preparedness and Response Act of 2002 バイオテロリズム法（米国） 499
public/Laypeople 一般市民 224, 232
public meeting（iken-koukan-kai） 意見交換会 207, 494, 625
public private council 官民協議会 685
public relations パブリック・リレーションズ 253
public understanding of science（PUS） 科学技術の公衆理解 232
pure risk 純粋リスク 430, 590
Purpose of risk evaluation リスク評価の目的 70

Q

qualitative risk assessment 定性的リスク評価 78, 110
quality adjusted life years QALYs, 質調整生存年数 79, 164, 641
quality assurance 精度管理 466
quality of life（QOL） 生活の質 79, 641
quantification of risk リスクの定量化 229
quantitative risk assessment 定量的リスク評価 78
queer theory クィア理論 541

R

rabies 狂犬病 486
Radiation Council 放射線審議会 189
radiation panic 放射能パニック 671
radiation protection 放射線防護 87, 188, 298, 302
radio frequency electromagnetic wave 高周波 304
radioactive material 放射性物質 670
radioactive waste 放射性廃棄物 558, 566
random error 偶然誤差 102
random sampling 無作為抽出 477
randomized controlled trial ランダム化比較試験 89
rating agencies 格付機関 123, 597
Rationaly of administrative decision for risk management 合理的なリスク管理のための行政決定 156
ready-to-eat food RTE 食品 477
real estate investment risk 不動産投資リスク 583
real estate investment trust（REIT） 不動産投資信託 272
Real options リアルオプション 272

reasonable accommodation　合理的配慮　512, 533
recall　リコール　167, 500
recall　レセプター　94
recommended practice published by American Petroleum Institute, No. 580（API RP-580） 366
recommended practice published by American Petroleum Institute, No. 581（API RP-581） 366
reconstruction agency　復興庁　566
recording and storing information　情報の記録と保管　498
Red book　『レッドブック』　236
Redlist　レッドリスト　105
reduced form model　誘導型モデル　593
reductionism　要素還元主義　570
re-emerging infectious diseases　再興感染症　340
reevaluation system　再評価制度　186
reexamination for new pharmaceuticals　医薬品の再審査　155
reexamination system　再審査制度　186
reference dose　基準曝露量，参照曝露量　77
reference value　指針値　149
reflexive modernity　再帰的近代　666
regenerative medicine　再生医療　680
Regional decline and vitalizing local community　地域社会の崩壊と再生　**554**
regional development　地域復興　566
registreret partnerskab（ノルウェー）　登録パートナーシップ法　540
regulation　規制　363, 460
Regulation 1272/2008　on Classification, Labelling and Packaging of substances and mixtures　CLP 規則，化学品の分類，表示，包装に関する規則　335
Regulation 1907/2006 on Registration, Evaluation, Authorization and Restriction of Chemicals　REACH 規制，化学物質の登録，評価，許可及び制限に関する欧州議会及び理事会規則　165, 330, 334
regulatory compliance cost　規制遵守費用　164
regulatory Impact analysis　規制の事前評価　164
regulatory impact assessment（RIA）　規制影響評価　164
regulatory science　レギュラトリーサイエンス　5, 150, 187, 504
Regulatory science for food safety and development of human resources　食品分野のレギュラトリーサイエンスと専門人材育成　**504**
reinsurance　再保険　276, 280
reinsurance company　再保険会社　280
relationless society　無縁社会　554
relative guardians　親族後見人　537
relative poverty rate　相対的貧困率　19, 34, 513, 522
renewable energy　再生可能エネルギー　373
representative heuristic　代表性ヒューリスティック　217
reputation risk　レピュテーションリスク　503
reputational risk/reputational damage/harmful rumor　風評被害　231, 247, 249, 640
requirements　要求事項　361
Requirements and application of precautionary principle　予防原則の要件と適用　**162**
research literacy　研究リテラシー　624
Research trend in the United States　アメリカにおける研究動向　**634**
residual risk　残余リスク，残留リスク　7, 140, 258, 435
Residual risks and response to unforeseen events　残余のリスクと想定外への対応　**446**
resilience　強靭性，レジリエンス　127, 129, 198, 355, 373, 389, 405, 442, 647
resilience against natural disaster　災害復興のレジリエンス　556
resilience assessment　レジリエンス評価　129, 355
resilient governance　レジリエント・ガバナンス　355
respect for self-determination　自己決定の尊重　537
respiratory disorder　呼吸器障害　306

Responding to global risk グローバルリスクへの対応 648
response 反応 90
response and recovery 対応力 444
responsible research and innovation（RRI） 責任ある研究・イノベーション 235, 646
retrievability and reversibility 可逆性・回収可能性 561
return 株式リターン 121
return period 再現期間 428
revealed preference 顕示選好法 85
right to self-determination 自己決定権 533
rights of consumers 消費者の権利 551
Risikogesellschaft（独）『危険社会』 666
risk リスク 4, 136, 140, 442, 452, 468, 568
risk acceptable standard リスク許容基準 109
risk acceptance attitude リスク受容態度 505
risk analysis リスクアナリシス 37, 452, 459, 468, 492, 504
risk analysis リスク分析 73, 88, 162
Risk analysis: The concept of risk and flamework for reduction of risk リスクアナリシス：リスクの概念とリスク低減の包括的枠組み 452
risk and benefit リスクとベネフィット 70
Risk and resilience リスクとレジリエンス 442
Risk anlysis on anthropozoonosis 動物感染症と人獣共通感染症のリスクアナリシス 484
risk appetite リスクアペタイト 197
risk appraisal リスクアプレイザル 644
risk assessment リスクアセスメント 72, 137, 141, 178, 468, 626, 634
risk assessment authority リスク評価機関 507
Risk assessment for soundness of insurance companies 保険会社の健全性リスクの評価 600
Risk assessment in engineering systems 工学システムのリスク評価 108
Risk assessment of chemicals in food 食品中の化学物質のリスク評価 468
risk assessment policy リスク評価方針 468
risk assessment techniques リスクアセスメント技法 72
risk assessment/risk evaluation リスク評価 5, 62, 135, 71, 138, 162, 166, 224 ,236, 292, 452, 457, 465, 468, 476, 504
risk attitude リスク態度 213
risk aversion リスクの回避 117
risk based chemical management リスクベースの化学物質管理 630
risk based maintenance リスクベースメンテナンス 366
Risk based maintenance in plant safety プラント保守におけるリスクベースメンテナンス 366
risk benefit リスクベネフィット 229, 513, 520
risk budgeting リスクの部門別配賦（リスク・バジェッティング） 123
risk characterization リスクキャラクタリゼーション（リスクの特性解明，リスクの特徴づけ，リスクの判定） 7, 77, 236, 634
risk communication リスクコミュニケーション 15, 35, 62, 171, 208, 224, 238, 293, 383, 452, 468, 492, 506, 513, 628, 634, 644, 669
risk communication リスク対話 240, 254
Risk communication: Heading towards social implication リスクコミュニケーションの社会実装に向けて 206
Risk communications in the Great East Japan Earthquake 東日本大震災とリスクコミュニケーション 202
risk comparison リスク比較 24, 168, 229
Risk concept and risk management in the financial and instance fields 金融・保険分野のリスクの概念とリスク管理 582
Risk Control under Sound Material-Cycle Society 循環型社会におけるリスク制御 350
risk culture リスクカルチャー 357
risk curve リスクカーブ 82, 433
risk difference リスク差 569
risk education リスク教育 619, 624
Risk education at university: food-related risk 大学のリスク教育：食品 624
Risk education for adults 社会人を対象とする

リスク教育 626
Risk education for developin risk literacy リスクリテラシー向上のためのリスク教育 618
Risk evaluation of IT system IT システムのリスク評価 116
risk evaluation/risk characterization リスク判定 74, 100, 468
Risk factors for persons with disabilities and elimination of social barriers 障害者との共生を阻むリスク 532
risk finance リスクファイナンス 261
Risk finance and residual risk リスクファイナンスと残余リスク 258
risk governance リスクガバナンス 16, 50, 133, 207, 239, 374, 400, 512, 629, 635, 644, 648
risk governance and risk communication リスクガバナンスとリスクコミュニケーション 236
risk homeostasis theory リスク・ホメオスタシス理論 13
risk identification リスク特定，リスクの同定 73, 449
risk in a broad sense 広い意味でのリスク 70
risk in a narrow sense 狭い意味でのリスク 70
Risk in Employment Society 雇用社会のリスク 544
risk index リスク指標 24, 78
risk information seeking and processing（RISP）リスク情報探索・解釈モデル） 255
risk landscape リスク・ランドスケープ 29, 649
risk literacy リスクリテラシー 171, 228, 618, 624
risk management リスク管理 5, 51, 62, 135, 156, 162, 292, 452, 465, 468, 479, 496, 500, 504, 618, 644
risk management リスクマネジメント 9, 190, 634
Risk management for consumer products 消費者製品のリスク管理手法 166
Risk management in aviation safety 航空安全におけるリスク管理 368
Risk management in laws 法律に組み込まれたリスク対応 154
Risk management in radiation use 放射線利用のリスク管理 302
risk management measures リスク管理措置 506
risk management plan 医薬品リスク管理計画 186
risk management plan リスクマネジメント計画 355
risk management process リスクマネジメントのプロセス 72
risk matrix リスクマトリクス 58, 110, 367
Risk of extreme weather events 極端気象リスク 428
Risk of new types of infectious diseases 新たな感染症のリスク 340
risk of social exclusion 社会的排除リスク 523
risk on electric commerce 電子商取引に関するリスク 552
risk on mega-natural disaster 巨大自然災害リスク 280
risk perception リスク認知，リスク知覚 171, 224, 220, 242, 505
Risk perceptions and cognitive biases（2）: among experts and citizens リスク認知とバイアス（2）: 専門家と市民，専門家同士 224
Risk perceptions and heuristics リスク認知とヒューリスティクス 216
Risk perceptions and various biases（1）: Knowledge and deficit models リスク認知とバイアス（1）: 知識と欠如モデル 220
risk premium リスクプレミアム 121, 282
risk ranking リスクランキング 24
risk ratio リスク比 102, 569
risk reduction リスク低減 117, 338
risk research リスク学 4, 56
risk sharing リスク共有 117
risk sharing リスクシェアリング 120
risk society/Riskogesellschaft（独） リスク社会 15, 522, 666
risk survailance リスク監視 135

risk tolerance リスク耐性 259
risk tradeoff リスクトレードオフ 16, 107, 168, 172, 174
risk tradeoff analysis リスクトレードオフ解析 172
risk treatment リスク対応 74, 138
risk-adjusted profitability indicators リスク調整後収益指標 263
risk-based リスクベースド 491
risk-based approach (RBA) リスクに基づくアプローチ，リスクベースドアプローチ 8, 37, 392, 686, 652
risk-based capital ratio regulation リスクベース資本比率規制 603
risk-based inspection and maintenance for European industries (RIMAP) 活動プラットフォーム 366
risk-free interest rate 無リスク金利 121
Risks and intergeneratinal equity リスクと世代間の衡平性 **664**
Risks and resilience of critical infrastructure 重要インフラストラクチャーのリスクとレジリエンス **354**
Risks associated with Nuclear technology 核のリスク **394**
Risks from supply chain disruption サプライチェーン途絶のリスク **378**
Risks in space activities 宇宙開発利用をめぐるリスク **386**
risks of climate change 気候変動リスク 402
risks of natural disaster 自然災害リスク 403
Risks of nuclear power generation system as social infrastructure 社会インフラとしての原子力発電システムのリスク **374**
Risks surrounding our life (1): A bird eye view from macro atatistics 私たちを取り巻くリスク (1)：マクロ統計からみるリスク **18**
Risks surrounding our life (2): Risk behind everyday life 私たちを取り巻くリスク (2)：身近に隠れた日常生活リスク **24**
river administration 河川管理 56
river-channel management 河道管理 56
rivers lakes basin 河川湖沼地域 285
robot ロボット 676, 688
Robot Safety Center 生活支援ロボット安全検証センター 688
Role of standards and regulatory science 基準値の役割とレギュラトリーサイエンス **148**
rot number (identification number) 識別番号，ロット番号 498
route of exposure 曝露経路 94
rumor 流言 231

S

safe side 安全側 89
safenology 安全学 338, 626
safety 安全 70, 140, 358
safety assessment 安全性評価 184, 481
safety case セーフティケース 371
safety critical element 安全上重要な設備 111
safety culture 安全文化 179
safety data sheet (SDS) 安全データシート 296, 313, 333, 339
safety design 安全設計 114
safety education 安全教育 518, 627
Safety evaluation and regulation on food by nano-tech and genetic modification ナノテクノロジー，遺伝子組換えと食品の安全評価，規制措置 **480**
Safety factor 安全係数 88, 93, 316, 624
Safety first Safety first 運動 176
safety goal 安全目標 109, 358
safety machinery/safety of machinery 機械安全 6, 140, 626
Safety management of chemical substances lessons learned from the past 化学物質の安全学の考え方と過去の事例からの教訓 **338**
safety management system (SMS) 369
safety review 安全審査 688
samesex marriage 同性婚 540
samesex partnership 同性パートナーシップ 541
sample inspection 収去検査 463
sampling サンプリング 466, 476
sandy ground 砂地盤 438

Sasago Tunel　笹子トンネル　364
Sasigaya Nursery　文京区立さしがや保育園　62
satellite　人工衛星　386
scenario analysis　シナリオ分析　110, 584
scenario planning　シナリオプラニング　646
schema　知識体系　217
Scholastic Safety and Health Act　学校保健安全法　570
school education　学校教育　619
Science and Technology Basic Plan　科学技術基本計画　234
science and technology communication　科学技術コミュニケーション　**232**
science cafe　サイエンスカフェ　233, 625
Science communication　科学技術とコミュニケーション　232
science communication　科学コミュニケーション　65, 205, 207, 208, 647
Science Council of Japan　日本学術会議　561
Science Council of Japan（Subcommittee of Food Safety）　日本学術会議・食の安全分科会　504
Science for Society　社会実装学　690
science literacy　科学リテラシー　228
scientific and technological standard　科学・技術水準　156
scientific principles　科学的原則　457
scoping　スコーピング　182, 247
screening information data sets　SIDS，スクリーニング情報データセット　331
SDGs & ESG　40
SDGs Implementation Guicling Principles　持続可能な開発目標実施指針　40
sea level　海面水位　412
second modernity　第二の近代　666
second order observation　セカンド・オーダーの観察　667
securitization　安全保障化，セキュリタイズ　391
securitization　証券化　596
Securitization and its risk　証券化とそのリスク　**596**
security　安心　71
security risk　安全保障リスク，セキュリティリスク　**390**
seismic hazard　地震ハザード　430
seismic hazard curve　地震ハザード曲線　430
seismic probable maximum loss　地震 PML　433
Seismic risk　地震リスク　**430**
seismic risk evauation　地震リスク評価　433
selectional contact on information　選択的接触（情報への）　217, 230, 255
selectove exposure　選択的接触　230
self-causative　自己原因性　145
self-determination　自己決定　566
Self-determination of victims of Fucushima No.1 nuclear power plant accident　被災者と地域の自己決定：東京電力福島第一原子力発電所事故　**566**
self-help/multi assistance/public assistance　自助・公助・共助　441
self-insurance　自家保険　259
self-justification desire　自己正当化欲求　217
self-responsibility　自己責任　513
semantic polysemy of risk assessment　リスク評価の多義性　72
Sendai Framework for Disaster Risk Reduction　仙台防災枠組　403, 406, 440
senior-sub structure　優先劣後構造　597
sensitivity analysis　感度解析　109
September 11 attacks　同時多発テロ　635
severe accident　過酷事故，シビアアクシデント　32, 42, 112
severity　重篤度　76
Seveso Directive　セベソ指令　177
sexual harassment　セクシャルハラスメント　512, 518, 641
sexuality　セクシュアリティ　540
Shiga Prefecture　滋賀県　56
Shiga toxin-producing Escherichia coli　志賀毒素産生性大腸菌　472
sick-house syndrome　シックハウス症候群　310
SIDS initial assessment meeting（SIAM）　初期評価会議）　331
SIDS initial assessment report（SIAR）　SIDS 初期評価報告書　331

SIDS initial assessment report（SIDS） 初期評価報告書（SIAR） 331
sievert シーベルト 99
significant new use rule（SNUR） 重要新規利用規則 336
significant risk 重大なリスク 14
Silent Spring 沈黙の春 338
single mother シングル・マザー 523
single parent household ひとり親世帯 530
single-medium model 単一媒体モデル 96
Sinking of the RMS Titanic タイタニック号事故 370
Situation Room at Prime Minister's Office 官邸対策室 192
Six-party talk 六者協議 396
skin contact 皮膚接触 310
slope factor スロープファクター 77
slow thinking 遅い思考，システム 1 218
system 1 システム 1，遅い思考 217
small scale and highly frequent disaster 小規模高頻度災害 24
smallpox 天然痘 340
Smoking 喫煙 **314**
snow depth 積雪深 428
social acceptance of science and technology 科学・技術の社会的受容 208
social acceptance/public acceptance 社会受容，社会的受容 25, 246
social amplification of risk 社会的増幅理論 671
social amplification of risk framework（SARF） リスクの社会的増幅枠組み 15, 248, 253
social capital ソーシャル・キャピタル 514, 554
social epidemiology 社会疫学 100, 518, 555
social exclusion 社会的排除 512, 514, 522, 530, 540, 554
Social exclusion of woman and gender equality 女性の社会的排除と男女平等参画 **526**
social inclusion 社会的包摂 514, 522
social infrastructure system 社会インフラシステム 374
social isolation 社会的孤立 513
social justfication 社会的正当性 377
social media ソーシャルメディア 252
social minority 社会的マイノリティ 512
social network sites/service（SNS） ソーシャルネットワークサイト／サービス 35, 252
social reality 社会的現実 227
social resources 社会資源 514
Social risk and inclusive society 共生社会を取り巻くリスク **512**
social security 社会保障 514
social studies of science and technology 科学技術社会論 559
Social-MRC 社会的合意形成支援システム 384
Society for Risk Analysis（SRA） リスク分析学会 634
Socio-economic analysis（SEA） 社会経済分析 84, 165
Socio-economic analysis incorporated into the system 制度化された社会経済分析 **164**
sociology of risk リスク社会学 **666**
socio-technical system 社会技術システム 374
soil contamination 土壌汚染 320
Soil Contamination Countermeasures Act 土壌汚染対策法 320
soil quality standards 土壌環境基準 320
solar flare 太陽フレア 387
solar storm 太陽嵐 27
solidarity 連帯 512
solvency margin ソルベンシー・マージン 600
solvency regulation ソルベンシー規制 600
somatic stem cell 体性幹細胞 680
sound material-cycle society 循環型社会 350
source 発生源 94
source-term analysis ソースターム評価 114
space debris スペースデブリ 387
space security 宇宙安全保障 386
space situational awareness（SSA） 宇宙状況監視 389
space system 宇宙システム 386
space weather 宇宙天気 387
spatial computable general equilibrium model

空間的一般均衡モデル 379
Special Climate Change Fund（SCCF） 特別気候変動基金 284
special purpose company（SPC） 特別目的会社 280
special purpose vehicle（SPV） 特別目的事業体 596
special toxicity 特殊毒性 90
species diversity 種多様性 348
species extinction 種の絶滅 80, 104, 420
species sensitivity distribution 種の感受性分布 349
specific personal information protection assessment 特定個人情報保護評価 661
specified embryo 特定胚 673
speculation 投機 591
speculative design スペキュラティヴ・デザイン 647
speculative risk 投機的リスク 590
SPS Agreement（Agreement on the Application of Sanitary and Photosanitary Measures） SPS協定，衛生植物検疫措置の適用に関する協定 36, 452, 457, 484
St.Petersburg paradox サンクト・ペテルブルクのパラドックス 575
stakeholder ステークホルダー 132, 247, 262
stall risk 露店リスク 24
standard family model 標準家族モデル 528
standard of High Pressure Institute, No. Z106（HPIS Z106） 366
standing to sue 原告適格 158
State Safety Program 国家安全プログラム 369
stated preference 表明選好法 85
statistical decision ignoring baseline ベースラインを無視した確率判断 219
statistical independence 統計的独立 219
statistical model 統計モデル 593
statistical probability 統計的確率 12
status 地位 525
stochastic approaches, probabilistic approaches 確率論的アプローチ 112, 625
stochastic effects 確率的影響 76, 299
stock risk 株式リスク 121
Stockholm Convention on Persistent Organic Pollutants POPs条約，残留性有機汚染物質に関するストックホルム条約 332
stranded asset（s） 座礁資産 126, 405
Strategic Approach to International Chemicals Management（SAICM） 国際的な化学物質管理のための戦略的アプローチ 180
strategic national risk assessment 戦略的国家リスクアセスメント 357
stress test ストレステスト 264, 584
structural model 構造型モデル 593
Structure and response of global financial crisis 世界金融危機の構造と監督当局の対応 46
structure of public risk perception 市民のリスク知覚構造 493
sub effect 副反応 342
subacute toxicity 亜急性毒性 90, 318
subjective expected utility theory 主観的期待効用理論 214
subjective numeracy scale 主観的ニューメラシー尺度 230
subjective recognition 主観的認識 216
Subpolitik（独） サブ政治 667
subprime lending サブプライムローン 120, 580, 598
subsidiary principle 補完性原理 400
substances of very high concern（SVHC） 高懸念物質 334
substantial equivalence 実質的同等性（実質的同質性） 482
substantialism 実在論 666
substituted decision-making 代理代行決定 539
Suggestion from 3 systemic risk 3つのシステミックリスクからの示唆 **50**
suicide risk 自殺リスク 25
sulfur oxide 硫黄酸化物 306
super-aging society 超高齢社会 536
supply chain サプライチェーン 351, 381, 378
support for employment 就労支援 533
supported decision-making 意思決定支援／支援付き意思決定 513, 538

suspended particulate matter　浮遊粒子状物質　308
sustainable development　持続可能な開発　664
sustainable development goals（SDGs）　持続可能な開発目標　40, 553, 664
sustainable forest management　持続可能な森林管理　664
sustainable society　持続可能な社会　553
sustainable use　持続可能な利用　104
swap　スワップ　590
synthetic biology　合成生物学　674
system 1　システム 1，遅い思考　218
system 2　システム 2，速い思考　218
system thinking　システム思考　355
systematic error　系統的誤差　102
systemic nature　システミックな性質　374
systemic risk　システミックリスク　16, 46, 50, 174, 641

T

tar　タール　314
target risk　目標リスク　172
target sanctions　ターゲット制裁　396
Task Force on Climate-related Financial Disclosures（TCFD）　気候関連財務情報開示タスクフォース　127
tax for climate change mitigation　地球温暖化対策のための税　409
TBT Agreement（Agreement on Technical Barriers to Trade）　TBT 協定，貿易の技術的障害に関する協定　457
technical report of High Pressure Institute, No. Z107（HPIS Z107 TR）　366
technological innovation　技術イノベーション　640
technological lock-in phenomena　技術のロックイン現象　374
technology assessment　テクノロジー・アセスメント　642, 644
technology forecasting　技術予測　645
technology introduction　技術導入　145
teratogenicity　催奇形性　90
terms of payment　支払い要件　285
The Market of "Lemons"　『レモンの市場』　577
The Third Way　第三の道　554
theta　セータ　122
third party　第三者機関　659
third-party guardians　第三者後見人　538
threat　脅威　8
threatened species　絶滅危惧種　105, 675
three step method　スリーステップメソッド　141
threshold　閾値，しきい値　76, 91, 103, 285, 293
threshold evaluation　しきい値評価　659
threshold of toxicological concern（TTC）　毒性学的懸念の閾値　337
tide level　潮位　413
time based maintenance　時間計画保全　366
time value　時間価値　120
tipping element　ティッピングエレメント　416
tipping point　ティッピングポイント　416
tissue reaction　組織反応　299
tolerability of risk　リスクの耐容性　14
tolerable daily intake（TDI）　耐容一日摂取量　80, 92, 454 → PTDI
tolerable risk　許容可能なリスク　140
tools for communication　対話ツール　262
top event　トップ事象　108
top runner program　トップランナー制度　408
tornado　竜巻　428
tort　不法行為　158
total payment limit　総支払限度額　279
toxic metal　有害金属　322
Toxic Substances Control Act（TSCA）　米国有害物質規制法　330, 335
toxicity　毒性　76, 90
toxicity endpoint　有害性評価項目　76
toxicity test　毒性試験　185
Toyo-town, Kochi Prefecture　高知県東洋町　560
trace back　遡及　496
trace forward　追跡　496
traceability/product tracing　トレーサビリティ　496, 502
Tracebility in food chain for risk management

食品トレーサビリティとリスク管理　**496**
trade-off　トレードオフ　220, 324, 421, 423
tradeoff between danger recognition and benesit recognition　危険認知と利益認知のトレードオフ　219
Treaty on the Non-Proliferation of Nuclear Weapons（NPT）　核不拡散条約　395
Treaty on the Prohibition of Nuclear Weapons　核兵器禁止条約　394
trigger　トリガー　280, 286
tropical cyclone　熱帯低気圧　413
Troubled Asset Relief Program（TARP）　不良資産救済プログラム　48, 55
tsunami hazard　津波ハザード　435
tsunami hazard assessment　津波ハザード評価　435
tsunami hazard curve　津波ハザードカーブ　435
tsunami height　津波の高さ　435
Tsunami risk　津波リスク　**434**
tsunami risk assessment　津波リスク評価　435
Twitter　ツイッター　252
Tyndall Center　ティンダール・センター　637
type certificate　型式証明　368
typhoon　台風　414

U

uncertain information　不確実な情報　209
uncertainty　不確実性　12, 88, 216, 243, 476, 505, 624
uncertainty factor　不確実性係数　77, 88, 93, 149
Uncertainty of data and credibility of evaluation　データの不確実性と信頼性評価　**88**
uncertainty of information　情報の不確実性　245, 500
underlying asset　原資産　586, 593
unemployment rate　失業率　19, 48
unexpected　想定外　410
unexpected loss　非期待損失額　594
Unfair distribution of risk: problem of Okinawa Naval base　リスクの地域的偏在：沖縄米軍基地の事例　513, **562**
unintentional impacts　意図せぬ影響　355
unintentionally produced chemicals　非意図的生成物　339
United Nations Convention on the Law of the Sea　国連海洋法条約，海洋法に関する国際連合条約　106
United Nations Economic Commission for Europe（UNECE）　国際連合欧州経済委員会　331
United Nations Environment Programme（UNEP）　国連環境計画　284, 330, 636
United Nations Framework Convention on Climate Change（UNFCCC）　気候変動枠組条約，気候変動に関する国際連合枠組条約　126, 162, 234, 403, 404, 664, 636, 664
United Nations Scientific Committee on the Effects of Atomic Radiation（UNSCEAR）　原子放射線の影響に関する国連科学委員会　188, 301
United Nations University Institute for Environment and Human Security（UNU-EHS）　国連大学環境・人間安全保障研究所　26
University of Stuttgart Institute of Spatial and Regional Planning　シュツットガルト大学空間地域計画研究所　26
unknown unknown　未知の未知（アンノウン・アンノウン）　391
unmanned aircraft traffic management（UTM）　運行管理システム　685
unrealistic optimism　非現実的楽観主義　218, 221
unstable employment　不安定雇用　530
unwanted facility　迷惑施設　350, 662
upstream engagement　上流関与　647
US military base　米軍基地　562
utilitarianism　功利主義　557
utility function　効用関数　213

V

vaccine　ワクチン，予防接種　342
Vaccine and public health　ワクチンと公衆衛生　**342**

vaccine anxiety ワクチン不安 342
Valdez バルディーズ号 634
validation 妥当性確認 466
value at risk（VaR） バリュー・アット・リスク，最大損失額，予測最大損失 9, 123, 258, 262, 582, 587, 594
value of statistical life（VSL） 確率的生命価値 82, 85
variability ばらつき 476
variance covariance method 分散共分散法 587
Various approaches on risk reduction measures リスク削減対策の多様なアプローチ **152**
vega ベガ 122
verification 検証活動 488
Verstandigung（独） 了解 669
virtually safe dose（VSD） 実質安全用量 91, 144
visualization 可視化 242
visualization of risks リスクの可視化 242
Visualization of risks and common language for risk communication リスクの可視化と対話の共通言語 **242**
volatile organic compound 揮発性有機化合物 310
volatility ボラティリティ 122, 586, 594
volatility clustering ボラティリティ・クラスタリング 588
volcanic alert levels 噴火警戒レベル 437
volcanic disaster 火山災害 410
Volcanic disaster prevention council 火山防災協議会 436
volcanic eruption 火山噴火 436
Volcanic eruption risk 火山噴火リスク **436**
volcanic hazard map 火山ハザードマップ 436
volcanic warnings, forecasts 噴火警報・予報 437
volcano Impact assessment guide 火山影響評価ガイド 437
Volcker Rule ボルカー・ルール 49
voluntary evacuation advisory 自主避難勧告 566
voluntary risk 自発的なリスク 220
volunteer ボランティア 400
vulnerability 脆弱性 7, 128, 355, 423, 443

W

Wakefield's affair ウェイクフィールド事件 343
Waste Management and Public Cleansing Act 廃棄物処理法，廃棄物の処理及び清掃に関する法律 350
water quality accident 水質事故 317
water quality standards 水道水質基準 77, 318
water safety plan 水安全計画 319
Water supply, sewerage and water environment 上下水道・水環境 **316**
water utility 水利用 425
waterborne disease 水系感染症 316
Ways of dialogs: Facilitation technique 対話の技法：ファシリテーションテクニック **240**
weak signal ウィークシグナル 645
welfare state 福祉国家 522, 532, 556
What is harmful rumor? 風評被害とは何か **670**
What is risk research? リスク学とは何か **4**
White paper on food safety 食品安全白書 460
WHO Framework Convention on Tobacco Control たばこ規制に関する世界保健機関枠組条約 314
whole-of-government approach 全政府アプローチ 652
wicked problem 厄介な問題 376
wild card ワイルドカード 646
willingness to accept（WTA） 受入補償額 85
willingness to pay（WTP） 支払意思額 82, 84
Wingspread Statement on the Precautionary Principle ウィングスプレッド宣言 160
withdrawal/recall 製品撤去／回収 496
work environment management 作業環境管理 295
work life valance ワーク・ライフ・バランス 512, 544
work management 作業管理 295
Working Environment Measurement Act 作業環境測定法 294

working poor　ワーキングプア　512
World Conference on Disaster Risk Reduction　国連防災世界会議　406, 440
World Economic Forum　世界経済フォーラム　28, 648
World Health Organization（WHO）　世界保健機関　36, 304, 318, 330, 342, 636
World Meteorological Organization（WMO）　世界気象機関　636
World Organisation for Animal Health（OIE）　国際獣疫事務局　484
world risk index　WRI，世界リスク指標　82
World Risk Report　『世界リスク報告書』　26
World Summit on Sustainable Development（WSSD）　持続可能な開発に関する世界首脳会議　180,332
World Trade Organization（WTO）　世界貿易機関　468
world without nuclear weapons　核なき世界　394
WSSD2020 goal　WSSD2020 年目標　630

Y

years lived with a disability（YLD）　障害生存年数　78
years of life lost（YLL）　損失生存年数　78
yield　単収　422
Yokkaichi　四日市　306
Yucca Mountain　ユッカマウンテン　559

Z

Z Score Model　Z スコアモデル　122
zero risk　ゼロリスク　70, 229, 568
zero-risk approach　ゼロリスクアプローチ　145
zero-risk effect　ゼロリスク効果　215
zero-risk recognition　ゼロリスク認知　216
zoning　区域指定　61
zoonosis　人獣共通感染症　484

人名索引

あ

アルトマン　Altoman, E.　122

池田三郎　692

ウィーナー　Wiener, J.B.　16, 172
内山 巌雄　63
内山 充　16, 504

エプスタイン　Epstein, S.　217
エンゲル　Engle, R.F.　589

か

カシオポ　Cacioppo, J. T.　217
カスパーソン　Kasperson, R.E.　15, 250, 671
カーソン　Carson, R. L.　327, 338
カーネマン　Kahneman, D.　214, 218

ギーゲレンツァー　Gigerenzer, G.　219, 228
ギデンズ　Giddens, A.　390, 555, 666

グラハム　Graham, J.D.　16, 172
グラント　Graunt, J.　11, 169

ケインズ　Keynes, J. M.　12, 575

さ

サイモン　Simon, H. A.　217
サンスティーン　Sunstein, C. R.　153

ジャロウ　Jarrow, R.　594
シュレーダー＝フレチェット　Schrader-Frechett, K.　560, 669

末石冨太郎　692
スター　Starr, C.　13, 220
スティグリッツ　Stiglitz, J.　555, 576
スロビック　Slovic, P.　13, 220, 224, 493

セイラー　Thaler, R. H.　85, 153

た

ダマシオ　Damasio, A.　218
タレブ　Taleb, N.N.　17
ターンブル　Turnbull, S.　594

チェイニー　Cheney, D.　391

デ・ウィット　de Witt, J.　11

トヴェルスキー　Tversky, A.　214, 218

な

ナイト　Knight, F. H.　12, 446, 576
中西準子　45, 70

は

パスカル　Pascal, B.　11, 574
ハッキング　Hacking, I.　10
パットナム　Putnam, R.　554
ハーバーマス　Habermas, J.　669
ハミット　Hammitt, J.K.　635
パラケルスス　Paracelsus　11
ハレー　Halley, E.　11

ピアース　Pearce, D.　526
ヒュッデ　Hudde, J.　11

フィシュキン　fishkin, J.S.　235
フィッシュホフ　Fischhoff, B.　13
フェルマー　Fermat, P.　11, 574
フーコー　Foucault, M.　668
フセイン　Hussein, S.　391
ブッシュ　Bush, G.W.　391

ブレア　Blair, T.　391, 554

ベック　Beck, U. ,　15, 35, 56, 390, 522, 526, 662, 666
ペティ　Petty, R. E.　217
ペティ　Petty, W.　11
ベルヌーイ　Bernolli, J.　11
ベルヌーイ　Bernoulli, D.　11, 574

ホイヘンス　Huygens, C.　11
ポーガム　Paugam, S.　525
ホーキング　Hawking, S.　679
ホー　Ho, P.　391
ボラースレブ　Bollerslev, T.　589
ボルカー　Volcker, P.　49

ま

マクファーレン　MacFarlane, A.　560
マスク　Musk, E.　679
マートン　Merton, R.　593

や

横山栄二　692

ら

ライプニッツ　Leibniz, G.W.,　11
ラッシュ　Rush, S.　666
ラムズフェルド　Rumsfeld, D.　391

リクテンシュタイン　Lichtenstein, S.　221
リース　Leiss, W.　34, 209
リッジ　Ridge, T.　391

ルーマン　Luhmann, N.　9, 15, 667

わ

ワイルド　Wilde, G.J.S.　13
ワインバーグ　Weinberg, A.　13

リスク学事典

令和元年6月30日　発　　行
令和5年5月30日　第3刷発行

編　者　一般社団法人
日本リスク研究学会

発行者　池　田　和　博

発行所　丸善出版株式会社
〒101-0051　東京都千代田区神田神保町二丁目17番
編集：電話(03)3512-3264／FAX(03)3512-3272
営業：電話(03)3512-3256／FAX(03)3512-3270
https://www.maruzen-publishing.co.jp

組版／株式会社 明昌堂
印刷・製本／大日本印刷株式会社

ISBN 978-4-621-30381-8　C3530　Printed in Japan